注册环保工程师
专业考试复习教材
（第四版）

大气污染防治工程技术与实践
（下册）

全国勘察设计注册工程师环保专业管理委员会
中国环境保护产业协会 编

中国环境出版集团·北京

图书在版编目（CIP）数据

注册环保工程师专业考试复习教材. 大气污染防治工程技术与实践/全国勘察设计注册工程师环保专业管理委员会，中国环境保护产业协会编. —北京：中国环境出版集团，2017.3（2020.9 重印）

ISBN 978-7-5111-2797-6

Ⅰ．①注…　Ⅱ．①全…　Ⅲ．①空气污染－污染防治－资格考试－自学参考资料　Ⅳ．①X

中国版本图书馆 CIP 数据核字（2016）第 098565 号

出 版 人　武德凯
策划编辑　沈　建　葛　莉
责任编辑　葛　莉　董蓓蓓
责任校对　尹　芳
封面设计　彭　杉

出版发行　**中国环境出版集团**
　　　　　（100062　北京市东城区广渠门内大街 16 号）
　　　　　网　　址：http://www.cesp.com.cn
　　　　　电子邮箱：bjgl@cesp.com.cn
　　　　　联系电话：010-67112765（编辑管理部）
　　　　　　　　　　010-67113412（教材图书出版中心）
　　　　　发行热线：010-67125803，010-67113405（传真）
印　　刷　北京中科印刷有限公司
经　　销　各地新华书店
版　　次　2017 年 3 月第 1 版
印　　次　2020 年 9 月第 2 次印刷
开　　本　787×1092　1/16
印　　张　43.25
字　　数　1025 千字
定　　价　240.00 元（全两册）

注册环保工程师专业考试复习教材

编 委 会

《大气污染防治工程技术与实践》分册

编 写 组

主　编　　朱天乐

主　审　　郝吉明

编　写　　（按姓氏笔画排列）

　　　　　王红妍　王文征　田贺忠　孙　也　刘　君　任重培

　　　　　吕　栋　吕庆志　李兴华　李国文　陈　颖　纳宏波

　　　　　张　纯　范维义　胡小吐　洪小伟　韩颖洁　谢德援

　　　　　彭　溶　樊　星

前　言

　　环境工程作为一门以环境科学为基础、以工程技术为主导的解决复杂环境问题的工程学科，具有起步晚、发展较快、多学科相互渗透、技术工艺复杂等特点，主要包括水污染防治、大气污染防治、固体废物处理处置、物理污染控制、污染修复等工程技术领域。环保工程师的主要职责就是要在从事环境工程设计、咨询等活动中，通过环境工程措施来削减污染物排放，使其稳定达到国家或地方环境法规、标准规定的污染物排放限值，其从业范围包括环境工程设计、技术咨询、设备招标和采购咨询、项目管理、施工指导及污染治理设施运行管理等各类环境工程服务活动。环保工程师作为环境工程设计、工程咨询服务的主要力量，应具有一定的理论知识、扎实的专业技能、丰富的实际工程经验和良好的职业道德，并能准确理解、正确应用各类环境法规、标准和政策，综合解决各类复杂环境问题。

　　为加强对环境工程设计相关专业技术人员的管理，提高环境工程设计技术人员综合素质和业务水平，保证环境工程质量，维护社会公共利益和人民生命财产安全，2005 年 9 月 1 日起国家实施了注册环保工程师执业资格制度，并开始实行注册环保工程师资格考试。注册环保工程师资格考试实行全国统一大纲、统一考试制度，分为基础考试和专业考试，2007 年至今，已成功组织了 9 次考试。

　　根据新修订的《勘察设计注册环保工程师执业资格专业考试大纲》（2014 年版）要求，全国勘察设计注册工程师环保专业管理委员会秘书处和中国环境保护产业协会组织环境工程领域的资深专家重新编写了"注册环保工程师专业考试复习教材"系列丛书，供环境工程专业技术人员参加注册环保工程师资格专业考试复习使用。同时，也供从事环境工程设计、咨询、项目管理等方面的环境工程专业技术人员，以及高等院校环境工程专业的师生在实际工作、教学、学习中参考使用。

　　本复习教材以《勘察设计注册环保工程师执业资格专业考试大纲》（2014 年版）为依据，内容力求体现专业考试大纲对以下三个层次知识和技能的要求：

　　（1）了解：是指注册环保工程师应知的与环境工程设计密切相关的知识和技能。

　　（2）熟悉：是指注册环保工程师开展执业活动必须熟悉的知识和技能。

　　（3）掌握：是指注册环保工程师必须掌握，并能够熟练地运用于工程实践的知识和必备技能。

　　根据注册环保工程师执业资格专业考试和环境工程专业的特点，本复习教材内容以注册环保工程师应熟悉和掌握的具有共性的专业理论知识、环境工程实际技能为重点，既不同于普通教科书，也不同于一般理论专著，力求达到科学性、系统性与实用性的统一。为保证知识的系统性，本复习教材部分章节的编排并非与大纲一一对应，但其基本涵盖了大纲要求的全部内容。

本复习教材丛书共分五个分册:《水污染防治工程技术与实践》《大气污染防治工程技术与实践》《固体废物处理处置工程技术与实践》《物理污染控制工程技术与实践》《综合类法规和标准》。

参加本复习教材编写的单位近 20 个。其中,《水污染防治工程技术与实践》分册由清华大学环境学院编写;《大气污染防治工程技术与实践》分册由北京航空航天大学环境科学与工程系、福建龙净环保股份有限公司、中国恩菲工程技术有限公司、北京纬纶华业环保科技股份有限公司、广东佳德环保科技有限公司、北京国能中电节能环保技术股份有限公司、北京师范大学、北京科技大学、北京工业大学编写;《固体废物处理处置工程技术与实践》分册由清华大学环境学院、中国城市建设研究院、中国恩菲工程技术有限公司编写;《物理污染控制工程技术与实践》分册由合肥工业大学机械与汽车工程学院、清华大学电机工程与应用电子技术系、首都经济贸易大学安全与环境工程学院、深圳中雅机电实业有限公司、广东启源建筑工程设计院有限公司编写。

本复习教材的编写在全国勘察设计注册工程师环保专业管理委员会专家组的指导下完成,编写过程中得到了编写人员所在单位的大力支持,并参考了我国现行的环境工程高等教育的推荐教材和环境工程手册、专著等,在此表示诚挚的谢意。

本复习教材编写历时两年,不少内容几易其稿,凝聚了全体编写人员的心血。但由于环境工程技术涉及面广,本复习教材又是新考试大纲颁布实施后的重新编写,难免有差错之处,敬请广大读者批评指正,以期在本教材再版时补充和修正。

编　者

2016 年 8 月

目　录

附　件

一、环境质量标准

二、污染物排放（控制）标准

三、环境工程相关技术（设计）规范

四、法律法规

五、技术政策

中华人民共和国国家环境保护标准

石灰石/石灰-石膏湿法烟气脱硫工程
通用技术规范

General technical specification of flue gas limestone/lime-gypsum wet desulfurization

HJ 179—2018

前 言

为贯彻《中华人民共和国环境保护法》、《中华人民共和国大气污染防治法》等法律法规，防治环境污染，改善环境质量，规范石灰石/石灰-石膏湿法烟气脱硫工程的建设和运行管理，制定本标准。

本标准规定了石灰石/石灰-石膏湿法烟气脱硫工程设计、施工、验收、运行和维护的技术要求。

本标准首次发布于 2005 年，本次为首次修订。

本次修订的主要内容：

——扩大了适用行业范围；

——完善补充了适用于各行业的通用技术要求，删减了仅适用于火电行业的特殊技术要求；

——根据技术发展情况主要调整了烟气系统、吸收系统等技术内容，补充了设备选型要求；

——充实了运行与维护的技术内容；

——完善了资料性附录。

本标准环境保护部科技标准司组织修订。

本标准主要起草单位：中国环境保护产业协会、中国华电科工集团有限公司、北京国电龙源环保工程有限公司、大唐环境产业集团股份有限公司、国家电投集团远达环保工程有限公司、国电环境保护研究院、北京市劳动保护科学研究所、浙江鼎诚环保科技有限公司、北京利德衡环保工程有限公司。

本标准环境保护部 2018 年 1 月 15 日批准。

本标准自 2018 年 5 月 1 日起实施。

本标准由环境保护部解释。

1 适用范围

本标准规定了石灰石/石灰-石膏湿法烟气脱硫工程设计、施工、验收、运行和维护的技术要求。

本标准适用于石灰石/石灰-石膏湿法烟气脱硫工程，可作为建设项目环境影响评价、环境保护设施设计、施工、验收和运行管理的技术依据。

本标准所提出的技术要求具有通用性，特殊性要求执行相关行业技术规范。

2 规范性引用文件

本标准内容引用了下列文件中的条款。凡是不注日期的引用文件，其有效版本适用于本标准。

GB 2893　安全色

GB 2894　安全标志及其使用导则

GB 4053　固定式钢梯及平台安全要求

GB/T 4272　设备及管道绝热技术通则

GB 5083　生产设备安全卫生设计总则

GB 7231　工业管道的基本识别色、识别符号和安全标识

GB 12348　工业企业厂界环境噪声排放标准

GB/T 12801　生产过程安全卫生要求总则

GB/T 13148　不锈钢复合钢板焊接技术要求

GB/T 13869　用电安全导则

GB 18241.1　橡胶衬里　第1部分：设备防腐衬里

GB 18599　一般工业固体废物贮存、处置场污染控制标准

GB 50009　建筑结构荷载规范

GB 50011　建筑抗震设计规范

GB 50013　室外给水设计规范

GB 50014　室外排水设计规范

GB 50016　建筑设计防火规范

GB 50019　工业建筑供暖通风与空气调节设计规范

GB 50033　建筑采光设计标准

GB 50040　动力机器基础设计规范

GB 50046　工业建筑防腐蚀设计规范

GB 50050　工业循环冷却水处理设计规范

GB 50052　供配电系统设计规范

GB 50084　自动喷水灭火系统设计规范

GB 50087　工业企业噪声控制设计规范

GB50093　自动化仪表工程施工及质量验收规范

GB 50187　工业企业总平面设计规范

GB 50222　建筑内部装修设计防火规范

GB 50231　机械设备安装工程施工及验收通用规范

GB 50243　通风与空调工程施工质量验收规范

GB 50254　电气装置安装工程低压电器施工及验收规范

GB 50259　电气装置安装工程电气照明装置施工及验收规范

GB 50300　建筑工程施工质量验收统一标准

GB 50755　钢结构工程施工规范

GB 51245　工业建筑节能设计统一标准

GBJ 22　厂矿道路设计规范

GBZ 1　工业企业设计卫生标准

GBZ 2.1　工作场所有害因素职业接触限值　第1部分：化学有害因素

GBZ 2.2　工作场所有害因素职业接触限值　第2部分：物理因素

GBZ/T 194　工作场所防止职业中毒卫生工程防护措施规范

AQ 3009　危险场所电气安全防爆规范

DL/T 5044　电力工程直流电源系统设计技术规程

DL/T 5403　火电厂烟气脱硫工程调整试运及质量验收评定规程

HJ/T 75　固定污染源烟气排放连续监测技术规范

HJ/T 76　固定污染源排放烟气连续监测系统技术要求及监测方法

HG/T 2451　设备防腐橡胶衬里

HG/T 2640　玻璃鳞片施工技术条件

HG/T 20678　衬里钢壳设计技术规定

HGJ 29　砖板衬里化工设备

JB 4710　钢制塔式容器

SY/T 0326　钢质储罐内衬环氧玻璃钢技术标准

3　术语和定义

3.1　石灰石/石灰-石膏湿法烟气脱硫工艺 flue gas limestone/lime-gypsum wet desulphurization process

指利用钙基物质作为吸收剂，脱除烟气中二氧化硫（SO_2）并回收副产物的烟气脱硫工艺。

3.2　脱硫工程 desulphurization project

指通过吸收剂脱除烟气中SO_2及其他酸性气体所需的设施、设备、组件及系统集成。

3.3　吸收剂 absorbent

指与SO_2及其他酸性气体反应的碱性物质。石灰石/石灰-石膏湿法脱硫工艺使用的吸收剂为石灰石（$CaCO_3$）、石灰（CaO）。

3.4　吸收塔 absorber

指脱硫工程中实现吸收剂与SO_2及其他酸性气体反应的设施。

3.5　副产物 by-product

指吸收剂与烟气中SO_2及其他酸性气体反应后生成的物质。

3.6　脱硫效率 desulphurization efficiency

指由脱硫工程脱除的SO_2量与未经脱硫前烟气中所含SO_2量的百分比，按公式（1）计算：

$$脱硫效率 = (C_1 - C_2)/C_1 \times 100\% \qquad (1)$$

式中：C_1——脱硫前烟气中 SO_2 的折算浓度，mg/m^3；

C_2——脱硫后烟气中 SO_2 的折算浓度，mg/m^3。

3.7 钙硫比（Ca/S）Ca/S mole ratio

指加入吸收剂中 $CaCO_3$ 和 CaO 的摩尔数与吸收塔脱除的 SO_2 摩尔数之比。

3.8 增压风机 boost fan

指为克服脱硫工程产生的烟气阻力而新增加的风机。

3.9 氧化风机 oxidation fan

指将脱硫生成的亚硫酸钙氧化成硫酸钙的风机。

3.10 颗粒物 particle

指烟气中悬浮的固体和溶液的颗粒状物质总和。

3.11 脱硫废水 FGD waste water

指脱硫工程产生的工艺性废水。

3.12 液气比（L/G）liquid/gas ratio

指浆液循环量（L）与吸收塔出口饱和烟气量（m^3）的比值。

3.13 浆液循环停留时间 circulation slurry retention time in absorber slurry tank

指吸收塔浆池中的全部浆液循环一次所需的时间，为吸收塔浆池有效容积（m^3）与循环浆液总量（m^3/min）之比。

4 污染物与污染负荷

4.1 吸收塔入口烟气适用条件：

a）SO_2 浓度（干基折算）不宜高于 12 000 mg/m^3；

b）烟气量宜为 5 万 m^3/h（干基）以上；

c）烟气温度宜为 80～170℃；

d）颗粒物浓度（干基折算）不宜高于 200 mg/m^3。

4.2 石灰石/石灰-石膏湿法烟气脱硫工艺主要应用领域包括：发电锅炉，工业锅炉以及烧结/球团、焦炉、陶瓷等窑炉。

4.3 新建项目脱硫工程的设计量和 SO_2 浓度宜采用最大连续工况下的数据；改扩建项目脱硫工程的设计烟气量和 SO_2 浓度宜以实测值为基础并充分考虑变化趋势后综合确定，或通过与同类工程类比确定。

4.4 应根据工程设计需要收集烟气理化性质等原始资料，主要包括以下内容：

a）烟气量（正常值、最大值、最小值）；

b）烟气温度及变化范围（正常值、最大值、最小值及露点温度）；

c）烟气中气体成分及浓度（SO_2、NO_x、O_2、SO_3、HCl、HF 等）；

d）烟气颗粒物浓度及成分；

e）烟气压力、含湿量；

f）产生污染物设备情况及工作制度。

5 总体要求

5.1 一般规定

5.1.1 新建项目的烟气脱硫工程应和主体工程同时设计、同时施工、同时投产使用。

5.1.2 脱硫工程的布置应符合工厂总体规划。设计文件应按规定的内容和深度完成报批、批准和备案。脱硫工程建设应按国家工程项目建设规定的程序进行。

5.1.3 脱硫工程 SO_2 排放浓度应满足国家和地方排放标准的要求。

5.1.4 脱硫工程的设计应充分考虑燃料、原料及主体工程负荷的变化，提高脱硫工艺系统的适应性和可调节性。

5.1.5 脱硫工程所需的水、电、气、汽等辅助介质应尽量由主体工程提供。吸收剂和副产物宜设有计量装置，也可与主体工程共用。

5.1.6 脱硫工程的设计、建设和运行，应采取有效的隔声、消声、绿化等降噪措施，噪声和振动控制的设计应符合 GB 50087 和 GB 50040 的规定，厂界噪声应达到 GB 12348 的要求。

5.1.7 脱硫副产物即脱硫石膏，脱硫石膏应考虑综合利用。暂无综合利用条件时，其贮存场、石膏筒仓、石膏贮存间等的建设和使用应符合 GB 18599 的规定。

5.1.8 脱硫废水经处理后，直接排放时应达到国家和地方排放标准的要求。

5.1.9 脱硫工程烟气排放自动连续监测系统（CEMS）的设置和运行应符合 HJ/T 75、HJ/T 76 的规定和地方环保部门的要求。

5.1.10 脱硫工程的设计、建设和运行维护应符合国家及行业有关质量、安全、卫生、消防等方面法规和标准的规定。

5.2 工程构成

5.2.1 石灰石/石灰-石膏湿法烟气脱硫工程包括烟气脱硫工艺系统、公用系统、辅助工程等。

5.2.2 烟气脱硫工艺系统包括烟气系统、吸收剂制备系统、吸收系统、副产物处理系统、浆液排放和回收系统以及脱硫废水处理系统等。

5.2.3 公用系统包括工艺水系统、压缩空气系统、蒸汽系统等。

5.2.4 辅助工程包括电气系统、建筑与结构、给排水及消防系统、采暖通风与空气调节、道路与绿化等。

5.3 总平面布置

5.3.1 一般规定

5.3.1.1 脱硫工程的总平面布置应满足国家及相关行业的规定，并遵循以下原则：

 a）工艺布局合理，烟道短捷；

 b）交通运输便捷；

 c）方便施工，有利于维护检修；

 d）合理利用地形、地质条件；

 e）充分利用厂内公用设施；

 f）节约集约用地，工程量小，运行费用低；

 g）符合环境保护、消防、劳动安全和职业卫生要求。

5.3.1.2 脱硫工程应避免拆迁主体工程的生产建（构）筑物和地下管线。当不能避免时，应采取合理的过渡措施。

5.3.2 总图布置

5.3.2.1 吸收塔宜布置在烟囱附近，浆液循环泵应紧邻吸收塔布置。吸收剂制备及脱硫副产物处理应根据工艺流程和场地条件因地制宜布置。

5.3.2.2 事故浆池或事故浆液箱的位置应便于多套装置共用。

5.3.2.3 吸收剂料仓、石膏仓或石膏贮存间的布置应靠近主要运输通道。

5.3.2.4 脱硫场地的标高应不受洪水危害。脱硫工程若在主厂房区环形道路内，防洪标准与主厂房区一致；若在主厂房区环形道路外，防洪标准与其他场地一致。

5.3.3 交通运输

5.3.3.1 脱硫工程区域内道路的设计，应保证物料运输便捷、消防通道畅通、检修方便，满足场地排水的要求，并符合 GBJ22 的要求。

5.3.3.2 脱硫工程区域内的道路宜与厂内道路形成环形路网。根据生产、消防和检修的需要，应设置行车道路、消防车通道和人行道。

5.3.3.3 物料装卸区域停车位路段纵坡宜为平坡，当布置困难时，坡度不宜大于 1.5%，应设足够的汽车会车、回转场地，并按行车路面要求进行硬化处理。

5.3.3.4 脱硫工程密集区域的道路宜采用混凝土地面硬化等方式处理，以便于检修及清扫。

5.3.4 管线布置

5.3.4.1 脱硫工程管线布置应根据总平面布置、管道输送介质、施工维护和检修等因素确定，在平面及空间上应与主体工程相协调。

5.3.4.2 管道集中布置应遵循以下原则：含有腐蚀性介质的管道布置在管架最下层，公用管道、电缆桥架依次在上层布置。

6 工艺设计

6.1 一般规定

6.1.1 脱硫工艺设计应采用成熟可靠、运行安全稳定、技术经济合理的工艺技术，应在满足环保管理要求的前提下，充分考虑脱硫工程长期运行的可靠性和稳定性。

6.1.2 脱硫工艺参数应根据排放要求、烟气特性、运行要求、燃料/原料品质、吸收剂供应、水质情况、脱硫副产物综合利用、厂址场地布置等因素，经全面分析优化后确定。

6.1.3 根据烟气性质、运行工况、烟气量及主体工程对脱硫工程的要求，脱硫工程配置宜采用一机一塔，也可采用一机多塔，多机一塔；当采用多机一塔时应考虑足够的检修时间、运行灵活性和隔离措施。

6.1.4 脱硫工程设计脱硫效率应依据国家和地方排放标准的要求确定。

6.1.5 脱硫工程应设置供操作、测试、巡检、维护用的平台和扶梯，并符合 GB 4053 的要求。

6.2 工艺流程

石灰石/石灰-石膏湿法烟气脱硫的典型工艺流程见图 1。

6.3 烟气系统

6.3.1 新建项目原烟气设计温度应采用主体工程提供的设计数值。改扩建项目原烟气设计温度宜采用吸收塔前烟气系统实测温度最大值并留有一定裕量。

6.3.2 当吸收塔和主体工程采用单元制配置时，宜考虑脱硫增压风机和引风机合并设置；

当多个主体工程合用一座吸收塔时，宜设置脱硫增压风机。

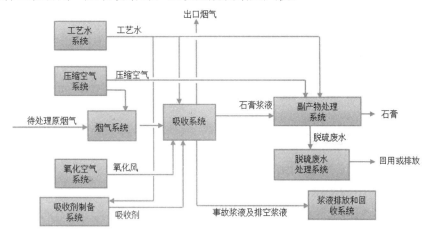

图1 石灰石/石灰-石膏湿法烟气脱硫工艺流程示意图

6.3.3 对于设置烟气换热器的脱硫工程，加热后的净烟气温度应考虑烟囱防腐及环保要求综合确定。

6.3.4 烟气系统挡板门应具有防止泄漏功能。

6.3.5 两台及以上吸收塔合用一个烟气排放口时，每座吸收塔出口应设置检修隔离挡板门。

6.3.6 脱硫吸收塔入口烟道可能接触浆液的区域，以及脱硫吸收塔出口至烟囱入口之间的净烟道应采用防腐措施。

6.3.7 烟道设计应满足烟道的强度、刚度和振动在允许范围内，防腐烟道应尽量减少内撑杆数量。

6.3.8 脱硫烟道与连接设备应使用补偿器连接，补偿器宜采用非金属材质。

6.3.9 脱硫烟道应在低位点装设自动疏放水系统。烟道低位点疏水和烟囱冷凝水疏水应通过脱硫工程回用。

6.4 吸收剂制备系统

6.4.1 单套石灰石/石灰卸料系统出力宜满足 6~8 h 完成输送脱硫工程 1 d 的石灰石/石灰需求量。

6.4.2 吸收剂制备可采用磨制系统制浆或来粉制浆，其中磨制系统制浆分为湿磨制浆和干磨制浆。

6.4.3 采用磨制系统制浆时：

　　a）石灰石湿磨制浆系统宜设置 1 套备用，确保检修安全性；

　　b）石灰石称重给料机的设计能力应与湿式球磨机匹配，并留有 20%的裕量。湿式球磨机及浆液旋流器宜为单元制配置，各单元之间可连通；

　　c）湿磨制浆系统中浆液箱总容量宜不小于设计工况下 6 h 的浆液总消耗量。

6.4.4 石灰石干磨制粉系统宜集中设置并考虑备用。

6.4.5 采用来粉制浆时，浆液箱总容量宜不小于设计工况下 4 h 的浆液消耗量。

6.4.6 料仓的容量应根据运输和物料性质确定，并采取无组织排放控制措施。

6.4.7 脱硫用生石灰的 CaO 含量宜不小于 80%，细度宜不低于 150 目 90%过筛率。

6.4.8 脱硫用石灰石中 $CaCO_3$ 含量宜不小于 90%，细度宜不低于 250 目 90% 过筛率。

6.4.9 吸收塔供浆系统宜采用环路管道系统或变频控制，避免浆液沉积。

6.5 吸收系统

6.5.1 吸收塔可采用喷淋空塔、复合塔和 pH 值分区塔。复合塔包括沸腾泡沫、旋流鼓泡、托盘、湍流管栅等；pH 值分区塔包括单塔双 pH 值、双塔双 pH 值等。

6.5.2 吸收塔应根据处理效率、场地布置条件、运行能耗要求以及长期运行稳定性等因素综合选取。

6.5.3 吸收塔设计应满足以下基本要求：

　　a）吸收塔宜采用一体化结构，一体化吸收塔应同时具有浆液储存、副产物氧化、烟气 SO_2 吸收和除雾的功能；

　　b）吸收塔设计正压应不小于最大运行正压的 1.2 倍，设计负压为最大运行负压的 1.2 倍；

　　c）吸收塔烟气区空塔截面尺寸宜保证最不利设计条件下空塔流速不大于 3.8 m/s；

　　d）液气比的选择应考虑入口烟气条件、脱硫效率、喷淋覆盖率等因素；

　　e）吸收塔浆池容积宜保证吸收塔浆池浆液循环停留时间不小于 4.2 min；

　　f）吸收塔不同功能区应留有足够的安装孔和检修人孔。安装孔的尺寸应能够满足安装需要；

　　g）吸收塔原烟气入口干湿界面处应采用可靠的防腐措施。

6.5.4 采用石灰石为吸收剂时，吸收塔浆液的 pH 值宜控制在 5.2～5.8。采用石灰为吸收剂时，吸收塔浆液的 pH 值宜控制在 5.2～6.2。

6.5.5 吸收系统钙硫比（Ca/S）不宜超过 1.03。

6.5.6 吸收塔浆液循环泵宜采用相同型号，浆液循环泵和喷淋层应按单元制设置并宜设置备用喷淋层和备用浆液泵。浆液循环泵入口宜设置滤网。

6.5.7 吸收塔浆池应设置搅拌系统和副产物氧化系统，副产物氧化宜采用空气氧化。

6.5.8 吸收塔除雾器除雾性能应能确保烟气中液滴全含量不大于 50 mg/m³（干基折算）。

6.5.9 吸收塔浆液排出系统容量设计应能够满足脱硫工程运行要求。对于喷淋塔，排出系统容量计算时，吸收塔浆液含固量取值宜不大于 20%。

6.6 副产物处理系统

6.6.1 吸收塔排出浆液宜先采用石膏浆液旋流站进行旋流脱水后再进行二级脱水。

6.6.2 当多个主体工程采用相同湿法脱硫工艺时，宜合用 1 套石膏脱水系统。石膏脱水系统宜集中设置并考虑备用。

6.6.3 脱水石膏堆放可采用石膏仓或石膏库。石膏仓或石膏库应满足石膏转运要求。

6.6.4 有效储存容积小于 3 000 m³ 的石膏库可采用石膏单点落料方式，有效储存容积大于 3 000 m³ 的石膏库宜采用石膏多点落料方式，堆放场地应有防渗措施。

6.7 浆液排放和回收系统

6.7.1 浆液排放和回收系统设计应满足浆液在系统内部循环回用的要求。

6.7.2 脱硫工程区域应设计合理的箱罐、地坑和沟道用于脱硫工程区域内浆液或装置排水的收集，沟道最小净空深度不小于 300 mm，坡度不小于 1%。

6.7.3 吸收塔区和脱硫工艺楼地坑宜分开设置。

6.8 脱硫废水处理系统

6.8.1 脱硫废水处理方式应根据国家排放标准和当地环境保护行政主管部门的要求，结合厂址环境条件等因素综合考虑确定。

6.8.2 脱硫废水宜纳入全厂废水统一规划管理；单独设置脱硫废水处理系统时一般采用中和、絮凝、沉降、氧化、澄清等工艺去除废水中的悬浮物、COD 等污染物。

6.9 公用系统

6.9.1 工艺水系统

6.9.1.1 脱硫工程工艺用水一般包括：吸收塔工艺水、设备管道冲洗水、辅助设备的冷却用水等。脱硫工程所需工艺用水应由主体工程提供，系统内宜设置水箱及水泵。

6.9.1.2 脱硫工程设置的工艺水箱宜根据水源可靠性、系统耗水量等因素确定，其有效容量宜不小于所服务的脱硫工程设计工况下 1 h 的脱硫工艺水总耗量。

6.9.1.3 脱硫工程补水和管道冲洗水可采用城市污水处理厂处理后中水以及其他可用水源；脱硫设备冷却水和设备密封水宜采用工业水，水质应满足 GB 50050 的规定。

6.9.1.4 浆液系统管道和设备冲洗宜设计为自动冲洗方式，冲洗水阀门宜采用电动阀或气动阀。

6.9.2 压缩空气系统

6.9.2.1 脱硫工程压缩空气系统宜与主体工程压缩空气站合并设置，系统内可设置压缩空气罐。

6.9.2.2 当压缩空气从主体工程引接时，应在脱硫工程区域内设置稳压储气罐，并在储气罐压缩空气入口管道上设置止回阀。

6.9.3 蒸汽系统

6.9.3.1 脱硫工程所需蒸汽宜由主体工程提供。

6.9.3.2 辅助蒸汽管道流速宜按不大于 40 m/s 设计。

6.10 二次污染控制措施

6.10.1 脱硫工程石灰石/石灰卸料点、石灰石块仓及石灰石粉仓仓顶应设置独立的除尘装置收集扬尘。

6.10.2 石膏脱水机石膏浆液进料点和石膏落料点宜考虑水汽收集和排至室外的措施。

6.10.3 脱硫废水处理系统产生的污泥应进行无害化处理。

6.10.4 脱硫吸收塔出口的低温饱和湿烟气通过烟囱排放应采取避免产生"石膏雨"的措施，如增加烟气换热器抬升排烟温度、净烟道上加装湿式除尘器、加装第三级除雾器、控制合适的浆液密度等。

6.11 突发事故应急措施

6.11.1 应设置事故排浆用事故浆液箱。

6.11.2 吸收塔入口烟道宜设置烟气事故喷淋降温系统。

6.11.3 脱硫工程应设有超负荷和 SO_2 超标报警系统，并考虑相应的应急措施。

6.11.4 卸酸、碱区应设有自动淋浴装置。

7 主要工艺设备和材料

7.1 主要工艺设备

7.1.1 增压风机的设计选型符合下列要求：

　　a）增压风机可选用轴流式风机或高效离心风机；

　　b）增压风机选用轴流式风机时，可选用动叶可调轴流风机或静叶可调轴流风机，可根据技术经济比较后确定；

　　c）当多个主体工程合用一座吸收塔时，应根据技术经济比较后确定风机数量。

7.1.2　吸收塔宜采用钢结构，内部结构应根据烟气流动和防磨、防腐技术要求进行设计，可参照 HG/T 20678 和 JB 4710 执行。

7.1.3　浆液喷淋管材质可采用纤维增强复合塑料（FRP）、碳钢衬胶或镍基合金钢管，合金等级至少为 1.4529 或等同材料。浆液喷嘴宜采用碳化硅材质，设计选型应能避免快速磨损、结垢和堵塞。

7.1.4　吸收塔氧化风机的设计选型符合下列要求：

　　a）根据设计选型流量和出口压力要求可采用罗茨式、多级离心式和单级高速离心式，罗茨式风机选型容量宜不大于 9 000 m³/h。氧化风机流量和压力可留有一定裕量；

　　b）吸收塔氧化风量不大于 9 000 m³/h 时，每座吸收塔宜设置 2 台氧化风机或每 2 座吸收塔设置 3 台氧化风机；吸收塔氧化风量大于 9 000 m³/h 时，每座吸收塔宜设计 2 台及以上离心式氧化风机。

7.1.5　吸收塔搅拌器以及有氧化空气均布要求的搅拌器应采用侧进式搅拌器。直径大于 10 m 的事故浆液箱宜选用侧进式搅拌器。

7.1.6　当浆液搅拌器叶轮采用碳钢衬胶材质时，搅拌器叶轮的最大运行线速度宜不大于 4.5 m/s。

7.1.7　烟气换热器可采用气气换热器和热媒水烟气换热器。采用气气换热器时，漏风率宜不大于 1%，并兼顾 SO_2 达标排放要求。采用热媒水烟气换热器及管式气气换热器时，与烟气接触的设备及部件均应充分考虑防磨、防堵、防腐措施，换热管材质应考虑优良可靠的换热、防磨和防腐蚀性能。

7.1.8　石灰石湿式球磨机宜选用卧式溢流型式，入口物料粒径宜不超过 Φ20 mm。

7.1.9　石灰石干磨机宜选用立式中速型式，磨机动态分离器应采用变频驱动，产品细度应可调节，额定出力下的产品细度应满足脱硫工艺要求。干磨机进口石灰石块水分宜不大于 3%，产品水分控制在 0.5%～1%。

7.1.10　吸收塔内除雾器宜优先选用屋脊式，或采用管式除雾器与屋脊式除雾器组合的方式。

7.1.11　吸收塔浆液循环泵宜选用离心式，其流量应根据脱硫工程设计工况下循环浆液量确定，扬程应根据吸收塔浆池正常运行液位范围至喷淋层喷嘴出口（含喷嘴背压）的全程压降确定。

7.2　材料

7.2.1　一般规定

7.2.1.1　材料的选择应满足脱硫工程的工艺要求，选择经济、适用、使用寿命长的材料。

7.2.1.2　管道材料应满足管道介质的要求。对于腐蚀性浆液介质管道，管道宜选用碳钢衬胶、衬塑管道或非金属管道。

7.2.1.3　阀门阀板材质应选用满足介质要求的合金材料。

7.2.2　金属材料

7.2.2.1　金属材料宜以碳钢材料为主。对金属材料表面可能接触腐蚀性介质的区域，应根据脱硫工艺不同部位的实际情况，衬抗腐蚀性和磨损性强的非金属材料。

7.2.2.2　当以金属材料作为承压部件、衬非金属材料作为防腐部件时，应充分考虑非金属材料与金属材料之间的粘结强度。承压部件的自身设计应确保非金属材料能够长期稳定地附着在承压部件上。

7.2.2.3　采用碳钢衬非金属材料难以达到工程实际应用要求时，应根据介质的腐蚀性和磨损性，采用以镍基材料为主的不锈钢。其适用介质条件见表1。

表1　镍基不锈钢适用介质条件

序号	可选牌号	材料成分	适用部位
1	022Cr17Ni14Mo2（UNS S31603，316L）	奥氏体镍铬钼不锈钢	烟气与低温原烟气烟道贴衬、挡板门贴衬、换热器
2	00Cr22Ni5Mo3N（UNS S32205，2205）、00Cr25Ni7Mo4N（UNS S32750，2507）	双相铬镍钼不锈钢	塔内构件
3	C276*（UNS N10276）、1.4529*（UNS N08926）	镍铬钼钨耐蚀合金	塔内构件

注：*为欧洲牌号，UNS为美国标准

7.2.3　非金属材料

非金属材料主要可选用玻璃鳞片树脂、无溶剂树脂陶瓷、玻璃钢、塑料、橡胶、陶瓷类产品用于防腐蚀和磨损，其适宜的使用部位见表2。

表2　主要非金属材料及使用部位

序号	材料名称	材料主要成分	使用部位
1	玻璃鳞片树脂	乙烯基酯树脂、酚醛树脂、呋喃树脂、环氧树脂	净烟气、低温原烟气段、吸收塔、浆液箱罐等内衬，石膏仓内表面涂料
2	无溶剂树脂陶瓷	树脂陶瓷	净烟气、低温原烟气段、吸收塔、浆液箱罐等内衬，石膏仓内表面涂料
3	玻璃钢	玻璃鳞片、玻璃纤维、乙烯基酯树脂、酚醛树脂	吸收塔喷淋层、浆液管道、箱罐
4	塑料	聚丙烯等	管道、除雾器
5	橡胶	氯化丁基橡胶、氯丁橡胶、丁苯橡胶	吸收塔、浆液箱罐、浆液管道、水力旋流器等内衬，真空脱水机、输送皮带
6	陶瓷	碳化硅	浆液喷嘴

8　检测与过程控制

8.1　一般规定

8.1.1　脱硫工程检测与过程控制的设计应满足安全、环保、经济、运行和启停的要求。

8.1.2　脱硫工程与主体工程各控制系统和同类型仪表设备的选型宜统一。

8.1.3　脱硫工程宜设置集中控制室，也可将其纳入主体工程的集中控制室统筹考虑。

8.1.4　脱硫工程应配套具备所有检测项目分析能力的实验室，实验室宜全厂统筹考虑。

8.2　热工检测与过程控制

8.2.1　热工检测主要参数包括：吸收剂浆液密度浓度、石膏浆液 pH 值、石膏浆液密度、吸收塔液位、除雾器压差、烟气温度、循环泵电流、物料消耗等。

8.2.2　脱硫工程应设置检测仪表，以反映主要设备及工艺系统在正常运行、启停、异常及事故工况下安全、经济运行的参数。运行中需要进行监视和控制的参数应设置远传仪表，供运行人员现场检查和就地操作所必需的参数应设置就地仪表。

8.2.3　吸收塔入口烟气温度、出口烟气温度、吸收塔液位、石膏浆液 pH 值等重要参数测量仪表应双重或三重冗余设置。

8.2.4　增压风机的控制宜纳入主体工程烟风系统统筹考虑。

8.2.5　脱硫热工自动化控制水平宜与主体工程的自动化控制水平相一致。脱硫工程控制系统应根据主体工程整体控制方案统筹考虑。

8.3　CEMS

8.3.1　用于工艺控制的 CEMS 宜与用于污染源自动监控的 CEMS 统筹考虑。

8.3.2　用于工艺控制的 CEMS 应在烟气脱硫工程进口和出口设置检测点，检测项目至少应包括烟气量、烟气温度、颗粒物浓度、SO_2 浓度和 O_2 量，并通过硬接线接入脱硫工程的控制系统。

8.4　分析检测

脱硫工程日常分析检测项目及检测周期见附录 A。

9　主要辅助工程

9.1　电气系统

9.1.1　脱硫供配电设计应符合 GB 50052 中的有关规定。

9.1.2　脱硫工程区域高压、低压供配电电压等级应与主体工程一致。

9.1.3　脱硫工程区域供配电系统中性点接地方式应与主体工程一致。

9.1.4　脱硫工程区域用电负荷采用双电源供电，如负荷较多，可设脱硫专用变压器供电。

9.1.5　交流保安系统应与主体工程一致。脱硫工程区域交流不停电负荷宜由 UPS 系统供电，可单独设置 UPS。UPS 宜采用静态逆变装置。

9.1.6　脱硫工程宜设置独立的直流系统为脱硫工程直流负荷（如有）供电，直流系统的设置可参照 DL/T 5044 的规定。

9.1.7　脱硫供配电二次接线应符合下列要求：

　　a）脱硫电气系统宜在脱硫控制室控制，并纳入分散控制系统。

　　b）脱硫电气系统控制水平应与工艺专业协调一致，宜纳入分散控制系统控制，也可采用强电控制。

9.2　建筑与结构

9.2.1　建筑

9.2.1.1　脱硫建筑物室内应优先利用天然采光，建筑物室内天然采光照度应符合 GB 50033 的有关规定。

9.2.1.2　脱硫建筑物热工与节能设计应符合 GB 51245 的有关规定。

9.2.1.3　建筑物的室内外墙面应根据使用和外观需要进行适当处理，地面和楼面材料除工艺要求外，宜采用耐磨、易清洁的材料，石膏库地面根据荷载情况宜采用重载地面。

9.2.1.4　脱硫建筑防腐蚀设计应符合 GB 50046 的有关规定。

9.2.1.5　脱硫建筑物室内装修设计应符合 GB 50222 的有关规定。

9.2.1.6　建筑物的防火设计应符合 GB 50016 的规定。

9.2.2　结构

9.2.2.1　土建结构的设计应符合 GB 50009、GB 50011 及相关行业规范的要求。楼（屋）面均布活荷载的标准值及其组合值、频遇值和准永久值系数应按附录 B 中表 B.1 的规定采用。

9.2.2.2　石膏库和石灰石储料棚上部结构设计和基础设计应考虑地面堆载的影响。

9.2.2.3　脱硫建（构）筑物抗震设防类别按丙类考虑，地震作用和抗震措施均应符合本地区抗震设防烈度的要求。

9.2.2.4　计算地震作用时，建（构）筑物的重力荷载代表值应取恒载标准值和各可变荷载组合值之和。各可变荷载的组合值系数应按附录 B 中表 B.2 的规定采用。

9.3　给排水及消防系统

9.3.1　脱硫工程应依托主厂区的给排水系统和消防给水系统设计完善的给排水系统和消防给水系统。

9.3.2　脱硫工程的生产生活给水系统、生产生活排水系统、雨水排水系统应符合 GB 50013、GB 50014 的有关规定。

9.3.3　脱硫工程的建（构）筑物的消防系统应符合 GB 50084、GB 50016 及 GB 50222 的有关规定。

9.4　采暖通风与空气调节

9.4.1　脱硫工程应设有采暖、通风与空气调节系统，并应符合 GB 50019 和 GB 50243 的规定。

9.4.2　脱硫工程建筑物的采暖应与其他建筑物一致，冬季采暖室内计算温度取值可参考附录 C 确定。在严寒地区，应按所在地区考虑机械排风或除尘系统排风所带走热量的补偿措施。

9.5　道路与绿化

9.5.1　脱硫工程区域内道路设计应为道路建成后的经常性维修、养护和绿化工作创造有利条件。

9.5.2　脱硫工程区域内绿化应符合 GB 50187 的有关规定。

10　劳动安全与职业卫生

10.1　一般规定

10.1.1　脱硫工程在设计、建设和运行过程中，应高度重视劳动安全和职业卫生，采取各种防治措施，保护人身的安全和健康。

10.1.2　脱硫工程安全卫生管理应符合 GB/T 12801、GB 5083 中的有关规定。

10.1.3　安全和卫生设施应与脱硫工程同时建成运行，并制订相应的操作规程。

10.2　劳动安全

10.2.1　脱硫工程的用电安全应符合 GB/T 13869、AQ 3009 中的有关规定。

10.2.2　脱硫工程脱硫剂选用石灰时，应对操作人员采取必要的劳动安全防护措施。

10.2.3 脱硫工程的安全标志设计应符合 GB 2894、GB 2893、GB 7231 等规范的有关规定。

10.3 职业卫生

10.3.1 脱硫工程职业卫生要求应符合 GBZ 1、GBZ 2.1、GBZ 2.2 的规定。

10.3.2 为防止职业中毒，脱硫工程工作场所的卫生工程防护措施应符合 GBZ/T 194 中的有关规定。

10.3.3 在易发生粉尘飞扬或洒落的区域应设置必要的除尘设备或清扫措施。

10.3.4 制粉系统等可能产生粉尘污染的装置，宜采用全负压密闭系统，尽量实现机械化和自动化操作，并采取适当通风措施。

10.3.5 应尽可能采用低噪声、低振动设备，对于噪声和振动较高的设备应采取减振消声等措施。应尽量将噪声和振动源与操作人员隔开。

11 施工与验收

11.1 施工

11.1.1 脱硫工程的施工应符合国家和行业施工程序和管理文件要求。

11.1.2 特种作业人员应具有相关管理部门规定的特种作业人员资格。

11.1.3 施工作业除依据施工图文件、设计变更文件等外，还应遵守相关施工技术规范及国家和行业安全规程的相关要求。

11.1.4 脱硫工程施工中使用的设备、材料、器件等应符合相关的国家标准，并取得供货商的产品合格证后方可使用。

11.1.5 金属构件安装、吸收塔及储罐安装、吸收塔内部装置安装、烟气换热器安装、转动机械安装、管道及附件安装、钢结构安装、衬里管道安装、大型设备或大型部件吊装、防腐应符合 GB 50755 及行业相关施工规范要求。

11.1.6 设备及管道的保温施工应符合 GB/T 4272 的相关要求。

11.1.7 橡胶防腐衬里、玻璃鳞片防腐衬里、砖板防腐衬里、玻璃钢防腐衬里的施工可参照 GB 18241.1、HG/T 2451、HG/T 2640、HGJ 29、SY/T 0326 中的相关规定。

11.1.8 脱硫工程的分系统调试、整套启动热态调试、满负荷试运及质量检验评定可参照 DL/T5403 的有关规定。

11.2 验收

11.2.1 脱硫工程验收应按相应专业验收规范和本规范的相关规定执行。

11.2.2 土建施工质量验收应符合 GB 50300 的规定。

11.2.3 机械设备安装质量验收应符合 GB 50231 的规定。

11.2.4 电气装置验收应符合 GB 50254、GB 50259 的规定。

11.2.5 热工仪表及控制装置验收应符合 GB 50093 的规定。

11.2.6 铬镍不锈钢、镍合金部件焊接、不锈钢复合钢板焊接验收可参照 GB/T 13148 的焊接检验质量规定。

11.2.7 设备和管道的保温施工验收应符合 GB/T 4272 的相关质量标准。

11.2.8 玻璃鳞片防腐衬里和橡胶防腐衬里应符合 GB 18241.1、HG/T 2451、HG/T 2640 中的质量标准，玻璃钢防腐衬里工程验收可参照 SY/T 0326 的相关质量检验标准，砖板防腐衬里工程验收可参照 HGJ 29 的相关技术条件。

11.2.9 脱硫工程在生产试运行期间应进行性能考核试验。试验项目至少应包括:

　　a) 出口 SO_2 浓度和脱硫效率;

　　b) 出口颗粒物浓度;

　　c) 出口烟气温度;

　　d) 除雾器后雾滴含量;

　　e) 脱硫工程压力损失;

　　f) 电耗量、石灰石/石灰耗量、水耗量、蒸汽耗量;

　　g) 脱硫石膏品质。

12　运行与维护

12.1　一般规定

12.1.1　脱硫工程的运行、维护及安全管理除应符合本规范外,还应符合相应行业设施运行的 有关规定。

12.1.2　脱硫工程的运行应根据燃料、原料及主体工程负荷的变化及时调整,保证 SO_2 连续稳定达标排放。

12.1.3　脱硫工程运行应在满足设计工况的条件下进行,并根据工艺要求定期对各类设备、电 气、自控仪表及建(构)筑物进行检查维护,确保装置稳定可靠运行。

12.1.4　脱硫工程不得在超过设计负荷的条件下长期运行。

12.1.5　主体工程启停机时应安排脱硫工程先开后停。

12.1.6　工厂应建立建全与脱硫工程运行维护相关的各项管理制度,以及运行、操作和维护技术规程;建立脱硫工程、主要设备运行状况的台帐。

12.2　人员与运行管理

12.2.1　应至少设置 1 名的脱硫技术管理人员。

12.2.2　应对脱硫工程的管理和运行人员进行定期培训,使管理和运行人员系统掌握脱硫设备及其他附属设施正常运行的具体操作和应急情况的处理措施。

12.2.3　运行人员应按照运行管理制度和技术规程要求做好交接班和巡视,并做好相关记录。脱硫工程运行记录表参考附录 D。

12.3　维护与检修

12.3.1　脱硫工程的检修维护宜纳入主体工程统筹考虑,检修周期和工期宜与主体工程同步。

12.3.2　维修人员应根据维护保养规定定期检查、更换或维修必要的部件,并做好维护保养记录。

12.3.3　主要设备的检修工艺及质量要求见附录 E。

12.4　事故应急预案

12.4.1　应制定脱硫工程事故应急预案,储备应急物资,并定期组织相关演习。

12.4.2　脱硫工程事故应急内容至少应包括排放超标应急处理、事故停机应急处理、重要设备/系统故障应急处理、火灾事故应急处理、触电事故应急处理、突发停水/停电应急处理、人员伤亡应急救援。

12.4.3　事故处理时应做好记录、分析原因,防止同类事故重复发生。

附录 A（资料性附录）

日常分析检测项目及检测周期

表 A.1 日常分析检测项目及检测周期表

编号	测试项目	测试方法	测试周期
1	吸收塔浆液密度、浓度	重量法	每天 1 次
2	吸收塔浆液 pH 值	pH 计	每天 1 次
3	吸收塔浆液悬浮物	重量法	每周 1 次
4	吸收塔浆液碳酸盐含量	酸碱中和滴定	每周 3 次
5	吸收塔浆液亚硫酸盐含量	硫代硫酸钠氧化还原滴定	每周 3 次
6	吸收塔浆液酸不溶物	重量法	每周 3 次
7	吸收塔浆液氯离子含量	硝酸银络合滴定	每周 3 次
8	石膏含水率	重量法	每周 2 次
9	石膏纯度（钙、镁离子浓度）	EDTA 络合滴定	每周 2 次
10	石膏中碳酸盐	酸碱中和滴定	每周 3 次
11	石膏中亚硫酸盐	硫代硫酸钠氧化还原滴定	每周 2 次
12	石膏酸不溶物	重量法	每周 2 次
13	石膏氯离子	硝酸银络合滴定	每周 2 次
14	石灰石浆液密度、浓度	重量法	每周 3 次
15	石灰石碳酸钙	EDTA 络合滴定	每周 1 次
16	石灰石碳酸镁	EDTA 络合滴定	每周 1 次
17	石灰石酸不溶物	重量法	每周 1 次
18	石灰石浆液细度	重量法	每周 1 次

附录 B（资料性附录）

建（构）筑物重力荷载代表值计算

表 B.1 建筑物楼（屋）面均布活荷载标准值及组合值、频遇值和准永久值系数

序号	类别	标准值/ （kN/m²）	组合值系数/ （ψ_c）	频遇值系数/ （ψ_f）	准永久值系数/ （ψ_q）
1	配电装置楼面	6.0	0.9	0.8	0.8
2	控制室楼面	4.0	0.8	0.8	0.8
3	电缆夹层	4.0	0.7	0.7	0.7
4	制浆楼楼面	4.0	0.8	0.7	0.7
5	石膏脱水间	4.0	0.8	0.7	0.7
6	石灰石仓顶输送层	4.0	0.7	0.7	0.7
7	作为设备通道 的混凝土楼梯	3.5	0.7	0.5	0.5

表 B.2 计算重力荷载代表值时采用的组合值系数

可变荷载的种类		组合值系数
一般设备荷载（如管道、设备支架等）		1.0
楼面活荷载	按等效均布荷载计算时	0.7
	按实际情况考虑时	1.0
屋面活荷载		0
石灰石（粉）仓、石膏仓中的填料自重		0.8～0.9

附录 C（资料性附录）

冬季采暖室内计算温度

表 C.1　冬季采暖室内计算温度表

房间名称	采暖室内计算温度（℃）	房间名称	采暖室内计算温度（℃）
石膏脱水机房	16	石灰石破碎间	10
输送皮带机房	10	石灰石卸料间地下	16
球磨机房	10	石灰石卸料间地上	10
真空泵房	10	石灰石制备间	10
石灰石浆液循环泵房	5	氧化风机房	5
加药间	16	药品库	16

注：设置集中采暖的循环泵房及氧化风机房，应保证设备停止运行时室内的温度不低于5℃。

附录 D（资料性附录）

石灰石/石灰-石膏湿法烟气脱硫工程运行记录

表 D.1 石灰石/石灰-石膏湿法烟气脱硫工程运行记录表

年　　月　　日

时间	进口烟气 温度(℃)	进口烟气 压力(kPa)	进口烟气 烟气量(干标,基准氧)(m³/h)	进口烟气 SO₂浓度(干标,基准氧)(mg/m³)	进口烟气 颗粒物浓度(干标,基准氧)(mg/m³)	净烟气 温度(℃)	净烟气 压力(kPa)	净烟气 烟气量(干标,基准氧)(m³/h)	净烟气 SO₂浓度(干标,基准氧)(mg/m³)	净烟气 颗粒物浓度(干标,基准氧)(mg/m³)	脱硫率(%)	吸收塔 温度(℃)	吸收塔 压力(kPa)	吸收塔 压力降(Pa)	吸收循环泵A 压力(MPa)	吸收循环泵A 电流(A)	吸收循环泵B 压力(MPa)	吸收循环泵B 电流(A)	吸收循环泵C 压力(MPa)	吸收循环泵C 电流(A)	除雾器 压力降(Pa)	除雾器 冲洗水(m³)	石膏排出泵A 压力(MPa)	石膏排出泵A 电流(A)	石膏排出泵B 压力(MPa)	石膏排出泵B 电流(A)	浆液池 液位(m)	均流板 压力降(Pa)	氧化空气 压力降(Pa)	氧化空气 流量(kPa)	氧化风机A 压力(MPa)	氧化风机A 电流(A)	氧化风机B 电流(A)
项目																																	
2: 00																																	
4: 00																																	
6: 00																																	
8: 00																																	
10: 00																																	
12: 00																																	
14: 00																																	
16: 00																																	
18: 00																																	
20: 00																																	
22: 00																																	
0: 00																																	

大夜班人员：　　　　　　白班人员：　　　　　　小夜班人员：

当班情况：　　　　　　　当班情况：　　　　　　　当班情况：

附录 E（资料性附录）

主要设备的检修工艺及质量要求

表 E.1 主要设备的检修工艺及质量要求表

设备名称	检修项目	检修工艺	质量标准
烟道挡板门	检修烟道挡板叶片	检查叶片表面是否有积垢、腐蚀、裂纹、变形，铲刮清除灰垢	叶片无腐蚀、变形、裂纹，叶片表面清洁
	检修烟道挡板密封	检查轴封及密封空气管道的腐蚀及接头的连接，疏通管道	轴封完好、无杂物、腐蚀及泄漏、管道畅通
	检修烟道挡板轴承	检查轴承有无机械损伤，轴承座有无位移或裂纹	轴承无锈蚀和裂纹，轴承座无裂纹，固定良好
	检修烟道挡板蜗轮箱	检查蜗轮蜗杆及箱体有无机械损伤及裂纹，更换润滑油	检查叶轮蜗轮、蜗杆完好，无锈蚀，润滑油无变质，油位正常
	检修烟道挡板	检查挡板连接杆有无变形、弯曲。先检查每一块转动，再装好传动连接杆检查整个挡板	挡板连接杆无弯曲变形，连接牢固，能灵活开关，0°读时应达到全关状态，90°时应达到全开状态
挡板密封风机	联轴器	（1）对轮检修； （2）对轮与轴的配合； （3）棒销检查	（1）无裂纹无变形，棒销孔光滑无毛刺； （2）对轮不松动应有 0～0.03 mm 的紧力； （3）无裂纹变形，棒销皮套无裂纹有弹性
	轴承箱及轴承检查	（1）轴承检查； （2）轴承内径与轴的配合； （3）轴承顶部间隙； （4）轴承推力间隙； （5）轴承外套膨胀间隙； （6）轴承箱的外观检查	（1）内外轨道滚珠无麻坑裂纹，重皮锈蚀； （2）应有 0.01～0.03 mm 的紧力； （3）应有 0.01～0.03 mm 的间隙； （4）0.2～0.3 mm； （5）>1 mm； （6）油箱内外清洁无油污
	叶轮检查	（1）叶轮晃度； （2）叶轮与集流器的间隙； （3）叶轮检查	（1）轴向晃度<3 mm，径向晃度<2 mm； （2）上间隙 2.5 mm，下间隙 1.5 mm； （3）焊口无裂纹
	轴检查	（1）轴外观； （2）轴水平	（1）洁无裂纹弯曲； （2）0.1 mm/m
	风道及箱体检修	（1）风道、集流器； （2）箱体、扩散器	（1）各部焊口完整无裂纹； （2）所有法兰结合面严密不漏风
	对轮找正	（1）对轮间隙； （2）对轮轴向偏差； （3）对轮径向偏差	（1）5～6 mm； （2）≤0.05 mm； （3）≤0.05 mm，电机低 0.05 mm
	试运标准	（1）原始记录； （2）试运记录； （3）验收单； （4）检修总结及设备异动； （5）设备振动、温升、电流	（1）记录齐全，准确； （2）标志齐全、清晰、准确； （3）设备整洁、无漏风、漏水、漏油； （4）轴承温度试运 8 小时<50℃； （5）轴承振动垂直水平，轴向均不超过 0.05 mm
增压风机	联轴器检修	（1）对轮检查； （2）对轮与轴颈配合； （3）对轮螺栓的检查	（1）对轮完好无损，无裂纹，弹性片应光滑无毛刺； （2）光滑不松动，应有 0～0.03 mm 的紧力； （3）无裂纹及变形； （4）压盘平整，螺栓整齐

设备名称	检修项目	检修工艺	质量标准
增压风机	叶轮检修	（1）叶轮转动晃度； （2）叶轮静平衡； （3）叶片顶尖间隙； （4）叶片平行度； （5）轮廓检查； （6）大轴平行度	（1）轴向<3 mm；径向<2 mm； （2）各等分点距离<5g； （3）4.9～6.5 mm； （4）0.5°； （5）发现轮廓裂纹应更换； （6）0.3 mm/m
	轴承及轴承箱检修	（1）检查轴承合金表面； （2）处理合金面； （3）调整轴承各部接触面积； （4）调整各部间隙	（1）合金表面无裂纹、砂眼、夹层或脱壳等缺陷； （2）合金面与轴颈的接触角为60°～90°，其接触斑点不少于2点/cm²； （3）衬背与座孔贴合均匀，上轴承体与上盖的接触面积不少于40%，下轴承体与下座的接触面积不少于50%，接触面积不少于70%； （4）顶部间隙为0.34～0.40 mm，侧向间隙为1/2顶部间隙，推力间隙为0.20～0.30 mm，推力轴承与推力盘、衬背的过盈量为0.02～0.04 mm
	风机壳体及动叶调整装置检查	检查机壳风道和挡板	（1）风机风道焊口不得有裂纹； （2）所有法兰密封处严密，无漏风现象； （3）人孔门部件齐全严密； （4）磨损严重予以焊补或更换； （5）动作灵活不犯卡
	对轮找中心	（1）对轮间隙； （2）对轮径向偏差； （3）对轮轴向偏差	（1）5 mm； （2）<0.05 mm； （3）<0.05 mm
烟道补偿器	膨胀节	外观检查	根据损坏情况进行拆检、修补，无泄漏
吸收塔本体	检查塔；（罐）防腐内衬；（树脂）的磨损及变形	（1）清除塔内及干湿界面的灰渣及垢物； （2）用电火花仪检查防腐内衬有无损坏，用测厚仪检查内衬的磨损情况； （3）检查塔壁变形及开焊情况。采用内顶外压法校直、补焊	（1）各部位清洁无异物； （2）内衬无针孔、裂纹、鼓泡和剥离。磨损量不大于原厚度的1/3； （3）塔壁平直，焊缝无裂纹
	检查格栅梁及托架	（1）检查格栅梁及托架的腐蚀磨损情况，视情况修补或更换； （2）检查托架安装是否平稳，测量水平度	（1）梁、架防腐层完好； （2）水平度不大于2‰L，且不大于4 mm
	检查氧化配气管	（1）用水冲洗、疏通配气管； （2）检查焊缝及断裂情况，进行补焊； （3）检查管子定位抱箍有无松动脱落，并拧紧、补齐； （4）塔（罐）内注水淹没喷嘴，通入压缩空气做鼓泡试验	（1）无堵塞； （2）焊缝及管道无裂纹、脱焊； （3）抱箍齐全、牢固； （4）有氧化配气管的喷嘴鼓泡均匀，管道无振动

设备名称	检修项目	检修工艺	质量标准
吸收塔本体	检查各部冲洗喷嘴及管道、阀门	(1) 检查喷嘴; (2) 检查管道应无腐蚀,法兰及阀门无损坏	(1) 喷嘴完整,无堵塞、磨损、管道畅通; (2) 管道无泄漏,阀门开关灵活
	检查除雾器	(1) 冲洗芯体,除去垢块,检查芯体; (2) 检查紧固件; (3) 检查漏斗排水管	(1) 芯体无杂物堵塞,表面光洁,无变形、损坏; (2) 连接紧固件完好,牢固; (3) 漏斗及排水管畅通
浆液循环泵	检修机械密封	安装时将轴表面清洗干净,抹上黄油,装好各部 O 型环,压盖应对角均匀拧紧	(1) 盘簧无卡涩,动静环表面光洁无裂纹、划伤、锈斑或沟槽; (2) 轴套无磨痕,粗糙度为 1.6
	检修轴承	(1) 检查轴承表面及测量间隙。更换轴承时采用热装温度不超过 100°C,严禁用火焰加热;安装时轴承平行套入,不得直接敲击弹夹的外圈; (2) 检查测量主轴颈圆柱度,以两轴颈为基准测量中段径向跳动量	(1) 轴承体表面应无锈斑、坑疤(麻点不超过 3 点,深度小于 0.50 mm,直径小于 2 mm)转动灵活无噪声; (2) 公差配合:轴径向轴承与轴 H7/JS6,径向轴与轴 H7/K6,外圈与箱内壁 JS7/h6; (3) 止推轴外圈轴向间隙为 0.02~0.06 mm; (4) 轴承轴向间隙不大于 0.3 mm; (5) 径向间隙不大于 0.15 mm; (6) 转子定中心时应取总窜量的 1/2
	检修泵体及过流部件	(1) 检查泵体、叶轮等过流部件的磨损、腐蚀、汽蚀情况; (2) 测定与吸入衬板间隙	(1) 泵壳无磨损及裂纹;叶轮无穿孔、无可能引起振动的失衡缺陷; (2) 轮与吸入衬板间隙:卧式泵为 1~1.5 mm,立式液下泵为 2~3 mm; (3) 无泄漏,且水压高于泵压 0.5bar 以上
	检修密封水系统	(1) 检查、修理密封水管道法兰阀门; (2) 检查密封是否损坏,轴承箱是否漏油	(1) 无泄漏,密封无破损; (2) 轴封完好,无泄漏点
	检修润滑油系统	检查润滑油质,并定期补充及更换	润滑油符合标准,无杂质
	检查出入口蝶阀	检查蝶阀	开关灵活,关闭严密;橡胶衬里无损坏
吸收塔搅拌器	皮带轮	(1) 检查皮带轮槽的磨损; (2) 测量平行度,调整中心距; (3) 皮带轮无缺损,轮槽厚度磨损量不超过	(1) 皮带轮无缺损,轮槽厚度磨损量不超过 2/3; (2) 中心偏差≤0.5 mm/m,且≤100mm,皮带紧力适中,且无打滑现象; (3) 皮带无撕裂及老化
	减速器	(1) 检查皮带轮的磨损、锈蚀,测量齿测间隙; (2) 检查更换轴承	(1) 齿面无锈蚀斑点,齿面磨损不超过 1/10;齿面间隙为 0.51~0.8mm,齿面接触大于 65%; (2) 轴承无过热、裂纹,磨损量符合相应轴承标准的规定
	检查大轴及叶片	(1)测量大轴(转动轴)直线度; (2) 检查叶片防腐层是否腐蚀磨损; (3) 检查叶片变形及连接情况	(1) 大轴无弯曲,直线度偏差不大于 1‰; (2) 叶轮防腐层(橡胶)无裂纹、脱胶; (3) 叶片无弯曲变形,连接牢固

设备名称	检修项目	检修工艺	质量标准
吸收塔搅拌器	机械密封	（1）检修机械密封； （2）安装时将轴表面清洗干净，抹上黄油，装好各部 O 型环，压盖应对角均匀拧紧	盘簧无卡涩，动静环表面光洁无裂纹、划伤、锈斑或沟槽；轴套无磨痕，粗糙度为 1.6
氧化风机	氧化风机入口	（1）应加装带有防护网及消音器的过滤器； （2）出口管道上应加装消音器	应加装带有防护网及消音器的过滤器，出口管道上应加装消音器
	叶轮与机壳	间隙的调整	通过改弯墙板与机壳相对位置调整。在调整达到要求后，修整定位锥销孔，重新打入定位销
	过滤器	换油	隔 1000h 换油一次，每隔 4000h 应进行一次解体检查
	安全阀		无泄露，密封无破损
浆液输出泵	油室及轴承	清洗	棉纱擦净，最后用腻子或面团粘净
	密封环	损坏和不圆度	查对以往记录是否需更换
	叶轮和轴套	检查	晃动度≤0.05 mm
	叶轮	检查	径向偏差≤0.2 mm
	密封环与叶轮	检查	径向间隙 0.2～0.3 mm，轴向间隙 0.5～0.7 mm，紧力在 0.03～0.05 mm
	叶轮与泵体	检查	轴向间隙 2～3 mm，对于没有密封环的泵，叶轮入口轴向间隙均在 0.03～0.06 mm
地坑泵	油室及轴承	清洗	棉纱擦净，最后用腻子或面团粘净
	密封环	损坏和不圆度	查对以往记录是否需更换
	叶轮与轴套		晃动度≤0.05 mm
	叶轮	调整偏差	径向偏差≤0.2 mm
	密封环与叶轮	调整偏差	径向间隙 0.2～0.3 mm，轴向间隙 0.5～0.7 mm，紧力在 0.03～0.05 mm
	叶轮与泵体	调整偏差	轴向间隙 2～3 mm，对于没有密封环的泵，叶轮入口轴向与径向间隙均在 0.03～0.06 mm
	盘根挡套与轴	调整偏差	间隙 0.3～0.5 mm，压兰与轴或轴承保持同心，其间隙为 0.4～0.5 mm，压兰外圆与泵壳盘根盒的径向间隙为 0.1～0.2 mm
箱罐及地	容器外部噪声异常	（1）风扇轮内进入异物； （2）轴承缺油干磨； （3）电机齿轮箱缺油； （4）油质量差，油号不对； （5）部件磨损； （6）容器内部件如叶轮、螺栓	（1）去除异物，叶轮损坏更换； （2）更换轴承； （3）注油到正常油位； （4）放净，清洗注入规定油品； （5）检查轴承和齿轮是否磨损若出现过度磨损，查找原因并更换； （6）检查紧固
	振动	（1）叶轮定位不正确； （2）轴承损坏； （3）叶轮、轴结垢； （4）部件松动	（1）重新定位； （2）更换轴承； （3）除垢； （4）紧固螺栓、螺母
坑搅拌器	电机超载掉闸	（1）叶轮安装不正确； （2）介质颗粒过大； （3）工艺水流量低，稀释不够	（1）重新安装调试； （2）加强系统设备调整控制； （3）检查保护配比，调整工艺水量，使介质能够携带充分

设备名称	检修项目	检修工艺	质量标准
坑搅拌器	齿轮过热	(1) 齿轮箱缺油; (2) 齿轮间隙低于要求值; (3) 齿轮轴承损坏; (4) 油质不当	(1) 注油到正常油位; (2) 重新调整间隙; (3) 更换轴承; (4) 更换合格油品
	机械密封处理浆液	(1) 动静环密封损坏; (2) O型圈损坏; (3) 管件连接松动	(1) 更换动静环; (2) 更换O型圈; (3) 紧固连接或修理
	电动转机械不转	(1) 联轴器损坏; (2) 齿轮损坏; (3) 齿轮箱轴承损坏; (4) 三角皮带打滑; (5) 叶轮碰到硬物; (6) 部件(水平行键)安装时遗漏	(1) 修理联轴器及棒销; (2) 修理更换齿轮; (3) 修理更换齿轮箱轴承; (4) 调整皮带张力; (5) 清理硬物并检查叶轮及轴损伤; (6) 更换
地坑池	坑	液位	排至低位
	坑池四面墙壁及防腐层	检修是否破损	如有立即进行修补
	坑底及防腐层	检修是否破损	如有立即进行修补
石灰石仓	仓体	焊缝检查	
	空气炮	密封检查	无漏气
	袋式除尘器	(1) 布袋检查; (2) 橡胶密封检查; (3) 震动装置检查	(1) 磨损严重应更换; (2) 密封应完好,无断裂和老化现象,否则应更换; (3) 固定螺丝应紧固、隔膜应无裂纹、震动条应完好、震动条支撑带应无裂纹
称重式皮带给料机	送料机	检查给料机内部物料堆积情况	清理
	主、从动滚筒	(1) 检查主从动滚筒转动是否平稳; (2) 检查轴有无过度磨损及弯曲变形; (3) 检查主从动滚筒的橡胶层有无划伤和剥落	更换轴承、主从动滚筒
	托辊	检查托辊运转是否平稳,表面磨损	更换轴承、托辊
	输送皮带	检查皮带过量磨损表面划伤、开裂、断层、边缘裂口	修补,必要时更换皮带
	轴承	转动、磨损、润滑	定期清洗,必要时更换
	联轴器的弹性体	老化及裂纹	更换弹性体
	密封元件	分解检查老化磨损	清洗或更换
	计量托辊	检查计量托辊的转动是否平稳、灵活、表面磨损	更换托辊
	传感器	检查传感器和滚筒轴的安装位置是否正确,波纹管是否损伤	更换波纹管
	连接螺栓	螺栓松动	紧固

设备名称	检修项目	检修工艺	质量标准
湿式球磨机	球磨机本体	（1）出入口弯头护板； （2）检查橡胶衬体的磨损； （3）测量大罐水平； （4）瓦油封、围带、防磨盘、人孔门检查； （5）空心轴套的螺栓螺母检查； （6）给粉管及出浆管与空心轴套的径向间隙测量； （7）给粉管及出浆管应深入空心轴套内间隙测量； （8）两半齿轮接合面间隙测量	（1）磨损至其厚度的 1/2～2/3 时必须更换； （2）橡胶衬体磨损超过原始厚度 1/2～2/3 时必须更换新橡胶衬体； （3）不得大于 0.2 mm/m； （4）完整，不漏油、不漏石灰石粉； （5）空心轴套与端部橡胶衬体的间隙保持 5 mm，以使其受热膨胀； （6）间隙 5～8 mm； （7）间隙 8～10 mm； （8）间隙 0.1 mm
	球磨机轴瓦	（1）主轴的轴颈面检查； （2）轴承底板安装的水平度检查； （3）轴承球面与轴承内滚动体接触面检查； （4）轴瓦与轴颈接触面检查； （5）轴瓦检查	（1）轴面的高低不平及圆锥度<0.08 mm，轴的椭圆度<0.05 mm/m； （2）水平度<1.5 mm/m； （3）用 0.03 mm 的塞尺应不能塞入，用红丹粉检验时接触面达 70%以上； （4）接触点应达到 75%； （5）在接触面内 25%的面积发生剥落或有其他严重缺隐陷时必须焊补或重新浇注钨金瓦
湿式球磨机	传动齿轮	（1）牙轮的磨损情况检查； （2）大小齿轮的咬合情况检查； （3）检查大齿轮的轴向及径向晃动； （4）传动轮中心与大罐中心线间距离测量； （5）传动轮中心线平行度检查	（1）牙齿齿弦磨损达到 5 mm 时应当将齿轮翻转使用； （2）齿顶间隙应在 4.5～7 mm，以 6～6.5 mm 最好；齿背间隙应在 0.8～1.2 mm；工作等间隙：沿齿长方向不超过 0.15 mm；齿顶间隙在牙齿全长上的偏差<0.25 mm；大小齿轮的啮合面沿齿长方向>65%，齿高方向>50%； （3）径向晃动<0.7 mm，轴向晃动<0.85 mm； （4）允许误差<±2 mm； （5）不平行度<0.5 mm，水平公差<0.35 mm/m
	主、辅驱动减速机	（1）轮齿的磨损情况检查； （2）主动齿轮与从动齿轮的啮合情况检查； （3）原动齿轮与从动齿轮表面检查； （4）减速机底座检查	（1）轮齿磨损不超过原齿弦厚 20%； （2）齿顶间隙 2～2.5 mm，齿两端偏差<0.15 mm 齿背间隙 0.1～1 mm，齿两端偏差<0.15 mm，大小齿轮的啮合面，沿齿面方向或全长方向≥75%； （3）平行性<0.4 mm，水平度<0.4 mm/m，原动轴弯曲<0.03 mm 从动轴的弯曲度<0.05 mm； （4）用塞尺探测间隙，局部间隙<0.1 mm
	润滑系统	（1）齿轮油泵的泵轮和泵壳的间隙测量； （2）齿轮油泵牙齿磨损检查	（1）应为 0.25 mm，磨损后最大不超过 0.5 mm； （2）<0.5 mm；齿轮齿距差<0.05mm，齿轮两端平行与两边盖子的间隙为 0.02～0.12 mm，齿顶间隙<3 mm，齿背间隙 0.03～0.05 mm

设备名称	检修项目	检修工艺	质量标准
真空皮带机	滤布	滤布冲洗与更换	(1) 安装新滤布时必须注意确保安全标识朝上,"指向"箭头指向右侧; (2) 确保新滤布按照旧滤布的痕迹装好; (3) 保证新滤布在旧滤布的轨道上,调整弯以达到较小的曲率
		滤布的轨迹调整	(1) 导向滚筒应根据汽车转向的相似方法调整,观察滤布转向痕迹,将滚筒调整到和橡胶皮带平行; (2) 移动支承臂 10 mm,则可移动滤布 40 mm; (3) 重新安装叶片,同时仔细检查红线是否成一直线,检查偏移是否保持在 16°,如果未保持在 16°,可移动控制器支架;调整后检查轨道对中运转 30 min
	输送胶带	轨道调整	检查滚轮没有在装配时遗留碎屑
	主驱动轴	检查	轴的弯曲度≤0.03 mm
	辅驱动轴	检查	轴的弯曲度≤0.03 mm
	托辊	检查	托辊的弯曲度≤0.05 mm
石膏皮带输送机	桁架的检修	(1) 检查桁架的裂纹、开焊变形及腐蚀; (2) 桁架是否固定牢固,有无松动	(1) 桁架裂纹时,必须焊接牢固; (2) 桁架变形应矫正平直,保证皮带直线运动,并无晃动现象
	皮带的检查与检修	(1) 检查有无裂纹及皮带磨损、老化现象; (2) 检查皮带的接头是否适宜牢固	(1) 皮带磨损不得超过厚度的 50%,并无裂纹; (2) 应采用分层搭接,搭接角为 30°～45°,搭接线分层交叉;硫化或固化处理牢固
	滚筒与托辊的检修	(1) 检查其表面有无裂纹或凹坑现象; (2) 检查磨损情况和轴线与机体中心的垂直度	(1) 应保证无裂纹或凹坑,否则应更换或焊补; (2) 厚度磨损不得超过 60%;（塑料材料不能超过 50%),垂直度公差为 1.5 mm
	轴与齿轮的检修	(1) 检查轴表面无损伤及裂纹; (2) 检查轴的粗糙度及公差; (3) 检查齿面的磨损及粗糙度; (4) 测定齿轮与轴的配合	(1) 轴表面应无损伤或裂纹,否则应予以更换; (2) 粗糙度<1.6,直线度公差为 0.015 mm/100 mm; (3) 磨损厚度应不超过齿厚的 25%,并应光洁,无裂纹、剥离等缺陷; (4) 齿轮与轴的配合为 H7/K6

中华人民共和国国家环境保护标准

工业锅炉及炉窑湿法烟气脱硫工程技术规范

Wet flue gas desulfurization project technical specification of industrial boiler and furnace

HJ 462—2009

前 言

为贯彻《中华人民共和国环境保护法》和《中华人民共和国大气污染防治法》，执行国家《锅炉大气污染物排放标准》、《工业炉窑大气污染物排放标准》，防治工业锅炉及炉窑大气污染，改善环境质量，制定本标准。

本标准对工业锅炉及炉窑湿法烟气脱硫工程的术语和定义、总体设计、脱硫工艺系统、材料和设备选择、施工与验收、运行与维护提出了技术要求。

本标准为首次发布。

本标准由环境保护部科技标准司组织制订。

本标准主要起草单位：浙江天蓝脱硫除尘有限公司、中国环境保护产业协会、北京市环境保护科学研究院、浙江大学环境工程研究所、杭州天蓝环保设备有限公司、北京西山新干线脱硫有限公司、六合天融（北京）集团公司、北京利德衡环保工程有限公司。

本标准环境保护部 2009 年 3 月 6 日批准。

本标准自 2009 年 6 月 1 日起实施。

本标准由环境保护部解释。

1 适用范围

本标准对工业锅炉及炉窑湿法烟气脱硫工程的术语和定义、总体设计、脱硫工艺系统、材料和设备选择、施工与验收、运行与维护提出了技术要求。

本标准适用于采用石灰法、钠钙双碱法、氧化镁法、石灰石法工艺，配用在蒸发量≥20 t/h（14 MW）的燃煤工业锅炉或蒸发量<400 t/h 的燃煤热电锅炉以及相当烟气量炉窑的新建、改建和扩建湿法烟气脱硫工程，可作为环境影响评价、设计、施工、环境保护验收及建成后运行与管理的技术依据。燃油、燃气工业锅炉的湿法烟气脱硫工程参照本标准执行。

2 规范性引用文件

本标准内容引用了下列文件中的条款。凡是不注日期的引用文件，其有效版本适用于本标准。

GB 8978　污水综合排放标准

GB 9078　工业炉窑大气污染物排放标准

GB 12348　工业企业厂界环境噪声排放标准

GB 13223　火电厂大气污染物排放标准

GB 13271　锅炉大气污染物排放标准

GB 18599　一般工业固体废物贮存、处置场污染控制标准

GB 50016　建筑设计防火规范

GB 50040　动力机器基础设计规范

GB 50212　建筑防腐蚀工程施工及验收规范

GB 50222　建筑内部装修设计防火规范

GBJ 87　工业企业噪声控制设计规范

GB/T 16157　固定污染源排气中颗粒物测定与气态污染物采样方法

HG 23012　厂区设备内作业安全规程

HJ/T 75　固定污染源烟气排放连续监测技术规范（试行）

HJ/T 76　固定污染源烟气排放连续监测系统技术要求及检测方法（试行）

HJ/T 179　火电厂烟气脱硫工程技术规范　石灰石/石灰-石膏法

《建设工程质量管理条例》（中华人民共和国国务院令　第 279 号）

《建设项目（工程）竣工验收办法》（计建设［1990］1215 号）

《建设项目环境保护竣工验收管理办法》（国家环境保护总局令　第 13 号）

《污染源自动监控管理办法》（国家环境保护总局令　第 28 号）

3　术语和定义

下列术语和定义适用于本标准。

3.1　脱硫装置
指脱硫塔以及配套的各类辅助设备、仪表、管路、建（构）筑物等的总称。

3.2　脱硫塔
指脱硫工艺中脱除 SO_2 等有害物质的反应装置。

3.3　脱硫剂
指脱硫工艺中用于脱除二氧化硫（SO_2）等有害物质的各类反应剂。脱硫剂包括石灰（主要成分为 CaO）、消石灰［主要成分为 $Ca(OH)_2$］、石灰石（主要成分为 $CaCO_3$）、氧化镁、氢氧化镁、烧碱、纯碱，以及电石渣、白泥等碱性废渣。

3.4　脱硫渣
指脱硫工艺中脱硫剂与 SO_2 等有害物质反应后生成的副产物、未反应的脱硫剂以及被脱硫系统捕集下来的烟尘等的混合物。

3.5　脱硫效率
指烟气通过脱硫装置脱除的 SO_2 的量与脱硫前烟气中所含 SO_2 量的比值，按公式（1）计算：

$$脱硫效率 = \frac{\rho_1 \times Q_1 - \rho_2 \times Q_2}{\rho_1 \times Q_1} \times 100\% \tag{1}$$

式中：ρ_1——脱硫前烟气中 SO_2 质量浓度，mg/m^3；

Q_1——脱硫前烟气流量，m^3/h；

ρ_2——脱硫后烟气中 SO_2 质量浓度，mg/m^3；

Q_2——脱硫后烟气流量，m^3/h。

3.6 装置可用率

指脱硫装置每年总运行时间与工业锅炉及炉窑每年总运行时间的百分比，按公式（2）计算：

$$可用率 = \frac{B}{A} \times 100\% \tag{2}$$

式中：A——工业锅炉及炉窑每年的总运行时间，h；

B——脱硫装置每年的总运行时间，h。

3.7 液气比

指脱硫装置处理单位体积烟气所需脱硫循环液的体积，即脱硫液循环体积流量与吸收塔入口工况烟气的体积流量的比值，单位为 L/m^3。

3.8 脱硫塔阻力

脱硫塔入口与出口烟气的全压差，单位为 Pa。

3.9 钙（镁）硫比

指脱硫剂的消耗量与脱硫装置脱除 SO_2 量的摩尔比值。

4 总体设计

4.1 一般规定

4.1.1 新建、改建和扩建工业锅炉及炉窑时，烟气脱硫装置应与主体工程同时设计、同时施工、同时投产使用。

4.1.2 脱硫塔宜布置在锅炉/炉窑引风机之后，即脱硫塔宜采用正压操作。

4.1.3 燃煤烟气应先进行除尘，并使烟气含尘量小于 400 mg/m^3（273 K，101.325 kPa）。当脱硫渣需资源化利用时，进入脱硫塔的烟气含尘量不宜大于 100 mg/m^3（273 K，101.325 kPa）。

4.1.4 烟气脱硫装置设计寿命应与工业锅炉及炉窑的剩余寿命相适应，一般不宜小于 20 年。

4.1.5 烟气脱硫装置的设计脱硫效率应满足相应的排放标准和总量控制的要求；装置的设计可用率不宜小于 98%。

4.1.6 脱硫装置界区内应设置废液收集系统。

4.1.7 脱硫装置的设计，应采取有效的隔声、消声、绿化等降低噪声的措施。噪声和振动控制的设计应符合 GBJ 87 和 GB 50040 的规定，厂界噪声应达到 GB 12348 的要求。

4.1.8 脱硫剂的储运、制备系统应有控制扬尘污染的措施。

4.1.9 脱硫渣暂不具备资源化利用条件的，在采取储存、堆放措施时，储存场、中转库等的建设和使用应符合 GB 18599 的规定。

4.1.10 脱硫装置的防火、防爆设计应符合 GB 50016、GB 50222 等有关标准的规定。

4.1.11 烟气脱硫工程设计、建设和运行中的职业卫生应按 HJ/T 179 的相关规定执行。

4.1.12 烟气脱硫工程设计、建设、运行过程中，除应符合本标准外，还应符合 GB 8978、GB 18599、GB 13223、GB 13271、GB 9078 等国家现行的环境保护法规和标准以及国家有关工程质量、安全等方面强制性标准的规定。

4.2 脱硫装置工艺参数的确定

4.2.1 脱硫装置工艺参数应根据工业锅炉及炉窑容量和负荷变化、燃料品质和变化趋势以及环境影响评价要求，经全面分析优化后确定。

4.2.2 新建燃煤锅炉的烟气脱硫装置入口烟气中的 SO_2 量可根据公式（3）估算：

$$M_{SO_2} = 2 \times K \times B_g \times (1 - \frac{q_4}{100}) \frac{S_{ar}}{100} \qquad (3)$$

式中：M_{SO_2}——脱硫装置入口烟气中的 SO_2 质量流量，kg/h；

K——燃料燃烧中硫的转化率（循环流化床锅炉在未加固硫剂时取 0.75～0.80，层燃炉取 0.80～0.85，煤粉炉取 0.90）；

B_g——锅炉额定负荷时的燃煤量，kg/h；

q_4——锅炉机械未完全燃烧的热损失，%；

S_{ar}——燃料的收到基硫分，%。

4.2.3 脱硫装置的设计脱硫效率不宜小于 90%。对于 65 t/h 以下工业锅炉脱硫装置在满足排放标准和总量控制要求的前提下，设计脱硫效率可适当降低，但不宜小于 80%。

4.2.4 脱硫装置的主要技术指标应符合表 1 的要求。

表 1 脱硫装置主要技术指标

序号	脱硫效率	脱硫方法	液气比/（L/m³）	钙（镁）硫比	循环液 pH 值
1	>90%	石灰法	>5	<1.10	5.0～7.0
2		氧化镁	>2	<1.05	5.0～7.0
3		石灰石法	>10	<1.05	5.0～6.0
4		双碱法	>2	<1.10	5.0～8.0

4.3 总图设计

4.3.1 脱硫工程应优先选用占地面积小、流程简洁的工艺。总图设计应符合 HJ/T 179 的相关要求。

4.3.2 脱硫剂制备系统与脱硫塔相距较远时，宜在各脱硫塔附近设置脱硫剂中间罐。

4.3.3 采用粉状脱硫剂时，物料装卸区的设置应考虑风向。采用碱性废渣如电石渣、白泥等作脱硫剂时，脱硫剂制备系统优先考虑布置在便于物料运输的地方。

5 脱硫工艺系统

5.1 一般规定

5.1.1 脱硫装置一般由脱硫剂制备与输送系统、吸收系统、脱硫渣处理系统、烟气系统、自控和在线监测系统等组成。

5.1.2 工业锅炉及炉窑湿法烟气脱硫参考工艺流程有石灰法工艺流程（图1）、钠钙双碱法工艺流程（图2）、氧化镁法工艺流程（图3）、石灰石法工艺流程（图4）等。

5.2 脱硫剂的选择、浆液制备与输送系统

5.2.1 脱硫剂的选择

5.2.1.1 脱硫剂的选择应充分考虑当地可用的各种脱硫剂资源、运输条件，并结合脱硫渣的利用与处置情况、技术经济指标，经综合比选后确定。

5.2.1.2 当厂址附近有可靠的新鲜电石渣可利用时，宜优先选用电石渣作为脱硫剂，电石渣中氢氧化钙［(Ca(OH)$_2$]含量宜大于75%（干基），酸不溶物宜小于5%（干基）。

5.2.1.3 选用石灰作为脱硫剂时，石灰中氧化钙（CaO）含量宜大于75%，酸不溶物宜小于5%（干基）；选用消石灰粉做脱硫剂时，消石灰粉中氢氧化钙［Ca(OH)$_2$]含量宜大于90%（干基），酸不溶物宜小于3%（干基）。

5.2.1.4 选用氧化镁作脱硫剂时，氧化镁（MgO）含量宜大于85%，酸不溶物宜小于3%（干基）。

5.2.1.5 选用石灰石粉作为脱硫剂时，石灰石粉中碳酸钙（CaCO$_3$）的含量宜大于90%，石灰石粉的细度应保证250目90%过筛率。

5.2.2 脱硫剂浆液的制备

5.2.2.1 脱硫剂浆液制备系统应设置脱硫剂的计量装置，脱硫剂浆液的浓度应控制在工艺允许的范围内，脱硫剂浆液的浓度与消耗量宜纳入自动控制系统。

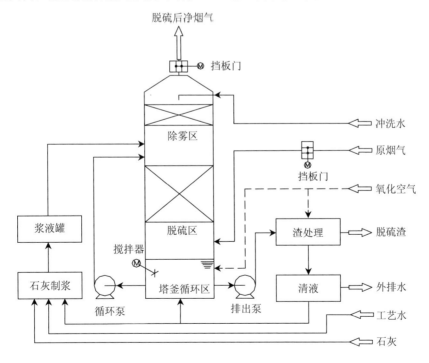

图 1 石灰法工艺流程

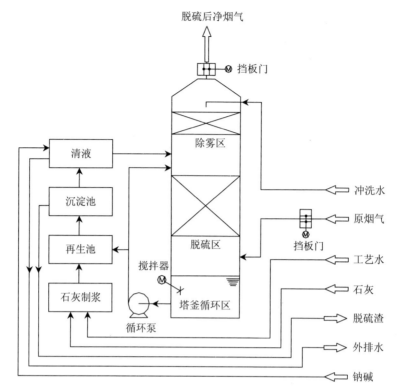

图 2　钠钙双碱法工艺流程

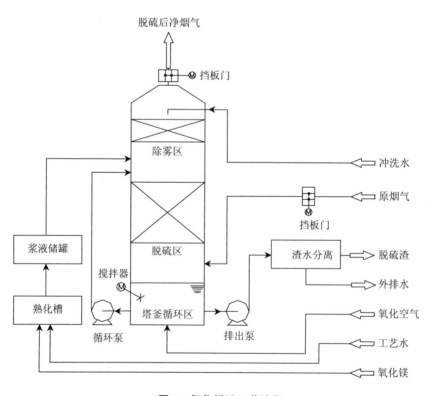

图 3　氧化镁法工艺流程

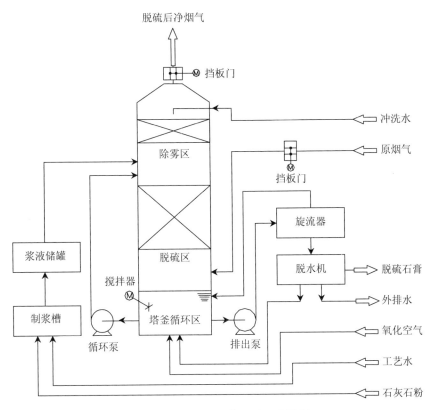

图4 石灰石法工艺流程

5.2.2.2 石灰或氧化镁作为脱硫剂时，浆液细度应至少保证200目90%的过筛率，否则应设置预处理系统。当采用电石渣等碱性废渣作脱硫剂时，应设置脱硫剂预处理系统。

5.2.2.3 脱硫剂浆液制备系统宜设为公用系统，宜按两套或多套脱硫装置合用一套浆液制备系统设置。

5.2.2.4 脱硫剂浆液制备系统的出力应按设计工况下脱硫剂消耗量的150%设计，脱硫剂浆液储罐的容量宜不小于设计工况下2 h的浆液消耗量。

5.2.2.5 脱硫剂用量大于3 t/d时，宜采用自动加料系统。

5.2.2.6 脱硫剂的储存宜采取必要的措施防止脱硫剂吸潮、变质与板结。

5.2.3 脱硫剂输送

5.2.3.1 粉状脱硫剂的装卸宜采用气力输送或提升机等密闭装卸方式，粉料仓的设计容积应不少于2 d的脱硫剂消耗量。

5.2.3.2 每台脱硫塔宜设置两台脱硫剂浆液供应泵，一台运行，一台备用。脱硫剂浆液供应量的控制宜通过变频调速等办法来实现，并纳入自动控制系统。

5.2.3.3 浆液管道设计时应根据介质特性，选择合适的材质与流速。

5.2.3.4 浆液管道上的开关阀门宜选用蝶阀。

5.2.3.5 浆液管道上应有排空和停运后的冲洗设施。

5.2.3.6 浆液罐/池应根据介质的特性采取可靠的防腐措施,防腐材料可按6.1的要求选取。

5.2.3.7 所有浆液罐/池均应装设防沉积装置,如加装桨叶式搅拌器、气力/水力搅拌装置等。

5.3 吸收系统

5.3.1 每台工业锅炉及炉窑宜配置一台脱硫塔。

5.3.2 进入脱硫塔前的烟气温度超过 150℃时宜设置必要的烟气降温系统，进入脱硫塔前的烟气温度偶尔超过 150℃时宜设计应急降温设施。

5.3.3 脱硫后烟气应经除雾器脱水后才能进入烟囱，除雾器出口烟气中雾滴的设计质量浓度宜小于 75 mg/m³。

5.3.4 除雾器宜设置在脱硫塔内，装在塔内的除雾器应设置清洗装置。除雾器的型式与安装位置应充分考虑检修维护方便。

5.3.5 循环泵入口宜装设滤网。

5.3.6 脱硫塔外应设置供检修维护的平台和扶梯，平台设计荷载不得小于 4 000 N/m²，塔体及烟道应设置足够的人孔或检修孔。

5.3.7 脱硫塔及其内部结构应考虑防磨、防腐、防冲刷。

5.4 脱硫渣处理系统

5.4.1 当采用钙基化合物脱硫剂时，脱硫渣应氧化，并考虑副产物的综合利用。

5.4.2 当采用镁基化合物脱硫剂时，应考虑亚硫酸镁、亚硫酸氢镁或硫酸镁的回收利用，脱硫产物不回收时，外排脱硫液应充分氧化。

5.4.3 脱硫渣处理系统宜按公用系统设置。

5.4.4 脱硫渣处理系统的处理能力应大于系统最大脱硫渣量的 150%。

5.5 烟气系统

5.5.1 热态烟气量≤140 000 m³/h（相当于蒸发量 65 t/h 锅炉烟气量）的工业锅炉及炉窑烟气脱硫工程不得设置烟气旁路。

5.5.2 热态烟气量＞140 000 m³/h（相当于蒸发量＞65 t/h 锅炉烟气量）的工业锅炉及炉窑烟气脱硫工程，不宜设置烟气旁路。如确需设置烟气旁路，应保证脱硫装置进、出口和旁路烟道上的挡板门具有良好的操作和密封性能，旁路挡板门的开启时间应能满足脱硫装置故障不影响锅炉/炉窑安全运行的要求。

5.5.3 所有烟道均应进行保温。

5.5.4 与脱硫后的低温湿烟气接触的烟道和烟囱均应采取必要的防腐措施，并设疏水装置。

5.5.5 脱硫装置入口烟道要充分考虑烟气在此处的温度和湿度变化而可能造成的腐蚀。

5.5.6 脱硫装置入口和出口烟道上应按 GB/T 16157、HJ/T 75、HJ/T 76 的要求设置检测孔点，并建立永久检测采样工作平台。

5.5.7 烟道系统的设计应尽可能降低烟气的阻力，避免出现急弯，必要时设置导流板，烟道上应设置足够数量的膨胀节（伸缩节）。

5.6 自控和在线监测系统

5.6.1 脱硫装置应配备自动控制系统，具有完善的模拟量控制、顺序控制、联锁、保护、报警等功能，设集中和现场两种操作方式。

5.6.2 自控系统应对脱硫装置的脱硫剂浓度、脱硫液 pH 值、液位、系统阻力、烟气温度、循环泵电流、物料消耗等主要参数进行监控。

5.6.3 关键工艺控制参数，如脱硫剂的浓度、脱硫液的 pH 值、液位等应进行自动调节与控制。多套脱硫装置宜合用一套控制系统进行集中控制。

5.6.4 脱硫装置应按照《污染源自动监控管理办法》的规定安装烟气连续监测系统，并与当地环保部门联网。连续监测系统的技术要求、安装部位、监测方法、数据传输等应符合 HJ/T 75 和 HJ/T 76 的规定。

5.7 外排水系统

5.7.1 脱硫装置的浆液、清液以及冷却水等应循环利用。

5.7.2 少量外排液应经氧化、沉淀、分离等处理，并按照国家有关规定排放。

5.8 供电系统

5.8.1 新建锅炉/炉窑脱硫装置的供电系统应与锅炉/炉窑同步设计、建设。

5.8.2 已有锅炉/炉窑新建或改建脱硫装置时应充分利用已有供电系统的余量。已有的电力负荷余量不足时可按 HJ/T 179 的相关要求重新设计独立的脱硫供电系统。

5.8.3 脱硫配电室应靠近脱硫装置用电负荷中心布置，宜设置独立的电度表。

6 材料、设备选择

6.1 材料选择

6.1.1 金属材料的选择参照 HJ/T 179 的相关要求执行。

6.1.2 用于防腐蚀和防磨损的非金属材料性能应符合 HJ/T 179 的规定，其适宜的使用部位见表 2。对含氟较高的烟气，防腐材料中不得含有玻璃成分。

表 2　主要非金属材料及使用部位

序号	材料名称	材料主要成分	使用部位
1	玻璃鳞片树脂	玻璃鳞片 乙烯基酯树脂 酚醛树脂 环氧树脂	脱硫后净烟气、低温原烟气段、脱硫塔、脱硫浆液箱罐等内衬
2	花岗岩	二氧化硅	脱硫塔塔体、副塔、烟道、文丘里 沉淀池、浆液池、滤液池内衬
3	塑料	聚丙烯、聚乙烯、聚氨酯、聚氯乙烯等	脱硫液管道、除雾器、泵叶轮、泵体内衬
4	玻璃钢	玻璃纤维 乙烯基酯树脂 酚醛树脂	脱硫塔喷淋层、管道、箱罐 脱硫塔出口烟道 脱硫塔塔体
5	陶瓷	碳化硅、氮化硅	脱硫喷嘴、冷却降温喷嘴
6	橡胶	氯化丁基橡胶 氯丁橡胶 丁苯橡胶	脱硫塔、管道、箱罐、水力旋流器等的内衬 真空皮带机、输送皮带

6.2 设备选择

6.2.1 脱硫装置各设备的选择和配置应考虑脱硫装置长期可靠运行的要求。

6.2.2 常用的流体输送设备宜设置备用，浆液循环泵可按多用一备设置，涉及浆液的备用泵其进出管路也宜设置备用。

6.2.3 出渣设备宜设置备用。多套脱硫装置合用一套渣处理系统时，渣处理系统中的主设备宜配置 2 台设计能力均为总处理能力 75%以上的相同设备。

6.2.4 当选用压滤机作脱水设备时应充分考虑其间歇运行的特点，设置不小于 4 h 容量的缓冲池/罐。

6.2.5 循环泵的过流部件应能耐固体杂质（颗粒）磨损、耐酸腐蚀、耐高氯离子腐蚀。

7 施工与验收

7.1 施工

7.1.1 工程施工应符合 HJ/T 179 的相关规定。

7.1.2 防腐内衬的施工应严格按照 GB 50212 相关的施工规范执行。

7.2 验收

7.2.1 脱硫装置的工程验收应依据设计文件和设计变更文件、工程合同、设备供货合同和合同附件、技术规范书等文件。

7.2.2 应对脱硫装置各部件和附属设备进行必要的检查与单独试运转试验，并及时解决试验中发现的问题。

7.2.3 脱硫装置热态调试结束后应进行 72 h 连续试运行验收测试。

7.2.4 环境保护验收应按《建设项目竣工环境保护验收管理办法》的规定进行。验收时，除《建设项目竣工环境保护验收管理办法》规定的验收材料以外，申请单位还应提供工程质量验收报告和脱硫装置性能试验报告，性能试验报告的主要参数应包括：

    1）脱硫效率；

    2）水消耗量；

    3）系统压力降；

    4）脱硫剂消耗指标；

    5）电能消耗。

8 运行与维护

8.1 一般规定

8.1.1 脱硫装置运行单位应设立环境保护管理机构，配备足够的操作、维护、检修人员及脱硫装置检测仪器，制定脱硫装置运行及维护的规章制度。

8.1.2 岗位员工应熟悉脱硫工艺和设施的运行及维护要求，具有熟练的操作技能，遵守劳动纪律，执行操作规程，通过培训考核上岗。

8.1.3 岗位员工应填写运行记录，做好脱硫剂的领用与验收、脱硫渣的清运工作，严格执行巡回检查制度和交接班制度。

8.1.4 应制订脱硫剂的采购计划，制订脱硫装置中、大检修计划和应急预案。

8.2 运行

8.2.1 脱硫装置投运前，应全面检查运行条件，符合要求后才能按开车程序依次启动脱硫装置各系统。

8.2.2 脱硫装置投运后应尽快切换到自动控制状态；锅炉/炉窑工况变化时，应通过调节保证正常运行和达标排放。

8.2.3 脱硫塔入口烟气温度应低于设计温度。

8.2.4 运行过程中应认真观察各运行参数变化情况，重点保证循环液 pH 值和烟气系统的阻力在指标范围内运行。

8.2.5 检查脱硫剂与脱硫渣的库存量应定期检查，及时补加脱硫剂，清运脱硫渣，确保物料进出平衡。

8.2.6 定期进行仪器、仪表的校验。对重要控制指标如脱硫液的 pH 值、浓度、比重、脱硫剂成分等应每天进行手工检测分析并与仪表显示值进行比对。

8.2.7 当环境温度低于冰点温度时，系统停机时要做好保温防冻工作。

8.2.8 浆液输送管道停用时，应及时排空并清洗。

8.2.9 系统停车时间较长时，宜采取有效措施避免脱硫剂的板结与失效，清空脱硫剂储仓/储罐内的物料。

8.3 维护保养

8.3.1 脱硫装置的维护保养应纳入全厂的维护保养计划中，并制定脱硫装置详细的维护保养规程。

8.3.2 运行管理人员和维护人员应熟悉维护保养规定。

8.3.3 维修人员应根据维护保养规程定期检查、更换或维修必要的部件，做好维护保养记录。

8.3.4 维护保养包括正常运行时的检查、管路和设备清扫、疏通堵塞、定期加注或更换润滑油（脂）、小修、中修和大修。

8.3.5 对于取暖锅炉等间隙运行的脱硫系统应重视其停运期间的保养。

8.3.6 设备检修时应做好安全防范，切断设备电源，在检修门、电控柜处挂"警示牌"。人员需进入脱硫塔及箱罐内时，应执行 HG 23012 的要求。

中华人民共和国国家环境保护标准

水泥工业除尘工程技术规范

Dust collection project technical specification of cement industry

HJ 434—2008

前 言

为贯彻执行《中华人民共和国环境保护法》、《中华人民共和国大气污染防治法》和《水泥工业大气污染物排放标准》，规范水泥工业除尘工程建设，控制水泥生产中的粉尘(烟尘)排放，改善环境质量，促进水泥工业技术进步和可持续发展，制定本标准。

本标准规定了水泥工业除尘工程系统设计、设备制造和验收、工程设备的安装调试及使用中的维护保养、运行管理等内容。

本标准为首次发布。

本标准由环境保护部科技标准司组织制订。

本标准主要起草单位：中国建筑材料集团公司合肥水泥研究设计院、中国环境保护产业协会（袋式除尘委员会）、中国中材集团公司河南中材环保有限公司、武汉天澄环保科技股份有限公司、浙江洁华环保科技有限公司、中国中材集团公司天津水泥工业设计研究院、西安西矿环保科技有限公司。

本标准环境保护部 2008 年 6 月 6 日批准。

本标准自 2008 年 9 月 1 日起实施。

本标准由环境保护部解释。

1 适用范围

本标准规定了水泥工业除尘工程设计、施工、验收和运行的技术要求。

本标准适用于水泥工业新建、改建、扩建除尘工程从设计、施工到验收、运行的全过程管理和已建除尘工程的运行管理，可作为水泥工业建设项目环境影响评价、环境保护设施设计与施工、建设项目竣工环境保护验收及建成后运行与管理的技术依据。

2 规范性引用文件

本标准内容引用了下列文件中的条款。凡是不注日期的引用文件，其有效版本适用于本标准。

GB 4915　　水泥工业大气污染物排放标准

GB 8978　　污水综合排放标准

GB 12348	工业企业厂界噪声标准
GB 15577	粉尘防爆安全规程
GB 50040	动力机器基础设计规范
GB 50051	烟囱设计规范
GB/T 50058	爆炸和火灾危险环境电力装置设计规范
GB 50193	二氧化碳灭火系统设计规范
GB 50231	机械设备安装工程施工及验收通用规范
GB 50236	现场设备、工业管道焊接工程施工及验收规范
GB 50254	电气装置安装工程低压电器施工及验收规范
GB 50255	电气装置安装工程电力变流设备施工及验收规范
GB 50256	电气装置安装工程起重机电气装置施工及验收规范
GB 50257	电气装置安装工程爆炸和火灾危险环境电气装置施工及验收规范
GB 50258	电气装置安装工程 1kV 及以下配线工程施工及验收规范
GB 50259	电气装置安装工程电气照明装置施工及验收规范
GB 50275	压缩机、风机、泵安装工程施工及验收规范
GB 50295	水泥工厂设计规范
GB/T 13306	标牌
GB/T 13931	电除尘器性能测试方法
GB/T 15605	粉尘防爆泄压指南
GB/T 16157	固定污染源排气中颗粒物测定与气态污染物采样方法
GB/T 16845.1	除尘器　术语　第一部分：共性术语
GB/T 16845.2	除尘器　术语　第二部分：惯性式、过滤式、湿式除尘器术语
GB/T 16845.3	除尘器　术语　第三部分：电除尘器术语
GB/T 16911	水泥生产防尘技术规程
GBJ 16	建筑设计防火规范
GBJ 87	工业企业噪声控制设计规范
GBJ 126	工业设备及管道绝热工程施工及验收规范
GBZ 1	工业企业设计卫生标准
HJ/T 76	固定污染源排放烟气连续监测系统技术要求及检验方法
HJ/T 212	污染源在线自动监控（监测）系统数据传输标准
HJ/T 256	建设项目竣工环境保护验收技术规范　水泥制造
HJ/T 284	环境保护产品技术要求　袋式除尘器用电磁脉冲阀
HJ/T 320	环境保护产品技术要求　电除尘器高压整流电源
HJ/T 321	环境保护产品技术要求　电除尘器低压控制电源
HJ/T 322	环境保护产品技术要求　电除尘器
HJ/T 324	环境保护产品技术要求　袋式除尘器用滤料
HJ/T 325	环境保护产品技术要求　袋式除尘器　滤袋框架
HJ/T 326	环境保护产品技术要求　袋式除尘器用覆膜滤料
HJ/T 327	环境保护产品技术要求　袋式除尘器　滤袋

HJ/T 328	环境保护产品技术要求 脉冲喷吹类袋式除尘器
HJ/T 329	环境保护产品技术要求 回转反吹袋式除尘器
HJ/T 330	环境保护产品技术要求 分室反吹类袋式除尘器
JB/T 5910	电除尘器
JB/T 5915	袋式除尘器用时序式脉冲喷吹电控仪
JB/T 6407	电除尘器调试、运行、维修安全技术规范
JB/T 8471	袋式除尘器安装 技术要求与验收规范
JB/T 8536	电除尘器机械安装技术条件
JB/T 9688	电除尘用晶闸管控制高压电源
JB/T 10191	袋式除尘器 安全要求 脉冲喷吹类袋式除尘器用分气箱
JB/T 10340	袋式除尘器压差控制仪
JB/T 10341	滤筒式除尘器
JC/T 358.1	水泥工业用电除尘器型式与基本参数
JC/T 358.2	水泥工业用电除尘器技术条件
JC/T 405	水泥工业用增湿塔
JC/T 768	玻璃纤维过滤布
JCJ 03	水泥机械设备安装工程施工及验收规范

《建设项目竣工环境保护验收管理办法》（国家环境保护总局令第 13 号）
《污染源自动监控管理办法》（国家环境保护总局令第 28 号）

3 术语和定义

GB/T 16845.1、GB/T 16845.2 和 GB/T 16845.3 确立的以及下列术语和定义适用于本标准。

3.1 粉尘负荷
指运行条件下，单位面积的滤袋结构内部与滤袋表面附着的粉尘总质量，单位为 g/m^2。

3.2 粉尘比电阻（粉尘有效比电阻或表观比电阻）
指悬浮于含尘气体中的粉尘粒子荷电后被捕集在收尘极上呈堆积状态，在一定温度、湿度、气体成分的情况下，单位面积的粉尘在单位厚度时所具有的电阻值，单位为 $\Omega \cdot cm$。

3.3 单机袋式除尘器（除尘机组）
指排风机安装在除尘器本体上的袋式除尘器。

3.4 滤袋使用寿命
指袋式除尘器的一批滤袋从开始使用到该批次滤袋的 15% 发生破损或拉伸强度低于初始强度 50%（以先出现的情况为准）所经历的时间。

3.5 通风设备
指在水泥工业生产过程中，因通入自然空气而产生含尘气体的设备。

3.6 热力设备
指在水泥工业生产过程中，因通入温度高于自然空气温度的热气体而产生含尘气体的设备，包括水泥窑及窑磨一体机、烘干机、烘干磨、煤磨及冷却机。

3.7 板电流密度

指电除尘器极板上单位收尘面积的电流值，单位为 mA/m²。

4 总体设计

4.1 一般规定

4.1.1 新建水泥企业应配套建设除尘工程，现有水泥企业配套建设的除尘工程，其设计文件应按规定的内容和深度完成报批和批准程序。

4.1.2 除尘工程应根据水泥生产工艺合理配套，除尘器出口颗粒物排放应符合 GB 4915 或所在地方排放标准规定的限值。

4.1.3 水泥工业除尘工程除应符合本标准规定外，还应符合国家现行有关工程质量、安全卫生、消防等方面的强制性标准的规定。

4.1.4 除尘工程应由具有相应设计资质的单位设计。厂址选择和工程设计应符合GB/T16911和 GB 50295 的规定，满足环境影响评价报告、审批文件及本标准规定的要求。

4.1.5 水泥企业应把除尘设施作为生产系统的一部分进行管理。

4.1.6 水泥生产各阶段应通过优化工艺设计、设备选型和运行操作等措施，减少含尘气体排出量，稳定排出含尘气体。

4.2 含尘气体的性质和气体量

4.2.1 含尘气体性质应根据测试或同类型生产设备（设施）所排含尘气体性质确定，性质包括：粉尘种类、含尘质量浓度、气体成分、温度、压力、含湿量、露点、粉尘的特征等，没有实际数据的情况下可参照附录 A 选取。

4.2.2 粉尘的特征包括粒径分布、密度、容重、休止角、磨损性、浸润性、光学特征、自燃性和爆炸性、黏性、比电阻等。

4.2.3 含尘气体量在运行中以工况状态表示，热力设备所排的气体量应根据水泥工艺设计的热平衡计算确定，监测或检测等以标准状态核算。气体量随设备和工艺条件的不同而不同，可参照同类工程或附录 B 选取。

4.3 除尘工艺流程

4.3.1 除尘工艺流程和参数应根据生产设备（设施）的类型、能力、生产方式，所排含尘气体的性质，粉尘种类、排放要求和环境影响评价的要求经全面优化后确定。

4.3.2 除尘系统在保证含尘气体被充分捕集的前提下，应根据含尘气体的性质、结合经济原则，选取一个污染源配置一台除尘设备的单独除尘方式或多个污染源配置一台除尘设备的集中除尘方式。含不同性质粉尘的含尘气体宜单独除尘，集中除尘收集的粉尘应进入对生产影响最小的物料中。

4.3.3 新型干法水泥生产线烧成系统宜采用窑磨一体化生产工艺，含尘气体统一收集处理。

4.3.4 除尘系统应采取强制通风负压系统，宜采用一级除尘。

4.3.5 除尘系统包括集尘罩、风管、预处理设施、除尘器、排灰设备、锁风装置、排风机、烟气连续监测系统、排气筒、温度及压力检测元件、主风管阀门、电气及控制系统，以及压缩空气供给、一氧化碳检测等辅助系统，不同系统有所取舍。

4.3.6 处理含有易燃易爆粉尘（如煤粉）的含尘气体，必须选择具有泄爆功能的除尘器，除尘器的设计、制造必须符合有关防燃、防爆的规定。煤磨除尘系统应设置温度、一氧化碳体积分数等监测及自动灭火装置。

4.3.7 除尘系统不得设置旁路风管。生产工艺参数波动大的除尘系统应设置缓冲或预处理设施。

4.3.8 带式输送机转运处物料落差不能过大，溜角宜小于等于 50º。

4.3.9 布置在带式输送机上游的袋式除尘器排灰管应避免垂直下落，排料溜子要设置缓冲倾斜段。

4.3.10 水泥厂主要有组织、无组织排放点及推荐的除尘方式见表 1。

表 1　水泥厂主要有组织、无组织排放点及推荐的除尘方式

	排放点	推荐的除尘方式
有组织排放	破碎	集尘罩+袋式除尘器
	烘干机	袋式除尘器
	煤磨	防爆袋式除尘器
	生料磨	脉冲袋式除尘器
	新型干法窑窑头	电除尘器、袋式除尘器
	新型干法窑窑尾+生料磨	袋式除尘器、电除尘器
	立窑	袋式除尘器
	水泥磨	脉冲袋式除尘器
无组织排放	库顶	脉冲单机袋式除尘器或气箱脉冲袋式除尘器
	库底卸料器	脉冲单机袋式除尘器或分别用集尘罩抽吸，集中用袋式除尘器处理
	散装车	集尘罩+袋式除尘器
	皮带机转运处	集尘罩抽吸后集中用袋式除尘器处理
	立窑卸料	可设抽风管送入立窑袋式除尘器入口
	包装机	集尘罩+袋式除尘器

4.4 除尘器

4.4.1 水泥工业除尘应采用袋式除尘器或电除尘器。

4.4.2 除尘器应尽可能布置在污染源附近。露天布置的除尘器应有防雨措施。煤粉除尘器距四周墙壁应大于 2m，4m 范围内不宜设置通行楼梯和电气箱（柜）。

4.4.3 除尘器的噪声控制应以 GB 12348 为依据，按 GBJ 87 的相应规定执行。

4.5 风管和集尘罩

4.5.1 除连接口外，风管宜采取圆形截面，尽量减少弯管，弯管半径取 $R=(1.5\sim3)D$（D 为风管直径或当量直径）。

4.5.2 风管内风速：倾斜管道宜取 12～16m/s（煤粉管道与水平面倾斜角度宜大于 70º），垂直管道宜取 8～12m/s，水平管道宜取 18～20m/s。

4.5.3 风管系统布置应防止管道积灰，不宜设置水平风管，必须设置时应尽可能短且便于清灰。易积灰的地方应设置清灰孔并采取防漏风措施。

4.5.4 处理热烟气时，风管与除尘器的进出气口法兰之间应安装膨胀节。

4.5.5 风管应根据使用工况进行相应的防腐处理。

4.5.6 风管系统的适宜部位可装设阀门。当排风机功率超过 45kW 时，阀门应能实现控制室调节。在煤磨除尘器进口主风管上应设置气动阀门。

4.5.7 采用法兰连接的风管应在法兰连接处采取密封措施。

4.5.8 除尘器进风管上应按照 GB/T16157 的规定设置永久采样孔，必要时设置测试平台。

4.5.9 集尘罩的设置应靠近尘源，使罩口迎着粉尘散发的方向。其结构形式应便于安装和

拆卸操作。

4.5.10 从环境进入集尘罩的风量应适当，由尘源与集尘罩边缘缝隙吸入环境空气的流速应控制在 0.25～0.5m/s。

4.5.11 集尘罩抽气口不宜设在物料处于搅动状态的区域附近。对于粉状物料，抽气口截面风速 1m/s 左右为宜；对于块状物料，抽气口截面风速应不大于 3m/s。

4.5.12 在几个支风管向一个总风管汇合或总风管分为几个支风管时，必须进行阻力平衡计算，根据风量确定各风管的截面积，必要时可在支风管上加装阀门调整风量。支风管一般不宜超过 6 个。

4.5.13 电除尘器风管必须垂直于进出气口法兰，垂直段的长度不小于 3 倍的风管当量直径。如现场条件不能达到以上要求，则应在弯头内增加导流装置。对具有双进气口的电除尘器，除以上要求外，风管的设计还应保证两个进气口的烟气量分布均匀。风管的横断面积应近似等于电除尘器的进出气口法兰横断面积，如现场条件不能达到以上要求，应设置扩散器，扩散器的扩散角一般为 60°，最大不能超过 90°，对大于 60°的扩散器内部应设置扩散板。

4.6 排风机

4.6.1 排风机应符合国家或行业相应产品标准，其选型应满足所处理介质的要求。

4.6.2 排风机的风量宜为除尘器处理风量的 1.10～1.15 倍，压头取系统全阻力的 1.2 倍。

4.6.3 选择排风机配套电机时，应将轴功率除以风机效率、机械传动效率，乘以安全系数后，再圆整到现行电机规格。安全系数通常取 1.05～1.20。

4.7 排气筒

4.7.1 排气筒的高度应符合 GB 4915 的规定，排气筒设计应符合 GB 50051 的规定。

4.7.2 排气筒的出口直径宜根据气体出口流速确定，气体出口流速可取 10～16m/s。

4.7.3 排气筒应设置永久采样孔和采样测试平台。采样孔应符合 GB/T 16157 的规定。必要时应预留连续监测装置安装位置。

4.7.4 排气筒应做防腐处理。

4.8 温度及压力检测

4.8.1 热力设备除尘器的进气风管和煤磨除尘器灰斗上应设置温度检测，通风设备除尘系统可按生产工艺要求设置温度检测。

4.8.2 除尘系统运行压力检测应按生产工艺要求设置。

4.9 保温

4.9.1 对处理含尘气体可能结露的除尘器和风管应采取保温措施，内壁的最低温度高于露点温度 8～10℃；当按照平板稳定传热计算时，环境温度按照当地极端最低温度取值。通过温度较高含尘气体的风管也宜敷设保温层。

4.9.2 保温材料应紧贴设备壳体、固定牢固。保温层外应敷设保护板，保护板应固定，保护板与固定骨架之间应加隔热垫，固定方式应考虑除尘器壳体热胀冷缩的影响。

4.9.3 在压缩空气凝结水可能结冰的地区，其压缩空气管路及净化装置宜采取保温或伴热措施。

5 预处理

5.1 为确保窑头、窑尾除尘系统达标排放，应根据经济的原则设置预处理设施，使含尘气体的物理状态适应相应除尘器要求的使用条件。如选用袋式除尘器时，应将烟气温度降至滤料可承受的长期使用温度范围内；窑尾选用电除尘器时，应使粉尘比电阻小于 $10^{11}\Omega \cdot cm$。

5.2 预处理技术包括调整含尘气体物理状态的调质技术和余热利用技术，应优先采用烘干原料、燃料或余热发电的余热利用技术。

5.3 降温调质应优先采用喷水雾化增湿技术，也可根据实际情况选用强制风冷或掺冷风技术；为降低比电阻的调质技术应采用喷水雾化增湿技术。

5.4 窑头选用电除尘器时，如设备允许、可在蓖冷机蓖床上或合适位置进行喷水增湿，使烟气露点高于 25℃。

5.5 增湿塔应符合 JC/T 405 的规定。增湿塔内径可按式（1）和（2）确定：

$$D = \sqrt{\frac{4Q}{3\,600\pi v}} = \sqrt{\frac{Q}{2\,826v}} \tag{1}$$

$$H = t \times v + l \tag{2}$$

式中：D——增湿塔筒体内径，m；

　　　Q——处理气体量，m³/h；

　　　v——增湿塔筒体内气流平均速度，m/s，一般取 1.5～3.0m/s（大型增湿塔取高值）；

　　　H——增湿塔有效高度，m；

　　　t——液滴蒸发时间，s，一般取 9～15s；

　　　l——喷嘴喷雾射程，m。

6 袋式除尘器

6.1 一般规定

6.1.1 袋式除尘器应符合 HJ/T 328、HJ/T 329、HJ/T 330 的规定，滤筒式除尘器应符合 JB/T 10341 的规定。

6.1.2 袋式除尘器部件、滤料应符合 HJ/T 327、HJ/T 325、HJ/T 324、HJ/T 284、HJ/T 326 的规定。

6.1.3 袋式除尘器的技术文件应参照附录 C 标明主要参数。因设备结构不同，可作相应增减。

6.1.4 袋式除尘器运行阻力宜小于 1 800Pa。

6.1.5 袋式除尘器本体漏风率根据其使用负压的大小确定，应小于表 2 数值。

表2　袋式除尘器本体漏风率

工作负压 P/Pa	$P \leq 3\,000$	$3\,000 < P \leq 6\,000$	$P > 6\,000$
漏风率 a/%	2.5	3.0	3.5

设备漏风率应按式（3）计算：

$$a = \frac{Q_c - Q_i}{Q_i} \times 100\% \tag{3}$$

式中：a——漏风率，%；

Q_i——标准状态入口风量，m^3/h；

Q_c——标准状态出口风量，m^3/h。

漏风率测定应进行三次，取其算术平均值。

6.2 袋式除尘器结构

6.2.1 袋式除尘器的结构主要包括箱体、灰斗、滤袋、清灰机构、输灰及排灰装置、控制柜（箱）及煤磨袋式除尘器的防爆门等。

6.2.2 箱体应满足以下规定：

a）箱体的强度应能承受系统压力，设计承载压力应不小于系统产生的最大承载压力的120%。煤磨除尘器的箱体设计应考虑承受煤粉爆炸压力（约20 000Pa）。

b）箱体壁板应进行防腐处理，腐蚀裕度不小于1mm。

c）反吹风除尘器的箱体隔板要考虑承受交变载荷的刚度，滤袋吊挂机构的预紧拉力应符合 JB/T 8471 的规定。

d）脉冲喷吹除尘器花板在加强后应能承受系统压力、滤袋自重及最大粉尘负荷，并在此基础上增加不小于 1 mm 的腐蚀裕度。根据机组规格大小，花板厚度至少应≥4 mm。

6.2.3 灰斗的强度应按不小于满负荷工况下承载能力的150%设计，并能保证长期承受系统压力和满斗积灰的重力。灰斗的容积应考虑输灰设备检修期内的储灰量。除单机袋式除尘器外，灰斗应设置检修门。灰斗的夹角宜大于 60°，煤磨除尘器灰斗与水平面的夹角应大于 70°，对黏性较大的粉尘宜在灰斗设捅料和清堵装置，处理易结露含尘气体的袋式除尘器应设置加热器及振动器（或清堵设施）。

6.2.4 支柱（腿）的设计应牢固可靠，满足袋式除尘器的强度和刚度要求。考虑因素包括除尘器的设备重量（包括满斗灰重）、当地的最大风载荷、雪载荷、人员活动载荷和地震设防附加载荷。

6.2.5 高度大于 4m 的直爬梯应配备护栏，底层护栏距起始面约 2m。

6.2.6 滤袋框架除应符合 HJ/T 325 规定外，对于带文丘里管的袋式除尘器，其文丘里管应与框架组装在一起，文丘里管与滤袋框架两者接触断面的同心度公差不大于 1.0mm。

6.2.7 滤料应符合 HJ/T 324、HJ/T 326、JC/T 768 的规定。滤袋应符合 HJ/T 327 规定，还应适应含尘气体的性质，且在正常工况及操作下，滤袋使用寿命应大于 2 年。

6.2.8 排灰设备和卸灰装置应符合相应机电产品标准，满足最大卸灰量和锁风要求。

6.2.9 脉冲喷吹类袋式除尘器用分气箱和气包应符合 JB/T 10191 的规定。

6.2.10 反吹风机全压和流量应大于清灰所需压力和风量的 1.3 倍。

6.2.11 泄压装置应灵活可靠，以保证有效泄压，其规格和布置应符合 GB/T 15605 的规定。

6.2.12 反吹风气路系统应配备气动阀。为窑、磨等主机配套的反吹风袋式除尘器，每单元进气管路上应加装手动碟阀。

6.2.13 开启气动阀的压缩空气宜经过滤器、调压阀和给油器组成的气动三连体净化，脉冲清灰用压缩空气应经过滤器、调压阀组成的气源处理单元净化，压力分别保持在气缸或脉冲阀正常工作的范围内。

6.2.14 以压差控制清灰的测压装置应灵敏、可靠、准确。

6.2.15 电磁脉冲阀应符合 HJ/T 284 的规定。

6.3 袋式除尘器选型和计算

6.3.1 应根据所处理含尘气体和粉尘的性质及工艺条件，选择袋式除尘器的种类、确定过滤风速、计算总过滤面积，由总过滤面积确定除尘器的规格，总过滤面积按式（4）计算。

$$S=\frac{Q}{60v} \tag{4}$$

式中：Q——处理风量，m^3/h；

$\qquad$ S——总过滤面积，m^2；

$\qquad$ v——过滤风速，m/min。

采用离线清灰时，袋式除尘器的过滤速度通常以净过滤速度为准，此时可先按式（5）计算净过滤面积，再按式（6）计算总过滤面积。

$$S_净=\frac{Q}{60v_净} \tag{5}$$

$$S_总=S_净+S_清 \tag{6}$$

式中：$S_净$——净过滤面积，m^2；

$\qquad$ $v_净$——净过滤风速，m/min；

$\qquad$ $S_清$——执行离线清灰单元的滤袋面积，m^2。

6.3.2 袋式除尘器的处理风量应按生产设备需处理气体量的 1.1 倍计算，若气体量波动较大时，应取气体量的最大值。

6.3.3 滤袋的过滤风速可根据袋式除尘器的种类、滤料种类、入口含尘浓度等工艺条件选择。入口含尘质量浓度高时取较低的风速，入口含尘质量浓度低时取较高的风速。脉冲喷吹袋式除尘器的过滤风速 1.0～1.5 m/min，当入口含尘质量浓度超过 500 g/m³ 时，净过滤风速应不超过 1.0 m/min；气箱脉冲袋式除尘器过滤风速 1.0～1.4 m/min；非覆膜玻纤滤料的反吹风袋式除尘器，净过滤风速宜不超过 0.5 m/min。

6.3.4 水泥工业主机（窑、磨、冷却机）设备若选用多箱体离线清灰袋式除尘器，箱体数宜≥6。

6.3.5 处理高温、高湿、易燃、易爆含尘气体应分别选用具有耐高温、抗结露、抗静电性能的滤料；处理含尘质量浓度大于 500 g/m³ 含尘气体宜选用覆膜滤料。

6.4 电气及控制系统

6.4.1 袋式除尘器控制柜/箱应有单独的回路供电。

6.4.2 控制回路电源应由袋式除尘器控制柜/箱自身完成配电。

6.4.3 袋式除尘器控制柜/箱应具有手动/自动控制功能。自动控制分为中央控制/本机控制柜的控制选择，现场控制应具有"机旁优先"的功能。

6.4.4 引至中央控制系统的接口信号一般为无源接点或模拟量信号，信号类型要满足用户的要求。

6.4.5 袋式除尘器控制柜/箱的主控制器可采用单片机或 PLC 可编程序控制器，时间控制精度要达到 0.01s；时序式脉冲喷吹电控仪应符合 JB/T 5915 的规定，压差控制仪应符合 JB/T 10340 的规定。

6.4.6 控制内容除包括通常应具有的清、卸、输灰控制功能外，还应针对设备使用对象不同，具有温度上、下限报警及其处理对策，灰斗防结露、黏结控制，防煤粉燃、爆控制措施等。

6.4.7 自动控制应具有定时/定差压控制方式，以适应不同情况的需要。

6.4.8 控制器应具有方便修改控制参数的功能，以便实现最佳运行。

6.4.9 控制柜/箱的使用环境温度应满足使用说明书的要求。

6.4.10 用于高海拔地区的控制柜/箱，主要元、器件的选型必须高出常规一个等级。

6.4.11 用于高湿地区的控制柜/箱，必须选择耐湿、耐腐蚀的元器件。

7 电除尘器

7.1 一般规定

7.1.1 电除尘器应符合 JC/T 358.1、JC/T 358.2、HJ/T 322、HJ/T 320、HJ/T 321 的规定，设计制造应由具有国家相应设计制造资质的单位供货。

7.1.2 电除尘器的噪声控制应以 GB 12348 为依据，按 GBJ 87 的相应规定执行。

7.1.3 电除尘器的技术文件应参照附录 C 标明主要参数。因设备种类不同，可作相应增减。

7.1.4 电除尘器可以是钢支架支承，也可以是混凝土支承。不论是钢支架支承或混凝土支承均须设置活动支承。

7.1.5 电除尘器本体漏风率依照 JC/T 358.1 标准执行。

7.2 电除尘器的结构

7.2.1 电除尘器由机械和电气两大部分组成。机械部分主要包括气体分布板及振打装置，壳体（包括灰斗），收尘极、放电极及振打装置，排灰、锁风设备等；电气部分主要包括高压电源及控制系统和低压控制系统。

7.2.2 壳体的强度应能承受系统的压力，灰斗的强度和容积参照 6.2.3 的规定。

7.2.3 排灰、卸灰装置和泄压装置分别执行 6.2.8 和 6.2.11 的相关规定。

7.3 电除尘器的选型和计算

7.3.1 应根据所处理的烟气和粉尘的性质、烟气的工况气体量、工艺条件和用户的其他要求选取电除尘器的规格和结构。

7.3.2 应取最不利的工作状态作为除尘器选型的依据。

7.3.3 电场风速的选取：窑尾宜≤0.85 m/s，窑头宜≤0.9 m/s，煤磨宜≤0.8 m/s。

7.3.4 电除尘器总收尘面积按式（7）计算：

$$A = \frac{-Q \times \ln(1-\eta)}{\omega} \times 100 \qquad (7)$$

式中：A——总收尘面积，m^2；

Q——工况烟气量，m^3/s；

η——总除尘效率，%；

ω——驱进速度，cm/s。

驱进速度的取值应考虑工艺参数和条件、工艺系统的设备和布置，并留有适当的余地。

7.3.5 根据确定的总收尘面积，确定除尘器横断面积、电场高度、长度和电场数等，窑尾和窑头电除尘器应≥4 电场。

7.3.6 新设计的电除尘器其电场高度与电场宽度的比值≤1.3；电场总长度与电场高度的比值≥1。

7.4 电源及控制系统

7.4.1 电除尘器高、低压电源及控制系统应符合 HJ/T 320 和 HJ/T 321 的规定。

7.4.2 高压电源分户外式和户内式。户外式布置应在高压整流变压器旁同时配置高压隔离开关柜，户内式布置应在变压器室内布置四点式高压隔离开关。

7.4.3 高压整流变压器与电场之间应配置阻尼电阻，电阻功率应大于实际功率的 3 倍以上，并有良好的通风散热空间。

7.4.4 高压电源的容量应按电源的二次工作电压和电流值的上限选取。通常情况下，二次工作电压宜为 55～72 kV，对于宽间距电除尘器和选用非尖端放电的电晕线时应取高值。二次工作电流以板电流密度为计算依据，常规电除尘器的板电流密度取 $0.35～0.40 \ mA/m^2$，放电性能好的电晕线取高值，放电性能差的电晕线取低值。

7.4.5 低压供电系统应具有控制振打及绝缘材料加热等功能。振打和停止时间应可调，调节范围应满足实际使用的需要。

8 工程配套设施

8.1 一般规定

8.1.1 除尘工程各配套设施和配套专业设计，应符合 GB 50295 的规定。

8.1.2 除尘工程工作电源的引接和操作室设置，应与相应水泥生产工程一致。

8.1.3 除尘工程的承重结构，应充分考虑积灰和输送设备故障而积存物料的荷载。

8.2 压缩空气供给

8.2.1 除尘工程用压缩空气应集中供给，供给系统包括压缩空气站和输送压缩空气管道。压缩空气站对除尘器的供气能力不小于除尘器耗气量的 1.2 倍。

8.2.2 压缩空气应经除油、除水等净化处理，达到除尘设备对压缩空气品质的要求。

8.2.3 用气点压缩空气应满足除尘器用气流量和压力的要求，波动范围不得超过许用范围。

8.2.4 储气罐到用气点的管线距离一般不超过 50 m，超过该距离时宜另设储气罐。用气量较多的点可单独设储气罐。对大型袋式除尘器供气，宜从压缩空气站设专用管道。

8.2.5 为每台除尘器输送压缩空气的管道上均应设置截止阀。

8.2.6 压缩空气管道内的气体流速≤20 m/s，压缩空气管线应短捷，管线应具有适当坡度，易于排出冷凝水。

8.3 一氧化碳监测装置及灭火装置

8.3.1 煤磨除尘系统及窑尾电除尘系统应设一氧化碳监测及报警装置。一氧化碳监测及报警装置应与主机设备联锁。

8.3.2 煤磨除尘系统应设灭火装置。灭火装置的设置应符合相应消防标准。使用二氧化碳灭火系统应符合 GB 50193 的规定。

8.3.3 煤磨除尘系统及窑尾电除尘系统过程检测与控制应符合 GB 50058 的规定。

8.3.4 灭火装置的安装应由有资格的安装单位进行施工，并由消防部门组织验收。

8.4 烟气排放连续监测系统（CEMS）

8.4.1 应按照《污染源自动监控管理办法》的规定安装烟气连续监测系统，并与当地环保部门联网。

8.4.2 连续监测系统的安装部位、数量和监测项目应符合 GB 4915 和地方环境保护管理部门的要求。

8.4.3 连续监测装置和数据传输系统应分别符合 HJ/T 76 和 HJ/T 212 的规定。

9 无组织排放防治

9.1 一般规定

9.1.1 无组织排放应符合 GB 4915 的要求。

9.1.2 应减少物料露天堆放，干物料应封闭储存；取消生产中间过程各种车辆运输；消除生产中物料的跑、冒、漏、撒。

9.1.3 对库底、配料、转运、包装等多发生无组织排放的地方，应把无组织排放转化成有组织排放进行治理。

9.2 分散扬尘点的治理

9.2.1 各物料储存库库顶应设排风口并设置除尘器，杜绝含尘气体无组织外泄。

9.2.2 散装应采用带抽风口的散装卸料装置，物料装车与除尘同时进行，抽吸的气体除尘后排放。

9.2.3 物料卸出或转运应降低落差，出料倾角应适当，减少物料扬起，在落料点周围设置风罩抽风除尘。

10 环境保护与安全卫生

10.1 一般规定

10.1.1 在除尘工程建设、运行过程中产生的废水、固体废物、噪声及其他污染物的防治与排放，应贯彻并执行国家现行的环境保护法规等有关规定。

10.1.2 水泥生产各工序除尘收集的物料应全部在水泥生产中利用，不得抛弃和产生二次污染。

10.1.3 除尘工程在设计、建设和运行过程中，应高度重视劳动安全和工业卫生，采取相应措施，消除事故隐患，防止事故发生。

10.1.4 安全和卫生设施应与除尘工程同时建成运行，有污染和危害之处应悬挂标志。操作规程中应有劳动安全和工业卫生条款。

10.1.5 应对劳动者进行环境保护与安全卫生培训，提供所需的防护用品和洗涤设施，定期进行健康检查。

10.2 环境保护

10.2.1 除尘工程产生的废水宜与生产废水统一处理，循环使用，排放应达到 GB 8978 和建厂所在地地方排放标准的相应要求。

10.2.2 除尘工程的设计、建设，应采取有效的隔声、消声、绿化等降低噪声的措施，噪声和振动应符合 GBJ 87 和 GB 50040 的规定，厂界噪声应达到 GB 12348 的要求。

10.2.3 除尘工程在建设和运行中产生的固体废物应分类收集，无利用价值的滤袋等应在水泥窑中销毁，不得产生二次污染。

10.3 劳动安全

10.3.1 除尘工程在设计、安装、调试、运行以及维修过程中应始终贯彻安全的原则，遵守安全技术规程和相关设备安全性要求的规定。

10.3.2 除尘工程的防火、防爆设计应符合 GB 15577、GBJ 16、GB 50058 等的有关规定。

10.3.3 建立并严格执行经常性和定期的安全检查制度，制定除尘系统燃爆应急预案。

10.4 职业卫生

10.4.1 除尘工程职业卫生要求应符合 GBZ 1 的规定。

10.4.2 操作(控制)室和工作岗位应根据需要采取通风、调温和隔声等措施，防治职业病和保护劳动者健康。

11 施工与验收

11.1 一般规定

11.1.1 应按工程设计图纸、技术文件、设备图纸等组织除尘工程施工，工程的变更应取得设计单位的设计变更文件后再实施。

11.1.2 除尘工程施工单位，必须具有与该工程相应的资质等级。施工使用的材料、半成品、部件应符合国家现行标准和设计要求，并取得供货商的合格证书，严禁使用不合格产品。设备安装应符合 GB 50231、JCJ 03 的规定。

11.1.3 除尘工程建设单位应专门成立技术质量监督小组。参与设计会审，设备监制，施工质量检查；制定运行和维护规章制度，培训工人；组织、参与工程各阶段验收，进行空载试车和负载试车，建立设备安装及运行档案。

11.1.4 设备安装之前应对土建工程按安装要求进行验收，验收记录和结果应作为工程竣工验收资料之一。

11.2 除尘工程安装

11.2.1 除尘器本体及零部件的现场贮存、运输和吊装应符合产品技术文件的规定。

11.2.2 除尘工程安装包括：除尘器本体、高低压电源及其控制系统的安装，系统相关设备和装置的安装，风管和电、气、水管线的连接，除尘系统保温和防雨等。施工单位应制订安装技术方案。

11.2.3 袋式除尘器安装应符合 JB/T 8471 的规定，电除尘器的安装应符合 JB/T 8536 的规定。

11.2.4 滤袋安装应在全部设备安装完毕，并对含尘气体管道系统进行空载试运行后进行；滤袋装好后，不得在壳体内部和外部再实施焊接和气割等明火作业。

11.2.5 除尘器的泄压装置应确保泄压功能。气路系统要保证密封，气动元件动作应灵活、准确。各运动部件应安装牢固，运行可靠。

11.2.6 电除尘器的壳体四角必须分别进行可靠地接地，新安装电除尘器的接地电阻应≤2Ω。

11.2.7 除尘工程安装完成后，应彻底清除除尘器、含尘气体管道及压缩空气管路内部的杂物、关闭各检修门。

11.2.8 控制柜/箱的安装要求如下：

　　a）控制柜/箱的安装应和水平面保持垂直，倾斜度小于 5%。

　　b）避免强电、磁场及剧烈振动场合。

　　c）控制柜/箱体必须可靠接地。

　　d）室内安装应注意通风、散热，室外安装应有防尘、防雨、防晒等措施。

11.3 除尘系统调试

11.3.1 除尘系统调试分单机试车、与主机设备空载联合试运行和带料试运行三阶段。前一阶段试车合格后进行下一阶段试车。

11.3.2 单机试车应解决转向、润滑、温升、振动等问题，连续运行时间不低于 2h。单机试车时，应记录每个设备（装置）的试车过程。

11.3.3 除尘系统与主机设备空载联合试运行应在该系统设备全部通过单机试车后进行，要求如下：

　　a）试运行之前必须清理安装现场，清除系统内杂物，悬挂"警示牌"，做好安全防范。

　　b）各运动部件加注规定的润滑油（脂），转动灵活。

　　c）确认供电、供水、供气正常，仪表指示正确。

　　d）电除尘器应首先对所有绝缘材料加热，确认对其能进行温度控制。

　　e）电除尘器的升压试验应执行 JB/T 6407、JC/T 358.1、JC/T 358.2 标准及随机提供的安装说明书，只有当一个电场（或电源）升压正常并稳定后，才可以进行另一个电场（或电源）的升压试验，此时前一个电场不应关闭；全部电场升压完成后，应启动全部振打装置，在全部振打装置运行的情况下，电场的二次电压和电流应没有变化；电场升压过程记录表的格式可参照附录 D，并据升压记录绘制伏安特性曲线存档。

　　f）分别按手动和自动的方式依启动顺序启动各设备，检验系统设备的联锁关系。

　　g）主机设备空载联合试运行时间应为 4～8h。

11.3.4 袋式除尘器系统带料试运行应在主机设备空载联合试运行完成后进行，要求如下：

　　a）与除尘系统相关的水、电、气，物料输送及安全检测等配套设施已经启动且工作正常。

　　b）煤磨、窑尾袋式除尘器在带料投运前，应先撒入生料粉，使滤袋上附上生料层，并消除壳体内部的堆积平面。

　　c）在大于额定风量 80%条件下，连续试验时间在 72h 以上。

　　d）观察并记录各测量仪表的显示数据及各运动部件的运行状况，各项技术指标均应达到设计要求。

　　e）用于热力设备的袋式除尘器在带料试运行过程中，应设置不同的温度限值，验证自控系统的可靠性。

11.3.5 电除尘系统带料试运行应在主机设备空载联合试运行完成后进行，要求如下：

　　a）同 11.3.4 节 a）、c）、d）的要求；

　　b）投运前必须先经烟气加热，使壳体及内部构件的温度超过烟气露点温度 30℃以上或至少加热 8h 以后方可向电场供电；

　　c）电场供电后应逐点升压，直至能达到的最高工作电压和电流；

　　d）对于新安装的电除尘器，如工艺设备在运行初期进行燃油，燃油期间禁止向电场供电。

11.4 安装工程验收

11.4.1 安装工程验收在安装工程完毕后，由建设单位组织安装单位、供货商、工程设计单位结合系统调试对除尘系统逐项进行验收，对机械设备和控制设备的性能、安全性、可靠性等运行状态进行考核。

11.4.2 安装工程验收依据为：主管部门的批准文件、设计文件和设计变更文件、合同及其附件、设备技术文件等。验收程序和内容应分别符合 GB 50231、GB 50236、GB 50275、GB/T 13931、GBJ 126、HJ/T 76、JB/T 8471、JCJ 03、GB 50254～GB 50259、JB/T 8536、JB/T 9688、JC/T 358.1 和 JC/T 358.2 和安装文件的有关规定。

11.5 工程环境保护验收

11.5.1 与生产工程同步建设的除尘工程应与生产工程同时进行环境保护验收；现有生产设备配套或改造的除尘设施应进行单独进行环境保护验收。

11.5.2 除尘工程环境保护验收按《建设项目竣工环境保护验收管理办法》和 HJ/T 256 的规定执行。

11.5.3 除《建设项目竣工环境保护验收管理办法》和 HJ/T 256 的规定验收材料以外，申请单位还应提供工程质量验收报告和除尘系统性能试验报告，性能试验报告的主要参数应包括：

    a）系统风量；

    b）系统漏风率；

    c）出口粉尘质量浓度；

    d）系统阻力；

    e）岗位粉尘质量浓度。

11.5.4 配套建设的烟气连续监测及数据传输系统，应与除尘工程同时进行环境保护验收。

12 运行与维护

12.1 一般规定

12.1.1 生产单位应设环境保护管理机构，配备技术人员及除尘系统检测仪器，制定除尘系统运行及维护的规章制度。

12.1.2 除尘设施的操作和维护均应责任到人。岗位工应通过培训考核上岗，熟悉本岗位运行及维护要求，具有熟练的操作技能，遵守劳动纪律，执行操作规程。

12.1.3 除尘系统应在生产系统启动之前启动，在生产系统停机之后停机。

12.1.4 岗位工人应填写运行记录，严格执行交接班工作制度。运行记录按天上报企业生产和环保管理部门，按月成册。所有除尘器均应有运行记录，一般通风设备用除尘器运行记录可随同车间主机设备一起编制，热力设备用除尘器、处理风量大于 100 000 m^3/h 的通风设备用除尘器运行记录宜单独编制。记录间隔可取 1～2h，表格格式可参照附录 E。

12.1.5 除尘工程中通用设备的备品备件按机械设备管理规程储备，专用备品备件如脉冲阀、滤袋、气动元件、绝缘材料、电极板及高低压电器元件等储备量为正常运行量的 10%～15%。

12.1.6 应制定除尘系统中、大检修计划和应急预案。除尘系统检修时间应与工艺设备同步，每 6 个月对主机配套的除尘系统主要技术性能检查 1 次，对可能有问题的除尘系统随时检查，检修和检查结果应记录并存档。

12.2 袋式除尘系统运行

12.2.1 除尘系统开机前，应全面检查运行条件，符合要求后按开机程序启动。

12.2.2 除尘系统的运行控制应与生产系统的操作密切配合，选择自动控制状态；系统风量不得超过额定处理风量；生产工况变化时，应通过调节保证正常运行和达标排放。

12.2.3 除尘系统入口气体温度必须低于滤料使用温度的上限，且高于气体露点温度 10℃ 以上；系统阻力保持在正常范围内。

12.2.4 存在燃爆危险的除尘系统应控制温度、压力和一氧化碳含量，经常检查泄压阀、检测装置、灭火装置等。一旦发生燃爆事故应立即启动应急预案，并逐级上报。

12.2.5 操作工每班至少应巡回检查一次各部件，保持设备和现场的整洁，及时发现隐患，妥善处理。

12.2.6 生产系统停机后，除尘器的清灰、排灰机构还应运行一段时间，且先停清灰，后停排灰。

12.2.7 冬季或高寒地区的袋式除尘器长时间停运后，启动时应采取加热措施，沿海等空气潮湿地方的水泥磨袋式除尘器负载运行启动前宜采用烟气加热，使除尘器内温度高于露点温度 10℃ 以上。

12.2.8 在有冰冻季节的地区，除尘系统停机时冷却水和压缩空气的冷凝水应完全放掉。长期停车时还应取下滤袋，切断配电柜和控制柜电源。

12.3 电除尘系统运行

12.3.1 执行 12.2.1、12.2.2、12.2.4～12.2.6 的规定。

12.3.2 电除尘器投运前应提前 4 h 将全部的电加热装置送电加热；向电场供电之前应确认烟气中一氧化碳等可燃气体在安全范围内。

12.3.3 电除尘器运行过程中应控制一次电压、一次电流、二次电压、二次电流、振打周期等运行参数。

12.3.4 电除尘器停机时应先停止向电场供电，再切断主回路和控制回路的电源；如停机时间超过 8h 或要进行设备检修时，应按供货方提供的操作说明书的要求执行；如停机时间超过 24h，在停止向电场供电的同时可切断电加热器电源。

12.4 除尘系统维护

12.4.1 除尘系统的维护包括正常运行时的检查、管路和设备清扫、疏通堵塞、定期加注或更换润滑油（脂）以及及时进行的小修、定期进行的中修和大修。维护范围包括工程配套设施。

12.4.2 除尘设备投入运行一周内应对各连接件进行紧固，对运动部件逐一检查。对袋式除尘器检查清灰机构和滤袋滤尘情况。对电除尘器检查振打装置、接地和电场内部情况，清扫高低压电控柜和绝缘材料。反吹风袋式除尘器使用 1～2 个月后，应对滤袋吊挂机构长度进行调整或更换。

12.4.3 中修宜半年进行一次，包括运转设备的换油及调整，重要配件的更换和修理，电气系统及测试设备的调整，接地极的检查和处理，电场内部、高低压电控柜和绝缘材料的清扫工作等。大修宜 2～5 年进行一次，除中修的内容外，还应包括各种仪器仪表的检定，滤袋或电极的更换，系统设备的改造和更换，系统加固、油漆和保温等。

12.4.4 设备检修时应做好安全防范，切断设备运行电源，在检修门、电控柜处挂"警示牌"，保管好安全联锁钥匙。人员进入电场内部或涉及到高压部位的区域，除切断全部高压电源外，还应将隔离开关全部切换到接地位置。

12.4.5 除尘设备内部检修要求如下：

　　a）排净粉尘；

b）用新鲜空气置换出内部残留的气体，使设备内一氧化碳等有毒、有害气体质量浓度降至安全限度以下；

c）采取降温措施，使除尘器温度降至 40℃以下；

d）进入内部的维修人员不得吸烟；

e）采取防止维修人员进入除尘器后检修门自动关闭的措施；

f）对于在线检修的袋式除尘器应切断该单元滤室，一旦出现不适，应立即停止作业；

g）电除尘器阴极要可靠接地，袋式除尘器要撤除相应滤袋，才能进行电焊、气割作业。

附录 A（资料性附录）

水泥生产各设备含尘气体性质

水泥生产各设备排放的含尘气体性质见表 A.1。

表 A.1 水泥生产各设备含尘气体性质

设备名称		含尘质量浓度/ (g/m³)	气体温度/ ℃	水分体积比/%	露点/ ℃	<20 μm 粉尘粒径/%	电阻率/ Ω·cm
湿法长窑		10～60	150～250	35～60	60～75	80	10^{10}～10^{11}
立波尔窑		10～30	100～200	15～25	45～60	60	10^{10}～10^{11}
干法长窑		10～80	400～500	6～8	35～40	70	10^{10}～10^{11}
悬浮预热器窑		30～80	350～400	6～8	35～40	95	$>10^{12}$
带过滤预热湿法窑		10～30	120～190	15～25	50～60	30	
立窑		5～15	50～190	8～20	40～55	60	10^{10}～10^{11}
窑外分解窑		30～80	300～350	6～8	40～50	95	$>10^{12}$
熟料箅式冷却机		2～30	150～300			1	10^{11}～10^{13}
回转烘干机	黏土	40～150	70～130	20～25	50～65	25	
	矿渣	10～70					
	煤	10～50				60	
生料磨	中卸烘干磨	50～150	70～110	10	45	50	
	风扫磨	300～500					
	立式磨	300～800					
O-Sepa 选粉机		800～1 200	70～100				
水泥磨	机械排风磨	20～120	90～120			50	
煤磨	钢球磨（风扫）	250～500	60～90	8～15	40～50		
	立式磨						
破碎机	颚式	10～15					
	锤式	30～120					
	反击式	40～100					
包装机		20～30					
散装机		50～150	常温				
提升运输设备		20～50	常温				

附录B（资料性附录）

水泥生产各设备含尘气体量

水泥生产各设备排放的含尘气体量见表 B.1。

表 B.1　水泥生产各设备含尘气体量

设备名称		排风量	备　注
湿法长窑		（2 800～4 500）G，m^3/h^*	G 为窑台时产量，t
立波尔窑		（3 000～5 000）G，m^3/h^*	G 为窑台时产量，t
干法长窑		（2 500～3 000）G，m^3/h^*	G 为窑台时产量，t
悬浮预热器窑		（2 000～2 800）G，m^3/h^*	G 为窑台时产量，t
带过滤预热湿法窑		（3 300～4 500）G，m^3/h^*	G 为窑台时产量，t
立窑		（2 000～3 500）G，m^3/h^*	G 为窑台时产量，t
窑外分解窑		（1 400～2 500）G，m^3/h^*	G 为窑台时产量，t
熟料篦式冷却机		（1 200～2 500）G，m^3/h^*	G 为篦式冷却机台时产量，t
回转烘干机		（1 000～4 000）G，m^3/h^*	G 为烘干机台时产量，t
生料磨	中卸烘干磨	（3 500～5 000）D^2，m^3/h^*	D 为磨机内径，m
	风扫磨	（2 000～3 000）G，m^3/h	G 为磨机台时产量，t
	立式磨	（2 000～3 000）G，m^3/h	G 为磨机台时产量，t
O-Sepa 选粉机		（900～1 500）G，m^3/h	G 为磨机台时产量，t
水泥磨	机械排风磨	（1 500～3 000）D^2，m^3/h	D 为磨机内径，m
	辊压机	（100～200）G，m^3/h	G 为磨机台时产量，t
煤磨	钢球磨(风扫)	（2 000～3 000）G，m^3/h	G 为磨机台时产量，t
	立式磨	（2 000～3 000）G，m^3/h	G 为磨机台时产量，t
破碎机	颚式	$Q=7\,200S+2\,000$，m^3/h	S 为破碎机额口面积，m^2
	锤式 反击式	$Q=$（16.8～21）dLn，m^3/h	d 为转子直径，m L 为转子长度，m n 为转子速度，r/min
	立轴	$Q=5d^2n$，m^3/h	d 为锤头旋转半径，m n 为转子速度，r/min
包装机		$300G$，m^3/h	G 为包装机台时产量，t
散装机		（20～25）G，m^3/h	G 为散装机台时产量，t
提升运输设备	空气斜槽	$Q=$（0.13～0.15）BL，m^3/h	B 为斜槽宽度，mm L 为斜槽长度，mm
	斗式提升机	$Q=1\,800VS$，m^3/h	V 为料斗运行速度，m/s S 为机壳截面积，m^2
	胶带输送机	$Q=700B$（$v+h$），m^3/h	B 为胶带宽度，m v 为胶带速度，m/s h 为物料落差，m
	螺旋输送机	$Q=D+400$，m^3/h	D 为螺旋直径，mm

注：* 指标准状态，温度 273.15K，压力 101 325 Pa。

附录 C（资料性附录）

袋式除尘器和电除尘器型号规格及基本参数

袋式除尘器型号规格及基本参数见表 C.1；电除尘器型号规格及基本参数见表 C.2。

表 C.1　袋式除尘器型号规格及基本参数

参数名称	单位	参数名称	单位
型号规格		换袋空间高度	mm
处理风量	m^3/h	压缩空气压力	MPa
过滤风速	m/min	压缩空气消耗量	m^3/min
净过滤风速	m/min	排灰设备型号/功率	kW
室数	个	锁风设备型号/功率	kW
每室滤袋数	条	入口气体温度	℃
滤袋规格(直径×长度)	mm× mm	总装机功率	kW
总过滤面积	m^2	滤袋材质	
粉尘入口含尘质量浓度	g/m^3	反吹风机型号/功率	kW
粉尘出口含尘质量浓度	mg/m^3	反吹风机风量/风压	m^3/h，Pa
运行阻力	Pa	壳体承受压力	≤Pa
脉冲阀规格		设备外形尺寸（长×宽×高）	m
每室脉冲阀数量	只	设备总质量	kg

表 C.2　电除尘器型号规格及基本参数

性能参数名称	单位	性能参数名称	单位
型号规格	见标准	室数	个
处理风量	m^3/h	横断面积	m^2
入口烟气温度	℃	电场数	个
入口烟气露点温度	℃	电场长度	m
入口烟气含尘质量浓度（标准状态）	g/m^3	电场高度	m
出口烟气含尘质量浓度（标准状态）	mg/m^3	电场宽度	m
电场内气流速度	m/s	同极间距	mm
烟气通过时间	s	收尘极型式	
有效驱进速度	cm/s	总收尘面积	m^2
比收尘面积	$m^2/m^3/s$	放电极型式	
操作压力	Pa	总放电极长度	m
运行阻力	Pa	整流设备的各项参数	
设计压力	Pa	设备总重	kg

注：随除尘器种类的不同，具体的除尘器可取上表中参数的若干项。

附录 D（资料性附录）

电除尘器升压记录

电除尘器升压记录表格式见表 D.1。

表 D.1　电除尘器升压记录表

尘源设备和名称：			电除尘器规格：		
供货商：			高压电源：　　　　A/kV，抽头位置：　　　kV		
测试时天气：晴、多云、阴、雨　　温度：　　湿度：　　风力：					
室号：　　　电场号：			时　　分 ——　　时　　分		
空载（负载）测试				第　　次	
序号	一次电压 V	一次电流 A	二次电压 kV	二次电流 mA	备　注
1					
2					
3					
4					
5					
6					
7					
8					
9					
10					
11					
12					
13					
14					
15					
16					

测试负责人：　　　　　　　记录人：

注：在升压过程中如要观察电场内部的放电现象，观察人员只可在进、出气喇叭内或灰斗内进行观察，不可进入电场，观察人员应有两人以上，一人在本体外部保护。在升压过程中如发现电场内部有不正常放电问题，则应关闭全部高压电源，并将全部隔离开关接地放电后，检修人员才可进入电场进行检修。

附录 E（资料性附录）

除尘器运行记录表

除尘器运行记录表格式见表 E.1。

表 E.1　除尘器运行记录表

车间名称：　　　　　除尘器名称：　　　　　除尘器编号：

设备型号			处理能力 （m³/h）				日期	
时间								
温度/℃								
系统负压/Pa								
主阀门开度/%								
压缩空气压力/MPa								
一次电压/V								
一次电流/A								
二次电压/V								
二次电流/A								
出口排放情况 （目测或连续监测）								
清灰设备情况								
卸灰设备情况								
输灰设备情况								
备注								

操作员：　　　　　交班班长：　　　　　接班班长：

注：袋式除尘器取消表中电压和电流行，电除尘器取消表中压缩空气行。

中华人民共和国国家环境保护标准

钢铁工业除尘工程技术规范

Dedusting engineering technical specification of iron and steel industry

HJ 435—2008

前 言

为贯彻《中华人民共和国环境保护法》、《中华人民共和国大气污染防治法》，规范钢铁工业除尘工程建设，防治钢铁工业含尘气体污染，改善环境质量，制定本标准。

本标准规定了钢铁工业主要生产工艺中烟（粉）尘的治理原则和措施，以及除尘工程设计、施工、验收和运行的技术要求。

本标准为首次发布。

本标准由环境保护部科技标准司组织制订。

本标准主要起草单位：中钢集团天澄环保科技股份有限公司、中国环境保护产业协会（电除尘委员会）、上海宝钢工程技术有限公司。

本标准环境保护部 2008 年 6 月 6 日批准。

本标准自 2008 年 9 月 1 日起实施。

本标准由环境保护部解释。

1 适用范围

本标准规定了钢铁工业主要生产工艺中烟（粉）尘的治理原则和措施，以及除尘工程设计、施工、验收和运行的技术要求。

本标准适用于钢铁工业新建、改建、扩建除尘工程从设计、施工到验收、运行的全过程管理和已建除尘工程的运行管理，可作为钢铁工业建设项目环境影响评价、环境保护设施设计与施工、建设项目竣工环境保护验收及建成后运行与管理的技术依据。

2 规范性引用文件

本标准内容引用了下列文件中的条款。凡是不注日期的引用文件，其有效版本适用于本标准。

GB 6222　　　工业企业煤气安全规程

GB/T 12138　袋式除尘器性能测试方法

GB 12348　　工业企业厂界噪声标准

GB 13456　　钢铁工业水污染物排放标准

GB 16297	大气污染物综合排放标准
GB 50016	建筑设计防火规范
GB 50019	采暖通风与空气调节设计规范
GB 50187	工业企业总平面设计规范
GB 50231	机械设备安装工程施工及验收通用规范
GB 50235	工业金属管道工程施工及验收规范
GB 50243	通风与空调工程施工质量验收规范
GB 50254	电气装置安装工程低压电器施工及验收规范
GB 50255	电气装置安装工程电力变流设备施工及验收规范
GB 50256	电气装置安装工程起重机电气装置施工及验收规范
GB 50257	电气装置安装工程爆炸和火灾危险环境电气装置施工及验收规范
GB 50258	电气装置安装工程 1kV 及以下配线工程施工及验收规范
GB 50259	电气装置安装工程电气照明装置施工及验收规范
GB 50275	压缩机、风机、泵安装工程施工及验收规范
GB 50414	钢铁冶金企业设计防火规范
GBJ 87	工业企业噪声控制设计规范
GBZ 1	工业企业设计卫生标准
GBZ 2	工作场所有害因素职业接触限值
GB/T 13931	电除尘器性能测试方法
GB/T 16157	固定污染源排气中颗粒物测定与气态污染物采样方法
AQ2002	炼铁安全规程
HJ/T 75	固定污染源烟气排放连续监测技术规范
HJ/T 76	固定污染源排放烟气连续监测系统技术要求及检测方法
HJ/T 212	污染源在线自动监控（监测）系统数据传输标准
HJ/T 320	环境保护产品技术要求　电除尘器高压整流电源
HJ/T 321	环境保护产品技术要求　电除尘器低压控制电源
HJ/T 322	环境保护产品技术要求　电除尘器
HJ/T 324	环境保护产品技术要求　袋式除尘器用滤料
HJ/T 325	环境保护产品技术要求　袋式除尘器滤袋框架
HJ/T 326	环境保护产品技术要求　袋式除尘器用覆膜滤料
HJ/T 327	环境保护产品技术要求　袋式除尘器滤袋
HJ/T 328	环境保护产品技术要求　脉冲喷吹类袋式除尘器
HJ/T 329	环境保护产品技术要求　回转反吹袋式除尘器
HJ/T 330	环境保护产品技术要求　分室反吹类袋式除尘器
JB/T 5908	电除尘器主要件抽样检验及包装运输储存规范
JB/T 5911	电除尘器焊接技术要求
JB/T 6407	电除尘器调试、运行、维修安全技术规范
JB/T 8471	袋式除尘器安装技术要求与验收规范
JB/T 8532	脉冲喷吹类袋式除尘器

JB/T 8536　　电除尘器机械安装技术条件

JB/T 8690　　工业通风机噪声限值

《转炉煤气净化回收技术规程》（冶金工业部，1988 年）

《建筑工程设计文件编制深度规定》（建质[2003]84 号）

《建设项目竣工环境保护验收管理办法》（国家环境保护总局令　第 13 号）

3　术语和定义

下列术语和定义适用于本标准。

3.1　烟（粉）尘污染源

指产生烟（粉）尘的部位。

3.2　除尘系统

指治理烟（粉）尘污染的系统工程，由集尘罩、管道、除尘器、风机、排气筒以及系统辅助装置组成。

3.3　集尘罩

指捕集含尘气体或烟气的装置，可直接安装于烟（粉）尘污染源的上部、侧面或下面。

3.4　除尘器

指将颗粒物从含尘气体中分离出来的设备。

3.5　排气筒

指将经过除尘器净化后的气体排至大气的垂直管路。

3.6　卸、输灰系统

指将除尘器收集的粉尘输送至指定地点的成套装置。

3.7　高温烟气

指温度≥130℃的烟气。

3.8　冷却设备

指将高温烟气冷却至指定温度的设备。

3.9　标准状态

指含尘气体在温度为 273.15K，压力为 101 325Pa 的干气体状态。

4　总体设计

4.1　一般规定

4.1.1　新建、扩建、改建和技术改造配套的除尘工程应按国家的基本建设程序进行。

4.1.2　除尘工程应根据钢铁生产工艺合理配置，除尘系统排放应符合国家和地方钢铁工业大气污染物排放标准的规定。岗位粉尘质量浓度应符合 GBZ 2 规定的限值。

4.1.3　除尘工程应由具有国家相应设计资质的单位设计。设计文件应符合《建筑工程设计文件编制深度规定》、环境影响报告书、审批文件及本标准的要求。

4.1.4　除尘系统设计除应符合本标准的规定之外，还应遵守 GB 50019 及 GBZ 1 中有关除尘设计的相应规定。

4.1.5　除尘工程的总体布局应执行 GBZ 1 的规定，并符合下列要求：

　　a）工艺流程合理，除尘器应尽量靠近污染源布置，管道应尽量简短；

b）合理利用地形、地质条件；

c）充分利用厂区内现有公用设施及供配电系统；

d）交通便利、运输畅通，方便施工及运行维护。

4.1.6 除尘系统的场地标高、场地排水、防洪等均应符合 GB 50187 的规定。

4.1.7 除尘系统的装备水平应不低于生产工艺设备的装备水平。生产企业应把除尘设施作为生产系统的一部分进行管理。除尘系统应与对应的生产工艺设备同步运转。

4.1.8 对生产工况负荷变化较大的除尘系统，除尘风机宜采取调速等节能措施。

4.1.9 粉尘储存和运输应防止二次污染，鼓励综合利用。

4.2 烟（粉）尘污染源控制

4.2.1 各烟（粉）尘污染源应设置集尘罩。集尘罩的设置应考虑工艺特点、设备结构、安全生产要求、方便操作和维修等因素。

4.2.2 集尘罩不宜靠近敞开的孔洞（如操作孔、观察孔、出料口等），以免吸入大量空气或物料。

4.2.3 对产生烟（粉）尘的工艺设备，应首先考虑从工艺上采取密闭措施。集尘罩内应保持一定的负压，并避免吸入过多的生产物料，集尘罩的扩张角不宜大于 60º。

4.2.4 带式输送机受料点集尘罩与溜料槽相邻两边的距离不宜小于 500 mm。带式输送机导板密闭罩的净空高度不宜小于 400 mm。当溜料槽与带式输送机垂直交料时，宜在溜料槽前、后分别设置集尘罩。

4.2.5 除尘系统的风量、含尘质量浓度宜实测确定，或参照同类工程、设计手册确定。测定方法按 GB/T 16157 执行。

4.3 除尘管道

4.3.1 除尘管网的支管宜从主管的上部或侧面接入，连接三通的夹角宜为 15°～45°；丁字连接时宜采用导流措施（补角三通）。

4.3.2 除尘管道应采取防积灰措施，并考虑设置清灰设施和检查孔（门）。

4.3.3 除尘管道积灰荷载宜按管内积灰高度不低于管道直径 1/8（非亲水性粉尘）或 1/5（亲水性粉尘）的灰量估算，或按积灰面积不小于管道截面积 5％的灰量估算。

4.3.4 除尘管道内风速在常温条件下应取 14～25m/s。

4.3.5 除尘管道的壁厚应根据管内气体温度、管道刚度及粉尘磨琢性等因素综合确定，并考虑烟气温度、管道直径（或矩形管边长）、管道壁厚、管内压力、支架间距等因素决定是否设加强筋。壁厚取值可参照表 1。

表 1 除尘管道壁厚

序号	除尘管道直径 D 或矩形长边 B/mm	矩形管壁厚/mm	圆管壁厚/mm
1	$D（B）\leqslant 400$	3	3～4
2	$400 < D（B）\leqslant 1\,500$	4	4～6
3	$1\,500 < D（B）\leqslant 2\,200$	6	6～8
4	$2\,200 < D（B）\leqslant 3\,000$	6～8	6～8
5	$3\,000 < D（B）\leqslant 4\,000$	6～8	8～10
6	$D（B）> 4\,000$	8	10～12

4.3.6 输送含尘质量浓度高、粉尘磨琢性强的含尘气体时，除尘管道中易受冲刷部位应采取

防磨措施，宜加厚管壁或采用碳化硅、陶瓷复合管等管材。

4.3.7 高温管道或设于室外且距离除尘器较远的常温管道，宜设置补偿器，补偿器两端设支架。

4.3.8 除尘器进出口及风机进出口管道上宜设置柔性连接件，并设固定支架，隔离变形引起的推力。

4.3.9 除尘管道应设置测量孔和必要的操作平台。

4.3.10 输送相对湿度较大、易结露的含尘气体时，管道应采取保温措施。

4.3.11 除尘系统管网应进行阻力计算及阻力平衡计算，同一节点上两支管阻力差不应超过10%，否则应改变管径或安装调节装置。

4.3.12 输送爆炸性气体或粉尘的管道应设泄爆装置，并可靠接地。

4.4 除尘器

4.4.1 选择除尘器应考虑如下因素：

　　a）烟（粉）尘的物理、化学性质，如：温度、密度、粒径、吸水性、比电阻、黏结性、含湿量、露点、含尘质量浓度、化学成分、腐蚀性、爆炸性等；

　　b）含尘气体流量、排放浓度及除尘效率；

　　c）除尘器的投资、金属耗量、占地面积及使用寿命；

　　d）除尘器运行费用（水、电、备品备件等）；

　　e）除尘器的运行维护要求及用户管理水平；

　　f）粉尘回收利用的价值及形式。

4.4.2 除尘系统宜采用负压式并优先选用干式电除尘器或袋式除尘器。

4.4.3 选择袋式除尘器时，应根据气体和粉尘的物化性质、清灰方式等因素确定过滤风速。

4.4.4 袋式除尘器应分别符合 HJ/T 328、HJ/T 329、HJ/T 330 的规定，滤袋应符合 HJ/T 327 的规定，滤袋框架应符合 HJ/T 325 的规定，滤料应符合 HJ/T 324 和 HJ/T 326 的规定。

4.4.5 选择电除尘器时，应根据气体和粉尘的物化性质，尤其是粉尘比电阻值，以及要求达到的除尘效率，确定电场风速及比表面积。

4.4.6 电除尘器应符合 HJ/T 322 的规定，供电电源应符合 HJ/T 320 和 HJ/T 321 的规定。

4.4.7 除尘器在系统中的布置以及所采取的防爆、防冻、降温等措施应符合 GB 50019 的有关规定。

4.4.8 在处理高温、高湿可能导致除尘器结露的含尘气体时，除尘器应采取保温措施，必要时增设伴热系统。

4.5 除尘系统卸灰、输灰装置

4.5.1 除尘器收集的粉尘回收利用应符合 GB 50019 的有关规定。

4.5.2 干式除尘器的灰斗及中间贮灰斗的卸灰口，宜设置插板阀、卸灰阀及伸缩节。

4.5.3 除尘器卸、输灰宜采用机械输送或气力输送，卸、输灰过程不应产生二次污染。

4.5.4 卸、输灰系统设备选型应以后一级设备能力高于前一级设备能力为原则。

4.5.5 除尘器收集的灰尘需外运时，应避免粉尘二次污染，宜采用粉尘加湿、卸灰口吸风或无尘装车装置等处理措施。在条件允许的情况下，宜选用真空吸引压送罐车。

4.6 除尘系统辅助设施

4.6.1 处理高温、高浓度含尘气体时，除尘器前宜设置预处理设施，预处理设施应简单、可靠、阻力损失低。

4.6.2 烟气降温应优先考虑余热回收。

4.6.3 袋式除尘器处理含炽热颗粒物的含尘气体时，在除尘器之前应设火花捕集器。

4.6.4 袋式除尘器清灰及除尘系统阀门驱动所需压缩空气应尽量取自生产厂区压缩空气管网。

4.6.5 袋式除尘器的压缩空气供应系统由除油、除水、净化装置和贮气罐、调压装置等组成。储气罐应尽量靠近用气点，调压装置应设在储气罐之后。

4.6.6 寒冷地区应防止压缩空气供应系统结冰，输气管网应保温，必要时应采取伴热措施。

4.6.7 处理煤气等易爆气体时应采用氮气作为除尘器的清灰介质。

4.7 风机及调速装置

4.7.1 除尘系统管网的计算风量、风压不能直接用于风机、电机选型，应按 GB 50019 的规定考虑漏风损失及电机轴功率安全系数附加等因素。

4.7.2 除尘系统的实际温度和当地大气压力与风机设计工况下的温度、大气压力有差别时，风机配用电机的所需功率应按下式计算。

$$P = \frac{B}{101\,325} \times \frac{273+t}{273+t_1} \times \frac{Q \times h}{1\,000 \times 3\,600 \times \eta_1 \times \eta_2} \times K$$

式中：P——电机的所需功率，kW；

　　　B——使用地点的大气压力，Pa；

　　　t——风机设计工况下的温度，℃；

　　　t_1——风机使用的实际温度，℃；

　　　Q——选型风量(在设计风量上附加管道漏风量、除尘器漏风量)，m^3/h；

　　　h——选型风压(由除尘系统计算压力损失和附加值组成，附加值按 GB 50019 执行)，Pa；

　　　η_1——机械效率，取 0.98；

　　　η_2——风机内效率；

　　　K——电动机轴功率安全系数 (通风机取 1.15,引风机取 1.3)。

4.7.3 除尘系统需多台风机并联工作时，应选取相同型号、相同性能的机组，其风量、风压应按 GB 50019 中有关规定确定。

4.7.4 周期性变负荷运行的除尘系统，风机应配置与工艺设备联锁控制的调速装置，并采取必要的措施，防止因管道内风速过低引起的水平管道内粉尘沉降。

4.7.5 除尘系统处理潮湿或含水蒸气的含尘气体，风机内壁可能出现凝结水时，应在风机底部采取排水措施。

4.8 排气筒（烟囱)

4.8.1 除尘系统的排气筒高度应按 GB 16297 的规定计算。

4.8.2 排气筒的出口直径应根据出口流速确定，流速宜取 15m/s 左右。

4.8.3 大型除尘系统排气筒应设置清灰孔，多雨地区应考虑排水设施。

4.9 除尘系统控制及检测

4.9.1 除尘系统控制及检测应包括系统的运行控制、参数检测、状态显示、工艺联锁等。

4.9.2 除尘系统应按照 GB 50019 中有关规定的要求，采用集中和就地两种控制方式，或者单独采用某一种控制方式。

4.9.3 除尘系统集中控制的设备，应设现场手动控制装置，并可通过远程自动/手动转换开关实现自动与就地手动控制的转换。

4.9.4 除尘系统运行控制应包括系统与除尘器的启停顺序、系统与生产工艺设备的联锁、运行参数的超限报警及自动保护等功能。

4.9.5 与生产工艺紧密相关的除尘系统，宜在生产工艺控制室及除尘系统控制室分别设置操作系统，并随时显示其工作状态。除尘系统控制室应尽量靠近除尘器。

4.9.6 除尘系统的运行检测、显示及报警项目宜包括以下内容：

    a）除尘器进、出口风量、静压、温度、湿度、除尘器出口粉尘质量浓度；

    b）高温烟气降温设备进口和出口的介质流量、压力、温度，烟气流量、温度、静压；

    c）风机轴承温度，电机轴承温度、定子温度、振幅、转速；

    d）除尘系统用油循环系统及冷却介质的流量、温度、压力；

    e）大型电机电流；

    f）电除尘器各电场一、二次电流和电压。

4.9.7 除尘工程应按照国家钢铁工业大气污染物排放标准的要求设置连续监测系统，并与当地环保部门联网。连续监测装置和数据传输系统应分别符合 HJ/T 76 和 HJ/T 212 的规定，安装、运行和维护应符合 HJ/T 75 的规定。

4.9.8 电除尘器和袋式除尘器的性能检测应按 GB/T 13931 和 GB 12138 的规定进行。

4.10 环境保护与安全卫生

4.10.1 除尘工程在建设过程中产生的废水、废渣、噪声及其他污染物的防治与排放，应执行国家和地方现行环境保护法规和标准的规定。

4.10.2 湿式除尘系统的废水处理后宜回用，排放废水应达到 GB 13456 和地方排放标准的要求。

4.10.3 除尘工程噪声和振动控制的设计应符合 GBJ 87 的规定，厂界噪声应符合 GB 12348 的规定。风机噪声应达到 JB/T 8690 的要求。当噪声超过规定时，应在风机出口设置消声器或在风机壳体加装隔声设施。必要时，应对电机采取隔声措施。

4.10.4 除尘系统在设计、施工、运行过程中应按照国家有关规定，采取各种防护措施保护人身安全和健康。

4.10.5 除尘工程的防火防爆设计应符合 GB 6222、GB 50016、GB 50019、GB 50414 等的规定。

4.10.6 除尘工程室内噪声与振动控制等职业卫生要求应符合 GBZ 1 的规定。

5 烟（粉）尘污染源及除尘技术措施

5.1 原料场

5.1.1 翻车机、移动式卸料机除尘

5.1.1.1 翻车机进料工序中翻车机室及给料机和带式输送机应采取除尘措施。

5.1.1.2 翻车机室的翻车部位尽可能密封，两侧在相应位置分层设置吸风口。有条件时，火车进出口应设自动控制门。

5.1.1.3 给料机及带式输送机应采取密封措施，并设集尘罩。

5.1.1.4 翻车机进料工序应设独立的除尘系统，宜选用袋式除尘器。

5.1.1.5 移动式卸料机上宜设车载式除尘器。

5.1.2 破碎筛分除尘

5.1.2.1 对原矿、块矿以及石灰石、白云石、原煤的破碎筛分等工位，应在破碎机或粉碎机的进、出料口、振动筛上部以及带式输送机转运点等部位设密闭装置或集尘罩，转运点受料处宜设双层密闭罩。

5.1.2.2 原料和燃料应分设除尘系统。原料宜采用干式除尘系统，选用袋式除尘或电除尘器。

5.1.2.3 煤一次破碎除尘系统应采取防爆措施。除尘器选用袋式除尘器，滤料应具有防静电功能；系统和设备应静电接地，并设泄爆装置。灰斗宜采取保温或伴热措施。

5.1.3 混匀配料槽除尘

5.1.3.1 混匀配料槽的槽上卸料车和槽下定量给料工位应采取除尘措施。

5.1.3.2 槽上卸料车产生的粉尘可采用移动风口通风槽或车载式除尘器，或设大容积密闭罩。对槽下定量卸料装置产生的粉尘宜设双层密闭罩。

5.1.3.3 对混匀配料槽扬尘，宜设独立的干式除尘系统，采用袋式除尘或电除尘器。

5.1.4 料场、转运点及卸料槽除尘

5.1.4.1 原料、辅助原料及燃料等料场的大面积污染源宜采取喷水抑尘措施，必要时添加适量的表面固化剂。料场场界宜设防尘网或建室内料场。

5.1.4.2 当料场所在位置室外风速较大时，应在边界设置局部防尘网。

5.1.4.3 带式输送机转运点应采取密闭和除尘措施。

5.1.4.4 汽车卸料槽宜整体密闭并设除尘系统，整体密闭罩的设置应充分考虑便于卸料操作并尽可能减少漏风。

5.2 焦化

5.2.1 备煤除尘

5.2.1.1 煤的破、粉碎机室及全部转运点应采取除尘措施。

5.2.1.2 破、粉碎机进、出料口处应设置密闭罩。

5.2.1.3 备煤除尘系统的设置执行本标准5.1.2.3。

5.2.1.4 备煤除尘系统收集的粉尘应回送到配煤工位。

5.2.2 焦炉装煤、出焦除尘

5.2.2.1 焦炉装煤、出焦除尘系统宜采用除尘地面站。

5.2.2.2 焦炉装煤除尘设计应考虑的烟气特性：
　　a）主要成分为煤尘、荒煤气、焦油烟；
　　b）含有苯可溶物和苯并芘；
　　c）含尘质量浓度、温度等。

5.2.2.3 焦炉出焦除尘设计应考虑的烟气特性：
　　a）主要成分为焦粉；
　　b）含少量焦油烟、苯可溶物和苯并芘；
　　c）含尘质量浓度、温度等。

5.2.2.4 焦炉装煤、出焦除尘系统应采用袋式除尘器，并采取阻火、冷却及防爆等安全措施。

5.2.2.5 焦炉装煤除尘系统的滤袋应采取预喷涂措施，预喷涂与清灰操作应联动控制。

5.2.3 干熄焦除尘

5.2.3.1 干熄炉顶的装入装置、预存室事故放散口、预存室压力自动调节放散口和干熄炉底的排出装置、运焦带式输送机受料点等产尘点应设置集尘罩。

5.2.3.2 干熄焦除尘设计应考虑的烟气特性：

　　a）烟气中主要含焦粉；

　　b）循环气体含一氧化碳、二氧化碳、氢气、氮气、水蒸气、甲烷及微量的硫化物和氯化物等；

　　c）含尘质量浓度。

5.2.3.3 干熄焦除尘宜采用袋式除尘，并设阻火、防爆装置。选用常温滤料时，烟气进入除尘器之前应冷却至120℃以下。

5.2.3.4 排焦口集尘罩排出的气体中焦粉质量浓度大于 $30g/m^3$（标准状态）时，不应与干熄炉顶的装入装置及预存室事故放散口排出的带火星含尘气体混合。

5.2.4 运焦除尘

5.2.4.1 湿法熄焦的筛焦楼、贮焦槽及全部转运站，均应采取除尘措施。当选用湿法除尘时，污水应排入焦化废水处理设施。

5.2.4.2 干法熄焦的筛焦楼、贮焦槽及全部转运点应采用袋式除尘系统，并采取防爆措施。

5.3 烧结

5.3.1 原料及配料除尘

5.3.1.1 原料接受、原料贮存、燃料和熔剂的破碎筛分、配料等工位应采取除尘措施。

5.3.1.2 给矿机卸料点、矿槽放料点、燃料和熔剂的破碎筛分设备、带式输送机转运点宜采取密闭和除尘措施，选用袋式除尘器或电除尘器。在工艺允许的情况下，可采取喷雾抑尘辅助措施。

5.3.1.3 冷、热返矿转运扬尘点宜视总图位置并入配料、机尾或整粒除尘系统。

5.3.1.4 燃料系统宜独立设置袋式除尘器。

5.3.1.5 熔剂系统宜独立设置袋式除尘器或电除尘器。采用袋式除尘器时，宜选用易清灰的滤料。

5.3.2 混合料除尘

5.3.2.1 混合料工序中，一次混合机、二次混合机和混合料矿槽及转运点应采取排气、除尘措施。

5.3.2.2 采用热返矿配料时，宜在带式输送机两端或中部设密闭罩和自然排气管，在圆筒混合机两端和混合料槽顶部设自然排气管。当混合机排气含尘质量浓度超过排放标准时，应设集尘罩，并对除尘管道采取保温措施。收集的含尘气体宜并入烧结机尾或配料除尘系统。

5.3.2.3 不采用热返矿配料时，应密闭尘源，并设置除尘器。

5.3.2.4 混合料工位若独立设置袋式除尘器，宜选用耐湿性滤料或塑烧板过滤元件。

5.3.3 烧结机头除尘

5.3.3.1 烧结机头除尘系统设计应考虑的烟气特性：烟气温度、含尘质量浓度、含湿量等。

5.3.3.2 烧结机头除尘系统应采用电除尘器。电除尘器入口应设冷风阀及温控装置，壳体应保温，电场流速宜≤1.1m/s。

5.3.3.3 烟气脱硫系统若采用半干法工艺，宜配套袋式除尘器。

5.3.4 烧结机尾除尘

5.3.4.1 机尾热矿卸料、破碎、筛分、输送等工位应采取除尘措施。

5.3.4.2 烧结机尾除尘系统设计应考虑的烟气特性：烟气温度、含尘质量浓度、含湿量等。

5.3.4.3 烧结机尾应设大容积密闭罩，并将密闭罩延伸到真空箱总长的 1/3～1/2 部位。

5.3.4.4 烧结机尾除尘系统宜选用袋式除尘器或电除尘器。

5.3.4.5 除尘器收集的粉尘宜返回配料室，或送往附近的粉尘处理室统一处理回收。烧结工艺允许时，宜加湿后直接送入一次混合机回收。

5.3.5 冷却机除尘

5.3.5.1 应按照烧结矿冷却方式选择冷却机除尘措施。

5.3.5.2 机上冷却宜在尾部卸料处设大容积密闭罩，收集的含尘气体进入烧结机尾除尘系统。

5.3.5.3 鼓风冷却的环冷机和带冷机应选用多管旋风除尘器，净化后的烟气送烧结点火炉用做煤气助燃；抽风冷却的环冷机和带冷机应在受料点、卸料点设密闭罩，捕集的含尘气流进入机尾除尘系统。

5.3.6 整粒及成品矿槽除尘

5.3.6.1 固定筛、破碎机、振动筛、带式输送机转运点、成品矿槽顶部移动受料点和底部卸料点等工位应采取密闭和除尘措施。

5.3.6.2 成品矿槽顶部移动卸矿车卸料工位可采用移动风口通风槽或车载式除尘器。

5.3.6.3 整粒及成品矿槽除尘系统应采用袋式除尘器或电除尘器。

5.4 球团

5.4.1 磨碎及干燥脱水除尘

5.4.1.1 球团原料制备的干法磨碎机或湿法磨碎机均应设置除尘系统。

5.4.1.2 磨碎及干燥脱水除尘系统设计应考虑的含尘气体特性：

　　a）粉尘成分为铁矿石、膨润土、橄榄石、白云石或石灰石；

　　b）排气含湿量。

5.4.1.3 除尘系统宜采用袋式除尘器或电除尘器，对于含湿量高的含尘气体也可采用塑烧板除尘器。系统应采取保温等防结露措施。

5.4.1.4 除尘器收集的粉尘应返回原料系统利用。

5.4.2 球团烧结烟气除尘

5.4.2.1 球团烧结的带式烧结机、链箅机回转窑，以及烧结各段产生的废气应循环用于预热、干燥及燃烧。

5.4.2.2 带式烧结机除尘系统应采用袋式除尘器或电除尘器，链箅机回转窑除尘系统宜采用电除尘器。系统应采取保温等防结露措施。

5.4.3 成品系统除尘

5.4.3.1 球团成品筛分、贮运过程中产生的粉尘应采用电除尘或袋式除尘系统。

5.4.3.2 除尘器收集的粉尘应返回原料系统，用做造球原料。

5.5 炼铁

5.5.1 高炉煤气净化

5.5.1.1 高炉煤气净化系统宜采用袋式除尘系统和余压发电装置。

5.5.1.2 袋式除尘系统应设煤气温度控制装置。

5.5.1.3 袋式除尘器应采用氮气脉冲喷吹清灰，滤袋材质宜选用芳纶针刺毡或芳纶－玻纤复合针刺毡。

5.5.1.4 袋式除尘器设计应考虑高炉煤气高温、高压、易燃易爆以及与生产关系密切等因素，在箱体结构、密封性、防爆性以及灰斗和卸灰装置等方面应适应上述特殊要求。

5.5.2 高炉贮矿槽除尘

5.5.2.1 槽上移动卸料车、槽下振动给料器、振动筛、称量斗、带式输送机受料点和转运点等工位应采取除尘措施。

5.5.2.2 槽上移动卸料车可采用移动风口通风槽、车载式除尘器。槽上贮仓宜采用仓顶抽风方式。

5.5.2.3 槽下振动给料器、振动筛、称量斗、带式输送机转运点等工位应采取密闭措施，带式输送机受料点宜设双层密闭罩。

5.5.2.4 贮矿槽工序宜设计集中式除尘系统，采用袋式除尘器或电除尘器，收集的粉尘送烧结回用。

5.5.3 高炉出铁场除尘

5.5.3.1 出铁口、铁沟、渣沟、撇渣器、摆动流嘴或铁水罐等工位应采取除尘措施，必要时设置二次除尘系统。

5.5.3.2 高炉出铁场除尘系统设计应考虑的因素：

    1）高炉出铁方式和周期；

    2）烟尘颗粒细、阵发浓度高、污染面大，并随生产工艺周期变化。

5.5.3.3 出铁口宜采用侧吸加顶吸的烟尘捕集方式，铁沟和渣沟宜加盖抽风。

5.5.3.4 撇渣器宜设可拆卸式密闭罩。

5.5.3.5 摆动流嘴宜采用顶吸或侧吸的烟尘捕集方式。铁水罐宜采用顶吸的烟尘捕集方式。

5.5.4 炉顶装料除尘

5.5.4.1 炉顶装料产尘点应采取密闭措施，并设抽风点。

5.5.4.2 炉顶装料除尘宜采用袋式除尘器。

5.5.5 铸铁机除尘

5.5.5.1 铸铁机的翻罐浇注工位应采取除尘措施，铁水流槽上部宜设容积式集尘罩。

5.5.5.2 铸铁机除尘系统宜采用袋式除尘器。

5.5.6 煤磨收尘

5.5.6.1 煤磨尾气的流量应根据磨机产量及原煤的可磨系数等因素确定。

5.5.6.2 煤磨收尘系统设计应考虑烟气温度、煤粉质量浓度等特性。

5.5.6.3 煤磨收尘系统宜采用脉冲袋式除尘器，除尘器过滤速度宜低于 0.8m/min。

5.5.6.4 收尘系统应选用防静电滤料，并采用静电接地、含氧量监控、温度监控、氮气喷吹保护等防火、防爆安全措施。

5.6 炼钢

5.6.1 电弧炉除尘

5.6.1.1 电弧炉除尘系统设计应考虑炉型、原料配比、冶炼工况、冶炼周期等因素。

5.6.1.2 电弧炉的炉气量根据装料量、原料配比、脱碳速度、供电功率、吹氧强度等多种因素确定。

5.6.1.3 电弧炉炉内排烟量应按最不利的氧化期工况设计。氧化期烟气含尘质量浓度 20～30g/m³（标准状态），烟气温度 1 200～1 600℃。

5.6.1.4 电弧炉排烟方式应根据电弧炉型式、规格、工艺条件以及排放要求确定。生产高合金钢的小型电弧炉宜采用炉盖罩或炉体密封罩排烟方式；20t 以上的电弧炉，宜采用导流罩与屋顶罩相结合的排烟方式；30t 以上的电弧炉宜在炉内排烟的基础上，采用屋顶罩排烟；60t 以上的电弧炉可增设电弧炉密闭罩。

5.6.1.5 电弧炉一次烟气冷却可采用水冷烟道、风冷器、余热锅炉等的组合。

5.6.1.6 电弧炉除尘系统应采用袋式除尘器。

5.6.2 铁水预处理除尘

5.6.2.1 混铁车（铁水罐）倒渣，铁水脱硫、脱硅、脱磷等工位均应采取除尘措施。

5.6.2.2 混铁车倒渣间应保持负压，倒渣间顶部应设屋顶集尘罩，倒渣间进出口处装活动封挡门。

5.6.2.3 铁水脱硫、脱磷工位宜整体密闭或在铁水罐上方设围挡。铁水罐上方应设集尘罩。

5.6.2.4 铁水脱硅的烟气捕集应采用顶部水冷密排管集尘罩。

5.6.2.5 铁水倒罐站应采用全封闭排烟，将混铁车（铁水罐）与受铁罐全部封闭在倒罐坑内，由倒罐坑顶部集尘罩排烟。

5.6.2.6 铁水扒渣工位应在铁水罐上方设集尘罩。在不影响扒渣操作前提下，集尘罩应略大于铁水罐烟柱横断面。

5.6.2.7 铁水预处理除尘系统宜采用袋式除尘器。

5.6.3 混铁炉除尘

5.6.3.1 混铁炉兑铁水和出铁水时均应采取除尘措施。

5.6.3.2 顶部兑铁的混铁炉宜设吹吸式气幕罩、导流式屋顶罩。侧面兑铁的混铁炉，宜将混铁炉兑铁槽和兑铁口整体密闭，在密闭罩顶部两侧设排烟口。混铁炉倒铁水工位宜设容积式密闭罩（铁水罐脱钩平台移动受铁水）或吹吸式气幕罩（铁水罐不脱钩吊车移动受铁水）。

5.6.3.3 混铁炉兑铁水和出铁水排风管路上应设切换阀门，并与生产工艺联锁控制。

5.6.4 转炉除尘

5.6.4.1 转炉除尘设计应考虑最大铁水装入量、冶炼周期、冶炼工况、吹氧强度、脱碳速度等因素。

5.6.4.2 转炉煤气（一次烟气）宜采用未燃法予以净化回收，设计时应充分考虑系统的安全和防爆措施。

5.6.4.3 转炉煤气（一次烟气）净化可采用湿法或干法工艺。新建和改建项目宜采用干法工艺。

5.6.4.4 转炉二次烟气除尘系统应对转炉采取密闭措施，设炉前集尘罩和炉后集尘罩，炉前集尘罩上沿悬挂活动帘。在炉后操作平台下设挡烟导流板。

5.6.4.5 转炉二次烟气除尘系统中炉前集尘罩和炉后集尘罩抽风点宜用阀门转换。

5.6.4.6 转炉二次除尘宜设独立除尘系统，采用袋式除尘器。

5.6.4.7 转炉一次烟气、二次烟气及铁水预处理各工序产生的烟尘，通过独立排烟系统处理尚不能完全满足环保要求时，宜增设屋顶排烟装置。

5.6.5 钢包精炼炉除尘

5.6.5.1 钢包精炼炉应配炉盖罩和排烟弯管,采用移动式滑套与固定排烟管连接,排烟量宜用滑套或阀门调节。

5.6.5.2 精炼炉排烟点宜与上料系统抽风点合设一个除尘系统。

5.6.5.3 若精炼炉工艺操作产生火星,且炉体至袋式除尘器的排烟管道较短时,除尘器之前应设置火花捕集器。

5.6.6 氩氧脱碳炉除尘

5.6.6.1 氩氧脱碳炉炉气(一次烟气)应采用燃烧法处理,燃烧烟气经冷却后与二次烟气合设一套袋式除尘系统。冷却设备可采用汽化冷却烟道、水冷烟道、风冷器等的组合。

5.6.6.2 氩氧脱碳炉排烟方式可采用炉口烟罩排烟、屋顶罩排烟和密闭罩排烟等,应根据炉型、工艺布置选用和组合。

5.7 轧钢

5.7.1 火焰清理机除尘

5.7.1.1 对火焰清理机产生的烟气应加以控制,除尘设计应考虑含尘质量浓度、烟气含湿量、粉尘中三氧化二铁含量、粉尘粒径等特性。

5.7.1.2 在火焰清理机的坯模通过部位设可拆卸式活动烟罩,排烟管道需保温,并考虑冷凝水排除措施。

5.7.1.3 火焰清理机除尘宜采用塑烧板除尘器、湿式电除尘器,并考虑防结露和防冻措施。

5.7.2 热轧精轧机除尘

5.7.2.1 对精轧机轧制过程中产生的烟气应加以控制,除尘设计应考虑含尘质量浓度、粉尘中氧化亚铁和三氧化二铁的含量、烟气含湿量、含油率、粉尘粒径等特性。

5.7.2.2 在 F4~F7 机架处应设集尘罩,集尘罩固定在机架牌坊上。

5.7.2.3 排烟管道设计时应考虑冷凝水排除措施。

5.7.2.4 精轧除尘系统宜采用塑烧板除尘器,并考虑防结露和防冻措施。

5.7.3 冷轧除尘

5.7.3.1 对干式平整机、拉矫机、焊机等产生的烟尘以及冷轧机、湿式平整机、酸洗槽、碱洗槽、电镀槽等产生的油雾、酸雾、碱雾应加以控制。

5.7.3.2 干式平整机、拉矫机、焊机应设局部密闭集尘罩,除尘系统宜采用袋式除尘器。

5.7.3.3 冷轧机和湿式平整机产生的乳化液油雾应设排雾系统,采用油雾净化装置。

5.7.3.4 带钢清洗、酸洗、碱洗、电镀及后处理段的酸雾和碱雾应设排风系统,采用除雾洗涤装置。

5.7.3.5 抛丸机、修磨机应设局部密闭集尘罩,除尘系统采用袋式除尘器。

5.8 铁合金

5.8.1 矿热电弧炉除尘

5.8.1.1 矿热电弧炉烟气应冷却和净化,宜采用袋式除尘器。对封闭型电弧炉炉气宜采用干式煤气净化回收系统。冷却设备可采用空气自然冷却器、机力冷却器、余热锅炉等。

5.8.1.2 矿热电弧炉出铁口烟尘应采取控制措施,宜在出铁口溜槽铁水罐上方设集尘罩。

5.8.1.3 矿热电弧炉除尘设计应考虑烟气温度高,烟尘粒径小、密度小、黏性大等特性。

5.8.1.4 硅铁电弧炉烟气除尘系统收集的硅粉应回收利用。

5.8.2 钨铁电弧炉除尘

5.8.2.1 钨铁电弧炉宜设炉顶罩，并加强密封。

5.8.2.2 钨铁电弧炉除尘系统应采用袋式除尘器，收集的粉尘应回收利用。

5.8.3 钼铁熔炼炉除尘

5.8.3.1 钼铁熔炼炉宜采用回转集尘罩捕集烟尘。

5.8.3.2 钼铁熔炼炉除尘系统宜采用袋式除尘器，收集的粉尘应回收利用。

6 除尘工程的施工、安装及验收

6.1 一般规定

6.1.1 除尘工程应按施工设计图纸、技术文件、设备图纸等组织施工，工程的变更应取得设计单位的设计变更文件后再实施。

6.1.2 除尘工程施工单位必须具有与该工程相应的资质等级。施工使用的材料、半成品、部件应符合国家现行标准和设计要求，并取得供货商的合格证书，严禁使用不合格产品。设备安装应符合 GB 50231 的规定。

6.1.3 除尘工程建设单位应专门成立技术质量监督小组。参与设计会审，设备监制，施工质量检查；制定运行和维护规章制度，培训工人；组织、参与工程各阶段验收，进行空载试车和负载试车，建立设备安装及运行档案。

6.1.4 设备安装之前应对土建工程按安装要求进行验收，验收记录和结果应作为工程竣工验收资料之一。

6.2 除尘工程安装

6.2.1 除尘器本体及零部件的现场贮存、运输和吊装应符合产品技术文件的规定。

6.2.2 除尘工程安装包括：除尘器本体、高低压电源及其控制系统的安装，系统相关设备和装置的安装，风管和电、气、水管线的连接；除尘系统保温、防腐和防雨等。施工单位应制定安装技术方案。

6.2.3 袋式除尘器安装应符合 JB/T 8471 的规定，电除尘器的安装应符合 JB/T 8536 的规定。

6.2.4 袋式除尘器滤袋安装应放在全部安装工作的最后，滤袋装好后，不得在壳体内部和外部再实施焊接和气割等明火作业。

6.2.5 电除尘器的壳体四角应分别进行可靠的接地，新建电除尘器的接地电阻应≤2Ω。

6.2.6 除尘器的泄压装置应确保泄压功能。气路系统要保证密封，气动元件动作应灵活、准确。各运动部件应安装牢固，运行可靠。

6.2.7 除尘工程安装完成后，应彻底清除除尘器、含尘气体管道及压缩空气管路内部的杂物、关闭各检修门。

6.2.8 控制柜（箱）的安装要求如下：

    a）控制柜（箱）的安装应和水平面保持垂直，倾斜度<5%；

    b）避免强电、磁场及剧烈振动场合；

    c）控制柜（箱）体必须可靠接地；

    d）室内安装应注意通风、散热，室外安装应有防尘、防雨、防晒等措施。

6.3 除尘系统调试

6.3.1 除尘系统调试分单机试车、与工艺设备空载联合试运行和带料试运行三阶段。前一阶段试车合格后进行下一阶段试车。

6.3.2 单机试车应解决转向、润滑、温升、振动等问题，连续运行时间不低于 2h。单机试车时，应记录每个设备（装置）的试车过程。

6.3.3 除尘系统与工艺设备空载联合试运行应在该系统设备全部通过单机试车后进行，要求如下：

a）试运行之前必须清理安装现场，清除系统内杂物，悬挂"警示牌"，做好安全防范。

b）各运动部件加注规定的润滑油（脂），转动灵活。

c）确认供电、供水、供气正常，仪表指示正确。

d）电除尘器应首先对所有绝缘材料加热，确认对其能进行温度控制。

e）电除尘器的升压试验应执行 JB 6407 标准及随机提供的安装说明书，只有当一个电场（或电源）升压正常并稳定后，才可以进行另一个电场（或电源）的升压试验，此时前一个电场不应关闭；全部电场升压完成后，应启动全部振打装置，在全部振打装置运行的情况下，电场的二次电压和电流应没有变化；电场升压过程记录表的格式可参照附录 A，并据升压记录绘制伏安特性曲线存档。

f）分别按手动和自动的方式依启动顺序启动各设备，检验系统设备的联锁关系。

g）工艺设备空载联合试运行时间应为 4～8h。

6.3.4 袋式除尘器系统带料试运行应在工艺设备空载联合试运行完成后进行，要求如下：

a）与除尘系统相关的水、电、气，物料输送及安全检测等配套设施已经启动且工作正常；

b）在大于额定风量 80%条件下，连续试验时间在 72h 以上；

c）观察并记录各测量仪表的显示数据及各运动部件的运行状况，各项技术指标均应达到设计要求；

d）用于高温烟气的袋式除尘器在带料试运行过程中，应设置不同的温度限值，验证自控系统的可靠性；

e）焦炉装煤车袋式除尘器在负载运行前，应先启动预喷涂系统，使滤袋附上粉料层，并消除壳体内部的堆积平面；

6.3.5 电除尘系统带料试运行应在工艺设备空载联合试运行完成后进行，要求如下：

a）同 6.3.4 条 a）～c）的要求；

b）投运前必须先经烟气加热，使壳体及内部构件的温度超过烟气露点温度 30℃以上或至少加热 8h 以后方可向电场供电；

c）电场供电后应逐点升压，直至能达到的最高工作电压和电流；

6.3.6 湿式除尘系统带料试运行应在工艺设备空载联合试运行完成后进行，要求如下：

a）按 6.3.4 条 a）～c）执行；

b）排水系统管路及设备畅通无阻，运行正常。

6.3.7 煤气净化系统带料试运行执行 GB 6222、《转炉煤气净化回收技术规程》及《炼铁安全规程》的规定。

6.4 安装工程验收

6.4.1 安装工程验收在安装工程完毕后，由建设单位组织安装单位、供货商、工程设计单位结合系统调试对除尘系统逐项进行验收，对机械设备和控制设备的性能、安全性、可靠性等运行状态进行考核。

6.4.2 安装工程验收依据为：主管部门的批准文件、设计文件和设计变更文件、合同及其附件、设备技术文件等。验收程序和内容应分别符合 GB 6222、GB/T 12138、GB 50231、GB 50235、GB 50243、GB 50254～GB 50259、GB 50275、GB/T 13931、JB/T 5908、JB/T 5911、JB/T 6407、JB/T 8471、JB/T 8532 、JB/T 8536 及 HJ/T 76 和安装文件的有关规定。

6.5 工程环境保护验收

6.5.1 与生产工程同步建设的除尘工程应与生产工程同时进行环境保护验收；现有生产设备配套或改造的除尘设施应单独进行环境保护验收。

6.5.2 除尘工程环境保护验收按《建设项目竣工环境保护验收管理办法》的规定执行。

6.5.3 除《建设项目竣工环境保护验收管理办法》规定的验收材料以外，申请单位还应提供工程质量验收报告和除尘系统性能试验报告，性能试验报告的主要参数应包括：

　　a）系统风量；

　　b）系统漏风率；

　　c）粉尘排放质量浓度；

　　d）系统阻力；

　　e）岗位粉尘质量浓度。

6.5.4 配套建设的烟气连续监测及数据传输系统，应与除尘工程同时进行环境保护验收。

7 除尘系统运行与维护

7.1 一般规定

7.1.1 生产单位应设环境保护管理机构，配备技术人员及除尘系统检测仪器，制定除尘系统运行及维护的规章制度。

7.1.2 除尘设施的操作和维护均应责任到人。岗位工应通过培训考核上岗，熟悉本岗位运行及维护要求，具有熟练的操作技能，遵守劳动纪律，执行操作规程。

7.1.3 除尘系统应在生产系统启动之前启动，在生产系统停机之后停机。

7.1.4 岗位工人应填写运行记录，严格执行交接班工作制度。运行记录按天上报企业生产和环保管理部门，按月成册。所有除尘器均应有运行记录，一般通风设备用除尘器运行记录可随同车间工艺设备一起编制，高温烟气系统的除尘器、处理风量大于 100 000 m³/h 的大型除尘系统的除尘器运行记录宜单独编制，记录间隔可取 1～2h。除尘器运行记录可参照附录 B。

7.1.5 除尘工程中通用设备的备品备件按机械设备管理规程储备，专用备品备件如脉冲阀、滤袋、气动元件、绝缘材料、电极板及高低压电器元件等储备量为正常运行量的 10%～15%。

7.1.6 应制定除尘系统中、大检修计划和应急预案。除尘系统检修时间应与工艺设备同步，每 6 个月对工艺配套的除尘系统主要技术性能检查一次，对可能有问题的除尘系统随时检查，检修和检查结果应记录并存档。

7.2 袋式除尘系统运行

7.2.1 除尘系统开机前，应全面检查运行条件，符合要求后按开机程序启动。

7.2.2 除尘系统的运行控制应与生产系统的操作密切配合，选择自动控制状态；系统风量不得超过额定处理风量；生产工况变化时，应通过调节保证正常运行和达标排放。

7.2.3 除尘系统入口气体温度必须低于滤料使用温度的上限，且高于气体露点温度 10℃ 以上；系统阻力保持在正常范围内。

7.2.4 存在燃爆危险的除尘系统应控制温度、压力和一氧化碳含量，经常检查泄压阀、检测装置、灭火装置等。一旦发生燃爆事故应立即启动应急预案，并逐级上报。

7.2.5 操作工每班至少应巡回检查一次各部件，保持设备和现场的整洁，及时发现隐患，妥善处理。

7.2.6 生产系统停机后，除尘器的清灰、排灰机构还应运行一段时间，且先停清灰，后停排灰。

7.2.7 冬季或高寒地区的袋式除尘器长时间停运后，启动时应采取加热措施，沿海等空气潮湿地方的袋式除尘器负载运行启动前宜采用烟气加热，使除尘器内温度高于露点温度 10℃ 以上。

7.2.8 在有冰冻季节的地区，除尘系统停机时冷却水和压缩空气的冷凝水应完全放掉。长期停车时还应取下滤袋，切断配电柜和控制柜电源。

7.3 电除尘系统运行

7.3.1 执行 7.2.1、7.2.2、7.2.4～7.2.6 条规定。

7.3.2 电除尘器投运前应提前 4h 将全部的电加热装置送电加热；向电场供电之前应确认烟气中一氧化碳等可燃气体在安全范围内。

7.3.3 电除尘器运行过程中应控制一次电压、一次电流、二次电压、二次电流、振打周期等运行参数。

7.3.4 电除尘器停机时应先停止向电场供电，再切断主回路和控制回路的电源；如停机时间超过 8h 或要进行设备检修时，应按供货方提供的操作说明书的要求执行；如停机时间超过 24h，在停止向电场供电的同时可切断电加热器电源。

7.4 湿式除尘系统运行

7.4.1 执行 7.2.1、7.2.2、7.2.5 条规定。

7.4.2 除尘器应在工艺设备停机后停止运行。除尘器停机后，其供水、排水系统还应运行一段时间，清洗除尘器、排水管道及排水设备内的沉淀。有冰冻季节的地方，除尘系统停车时，排水系统设备及管道中的冲洗水应完全放掉。

7.4.3 湿式除尘系统单独设置的沉淀池应定期清除并妥善处理沉淀物。

7.4.4 煤气净化系统运行执行 GB 6222、《转炉煤气净化回收技术规程》及《炼铁安全规程》的规定。

7.5 除尘系统维护

7.5.1 除尘系统的维护包括正常运行时的检查、管路和设备清扫、疏通堵塞、定期加注或更换润滑油（脂）以及及时进行的小修、定期进行的中修和大修。维护范围包括工程配套设施。

7.5.2 除尘设备投入运行一周内应对各连接件进行紧固，对运动部件逐一检查。对袋式除尘器检查清灰机构和滤袋滤尘情况，发现滤袋破损应及时更换。对电除尘器检查振打装置、接地和电场内部情况，清扫高低压电控柜和绝缘材料。反吹风袋式除尘器使用 1～2 个月后，应对滤袋吊挂机构长度进行调整或更换。对湿式除尘器应定期冲洗、清除淤泥。检查冬季防冻保温措施及净化腐蚀性气体设备防腐蚀措施的完好程度，发现破损应及时处理。

7.5.3 中修宜半年进行一次，包括运转设备的换油及调整，重要配件的更换和修理，电气系统及测试设备的调整，接地极的检查和处理，电场内部、高低压电控柜和绝缘材料的清扫工作等。大修宜 2～5 年进行一次，除中修的内容外，还应包括各种仪器仪表的检定，滤袋或电极的更换，系统设备的改造和更换，系统加固、油漆和保温等。

7.5.4 设备检修时应做好安全防范，切断设备运行电源，在检修门、电控柜处挂"警示牌"，保管好安全联锁钥匙。人员进入电场内部或涉及到高压部位的区域，除切断全部高压电源外，还应将隔离开关全部切换到接地位置。

7.5.5 除尘设备内部检修要求如下：

a）排净粉尘；

b）用新鲜空气置换出内部残留的气体，使设备内一氧化碳等有毒、有害气体浓度降至安全限度以下；

c）采取降温措施，使除尘器温度降至40℃以下；

d）进入内部的维修人员不得吸烟；

e）采取防止维修人员进入除尘器后检修门自动关闭的措施；

f）对于在线检修的袋式除尘器应切断该单元滤室，一旦出现不适，应立即停止作业；

g）电除尘器阴极要可靠接地，袋式除尘器要拆除相应滤袋，才能进行电焊、气割作业。

7.5.6 煤气净化系统设备和管道的维护及检修应执行 GB 6222、《转炉煤气净化回收技术规程》、《炼铁安全规程》及本标准的有关规定。

附录 A（资料性附录）

电除尘器升压记录

电除尘器升压记录表格式见表 A.1。

表 A.1　电除尘器升压记录表

尘源设备和名称：				电除尘器规格：	
供货商：				高压电源：　　　　A/kV，抽头位置：　　kV	
测试时天气：晴、多云、阴、雨			温度：　　　湿度：　　　风力：		
室号：　　　　电场号：			时　　分 ——　　时　　分		
空载（负载）测试				第　　次	
序号	一次电压 V	一次电流 A	二次电压 kV	二次电流 mA	备　　注
1					
2					
3					
4					
5					
6					
7					
8					
9					
10					
11					
12					

测试负责人：　　　　　　　　记录人：

注：在升压过程中如要观察电场内部的放电现象，观察人员只可在进、出口喇叭管内或灰斗内进行观察，不可进入电场，观察人员应有两人以上，一人在本体外部保护。在升压过程中如发现电场内部有不正常放电问题，则应关闭全部高压电源，并将全部隔离开关接地放电后，检修人员才可进入电场进行检修。

附录 B（资料性附录）

除尘器运行记录表

除尘器运行记录表格式见表 B.1。

表 B.1　除尘器运行记录表

车间名称：　　　　　　除尘器名称：　　　　　　除尘器编号：

检测项目	除尘器入口	除尘器出口	时间	日期
系统风量/（m³/h）				
系统负压/Pa				
温度/℃				
风机阀门开度/%				
压缩空气压力/MPa				
一次电压/V				
一次电流/A				
二次电压/V				
二次电流/A				
含尘质量浓度				
清灰设备情况				
卸灰设备情况				
输灰设备情况				
备注				

操作员：　　　　　　交班班长：　　　　　　接班班长：

注：袋式除尘器取消表中电压和电流行，电除尘器取消表中压缩空气行。

中华人民共和国国家环境保护标准

火电厂烟气脱硝工程技术规范
选择性催化还原法

Engineering technical specification of flue gas selective catalytic reduction
denitration for thermal power plant

HJ 562—2010

前 言

为贯彻执行《中华人民共和国环境保护法》、《中华人民共和国大气污染防治法》和《火电厂大气污染物排放标准》，规范火电厂烟气脱硝工程建设，改善大气环境质量，制定本标准。

本标准规定了火电厂选择性催化还原法烟气脱硝工程的设计、施工、验收、运行和维护等技术要求。

本标准由环境保护部科技标准司组织制订。

本标准为首次发布。

本标准主要起草单位：中国环境保护产业协会、东南大学、北京市环境保护科学研究院、西安热工研究院有限公司、国网电力技术公司、北京博奇电力科技有限公司、北京国电龙源环保工程有限公司、清华同方环境有限责任公司、浙江天地环保工程有限公司。

本标准环境保护部 2010 年 2 月 3 日批准。

本标准自 2010 年 4 月 1 日起实施。

本标准由环境保护部解释。

1 适用范围

本标准规定了火电厂选择性催化还原法烟气脱硝工程的设计、施工、验收、运行和维护等应遵循的技术要求，可作为环境影响评价、工程设计与施工、项目竣工环境保护验收及建成后运行与管理的技术依据。

本标准适用于机组容量为 200 MW 及以上火电厂燃煤、燃气、燃油锅炉同期建设或已建锅炉的烟气脱硝工程。机组容量 200 MW 以下的燃煤、燃气、燃油锅炉及其他工业锅炉、炉窑，同期建设或已建锅炉的烟气脱硝工程时，可参照执行。

2 规范性引用文件

本标准内容引用了下列文件中的条款。凡是不注日期的引用文件，其有效版本适用于本标准。

GB 150　钢制压力容器

GB 536　液体无水氨

GB 2440　尿素

GB 12348　工业企业厂界噪声排放标准

GB 12801　生产过程安全卫生要求总则

GB 14554　恶臭污染物排放标准

GB 18218　危险化学品重大危险源辨识

GB 50016　建筑设计防火规范

GB 50040　动力机器基础设计规范

GB 50160　石油化工企业设计防火规范

GB 50222　建筑内部装修设计防火规范

GB 50229　火力发电厂与变电站设计防火规范

GB 50351　储罐区防火堤设计规范

GBJ 87　工业企业噪声控制设计规范

GB/T 16157　固定污染源排气中颗粒物测定与气态污染物采样方法

GB/T 20801　压力管道规范　工业管道

GB/T 21509　燃煤烟气脱硝技术装备

GBZ 1　工业企业设计卫生标准

DL 5009.1　电力建设安全工作规程（火力发电厂部分）

DL 5053　火力发电厂劳动安全和工业卫生设计规程

DL/T 5032　火力发电厂总图运输设计技术规程

DL/T 5121　火力发电厂烟风煤粉管道设计技术规程

DL/T 5136　火力发电厂、变电所二次接线设计技术规程

DL/T 5153　火力发电厂厂用电设计技术规定

HJ/T 75　固定污染源烟气排放连续监测技术规范（试行）

HJ/T 76　固定污染源烟气排放连续监测系统技术要求及检测方法

HG/T 20649　化工企业总图运输设计规范

SH 3007　石油化工储运系统罐区设计规范

《危险化学品安全管理条例》（中华人民共和国国务院令　第 344 号）

《危险化学品生产储存建设项目安全审查办法》（国家安全生产监督管理局、国家煤矿安全监察局令　第 17 号）

《建设项目（工程）竣工验收办法》（计建设[1990]　1215 号）

《建设项目竣工环境保护验收管理办法》（国家环境保护总局令　第 13 号）

3 术语和定义

GB/T 21509 确立的以及下列术语和定义适用于本标准。

3.1 脱硝岛 denitrification island

包含为脱硝服务的建（构）筑物及控制系统在内的整套系统。

3.2 脱硝系统 denitrification system

采用物理或化学的方法脱除烟气中氮氧化物（NO_x）的系统，本标准中指选择性催化还原法脱硝系统。

3.3 选择性催化还原法 selective catalytic reduction（SCR）

利用还原剂在催化剂作用下有选择性地与烟气中的 NO_x 发生化学反应，生成氮气和水的方法。

3.4 还原剂 reductant

脱硝系统中用于与 NO_x 发生还原反应的物质及原料。

3.5 喷氨格栅 ammonia injection grid

将还原剂均匀喷入烟气中的装置。

3.6 静态混合器 static mixer

实现还原剂与烟气均匀混合的装置。

3.7 氨逃逸质量浓度 ammonia slip

SCR 反应器出口烟气中氨的质量与烟气体积（101.325 kPa、0℃，干基，过量空气系数 1.4）之比，一般用 mg/m^3 表示。

3.8 系统可用率 system availability

脱硝系统每年正常运行时间与锅炉每年总运行时间的百分比。按式（1）计算：

$$可用率 = \frac{A-B}{A} \times 100\% \qquad (1)$$

式中：A——锅炉每年总运行时间，h；

B——脱硝系统每年总停运时间，h。

3.9 锅炉最大连续工况 boiler maximum continuous rating

锅炉最大连续蒸发量下的工况，简称 BMCR 工况。

3.10 锅炉经济运行工况 boiler economic continuous rating

锅炉经济蒸发量下的工况，对应于汽轮机机组热耗保证工况，简称 BECR 工况。

4 污染物与污染负荷

4.1 新建锅炉加装脱硝系统时，设计工况宜采用 BMCR 工况下的烟气量、NO_x 和烟尘浓度为设计值时的烟气参数；校核工况宜采用 BECR 工况下烟气量、NO_x 和烟尘浓度为最大值时的烟气参数。

4.2 已建锅炉加装脱硝系统时，其设计工况和校核工况宜根据脱硝系统入口处实测烟气参数确定，并考虑燃料的变化趋势。

4.3 烟气参数应按 GB/T 16157 进行测试。

5 总体要求

5.1 一般规定

5.1.1 脱硝岛的总体设计包括总平面布置、竖向布置、管线综合布置、绿化规划等，应与火电厂的总体设计相协调，并满足下列要求：

    a）工艺流程合理，烟道短捷，满足防火、防爆、防毒的要求；

    b）交通运输方便；

    c）处理好脱硝系统与电厂设施、生产与生活、生产与施工之间的关系；

    d）方便施工，有利于维护检修；

    e）充分利用厂内公用设施；

    f）节约用地，工程量小，运行费用低。

5.1.2 应装设符合 HJ/T 76 要求的烟气排放连续监测系统，并按照 HJ/T 75 的要求进行连续监测。

5.2 工程构成

5.2.1 工程主要包括还原剂系统、催化反应系统、公用系统和辅助系统。

5.2.2 还原剂系统包括还原剂储存、制备、供应等设备。

5.2.3 催化反应系统包括烟道、氨的喷射及混合装置、稀释空气装置、反应器、催化剂等。

5.2.4 公用系统包括蒸汽系统、废水排放系统、压缩空气系统等。

5.2.5 辅助系统包括电气系统、热工自动化系统、采暖及空气调节系统、烟气排放连续监测系统等。

5.3 总平面布置

5.3.1 一般规定

5.3.1.1 总平面布置应遵循的原则包括：设备运行稳定、管理维修方便、经济合理、安全卫生等。

5.3.1.2 总平面布置应考虑的因素包括：脱硝岛的平面竖向布置、污染物处理处置工艺单元的构筑物安排、综合管线的布置等。

5.3.1.3 架空管线、直埋管线与岛外沟道相接时，应在设计分界线处标明位置、标高、管径或沟道断面尺寸、坡度、坡向管沟名称、引向何处等。有汽车通过的架空管道净空高度为 5.0 m，室内管道支架梁底部通道处净空高度不低于 2.2 m。

5.3.2 还原剂区

5.3.2.1 还原剂区可布置于厂区内，也可布置于厂区外。新建电厂还原剂储存应纳入厂区总平面布置统筹规划，并宜考虑机组再扩建时的条件。还原剂区与其他建（构）筑物的距离应符合 GB 50160 的规定。

5.3.2.2 改、扩建电厂场地布置困难时，还原剂储存设施可布置在厂外，但选址要求应符合 DL/T 5032 及 HG/T 20649 中的有关规定。

5.3.2.3 采用液氨作为还原剂时，还原剂区应单独设置围栏，设明显警示标记，并应考虑疏散距离。

5.3.2.4 还原剂区地坪宜低于周围道路标高。

5.3.2.5 液氨储罐区宜设环形消防道路，场地困难时，可设尽头式道路，但应设回转场地，并符合 GB 50229 的规定。

5.3.2.6 还原剂区的设备宜室外布置，液氨储罐应设置防止阳光直射的遮阳棚，遮阳棚的结构应避免形成可集聚气体的死角。

5.3.2.7 还原剂区内场地应设水冲洗装置，在低处设截水沟集中排至废水坑。

5.3.2.8 还原剂区内电气柜小室电缆进线沟应进行隔离处理，防止泄漏的氨气进入电气柜小室。

5.3.2.9 当采用尿素作为还原剂时，绝热分解室或水解反应器可布置在还原剂区或就近布置在反应器区。

5.3.3 反应器区

5.3.3.1 反应器宜布置在省煤器与空气预热器之间，并靠近锅炉本体。

5.3.3.2 对新建或扩建机组，反应器宜垂直布置在空气预热器上方。

6 工艺设计

6.1 一般规定

6.1.1 脱硝系统应与锅炉负荷变化相匹配。

6.1.2 脱硝系统不得设置反应器旁路。

6.1.3 在催化剂最大装入量情况下的设计脱硝效率不得低于 80%。

6.1.4 氨逃逸质量浓度宜小于 2.5 mg/m^3。

6.1.5 SO$_2$/SO$_3$ 转化率应不大于 1%。

6.1.6 系统可用率应不小于 98%，使用寿命和大修期应与发电机组相匹配。

6.1.7 脱硝系统应能在锅炉最低稳燃负荷和 BMCR 之间的任何工况之间持续安全运行，当锅炉最低稳燃负荷工况下烟气温度不能达到催化剂最低运行温度时，应从省煤器上游引部分高温烟气直接进入反应器以提高烟气温度。

6.1.8 脱硝系统的烟气压降宜小于 1 400 Pa，系统漏风率宜小于 0.4%。

6.2 脱硝系统流程

脱硝系统一般由还原剂系统、催化反应系统、公用系统、辅助系统等组成，流程见图 1。

6.3 还原剂系统

6.3.1 一般规定

还原剂主要有液氨、尿素和氨水，其选择应按照项目环境影响评价文件、安全影响评价文件的批复确定。还原剂区内的压力容器的设计应符合 GB 150 的规定。

6.3.2 液氨还原剂

6.3.2.1 液氨应符合 GB 536 的要求。

6.3.2.2 液氨运输工具宜采用专用密封槽车。

6.3.2.3 液氨卸料可通过氨压缩机进行，在与槽车接口处宜设置与排放系统相连的管道，用于卸氨前后排出管道中的空气。

6.3.2.4 液氨槽车卸料应采用万向充装管道系统。

6.3.2.5 液氨储存和制备装置应符合 GB 536、GB 18218、《危险化学品安全管理条例》和《危险化学品生产储存建设项目安全审查办法》的有关规定。

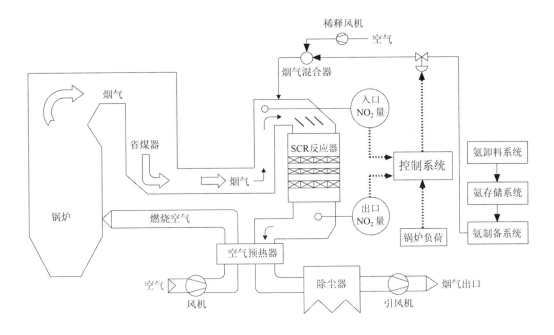

图 1 典型火电厂烟气 SCR 脱硝系统流程图

6.3.2.6 在地上、半地下储罐或储罐组，应按 GB 50351 设置非燃烧、耐腐蚀材料的防火堤。

6.3.2.7 还原剂区应安装相应的气体泄漏检测报警装置、防雷防静电装置、相应的消防设施、储罐安全附件、急救设施设备和泄漏应急处理设备等。

6.3.2.8 液氨储罐容量宜按照全厂脱硝系统设计工况下连续运行 3～5 d（每天按 24 h 计）所需要的氨气用量来设计。

6.3.2.9 液氨储罐应布置在还原剂区边缘的一侧，并应在明火或者散发火花地点的全年最小频率风向的上风侧，其装卸站应靠近道路（或铁路）。

6.3.2.10 氨气制备和储存装置（液氨蒸发器）的出力应按设计工况下氨气消耗量的 120% 设计。

6.3.2.11 还原剂区应有控制氨气二次污染的措施。

6.3.2.12 氨储存设备及运输管道上应有氨气输入管道。

6.3.2.13 还原剂区的设备宜采用气动执行机构。

6.3.3 尿素还原剂

6.3.3.1 尿素应符合 GB 2440 的要求。

6.3.3.2 尿素制氨系统有水解和热解两种方式，两种工艺的典型系统流程参见附录 A。

6.3.3.3 尿素制氨系统应能连续、稳定地供应脱硝运行所需要的氨气流量，并满足负荷波动对氨供应量调整的响应要求。

6.3.3.4 尿素颗粒储仓的容量宜按全厂脱硝系统设计工况下连续运行 3～5 d（每天按 24 h 计）所需要的氨气用量来设计。

6.3.3.5 由尿素颗粒储仓到尿素溶解罐的输送管路应设有关断装置和避免堵料的措施。

6.3.3.6 尿素溶解罐宜布置在室内,各设备间的连接管道应保温。

6.3.3.7 所有与尿素溶液接触的设备等材料宜采用不锈钢材质。

6.3.3.8 当采用尿素水解工艺制备氨气时,尿素水解反应器的出力宜按脱硝系统设计工况下氨气消耗量的120%设计。

6.3.3.9 当采用热解工艺制备氨气时,每套反应器应设置1台绝热分解室,分解室进出口气体分配管道宜设置调节风门,分解室和计量分配装置应靠近反应器布置。

6.3.3.10 所有设备应采取冬天防冻、夏天防晒措施。

6.3.4 氨水还原剂

6.3.4.1 采用氨水作为还原剂时,宜采用质量分数为20%~25%的氨水溶液。

6.3.4.2 氨水运输工具宜采用专用密封槽车。

6.3.4.3 氨水的卸料宜采用卸载泵。

6.3.4.4 所有与氨水溶液接触的设备、管道和其他部件宜采用不锈钢制造。

6.3.4.5 氨和空气的混合气体的温度应高于水冷凝温度。

6.3.5 管道

6.3.5.1 氨输送用管道应符合GB/T 20801的有关规定,所有可能与氨接触的管道、管件、阀门等部件均应严格禁铜。液氨管道上应设置安全阀,其设计应符合SH 3007的有关规定。

6.3.5.2 所有与尿素溶液的接触泵和输送管道等材料宜采用不锈钢材质。

6.3.5.3 所有管道应充分考虑冬季防寒、防冻的措施,防止各输液管道冰冻。

6.4 反应器系统

6.4.1 反应器和烟道

6.4.1.1 反应器本体为全钢焊接结构,宜采用与锅炉本体相同的封闭方式,其外壁应保温。露天布置时,保温层应采取防雨设施。

6.4.1.2 反应器和烟道的设计压力应符合DL/T 5121的规定,反应器和烟道设计温度按锅炉BMCR工况下燃用设计或校核煤质的最高工作温度取值。

6.4.1.3 反应器内催化剂迎面平均烟气流速的设计应满足催化剂的性能要求,一般取 4~6 m/s。

6.4.1.4 反应器平面尺寸应根据烟气流速确定,并根据催化剂模块大小及布置方式进行调整。反应器有效高度应根据模块高度、模块层数、层间净高、吹灰装置、烟气整流格栅、催化剂备用层高度等情况综合考虑决定。

6.4.1.5 反应器入口段应设导流板,出口应设收缩段,其倾斜角度应能避免该处积灰。

6.4.1.6 在反应器侧壁对应催化剂部位应设置催化剂装载门和人孔。

6.4.1.7 反应器内催化剂的支架应可兼作催化剂安装时的滑行导轨,并与安装或更换催化剂模块的专用工具相匹配。

6.4.1.8 反应器本体可采用整体悬挂方式或支撑方式。如采用支撑方式,则应充分考虑反应器本体内部结构的温差应力、支架热胀引起的对承重钢架的水平推力等影响。

6.4.1.9 反应器区应设检修起吊装置,起吊高度应满足炉后地坪至反应器最上层催化剂进口的起吊要求,起吊重量按催化剂模块重量确定。

6.4.1.10 反应器本体外周应设平台作为人行通道,平台可采用格栅或花纹钢板两种形式;采用格栅平台时活载荷取 2 kN/m²,采用花纹钢板时,应视情况考虑雪载荷和飞灰沉积载荷；如催化剂在平台上移动，应考虑催化剂重量。

6.4.2 催化剂

6.4.2.1 催化剂选型前应收集附录 B 中规定的参数。

6.4.2.2 反应器内承装的催化剂可选择蜂窝式、板式、波纹式或其他形式。催化剂形式、催化剂中各活性成分含量以及催化剂用量一般应根据具体烟气工况、灰质特性和脱硝效率确定。

6.4.2.3 催化剂应制成模块，各层模块应规格统一、具有互换性，且应采用钢结构框架，并便于运输、安装和起吊。

6.4.2.4 催化剂模块应设计有效防止烟气短路的密封，密封的寿命不低于催化剂的寿命。

6.4.2.5 每一层催化剂均应设置可拆卸的催化剂测试元件。

6.4.2.6 失效催化剂可采用再生或无害化处理，处理方式参见附录 C。

6.4.3 稀释系统

6.4.3.1 稀释空气量应按设计和校核工况中的较大耗氨量、稀释后混合气体中氨气的体积浓度不高于 5%进行设计。

6.4.3.2 稀释空气可由一次送风机的出口或空气预热器出口一次风引出，也可通过设计专用稀释风机提供。

6.4.3.3 当采用稀释风机时，稀释风机按两台 100%容量（一用一备）或三台 50%（两用一备）设置。稀释风机流量应在设计计算基础上考虑 10%裕量，压头应在管路阻力计算基础上考虑 20%裕量。

6.4.3.4 稀释风道内介质流速按 8～15 m/s 设计，在喷氨点下游宜装设静态混合器或采用其他增强混合的方式。

6.4.3.5 氨气入口管道上宜设置阻火器。

6.4.4 混合气体喷射系统

6.4.4.1 混合气体喷射系统可采用喷氨格栅或静态混合器。

6.4.4.2 混合气体一般以分区方式喷入烟气，每个区域系统应具有均匀稳定的流量特性，并具有独立的流量控制和测量手段。

6.4.4.3 混合气体喷射系统及反应器的设计应通过数值模拟和物模试验进行验证。

6.4.4.4 混合气体喷射系统主管道上的流量调节阀材料应满足设计条件。

6.4.4.5 喷氨格栅应设计防止被固体灰分堵塞的措施和防磨措施。

6.4.4.6 最低喷氨温度应根据烟气条件确定，并不低于催化剂要求的最低运行温度。

6.4.5 吹灰及除灰

6.4.5.1 在反应器入口宜设置灰斗，灰斗可与省煤器灰斗合并考虑。

6.4.5.2 反应器内部吹灰方式可采用蒸汽吹灰或声波吹灰等方式。

6.4.5.3 应根据反应器出口烟道布置情况、烟气中飞灰浓度、煤粉细度等因素，判断反应器出口烟道是否可能积灰，如可能积灰，则应设置除灰系统，并与锅炉的主除灰方式一致。

6.4.6 空气预热器

6.4.6.1 空气预热器应考虑防腐，对回转式空气预热器中低温段换热元件应采用防腐蚀的涂搪瓷处理，对新建机组预留脱硝装置，应考虑低温段换热元件的改造空间和载荷。

6.4.6.2 当稀释空气由一次风系统提供时，对新建锅炉，应将所需的稀释空气量计入一次风量内；对已建锅炉，则应核算空气预热器一次风量，如不足则应增设稀释风机。

6.4.6.3 当采用回转式空气预热器时，吹灰应采用蒸汽及高压水双介质吹灰器。蒸汽吹灰系统作在线吹灰用时，汽源压力 1.0 MPa，温度 350℃左右；高压水吹灰系统作低负荷或离线冲洗用时，可采用小流量高扬程的吹灰水泵。

6.4.7 引风机

对新建锅炉，引风机选型时应考虑反应器及新增烟道的烟气阻力；对已建锅炉，应根据运行参数核算引风机压头裕量，必要时应对引风机进行更换或改造。

6.4.8 锅炉

对新建锅炉，设计应充分考虑加设脱硝后增加的阻力，并应预留接口和基础载荷；对改造锅炉，应对脱硝传递的载荷进行锅炉钢构架的核算。

6.5 公用系统

6.5.1 蒸汽系统

6.5.1.1 蒸汽主要用于液氨蒸发器的加热和蒸汽吹灰等。

6.5.1.2 蒸汽宜取自电厂的厂用蒸汽系统。

6.5.1.3 蒸汽耗量宜综合考虑蒸发器还原剂加热、反应器蒸汽吹灰以及必要的热损失等确定额定耗量。

6.5.2 废水系统

在卸氨后的设备及管道清理、事故或长期停机状态下，氨储罐及管道中的氨气应排放至氨气吸收槽，用水稀释后排入厂区内废水处理系统集中处理。

6.5.3 压缩空气系统

6.5.3.1 检修用压缩空气应满足下列要求：

　　a）含尘粒径＜1 μm；

　　b）含尘量＜1 mg/m^3；

　　c）含油量＜1 mg/m^3；

　　d）水压力露点≤-20℃（0.7 MPa）。

6.5.3.2 仪用压缩空气应满足下列要求：

　　a）含尘粒径＜1 μm；

　　b）含尘量＜1 mg/m^3；

　　c）含油量＜1 mg/m^3；

　　d）水压力露点≤-20℃（0.7 MPa）。

6.6 二次污染控制措施

6.6.1 脱硝工程设计应考虑二次污染的控制措施，废水及其他污染物的防治，应执行国家及地方现行环境保护法规和标准的有关规定。

6.6.2 脱硝系统应采取控制氨气泄漏的措施，厂界氨气的浓度应符合 GB 14554 的要求。

6.6.3 脱硝岛应采取有效的隔声、消声、绿化等降低噪声的措施，噪声和振动控制的设计应符合 GBJ 87 和 GB 50040 的规定，厂界噪声应符合 GB 12348 的要求。

6.7 突发事故应急措施

6.7.1 液氨储存与供应区域应设置完善的消防系统、洗眼器及防毒面罩等。

6.7.2 氨站应设防晒及喷淋措施，喷淋设施应考虑工程所在地冬季气温因素。

7 主要工艺设备和材料

7.1 主要工艺设备的选择和性能要求见本标准第 6 章；主要材料应与燃煤锅炉常用材料一致，材料的选择应满足脱硝系统的工艺要求。

7.2 对于接触腐蚀性介质的部位，应采用防腐材料或做防腐处理。

7.3 当承压部件为金属材料并内衬非金属防腐材料时，应保证非金属材料与金属材料之间的黏结强度，且承压部件的自身设计应确保非金属材料能够长期稳定地黏结在基材上。

7.4 金属材料宜以碳钢材料为主。对金属材料表面可能接触腐蚀性介质的区域，应根据脱硝工艺不同部位的实际情况，衬抗腐蚀性和磨损性强的非金属材料。

7.5 脱硝系统主要设备用材的选定可参考表 1。

表 1 脱硝系统主要设备用材的选定

编号	名称	内部介质	压力条件	温度条件	注意事项	使用部位	用材
1	反应器	烟气	反应器设计压力——大气压	环境温度——反应器设计温度	—	脱硝反应器及其附属部材、烟道	一般构造用轧钢钢材
2	氨气管道	氨气、氨和空气混合气体	0.6～2.5 MPa	环境温度大约600℃	防漏；耐压强度；	氨气注入管及氨和空气混合气体管道	压力管道用碳素钢钢管、热轧不锈钢钢板及钢带
3	一般管道	空气	0.2 MPa	环境温度		稀释风机进出口烟道、氨气稀释空气管道	碳素钢钢管
4	压力管道	蒸汽	2 MPa	大约350℃	耐压强度	蒸汽管道	碳素钢钢管
5	支撑构造物	空气	—	环境温度	—	支撑钢架、平台等	一般构造用轧钢钢材、一般构造用碳素钢钢管
6	催化剂模块外壳	烟气		环境温度——反应器设计温度	—	反应器内	一般构造用轧钢钢材、一般构造用碳素钢钢管

8 检测与过程控制

8.1 热工自动化

8.1.1 脱硝系统应集中监控，实现脱硝系统启动、正常运行工况的监视和调整、停机和事故处理。

8.1.2 脱硝系统在启、停、运行及事故处理情况下均不得影响机组正常运行。

8.1.3 脱硝系统宜采用分散控制系统（DCS）或可编程逻辑控制器（PLC），其功能包括数据采集和处理（DAS）、模拟量控制（MCS）、顺序控制（SCS）及联锁保护、厂用电源系统监控等。

8.2 热工检测及自动调节系统

8.2.1 反应器入口烟气连续检测装置至少应包含以下测量项目：烟气流量、NO_x 浓度（以

NO_2 计）、烟气含氧量。

8.2.2 反应器出口烟气连续检测装置至少应包含以下测量项目：NO_x 浓度（以 NO_2 计）、烟气含氧量、氨逃逸质量浓度。

8.2.3 应设置满足正常运行、监视、调节、保护及经济运算的各类远传和就地仪表。

8.2.4 还原剂区宜设置工业电视监视探头，并纳入全厂工业电视监视系统。

8.3 热工保护、报警及联锁

8.3.1 保护系统指令应具有最高优先级，事件记录功能应能进行保护动作原因分析。

8.3.2 重要热工测量项目仪表应双重或三重化冗余设置。

8.3.3 当采用液氨作为还原剂时，还原剂区控制和监测设备应采用防腐防爆选型，并严格禁铜。

8.4 控制系统

8.4.1 脱硝系统与机组同步建设时，宜将脱硝反应区的控制纳入机组单元控制系统，不再单独设置脱硝控制室。

8.4.2 已建锅炉增设脱硝系统时，可两台炉合用一个脱硝控制室。如条件具备，宜将脱硝反应区的控制纳入已经建成的机组单元控制系统，以达到与机组统一监视或控制。

8.4.3 脱硝还原剂区宜单独设置控制室，采用与机组单元控制系统或辅控 PLC 相同的硬件设备或纳入机组单元控制系统或辅控 PLC。重要的联锁或监视信号应通过硬接线或光缆通信方式与脱硝反应区控制系统或机组单元控制系统进行交换。脱硝还原剂区的卸氨系统可设置就地控制盘，便于现场操作。

9 辅助系统

9.1 电气系统

9.1.1 供电系统

9.1.1.1 脱硝系统低压厂用电电压等级应与厂内主体工程一致。

9.1.1.2 脱硝系统厂用电系统中性点接地方式应与厂内主体工程一致。

9.1.1.3 反应器区工作电源宜并入单元机组锅炉马达控制中心（MCC）段，不单独设低压脱硝变压器及脱硝 MCC。还原剂区宜单独设 MCC，其电源宜引自厂区公用电源系统，采用双电源进线。

9.1.1.4 除满足上述要求外，其余均应符合 DL/T 5153 中的有关规定。

9.1.2 直流系统

9.1.2.1 脱硝系统控制电源宜采用交流电源控制，当直流电源引接方便时，也可以考虑采用直流电源。

9.1.2.2 新建锅炉同期建设脱硝系统时，脱硝系统直流负荷宜由机组直流系统供电。当脱硝系统布置离主厂房较远时，也可设置脱硝直流系统。

9.1.2.3 已建锅炉加装脱硝系统时，可由机组直流系统向脱硝系统直流负荷供电，当机组直流系统容量不能满足脱硝系统要求时，可装设独立直流系统向脱硝系统直流负荷供电。

9.1.3 交流保安电源和不间断电源（UPS）

9.1.3.1 新建锅炉同期建设脱硝系统时，脱硝系统交流不停电负荷宜由机组不间断电源（UPS）供电。当脱硝系统布置离主厂房较远时，也可单独设置 UPS。

9.1.3.2 已建锅炉加装脱硝系统时，宜单独设置 UPS 向脱硝系统不停电负荷供电。

9.1.3.3 UPS 宜采用静态逆变装置，其他要求应符合 DL/T 5136 中的有关规定。

9.1.4 二次线

9.1.4.1 脱硝电气系统二次控制宜设置在机组单元控制室，如设置有独立的脱硝控制室，也可以在脱硝控制室控制。

9.1.4.2 脱硝电气系统控制水平应与全厂电气系统的控制水平协调一致。

9.1.4.3 其他二次线要求应符合 DL/T 5136 和 DL/T 5153 的规定。

9.2 建筑及结构

9.2.1 反应器支撑框架结构根据现场条件可采用混凝土或钢结构形式。

9.2.2 还原剂区的设备及容器直接安装于地面，大型储罐的操作平台采用钢结构，平台面及扶梯踏步宜使用格栅结构。

9.3 采暖及空气调节

9.3.1 采暖

9.3.1.1 还原剂区小型控制室采暖区可纳入全厂集中供暖系统，过渡区及非采暖区可安装普通空调。

9.3.1.2 脱硝岛区域建筑物的采暖应与其他建筑物一致。当厂区设有集中采暖系统时，采暖热源宜由厂区采暖系统提供。

9.3.1.3 脱硝岛区域建筑物的采暖应选用不易积尘的散热器供暖，当散热器布置上有困难时，可设置暖风机。

9.3.2 空气调节

9.3.2.1 脱硝岛内控制室和电子设备间应设置空气调节装置，室内设计参数应根据设备要求确定。

9.3.2.2 在寒冷地区，通风系统的进、排风口宜考虑防寒措施。

9.3.2.3 通风系统的进风口宜设在清洁干燥处，电缆夹层不得作为通风系统的吸风地点。在风沙较大地区，通风系统应考虑防风沙措施；在粉尘较大地区，通风系统应考虑防尘措施。

9.4 消防系统

9.4.1 还原剂区消防应符合 GB 50160 及 GB 50229 的要求。

9.4.2 对新建电厂，还原剂区消防系统应纳入电厂消防系统，其消防用水均由电厂的消防水系统提供。对设置于厂区外的还原剂区，可设置独立的消防系统，其报警信号除送就地控制室外，还应送电厂集控室火灾报警监视盘。

9.4.3 控制室内应设置报警信号显示屏。

10 劳动安全与职业卫生

10.1 脱硝岛设计应遵守劳动安全和职业卫生的有关规定，采取各种防治措施，保护人身的安全和健康，并应遵守 DL 5009.1 和 DL 5053 及其他有关强制性标准的规定。

10.2 应根据《危险化学品安全管理条例》配备应急救援人员和必要应急救援器材、设备。

10.3 脱硝岛的防火、防爆设计应符合 GB 50016、GB 50222 和 GB 50229 等有关标准的规定。

10.4 脱硝岛室内防泄漏、防噪声与振动、防电磁辐射、防暑与防寒等要求应符合 GBZ 1 的规定。

10.5 在易发生液氨或者氨气泄漏的区域应设置必要的检测设备和水喷雾系统。

10.6 应尽可能采用噪声低的设备，对于噪声较高的设备，应采取减振消声措施，尽量将噪声源和操作人员隔开。工艺允许远距离控制的，可设置隔声操作（控制）室。

11 施工与验收

11.1 施工

11.1.1 脱硝工程的施工应符合国家和行业施工程序及管理文件的要求。

11.1.2 脱硝工程应按设计文件进行施工，对工程的变更应取得设计单位的设计变更文件后再进行施工。

11.1.3 脱硝工程施工中使用的设备、材料、器件等应符合相关的国家标准，并应取得供货商的产品合格证后方可使用。

11.1.4 施工单位应遵守国家有关部门颁布的劳动安全及卫生、消防等国家强制性标准及相关的施工技术规范。

11.2 验收

11.2.1 工程验收

11.2.1.1 脱硝工程验收应按《建设项目（工程）竣工验收办法》、相应专业现行验收规范和本标准的有关规定进行。工程竣工验收前，严禁投入生产性使用。

11.2.1.2 脱硝工程中选用国外引进的设备、材料、器件应具有供货商提供的技术规范、合同规定及商检文件，并应符合我国现行国家或行业标准的有关要求。

11.2.1.3 工程安装、施工完成后应进行调试前的启动验收，启动验收合格和对在线仪表进行校验后方可进行分项调试和整体调试。

11.2.1.4 通过脱硝系统整体调试，各系统运转正常，技术指标达到设计和合同要求后，方可进行启动试运行。

11.2.2 竣工环境保护验收

11.2.2.1 脱硝工程竣工环境保护验收应按《建设项目竣工环境保护验收管理办法》的规定进行。

11.2.2.2 脱硝工程在生产试运行期间还应对脱硝系统进行性能试验，性能试验报告可作为竣工环境保护验收的技术支持文件。

11.2.2.3 脱硝系统性能试验包括：功能试验、技术性能试验、设备试验和材料试验。其中，技术性能试验至少应包括以下项目：

    a）脱硝效率；

    b）氨逃逸质量浓度；

    c）烟气系统压力降；

    d）烟气系统温降；

    e）耗电量；

    f）SO_2/SO_3 转化率；

    g）系统漏风率。

11.2.2.4 脱硝系统技术性能试验应在系统（包括催化剂）设计条件下进行测试，如果在设计条件允许的偏差范围内，相关试验应根据系统（包括催化剂）供方提供的性能修正曲线加以修正，修正曲线至少包括 SO_2/SO_3 转化率与烟气温度的关系、SO_2/SO_3 转化率与烟气流量的关系、脱硝效率（氨耗量）与入口 NO_x 浓度的关系等，修正曲线示例参见附录 D。

12 运行与维护

12.1 一般规定

12.1.1 脱硝系统的运行、维护及安全管理除应执行本规范外，还应符合国家现行有关强制性标准的规定。

12.1.2 未经当地环境保护行政主管部门批准，不得停止运行脱硝系统。由于紧急事故或故障造成脱硝系统停止运行时，应立即报告当地环境保护行政主管部门。

12.1.3 脱硝系统应根据工艺要求定期对各类设备、电气、自控仪表及建（构）筑物进行检查维护，确保装置稳定可靠地运行。

12.1.4 应建立健全与脱硝系统运行维护相关的各项管理制度，以及运行、操作和维护规程；建立脱硝系统、主要设备运行状况的记录制度。

12.1.5 劳动安全和职业卫生设施应与脱硝系统同时建成运行，脱硝系统的安全管理应符合 GB 12801 中的有关规定。

12.1.6 采用液氨作为还原剂时，应根据《危险化学品安全管理条例》的规定建立本单位事故应急救援预案，配备应急救援人员和必要应急救援器材、设备，并定期组织演练。

12.2 人员与运行管理

12.2.1 脱硝系统的运行管理既可成为独立的脱硝车间也可纳入锅炉或除灰车间的管理范畴。

12.2.2 脱硝系统的运行人员宜单独配置。当需要整体管理时，也可以与机组合并配置运行人员，但至少应设置 1 名专职的脱硝技术管理人员。

12.2.3 应对脱硝系统的管理和运行人员进行定期培训，使管理和运行人员系统掌握脱硝设备及其他附属设施正常运行的具体操作和应急情况的处理措施。运行操作人员，上岗前还应进行以下内容的专业培训：

 a）启动前的检查和启动要求的条件；

 b）设备的正常运行，包括设备的启动和关闭；

 c）控制、报警和指示系统的运行和检查，必要时的纠正操作；

 d）最佳的运行温度、压力、脱硝效率的控制和调节，保持设备良好运行的条件；

 e）设备运行故障的发现、检查和排除；

 f）事故或紧急状态下时的操作和事故处理；

 g）设备日常和定期维护；

 h）设备运行及维护记录，以及其他事件的报告的编写。

12.2.4 脱硝系统运行状况、设施维护和生产活动的内容包括：

 a）系统启动、停止时间；

 b）还原剂进厂质量分析数据，进厂数量，进厂时间；

 c）系统运行工艺控制参数记录，至少应包括：还原剂区各设备的压力、温度、氨的泄漏值，烟气参数、催化剂层间压降、NO_x浓度、催化剂参数等，可参见附录 E；

    d）主要设备的运行和维修情况的记录；

    e）烟气排放连续监测数据、失效催化剂处置情况的记录；

    f）生产事故及处置情况的记录；

    g）定期检测、评价及评估情况的记录等。

12.2.5　运行人员应按照规定坚持做好交接班制度和巡视制度，特别是对于液氨卸车、储存、蒸发过程的监督与配合，防止和纠正装卸过程中产生泄漏对环境造成的污染。

12.3　维护保养

12.3.1　脱硝系统的维护保养应纳入全厂的维护保养计划中，检修时间间隔宜与锅炉同步进行。

12.3.2　应根据脱硝系统技术负责方提供的系统、设备等资料制定详细的维护保养规定。

12.3.3　维修人员应根据维护保养规定定期检查、更换或维修必要的部件。

12.3.4　维修人员应做好维护保养记录。

附录 A（资料性附录）

尿素制氨系统典型系统流程

A.1　采用尿素作为还原剂的制氨系统有水解和热解两种方式：

　　a）尿素水解制氨系统包括：尿素颗粒储仓、尿素计量罐、尿素溶解罐、尿素溶解泵、尿素溶液储罐、供液泵、水解反应器、缓冲罐、蒸汽加热器及疏水回收装置等；

　　b）尿素热解制氨系统包括：尿素颗粒储仓、尿素计量罐、尿素溶解罐、尿素溶解泵、尿素溶液储罐、供液泵、热解器、缓冲罐、加热器等。

A.2　尿素水解制氨气的典型系统流程包括：

　　a）运送至现场的颗粒尿素送入尿素颗粒储仓，经尿素计量罐加入尿素溶解罐中的工艺冷凝水（或按比例补充的新鲜除盐水）中充分溶解，以配制一定浓度的尿素溶液。溶解罐中工艺冷凝水（或除盐水）通过蒸汽加热维持在40℃左右，溶解罐设置有搅拌器。溶解罐中的尿素溶液通过尿素溶液泵送入尿素溶液储罐中；

　　b）供给泵将尿素溶液储罐中的尿素溶液送入水解反应器；

　　c）尿素溶液在水解反应器中通过蒸汽加热后产生水解，转化为氨气和二氧化碳，水解后的残留液体尽可能回收至系统设备中重复利用，以减少系统热损失。水解反应器的设计应保证溶液有足够的停留时间，加热蒸汽一般由汽机抽汽作为汽源；

　　d）尿素水解后生成的氨气/二氧化碳进入缓冲罐，再由缓冲罐送至氨和空气混合器中与稀释空气混合后供应至锅炉 SCR 氨喷射系统，氨气供应管道加装电动流量调节阀门，以控制氨气供应量。

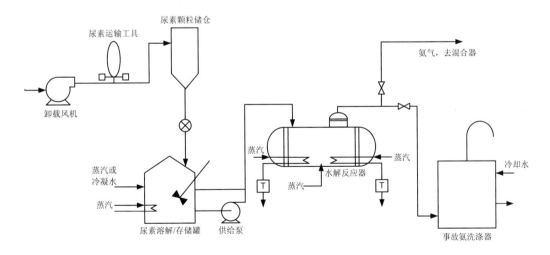

图 A.1　典型尿素水解制氨气系统流程图

A.3　尿素热解制氨气的典型系统流程包括：

a）尿素粉末储存于储仓，由螺旋给料机输送到溶解罐里，用除盐水将固体尿素溶解成 40%～50%（质量分数）的尿素溶液，通过尿素溶液给料泵输送到尿素溶液储罐；

b）尿素溶液经由供液泵、计量与分配装置、雾化喷嘴等进入绝热分解室，稀释空气经燃料加热后也进入分解室，雾化后的尿素液滴在绝热分解室内分解；

c）经稀释风降温后的分解产物温度为 260～350℃，经由氨喷射系统进入 SCR 反应器。

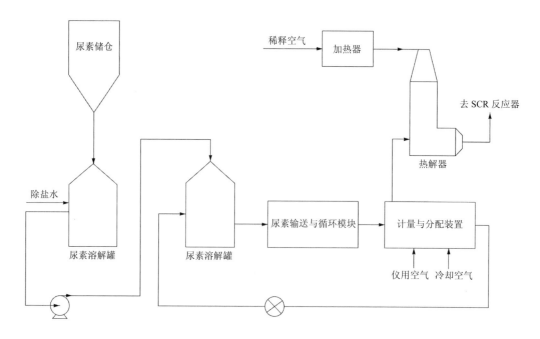

图 A.2 典型尿素热解制氨气系统流程图

附录 B（资料性附录）

催化剂设计选型的基础数据

B.1 煤种的工业分析和元素分析

B.1.1 煤种的其他常量和微量元素分析，包括：

    a）Na 含量，%；

    b）K 含量，%；

    c）As 含量，%；

    d）Cl 含量，%；

    e）F 含量，%。

B.1.2 飞灰粒径分布。

B.1.3 飞灰的矿物质成分分析，包括：

    a）SiO_2 含量，%；

    b）Al_2O_3 含量，%；

    c）Fe_2O_3 含量，%；

    d）CaO 含量，%；

    e）游离 CaO 含量，%；

    f）MgO 含量，%；

    g）TiO_2 含量，%；

    h）MnO 含量，%；

    i）V_2O_5 含量，%；

    j）Na_2O 含量，%；

    k）K_2O 含量，%；

    l）P_2O_5 含量，%；

    m）SO_3 含量，%；

    n）烧失量，%；

    o）未燃尽碳含量，%。

B.1.4 烟气体积流量（101.325 kPa、0℃，湿基或干基），单位为 m^3/h。

B.1.5 烟气温度范围，单位为℃。

B.1.6 烟气中飞灰含量（101.325 kPa、0℃，干基，过剩空气系数 1.4），单位为 g/m^3 或 mg/m^3。

B.1.7 烟气组分分析，包括：

    a）H_2O 含量（101.325 kPa、0℃），%；

    b）O_2 含量（101.325 kPa、0℃，干基），%；

    c）CO_2 含量（101.325 kPa、0℃，干基），%；

    d）N_2 含量（101.325 kPa、0℃，干基），%；

　　e）NO_x 含量（101.325 kPa、0℃，干基，过剩空气系数 1.4），mg/m^3；

　　f）SO_2 含量（101.325 kPa、0℃，干基，过剩空气系数 1.4），mg/m^3；

　　g）SO_3 含量（101.325 kPa、0℃，干基，过剩空气系数 1.4），mg/m^3；

　　h）HCl 含量（101.325 kPa、0℃，干基，过剩空气系数 1.4），mg/m^3；

　　i）HF 含量（101.325 kPa、0℃，干基，过剩空气系数 1.4），mg/m^3；

　　j）CO 含量（101.325 kPa、0℃，干基，过剩空气系数 1.4），mg/m^3。

B.2　催化剂设计的其他数据

　　在 SCR 烟气脱硝工程项目前期，还应尽量提供有助于催化剂设计的相关数据，如主体工程每年在各种负荷工况下的预计运行时间等。如果项目中应用到多种燃料，催化剂设计选型的技术数据还应包括各种燃料所适用的比例。

附录 C（资料性附录）

失效催化剂的处理方式

C.1 催化剂再生

C.1.1 催化剂的再生是将失活催化剂通过浸泡洗涤、添加活性组分以及烘干的程序使催化剂恢复大部分活性。催化剂再生的方法可分为在线清理法和振动法。

　　a）在线清理法是指在 SCR 反应塔内进行清灰，清除硫酸氢氨等比较容易清除的物质。这种方法简便易行，费用较低，但仅适合于失活不严重的情况，只能恢复很少的催化剂活性。

　　b）振动法是把催化剂模块从 SCR 反应塔中拆除，放进专用的振动设备中，可以清除大部分堵塞物，如硫酸氢氨、其他可溶性物质以及爆米花灰等。在振动设备中采用专用的化学清洗剂，从而产生废水，废水成分和空预器清洗水相似，可以排入电厂废水处理系统。

C.1.2 再生方案的确定宜根据工期、现场场地、再生费用、再生和新买催化剂的技术经济比较进行综合评估后确定。

C.2 催化剂无害化处理

C.2.1 催化剂的主要成分是 TiO_2、V_2O_5、WO_3、MoO_3 等，其中 TiO_2 属于无毒物质，V_2O_5 为微毒物质，属于吸入有害；MoO_3 也为微毒物质，长期吸入或者吞服有严重危害，对眼睛和呼吸系统有刺激。因此，在催化剂使用和废弃处理过程中，如果措施得当，不会造成危害。

C.2.2 在正常情况下，SCR 催化剂性状稳定，不会发生分解。在催化剂处理过程中，要防止粉末的产生和浸水；在接触催化剂时，要戴手套；在催化剂粉碎过程中，要戴口罩。在正常情况下，催化剂性状稳定，不会发生分解。迄今为止尚未发现由于催化剂产生伤害的报告。

C.2.3 虽然催化剂自身属于微毒物质，但是在其使用过程中烟气中的重金属可能在催化剂内聚集，这种情况下，使用后失效的 SCR 催化剂应作为危险物品来处理。

C.2.4 对于蜂窝式 SCR 催化剂，一般的处理方式是把催化剂压碎后进行填埋。填埋按照微毒化学物质的处理要求，在填埋坑底部铺设塑料薄膜。板式催化剂除了采用压碎填埋的方式外，由于催化剂内含有不锈钢基材，并且催化剂活性物质中有 Ti、Mo、V 等金属物质，因此可以送至金属冶炼厂进行回用，见图 C.1。

C.2.5 催化剂废弃处理的第三种方式是将催化剂压碎后装入混凝土容器内然后填埋。该处理方式由于其成本相对较高，因此一般情况下不采用。只有在燃煤中重金属含量较多，在脱硝装置的运行过程中聚集在催化剂内，并且达到了一定的浓度，或者在某些特殊地区有明确的要求的情况下，才采用该方式处理。

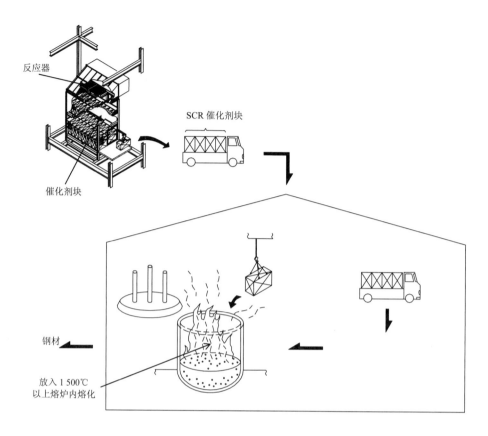

反应器

SCR 催化剂块

催化剂块

钢材

放入 1 500℃
以上熔炉内熔化

图 C.1 催化剂无害化处理过程

附录 D（资料性附录）

性能修正曲线示例

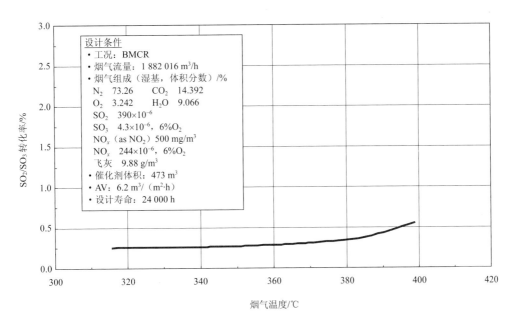

图 D.1 SO₂/SO₃转化率与烟气温度的关系

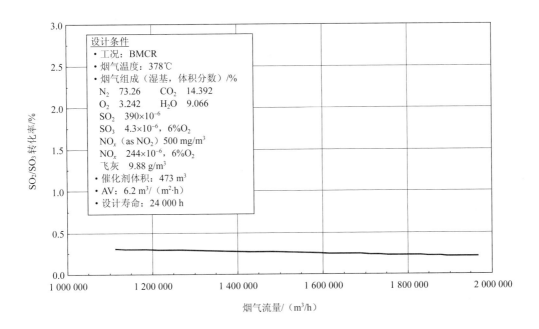

图 D.2 SO₂/SO₃转化率与烟气流量的关系

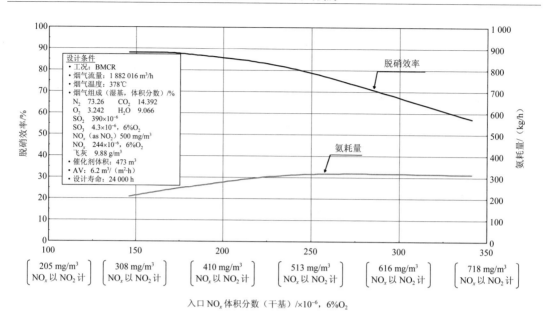

入口 NO_x 体积分数（干基）/$\times 10^{-6}$，$6\%O_2$

图 D.3 脱硝效率（氨耗量）与入口 NO_x 浓度的关系

附录 E（资料性附录）

脱硝系统参数检测表

SCR 脱硝系统编号：

项目			备注
时间			
NO_x 脱除效率/%			
烟气参数	流量/（m³/h）		
	温度/℃		
	湿度/%		
	烟尘质量浓度/（mg/m³）		
	O_2 体积分数/%		
	CO 质量浓度/（mg/m³）		
	......		
催化剂层间压降/Pa	第一层		
	第二层		
	第三层		
	......		
NO_x 质量浓度/（mg/m³）	反应器入口处		
	第一、二催化剂层之间		
	第二、三催化剂层之间		
	......		
	反应器出口处		
催化剂参数	活性变化		
	积灰情况		积灰区域分布、程度以及积灰特点如爆米花灰等
	磨蚀情况		
	微观结构变化		孔径分布、孔容和比表面积等变化情况
	......		

注 1：催化剂参数应定期检测（每 2 个月监测一次），其中积灰情况较为特殊，可根据机组运行情况，结合锅炉大修停炉等时期进行分析。

注 2：以上数据均为实测工况数据。

负责人：　　　　　　　　　　　　　　　　　　　　　　　　　日期：

中华人民共和国国家环境保护标准

火电厂烟气脱硝工程技术规范
选择性非催化还原法

Engineering technical specification of flue gas selective non-catalytic reduction
denitration for thermal power plant

HJ 563—2010

前 言

为贯彻执行《中华人民共和国环境保护法》、《中华人民共和国大气污染防治法》和《火电厂大气污染物排放标准》，规范火电厂烟气脱硝工程建设，改善大气环境质量，制定本标准。

本标准规定了火电厂选择性非催化还原法烟气脱硝工程的设计、施工、验收、运行和维护等技术要求。

本标准由环境保护部科技标准司组织制订。

本标准为首次发布。

本标准主要起草单位：中国环境保护产业协会、西安热工研究院有限公司、北京市环境保护科学研究院、东南大学、国网电力技术公司、北京博奇电力科技有限公司、北京国电龙源环保工程有限公司、清华同方环境有限责任公司、浙江天地环保工程有限公司。

本标准环境保护部 2010 年 2 月 3 日批准。

本标准自 2010 年 4 月 1 日起实施。

本标准由环境保护部解释。

1 适用范围

本标准规定了火电厂选择性非催化还原法烟气脱硝工程的设计、施工、验收、运行和维护等应遵循的技术要求，可作为环境影响评价、工程设计与施工、建设项目竣工环境保护验收及建成后运行与管理的技术依据。

本标准适用于火电厂（热电联产）燃煤、燃气、燃油锅炉同期建设或已建锅炉的烟气脱硝工程。供热锅炉和其他工业锅炉、炉窑，同期建设或已建锅炉的烟气脱硝工程可参照执行。

2 规范性引用文件

本标准内容引用了下列文件中的条款。凡是不注日期的引用文件，其有效版本适用于本标准。

　　GB 536　　液体无水氨

　　GB 12348　　工业企业厂界环境噪声排放标准

　　GB 12801　　生产过程安全卫生要求总则

　　GB 14554　　恶臭污染物排放标准

　　GB 18218　　危险化学品重大危险源辨识

　　GB 50016　　建筑设计防火规范

　　GB 50040　　动力机器基础设计规范

　　GB 50160　　石油化工企业设计防火规范

　　GB 50222　　建筑内部装修设计防火规范

　　GB 50229　　火力发电厂与变电站设计防火规范

　　GB 50243　　通风与空调工程施工质量验收规范

　　GB 50351　　储罐区防火堤设计规范

　　GB/T 16157　　固定污染源排气中颗粒物测定与气态污染物采样方法

　　GB/T 21509　　燃煤烟气脱硝技术装备

　　GB/T 50033　　建筑采光设计标准

　　GBJ 87　　工业企业噪声控制设计规范

　　GBJ 140　　建筑灭火器配置设计规范

　　GBZ 1　　工业企业设计卫生标准

　　DL 5009.1　　电力建设安全工作规程（火力发电厂部分）

　　DL 5053　　火力发电厂劳动安全和工业卫生设计规程

　　DL/T 5029　　火力发电厂建筑装修设计标准

　　DL/T 5035　　火力发电厂采暖通风与空气调节设计技术规程

　　DL/T 5120　　小型电力工程直流系统设计规程

　　DL/T 5136　　火力发电厂、变电所二次接线设计技术规程

　　DL/T 5153　　火力发电厂厂用电设计技术规定

　　HJ/T 75　　固定污染源烟气排放连续监测技术规范（试行）

　　HJ/T 76　　固定污染源排放烟气连续监测系统技术要求及检测方法

　　《危险化学品安全管理条例》（中华人民共和国国务院令　第 344 号）

　　《危险化学品生产储存建设项目安全审查办法》（国家安全生产监督管理局、国家煤矿安全监察局令　第 17 号）

　　《建设项目（工程）竣工验收办法》（计建设[1990]　1215 号）

　　《建设项目竣工环境保护验收管理办法》（国家环境保护总局令　第 13 号）

3 术语和定义

GB/T 21509 确立的以及下列术语和定义适用于本标准。

3.1 选择性非催化还原法 selective non-catalytic reduction（SNCR）

利用还原剂在不需要催化剂的情况下有选择性地与烟气中的氮氧化物（NO$_x$）发生化学反应，生成氮气和水的方法。

3.2 脱硝系统 denitrification system

采用物理或化学的方法脱除烟气中氮氧化物（NO$_x$）的系统，本标准中指选择性非催化还原法脱硝系统。

3.3 还原剂 reductant

脱硝系统中用于与 NO$_x$ 发生还原反应的物质及原料。

3.4 氨逃逸质量浓度 ammonia slip

脱硝系统运行时空气预热器入口烟气中氨的质量与烟气体积（101.325 kPa、0℃，干基，过量空气系数 1.4）之比，一般用 mg/m^3 表示。

3.5 系统可用率 system availability

脱硝系统每年正常运行时间与锅炉每年总运行时间的百分比。按式（1）计算：

$$可用率 = \frac{A-B}{A} \times 100\% \tag{1}$$

式中：A——锅炉每年总运行时间，h；

  B——脱硝系统每年总停运时间，h。

3.6 锅炉最大连续工况 boiler maximum continuous rating

锅炉与汽轮机组设计流量相匹配的最大连续输出热功率时的工况，简称 BMCR 工况。

3.7 锅炉经济运行工况 boiler economic continuous rating

锅炉经济蒸发量下的工况，对应于汽轮机机组热耗保证工况，简称 BECR 工况。

4 污染物与污染负荷

4.1 脱硝系统设计前应收集附录 A 中规定的原始参数。

4.2 新建锅炉加装脱硝系统的烟气设计参数宜采用 BMCR 工况、NO$_x$ 和烟尘浓度为设计值时的烟气参数；校核值宜采用 BECR 工况下烟气量、NO$_x$ 和烟尘浓度为最大值时的烟气参数。

4.3 已建锅炉加装脱硝系统时，其设计工况和校核工况宜根据实测烟气参数确定，并考虑燃料的变化趋势。

4.4 烟气参数应按 GB/T 16157 进行测试。

5 总体要求

5.1 一般规定

5.1.1 SNCR 法适用于脱硝效率要求不高于 40% 的机组。

5.1.2 脱硝工程的设计应由具备相应资质的单位承担，设计文件应按规定的内容和深度完成报批和批准手续，并符合国家有关强制性法规、标准的规定。

5.1.3 脱硝工程总体设计应符合下列要求：

  a）工艺流程合理；

  b）还原剂使用便捷；

c）方便施工，有利于维护检修；

d）充分利用厂内公用设施；

e）节约用地，工程量小，运行费用低。

5.1.4　应装设符合 HJ/T 76 要求的烟气排放连续监测系统，并按照 HJ/T 75 的要求进行连续监测。

5.2　工程构成

5.2.1　SNCR 脱硝工程主要包括还原剂的储存与制备、输送、计量分配及喷射。

5.2.2　还原剂的储存与制备包括尿素储仓或液氨（氨水）储罐，以及尿素溶解、稀释或液氨蒸发、氨气缓冲等设备。

5.2.3　还原剂的输送包括蒸汽管道、水管道、还原剂管道及输送泵等。

5.2.4　还原剂的计量分配包括还原剂、雾化介质和稀释水的压力、温度计量设备，以及流量的分配设备等。

5.2.5　还原剂的喷射包括喷射枪及电动推进装置等。

5.3　总平面布置

5.3.1　总平面布置应符合 GB 50016、GB 50222 和 GB 50229 等防火、防爆有关规范的规定。

5.3.2　总平面布置应遵循设备运行稳定、管理维修方便、经济合理、安全卫生的原则，并应与电厂总体布置相协调。

5.3.3　架空管线、直埋管线与沟道相接时，应在设计分界线处标明位置、标高、管径或沟道断面尺寸、坡度、坡向管沟名称、引向何处等。

5.3.4　平台扶梯及检修起吊设施的布置应尽量利用锅炉已有的设施。

5.3.5　管道及附件的布置应满足脱硝施工及运行维护的要求，避免与其他设施发生碰撞。

5.3.6　尿素溶解和储存设备应就近布置在锅炉附近的空地上。

5.3.7　尿素溶液稀释设备尽可能紧靠锅炉布置，一般以地脚螺栓的形式固定在紧邻锅炉的 0 m 标高的空地上。

5.3.8　计量分配设备应就近布置在喷射系统附近锅炉平台上，以焊接或螺栓的形式固定。

5.3.9　若采用液氨还原剂，氨区宜布置在地势较低的地带；还原剂区应单独设置围栏，设立明显警示标记，并应考虑疏散距离。

5.3.10　液氨储罐区宜设环形消防道路，场地困难时，可设尽头式道路，但应设回转场地，并符合 GB 50229 的规定。

5.3.11　液氨储罐应设置防止阳光直射的遮阳棚，遮阳棚的结构应避免形成可集聚气体的死角。

5.3.12　在地上、半地下储氨罐或储氨罐组，应按 GB 50351 设置非燃烧、耐腐蚀材料的防火堤。

6　工艺设计

6.1　一般规定

6.1.1　脱硝系统氨逃逸质量浓度应控制在 8 mg/m^3 以下。

6.1.2　脱硝系统对锅炉效率的影响应小于 0.5%。

注册环保工程师专业考试复习教材——大气污染防治工程技术与实践

6.1.3 脱硝系统应能在锅炉最低稳燃负荷工况和 BMCR 工况之间的任何负荷持续安全运行。

6.1.4 脱硝系统负荷响应能力应满足锅炉负荷变化率要求。

6.1.5 脱硝系统应不对锅炉运行产生干扰，也不增加烟气阻力。

6.1.6 还原剂储存系统可几台机组共用，其他系统按单元机组设计。

6.1.7 脱硝系统设计和制造应符合安全可靠、连续有效运行的要求，服务年限应在 30 年以上，整个寿命期内系统可用率应不小于 98%。

6.2 还原剂选择

6.2.1 脱硝工艺中常用的还原剂主要有尿素、液氨和氨水。

6.2.2 火电厂烟气脱硝系统一般采用尿素为还原剂，系统主要由尿素溶液储存与制备、尿素溶液输送、尿素溶液计量分配以及尿素溶液喷射等设备组成。

6.2.3 以液氨和氨水为还原剂的脱硝系统一般适用于中小型锅炉，其工艺要求参见附录 B。

6.3 尿素溶液储存和制备系统

6.3.1 宜将尿素制备成质量浓度为 50% 的尿素溶液储存。

6.3.2 尿素溶液的总储存容量宜按照不小于所对应的脱硝系统在 BMCR 工况下 5 d（每天按 24 h 计）的总消耗量来设计。

6.3.3 尿素溶解设备宜布置在室内，尿素溶液储存设备宜布置在室外。设备间距应满足施工、操作和维护的要求，结合电厂所在地域条件考虑尿素溶液管道的保温。

6.3.4 尿素筒仓应至少设置一个，应设计成锥形底立式碳钢罐，并设置热风流化装置和振动下料装置，以防止固体尿素吸潮、架桥及结块堵塞。

6.3.5 尿素溶解罐应至少设置一座，采用不锈钢制造。

6.3.6 尿素溶解罐应设有人孔、尿素或尿素溶液入口、尿素溶液出口、通风孔、搅拌器口、液位表、温度表口和排放口等。

6.3.7 尿素溶解罐和尿素溶液储罐之间应设置输送泵，输送泵可采用离心泵。

6.3.8 尿素溶液储罐应设两座，并设伴热装置。

6.3.9 尿素溶液储罐宜采用玻璃钢（FRP）或不低于 304 不锈钢制造。

6.3.10 尿素溶液储罐的开口应有人孔、尿素溶液进出口、通风孔、液位表、温度表口和排放口。

6.3.11 尿素溶液储罐外壁应设有梯子、平台、栏杆和液面计支架。

6.3.12 在喷入锅炉前，尿素溶液应与稀释水混合稀释，稀释后的质量浓度不得大于 10%。

6.3.13 稀释混合器宜采用静态混合器。

6.3.14 稀释用水宜采用除盐水。

6.3.15 每台锅炉宜配置一套稀释系统。

6.3.16 尿素溶液稀释系统应设置过滤器。

6.3.17 每台锅炉应设计两台稀释水泵，一台运行，一台备用。流量设计裕量应不小于 10%，压头设计裕量应不小于 20%。

6.4 尿素溶液输送系统

6.4.1 多台锅炉可共用一套尿素溶液输送系统。

6.4.2 尿素溶液输送泵宜采用多级离心泵。

6.4.3 每套输送系统应设计两台输送泵，一台运行，一台备用。

6.4.4 输送系统应设置加热器。加热器的功率应能满足补偿尿素溶液输送途中热量损失的需要。

6.4.5 尿素溶液输送系统应设置过滤器。

6.5 尿素溶液计量分配系统

6.5.1 每台锅炉宜配置一套计量分配系统。

6.5.2 计量分配系统应设置空气过滤器。

6.6 尿素溶液喷射系统

6.6.1 尿素 SNCR 是在锅炉炉膛高温区域（850～1 250℃）喷入尿素溶液。

6.6.2 喷射系统应尽量考虑利用现有锅炉平台进行安装和维修。

6.6.3 多喷嘴喷射器应有足够的冷却保护措施以使其能承受反应温度窗口区域的最高温度，而不产生任何损坏。

6.6.4 多喷嘴喷射器应有伸缩机构，当喷射器不使用、冷却水流量不足、冷却水温度高或雾化空气流量不足时，可自动将其从锅炉中抽出以保护喷射器不受损坏。

6.6.5 每台锅炉应设置一套炉膛温度监测仪。

6.6.6 宜结合常用煤种及运行工况进行 SNCR 计算流体力学和化学动力学模型试验，以确定最优温度区域和最佳还原剂喷射模式。

6.7 二次污染控制措施

6.7.1 脱硝系统设计过程中应考虑二次污染的控制措施，废气、废水、噪声及其他污染物的防治与排放，应执行国家及地方现行环境保护法规和标准的有关规定。

6.7.2 脱硝系统应采取控制氨气泄漏的措施，厂界氨气的浓度应符合 GB 14554 的要求。

6.7.3 单独采用 SNCR 法时，应严格控制脱硝系统产生的氨逃逸，当 SNCR 法和 SCR 法联合使用时，应采取控制氨逃逸和 SO_2/SO_3 转化率的措施。

6.7.4 脱硝系统应采取有效的隔声、消声、绿化等降低噪声的措施，噪声和振动控制的设计应符合 GBJ 87 和 GB 50040 的规定，厂界噪声应符合 GB 12348 的要求。

6.8 突发事故应急措施

若采用液氨作为还原剂，液氨储存与供应区域设置完善的消防系统、洗眼器及防毒面罩等。氨站还应设防雨、防晒及喷淋措施，喷淋设施要考虑工程所在地冬季气温因素。

7 主要工艺设备和材料

7.1 尿素 SNCR 工艺的主要设备有：尿素溶解罐、尿素溶液循环泵、尿素溶液储罐、供料泵、稀释水泵、背压控制阀、计量分配装置、尿素溶液喷射器等，设备性能和要求见本标准第 6 章。

7.2 材料应根据经济、适用的原则选择，满足脱硝系统的工艺要求。

7.3 通用材料应与燃煤锅炉常用材料的选择一致。

7.4 对于接触腐蚀性介质的部位，应择优选取耐腐蚀金属或非金属材料。

7.5 金属材料宜以碳钢材料为主。对金属材料表面可能接触腐蚀性介质的区域，应根据脱硝系统不同部位的实际情况，衬抗腐蚀性和磨损性强的非金属材料。

7.6 当承压部件为金属材料并内衬非金属防腐材料时，应考虑非金属材料与金属材料之间的黏结强度，且承压部件的自身设计应确保非金属材料能够长期稳定地黏结在基材上。

7.7 防腐蚀和磨损的非金属材料主要选用玻璃鳞片树脂、玻璃钢、塑料、橡胶、陶瓷等。

8 检测和过程控制

8.1 烟气连续检测系统

出口烟气连续检测装置至少应包含以下测量项目：烟气流量、NO_x 浓度（以 NO_2 计）、烟气含氧量。

8.2 热工自动化及控制系统

8.2.1 脱硝系统与机组同步建设时，宜将脱硝系统的控制纳入机组单元控制系统，不再单独设置脱硝控制室。

8.2.2 已建锅炉增设脱硝系统时，两台炉可设置一个独立的脱硝控制室，宜采用分散控制系统（DCS）或可编程逻辑控制器（PLC）。当条件具备时，宜将脱硝系统控制室与机炉集控室合并，或将脱硝系统的控制纳入已经建成的机组单元控制系统，以达到与机炉统一监视或控制。

8.2.3 控制子系统包括：还原剂流量控制系统、喷射控制系统、冷却水控制系统、空气和空气净化控制系统、温度监测系统等。

8.2.4 热控系统应能在无就地人员配合的情况下，通过远程控制实现还原剂的输送、计量、喷枪系统等启停及调节和事故处理。

8.2.5 热控系统与管理信息系统（MIS）进行通信时，应采用经国家有关部门认证的专用、可靠的安全隔离措施。

9 辅助系统

9.1 电气系统

9.1.1 供电系统

9.1.1.1 脱硝系统低压厂用电电压等级应与厂内主体工程一致。

9.1.1.2 脱硝系统厂用电系统中性点接地方式应与厂内主体工程一致。

9.1.1.3 脱硝系统反应器区工作电源宜并入单元机组锅炉马达控制中心（MCC）段，不单独设低压脱硝变压器及脱硝 MCC。还原剂区工作宜单独设 MCC，其电源宜引自厂区公用电源系统，采用双电源进线。

9.1.1.4 除满足上述要求外，还应符合 DL/T 5153 中的有关规定。

9.1.2 直流系统

9.1.2.1 脱硝系统控制电源宜采用交流电源控制，当直流电源引接方便时，也可以考虑采用直流电源。

9.1.2.2 直流系统的设置应符合 DL/T 5120 的规定。

9.1.3 交流保安电源和交流不停电电源（UPS）

9.1.3.1 脱硝系统宜根据系统的自身情况确定是否使用交流保安电源及设置交流保安段。

9.1.3.2 其他要求应符合 DL/T 5136 中的有关规定。

9.1.4 二次线

9.1.4.1 脱硝电气系统宜在程控室控制，控制水平与工艺专业协调一致。

9.1.4.2 其他二次线要求应符合 DL/T 5136 和 DL/T 5153 的规定。

9.2 建筑及结构

9.2.1 建筑

9.2.1.1 脱硝系统的建筑设计除执行本标准外，还应符合国家和行业现行有关标准的规定。

9.2.1.2 脱硝系统建筑设计应根据生产流程、功能要求、自然条件等因素，结合工艺设计，合理组织平面布置和空间组合，注意建筑群体的效果及与周围环境的协调。

9.2.1.3 脱硝系统的建筑物室内噪声控制设计标准应符合 GBJ 87 的规定。

9.2.1.4 脱硝系统的建筑物采光和自然通风宜优先考虑天然采光，建筑物室内天然采光照度应符合 GB/T 50033 的要求。

9.2.1.5 脱硝系统建筑物各车间室内装修标准应按 DL/T 5029 中同类性质的车间装修标准执行。

9.2.2 结构

9.2.2.1 脱硝系统工程土建结构的设计除执行本标准外，还应符合国家和行业现行有关标准的规定。

9.2.2.2 屋面、楼（地）面在生产使用、检修、施工安装时，由设备、管道、材料堆放、运输工具等重物引起的荷载，以及所有设备、管道支架作用于土建结构上的荷载，均应由工艺设计专业提供。

9.2.2.3 脱硝系统建、构筑物抗震设防类别按丙类考虑，地震作用和抗震措施均应符合本地区抗震设防烈度的要求。

9.3 暖通及消防系统

9.3.1 一般规定

9.3.1.1 脱硝系统内应有采暖通风与空气调节系统，并符合 DL/T 5035、GB 50243 及国家有关现行标准的规定。

9.3.1.2 脱硝系统应有完整的消防给水系统，还应按消防对象的具体情况设置火灾自动报警装置和专用灭火装置。系统消防设计应符合 GB 50229 及 GB 50160 等标准的要求。

9.3.2 采暖通风

9.3.2.1 脱硝系统建筑物的采暖应与其他建筑物一致。当厂区设有集中采暖系统时，采暖热源宜由厂区采暖系统提供。

9.3.2.2 脱硝内控制室和电子设备间应设置空气调节装置。室内设计参数应根据设备要求确定。

9.3.2.3 在寒冷地区，通风系统的进、排风口宜考虑防寒措施。

9.3.2.4 通风系统的进风口宜设在清洁干燥处，电缆夹层不得作为通风系统的吸风地点。在风沙较大地区，通风系统应考虑防风沙措施。在粉尘较大地区，通风系统应考虑防尘措施。

9.3.3 消防系统

9.3.3.1 脱硝系统消防水源宜由厂内主消防管网供给。消防水系统的设置应覆盖所有室外、室内建构筑物和相关设备。

9.3.3.2 室内消防栓的布置，应保证有两支水枪的充实水柱同时到达室内任何部位。

9.3.3.3 室外消火栓应根据需要沿道路设置，并宜靠近路口；若厂内主消防系统在脱硝附近设有室外消火栓，可考虑利用其保护范围，相应减少脱外消火栓的数量。

9.3.3.4 电子设备间、控制室、水喷雾系统、电缆夹层、电力设备等处应按照 GBJ 140 规定配置一定数量的移动式灭火器。

9.3.3.5 消防系统应满足 GB 50222 及 GB 50229 的规定。

10 劳动安全与职业卫生

10.1 脱硝系统设计应遵守劳动安全和职业卫生的有关规定，采取各种防治措施，保护人身的安全和健康，并应遵守 DL 5009.1 和 DL 5053 及其他有关强制性标准的规定。

10.2 若采用液氨作为还原剂，氨的储存和氨气制备应符合 GB 536、《危险化学品安全管理条例》、《危险化学品生产储存建设项目安全审查办法》和 GB 18218 的有关规定，在易发生液氨或者氨气泄漏的区域设置必要的检测设备和水喷雾系统。

10.3 脱硝工程的防火、防爆设计应符合 GB 50016、GB 50222 和 GB 50229 等有关标准的规定。

10.4 防泄漏、防噪声与振动、防电磁辐射、防暑与防寒等职业卫生要求应符合 GBZ 1 的规定。

10.5 应尽可能采用噪声低的设备，对于噪声较高的设备，应采取减震消声措施，并尽量将噪声源和操作人员隔开。

11 施工与验收

11.1 施工

11.1.1 脱硝工程的施工应符合国家和行业施工程序及管理文件的要求。

11.1.2 脱硝工程应按设计文件进行施工，对工程的变更应取得设计单位的设计变更文件后再进行施工。

11.1.3 脱硝工程施工中使用的设备、材料、器件等应符合相关的国家标准，并应取得供货商的产品合格证后方可使用。

11.1.4 施工单位应遵守国家有关部门颁布的劳动安全及卫生、消防等国家强制性标准及相关的施工技术规范。

11.1.5 稀释系统、计量系统、分配系统等，设计、施工时应充分考虑冬季防寒、防冻的措施，防止各输液管道冰冻。

11.2 验收

11.2.1 竣工验收

11.2.1.1 脱硝工程验收应按《建设项目（工程）竣工验收办法》、相应专业现行验收规范和本标准的有关规定进行组织。工程竣工验收前，严禁投入生产性使用。

11.2.1.2 脱硝工程中选用国外引进的设备、材料、器件应具有供货商提供的技术规范、合同规定及商检文件执行，并应符合我国现行国家或行业标准的有关要求。

11.2.1.3 工程安装、施工完成后应进行调试前的启动验收，启动验收合格和对在线仪表进行校验后方可进行调试。

11.2.1.4 通过脱硝系统整体调试，各系统运转正常，技术指标达到设计和合同要求后，方可进行启动试运行。

11.2.2　竣工环境保护验收

11.2.2.1　脱硝工程竣工环境保护验收按《建设项目竣工环境保护验收管理办法》的规定进行。

11.2.2.2　脱硝工程在生产试运行期间还应对脱硝系统进行性能试验，性能试验报告可作为竣工环境保护验收的技术支持文件。

11.2.2.3　脱硝系统性能试验包括：功能试验、技术性能试验、设备和材料试验，各试验要求如下：

　　a）功能试验：在脱硝系统设备运转之前，应先进行启动运行试验，应确认装置的可靠性；

　　b）技术性能试验参数应包括：脱硝效率，氨逃逸质量浓度，还原剂消耗量，NH_3/NO_x比，脱硝系统电、水、压缩空气、蒸汽等消耗量，控制系统的负荷跟踪能力及噪音；

　　c）设备试验和材料试验：确认在锅炉额定负荷下以及在实际运行负荷下的性能（根据需要）。

12　运行与维护

12.1　一般规定

12.1.1　脱硝系统的运行、维护及安全管理除应执行本标准外，还应符合国家现行有关强制性标准的规定。

12.1.2　未经当地环境保护行政主管部门批准，不得停止运行脱硝系统。由于紧急事故及故障造成脱硝系统停止运行时，应立即报告当地环境保护行政主管部门。

12.1.3　脱硝系统应根据工艺要求定期对各类设备、电气、自控仪表及建（构）筑物进行检查维护，确保装置稳定可靠地运行。

12.1.4　脱硝系统在正常运行条件下，各项污染物排放应满足国家或地方排放标准的规定。

12.1.5　应建立健全与脱硝系统运行维护相关的各项管理制度，以及运行、操作和维护规程；建立脱硝系统、主要设备运行状况的记录制度。

12.1.6　劳动安全和职业卫生设施应与脱硝系统同时建成运行，脱硝系统的安全管理应符合 GB 12801 中的有关规定。

12.1.7　若采用液氨作为还原剂，应根据《危险化学品安全管理条例》的规定建立本单位事故应急救援预案，配备应急救援人员和必要应急救援器材、设备，并定期组织演练。

12.2　人员与运行管理

12.2.1　脱硝系统的运行管理既可成为独立的脱硝车间也可纳入锅炉或除灰车间的管理范畴。

12.2.2　脱硝系统的运行人员宜单独配置。当需要整体管理时，也可以与机组合并配置运行人员。但至少应设置 1 名专职的脱硝技术管理人员。

12.2.3　应对脱硝系统的管理和运行人员进行定期培训，使管理和运行人员系统掌握脱硝设备及其他附属设施正常运行的具体操作和应急情况的处理措施。运行操作人员，上岗前还应进行以下内容的专业培训：

　　a）启动前的检查和启动要求的条件；

　　b）脱硝设备的正常运行，包括设备的启动和关闭；

c）控制、报警和指示系统的运行和检查，以及必要时的纠正操作；

d）最佳的运行温度、压力、脱硝效率的控制和调节，以及保持设备良好运行的条件；

e）设备运行故障的发现、检查和排除；

f）事故或紧急状态下操作和事故处理；

g）设备日常和定期维护；

h）设备运行及维护记录，以及其他事件的报告的编写。

12.2.4　脱硝系统运行状况、设施维护和生产活动等的内容包括：

a）系统启动、停止时间；

b）还原剂进厂质量分析数据，进厂数量，进厂时间；

c）系统运行工艺控制参数记录，至少应包括：氨区各设备的压力、温度、氨的泄漏值，脱硝反应区烟气温度、烟气流量、烟气压力、湿度、NO_x和氧气浓度，出口NH_3浓度等；

d）主要设备的运行和维修情况的记录；

e）烟气连续监测数据的记录；

f）生产事故及处置情况的记录；

g）定期检测、评价及评估情况的记录等。

12.2.5　运行人员应按照规定坚持做好交接班制度和巡视制度，特别是采用液氨作为还原剂时，应对液氨卸车储存和液氨蒸发过程进行监督与配合，防止和纠正装卸过程中产生泄漏对环境造成的污染。

12.2.6　在设备冲洗和清扫过程中如果产生废水，应收集在脱硝系统排水坑内，不得将废水直接排放。

12.3　维护保养

12.3.1　脱硝系统的维护保养应纳入全厂的维护保养计划中，检修时间间隔宜与锅炉同步进行。

12.3.2　应根据脱硝系统技术提供方提供的系统、设备等资料制定详细的维护保养规定。

12.3.3　维修人员应根据维护保养规定定期检查、更换或维修必要的部件。

12.3.4　维修人员应做好维护保养记录。

附录 A（资料性附录）

SNCR 工艺设计所需的原始参数

参数名称	备注
烟气体积流量	（101.325 kPa、0℃，湿基/干基）
烟气温度范围	
锅炉相关图纸	
热量输入及其变化情况	
水、电、蒸汽等消耗品的介质参数	
炉膛出口过剩空气系数	
负荷变化范围	
炉内温度和温度断面	
飞灰粒径分布	
可允许的用于反应剂喷射空间	
煤种的工业分析	
煤的元素分析	
烟气组分全分析（包括 NO_x、SO_2、SO_3 等）	

附录 B（资料性附录）

SNCR 烟气脱硝工艺布置及典型流程

以尿素为还原剂的 SNCR 装置在工程中有较多的应用，因此，以尿素做还原剂为例介绍 SNCR 工艺系统，如图 B.1 所示：

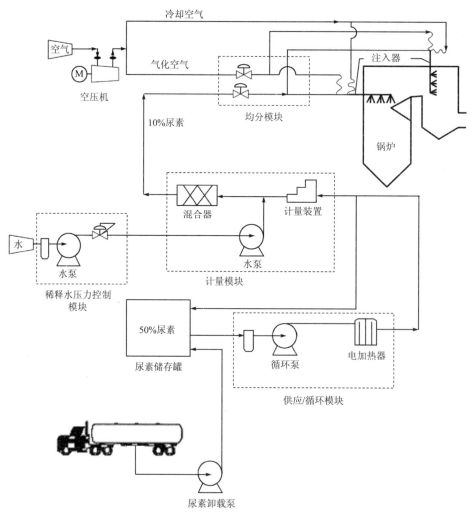

图 B.1 尿素 SNCR 系统工艺

SNCR 系统主要设备都模块化进行设计，主要有尿素溶液储存与制备系统，尿素溶液稀释模块，尿素溶液传输模块，尿素溶液计量模块以及尿素溶液喷射系统组成，如图 B.2 所示。

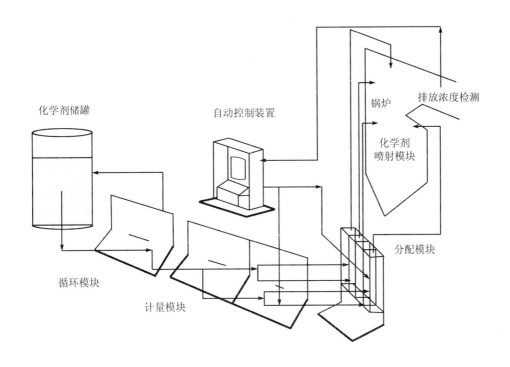

图 B.2   模块的供给系统

作为还原剂的固体尿素，被溶解制备成质量浓度为 50% 的尿素溶液，尿素溶液经尿素溶液输送泵输送至计量分配模块之前，与稀释水模块输送过来的水混合，尿素溶液被稀释为 10% 的尿素溶液，然后在喷入炉膛之前，再经过计量分配装置的精确计量分配至每个喷枪，然后经喷枪喷入炉膛，进行脱氮反应。

附录 C（资料性附录）

液氨 SNCR 工艺及氨水 SNCR 工艺

C.1 液氨 SNCR

C.1.1 一般规定

液氨 SNCR 工艺和尿素 SNCR 工艺相似，不同点主要表现在还原剂储存和制备、还原剂喷射和主要设备，除此之外均执行本标准正文的规定。

C.1.2 液氨储存和氨气制备

C.1.2.1 液氨的储罐和氨站的设计应满足国家对此类危险品罐区的有关规定。

C.1.2.2 液氨容器除按一般压力容器规范和标准设计制造外，要特别注意选用合适的材料。

C.1.2.3 氨的供应量能满足锅炉不同负荷的要求，调节方便灵活，可靠。

C.1.2.4 存氨罐与其他设备、厂房等要有一定的安全防火防爆距离，并在适当位置设置室外消火栓，设有防雷、防静电接地装置。

C.1.2.5 氨存储、供应系统相关管道、阀门、法兰、仪表、泵等设备选择时，应满足抗腐蚀要求，采用防爆、防腐型户外电气装置。

C.1.2.6 氨液泄漏处及氨罐区域应装有氨气泄漏检测报警系统。

C.1.2.7 系统的卸料压缩机、储氨罐、氨气蒸发槽、氨气缓冲槽及氨输送管道等都应备有氮气吹扫系统，防止泄漏氨气和空气混合发生爆炸。

C.1.2.8 氨存储和供应系统应配有良好的控制系统。

C.1.2.9 氨气系统紧急排放的氨气排入氨气稀释槽中，经水吸收排入废水池，再经由废水泵送至废水处理厂处理。

C.1.2.10 在地上、半地下储罐或储罐组，应设置非燃烧、耐腐蚀的材料防火堤。

C.1.2.11 氨区应安装相应的气体浓度检测报警装置，防雷防静电装置，相应的消防设施等，储罐安全附件、急救设施设备和泄漏应急处理设备。

C.1.3 氨喷射系统

C.1.3.1 应根据炉膛截面、高度等几何尺寸进行氨（氨水）喷射系统的设计，使进入炉膛的氨能与烟气达到充分均匀混合。

C.1.3.2 喷射系统的设计应充分考虑其处于炉膛高温、高灰的区域，所选材料应为耐磨、抗高温及防腐特性。

C.1.3.3 喷射系统应避免堵塞，具有清扫功能。

C.1.4 主要设备

C.1.4.1 卸料压缩机

设计两套卸料压缩机，一运一备。卸料压缩机抽取液氨储罐中的氨气，经压缩后将槽车的液氨推挤入液氨储罐中。在选择压缩机排气量时，要考虑液氨储罐内液氨的饱和气压，液氨卸车流量，液氨管道阻力及卸氨时气候温度等参数。

C.1.4.2 液氨储罐

C.1.4.2.1 液氨储罐采用卧式，并符合危险品压力容器的规定。一运一备，满足 5 d（每天按 24 h 计）还原剂用量的容量，设计温度、压力满足工作温度及压力，材质采用 16MnR。

C.1.4.2.2 储罐上应安装有流量阀、逆止阀、紧急关断阀和安全阀等，并装有温度计、压力表、液位计、高液位报警仪和相应的变送器等。储罐应有防太阳辐射措施，四周安装有工业水喷淋管线及喷嘴，当储罐本体温度过高时，自动启动淋水装置降温。储罐排风孔经密闭系统通到稀释槽，对氨气进行吸收以降低氨气味的发散。

C.1.4.3 液氨供应泵

液氨进入蒸发槽，可以使用压差和液氨自身的重力势能实现，也可以采用液氨泵来供应。如选择液氨泵应选择专门输送液氨的泵，氨泵应采用一运一备。

C.1.4.4 液氨蒸发槽

液氨蒸发槽采用卧式，设计温度及压力能满足工作要求，壳体采用 16MnR 材质，盘管采用 1Cr18Ni9Ti 材质。蒸发能力应按照锅炉在 BMCR 工况下 2×100%容量设计。

C.1.4.5 氨气泄漏检测器

液氨储存及供应系统周边应设有氨气检测器，以检测氨气的泄漏，并显示大气中氨的浓度。当检测器测得大气中氨浓度过高时，在机组控制室发出警报，提醒操作人员采取必要的措施，以防止氨气泄漏的异常情况发生。氨气泄漏检测器的数量及其布置位置合适，并将氨泄漏及火灾报警和消防控制系统纳入全厂消防报警系统。

C.2 氨水 SNCR

C.2.1 氨水 SNCR 还原剂使用质量分数为 20%左右的氨水。

C.2.2 氨水 SNCR 工艺其他部分与尿素 SNCR 基本相同，可执行本标准正文的规定。

中华人民共和国国家环境保护标准

环境空气质量评价技术规范（试行）

Technical regulation for ambient air quality assessment（on trial）

HJ 663—2013

前 言

为贯彻《中华人民共和国环境保护法》和《中华人民共和国大气污染防治法》，加强环境空气质量的管理，保护和改善生态环境，保障人体健康，规范环境空气质量评价工作，保证环境空气质量评价结果的统一性和可比性，制定本标准。

本标准规定了环境空气质量评价的范围、评价时段、评价项目、评价方法及数据统计方法等内容。

本标准附录 A 和附录 B 为规范性附录，附录 C 为资料性附录。

本标准为首次发布，将根据国家经济社会发展状况和环境保护要求适时修订。

本标准由环境保护部科技标准司组织制订。

本标准主要起草单位：中国环境监测总站、沈阳市环境监测中心站。

本标准环境保护部 2013 年 9 月 22 日批准。

本标准自 2013 年 10 月 1 日起实施。

本标准由环境保护部解释。

1 适用范围

本标准规定了环境空气质量评价的范围、评价时段、评价项目、评价方法及数据统计方法等内容。

本标准适用于全国范围内的环境空气质量评价与管理。

2 规范性引用文件

本标准引用下列文件或其中的条款。凡是未注明日期的引用文件，其最新版本适用于本标准。

GB 3095—2012　环境空气质量标准

HJ 664—2013　环境空气质量监测点位布设技术规范

GB/T 8170　数值修约规则与极限数值的表示和判定

3 术语和定义

下列术语和定义适用于本标准。

3.1 环境空气质量评价 ambient air quality assessment

以 GB 3095—2012 为依据，对某空间范围内的环境空气质量进行定性或定量评价的过程，包括环境空气质量的达标情况判断、变化趋势分析和空气质量优劣相互比较。

3.2 单点环境空气质量评价 ambient air quality assessment for single station

指针对某监测点位所代表空间范围的环境空气质量评价。监测点位包括城市点、区域点、背景点、污染监控点和路边交通点。

3.3 城市环境空气质量评价 ambient air quality assessment for urban

指针对城市建成区范围的环境空气质量评价。对地级及以上城市，评价采用国家环境空气质量监测网中的环境空气质量评价城市点（简称"国控城市点"）。对县级城市，评价采用地方监测网络中的空气质量评价城市点。城市不同功能区的环境空气质量评价可参照执行。

3.4 区域环境空气质量评价 ambient air quality assessment for regions

指针对由多个城市组成的连续空间区域范围的环境空气质量评价，包括城市建成区环境空气质量状况评价和非城市建成区（农村地区及 GB 3095—2012 中的一类区）环境空气质量状况评价。其中城市建成区评价采用环境空气质量评价城市点进行评价，非城市建成区评价采用环境空气质量评价区域点进行评价。

3.5 环境空气质量达标 attainment of the ambient air quality standards

污染物浓度评价结果符合 GB 3095—2012 和本标准规定，即为达标。所有污染物浓度均达标，即为环境空气质量达标。

3.6 超标倍数 exceeded multiples

污染物浓度超过 GB 3095—2012 中对应平均时间的浓度限值的倍数。

3.7 达标率 non-exceedence probability

指在一定时段内，污染物短期评价（小时评价、日评价）结果为达标的百分比。

4 评价范围和评价项目

4.1 评价范围

评价范围包括点位、城市以及区域，根据评价范围不同，环境空气质量评价分为单点环境空气质量评价、城市环境空气质量评价和区域环境空气质量评价。

4.2 评价项目

4.2.1 评价项目分为基本评价项目和其他评价项目两类。

4.2.2 基本评价项目包括二氧化硫（SO_2）、二氧化氮（NO_2）、一氧化碳（CO）、臭氧（O_3）、可吸入颗粒物（PM_{10}）、细颗粒物（$PM_{2.5}$）共 6 项。各项目的评价指标见表 1。

4.2.3 其他评价项目包括总悬浮颗粒物（TSP）、氮氧化物（NO_x）、铅（Pb）和苯并[a]芘（BaP）共 4 项。各项目的评价指标见表 2。

表1 基本评价项目及平均时间

评价时段	评价项目及平均时间
小时评价	SO_2、NO_2、CO、O_3 的 1 小时平均
日评价	SO_2、NO_2、PM_{10}、$PM_{2.5}$、CO 的 24 小时平均，O_3 的日最大 8 小时平均
年评价	SO_2 年平均、SO_2 24 小时平均第 98 百分位数 NO_2 年平均、NO_2 24 小时平均第 98 百分位数 PM_{10} 年平均、PM_{10} 24 小时平均第 95 百分位数 $PM_{2.5}$ 年平均、$PM_{2.5}$ 24 小时平均第 95 百分位数 CO 24 小时平均第 95 百分位数 O_3 日最大 8 小时滑动平均值的第 90 百分位数

表2 其他评价项目及平均时间

评价时段	评价项目及平均时间
日评价	TSP、BaP、NO_x 的 24 小时平均
季评价	Pb 的季平均
年评价	TSP 年平均、TSP 24 小时平均第 95 百分位数 Pb 年平均 BaP 年平均 NO_x 年平均、NO_x 24 小时平均第 98 百分位数

5 评价方法

5.1 现状评价

5.1.1 单项目评价

5.1.1.1 单项目评价适用于对单点、城市和区域内不同评价时段各基本评价项目和其他评价项目的达标情况进行评价。

5.1.1.2 单点环境空气质量评价：以 GB 3095—2012 中污染物的浓度限值为依据，对表 1和表 2 中各评价项目的评价指标进行达标情况判断，超标的评价项目计算其超标倍数。污染物年评价达标是指该污染物年平均浓度（CO 和 O_3 除外）和特定的百分位数浓度同时达标。进行年评价时，同时统计日评价达标率。数据统计方法见附录 A。

5.1.1.3 城市环境空气质量评价是针对城市建成区范围的评价，评价方法同 5.1.1.2，但需使用城市尺度的污染物浓度数据进行评价，数据统计方法见附录 A。

5.1.1.4 区域环境空气质量评价包括对城市建成区和非城市建成区范围内的环境空气质量状况评价。区域环境空气质量达标指区域范围内所有城市建成区达标且非城市建成区中每个空气质量评价区域点均达标，任一个城市建成区或区域点超标，即认为区域超标。统计方法见附录 A。

5.1.2 多项目综合评价

5.1.2.1 多项目综合评价适用于对单点、城市和区域内不同评价时段全部基本评价项目达标情况的综合分析。

5.1.2.2 多项目综合评价达标是指评价时段内所有基本评价项目均达标。多项目综合评价的结果包括：空气质量达标情况、超标污染物及超标倍数（按照大小顺序排列）。进行年度评价时，同时统计日综合评价达标天数和达标率，以及各项污染物的日评价达标天数和达标率。

5.2 变化趋势评价

5.2.1 变化趋势评价适用于评价污染物浓度或环境空气质量综合状况在多个连续时间周期内的变化趋势，采用 Spearman 秩相关系数法评价。国家变化趋势评价以国家环境空气质量监测网点位监测数据为基础，评价时间周期一般为 5 年，趋势评价结果为上升趋势、下降趋势或基本无变化，同时评价 5 年内的环境空气质量变化率。省级及以下和其他时间周期内的变化趋势评价可参照执行。

5.2.2 Spearman 秩相关系数计算及判定方法见附录 B。

6 数据统计要求

6.1 数据统计的有效性规定

6.1.1 各评价项目的数据统计有效性要求按照 GB 3095—2012 中的有关规定执行。

6.1.2 自然日内 O_3 日最大 8 小时平均的有效性规定为当日 8 时至 24 时至少有 14 个有效 8 小时平均浓度值。当不满足 14 个有效数据时，若日最大 8 小时平均浓度超过浓度限值标准时，统计结果仍有效。

6.1.3 日历年内 O_3 日最大 8 小时平均的特定百分位数的有效性规定为日历年内至少有 324 个 O_3 日最大 8 小时平均值，每月至少有 27 个 O_3 日最大 8 小时平均值（2 月至少 25 个 O_3 日最大 8 小时平均值）。

6.1.4 日历年内 SO_2、NO_2、PM_{10}、$PM_{2.5}$、CO 日均值的特定百分位数统计的有效性规定为日历年内至少有 324 个日平均值，每月至少有 27 个日平均值（2 月至少 25 个日平均值）。

6.1.5 统计评价项目的城市尺度浓度时，所有有效监测的城市点必须全部参加统计和评价，且有效监测点位的数量不得低于城市点总数量的 75%（总数量小于 4 个时，不低于 50%）。

6.1.6 当上述有效性规定不满足时，该统计指标的统计结果无效。

6.2 数据统计的完整性要求

多项目综合评价时，所有基本评价项目必须全部参与评价。当已测评价项目全部达标但存在缺测或不满足数据统计有效性要求项目时，综合评价按不达标处理并注明该项目。当已测评价项目存在不达标情况时，无论是否存在缺测项目，综合评价按不达标处理。

6.3 数据修约要求

进行现状评价和变化趋势评价前，各污染物项目的数据统计结果按照 GB/T 8170 中规则进行修约，浓度单位及保留小数位数要求见表 3。污染物的小时浓度值作为基础数据单元，使用前也应进行修约。

表 3 污染物的浓度单位和保留小数位数要求

污染物	单位	保留小数位数
SO_2、NO_2、PM_{10}、$PM_{2.5}$、O_3、TSP 和 NO_x	$\mu g/m^3$	0
CO	mg/m^3	1
Pb	$\mu g/m^3$	2
BaP	$\mu g/m^3$	4
超标倍数	—	2
达标率	%	1

附录 A（规范性附录）

数据统计方法

A.1　点位污染物浓度统计方法

点位环境空气质量评价中，各评价时段内评价项目的统计方法如表 A.1 所示：

表 A.1　点位污染物浓度数据统计方法

评价项目	数据统计方法
点位 1 小时平均	整点时刻前 1 小时时段内点位污染物浓度的算术平均值，记为该时刻的点位 1 小时平均值。一个自然日内点位 1 小时平均的时标分别记为 1:00、2:00、3:00、…、23:00 和 24:00 时
点位 8 小时平均	使用滑动平均的方式计算。对于指定时间 X 的 8 小时均值，定义：X-7、X-6、X-5、X-4、X-3、X-2、X-1、X 时的 8 个 1 小时平均值的算术平均值，称为 X 时的 8 小时平均值。一个自然日内有 24 个点位 8 小时平均值，其时标分别记为 1:00、2:00、3:00、…、23:00 和 24:00 时
点位日最大 8 小时平均	点位一个自然日内 8:00 时至 24:00 时的所有 8 小时滑动平均浓度中的最大值
点位 24 小时平均	点位一个自然日内各 1 小时平均浓度的算术平均值
点位季平均	点位一个日历季内各 24 小时平均浓度的算术平均值
点位年平均	点位一个日历年内各 24 小时平均浓度的算术平均值

A.2　城市污染物浓度统计方法

城市环境空气质量评价中，各评价时段内污染物的统计指标和统计方法见表 A.2 和表 A.3。

表 A.2　不同评价时段内基本评价项目的统计方法（城市范围）

评价时段	评价项目	统计方法
小时评价	城市 SO_2、NO_2、CO、O_3 的 1 小时平均	各点位[*] 1 小时平均浓度值的算术平均值
日评价	城市 SO_2、NO_2、CO、PM_{10}、$PM_{2.5}$ 的 24 小时平均	各点位[*] 24 小时平均浓度值的算术平均值
	城市 O_3 的日最大 8 小时平均	各点位[*]臭氧日最大 8 小时平均浓度值的算术平均值
年评价	城市 SO_2、NO_2、PM_{10}、$PM_{2.5}$ 的年平均	一个日历年内城市 24 小时平均浓度值的算术平均值
	城市 SO_2、NO_2 24 小时平均第 98 百分位数	按附录 A.6 计算一个日历年内城市日评价项目的相应百分位数浓度
	城市 PM_{10}、$PM_{2.5}$ 24 小时平均第 95 百分位数	
	城市 CO 24 小时平均第 95 百分位数	
	城市 O_3 日最大 8 小时平均第 90 百分位数	

[*] 点位指市点，不包括区域点、背景点、污染监控点和路边交通点。

表 A.3　不同评价时段内其他评价项目的统计方法（城市范围）

评价时段	评价项目	统计方法
日评价	城市 NO_x、BaP、TSP 的 24 小时平均	各点位* 24 小时平均浓度值的算术平均值
季评价	城市 Pb 的季平均	日历季内城市 24 小时平均浓度的算术平均值，城市 24 小时平均浓度值为各点位* 24 小时平均浓度值的算术平均值
年评价	城市 NO_x、Pb、BaP、TSP 的年平均	一个日历年内城市 24 小时平均浓度值的算术平均值
	TSP 24 小时平均浓度第 95 百分位数、NO_x 24 小时平均浓度第 98 百分位数	按附录 A.6 计算一个日历年内城市 TSP、NO_x 的 24 小时平均浓度值的相应百分位数浓度

* 点位指城市点，不包括区域点、背景点、污染监控点和路边交通点。

A.3　区域数据统计方法

区域内城市建成区的评价以区域内各个城市的评价结果为基础，评价项目与表 A.2 和表 A.3 相同，分别统计区域内各个城市的达标情况。国务院环境保护主管部门进行的区域环境空气质量评价，以区域内地级及以上城市建成区为参评城市。省级或地市级环境主管部门进行的区域环境空气质量评价可将区域内县级市共同作为参评城市。

区域内非城市建成区空气质量评价以各空气质量评价区域点为单元进行统计。

区域环境空气质量达标指区域范围内所有城市建成区达标且非城市建成区中每个区域点均达标。

A.4　超标倍数计算方法

超标项目 i 的超标倍数按式（A.1）计算：

$$B_i = (C_i - S_i)/S_i \qquad (A.1)$$

式中：B_i——表示超标项目 i 的超标倍数；

C_i——超标项目 i 的浓度值；

S_i——超标项目 i 的浓度限值标准，一类区采用一级浓度限值标准，二类区采用二级浓度限值标准。

在年度评价时，对于 SO_2、NO_2、PM_{10}、$PM_{2.5}$，分别计算年平均浓度和 24 小时平均的特定百分位数浓度相对于年均值标准和日均值标准的超标倍数；对于 O_3，计算日最大 8 小时平均的特定百分位数浓度相对于 8 小时平均浓度限值标准的超标倍数；对于 CO，计算 24 小时平均的特定百分位数浓度相对于浓度限值标准的超标倍数。

A.5　达标率计算方法

A.5.1　评价项目 i 的小时达标率、日达标率按式（A.2）计算

$$D_i = (A_i / B_i) \times 100 \qquad (A.2)$$

式中：D_i——表示评价项目 i 的达标率，%；

A_i——评价时段内评价项目 i 的达标天（小时）数；

B_i——评价时段内评价项目 i 的有效监测天（小时）数。

A.5.2　多项目日综合评价的达标率参照式（A.2）计算。

A.6　百分位数计算方法

污染物浓度序列的第 p 百分位数计算方法如下：

（1）将污染物浓度序列按数值从小到大排序，排序后的浓度序列为 $\{X_{(i)},\ i=1,2,\cdots,n\}$。

（2）计算第 p 百分位数 m_p 的序数 k，序数 k 按式（A.3）计算

$$k = 1 + (n-1) \cdot p\% \tag{A.3}$$

式中：k——$p\%$位置对应的序数；

　　　n——污染物浓度序列中的浓度值数量。

（3）第 p 百分位数 m_p 按式（A.4）计算：

$$m_p = X_{(s)} + \left(X_{(s+1)} - X_{(s)}\right) \times (k-s) \tag{A.4}$$

式中：s——k 的整数部分，当 k 为整数时 s 与 k 相等。

附录 B（规范性附录）

Spearman 秩相关系数计算及判定方法

B.1 Spearman秩相关系数计算方法

Spearman 秩相关系数按照式（B.1）计算

$$\gamma_s = 1 - \frac{6}{n(n^2-1)} \sum_{j=1}^{n} (X_j - Y_j)^2 \tag{B.1}$$

式中： γ_s ——Spearman 秩相关系数；

n ——时间周期的数量， $n \geq 5$ ；

X_j ——周期 j 按时间排序的序号， $1 \leq X_j \leq n$ ；

Y_j ——周期 j 内污染物浓度按数值升序排序的序号， $1 \leq Y_j \leq n$ 。

B.2 变化判定标准

将计算秩相关系数绝对值与表 B.1 中临界值相比较。如果秩相关系数绝对值大于表中临界值，表明变化趋势有统计意义。 γ_s 为正值表示上升趋势，负值表示下降趋势。如果秩相关系数绝对值小于等于表中临界值，表示基本无变化。

表 B.1 Spearman 秩相关系数 γ_s 的临界值 γ （单侧检验的显著性水平为 0.05）

n	临界值 γ	n	临界值 γ
5	0.900	16	0.425
6	0.829	18	0.399
7	0.714	20	0.377
8	0.643	22	0.359
9	0.600	24	0.343
10	0.564	26	0.329
12	0.506	28	0.317
14	0.456	30	0.306

附录 C（资料性附录）

环境空气质量状况比较评价方法

当环境管理中需要对不同地区进行年度环境空气质量状况比较评价时，以单项目评价和多项目综合评价相结合，方法如下。进行月、季度比较评价时，可参照年度评价执行。

C.1　环境空气质量单项指数法

环境空气质量单项指数法适用于不同地区间单项污染物污染状况的比较。年评价时，污染物 i 的单项指数按式（C.1）计算：

$$I_i = \mathrm{MAX}\left(\frac{C_{i,\,a}}{S_{i,\,a}} , \frac{C_{i,\,d}^{\mathrm{per}}}{S_{i,\,d}} \right) \tag{C.1}$$

式中：I_i——污染物 i 的单项指数；

　　　$C_{i,\,a}$——污染物 i 的年均值浓度值，i 包括 SO_2、NO_2、PM_{10} 及 $PM_{2.5}$；

　　　$S_{i,\,a}$——污染物 i 的年均值二级标准限值，i 包括 SO_2、NO_2、PM_{10} 及 $PM_{2.5}$；

　　　$C_{i,\,d}^{\mathrm{per}}$——污染物 i 的 24 小时平均浓度的特定百分位数浓度，i 包括 SO_2、NO_2、PM_{10}、$PM_{2.5}$、CO 和 O_3（对于 O_3，为日最大 8 小时均值的特定百分位数浓度）；

　　　$S_{i,\,d}$——污染物 i 的 24 小时平均浓度限值二级标准（对于 O_3，为 8 小时均值的二级标准）。

C.2　环境空气质量最大指数法和环境空气质量综合指数法

C.2.1　环境空气质量最大指数法和环境空气质量综合指数法适用于对不同地区间多项污染物污染状况的比较，参评项目为表 1 中所有基本评价项目，分别按式（C.2）、式（C.3）计算：

$$I_{\max} = \mathrm{MAX}(I_i) \tag{C.2}$$

$$I_{\mathrm{sum}} = \mathrm{SUM}(I_i) \tag{C.3}$$

式中：$I_{\max}$——环境空气质量最大指数；

　　　I_{sum}——环境空气质量综合指数。

C.2.2　使用环境空气质量最大指数法和环境空气质量综合指数法进行环境空气质量状况比较时，需同时给出按各项污染物的环境空气质量单项指数法比较结果，为各地区环境管理提供明确导向。

中华人民共和国国家环境保护标准

环境空气质量监测点位布设技术规范（试行）

Technical regulation for selection of ambient air quality monitoring stations（on trial）

HJ 664—2013

前 言

为贯彻《中华人民共和国环境保护法》、《中华人民共和国大气污染防治法》，加强空气污染防治，规范环境空气质量监测工作，制定本标准。

本标准规定了环境空气质量监测点位布设原则和要求、环境空气质量监测点位布设数量、环境空气质量监测点位开展监测项目等内容。

本标准附录 A 和附录 B 为规范性附录。

本标准为首次发布，将根据国家经济社会发展状况和环境保护要求适时修订。

本标准由环境保护部科技标准司组织制订。

本标准主要起草单位：中国环境监测总站、北京大学。

本标准环境保护部 2013 年 9 月 22 日批准。

本标准自 2013 年 10 月 1 日实施。

本标准由环境保护部解释。

1 适用范围

本标准适用于国家和地方各级环境保护行政主管部门对环境空气质量监测点位的规划、设立、建设与维护等管理。

2 规范性引用文件

本标准引用下列文件或其中的条款。

GB 3095—2012　环境空气质量标准

HJ 633—2012　环境空气质量指数（AQI）技术规定（试行）

3 术语和定义

下列术语和定义适用于本标准。

3.1　环境空气质量评价城市点 urban assessing stations

以监测城市建成区的空气质量整体状况和变化趋势为目的而设置的监测点，参与城市环境空气质量评价。其设置的最少数量根据本标准由城市建成区面积和人口数量确定。每个环境空气质量评价城市点代表范围一般为半径 500 m 至 4 km，有时也可扩大到半径 4 000 m 至几十千米（如对于空气污染物浓度较低，其空间变化较小的地区）的范围。可简称城市点。

3.2 环境空气质量评价区域点 regional assessing stations

以监测区域范围空气质量状况和污染物区域传输及影响范围为目的而设置的监测点，参与区域环境空气质量评价。其代表范围一般为半径几十千米。可简称区域点。

3.3 环境空气质量背景点 background stations

以监测国家或大区域范围的环境空气质量本底水平为目的而设置的监测点。其代表性范围一般为半径 100 km 以上。可简称背景点。

3.4 污染监控点 source impact stations

为监测本地区主要固定污染源及工业园区等污染源聚集区对当地环境空气质量的影响而设置的监测点，代表范围一般为半径 100~500 m，也可扩大到半径 500~4 000 m（如考虑较高的点源对地面浓度的影响时）。

3.5 路边交通点 traffic stations

为监测道路交通污染源对环境空气质量影响而设置的监测点，代表范围为人们日常生活和活动场所中受道路交通污染源排放影响的道路两旁及其附近区域。

4 环境空气质量监测点位布设原则

4.1 代表性

具有较好的代表性，能客观反映一定空间范围内的环境空气质量水平和变化规律，客观评价城市、区域环境空气状况，污染源对环境空气质量影响，满足为公众提供环境空气状况健康指引的需求。

4.2 可比性

同类型监测点设置条件尽可能一致，使各个监测点获取的数据具有可比性。

4.3 整体性

环境空气质量评价城市点应考虑城市自然地理、气象等综合环境因素，以及工业布局、人口分布等社会经济特点，在布局上应反映城市主要功能区和主要大气污染源的空气质量现状及变化趋势，从整体出发合理布局，监测点之间相互协调。

4.4 前瞻性

应结合城乡建设规划考虑监测点的布设，使确定的监测点能兼顾未来城乡空间格局变化趋势。

4.5 稳定性

监测点位置一经确定，原则上不应变更，以保证监测资料的连续性和可比性。

5 环境空气质量监测点位布设要求

5.1 环境空气质量评价城市点

5.1.1 位于各城市的建成区内，并相对均匀分布，覆盖全部建成区。

5.1.2 采用城市加密网格点实测或模式模拟计算的方法，估计所在城市建成区污染物浓度的总体平均值。全部城市点的污染物浓度的算术平均值应代表所在城市建成区污染物浓度的总体平均值。

5.1.3 城市加密网格点实测是指将城市建成区均匀划分为若干加密网格点，单个网格不大于 2 km×2 km（面积大于 200 km² 的城市也可适当放宽网格密度），在每个网格中心或网格线的交点上设置监测点，了解所在城市建成区的污染物整体浓度水平和分布规律，监测项目包括 GB 3095—2012 中规定的 6 项基本项目（可根据监测目的增加监测项目），有效监测天数不少于 15 天。

5.1.4 模式模拟计算是通过污染物扩散、迁移及转化规律，预测污染分布状况进而寻找合理的监测点位的方法。

5.1.5 拟新建城市点的污染物浓度的平均值与同一时期用城市加密网格点实测或模式模拟计算的城市总体平均值估计值相对误差应在 10% 以内。

5.1.6 用城市加密网格点实测或模式模拟计算的城市总体平均值计算出 30、50、80 和 90 百分位数的估计值；拟新建城市点的污染物浓度平均值计算出的 30、50、80 和 90 百分位数与同一时期城市总体估计值计算的各百分位数的相对误差在 15% 以内。

5.1.7 监测点周围环境和采样口设置的具体要求见附录 A。

5.2 环境空气质量评价区域点、背景点

5.2.1 区域点和背景点应远离城市建成区和主要污染源，区域点原则上应离开城市建成区和主要污染源 20 km 以上，背景点原则上应离开城市建成区和主要污染源 50 km 以上。

5.2.2 区域点应根据我国的大气环流特征设置在区域大气环流路径上，反映区域大气本底状况，并反映区域间和区域内污染物输送的相互影响。

5.2.3 背景点设置在不受人为活动影响的清洁地区，反映国家尺度空气质量本底水平。

5.2.4 区域点和背景点的海拔高度应合适。在山区应位于局部高点，避免受到局地空气污染物的干扰和近地面逆温层等局地气象条件的影响；在平缓地区应保持在开阔地点的相对高地，避免空气沉积的凹地。

5.2.5 监测点周围环境和采样口设置的具体要求见附录 A。

5.3 污染监控点

5.3.1 污染监控点原则上应设在可能对人体健康造成影响的污染物高浓度区以及主要固定污染源对环境空气质量产生明显影响的地区。

5.3.2 污染监控点依据排放源的强度和主要污染项目布设，应设置在源的主导风向和第二主导风向（一般采用污染最重季节的主导风向）的下风向的最大落地浓度区内，以捕捉到最大污染特征为原则进行布设。

5.3.3 对于固定污染源较多且比较集中的工业园区等，污染监控点原则上应设置在主导风向和第二主导风向（一般采用污染最重季节的主导风向）的下风向的工业园区边界，兼顾排放强度最大的污染源及污染项目的最大落地浓度。

5.3.4 地方环境保护行政主管部门可根据监测目的确定点位布设原则增设污染监控点，并实时发布监测信息。

5.3.5 监测点周围环境和采样口设置的具体要求见附录 A。

5.4 路边交通点

5.4.1 对于路边交通点，一般应在行车道的下风侧，根据车流量的大小、车道两侧的地形、建筑物的分布情况等确定路边交通点的位置，采样口距道路边缘距离不得超过 20 m。

5.4.2 由地方环境保护行政主管部门根据监测目的确定点位布设原则设置路边交通点，并实时发布监测信息。

5.4.3 监测点周围环境和采样口设置的具体要求见附录 A。

6 环境空气质量监测点位布设数量要求

6.1 环境空气质量评价城市点

各城市环境空气质量评价城市点的最少监测点位数量应符合表 1 的要求。按建成区城市人口和建成区面积确定的最少监测点位数不同时，取两者中的较大值。

表 1 环境空气质量评价城市点设置数量要求

建成区城市人口/万人	建成区面积/km^2	最少监测点数
<25	<20	1
25～50	20～50	2
50～100	50～100	4
100～200	100～200	6
200～300	200～400	8
>300	>400	按每 50～60 km^2 建成区面积设 1 个监测点，并且不少于 10 个点

6.2 环境空气质量评价区域点、背景点

6.2.1 区域点的数量由国家环境保护行政主管部门根据国家规划，兼顾区域面积和人口因素设置。各地方应可根据环境管理的需要，申请增加区域点数量。

6.2.2 背景点的数量由国家环境保护行政主管部门根据国家规划设置。

6.2.3 位于城市建成区之外的自然保护区、风景名胜区和其他需要特殊保护的区域，其区域点和背景点的设置优先考虑监测点位代表的面积。

6.3 污染监控点

污染监控点的数量由地方环境保护行政主管部门组织各地环境监测机构根据本地区环境管理的需要设置。

6.4 路边交通点

路边交通点的数量由地方环境保护行政主管部门组织各地环境监测机构根据本地区环境管理的需要设置。

7 监测项目

7.1 环境空气质量评价城市点的监测项目依据 GB 3095—2012 确定，分为基本项目和其他项目。

7.2 环境空气质量评价区域点、背景点的监测项目除 GB 3095—2012 中规定的基本项目外，由国务院环境保护行政主管部门根据国家环境管理需求和点位实际情况增加其他特征监测项目，包括湿沉降、有机物、温室气体、颗粒物组分和特殊组分等，具体见表 2。

7.3 污染监控点和路边交通点可根据监测目的及所针对污染源的排放特征，由地方环境保护行政主管部门确定监测项目。

表2　环境空气质量评价区域点、背景点监测项目

监测类型	监测项目
基本项目	二氧化硫（SO_2）、二氧化氮（NO_2）、一氧化碳（CO）、臭氧（O_3）、可吸入颗粒物（PM_{10}）、细颗粒物（$PM_{2.5}$）
湿沉降	降雨量、pH值、电导率、氯离子、硝酸根离子、硫酸根离子、钙离子、镁离子、钾离子、钠离子、铵离子等
有机物	挥发性有机物（VOCs）、持久性有机物（POPs）等
温室气体	二氧化碳（CO_2）、甲烷（CH_4）、氧化亚氮（N_2O）、六氟化硫（SF_6）、氢氟碳化物（HFCs）、全氟化碳（PFCs）
颗粒物主要物理化学特性	颗粒物数浓度谱分布、$PM_{2.5}$或PM_{10}中的有机碳、元素碳、硫酸盐、硝酸盐、氯盐、钾盐、钙盐、钠盐、镁盐、铵盐等

8 点位管理

8.1　环境空气质量监测点共分为国家、省、市、县四级，分别由同级环境主管部门负责管理。国务院环境保护行政主管部门负责国家环境空气质量监测点位的管理，各县级以上地方人民政府环境保护行政主管部门参照本标准对地方环境空气质量监测点位进行管理。

8.2　上级环境空气质量监测点位可根据环境管理需要从下级环境空气质量监测点位中选取。

8.3　根据地方环境管理工作的需要以及城市发展的实际情况可申请增加、变更和撤销环境空气质量评价城市点，并报点位的环境保护行政主管部门审批。具体要求见附录B。

8.4　环境空气质量评价区域点及背景点的增加、变更和撤销由点位的环境保护行政主管部门根据实际情况和管理需求确定。

附录 A（规范性附录）

监测点周围环境和采样口位置的具体要求

一、监测点周围环境应符合下列要求

（1）应采取措施保证监测点附近 1 000 m 内的土地使用状况相对稳定。

（2）点式监测仪器采样口周围，监测光束附近或开放光程监测仪器发射光源到监测光束接收端之间不能有阻碍环境空气流通的高大建筑物、树木或其他障碍物。从采样口或监测光束到附近最高障碍物之间的水平距离，应为该障碍物与采样口或监测光束高度差的两倍以上，或从采样口至障碍物顶部与地平线夹角应小于30°。

（3）采样口周围水平面应保证 270° 以上的捕集空间，如果采样口一边靠近建筑物，采样口周围水平面应有 180° 以上的自由空间。

（4）监测点周围环境状况相对稳定，所在地质条件需长期稳定和足够坚实，所在地点应避免受山洪、雪崩、山林火灾和泥石流等局地灾害影响，安全和防火措施有保障。

（5）监测点附近无强大的电磁干扰，周围有稳定可靠的电力供应和避雷设备，通信线路容易安装和检修。

（6）区域点和背景点周边向外的大视野需 360° 开阔，1～10 km 方圆距离内应没有明显的视野阻断。

（7）应考虑监测点位设置在机关单位及其他公共场所时，保证通畅、便利的出入通道及条件，在出现突发状况时，可及时赶到现场进行处理。

二、采样口位置应符合下列要求

（1）对于手工采样，其采样口离地面的高度应在 1.5～15 m 范围内。

（2）对于自动监测，其采样口或监测光束离地面的高度应在 3～20 m 范围内。

（3）对于路边交通点，其采样口离地面的高度应在 2～5 m 范围内。

（4）在保证监测点具有空间代表性的前提下，若所选监测点位周围半径 300～500 m 范围内建筑物平均高度在 25 m 以上，无法按满足（1）、（2）条的高度要求设置时，其采样口高度可以在 20～30 m 范围内选取。

（5）在建筑物上安装监测仪器时，监测仪器的采样口离建筑物墙壁、屋顶等支撑物表面的距离应大于 1 m。

（6）使用开放光程监测仪器进行空气质量监测时，在监测光束能完全通过的情况下，允许监测光束从日平均机动车流量少于 10 000 辆的道路上空、对监测结果影响不大的小污染源和少量未达到间隔距离要求的树木或建筑物上空穿过，穿过的合计距离，不能超过监测光束总光程长度的10%。

（7）当某监测点需设置多个采样口时，为防止其他采样口干扰颗粒物样品的采集，颗粒物采样口与其他采样口之间的直线距离应大于 1 m。若使用大流量总悬浮颗粒物（TSP）采样装置进行并行监测，其他采样口与颗粒物采样口的直线距离应大于 2 m。

（8）对于环境空气质量评价城市点，采样口周围至少 50 m 范围内无明显固定污染源，为避免车辆尾气等直接对监测结果产生干扰，采样口与道路之间最小间隔距离应按表 A.1 的要求确定。

表 A.1　仪器采样口与交通道路之间最小间隔距离

道路日平均机动车流量（日平均车辆数）	采样口与交通道路边缘之间最小距离/m	
	PM_{10}、$PM_{2.5}$	SO_2、NO_2、CO 和 O_3
≤3 000	25	10
3 000～6 000	30	20
6 000～15 000	45	30
15 000～40 000	80	60
>40 000	150	100

（9）开放光程监测仪器的监测光程长度的测绘误差应在±3 m 内（当监测光程长度小于 200 m 时，光程长度的测绘误差应小于实际光程的±1.5%）。

（10）开放光程监测仪器发射端到接收端之间的监测光束仰角不应超过 15°。

附录 B（规范性附录）

增加、变更和撤销环境空气质量评价城市点的具体要求

一、当存在下列情况时，可增加、变更和撤销环境空气质量评价城市点

（1）因城市建成区面积扩大或行政区划变动，导致现有城市点已不能全面反映城市建成区总体空气质量状况的，可增设点位。

（2）因城市建成区建筑发生较大变化，导致现有城市点采样空间缩小或采样高度提升而不符合本标准要求的，可变更点位。

（3）因城市建成区建筑发生较大变化，导致现有城市点采样空间缩小或采样高度提升而不符合本标准，可撤销点位，否则应按本条第二款的要求，变更点位。

二、增加环境空气质量评价城市点应遵守下列要求之一

（1）新建或扩展的城市建成区与原城区不相连，且面积大于 10 km^2 时，可在新建或扩展区独立布设城市点；面积小于 10 km^2 的新、扩建成区原则上不增设城市点。

（2）新建或扩展的城市建成区与原城区相连成片，且面积大于 25 km^2 或大于原城市点平均覆盖面积的，可在新建或扩展区增设城市点。

（3）按照现有城市点布设时的建成区面积计算，平均每个点位覆盖面积大于 25 km^2 的，可在原建成区及新、扩建成区增设监测点位。

三、变更环境空气质量评价城市点应遵守下列具体要求

（1）变更后的城市点与原城市点应位于同一类功能区。

（2）点位变更时应就近移动点位，点位移动的直线距离不应超过 $1\,000 \text{ m}$。

（3）变更后的城市点与原城市点位平均浓度偏差应小于 15%。

四、撤销环境空气质量评价城市点应遵守下列具体要求

（1）在最近连续 3 年城市建成区内用包括拟撤销点位在内的全部城市点计算的各监测项目的年平均值与剔除拟撤销点后计算出的年平均值的最大误差小于 5%。

（2）该城市建成区内的城市点数量在撤销点位后仍能满足本标准要求。

中华人民共和国国家环境保护标准

大气污染治理工程技术导则

Technical guidelines for air pollution control projects

HJ 2000—2010

前 言

为贯彻《中华人民共和国环境保护法》、《中华人民共和国清洁生产促进法》和《中华人民共和国大气污染防治法》，规范大气污染治理工程的建设和运行管理，防治环境污染，保护环境和人体健康，制定本标准。

本标准规定了大气污染治理工程的通用技术要求。

本标准为首次发布。

本标准由环境保护部科技标准司组织制订。

本标准主要起草单位：中国环境保护产业协会（电除尘委员会）、中钢集团大澄坤保科技股份有限公司、武汉科技大学、大拇指环保科技集团（福建）有限公司、解放军防化研究院、中国新时代国际工程公司、武汉凯迪电力环保有限公司、西安建筑科技大学。

本标准环境保护部 2010 年 12 月 27 日批准。

本标准自 2011 年 3 月 1 日起实施。

本标准由环境保护部解释。

1 适用范围

本标准规定了大气污染治理工程在设计、施工、验收和运行维护中的通用技术要求。

本标准为环境工程技术规范体系中的通用技术规范。

对于已有相应的工艺技术规范或重点污染源技术规范的工程，应同时执行本标准和相应的工艺技术规范或重点污染源技术规范；对于没有工艺技术规范或重点污染源技术规范的工程，应执行本标准。

本标准可作为大气污染治理工程环境影响评价、设计、施工、验收及运行与管理的技术依据。

2 规范性引用文件

本标准内容引用了下列文件中的条款。凡是不注日期的引用文件，其有效版本适用于本标准。

GB 150　钢制压力容器

GB 755　旋转电机　定额和性能

GB 3095　环境空气质量标准

GB 4387　工业企业厂内铁路、道路运输安全规程

GB 8978　污水综合排放标准

GB/T 6719　袋式除尘器技术要求

GB 12158　防止静电事故通用导则

GB 12348　工业企业厂界环境噪声排放标准

GB/T 13347　石油气体管道阻火器

GB 14554　恶臭污染物排放标准

GB 15577　粉尘防爆安全规程

GB 16297　大气污染物综合排放标准

GB 18218　危险化学品重大危险源辨识

GB 19517　国家电气设备安全技术规范

GB 20101　涂装作业安全规程　有机废气净化装置安全技术规定

GB 50003　砌体结构设计规范

GB 50007　建筑地基基础设计规范

GB 50009　建筑结构荷载规范

GB 50010　混凝土结构设计规范

GB 50011　建筑抗震设计规范

GB 50013　室外给水设计规范

GB 50014　室外排水设计规范

GB 50015　建筑给排水设计规范

GB 50016　建筑设计防火规范

GB 50017　钢结构设计规范

GB 50019　采暖通风与空气调节设计规范

GB 50040　动力机器基础设计规范

GB 50051　烟囱设计规范

GB 50057　建筑物防雷设计规范

GB 50058　爆炸和火灾危险环境电力装置设计规范

GB 50060—2008　3～110 kV 高压配电装置设计规范

GB 50116　火灾自动报警系统设计规范

GB 50140　建筑灭火器配置设计规范

GB 50160　石油化工企业设计防火规范

GB 50187　工业企业总平面设计规范

GB 50191　构筑物抗震设计规范

GB 50202　建筑地基基础工程施工质量验收规范

GB 50203　砌体工程施工质量验收规范

GB 50204　混凝土结构工程施工质量验收规范

GB 50205　钢结构工程施工质量验收标准规范

GB 50217　电力工程电缆设计规范

GB 50229　火力发电厂与变电站设计防火规范

GB 50231　机械设备安装工程施工及验收通用规范

GB 50236　现场设备、工业管道焊接工程施工及验收规范

GB 50254　电气装置安装工程低压电器施工及验收规范

GB 50255　电气装置安装工程电力变流设备施工及验收规范

GB 50256　电气装置安装工程起重机电气装置施工及验收规范

GB 50257　电气装置安装工程爆炸和火灾危险环境电气装置施工及验收规范

GB 50258　电气装置安装工程 1 kV 及以下配线工程施工及验收规范

GB 50259　电气装置安装工程电气照明装置施工及验收规范

GB 50275　压缩机、风机、泵安装工程施工及验收规范

GB 50300　建筑工程施工质量验收统一标准

GB 50336　建筑中水设计规范

GBJ 87　工业企业噪声控制设计规范

GBZ 1　工业企业设计卫生标准

GBZ 2.1　工作场所有害因素职业接触限值　第 1 部分：化学有害因素

GBZ 2.2　工作场所有害因素职业接触限值　第 2 部分：物理有害因素

GB/T 13466　交流电气传动风机（泵类、空气压缩机）系统经济运行通则

GB/T 13468　泵类系统电能平衡的测试与计算方法

GB/T 13469　离心泵、混流泵、轴流泵与旋涡泵系统经济运行

GB/T 13931　电除尘器　性能测试方法

GB/T 16157　固定污染源排气中颗粒物测定与气态污染物采样方法

GB/T 19839　工业燃油燃气燃烧器通用技术条件

GB/T 28001　职业健康安全管理体系　规范

GB/T 50102　工业循环水冷却设计规范

HJ 435　钢铁工业除尘工程技术规范

HJ 462　工业锅炉及炉窑湿法烟气脱硫工程技术规范

HJ 562　火电厂烟气脱硝工程技术规范　选择性非催化还原法

HJ 563　火电厂烟气脱硝工程技术规范　选择性催化还原法

HJ/T 75　固定污染源烟气排放连续监测技术规范

HJ/T 76　固定污染源排放烟气连续监测系统技术要求及检测方法

HJ/T 178　火电厂烟气脱硫工程技术规范　烟气循环流化床法

HJ/T 179　火电厂烟气脱硫工程技术规范　石灰石/石灰-石膏法

HJ/T 284　环境保护产品技术要求　袋式除尘器用电磁脉冲阀

HJ/T 288　环境保护产品技术要求　湿式烟气脱硫除尘装置

HJ/T 319　环境保护产品技术要求　花岗石类湿式烟气脱硫除尘装置

HJ/T 320　环境保护产品技术要求　电除尘器高压整流电源

HJ/T 321　环境保护产品技术要求　电除尘器低压控制电源

HJ/T 322　环境保护产品技术要求　电除尘器

HJ/T 324　环境保护产品技术要求　袋式除尘器用滤料

HJ/T 325　环境保护产品技术要求　袋式除尘器滤袋框架

HJ/T 326　环境保护产品技术要求　袋式除尘器用覆膜滤料

HJ/T 327　环境保护产品技术要求　袋式除尘器滤袋

HJ/T 328　环境保护产品技术要求　脉冲喷吹类袋式除尘器

HJ/T 329　环境保护产品技术要求　回转反吹袋式除尘器

HJ/T 330　环境保护产品技术要求　分室反吹类袋式除尘器

HJ/T 386　环境保护产品技术要求　工业废气吸附净化装置

HJ/T 387　环境保护产品技术要求　工业废气吸收净化装置

HJ/T 388　环境保护产品技术要求　工业有机废气催化净化装置

DLGJ 56　火力发电厂和变电所照明设计技术规定

DL/T 514　燃煤电厂电除尘器

DL/T 620　交流电气装置的过电压保护和绝缘配合

DL/T 657　火力发电厂模拟量控制系统验收测试规程

DL/T 658　火力发电厂开关量控制系统验收测试规程

DL/T 659　火力发电厂分散控制系统验收测试规程

DL/T 5041　火力发电厂厂内通信设计技术规定

DL/T 5044　电力工程直流系统设计技术规程

DL/T 5153　火力发电厂厂用电设计技术规定

DL/T 5136　火力发电厂变电所二次接线设计技术规程

DL/T 5137　电测量及电能计量装置设计技术规程

DL/T 5190.5　电力建设施工及验收技术规范　第 5 部分：热工自动化

DL/T 5403　火电厂烟气脱硫工程调整试运及质量验收评定规程

HGJ 32　橡胶衬里化工设备

HGJ 209　钢结构、管道涂装技术规程

HG/T 3797　玻璃鳞片衬里胶泥

HG/T 20649　化工企业总图运输设计规范

JB/T 6407　电除尘器调试、运行、维修安全技术规范

JB/T 8471　袋式除尘器安装技术要求与验收规范

JB/T 8536　电除尘器机械安装技术条件

JB/T 8690　工业通风机噪声限值

JB/T 10341　滤筒式除尘器

JGJ 79　建筑地基处理设计规范

SH 3063　石油化工企业可燃气体和有毒气体检测报警设计规范

YBJ 52　钢铁企业总图运输设计规范

YSJ 001　有色金属企业总图运输设计规范

《建设项目环境保护管理条例》（国务院令　第 253 号）

《危险化学品安全管理条例》（国务院令　第 344 号）

《建设项目竣工环境保护验收管理办法》（国家环境保护总局令　第 13 号）

《污染源自动监控管理办法》（国家环保局令 第 28 号）

《建设项目环境保护设计规定》（国家计委、国务院环保委员会 [1987] 002 号）

《压力容器安全技术监察规程》（国家质量技术监督局 [1999] 154 号）

《建设项目环境保护设施竣工验收监测技术要求》（国家环境保护总局 [2000] 38 号附件）

《建筑工程设计文件编制深度规定》（建质 [2003] 84 号）

3 术语和定义

下列术语和定义适用于本标准。

3.1 除尘 dust removing

指治理烟（粉）尘污染的工艺，由集尘罩、管道、除尘器、风机、排气筒以及系统辅助装置组成。

3.2 除尘器 dust collector

指将颗粒物从含尘气体中分离出来的设备。

3.3 卸、输灰系统 dust handling system

指将除尘器收集的粉尘输送至指定地点的成套装置。

3.4 集气（尘）罩 dust/ash-collecting hood

指收集污染气体的装置，可直接安装于气体污染源的上部、侧部或下部。

3.5 烟气调质 flue gas conditioning

指通过化学或物理方法调整烟气（尘）物理化学性质的方法。

3.6 液气比 liquid-gas ratio

指吸收工艺中，处理单位体积废气所使用的吸收液体积，单位为 L/m^3。

3.7 变压吸附 pressure swing adsorption

指在一定温度下，采用较高压力（高压或常压）完成吸附，而采用较低的压力（常压或负压）完成脱附的操作方法。

3.8 变温吸附 temperature swing adsorption

指在常压下，利用吸附剂的平衡吸附量随温度升高而降低的特性，采用常温吸附、升温脱附的操作方法。

3.9 挥发性有机化合物 volatile organic compounds

指常温下饱和蒸气压大于 70 Pa、常压下沸点在 260℃ 以下的有机化合物，或在 20℃ 条件下蒸气压大于或等于 10 Pa 具有相应挥发性的全部有机化合物。

3.10 空速 space velocity

指催化转化法工艺中，单位体积的填料（催化剂）在单位时间内所处理的气体量。单位为 $m^3/(m^3 \cdot h)$，可简化为时间 h^{-1}。

4 总体要求

4.1 大气污染治理工程应满足《建设项目环境保护管理条例》和《建设项目竣工环境保护验收管理办法》的要求。

4.2 大气污染治理工程应遵循综合治理、循环利用、达标排放和总量控制的原则。

4.3 大气污染治理工程应由具有国家相应设计资质的单位进行设计,设计深度应符合《建筑工程设计文件编制深度规定》的规定,满足环境影响报告书、审批文件及本技术规范的要求。

4.4 大气污染治理工程应采取各种有效措施,控制污染源有组织排放,减少污染气体的处理量。

4.5 大气污染治理过程中应减少二次污染。对产生的二次污染,应执行国家和地方环境保护法规和标准的有关规定,进行治理后达标排放,满足总量控制要求。二次污染的治理方案宜与企业生产中的相关处理工艺相结合,充分利用企业已有资源。

4.6 运输、装卸和贮存有毒有害气体或粉尘物质,应采取密闭措施或其他防护措施。在城市市区进行建设施工的工程,应按照当地环境保护的规定,采取防治扬尘防噪声污染的措施,对施工产生的废水、垃圾等进行处理处置。

4.7 大气污染控制工程的总图布置应符合《建设项目环境保护设计规定》的规定。净化系统、主体设备和辅助设施等的总图布置应符合 GBZ 1、GB 50016、GB 50187、GB 4387、YBJ 52、HG/T 20649、SDGJ 10、YSJ 001 和 JBJ 79 等国家及行业相关的防火、安全、卫生、交通运输和环保设计规范、规定和规程的要求。

4.8 大气污染控制工程不宜靠近、穿越人口密集的区域,布置于主导风向的下风侧。

4.9 净化系统的位置应靠近污染源集中的地方,充分利用地形条件,便于灰渣、浆、污水排放和净化后气体的排放。

4.10 净化系统的主体设备之间应留有足够的安装和检修空间。主体设备应按工艺流程紧凑、合理布置,主体设备周边应设有运输通道和消防通道,满足防火、安全、运行维护等设计规范的要求,并应保证起吊设施作业条件。主体设备布置应考虑强烈振动和噪声对周围环境的影响,厂界噪声应符合 GB 12348 的规定。

4.11 易燃易爆及其他化学危险品应按相关标准和规范分类布置,设定安全卫生防护距离。

4.12 大气污染治理工程应按照《污染源自动监控管理办法》的规定安装大气污染物排放连续监测装置,并与环保部门监控中心联网。连续监测装置应符合 HJ/T 76 的规定,运行和维护应符合 HJ/T 75 的规定,排放监测的样品采集方法应符合 GB/T 16157 的规定。

4.13 大气污染治理工程的控制水平应与生产工艺相适应。生产企业应把大气污染治理设施作为生产系统的一部分进行管理。

4.14 大气污染治理工程的设计、施工、验收和运行除符合本标准规定外,还应遵守国家现行的有关法律、法令、法规、标准和行业规范的规定。

5 污染气体的收集和输送

5.1 污染气体的收集

5.1.1 对产生逸散粉尘或有害气体的设备,宜采取密闭、隔离和负压操作措施。在确定密闭罩的吸气口位置、结构和风速时,应使罩口呈微负压状态,罩内负压均匀,防止粉尘或有害气体外逸,并避免物料被抽走。

5.1.2 污染气体应尽可能利用生产设备本身的集气系统进行收集,逸散的污染气体采用集气(尘)罩收集。配置的集气(尘)罩应与生产工艺协调一致,尽量不影响工艺操作。在保证功能的前提下,集气(尘)罩应力求结构简单,造价低廉,便于安装和维护管理。

5.1.3 当不能或不便采用密闭罩时，可根据工艺操作要求和技术经济条件选择适宜的其他敞开式集气（尘）罩。集气（尘）罩应尽可能包围或靠近污染源，将污染物限制在较小空间内，减少吸气范围，便于捕集和控制污染物。

5.1.4 集气（尘）罩的吸气方向应尽可能与污染气流运动方向一致，利用污染气流的动能，避免或减弱集气（尘）罩周围紊流、横向气流等对抽吸气气流的干扰与影响。

5.1.5 吸气点的排风量应按防止粉尘或有害气体扩散到周围环境空间为原则确定。

5.2 污染气体的输送

5.2.1 集气（尘）罩收集的污染气体应通过管道输送至净化装置。管道布置应结合生产工艺，力求简单、紧凑、管线短、占地空间少。

5.2.2 管道布置宜明装，并沿墙或柱集中成行或列，平行敷设。管道与梁、柱、墙、设备及管道之间应按相关规范设计间隔距离，满足施工、运行、检修和热胀冷缩的要求。

5.2.3 管道宜垂直或倾斜敷设。倾斜敷设时，与水平面的倾角应大于45°，管道敷设应便于放气、放水、疏水和防止积灰。

5.2.4 管道材料应根据输送介质的温度和性质确定，所选材料的类型和规格应符合相关设计规范和产品技术要求。

5.2.5 管道系统宜设计成负压，如必须正压时，其正压段不宜穿过房间室内，必须穿过房间时应采取措施防止介质泄漏事故发生。

5.2.6 含尘气体管道的气流应有足够的流速防止积尘，其流速应符合 GB 50019 的规定。对易产生积尘的管道，应设置清灰孔或采取清灰措施。

5.2.7 输送含尘浓度高、粉尘磨琢性强的含尘气体时，除尘管道中易受冲刷部位应采取防磨措施，可加厚管壁或采用碳化硅、陶瓷复合管等管材。

5.2.8 输送含湿度较大、易结露的污染气体时，管道必须采取保温措施，必要时宜增设加热装置。

5.2.9 输送高温气体的管道，应采取热补偿措施。

5.2.10 输送易燃易爆污染气体的管道，应采取防止静电的接地措施，且相邻管道法兰间应跨接接地导线。

5.2.11 管道的漏风量应根据管道长短及其气密程度，按系统风量的百分率计算。一般送、排风系统管道漏风率宜采用 3%～8%，除尘系统的漏风率宜采用 5%～10%。

5.2.12 通风、除尘管网应进行阻力平衡计算。一般系统并联管路压力损失的差额不应超过 15%，除尘系统的节点压力差额不应超过 10%，否则应调整管径或安装压力调节装置。

5.2.13 输送污染气体的管道应设置测试孔和必要的操作平台。

5.3 污染气体的排放

5.3.1 污染气体通过净化设备处理达标后由排气筒排入大气。

5.3.2 排气筒的高度应按 GB 16297 和行业、地方排放标准的规定计算出的排放速率确定，排气筒的最低高度应同时符合环境影响报告批复文件要求。

5.3.3 排气筒结构应符合 GB 50051 的规定。

5.3.4 应根据使用条件、功能要求、排气筒高度、材料供应及施工条件等因素，确定采用砖排气筒、钢筋混凝土排气筒或钢排气筒。

5.3.5 排气筒的出口直径应根据出口流速确定，流速宜取 15 m/s 左右。当采用钢管烟囱且高度较高时或烟气量较大时，可适当提高出口流速至 20～25 m/s。

5.3.6 应当根据批准的环境影响评价文件的要求在排气筒上建设、安装自动监控设备及其配套设施或预留连续监测装置安装位置。排气筒或烟道应按 GB/T 16157 设置永久性采样孔，必要时设置测试平台。

5.3.7 排放有腐蚀性的气体时，排气筒应采用防腐设计。

5.3.8 大型除尘系统排气筒底部应设置比烟道底部低 0.5～1.0 m 的积灰坑，并应设置清灰孔，多雨地区大型除尘系统排气筒应考虑排水设施。

5.3.9 非防雷保护范围的排气筒，应装设避雷设施。

5.3.10 对于可能影响航空器飞行安全的烟囱，应按 GB 50051 设置航空障碍灯和标志。

5.4 风机

5.4.1 风机应符合国家和行业相应产品标准，其选型应满足所处理介质的要求。输送有爆炸和易燃气体的应选防爆型风机。当离心通风机布置在非爆炸环境场所时，宜选择风机叶轮防爆而风机电机不防爆的防爆风机；输送煤粉的应选择煤粉风机；输送有腐蚀性气体的应选防腐风机；在高温场合工作或输送高温气体的应选择高温风机；输送浓度较大的含尘气体应选用排尘风机等。

5.4.2 通风管网的计算风量、风压不能直接用于风机和电机选型，应按 GB 50019 及相应行业技术规范的规定考虑系统漏风、管网压力损失、电机轴功率和安全系数附加等因素。

5.4.3 风机选择应使工作点处在高效率区域，风机的最高效率不宜低于85%，同时还应考虑风机工作的稳定性。

5.4.4 采用并联风机作业时，其风量和风压按 GB 50019 有关规定确定。

5.4.5 变负荷运行的净化治理系统中，风机宜配置与工艺设备连锁控制的变频调速装置。

5.4.6 风机电机应根据风机使用情况设置启动保护装置，并按照生产工艺要求和节能原则设置调节装置（液力耦合器以及变频调节器等）；对介质温度波动大的系统，采取保护措施，防止冷态运转时造成的电机过载。

6 典型工艺

6.1 除尘

6.1.1 一般规定

6.1.1.1 除尘工艺应根据生产工艺合理配置，控制和减少无组织排放，设备或除尘系统排放至大气的气体应符合 GB 16297 和行业、地方排放标准及总量控制的限值。岗位粉尘浓度应符合 GBZ 2.1、GBZ 2.2 的规定。

6.1.1.2 除尘工艺设计除应符合本标准的规定之外，还应遵守 GB 50019 及 GBZ 1 中有关除尘设计的相应规定。

6.1.1.3 对除尘器收集的粉尘或排出的污水，根据生产条件、除尘器类型、粉尘的回收价值、粉尘的特性和便于维护管理等因素，按照国家、行业、地方相关标准以及 GBZ 1 的要求，采取妥善的回收和处理措施。污水的排放应符合 GB 8978 的要求。

6.1.1.4 除尘器宜布置在除尘工艺的负压段上。当布置在正压段时，电除尘器应采用热风清扫，袋式除尘器应保证清灰压力大于系统操作压力，配套风机应考虑防磨措施。

6.1.1.5 除尘工艺的场地标高、场地排水和防洪等均应符合 GB 50187 的规定。

6.1.2 含尘气体的预处理

6.1.2.1 当含尘气体的浓度高于除尘器的允许浓度时,进入除尘器之前应设置预处理设施,预处理设施应简单、可靠、压力损失小。

6.1.2.2 当含尘气体温度高于除尘器和风机所容许的工作温度时,应采取冷却降温措施。烟气降温应优先考虑余热利用。

6.1.2.3 袋式除尘器处理含炽热颗粒物的含尘气体时,在除尘器之前应设有火花捕集器。

6.1.2.4 袋式除尘器进风口应设有气流分布装置或导流装置。

6.1.2.5 当粉尘比电阻过高或过低时,应优先选用袋式除尘器。由于条件所限必须采用电除尘器时,应对烟气进行调质处理或采取其他有效措施,满足电除尘器的使用条件。

6.1.3 除尘器

6.1.3.1 选择除尘器应主要考虑如下因素:

a) 烟气及粉尘的物理、化学性质;

b) 烟气流量、粉尘浓度和粉尘允许排放浓度;

c) 除尘器的压力损失以及除尘效率;

d) 粉尘回收、利用的价值及形式;

e) 除尘器的投资以及运行费用;

f) 除尘器占地面积以及设计使用寿命;

g) 除尘器的运行维护要求。

6.1.3.2 除尘器主要有机械式除尘器、湿式除尘器、袋式除尘器和静电除尘器。

6.1.3.3 机械除尘器:包括重力沉降室、惯性除尘器和旋风除尘器等。机械除尘器宜用于处理密度较大、颗粒较粗的粉尘,在多级除尘工艺中作为高效除尘的预除尘。

a) 重力沉降室适用于捕集粒径大于 50 μm 的尘粒,惯性除尘器适用于捕集粒径 10 μm 以上的尘粒,旋风除尘器适用于捕集粒径 5 μm 以上的尘粒;

b) 重力沉降室和惯性除尘器宜设置在除尘系统的转弯、变径和汇合等部位,通过重力和惯性去除粉尘;

c) 旋风除尘器并联使用时,应采用同型号设备,合理设计连接风管,避免各除尘器之间产生串流现象,降低效率。旋风除尘器不宜串联使用,必须串联时,应采用不同性能的旋风除尘器,并将低效者设于前级。

6.1.3.4 湿式除尘器:包括喷淋塔、填料塔、筛板塔(又称泡沫洗涤器)、湿式水膜除尘器、自激式湿式除尘器和文氏管除尘器等。

a) 湿式除尘器适用于捕集粒径 1 μm 以上的尘粒;

b) 进入文丘里、喷淋塔等洗涤式除尘器的含尘质量浓度宜控制在 100 g/m³ 以下;

c) 高湿烟气和亲水性粉尘的净化,可选择湿式除尘器,但应考虑冲洗和清理;

d) 需同时除尘和净化有害气体时,可采用湿式除尘器,对腐蚀性气体,应采取防腐措施;

e) 湿式除尘器不适用于疏水性粉尘、遇水后产生可燃或有爆炸危险、易结垢粉尘;

f) 湿式除尘器有冻结可能时,应采取防冻措施;

g) 湿式除尘器产生的含尘废水,应采取处理措施,达标排放。

6.1.3.5 袋式除尘器:包括机械振动袋式除尘器、逆气流反吹袋式除尘器和脉冲喷吹袋式除尘器等。

　　a）袋式除尘器属高效除尘设备，宜用于处理风量大、浓度范围广和波动较大的含尘气体；

　　b）烟气进入袋式除尘器时，应将烟气温度降至滤料可承受的长期使用温度范围内，且高于烟气露点温度 10℃以上，并应选用具有耐高温性能的滤料；

　　c）处理高湿气体应选用具有抗结露性能的滤料；

　　d）处理易燃、易爆含尘气体时，应选用具有抗静电性能的滤料，对外壳接地，设置防爆设施；

　　e）滤袋的过滤风速应根据粉尘性质、滤料种类和清灰方式等因素确定，入口含尘浓度高时取较低的风速，入口含尘浓度低时取较高的风速；

　　f）粉尘具有较高的回收价值或烟气排放标准很严格时，宜采用袋式除尘器，焚烧炉除尘装置应选用袋式除尘器；

　　g）袋式除尘器应符合 HJ/T 328、HJ/T 329、HJ/T 330 的规定，滤筒式除尘器应符合 JB/T 10341 的规定；

　　h）袋式除尘器部件、滤料应符合 HJ/T 284、HJ/T 324、HJ/T 325、HJ/T 326、HJ/T 327 的规定。

6.1.3.6　静电除尘器：包括板式静电除尘器和管式静电除尘器。

　　a）静电除尘器属高效除尘设备，宜用于处理大风量的高温烟气；

　　b）静电除尘器适用于捕集电阻率在 $1×10^4～5×10^{10}\,\Omega\cdot cm$ 范围内的粉尘；

　　c）静电除尘器的电场风速及比集尘面积，应根据烟气、粉尘性质和要求达到的除尘效率确定；

　　d）对净化湿度大的气体或露点温度高的气体，应采取保温或加热措施，防止结露；

　　e）静电除尘器应符合 DL/T 514、HJ/T 322、HJ/T 320、HJ/T 321 的规定，应由具有国家相应设计制造资质的单位设计制造。

6.1.3.7　电袋复合除尘器是在一个箱体内安装电场区和滤袋区，有机结合静电除尘和过滤除尘两种机理的一种除尘器。

　　a）电袋复合除尘器适用于电除尘难以高效收集的高比阻、特殊煤种等烟尘的净化处理；

　　b）电袋复合除尘器适用于去除 0.1 μm 以上的尘粒；

　　c）电袋复合除尘器适用于对运行稳定性要求高和粉尘排放浓度要求严格的烟气净化。

6.1.4　卸灰、输灰

6.1.4.1　除尘器的卸灰装置应根据粉尘的状态（干或湿）、粉尘性质、卸灰制度（间歇或连续）、排灰量和除尘器排出口的压力等选择。

6.1.4.2　卸、输灰系统设备选型的原则应为：后一级处理能力高于前一级处理能力。

6.1.4.3　除尘器输灰装置宜采用螺旋输送机、埋刮板输送机和气力输送方式。应因地制宜，选择经济适宜的输灰方式。

6.1.4.4　当除尘器收集的灰尘含湿量大、灰尘成分易黏结时，不宜采用气力输灰方式，应采用机械输送方式。

6.1.4.5　干式除尘器的灰斗及中间贮灰斗的卸灰口，宜设置插板阀、卸灰阀和伸缩节。

6.1.4.6 对于处理过程中产生的粉尘应优先考虑回收利用。除尘器收集的灰尘外运时，应避免粉尘二次污染，宜采用粉尘加湿、卸灰口吸风或无尘装车装置等处理措施。在条件允许的情况下，宜选用真空吸引压送罐车。

6.1.5 配套设施

6.1.5.1 袋式除尘器清灰及除尘工艺阀门驱动所需压缩空气应尽量取自生产厂区压缩空气管网。

6.1.5.2 袋式除尘器的压缩空气供应系统由除油、除水、净化装置、贮气罐和调压装置等组成。储气罐应尽量靠近用气点，调压装置应设在储气罐之后。

6.1.5.3 寒冷地区应防止压缩空气供应系统结冰，输气管网应保温，必要时应采取伴热措施。压缩空气品质应保证达到在相应额定压力下压缩空气不出现结露现象。

6.1.5.4 高温、高湿烟气采用干式除尘器时，除尘器应整体保温，必要时应增设伴热系统及循环风加热系统。

6.1.5.5 处理煤气等易爆气体时应采用氮气等惰性气体作为袋式除尘器的清灰介质。

6.1.5.6 电除尘器高压电源分户外式和户内式。户外式布置应在高压整流变压器旁同时配置高压隔离开关柜，户内式布置应在变压器室内布置高压隔离开关。

6.1.5.7 电除尘器高压整流变压器与电场之间应配置阻尼电阻，电阻功率应大于实际功率的 3 倍以上，并应有良好的通风散热空间。

6.1.6 控制及检测

6.1.6.1 除尘工艺控制及检测应包括系统的运行控制、参数检测、状态显示和工艺联锁等。

6.1.6.2 除尘工艺应按照 GB 50019 中有关规定的要求，采用集中和就地两种控制方式，或者单独采用某一种控制方式。

6.1.6.3 除尘工艺集中控制的设备，应设现场手动控制装置，并可通过远程自动/手动转换开关实现自动与就地手动控制的转换。

6.1.6.4 除尘工艺运行控制应包括系统与除尘器的启停顺序、系统与生产工艺设备的联锁、运行参数的超限报警及自动保护等功能。

6.1.6.5 与生产工艺紧密相关的除尘工艺，宜在生产工艺控制室及除尘工艺控制室分别设置操作系统，并随时显示其工作状态。除尘工艺控制室应尽量靠近除尘器。

6.1.6.6 除尘工艺的运行检测、显示及报警项目宜包括以下内容：

    a）除尘器进、出口介质流量、全压静压及压差、温度、湿度、粉尘浓度及要求的气体浓度；

    b）高温烟气降温设备进、出口介质流量、全压静压及压差、温度、湿度；

    c）风机轴承温度，电机轴承温度、转子、定子温度、振幅、转速；

    d）除尘工艺配套的油循环系统及冷却介质的流量、温度、压力；

    e）大型电机电流、电压；

    f）电除尘器各电场一、二次电流和电压；

    g）脉冲袋式除尘器的清灰气源压力和喷吹压力。

6.1.6.7 电除尘器和袋式除尘器的性能检测应按 GB/T 13931 和 GB/T 6719 的规定进行。

6.1.6.8 固定污染源有组织排放的样品采集应按 GB/T 16157 执行，监测项目应按 GB 16297 及相关行业排放标准确定。

6.2 气态污染物吸收

6.2.1 一般规定

6.2.1.1 吸收法净化气态污染物是利用气体混合物中各组分在一定液体中溶解度的不同而分离气体混合物的方法。主要适用于吸收效率和速率较高的有毒的有害气体的净化。

6.2.1.2 吸收系统应包括集气罩、废气预处理、吸收液（浆液）制备和供应系统、吸收装置、控制系统、副产物的处置与利用装置、风机、排气筒、管道等。

6.2.1.3 吸收工艺的选择应考虑：废气流量、浓度、温度、压力、组分、性质、吸收剂性质、再生、吸收装置特性以及经济性因素等。

6.2.1.4 高温气体应采取降温措施；对于含尘气体，需回收副产品时应进行预除尘。

6.2.1.5 吸收工艺的主体装置和管道系统，应根据处理介质的性质选择适宜的防腐材料和防腐措施，必要时应采取防冻、防火和防爆措施。

6.2.2 吸收装置

6.2.2.1 常用的吸收装置有填料塔、喷淋塔、板式塔、鼓泡塔、湍球塔和文丘里等。

6.2.2.2 吸收装置应具有较大的有效接触面积和处理效率，较高的界面更新强度，良好的传质条件，较小的阻力和较高的推动力。

6.2.2.3 吸收塔的选择：

　　a）填料塔宜用于小直径塔及不易吸收的气体，不宜用于气液相中含有较多固体悬浮物的场合；

　　b）板式宜用于大直径塔及容易吸收的气体；

　　c）喷淋塔宜用于反应吸收快、含有少量固体悬浮物、气体量大的吸收工艺；

　　d）鼓泡塔宜用于吸收反应较慢的气体。

6.2.2.4 吸收塔选型设计：

　　a）根据被吸收气体、吸收液、吸收塔型式和要求的吸收效率，应选择技术经济合理的空塔气速；

　　b）吸收塔的高度应能保证气液有足够的有效接触时间；

　　c）对于易吸收的气体宜取小的液气比，不易吸收的气体宜取较大的液气比，特别难吸收的气体或一些特殊场合，宜采用大的液气比；

　　d）吸收塔的气体出口处应设置除雾装置；

　　e）吸收塔的气体进口段应设气流分布装置；

　　f）吸收液喷淋效果应均匀，防止沟流和壁流现象的发生。

6.2.2.5 选择吸收剂时，应遵循以下原则：

　　a）对被吸收组分有较强的溶解能力和良好的选择性；

　　b）吸收剂的挥发度（蒸气压）低；

　　c）黏度低，化学稳定性好，腐蚀性小，无毒或低毒、难燃；

　　d）价廉易得，易于重复使用；

　　e）有利于被吸收组分的回收利用或处理。

6.2.2.6 吸收装置的设计应符合 HJ/T 387 的规定。

6.2.3 吸收液后处理

6.2.3.1 吸收液宜循环使用或经过进一步处理后循环使用，不能循环使用的应按照相关标准和规范处理处置，避免二次污染。

6.2.3.2 使用过的吸收液采用沉淀分离再生时，沉淀池的容积应满足沉淀分离的要求；采用化学置换再生时，应保证再生反应时间；采用蒸发结晶回收和蒸馏分离时，应采用节能工艺设计。

6.2.3.3 吸收液再生过程中产生的副产物应回收利用，产生的有毒有害产物应按照有关规定处理处置。

6.2.4 吸收装置配套设施

6.2.4.1 当气体温度高于吸收操作温度时，气体进入吸收装置前应进行冷却。

6.2.4.2 当需要降温的废气含有粉尘时，预除尘和冷却应同时进行。

6.2.4.3 吸收剂制备和供应系统应保证吸收剂的供给，设有富裕量，并设置计量装置。

6.2.4.4 对于较大型的吸收系统，应设置自动控制系统，采用可编程控制器（PLC）或集中分散控制系统（DCS）控制。

6.3 气态污染物吸附

6.3.1 一般规定

6.3.1.1 吸附法净化气态污染物是利用固体吸附剂对气体混合物中各组分吸附选择性的不同而分离气体混合物的方法，主要适用于低浓度有毒有害气体净化。

6.3.1.2 吸附工艺分为变温吸附和变压吸附，本标准中的吸附指变温吸附。

6.3.1.3 吸附系统包括集气罩、废气预处理、吸附装置、脱附（回收）系统、控制系统、副产物的处置与利用装置、风机、排气筒和管道等。

6.3.2 预处理

6.3.2.1 废气预处理应除去颗粒物、油雾、难脱附的气态污染物，并调节气体温度、湿度、浓度和压力等满足吸附工艺操作的要求。

6.3.2.2 进入吸附床的废气温度宜控制在40℃以下。

6.3.2.3 进入吸附床的易燃、易爆气体浓度应调节至其爆炸极限下限的50%以下。

6.3.2.4 颗粒物去除宜采用过滤及洗涤等方法，进入吸附装置的废气中颗粒物质量浓度应低于 5 mg/m^3。

6.3.3 吸附装置

6.3.3.1 常用的吸附设备有固定床、移动床和流化床。工业应用宜采用固定床。

6.3.3.2 吸附工艺的选择：

　　a）吸附工艺的规模和流程应依据污染气体的流量、温度、压力、组分、性质、进口浓度及排放浓度，污染物产生方式（连续或间歇、均匀或非均匀）和安全等因素进行综合选择；

　　b）吸附工艺的选择应同时考虑脱附工艺、吸附剂再生工艺、脱附后污染物的处理利用和经济性因素等各个环节；

　　c）污染物浓度过高时，可采用前级冷凝、吸收的多级处理方式，降低浓度，减缓吸附剂的过快饱和；

　　d）对连续排放的气体污染物，应采用连续式吸附流程，对间断排放的气体污染物，可采用间断式吸附流程；

　　e）整体工艺流程节能环保，投资少，运行费用低。

6.3.3.3 吸附设备的选型设计

a）设备性能结构应在最佳状态下运行，处理能力大、效率高、气流分布均匀，具有足够的气体流通面积和停留时间；

b）净化效率、吸附剂利用率、床层厚度之间存在一定的反比例关系，在满足排放标准的前提下，应遵循适当、节约和合理的原则进行选择；

c）吸附剂用量应根据吸附剂对吸附质的吸附量通过经验公式计算或实验确定；

d）对于连续排放且气量大的污染气体，优先选用流化床。

6.3.3.4 常用吸附剂包括：活性炭（包括活性炭纤维毡）、分子筛、活性氧化铝和硅胶等。选择吸附剂时，应遵循以下原则：

a）比表面积大，孔隙率高，吸附容量大；

b）吸附选择性强；

c）有足够的机械强度、热稳定性和化学稳定性；

d）易于再生和活化；

e）原料来源广泛，价廉易得。

6.3.3.5 吸附装置用于处理易燃、易爆气体时，应符合安全生产及事故防范的相关规定。除控制处理气体的浓度之外，在管道系统的适当位置，应安装符合 GB/T 13347 规定的阻火装置。接地电阻应小于 2 Ω。

6.3.3.6 选择固定床时，应设置气流的均匀分布装置。选择的气流速度、污染气体在床层内的停留时间应满足气体净化达标排放的要求，并最大限度地减小阻力，增大推动力。固定床吸附净化装置应符合 HJ/T 386 的规定。

6.3.3.7 固定床吸附器吸附层的风速应根据吸附剂的材质、结构和性能确定；采用颗粒状活性炭时，宜取 0.20～0.60 m/s；采用活性炭纤维毡时，宜取 0.10～0.15 m/s；采用蜂窝状吸附剂时，宜取 0.70～1.20 m/s。对于废气浓度特别低或有特殊要求的场合，风速可适当增加。

6.3.4 脱附和脱附产物处理

6.3.4.1 脱附操作可采用升温、降压、置换、吹扫和化学转化等脱附方式或几种方式的组合。

6.3.4.2 脱附系统主要包括脱附气源、换热器、脱附产物的分离与回收装置和管道等。

6.3.4.3 脱附气源可用热空气、热烟气和低压水蒸气。

6.3.4.4 当回收脱附产物时，换热器应保证脱附后气体应达到设计要求的冷却水平。

6.3.4.5 有机溶剂的脱附宜选用水蒸气和热空气，当回收的有机溶剂沸点较低时，冷凝水宜使用低温水；对不溶于水的有机溶剂冷凝后直接回收，对溶于水的有机溶剂应进一步分离回收。

6.3.4.6 采用活性炭做吸附剂时，脱附气的温度宜控制在 120℃以下。

6.3.5 控制要求

6.3.5.1 对于处理气量大于 1 000 m³/h 的工艺应装设自动控制系统，采用可编程控制器 PLC 或分散控制系统 DCS 控制。

6.3.5.2 控制内容包括：风机和泵的运行控制、吸附和脱附的时间切换、吸附床层温度的显示和超温报警、冷却系统的起停等。

6.4 气态污染物催化燃烧

6.4.1 一般规定

6.4.1.1 催化燃烧法净化气态污染物是利用固体催化剂在较低温度下将废气中的污染物通过氧化作用转化为二氧化碳和水等化合物的方法。

6.4.1.2 催化燃烧系统应由气体收集装置、催化燃烧装置、管道、风机、排气筒和控制系统等组成。

6.4.1.3 催化燃烧装置宜用于由连续、稳定的生产工艺产生的固定源气态及气溶胶态有机化合物的净化。

6.4.2 预处理

6.4.2.1 进入反应器的废气应进行预处理,去除废气中的颗粒物和催化剂毒物,并调整废气中有机物的浓度和废气的温度湿度满足催化燃烧的要求。

6.4.2.2 颗粒物去除宜采用过滤及喷淋等方法,进入催化燃烧装置中的废气颗粒物质量浓度应低于 10 mg/m³。

6.4.2.3 废气中催化剂毒物的去除宜采用喷淋及吸收等方法。

6.4.2.4 进入催化燃烧装置的废气温度应加热到催化剂的起燃温度。

6.4.2.5 催化燃烧装置的进气温度宜低于 400℃,否则应进行降温处理。

6.4.3 性能要求

6.4.3.1 经过催化燃烧净化后排放的废气应达到国家或地方排放标准,净化效率不应低于 95%。

6.4.3.2 选择换热器时应进行热平衡计算。当废气中有机物燃烧产生的热量不足以维持催化剂床层自持燃烧所需要的热量时,应在进入催化燃烧反应器前对废气进行加热升温到催化剂的起燃温度。

6.4.3.3 当废气中含有腐蚀性气体时,反应器内壁和换热器主体应选用防腐等级不低于 316 L 的不锈钢材料。

6.4.3.4 选择的催化剂使用温度宜为 200~700℃,并能承受 900℃短时间高温冲击,正常工况下使用寿命应大于 8 500 h。

6.4.3.5 催化剂床层的设计空速应考虑催化剂的种类、载体的型式、废气的组分等因素,宜大于 10 000/h,但不宜高于 40 000/h。

6.4.3.6 催化燃烧装置预热室的预热温度宜在 250~350℃,不宜超过 400℃。

6.4.4 控制要求

6.4.4.1 催化燃烧工艺应装设自动控制系统,采用 PLC 或 DCS 控制。

6.4.4.2 催化燃烧工艺的控制内容包括:风机、阀门的开启与关闭,加热室、热交换室、反应室的温度控制等。

6.4.4.3 加热室和反应室内部应设具有自动报警功能的多点温度检测装置,并与温度调节装置联锁。所用温度传感器应按相关的技术标准和规范进行标定后使用。

6.4.5 安全要求

6.4.5.1 催化燃烧装置的进、出口处宜设置废气浓度检测装置,定时或连续检测进、出口处的气体浓度。进入催化燃烧装置的有机废气浓度应控制在其爆炸极限下限的 25%以下。对于混合有机化合物,其控制浓度根据不同化合物的浓度比例和其爆炸下限值进行计算与校核。

6.4.5.2 催化床应设置防爆泄压装置,防爆泄压装置的设计、制造、运行和检验应符合《压力容器安全技术监察规程》的规定。

6.4.5.3 催化燃烧装置前应安装符合 GB/T 13347 规定的阻火器。

6.4.5.4 催化燃烧装置应整体保温,外表面温度不大于 60℃。

6.4.5.5 催化燃烧装置前应设置事故应急排空管,排空装置与冲稀阀、报警联动,用排空放散防止爆炸。

6.4.5.6 催化燃烧工艺应采用具有防爆功能的风机、电机和电控柜。

6.4.5.7 其他安全要求应符合 GB 20101 的规定。

6.4.5.8 催化燃烧工艺应远离油库、储油槽、溶剂存放地以及其他可以引起爆炸的化学品存放地,满足消防、安全、环保的安全保护距离要求,消防安全保护距离应该按相关的技术标准和规范进行核定。

6.5 气态污染物热力燃烧

6.5.1 一般规定

6.5.1.1 热力燃烧法(包括蓄热燃烧法)净化气态污染物是利用辅助燃料燃烧产生的热能、废气本身的燃烧热能或者利用蓄热装置所贮存的反应热能,将废气加热到着火温度,进行氧化(燃烧)反应。

6.5.1.2 热力燃烧系统包括过滤器、燃烧器、点火设备、燃烧室、蓄热室、热交换器、风机、管道(包括燃料输送管道)、排气筒、自控装置及切换阀门、阻火防爆装置、安全联锁装置等。

6.5.1.3 热力燃烧工艺适用于处理连续、稳定生产工艺产生的有机废气。

6.5.1.4 热力燃烧工艺应保证足够的辅助燃料和电力供应。

6.5.2 预处理

6.5.2.1 进入燃烧室的废气应进行预处理,去除废气中的颗粒物(包括漆雾)。

6.5.2.2 颗粒物去除宜采用过滤及喷淋等方法,进入热力燃烧工艺中的颗粒物质量浓度应低于 50 mg/m³。

6.5.2.3 当有机废气中含有低分子树脂、有机颗粒物、高沸点芳烃和溶剂油等,容易在管道输送过程中形成颗粒物时,应按物质的性质选择合适的喷淋吸收、吸附、静电和过滤等预处理措施。

6.5.2.4 在热力燃烧工艺的安全放散装置后、燃烧室和蓄热室前,应设置去除颗粒物的过滤器,并设压差计,当过滤器的压差超过设定最大压差时,应立即清理或更换过滤材料。

6.5.3 性能要求

6.5.3.1 有机废气经过热力燃烧净化后的排放应满足国家或地方排放标准的要求。

6.5.3.2 热力燃烧工艺宜在有机废气进入系统前和净化后的总汇集管段上按照 GB/T 16157 的要求设置采样口。

6.5.3.3 进入热力燃烧工艺的有机废气浓度应控制在其爆炸极限下限的 25% 以下,对于混合有机化合物,其有机物浓度应根据不同有机化合物的浓度比例和其爆炸下限值进行计算与校核。

6.5.3.4 热力燃烧工艺的主要性能如表 1 所示。

表1　主要性能指标

序号	项　目	单　位	一般取值范围	备　注
1	处理气体流量	m³/h	按设计任务要求确定	根据工艺生产要求、环境标准和车间卫生标准确定
2	燃烧室与蓄热室工作温度	℃	720～810	根据有机废气性质，在保证达标排放的情况下，可适当降低
3	换热器出口温度	℃	≤400	应考虑余热的充分利用
4	噪声	dB（A）	≤85	—
5	燃烧与蓄热设备外壁温度	℃	≤60	炉门、检修门、防爆口、传感器安置部位等局部区域≤70℃
6	净化效率	%	≥95	—

6.5.3.5　热力燃烧工艺的设计，除了考虑系统正常稳定运行的工况参数外，还应考虑在各种事故状态下排放有机废气的组分、温度、压力、最大排放量及其持续时间、波动范围等控制参数和相应的防火、防爆和防毒等安全措施。

6.5.3.6　热力燃烧工艺的设计，应考虑：

　　a）燃烧与蓄热工艺流程对燃料平衡的要求；

　　b）工艺正常稳定运行、开停工、事故处理、维修吹扫、防爆和阻火过程等对燃烧室、蓄热室、燃烧器、风机、防爆口、阻火器和检测控制系统的要求。

6.5.3.7　热力燃烧净化工艺的隔热、保温层应采用阻燃材料。

6.5.4　控制要求

6.5.4.1　热力燃烧工艺的控制范围包括：废气预处理装置、燃烧室、蓄热室、管道与燃料输送系统、气流调节控制装置与阀门、辅助加热装置、热交换器、阻火器、防爆装置和自动消防设备等。

6.5.4.2　热力燃烧的控制系统应根据工艺要求对浓度、温度、压力和废气流量等工艺参数进行自动检测和控制。浓度、温度、流量和压力传感器应根据测量范围和灵敏度要求进行选择，并按相关的技术标准和规范对其进行标定后使用。

6.5.4.3　热力燃烧工艺的燃烧器和点火设备的气体进出口处、燃烧室和蓄热室内部应设具有自动报警功能的多点温度检测装置，并与温度调节装置连锁。

6.5.4.4　燃烧室和蓄热室内部的两个相邻温度测试点之间距离不宜大于 1 m，测试点与设备内壁之间距离不宜小于 60 cm。

6.5.4.5　自动控制系统采用 PLC 或 DCS 控制。

6.5.5　安全要求

6.5.5.1　热力燃烧工艺的燃烧室、蓄热室应设置温度检测及点火报警联锁装置，当温度过低或火焰熄灭时，立即发出报警信号，关闭有机废气进气阀门，启动安全放散装置。

6.5.5.2　热力燃烧工艺的燃烧室、蓄热室的进口应设置有机废气浓度检测和报警联锁装置，当气体浓度达到有机废气爆炸极限下限的25%时，立即发出报警信号，启动安全放散装置。

6.5.5.3　热力燃烧工艺的燃烧器应设置燃烧安全保护装置。该装置应包括燃料输送管紧急切断阀、燃烧监视装置和相应的检测控制系统。

6.5.5.4　在过滤器后、热力燃烧室或蓄热室前，应设置阻火器。阻火器的阻火性能应符合

GB/T 13347 的规定。

6.5.5.5　热力燃烧工艺设置区域宜设置可燃气体报警器。凡使用可燃气体和有毒气体检测报警仪的场所，应配备必要的标定设备和标准气体。

6.5.5.6　热力燃烧工艺的管道和设备均应可靠接地，设置专用的静电接地体，并应符合 GB 12158 的规定。

6.5.5.7　热力燃烧工艺的燃烧室、蓄热室前的管道顶部应设置压力计、安全泄放装置（安全阀或爆破片装置）。安全泄放装置的设计、制造、运行和检验应符合《压力容器安全技术监察规程》的规定。

6.5.5.8　其他安全要求执行 GB 20101、GB/T 19839、SH 3063 和 SH/T 3113。

6.5.5.9　热力燃烧工艺应远离油库、储油槽、溶剂存放地和其他可以引起爆炸的化学品存放地。建设地点应满足消防、安全和环境保护的安全防护距离要求，且按相关的技术标准和规范进行核定。

7　主要气态污染物的处理技术

7.1　二氧化硫

7.1.1　二氧化硫治理工艺及选用原则

7.1.1.1　二氧化硫治理工艺划分为湿法、干法和半干法，常用工艺包括石灰石/石灰-石膏法、烟气循环流化床法、氨法、镁法、海水法、吸附法、炉内喷钙法、旋转喷雾法、有机胺法、氧化锌法和亚硫酸钠法等。

7.1.1.2　二氧化硫治理应执行国家或地方相关的技术政策和排放标准，满足总量控制的要求。

7.1.1.3　燃煤电厂烟气脱硫应符合以下规定：
 a）采用石灰石/石灰-石膏法工艺时应符合 HJ/T 179 的规定；
 b）采用烟气循环流化床工艺时应符合 HJ/T 178 的规定；
 c）燃用高硫燃料的锅炉，当周围 80 km 内有可靠的氨源时，经过技术经济和安全比较后，宜使用氨法工艺，并对副产物进行深加工利用；
 d）燃用低硫燃料的海边电厂，经过技术经济比较和海洋环保论证，可使用海水法脱硫或以海水为工艺水的钙法脱硫。

7.1.1.4　工业锅炉/炉窑应因地制宜、因物制宜、因炉制宜选择适宜的脱硫工艺，采用湿法脱硫工艺应符合 HJ/T 288、HJ/T 319 和 HJ 462 的规定。

7.1.1.5　钢铁行业根据烟气流量和二氧化硫体积分数，结合吸收剂的供应情况，宜选用半干法、氨法、石灰石/石灰-石膏法脱硫工艺。

7.1.1.6　有色冶金工业中硫化矿冶炼烟气中二氧化硫体积分数大于 3.5% 时，应以生产硫酸为主。烟气制造硫酸后，其尾气二氧化硫体积分数仍不能达标时，应经脱硫或其他方法处理达标后排放。

7.1.2　技术要求

7.1.2.1　脱硫塔的结构型式、材质和防腐防磨措施应根据脱硫工艺的要求选择。塔体材质宜使用碳素钢、玻璃钢、水泥和非金属砌块等；防腐材料宜使用玻璃钢、橡胶、鳞片树脂和合金等。

7.1.2.2 强制氧化系统中宜使用氧化风机。根据氧化空气流量和所需压力，氧化风机可选用离心式、罗茨式、活塞式和螺杆式。

7.1.2.3 烟气脱硫工艺需要的动力宜由单独设置的增压风机提供，增压风机的流量裕度宜为 10%，温度裕度宜为 10℃，压力裕度为 20%，有一定的工况波动调节能力，与上游引风机有较好的协调性，并根据气体介质的露点温度决定是否需要采取保温及防腐措施。

7.1.2.4 氨法脱硫工艺的储氨区应布置在通风条件良好、厂区边缘安全地带；还应根据市场条件和厂内场地条件设置适当的硫酸铵包装及存放场地。设备和建构筑物应满足 GB 50160 和 GB 50058 的要求。

7.1.2.5 湿式脱硫工艺喷淋层宜采用碳钢双面衬胶或增强玻璃钢（FRP）材料防腐防磨。

7.1.2.6 为防止浆液沉淀，箱、罐和塔器等设备中应设置搅拌器。搅拌器的设计应进行水力模拟或计算，保证一定的搅拌强度，避免搅拌死区。搅拌器应工作平稳，桨叶和轴采取防腐防磨措施。

7.1.2.7 吸收液的雾化宜采用压力雾化或机械雾化，喷嘴材质宜采用合金、碳化硅和陶瓷等。

7.1.2.8 浆液泵的泵壳、叶轮、轴和密封材料等应耐腐蚀、耐磨损。

7.1.2.9 脱硫副产物的固液分离脱水装置宜采用蒸发式、过滤式、重力式和离心式。

7.1.2.10 干法/半干法脱硫工艺中吸收剂宜多次循环利用。吸收剂循环通常使用气力式或机械式循环槽。循环槽应有自动调节负荷装置，便于维护，可靠性高，能连续稳定运行。

7.1.2.11 脱硫装置的自动控制宜采用 DCS 控制系统，并与生产主体设备的控制系统有可靠的数据传送。

7.2 氮氧化物

7.2.1 氮氧化物控制措施及选用原则

7.2.1.1 控制燃烧产生的氮氧化物（NO_x）应优先采用低氮燃烧技术。当不能满足环保要求时，应增设选择性催化还原（SCR）、选择性非催化还原（SNCR）等烟气脱硝装置。

7.2.1.2 燃煤电厂燃用烟煤、褐煤时，宜采用低氮燃烧技术；燃用贫煤、无烟煤以及环境敏感地区不能达到环保要求时，应增设烟气脱硝系统。

7.2.1.3 采用 SCR 脱硝装置时，应优先采用高尘布置方案。

7.2.1.4 选择烟气脱硝方式时，应考虑对锅炉的影响。

7.2.2 技术要求

7.2.2.1 喷氨混合系统应考虑防腐、防堵和耐磨，并具有良好的热膨胀性、抗热变形性和抗振性。在喷氨混合系统上游和下游宜设置导流或整流装置。

7.2.2.2 脱硝反应器宜采用钢结构，设计抗爆压力应与主机相同，合理设计空速。SCR 反应器入口的烟气流速偏差、烟气流向偏差、烟气温度偏差以及 NH_3/NO_x 摩尔比偏差应控制在合适的范围内，氨的逃逸率应符合 HJ 562 和 HJ 563 的要求。

7.2.2.3 还原剂主要有液氨、氨水和尿素等，还原剂的选择应综合考虑储运和经济性。使用液氨或氨水作为还原剂时，应符合 GB 18218、GB 50058 和 GB 50160 的要求；采用尿素制氨时，可采用热解或水解法。

7.2.2.4 催化剂的选型宜与脱硝工艺和污染物气体特性相匹配。

7.2.2.5 反应器应至少设置一层催化剂备用层并一次建成，以满足不同生产阶段对 NO_x 排放的要求及催化剂更换要求。

7.2.2.6 再生的催化剂使用时，其转化率等性能应当达到新的催化剂的 90%以上。

7.2.2.7 脱硝装置设计时，应考虑催化剂失效后的再生或废弃处理措施。

7.2.2.8 工艺设计前，脱硝工艺宜进行数值模拟和物理模化试验，保证气流及还原剂进入催化剂时均匀分布。

7.2.2.9 设置脱硝装置时，应同步考虑主机下游部件的防腐蚀和防堵塞措施。

7.2.2.10 SCR 和 SNCR 工艺的总平面布置应符合 GB 50058 及 GB 50160 等防火、防爆有关规范的规定。

7.2.2.11 还原剂储运制备系统的布置应考虑主风向的影响。系统区域内应按照相关规范设有运输、消防和疏散通道。地上、半地下的储罐或储罐组应设置非燃烧、耐腐蚀材料的防火堤，系统周围应就地设置排水沟。区域内应设风向指示标，并安装摄像头。

7.2.2.12 还原剂储运和制备区域应有应急处理安全防范设施。

7.3 挥发性有机化合物（VOCs）

7.3.1 主要挥发性有机物

挥发性有机化合物废气主要包括低沸点的烃类、卤代烃类、醇类、酮类、醛类、醚类、酸类和胺类等。

应当重点控制在石油化工、制药、印刷、造纸、涂料装饰、表面防腐、交通运输、金属电镀和纺织等行业排放废气中的挥发性有机化合物。

7.3.2 挥发性有机化合物的基本处理技术

7.3.2.1 回收类方法：主要有吸附法、吸收法、冷凝法和膜分离法等。

7.3.2.2 消除类方法：主要有燃烧法、生物法、低温等离子体法和催化氧化法等。

7.3.3 挥发性有机物处理技术的选用原则

7.3.3.1 吸附法适用于低浓度挥发性有机化合物废气的有效分离与去除，是一种广泛应用的化工工艺单元，由于每单元吸附容量有限，宜与其他方法联合使用。

7.3.3.2 吸收法宜用于废气流量较大、浓度较高、温度较低和压力较高的挥发性有机化合物废气的处理。工艺流程简单，可用于喷漆、绝缘材料、黏结、金属清洗和化工等行业应用。

7.3.3.3 冷凝法宜用于高浓度的挥发性有机化合物废气回收和处理属高效处理工艺，宜作为降低废气有机负荷的前处理方法，与吸附法、燃烧法等其他方法联合使用，回收有价值的产品。

7.3.3.4 膜分离法宜用于较高浓度挥发性有机化合物废气的分离与回收，属高效处理工艺，选择时，应考虑预处理成本、膜元件造价、寿命、堵塞等因素。

7.3.3.5 燃烧法宜用于处理可燃、在高温下可分解和在目前技术条件下还不能回收的挥发性有机化合物废气，燃烧法应回收燃烧反应热量，提高经济效益。

7.3.3.6 生物法宜在常温、适用于处理低浓度、生物降解性好的各类挥发性有机化合物废气，对其他方法难处理的含硫、含氮、苯酚和氰等的废气可采用特定微生物氧化分解的生物法。

    a）生物过滤法：宜用于处理气量大、浓度低和浓度波动较大的挥发性有机化合物废气，可实现对各类挥发性有机化合物的同步去除，工业应用较为广泛；

    b）生物洗涤法：宜用于处理气量小、浓度高、水溶性较好和生物代谢速率较低的挥发性有机化合物废气；

    c）生物滴滤法：宜用于处理气量大、浓度低，降解过程中产酸的挥发性有机化合物废气，不宜处理入口浓度高和气量波动大的废气。

7.3.3.7 低温等离子体法、催化氧化法和变压吸附法等工艺，宜用于气体流量大、浓度低的各类挥发性有机化合物废气处理。

7.3.4 技术要求

7.3.4.1 应依据达标排放要求，选择单一方法或联合方法处理挥发性有机化合物废气。

7.3.4.2 可以采用吸附剂浸渍法提高吸附剂的吸附容量和选择性，加强吸附法的处理效果，相关技术要求应符合 6.3 的要求。

7.3.4.3 采用吸收法应定期更换吸收剂，相关技术要求符合 6.2 的要求。

7.3.4.4 挥发性有机化合物废气体积分数在 0.5%以上时宜采用冷凝法处理，冷凝过程宜采用恒定温度下用增大压力的办法来实现，也可在恒定压力的条件下用降低温度的办法来实现。应根据实际净化要求和成本预算选择合适的工艺过程。

7.3.4.5 挥发性有机化合物废气体积分数在 0.1%以上时宜采用膜分离法处理，应采取防止膜堵塞的措施。气体分离膜材料应具有高的透气性、较高的机械强度及化学稳定性和良好的成膜加工性能。

7.3.4.6 采用燃烧法处理挥发性有机化合物废气时应重点避免二次污染。如废气中含有硫、氮和卤素等成分时，燃烧产物应按照相关标准处理处置，如采用催化燃烧后的催化剂。辅助燃烧的燃料，相关技术要求应符合 6.4、6.5 的要求。

7.3.4.7 挥发性有机化合物废气体积分数在 0.1%以下时宜采用生物法处理，含氯较多的挥发性有机化合物废气不宜采用生物降解。采用生物法处理时应监控各项工艺参数在要求的范围内，对于难氧化的恶臭物质应后续采取其他工艺去除，避免二次污染。

7.4 恶臭

7.4.1 恶臭气体的种类

7.4.1.1 含硫的化合物：如硫化氢、二氧化硫、硫醇、硫醚类等。

7.4.1.2 含氮的化合物：如胺、氨、酸胺、吲哚类等。

7.4.1.3 卤素及衍生物：如卤代烃等。

7.4.1.4 氧的有机物：如醇、酚、醛、酮、酸、酯等。

7.4.1.5 烃类：如烷、烯、炔烃以及芳香烃等。

7.4.2 恶臭气体的基本处理技术

7.4.2.1 物理学方法：主要有水洗法，物理吸附法，稀释法和掩蔽法。

7.4.2.2 化学方法：主要有药液吸收（氧化吸收、酸碱液吸收）法，化学吸附（离子交换树脂、碱性气体吸附剂和酸性气体吸附剂）法和燃烧（直接燃烧和催化氧化燃烧）法。

7.4.2.3 生物学方法：主要有生物过滤法，生物吸收法和生物滴滤法。

7.4.3 恶臭气体处理技术的选用原则

7.4.3.1 当难以用单一方法处理以达到恶臭气体排放标准时，宜采用联合脱臭法。

7.4.3.2 物理类的处理方法宜作为化学或生物处理的预处理，在达到排放标准要求的前提下也可作为唯一的处理工艺。

7.4.3.3 化学吸收类处理方法宜用于处理大气量、高、中浓度的恶臭气体。在处理大流量气体方面工艺成熟，净化效率相对不高，处理成本相对较低。

7.4.3.4 化学吸附类的处理方法宜用于处理低浓度、多组分的恶臭气体。属常用的脱臭方法之一，净化效果好，吸附剂的再生较困难，处理成本相对较高。

7.4.3.5 化学燃烧类的处理方法宜用于处理连续排气、高浓度的可燃性恶臭气体，净化效率高，处理费用高。

7.4.3.6 化学氧化类的处理方法宜用于处理高、中浓度的恶臭气体，净化效率高，处理费用高。

7.4.3.7 生物类处理方法宜用于气体浓度波动不大，浓度较低或复杂组分的恶臭气体处理，净化效率较高。

7.4.4 技术要求

7.4.4.1 采用化学吸收类处理方法时应重点控制二次污染，依据不同的恶臭气体组分选择合适的吸收剂，相关技术要求符合6.2的要求。

7.4.4.2 采用化学吸附类的处理方法应选择与恶臭气体组分相匹配的吸附剂，按照工艺要求，对温度和含尘量进行严格控制，相关技术要求应符合6.3的要求。

7.4.4.3 采用化学燃烧类的处理方法时应对机械设备采取防腐蚀措施，使恶臭气体与燃料气充分混合并完全燃烧，控制末端形成的二次污染。相关技术要求应符合6.4、6.5的要求。

7.4.4.4 采用化学氧化类的处理方法的应依据不同的恶臭气体组分选择合适的氧化媒介及工艺条件。

7.4.4.5 采用生物类处理方法时应依据实际恶臭气体性质筛选，驯化微生物，实时监测微生物代谢活动的各种信息。

7.4.4.6 在排放浓度满足排放标准时，可考虑采用稀释法和掩蔽法。

7.5 卤化物气体

7.5.1 主要卤化物

7.5.1.1 在大气污染治理方面，卤化物主要包括无机卤化物气体和有机卤化物气体。

7.5.1.2 有机卤化物（卤代烃类）气体属挥发性有机化合物为重点关注的气态污染物质。有机卤化物气体治理技术参照7.3、7.4的要求。

7.5.1.3 重点控制的无机卤化物废气包括：氟化氢、四氟化硅、氯气、溴气、溴化氢和氯化氢（盐酸酸雾）等。

7.5.1.4 重点控制在化工、橡胶、制药、水泥、化肥、印刷、造纸、玻璃和纺织等行业排放废气中的无机卤化物。

7.5.2 卤化物气体的基本处理技术

7.5.2.1 物理化学类方法：固相（干法）吸附法、液相（湿法）吸收法和化学氧化脱卤法。

7.5.2.2 生物学方法：生物过滤法，生物吸收法和生物滴滤法。

7.5.3 卤化物气体处理技术的选用原则

7.5.3.1 在对无机卤化物废气处理时应首先考虑其回收利用价值。如氯化氢气体可回收制盐酸，含氟废气能生产无机氟化物和白炭黑等。

7.5.3.2 吸收和吸附等物理化学方法在资源回收利用和卤化物深度处理上工艺技术相对成熟，优先使用物理化学类方法处理卤化物气体。

7.5.3.3 吸收法治理含氯或氯化氢（盐酸酸雾）废气时，宜采用碱液吸收法。

7.5.3.4 垃圾焚烧尾气中的含氯废气宜采用碱液或碳酸钠溶液吸收处理。

7.5.3.5 吸收法治理含氟废气，吸收剂宜采用水、碱液或硅酸钠。

　　a）对于低浓度氟化氢废气，宜采用石灰水洗涤；

　　b）用水吸收氟化氢时生成氢氟酸，同时有硅胶生成，应注意随时清理，防止系统堵塞。

7.5.3.6 电解铝行业治理含氟废气宜采用氧化铝粉吸附法。

7.5.4 技术要求

7.5.4.1 治理设备应特别考虑卤化物对金属的腐蚀特点，选择合适的防腐材料。

7.5.4.2 用水吸收含氟废气宜采用多级吸收，吸收装置宜采用文丘里洗涤器、喷射式洗涤器等，也可采用湍球塔、空塔等。

7.5.4.3 用吸收法处理含氯、氯化氢废气时宜采用湍球塔、喷淋塔或填料塔，设备材料宜采用聚氯乙烯、橡胶衬里或玻璃鳞片树脂衬里。用氢氧化钠作吸收剂时，应注意降温并保持较高的 pH 值。

7.5.4.4 采用氧化铝粉吸附法治理含氟废气的主要工艺要求如下：

　　a）输送床净化工艺：输送床（管道）内流速一般为 15～18 m/s，排出气体经除尘器净化达标后排空，吸附饱的氧化铝送往电解槽炼铝；

　　b）沸腾床（流化床）净化工艺：沸腾床层上氧化铝的静止高度可为 30～40 mm，床内气体流速约为 0.28 m/s，净化后的气流经除尘器净化达标后排空，吸附饱和的氧化铝送电解槽炼铝。

7.5.4.5 利用吸收工艺的相关技术要求应符合 6.2 的要求；利用吸附工艺的相关技术要求应符合 6.3 的要求。

7.6 重金属

7.6.1 主要重金属

　　大气中应重点控制的重金属污染物有：汞、铅、砷、镉、铬及其化合物。

7.6.2 重金属废气的基本处理技术

7.6.2.1 重金属废气的基本处理方法包括：过滤法，吸收法，吸附法，冷凝法和燃烧法。

7.6.2.2 考虑重金属不能被降解的特性，大气污染物中重金属的治理应重点关注：

　　a）物理形态：应从气态转化为液态或固态，达到重金属污染物从气中脱离的目的；

　　b）化学形态：应控制重金属元素价态朝利于稳定化、固定化和降低生物毒性的方向进行，如在富含氯离子和氢离子的废气中，Cd（元素镉）易生成挥发性更强的CdCl，不利于将废气中的镉去除，应控制反应体系中氯离子和氢离子的浓度；

　　c）二次污染：应按照相关标准要求处理重金属废气治理中使用过的洗脱剂，吸附剂和吸收液，避免二次污染。

7.6.2.3 应当重点控制在石油化工、金属冶炼、垃圾焚烧、电镀电解、电池、钢铁、涂料、表面防腐、机械制造和交通运输等行业排放废气中的重金属污染物。

7.6.3 汞及其化合物废气处理

7.6.3.1 汞及其化合物废气一般处理方法是：吸收法，吸附法，冷凝法和燃烧法。

7.6.3.2 冷凝法宜用于净化回收高浓度的汞蒸气，可采取常压和加压两种方式，常作为吸收法和吸附法净化汞蒸气的前处理。

7.6.3.3 针对不同的工业生产工艺，较为成熟的吸收法处理工艺有：

a）高锰酸钾溶液吸收法适用于处理仪表电器厂的含汞蒸气，循环吸收液宜为 0.3%～0.6% $KMnO_4$ 溶液，$KMnO_4$ 利用率较低，应考虑吸收液的及时补充；

b）次氯酸钠溶液吸收法适用于处理水银法氯碱厂含汞氢气，吸收液宜为 NaCl 与 NaClO 的混合水溶液，此吸收液来源广，但此工艺流程复杂，操作条件不易控制；

c）硫酸-软锰矿吸收法适用于处理炼汞尾气以及含汞蒸气，吸收液为硫酸-软锰矿的悬浊液；

d）氯化法处理汞蒸气：烟气进入脱汞塔，在塔内与喷淋的 $HgCl_2$ 溶液逆流洗涤，烟气中的汞蒸气被 $HgCl_2$ 溶液氧化生成 Hg_2Cl_2 沉淀，从而将汞去除。Hg_2Cl_2 沉淀剧毒，生产过程中需加强管理和操作。

7.6.3.4 充氯活性炭吸附法宜用于含汞废气处理。活性炭层需预先充氯，含汞蒸气需预除尘，汞与活性炭表面的 Cl_2 反应生成 $HgCl_2$，达到除汞目的。

7.6.3.5 燃烧法宜用于燃煤电厂含汞烟气的处理。采用循环流化床燃煤锅炉，燃烧过程中投加石灰石，烟气采用电除尘器或袋除尘器净化。

7.6.3.6 废气中重点控制的汞的化合物包括氯化汞和雷汞。

a）活性炭吸附法宜用于氯乙烯合成气中氯化汞的净化；

b）氨液吸收法宜用于氯化汞生产废气的净化；

c）消化吸附法宜用于雷汞的处理。

7.6.4 铅及其化合物废气处理

7.6.4.1 铅及其化合物废气宜用吸收法处理。

7.6.4.2 酸液吸收法适用于净化氧化铅和蓄电池生产中产生的含铅烟气，也可用于净化熔化铅时所产生的含铅烟气。宜采用二级净化工艺：第一级用袋滤器除去较大颗粒；第二级用化学吸收。吸收剂（醋酸）的腐蚀性强，应选用防腐蚀性能高的设备。

7.6.4.3 碱液吸收法适用于净化化铅锅、冶炼炉产生的含铅烟气。含铅烟气进入冲击式净化器进行除尘及吸收。吸收剂 NaOH 溶液腐蚀性强，应选用防腐蚀性能高的设备。

7.6.5 砷、镉、铬及其化合物废气处理

7.6.5.1 砷、镉、铬及其化合物废气通常采用吸收法和过滤法处理。

7.6.5.2 含砷烟气宜采用冷却-除尘-石灰乳吸收法处理工艺。含砷烟气经冷却至 200℃ 以下，蒸汽状态的氧化砷迅速冷凝为微粒，经袋除尘器净化后，尾气进入喷雾塔，用石灰乳洗涤，净化后，尾气除雾，经引风机排空。含砷烟气亦可在塑料板（或管）制成的吸收器内装入强酸性饱和高锰酸钾溶液，进行多级串联鼓泡吸收。

7.6.5.3 镉、铬及其化合物废气宜采用袋式除尘器在风速小于 1 m/min 时过滤处理。烟气温度较高需要采取保温措施。

7.6.6 技术要求

利用吸收工艺的相关技术要求应符合 6.2 的要求；利用吸附工艺的相关技术要求应符合 6.3 的要求；利用燃烧工艺的相关技术要求应符合 6.4 和 6.5 的要求。

8 公用

8.1 室外给水设计应符合 GB 50013 的要求，室外排水设计应符合 GB 50014 的要求，建

筑给水排水设计应符合 GB 50015 的要求，建筑中水设计应符合 GB 50336 的要求，工业循环水冷却设计应符合 GB/T 50102 的要求。

8.2 消防及火灾报警应符合 GB 50016、GB 50140 和 GB 50116 的要求。

8.3 建构筑物应符合 GB 50009、GB 50010、GB 50017、GB 50003、GB 50011、GB 50191、GB 50007 和 JGJ 79 的要求。

8.4 电气系统应符合 GB 50229、GB 50217、GB 50057、GB 50060、GB 50058、GB 50116、DL/T 5153、DL/T 5136、DL/T 620、DL/T 5137、DL/T 5041、DL/T 5044、DLGJ 56 和 SDJ 26 的要求。

8.5 热工自动化应符合 GB 50229、GB 50116、GB 50217、NDGJ 16、SDJ 26、DL/T 5190.5、DL/T 657、DL/T 658 和 DL/T 659 的规定。

8.6 泵的型式有离心泵、旋涡泵、混流泵、轴流泵、往复泵、转子泵等，泵的型式和材料应根据介质特性、现场安装条件、流量、扬程等选择。泵与管道、槽、塔连接时应在出入口部分加装伸缩节，以减小振动对管道及设备的影响，泵的运行应符合 GB/T 13466、GB/T 13468、GB/T 13469 的要求。

8.7 阀的型式有闸阀、截止阀、止回阀、调节阀、旋塞阀、蝶阀、安全阀、疏水阀、底阀和球阀等，阀的型式和材料应根据介质特性、功能要求、流量和压力等选择。阀的安装应注意位置、体位和介质流向等。

8.8 电动机的结构型式及保护方式应满足使用场所的环境条件，各项参数选择应技术经济合理，有适当的备用余量，并符合 GB 755 及 GB 19517 的要求。

8.9 金属和非金属材料应符合 GB 150、HGJ 209、IIG/T 3797 和 HGJ 32 的要求。

9 安全与职业卫生

9.1 一般规定

9.1.1 大气污染治理工程在设计、建设和运行过程中，应高度重视劳动安全和职业卫生，采取相应措施，消除事故隐患，防止事故发生。

9.1.2 安全和职业卫生设施应与污染治理工程同时设计、同时施工和同时投产使用。

9.1.3 应对劳动者进行劳动安全与职业卫生培训，提供所需的防护用品，定期进行健康检查。

9.1.4 污染治理工程的设计、建设，应采取有效的隔声、消声、绿化等降低噪声的措施，噪声和振动控制的设计应符合 GBJ 87 及 GB 50040 的要求，风机噪声应符合 JB/T 8690 的要求。室内噪声和振动应符合 GBZ 1 的要求。

9.2 安全

9.2.1 大气污染治理工程在设计、安装、调试、运行和维修过程中应始终贯彻"安全第一、预防为主"的原则，遵守安全技术规程和相关设备安全性要求的规定。

9.2.2 大气污染治理工程的防火、防爆设计应符合 GB 50016、GB 50058、GB 15577 的要求。

9.2.3 危险化学品的使用应符合《危险化学品安全管理条例》的要求。

9.2.4 建立并严格执行经常性和定期性的安全检查制度，制定安全事故应急预案。

9.2.5 可能突然放散大量有害气体或爆炸危险气体的建筑物，应设置事故通风装置。

9.2.6 输送和储存易燃、易爆物质的设备和管道应设置泄爆装置，并采取防静电接地措施，不得使用易积累静电的绝缘材料。

9.2.7 处理易燃易爆气体时，除控制处理气体的浓度、温度之外，在管道系统的适当位置，应安装符合相关规定的阻火装置。

9.2.8 电除尘器的壳体应可靠接地，接地电阻应不大于 2 Ω。

9.2.9 输送、处理高温气体的管道和设备应设置保温层或安全防护距离，防止烫伤。

9.2.10 外表面温度高于 60℃ 的管道和输送有爆炸危险物质的管道，其外表面之间及与建筑物之间应按规定设计安全距离。

9.3 职业卫生

9.3.1 职业卫生体系应符合 GB/T 28001 的要求。职业卫生设计应符合 GBZ 1、GBZ 2.1、GBZ 2.2 的要求。

9.3.2 操作（控制）室和工作岗位应采取采暖、通风、防尘和隔声等措施，防止职业病发生，保护劳动者健康。

10 工程施工与验收

10.1 一般规定

10.1.1 污染治理工程应按工程设计图纸、技术文件和设备安装图纸等要求组织施工。

10.1.2 污染治理工程施工单位，应具有与该工程相应的资质等级。

10.1.3 污染治理工程建设单位应成立专门的项目管理机构，参与设计会审、设备监制、施工质量检查，制定运行和维护规章制度；培训工人，组织、参与工程各阶段验收、调试和试运行；并建立设备安装及运行档案。

10.1.4 与生产工程同步建设的大气污染治理工程应与生产工程同时验收；现有生产设备配套或改造的治理设施应进行单独验收。

10.2 施工

10.2.1 大气污染治理工程施工和设备安装应符合相应的国家或行业规范。

10.2.2 施工单位应根据施工要求制定完善的施工组织设计。

10.2.3 施工使用的材料、半成品和部件应符合国家现行标准和设计要求，并取得供货商的合格证书，严禁使用不合格产品。

10.2.4 设备安装之前应对土建工程按安装要求进行验收，验收记录和结果应作为工程竣工验收资料之一。

10.2.5 对国外引进专用设备除应按供货商提供的设备技术规范、合同规定和商检文件执行外，还应符合我国现行国家或行业工程施工及验收标准要求。

10.2.6 袋式除尘器安装应符合 JB/T 8471 的要求；电除尘器的安装应符合 DL/T 514 的要求。

10.2.7 压缩机、风机和泵的安装应符合 GB 50275 的要求。

10.2.8 管道的安装应符合 GB 50236 的要求。

10.2.9 电除尘器的调试应符合 JB/T 6407 的要求。

10.2.10 固定床吸附净化装置安装应符合 HJ/T 386 的要求；工业废气吸收净化装置安装应符合 HJ/T 387 的要求；工业有机废气催化净化装置安装 HJ/T 388 的要求。

10.2.11 连续监测装置的安装应符合 HJ/T 76 的要求。

10.3 工程验收

10.3.1　土建工程验收应符合 GB 50300、GB 50202、GB 50203、GB 50204 和 GB 50205 及相关验收规范的要求。

10.3.2　安装工程验收应符合 GB 50231、GB 50236、GB 50275、GB/T 13931、HJ/T 76、JB/T 8471、GB 50254、GB 50255、GB 50256、GB 50257、GB 50258、GB 50259、JB/T 8536、JB/T 9688、DL/T 5403 和安装文件的有关要求。

10.3.3　工程完工后，施工单位向建设单位提交工程竣工验收申请。验收程序和内容按建设项目竣工验收程序执行。

10.3.4　工程竣工验收依据主管部门的批准文件、设计文件及设计变更文件、合同及其附件和设备技术文件等。

10.4　工程环境保护验收

10.4.1　竣工环境保护验收应符合《建设项目竣工环境保护验收管理办法》以及行业环境保护验收规范的要求。

10.4.2　建设单位应结合试运行组织具备相应资质的单位进行性能试验。性能试验报告和工程质量验收报告作为环境保护验收的技术依据。

10.4.3　验收监测应符合《建设项目环境保护设施竣工验收监测技术要求》的规定。

10.4.4　污染治理设施的自动连续监测及数据传输系统，应与治理工程同时进行环境保护验收。

11　运行维护

11.1　设备的运行和维护应符合设备说明书和相关技术规范的规定。

11.2　污染治理设施在正常运行工况下，处理效果应满足国家或地方排放标准。

11.3　污染治理设施投入运行后，未经当地环境保护行政主管部门批准，不得停止运行或拆除。

11.4　生产单位应设立环境保护管理部门，配备管理人员、技术人员和必要的设备，制定治理系统运行及维护的规章制度，主要设备的运行、维护和操作规程。

11.5　污染治理设施的操作和维护应责任到人。岗位工人应通过培训考核上岗，熟悉本岗位运行及维护要求，遵守劳动纪律，执行操作规程。

11.6　严格执行交接班工作制度，岗位工人应填写运行记录，运行记录定期上报企业生产和环保管理部门，并存档。

11.7　污染治理设施中的易损设备、配件和通用材料，应由生产单位按机械设备管理规程和工艺安全运行要求储备，保证治理设施的正常运行。

11.8　应制定污染治理系统大、中检修计划和应急预案。污染治理系统检修时间应与工艺设备同步，对治理系统和设备应进行随检和定检，检修和检查结果应记录并存档。

11.9　应及时发现和处理检测仪器的故障，并定期校准。

中华人民共和国国家环境保护标准

氨法烟气脱硫工程通用技术规范

General technical specification of ammonia flue gas desulfurization

HJ 2001—2018

前 言

为贯彻《中华人民共和国环境保护法》和《中华人民共和国大气污染防治法》等法律法规，防治环 境污染，改善环境质量，规范氨法烟气脱硫工程的建设和运行管理，制定本标准。

本标准规定了氨法烟气脱硫工程的设计、施工、验收、运行和维护的技术要求。本标准首次发布于 2010 年，本次为首次修订。

本次修订的主要内容：

——扩大了适用行业范围；

——完善补充了适用于各行业的通用技术要求，删减了仅适用于火电行业的特殊技术要求；

——根据技术发展情况主要调整了烟气系统、吸收系统等技术内容，补充了设备选型要求；

——充实了运行与维护的技术内容；

——完善了资料性附录。

本标准由环境保护部科技标准司组织修订。

本标准主要起草单位：中国环境保护产业协会、江苏新世纪江南环保股份有限公司、北京市劳动保护科学研究所、亚太环保股份有限公司。

本标准环境保护部 2018 年 1 月 15 日批准。

本标准自 2018 年 5 月 1 日起实施。

本标准由环境保护部解释。

1　适用范围

本标准规定了氨法烟气脱硫工程的设计、施工、验收、运行和维护等技术要求。

本标准适用于氨法烟气脱硫工程，可作为建设项目环境影响评价、环境保护设施设计、施工、验收和运行管理的技术依据。

本标准所提出的技术要求具有通用性，特殊性要求执行相关行业技术规范。

2 规范性引用文件

本标准内容引用了下列文件中的条款。凡是不注明日期的引用文件，其有效版本适用于本标准。

GB/T 150 压力容器

GB/T 311.1 绝缘配合 第1部分：定义、原则和规则

GB/T 311.2 绝缘配合 第2部分：使用导则

GB/T 535 硫酸铵

GB/T 536 液体无水氨

GB 4053 固定式钢梯及平台安全要求

GB/T 4272 设备及管道绝热技术通则

GB 5083 生产设备安全卫生设计总则

GB 5749 生活饮用水卫生标准

GB/T 7484 水质 氟化物的测定 离子选择电极法

GB 8569 固体化学肥料包装

GB/T 8570 液体无水氨的测定方法

GB/T 11896 水质 氯化物的测定 硝酸银滴定法

GB 12348 工业企业厂界噪声排放标准

GB/T 12801 生产过程安全卫生要求总则

GB/T 13148 不锈钢复合钢板焊接技术要求

GB/T 15453 工业循环冷却水和锅炉用水中氯离子的测定

GB/T 16157 固定污染源排气中颗粒物测定与气态污染物采样方法

GB 16297 大气污染物综合排放标准

GB 18218 危险化学品重大危险源辨识

GB 18241.1 橡胶衬里 第1部分：设备防腐衬里

GB 18382 肥料标识内容和要求

GB/T 19923 城市污水再生利用 工业用水水质

GB/T 23349 肥料中砷、镉、铅、铬、汞生态指标

GB 50009 建筑结构荷载规范

GB 50011 建筑抗震设计规范

GB 50013 室外给水设计规范

GB 50014 室外排水设计规范

GB 50015 建筑给水排水设计规范

GB 50016 建筑设计防火规范

GB 50019 采暖通风与空气调节设计规范

GB 50022 厂矿道路设计规范

GB 50033 建筑采光设计标准

GB 50040 动力机器基础设计规范

GB 50046 工业建筑防腐蚀设计规范

GB 50050　工业循环冷却水处理设计规范

GB 50052　供配电系统设计规范

GB 50057　建筑物防雷设计规范

GB 50058　爆炸和火灾危险环境电力装置设计规范

GB/T 50064　交流电气装置的过电压保护和绝缘配合设计规范

GB 50065　交流电气装置的接地设计规范

GB 50084　自动喷水灭火系统设计规范

GB/T 50087　工业企业噪声控制设计规范

GB 50093　自动化仪表工程施工及质量验收规范

GB 50116　火灾自动报警系统设计规范

GB 50140　建筑灭火器配置设计规范

GB 50160　石油化工企业设计防火规范

GB 50187　工业企业总平面设计规范

GB 50219　水喷雾灭火系统设计规范

GB 50222　建筑内部装修设计防火规范

GB 50231　机械设备安装工程施工及验收通用规范

GB 50243　通风与空调工程施工质量验收规范

GB 50254　电气装置安装工程低压电器施工及验收规范

GB 50259　电气装置安装工程电气照明装置施工及验收规范

GB 50300　建筑工程施工质量验收统一标准

GB 50351　储罐区防火堤设计规范

GB 50489　化工企业总图运输设计规范

GB 50493　石油化工可燃气体和有毒气体检测报警设计规范

GB/T 50655　化工厂蒸汽系统设计规范

GB 50974　消防给水及消火栓系统技术规范

GB 51245　工业建筑节能设计统一标准

GBJ 22　厂矿道路设计规范

GBZ 1　工业企业设计卫生标准

GBZ 2.1　工作场所有害因素职业接触限值　第 1 部分：化学有害因素

GBZ 2.2　工作场所有害因素职业接触限值　第 2 部分：物理因素

GBZ/T 194　工作场所防止职业中毒卫生工程防护措施规范

AQ/T 3033　化工建设项目安全设计管理导则

AQ 3035　危险化学品重大危险源安全监控通用技术规范

AQ 3036　危险化学品重大危险源罐区现场安全监控装备设置规范

DL/T 5044　电力工程直流电源系统设计技术规程

DL/T 5403　火电厂烟气脱硫工程调整试运及质量验收评定规程

HG 1-88　氨水

HG 20652　塔器设计技术规定

HG/T 2451　设备防腐橡胶衬里

HG/T 2640　玻璃鳞片施工技术条件

HG/T 2784　工业用亚硫酸铵

HG/T 2785　工业用亚硫酸氢铵

HG/T 3797　玻璃鳞片衬里胶泥

HG/T 20696　玻璃钢化工设备设计规定

HJ/T 75　固定污染源烟气排放连续监测技术规范

HJ/T 76　固定污染源烟气排放连续监测系统技术要求及检测方法

HJ 533　环境空气和废气　氨的测定　纳氏试剂分光光度法

JB/T 10989　湿法烟气脱硫装置专用设备　除雾器

JT 617　汽车运输危险货物规则

NB/T 47003.1　钢制焊接常压容器

NB/T 47041　塔式容器

SH/T 3007　石油化工储运系统罐区设计规范

SH 3047　石油化工企业职业安全卫生设计规范

SH/T 3053　石油化工企业厂区总平面布置设计规范

TSG 21　固定式压力容器安全技术监察规程

《危险化学品安全管理条例》（国务院令第 591 号）

《危险化学品建设项目安全监督管理办法》（国家安全生产监督管理总局令第 45 号）

《危险化学品重大危险源监督管理规定》（国家安全生产监督管理总局令第 40 号）

3　术语和定义

3.1　氨法烟气脱硫工艺 ammonia flue gas desulfurization

指以氨基物质作吸收剂，脱除烟气中的 SO_2 及其他酸性气体的湿式烟气脱硫工艺，简称氨法。

3.2　脱硫工程 desulfurization project

指通过吸收剂脱除烟气中 SO_2 及其他酸性气体所需的设施、设备、组件及系统集成。

3.3　吸收剂 absorbent

指脱硫工程中用于脱除 SO_2 及其他酸性气体的反应剂。

3.4　吸收塔 absorber

指脱硫工程中实现吸收剂与 SO_2 及其他酸性气体反应的设施。

3.5　副产物 by-product

指吸收剂与烟气中 SO_2、O_2 等反应后生成的物质。

3.6　脱硫效率 desulfurization efficiency

指由脱硫工程脱除的 SO_2 量与未经脱硫前烟气中所含 SO_2 量的百分比，按公式（1）计算：

$$脱硫效率＝（C_1－C_2）/C_1×100\% \qquad (1)$$

式中：C_1——脱硫前烟气中 SO_2 的折算浓度，mg/m^3；

　　　C_2——脱硫后烟气中 SO_2 的折算浓度，mg/m^3。

3.7 增压风机 booster fan

指为克服脱硫工程产生的烟气阻力新增加的风机。

3.8 氧化风机 oxidation fan

指将脱硫生成的亚硫酸（氢）铵氧化成硫酸铵的风机。

3.9 颗粒物 particle

指烟气悬浮的固体和溶液的颗粒状物质总和。

3.10 氨逃逸浓度 ammonia slip

指脱硫工程运行时，吸收塔出口单位烟气体积（干基折算）中游离氨（以 NH_3 分子形式存在的氨，不包括雾滴、颗粒物中的铵盐）的质量。

3.11 氧化率 oxidation rate

指单位体积（如 1L）吸收循环液、浓缩循环液中硫酸（氢）盐摩尔数占亚硫酸（氢）盐及硫酸（氢）盐物质总摩尔数的百分比，按公式（2）计算：

$$氧化率 = \frac{n_1}{n_1 + n_2} \times 100\% \tag{2}$$

式中：n_1——单位体积吸收循环液、浓缩循环液中硫酸（氢）盐的摩尔数，mol；

n_2——单位体积吸收循环液、浓缩循环液中亚硫酸（氢）盐离子的摩尔数，mol。

3.12 氨回收率 ammonia recovery rate

指脱硫工程副产物中氨的质量与用于脱硫的氨的质量之比。按公式（3）计算：

$$氨回收率 = \frac{X \times Y + \sum_{i=1}^{n}(X_{i2} \times Y_{i2} - X_{i1} \times Y_{i1})}{X_1 \times Y_1} \times 100\% \tag{3}$$

式中：X——计算期（计算期宜为 72 h 以上）生产的副产物的质量，kg；

Y——计算期生产的副产物中平均氨质量百分含量，%；

X_1——计算期内投入吸收剂的总质量，kg；

Y_1——投入的吸收剂中平均氨质量百分含量，%；

X_{i1}、X_{i2}——计算期期初、期末时系统中第 i 项设备中副产物总质量，kg；

Y_{i1}、Y_{i2}——计算期期初、期末时系统中第 i 项设备中副产物中氨及铵盐折算氨的质量百分含量，%；

n——脱硫工程中存有副产物的设备数。

3.13 吸收塔内饱和结晶 saturation crystal in absorber

指在吸收塔内利用烟气的热量，使副产物溶液达到饱和并析出晶体的过程，简称塔内结晶。

3.14 吸收塔外蒸发结晶 evaporative crystal out of absorber

指在吸收塔外利用蒸汽等热源，将副产物溶液进行蒸发并析出结晶的过程，简称塔外结晶。

3.15 雾滴浓度 dripping content

指脱硫后净烟气单位烟气体积（干基折算）中所携带雾滴折算成浓缩循环液的质量浓度。

4　污染物与污染负荷

4.1　吸收塔入口烟气适用条件：

　　a）SO_2浓度（干基折算）宜不高于 30 000 mg/m³；

　　b）烟气量宜为 5 万 m³/h（干基）以上；

　　c）烟气温度宜为 80～170℃；

　　d）颗粒物浓度（干基折算）宜不高于 50 mg/m³。

4.2　氨法烟气脱硫工程主要应用领域包括：发电锅炉，工业锅炉以及烧结及球团、焦化、有色冶炼、电解铝、碳素等窑炉。

4.3　新建项目脱硫工程的设计烟气量和 SO_2 浓度宜采用最大连续工况下的数据；改扩建项目脱硫工程的设计烟气量和 SO_2 浓度宜以实测值为基础并充分考虑变化趋势后综合确定，或通过与同类工程类比确定。

4.4　应根据工程设计需要收集烟气理化性质等原始资料，主要包括以下内容：

　　a）烟气量（正常值、最大值、最小值）；

　　b）烟气温度及变化范围（正常值、最大值、最小值及露点温度）；

　　c）烟气中气体成分及浓度（SO_2、NO_x、O_2、SO_3、HCl、HF 等）；

　　d）烟气颗粒物浓度及成分；

　　e）烟气压力、含湿量；

　　f）产生污染物设备情况及工作制度。

5　总体要求

5.1　一般规定

5.1.1　新建项目的烟气脱硫工程应和主体工程同时设计、同时施工、同时投产使用。

5.1.2　脱硫工程的布置应符合工厂总体规划。设计文件应按规定的内容和深度完成报批、批准和备案。脱硫工程建设应按国家工程项目建设规定的程序进行。

5.1.3　脱硫工程 SO_2 排放浓度应满足国家和地方排放标准的要求。

5.1.4　脱硫工程的设计应充分考虑燃料、原料及主体工程负荷的变化，提高脱硫工艺系统的适应性和可调节性。

5.1.5　脱硫工程所需水、电、气、汽等公用工程宜尽量利用主体工程设施。吸收剂和副产品宜设有计量装置，也可与主体工程共用。

5.1.6　脱硫工程的设计、建设和运行，应采取有效的隔声、消声、绿化等降噪声的措施，噪声和振动控制的设计应符合 GB/T 50087 和 GB 50040 的规定，厂界噪声应达到 GB 12348 的要求。

5.1.7　脱硫工程应根据烟气特点、排放要求、副产物品质要求等考虑多污染物的协同治理，并控制二次污染的产生。

5.1.8　脱硫工程宜设置控制氯、有机物、颗粒物等有害物质扩散、累积的设施。

5.1.9　脱硫工程烟气排放自动连续监测系统（CEMS）的设置和运行应符合 HJ/T 75、HJ/T 76 和地方环保部门的要求。

5.1.10　脱硫工程的设计、建设和运行维护应符合国家及行业有关质量、安全、卫生、消防等方面法规和标准的规定。

5.2 工程构成

5.2.1 脱硫工程一般包括工艺系统、公用系统和辅助工程等。

5.2.2 工艺系统包括烟气系统、吸收剂系统、吸收循环系统、副产物处理系统等。

5.2.3 公用系统包括工艺水系统、压缩空气系统、蒸汽系统等。

5.2.4 辅助工程包括电气、建筑与结构、给排水及消防、采暖通风与空气调节、道路与绿化等。

5.3 总平面布置

5.3.1 一般规定

5.3.1.1 总平面布置应符合 GB 50016、GB 50160、GB 50187、GB 50489、SH/T 3053 及相应行业的规定，并遵循以下原则：

    a）工艺布局合理，烟道短捷；

    b）交通运输便捷；

    c）方便施工，有利于维护检修；

    d）合理利用地形、地质条件；

    e）充分利用厂内公用设施；

    f）节约集约用地，工程量小，运行费用低；

    g）符合环境保护、消防、劳动安全和职业卫生要求。

5.3.1.2 副产物处理系统应结合工艺流程和场地条件因地制宜布置。一般宜布置在与吸收循环系统相对独立的交通便利的区域，吸收循环系统与副产物处理系统间的物料可用管道输送。

5.3.1.3 副产物处理系统的仓库应布置在交通顺畅的道路边，并便于自然通风。

5.3.2 交通运输

5.3.2.1 脱硫工程区域内道路的设计，应保证物料运输便捷、消防通道畅通、检修方便，满足场地排水的要求，并符合 GBJ 22 的要求。

5.3.2.2 脱硫工程区域内的道路宜与厂内道路形成环形路网。根据生产、消防和检修的需要，应设置行车道路、消防车通道和人行道。

5.3.2.3 物料装卸区域停车位路段纵坡宜为平坡，当布置困难时，坡度宜不大于 1.5%，应设足够的汽车会车、回转场地，并按行车路面要求进行硬化处理。

5.3.2.4 脱硫工程密集区域的道路宜采用混凝土地面硬化等方式处理，以便于检修及清扫。

5.3.2.5 副产物处理系统的厂房及仓库之间宜设顺畅的运输通道。

5.3.2.6 当吸收剂为液氨时宜用槽罐车或管道输送，总平面布置还应符合 GB 50160、GB 50351、GB18218、《危险化学品安全管理条例》、《危险化学品建设项目安全监督管理办法》以及相应行业的相关规定。

5.3.3 管线布置

5.3.3.1 脱硫工程管线布置应根据总平面布置、管道输送介质、施工维护和检修等因素确定，在平面及空间上应与主体工程相协调。

5.3.3.2 管道集中布置应遵循以下原则：含有腐蚀性介质的管道布置在管架最下层，公用管道、电缆桥架依次在上层布置。

5.3.3.3 管线的补偿器、检查口等应相互交错布置，避免冲突。地上管线较多时，管架宜集中布置。

5.3.3.4 在多层管廊上布置液氨管道时，宜与蒸汽管道、电缆等分层布置。单层管廊布置时，液氨管道与蒸汽管道、电缆的布置间距应符合安全、检修等规范。双层或多层管廊布置时，宜将液氨管道布置在下层。

6 工艺设计

6.1 一般规定

6.1.1 脱硫工艺设计应采用成熟可靠、运行安全稳定、技术经济合理的工艺技术，应在满足环保管理要求的前提下，充分考虑脱硫工程长期运行的可靠性和稳定性。

6.1.2 脱硫工艺参数应根据排放要求、烟气特性、运行要求、燃料/原料品质、吸收剂供应、水质情况、脱硫副产物综合利用等因素，经全面分析优化后确定。

6.1.3 氨逃逸浓度小时均值应低于 $3\ mg/m^3$，氨回收率应不小于 98%。

6.1.4 根据烟气性质、运行工况、烟气量及主体工程对脱硫工程的要求，脱硫工程的配置方式可选择一机一塔、多机一塔，宜采用一机一塔；当采用多机一塔时应考虑足够的检修时间、运行合理性和隔离措施。

6.1.5 吸收工艺应选择合适的吸收循环流程，在满足性能要求前提下选择节能、成熟可靠的工艺，宜选用塔内结晶工艺，也可选用塔外结晶。

6.1.6 脱硫工程设计脱硫效率应依据国家和地方排放标准的要求确定。

6.1.7 脱硫工程应设置事故排水的应急措施，脱硫工程应无生产性废水排放。

6.1.8 脱硫工程应按 GB 4053 的要求设置平台和扶梯。

6.2 工艺流程

氨法烟气脱硫工艺流程示意图见图 1。典型氨法烟气脱硫工艺流程详见附录 A。

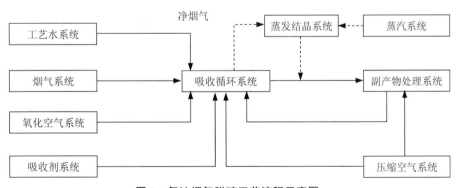

图 1 氨法烟气脱硫工艺流程示意图

6.3 烟气系统

6.3.1 新建项目原烟气设计温度应采用主体工程提供的设计数值。改扩建项目原烟气设计温度宜采用吸收塔前烟气系统实测温度最大值并留有一定裕量。

6.3.2 当吸收塔和主体工程采用单元制配置时，宜考虑脱硫增压风机和引风机合并设置；当多个主体工程合用一座吸收塔时，宜设置脱硫增压风机。增压风机宜装设在吸收塔进口侧。

6.3.3 对于设置烟气换热器的脱硫工程，加热后净烟气在烟囱入口的排烟温度应考虑烟囱防腐及环保要求。

6.3.4 烟气系统挡板门应具有防止泄漏功能。

6.3.5 两台及以上吸收塔合用一个烟气排放口时，每座吸收塔出口应设置检修隔离挡板门。

6.3.6 脱硫吸收塔入口烟道可能接触浆液的区域及脱硫吸收塔出口至烟囱入口之间的净烟道应采用防腐措施。

6.3.7 烟道设计应满足烟道的强度、刚度和振动在允许范围内，防腐烟道应尽量减少内撑杆数量。

6.3.8 脱硫烟道与连接设备应使用补偿器连接，补偿器宜采用非金属材质。

6.3.9 脱硫烟道应在低位点装设自动疏放水系统。烟道低位点疏水和烟囱冷凝水疏水应通过管道或地坑返回脱硫工程重复利用。

6.4 吸收剂系统

6.4.1 吸收剂应根据来源情况及当地条件进行安全、经济、环保等综合评价后选择，并采取安全防护措施。

6.4.2 吸收剂可用液氨、氨水等氨基物质。液氨应符合 GB/T 536 标准，氨水应符合 HG 1-88 要求，当采用副产氨水时，宜采取预处理措施，其主要杂质含量应符合表 1 要求，以保证副产物质量，不影响系统正常运行。

表 1 副产氨水中主要杂质含量要求

序号	项目	指标/（mg/L）
1	S^{2-}	≤10
2	油脂	≤10
3	酚类	≤10
4	有机物总量	≤20

6.4.3 应按工艺要求配制吸收剂，其储存容量应不少于脱硫工程满负荷运行 4 h 的需要。

6.4.4 吸收剂储量宜按 SH/T 3007 确定，并综合考虑输送距离、运输方式及自产能力。

6.4.5 液氨宜采用常温卧式罐或球罐储存，液氨储罐应符合 GB/T 150、TSG 21 等标准的规定。

6.4.6 液氨的储存、使用应按 GB 50160、GB 50351、GB 18218、《危险化学品安全管理条例》、《危险化学品建设项目安全监督管理办法》等执行。

6.4.7 液氨可由专用槽车、管道运输。液氨槽车运输应满足 JT 617 等标准的相关规定。

6.4.8 氨水应常压密封储存，常压容器的设计应符合 NB/T 47003.1 等规定。按规范设置围堰，围堰容积至少满足最大单罐的有效容积。

6.4.9 氨水采用槽车或管道运输。浓度达到危险化学品范围的氨水用槽车运输时应满足 JT 617 等标准的相关规定。

6.5 吸收循环系统

6.5.1 吸收循环系统应在满足技术性能要求的前提下，选用占地少、流程短、节能低耗的工艺。应根据主体工程生产要求确定主体工程与吸收塔的备用关系。主体工程要求较高时宜设置备用吸收塔。

6.5.2　硫酸铵浆液氧化率应不小于 98.5%。

6.5.3　吸收循环系统应设置事故槽（池）。当全厂采用相同的脱硫工艺时，宜合用一座事故槽（池），事故槽（池）的容量宜不小于容积最大的吸收塔停运时最高液位的总容量。

6.5.4　浆液槽（池）应有防腐措施并设有防沉积或堵塞装置。

6.5.5　吸收塔的液气比应满足脱硫性能的要求，吸收喷淋层宜不少于三层，单层液气比宜不低于 0.5 L/m^3。

6.5.6　宜采用低压力降的吸收塔型式，吸收塔压力降不宜超过 2 000 Pa。

6.5.7　吸收塔的直径和高度应依据塔型、烟气量、烟气在吸收塔内流速确定，吸收塔空塔气速应不大于 3.8 m/s。

6.5.8　应合理设置吸收塔内部结构、液气比及喷淋层以保证吸收液与烟气充分接触，在保证脱硫效率的同时控制氨逃逸。

6.5.9　宜选择适当的细颗粒物控制工艺，如水洗、除雾或水洗和除雾的组合，保证出口颗粒物符合要求，除雾器宜选用多级除雾，除雾器除雾性能应能确保烟气中雾滴浓度不大于 50 mg/m^3（干基折算）。

6.5.10　每个吸收喷淋层宜设置一台吸收液循环泵，吸收液循环泵和浓缩液循环泵宜分别在线备用一台。

6.5.11　氧化风机至少应备用一台。

6.5.12　吸收塔入口干湿交界处应采用可靠的防腐措施。采用合金防腐时，材质不得低于超级奥氏体不锈钢。采用衬里防腐应符合 HG/T 2640 和 HG/T 3797 要求。

6.6　副产物处理系统

6.6.1　副产物品种应根据技术要求及市场条件确定，副产物质量应达到国家、行业标准要求或下游客户要求。

6.6.2　副产物为硫酸铵时，重金属含量应满足 GB/T 23349 要求。

6.6.3　副产物处理系统应根据产品性质、加工用途进行设计和设备布置。

6.6.4　副产物处理系统产能及设备选型应适应脱硫工程负荷变化，设计能力宜达到脱硫工程额定负荷运行的 120%。

6.6.5　副产物结晶方案应根据吸收液中杂质、腐蚀性等通过经济技术比较确定，宜选用塔内结晶、塔外多效蒸发结晶或单效蒸发结晶等节能工艺和设备。

6.6.6　固液分离流程宜包括旋流分离、离心脱水等工序。

6.6.7　固液分离设备的容量应满足晶体含量波动的要求，宜备用一台（套）设备或主要配件。

6.6.8　离心脱水后的硫酸铵水分含量宜≤5%（质量百分比）。

6.6.9　干燥设备型式应根据副产物产量、硫酸铵水分含量等选择，并综合考虑能耗和占地面积等。干燥设备厂房面积和高度应能满足工艺布置和通风除尘的要求。

6.6.10　干燥设备的热源可采用热风或蒸汽等，以热风作热源时应考虑其腐蚀性及其对产品品质的影响。

6.6.11　干燥后的管路、料仓应密闭。

6.6.12　干燥设备与脱硫吸收塔距离较近时，干燥尾气宜回吸收塔。干燥尾气单独排放时应符合 GB 16297 的规定。

6.6.13 副产物应按 GB 8569、GB 18382 等国家、行业标准的规定及用户要求进行包装、标识。

6.6.14 应选用扬尘少的称重及包装设备，并配置通风、收尘系统。

6.7 公用系统

6.7.1 工艺水系统

6.7.1.1 脱硫工程工艺用水一般包括吸收塔工艺水、设备管道冲洗水等。脱硫工程工艺用水水质的钙、镁、硬度、氯化物、铝、有机物指标宜满足表 2 的要求，其余指标宜满足 GB/T 19923 中表 1 "工艺水与产品用水" 的规定。

表 2 氨法脱硫工程工艺用水的水质要求

序号	项目	符号	指标
1	钙	Ca	≤50 mg/L
2	镁	Mg	≤1.22 mg/L
3	硬度	YD	≤2 mmol/L
4	氯化物	Cl	≤20 mg/L
5	铝	Al	≤10 μg/L
6	有机物	YW	≤2 mg/L

6.7.1.2 工艺水系统包括工艺水箱、工艺水泵、连接管道阀门等。

6.7.1.3 脱硫设备冷却水和设备密封水宜采用工业循环冷却水，水质应满足 GB 50050 的规定。

6.7.2 压缩空气系统

6.7.2.1 脱硫工程压缩空气系统与主体工程压缩空气系统宜合并设置。

6.7.2.2 当压缩空气从主体工程引接时，宜设置储气罐，并在储气罐压缩空气入口管道上设置止回阀。

6.7.3 蒸汽系统

6.7.3.1 脱硫工程所需蒸汽宜由主体工程提供，蒸汽主要用于供热、伴热、干燥、蒸发结晶、密封风加热等。蒸汽的品质应满足相应设备的使用要求。

6.7.3.2 宜设置凝结水回收设施，不能回收时，应将凝结水做工艺水使用。

6.7.3.3 蒸汽系统的设计应符合 GB/T 50655 及相应标准规范的规定，蒸汽管道流速宜按不大于 40 m/s 设计。

6.8 突发事故应急措施

6.8.1 应设置事故排浆用事故槽（池），宜与检修槽（池）合并设置，容量应满足 6.5.3 要求。

6.8.2 吸收塔入口烟道应设置烟气事故喷淋降温系统。

6.8.3 脱硫工程宜设有超负荷和 SO_2 超标报警系统，并考虑相应的应急措施。

6.8.4 吸收剂应按相关标准和规定设有降温、消防、紧急切断等措施。

7 主要工艺设备和材料

7.1 一般规定

7.1.1 设备和材料应满足工艺要求和相应规定。

7.1.2　应根据气象条件及工艺要求进行管道及设备的保温设计,管道及设备的保温设计应符合 GB/T4272 的要求。

7.2　设备选型和配置

7.2.1　吸收塔的设计应符合 NB/T 47041 和 HG 20652 的有关规定,吸收塔宜根据烟气条件、可靠性要求等选择合适的材质,一般采用碳钢防腐。吸收塔内部结构应根据烟气流动和防磨、防腐技术要求进行设计,一般宜采用非金属耐腐耐磨材料、不锈钢或高镍合金材料。

7.2.2　玻璃钢设备的设计应按 HG/T 20696 的有关规定执行。

7.2.3　增压风机宜选用轴流式风机或高效离心风机。增压风机的风量宜为主体工程满负荷工况下烟气量的 110%;增压风机的压力宜为脱硫工程在主体工程满负荷工况下考虑 10℃温度裕量时系统阻力的 120%。

7.2.4　氧化风机宜采用罗茨式、多级离心式或单级高速离心式。氧化风机流量应留有 10% 裕量,压力应留有不小于 10% 的裕量。

7.2.5　烟气换热器可采用气气换热器和热媒水烟气换热器。采用气气换热器时,漏风率宜不大于 1%。采用热媒水烟气换热器及管式气气换热器时,与烟气接触的设备及部件均应充分考虑防磨、防堵、防腐措施,换热管材质应考虑优良可靠的换热、防磨和防腐蚀性能。

7.2.6　浆液管道内应避免浆液沉积,并设排空和冲洗的设施。浆液管道上的阀门宜选用开关型蝶阀或球阀。阀门通流直径宜与管道直径一致。

7.2.7　含有结晶的硫酸铵浆液管道设计应充分考虑腐蚀与磨损。管道内介质流速应同时考虑防止浆液沉淀、管道磨损、压力损失。

7.2.8　除雾器可以设置在吸收塔的顶部或出口烟道上,除雾器型式宜选择屋脊或屋脊加丝网。除雾器的设计应符合 JB/T 10989 的有关规定。

7.3　材料

7.3.1　脱硫工程材料的选择应充分考虑耐腐耐磨抗老化等要求,保证长周期稳定运行。脱硫工程的检修周期应与主体工程的检修周期一致。

7.3.2　与吸收剂、吸收液接触的设备、材料应有防腐措施,不应采用含铜材料。

7.3.3　脱硫工程选用金属材料应符合表 3 的要求。

表 3　主要金属材料及适用部位

序号	可选牌号	材料成分	适用部位
1	022Cr17Ni12Mo2（UNS S31603,316L）	奥氏体铬镍钼不锈钢	净烟气与低温原烟气烟道、吸收塔的塔体及塔内构件、挡板门、喷淋管、浆液管道、蒸发器、结晶器、换热器
2	022Cr22Ni5Mo3N（UNS S32205,2205）、022Cr25Ni7Mo4N（UNS S32750,2507）	双相铬镍钼不锈钢	吸收液泵、蒸发器、结晶器、换热器、塔内构件
3	C276*（UNS N10276）、1.4529*（UNS N08926）	镍铬钼钨耐蚀合金	塔内构件及衬里

注：*为欧洲牌号,UNS 为美国标准

7.3.4 脱硫工程选用非金属材料应符合表 4 的要求。

表 4　主要非金属材料及适用部位

序号	材料名称	材料类型	适用部位
1	玻璃鳞片树脂	乙烯基酯树脂、酚醛树脂、呋喃树脂、环氧树脂	净烟气、低温原烟气段、吸收塔、浆液箱罐等内衬，表面涂料
2	玻璃钢	玻璃鳞片、玻璃布、乙烯基酯树脂、酚醛树脂	吸收塔、喷淋层、浆液管道、箱罐
3	塑料	聚丙烯等	管道、除雾器
4	橡胶	氯化丁基橡胶、三元乙丙橡胶、丁苯橡胶	吸收塔、浆液箱罐、浆液管道、水力旋流器等内衬
5	陶瓷	碳化硅	浆液喷嘴、阀门

7.3.5 吸收液循环泵过流部件宜选用合金，其他泵应根据不同介质的耐腐耐磨程度进行选择。

7.3.6 浆液管道应选用耐腐耐磨的玻璃钢、金属管道。

7.3.7 材料的焊接应选用同系列的焊材及相应的焊接工艺。

8　检测与过程控制

8.1　一般规定

8.1.1 脱硫工程检测与过程控制的设计应满足安全、环保、经济、运行和启停的要求。

8.1.2 脱硫工程与主体工程各控制系统和同类型仪表设备的选型宜统一。

8.1.3 脱硫工程宜设置集中控制室，也可将其纳入主体工程的集中控制室统筹考虑。距离脱硫集中控制室较远的系统，如吸收剂系统、副产物处理系统等，可设远程控制站或远程I/O站，但应尽可能达到无人值班。

8.1.4 脱硫工程应配套具备所有检测项目分析能力的实验室，实验室宜全厂统筹考虑。

8.2　热工检测与控制

8.2.1 热工检测参数包括：

　　a）脱硫工艺系统主要运行参数，包括吸收剂密度和浓度、吸收液 pH 值、吸收塔及吸收液槽液位、烟气温度、蒸发结晶温度、干燥温度、循环泵电流、物料消耗等；

　　b）辅机的运行状态；

　　c）仪表和控制用电源、气源、水源及其他必要条件的供给状态和运行参数；

　　d）必要的烟气参数；

　　e）电源系统和设备的参数与状态检测。

8.2.2 检测仪表的设置应符合下列要求：

　　a）应设置检测仪表反映主要设备及工艺系统在正常运行、启停、异常及事故工况下安全、经济运行的参数；

　　b）运行中需要进行监视和控制的参数应设置远传仪表；

　　c）供运行人员现场检查和就地操作所必需的参数应设置就地仪表；

　　d）脱硫工程中用于二位控制（ON-OFF）的阀门应设开/关位置限位开关及力矩开关。

8.2.3 吸收塔入口烟气温度、吸收塔温度等重要热工检测项目仪表宜双重或三重冗余设置。

8.2.4 氨罐上应设置压力、温度和液位检测设备。氨罐区及相应的区域应按 GB 50493 设置氨泄漏检测报警仪。

8.2.5 液氨罐区为 II 类防爆区域，所有现场检测仪表防爆等级应不低于 Exd II BT4。

8.2.6 增压风机的控制宜纳入主体工程烟风系统统筹考虑。

8.2.7 脱硫工程自动化水平宜与主体工程的自动化控制水平相一致。脱硫装置控制系统应根据主体工程整体控制方案统筹考虑。

8.2.8 脱硫工程应采用集中监控，实现脱硫装置启动、正常运行工况的监视和调整、停机和事故处理。

8.2.9 脱硫工程的火灾探测及报警系统应符合相应行业的规定。设备选型宜与主体工程一致，火灾报警控制屏宜布置在脱硫控制室，火灾探测及报警系统宜与全厂火灾探测及报警系统实现通信。

8.3 CEMS

8.3.1 用于工艺控制的 CEMS 可与用于污染源自动监控的 CEMS 统筹考虑。

8.3.2 用于工艺控制的 CEMS，应在烟气脱硫工程的进口和出口设置监测点，检测项目至少应包括烟气量、烟气温度、颗粒物浓度、SO_2 浓度和 O_2 量，并通过硬接线接入脱硫工程的控制系统。

8.4 分析检测

脱硫工程日常分析检测项目及检测周期见附录 B。

9 主要辅助工程

9.1 电气系统

9.1.1 脱硫工程供配电设计应符合 GB 50052 中的有关规定。

9.1.2 脱硫工程高压、低压供配电电压等级应与主体工程一致。

9.1.3 脱硫工程用电负荷采用双电源供电，如负荷较多可设脱硫专用变压器供电，电源引自主体工程。

9.1.4 交流保安系统应与主体工程一致。脱硫工程区域交流不停电负荷宜由 UPS 系统供电，可单独设置 UPS。UPS 宜采用静态逆变装置。

9.1.5 脱硫工程宜设置独立的直流系统为脱硫工程直流负荷（如有）供电，直流系统的设置可参照 DL/T5044 的规定。

9.1.6 脱硫供配电二次接线应符合下列要求：

a）脱硫电气系统宜在脱硫控制室控制，并纳入分散控制系统；

b）脱硫电气系统控制水平应与工艺专业协调一致，宜纳入分散控制系统控制，也可采用强电控制。

9.1.7 过电压保护和接地应符合下列要求：

a）脱硫电气装置的过电压保护设计应符合 GB/T 311.1、GB/T 311.2 及 GB/T 50064 等有关规定。

b）脱硫生产建（构）筑物的防雷保护应符合 GB 50057 等有关规定。

c）脱硫交流接地系统的设计应符合 GB 50065 等有关规定。

d）液氨罐应按照第二类防雷建筑物设防，并符合 GB 50057 等规定。液氨罐防爆区域范围按 GB50058 等规定执行。

9.1.8 爆炸火灾危险环境的电气装置设计应符合 GB 50058 及相应行业的有关规定。

9.2 建筑与结构

9.2.1 建筑物的防火设计应符合 GB 50016 的规定。

9.2.2 建筑物的噪声设计应符合 GB/T 50087 的规定。

9.2.3 脱硫工程建筑物热工与节能设计应符合 GB 51245 的有关规定。

9.2.4 脱硫工程的建筑宜优先考虑天然采光，建筑物室内天然采照度应符合 GB 50033 等标准的要求。

9.2.5 脱硫工程建筑防腐蚀设计应符合 GB 50046 的有关规定。

9.2.6 脱硫工程建筑物室内装修设计应符合 GB 50222 的有关规定。

9.2.7 土建结构的设计应符合 GB 50009、GB 50011 及相关行业规范的要求。楼（屋）面活荷载的标准值及其组合值、频遇值和准永久值系数应按附录 C 中表 C.1 的规定采用。

9.2.8 建筑物的抗震设计应符合 GB 50011 等标准的要求。

9.2.9 计算地震作用时，建（构）筑物的重力荷载代表值应取恒载标准值和各可变荷载组合值之和。各可变荷载的组合值系数应按附录 C 中表 C.2 的规定采用。

9.3 给排水及消防

9.3.1 脱硫工程的生产生活给水系统、生产生活排水系统、雨水排水系统应符合 GB 50013、GB 50014、GB 50015 等标准以及相应行业的规定。

9.3.2 氨区应按照规范 SH 3047 等标准设置洗眼器，洗眼器的保护半径不大于 15 m，洗眼器的用水水质应满足 GB 5749 等标准的要求。

9.3.3 脱硫工程建（构）筑物的消防系统应符合 GB 50016、GB 50140、GB 50116 和 GB 50974 等国家相 关规定。

9.3.4 氨罐区消防给水量按供给强度 6 L/（min·m²），持续供给时间 6 h 计算，并符合 GB 50016、GB 50974 及 GB 50219 等规定。

9.3.5 储存液氨的罐区应设置合适的冷却及灭火系统，并满足 GB 50084、GB 50160、GB 50974、GB 50219 等规范要求。

9.4 采暖通风与空气调节

9.4.1 脱硫工程应设有采暖、通风与空气调节系统，并应符合 GB 50019 和 GB 50243 的规定。

9.4.2 脱硫工程建筑物的采暖应与其他建筑物一致，冬季采暖室内计算温度取值可参考附录 D 确定。在严寒地区，应按所在地区考虑机械排风或除尘系统排风所带走热量的补偿措施。

9.4.3 副产物处理系统的厂房等有可能逸出有害物质的场所，应设计事故通风设施，事故通风换气次数宜不小于 12 次/h。

9.5 道路与绿化

9.5.1 脱硫工程区域内道路设计应为道路建成后的经常性维修、养护和绿化工作创造有利条件。

9.5.2 脱硫工程区域内绿化应符合 GB 50187 的有关规定。

10 劳动安全与职业卫生

10.1 一般规定

10.1.1 脱硫工程在设计、建设和运行过程中，应高度重视劳动安全和职业卫生，采取各种防治措施，保护人身的安全和健康。

10.1.2 脱硫工程安全卫生管理应符合 GB 5083、GB/T 12801 和 AQ/T 3033 中的有关规定。

10.1.3 安全和卫生设施应与脱硫工程同时建成运行，并制订相应的操作规程。

10.1.4 危险品执行 GB 18218 等标准，按 AQ 3035 和 AQ 3036 等标准设计。

10.1.5 防火、防爆设计应符合 GB 50016、GB 50222 中的有关规定。

10.1.6 采用液氨作为吸收剂时，相关设计应执行 GB/T 12801、AQ/T 3033、GB 18218、AQ 3035、AQ3036 等中的有关规定。

10.2 劳动安全

10.2.1 氨罐区按照 SH/T 3053 规定执行。液氨罐的制造质量应满足 TSG 21 的规定。

10.2.2 储氨量按 GB 18218 规定为重大危险源的，应执行《危险化学品重大危险源监督管理规定》。

10.3 职业卫生

10.3.1 脱硫工程职业卫生要求应符合 GBZ 1、GBZ 2.1、GBZ 2.2 的规定。

10.3.2 为防止职业中毒，脱硫工程工作场所的卫生工程防护措施应符合 GBZ/T 194 中的有关规定。

10.3.3 应尽可能采用低噪声、低振动设备，对于噪声和振动较高的设备应采取减振消声等措施。应尽量将噪声和振动源与操作人员隔开。

11 施工与验收

11.1 施工

11.1.1 脱硫工程的施工应符合国家和行业施工程序和管理文件要求。

11.1.2 特种作业人员应具有相关管理部门规定的特种作业人员资格。

11.1.3 施工作业除依据施工图文件、设计变更文件等外，还应遵守国家相关施工技术规范及行业安全规程的相关要求。

11.1.4 脱硫工程施工中使用的设备、材料、器件等应符合相关的国家标准，并取得供货商的产品合格证后方可使用。

11.1.5 储气罐、液氨罐、液氨管道等压力容器及其配套项目施工前应向特种设备主管部门办理相关手续，施工过程中接受其监督。

11.1.6 设备及管道的保温施工应符合 GB/T 4272 的相关要求。

11.1.7 玻璃鳞片衬里施工宜按照 HG/T 3797 和 HG/T 2640 规定执行。

11.1.8 脱硫工程的分系统调试、整套启动热态调试、满负荷试运及质量检验评定可参照 DL/T 5403 中的有关规定。

11.2 验收

11.2.1 脱硫工程验收应按相应专业验收规范和本规范的相关规定执行。

11.2.2 土建施工质量验收应符合 GB 50300 的规定。

11.2.3　机械设备安装质量验收应符合 GB 50231 的规定。

11.2.4　电气装置验收应符合 GB 50254、GB 50259 的规定。

11.2.5　热工仪表及控制装置验收应符合 GB 50093 的规定。

11.2.6　铬镍不锈钢、镍合金部件焊接、不锈钢复合钢板焊接验收可参照 GB/T 13148 的焊接检验质量规定。

11.2.7　设备和管道的保温施工验收应符合 GB/T 4272 的相关质量标准。

11.2.8　玻璃鳞片防腐衬里应符合 GB 18241.1、HG/T 2451、HG/T 2640 中的质量标准。

11.2.9　脱硫装置在生产试运行期间应进行性能考核试验。脱硫装置试验项目至少应包括：

　　a）出口 SO_2 浓度和 SO_2 脱硫效率；

　　b）出口颗粒物浓度；

　　c）出口氨逃逸浓度；

　　d）出口烟气温度；

　　e）出口雾滴含量；

　　f）压力损失；

　　g）吸收剂、水、电等消耗量；

　　h）脱硫副产物产量及质量；

　　i）氨回收率。

12　运行与维护

12.1　一般规定

12.1.1　脱硫装置的运行、维护及安全管理除应符合本规范外，还应符合相应行业设施运行的有关规定。

12.1.2　脱硫装置的运行应根据燃料、原料及主体工程负荷的变化及时调整，保证 SO_2 连续稳定达标排放。

12.1.3　脱硫装置运行应在满足设计工况的条件下进行，并根据工艺要求定期对各类设备、电气、自控仪表及建（构）筑物进行检查维护，确保装置稳定可靠运行。

12.1.4　脱硫装置不得在超过设计负荷的条件下长期运行。

12.1.5　主体装置启停机时应安排脱硫装置先开后停。

12.1.6　工厂应建立健全与脱硫装置运行维护相关的各项管理制度，以及运行、操作和维护技术规程；建立脱硫主要设备运行状况的台帐。运行维护管理的具体内容参考附录 E。

12.2　人员与运行管理

12.2.1　应成立脱硫装置运行的专门管理部门，并配备相应的人员。

12.2.2　应对脱硫装置的管理和运行人员进行定期培训，使管理和运行人员系统掌握正常运行的操作和应急情况的处理措施。氨罐区操作人员应经主管部门培训考核合格后持证上岗。

12.2.3　应建立脱硫装置运行状况、设施维护和生产活动等记录，主要记录内容包括：

　　a）系统启动、停止时间；

　　b）吸收剂进厂质量分析数据、进厂数量和进厂时间；

　　c）系统运行工艺控制参数记录，至少应包括脱硫装置进出口 SO_2 含量、烟气温度、烟气流量、烟气压力、用水量和用氨量；

    d）主要设备的运行和维修情况的记录；

    e）烟气连续监测数据记录；

    f）副产物处理系统运行情况的记录；

    g）生产事故及处置情况的记录；

    h）定期检测、评价及评估情况的记录等。

12.2.4 运行人员应按照运行管理制度和技术规程要求做好交接班和巡视，液氨或氨水的装卸应加强监控。

12.2.5 每班巡视应对脱硫工程的机械设备检查不少于 1 次，检查有无泄漏、振动、异响、堵塞、未达到设计流量等情况存在。主要设备的检修工艺及质量要求见附录 F。

12.3 维护保养

12.3.1 脱硫装置的维护保养应纳入全厂的维护保养计划并按相应行业规定进行检修。

12.3.2 维修人员应根据维护保养规定定期检查、更换或维修设备及其部件。

12.3.3 维修人员应做好维护保养记录。

12.3.4 液氨罐及其配套件应定期由具有相应资质的单位检验。

12.4 事故应急预案

12.4.1 应制定脱硫装置事故应急预案，储备应急物资，并定期组织相关演习。

12.4.2 脱硫装置事故应急内容至少应包括排放超标应急处理、事故停机应急处理、重要设备/系统故障应急处理、火灾事故应急处理、触电事故应急处理、突发停水/停电应急处理、人员伤亡应急救援。

12.4.3 事故处理时应做好记录、分析原因，防止同类事故重复发生。

附录 A（资料性附录）

典型工艺流程

A.1 氨法烟气脱硫工艺流程分类

氨法烟气脱硫工艺流程分类如下：

a）按副产物的结晶方式分：吸收塔内饱和结晶、吸收塔外蒸发结晶等；

b）按吸收塔塔型式分：单塔型、双塔型等；

c）按氧化段位置分：氧化外置、氧化内置等；

氨法烟气脱硫工程的工艺流程按照以上分类可组合成多种型式，以下只是其中三种典型流程，详见图 A.1、图 A.2 和图 A.3。

A.2 典型的吸收塔内饱和结晶

吸收塔内饱和结晶－氧化内置的氨法烟气脱硫工艺流程见图 A.1，吸收塔内饱和结晶－氧化外置的氨法烟气脱硫工艺流程见图 A.2。

A.2.1 吸收塔内饱和结晶－氧化内置的氨法烟气脱硫工艺流程的说明

a）烟气进入吸收塔，与浓缩循环液、吸收循环液逆向接触脱除 SO_2 后，净烟气经水洗、除雾后去烟囱排放；

b）与烟气中 SO_2 反应后的吸收循环液在吸收塔内被氧化风机送入的空气氧化；

c）吸收循环液在与原烟气逆向接触过程中被浓缩，在塔内结晶得到硫酸铵浆液；

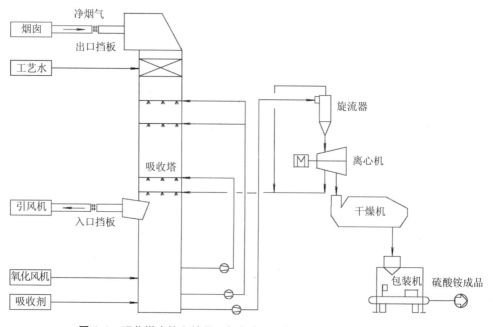

图 A.1 吸收塔内饱和结晶－氧化内置的氨法烟气脱硫工艺流程图

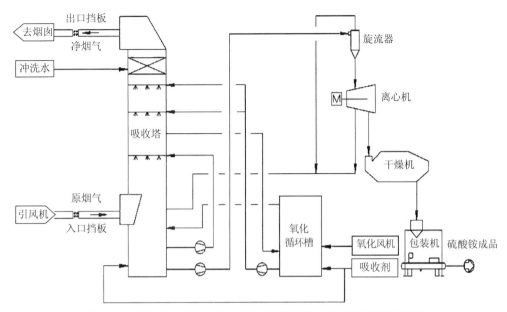

图 A.2　吸收塔内饱和结晶－氧化外置的氨法烟气脱硫工艺流程图

　　d）硫酸铵浆液送副产物处理系统，经旋流、离心分离得到湿硫酸铵，湿硫酸铵经干燥、包装后得成品硫酸铵，母液返回吸收塔；

　　e）补充吸收剂系统的吸收剂到吸收循环液中。

A.2.2　吸收塔内饱和结晶－氧化外置的氨法烟气脱硫工艺流程的说明

　　a）烟气进入吸收塔，与浓缩循环液、吸收循环液逆向接触脱除 SO_2 后，净烟气经水洗、除雾后去烟囱排放；

　　b）与烟气中 SO_2 反应后的吸收循环液在氧化槽被氧化风机送入的空气氧化；

　　c）吸收循环液在与原烟气逆向接触过程中被浓缩，在塔内结晶得到硫酸铵浆液；

　　d）硫酸铵浆液送副产物处理系统，经旋流、离心分离得到湿硫酸铵，湿硫酸铵经干燥、包装后得到成品硫酸铵，母液返回吸收塔；

　　e）补充吸收剂系统的吸收剂到吸收循环液中。

A.3　典型的吸收塔外蒸发结晶（二效）－氧化内置的氨法烟气脱硫工艺流程的说明

　　吸收塔外蒸发结晶（二效）－氧化内置的氨法烟气脱硫工艺流程见图 A.3。

A.3.1　流程说明

　　a）烟气进入吸收塔，与浓缩循环液、吸收循环液逆向接触脱除 SO_2 后，净烟气经水洗、除雾后通过塔顶设置的直排烟囱排放；

　　b）与烟气中 SO_2 反应后的吸收循环液在吸收塔内被氧化风机送入的空气氧化；

　　c）吸收循环液与原烟气逆向接触过程中被浓缩；

　　d）浓缩循环液送二效蒸发结晶系统，水分被蒸发后，得到硫酸铵浆液；

　　e）硫酸铵浆液经旋流、离心分离得到湿硫酸铵，湿硫酸铵经进干燥、包装后得到成品硫酸铵，母液返回吸收塔；

　　f）补充吸收剂系统的吸收剂到吸收循环液中。

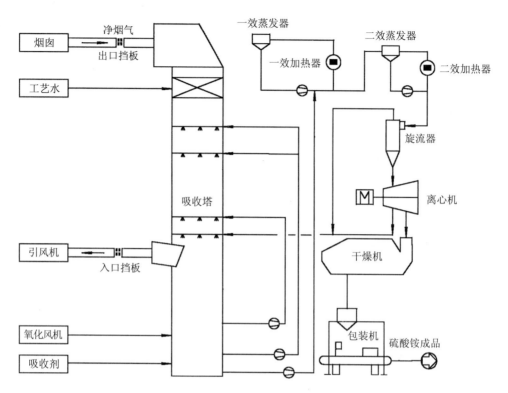

图 A.3 吸收塔外蒸发结晶（二效）—氧化内置的氨法烟气脱硫工艺流程图

附录 B（资料性附录）

日常分析检测项目及检测周期

B.1 脱硫工程日常分析检测项目及检测周期见表 B.1。

B.2 烟气 SO_2、NO_x、O_2、H_2O、颗粒物测试应依据 GB 16297、GB/T 16157 以及相应行业标准。

B.3 烟气氨逃逸浓度宜按 GB/T 16157 进行气液分离预处理后按 HJ 533 检测。

B.4 吸收循环液/浓缩循环液测试宜依据 GB/T 535、HG/T 2784、HG/T 2785。

B.5 副产物测试可参考 GB/T 535。

表 B.1 日常分析检测项目及检测周期

序号	类别	介质名称	分析项目指标	检测方法	检测频率
1	原料	吸收剂	有效成分含量、杂质	GB/T 8570	1 次/批
2	烟气	进、出口烟气	SO_2、NO_x、O_2、H_2O、颗粒物、雾滴浓度	GB 16297、GB/T 16157、相应行业排放标准	1 次/月
3	烟气	出口烟气	氨逃逸浓度	按 GB/T 16157 进行气液分离预处理后按 HJ 533 检测	2 次/月（当工况变化时，应适当提高检测频次）
4	中控	吸收循环液/浓缩循环液	总铵盐	GB/T 535	1 次/天
			亚硫酸（氢）铵	HG/T 2784、HG/T 2785	
			氯离子	GB/T 15453、GB/T 11896	1 次/周
			氟离子	GB/T 7484	
			悬浮固体	GB/T19923	
5	中控	吸收循环液/浓缩循环液	pH 值	pH 计	2 次/班
			密度	比重计	
6	中控	硫酸铵浆液	pH 值	pH 计	2 次/班
			密度	比重计	
7	副产物	硫酸铵	氮含量、水分、游离酸	GB/T 535	1 次/批

附录 C（资料性附录）

建（构）筑物重力荷载代表值计算

表 C.1　建（构）筑物楼（屋）面均布活荷载标准值及组合值、频遇值和准永久值系数

序号	类别	标准值 kN/m^2	组合值系数 ψ_c	频遇值系数 ψ_f	准永久值系数 ψ_q
1	配电装置楼面	5.0	0.9	0.8	0.7
2	控制室楼面	4.0	0.8	0.8	0.7
3	电缆夹层	2.0	0.7	0.7	0.6
4	硫铵综合楼楼面	4.0	0.8	0.7	0.7
5	固液分离层	4.0	0.8	0.7	0.6
6	干燥层	4.0	0.8	0.7	0.6
7	作为设备通道的混凝土楼梯	3.5	0.7	0.5	0.3

表 C.2　计算重力荷载代表值时采用的组合值系数

可变荷载的种类		组合值系数
一般设备荷载（如管道、设备支架等）		0.8
楼面活荷载	按等效均布荷载计算时	0.5
	按实际情况考虑时	1.0
屋面活荷载		0

附录 D（资料性附录）

冬季采暖室内计算温度

表 D.1　冬季采暖室内计算温度表

房间名称	采暖室内计算温度（℃）	房间名称	采暖室内计算温度（℃）
包装房	5	控制室	20
硫铵仓库	5	配电室	5
离心机房	10	氧化风机房	5
干燥机房	10	泵房	5
UPS 室	18	CEMS 室	20

注：设置集中采暖的泵房及氧化风机房，应保证设备停止运行时室内的温度不低于 5℃。

附录E（资料性附录）

氨法烟气脱硫工程运行维护管理

E.1 开车前的联合检查

E.1.1 工程扫尾工作

工程竣工前进行设计和施工质量大检查，由施工、设计、运行三方面人员，按专业分工开展"三查四定"——三查即查设计漏项，查工程质量隐患，查未完工程（包括未施工的联络笺，联系单的工作量）；四定即对检查出来的问题，定任务、定人员、定措施、定时间完成。

E.1.2 检测与过程控制系统的调试

a）在联动试车前，应对检测与过程控制系统的检测、控制、联锁和报警进行模拟调试；

b）当检测与过程控制系统调试时，检测与过程控制、电气、工艺操作人员必须密切配合，相互协作；

c）首次试车或低负荷下可暂时不投用联锁装置，但应保留报警并派专人负责保护。

E.2 投料试车

E.2.1 概述

完成开车前的准备工作方可进行投料试车。

投料试车的目的是对生产工艺流程、设备、检测与过程控制、电气等进行全面考察，对操作和管理人员进一步训练，对界区条件如工艺水、工业循环冷却水、蒸汽、压缩空气、吸收剂供应，电气，检测与过程控制，给排水及消防做进一步检查，为正常生产做好准备。

试车时，要按工艺流程顺序逐步打通流程，不应追求快速达到设计负荷，确保人身安全和机械安全。

E.2.2 准备工作

a）试车组织落实，各岗位操作人员配齐并熟知本岗位职责、操作规程和试车方案；

b）联动试车中设备、管道、电气、检测与过程控制、给排水及消防等所发现的缺陷都已经消除并检查合格；

c）吸收剂质量满足要求，烟气量、SO_2浓度、颗粒物浓度满足要求；

d）分析检测条件具备；

e）各种报表齐全；

f）通讯、照明设备运转正常；

E.2.3 水联动试车

a）吸收循环系统加入工艺水；

b）启动各循环泵，形成吸收循环系统的水循环，此时观察吸收塔的液位，吸收循环液流量，浓缩循环液流量，吸收塔压力等控制参数的变化情况；

c）启动各槽罐的搅拌器，检查搅拌装置能否正常运行；

d）完成水联动试车后，进行投料试车。

E.2.4　投料试车

E.2.4.1　启动各循环泵，形成吸收循环系统的水循环。

E.2.4.2　启动氧化风机。

E.2.4.3　通烟气

a）通知主控室已具备接受烟气的条件；

b）开启吸收塔进、出口烟道挡板门。

E.2.4.4　加入吸收剂

a）吸收剂加入量根据烟气量、烟气 SO_2 浓度、出口 SO_2 浓度、出口颗粒物浓度、出口氨逃逸浓度等进行控制；

b）吸收循环液按照工艺要求进行循环、氧化、排出，浓缩循环液按照工艺要求进行循环、排出；

c）副产物处理系统开车，启动固液分离设备、干燥设备、称重及包装设备。

E.3　正常运行

完成投料试车后，调节主要设备和工艺控制参数，以达到设计指标。

E.4　停车及故障分析

E.4.1　停车

主体装置大修，则脱硫装置按计划停车。

在计划停车前，应将吸收塔、氧化槽等设备的液位控制在低位。

在有关准备工作完成后，主体装置停止送入烟气，关闭进出吸收塔的烟气挡板门。

停运氧化风机，关闭吸收剂、工艺水进料阀，停止向吸收塔加入吸收剂、工艺水。

吸收循环泵、浓缩循环泵继续运行，直到吸收塔温度达到安全温度后，停运吸收循环泵、浓缩循环泵。

依次关闭固液分离设备、干燥设备、称重及包装设备，完成副产物处理系统的停车。

E.4.2　异常分析

a）出口 SO_2 浓度偏高：吸收剂加入量不足、吸收循环泵未启动、喷淋系统堵塞或泄漏等；

b）吸收循环液、浓缩循环液氧化率低：氧化空气量不足或 SO_2 浓度超出设计值；

E.4.3　脱硫工程运行记录表见表 E.1 和 E.2。

E.5　脱硫装置应急处理预案

E.5.1　一般要求

E.5.1.1　脱硫装置应按相关标准及规定结合脱硫装置的实际情况制订各种应急处理预案，以确保脱硫装置的安全。

E.5.1.2　运行人员应严格按照运行规程和运行人员岗位责任制的要求进行操作。

E.5.1.3　发生事故时，运行人员应迅速向班长、车间主任或有关领导汇报，按照规程和指示进行处理，紧急情况下宜先处理事故。

表 E.1　氨法烟气脱硫装置生产记录表（一）烟气系统及吸收循环系统

年　月　日

项目 时间	进口烟气					净烟气						吸收塔			吸收循环泵 A		吸收循环泵 B		吸收循环泵 C		浓缩循环泵 A		浓缩循环泵 B		浓缩段	氧化槽	氧化空气	氧化风机 A		氧化风机 B	
	压力	温度	烟气量（干标，基准氧）	SO₂浓度（干标，基准氧）	颗粒物（干标，基准氧）	压力	温度	烟气量（干标，基准氧）	SO₂浓度（干标，基准氧）	颗粒物（干标，基准氧）	脱硫率	温度	压力	压力降	压力	电流	压力	电流	压力	电流	压力	电流	压力	电流	液位	液位	压力	压力	电流	压力	电流
	kPa	℃	m³/h	mg/m³	mg/m³	kPa	℃	m³/h	mg/m³	mg/m³	%	℃	kPa	Pa	MPa	A	MPa	A	MPa	A	MPa	A	MPa	A	m	m	kPa	MPa	A	MPa	A
2：00																															
4：00																															
6：00																															
8：00																															
10：00																															
12：00																															
14：00																															
16：00																															
18：00																															
20：00																															
22：00																															
0：00																															

大夜班人员：　　　　白班人员：　　　　小夜班人员：

当班情况：　　　　当班情况：　　　　当班情况：

表 E.2 氨法烟气脱硫装置生产记录表 (二) 副产物处理系统及公用系统

年　月　日

项目 时间	旋流器进口 流量 (m³/h)	旋流器进口 含固率 (%)	旋流器出口 含固率 (%)	硫酸铵浆液泵 压力 (MPa)	硫酸铵浆液泵 电流 (A)	热风 温度 (℃)	蒸汽 压力 (MPa)	蒸汽 温度 (℃)	料液槽 液位 (m)	料液槽 搅拌电流 (A)	离心机 电流 (A)	离心机 温度 (℃)	事故槽 液位 (m)	事故泵 压力 (MPa)	事故泵 电流 (A)	工艺水槽 液位 (m)	工艺水泵 压力 (MPa)	工艺水泵 电流 (A)	硫酸铵产品 氨含量 (%)	硫酸铵产品 水分 (%)	硫酸铵产品 游离酸 (%)
2: 00																					
4: 00																					
6: 00																					
8: 00																					
10: 00																					
12: 00																					
14: 00																					
16: 00																					
18: 00																					
20: 00																					
22: 00																					
0: 00																					

大夜班人员：

当班情况：硫酸铵　　　　袋

白班人员：

当班情况：硫酸铵　　　　袋

小夜班人员：

当班情况：硫酸铵　　　　袋

E.5.1.4　事故处理结束，运行人员应将事故的详细情况记入操作记录。

E.5.2　吸收剂泄漏的应急处理

E.5.2.1　应急处理人员应戴防护手套和空气呼吸器，穿防毒服。

E.5.2.2　应迅速撤离泄漏污染区人员至上风处，严格限制出入。

E.5.2.3　应切断火源，严禁使用产生火花的工具和机动车辆进入，宜禁止使用通讯工具。

E.5.2.4　应尽可能切断泄漏源，开启事故通风。如果是脱硫界区内泄漏，可关闭界区内吸收剂进口总阀，并将总阀到吸收塔之间管道内的吸收剂全部加入吸收循环液。

E.5.2.5　高浓度泄漏区，喷水中和、稀释、溶解。

E.5.2.6　现场急救

　　a）皮肤接触：立即脱去被污染的衣着，应用2%硼酸液或大量流动清水彻底冲洗；就医；

　　b）眼睛接触：立即提起眼睑，用大量流动清水或生理盐水彻底冲洗至少15分钟；就医；

　　c）吸入：迅速脱离现场至空气新鲜处；保持呼吸道通畅；如呼吸困难，立即输氧；如呼吸停止，立即进行人工呼吸；就医。

E.5.3　脱硫系统供水中断的处理

E.5.3.1　工业循环冷却水中断的处理

　　a）停止离心机运行；

　　b）停止氧化风机运行；

　　c）若工业循环冷却水短时内不能恢复，则应请示有关领导，按照领导指示进行处理。

E.5.3.2　工艺水中断的处理

脱硫装置工艺水槽宜满足系统1 h用水量，工艺水中断后及时报告。

附录 F（资料性附录）

主要设备的检修工艺及质量要求

表 F.1　主要设备的检修工艺及质量要求表

设备名称	项目	维护或检查内容	质量要求
吸收塔本体	检查塔（罐）防腐内衬（树脂）的磨损及变形	(1) 清除塔内及干湿界面的灰渣及垢物； (2) 用电火花仪检查防腐内衬有无损坏，用测厚仪检查内衬的磨损情况； (3) 检查塔壁变形及开焊情况，采用内顶外压法校直、补焊	(1) 各部位清洁无异物； (2) 内衬无针孔、裂纹、鼓泡和剥离。磨损量不大于原厚度的 1/3； (3) 塔壁平直，焊缝无裂纹
	检查格栅梁及托架	(1) 检查格栅梁及托架的腐蚀磨损情况，视情况修补或更换； (2) 检查托架安装是否平稳，测量水平度	(1) 梁、架防腐层完好； (2) 水平度不大于 2‰，且不大于 4 mm
	检查氧化配气管	(1) 用水冲洗、疏通配气管； (2) 检查焊缝及断裂情况，进行补焊； (3) 检查管子定位抱箍有无松动脱落，并拧紧、补齐； (4) 塔（罐）内注水淹没喷嘴，通入压缩空气做鼓泡试验	(1) 无堵塞； (2) 焊缝及管道无裂纹、脱焊； (3) 抱箍齐全、牢固； (4) 有氧化配气管的喷嘴鼓泡均匀，管道无振动
	检查各部冲洗喷嘴及管道、阀门	(1) 检查喷嘴； (2) 检查管道应无腐蚀，法兰及阀门无损坏	(1) 喷嘴完整，无堵塞、磨损、管道畅通； (2) 管道无泄漏，阀门开关灵活
	检查除雾器	(1) 冲洗芯体，除去垢块，检查芯体； (2) 检查紧固件； (3) 检查漏斗排水管	(1) 芯体无杂物堵塞，表面光洁，无变形、损坏； (2) 连接紧固件完好，牢固； (3) 漏斗及排水管畅通
吸收液循环泵	检查机械密封	安装时将轴表面清洗干净，抹上黄油，装好各部 O 型环，压盖应对角；均匀拧紧	(1) 盘簧无卡涩，动静环表面光洁；无裂纹、划伤、锈斑或沟槽； (2) 轴套无磨痕，粗糙度为 1.6
	检查轴承	(1) 检查轴承表面及测量间隙。更换轴承时采用热装温度不超过 100℃，严禁用火焰加热；安装时轴承平行套入，不得直接敲击弹夹的外圈； (2) 检查测量主轴颈圆柱度，以两轴颈为基准测量中段径向跳动量	(1) 轴承体表面应无锈斑、坑疤（麻点不超过 3 点，深度小于 0.50 mm，直径小于 2 mm）转动灵活无噪声； (2) 公差配合：轴径向轴承与轴 H7/JS6，径向轴与轴 H7/K6，外圈与箱内壁 JS7/h6； (3) 止推轴外圈轴向间隙为 0.02~0.06 mm； (4) 轴承轴向间隙不大于 0.3 mm； (5) 径向间隙不大于 0.15 mm； (6) 转子定中心时应取总窜量的 1/2
	检查泵体及过流部件	(1) 检查泵体、叶轮等过流部件的磨损、腐蚀、汽蚀情况； (2) 测定与吸入衬板间隙	(1) 泵壳无磨损及裂纹；叶轮无穿孔、无可能引起振动的失衡缺陷； (2) 轮与吸入衬板间隙：卧式泵为 1~1.5 mm，立式液下泵为 2~3 mm； (3) 无泄漏，且水压高于泵压 0.5bar

设备名称	项目	维护或检查内容	质量要求
			以上
浓缩液循环泵	检查机械密封	安装时将轴表面清洗干净，抹上黄油，装好各部O型环，压盖应对角均匀拧紧	（1）盘簧无卡涩，动静环表面光洁无裂纹、划伤、锈斑或沟槽；（2）轴套无磨痕，粗糙度为1.6
	检查轴承	（1）检查轴承表面及测量间隙。更换轴承时采用热装温度不超过100℃，严禁用火焰加热；安装时轴承平行套入，不得直接敲击弹夹的外圈；（2）检查测量主轴颈圆柱度，以两轴颈为基准测量中段径向跳动量	（1）轴承体表面应无锈斑、坑疤（麻点不超过3点，深度小于0.50mm，直径小于2mm）转动灵活无噪声；（2）公差配合：轴径向轴承与轴H7/JS6，径向轴与轴H7/K6，外圈与箱内壁JS7/h6；（3）止推轴外圈轴向间隙为0.02～0.06mm；（4）轴承轴向间隙不大于0.3mm；（5）径向间隙不大于0.15mm；（6）转子定中心时应取总窜量的1/2
浓缩液循环泵	检查泵体及过流部件	（1）检查泵体、叶轮等过流部件的磨损、腐蚀、汽蚀情况；（2）测定与吸入衬板间隙	（1）泵壳无磨损及裂纹；叶轮无穿孔、无可能引起振动的失衡缺陷；（2）轮与吸入衬板间隙：卧式泵为1～1.5mm，立式液下泵为2～3mm；（3）无泄漏，且水压高于泵压0.5bar以上
	检查密封水系统	（1）检查、修理密封水管道法兰阀门；（2）检查密封是否损坏，轴承箱是否漏油	（1）无泄露，密封无破损；（2）轴封完好，无泄漏点
	检查润滑油系统	检查润滑油质，并定期补充及更换	润滑油符合标准，无杂质
	检查出入口蝶阀	检查蝶阀	开关灵活，关闭严密；橡胶衬里无损坏
离心机	检查筛网	（1）筛网间隙过大；（2）表面磨蚀严重	（1）一级筛网间隙≤0.35mm，二级筛网间隙≤0.5mm；（2）筛网表面光滑，有金属光泽，材质无误，无明显磨蚀凹坑，间隙对称
	检查离心加速盘及分配盘	（1）外型检查；（2）紧固螺栓	（1）外型尺寸正确，表面无腐蚀；（2）紧固螺栓无磨蚀，螺栓补套无腐蚀变形
	检查转鼓及耐磨环	（1）转鼓外型检查；（2）耐磨环检查；（3）耐磨环螺栓；（4）刮刀	（1）转鼓无明显腐蚀，转鼓内筛网卡槽凸台≥3mm；（2）耐磨环内弧无磨蚀，材质无误；（3）螺栓完整，无腐蚀；（4）刮刀无磨蚀变形，材质无误
	检查集料槽	（1）集料弧板磨蚀；（2）集料槽螺栓及衬套腐蚀	（1）弧板表面光滑，无明显冲击凹坑；（2）螺栓无腐蚀变形，衬套完好无变形

设备名称	项目	维护或检查内容	质量要求
离心机	检查液压油及油冷器	（1）液压油乳化； （2）油冷却器	（1）液压油保持油标冷 1/2～2/3，油质无乳化变质； （2）油冷器转热良好，进出口冷却；水温差＞5℃
	检查气液分离装置	泄漏检查	无泄漏，气液分离正常
	检查电机及皮带	（1）电机检查； （2）皮带检查	（1）电机工作正常； （2）皮带松紧正常，或更换

中华人民共和国国家环境保护标准

袋式除尘工程通用技术规范

General technical specification for bag flitration engineering

HJ 2020—2012

前 言

为贯彻《中华人民共和国环境保护法》、《中华人民共和国大气污染防治法》，规范袋式除尘工程建设和运行管理，控制粉尘和微细粒子排放，改善环境质量，促进袋式除尘行业技术进步，制定本标准。

本标准规定了袋式除尘工程设计、施工与安装、调试与验收、运行与维护管理的通用技术要求。

本标准为指导性标准。

本标准为首次发布。

本标准由环境保护部科技标准司组织制订。

本标准主要起草单位：中国环境保护产业协会、中钢集团天澄环保科技股份有限公司、中国环境科学研究院。

本标准环境保护部 2012 年 10 月 17 日批准。

本标准自 2013 年 1 月 1 日起实施。

本标准由环境保护部解释。

1 适用范围

本标准规定了袋式除尘工程设计、施工与安装、调试与验收、运行与维护的通用技术要求。

本标准准适用于各种规模的袋式除尘工程，可作为环境影响评价、环境保护设施设计与施工、环境保护验收及建成后运行与管理的技术依据。

本标准所提出的技术要求具有通用性，特殊性要求可执行相关行业的除尘工程技术规范。电袋复合除尘工程可参照执行。

本标准不适用于煤气净化袋式除尘工程。

2 规范性引用文件

本标准引用了下列文件或其中的条款。凡是未注明日期的引用文件，其最新版本适用于本标准。

GB 6095　安全带

GB 5725　安全网

GB 2894　安全标志及其使用导则

GB 3608　高处作业分级

GB 4053.1　固定式钢及平台安全要求　第 1 部分：钢直梯

GB 4053.2　固定式钢及平台安全要求　第 2 部分：钢斜梯

GB 4053.3　固定式钢及平台安全要求　第 3 部分：工业防护栏杆及钢平台

GB 6514　涂装作业安全规程　涂漆工艺安全及其通风净化

GB 7059　便携式木梯安全要求

GB 7251　低压成套开关设备和控制设备

GB 12348　工业企业厂界环境噪声排放标准

GB 50007　建筑地基基础设计规范

GB 50009　建筑结构荷载规范

GB 50010　混凝土结构设计规范

GB 50011　建筑抗震设计规范

GB 50014　室外排水设计规范

GB 50015　建筑给水排水设计规范

GB 50016　建筑设计防火规范

GB 50017　钢结构设计规范

GB 50019　采暖通风与空气调节设计规范

GB 50029　压缩空气站设计规范

GB 50040　动力机器基础设计规范

GB 50051　烟囱设计规范

GB 50052　供配电系统设计规范

GB 50054　低压配电设计规范

GB 50057　建筑物防雷设计规范

GB 50131　自动化仪表工程施工质量验收规范

GB 50168　电气装置安装工程电缆线路施工及验收规范

GB 50169　电气装置安装工程接地装置施工及验收规范

GB 50171　盘、柜及二次回路接线规范

GB 50187　工业企业总平面设计规范

GB 50204　混凝土结构工程施工质量验收规范

GB 50217　电力工程电缆设计规范

GB 50235　工业金属管道工程施工及验收规范

GB 50236　现场设备、工业管道焊接工程施工及验收规范

GB 50242　建筑给水排水及采暖施工质量验收规范

GB 50254　电气装置安装工程低压电器施工及验收规范

GB 50259　电气装置安装工程电气照明装置施工及验收规范

GB 50264　工业设备及管道绝热工程设计规范

GB 50270　连续输送设备安装工程施工及验收规范

GB 50275　压缩机、风机、泵安装工程施工及验收规范

GB 50303　建筑电气工程施工质量验收规范

GB 755　旋转电机　定额和性能

GB/T 985　气焊、手工电弧焊、气体保护焊焊缝坡口形式和尺寸

GB/T 3787　手持式电动工具的管理、使用、检查和维修安全技术规程

GB/T 3805　特低电压（ELV）限值

GB/T 6719　袋式除尘器技术要求

GB/T 8923　涂装前钢材表面锈蚀等级和除锈等级

GB/T 14048　低压开关设备和控制设备过电流保护装置

GB/T 15605　粉尘爆炸泄压指南

GB/T 16157　固定污染源排气中颗粒物测定与气态污染物采样方法

GB/T 50033　建筑采光设计标准

GB/T 50326　建设工程项目管理规范

GBJ 87　工业企业噪声控制设计规范

GBJ 140　建筑灭火器配置设计规范

GBJ 149　电气装置安装工程母线装置施工及验收规范

GBZ 1　工业企业设计卫生标准

GBZ 2.1　工作场所有害因素职业接触限值　第 1 部分：化学有害因素

GBZ 2.2　工作场所有害因素职业接触限值　第 2 部分：物理因素

DL/T 5137　电测量及电能计量装置设计技术规程

DL/T 620　交流电气装置的过电压保护和绝缘配合

DL/T 659　火力发电厂分散控制系统验收测试规程

DL/T 909　正压气力输灰系统性能验收试验规程

DL/T 5044　火力发电厂、变电所直流系统设计技术规定

DL/T 5072　火力发电厂保温油漆设计规程

D/T 5121　火力发电厂烟风煤粉管道设计技术规范

HGJ 229　工业设备管道防腐检验验收规范

HJ/T 284　环境保护产品技术要求　袋式除尘器用电磁脉冲阀

HJ/T 324　环境保护产品技术要求　袋式除尘器用滤料

HJ/T 326　环境保护产品技术要求　袋式除尘器用覆膜滤料

HJ/T 327　环境保护产品技术要求　袋式除尘器滤袋

HJ/T 328　环境保护产品技术要求　脉冲喷吹类袋式除尘器

HJ/T 329　环境保护产品技术要求　回转反吹袋式除尘器

HJ/T 330　环境保护产品技术要求　分室反吹类袋式除尘器

HJ/T 397　固定源废气监测技术规范

JB 10191　袋式除尘器安全要求　脉冲喷吹类袋式除尘器用分气箱

JB/T 5911　电除尘器焊接技术要求

JB/T 5916　袋式除尘器用电磁脉冲阀

JB/T 5917　袋式除尘器用滤袋框架技术条件

JB/T 8471　袋式除尘器安装技术要求与验收规范

JB/T 8690　工业通风机　噪声限值

JB/T 10341　滤筒式除尘器

SH 3022　工业设备和管道涂料防腐蚀技术规范

《建设工程质量管理条例》（国务院令　第 279 号）

《建设项目竣工环境保护验收管理办法》（国家环境保护总局令　第 13 号）

3　术语和定义

下列术语和定义适用于本标准。

3.1　标准状态　normal condition

指气体温度为 273.15 K，压力为 101 325 Pa 时的状态，简称"标态"。

3.2　烟（粉）尘污染源　smoke and dust pollution sources

生产中产生含尘废气的部位或设备。

3.3　排风量　exhaust air rate

集气罩（集尘罩）或炉窑出口排出的工况气体体积流量，单位为 m³/h。

3.4　捕集率

集气罩所能捕集的污染气体量与生产工艺设备产生的污染气体量之比，单位为%。

3.5　处理风量　disposing air volume

除尘器、换热器等设备进口工况气体体积流量，单位为 m³/h。

3.6　系统风量　system air volume

袋式除尘系统排风机入口工况气体体积流量，反映袋式除尘系统的处理能力，单位为 m³/h。

3.7　工况风量　operating mode air volume

袋式除尘系统运行时管道某断面或设备进、出口工况气体体积流量，单位为 m³/h。

3.8　过滤速度　filtration velocity

含尘气体通过滤袋的表观速度，单位为 m/min。

3.9　过滤仓室　filtration room

能实现离线检修的过滤单元。

3.10　预涂灰（粉）　pre-coating with ash

袋式除尘器投运前或更换新滤袋后，在滤袋表面预置一定厚度粉尘的操作。

3.11　离线清灰　off-line cleaning

过滤仓室停止过滤状态下的清灰。

3.12　在线清灰　on-line cleaning

过滤仓室不停止过滤状态下的清灰。

3.13　气流分布　air current distribution

采用阻流和导流装置使进入袋式除尘器后的气体流量和速度按设计要求进行分配和分布的措施。

3.14　复合滤料　compound-filter material

两种及其以上不同纤维按一定比例组成的特殊结构的滤料。

3.15　脉冲宽度　width of electric pulse

控制系统向脉冲阀发出电信号的持续时间，即先导电磁阀通电的持续时间。

3.16　脉冲间隔　interval of pulse

控制系统向脉冲阀发出的相邻两次启动信号的间隔时间。

3.17　高温烟气　high temperature exhaust gas

温度大于等于130℃的烟气。

3.18　荧光粉检漏　phosphor powder leak hunting

利用荧光粉和紫光灯检查袋式除尘器粉尘泄漏点的检漏方式。

4　污染物与污染负荷

4.1　污染物

4.1.1　袋式除尘工艺适用于各种风量下的含尘气体净化。

4.1.2　袋式除尘工艺的采用取决于污染物的特性。以下场合和要求下应优先采用袋式除尘工艺：

　　a）粉尘排放浓度限值（标态干排气）<30 mg/m³；

　　b）高效捕集微细粒子；

　　c）含尘空气的净化；

　　d）炉窑烟气的净化；

　　e）粉尘具有回收价值，可综合利用；

　　f）水资源缺乏或严寒地区；

　　g）垃圾焚烧烟气净化；

　　h）高比电阻粉尘或粉尘浓度波动较大；

　　i）净化后气体循环利用。

4.1.3　以下场合通过技术措施处理后可采用袋式除尘工艺：

　　a）高温烟气通过冷却降温，满足滤料连续工作温度；

　　b）烟气含湿量虽大，但烟气未饱和，且烟气温度高于露点温度15℃以上；

　　c）烟气短期含油雾，但袋式除尘器采取了预涂粉防护措施；

　　d）烟气中虽有火星，但已采取火星捕集等预处理措施。

4.2　污染负荷

4.2.1　袋式除尘工程设计应了解生产工艺、设备、工作制度、维护检修等基本情况和要求，掌握污染源产生污染物的成因、种类和理化性质、数量及位置分布、排放形式与途径、排放量及排放强度、排放规律等，作为工程设计的原始资料。

4.2.2　原始资料可参考附录A收集。原始资料应真实、可靠，以测试报告、设计资料为主，当用户无法提供时，可通过以下方式获得：

　　a）委托专业测试单位进行测试；

　　b）同类型、同规模项目类比；

　　c）公式计算结合工程经验判断；

　　d）模拟试验。

4.2.3 设计负荷和设计余量应根据污染物特性、污染强度、排放标准和环境影响评价批复文件的要求综合确定。

4.2.4 设计负荷和设计余量应充分考虑污染负荷在最大和最不利情况下袋式除尘系统的适应性，确保其稳定运行。

4.2.5 污染源排风量、生产设备排出的废气量、换热器进出口风量、除尘器处理风量、引风机风量均应按工况风量确定。性能测试和检测数据应按标准状况换算。

5 总体要求

5.1 一般规定

5.1.1 袋式除尘工程的设计和实施应遵守国家"三同时"、清洁生产、循环经济、节能减排等政策、法规、标准的规定。

5.1.2 袋式除尘工程的设计应以达标排放为原则，采用成熟稳定、技术先进、安全可靠、经济合理的工艺和设备。

5.1.3 袋式除尘工程应由具有国家相应设计资质的单位进行设计。

5.1.4 袋式除尘的配置应不低于生产工艺设备的装备水平，并纳入生产系统统一管理。除尘系统和设备应能适应生产工艺的变化和负荷波动，应与生产工艺设备同步运转。

5.1.5 袋式除尘系统功能、技术水平、配置、自动控制和检测应与生产工艺和管理水平的要求相适应。不得采用落后和淘汰的技术及装备。

5.1.6 袋式除尘工程的设计年限应与生产工艺的设计年限相适应，一般不低于20年。

5.1.7 袋式除尘工程设计耐火等级、抗震设防应满足国家和行业设计规范、规程的要求。建（构）筑物抗震设防类别按丙类考虑，地震作用和抗震措施均应符合工程所在地抗震设防烈度的要求。地震作用和抗震措施应符合 GB 50011 的规定。

5.1.8 袋式除尘工程设计应明确的主要内容：

 a）工程设计的内容和范围；

 b）控制对象及治理效果；

 c）各个专业的接口；

 d）最不利工况的条件（风量、温度及烟尘的理化性质）；

 e）技术和装备水平的定位；

 f）工程质量等级；

 g）三通一平、地下掩埋物和地质状况。

5.1.9 袋式除尘工程建设应采取防治二次污染的措施，废水、废气、废渣、噪声及其他污染物的排放应符合相应的国家或地方排放标准。

5.1.10 袋式除尘工程应按照国家相关政策法规、大气污染物排放标准和地方环境保护部门的要求设置污染物排放连续监测系统。

5.2 总图布置

5.2.1 袋式除尘管道、主体设备、辅助设施等的总图布置应符合 GB 50187、GB 50016、GBZ 1 的规定，还应符合所属行业总图运输、防火、安全、卫生等规范的要求。

5.2.2 袋式除尘系统的平立面布置应节约用地。场地标高、排水、防洪等均应符合 GB 50187 的规定。

5.2.3　主体设备应按除尘工艺的流程布置，尽量靠近污染源。各设施的布置应顺畅、紧凑、美观；对于新建的项目，应预留适度的空地，以适应环保升级改造的需要。

5.2.4　主体设备之间应留有适当的间距，满足安装、检修、消防和运输的需要。袋式除尘器及换热器的竖向布置应根据卸灰和输灰方式确定。

5.2.5　袋式除尘系统的排气筒一般应设在场（厂）区主导风向的下风侧。

5.2.6　除尘系统管架的布置，应符合下列要求：

　　a）管架的净空高度及基础位置，不得影响交通运输、消防及检修；

　　b）不得妨碍建筑物自然采光与通风；

　　c）有利厂容厂貌。

5.2.7　管架与建筑物、构筑物之间的最小水平间距，应符合表 1 的规定。

表 1　管架与建筑物、构筑物之间的最小水平间距

单位：m

建筑物、构筑物名称	最小水平间距
建筑物有门窗的墙壁外缘或突出部分外缘	3.0
建筑物无门窗的墙壁外缘或突出部分外缘	1.5
铁路（中心线）	3.75
道路	1.0
人行道外缘	0.5
厂区围墙（中心线）	1.0
照明及通信杆柱（中心）	1.0

注 1：表中间距除注明者外，管架从最外边线算起；道路为城市型时，自路面边缘算起，为公路型时，自路肩边缘算起。

注 2：本表不适用于低架式、地面式及建筑物的支撑式。

5.2.8　除尘系统架空管线或管架跨越铁路、道路的最小垂直间距，应符合表 2 的规定。

表 2　架空管线、管架跨越铁路、道路的最小垂直间距

单位：m

名称		最小垂直间距
铁路（从轨顶算起）	火灾危险性属于甲、乙、丙类的液体、可燃气体与液化石油气管道	6.0
	其他一般管线	5.5 [a]
道路（从路拱算起）		5.0 [b]
人行道（从路面算起）		2.2/2.5 [c]

注 1：表中间距除注明者外，管线自防护设施的外缘算起，管架自最低部分算起。

注 2：[a] 架空管线、管架跨越电气化铁路的最小垂直间距，应符合有关规范规定。

　　　　[b] 有大件运输要求或在检修期间有大型起吊设备通过的道路，应根据需要确定。困难时，在保证安全的前提下可减至 4.5 m。

　　　　[c] 街区内人行道为 2.2 m，街区外人行道为 2.5 m。

5.2.9　管线综合布置其相互位置发生矛盾时，宜按下列原则处理：

　　a）压力管让自流管；

　　b）管径小的让管径大的；

c）易弯曲的让不易弯曲的；

d）临时性的让永久性的；

e）工程量小的让工程量大的；

f）新建的让现有的；

g）检修次数少的、方便的，让检修次数多的、不方便的。

5.2.10   地下管线交叉布置时，应符合下列要求：

a）给水管道，应在排水管道上面；

b）可燃气体管道，应在其他管道上面（热力管道除外）；

c）电力电缆，应在热力管道下面、其他管道上面；

d）氧气管道，应在可燃气体管道下面、其他管道上面；

e）腐蚀性的介质管道及碱性、酸性排水管道，应在其他管线下面；

f）热力管道，应在可燃气体管道及给水管道上面。

5.2.11   管线共沟敷设，应符合下列规定：

a）热力管道，不应与电力、通信电缆和物料压力管道共沟；

b）煤气等可燃气体管道不得与消防水管共沟敷设；

c）凡有可能产生相互影响的管线，不应共沟敷设。

5.2.12   建筑物的室内地坪标高、设备基础顶面标高应高出室外地面 0.15 m 以上。有车辆出入的建筑物室内、外地坪高差，一般为 0.15～0.30 m；无车辆出入的室内、外高差可大于 0.30 m。

5.2.13   建（构）筑物的防火间距应满足 GB 50016 的要求。

5.2.14   消防通道。消防车道的宽度不应小于 3.5 m，其距路边建筑物外墙宜大于 5 m。道路上方有管架、栈桥等障碍物时，其净高不宜小于 4 m。

5.2.15   穿过建筑物的消防车道，其净宽和净高均不应小于 4 m，如穿过大门时，其净宽不小于 3.5 m。

5.2.16   消防车道靠建筑物一侧不应布置妨碍消防车辆登高操作的绿化、架空管架等。

5.2.17   消防车道下的管沟和暗沟应能承受大型消防车的压力。

5.2.18   净化有爆炸危险的粉尘的袋式除尘器，宜布置在独立建筑内，且与所属厂房的防火间距不应小于 10 m。但符合下列条件之一的袋式除尘器可布置在生产厂房的单独间内：

a）有连续清灰设备；

b）风量不超过 15 000 m³/h 且集尘斗的储尘量小于 60 kg 的定期清灰的除尘器和过滤器。

6   工艺设计

6.1   一般规定

6.1.1   袋式除尘工艺应根据生产要求合理配置，除尘系统颗粒物排放应符合国家或地方大气污染物排放标准、建设项目环境影响评价文件和总量控制的规定。岗位粉尘浓度应符合 GBZ 1、GBZ 2.1、GBZ 2.2 规定限值的要求。

6.1.2   袋式除尘系统的基本构成有：污染源（尘源）控制装置、除尘管道、袋式除尘器、风机、排气筒（烟囱）、卸灰和输灰装置等。

6.1.3 袋式除尘器不得设置旁路。

6.1.4 袋式除尘工艺宜采用负压系统，特殊情况下可采用正压系统。

6.1.5 袋式除尘负压系统和正压系统的工艺流程见图1。

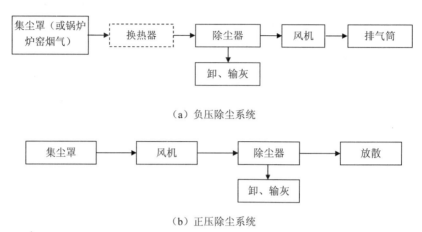

（a）负压除尘系统

（b）正压除尘系统

图1　常见的袋式除尘工艺流程

6.1.6 含有毒有害气体的净化不应采用正压除尘系统。以下场合可采用正压袋式除尘工艺：

　　a）粉尘质量浓度小于 3 g/m^3；

　　b）粒径小于 10 μm；

　　c）磨琢性不强（如石墨粉）；

　　d）粉尘黏性小；

　　e）含尘空气净化；

　　f）含有易燃易爆气体的净化；

　　g）除尘设备的周边无民用建筑和办公场所。

6.1.7 当原始烟气呈现下列特殊情况时，袋式除尘器前可设置预处理装置。

　　a）烟气中含炽热颗粒物或火星，可设火星捕集器；

　　b）烟气温度超温，可设烟气冷却器；

　　c）烟气含尘浓度过高，可设预除尘器；

　　d）粉尘需要分级回收，可设预除尘器。

6.1.8 高温烟气降温冷却应充分考虑余热回收利用。

6.1.9 大型袋式除尘工程设计应进行方案比较，优选出最佳工艺方案。

6.1.10　袋式除尘工程设计程序见附录 B。

6.2　污染（尘）源控制

6.2.1　应对无组织排放的烟（粉）尘污染源设置集气罩。集气罩的形式和设置应满足生产操作和检修的要求。

6.2.2　对产生烟（粉）尘的生产设备和部位，应优先考虑采用密闭罩或排气柜，并保持一定的负压。当不能或不便采用密闭罩时，可根据生产操作要求选择半密闭罩或外部集气罩，并尽可能包围或靠近污染源，必要时，采取增设软帘围挡，以防止粉尘外溢。逸散型热烟气的捕集应优选采用顶部集气罩；污染范围较大，生产操作频繁的场合可采用吹吸式集气罩；无法设置固定集气罩，生产间断操作的场合，可采用活动（移动）集气罩。

6.2.3 集气罩的排风口不宜靠近敞开的孔洞（如操作孔、观察孔、出料口等），以免吸入大量空气或物料。

6.2.4 集气罩设计时应充分考虑气流组织，避免含尘气流通过人的呼吸区。

6.2.5 集气罩设计时应考虑穿堂风等干扰气流对排烟效果的影响。

6.2.6 集气罩、屋顶集气罩的外形尺寸和容积较大时，罩体宜设置多个排风出口。集气罩收缩角不宜大于 60°。

6.2.7 集气罩的排风量应按照防止粉尘或有害气体扩散到环境空间的原则确定。排风量为工况风量，排风量大小可通过下列方式获得：

    a）生产设备提供；

    b）实际测量或模拟试验；

    c）工程类比和经验数据；

    d）设计手册与理论计算。

6.2.8 集气罩应能实现对烟气（尘）的捕集效果，捕集率不低于：

    a）密闭罩 100%；

    b）半密闭罩 95%；

    c）吹吸罩 90%；

    d）屋顶排烟罩 90%；

    c）含有毒有害、易燃易爆污染源控制装置 100%。

6.2.9 在集气罩可能进入杂物的场合，罩口应设置格栅。

6.3 除尘系统划分

6.3.1 根据污染源性质、数量、分布及产生时段，袋式除尘系统可采用集中式、分散式或就地式除尘系统。

6.3.2 尘源众多，且要求除尘系统集中维护管理的场合宜采用集中式除尘系统。

6.3.3 对于孤立偏远的尘源，宜采用就地式除尘系统。

6.3.4 除尘系统的划分应遵循如下原则：

    a）同时产生污染、同一生产工段的尘源，宜划分为同一个除尘系统或一个管网支路；

    b）粉尘性质相同并需要回收利用的尘源可划分为同一个除尘系统；

    c）各尘源粉尘性质不同，但位置相对集中，粉尘无回收价值的场合，可划分在同一个除尘系统；

    d）粉尘混合后会引起燃烧或爆炸，或形成毒性更大的污染物的尘源不得划分在同一除尘系统；

    e）污染气流混合后会引起管道内结露和堵塞的尘源不得划分在同一除尘系统。

6.4 除尘管道及附件

6.4.1 管道布置的一般要求：

    a）除尘管道布置应顺畅、整洁，应尽量明装；

    b）工艺管道应尽量沿墙或柱敷设；

    c）管道与梁、柱、墙、设备及管道之间应留有适当距离，净间距不应小于 200 mm；

架空管道高度应符合表 2 的规定；

d）为避免水平管道积灰，可采用倾斜管道布置。

6.4.2 除尘管道宜采用圆形管道，除尘管道的公称直径按管道外径计取，宜采用《全国通用通风管道计算表》中所列的管道规格。出现下列情况时可采用矩形管道：

a）空间尺寸受限，圆形管道无法敷设；

b）发电厂等大型除尘器和引风机进、出口烟道。

6.4.3 管道材料应根据输送介质的温度和性质确定，通常采用碳素钢 Q235。管道所用的材料（材质）应符合相关产品国家现行标准的规定，并应有材质合格证明。

6.4.4 除尘管道风速的选择应考虑粉尘的粒径、真密度、磨琢性、浓度等因素，防止管道风速过高加剧管道磨损，避免管道风速过低造成管道积灰。管道最低风速参照 GB 50019 和表 3 取值。

表 3 除尘管道最低气流速度

单位：m/s

粉尘性质	垂直管	水平管	粉尘性质	垂直管	水平管
粉状的黏土和砂	11	13	铁和钢（屑）	18	20
耐火泥	14	17	灰土、砂尘	16	18
重矿物粉尘	14	16	锯屑、刨屑	12	14
轻矿物粉尘	12	14	大块干木屑	14	15
干型砂	11	13	干微尘	8	10
煤灰	10	12	染料粉尘	14~16	16~18
湿土（2%以下水分）	15	18	大块湿木屑	18	20
铁和钢（尘末）	13	15	谷物粉尘	10	12
棉絮	8	10	麻（短纤维粉尘、杂质）	8	12
水泥粉尘	8~12	18~20			

6.4.5 除尘管道的壁厚应根据气体温度、腐蚀性、管径、跨距、加固方式及粉尘磨琢性等因素综合确定，壁厚取值可参照表 4。

表 4 除尘管道壁厚

单位：mm

序号	除尘管道直径 D	圆管壁厚
1	$D \leq 400$	3~4
2	$400 < D \leq 1\,500$	4~6
3	$1\,500 < D \leq 2\,200$	6~8
4	$2\,200 < D \leq 3\,000$	6~8
5	$3\,000 < D \leq 4\,000$	8~10
6	$D > 4\,000$	10~12

6.4.6 当管道内烟气温度大于 350℃，应对烟气进行冷却，且管道厚度不应小于 5 mm。

6.4.7 除尘管网的支管宜从主管（或干管）的上部或侧面接入，连接三通的夹角宜为 30°~45°；垂直连接时应采用导流措施（补角三通）。干管上所连接的支管数量不宜超过 6 根。

6.4.8 管道应有足够的强度和刚度，否则应进行加固。管道加固应符合下列要求：

a）加强筋设计应考虑管道直径、介质最高温度、介质最大压力、设计荷载等因素。

b）当管道直径大于 1 500 mm 时应在管道外表面均匀设置加强筋，加强筋的间距可按管径 1～1.5 倍设置。矩形管道还可采用内部支撑的辅助加固方式，内撑杆宜采用 16Mn 钢管，当用碳钢管时，应采取防磨措施。

c）对于输送含爆炸性气体和粉尘的管道，加强筋按 D/T 5121 要求设置。

d）处于负压运行的烟道，应防止横向加强筋翼缘受压弯扭失稳，必要时应设置纵向加强筋。纵向加强筋应与横向加强筋翼缘焊牢。

6.4.9 除尘管道布置应防止管道积灰，易积灰处应设置清灰设施和检查孔（门）。

6.4.10 输送含尘浓度高、粉尘磨琢性强的含尘气体时，除尘管道中弯头、三通等易受冲刷部位应采取防磨措施。通常弯头的曲率半径不宜小于管道直径。

6.4.11 管道与除尘器、风机、热交换器等设备的连接宜采用法兰连接。为保证法兰连接的密封性，法兰间应设置衬垫，衬垫的厚度为 3～5 mm。衬垫材料根据输送材料性质和温度确定。

6.4.12 管道、弯头、三通的连接采用焊接。

6.4.13 管道可采用搭接、角接和对接三种形式。管道焊接前应除锈、除油，焊缝熔合良好、平整，表面无裂纹、焊瘤、夹渣和漏焊等缺陷，焊后的工件变形应矫正，焊渣及飞溅物应清除干净。

6.4.14 焊接搭接长度不得小于 5 倍钢板厚度，且≥25 mm。

6.4.15 管壁厚度大于 6 mm 时，管道焊接应采坡口形式。焊缝的坡口形式常用有"V"形坡口、"Y"形坡口；管径大于 1 000 mm 时，应采用双面连续焊接。

6.4.16 除尘管道法兰的连接宜采用内侧满焊，外侧间断焊。管道端面与法兰接口平面的距离不应小于 5 mm。

6.4.17 间断焊接焊缝的净距应符合下列要求：

a）在受压构件中不应大于 15 倍钢板厚度；

b）在受拉构件中不应大于 30 倍钢板厚度；

c）对于加强筋与板壁间的双面断续交错焊缝，其净距可为 75～150 mm。

6.4.18 吸尘点的支管上宜设手动调节阀；间歇运行的干管上应设风量自动调节阀，并与生产设备连锁。

6.4.19 管道阀门的形式和功能应根据烟气条件和工艺要求选定。

6.4.20 管道阀门的技术参数应包括公称通径、公称压力、开闭时间、阻力系数、控制参数等，以及耐温性、严密性、调节性等性能。

6.4.21 阀门选型时，应符合以下技术要求：

a）可靠性。要求阀门开启、关闭灵活，开关到位，不得出现卡死和失灵现象；

b）刚性。应具有很好的强度和刚度，阀体不变形；

c）严密性。阀门关闭时，其严密性应符合设计要求；

d）耐磨性。阀门阀体结构、材料应满足耐磨性要求；

e）耐腐蚀性。阀门阀体材料和表面防腐应满足耐腐蚀性要求；

f）耐温性。阀门的材质和结构应满足耐温性要求；

g）开闭时间。阀门的启闭时间应满足生产和除尘工艺要求；

    h）安全性。对于电动、气动阀门的执行器，应具有手动开闭的功能。对于大口径的阀门，其传动机构上应设机械锁；

    i）固定方式。对于大口径阀门，应设有固定方式和支座，阀门的重量应有支座承担；

    j）流向。阀门应有明显的流动方向标识；

    k）执行器的方位。选型时应明确传动方式和执行器的方位。

6.4.22   大口径阀门的轴应水平布置。当必须垂直布置时，阀板轴应采用推力轴承结构。

6.4.23   "常闭"的阀门宜设置在垂直管道上，以防止管道积灰。

6.4.24   阀门结构形式选择时，应考虑气体偏流导致粉尘对阀体造成的磨损。

6.4.25   下列情况下应设置补偿器：

    a）当输送的烟气温度高于 120℃，且在管线的布置上又不能靠自身补偿时，管道应设置补偿器。补偿器两端应设管道活动支架。

    b）高温烟气除尘器的进出口管道应设置补偿器，进口补偿器处应设活动支架。

6.4.26   风机进出口应设置柔性连接件，其长度在 150～300 mm 为宜，与其连接的管道应设固定支架。

6.4.27   除尘器、烟气换热器进出口管道和排气筒（烟囱）上应设置测试孔。生产设备排烟口、大型集气罩、排风口等特殊部位应设置测试孔。

6.4.28   测试孔的位置应选在气流流动平稳管段。测试孔的数量和分布应符合 HJ/T 397—2007 的规定。测试孔处应有测试平台及栏杆。

6.4.29   测试孔通常采用圆形短管的结构，短管高度 30～50 mm，堵头密封。测试孔只用于测风量或压力时，孔径可取 50 mm；测试孔用于测浓度时，孔径可取 100 mm，测孔附近需设有 220V 电源插口。

6.4.30   输送相对湿度较大、易结露的含尘气体时，管道应采取保温措施。

6.4.31   输送爆炸性气体或粉尘的管道应按照 GB/T 15605 的要求设泄爆装置。管道应可靠接地。

6.4.32   穿墙及穿楼板的管道应加套管，管道焊缝不宜置于套管内。穿墙套管长度不得小于墙厚。穿楼板套管应高出楼面 50 mm。穿过屋面的管道应有防水肩和防雨帽。管道与套管之间的空隙应采用阻燃材料填充。

6.4.33   出现下列情况，应考虑除尘管道的积灰荷载，荷载大小可按管道截面积 5%～10% 的灰量估算。

    a）粒径较粗的机械性粉尘；

    b）堆密度大的矿物性粉尘；

    c）管道风速较低；

    d）含湿量较大的含尘气体。

6.5   系统管路阻力计算

6.5.1   系统管路阻力计算应在设备和管道系统平立面布置完成后进行。步骤见附录 C。

6.5.2   应选择最不利管路（系统中压力损失最大的管路）为计算对象。

6.5.3   应按含尘气体最不利工况（风量最大、阻力最高）进行计算。

6.5.4   管径确定后，按管内实际流速计算压力损失。

6.5.5   应在气体工况温度和工况风量条件下进行计算，不考虑管道漏风。当除尘系统设有高温烟气冷却装置时，阻力应按不同的温度段分别计算，最后求和。

6.5.6　除尘系统管网应进行阻力平衡校核计算，两并联管段压力损失差值不应超过 10%，否则应调整管径或设置阻力调节装置。

6.6　袋式除尘器选型

6.6.1　除尘器在系统中的布置以及所采取的防爆、防冻、降温等措施应符合 GB 50016、GB 50187、GB 50019 的有关规定。

6.6.2　选择袋式除尘器和滤料时应考虑如下因素：

　　a）气体的温度、湿度、处理风量、含尘浓度、腐蚀性、爆炸性等理化性质；

　　b）粉尘的粒径分布、堆密度、成分、黏附性、安息角、自燃性和爆炸性等理化性质；

　　c）除尘器工作压力；

　　d）排放浓度限值及除尘效率；

　　e）除尘器占地、输灰方式；

　　f）除尘器运行条件（水、电、压缩空气、蒸汽等）；

　　g）滤袋寿命；

　　h）除尘器的运行维护要求及用户管理水平；

　　i）粉尘回收利用及方式。

6.6.3　除尘系统管道及袋式除尘器工作温度应高于气体露点温度 15～20℃。处理高湿度含尘气体时，除尘系统及设备应保温，必要时灰斗应设置加热装置，加热方式可采取电加热或低压饱和蒸汽加热。

6.6.4　对于高浓度收尘工艺，可设置预除尘器或在袋式除尘器内设置预分离装置。

6.6.5　对机械性粉尘或一般性炉窑烟尘，袋式除尘器宜采用在线清灰；对超细及黏性大的粉尘可采用离线清灰。

6.6.6　袋式除尘器的净化效果按出口排放浓度评定。

6.6.7　袋式除尘器设计阻力应根据粉尘性质、清灰方式及频度、入口浓度、排放浓度、运行能耗、滤袋寿命等因素综合考虑。

6.6.8　常规袋式除尘器结构耐温按 300℃考虑。

6.6.9　袋式除尘器处理风量按其进口工况体积流量计取。过滤面积计算时不考虑系统漏风。

6.6.10　袋式除尘器漏风率＜3%，其计算公式为：

$$\alpha = \frac{Q_c - Q_i}{Q_i} \times 100\% \qquad （1）$$

式中：α——漏风率，%；

　　　　Q_i——除尘器入口风量（标态），m^3/h；

　　　　Q_c——除尘器出口风量（标态），m^3/h。

6.6.11　净化含有易燃易爆粉尘的含尘气体，应选择具有防爆和防泄漏功能的袋式除尘器，并配置温度、氧含量、易燃气体浓度等监测仪表和自动灭火保护、静电消除等装置。

6.6.12　袋式除尘器清灰方式应根据粉尘的物理性质确定。冶金、水泥和有色行业烟气净化宜采用脉冲喷吹袋式除尘器；原料性粉尘、机械性粉尘除尘可采用反吹风袋式除尘器；燃煤锅炉烟气宜采用脉冲喷吹袋式除尘器或回转脉冲喷吹袋式除尘器。

6.6.13 袋式除尘器宜采用外滤式过滤形式。

6.6.14 袋式除尘器结构耐压按最大负载压力的 1.2 倍设计，且耐压值不小于引风机铭牌全压的 1.2 倍。

6.6.15 袋式除尘器本体结构、支架和基础设计应考虑永久荷载、可变荷载、风荷载、雪荷载、施工与检修荷载和地震作用，并按最不利组合进行设计。支架结构计算时，除尘器的灰荷载按满灰斗储灰量的 1.2 倍计取。灰斗及其连接的结构设计按袋式除尘器满灰斗储灰量的 1.5 倍考虑。

6.6.16 袋式除尘器过滤面积按以下公式计算：

$$A = \frac{Q}{60 \cdot u_f} \tag{2}$$

式中：A——过滤面积，m^2（离线清灰时还应加上离线清灰过滤单元的过滤面积）；

u_f——过滤风速，$m^3/(m^2 \cdot min)$；

Q——处理风量（反吹风类除尘器还应包括反吹风量），m^3/h。

6.6.17 袋式除尘器滤袋数量按以下公式计算：

$$n = \frac{A}{\pi D L} \tag{3}$$

式中：n——滤袋袋数，计算后取整；

A——除尘器的过滤面积，m^2；

D——单个滤袋的外径，m；

L——单个滤袋的长度，m。

6.6.18 袋式除尘器过滤风速应根据粉尘的特性、清灰方式和排放浓度等综合确定，其数值可按工程经验和同类项目类比取值。以下场合宜选取较低的过滤风速：

　　a）粉尘粒径小、堆密度小、黏性大的炉窑烟气净化；

　　b）粉尘浓度较高、磨琢性大的含尘气体净化；

　　c）煤气、CO 等工艺气体回收系统；

　　d）垃圾焚烧烟气净化；

　　e）含铅、镉、铬等特殊有毒有害物质的烟气净化；

　　f）贵重粉体的回收。

6.6.19 滤袋的长度应根据粉尘的粒度、堆密度、清灰方式、除尘器进风方式、粉尘沉降时间和占地等因素综合确定。应防止滤袋过长导致滤袋间的碰撞摩擦。

6.6.20 袋式除尘器平面尺寸应根据滤袋形状、直径、数量、布置方式、滤袋间距、清灰方式、进风和出风方式及现场条件等综合确定。滤袋最小净间距及滤袋与壳体之间应保持必要的安全距离。袋式除尘器高度应根据排输灰方式、滤袋长度、灰斗锥度、清灰方式、进风和出风方式等因素综合确定。

6.6.21 袋式除尘器的进、出风方式应根据工艺要求、除尘器类型和结构形式、现场总图布置综合确定。除尘器进风、出风总管和支管的风速宜取 12～14 m/s。

6.6.22 除尘器过滤仓室进、出风口应设置切换阀，并具有自动和手动、阀位识别、流向指示等功能。

6.6.23 切换阀应可靠、灵活和严密，阀体和阀板应具有良好的刚性。关闭时漏风率小于

1%。

6.6.24　袋式除尘器宜采用上进风或中部进风方式。若采用灰斗进风方式，应设置有效的气流分布装置。

6.6.25　除尘器灰斗容积应考虑输灰设备检修期内的储灰能力，锥度应保证粉尘流动顺畅，灰斗斜面与水平面之间的夹角宜大于60°。

6.6.26　袋式除尘器灰斗卸灰口尺寸应根据粉尘的性质、输灰方式、灰斗容积等方式确定，一般可取 200 mm×200 mm～450 mm×450 mm；大型袋式除尘器及垃圾焚烧袋式除尘器灰斗卸灰口尺寸不宜小于400 mm×400 mm。

6.6.27　根据袋式除尘工艺要求，除尘器灰斗可设置料位计、加热和保温装置、破拱装置。料位计与破拱装置不宜设置在同一侧面。

6.6.28　对流动性差或黏性大的粉尘，除尘器灰斗应设空气炮、振打机构等破拱装置。破拱装置距卸灰口的高度宜为灰斗高度的1/3。

6.6.29　当粉尘含湿量较大或粉尘易吸湿结块和易冻结时，除尘器灰斗应设置保温和加热器，卸灰和输灰设备应采用电或蒸汽等热源伴热。

6.6.30　当下列情况同时出现时，袋式除尘器可采用滑动支座，其进出口可设置补偿器。

　　a）除尘器工作温度大于150℃；

　　b）除尘器的长度大于15 m；

　　c）处理风量大于40万 m^3/h。

6.6.31　大型袋式除尘器顶部宜设置起吊装置。起吊重量不小于最大检修部件的重量。

6.6.32　袋式除尘器的选型步骤见附录D。

6.7　滤料选择

6.7.1　滤料的选择应遵循如下基本原则：

　　a）所选滤料的连续使用温度应高于除尘器入口烟气温度及粉尘温度。

　　b）根据烟气和粉尘的化学成分、腐蚀性和毒性选择适宜的滤料材质和结构。

　　c）选择滤料时应考虑除尘器的清灰方式。

　　d）对于烟气含湿量大，粉尘易潮结和板结、粉尘黏性大的场合，宜选用表面光洁度高的滤料结构。

　　e）对微细粒子高效捕集、车间内空气净化回用、高浓度含尘气体净化等场合，可采用覆膜滤料或其他表面过滤滤料；对爆炸性粉尘净化，应采用抗静电滤料；对含有火星的气体净化，应选用阻燃滤料。

　　f）高温滤料应进行充分热定型；净化腐蚀性烟气的滤料应进行防腐后处理；对含湿量大、含油雾的气体净化，所选滤料应进行疏油疏水后处理。

　　g）当滤料有耐酸、耐氧化、耐水解和长寿命等的组合要求时，可采用复合滤料。

6.7.2　当烟气温度小于130℃时，可选用常温滤料；当烟气温度高于130℃时，可选用高温滤料；当烟气温度高于260℃时，应对烟气冷却后方可使用高温滤料或常温滤料。滤料的主要性能指标见附录E。

6.7.3　在正常工况和操作条件下，滤袋设计使用寿命不小于2年。

6.8　除尘器卸灰与输灰

6.8.1　输灰方式应根据输送量、输送距离、现场平立面布置条件、粉尘物性（粒度、磨琢性、流动性、密度）等因素综合确定。

6.8.2 除尘器卸、输灰宜采用机械输送或气力输送。卸、输灰过程不应产生二次扬尘。

6.8.3 输灰装置的输灰量应大于卸灰阀的卸灰量；后一级输灰装置的输灰能力应大于前一级输灰装置的输灰能力。

6.8.4 卸灰装置的卸灰能力应满足设计要求，卸灰顺畅，严密，避免粉尘泄漏和漏风。

6.8.5 除尘器灰斗的卸灰口，应设置插板阀、卸灰阀及落灰短管。当除尘管网可能进入杂物时，卸灰阀上部应设掏灰孔。

6.8.6 除尘器收集的粉尘装车外运时，宜采用粉尘加湿、卸灰口排风或无尘装车等措施，防止二次扬尘。有条件时，宜选用真空吸引压送罐车。

6.8.7 灰斗内宜保持一定的灰封高度。灰封高度可按下式估算：

$$H = \frac{0.1 \times \Delta P}{\rho} + 100 \tag{4}$$

式中：H——灰封高度，mm；

ΔP——除尘器内负压绝对值，Pa；

ρ——粉尘的堆密度，g/cm^3。

6.8.8 选用螺旋输送机时应符合下列要求：

a）适用于水平或倾斜度小于 20° 时粉料输送。

b）输送长度不宜超过 20 m，输送量一般小于 10 m^3/h。

c）倾斜提升输送时，输送高度一般不高于 2 m。

d）不宜输送粒径细、比重小、流动性好的粉料；不宜输送比重大、磨琢性强的矿物性粉料。

e）螺旋输送机的驱动装置及出料口应设于头节（有止推轴承），使螺旋轴处于受拉状态。

6.8.9 选用埋刮板输送机时应符合下列要求：

a）适用于粉尘状、小颗粒和小块状物料的输送。

b）物料堆密度宜在 0.2～1.8 t/m^3，粒度＜10 mm。

c）物料温度不宜超过 200℃，高温物料输送时应采用耐高温密封材料。

d）输送距离宜小于 50 m，输送量宜小于 50 m^3/h。

e）输送物料的含水率不大于 10%。

6.8.10 选用斗式提升机时，提升高度不宜超过 40 m，输送量小于 60 m^3/h。

6.8.11 选用空气斜槽时，应符合下列要求：

a）温度不大于 150℃的干性物料。

b）物料含水量不大于 1%。

c）输送距离宜小于 60 m。

d）不能用于向上输送。

e）水平输送需倾斜安装，斜度不应小于 6%。

f）可将物料向不同位置多点输送。

6.8.12 选用气力输送时，应符合下列要求：

a）适用于长距离集中输送和提升输送。

　b）物料最高温度小于 400℃。

　c）可将多个卸灰口物料集中送往一处，也可将单个卸灰口物料送往多处。

　d）输送管路应采用防磨弯头，管路系统应设有防堵清灰装置。

　e）不宜输送粗颗粒、比重大和含水量高的粉料。

6.9　烟气冷却

6.9.1　高温烟气冷却的主要目的在于使烟气的温度满足除尘系统中设备、管道和材料的耐温要求。

6.9.2　当烟气温度高于滤料正常使用温度时，应设烟气降温设施。烟气降温应优先考虑余热回收和利用。

6.9.3　烟气冷却方式应根据烟气量、温降幅度、粉尘性质、热能回收的价值和经济性等因素综合考虑确定。

6.9.4　高温烟气冷却可采用直接冷却和间接冷却。各种冷却方式的适用场合及要求见附录 F。

6.9.5　高温烟气冷却设计程序见附录 G。

6.9.6　烟气冷却换热计算见附录 H。

6.9.7　烟气体积流量变化计算见附录 I。

6.10　风机及电机

6.10.1　应根据输送气体的温度和性质，选择相应用途的风机，要求如下：

　a）输送常温空气可选用通风机；

　b）输送有爆炸和易燃气体时应选用防爆型风机；

　c）输送有腐蚀性气体时应选用防腐风机；

　d）输送高温气体时应选用电站锅炉引风机或锅炉引风机。

6.10.2　应选择高效节能风机。选择风机时其工作点应处于风机最高效率的 90% 范围内。

6.10.3　对消声有特殊要求时，应优先采用低噪声、低转速的风机；必要时应采取消声、隔声、减震等措施。

6.10.4　风机选型时，应尽量避免风机并联或串联工作。当风机并联工作时，应尽量选择同型号同规格的风机。

6.10.5　为防止风机冷态启动和运转时电机过载，风机应配置启动装置和（或）风量调节装置；对大型变负荷除尘系统的风机和电机，可增设偶合器或变频装置。

6.10.6　风机可露天布置，也可布置在风机房内。对于露天布置的风机和电机，应采取防雨、防尘、防护等措施。电机防护等级不低于 IP54。

6.10.7　风机及电机选型步骤见附录 J。

6.10.8　风机选型计算风量应在除尘管网计算总排风量上附加管网和设备的漏风量，按下式计算：

$$Q' = K_1 K_2 Q \tag{5}$$

式中：Q'——风机选型计算风量，m^3/h；

　　　Q——除尘管网计算总排风量（风机入口处），m^3/h；

　　　K_1——管网漏风附加系数，一般送、排风系统 $K_1=1.05\sim1.1$，除尘系统 $K_1=1.1\sim1.15$，气力输送系统 $K_1=1.15$；

　　　K_2——设备漏风附加系数，按有关设备样本选取，K_2 一般处于 $1.02\sim1.05$。

6.10.9　风机选型计算全压按下式计算：

$$p' = (p_1\alpha_1 + p_2)\alpha_2 \tag{6}$$

式中：p'——风机选型计算全压，Pa；

　　　p_1——管网计算总压力损失，Pa；

　　　p_2——除尘设备末期的压力损失，Pa，一般由设备厂家提供，也可参考以下数值选取：

　　　　　　a）机械性粉尘：1 400 Pa；

　　　　　　b）冶金、水泥炉窑：1 500 Pa；

　　　　　　c）煤粉锅炉：1 500 Pa；

　　　　　　d）炉排炉：1 400 Pa；

　　　　　　e）垃圾焚烧：1 800 Pa；

　　　　　　f）空气净化：1 400 Pa；

　　　　　　g）铁合金：1 800 Pa；

　　　　　　h）高浓度煤粉收集器：1 800 Pa；

　　　α_1——管网计算总压力损失附加系数；对于定转速风机，按 1.1～1.15 取值；对于变频风机，按 1.0 取值；电站风机按 1.2 取值；气力输送系统则按 1.2 取值；

　　　α_2——通风机全压负差系数，一般可取 α_2=1.05～1.08（国内风机行业标准）。

6.10.10　应将风机选型计算风量和全压换算成风机样本标定状态下的数值，据此选择风机型号。换算公式如下：

$$Q'' = Q' \tag{7}$$

$$p'' = \frac{1.293}{\rho} \times \frac{101\,325}{B} \times \frac{273+t}{273+t_0} \times p' \tag{8}$$

式中：Q''——风机样本标定状态下选型计算风量，m³/h；

　　　Q'——风机选型计算风量，m³/h；

　　　p''——风机样本标定状态下选型计算全压，Pa；

　　　p'——风机选型计算全压，Pa；

　　　B——风机实际运行当地大气压力，Pa；

　　　ρ——标准状态下输送气体密度，kg/m³；当输送气体密度接近空气时，可按 1.293 kg/m³ 取值；

　　　t_0——风机标定状态下的气体温度，℃。通风机时 t_0=20℃；电站引风机时 t_0=140℃；工业锅炉引风机时 t_0=200℃；

　　　t——风机入口工况气体温度，℃。

6.10.11　风机选定后，应计算风机在实际工况条件下所需的电机功率。计算公式如下：

$$N = \frac{\rho}{1.293} \times \frac{B}{101\,325} \times \frac{273+t_0}{273+t} \times \frac{Q_0 \times p_0}{1\,000 \times 3\,600 \times \eta_1 \times \eta_2} \times K \tag{9}$$

式中：N——所需功率，kW；

　　　Q_0——所选风机样本工作点流量，m³/h；

　　　p_0——所选风机样本工作点全压，Pa；

　　　B——风机实际运行当地大气压力，Pa；

　　　ρ——标准状态下输送气体密度，kg/m³；当输送气体密度接近空气时，可按

1.293 kg/m^3 取值;

> t_0——风机标定状态下的气体温度,℃;通风机时 t_0=20℃,电站引风机时 t_0=140℃,工业锅炉引风机时 t_0=200℃;
>
> t——风机入口工况气体温度,℃;
>
> η_1——风机内效率,风机样本给出;
>
> η_2——机械传动效率,与传动方式有关;电动机直联取 1.0,联轴器直联取 0.98;
>
> K——电机功率储备系数;通风机取 1.15,引风机取 1.3。

6.10.12 电机功率的校核。电机选定后,还应根据除尘工艺可能出现的特殊工况对所选电机功率进行校核,如冬季运行、冷态启动、生产超负荷运行等。

6.10.13 选择风机时,应明确其轴承箱和电机的冷却方式、调节阀执行器的方位、电机接线盒方位等。

6.11 袋式除尘系统风量调节

6.11.1 当除尘系统的风量随生产过程出现周期性、规律性变化时,应对除尘系统的风量进行调节,实现节能运行。

6.11.2 风量调节的方式应根据项目的具体情况和要求确定,主要包括:

   a)采用变频器调节风机转速;

   b)采用液力偶合器调节风机转速;

   c)调节风机阀门开度;

   d)采用双速电机;

   e)启停并联风机的运行台数;

   f)关闭部分支路上的阀门。

6.11.3 系统风量调节或电机调速应与生产过程连锁控制。

6.12 烟囱(排气筒)

6.12.1 烟囱的高度应符合国家或地方污染物排放标准和建设项目环境影响评价文件的要求。烟囱应设置测试孔和测试平台,测试孔应符合 GB/T 16157 的规定。

6.12.2 烟囱结构设计应符合 GB 50051 的要求。

6.12.3 烟囱的结构形式应根据所属行业要求、烟气性质、烟囱高度、功能要求、材料供应及施工条件等因素综合确定。常见的烟囱结构形式及使用场合如下:

   a)钢筋混凝土烟囱:火力发电厂、集中供热、大型工业锅炉;

   b)钢烟囱:钢铁厂、水泥厂、有色冶炼厂、机械工厂、小型工业锅炉;

   c)套筒式或多管式烟囱:垃圾焚烧厂、火力发电厂。

6.12.4 钢烟囱包括塔架式,自立式和拉索式三种形式。高大的钢烟囱可采用塔架式,低矮的钢烟囱可采用自立式,细高的钢烟囱可采用拉索式。

6.12.5 自立式钢烟囱的直径 d 和高度 h 之间的关系宜满足 $h \leq 20d$。当不满足此条件时,烟囱下部直径宜扩大或采用拉索式钢烟囱等其他结构形式。

6.12.6 当多台炉窑同时排烟,且要求每台炉单独采用一个排烟筒时,可设计成多管式烟囱(如垃圾焚烧烟囱等)。

6.12.7 烟囱(排气筒)的出口直径应根据出口流速确定,流速宜取 15~20 m/s。

6.12.8 自立式钢烟囱的筒壁最小厚度 t 应满足下列条件:

a）当烟囱高度 $h \leqslant 20$ m，$t=7.5$ mm；

b）当烟囱高度 $h \geqslant 20$ m，$t=9$ mm。

6.12.9　对于薄壁钢烟囱，为提高刚度，除可增加壁厚外，也可设置加强圈。

6.12.10　烟囱筒壁和基础的受热温度应符合下列规定：

a）钢筋混凝土筒壁和基础以及素混凝土基础受热温度不应超过 150℃；

b）钢烟囱筒壁的最高受热温度应符合表 5 的规定。

表5　钢烟囱筒壁的最高受热温度

钢	最高受热温度/℃	备注
碳素结构钢	250	用于沸腾钢
	350	用于镇静钢
低合金结构钢和可焊接低合金耐候钢	400	—

6.12.11　根据需要，烟囱外表面应设置爬梯或检修平台，规定如下：

a）爬梯应离地面 2.5 m 处开始设置，直至烟囱顶端；

b）爬梯应设在常年主导风向的上风向；

c）烟囱高度小于 40 m 时，可不设置爬梯围栏；当烟囱高度大于 40 m 时，从 15 m 处开始设置围栏；

d）爬梯等金属物件应采取防腐措施，爬梯与筒壁连接应牢固可靠。

6.12.12　烟囱底部应设置比烟道底部低 0.5～1 m 的积灰坑，并设置检修门且严格密封。

6.12.13　应按 GB 50057 要求设置防雷和接地设施。

6.12.14　烟囱与烟道的接口处，烟囱内部应具有防止雨水流入烟道和风机的挡水措施。

6.12.15　烟囱底部应设有雨水排放口，同时，应有防止小动物进入的网格。

6.12.16　钢制烟囱的设计应有足够的强度和刚度，烟囱的壁厚还应考虑有一定量的腐蚀裕度。烟道入口宜设计成圆形。矩形孔洞的转角宜设计成圆弧形。为减少风载对烟囱的作用力，必要时可设置一定数量的破风圈。

6.12.17　当两个烟道共用一个钢烟囱排气时，开孔应对称设置。烟囱内部应设隔板，隔板高度不低于烟囱高度的 1/4。

6.12.18　钢烟囱的防腐蚀设计应符合下列要求：

a）当钢烟囱高度不超过 100 m，排放弱腐蚀性烟气时，筒壁材料可采用普通钢板；否则应采用耐腐蚀钢板。

b）当烟囱筒首部分（高度为 1.5 倍出口直径）采用普通钢时，烟囱筒首涂刷耐酸涂料。

c）钢烟囱的内外表面应涂刷防护油漆。但当排放腐蚀性强的烟气时，钢烟囱内表面应改用厚 1～3 mm 的防腐涂料。

d）烟囱外表面应针对大气和雨水腐蚀进行表面防腐。

e）烟囱排放口内部宜设置钢板环圈，以减弱雨水与烟囱内壁的接触。

7　主要工艺设备和材料

7.1　袋式除尘器本体

7.1.1　袋式除尘器的结构主要包括灰斗、中箱体、上箱体、清灰机构、滤袋及滤袋框架、进/出风烟道、梯子/平台/栏杆、控制设备等。

7.1.2　袋式除尘器制造应分别符合 HJ/T 328、HJ/T 329、HJ/T 330、JB/T 10341 的规定。滤袋应符合 HJ/T 327 的规定，滤袋框架应符合 JB/T 5917 的规定，滤料应符合 HJ/T 324 和 HJ/T 326 的规定，电磁脉冲阀应符合 JB/T 5916 和 HJ/T 284 的规定。

7.1.3　袋式除尘器规格型号及性能参数见附录 K。

7.1.4　袋式除尘器花板设计应符合下列要求：

　　a）花板厚度宜取 5～6 mm；

　　b）花板加强筋的高度不小于 50 mm，筋板厚度应大于 5 mm；

　　c）花板平整、光洁，不应有挠曲、凹凸不平等缺陷，平面度偏差不大于其长度的 2‰；

　　d）花板孔中心定位偏差小于 0.5 mm，花板孔径偏差为 0～0.5 mm；

　　e）花板加工宜达到激光切割精度要求。

7.1.5　灰斗内部应光滑平整。当净化易燃、易爆、易板结粉尘时，除尘器灰斗壁交角的内侧应做成圆弧状，圆弧半径以 200 mm 为宜。

7.1.6　大型袋式除尘器灰斗上部宜设检修走道或敷设格栅网。灰斗不宜设人孔门。

7.1.7　袋式除尘器中箱体结构应满足强度、刚度和稳定性要求。壳体在最不利条件下运行时不应有明显变形。中箱体下部应设人孔门。

7.1.8　袋式除尘器上箱体结构设计应便于滤袋安装与更换。当净气室高度大于 2 m 时，应在净气室侧面设人孔门，顶部宜设检修门，便于采光、通风和滤袋安装。

7.1.9　袋式除尘器的梯子、平台、栏杆应符合标准 GB 4053.1、GB 4053.2、GB 4053.3、GB 4053.4 的规定，主要平台通道宽度不小于 1 m，栏杆高度不小于 1.2 m。梯子和平台应设踢脚板。

7.1.10　袋式除尘器壳体保温、防水、外饰应符合 DL/T 5072 的要求。人孔门、检查门应采取保温措施。

7.1.11　当净化高温、高湿度和腐蚀性气体时，袋式除尘器的净气室内表面应做高温防腐处理。

7.1.12　户外布置的除尘器顶板应设散水坡度，坡度不小于 2%。当除尘器顶部设有防雨棚时，应能抵御风载、雪载危害。

7.1.13　脉冲阀的技术要求、试验方法、检验规则、包装、标志、贮存和运输应执行 JB/T 5916 和 HJ/T 284 的有关规定。

7.1.14　稳压气包的设计、制造和检验应符合 JB 10191 的要求。

7.1.15　电磁脉冲阀主要技术性能参数有：规格型号、工作压力和温度、流量特性、阻力特性、开关特性、供电参数、膜片寿命和通用性等。

7.1.16　淹没式脉冲阀宜水平布置于稳压气包上，其输出口中心应与阀体中心重合，不得偏移和歪斜。输出口应与阀座平行。

7.1.17　在正常使用条件下，膜片使用寿命应大于 100 万次或 3 年。

7.1.18　脉冲袋式除尘器稳压气包的截面可以是矩形或圆形，其底部应设置放水阀。

7.1.19　喷吹管应有可靠的定位和固定装置，并便于拆卸和安装。

7.2　滤料、滤袋及滤袋框架

7.2.1　袋式除尘器用滤料及滤袋产品应符合 HJ/T 324、HJ/T 326、JC/T 768 及 HJ/T 327 的

要求。袋式除尘器用滤袋框架制造应符合 JB/T 5917 的规定。

7.2.2 花板、滤袋及框架三者应相互匹配，匹配的主要内容和要求包括：

    a）袋口与花板的配合，即严密性、张紧度和牢固性；

    b）滤袋框架碗口翻边与袋口的配合，滤袋框架的重量应由花板承担；

    c）滤袋与滤袋框架的间隙配合，要求松紧度适宜，并考虑滤袋的收缩性；

    d）滤袋与滤袋框架的长度配合，框架底部与袋底间隙宜为 15～20 mm。

7.2.3 滤袋框架的材质宜为冷拔钢丝或不锈钢。纵筋直径不小于 3 mm，间距不宜大于 35～40 mm；反撑环直径不小于 4 mm，节距不宜大于 250 mm。

7.2.4 滤袋框架应有足够的强度和刚度，焊点应牢固、平滑，不得有裂痕、凹坑和毛刺，不允许有脱焊和漏焊。

7.2.5 当滤袋框架为多节结构时，接口部位不得对滤袋造成磨损，接口形式应便于拆、装。

7.2.6 应根据袋式除尘器的使用场合对滤袋框架作相应的防腐处理。

7.2.7 滤袋的包装和运输应采用箱装，并有防雨措施。滤袋框架吊装和运输时应有专用的货架，露天放置时应有塑料袋包装且有防雨措施。

7.3 气流分布

7.3.1 袋式除尘器气流分布应具备以下功能：

    a）控制袋束的迎风速度，避免含尘气体气流直接冲刷滤袋；

    b）防止运行时滤袋的摆动和碰撞；

    c）组织气流向各过滤仓室或各过滤区域分配；

    d）控制上升气流的比例和速度，利于粉尘沉降。

7.3.2 袋式除尘器气流分布应符合下列要求：

    a）气流分布装置的设计应在气流分布试验的基础上进行；

    b）气流分布试验以滤袋免受冲刷、促进粉尘沉降、过滤负荷均匀为原则；

    c）气流分布装置应结合除尘器进口烟道流动状态、进风和排风方式、除尘器结构形式等进行模化试验后确定；

    d）气流分布试验包括相似模化试验和现场实物校核试验。有条件时可以进行计算机模拟试验；

    e）气流分布试验按实物最大烟气量时的流动状态进行。相似模化试验比例尺宜为 1：5～1：7；

    f）各过滤仓室的处理风量与设计风量的偏差不大于 10%；

    g）袋束前 200 mm 处迎风速度平均值不宜大于 1 m/s；

    h）滤袋底部下方 200 mm 处气流平均上升速度不宜大于 1 m/s；

    i）气流分布速度场测试断面按行列网格划分，测点布置在网格中心，模拟试验网格尺寸不宜大于 100 mm×100 mm，现场实物测试网格尺寸不宜大于 1 000 mm×1 000 mm。

8 检测与过程控制

8.1 一般规定

8.1.1 除尘系统控制及检测应具备系统的运行控制、参数检测、状态显示、工艺连锁、报警和保护等功能。

8.1.2 自动控制水平应与生产和除尘工艺的技术水平、作业环境条件、维护操作管理水平相适应。

8.1.3 袋式除尘系统的自动控制设计应按 DL/T 659 等规定执行。设计中所选用的电器产品元件和材料应符合现行国家或行业标准。应优先采用节能的成套设备和定型产品。

8.1.4 除尘系统运行控制应具备系统的启停顺序、系统与生产工艺设备的连锁、运行参数的超限报警及自动保护等功能。

8.1.5 与生产工艺紧密相关的除尘系统，宜在生产工艺控制室（中央控制室）及除尘系统控制室分别设置操作系统，并随时显示其工作状态。

8.1.6 大型袋式除尘系统宜设置独立的控制室，控制室应尽量靠近除尘器。

8.1.7 袋式除尘器的控制除能实现自动控制外，还应能实现手控操作，并可通过自动/手动转换开关实现自动与手动控制转换。

8.1.8 大中型除尘系统主要设备的自动控制宜具有集中控制和机旁就地控制两种方式。电动及气动装置应设就地控制箱，并设手动/自动转换开关。

8.1.9 自动保护系统设计应有防止误动和拒动的措施。保护系统电源中断和恢复不会误发动作指令。

8.1.10 保护系统发出的操作指令应优先于其他任何指令。

8.2 袋式除尘系统检测

8.2.1 袋式除尘系统应检测的内容为：
   a）除尘器、换热器等设备进出口压差显示及超限报警；
   b）除尘器、换热器等设备进出口烟气温度显示及超限报警；
   c）清灰气源压力显示及超限报警；
   d）灰斗灰位超限报警；
   e）清灰风机电流及超限报警；
   f）大中型引风机电机电流；
   g）引风机轴承温度，电机轴承温度，高压电机定子温度、振幅及超限报警；
   h）冷却系统及冷却介质的流量、温度、压力的检测及报警；
   i）设备运行状态、阀门开度等显示及故障报警。

8.2.2 根据工程需要，袋式除尘系统可选择性检测的内容为：
   a）烟气流量；
   b）喷雾降温系统给水压力及流量；
   c）出口烟尘浓度显示及超标报警；
   d）烟气含氧量及含氧量超限报警；
   e）分室压差。

8.2.3 袋式除尘器应设置进出口压差（或压力）监控。各过滤仓室宜分别设置 U 形压力计或压差传感器监控。

8.2.4 袋式除尘器温度监测仪表测点应设在除尘器进、出口直管段，每处至少应有 2 个测试点，取其平均温度。喷雾系统温度测点应多点布置。除尘器灰斗加热温度测点应布置在灰斗壁外侧。

8.2.5 温度检测可采用温度变送器或温度传感器。当采用热电偶时，应选用与仪表相匹配的补偿导线。

8.2.6 袋式除尘器检测系统含尘烟道中的测量一次元器件应有防磨措施。管道压力检测孔应有防堵措施。

8.2.7 压缩空气管路的减压阀前、后应设压力检测装置。

8.2.8 喷雾降温系统的供水回路应有压力和流量检测。

8.2.9 每个灰斗应设置高料位开关。必要时也可设置低料位开关。

8.3 袋式除尘系统自动控制

8.3.1 袋式除尘系统应自动控制的内容为：

　　a）除尘器启动、停机连锁控制；

　　b）除尘器清灰自动控制；

　　c）清灰气源系统控制；

　　d）预涂灰控制（飞灰罐车预涂灰系统）；

　　e）除尘系统阀门控制；

　　f）灰斗加热系统控制；

　　g）卸灰、输灰装置控制；

　　h）引风机启动、停机程序控制（火电厂除外）；

　　i）引风机电机轴承冷却系统控制（火电厂除外）；

　　j）除尘器运行超温报警与自动保护；

　　k）引风机、电机轴承超温报警及自动保护（火电厂除外）。

8.3.2 根据工程需要，袋式除尘系统可选择性自动控制的内容为：

　　a）烟气冷却器水冷系统控制；

　　b）喷雾降温系统控制。

8.3.3 袋式除尘系统的控制方式应根据生产工艺的技术水平和要求、系统风量、运行条件、管理水平综合确定。控制方式主要有以下几种：

　　a）PLC 可编程控制器+HMI（人机界面）监控系统；

　　b）PLC 可编程控制器+PC（上位机）监控系统；

　　c）DCS 监控系统；

　　d）DCS 分散控制系统+PLC 可编程控制器+工程师站和操作员站监控系统；

　　e）清灰控制仪。

8.3.4 袋式除尘系统主要参数宜集中在一个画面上，运行参数的更新时间不大于 1 s。

8.3.5 自动控制系统应具备储存袋式除尘器主要运行参数的能力。

8.3.6 控制系统应选用与硬件配套的系统软件，并提供相应的软件安全措施。

8.3.7 袋式除尘器清灰控制应具备定压差、定时和手动三种模式，可互相转换。清灰程序应能对脉冲宽度、脉冲间隔、同时工作的脉冲阀数量进行调整。

8.3.8 烟道阀门应设手动、自动两种控制方式，并检测、显示阀门的开关状态。其执行机构在控制系统失电时，应能保持失电前的位置或处于安全位置。

8.3.9 卸、输灰自动连锁控制顺序为：开机时，应按照从后到前的顺序，依次开启输灰机械，再开卸灰阀；停机时，先关卸灰阀，然后按照从前到后的顺序，依次关闭输灰机械。

8.3.10　控制系统所涉及的盘、箱、柜的防护等级应根据国家的技术规定、安装位置和环境条件等来确定，室内安装时其防护等级不低于 IP30，室外安装时其防护等级不低于 IP55。应注意防爆、防尘、防水、防震、防腐、防高温、防静电、防电磁干扰、防小动物侵入等事项。

9　主要辅助工程

9.1　供配电

9.1.1　袋式除尘系统的供配电设计应按 GB 50217、GB 50052、GB 50054、GB 50057、GB/T 14048、GB 7251、DL/T 620、DL/T 5044、DL/T 5137 等标准的规定执行。

9.1.2　当除尘系统出现故障可能严重影响工艺生产或造成较大经济损失时，宜采用两路独立的供电方式，两路电源互为备用。

9.1.3　配电设备的布置应遵循安全、可靠、适用和经济等原则，并应便于安装、操作和检修。

9.1.4　电气设备应有安全保护装置，室外电气、热控设备应设防护措施。

9.1.5　配电线路应装设短路保护、过负载保护和接地故障保护，作用于切断供电电源或发出报警信号。

9.1.6　配电线路的短路保护，应在短路电流对导体和连接件产生的热作用和机械作用造成危害之前切断短路电流。

9.1.7　配电线路过负载保护，应在过负载电流引起的导体温升对导体的绝缘、接头、端子或导体周围的物质造成损害之前切断负载电流。

9.1.8　电动机的过载保护元件的选择应以电动机参数为依据，并与断路器的脱扣器整定值相配合，接地保护附件按需设置。

9.1.9　袋式除尘器控制柜/箱应有单独的回路供电。控制回路电源应由袋式除尘器控制柜/箱自身完成配电。

9.1.10　袋式除尘系统的低压配电柜应有不少于 15%的备用回路。

9.1.11　袋式除尘器附近应设置检修电源。

9.1.12　落地式配电箱的底部宜抬高，室内宜高出地面 50 mm 以上，室外应高出地面 200 mm 以上。底座周围应采取封闭措施，并应能防止鼠、蛇等小动物进入箱内。

9.1.13　袋式除尘系统需照明的区域应设照明配电箱，包括除尘器顶部清灰装置平台、除尘器灰斗卸输灰平台、楼梯平台、检修平台、现场操作箱等。选用防水、防尘、防腐并带有护罩的灯具。重要的场合应设置事故照明。检修照明电源使用的安全电压为 24V 或 36V，设备内或潮湿处不超过 12V。

9.1.14　动力电缆、控制电缆和信号电缆应选用阻燃型。

9.1.15　高压电机动力电缆应按电机接线盒的方位敷设到位。

9.1.16　袋式除尘器范围内电缆宜采用桥架敷设。电缆桥架应采用镀锌材料。

9.1.17　接地故障保护的设置应能防止人身间接电击以及电气火灾、线路损坏等事故。

9.1.18　除尘系统的机电设备，以及能带电的物体均应可靠接地。除尘器应设专用地线网。除尘器的接地电阻不应大于 10Ω，与接地网的连接点不得少于 4 个。除尘系统电器控制柜体接地电阻应小于 4Ω。

9.2 采暖通风与空调

9.2.1 袋式除尘工程配套建筑物的采暖通风与空调设计应符合 GB 50019 和 JBJ 10 的要求。

9.2.2 采暖地区袋式除尘工程配套的值班室、总控制室、电气室、配电站、总降变电所等除冬季采暖外，夏季应通风降温或空气调节。非采暖地区的配电室应采取隔热、通风或空调等措施。

9.2.3 冬季室内计算温度宜按下列选用：

　　a）办公、会议、休息室：18～20℃；

　　b）控制室、通信机房：18℃；

　　c）值班室：16℃；

　　d）空压机房：15℃；

　　e）水泵间（有人操作）：12～14℃。

9.2.4 严寒地区无人操作的设备间、泵房、风机房等应按 5℃ 设置值班采暖。

9.2.5 当厂内只有采暖用热或以采暖用热为主时，宜采用热水为热媒；当厂区供热以工艺用蒸汽为主时，厂房及辅助建筑物宜采用 0.2～0.4 MPa 的饱和蒸汽为热媒，但办公室、休息室等生活设施宜采用热水或 0.07 MPa 饱和蒸汽为热媒。

9.2.6 除尘器灰斗等设备采用饱和蒸汽加热时，蒸汽压力宜为 0.2～0.4 MPa。

9.2.7 散热器宜安装在外墙窗台下，且宜明装。

9.2.8 计算机房、控制室、配电室采暖时，室内不宜安装铸铁片式散热器，不应安装阀门、接头和放气阀，管道连接及其与散热器的连接应采用焊接。

9.2.9 热水采暖系统，应在热力入口处的供回水总管上设置温度计、压力表，供水管上设置除污器，当汽源压力过大时，应装设调压装置。

9.2.10 采暖系统供水、供汽干管的末端和回水干管的始端管径不宜小于 20 mm，低压蒸汽的供汽干管可放大一号。

9.2.11 架空管道穿越厂区道路时净高不得低于 4.5 m，穿越厂区铁路净高不得低于 6 m。

9.2.12 室外蒸汽管道应保温。保温防护层应防雨防水和美观。

9.2.13 热水采暖系统的最高点应设放气阀，最低点应设放水阀。

9.2.14 采暖管道不宜穿过有燃烧、爆炸危险的气体或粉尘的房间。当必须穿过时，应用非燃烧材料隔热。

9.2.15 采暖管道穿过隔墙和楼板处，应装设套管。

9.2.16 采暖管道不应穿经变配电室。

9.2.17 室内采暖管沟不宜穿过伸缩缝和沉降缝。

9.2.18 室内采暖地沟不应与配电室电缆沟连通，也不得进入变配电室。

9.2.19 控制室、值班室、计算机房夏季室内空调计算温度宜为 26℃。

9.2.20 风机房、空压机房内应有良好的通风换气和照明条件，当采用自然通风不足以消除室内余热时，宜设置机械通风。机房空气温度不宜超过 40℃。

9.3 给排水

9.3.1 袋式除尘工程配套的给排水设计应符合 GB 50014 和 GB 50015 的要求。

9.3.2 风机、电机等设备冷却供水应取自厂区的冷却水管网，冷却水回水也应回至厂区冷却水管网。冷却水系统应设置温度、压力、流量等监测装置。

9.3.3　当厂区无冷却水管网时，风机、电机等设备应配套独立的闭路循环冷却水系统。冷却介质可使用自来水。

9.3.4　袋式除尘工程配套建筑物的生活污水应排入厂区的生活污水管网，生产废水应排入厂区的生产污水管网。

9.4　压缩气体

9.4.1　压缩气体主要用于脉冲喷吹袋式除尘器脉冲阀、空气炮、气动装置和仪表的用气。当用户缺乏气源或供气参数不满足要求时，应设置新的压缩空气供气系统。净化煤粉等易爆粉尘时，应采用氮气等惰性气体作为清灰介质。

9.4.2　压缩空气供应系统的设计应符合 GB 50029 的要求。

9.4.3　管路的阀门和仪表应设在便于观察、操作和维修的位置。

9.4.4　袋式除尘系统压缩气体供应的气源应稳定。根据用气对象做相应的除油、除水、除尘等气体净化处理。

9.4.5　净化后压缩空气品质应满足下列要求：

　　a）露点温度应低于当地环境温度 5～10℃；

　　b）含尘粒径应小于 5 μm；

　　c）颗粒含量应小于 5 mg/m³；

　　d）含油量应小于 1 mg/m³。

9.4.6　压缩空气的制备与供应宜采用的流程依次为空压机、缓冲罐、干燥机、现场储气罐、减压阀、稳压气包。

9.4.7　空压机应有备用，宜选用同种型号。压缩机出口应装止回阀，止回阀与空压机之间应设放空管。

9.4.8　空气干燥装置宜不少于两套，其中一套为备用。

9.4.9　活塞式空压机与储气罐之间不宜装切断阀，需装时，在空压机与切断阀之间应设安全阀。

9.4.10　减压阀应考虑备用，并设旁通装置，其出口设压力表。

9.4.11　缓冲罐和现场储气罐底部应设自动或手动放水阀。顶部应设压力表和安全阀。

9.4.12　储气罐与供气总管之间应设置切断阀。每排稳压气包的供气管道上应设置切断阀。

9.4.13　压缩空气总管内气体流速不宜大于 12 m/s。管道可采用热镀锌钢管。

9.4.14　压缩空气管道宜架空敷设，寒冷地区应采用保温和伴热措施。

9.4.15　储气罐应尽量靠近用气点，从储气罐到用气点的管线距离一般不超过 50 m，否则应增设储气罐。条件允许时在靠近除尘器处设单独的储气罐。

9.4.16　压缩空气管道的连接宜采用焊接，设备和附件的连接可采用螺纹、法兰连接。

9.4.17　活塞式空压机、离心式空压机、单机定额排气量大于 20 m³/min 螺杆空压机的压缩空气站宜为独立建筑物。压缩空气站与其他建筑物毗邻或设在其内时，宜用墙隔开，空压机宜靠外墙布置。

9.4.18　空压机组宜单排布置，空压机之间的通道净距不小于 1.5 m；空压机组与墙的通道不小于 1.2 m。当空压机数量超过 3 台时宜采用双排布置。

9.4.19　空压站内的地沟应能排除积水并应敷设盖板。

9.4.20　单台排气量等于或大于 20 m³/min，且总容量等于或大于 60 m³/min 的压缩空气站，宜设检修用起重设备，其起重能力应按空气压缩机组的最重部件确定。

9.5 建筑与结构

9.5.1 一般规定

9.5.1.1 袋式除尘工程的建筑设计和结构设计应符合 GB 50007、GB 50010、GB 50017 等国家和行业现行的有关规范、标准的规定。

9.5.1.2 袋式除尘工程建筑设计应根据生产工艺、自然条件、相关专业设计，合理进行建筑平面布置和空间组合，并注意建筑效果与周围环境相协调、建筑材料的选用和节约用地。

9.5.1.3 建（构）筑物的防火设计应符合 GB 50016 的规定。

9.5.1.4 建筑物室内噪声控制设计应符合 GBJ 87 的规定。

9.5.1.5 建筑物宜优先考虑天然采光，建筑物室内天然采光照度应符合 GB/T 50033 的规定。

9.5.1.6 建筑物宜采用自然通风，墙上和楼层上的通风孔应合理布置，避免气流短路和倒流。当自然通风不能满足要求时，应采用机械通风。

9.5.1.7 建筑物的室内外墙面、顶棚、门窗应根据需要进行相应的装修设计。楼（地）面材料除满足工艺、电气等要求外，宜采用耐磨、易清洁的材料。有防腐要求的，需做防腐设计。

9.5.1.8 设备、仪表、管道、管道支架、堆放材料、运输工具等作用于结构上的荷载，应由工艺设计专业提供。

9.5.1.9 楼（屋）面可变荷载、检修荷载、吊车荷载、风荷载、雪荷载应按 GB 50009 的规定采用。其中有设备区域的楼面可变荷载按不低于 4.0 kN/m² 考虑。

9.5.1.10 袋式除尘器、管道中的积灰荷载及容器中的填充物自重，应按可变荷载考虑。其荷载组合值、频遇值和准永久值系数均取 1.0，其荷载分项系数取 1.3。

9.5.1.11 袋式除尘器所在区域应浇灌混凝土地坪，并进行场地平整，坡度一般为 0.5%～2%。

9.5.2 袋式除尘器基础

9.5.2.1 除尘器基础的形式和结构应依据设备柱脚尺寸、荷载性质及分布、地质状况、地下掩埋物等情况进行设计。

9.5.2.2 除尘器支架可采用钢结构或钢筋混凝土结构，强度应满足各种荷载的最不利组合的作用。

9.5.2.3 除尘设备的荷载及分布应按下列荷载来考虑：

    a）除尘设备的永久荷载（包括自重、保温层、附属设备等）；

    b）可变荷载：运行荷载（包括存灰等的重量）、风荷载和雪荷载、安装及检修荷载（指检修或安装时，临时机具和人员的重量等）；

    c）温度应力（指除尘器进出口、除尘器与外部连接件等在温度发生变化时与外界产生的热应力作用）；

    d）地震作用；

    e）室内安装的袋式除尘器可不考虑风载和雪载。

9.5.2.4 除尘器地基基础变形允许值应符合 GB 50007 的规定。

9.5.2.5 基础顶面柱头的定位尺寸应与设备柱脚定位尺寸相符。

9.5.2.6 基础顶面预埋钢板及螺栓的定位尺寸应与设备柱脚底板和螺孔的定位尺寸相符。

9.5.2.7 除尘器基础顶面应高出地面不小于 150 mm，防止雨水浸泡设备柱脚；基础预埋螺栓型号、数量和露丝高度，应满足除尘器安装牢固、可靠的要求。螺栓露丝应做防撞、防锈保护。

9.5.2.8 为减少高温烟气对袋式除尘器产生的热应力和变形，发电厂等大型袋式除尘器支撑应采用活动支座（保留一个固定支座）或铰支座。

9.5.3 风机基础

9.5.3.1 风机基础设计应符合 GB 50040 的规定。

9.5.3.2 风机基础设计应根据风机的安装尺寸、重量、转动特性、工艺布置、地质情况、检修空间和振动控制的要求进行。基础平面尺寸按风机和电机总成后的安装尺寸来确定。

9.5.3.3 风机及电机基础宜采用大块式钢筋混凝土基础，并整体浇筑成形。风机基础设计不得产生有害的不均匀沉降。

9.5.3.4 风机基础应是独立的，与其他建（构）筑物基础不相关联。

9.5.3.5 当风机振动可能对邻近的精密设备、仪器仪表及建筑物产生有害影响时，风机基础应采用减震措施。

9.5.3.6 在严寒地区还应注意地基土的冻胀问题。

9.5.3.7 风机基础混凝土强度等级不宜低于 C20。基础垫层可采用 C10 混凝土。风机基础的钢筋宜采用 Ⅰ、Ⅱ 级钢筋，不得采用冷轧钢筋。钢筋连接不宜采用焊接接头。

9.5.3.8 对于现场组装的大型风机基础宜在基础顶部、四周和底面配置不小于直径 10 mm、间距 200 mm 的钢筋网。

9.5.3.9 对于 A 式传动的风机基础，宜使机壳底部高出地面 200 mm 来确定基础的标高；对于 C、D、B 式传动的离心式通风机基础，最低基础面应高出地面 200 mm 以上；对于 E、F 式传动的离心式通风机，宜使机壳底部高出地面 400 mm 来确定基础标高。

9.5.3.10 小于 No.6 风机的基础，地脚螺栓可采用一次埋入；大于 No.6 风机的基础，地脚螺栓应采用预留孔二次灌浆，预留孔的尺寸可参考表 6 设计。

表 6 风机基础二次浇灌预留孔尺寸

地脚螺栓尺寸/mm	预留孔尺寸/mm²	地脚螺栓尺寸/mm	预留孔尺寸/mm²
M14、M16	100×100（φ100）	M30～M56	200×200（φ200）
M18～M24	150×150（φ150）	M58～M100	250×250（φ250）

9.5.3.11 预留孔深度为地脚螺栓埋深加 50 mm。

9.5.3.12 风机底座边缘至基础边缘的距离不宜小于 100 mm。对于二次灌浆的风机基础，风机底座下应预留不小于 50 mm 的灌浆层，可采用细石混凝土或灌浆料，其强度等级应比基础混凝土强度等级高出一级，不低于 C30。

9.5.3.13 风机基础地脚螺栓的设置应符合下列规定：

  a）带弯钩地脚螺栓的埋深不应小于 20 倍螺栓直径，带锚板地脚螺栓的埋深不应小于 15 倍螺栓直径；

  b）地脚螺栓轴线距基础边缘不应小于 4 倍螺栓直径，预留孔边距基础边缘不应小于 100 mm，当不能满足时，应采用加强措施；

　　c）预埋地脚螺栓底部混凝土净厚度不应小于 50 mm；当为预留孔时，孔底部混凝土净厚度不应小于 100 mm。

9.5.3.14　风机基础设计应向土建专业提供下列资料：

　　a）风机的型号、转速、功率、规格及轮廓尺寸图等；

　　b）风机自重及重心位置；

　　c）风机底座外廓图、执行器、管道接口位置和坑、沟、孔洞尺寸以及地脚螺栓和预埋件的位置等；

　　d）风机基础位置及其与邻近建（构）筑物基础间距的关系；

　　e）地质勘察资料及地基动力试验资料；

　　f）基础平面布置方案。

9.5.4　风机房

9.5.4.1　对于排除有爆炸或燃烧危险的气体和粉尘的净化系统，风机房不应布置在建筑物的地下室或半地下室。

9.5.4.2　机房与设备之间应留有适当的安装、操作、检修的距离和空间高度，主要检修通道净宽不应小于 2 m，非主要通道净宽不应小于 0.8 m。对于大中型风机，风机房宜设置起吊设施。

9.5.4.3　风机房应尽可能与其他建筑物隔断。当振动和噪声严重时，风机房内应有隔声和隔振措施。

9.5.4.4　风机及电机巡检和检修部位应设平台、梯子和栏杆。

9.5.4.5　风机房应有良好的采光，表盘、操作盘、温度计等位置应有足够的照明。

9.5.4.6　风机房的门窗应外开，应考虑风机叶轮、电机更换时进出方式和通道。

9.5.4.7　风机房的地坪应设有适当的坡度和排水口，机房内应设有冲洗水管等。

9.5.4.8　风机房动力电缆的敷设和穿管预埋应与电机接线盒的位置（左侧、右侧）相符。

9.5.5　配电室及控制室

9.5.5.1　配电室及控制室选址应符合下列要求：

　　a）接近负荷中心；

　　b）进、出线方便；

　　c）不宜设在有剧烈震动的场所；

　　d）不宜设在多尘或有腐蚀性气体的场所；

　　e）不应设在地势低洼可能积水的场所；

　　f）不应设在厕所、浴室或其他经常积水场所的正下方，且不宜与上述场所相邻。

9.5.5.2　配电室屋顶承重构件的耐火等级不应低于二级，其他部分不应低于三级。

9.5.5.3　当配电室长度超过 7 m 时，应设两个出口，并宜布置在配电室的两端。当配电室采用双层布置时，楼上部分的出口应至少有一个通向该层通道或室外的安全出口。

9.5.5.4　配电室的门均应向外开启，相邻配电室之间的门应为双向开启门。

9.5.5.5　配电室的顶棚、墙面及地面建筑装修应少积灰和不起灰。

9.5.5.6　有人值班的配电室，宜采用自然采光。在值班人休息间内宜设给水、排水设施。附近无厕所时宜设厕所。

9.5.5.7　位于地下室和楼屋内的配电室，应设设备运输的通道，并应设良好的通风和可靠的照明系统。

9.5.5.8　配电室的门、窗应密封良好；与室外相通的洞、通风孔应设防止鼠、蛇等小动物进入的网罩。直接与室外相通的通风孔还应采取防止雨、雪飘入的措施。

9.5.5.9　控制室的地面宜比室外地面高出 300 mm，当附设在车间内时则可与车间的地面相平。

9.5.5.10　高压配电室平面布置上应考虑进出线的方便（特别是架空进线或出线）。高压配电室耐火等级应不低于二级。低压配电室的耐火等级应不低于三级。

9.5.5.11　高压固定式开关柜维护通道的尺寸，单列布置时，柜前最小为 1 500 mm，柜厚为 800 mm，如受建筑平面、通道内有柱等局部突出物的限制，可减少 200 mm 距离。低压固定式开关柜维护通道的尺寸，单列布置时，柜前最小为 1 500 mm，柜厚为 1 000 mm，如受建筑平面、通道内有柱等局部突出物的限制，可减少 200 mm 距离。

9.5.5.12　在高压配电室内高压开关柜数量较少时（6 台以下）也可和低压配电屏布置在同一室内。如高、低压开关柜顶有裸露带电导体时，单列布置的高压开关柜与低压配电屏之间净距不应小于 2 m。

9.5.5.13　架空出线时，高压出线套管至室外地面的最小高度为 4 m，出线悬挂点对地距离一般不低于 4.5 m。高压配电室的高度，应根据室内外地面高差及上述距离而定，净空高度一般为 4.2～4.5 m。为了敷设线路的需要，高压关柜的下面设有电缆沟。

9.5.5.14　室内电力电缆沟底应有坡度和集水坑，以便临时排水。沟盖宜采用花纹钢板。相邻开关柜下面的检修坑之间，宜用砖墙隔开。

9.5.5.15　低压配电室的位置，应尽量靠近变压器，通常与变压器隔墙相邻，以减小母线长度。

9.5.5.16　低压配电室一般为单层，当整个变电所为多层建筑物时，低压配电室可设在变压室的上层。

9.5.5.17　配电室和控制室可设置干粉灭火器等防火设施，不得采用给水消防。

9.5.5.18　所有生产管道不得穿过高压配电室。

9.6　涂装与防腐

9.6.1　应利用涂层的防护作用防止金属结构腐蚀，并满足工业安全色标和美观要求。防腐与涂装设计参照 SH 3022。

9.6.2　涂装设计时，应考虑物件所处的腐蚀环境条件、物件材质及性质、形状、制造要求、经济等因素。

9.6.3　涂料选用应符合下列要求：

　　a）应具有良好的耐腐蚀性；

　　b）涂层应密实无孔，有良好的物理机械强度、韧性和抗冲击性能；

　　c）具有良好的耐热性，满足使用温度要求；

　　d）涂层应具有防水、防潮、防大气腐蚀性能；

　　e）颜色、外观和涂膜机械强度应满足设计要求，并在其使用过程中耐久、稳定；

　　f）底漆与被涂底材应具有优良的附着力，各涂层间的配套性和结合力应良好；

　　g）所选用涂料的施工性能、干燥性能、涂装性能等应与所具备的涂装条件相适应；

　　h）涂装设计中应尽可能选用无毒或污染小的涂料，宜使用环保涂料。

9.6.4　除尘系统管道和钢结构可采用底漆+面漆的涂层结构，除尘器等设备可采用底漆+面漆、底漆+中漆+面漆的结构。应充分考虑涂层间的配套性。

9.6.5　涂层厚度由基本涂层厚度、防护涂层厚度和附加涂层厚度组成。确定涂层厚度应主要考虑以下因素：

　　a）钢材表面原始粗糙度；

　　b）钢材除锈后的表面粗糙度；

　　c）选用的涂料品种；

　　d）钢结构使用环境对涂层的腐蚀程度；

　　e）涂层维护的周期。

9.6.6　钢材涂层厚度可参考表 7 确定。

表 7　钢材涂层厚度

单位：μm

钢材涂料	基本涂层和防护涂层					附加涂层
	城镇大气	工业大气	海洋大气	化工大气	高湿大气	
醇酸漆	100～150	125～175				25～50
沥青漆			180～240	150～210		30～60
环氧漆			175～225	150～200	150～200	25～50
过氯乙烯漆				160～200		20～40
丙烯酸漆		100～140	140～180	120～160		20～40
聚氨酯漆		100～140	140～180	120～160		20～40
氯化橡胶漆		120～160	160～200	140～180		20～40
氯磺化聚乙烯漆		120～160	160～200	140～180	120～160	20～40
有机硅漆					100～140	20～40

9.7　设备及管道保温

9.7.1　设备和管道保温应符合 GB 50264 的要求。

9.7.2　袋式除尘设备和管道在以下场合应设置保温：

　　a）防止高温烟气结露，使烟气温度高于露点温度 15～20℃；

　　b）防止压缩空气管道、水管、油管等冬季冻结；

　　c）防止管道、设备出现冷、热损失；

　　d）防止管道与设备表面结露或其内部物料冻结时；

　　e）管道表面温度过高引起燃烧、爆炸的场合；

　　f）安全规程规定的保温要求；

　　g）管道、设备操作维护时易引起人员烫伤的部位。

9.7.3　保温结构应保温效果好，施工方便，防火、防雨，整齐美观。

9.7.4　保温结构应有足够的机械强度，在自重、振动、风雪等附加荷载（埋地管道还包括地面运输车辆所造成的偶然荷载）的作用下不致破坏。

9.7.5　保温结构在设计使用寿命内应能保持完整，在使用过程中不允许出现烧坏、腐烂、剥落等现象，经久耐用。

9.7.6　保温结构应尽量采用工厂预制成品，减少现场施工量，便于缩短工期，保障质量，维护检修方便。

9.7.7　保温结构由保温层和保护层组成。

9.7.8　保温材料的性能应达到以下要求：

a）导热系数小；

b）密度小；

c）机械强度满足抗压和抗折的要求；

d）在最高工作温度下安全稳定；

e）在燃烧爆炸的场合保温材料应为非燃烧材料，当介质温度大于120℃时，保温材料应是阻燃型或自熄型；

f）吸水率低；

g）化学性能符合要求；

h）保温材料不得采用石棉制品。

9.7.9 保护层应具有的主要功能包括：

a）防止外力损坏绝热层；

b）防止雨、雪水的侵袭；

c）美化保温结构的外观。

9.7.10 保护层的性能应达到以下要求：

a）严密的防水、防湿性能；

b）良好的化学稳定性和阻燃性；

c）强度高，不易开裂，不易老化。

9.7.11 常用保护层材料可选用彩板、镀锌钢板、铝合金板等，除尘器金属保护层宜采用彩板，厚度不小于0.6 mm。

9.7.12 设备、直管道等无须检修的部位应采用固定式保温结构。流量测量装置、阀门、法兰、堵板、补偿器等部位的保温结构应易于拆卸，当其连接管道采用金属保护层时，宜采用可拆卸式保温结构。

9.7.13 保护层结构应符合下列要求：

a）金属保护层的接缝可选用搭接、插接或咬接形式。

b）金属保护层应有整体防水功能。水平管道的纵向接缝应设置在管道的侧面，水平管道的环向接缝应按坡度高搭低苫；垂直管道的环向接缝应上搭下苫。

c）室外布置的袋式除尘器顶部保温保护层和矩形烟风道的保护层顶部应设排水坡度，必要时双面排水。

9.8 高温烟气管道膨胀补偿

9.8.1 高温烟气管道的补偿应尽量利用管道弯曲的自然补偿，若自然补偿不能满足要求时，可考虑设置补偿器进行补偿。

9.8.2 高温烟气管道或长距离的常温管道每隔一定的距离应设置补偿装置，以减少或消除管道受热膨胀产生的应力。详见6.4.25。

9.8.3 管道和设备膨胀伸长量按下式计算：

$$\Delta L = La_l(t_2 - t_1) \tag{10}$$

式中：ΔL——管道的热伸长量，m；

a_l——金属的线膨胀系数，m/（m·℃），对于普通钢 $\alpha_l = 12 \times 10^{-6}$ m/（m·℃）；

L——计算管段的长度，m；

t_2——管壁最高温度，℃，可取烟气的最高温度；

t_1——管道安装时温度，℃，在温度不能确定时，可取为最冷月平均温度。

9.9 管道支吊架

9.9.1 常见的管道支架形式有固定支架和活动支架，适用场合如下：

  a）袋式除尘器进出口处管道可设活动支架；

  b）风机进口垂直管道底部应设固定支架；

  c）管道补偿器两端应设活动支架；

  d）水平管道弯头处宜设活动支架；

  e）垂直管道底部弯头处宜设固定支架；

  f）大口径阀门应设固定支架支撑。

9.9.2 支吊架的选型使用条件见表 8。

表 8 支吊架的选型使用条件

支吊架分类	使 用 条 件
固定支架	支点不允许有任何方向的位移
限位支架	支吊架只允许在一个或两个方向有位移
导向支架	支点只允许沿管道轴线方向位移（垂直导向支架不承受垂直方向的荷载）
滑动支架	支点有水平位移，但无垂直位移
弹簧支吊架	支吊点有垂直位移，并有少量水平位移
刚性吊架	吊点无垂直位移，但有少量水平位移

9.9.3 设置管道支吊架时应满足下列要求：

  a）管道支架设置应满足最不利情况下管道受力要求；

  b）支架设置时应进行支架结构、管道跨距等计算，计算时应考虑管道自重、积灰荷载、风荷载、雪荷载、检修荷载、地震作用等因素，并满足强度和稳定性的要求；

  c）管道通过道路时，支架应设置在道路两边，应距道路边缘最小平面净距离 1 m；

  d）两根管道平行敷设在同一支架时，应考虑各自温度不同引起的受力变化；

  e）支吊架布点和选型要合理，间距不应超过允许的最大跨距，并尽量采用等距离布置；

  f）确定支吊架的间距应综合考虑管道内的介质温度，管道刚度及厂房结构等因素；

  g）布置支吊点时，宜使各支吊点荷载均匀分配，并应注意管道附件检修更换时荷载的变化；

  h）支吊点应避开管道中容易磨损和堵塞的部位，以便于维护和检修；

  i）水平弯管的支吊架，宜设置在靠近弯管的直管段上；

  j）当变径管两侧的管道截面相差较大时，应在大管径的一端设置支吊架；

  k）支吊架与管道的焊缝或法兰之间的净距离不得小于 300 mm；

  l）垂直管道上的固定支架、刚性吊架，支吊点荷载应按管段总重考虑。

9.9.4 吊架吊杆应满足下列要求：

  a）强度校核应满足要求；

  b）吊杆的最小直径不得小于 10 mm；

  c）吊架的吊杆两端应为铰接形式；

  d）吊杆的长度应能调整。

9.9.5 管道荷载及跨距计算、支吊架的形式和结构设计应由土建专业完成。管道支架的设计应执行国家相关的技术规范。

9.10 消声与隔振

9.10.1 除尘工程噪声和振动控制应符合 GBJ 87、GBZ 1 的规定，厂界噪声应符合 GB 12348 的规定。风机噪声应符合 JB/T 8690 的要求。

9.10.2 应优先采用高效、节能、低噪声的风机和设备。

9.10.3 风机所产生的噪声应符合国家噪声控制标准。否则，风机出口应设消声器或在风机壳体加装隔声装置。应防止排气筒（或烟囱）出口传播噪声。

9.10.4 对大中型风机可设计隔声罩或隔声室来降低噪声。

9.10.5 风机的进出口应设非金属柔性连接器进行隔振。

9.10.6 风机和电机邻近建筑物（构筑物）布置时，其基础设计应考虑隔振；当风机和电机布置在室内或楼板上时，应采用隔振基础。

9.10.7 消声器的选型应符合下列要求：

a）应根据通风机的噪声级特性、噪声标准及背景噪声确定所需的消声量。

b）消声器应在较宽的频率范围内有较大的消声量。对于消除以低频为主的噪声，可选用抗式消声器；对于消除以中、高频为主的噪声或以气流噪声为主的噪声，可选用阻式消声器；对于消除宽频噪声，可选用阻抗复合式消声器等。

c）在满足消声降噪的前提下，消声器应具备体积小、结构简单、使用寿命长、压力损失小的要求。

d）所选消声器额定风量应不小于通风机的实际风量。气流通过消声器的通道流速宜控制在 10～15 m/s 的范围内，以免产生再生噪声。

10 劳动安全与职业卫生

10.1 一般规定

10.1.1 袋式除尘系统设计、施工、运行应按照国家和行业有关规定，采取可靠的防护措施保护人身安全和健康。

10.1.2 劳动安全卫生设施设置应符合国家相关法律法规和 GBZ 1 的规定，应与主体工程同时设计、同时施工、同时投入生产和使用。

10.1.3 除尘工程的防火防爆设计应符合 GB 50016、GB 50019 等的规定。

10.1.4 除尘工艺设计、设备设计和电气控制设计时，应采取有效的安全技术措施，避免因突然停电、停水、停气造成机电设备、冷却系统和阀门等误动作，防止生产和除尘设备发生事故。

10.2 常见职业危险危害因素与防护措施

10.2.1 对生产设备工艺过程中产生尘源、毒源、污染源进行捕集控制，并实施排风，不使污染物在车间内扩散，确保岗位浓度符合国家相关标准。

10.2.2 通过隔热、隔断、隔声、劳动防护用品、安全距离、报警等综合措施，防止有害作业和可能对人体的伤害。

10.2.3 设计中采取保护和临时防护措施，防止在生产不停机时，因施工而造成的生产设备损坏或人员伤亡。

10.2.4 当存在粉尘爆炸、易燃易爆气体时，除尘系统设计可采用的措施包括：

    a）防爆阀、防爆膜片等泄漏装置；

    b）设备的强度应满足抗爆要求；

    c）滤袋应采用防静电滤料制作；

    d）惰性气体作为清灰气源；

    e）系统和设备设置温度、压力、氧含量、CO 含量等自动检测、报警、保护功能；

    f）设备、管道内应消除死角，防止积粉尘；

    g）卸灰装置连续运行；

    h）静电接地；

    i）氮气保护；

    j）法兰连接处应采用导线跨接。

10.2.5　宜合理利用管路自然补偿，消除热应力。应采用活动支架（支座）、补偿器，减少对设备的推力。

10.2.6　高温或高负压袋式除尘器应考虑结构强度和加固，或采用高强度材料，防止设备变形。

10.2.7　管道的弯头、三通部件应采用防磨结构或使用防磨层。

10.2.8　室外设备和架空管道应具有良好的防护层，应正确使用防腐涂料。

10.2.9　应采取保温、加热、伴热等措施，防止设备冻坏、结冰、机油凝固。

10.2.10　高速转动或传动部件应设防护罩。

10.2.11　设置必要的检修操作平台，保障维护检修的安全；梯子、平台、栏杆按规范要求进行设计，应满足承载能力。平台、梯子应有不少于 100 mm 的踢脚板；梯子、平台、栏杆特征尺寸应符合人机工程的要求。

10.2.12　采用粉尘加湿、气力输送、干粉密闭罐车等措施，防止卸灰输灰时产生粉尘二次污染。

10.2.13　当某些高温粉尘遇氧后可能出现燃烧时，其卸灰装置应严密，并采取有效的防火和灭火技术措施，防止粉尘自燃。

10.2.14　为消除系统和设备产生的静电，应按相关标准的要求进行良好的接地，静电接地电阻宜小于 4Ω；粉尘爆炸危险场所用袋式除尘器接地电阻不应大于 100Ω。

10.2.15　高架设备或构筑物应按相关标准的要求考虑防雷措施，每根引下线的冲击接地电阻不应大于 10Ω。

10.2.16　在潮湿、多尘和户外工作场所，应采用封闭型电机和电器；在易燃易爆或腐蚀性气体的场所应采用防爆型电机和电器。

10.2.17　事故照明和检修照明安全电压见 9.1.13。变压器室装设白炽灯。

10.2.18　对拟利用的旧有建筑物和构筑物应进行安全复核，如有问题应采取补强、加固、修复措施，合格后方可利用。

10.2.19　吊钩、吊梁、提升葫芦等起吊装置设计时应考虑必要的安全系数，并在醒目处标出许吊的极限载量。

10.2.20　应按相关标准的要求，对有关设施、设备、管道着安全色标，对危险区域和危险设备设置安全标识。

10.2.21　应选用低噪声风机。对风机噪声应采取消音减震，隔震、隔声等综合措施，减少噪声污染。

10.2.22 袋式除尘工艺的自动控制系统应与生产工艺相联系，事故状态下应能对生产工艺和环保设置实施保护。

10.3 消防要求

10.3.1 消防水源宜由厂区消防主管网供给。消防水系统的设置应覆盖场区内所有建筑物和设备。

10.3.2 消防给水管道宜与生产、生活给水管道合并。如合并不经济或技术上不可行时，可采用独立的消防给水系统。

10.3.3 环状管道应用阀门分成若干独立段，每段内的消火栓数量不宜超过 5 个。

10.3.4 室外消防、给水管道的最小直径不应小于 100 mm。

10.3.5 室外消火栓布置。室外消火栓应根据需要沿道路设置，并宜靠近十字路口，室外消火栓间距不应大于 120 m。消火栓距路边不应大于 2 m，距房屋外墙不宜小于 5 m。室内消火栓的距离不应超过 50 m。

10.3.6 电气室、控制室、电力设备附近按 GB 50140 的规定配置一定数量的移动式灭火器。

11 施工与验收

11.1 一般规定

11.1.1 袋式除尘工程施工与验收应执行 GB/T 50326、《建设工程质量管理条例》、《建设项目竣工环境保护验收管理办法》、JB 8471 的相关规定。施工单位应具有相应的施工资质。

11.1.2 管道工程、结构工程、电气工程、机电设备施工安装等应执行国家和行业现行的施工验收规范。

11.1.3 项目承包单位应编制切实可行的施工组织设计，并配套可靠的安全技术措施，经业主和工程监理审查通过后方可施工。

11.1.4 施工前设计人员应向施工单位进行充分的图纸和施工技术交底，施工人员应进行安全教育和培训。施工单位应设置安全员。起重工、架子工、电工应持证上岗。

11.1.5 应在施工条件（水、电、气、道路、施工机具和材料占地等）具备后方可施工。

11.1.6 施工区域应按 GB 2894 设置安全标志，按 GB 5725 和 GB 6095 设置安全网、使用安全带。

11.1.7 施工、安装中使用的设备、梯子、工具、绳索均应符合 GB 7059.1、GB 7059.2、GB 7059.3 和 GB/T 3787 的规定。

11.1.8 高处作业应符合 GB 3608 的规定，高处作业人员不得有高处作业禁忌症。高处作业应系好安全带，并设高空坠落防护网。

11.1.9 焊接施工时应防止焊接触电、弧光辐射，焊机接线应有屏护罩，插座应完整，应装有接地线，绝缘电阻≥1 MΩ。

11.1.10 施工供电应符合电气安全技术规定，有安全电压要求的设备应符合 GB/T 3805 的规定。

11.1.11 安装场地的最低照度不应低于 20 lx，场地照明的范围应大于 95%。

11.1.12 除尘器涂装施工应符合 GB 6514 的规定。

11.2 安装

11.2.1 安装程序

11.2.1.1 袋式除尘工程安装程序包括设备基础校验、钢结构部件检验、设备及管道安装等步骤。

11.2.1.2 应对除尘器、风机等设备基础进行检查和校验,基础尺寸和允许偏差按 JB/T 8471 的要求执行,并符合设计图纸的要求。主要内容包括:

   a)基础的坐标位置;

   b)基础台面标高;

   c)基础外形尺寸;

   d)基础台面水平度;

   e)基础竖向偏差;

   f)预埋螺栓的中心距、露丝高度、型号;

   g)预留地脚螺栓孔定位、尺寸、标高、深度和铅垂度;

   h)基础预埋钢板的位置、尺寸、高度和厚度;

   i)基础混凝土的标号和强度。

11.2.1.3 钢结构部件的检验内容包括零部件名称、材料、数量、规格和编号等。

11.2.1.4 钢结构部件拼装或安装前,应对变形的钢结构件进行矫正,对几何尺寸偏差、几何形状偏差、焊接质量进行校验和(或)矫正,主要内容包括:

   a)对单根立柱和横梁应进行校验,其直线度偏差<5 mm,立柱端板平面对立柱轴线应垂直,其垂直度公差为端板长度的 5‰,且最大不得大于 3 mm。立柱上下端板孔组的纵向中心线、横向中心线与设计中心线应重合,其极限偏差为±1.5 mm。同一台除尘器的立柱长度相互差值应不大于 5 mm。

   b)底梁、立柱、顶梁尺寸的极限偏差按表 9 参照执行。

表 9 底梁、立柱、顶梁尺寸的极限偏差 单位:mm

基本尺寸	≤5 000	>5 000~8 000	>8 000~12 500	>12 500~16 000	>16 000
底梁	−4	−5	−6	−7	−8
立柱	±3	±4	±4.5	±5	±6
顶梁	±3	±4	±5	±6	±7

   c)板类(灰斗壁板、进出集烟箱壁板、屋面板、中箱体壳体等)组件尺寸的极限偏差按表 10 规定要求,对角长度相互差值不大于 5 mm。各种板类拼装完工后,在相邻两肋之间板面的局部凸凹矢高应不大于两肋间距离的 15‰。

表 10 板类尺寸极限偏差 单位:mm

基本尺寸	≤4 000	>4 000~6 500	>6 500~10 000	>10 000
灰斗、集烟箱、进出喇叭口	−4	−5	−6	−7
屋面板、中箱体壳体	±3	±4	±4.5	±5

11.2.1.5 拼装或安装前应按图纸要求,对各组件的尺寸及安装位置进行核对。

11.2.1.6 袋式除尘工程安装按"先安装除尘器、烟气预处理器和通(引)风机,后安装管道、除尘阀门、管道支架和附属设施"的程序进行，工程进度网络主线以除尘器安装展开。袋式除尘器安装内容和顺序如下：

  a）安装支柱及其框架；

  b）安装支承座（固定支座和活动支座）；

  c）安装中箱体底部圈梁；

  d）安装灰斗；

  e）安装中箱体立柱、顶部圈梁、侧板、进风口及气流分布等；

  f）安装梯子、平台及栏杆；

  g）安装花板、上箱体、清灰装置及出风口；

  h）安装压缩空气管路、电气设备及管线；

  i）对除尘器、烟道和压缩空气管路进行清扫；

  j）安装卸灰装置；

  k）安装滤袋及滤袋框架；

  l）安装保温和外饰。

11.2.2 除尘器安装要求

11.2.2.1 焊条型号、焊缝高度应符合图纸要求。不得有漏焊、虚焊、气孔和砂眼等缺陷。焊接施工应符合 GB/T 985.1、GB/T 985.2 和 JB/T 5911 的规定。

11.2.2.2 上箱体、中箱体、灰斗焊接应连续满焊。不得有漏焊、虚焊、气孔、砂眼和夹渣等缺陷。焊接完成后须清除焊渣，所有密封性焊缝 100%做焊缝渗透检验。

11.2.2.3 除尘器安装误差及管道安装误差应符合 JB/T 8471 的要求。

11.2.2.4 立柱的中心定位应从 X、Y 方向同时测定各柱的垂直度，其偏差应在允许范围内。若偏差较大，可在柱脚底板下面设置垫板调正。

11.2.2.5 立柱框架形成后应测量中心定位和平立面各对角线的尺寸，并符合 JB/T 8471 的要求。

11.2.2.6 支承座安装前应进行检查。检查内容主要包括：尺寸、滑动面的光洁度及平整度等；对于滚动式支座应重点检查滚珠（柱）数量和质量；对于滑动支座应重点检查摩擦片的数量和质量。

11.2.2.7 对已安装就位的灰斗进行中心线校核，偏差符合 JB/T 8471 的要求后方可进行焊接。焊接应牢固，连续满焊。

11.2.2.8 灰斗安装后应对灰斗内壁上的疤痕进行打磨处理，内壁各个角的弧形板的焊接应连续、光滑；灰斗加强筋应对齐焊接，转角处应搭接焊接。卸灰口法兰平面应平整。

11.2.2.9 中箱体立柱、横梁、圈梁所形成的框架，应测量中心定位和平立面各对角线的尺寸，并符合 JB/T 8471 的要求，检查合格后再进行焊接。

11.2.2.10 进、出风口内部应连续焊接。进、出风口外壁的加强筋应对齐焊接，转角处应搭接焊接。进风烟箱与出风烟箱的隔板拼焊应密封焊接，并做焊缝渗透检验。为防止隔板振动，应有足够的加强筋。

11.2.2.11 气流分布板的安装可采用螺栓连接或焊接，安装牢固，防止产生震动。

11.2.2.12 脉冲阀、稳压气包、喷吹管及花板宜在工厂组装，调试合格后整体发运。

11.2.2.13 在稳压气包出厂发运前，对稳压气包的所有敞口应予以封堵，避免杂物进入。

对脉冲阀及电磁阀应有防雨、防撞等保护措施。

11.2.2.14 喷吹装置组装时应清除稳压气包内部的焊渣等杂物，脉冲阀安装就位后应进行喷吹试验，每阀喷吹不少于 3 次并确认喷吹正常。

11.2.2.15 上箱体宜整体吊装。若条件不满足时，花板应在现场工作台拼装后整体吊装，吊装时，应采取防止变形的措施。

11.2.2.16 花板的拼接及其与周边的焊接必须连续满焊，不得有漏焊、虚焊、气孔、砂眼和夹渣等缺陷，并做焊缝渗透检验。

11.2.2.17 花板的安装应严格定位。花板平面度公差应小于 2‰，最大应小于 3 mm。花板孔中心定位偏差小于 0.5 mm。

11.2.2.18 喷吹装置现场组装时应严格保证喷吹管与花板平行，并使喷嘴的中心线与花板孔中心线重合，其位置偏差应小于 2 mm，喷嘴中心线与花板垂直度偏差应小于 5°。

11.2.2.19 对于具有圆盘式提升阀的袋式除尘器，提升阀安装时须检查阀口及阀板的平整度和水平度，阀口不得有毛刺、缺口。提升阀安装后应通气调整阀板与阀口间的压紧程度。

11.2.2.20 梯子、平台及栏杆的安装应符合 GB 4053.1、GB 4053.2、GB 4053.3 的规定，其安装偏差应符合 JB/T 8471 的规定。梯子、平台及栏杆焊接应牢固、可靠。梯子、平台及栏杆应设有踢脚板。栏杆扶手拐角处应圆滑，焊接部位应打磨光滑，无毛刺和飞棱。

11.2.2.21 设备结构安装完成后应进行内部清理，检查合格后再安装卸灰阀。灰斗、卸灰阀和插板阀的法兰之间衬密封垫，做到紧固不漏灰。

11.2.2.22 烟道进、出口阀门和非金属补偿器安装时应注意流向和执行器的方位，阀门安装后进行检查，确保动作平稳、灵活、启闭到位。

11.2.2.23 滤袋安装前应对施工人员进行培训。安装时不得动火、吸烟。对上箱体内部灰渣应清扫干净，检查合格后方可安装滤袋。安装滤袋时宜按由里向外的顺序进行，避免踩踏袋口。滤袋安装时应小心轻放，防止滤袋划伤。滤袋安装结束应逐个检查袋口的安装质量，确认无误后方可安装滤袋框架。

11.2.2.24 滤袋框架安装时应逐个检查框架质量，对变形和脱焊者应剔除。不符合 7.2.2 要求的滤袋框架不得进行安装。滤袋框架安装完成后在滤袋的底部进行观察，对有偏斜、间距过小的滤袋应进行调整。

11.2.2.25 滤袋及框架安装过程中不得袋内存有异物。

11.2.2.26 安装喷吹管时，应保证喷嘴与滤袋的同心度和高度偏差应小于 2 mm。喷吹管定位准确后应紧固。

11.2.2.27 袋式除尘器安装完成并检漏合格后应对焊缝和油漆损伤部位补刷底漆，并对整体设备涂刷最后一道面漆。漆膜应均匀，颜色一致，厚度不得小于 30 μm。

11.2.3 除尘器涂装

11.2.3.1 袋式除尘器涂装前应将表面的铁锈、残留物、油污、尘土及其他杂物清除干净。除锈方法和除锈等级应符合 GB/T 8923 的规定，当使用喷砂或抛丸除锈时，其除锈等级不低于 Sa2.5；当使用手刷或动力工具除锈时，除锈等级不低于 St2。

11.2.3.2 袋式除尘器漆膜厚度的检验用漆膜测厚仪，检测点在每平方米中不少于两点。

11.2.3.3 除尘器外观涂漆颜色应一致，漆膜不得有起泡、剥落、卷皮、裂纹等缺陷。

11.2.4 风机及电机安装要求

11.2.4.1 风机安装应符合 GB 50275 的要求。

11.2.4.2 应对风机配套件开箱检查，并根据设备装箱清单核对叶轮、机壳、轴承座、联轴器、执行器、测控元件、地脚螺栓等主要部件的型号和数量进行检查。风机验货时应有合格证、检验证、使用说明书等技术资料。

11.2.4.3 安装前应对风机的旋向、进出风口的角度、执行器的方位、电机接线盒方位进行确认。

11.2.4.4 安装前应对风机基础尺寸和螺栓孔进行检查，清理螺栓孔内杂物、积水等。风机及电机混凝土基础的养护时间应满足 GB 50204 的规范要求。

11.2.4.5 风机主轴与电机轴（液力偶合器）的同心度、水平度、联轴器两端面的平行度、机壳与叶轮的间隙应满足规范和风机安装说明书的要求。

11.2.4.6 风机、电机轴承的震动和温升应符合 GB 50275 的要求。

11.2.4.7 风机叶轮的旋转方向应正确。

11.2.4.8 轴承座的油质和油位应符合产品技术说明书的要求，不得漏油。

11.2.4.9 风机安装完成后应清理内部杂物。

11.2.4.10 电机启动前应进行绝缘测试，技术性能符合 GB/T 755 的要求。

11.2.5 输灰设备安装要求

11.2.5.1 螺旋输送机、埋刮板输送机、斗式提升机等输灰设备安装应符合 GB 50270 的要求。

11.2.5.2 气力输送设备安装应符合 DL/T 909 的要求。

11.2.6 除尘管道安装技术要求

11.2.6.1 除尘管道安装应符合 GB 50235 的要求。

11.2.6.2 管道所用材质和厚度应符合国家相关产品标准和设计要求。

11.2.6.3 管道连接及其与附件的连接应采用连续焊接，管道焊接前应除锈、除油。

11.2.6.4 管道对接时卷管焊缝应错开 90°，管道对接焊缝不应处于支座上。

11.2.6.5 横向加固筋转角处翼缘应焊牢。横向加固筋应与纵向加固筋的翼缘焊牢。加固筋可采用扁钢或角钢。

11.2.6.6 对于高温、高负压的矩形烟道，可设置内部撑杆，并做好防磨措施。

11.2.6.7 管道安装时应同时安装测试孔和测试平台。管道上仪表取样部件的开孔和焊接应在管道安装前进行。

11.2.6.8 阀门等附件安装时应注意流动方向标识和执行器的方位。电动阀门安装时可通过电机通电点动确认转向和接线是否正确，防止电机过载。

11.2.6.9 非金属补偿器安装完成后应拆除固定螺栓。

11.2.6.10 管道涂装应符合 HGJ 229 的要求。

11.2.7 压缩空气及蒸汽管道安装要求

11.2.7.1 压缩空气系统管道安装按 GB 50235 和 GB 50236 的有关规定执行。

11.2.7.2 压缩空气管路施工时除设备和管道附件采用法兰或螺纹连接外，其余均采用焊接。施工前应对管道、阀门等附件进行清扫、排除积水。

11.2.7.3 压缩空气管路中的阀门、仪表等安装时应注意流向、朝向，且便于观察和操作。

11.2.7.4 压缩空气管路的最低处和最末端应设阀门或堵头。

11.2.7.5 管道上仪表取源部位的开孔和焊接应在管道安装前进行。穿楼板的管道应加套管。

11.2.7.6 安全阀应垂直安装。开启和回座压力应符合设计要求。

11.2.7.7 耐压胶管与气缸应在管路清扫后进行连接，连接处应牢固，不得松动、漏气。

11.2.7.8 压缩空气管路安装后应进行清扫和耐压试验。试验压力 0.5～0.6 MPa，保持10 min，用肥皂水或检漏液检查。

11.2.7.9 除尘器附属装置（输灰装置、压缩空气供应系统等）的伴热管道以及灰斗蒸汽加热盘管的安装应符合 GB 50242 的要求。

11.2.7.10 用气设备出口应设疏水器。蒸汽管道应按 GB 50019 的要求设坡度。

11.2.7.11 蒸汽管道安装完成后应进行清扫和水压试验。水压试验应为工作压力的 1.5 倍，但不得小于 0.6 MPa。试验时间为 5 min，以压力降不大于 0.02 MPa 为合格。

11.2.8 电气及热工仪表安装要求

11.2.8.1 电缆线路的安装应符合 GB 50168 的规定；接地装置的安装应符合 GB 50169 的规定；盘、柜的安装应符合 GB 50171 的规定；低压电气的安装应符合 GB 50254 的规定；电气照明装置的安装应符合 GB 50303 和 GB 50259 的规定；母线装置的安装应符合GBJ 149 的规定；自动化仪表施工应符合 GB 50131 的规定。

11.2.8.2 安装前应对控制柜、现场控制箱等电气设备的型号、规格、数量、附件、说明书、出厂检验合格证、装箱单等进行检查。

11.2.8.3 安装过程中应对控制柜、现场控制箱等设备进行防雨、防撞等防护。

11.2.8.4 安装完毕的控制柜应稳固，柜门、检修门的开、闭应自如，不能有卡涩现象，并有防止小动物入侵的措施。

11.2.8.5 电缆桥架宜采用支架（撑）的固定方式，支架间距不大于 2 m，在转弯处不大于0.8 m。

11.2.8.6 桥架的敷设应整齐、平直。桥架间的连接、桥架与支架的固定应牢固。桥架应可靠接地，接地电阻不大于 10Ω。

11.2.8.7 线管的敷设应整齐、平直。线管应可靠接地，接地电阻不大于 10Ω。

11.2.8.8 电线、电缆敷设过程中，穿管的线缆中途不应有接头、不应过紧，应留有充分的余量。

11.2.8.9 电线和电缆接线完毕后应检查和核对，确保接线无误。

11.2.8.10 除尘器应设专用地线网的设置要求见 9.1.18。

11.2.8.11 热工仪表安装应采取保护箱安装，在寒冷地区应采取保温和伴热措施。

11.3 调试

11.3.1 单机调试

11.3.1.1 机电设备、电气设备、仪表柜等单机空载运行不少于 2 h。要求各传动装置转动灵活，无卡碰现象，无漏油现象，且转动方向应符合设计要求。

11.3.1.2 单机调试应按下列顺序进行：先手动，后电动；先点动，后连续；先低速，后中、高速；先空载，后负载。

11.3.1.3 各阀门应动作灵活、关闭到位、转向正确。调试时先进行手动操作，再进行电动操作，阀位与其输出的电信号应相对应。调试工作完成后，阀门应处于设定的启闭状态。

11.3.1.4 对系统和设备上的温度、压力、料位等检测装置进行调试时，所测物理量应与输出信号相吻合。

11.3.1.5 对灰斗上的破拱装置、电加热器等设备进行调试时，应先进行现场手动操作，再进行自动操作。

11.3.1.6 对卸、输灰系统的设备进行调试时，应首先清除卸、输灰系统中的杂物，检查机电设备的油位和油量，无短路、无断路、无卡塞再进行电动操作。

11.3.1.7 对回转清灰袋式除尘器，应先进行低速调试再进行中、高速调试，回转机构应动作灵活、转向正确。

11.3.1.8 空气压缩机（罗茨风机）调试前先按产品使用说明书要求注油，现场启动各空气压缩机，确认排气压力和电机电流正常。

11.3.1.9 逐台调试压缩空气系统净化干燥装置，其净化干燥效果应符合使用说明书的技术要求。

11.3.1.10 压缩空气系统的安全阀应通过当地劳动部门的检验。对减压阀进行调试时，应对管路中所有阀门的流向和严密性进行检查，减压后的气体压力应符合设计要求。

11.3.1.11 应按照设定清灰程序对脉冲阀逐个进行喷吹调试，膜片应启闭正常，不得有漏气现象。

11.3.1.12 对喷雾降温系统进行调试时，喷头雾化试验应先在烟道外进行，合格后再装入烟道。

11.3.2 电气及热工仪表自动控制系统调试

11.3.2.1 对各控制柜、现场操作箱（柜）和各控制对象应分别进行测试和调试，接线及性能检查应合格。

11.3.2.2 对各控制对象应分别进行手动控制调试，调试时首先对各控制对象进行接线检查及性能检查，并对相关的控制柜、现场操作箱（柜）受电，选择手动控制，对各控制对象手动操作，检查其动作是否准确和到位。

11.3.2.3 对各控制对象应分别进行自动控制调试，调试时首先对相关的控制柜、现场操作箱（柜）受电，选择自动控制模式，对各控制对象集中自动控制，检查其动作是否准确和到位。

11.3.2.4 对清灰程序和清灰制度进行调试时，对于脉冲清灰袋式除尘器，应确认每次喷吹脉冲阀的数量、脉冲时间、间隔、周期和顺序符合设计要求；对于机械振动清灰袋式除尘器，应确认清灰机构的工作及清灰程序正常；对于反吹清灰袋式除尘器，应确认清灰过程（过滤、反吹、沉降）时间与设计要求相符，检查切换阀门或反吹风机运行是否正常。

11.3.2.5 对各运行模式的控制程序进行调试时，逻辑关系应符合设计要求。

11.3.3 袋式除尘系统联动试车

11.3.3.1 联动试车条件：

a）除尘系统各设备的单机调试已完成；

b）生产工艺具备联动试车条件；

c）除尘系统管道和设备内部已彻底清扫，确认不存在杂物；

d）确认各阀门的启闭状态正常；

e）除尘器本体的人孔门、检修门都应关闭严密；

f）除尘器自动控制系统正常（包括报警、保护和安全应急措施）；

g）压缩空气供应系统正常；

h）引风机正常；

i）防火和消防措施到位，电气照明能投入使用，设备和系统的接地符合要求；

j）电气仪表已完成调试，工作正常；

k）通信设施完备，能正常使用；

l）运行操作人员到位。

11.3.3.2　联动试车的程序要求：

a）先手动控制后自动控制；

b）先冷态后热态；

c）先空载后负载；

d）先低速后高速。

11.3.3.3　联动试车操作流程与要求：

a）系统中所有的控制设备和热工仪表受电；

b）压缩空气系统启动；

c）卸输灰系统启动；

d）检查除尘器阀门动作情况，完成后复位，除尘器前后烟道阀门处于开启状态，引风机进口调节阀处于关闭状态；

e）风机、电机冷却系统启动；

f）引风机启动，电机运行功率（电流）不大于其额定值；

g）清灰系统工作；

h）各控制对象的动作应符合控制模式的要求，确认运行程序、连锁信号、运行信号、警报信号、仪表信号准确，逻辑关系正确；

i）冷态联动试车时间不少于 4 h；

j）对各种运行参数进行测试，做好试车记录。

11.3.4　检漏及预涂灰

11.3.4.1　垃圾焚烧、燃煤电厂等特殊场合的袋式除尘器预涂灰前应进行检漏。发现泄漏，应及时处理。需要对泄漏点焊接时，应提前做好滤袋保护措施。检漏可采用荧光粉检漏方式。

11.3.4.2　对于新建的燃煤锅炉、垃圾焚烧炉、焦炉等袋式除尘器，为防止油污对滤袋的污染，在正式投运前应进行预涂灰。预涂灰的粉剂可采用粉煤灰或消石灰。

11.3.4.3　宜对过滤仓室逐个（或分组）进行预涂灰，当某仓室（或某组）进行预涂灰时，其余仓室的进、出口烟道挡板阀应处于关闭状态。

11.3.4.4　预涂灰的技术要求：

a）预涂灰时仓室过滤风速达到设计值，管道风速不小于 10 m/s；

b）每 1 000 m² 过滤面积发尘量不少于 1 t；

c）过滤仓室阻力增加 300～500 Pa；

d）袋式除尘器首次预涂灰后，应检查涂粉的效果，确保预涂灰剂均匀覆盖于滤袋表面；

e）预涂灰过程中及预涂灰完成后不得清灰，直至除尘器正式投入运行，否则应重新预涂灰。

11.4 验收

11.4.1 工程验收

11.4.1.1 袋式除尘系统带负荷联动试车运行 72 h 且正常后，办理工程交接手续，工程实物交付用户使用。对于发电厂带负荷的联动试车运行时间为 168 h。

11.4.1.2 袋式除尘工程实物交付使用后应按照相关规定及时组织工程验收。

11.4.1.3 袋式除尘工程验收应具备的条件为：

a）袋式除尘系统单机试车和联动试车符合要求；

b）达到生产使用条件；

c）已办理工程交接手续；

d）设计文件和合同约定的工程内容已完成；

e）竣工资料完整，包括工程施工技术资料、工程质量检验评定资料、产品设备使用及合格资料、除尘器性能检测报告、竣工图。

11.4.1.4 袋式除尘器的性能检测应按 GB/T 6719 的规定执行。

11.4.1.5 袋式除尘工程验收按照国家和行业相关验收规范或办法执行。

11.4.2 环境保护验收

11.4.2.1 袋式除尘工程竣工验收后应按《建设项目竣工环境保护验收管理办法》的规定进行环境保护验收。

11.4.2.2 环境保护验收前应完成袋式除尘系统的性能测试，性能测试结果可作为项目竣工环境保护验收的参考文件。性能测试主要内容包括：

a）生产达产时除尘系统的风量；

b）排放浓度及排放量；

c）岗位污染物浓度；

d）袋式除尘器阻力及系统运行能耗；

e）废水及废渣排放值及去向；

f）噪声测量值；

g）烟囱高度。

12 运行与维护

12.1 一般规定

12.1.1 袋式除尘系统的运行和维护应由专职机构和人员负责，应配置技术人员与必要的检测仪器。对操作人员应进行培训，合格后上岗。

12.1.2 袋式除尘系统的运行和维护应有操作规程和管理制度。

12.1.3 袋式除尘系统运行记录应按月整理成册作为袋式除尘器运行历史档案备查，运行记录的格式和内容可参照附录 L，记录保留时间不少于 2 年。

12.1.4 应注意并记录袋式除尘系统的温度、压差、压力和电流等关键技术参数，发现异常时应及时采取保护措施。

12.1.5　袋式除尘器运行期间应有备品备件。

12.1.6　存在爆炸危险的袋式除尘系统应制定燃爆事故紧急预案。应重点监控气体温度、压力、浓度和氧含量。重点检查防爆阀、检测装置、灭火装置等部位。一旦发生爆炸，应立即启动紧急预案并及时上报。

12.1.7　袋式除尘系统不得在超过设计负荷120%的状况下长期运行。

12.2　开机

12.2.1　袋式除尘器开机的条件和程序：

　　a）预涂灰合格；

　　b）进、出口阀门处于开启状态；

　　c）电控系统中所有线路应通畅，电气、自控系统、检测仪表应受电，各控制参数应设定准确，自动报警和连锁保护处于工作状态；

　　d）压缩空气供应系统工作正常；

　　e）风机、电机的冷却系统工作正常；

　　f）引风机启动；

　　g）卸、输灰系统进入待机状态。

12.2.2　袋式除尘器达到设定阻力时，启动清灰控制程序。

12.3　运行

12.3.1　运行人员应定时巡查并记录袋式除尘系统的运行状况和参数（详见附录L），发现异常及时报告和处理。

12.3.2　运行过程中，烟气温度达到设定的高温或低温值时应发出报警，并立即采取应急措施。

12.3.3　运行过程中严禁打开除尘器的人孔门、检修门。

12.3.4　袋式除尘系统重点巡检部位及要求：

　　a）定时巡检脉冲阀和其他阀门的运行状况，以及人孔门、检查门的密封情况，若发现脉冲阀异常应及时处理；

　　b）定时巡检空气压缩机（罗茨风机）的工作状态，包括油位、排气压力、压力上升时间等；

　　c）对于回转脉冲袋式除尘器，定时检查回转机构的运行状况；

　　d）定期对缓冲罐、贮气罐、分气包和油水分离器放水；

　　e）定时巡检稳压气包压力，当出现压力高于上限或低于下限时，应立即检查空气压缩机和压缩空气系统，及时排除故障；

　　f）定时巡检压缩气体过滤装置；

　　g）卸灰时应检查卸、输灰装置的运行状况，发现异常及时处理；

　　h）实时检查风机与电机运行状况、轴承温度、油位和振动，发现异常及时处理；

　　i）定时检查冷却系统运行状态，发现问题及时处理；

　　j）定时检查压力变送器取压管是否通畅，发现堵塞应及时处理；

　　k）定时检查灰斗料位状况，当高料位信号报警后，应及时卸灰；

　　l）观察排气筒排放状况，若滤袋破损，应及时处理或更换；

　　m）值班人员每班至少巡检2次。

12.4 停机

12.4.1 袋式除尘系统停机应按照下列顺序进行：

a）引风机停机；

b）压缩空气系统停止；

c）清灰控制程序停止；

d）除尘器卸、输灰系统停止；

e）关闭除尘器进、出口阀门，开启旁路阀；

f）电气、自控和仪表断电。

12.4.2 生产工艺停运过程中，袋式除尘系统应正常使用。生产设备停运后袋式除尘系统应继续运行 5～10 min，进行通风清扫。

12.4.3 对于短期停运（不超过四天），除尘器可不清灰，再次启动时可不进行预涂灰。

12.4.4 长期停运时，应对滤袋彻底清灰，并清输灰斗的存灰。再次启动时宜进行预涂灰。

12.4.5 袋式除尘器停运后，宜用空气置换内部烟气。袋式除尘器停运期间应关闭除尘器进/出口阀门、引风机阀门、人孔门和检修门等。

12.4.6 停机状态下，冬季注意对除尘器灰斗保温。严寒地区长期停机时应放空冷却水和储气罐中的存水。

12.4.7 事故状态下袋式除尘系统的操作与紧急停机包括：

a）当烟气温度出现突发性高温时，控制系统应报警；

b）当烟气温度达到滤料最高许可使用温度时，应及时开启混风装置，或喷雾降温系统，或放散系统；若生产工艺许可，引风机可紧急停运；

c）如除尘系统烟道或设备内部发生燃烧或爆炸时，应紧急停运引风机，关闭除尘器进、出口阀门，严禁通风；

d）当生产设备发生故障需要紧急停运袋式除尘器时，应通过自动或手动方式立刻停止引风机的运行，同时关闭除尘器进、出口阀门。

12.4.8 未经当地环保主管部门许可，不得停止袋式除尘器运行。若因紧急事故停机时，应及时报告当地环保行政主管部门。

12.5 检修与维护

12.5.1 除尘系统管道及设备上气割、补焊和开孔等维护检修必须在引风机停机状态下进行。

12.5.2 袋式除尘器运行状态下的检修和维护应符合下列规定：

a）除尘器的检修宜在停机状态下进行，当生产工艺不允许停机时，可通过关闭某个过滤仓室进、出口阀门的措施来实现仓室离线检修；

b）仓室离线检修时，应实行挂牌制度，并有专人安全监护；应采取措施防止检修人员进入除尘器后检修门自动关闭；

c）仓室离线检修宜选择在生产低负荷状态下进行；

d）过滤仓室进、出口阀门应处于完全关闭状态，并上机械锁；

e）打开检修仓室的人孔门进行换气和冷却，当煤气、有害气体成分降至安全限度以下且温度低于 40℃时，人员方可进入；

f）检修时应停止过滤仓室的清灰；

g）及时更换破损滤袋，当破袋数量较少时，也可临时封堵袋口；

h）脉冲阀检修可以在除尘器正常运行状态下实时进行，检修时临时关闭供气管路支路阀门即可；

i）机械设备检修前，应切断设备的气源、电源，并挂合闸警示牌或设专人监护。

12.5.3 袋式除尘系统停运后的检修和维护应符合下列要求：

a）关闭除尘器进出口阀门，打开除尘器本体和顶部的人孔门、检查门，进行通风换气和降温，温度降至40℃以下方可进入，人员进入中箱体前，灰斗存灰应排空；

b）检查每个过滤仓室的滤袋，若发现破损应及时更换或处理，检查喷吹装置，若发现喷吹管错位、松动和脱落应及时处理，反吹风袋式除尘器使用1～2个月后应调整滤袋吊挂的张紧度；

c）检查进口阀门处的积灰、结垢和磨损情况，发现问题及时处理；

d）检查滤袋表面粉尘层的状况，检查灰斗内壁是否存在积灰和结垢现象，发现问题及时解决；

e）检查空气压缩机（罗茨风机）及空气过滤器，发现堵塞应及时更换或处理；

f）检查机电设备的油位和油量，不符合要求时应及时补充和更换；

g）检查喷雾降温系统喷头的磨损和堵塞状况，并及时处理；

h）检查热工仪表一次元件和测压管的结垢、磨损和堵塞状况，发现问题及时处理；

i）检查工作完成后，袋式除尘器内部应无遗留物，关闭所有检修人孔门，除尘器恢复待用状态。

12.5.4 备品备件应符合下列要求：

a）袋式除尘系统备品备件包括滤袋、滤袋框架、脉冲阀、膜片、空压机空气过滤器、空压机机油等；

b）滤袋及滤袋框架的备品数量不少于其总数的5%；脉冲阀备品的数量不少于其总数的5%，且不少于2个；脉冲阀膜片备品数量不少于其总数的5%，且不少于10个；空压机空气过滤器备品不少于1个；

c）当袋式除尘器运行至滤袋设计寿命前3个月时，用户应着手采购滤袋；

d）备品备件应妥善保管在库房内，并做好台账。

12.5.5 更换的废旧袋式除尘器滤料应按照国家相关规定妥善处理。

附录 A（资料性附录）

原始数据统计表

表 A.1 污染源（尘源）调查统计表

企业名称：　　　　　　　　　　　　　　　　　　时　间：

车间（工段）	序号	产尘设备（部位）	产尘设备型号	尘源点数量	尘源点位置	烟尘性质	尘源控制方式	排风量/（m³/h）	气体温度/℃	排放规律	备注
	1										
	2										
	...										
	1										
	2										
	...										

调查统计人员：

表 A.2 污染气体参数及理化性质

产污设备（产污部位）：

序号	气体参数		符号	单位	数值	备注
1	污染气体流量	正常	Q	m³/h		
		最大				
		最小				
2	气体温度	正常	T	℃		
		最高				
		最低				
		露点				
3	粉尘质量浓度		ρ	mg/m³		标准状态
4	气体成分	N_2		%		
		CO_2		%		
		CO		%		
		O_2		%		
		H_2O		%		
		SO_2		mg/m³		标准状态
		NO_x		mg/m³		
		HCl		mg/m³		
		F_2、HF		mg/m³		
		Hg、Pb		mg/m³		
		二噁英		ng/m³		
		VOCs		mg/m³		
		...		...		

注：表中气体成分可根据工程设计需要选项。

表 A.3　粉尘成分分析

序号	成分	符号	单位	数值	备注
1	二氧化硅	SiO_2	%		
2	氧化铁	Fe_2O_3	%		
3	氧化钙	CaO	%		
4	碳	C	%		
…	…	…	…		

注：表中粉尘化学成分可根据工程设计需要选项。

表 A.4　粉尘的物理性质

序号	名称		单位	数值	备注
1	真密度		t/m^3		
2	堆密度		t/m^3		
3	安息角		(°)		
4	粒径分布	0～2.5 μm	%		
		2.5～5 μm			
		5～10 μm			
		10～20 μm			
		20～30 μm			
		30～40 μm			
		40～50 μm			
		>50 μm			

注：表中粒径分布可根据工程设计需要选项。

表 A.5　当地气象条件和地理条件

序号	名称	单位	数值
1	大气压力	Pa	
2	冬季采暖室外计算温度	℃	
3	冬季通风室外计算温度	℃	
4	夏季通风室外计算温度	℃	
5	夏季空调室外计算温度	℃	
6	最大风速	m/s	
7	主导风向	方位	
8	基本风压	kN/m^2	
9	基本雪载	kN/m^2	
10	最大冻土深度	cm	
11	地震烈度	度	

附录 B（规范性附录）

袋式除尘工程设计流程

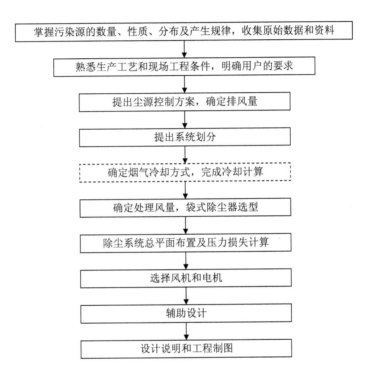

掌握污染源的数量、性质、分布及产生规律，收集原始数据和资料

熟悉生产工艺和现场工程条件，明确用户的要求

提出尘源控制方案，确定排风量

提出系统划分

确定烟气冷却方式，完成冷却计算

确定处理风量，袋式除尘器选型

除尘系统总平面布置及压力损失计算

选择风机和电机

辅助设计

设计说明和工程制图

附录 C（规范性附录）

系统管路阻力计算步骤

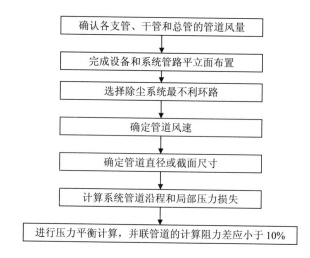

确认各支管、干管和总管的管道风量

完成设备和系统管路平立面布置

选择除尘系统最不利环路

确定管道风速

确定管道直径或截面尺寸

计算系统管道沿程和局部压力损失

进行压力平衡计算，并联管道的计算阻力差应小于10%

附录 D（规范性附录）

袋式除尘器选型步骤

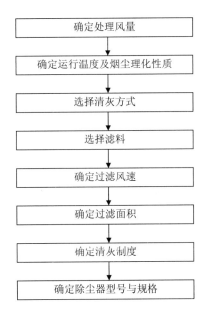

附录 E（资料性附录）

滤料的主要性能指标

a）材质与组分；

b）结构和加工方法；

c）单位面积质量、体积密度和厚度；

d）均匀性；

e）透气性；

f）强力特性；

g）耐温性；

h）导电性；

i）伸长特性与稳定性；

j）阻燃性；

k）耐酸、碱、氧化等化学稳定性；

l）过滤效率；

m）清灰剥离性；

n）阻力特性；

o）经济性。

附录 F（资料性附录）

烟气冷却方式及适用场合

冷却方式		适用范围	技术要求和措施
直接冷却	混风冷却	①冷却烟气量较小，降温幅度不大时；②烟气出现突发性高温时，作为临时保护性降温措施	除尘器进口烟道安装混风阀和混风器
	喷雾冷却	①烟气量大、温降大时可作为连续降温的冷却方式；②烟气量较大、烟气出现突发性高温时可对滤袋进行临时保护；③烟气需要调质并冷却时	①应防止烟气温度过低而出现结露和腐蚀；②烟气降温后温度应高于露点温度 15～20℃；③应根据烟气量和温降的大小来确定喷水量；④喷雾降温冷却应保证必要的雾滴直径和蒸发时间；⑤采用喷雾装置
间接冷却	自然风冷	①烟气温降小于200℃、余热不具备回收价值时烟气连续降温的冷却方式；②占地较大。无动力消耗	采用自然风冷器
	机械风冷	①烟气温降大于200℃、余热不具备回收价值时烟气连续降温的冷却方式；②占地较小。有动力消耗	采用机械风冷器
	间接水冷	①烟气温度大于400℃、余热不具备回收价值时烟气连续降温的冷却方式；②车间内布置	采用水冷烟道、气水换热器
	余热锅炉	烟气量大、烟气温度大于400℃、余热具备回收价值时烟气连续降温的冷却方式	采用余热锅炉

附录 G（资料性附录）

高温烟气冷却设计流程

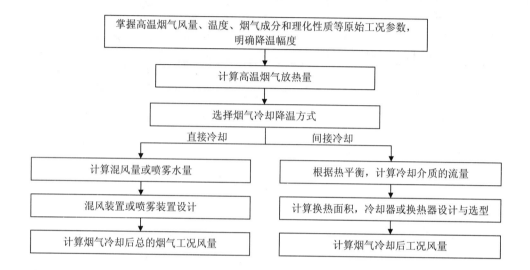

附录 H（资料性附录）

高温烟气冷却计算

H.1 高温烟气冷却放热量计算

烟气量为 L_1 的烟气由温度 t_1 降至 t_2 所放出的热量按以下公式计算：

$$Q = \frac{L_1}{22.4}(C_1 t_1 - C_2 t_2) \qquad \text{（H-1）}$$

式中：Q——烟气放出的热量，kJ/h；

L_1——烟气量（标态），m^3/h；

C_1，C_2——烟气为 $0\sim t_1$ 及 $0\sim t_2$ 时的平均定压摩尔热容，kJ/（kmol·K）；

t_1，t_2——烟气冷却前后温度，℃。

H.2 混风直接冷却的混风量计算

混风直接冷却气体的混风量，可根据热平衡方程来计算，即：

$$L_2 = \frac{L_1(t_1 C_1 - t_2 C_2)}{(t_2 C_3 - t_0 C_4)} \qquad \text{（H-2）}$$

式中：L_2——混风冷却气体的风量（标态），m^3/h；

L_1——烟气量（标态），m^3/h；

t_1——烟气冷却前温度，℃；

t_2——混合后气体温度，℃；

t_0——冷却气体初始温度，℃；

C_1——烟气为 $0\sim t_1$ 时的平均摩尔热容，kJ/（kmol·K）；

C_2——烟气为 $0\sim t_2$ 时的平均摩尔热容，kJ/（kmol·K）；

C_3——冷却气体为 $0\sim t_2$ 时的平均摩尔热容，kJ/（kmol·K）；

C_4——冷却气体为 $0\sim t_0$ 时的平均摩尔热容，kJ/（kmol·K）。

H.3 喷雾直接冷却喷水量计算

喷雾蒸发冷却所需喷水量按以下公式计算：

$$G_0 = \frac{Q}{r + 1.88 t_2 - 4.19 t_0} \qquad \text{（H-3）}$$

式中：G_0——喷水量，kg/h；

Q——高温烟气冷却的放热量，kJ/h；

t_2——烟气冷却后的温度，℃；

t_0——喷水温度，℃；

r——水的汽化潜热，kJ/kg，按 2 500 kJ/kg 计取。

H.4　间接冷却换热计算

间接冷却换热计算主要计算传热面积，即

$$F = \frac{Q_3}{K \Delta t}$$ （H-4）

式中：Q_3——烟气放热量，kJ/h；

K——综合传热系数，kJ/（m²·h·℃），1W=3.6 kJ/h；

Δt——烟气和冷却介质的温差，℃。

综合传热系数按下式计算：

$$K = \frac{1}{\dfrac{1}{\alpha_1} + \dfrac{\delta_1}{\lambda_1} + \dfrac{\delta_2}{\lambda_2} + \dfrac{\delta_3}{\lambda_3} + \dfrac{1}{\alpha_2}}$$ （H-5）

式中：α_1——烟气与金属壁面的换热系数，kJ/（m²·h·℃）；

α_2——金属壁面与冷却介质的换热系数，kJ/（m²·h·℃）；

δ_1——高温烟气管壁灰层厚度，m；

δ_2——管壁厚度，m；

δ_3——水垢厚度或冷却气体管壁灰尘厚度，m；

λ_1——高温烟气灰层的导热系数，kJ/（m·h·℃）；

λ_2——金属的导热系数，kJ/（m·h·℃）；

λ_3——水垢或冷却气体灰尘的导热系数，kJ/（m·h·℃）。

烟气和冷却介质的温度差 Δt 通常采用对数平均值计算：

$$\Delta t = \frac{\Delta t_1 - \Delta t_2}{\ln \dfrac{\Delta t_1}{\Delta t_2}}$$ （H-6）

式中：Δt_1——冷却器入口处管内、外流体的温差，℃；

Δt_2——冷却器出口处管内、外流体的温差，℃。

H.5　间接冷却介质流量计算

对于间接冷却所需的冷却气体量或冷却水量，按以下公式计算：

$$G_0 = \frac{Q}{C_2 t_2 - C_1 t_1}$$ （H-7）

式中：G_0——冷却介质的质量流量，kg/h；

Q——高温烟气冷却的放热量，kJ/h；

C_1，C_2——冷却介质在温度为 0～t_1 及 0～t_2 下的质量热容，kJ/（kg·K）；

对于水 $C_1 = C_2 = 4.18$ kJ/（kg·K）；

t_1，t_2——冷却介质进口、出口温度，℃。

附录 I（规范性附录）

烟气体积流量变化计算

I.1 混风直接冷却

当采用烟气混风直接冷却时，冷却后烟气工况总体积流量按下式计算：

$$V = \frac{T_2}{T_0}(L_1 + L_2) \tag{I-1}$$

式中：V——混风后烟气工况总体积流量，m^3/h；

L_1——烟气标准工况体积流量，m^3/h；

L_2——冷却气体标准工况下体积流量，m^3/h；

T_0——标准工况下热力学温度，273.15 K；

T_2——混合后烟气热力学温度，K。

I.2 喷雾降温直接冷却

当采用喷雾降温直接冷却时，冷却后烟气工况总体积流量按下式计算：

$$V = \frac{T_2}{T_0}(L_1 + \frac{22.4}{18}G_0) \tag{I-2}$$

式中：V——喷雾降温后烟气工况总体积流量，m^3/h；

L_1——烟气标准工况体积流量，m^3/h；

T_0——标准工况下热力学温度，273.15 K；

T_2——混合后烟气热力学温度，K；

G_0——喷水量，kg/h。

I.3 间接冷却

当烟气间接冷却时，冷却后烟气工况体积流量按下式计算：

$$V_2 = \frac{P_1 T_2}{P_2 T_1} V_1 \tag{I-3}$$

式中：P_1、V_1、T_1——高温状态下烟气的绝对压力、体积流量、热力学温度；

P_2、V_2、T_2——冷却后烟气的绝对压力、体积流量、热力学温度。

附录 J（规范性附录）

风机及电机选型步骤

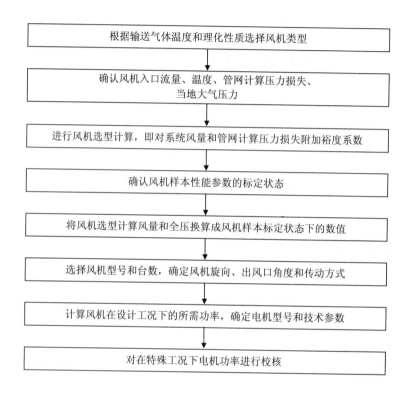

根据输送气体温度和理化性质选择风机类型

确认风机入口流量、温度、管网计算压力损失、
当地大气压力

进行风机选型计算，即对系统风量和管网计算压力损失附加裕度系数

确认风机样本性能参数的标定状态

将风机选型计算风量和全压换算成风机样本标定状态下的数值

选择风机型号和台数，确定风机旋向、出风口角度和传动方式

计算风机在设计工况下的所需功率，确定电机型号和技术参数

对在特殊工况下电机功率进行校核

附录 K（资料性附录）

袋式除尘器规格型号及性能参数

参数名称		单位	数量
型号规格			
处理风量		m³/h	
气体温度		℃	
过滤风速	全过滤	m/min	
	离线喷吹或离线检修		
总过滤面积		m²	
过滤仓室		个	
清灰装置（脉冲阀）数量		只	
清灰装置（脉冲阀）规格型号			
滤袋数量		条	
滤袋规格（直径×长度）		mm×mm	
滤料材质			
粉尘入口含尘质量浓度（标准状态）		g/m³	
粉尘出口含尘质量浓度（标准状态）		mg/m³	
运行阻力		Pa	
漏风率		%	
清灰气源压力（或反吹风压）		MPa	
耗气量（或反吹风量）		m³/min（m³/h）	
（反吹风机型号/功率）		kW	
卸灰设备型号/功率		kW	
总装机功率		kW	
工作压力		Pa	
设备外形尺寸（长×宽×高）		m	
设备总质量		kg	
保温面积		m²	
灰斗容积		m³	

袋式除尘器运行记录表

车间名称：　　　　　　　　　　　　　除尘器名称及编号：

运行参数	数值	状态	记录时间
生产设备负荷			
处理风量/（m³/h）			
除尘器工作温度/℃			
除尘器工作压力/Pa			
运行阻力/Pa			
出口粉尘质量浓度（或排放效果）/（mg/m³）			
清灰气源压力（或反吹风压）/MPa			
清灰气包压力/MPa			
清灰装置（脉冲阀）运行状况			
空压机运行状况 （排气压力、电流、油位）			
输灰装置运行状况			
风机与电机运行状况 （轴承温度、振动、电流、油位）			
风机冷却水系统运行状况 （流量、压力、温度）			
储气罐工作状况（压力、放水）			
压缩空气净化装置工作状况			
灰斗高、低料位状态			
喷雾降温系统 （供水流量、压力、温度）			
备　注			

值班员：　　　　　　　　　　　　　　日期：

注：用户可根据自身情况对表中记录内容进行调整。

中华人民共和国国家环境保护标准

吸附法工业有机废气治理工程技术规范

Technical specifications of adsorption method for industrial organic emissions
treatment project

HJ 2026—2013

前 言

为贯彻《中华人民共和国环境保护法》和《中华人民共和国大气污染防治法》,规范工业有机废气治理工程的建设,防治工业有机废气的污染,改善环境质量,制定本标准。

本标准规定了工业有机废气吸附法治理工程的设计、施工、验收和运行的技术要求。

本标准为指导性文件。

本标准为首次发布。

本标准由环境保护部科技标准司组织制订。

本标准主要起草单位:中国环境保护产业协会、中国人民解放军防化研究院、中国科学院生态环境研究中心、中节能天辰(北京)环保科技有限公司、宁夏华辉活性炭股份有限公司、北京绿创环保设备股份有限公司、江苏苏通碳纤维有限公司、嘉园环保股份有限公司、泉州市天龙环境工程有限公司。

本标准环境保护部 2013 年 3 月 29 日批准。

本标准自 2013 年 7 月 1 日起实施。

本标准由环境保护部解释。

1 适用范围

本标准规定了工业有机废气吸附法治理工程的设计、施工、验收和运行的技术要求。

本标准适用于工业有机废气的常压吸附治理工程,可作为环境影响评价、工程咨询、设计、施工、验收及建成后运行与管理的技术依据。

2 规范性引用文件

本标准引用了下列文件或其中的条款。凡是未注明日期的引用文件,其最新版本适用于本标准。

GB 3836.4 爆炸性环境 第 4 部分:由本质安全型"i"保护的设备

GB/T 3923.1 纺织品 织物拉伸性能 第 1 部分:断裂强力和断裂伸长率的测定 条样法

GB/T 7701.1 煤质颗粒活性炭 气相用 煤质颗粒活性炭

GB 12348 工业企业厂界环境噪声排放标准

GB/T 16157 固定污染源排气中颗粒物测定和气态污染物采样方法

GB/T 20449 活性炭丁烷工作容量测试方法

GB 50016 建筑设计防火规范

GB 50019 采暖通风与空气调节设计规范

GB 50051 烟囱设计规范

GB 50057 建筑物防雷设计规范

GB 50058 爆炸和火灾危险环境电力装置设计规范

GB 50140 建筑灭火器配置设计规范

GB 50160 石油化工企业设计防火规范

GB 50187 工业企业总平面设计规范

GBJ 87 工业企业噪声控制设计规范

HGJ 229 工业设备、管道防腐蚀工程施工及验收规范

HJ/T 1 气体参数测量和采样的固定位装置

HJ/T 386 工业废气吸附净化装置

HJ/T 387 工业废气吸收净化装置

HJ/T 389 工业有机废气催化净化装置

HJ 2000 大气污染治理工程技术导则

HJ 2027 催化燃烧法工业有机废气治理工程技术规范

JJF 1049 温度传感器动态响应校准

《建设项目环境保护设计规定》 国家计划委员会、国务院环境保护委员会[1987]002 号

《建设项目环境保护管理条例》 中华人民共和国国务院令 第 253 号

《建设项目（工程）竣工验收办法》 国家计划委员会 1990 年

《建设项目竣工环境保护验收管理办法》 国家环境保护总局令 第 13 号

3 术语和定义

下列术语和定义适用于本标准。

3.1 工业有机废气 industrial organic emissions
指工业过程排出的含挥发性有机物的气态污染物。

3.2 爆炸极限 explosive limit
又称爆炸浓度极限。指可燃气体或蒸气与空气混合后能发生爆炸的浓度范围。

3.3 爆炸极限下限 lower explosive limit
指爆炸极限的最低浓度值。

3.4 活性炭纤维毡 activated carbon fiber felt
指利用黏胶、聚丙烯腈或沥青纤维等加工的纤维毡经过炭化、活化后所制备的多孔材料。

3.5 蜂窝活性炭 honeycomb-type activated carbon
指把粉末状活性炭、水溶性黏合剂、润滑剂和水等经过配料、捏合后挤出成型，再经过干燥、炭化、活化后制成的蜂窝状吸附材料。

3.6 蜂窝分子筛 honeycomb-type molecular sieve

指将粉末状分子筛、水溶性黏合剂、润滑剂和水等经过配料、捏合后挤出成型，再经过干燥、活化后制成的蜂窝状吸附材料；或将粉末状分子筛、水溶性黏合剂和水等配制的浆料涂敷在纤维材料上，经过折叠、干燥后制成的类似蜂窝状的吸附材料。

3.7 BET 比表面积 BET specific surface area

指利用 BET 法测试的单位质量吸附剂的表面积，单位为 m^2/g。

3.8 固定床吸附装置 fixed bed adsorber

指吸附过程中，吸附剂料层处于静止状态的吸附设备。

3.9 移动床吸附装置 moving bed adsorber

指吸附剂按照一定的方式连续通过，依次完成吸附、脱附和再生并重新进入吸附段的吸附装置。

3.10 流化床吸附装置 fluidized bed adsorber

指吸附过程中，吸附剂在高速气流的作用下，强烈搅动，上下浮沉呈流化状态的吸附设备。

3.11 转轮吸附装置 rotary wheel adsorber

指利用颗粒状、毡状或蜂窝状吸附材料制备而成的具有一定厚度的圆形吸附装置，在电机驱动下转动，在整个圆形扇面上分为吸附区、再生区和冷却区，污染空气通过吸附区进行吸附净化，吸附了污染物的区域转动到再生区后利用热气流进行再生，再生后的高温区转动到冷却区后利用冷气流进行冷却，如此循环进行吸附剂的吸附和再生。

3.12 动态吸附量 dynamic adsorption capacity

指把一定质量的吸附剂填充于吸附柱中，令浓度一定的污染空气在恒温、恒压下以恒速流过，当吸附柱出口中污染物的浓度达到设定值时，计算单位质量的吸附剂对污染物的平均吸附量。该平均吸附量称为吸附剂对吸附质在给定温度、压力、浓度和流速下的动态吸附量，单位为 mg/g。

3.13 净化效率 purification efficiency

指治理工程或净化设备捕获污染物的量与处理前污染物的量之比，以百分数表示。计算公式如下：

$$\eta = \frac{\rho_1 Q_{sn1} - \rho_2 Q_{sn2}}{\rho_1 Q_{sn1}} \times 100\% \tag{1}$$

式中：η——治理工程或净化设备的净化效率，%；

ρ_1、ρ_2——治理工程或净化设备进口、出口污染物的质量浓度，mg/m^3；

Q_{sn1}、Q_{sn2}——治理工程或净化设备进口、出口标准状态下干气体流量，m^3/h。

3.14 吸附剂再生 regeneration of adsorbent

指利用高温水蒸气、热气流吹扫或降压等方法将被吸附物从吸附剂中解吸的过程。

3.15 吸附剂原位再生 in-site regeneration of adsorbent

指吸附了污染物的吸附剂在吸附装置中原地进行再生的过程。

3.16 不凝气 uncondensable gas

指混合气体经过低温冷凝后未被液化的部分。

4 污染物与污染负荷

4.1 除溶剂和油气储运装置的有机废气吸附回收外，进入吸附装置的有机废气中有机物的浓度应低于其爆炸极限下限的 25%。当废气中有机物的浓度高于其爆炸极限下限的 25% 时，应使其降低到其爆炸极限下限的 25%后方可进行吸附净化。

4.2 对于含有混合有机化合物的废气，其控制含量 P 应低于最易爆炸组分或混合气体爆炸极限下限值的 25%，即 $P < \min(P_e, P_m) \times 25\%$，$P_e$ 为最易爆组分爆炸极限下限值（%），P_m 为混合气体爆炸极限下限值（%），P_m 按照下式进行计算：

$$P_m = (P_1 + P_2 + \cdots + P_n)/(V_1/P_1 + V_2/P_2 + \cdots + V_n/P_n) \tag{2}$$

式中：P_m——混合气体爆炸极限下限值，%；

P_1，P_2，…，P_n——混合气体中各组分的爆炸极限下限值，%；

V_1，V_2，…，V_n——混合气体中各组分所占的体积分数，%；

n——混合有机废气中所含有机化合物的种数。

4.3 进入吸附装置的颗粒物含量宜低于 $1\ mg/m^3$。

4.4 进入吸附装置的废气温度宜低于 40℃。

5 总体要求

5.1 一般规定

5.1.1 治理工程建设应按国家相关的基本建设程序或技术改造审批程序进行，总体设计应满足《建设项目环境保护设计规定》和《建设项目环境保护管理条例》的规定。

5.1.2 治理工程应遵循综合治理、循环利用、达标排放、总量控制的原则。治理工艺设计应本着成熟可靠、技术先进、经济适用的原则，并考虑节能、安全和操作简便。

5.1.3 治理工程应与生产工艺水平相适应。生产企业应把治理设备作为生产系统的一部分进行管理，治理设备应与产生废气的相应生产设备同步运转。

5.1.4 经过治理后的污染物排放应符合国家或地方相关大气污染物排放标准的规定。

5.1.5 治理工程在建设、运行过程中产生的废气、废水、废渣及其他污染物的治理与排放，应执行国家或地方环境保护法规和标准的相关规定，防止二次污染。

5.1.6 治理工程应按照国家相关法律法规、大气污染物排放标准和地方环境保护部门的要求设置在线连续监测设备。

5.2 工程构成

5.2.1 治理工程由主体工程和辅助工程组成。

5.2.2 主体工程包括废气收集、预处理、吸附、吸附剂再生和解吸气体后处理单元。若治理过程中产生二次污染物时，还应包括二次污染物治理设施。

5.2.3 辅助工程主要包括检测与过程控制、电气仪表和给排水等单元。

5.3 场址选择与总图布置

5.3.1 场址选择与总图布置应参照标准 GB 50187 规定执行。

5.3.2 场址选择应遵从降低环境影响、方便施工及运行维护等原则，并按照消防要求留出消防通道和安全保护距离。

5.3.3 治理设备的布置应考虑主导风向的影响，以减少有害气体、噪声等对环境的影响。

6 工艺设计

6.1 一般规定

6.1.1 在进行工艺路线选择之前，根据废气中有机物的回收价值和处理费用进行经济核算，优先选用回收工艺。

6.1.2 治理工程的处理能力应根据废气的处理量确定，设计风量宜按照最大废气排放量的 120% 进行设计。

6.1.3 吸附装置的净化效率不得低于 90%。

6.1.4 排气筒的设计应满足 GB 50051 的规定。

6.2 工艺路线选择

6.2.1 应根据废气的来源、性质（温度、压力、组分）及流量等因素进行综合分析后选择工艺路线。

6.2.2 根据吸附剂再生方式和解吸气体后处理方式的不同，可选用的典型治理工艺有：

　　a）水蒸气再生—冷凝回收工艺；

　　b）热气流（空气或惰性气体）再生—冷凝回收工艺；

　　c）热气流（空气）再生—催化燃烧或高温焚烧工艺；

　　d）降压解吸再生—液体吸收工艺。

　　典型的有机废气吸附工艺流程图见附录 A。

6.2.3 连续稳定产生的废气可以采用固定床、移动床（包括转轮吸附装置）和流化床吸附装置，非连续产生或浓度不稳定的废气宜采用固定床吸附装置。当使用固定床吸附装置时，宜采用吸附剂原位再生工艺。

6.2.4 当废气中的有机物具有回收价值时，可根据情况选择采用水蒸气再生、热气流（空气或惰性气体）再生或降压解吸再生工艺。脱附后产生的高浓度气体可根据情况选择采用降温冷凝或液体吸收工艺对有机物进行回收。

6.2.5 当废气中的有机物不宜回收时，宜采用热气流再生工艺。脱附产生的高浓度有机气体采用催化燃烧或高温焚烧工艺进行销毁。

6.2.6 当废气中的有机物浓度高且易于冷凝时，宜先采用冷凝工艺对废气中的有机物进行部分回收后再进行吸附净化。

6.3 工艺设计要求

6.3.1 废气收集

6.3.1.1 废气收集系统设计应符合 GB 50019 的规定。

6.3.1.2 应尽可能利用主体生产装置本身的集气系统进行收集。集气罩的配置应与生产工艺协调一致，不影响工艺操作。在保证收集能力的前提下，应结构简单，便于安装和维护管理。

6.3.1.3 确定集气罩的吸气口位置、结构和风速时，应使罩口呈微负压状态，且罩内负压均匀。

6.3.1.4 集气罩的吸气方向应尽可能与污染气流运动方向一致，防止吸气罩周围气流紊乱，避免或减弱干扰气流和送风气流等对吸气气流的影响。

6.3.1.5　当废气产生点较多、彼此距离较远时，应适当分设多套收集系统。

6.3.2　预处理

6.3.2.1　预处理设备应根据废气的成分、性质和影响吸附过程的物质性质及含量进行选择。

6.3.2.2　当废气中颗粒物含量超过 1 mg/m³ 时，应先采用过滤或洗涤等方式进行预处理。

6.3.2.3　当废气中含有吸附后难以脱附或造成吸附剂中毒的成分时，应采用洗涤或预吸附等预处理方式处理。

6.3.2.4　当废气中有机物浓度较高时，应采用冷凝或稀释等方式调节至满足 4.1 的要求。当废气温度较高时，采用换热或稀释等方式调节至满足 4.4 的要求。

6.3.2.5　过滤装置两端应装设压差计，当过滤器的阻力超过规定值时应及时清理或更换过滤材料。

6.3.3　吸附

6.3.3.1　吸附剂的选择应符合下列规定：

　　a）当采用降压解吸再生时，煤质颗粒活性炭的性能应满足 GB/T 7701.1 的要求，且丁烷工作容量（测试方法参见 GB/T 20449）应不小于 12.5 g/dL，BET 比表面积应不小于 1 400 m²/g。采用非煤质颗粒活性炭作吸附剂时可参照执行。

　　b）当采用水蒸气再生时，煤质颗粒活性炭的性能应满足 GB/T 7701.1 的要求，且丁烷工作容量（测试方法参见 GB/T 20449）应不小于 8.5 g/dL，BET 比表面积应不小于 1 200 m²/g。采用非煤质颗粒活性炭作吸附剂时可参照执行。

　　c）当采用热气流吹扫方式再生时，煤质颗粒活性炭的性能应满足 GB/T 7701.1 的要求，采用非煤质活性炭作吸附剂时可参照执行。颗粒分子筛的 BET 比表面积应不低于 350 m²/g。

　　d）蜂窝活性炭和蜂窝分子筛的横向强度应不低于 0.3 MPa，纵向强度应不低于 0.8 MPa，蜂窝活性炭的 BET 比表面积应不低于 750 m²/g，蜂窝分子筛的 BET 比表面积应不低于 350 m²/g。

　　e）活性炭纤维毡的断裂强度应不小于 5 N（测试方法按照 GB/T 3923.1 进行），BET 比表面积应不低于 1 100 m²/g。

6.3.3.2　在吸附剂选定后，吸附床层的吸附剂用量应根据废气处理量、污染物浓度和吸附剂的动态吸附量确定。

6.3.3.3　固定床吸附装置吸附层的气体流速应根据吸附剂的形态确定。采用颗粒状吸附剂时，气体流速宜低于 0.60 m/s；采用纤维状吸附剂（活性炭纤维毡）时，气体流速宜低于 0.15 m/s；采用蜂窝状吸附剂时，气体流速宜低于 1.20 m/s。

6.3.3.4　对于采用蜂窝状吸附剂的移动式吸附装置，气体流速宜低于 1.20 m/s；对于采用颗粒状吸附剂的移动床和流化床吸附装置，吸附层的气体流速应根据吸附剂的用量、粒度和体密度等确定。

6.3.3.5　对于一次性吸附工艺，当排气浓度不能满足设计或排放要求时应更换吸附剂；对于可再生工艺，应定期对吸附剂动态吸附量进行检测，当动态吸附量降低至设计值的 80% 时宜更换吸附剂。

6.3.3.6　采用纤维状吸附剂时，吸附单元的压力损失宜低于 4 kPa；采用其他形状吸附剂时，吸附单元的压力损失宜低于 2.5 kPa。

6.3.4 吸附剂再生

6.3.4.1 当使用水蒸气再生时，水蒸气的温度宜低于 140℃。

6.3.4.2 当使用热空气再生时，对于活性炭和活性炭纤维吸附剂，热气流温度应低于 120℃；对于分子筛吸附剂，热气流温度宜低于 200℃。含有酮类等易燃气体时，不得采用热空气再生。脱附后气流中有机物的浓度应严格控制在其爆炸极限下限的 25% 以下。

6.3.4.3 高温再生后的吸附剂应降温后使用。

6.3.5 解吸气体后处理

6.3.5.1 解吸气体的后处理可采用冷凝回收、液体吸收、催化燃烧或高温焚烧等方法。应根据废气中有机物的组分、回收价值和处理成本等选择后处理方法。

6.3.5.2 采用冷凝回收法处理解吸气体时，应符合以下要求：

    a）可使用列管式或板式气（汽）—液冷凝器等冷凝装置。

    b）当有机物沸点较高时，可采用常温水进行冷凝；当有机物沸点较低时，冷却水宜使用低温水或常温—低温水多级冷凝。

    c）冷凝产生的不凝气应引入吸附装置进行再次吸附处理。

6.3.5.3 采用液体吸收法处理解吸气体时，吸收液中有机物的平衡分压应低于废气中有机物的平衡分压。液体吸收后的尾气不能达标排放时，应引入吸附装置进行再次吸附处理。

6.3.5.4 采用催化燃烧或高温焚烧法处理解吸气体时，产生的烟气应达标排放。采用催化燃烧法处理解吸气体时，应符合 HJ 2027 的规定。

6.4 二次污染物控制

6.4.1 预处理和后处理设备所产生的废水应进行集中处理，并达到相应排放标准要求。

6.4.2 预处理产生的粉尘和废渣以及更换后的过滤材料、吸附剂和催化剂的处理应符合国家固体废弃物处理与处置的相关规定。

6.4.3 噪声控制应符合 GBJ 87 和 GB 12348 的规定。

6.5 安全措施

6.5.1 治理系统应有事故自动报警装置，并符合安全生产、事故防范的相关规定。

6.5.2 治理系统与主体生产装置之间的管道系统应安装阻火器（防火阀），阻火器性能应符合 GB 13347 的规定。

6.5.3 风机、电机和置于现场的电气仪表等应不低于现场防爆等级。当吸附剂采用降压解吸方式再生且解吸后的高浓度有机气体采用液体吸收工艺进行回收时，风机、真空解吸泵和电气系统均应采用符合 GB 3836.4 要求的本安型防爆器件。

6.5.4 在吸附操作周期内，吸附了有机气体后吸附床内的温度应低于 83℃。当吸附装置内的温度超过 83℃时，应能自动报警，并立即启动降温装置。

6.5.5 采用热空气吹扫方式进行吸附剂再生时，当吸附装置内的温度超过 6.3.4.2 中规定的温度时，应能自动报警并立即中止再生操作、启动降温措施。

6.5.6 催化燃烧或高温焚烧装置应具有过热保护功能。

6.5.7 催化燃烧或高温焚烧装置应进行整体保温，外表面温度应低于 60℃。

6.5.8 催化燃烧或高温焚烧装置防爆泄压设计应符合 GB 50160 的要求。

6.5.9 治理装置安装区域应按规定设置消防设施。

6.5.10 治理设备应具备短路保护和接地保护，接地电阻应小于 4 Ω。

6.5.11　室外治理设备应安装符合 GB 50057 规定的避雷装置。

7　主要工艺设备

7.1　主要工艺设备的性能应满足本标准 6.3 的要求，并有必要的备用。

7.2　吸附装置的基本性能应满足 HJ/T 386 的要求。

7.3　吸收装置的基本性能应满足 HJ/T 387 的要求。

7.4　催化燃烧装置的基本性能应满足 HJ/T 389 的要求。

7.5　当废气中含有腐蚀性介质时，风机、集气罩、管道、阀门、颗粒过滤器和吸附装置等应满足相关防腐要求。

7.6　当吸附剂采用水蒸气再生时，吸附装置以及接触到水蒸气的管道和阀门均应采用相应防腐蚀材料制造。

8　检测与过程控制

8.1　检测

8.1.1　治理设备应设置永久性采样口，采样口的设置应符合 HJ/T 1，采样方法应满足 GB/T 16157 的要求。采样频次和检测项目应根据工艺控制要求确定。

8.1.2　吸附装置内部、催化燃烧器或高温焚烧器的加热室和反应室内部应装设具有自动报警功能的多点温度检测装置。温度传感器应按 JJF 1049 的要求进行标定后使用。

8.1.3　应定期检测过滤装置两端的压差。

8.2　过程控制

8.2.1　治理工程应先于产生废气的生产工艺设备开启、后于生产工艺设备停机，并实现连锁控制。

8.2.2　现场应设置就地控制柜实现就地控制。就地控制柜应有集中控制端口，具备与集中控制室的连接功能，能在控制柜显示设备的运行状态。

9　主要辅助工程

9.1　电气系统

9.1.1　电源系统可直接由生产主体工程配电系统接引，中性点接地方式应与生产主体工程一致。

9.1.2　电气系统设计应满足 GB 50058 的要求。

9.2　给水、排水与消防系统

9.2.1　治理工程的给水、排水设计应符合相关工业行业给水排水设计规范的有关规定。

9.2.2　治理工程的消防设计应纳入工厂的消防系统总体设计。

9.2.3　消防通道、防火间距、安全疏散的设计和消防栓的布置应符合 GB 50016 的规定。

9.2.4　治理工程应按照 GB 50140 的规定配置移动式灭火器。

10　施工与验收

10.1　施工

10.1.1　工程设计、施工单位应具有国家相应的工程设计、施工资质。

10.1.2　工程施工应符合国家和行业施工程序及管理文件的要求。

10.1.3　工程施工应按设计文件进行建设，对工程的变更应取得工程设计单位的设计变更文件后再进行施工。

10.1.4　工程施工中使用的设备、材料和部件应符合相应的国家标准。

10.1.5　需要采用防腐蚀材质的设备、管路和管件等的施工和验收应符合 HGJ 229 的规定。

10.1.6　施工单位除应遵守相关的施工技术规范外，还应遵守国家有关部门颁布的劳动安全及卫生消防等强制性标准的要求。

10.2　验收

10.2.1　工程验收应根据《建设项目（工程）竣工验收办法》组织进行。

10.2.2　工程安装、施工完成后应首先对相关仪器仪表进行校验，然后根据工艺流程进行分项调试和整体调试。

10.2.3　通过整体调试，各系统运转正常，技术指标达到设计和合同要求后启动试运行。

10.3　环境保护验收

10.3.1　竣工环境保护验收应按《建设项目竣工环境保护验收管理办法》的规定进行。

10.3.2　工程验收前应进行试运行和性能试验，性能试验的内容主要包括：

　　a）废气中非甲烷总烃和国家或地方相关排放标准中所规定的污染物进出口浓度（至少检测 3 次）；

　　b）风量；

　　c）吸附装置净化效率；

　　d）溶剂回收效率；

　　e）系统压力降；

　　f）耗电量；

　　g）耗水量；

　　h）水蒸气耗量等。

11　运行与维护

11.1　一般规定

11.1.1　治理设备应与产生废气的生产工艺设备同步运行。由于紧急事故或设备维修等原因造成治理设备停止运行时，应立即报告当地环境保护行政主管部门。

11.1.2　治理设备正常运行中废气的排放应符合国家或地方大气污染物排放标准的规定。

11.1.3　治理设备不得超负荷运行。

11.1.4　企业应建立健全与治理设备相关的各项规章制度，以及运行、维护和操作规程，建立主要设备运行状况的台账制度。

11.2　人员与运行管理

11.2.1　治理系统应纳入生产管理中，并配备专业管理人员和技术人员。

11.2.2　在治理系统启用前，企业应对管理和运行人员进行培训，使管理和运行人员掌握治理设备及其他附属设施的具体操作和应急情况下的处理措施。培训内容包括：

　　a）基本原理和工艺流程；

　　b）启动前的检查和启动应满足的条件；

　　c）正常运行情况下设备的控制、报警和指示系统的状态和检查，保持设备良好运行的条件，以及必要时的纠正操作；

　　d）设备运行故障的发现、检查和排除；

　　e）事故或紧急状态下人工操作和事故排除方法；

　　f）设备日常和定期维护；

　　g）设备运行和维护记录；

　　h）其他事件的记录和报告。

11.2.3　企业应建立治理工程运行状况、设施维护等的记录制度，主要记录内容包括：

　　a）治理装置的启动、停止时间；

　　b）吸附剂、过滤材料、催化剂、吸收剂等的质量分析数据、采购量、使用量及更换时间；

　　c）治理装置运行工艺控制参数，至少包括治理设备进、出口浓度和吸附装置内温度；

　　d）主要设备维修情况；

　　e）运行事故及维修情况；

　　f）定期检验、评价及评估情况；

　　g）吸附回收工艺中的污水排放、副产物处置情况。

11.2.4　运行人员应遵守企业规定的巡视制度和交接班制度。

11.3　维护

11.3.1　治理设备的维护应纳入全厂的设备维护计划中。

11.3.2　维护人员应根据计划定期检查、维护和更换必要的部件和材料。

11.3.3　维护人员应做好相关记录。

附录 A（资料性附录）

典型的有机废气吸附工艺流程图

A.1 水蒸气再生—冷凝回收工艺

固定床吸附装置可采用该工艺。工艺流程如图 A.1 所示。

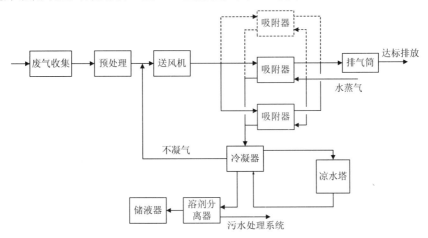

图 A.1 水蒸气再生—冷凝回收工艺流程

A.2 热气流（空气或惰性气体）再生—冷凝回收工艺

固定床、移动床吸附装置可采用该工艺。工艺流程如图 A.2 所示。

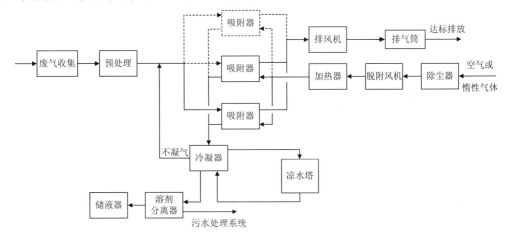

图 A.2 热气流（空气或惰性气体）再生—冷凝回收工艺流程

A.3　热气流（空气）再生—催化燃烧或高温焚烧工艺

固定床、移动床吸附装置可采用该工艺。工艺流程如图 A.3 所示。

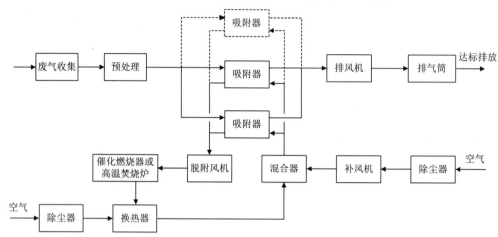

图 A.3　热气流（空气）再生—催化燃烧或高温焚烧工艺流程

A.4　降压解吸再生—液体吸收工艺

固定床吸附装置宜采用该工艺。工艺流程如图 A.4 所示。

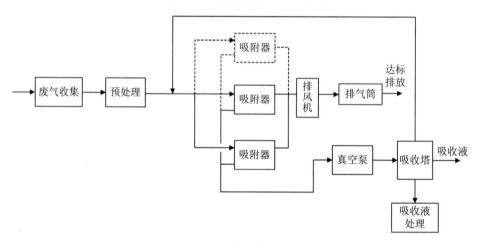

图 A.4　降压解吸再生—液体吸收工艺流程

中华人民共和国国家环境保护标准

催化燃烧法工业有机废气治理工程技术规范

Technical specifications of catalytic combustion method for industrial organic
emissions treatment project

HJ 2027—2013

前 言

为贯彻《中华人民共和国环境保护法》和《中华人民共和国大气污染防治法》，规范工业有机废气治理工程的建设，防治工业有机废气的污染，改善环境质量，制定本标准。

本标准规定了工业有机废气催化燃烧法治理工程的设计、施工、验收和运行的技术要求。

本标准为指导性文件。

本标准为首次发布。

本标准由环境保护部科技标准司组织制订。

本标准主要起草单位：中国环境保护产业协会、中国人民解放军防化研究院、中国科学院生态环境研究中心、北京绿创环保设备股份有限公司、中节能天辰（北京）环保科技有限公司、北京奥德维纳环保节能技术有限公司、嘉园环保股份有限公司、科迈科（杭州）环保设备有限公司。

本标准环境保护部 2013 年 3 月 29 日批准。

本标准自 2013 年 7 月 1 日起实施。

本标准由环境保护部解释。

1 适用范围

本标准规定了工业有机废气催化燃烧法治理工程的设计、施工、验收和运行的技术要求。

本标准适用于工业有机废气的催化燃烧法治理工程，可作为环境影响评价、工程咨询、设计、施工、验收及建成后运行与管理的技术依据。

2 规范性引用文件

本标准引用了下列文件或其中的条款。凡是未注明日期的引用文件，其最新版本适用于本标准。

GB 12348　工业企业厂界环境噪声排放标准

GB/T 16157　固定污染源排气中颗粒物测定和气态污染物采样方法

GB 50016　建筑设计防火规范

GB 50019　采暖通风与空气调节设计规范

GB 50051　烟囱设计规范

GB 50057　建筑物防雷设计规范

GB 50058　爆炸和火灾危险环境电力装置设计规范

GB 50140　建筑灭火器配置设计规范

GB 50160　石油化工企业设计防火规范

GB 50187　工业企业总平面设计规范

GBJ 87　工业企业噪声控制设计规范

HGJ 229　工业设备、管道防腐蚀工程施工及验收规范

HJ/T 1　气体参数测量和采样的固定位装置

HJ/T 389—2007　环境保护产品技术要求　工业有机废气催化净化装置

HJ 2000　大气污染治理工程技术导则

JJF 1049　温度传感器动态响应校准

《建设项目环境保护设计规定》　（国家计划委员会、国务院环境保护委员会[1987]002 号）

《建设项目环境保护管理条例》　（国务院令　第 253 号）

《建设项目（工程）竣工验收办法》　（国家计划委员会　1990 年）

《建设项目竣工环境保护验收管理办法》　（国家环境保护总局令　第 13 号）

3　术语和定义

下列术语和定义适用于本标准。

3.1　工业有机废气　industrial organic emissions
指工业过程排出的含挥发性有机物的气态污染物。

3.2　爆炸极限　explosive limit
又称爆炸浓度极限。指可燃气体或蒸气与空气混合后能发生爆炸的浓度范围。

3.3　爆炸极限下限　lower explosive limit
指爆炸极限的最低浓度值。

3.4　氧化催化剂　oxidation catalyst
指通过催化作用促使有机化合物进行氧化的催化剂。

3.5　蓄热体　heat regenerator
指一种含有较多孔洞，利用孔洞的结构和比表面积，结合材料本身的材质，实现热量储存与交换功能的无机非金属固体材料。

3.6　催化剂中毒　catalyst poisoning
指由于某些物质的作用而使催化剂的催化活性衰退或丧失的现象。

3.7　催化燃烧装置　catalytic oxidizer
指利用固体催化剂将废气中的污染物通过氧化作用转化为二氧化碳和水等化合物、净化废气中污染物的设备及其附属设施。催化燃烧装置通常由催化反应室、热交换室和加热室构成。

3.8　常规催化燃烧装置　conventional catalytic oxidizer
指采用气-气换热器进行间接换热的催化燃烧装置。

3.9 蓄热催化燃烧装置 regeneration catalytic oxidizer（RCO）

指采用蓄热式换热器进行直接换热的催化燃烧装置，简称 RCO。

3.10 起燃温度 ignition temperature

指在某一污染物转化率达到 50% 时催化反应器入口处的温度。

3.11 自持燃烧 self-sustained combustion

指当废气中有机物经催化燃烧后所产生的热量足够维持催化剂床层的反应温度，或者废气本身的温度已经达到或超过催化剂的起燃温度，而不需要对废气进行预加热的催化燃烧过程。

3.12 空速 space velocity

指单位时间内单位体积催化剂处理的废气体积流量，称为空间速度，简称空速。单位为 $m^3/(h \cdot m^3)$，简写为 h^{-1}。

3.13 净化效率 purification efficiency

指净化设备捕获污染物的量与处理前污染物的量之比，以百分数表示。计算公式如下：

$$\eta = \frac{\rho_1 Q_{sn1} - \rho_2 Q_{sn2}}{\rho_1 Q_{sn1}} \times 100\% \tag{1}$$

式中：η——净化设备的净化效率，%；

ρ_1、ρ_2——净化设备进口和出口污染物的质量浓度，mg/m^3；

Q_{sn1}、Q_{sn2}——净化设备进口和出口标准状态下干气体流量，m^3/h。

4 污染物与污染负荷

4.1 催化燃烧法适用于气态和气溶胶态污染物的治理。

4.2 进入催化燃烧装置的废气中有机物的浓度应低于其爆炸极限下限的 25%。当废气中有机物的浓度高于其爆炸极限下限的 25% 时，应通过补气稀释等预处理工艺使其降低到其爆炸极限下限的 25% 后方可进行催化燃烧处理。

4.3 对于含有混合有机化合物的废气，其控制含量 P 应低于最易爆组分或混合气体爆炸极限下限值的 25%，即 $P < \min(P_e, P_m) \times 25\%$，$P_e$ 为最易爆组分爆炸极限下限值（%），P_m 为混合气体爆炸极限下限值，P_m 按照下式进行计算：

$$P_m = (P_1 + P_2 + \cdots + P_n)/(V_1/P_1 + V_2/P_2 + \cdots + V_n/P_n) \tag{2}$$

式中：P_m——混合气体爆炸极限下限值，%；

P_1，P_2，…，P_n——混合有机废气中各组分的爆炸极限下限值，%；

V_1，V_2，…，V_n——混合有机废气中各组分所占的体积分数，%；

n——混合有机废气中所含有机化合物的种数。

4.4 进入催化燃烧装置的废气浓度、流量和温度应稳定，不宜出现较大波动。

4.5 进入催化燃烧装置的废气中颗粒物质量浓度应低于 $10\ mg/m^3$。

4.6 进入催化燃烧装置的废气中不得含有引起催化剂中毒的物质。

4.7 进入催化燃烧装置的废气温度宜低于 400℃。

5 总体要求

5.1 一般规定

5.1.1 治理工程应满足《建设项目环境保护设计规定》和《建设项目环境保护管理条例》的规定。

5.1.2 治理工程应遵循综合治理、循环利用、达标排放、总量控制的原则。治理工艺设计应本着成熟可靠、技术先进、经济适用的原则，并考虑节能、安全、操作简便，确定主要工艺流程。

5.1.3 治理工程应与生产工艺水平相适应，生产企业应把治理设备作为生产系统的一部分进行管理，治理设备应与产生废气的相应生产设备同步运转。

5.1.4 经过治理后的污染物排放应符合国家或地方相关大气污染物排放标准的规定。

5.1.5 治理工程在建设、运行过程中产生的废气、废水、废渣及其他污染物的治理与排放，应执行国家或地方环境保护法规和标准的相关规定，防止二次污染。

5.1.6 治理工程应按照国家相关法律法规的要求安装在线连续监测设备。

5.2 工程构成

5.2.1 治理工程由主体工程和辅助工程组成。

5.2.2 主体工程通常包括废气收集、预处理和催化燃烧单元。若治理过程中产生二次污染物，还应包括二次污染物治理设施。

5.2.3 辅助工程包括检测与过程控制、电气仪表和给排水等。

5.3 场址选择与总图布置

5.3.1 场址选择与总图布置应参照标准 GB 50187 规定执行。

5.3.2 场址选择应遵从方便施工及运行维护等原则，并按照消防要求留出消防通道和安全保护距离。

5.3.3 治理设备的布置应考虑主导风向的影响，以减少有害气体、噪声等对环境的影响。

5.3.4 催化燃烧设备应远离易燃易爆危险化学品存放地，安全距离符合国家或相关行业标准规定。

6 工艺设计

6.1 一般规定

6.1.1 治理工程的处理能力应根据废气的处理量确定，设计风量宜按照最大废气排放量的 120%进行设计。

6.1.2 催化燃烧装置的净化效率不得低于 97%。

6.1.3 排气筒的设计应满足 GB 50051 的规定。

6.2 工艺路线的选择

6.2.1 应根据废气来源、性质（温度、压力、组分）及流量等因素进行综合分析后选择工艺路线。

6.2.2 根据对废气加热方式的不同，催化燃烧工艺可以分为常规催化燃烧工艺（见图 1）和蓄热催化燃烧工艺（见图 2）。

6.2.3 在选择催化燃烧工艺时应进行热量平衡计算。当废气中所含的有机物燃烧后所产生的热量可以维持催化剂床层自持燃烧时，应采用常规催化燃烧工艺；当废气中所含的有机物燃烧后所产生的热量不能够维持催化剂床层自持燃烧时，宜采用蓄热催化燃烧工艺。

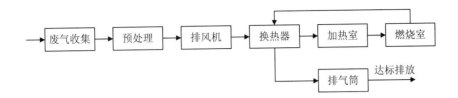

图 1 常规催化燃烧工艺流程

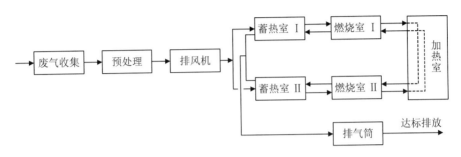

图 2 蓄热催化燃烧工艺流程

6.3 工艺设计要求

6.3.1 废气收集

6.3.1.1 废气收集系统设计应遵循 GB 50019 的规定。

6.3.1.2 废气应与生产工艺协调一致,宜不影响工艺操作。在保证收集能力的前提下,应力求结构简单,便于安装和维护管理。

6.3.1.3 确定集气罩的吸气口位置、结构和气体流速时,应使罩口呈微负压状态,且罩内负压均匀。

6.3.1.4 集气罩的吸气方向应尽可能与污染气流运动方向一致,防止吸气罩周围气流紊乱,避免或减弱干扰气流和送风气流等对吸气气流的影响。

6.3.1.5 当废气产生点较多、彼此距离较远时,应适当分设多套收集系统。

6.3.2 预处理

6.3.2.1 预处理设备应根据废气的成分、性质和污染物的含量进行选择。

6.3.2.2 进入催化燃烧装置前废气中的颗粒物含量高于 10 mg/m^3 时,应采用过滤等方式进行预处理。

6.3.2.3 过滤装置两端应装设压差计,当过滤器的阻力超过规定值时应及时清理或更换过滤材料。

6.3.2.4 当废气中有机物浓度较高时,应采用稀释等方式调节至满足 4.2 的要求。

6.3.3 催化燃烧

6.3.3.1 催化剂的工作温度应低于 700℃,并能承受 900℃ 短时间高温冲击。设计工况下催化剂使用寿命应大于 8 500 h。

6.3.3.2 设计工况下蓄热式催化燃烧装置中蓄热体的使用寿命应大于 24 000 h。

6.3.3.3 催化燃烧装置的设计空速宜大于 10 000 h^{-1},但不应高于 40 000 h^{-1}。

6.3.3.4 进入燃烧室的气体温度应达到气体组分在催化剂上的起燃温度,混合气体按照起燃温度最高的组分确定。

6.3.3.5　催化燃烧装置的压力损失应低于 2 kPa。

6.3.3.6　治理后产生的高温烟气宜进行热能回收。

6.4　二次污染控制

6.4.1　废气预处理所产生的废水应进行集中处理，并达到相应排放标准后排放。

6.4.2　预处理产生的粉尘和废渣以及更换后的过滤材料和催化剂的处理应符合国家固体废弃物处理与处置的相关规定。

6.4.3　当催化燃烧后产生二次污染物时应采取吸收等方法进行处理后达标排放。

6.4.4　噪声控制应满足 GBJ 87 和 GB 12348 的规定。

6.5　安全措施

6.5.1　治理系统应有事故自动报警装置，并符合安全生产、事故防范的相关规定。

6.5.2　治理系统与主体生产装置之间的管道系统应安装阻火器（防火阀），阻火器性能应按照 HJ/T 389—2007 中 5.4 的规定进行检验。

6.5.3　风机、电机和置于现场的电气仪表等应不低于现场的防爆等级。

6.5.4　排风机之前应设置浓度冲稀设施。当反应器出口温度达到 600℃时，控制系统应能报警，并自动开启冲稀设施对废气进行稀释处理。

6.5.5　催化燃烧装置应具备过热保护功能。

6.5.6　催化燃烧装置应进行整体保温，外表面温度不应高于 60℃。

6.5.7　管路系统和催化燃烧装置的防爆泄压设计应符合 GB 50160 的要求。

6.5.8　治理设备应具备短路保护和接地保护功能，接地电阻应小于 4Ω。

6.5.9　在催化燃烧装置附近应设置消防设施。

6.5.10　室外催化燃烧装置应安装符合 GB 50057 规定的避雷装置。

7　主要工艺设备

7.1　主要工艺设备的性能应满足本标准 6.3 的要求，并有必要的备用。

7.2　催化燃烧装置的基本性能应满足 HJ/T 389 的要求。

7.3　当废气中含有腐蚀性介质时，风机、集气罩、管道、阀门和粉尘过滤器等应满足相关防腐要求。

7.4　催化燃烧装置主体（含加热室和燃烧室）应选用防腐耐温不锈钢材料。

7.5　蓄热催化燃烧装置换向阀的泄漏率应低于 0.2%。

8　检测与过程控制

8.1　检测

8.1.1　治理设备应设置永久性采样口，采样口的设置应符合 HJ/T 1，采样方法应满足 GB/T 16157 的要求。采样频次和检测项目应根据工艺控制要求确定。

8.1.2　催化燃烧装置的加热室和反应室内部应装设具有自动报警功能的多点温度检测装置。温度传感器应按 JJF 1049 的要求进行标定后使用。

8.2　过程控制

8.2.1　治理工程应先于产生废气的生产工艺设备开启、后于生产工艺设备停机，并实现连锁控制。

8.2.2 现场应设置就地控制柜实现就地控制。就地控制柜应有集中控制端口，具备与集中控制室的连接功能，在控制柜显示设备的运行状态。

9 主要辅助工程

9.1 电气系统

9.1.1 电源系统可直接由生产主体工程配电系统接引，中性点接地方式应与生产主体工程一致。

9.1.2 电气系统设计应满足 GB 50058 的要求。

9.2 给水、排水与消防系统

9.2.1 治理工程的给水、排水设计应符合相关工业行业给水排水设计规范的有关规定。

9.2.2 治理工程的消防设计应纳入工厂的消防系统总体设计。

9.2.3 消防通道、防火间距、安全疏散的设计和消防栓的布置应符合 GB 50016 的规定。

9.2.4 治理工程应按照 GB 50140 的规定配置移动式灭火器。

10 施工与验收

10.1 施工

10.1.1 工程设计、施工单位应具有国家相应的工程设计、施工资质。

10.1.2 工程施工应符合国家和行业施工程序及管理文件的要求。

10.1.3 工程施工应按设计文件进行建设，对工程的变更应取得工程设计单位的设计变更文件后再进行施工。

10.1.4 工程施工中使用的设备、材料和部件应符合相应的国家标准。

10.1.5 需要采用防腐蚀材质的设备、管路和管件等的施工和验收应符合 HGJ 229 的规定。

10.1.6 施工单位除应遵守相关的施工技术规范外，还应遵守国家有关部门颁布的劳动安全、环境保护及卫生消防等强制性标准的要求。

10.2 验收

10.2.1 工程验收应根据《建设项目（工程）竣工验收办法》组织进行。

10.2.2 工程安装、施工完成后应首先对相关仪器仪表进行校验，然后根据工艺流程进行分项调试和整体调试。

10.2.3 通过整体调试，各系统运转正常，技术指标达到设计和合同要求后启动试运行。

10.3 环境保护验收

10.3.1 竣工环境保护验收应按《建设项目竣工环境保护验收管理办法》的规定进行。

10.3.2 工程验收前治理工程应进行试运行和性能试验，性能试验的内容主要包括：

　　a）废气中非甲烷总烃和国家或地方相关排放标准中所规定的污染物进出口浓度（至少检测三次）；

　　b）风量；

　　c）催化燃烧装置的净化效率；

　　d）系统压力降；

　　e）耗电量或燃气耗量等。

11 运行与维护

11.1 一般规定

11.1.1 治理设备应与产生废气的生产工艺设备同步运行。由于事故或设备维修等原因造成治理设备停止运行时，应立即报告当地环境保护行政主管部门。

11.1.2 治理设备正常运行中废气的排放应符合国家、地方和相关行业污染物排放标准的规定。

11.1.3 治理设备不得超负荷运行。

11.1.4 企业应建立健全与治理设备相关的各项规章制度，以及运行、维护和操作规程，建立主要设备运行状况的台账制度。

11.2 人员与运行管理

11.2.1 治理系统应纳入生产管理中，并配备专业管理人员和技术人员。

11.2.2 在治理系统启用前，企业应对管理和运行人员进行培训，使管理和运行人员掌握治理设备及其他附属设施的具体操作和应急情况下的处理措施。培训内容包括：

    a）基本原理和工艺流程；

    b）启动前的检查和启动应满足的条件；

    c）正常运行情况下设备的控制、报警和指示系统的状态和检查，保持设备良好运行的条件，以及必要时的纠正操作；

    d）设备运行故障的发现、检查和排除；

    e）事故或紧急状态下人工操作和事故排除方法；

    f）设备日常和定期维护；

    g）设备运行和维护记录；

    h）其他事件的记录和报告。

11.2.3 企业应建立治理系统运行状况、设施维护等的记录制度，主要记录内容包括：

    a）治理工程的启动、停止时间；

    b）过滤材料、氧化催化剂、蓄热体等的质量分析数据、采购量、使用量及更换时间；

    c）治理工程运行工艺控制参数，至少包括治理设备进、出口浓度和相关温度；

    d）主要设备维修情况；

    e）运行事故及处理、整改情况；

    f）定期检验、评价及评估情况；

    g）污水排放、副产物处置情况。

11.2.4 运行人员应按企业规定做好巡视制度和交接班制度。

11.3 维护

11.3.1 应制定治理工程设备的维护计划。

11.3.2 维护人员应根据计划定期检查、维护和更换必要的部件和材料。

11.3.3 维护人员应做好相关记录。

中华人民共和国国家环境保护标准

电除尘工程通用技术规范

General technical specification for electrostatic precipitation engineering

HJ 2028—2013

前 言

为贯彻执行《中华人民共和国环境保护法》、《中华人民共和国大气污染防治法》，规范电除尘工程建设和运行管理，控制烟（粉）尘排放，改善环境质量，促进电除尘行业技术进步，制定本标准。

本标准规定了电除尘工程设计、安装、调试、验收与运行维护的通用技术要求。

本标准为指导性文件。

本标准为首次发布。

本标准由环境保护部科技标准司组织制订。

本标准主要起草单位：中国环境保护产业协会、国电环境保护研究院、南京国电环保科技有限公司、浙江菲达环保科技股份有限公司、安徽意义环保设备有限公司、中钢集团天澄环保科技股份有限公司、天洁集团有限公司、浙江佳环电子有限公司、福建龙净环保股份有限公司。

本标准环境保护部 2013 年 3 月 29 日批准。

本标准自 2013 年 7 月 1 日起实施。

本标准由环境保护部解释。

1 适用范围

本标准规定了电除尘工程设计、安装、调试、验收与运行维护的通用技术要求。

本标准适用于采用振打或旋转刷方式清灰电除尘器的含尘气体净化处理工程，可作为环境影响评价、环境保护设施设计与施工、环境保护验收及建成后运行与管理的技术依据。

本标准所提出的技术要求具有通用性，特殊性要求可执行相关行业的除尘工程技术规范。

2 规范性引用文件

本标准引用了下列文件或其中的条款。凡未注明日期的引用文件，其最新版本适用于本标准。

GB 4053.1 固定式钢梯及平台安全要求 第 1 部分：钢直梯

GB 4053.2　固定式钢梯及平台安全要求　第 2 部分：钢斜梯

GB 4053.3　固定式钢梯及平台安全要求　第 3 部分：工业防护栏杆及钢平台

GB 7251.1　低压成套开关设备和控制设备　第 1 部分：型式试验和部分型式试验　成套设备

GB 15577　粉尘防爆安全规程

GB 50007　建筑地基基础设计规范

GB 50009　建筑结构荷载规范

GB 50010　混凝土结构设计规范

GB 50011　建筑抗震设计规范

GB 50014　室外排水设计规范

GB 50015　建筑给水排水设计规范

GB 50016　建筑设计防火规范

GB 50017　钢结构设计规范

GB 50018　冷弯薄壁型钢结构技术规范

GB 50019　采暖通风与空气调节设计规范

GB 50029　压缩空气站设计规范

GB 50040　动力机器基础设计规范

GB 50051　烟囱设计规范

GB 50140　建筑灭火器配置设计规范

GB 50187　工业企业总平面设计规范

GB 50205　钢结构工程施工质量验收规范

GB 50231　机械设备安装工程施工及验收通用规范

GB 50251　输气管道工程设计规范

GB/T 700　碳素结构钢

GB/T 715　标准件用碳素钢热轧圆钢

GB/T 1228　钢结构用高强度大六角头螺栓

GB/T 1229　钢结构用高强度大六角螺母

GB/T 1230　钢结构用高强度垫圈

GB/T 1231　钢结构用高强度大六角头螺栓、大六角螺母、垫圈技术条件

GB/T 1243　传动用短节距精密滚子链、套筒链、附件和链轮

GB/T 1591　低合金高强度结构钢

GB/T 3632　钢结构用扭剪型高强度螺栓连接副

GB/T 3797　电气控制设备

GB/T 4171　耐候结构钢

GB/T 5117　非合金钢及细晶粒钢焊条

GB/T 5118　热强钢焊条

GB/T 5313　厚度方向性能钢板

GB/T 5780　六角头螺栓　C 级

GB/T 5782　六角头螺栓

GB/T 8350　输送链、附件和链轮

GB/T 10433　电弧螺柱焊用圆柱头焊钉

GB/T 11352　一般工程用铸造碳钢件

GB/T 13931　电除尘器　性能测试方法

GB/T 16157　固定污染源排气中颗粒物测定与气态污染物采样方法

GB/T 16845　除尘器　术语

GB/T 18150　滚子链传动选择指导

GB/T 20736　传动用精密滚子链条疲劳试验方法

GB/T 50033　建筑采光设计标准

GB/T 50058　爆炸和火灾危险环境电力装置设计规范

GBJ 16　建筑设计防火规范

GBJ 87　工业企业噪声控制设计规范

GBZ 1　工业企业设计卫生标准

GBZ 2.1　工作场所有害因素职业接触限值　第 1 部分：化学有害因素

GBZ 2.2　工作场所有害因素职业接触限值　第 2 部分：物理因素

DL 408　电业安全工作规程（发电厂和变电所电气部分）

DL/T 461　燃煤电厂电除尘器运行维护导则

DL/T 514　电除尘器

DL/T 5035　火力发电厂采暖通风与空气调节设计技术规程

DL/T 5044　电力工程直流系统设计技术规程

DL/T 5047　电力建设施工及验收技术规范（锅炉机组篇）

DL/T 5072　火力发电厂保温油漆设计规程

DL/T 5161.3　电气装置安装工程质量检验及评定规程　第 3 部分：电力变压器、油浸
　　　　　电控器、互感器施工质量检验

DL/T 5121　火力发电厂烟风煤粉管道设计技术规程

HJ/T 320　环境保护产品技术要求　电除尘器用高压整流电源

HJ/T 321　环境保护产品技术要求　电除尘器低压控制电源

HJ/T 322　环境保护产品技术要求　电除尘器

HJ/T 397　固定源废气监测技术规范

JB/T 1617　电站锅炉　产品型号编制方法

JB 2420　户外防腐电工产品条件

JB/T 5845　高压静电除尘用整流设备　试验方法

JB/T 5906　电除尘器　阳极板

JB/T 5909　电除尘器用瓷绝缘子

JB/T 5910　电除尘器

JB/T 5911　电除尘器焊接件技术要求

JB/T 5913　电除尘器　阴极线

JB/T 6407　电除尘器设计、调试、运行、维护安全技术规范

JB/T 7671　电除尘器气流分布模拟试验方法

JB/T 8536　电除尘器机械安装技术条件

JB/T 9688　电除尘用晶闸管控制高压电源

JB/T 11075　电除尘器用三氧化硫烟气调质系统

JB/ZQ 3687　手工电弧焊的焊接规范

SDZ 019　焊接通用技术条件

《建筑工程设计文件编制深度规定》（建质[2003]84 号）

《建设项目竣工环境保护验收管理办法》（国家环境保护总局令　第 13 号）

3　术语和定义

GB/T 16845 确立的以及下列术语和定义适用于本标准。

3.1　电除尘器　electrostatic precipitator

指利用高压电场对荷电粉尘的吸附作用，把粉尘从含尘气体中分离出来的除尘器。

3.2　设计效率　design collection efficiency

指根据下式计算得到的除尘器理论除尘效率。

$$\eta = 1 - e^{-\omega \cdot A/Q} \tag{1}$$

式中：η——除尘效率，%；

Q——含尘气体流量，m^3/s；

A——总集尘面积，m^2；

ω——驱进速度，m/s。

3.3　保证效率　ensure collection efficiency

指合同约定的必须达到的除尘效率保证值。

3.4　粉尘比电阻　dust resistivity

指单位面积的粉尘在单位厚度时的电阻值，单位为$\Omega \cdot cm$。

3.5　比集尘面积　specific collecting area

指单位流量的含尘气体所分配到的集尘面积，它等于集尘面积与含尘气体流量之比，单位为 $m^2/(m^3 \cdot s)$。

3.6　烟气调质　ash adjustive

指向烟气中喷入化学调质剂来改善烟气比电阻的一种工艺方法。

3.7　标准状态　standard state

指气体温度为 273.15 K，压力为 101 325 Pa 时的状态，简称"标态"。

4　污染物与污染负荷

4.1　污染物

4.1.1　适合电除尘器处理的含尘气体粉尘比电阻一般在 $1 \times 10^4 \sim 1 \times 10^{13}$ $\Omega \cdot cm$。当比电阻过高时，可对含尘气体进行调质处理，或采取增加比集尘面积、提高电气性能、采用旋转极板新技术等措施来保证除尘效率。

4.1.2　电除尘器入口含尘气体温度应小于等于 400℃，当含尘气体温度高于上限时，应采取降温措施。

4.1.3 电除尘器的入口含尘气体含尘浓度应小于等于 50 g/m^3。高于上限时应设置预除尘设施。

4.1.4 电除尘器的主要应用领域包括：

a) 电力行业：锅炉烟气除尘；

b) 冶金行业：烧结机机头、烧结机机尾、炼铁高炉煤气、炼钢转炉煤气、整粒、筛分、球团等工位及环境除尘；

c) 建材行业：窑头、窑尾、煤磨及其他扬尘点；

d) 化工行业：制酸；

e) 造纸行业：碱回收；

f) 其他行业：工业锅炉烟气除尘、特种专用工业窑炉含尘尾气颗粒物回收、空气净化等。

4.2 污染负荷

4.2.1 应了解生产工艺、设备、工作制度、维护检修等基本情况和要求，掌握排放污染物的成因、种类与理化性质、位置分布与数量、排放形式与途径、排放量与排放强度、排放规律等，作为工程设计的原始数据和依据。

4.2.2 应对污染源进行全面和深入的调查，根据工程设计需要，收集含尘气体理化性质等原始资料，主要包括以下内容：

a) 污染源排出的含尘气体量（正常含尘气体量、最大含尘气体量、最小含尘气体量）；

b) 气体温度及变化范围（最高温度、正常温度、最低温度、露点温度）；

c) 含尘浓度；

d) 气体成分及浓度（SO_2、NO_x、O_2、CO_2、CO 等）；

e) 气体压力、含湿量；

f) 粉尘成分（SiO_2、Al_2O_3、Fe_2O_3、CaO、MgO、Na_2O、K_2O、TiO_2、P_2O_5、MnO_2、Li_2O、SO_3 等）；

g) 粉尘粒度、比电阻、真密度、堆密度、可燃性、爆炸性、黏结性、磨琢度、安息角等；

h) 产生污染物设备的型号、数量以及工作制度。

4.2.3 含尘气体的参数以测试报告、设计资料为主。当用户无法提供含尘气体原始资料和数据时，可通过以下方式获得：

a) 委托专业测试单位进行测试；

b) 同类型、同规模项目类比；

c) 工程经验及公式计算；

d) 模拟试验。

4.2.4 设计负荷和设计余量应根据污染物特性、污染强度、排放标准和环境影响评价批复文件的要求综合确定。

4.2.5 设计负荷和设计余量应充分考虑污染负荷在最大和最不利情况下对电除尘器可能造成的影响，确保其稳定运行并保证达到设计效率。

4.2.6 污染源排风量、生产设备排放的废气量、换热器进出口风量、电除尘器处理风量、引风机风量的设计和选型均应以工况风量进行计算。性能测试和检测结果应以标准状态进行核算。

5 总体要求

5.1 一般规定

5.1.1 电除尘工程应由具有国家相应资质的单位设计、制造和安装。

5.1.2 电除尘工程的设计应采用成熟稳定、技术先进、安全可靠、经济合理的工艺和设备。

5.1.3 电除尘工程的配置应不低于生产工艺设备的装备水平，并纳入生产系统管理。电除尘系统和设备应能适应生产工艺变化和波动，应与对应的生产工艺设备同步运转。

5.1.4 电除尘工艺、技术水平、配置、自动控制和检测应与企业生产工艺和制度相适应，并符合国家技术政策和标准的要求。

5.1.5 电除尘工程的设计年限应与生产工艺的设计年限相适应，电除尘器设计寿命应不低于 30 年。电除尘器主要结构件保证 30 年的使用寿命，电控设备保证 10 年以上的寿命。

5.1.6 电除尘工程设计耐压等级、抗震设防应满足国家和行业设计规范、规程的要求。

5.1.7 电除尘工程建设规模应根据污染源状况、排放标准、技术水平、工程等级、经济状况、工程条件等因素综合考虑，并遵循以下原则：

　　a）掌握污染源污染强度、数量、分布形式等，确定电除尘系统最大处理能力；

　　b）生产工艺可能扩建时，电除尘系统的设计和主要设备选型应预留适当的余量。

5.1.8 电除尘工程建设应采取防治二次污染的措施，废水、废气、废渣、噪声及其他污染物的排放应符合相应的国家或地方排放标准。

5.1.9 电除尘工程应按照国家相关政策法规、大气污染物排放标准和地方环境保护部门的要求设置污染物排放连续监测系统。

5.1.10 电除尘工程处理易燃易爆含尘气体时，应采取可靠的防燃防爆措施，保证除尘系统连续稳定运行。

5.2 总图布置

5.2.1 电除尘工程的主体设备、辅助设施等的总图布置应符合 GBZ 1、GBJ 16、GB 50187 的规定。

5.2.2 电除尘工程的平立面布置应节约用地。防止有害气体、烟尘、粉尘、强烈振动和高噪声对周围环境的危害。

5.2.3 对于新建项目，应预留适度的空地。主体设备应按工艺的流程布置，尽量靠近污染源。

5.2.4 电除尘工程的主体设备之间及其周边应留有足够的安装和检修空间，方便施工、维护检修和交通运输。

5.2.5 电除尘工程管架包括进出气烟道、输灰管路、电缆桥架等及其支架。管架的布置应符合下列要求：

　　a）管架的净空高度及基础位置，不得影响交通运输、消防及检修；

　　b）不应妨碍建筑物自然采光与通风。

5.2.6 管架与建筑物、构筑物之间的最小水平间距，应符合附录 A 表 A.1 的规定。

5.2.7 管架跨越铁路、道路的最小垂直间距，应符合附录 A 表 A.2 的规定。

5.2.8 控制室等建筑物的室内地坪标高、设备基础顶面标高应高出室外地面 0.15 m 以上。

有车辆出入的建筑物室内、外地坪高差一般为 0.15～0.30 m；无车辆出入的室内、外高差可大于 0.30 m。

5.2.9 电除尘工程主要设备区域应浇灌混凝土地坪，场地平整，坡度一般为 0.5%～2.0%。

5.2.10 建（构）筑物的防火间距应满足 GBJ 16 的要求。主体设备周边应设有消防通道，并满足设计规范的要求。

5.2.11 净化有易燃易爆粉尘的电除尘器，宜布置在独立建筑物内，且与所属厂房的防火间距应符合 GB 15577 和 GBJ 16 的要求。

6 工艺设计

6.1 一般规定

6.1.1 电除尘工程应根据生产工艺和排放要求合理配置。除尘系统颗粒物排放应符合国家或地方大气污染物排放标准、建设项目环境影响评价文件和总量控制的规定。岗位粉尘浓度应符合 GBZ 1、GBZ 2.1、GBZ 2.2 规定限值的要求。

6.1.2 电除尘工程的基本构成有：集气罩、电除尘器本体、控制装置、卸输灰装置、除尘管道、风机、烟囱。

6.1.3 电除尘工艺宜采用负压系统，特殊情况下可采用正压系统。

6.2 工艺流程

6.2.1 根据污染源的状况和形式，常见的电除尘工艺流程见图 1。

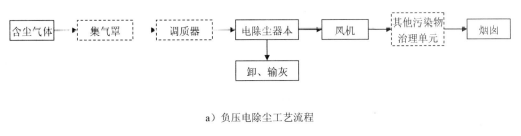

a）负压电除尘工艺流程

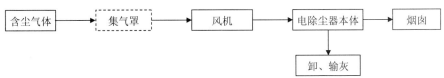

b）正压电除尘工艺流程

图 1 常见的电除尘工艺流程

6.2.2 电除尘工艺除以上所述的基本构成外，还应根据项目的具体情况配置保温、管道支吊架、自动控制监测装置等辅助设施。

6.3 污染（尘）源控制

6.3.1 应对无组织排放的含尘气体设置集气罩。集气罩的形式和设置应满足生产操作和检修的要求。

6.3.2 对产生含尘气体的生产设备和部位，应优先考虑采用密闭罩或排气柜，并保持一定的负压。当不能或不便采用密闭罩时，可根据生产操作要求选择半密闭罩或外部集气罩，并尽可能包围或靠近污染源，必要时，采取增设软帘围挡，以防止粉尘外溢。逸散型热含尘气体的捕集应优先采用顶部集气罩；污染范围较大，生产操作频繁的场合可采用吹吸式集气罩；无法设置固定集气罩，生产间断操作的场合，可采用活动（移动）集气罩。

6.3.3 集气罩的排风口不宜靠近敞开的孔洞（如操作孔、观察孔、出料口等），以免吸入大量空气或物料。

6.3.4 集气罩设计时应充分考虑气流组织，避免含尘气流通过人的呼吸区。

6.3.5 集气罩设计时应考虑穿堂风等干扰气流对排烟效果的影响。

6.3.6 集气罩、屋顶集气罩的外形尺寸和容积较大时，罩体宜设置多个排风出口。集气罩收缩角不宜大于60°。

6.3.7 集气罩的排风量应按照防止粉尘或有害气体扩散到环境空间的原则确定。排风量为工况风量，排风量大小可通过下列方式获得：

  a）生产设备提供；

  b）实际测量或模拟试验；

  c）工程类比和经验数据；

  d）设计手册与理论计算。

6.3.8 集气罩应能实现对含尘气体（尘）的捕集效果，捕集率不低于：

  a）密闭罩 100%；

  b）半密闭罩 95%；

  c）吹吸罩 90%；

  d）屋顶排烟罩 90%；

  e）含有毒有害、易燃易爆污染源控制装置 100%。

6.3.9 在集气罩可能进入杂物的场合，罩口应设置格栅。

6.4 烟气调质

6.4.1 在燃煤锅炉所用燃煤中含硫量低于0.5%、灰中Na含量低于0.2%、烟气粉尘比电阻≥5.0×10^{12} Ω·cm 的情况下，可以通过含尘气体调质的办法来提高电除尘器的除尘效率。

6.4.2 常用的调质剂包括 SO_3、NH_3、氯化物、铵的化合物、有机胺、碱金属盐、水等。其中 SO_3 应用最为广泛。

6.4.3 SO_3 烟气调质应符合 JB/T 11075 的规定。

6.5 电除尘器选型

6.5.1 电除尘器选型应考虑下列条件：

  a）系统概况，如锅炉技术参数、脱硫方式、脱硝方式、引风机、锅炉除尘方式、锅炉排渣方式等；

  b）粉尘的理化性质，如飞灰化学成分分析、飞灰粒度分析（斯托克斯粒径）、飞灰比电阻分析（包括实验室比电阻和含尘气体工况比电阻）、飞灰密度（包括堆密度和真密度）和安息角等；

  c）含尘气体成分分析，如含尘气体化学成分分析（如 SO_2、NO_x、O_2、CO_2、CO、SiO_2、Al_2O_3、Fe_2O_3、CaO、MgO、Na_2O、K_2O、TiO_2、P_2O_5、MnO_2、Li_2O、SO_3 等）、含尘气体其他性质分析（粉尘比电阻、浓度等）；

  d）含尘气体参数，如电除尘器入口含尘气体量、电除尘器入口含尘气体温度、含尘气体湿度、电除尘器入口处含尘气体最大含尘浓度；

e）厂址气象和地理条件；

f）电除尘器占地、输灰方式；

g）电除尘器一次性投资费用、运行费用（水、电、备品备件等）；

h）电除尘器的运行维护及用户管理水平要求；

i）粉尘回收利用的价值及形式；

j）对于燃煤电厂，其电除尘器选型条件见附录 B，其他行业可参考。

6.5.2 电除尘器选型的整体性能要求包括电除尘器出口烟尘排放浓度、本体压力降、本体漏风率、噪声等。其中，出口烟尘排放浓度应根据设计要求确定，本体压力降应小于 300 Pa，本体漏风率应小于 3%，距电除尘器壳体 1.5 m 处的最大噪声级不超过 85 dB（A）。

6.5.3 电除尘器具体选型步骤及计算方法参见附录 C。

6.6 电除尘器设计

6.6.1 一般规定

6.6.1.1 电除尘器的主要设计参数应根据选型条件和技术要求，结合产品的特点确定。如有场地要求，应予以明确。

6.6.1.2 电除尘器承受许用压力应为 $-4.0\times10^4 \sim 2.0\times10^4$ Pa，其中 $-1.0\times10^4 \sim 0$ Pa 为常规型。

6.6.1.3 使用两台或以上电除尘器时，每台电除尘器在结构上均应有独立的壳体。

6.6.1.4 电除尘器壳体的设计压力应由含尘气体生产系统工艺给定，包括设计负压和设计正压。

6.6.2 性能要求

6.6.2.1 电除尘器应在下列条件下达到保证效率：

a）需方提供的设计条件。

b）一个供电分区不工作。双室以上的 1 台电除尘器，按停 1 个供电分区考虑；小分区供电按停 2 个供电分区考虑；而一台窑炉配 1 台单室电除尘器时，不予考虑。

c）含尘气体温度为设计温度加 10℃。

d）含尘气体量为设计含尘气体量加 10% 的余量。

e）对于燃煤电厂，电除尘器应在燃用设计煤种时达到保证效率；需要时也可按校核煤种或最差煤种考虑，但应予以说明。

6.6.2.2 电除尘器的本体漏风率、本体压力降及噪声等应符合 6.5.2 中的规定。

6.6.3 本体设计要求

6.6.3.1 壳体应符合下列要求：

a）壳体应密封、保温、防雨、防顶部积水，外壳体内应尽量避免死角或灰尘积聚；

b）电除尘器的承载部件应有足够的刚度、强度以保证安全运行，承载部件应符合 JB/T 5911、DL/T 514 及 GB 50017 的规定；

c）壳体的材料根据被处理含尘气体的性质确定，其厚度应不小于 4 mm；

d）壳体应设有检修门、扶梯、平台、栏杆、护沿、人孔门、通道等；电除尘器的每一个电场前后均应设置人孔门和通道，电除尘器顶部应设有检修门，圆形人孔门直径至少为 Φ600 mm，矩形人孔门尺寸应至少为 450 mm×600 mm；平台载荷应至少为 4 kN/m^2，扶梯载荷应至少为 2 kN/m^2，楼梯、防护栏杆、平台等安全技术条件应符合 GB 4053.1～GB 4053.3 的规定；

e）通向每一本体高压部分的入口门处应设置高压隔离开关柜（箱），并与该高压部分供电的整流变压器联锁；

f）绝缘子应设有加热装置；

g）应充分考虑壳体热膨胀；

h）外壳形式应根据粉尘的易燃易爆性确定。

6.6.3.2　阳极板和阴极线应符合下列要求：

a）收尘极板的厚度一般不应小于 1.2 mm，其结构型式和要求应符合 JB/T 5906 的规定；

b）放电极应牢固、可靠，具有良好的电气性能和振打清灰性能；

c）放电极的基本型式和要求应符合 JB/T 5913 的规定；

d）收尘极和放电极框架应有防摆动的措施；

e）对于旋转极板的其他要求，参见附录 D。

6.6.3.3　振打系统应能满足清灰要求，振打加速度符合 DL/T 461 的规定，振打程序可调。振打装置的材质和形式应根据粉尘粘连性等特性确定。

6.6.3.4　气流分布装置应符合下列要求：

a）每台电除尘器的入口均应配备多孔板或其他形式的均流装置，以便含尘气体均匀地流过电场；

b）各室的流量和理论分配流量之相对误差应不超过±3%；

c）电除尘器气流分布模拟试验及气流分布均匀性应符合 JB/T 7671 和 DL/T 514 的规定。

6.6.3.5　支承应符合下列要求：

a）除一个用固定支承外，其余为单向和万向活动支承；

b）支承安装后上平面标高偏差为±3 mm。

6.6.3.6　灰斗应符合下列要求：

a）灰斗跨度沿长度方向宜限于单个电场，如超过一个电场时，应具有防止含尘气体短路的措施；沿宽度方向数量应尽可能减少；

b）灰斗钢板厚度由灰斗容积和粉尘的物理特性确定，一般不应小于 5.5 mm；

c）灰斗内应装有阻流板，其下部应尽量远离排灰口，灰斗斜壁与水平面的夹角不应小于 60°，相邻壁交角的内侧应做成圆弧形；

d）灰斗的容积应满足最大含尘量满负荷运行 8 h 的储灰量需要，灰斗储灰重按满灰斗状态计算；

e）灰斗应有加热措施。在采用蒸汽加热时，加热面应均匀地分布于灰斗下部不少于 1/3 的表面上；在采用电加热时，应采用恒温控制装置；

f）灰斗应设有捅灰孔和防灰流粘结或结拱的设施。当采用气化装置时，每只灰斗应装设一组气化板，设计时应避开捅灰孔。

6.6.3.7　为保证电除尘器内的含尘气体温度在露点以上，电除尘器应采取有效的保温措施。保温设计应符合 DL/T 5072 的规定，并满足下列要求：

a）应保证电除尘器的使用温度高于含尘气体露点温度20℃以上；

b）保温范围包括进、出口烟箱、壳体、灰斗、顶盖等；

c）护板的敷设应牢固、平整、美观。

6.6.3.8 整流变压器的起吊设施应符合下列要求：

a）应能将整流变压器由顶部吊至地面，并有相应的孔洞和钢丝绳长度；

b）应为电动，电动机应为防潮型，并有安全措施；

c）油浸式硅整流变压器下应设储油槽，各储油槽应有导油管引至地面。

6.6.4 钢结构设计要求

6.6.4.1 钢结构设计应符合 GB 50009、GB 50011、GB 50017 及 GB 50018 的规定。

6.6.4.2 电除尘器钢结构应能承受的荷载包括：

a）电除尘器荷载（自重、保温层重、附属设备重、存灰重等）；

b）地震荷载；

c）风载；

d）雪载；

e）检修荷载；

f）部分烟道荷重。

6.6.4.3 除尘器支承结构应是自撑式的，并能把所有垂直和水平负荷转移到柱子基础上。

6.6.4.4 当含尘气体温度≤300℃时，电除尘器的钢结构设计温度为300℃；当含尘气体温度＞300℃时，电除尘器的钢结构设计温度按实际最高含尘气体温度并加10%的余量计算。

6.7 除尘管道及附件

6.7.1 管道布置的一般要求：

a）除尘管道布置应顺畅、整洁，应尽量明装；

b）工艺管道应尽量沿墙或柱敷设；

c）管道与梁、柱、墙、设备及管道之间应留有适当距离，净间距不应小于 200 mm；架空管道高度应符合附录 A 表 A.2 的规定；

d）为避免水平管道积灰，可采用倾斜管道布置。

6.7.2 除尘管道宜采用圆形管道，除尘管道的公称直径按管道外径计取，宜采用《全国通用通风管道计算表》中所列的管道规格。出现下列情况时可采用矩形管道：

a）空间尺寸受限，圆形管道无法敷设；

b）火电厂等大型电除尘器和引风机进、出口烟道。

6.7.3 除尘管道风速的选择应考虑粉尘的粒径、真密度、磨琢性、浓度等因素，防止管道风速过高加剧管道磨损，避免管道风速过低造成管道积灰。

6.7.4 除尘管道的壁厚应根据气体温度、腐蚀性、管径、跨距、加固方式及粉尘磨琢性等因素综合确定。

6.7.5 除尘管网的支管宜从主管（或干管）的上部或侧面接入，连接三通的夹角宜为30°～45°；垂直连接时应采用导流措施（补角三通）。干管上所连接的支管数量不宜超过6根。

6.7.6 管道应有足够的强度和刚度，否则应进行加固。

6.7.7 除尘管道布置应防止管道积灰，易积灰处应设置清灰设施和检查孔（门）。

6.7.8 输送含尘浓度高、粉尘磨琢性强的含尘气体时，除尘管道中弯头、三通等易受冲刷部位应采取防磨措施。通常弯头的曲率半径不宜小于管道直径。

6.7.9 管道与除尘器、风机、热交换器等设备的连接宜采用法兰连接。管道、弯头、三通的连接采用焊接。

6.7.10 管道阀门的形式和功能应根据含尘气体条件和工艺要求选定。

6.7.11 管道阀门的技术参数应包括公称通径、公称压力、开闭时间、阻力系数、控制参数等，同时应考虑耐温性、严密性、调节性等性能。

6.7.12 阀门选型时，应符合以下技术要求：

   a）可靠性：要求阀门开启、关闭灵活，开关到位，不得出现卡死和失灵现象；

   b）刚性：应具有很好的强度和刚度，阀体不变形；

   c）严密性：阀门关闭时，其严密性应符合设计要求；

   d）耐磨性：阀门阀体结构、材料应满足耐磨性要求；

   e）耐腐蚀性：阀门阀体材料和表面防腐应满足耐腐蚀性要求；

   f）耐温性：阀门的材质和结构应满足耐温性要求；

   g）开闭时间：阀门的启闭时间应满足生产和除尘工艺要求；

   h）安全性：对于电动、气动阀门的执行器，应具有手动开闭的功能；对于大口径的阀门，其传动机构上应设机械锁；

   i）固定方式：对于大口径阀门，应设有固定方式和支座，阀门的重量应有支座承担；

   j）流向：阀门应有明显的流动方向标识；

   k）执行器的方位：选型时应明确传动方式和执行器的方位。

6.7.13 大口径阀门的轴应水平布置。当必须垂直布置时，阀板轴应采用推力轴承结构。"常闭"的阀门宜设置在垂直管道上，以防止管道积灰。阀门结构形式选择时，应考虑气体偏流导致粉尘对阀体造成的磨损。

6.7.14 风机进出口应设置柔性连接件，其长度以 150～300 mm 为宜，与其连接的管道应设固定支架。

6.7.15 除尘器、含尘气体换热器进出口管道和排气筒（烟囱）上应设置测试孔。生产设备排烟口、大型集气罩、排风口等特殊部位应设置测试孔。测试孔的数量和分布应符合 HJ/T 397 的规定。

6.7.16 输送相对湿度较大、易结露的含尘气体时，管道应采取保温措施。

6.8 卸、输灰

6.8.1 电除尘器收集的粉尘回收利用应符合 GB 50019 的有关规定。

6.8.2 电除尘器的灰斗及中间贮灰斗的卸灰口，应设置插板阀、卸灰阀、落灰短管及相应的机械输送或水冲灰设备。

6.8.3 电除尘器卸、输灰宜采用机械输送或气力输送，卸、输灰过程不应产生二次污染。输灰方式应根据输送量、输送距离、平立面布置条件、粉尘物性（粒度、磨琢性、流动性、密度、温度、湿度、安息角）等因素综合确定，各种输灰方式的适用场合和技术要求参见附录 E。

6.8.4 后一级输灰机械的输灰量应大于前一级卸灰阀的排灰量；后一级输灰装置的输灰能力应大于前一级输灰装置的输灰能力。一电场配套的卸灰仓泵应一用一备。

6.8.5 电除尘器收集的粉尘需外运时，应避免粉尘二次污染，宜采用粉尘加湿、卸灰口集尘或无尘装车装置等处理措施。在条件允许的情况下，宜选用真空吸引压送罐车。

6.8.6 排灰装置应能达到设计的排灰能力，排灰顺畅，并保持良好的气密性，避免粉尘泄漏和漏风。

6.8.7　卸灰阀的上方宜存有一定高度的灰封。灰封高度可按下式估算：

$$H = \frac{0.1 \times \Delta P}{\rho} + 100 \tag{2}$$

式中：H——灰封高度，mm；

ΔP——除尘器内负压绝对值，Pa；

ρ——粉尘的堆积密度，g/cm^3。

6.9　烟囱

6.9.1　烟囱的高度应符合国家或地方污染物排放标准和建设项目环境影响评价文件的要求。烟囱应设置测试孔和测试平台，测试孔应符合 GB/T 16157 的规定。

6.9.2　烟囱结构设计应符合 GB 50051 的要求。

6.9.3　烟囱的结构形式应根据所属行业要求、含尘气体性质、烟囱高度、功能要求、材料供应及施工条件等因素综合确定。常见的烟囱结构形式及使用场合如下：

　　a）钢筋混凝土烟囱：火力发电厂、集中供热、大型工业锅炉；

　　b）钢烟囱：钢铁厂、水泥厂、有色冶炼厂、机械工厂、小型工业锅炉；

　　c）套筒式或多管式烟囱：垃圾焚烧厂、火力发电厂。

7　主要工艺设备和材料

7.1　工艺设备

7.1.1　高压电源

7.1.1.1　高压整流变压器应符合 JB/T 9688 的规定。

7.1.1.2　高压整流变压器应能适合户外（户内）的使用要求，户外使用时应为一体式。

7.1.1.3　高压整流变压器应有二次电流、电压信号及温度取样接口。

7.1.1.4　高压整流变压器工作时，不应对无线电、电视、电话和其他厂内通讯设备产生干扰。

7.1.1.5　高压输出端在进入电场前应配置合适的高压阻尼电阻。

7.1.1.6　高压整流变压器应无漏、渗油现象。

7.1.1.7　高压整流变压器应在喷漆（喷塑）前进行表面防锈处理，沿海地区应采用防盐雾漆。

7.1.1.8　高压整流变压器应安装气体继电器或释压阀。

7.1.1.9　高压电源出厂前应做模拟工况下的动作试验，试验方法按 JB/T 5845 的要求执行。

7.1.1.10　高压电源应根据烟尘特性和环保排放要求来选择，各种高压电源的性能特点和比较详见附录 F。

7.1.1.11　高压电源应符合 HJ/T 320 的规定。

7.1.2　电机

7.1.2.1　电除尘器上所采用的电机均应符合项目设计要求。

7.1.2.2　户外安装的所有电机应是全封闭式的，外壳的防护等级不得低于 IP54。

7.1.2.3　电机的启动电流不超过电机额定电流的 6.5 倍。

7.1.2.4　电机应满足全电压启动，并应能经受相应的热应力和机械应力。

7.2 材料

7.2.1 应根据结构的重要性、荷载特征、结构形式、应力状态、连接方法、钢材厚度和工作环境等因素综合考虑，选用合适的钢材牌号和特性。

7.2.2 承重结构的钢材宜采用 Q235 钢、Q345 钢、Q390 钢或 Q420 钢。

7.2.3 下列情况的承重结构和构件不应采用 Q235 沸腾钢：

  a）焊接结构：直接承受动力荷载或振动荷载且需要验算疲劳的结构；工作温度低于−20℃的直接承受动力荷载或振动荷载但可不验算疲劳的结构以及承受静力荷载的受弯及受拉的重要承重结构；工作温度等于或低于−30℃的所有的承重结构。

  b）非焊接结构：工作温度等于或低于−20℃的直接承受动力荷载。

7.2.4 承重结构采用的钢材应具有抗拉强度、伸长率、屈服强度和硫、磷含量的合格保证，对焊接结构还应具有炭含量的合格保证。焊接承重结构以及重要的非焊接承重结构采用的钢材还应具有冷弯实验的合格保证。

7.2.5 对于需要验算疲劳的焊接结构的钢材，应具有常温冲击韧性的合格保证。当结构工作温度介于−20～0℃之间时，Q235 钢和 Q345 钢应具有 0℃冲击韧性的合格保证；Q390钢和 Q420 钢应具有−20℃冲击韧性的合格保证。当结构工作温度不高于−20℃时，Q235钢和 Q345 钢应具有−20℃冲击韧性的合格保证；Q390 钢和 Q420 钢应具有−40℃冲击韧性的合格保证。

7.2.6 钢铸件采用的铸钢材质应符合 GB/T 11352 的规定。

7.2.7 当焊接承重结构为防止钢材的层状撕裂而采取 Z 向钢时，其材质应符合 GB/T 5313的规定。

7.2.8 对处于外露环境，且对耐腐蚀有特殊要求的或在腐蚀气态和固态介质作用下的承重结构，宜采用耐候钢，其质量要求应符合 GB/T 4171 的规定。

7.2.9 钢结构的连接材料应符合下列要求：

  a）焊接采用的焊条，应符合 GB/T 5117 或 GB/T 5118 的规定；对直接承受动力荷载或振动荷载且需要验算疲劳的结构，应采用低氢型焊条；

  b）手工焊接材料应符合 JB/ZQ 3687 的规定，自动焊接或半自动焊接材料应符合 SDZ 019 的规定；

  c）普通螺栓应符合 GB/T 5780 和 GB/T 5782 的规定；

  d）高强度螺栓应符合 GB/T 1228、GB/T 1229、GB/T 1230、GB/T 1231 或 GB/T 3632的规定；

  e）圆柱头焊钉（栓钉）连接件的材料应符合 GB/T 10433 的规定；

  f）铆钉应采用 GB/T 715 中规定的 BL2 或 BL3 号钢制成；

  g）锚栓可采用 GB/T 700 中规定的 Q235 钢或 GB/T 1591 中规定的 Q345 钢制成。

7.2.10 阳极板、阴极线的材质应根据粉尘的温度、成分、腐蚀性等确定，并符合下列要求：

  a）阳极板采用 C480 型 SPCC 材质时，厚度应不小于 1.2 mm；采用 ZT24 型 SPCC 材质时，厚度应大于 1.2 mm，不允许负值；其余材质应符合 JB/T 5906 的要求；

  b）阴极线应符合 JB/T 5913 的要求。

7.2.11 管道材料应根据输送介质的温度和性质确定，通常采用碳素钢 Q235。管道所用的材料（材质）应符合相关产品国家现行标准的规定，并应有材质合格证明。

7.2.12 油漆应符合下列要求：

    a）钢结构应涂防锈底漆及面漆；

    b）电气设备所涂油漆应符合 JB 2420 的规定；

    c）设备包装前应涂有防腐漆。

7.2.13 其他设备及配件的材质应满足各自相应标准及合同要求。

8 检测与过程控制

8.1 一般规定

8.1.1 检测设备和过程控制系统应满足除尘工艺提出的自动检测、自动调节、自动控制及保护的要求。

8.1.2 低压配电设计应符合 GB 7251.1，低压控制电源应符合 HJ/T 321，电气及自动控制设计应符合 GB/T 3797。

8.1.3 设计中所选用的电器产品元件和材料应是合格产品，优先采用节能的成套设备和定型产品。

8.1.4 自动控制水平应与电除尘工艺的技术水平、资金状况、作业环境条件、维护操作管理水平相适应。

8.1.5 电除尘控制系统应优先选用实时运行的原位自动控制系统，并保证在未安装远程控制管理系统时系统仍可正常运行。

8.1.6 电除尘控制系统应同时具有自动和手动两种控制方式，前者用于电除尘系统正常运行时的控制，后者用于设备调试或维护检修，或自控系统发生故障时临时处理或操作。并可通过远程自动/手动转换开关实现自动与就地手动控制的转换。

8.1.7 控制系统所涉及的盘、箱、柜的防护等级应根据国家的技术规定、安装位置和环境条件等来确定，应注意防爆、防尘、防水、防震、防腐、防高温、防静电、防电磁干扰、防小动物侵入等事项，安装防护等级不得低于 IP54。

8.2 检测

    应检测内容主要包括：

    a）除尘器含尘气体进出口温度；

    b）除尘器大梁绝缘子加热温度及露点温度报警；

    c）除尘器阴极振打绝缘子加热温度及露点温度报警；

    d）除尘器灰斗加热温度及露点温度报警；

    e）高压整流变温度及临界温度、危险温度报警；

    f）高压供电装置的一次电压、一次电流、二次电压、二次电流；

    g）高压供电装置的一次过流、偏励磁、缺相、二次侧短路、二次开路等的报警；

    h）灰斗高、低料位的报警；

    i）振打电机回路缺相、过流的报警；

    j）除尘器出口烟尘浓度显示。

8.3 过程控制

8.3.1 过程控制应包括系统的运行控制、参数检测、状态显示、工艺联锁等。

8.3.2　过程控制应具有系统与除尘器启停顺序的控制、系统与生产工艺设备的联锁、运行参数的超限报警及自动保护等功能。

8.3.3　与生产工艺紧密相关的电除尘系统，宜在生产工艺控制室及电除尘系统控制室分别设置操作系统，并随时显示其工作状态。电除尘系统控制室应尽量靠近除尘器。

8.3.4　高压供电装置的自动控制宜采用计算机来实现，低压供电装置的自动控制宜采用计算机或可编程序控制器来实现。

8.3.5　在不采用保护销的情况下，低压控制系统应保证振打电机被卡死时不烧毁。

8.3.6　绝缘子和灰斗采用电加热器时，应有自动恒温控制功能。

8.3.7　顶部振打装置应能作单点振打测试，振打高度可调，并保证振打锤不会冲顶；当振打锤故障时，应能定位故障位置。

8.3.8　卸、输灰开机和停机应实现自动联锁控制，要求开机时先开输灰机械、后开卸灰阀，停机时先关卸灰阀、后关输灰机械。

8.3.9　电除尘器本体上的人孔门以及高压隔离开关设备与高压电源系统应设置可靠的安全联锁装置。

8.3.10　电除尘器的控制盘型式应与主体设备的控制盘相协调。

8.3.11　电除尘系统应留有与其他系统的通讯接口，实现数据共享。

8.3.12　一般情况下，电除尘器控制系统需配置上位机系统，配置要求见附录 G。

9　主要辅助工程

9.1　供配电

9.1.1　电除尘器的直流电源设计应按 DL/T 5044 的规定执行。

9.1.2　交流电源为三相交流 380 V，频率为 50 Hz；当电源电压、频率在下列范围内变化时，所有电气设备和控制系统应能正常工作：

　　a）输入交流电压的持续波动范围不超过额定值的±10%，输入交流电压频率变化范围不超过±2%；

　　b）当瞬时电压波动在−22.5%的额定值，历时 1 min 不应造成设备事故。

9.1.3　配电设备的布置应遵循安全、可靠、适用和经济等原则，并便于安装、操作、搬运、检修、试验和监测。

9.1.4　落地式配电箱的底部宜抬高，室内宜高出地面 50 mm 以上，室外应高出地面 200 mm 以上。底座周围应采取封闭措施，并应能防止鼠、蛇类等小动物进入箱内。

9.1.5　在有人的一般场所，有危险电位的裸带电体应加遮护或置于人的伸臂范围以外。

9.1.6　配电线路应装设短路保护、过负载保护和接地故障保护。

9.1.7　配电线路的短路保护，应在短路电流对导体和连接件产生的热作用和机械作用造成危害之前切断短路电流。

9.1.8　配电线路过负载保护，应在过负载电流引起的导体温升对导体的绝缘、接头、端子或导体周围的物质造成损害之前切断负载电流。

9.1.9　接地故障保护的设置应能防止人身间接电击以及电气火灾、线路损坏等事故。

9.1.10　应设照明配电箱，并选用防水、防尘、防腐并带有护罩的灯具。电除尘系统需照明的区域为：电除尘器顶部平台，电除尘器灰斗卸输灰平台、楼梯平台、检修平台、现场操作箱等。

9.1.11 电除尘器接地应执行 DL/T 514 的规定,并符合下列要求:

a) 整流变压器外壳应采用截面不小于 50 mm^2 的编织裸铜线或 4 mm×40 mm 的镀锌扁铁牢固接地,高压整流桥的(+)接地端应采用不小于 50 mm^2 的多芯电缆单独与除尘器本体相连接地;

b) 除尘系统电器控制柜体接地电阻应小于 2 Ω,且与生产企业地网相连。

9.1.12 电气设备应有安全保护装置,室外电气、热控设备应设防护措施。

9.1.13 电除尘系统的低压配电柜应有不少于 15% 的备用回路。

9.1.14 电除尘器本体上应设置检修电源。

9.1.15 电缆及其敷设应符合下列要求:

a) 在电除尘器本体设计时,应为电缆桥架在本体上的敷设提供条件;

b) 需要接地的电气设备应设有接地用的端子并明显标记;

c) 整流变压器引到控制盘的屏蔽信号电缆,不应与其他动力电缆在同层电缆桥上敷设;

d) 设备的屏蔽通讯电缆,不应与其他动力电缆在同层电缆桥上敷设。

9.1.16 动力电缆、控制电缆和信号电缆均应选用阻燃型。

9.1.17 产品供电回路设计上应尽量使电源的三相负荷保持平衡。

9.1.18 断路器短路分断能力应能满足设计要求,并能承受相应的动热稳定。

9.2 消防

9.2.1 消防水源宜由厂区消防主管网供给。消防水系统的设置应覆盖场区内所有建筑物和设备。

9.2.2 消防给水管道宜与生产、生活给水管道合并。如合并不经济或技术上不可行时,可采用独立的消防给水系统。

9.2.3 消防管道设计和布置、消火栓数量和布置按 GB 50016 的相关规定执行。

9.2.4 电气室、控制室、电力设备附近按 GB 50140 的规定配置一定数量的移动式灭火器。

9.3 建筑与结构

9.3.1 一般规定

9.3.1.1 电除尘工程的建筑设计和结构设计应符合 GB 50007、GB 50010、GB 50017 等国家和行业现行的有关规范、标准的规定。

9.3.1.2 电除尘工程建筑设计应根据生产工艺、自然条件、相关专业设计,合理进行建筑平面布置和空间组合,并注意建筑效果与周围环境相协调、建筑材料的选用和节约用地。

9.3.1.3 建(构)筑物的防火设计应符合 GB 50016 的规定。

9.3.1.4 建筑物室内噪声控制设计应符合 GBJ 87 的规定。

9.3.1.5 建筑物宜优先考虑天然采光,建筑物室内天然采光照度应符合 GB/T 50033 的规定。

9.3.2 电除尘器基础

9.3.2.1 电除尘器基础的型式和结构应依据设备柱脚尺寸、荷载性质及分布、地质状况、地下掩埋物等情况进行设计。

9.3.2.2 电除尘器支架可采用钢结构或钢筋混凝土结构,强度应满足各种荷载的最不利组合的作用。

9.3.2.3　电除尘设备的荷载及分布应按下列荷载来考虑：

　　a）电除尘设备的永久荷载（包括自重、保温层、附属设备等）；

　　b）可变荷载：运行荷载（包括存灰等的重量）、风荷载和雪荷载、安装及检修荷载（指检修或安装时，临时机具和人员的重量等）；

　　c）温度应力（指除尘器进出口、电除尘器与外部连接件等在温度发生变化时与外界产生的热应力作用）；

　　d）地震作用。

9.3.2.4　基础顶面预埋钢板及螺栓的定位尺寸应与设备柱脚底板和螺孔的定位尺寸相符。

9.3.2.5　电除尘器基础顶面应高出地面不小于 150 mm，防止雨水浸泡设备柱脚。

9.3.2.6　为减少高温含尘气体对电除尘器产生的热应力和变形，电除尘器支撑应采用活动支座（保留一个固定支座）或铰支座。

9.3.3　风机基础

9.3.3.1　风机基础设计应符合 GB 50040 的规定。

9.3.3.2　风机基础设计应根据风机的安装尺寸、重量、转动特性、工艺布置、地质情况、检修空间和振动控制的要求进行。基础平面尺寸按风机和电机总成后的安装尺寸来确定。

9.3.3.3　风机及电机基础宜采用大块式钢筋混凝土基础，并整体浇筑成形，与其他建（构）筑物基础不相关联。

9.3.3.4　当风机振动可能对邻近的精密设备、仪器仪表及建筑物产生有害影响时，风机基础应采用减震措施。

9.3.3.5　风机基础混凝土强度等级不宜低于 C20。基础垫层可采用 C10 混凝土。风机基础的钢筋宜采用Ⅰ、Ⅱ级钢筋，不得采用冷轧钢筋。钢筋连接不宜采用焊接接头。

9.3.3.6　风机底座边缘至基础边缘的距离不宜小于 100 mm。对于二次灌浆的风机基础，风机底座下应预留不小于 50 mm 的灌浆层，可采用细石混凝土或灌浆料，其强度等级应比基础混凝土强度等级高出一级，不低于 C30。

9.3.3.7　风机基础地脚螺栓的设置应符合下列规定：

　　a）带弯钩地脚螺栓的埋深不应小于 20 倍螺栓直径，带锚板地脚螺栓的埋深不应小于 15 倍螺栓直径。

　　b）地脚螺栓轴线距基础边缘不应小于 4 倍螺栓直径，预留孔边距基础边缘不应小于 100 mm，当不能满足时，应采用加强措施；

　　c）预埋地脚螺栓底部混凝土净厚度不应小于 50 mm；当为预留孔时，孔底部混凝土净厚度不应小于 100 mm。

9.3.4　风机房

9.3.4.1　机房与设备之间应留有适当的安装、操作、检修的距离和空间高度，主要检修通道净宽不应小于 2 m，非主要通道净宽不应小于 0.8 m。对于大中型风机，风机房宜设置起吊设施。

9.3.4.2　风机房应尽可能与其他建筑物隔断。当振动和噪声严重时，风机房内应有隔声和隔振措施。

9.3.4.3　风机及电机巡检和检修部位应设平台、梯子和栏杆。

9.3.4.4　风机房应有良好的采光，表盘、操作盘、温度计等位置应有足够的照明。

9.3.4.5　风机房的门窗应外开，应考虑风机叶轮、电机更换时进出方式和通道。

9.3.5　配电室及控制室

9.3.5.1　配电室及控制室选址应符合下列要求：

　　a）接近负荷中心；

　　b）进、出线方便；

　　c）不宜设在有剧烈震动的场所；

　　d）不宜设在多尘或有腐蚀性气体的场所；

　　e）不应设在地势低洼可能积水的场所；

　　f）不应设在厕所、浴室或其他经常积水场所的正下方，且不宜与上述场所相邻。

9.3.5.2　配电室屋顶承重构件的耐火等级不应低于二级，其他部分不应低于三级。

9.3.5.3　当配电室长度超过 7 m 时，应设两个出口，并宜布置在配电室的两端。当配电室采用双层布置时，楼上部分的出口应至少有一个通向该层通道或室外的安全出口。

9.3.5.4　配电室的门均应向外开启，相邻配电室之间的门应为双向开启门。

9.3.5.5　位于地下室和楼屋内的配电室，应设设备运输的通道，并应设良好的通风和可靠的照明系统。

9.3.5.6　配电室的门、窗应密封良好；与室外相通的洞、通风孔应设防止鼠、蛇等小动物进入的网罩。直接与室外相通的通风孔还应采取防止雨、雪飘入的措施。

9.3.5.7　控制室的地面宜比室外地面高出 300 mm，当附设在车间内时则可与车间的地面相平。

9.3.5.8　高压配电室平面布置上应考虑进出线的方便（特别是架空进线或出线）。高压配电室耐火等级应不低于二级。低压配电室的耐火等级应不低于三级。

9.3.5.9　高压固定式开关柜维护通道的尺寸，单列布置时，柜前最小为 1 500 mm，柜厚为 800 mm。低压固定式开关柜维护通道的尺寸，单列布置时，柜前最小为 1 500 mm，柜厚为 1 000 mm。

9.3.5.10　在高压配电室内高压开关柜数量较少（6 台以下）时也可和低压配电屏布置在同一室内。如高、低压开关柜顶有裸露带电导体时，单列布置的高压开关柜与低压配电屏之间净距不应小于 2 m。

9.3.5.11　低压配电室的位置，应尽量靠近变压器，通常与变压器隔墙相邻，以减小母线长度。

9.4　压缩气体

9.4.1　压缩气体主要用于干出灰输送、气动装置等用气。当用户缺乏气源或供气参数不满足要求时，应设置新的压缩空气供气系统。

9.4.2　压缩空气供应系统的设计应符合 GB 50029 的要求。

9.4.3　压缩空气的制备与供应宜采用的流程依次为：空压机、缓冲罐、干燥机、现场储气罐、减压阀、稳压气包。

9.4.4　单台排气量等于或大于 20 m³/min，且总容量等于或大于 60 m³/min 的压缩空气站，宜设检修用起重设备。

9.5 采暖通风与给排水

9.5.1 采暖通风应符合 GB 50019 的规定，电力行业还应符合 DL/T 5035 的规定。

9.5.2 电气控制室内应设置空调装置，室内温度控制在 25℃以下，湿度控制在 90%以内。

9.5.3 采暖地区总控制室、计算机房、总化验室、电气室、配电站、变电所等除冬季采暖外，夏季应通风降温或空气调节。

9.5.4 严寒地区的设备间、电控室、泵房等应设置值班采暖。

9.5.5 给水排水设计应符合 GB 50014 和 GB 50015 的规定，并满足生活、生产和消防等要求，同时还应为施工安装、操作管理、维修检测及安全保护等提供便利条件。

9.5.6 给水管不得穿越控制室、配电装置室等电子、电气设备间。

9.5.7 风机、电机等设备冷却供水应取自厂区的冷却水管网。当厂区无冷却水管网时，冷却介质可使用自来水。

9.5.8 电除尘工程配套建筑物的生活污水应排入厂区的生活污水管网，生产废水应排入厂区的生产污水管网。

10 劳动安全与职业卫生

10.1 一般规定

10.1.1 电除尘工程在设计、建设和运行过程中，应高度重视劳动安全和工业卫生，采取相应措施，消除事故隐患，防止事故发生。

10.1.2 安全和卫生设施应与电除尘工程同时建成运行，有污染和危害之处应悬挂标志。操作规程中应有劳动安全和工业卫生条款。

10.1.3 应对劳动者进行安全卫生培训，提供所需的防护用品和洗涤设施，定期进行健康检查。

10.2 劳动安全

10.2.1 电除尘工程在设计、安装、调试、运行以及维修过程中应始终贯彻安全的原则，遵守安全技术规程和相关设备安全性要求的规定。

10.2.2 电除尘工程的防火、防爆设计应符合 GB 15577、GB 50016 和 GB/T 50058 等有关规定。

10.3 职业卫生

10.3.1 防尘、防噪声与振动、防电磁辐射、防暑与防寒等职业卫生要求应符合 GBZ 1 的规定。

10.3.2 操作（控制）室和工作岗位应根据需要采取通风、调温和隔声等措施，防治职业病和保护劳动者健康。

10.3.3 在易发生粉尘飞扬或撒落的区域应设置必要的除尘设备或清扫措施。

11 施工与验收

11.1 一般规定

11.1.1 电除尘工程施工单位应具有与该工程相应的资质等级，应熟悉设备的结构、性能及有关图样和技术文件，编制施工组织设计方案。

11.1.2 电除尘工程应按施工设计图纸、技术文件、设备图纸等组织施工，设备安装应符合 GB 50231、JB/T 8536、DL/T 5047、DL/T 5161.3 和 DL/T 514 等的规定。工程中的变更应取得设计单位的设计变更文件后再实施。

11.1.3 施工现场应有"三通一平"（即水通、电通、道路通、土地平整）条件，并具备防火、防冻、防雨等安全设施。

11.1.4 所有电瓷类产品应在安装前进行耐压和绝缘性能试验，并符合 JB/T 5909 的规定。

11.1.5 各零部件在安装前应按图样检查，发现在运输装卸、存放过程中产生变形和尺寸变动应作整形和校正。

11.2 安装

11.2.1 侧部机械振打电除尘器安装

11.2.1.1 基础检查应符合下列要求：

    a）基础柱距划线极限偏差，当柱距小于或等于 10 m 时为±1 mm，当柱距大于 10 m 时为±2 mm；

    b）基础对角线划线相互偏差，当对角线长度小于或等于 20 m 时为 5 mm，当对角线长度大于 20 m 时为 8 mm；

    c）各基础顶部标高相互偏差不大于 2 mm（顶部标高是指预埋钢板或垫铁二次灌浆后的标高）。

11.2.1.2 钢支架安装应符合下列要求：

    a）柱距安装偏差为柱距的 1‰，极限偏差为±7 mm；

    b）各支柱与水平面的垂直度为其长度的 1‰，最大值为 7 mm；

    c）支柱顶部标高偏差对于零米不大于 10 mm，各支柱相互偏差为±3 mm。

11.2.1.3 支承轴承和底梁安装应符合下列要求：

    a）支承轴承安装后标高偏差为±3 mm；

    b）底梁安装后其电场对角线尺寸偏差应符合 JB/T 8536 的规定；

    c）存放灰斗空间对角线偏差为±8 mm。

11.2.1.4 壳体安装应符合下列要求：

    a）壳体中的柱、梁及相关零件，应经过检查并划出相应的十字中心线；

    b）壳体施焊后的公差值按图样要求检查。整个壳体实行密封性焊接，焊接质量应符合 JB/T 8536 的规定，所有定位和穿透壳体的螺栓拧紧后均应连续施焊，并用渗油法进行焊接密封性能检验；

    c）大梁底面与立柱上端面接触间隙应不大于 2 mm；

    d）相邻两大梁纵向中心线距离的极限偏差为±5 mm，其平行度为 5 mm。

11.2.1.5 阳极部分安装应符合下列要求：

    a）单块阳极板和阳极排安装时要求平面度误差不大于 5 mm，其对角线误差不大于 10 mm；

    b）阳极排上支点间距偏差为±1 mm。

11.2.1.6 阴极部分安装应符合下列要求：

    a）绝缘套管、防尘罩与吊杆间偏差为±5 mm；

    b）阴极大框架整体平面度公差为 15 mm，整体对角线公差为 10 mm；

    c）大梁底面及壳体内壁至阴极大框架的距离正偏差为 5 mm；

d）同一电场阴极吊杆中心线的对角线尺寸偏差为±8 mm；

e）组合后的阴极小框架整体平面度公差为 5 mm，其对角线误差不大于 10 mm；

f）电除尘器安装调整后，阳极板高度 $h \leqslant 7$ m 的电除尘器，阴、阳极间距的极限偏差为±7 mm；阳极板高度 $h > 7$ m 的电除尘器，阴、阳极间距的极限偏差为±10 mm。

11.2.1.7 振打装置安装应符合下列要求：

a）阳极振打锤打击在撞击砧水平中心线以下 5 mm，水平方向偏差为±5 mm。

b）相邻两锤头的角度公差应严格控制。锤头旋转方向正确无误。振打锤头和振打砧之间应保持良好的线接触状态，接触长度应大于锤头厚度的 0.70 倍。

c）振打轴连接时同轴度公差为 $\phi 3$ mm。

11.2.2 顶部电磁锤振打电除尘器安装

11.2.2.1 安装条件应符合 JB/T 8536 的规定。

11.2.2.2 在起吊钢支架或壳体之前应进行基础检查，各基础相关尺寸应符合图样要求，其水平标高极限偏差为±3 mm。

11.2.2.3 钢支架或钢筋混凝土支承应符合以下要求：

a）当柱距小于或等于 10 m 时，极限偏差为 $^{+5}_{0}$ mm；

b）当柱距大于 10 m 时，极限偏差为 $^{+7}_{0}$ mm；

c）当对角线尺寸小于或等于 20 m 时，相互差值不大于 7 mm；

d）当对角线尺寸大于 20 m 时，相互差值不大于 9 mm；

e）各立柱与水平面的垂直度按 GB 50205 规定；

f）各柱顶水平标高极限偏差为±3 mm。

11.2.2.4 壳体应符合以下要求：

a）壳体柱距极限偏差为±3 mm；

b）当立柱高度不大于 8 m 时，立柱相对于水平面的垂直度为 3 mm；

c）当立柱高度大于 8 m 时，立柱相对于水平面的垂直度为 5 mm；

d）壳体顶面框架（立柱、侧板、宽立柱、上端板等组成框架）的平面度为 10 mm。

11.2.2.5 阴、阳极系统应符合以下要求：

a）阴极框架、阳极板排安装前应按图样和本标准要求检查并矫正；

b）阴阳极安装调整后，采用通止规进行极距检查，极距极限偏差为±10 mm；

c）振打砧梁、振打杆、阴极吊杆焊接时，杆中心线应保证铅垂，杆端偏离中心位置不大于 3 mm。

11.2.2.6 电磁锤振打器应符合以下要求：

a）振打器底座孔与振打杆的同轴度为 5 mm；

b）振打器铅垂度为 1 mm，且振打器中心与振打杆中心同心度为 5 mm；

c）振打棒露出振打器法兰的长度应达设计要求；

d）阴极振打器在冷态试验时应用较高的频率和强度振打 24 h 以上，然后再次调整振打棒露出长度、橡胶密封套并锁紧卡箍。

11.2.2.7 承压绝缘子应符合以下要求：

a）承压绝缘子支座法兰底面水平度为 2 mm；

b）承压绝缘子与阴极吊杆的同轴度为 5 mm；

c）保持承压绝缘子内外壁干净、无损伤。

11.2.2.8 顶部振打绝缘轴应符合以下要求：

a）阴极顶部振打绝缘轴中心线铅垂度为 $\phi2$ mm；

b）保持绝缘轴外壁干净、无损伤。

11.2.3 电气安装

11.2.3.1 电气安装除执行本标准外，还应符合 DL/T 5047 的有关规定。

11.2.3.2 电除尘器应由专用配电变压器或厂用电通过馈电线供电。

11.2.3.3 除尘器应设置专用地线网，每台除尘器本体外壳与地线网连接点不得少于 6 个，接地电阻不大于 2 Ω。整流变压器室和电除尘器控制室的接地网应与电除尘器本体接地网连接。高压控制柜应可靠接地，整流变压器接地端应与除尘器接地网可靠连接。

11.2.3.4 敷设高低压电缆均应有固定支架，并应将其敷设在保温层外部。

11.2.3.5 整流变压器安装前应做绝缘测定等常规检测，视其情况，必要时做吊芯检查，检查的项目和环境要求应符合 DL/T 5161.3 的有关规定。

11.3 调试

11.3.1 调试准备

11.3.1.1 电除尘器安装质量应符合 JB/T 8536 的规定，电场内部已全面检查、清理，确认无杂物。

11.3.1.2 支承轴承安装时的临时定位装置和电除尘器其他临时设施应拆除。

11.3.1.3 减速机油位应符合产品使用要求，且无漏油现象，外壳保护罩完好。

11.3.1.4 振打装置旋转方向应正确，锤头无卡涩，传动机构工作正常。

11.3.1.5 当采用顶部电磁振打时，其振打锤安装位置应正确，对中度和提升高度符合设计要求。

11.3.1.6 振打传动安全保护装置应工作正常（过电流保护或保险片）。

11.3.1.7 支承瓷套、棒形支柱、穿墙套管等绝缘子应无裂纹破损，不积灰、不结露，耐压满足要求。

11.3.1.8 电场内部应确认无人，所有人孔门已密封，并投入安全联锁装置。

11.3.1.9 灰斗料位计应调试合格，工作正常。

11.3.1.10 所有加热器应调试合格，工作正常。

11.3.1.11 电除尘器应单设接地网，其接地电阻小于 2 Ω，电场阴、阳极间的绝缘电阻应符合向电场供电要求（用 2 500 V 兆欧表测量电场和高压回路的绝缘电阻，应大于 500 MΩ）。

11.3.1.12 振打电动机、电磁振打器、卸灰电动机及其电缆绝缘应符合要求（用 500 V 兆欧表测量其绝缘电阻，应不低于 0.5 MΩ）。

11.3.1.13 各高、低压柜（盘）内部应清洁无杂物，各电场连接部位连接良好。

11.3.1.14 阻尼电阻应无积灰、烧熔、断线现象。

11.3.1.15 高压隔离开关应操作灵活，并将开关处电场位置。

11.3.1.16 整流变压器油位应正常，呼吸器硅胶未失效，工作接地良好。

11.3.1.17 高、低压电气设备接地应可靠。

11.3.1.18 各控制系统的报警和跳闸功能应正常、灵敏可靠。

11.3.1.19 输灰系统排灰能力应满足电除尘器收尘要求，且能正常工作。

11.3.1.20 上位机及通讯系统应正常。

11.3.2 调试

11.3.2.1 高、低压电源调试，应按电气说明书进行。

11.3.2.2 空载通电升压试验应符合 JB/T 6407 的有关规定，并做好升压记录（格式参考附录 H）。调试工作应确定一名熟悉电除尘器结构、性能的总指挥，统一指挥，并做好以下安全保护工作：

  a）与调试无关人员应撤离电除尘器现场，指定专职安全员进行安全监护，在走梯口设置安全标牌或安全网，未经总指挥同意，任何人不得进入试验区域；

  b）监护及操作人员与总指挥应有可靠的通讯联络；

  c）对于高位布置的整流变压器，采用电源并联对电场供电进行空载升压试验时，应采取严格的安全措施，保证临时高压引线与设备外壳的距离不小于异极间距的 1.2 倍，人员离临时引线距离不小于 2 m；

  d）雨、雪、雾、大风等恶劣天气，不得进行并联供电升压试验。

11.4 环境保护验收

11.4.1 电除尘工程环境保护验收按《建设项目竣工环境保护验收管理办法》的规定执行。

11.4.2 电除尘工程验收前应结合试运行进行性能测试，性能测试报告可作为竣工环境保护验收的技术支持文件。性能测试报告的主要内容应包括：

  a）除尘效率；

  b）本体漏风率；

  c）出口粉尘排放浓度；

  d）本体阻力；

  e）电耗。

11.4.3 性能测试应执行 GB/T 13931 的规定。

12 运行与维护

12.1 一般规定

12.1.1 生产单位应设电除尘管理机构，根据管理模式特点可把其纳入锅炉车间（或除尘除灰车间）的管理范畴。

12.1.2 应建立健全与电除尘运行与维护相关的各项管理制度，以及运行、操作和维护规程；建立电除尘工程运行状况的台账制度。

12.1.3 电除尘操作和维护均应责任到人。岗位操作人员应通过培训考核上岗，熟悉本岗位运行及维护要求，具有熟练的操作技能，遵守劳动纪律，执行操作规程。

12.1.4 电除尘运行和维护管理应符合 JB/T 6407、产品使用说明书和相应技术要求的规定。

12.1.5 岗位操作人员应填写运行记录（格式参考附录 I）。严格执行交接班工作制度。运行记录按天上报生产管理部门。

12.1.6 应建立并严格执行经常性和定期的安全检查制度，及时消除事故隐患，防止事故发生。

12.1.7 在电除尘内部或外部高空作业时，应按 DL 408 有关规定执行。

12.2 运行管理

12.2.1 投运前应对设备进行全面的检查，并按规定办理好工作票。

12.2.2 运行前 24 h，应将灰斗加热系统投入运行。

12.2.3 运行前 8 h，大梁绝缘子室加热器、阴极振打电瓷转轴室加热器应投入运行。

12.2.4 主机起动后烟尘进入电除尘器，同时将所有振打装置、排灰系统投入运行。

12.2.5 含尘气体中易燃易爆物质浓度、含尘气体温度、运行压力应符合设计要求。当含尘气体条件严重偏离设计要求、危及设备安全时，不得投运电除尘器。

12.2.6 电除尘器在高压输出回路开路状态下，不得开启高压电源。在进行高压回路开路试验时，应配备相应安全措施。

12.2.7 停机时应先将电场电压降到零，再断开主接触器。

12.2.8 停机后应将振打及排灰系统置于连续运行状态，待灰斗积灰排完后，停运振打、排灰及灰斗加热系统。

12.2.9 主机停运时间不长，且无检修任务，电除尘器处于备用状态时，应符合下列要求：

　　a）电加热、灰斗加热、热风加热系统继续运行；

　　b）振打、排灰系统仍按工作状态运行；

　　c）必要时用热风加热电场。

12.2.10 运行中发现下列情况之一，应停止向相应电场供电，排除故障后重新启动：

　　a）运行中一次电流上冲超过额定值；

　　b）高压绝缘部件闪络严重；

　　c）阻尼电阻闪络严重甚至起火；

　　d）整流变压器超温报警、喷油、漏油、声音异常；

　　e）供电装置发生严重偏励磁；

　　f）电流极限失控；

　　g）供电装置经两次试投均发生跳闸；

　　h）高压柜可控硅散热片温度超过 60℃；

　　i）出灰系统故障造成灰斗堵灰；

　　j）含尘气体工况发生严重变化，出现危及设备、人身安全的情况。

12.2.11 灰斗积灰的处理应符合下列要求：

　　a）当灰斗积灰至高料位报警时，必须检查输灰系统的运行情况，并采取措施保证输灰畅通，对该灰斗实行优先排灰，以降低灰位，解除高料位报警；

　　b）当灰斗积灰至电场跳闸时，在停止向相应电场供电的同时，必须关闭相应电场的阳极振打，以防阳极系统发生故障，同时必须进行强制排灰，以保证设备安全；

　　c）强制排灰时必须做好安全措施，确保人身安全，严防灰搭桥时，由于受到外力作用，突然下坠而造成事故；

　　d）事后应分析积灰原因，检查输灰系统、料位计、灰斗加热和保温是否完好，彻底清除故障，防止事故重复发生；

　　e）在没有采取可靠措施的情况下，严禁开启灰斗人孔门放灰。

12.3 维护保养

12.3.1 对电除尘器应进行巡回检查,发现问题及时处理。

12.3.2 巡回检查应执行下列要求:

　　a)每周对所有传动件润滑油应进行一次检查,不符合要求的进行处理;

　　b)及时更换整流变压器呼吸器的干燥剂,每年进行一次整流变压器绝缘油耐压试验;

　　c)巡回检查排灰系统和灰斗料位计工作状态;

　　d)定期测量电除尘器的接地电阻;

　　e)定期进行高压直流电缆的耐压试验;

　　f)定期检查接地线和接地情况,确保导电性能良好;

　　g)定期检查继电器和开关箱的锁、门,确保完好;

　　h)定期检查各指示灯和报警功能,确保完好。

12.3.3 停机后,电场应自然冷却(特殊情况,应按规定程序批准的特殊措施进行冷却)后才能进入电场内部进行检修保养。

12.3.4 电除尘器检修应严格执行工作票制度,并采取相应的安全措施。

12.3.5 检修人员进入电场应按 JB/T 6407 要求执行,电场内部检修人员应穿戴安全帽、防尘服、防尘靴、防腐手套等劳保用品,同时做好安全监护工作。

附录 A（资料性附录）

管架与其他物件间的最小间距

表 A.1　管架与建筑物、构筑物之间的最小水平间距　　　　　　单位：m

建筑物、构筑物名称	最小水平间距
建筑物有门窗的墙壁外缘或突出部分外缘	3.0
建筑物无门窗的墙壁外缘或突出部分外缘	1.5
道　路	1.0
人行道外缘	0.5
厂区围墙（中心线）	1.0
照明及通信杆柱（中心）	1.0

注 1：表中间距除注明者外，管架从最外边线算起；道路为城市型时，自路面边缘算起，为公路型时，自路肩边缘算起。

注 2：本表不适用于低架式、地面式及建筑物的支撑式。

表 A.2　架空管线、管架跨越铁路、道路的最小垂直间距　　　　单位：m

名称		最小垂直间距
铁路（从轨顶算起）	一般管线	5.5 [a]
道路（从路拱算起）		5.0 [b]
人行道（从路面算起）		2.2/2.5 [c]

注 1：表中间距除注明者外，管线自防护设施的外缘算起，管架自最低部分算起。

注 2：a. 架空管线、管架跨越电气化铁路的最小垂直间距，应符合有关规范规定。

b. 有大件运输要求或在检修期间有大型起吊设备通过的道路，应根据需要确定。困难时，在保证安全的前提下可减至 4.5 m。

c. 街区内人行道为 2.2 m，街区外人行道为 2.5 m。

附录 B（资料性附录）

选型条件

B.1 系统概况

B.1.1 锅炉技术参数，包括：

　　a）锅炉型号及制造厂（编制符合 JB/T 1617 的规定）；

　　b）锅炉型式；

　　c）最大连续蒸发量（BMCR），t/h；

　　d）制粉系统（磨煤机型式）；

　　e）额定蒸汽压力，MPa；

　　f）额定蒸汽温度，℃；

　　g）给水温度，℃；

　　h）最大耗煤量，t/h。

B.1.2 空气预热器参数，包括：

　　1）空气预热器型式；

　　2）BMCR 下过剩空气系数。

B.1.3 脱硫方式，包括：

　　1）脱硫型式；

　　2）脱硫方法及工艺。

B.1.4 脱硝方式，包括：

　　1）脱硝型式；

　　2）脱硝方法及工艺。

B.1.5 引风机参数，包括：

　　1）引风机型式；

　　2）引风机型号；

　　3）风量及风压。

B.1.6 其他参数，包括：

　　1）锅炉除渣方式；

　　2）锅炉除灰方式；

　　3）电除尘器输灰系统型式。

B.2 燃煤性质

B.2.1 煤种参数，包括：

　　1）设计煤种、产地；

　　2）校核煤种、产地。

B.2.2 煤质工业分析、元素分析、灰熔融性，参数见表 B.1。

表 B.1 煤质工业分析、元素分析、灰熔融性

类别	名　称	符号	单位	设计煤种	校核煤种
工业分析	收到基全水分	M_{ar}	%		
	空气干燥基水分（分析基）	M_{ad}	%		
	收到基灰分	A_{ar}	%		
	干燥无灰基挥发分（可燃基）	V_{daf}	%		
	低位发热量	$Q_{net.ar}$	kJ/kg		
	高位发热量	Q_{gr}	kJ/kg		
元素分析	收到基碳	C_{ar}	%		
	收到基氢	H_{ar}	%		
	收到基氧	O_{ar}	%		
	收到基氮	N_{ar}	%		
	收到基硫	S_{ar}	%		
	哈氏可磨系（指）数	HGI	—		
灰熔融性	变形温度	DT	℃		
	软化温度	ST	℃		
	半球温度	HT	℃		
	流动温度	FT	℃		

B.3 灰性质

B.3.1 灰成分分析，参数见表 B.2。

表 B.2 灰成分分析

序号	名　称	符号	单位	设计煤种	校核煤种
1	二氧化硅	SiO_2	%		
2	氧化铝	Al_2O_3	%		
3	氧化铁	Fe_2O_3	%		
4	氧化钙	CaO	%		
5	氧化镁	MgO	%		
6	氧化钠	Na_2O	%		
7	氧化钾	K_2O	%		
8	氧化钛	TiO_2	%		
9	三氧化硫	SO_3	%		
10	五氧化二磷	P_2O_5	%		
11	二氧化锰	MnO_2	%		
12	氧化锂	Li_2O	%		
13	飞灰可燃物	Cfh	%		

B.3.2 灰粒度分析，参数见表 B.3。

表 B.3　灰粒度分析（斯托克斯粒径）

序号	粒径/μm	单位	设计煤种	校核煤种
1	<3	%		
2	3～5	%		
3	5～10	%		
4	10～20	%		
5	20～30	%		
6	30～40	%		
7	40～50	%		
8	>50	%		
9	中位径	μm		

B.3.3　灰比电阻分析，包括灰容积比电阻（实验室比电阻）和灰工况比电阻（现场比电阻），灰容积比电阻分析见表 B.4，飞灰的工况比电阻分析见表 B.5。

表 B.4　灰容积比电阻分析（平行圆盘电极法）

序号	测试温度/℃	湿度/%	比电阻值/（Ω·cm）	
			设计煤种	校核煤种
1	20（室温）			
2	80			
3	100			
4	120			
5	140			
6	150			
7	160			
8	180			

表 B.5　飞灰的工况比电阻分析（同心圆环电极、等速采样）

测量电压/V	工况比电阻/（Ω·cm）	含尘气体温度/℃	含尘气体湿度/%
100			
250			
500		煤种	锅炉负荷
1 000			

注：以未发生击穿的最高量电压下比电阻数据为最终测量值。

B.3.4　灰密度及安息角，参数见表 B.6。

表 B.6　灰密度及安息角

序号	名　称	单位	设计煤种	校核煤种
1	真密度	t/m³		
2	堆积密度	t/m³		
3	安息角	度		

B.4　含尘气体成分分析

B.4.1　含尘气体化学成分分析，参数见表 B.7。

表 B.7　含尘气体化学成分分析

序号	名称	符号	单位	设计煤种	校核煤种
1	二氧化碳	CO_2	%		
2	氮	N_2	%		
3	水	H_2O	%		
4	氧	O_2	%		
5	一氧化碳	CO	%		
6	二氧化硫	SO_2	%		
7	三氧化硫	SO_3	%		
8	氮氧化物	NO_x	%		

B.4.2　含尘气体其他性质（锅炉 MCR 工况），包括：

a）除尘器入口处含尘气体酸露点温度，℃；

b）除尘器入口处含尘气体中水蒸气体积百分比，%。

B.5　厂址气象和地理条件

厂址气象和地理条件见表 B.8。

表 B.8　厂址气象和地理条件

序号	名　称	单位	数值
1	厂址	—	
2	海拔高度	m	
3	主厂房零米标高	m	
4	多年平均大气压力	hPa	
5	多年平均最高气温	℃	
6	多年平均最低气温	℃	
7	极端最高气温	℃	
8	极端最低气温	℃	
9	多年平均气温	℃	
10	多年平均蒸发量	mm	
11	历年最大蒸发量	mm	
12	历年最小蒸发量	mm	
13	多年平均相对湿度	%	
14	最小相对湿度	%	
15	历年最大相对湿度	%	
16	最大风速	m/s	
17	多年平均风速	m/s	
18	定时最大风速	m/s	
19	历年瞬时最大风速	m/s	
20	主导风向	方位	
21	多年平均降雨量	mm	
22	一日最大降雨量	mm	
23	多年平均雷暴日数	d	
24	历年最多雷暴日数	d	
25	基本风压	kN/m^2	
26	基本雪载	kN/m^2	
27	地震设防烈度	度	

33

附录 C（资料性附录）

电除尘器选型步骤及计算方法

C.1 电除尘器选型步骤

电除尘器选型应综合各行业实际应用情况经验和理论计算方法进行，选型步骤分为：
a）确定有效驱进速度；
b）确定收尘总面积；
c）确定电场风速和有效断面积；
d）确定通道宽度及电场长度。

C.2 电除尘器的有效驱进速度

C.2.1 电除尘器中影响粉尘电荷及运动的因素很多，应采用经验性或半经验性的方法来确定驱进速度（$\bar{\omega}$），部分生产性烟尘的有效驱进速度范围见表 C.1。

C.2.2 确定 $\bar{\omega}$ 值时应注意以下几个方面：
a）全面了解所需净化烟尘的性质，估算应用装备及运行条件，然后再给定 $\bar{\omega}$ 值。
b）对所需净化烟尘相同及类似工艺中已应用的电除尘器，由其实测的效率、伏安曲线等获得各项运行参数，反算出 $\bar{\omega}$ 值。
c）通过实验获得 $\bar{\omega}$ 值。

表 C.1 各种粉尘的驱进速度

粉尘名称	$\bar{\omega}$ /（ms/s）	粉尘名称	$\bar{\omega}$ /（ms/s）
电站锅炉飞灰	0.04～0.2	焦油	0.08～0.23
粉煤炉飞灰	0.1～0.14	硫酸雾	0.061～0.071
纸浆及造纸锅炉尘	0.065～0.1	石灰回转窑尘	0.05～0.08
铁矿烧结机头烟尘	0.05～0.09	石灰石	0.03～0.055
铁矿烧结机尾烟尘	0.05～0.1	镁砂回转窑尘	0.045～0.06
铁矿烧结粉尘	0.06～0.2	氧化铝	0.064
碱性氧气顶吹转炉尘	0.07～0.09	氧化锌	0.04
焦炉尘	0.067～0.161	氧化铝熟料	0.13
高炉尘	0.06～0.14	氧化亚铁	0.07～0.22
闪烁炉尘	0.076	铜焙烧炉尘	0.036 9～0.042
冲天炉尘	0.3～0.4	有色金属转炉尘	0.073
热火焰清理机尘	0.059 6	镁砂	0.047
湿法水泥窑尘	0.08～0.115	硫酸	0.06～0.085
立波尔水泥窑尘	0.065～0.086	热硫酸	0.01～0.05
干法水泥窑尘	0.04～0.06	石膏	0.16～0.2
煤磨尘	0.08～0.1	城市垃圾焚烧炉尘	0.04～0.12

C.3 电除尘器的收尘总面积

当有效驱进速度值确定后，根据粉尘进入除尘器的初浓度及允许排放浓度计算出除尘效率、总收尘面积。

$$S_A = \frac{-\ln(1-\eta) \times Q}{\omega} \tag{C-1}$$

式中：S_A——总集尘面积，m^2；

η——除尘效率，%；

Q——含尘气体流量，m^3/s；

ω——驱进速度，m/s。

C.4 电除尘器的电场风速及有效断面积计算

C.4.1 电场风速一般在 0.4～1.5 m/s 之间，具体可参考表 C.2 确定。

C.4.2 电场有效断面积应按下式计算：

$$F = Q/V \tag{C-2}$$

式中：F——电场有效断面积，m^2；

Q——烟气量，m^3/s；

V——电场风速，m/s。

表 C.2 电除尘器的电场风速

污染源		电场风速 u/（m/s）
电厂锅炉飞灰		0.7～1.4
纸浆和造纸工业锅炉黑液回收		0.8～1.5
钢铁工业	烧结机	1.2～1.5
	高炉煤气	0.8～1.3
	碱性氧气顶吹转炉	1.0～1.5
	焦炉	0.6～1.2
水泥工业	湿法窑	0.9～1.2
	立波尔窑	0.8～1.0
	干法窑（增温）	0.8～1.0
	干法窑（不增温）	0.4～0.7
	烘干机	0.8～1.2
	磨机	0.7～0.9
硫酸雾		0.9～1.5
城市垃圾焚烧炉		1.1～1.4
有色金属炉		0.6

C.5 电除尘器的通道宽度及电场长度

C.5.1 通道宽度是阳极板、阴极线间距的两倍，也称为同极间距。一般选用在 250～650 mm 之间，目前最常用的在 350～450 mm 之间，具体数据应综合工程情况和业主要求而定。

C.5.2 通道数可按下式计算，在采用多室结构时，单室电场通道数不宜大于 50 个。

$$Z = \frac{B}{2b-e} \tag{C-3}$$

式中：Z——电除尘器的通道数；

B——电场有效宽度，m；

b——阳极板与阴极线的中心距，m；

e——阳极板的阻流宽度，m（对于波纹板、小 C 型板、CS 型板，e 等于板型厚度；对于 Z 型或大 C 型板，在板宽/板型厚度≤4.5 时 e 选用板型厚度的 1/2，在板宽/板型厚度＞4.5 时，e 则选用板材厚度）。

C.5.3　电场长度可按下式计算：

$$L = \frac{S_A}{CnH}$$

式中：L——电场长度，m；

S_A——总收尘面积，m²；

C——通道数；

n——电场数；

H——电除尘器有效高度（不大于 17 m，具体取值根据场地和相关数据来定），m。

C.5.4　一般可将电场沿气流方向分为几段，每个电场不宜过长，一般取 3.5～5.4 m。电场数可根据有效驱进速度、除尘效率等数据综合考虑，一般选 4～6 个为宜，除尘器出口为非直接排放的工艺过程电除尘器则可不受此限制。

C.5.5　应根据处理含尘气体量的大小将电除尘器分为数台来设计，一般为 1～4 台，具体参见表 C.3。

表 C.3　电除尘器配置台数

序号	含尘气体量/（10⁴ m³/h）	电除尘器台数/台
1	＜50	1
2	50～150	2
3	150～250	3
4	250～300	4

C.5.6　除尘器出口为直接排放的电除尘器，其比集尘面积（SCA）应不小于 100 m²/（m³/s）。

附录 D（资料性附录）

旋转电极设计要求

D.1 支撑装置的强度及刚度，需能确保上、下传动系统长期稳定运行。

D.2 上、下传动系统应满足在工况环境下能够稳定运行，相邻两支点间轴的同轴度不大于 2 mm。

D.3 传动装置提供的扭矩不低于负载工况下旋转板所需理论扭矩的 1.5 倍，且能适应室外工作的环境条件。

D.4 旋转板组的顶部、底部应留有满足极板绕链轮转动及检修的空间。

D.5 下部传动下方应留有满足链条热膨胀及磨损伸长后从动轴系整体下移的空间。

D.6 下部传动应能在链条受热膨胀及磨损伸长后实现自动张紧。

D.7 旋转极板面板平面度不大于 5 mm。

D.8 固定移动极板链条的抗拉极限强度应大于静载荷 5 倍的安全系数，其材料及链条形式应满足在无润滑、多尘、有腐蚀且高温的环境下长期工作。

D.9 旋转极板电场输送及传动链轮和链条应符合 GB/T 18150、GB/T 8350、GB/T 1243 及 GB/T 20736 的规定。

D.10 链轮设计应满足在多尘环境下长期运行，同时应注意消除链条节距积累误差所造成的极板翻转不同步的影响。

D.11 常规轴承能适应室外工作的环境条件，尘中轴承应能在受热、多尘条件下可靠工作。

D.12 壳体应密封、防雨，壳体的设计应避免死角，减少灰尘积聚。

D.13 灰刷应有一定弹性，保证对旋转极板保持足够的摩擦力，同时刷毛不能刷伤旋转极板。

D.14 刮灰装置应具有自我调节功能，能根据磨损情况自动调整位置，保证刮板与旋转极板表面良好接触，同时刮板材质不能刮伤旋转极板。

D.15 宜设置电气联锁保护装置。

D.16 各部件制作选材应严格按设计图纸。

附录 E（资料性附录）

输灰方式的适用场合和技术要求

E.1 螺旋输送机适用场合和要求

a）适用于水平或倾斜度小于 20°情况下输送粉状或粒状灰，不适用于输送温度高、黏性或腐蚀性强的灰；

b）输送机长度不宜超过 20 m，输送量一般小于 30 m³/h；

c）向上倾斜输送时，输送高度一般不高于 2 m；

d）设计选用时，应将驱动装置及出料口装在头节（有止推轴承）处，使螺旋轴处于受拉状态为宜。

E.2 埋刮板输送机适用场合和要求

a）适用于粉尘状、小颗粒和小块状灰的输送；

b）灰密度一般在 0.2～1.8 g/cm³ 之间，垂直机型宜小于 1.0 g/cm³；

c）灰温度不宜超过 100℃，高温灰输送时应采用耐高温密封材料；

d）输送距离一般小于 50 m，输送高度不宜大于 10 m，输送量宜为 50 m³/h 以下；

e）输送灰的含水率不应大于 10%；

f）水平输送粒度宜小于 10 mm，垂直输送粒度宜小于 5 mm；

g）不适用于输送高温、有毒、易爆、腐蚀性强、磨损性和黏性大、悬浮性和流动性好以及易破碎的灰。

E.3 空气斜槽适用场合和要求

a）适用于粉料输送；

b）温度不大于 150℃的干性灰；

c）灰含水量不大于 1%；

d）适合于中、短距离输送，输送距离宜小于 60 m；

e）不能用于向上输送；水平输送需倾斜安装，斜度不应小于 6%；

f）可将灰向不同位置多点输送。

E.4 气力输送的适用场合和要求

a）适用于长距离、集中、定点输送和提升输送；

b）灰最高温度小于 400℃；

c）可将由数点集中的灰送往一处或由一处分散送往数点的远距离操作；

d）对于化学性能不稳定的灰，宜采用惰性气体输送；

e）输送管路应采用防磨弯头；管路系统应设有排堵、防堵措施和装置；

f）不宜输送粗、重颗粒和含水量高的灰；

g）气力除灰系统的基本类型及选用要点见表 E.1。

表 E.1　气力除灰系统基本类型及选用要点

系统类型	主要设备	气源压力/ kPa	系统出力/ （t/h）	单节输送最大 当量长度/m	常规灰气比范 围/（kg/kg）	选用要点
高正压系统	仓泵	200～800	0～200	＜2 000[a]	7～60	系统出力和输送长度较大，适合厂外输送
微正压系统	气锁阀	＜200	0～80	＜300	＜15	输送长度较短，单灰斗配置，适用于从一处向多处进行分散输送
负压系统	受灰器、负压风机、真空泵等	−50	0～50	＜200	2～10 20～25[b]	输送长度短，单灰斗配置。适用于从低处向高处，由数处向一处集中输送

a. 单节输送最大当量长度跟灰性质有关。

b. 以受灰器作供料设备的负压系统，灰气比为 2～10；以除灰卸料阀为供料设备的负压系统，灰气比为 20～25。

电除尘高压电源的特性及比较

F.1　几种电源主要性能比较见表 F.1。

表 F.1　电源主要性能比较

项　目	单相可控硅（SCR）电源	三相 SCR 电源	中频电源	高频电源
三相平衡	不平衡	三相平衡	三相平衡	三相平衡
峰值电压（72 kV 时）	>100 kV	约 80 kV	76 kV	约 75 kV
电压纹波	>50%	2%～5%	2%～5%	小于 1%
平均电压比	1	125%以上	130%以上	130%以上
电能利用率	<70%	约 90%	>90%	>90%
装置（控制与整流变压器）	分体	分体	分体	一体
整流变压器	体积重量大	体积重量较大	体积重量较小	体积重量小
火花特性	火花冲击较大	火花冲击大	火花冲击小	火花冲击小
供电方式	容易实现间隙供电、脉宽宽	较难实现间隙供电、脉宽宽	容易实现间隙供电、脉宽窄	容易实现间隙供电、脉宽窄
整流变噪声	小	小	较大	很小
实现大功率	容易	容易	容易	困难

F.2　在实际应用中，电源应根据不同工况和工程投入来选择，主要包括以下两个方面：

a）节能角度分析：电除尘高压电源的节能有两个方面，一个是电源本身的效率，即电源的电能利用率，另一个是运行过程的电场实际耗电量。从高压电源电能利用率上来看，利用率从高到低是高频高压电源＞中频电源＞三相 SCR 电源＞单相 SCR 电源；而电场实际耗电量与电除尘工况、电源供电方式、控制模式等有关，不同的厂家产品也可能会有不同效果。

b）除尘效率角度分析：从电除尘效率角度，考虑高压电源的选择主要取决于工况。如果电场的实际运行火花电压低，电场的电流小，应尽量选用二次电压纹波系数小的电源，即可选择三相 SCR 电源、中频电源、高频高压电源等，与单相 SCR 电源相比，该三种电源能大大提高电场的输入电能，提高运行参数，有利于提高电除尘的效率；如果单相 SCR 电源运行时，电场的运行电流大电压高，接近额定值，并且火花少，则可选择较大功率的三相电源进一步提高电源的注入功率来提高除尘效率。

F.3　高频高压电源与常规单相 SCR 电源输出电压波形比较见图 F.1：

从图 F.1 中可以看出，在相同峰值电压时，高频高压电源的平均电压比常规电源（单相 SCR）要高很多。三相 SCR 电源、中频电源在该特性上与高频电源类似；该特性也是这三种电源与常规电源的最显著区别点。

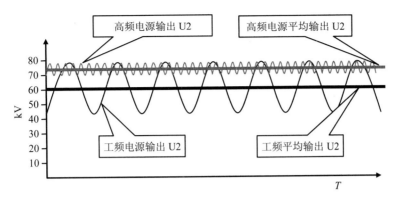

图 F.1　电场二次电压波形对比图

F.4　中频电源与三相 SCR 电源相比，主要不同点有：

　　a）三相 SCR 电源与中频电源的输出纹波系数都比单相 SCR 小，有相近的平均电压输出值；

　　b）火花关断中频电源比三相 SCR 快，冲击小，间隙供电脉冲宽度中频电源比三相 SCR 窄；

　　c）供电方式中频电源与三相 SCR 电源采用不同的控制原理；

　　d）整流变压器噪声中频电源相对较大。

F.5　高频高压电源与中频电源相比，主要不同点有：

　　a）高频高压电源为一体化结构，而中频电源为分体式结构；

　　b）高频电源大功率较难实现，而中频电源大功率不存在问题；

　　c）高频高压电源价格比中频电源高。

F.6　电除尘器正常耗电量取决于多种因素，在达到电除尘设计除尘效率的前提下，耗电量主要取决于电源的智能控制系统。一般来说，一台火电机组的电除尘器高压供电设备的耗电量不应超过 0.5 kW/MW。在降低电除尘器的耗电量时，应充分考虑低压加热部分的能耗，尽量优化加热策略，减少不必要的加热能耗。在缺少自动优化手段的情况下，也可以从电除尘运行管理方面进行优化。

附录 G（资料性附录）

上位机系统配置要求

G.1 硬件配置应符合下列要求：

　　a）系统主机采用工控机；

　　b）主机外设应能满足系统软件安装、恢复、备份需要；

　　c）上位机系统应配有 UPS 电源，UPS 电源备用时间不小于 30 min。

G.2 监控内容：

　　a）应显示电除尘器运行的主要参数；

　　b）应能对电除尘器控制设备进行开、停机操作；

　　c）应能对下位机参数进行远程修改；

　　d）应有重要参数的实时趋势图和历史趋势图；

　　e）应有绘制实时电场伏安曲线；

　　f）当设备发生故障时，能显示报警提示、发出报警声并打印报警信息。

G.3 系统管理及数据处理应符合下列要求：

　　a）应有系统操作的权限设置；

　　b）应自动保存运行数据，保存时间至少 3 个月；

　　c）当设备报警时，能自动记录及打印；

　　d）能对历史数据进行查询、打印、导出、删除等；

　　e）应提供上位机监控软件的恢复备份；

　　f）脱离上位机系统，下位机设备应能正常运行。

附录 H（资料性附录）

电除尘器升压记录

电除尘器升压记录表

尘源设备和名称：			电除尘器规格：		
制造商名称：			高压电源规格：		
测试时天气：晴、多云、阴、雨		温度：	湿度：		风力：
电场号：	室号：		时 分 — 时 分		
空载（负载）测试				第 次	

序号	一次电压/V	一次电流/A	二次电压/V	二次电流/A	备 注
1					
2					
3					
4					
5					
6					
7					
8					
9					
10					

注：雨、雪、雾、大风等恶劣天气，不得进行并联供电升压试验。

测试负责人：　　　　　　　　　　记录人：　　　　　　　　　　日期：

附录 I（资料性附录）

电除尘器运行记录

电除尘器运行记录表

序号	时/分							备 注
	电场号：				室号：			
1	尘源设备负荷							
2	一次电压/V							
3	一次电流/A							
4	二次电压/V							
5	二次电流/A							
6	进口含尘气体温度/℃							
7	出口含尘气体温度/℃							
8	出口排放情况							
9	灰斗料位情况							
10	输灰设备情况							

注：电除尘出口排放为目测和浊度仪监测情况。

操作员：　　　　　交班班长：　　　　　接班班长：　　　　　日期：

中华人民共和国国家环境保护标准

铝电解废气氟化物和粉尘治理工程技术规范

Technical specifications for fluoride and dust treatment in aluminum
reduction waste gas

HJ 2033—2013

前 言

为贯彻《中华人民共和国大气污染防治法》，规范铝电解工业废气治理工程建设与设施运行管理，防治铝电解生产废气对环境的污染，保护环境和人体健康，制定本标准。

本标准规定了铝电解废气氟化物和粉尘治理工程的设计、施工、验收与运行维护等技术要求。

本标准为指导性文件。

本标准为首次发布。

本标准由环境保护部科技标准司组织制订。

本标准主要起草单位：东北大学、东北大学设计研究院（有限公司）、河南中孚实业股份有限公司、山东南山铝业股份有限公司、中国有色金属工业协会。

本标准环境保护部 2013 年 9 月 26 日批准。

本标准自 2013 年 12 月 1 日起实施。

本标准由环境保护部解释。

1 适用范围

本标准规定了铝电解废气氟化物和粉尘治理工程的设计、施工、验收与运行维护等技术要求。

本标准适用于铝电解废气氟化物和粉尘治理工程。可作为环境影响评价、工程设计、施工、验收及建成后运行与管理的技术依据。

2 规范性引用文件

本标准引用了下列文件及其中的条款。凡是未注明日期的引用文件，其最新版本适用于本标准。

GB 4387 工业企业厂内铁路、道路运输安全规程

GB 16297 大气污染物综合排放标准

GB 25465 铝工业污染物排放标准

GB 50016　建筑设计防火规范

GB 50040　动力机器基础设计规范

GB 50046　工业建筑防腐蚀设计规范

GB 50050　工业循环冷却水处理设计规范

GB 50051　烟囱设计规范

GB 50204　混凝土结构工程施工质量验收规范

GB 50231　机械设备安装工程施工及验收通用规范

GB 50236　现场设备、工业管道焊接工程施工规范

GB 50683　现场设备、工业管道焊接工程施工及验收规范

GB 50254　电气装置安装工程　低压电器施工及验收规范

GB 50255　电气装置安装工程　电力变流设备施工及验收规范

GB 50275　风机、压缩机、泵安装工程施工及验收规范

GB 50544　有色金属企业总图运输设计规范

GBJ 87　工业企业噪声控制设计规范

GB/T 6719　袋式除尘器技术要求

GB/T 12801　生产过程安全卫生要求总则

GB/T 16157　固定污染源排气中颗粒物测定与气态污染物采样方法

GB/T 16758　排风罩的分类及技术条件

GB/T 16845　除尘器　术语

GB/T 17397　铝电解生产防尘防毒技术规程

GB/T 24487　氧化铝

GBZ 1　工业企业设计卫生标准

GBZ 2.1　工业场所有害因素职业接触限值　第1部分：化学有害因素

HJ 477　污染源在线自动监控（监测）数据采集传输仪技术要求

HJ/T 75　固体污染源烟气排放连续监测技术规范（试行）

HJ/T 76　固定污染源烟气排放连续监测系统技术要求及检测方法

HJ/T 212　污染源在线自动监控（监测）系统数据传输标准

HJ/T 254　建设项目竣工环境保护验收技术规范　电解铝

HJ/T 284　袋式除尘器用电磁脉冲阀

HJ/T 324　环境保护产品技术要求　袋式除尘器用滤料

HJ/T 325　环境保护产品技术要求　袋式除尘器滤袋框架

HJ/T 326　环境保护产品技术要求　袋式除尘器用覆膜滤料

HJ/T 327　环境保护产品技术要求　袋式除尘器滤袋

HJ/T 328　脉冲喷吹类袋式除尘器

HJ/T 329　回转反吹类袋式除尘器标准

HJ/T 330　分室反吹类袋式除尘器

JB 10191　袋式除尘器　安装要求　脉冲喷吹类袋式除尘器用分气箱

JB/T 5915　袋式除尘器用时序式脉冲喷吹电控仪

JB/T 5917　袋式除尘器用滤袋框架

JB/T 8471　袋式除尘器　安装技术要求与验收规范

JB/T 10340　袋式除尘器用压差控制仪

3　术语和定义

GB/T 16845 的术语及下列术语和定义适用于本标准。

3.1　铝电解废气 waste gas of aluminum reduction

指铝电解工业生产过程中从铝电解槽、物料输送、物料堆存、阳极组装、残极处理、电解槽大修及其他有关设备排出的含有气态氟化氢、固态氟化盐、二氧化硫和粉尘等污染物的气体。

3.2　滤袋使用寿命　service life of bag filter

依据 GB/T 6719 的要求，滤袋使用寿命指每个袋式除尘器的一批滤袋从开始使用到该批次滤袋的 10%发生破损或不能维持正常使用（以先出现的情况为准）所经历的时间。

3.3　新鲜氧化铝　fresh alumina

指与电解烟气混合之前，没有与氟化氢气体进行吸附反应的氧化铝。

3.4　载氟氧化铝　enriched alumina

指与电解烟气混合之后，与烟气中的氟化氢进行吸附反应而含有氟化盐成分的氧化铝。

4　污染物和污染负荷

4.1　污染物

铝电解生产中预焙阳极铝电解槽生产产生的气态氟化氢、固态氟化盐粉尘、氧化铝粉尘和气态二氧化硫；阳极冷却过程中产生的气态氟化氢；氧化铝输送、氟化盐输送、阳极转运、阳极组装及残极处理、电解槽大修、抬包清理过程产生的粉尘等。

4.2　污染物负荷

4.2.1　预焙铝电解槽生产每吨铝将产生总氟 15～40 kg，粉尘 30～70 kg，二氧化硫 4～12 kg。

4.2.2　氧化铝及氟化盐输送系统生产每吨铝将产生粉尘 30～60 kg。

4.2.3　阳极组装车间生产每吨铝产生粉尘 50～80 kg。

4.2.4　电解槽大修及抬包清理车间生产每吨铝产生粉尘 10～30 kg。

4.3　废气量及废气污染物浓度

针对铝电解生产企业的特点，铝电解生产废气量及污染物浓度按年产能 10 万 t 的铝电解生产线计算。对于不同产能的生产企业，其实际废气量应为实际产能除以 10 万 t 产能之后的倍数关系。

4.3.1　铝电解车间的废气量及污染物浓度见附录 B 的表 B.1。

4.3.2　氧化铝及氟化盐输送系统产生的废气量及污染物浓度见附录 B 的表 B.2。

4.3.3　阳极组装车间产生的废气量及污染物浓度见附录 B 的表 B.3。

4.3.4　电解槽大修及抬包清理产生的废气量及污染物浓度见附录 B 的表 B.4。

4.4　铝电解废气处理工艺的污染物去除率应满足表 1 的要求

表1 铝电解废气处理工艺的污染物去除率设计值

类别	主体工艺	污染物去除率/%		
		氟化物	粉尘	二氧化硫
电解槽集气	上部集气		98.5%	
电解车间铝电解废气	氧化铝干法净化工艺	97.5	98.5	—
氧化铝及氟化盐输送系统	布袋除尘工艺	—	99.9	—
阳极组装车间	布袋除尘工艺	—	99.9	—
电解槽大修及抬包清理	布袋除尘工艺	—	99.9	—

4.5 铝电解废气治理系统总风量设计余量应取原排气量的 10%～15%。

4.6 铝电解废气治理工程处理后的废气排放应符合 GB 25465 的要求。

4.7 车间空气中粉尘及氟化物的含量应满足 GBZ 2.1 的要求。

5 总体要求

5.1 一般规定

5.1.1 铝电解生产企业采取技术进步、生产管理、行政管理等各种有效措施，防止污染物的无组织排放。

5.1.2 铝电解生产工程应符合国家产业政策的要求。

5.1.3 铝电解废气氟化物和粉尘治理工程除应符合本标准规定外，还应符合国家现行有关工程质量、安全卫生、消防等方面的强制性标准的规定。

5.1.4 铝电解废气氟化物和粉尘治理工程产生的废水经处理后排放应达到 GB 25465 和地方排放标准的相应要求。

5.1.5 铝电解废气氟化物和粉尘治理工程的设计、建设，应采取有效的隔声、消声等降低噪声的措施，噪声和振动控制设计应符合 GBJ 87 和 GB 50040 的规定。

5.1.6 铝电解废气氟化物和粉尘治理工程在建设和运行中产生的固体废物应分类收集和利用，无再利用价值的应安全处置。

5.1.7 企业应把氟化物和粉尘治理设施作为生产系统的一部分，统一配置人员进行操作、管理、检修维护等。

5.2 建设规模

铝电解废气氟化物和粉尘治理工程建设规模应根据铝电解生产规模及工艺合理配套。污染物的控制水平应符合 GB 25465 的要求。

5.3 工程构成

5.3.1 铝电解废气氟化物和粉尘治理工程根据废气的性质，结合经济原则，选取一个污染源配置一套净化系统的单独治理方式，或多个污染源配置一套净化系统的集中治理方式。含不同性质污染物的废气宜单独处理。

5.3.2 铝电解废气氟化物和粉尘治理工程根据产生废气的种类和生产工序的不同分为铝电解废气治理工程、物料贮运系统的废气治理、阳极组装车间的废气治理、大修车间的废气治理和抬包清理车间的废气治理。

5.3.3 铝电解废气治理采用分区集中处理的方式。治理系统包括集气罩、排烟管网、氧化铝吸附反应器、袋式除尘器、排风机、烟囱、物料输送系统、连续监测及控制系统、电气及控制系统、压缩空气供给系统、供水系统等。

5.3.4 铝电解废气治理工程的辅助设施包括压缩空气、保温设施、冷却水系统、变电站、控制室等。

5.3.5 物料贮运系统的废气治理设施有物料仓库的氧化铝卸料除尘系统、氟化盐卸料除尘系统、新鲜氧化铝贮仓除尘系统、载氟氧化铝贮仓除尘系统、氟化盐贮仓除尘系统和电解质贮仓除尘系统等。

5.3.6 阳极组装车间的废气治理设施有：装卸站除尘系统、电解质清理除尘系统、电解质料斗卸料除尘系统、电解质提升及破碎除尘系统、残极抛丸除尘系统、残极压脱除尘系统、磷铁环压脱及清理除尘系统、钢爪抛丸及导杆清刷除尘系统、导杆清刷除尘系统、残极破碎除尘系统、残极储仓除尘系统、磷生铁化铁炉除尘系统、磷生铁浇铸站除尘系统和钢爪烘干除尘系统等。

5.3.7 大修车间的废气治理设施有：电解槽大修刨炉区除尘系统。

5.3.8 抬包清理车间的废气治理设施有：抬包清理区除尘系统、吸铝管清理区除尘系统。

5.3.9 物料贮运系统的废气治理、阳极组装车间的废气治理、大修车间的废气治理和抬包清理车间的废气治理一般采用单一除尘净化系统。系统包括集气罩、排烟系统、袋式除尘器、排风机、排气筒、电气及控制系统等。

5.4 总平面布置

5.4.1 总平面布置应符合 GB/T 17397 的相关规定。

5.4.2 主体设备周边应设有运输通道和消防通道，并满足 GB 50544、GB 4387 和 GB 50016 等设计规范的要求。

5.4.3 应遵循废气治理设施的位置靠近产生污染源的原则。铝电解废气净化设施建设在同一系列的两栋电解厂房之间；其他废气治理设施建设在与废气收集点临近的厂房外或适合安装的位置。

5.4.4 废气治理设施主体设备之间应留有足够的安装和检修空间。

5.4.5 主体设备周边应具备塔吊或汽车吊的工作条件。

6 工艺设计

6.1 一般规定

6.1.1 铝电解生产过程所有产生粉尘和有害气体的设备和设施均应设置集气罩及净化系统。生产系统粉状物料输送应选择密闭输送方式，如浓相输送、超浓相输送、管状皮带输送等。用车辆输送的阳极、残极、电解质块等块状物料应加防尘罩。

6.1.2 废气集中处理系统集气管网应进行管网系统阻力平衡计算，选择适宜的管路截面。

6.1.3 铝电解废气净化应选择两段净化或其他高效反应工艺。两段净化宜为载氟氧化铝优先加入高氟化氢浓度的烟气完成一次反应；新鲜氧化铝加入低浓度氟化氢的烟气完成二次反应。

6.1.4 应掌握袋式除尘器入口的烟气工况参数。包括工况烟气量、烟气温度及波动（烟气最高温度、烟气最低温度和露点温度）、烟气含尘浓度、烟气成分和烟气含尘粒度等。

6.1.5 铝电解废气净化系统布袋除尘器前宜设置粉尘预分离设施。

6.1.6 铝电解废气治理宜采用大型组合式布袋除尘器组作为除尘设施。

6.1.7 铝电解废气治理系统需选择两台或两台以上风机并联使用。

6.1.8　物料输送系统、阳极组装车间、大修车间和抬包清理车间各工序，设备布置集中且基本同时运行，污染物亦相同的集中除尘；反之宜采用单独除尘。

6.1.9　铝电解废气干法净化系统和物料贮运、阳极组装、电解槽大修、抬包清理的除尘系统均应采取机械强制通风的负压净化系统。

6.1.10　铝电解废气治理系统不得设置旁路风管。

6.2　工艺路线选择

6.2.1　铝电解车间烟气治理应采用以铝电解原料氧化铝为吸附剂的干法净化工艺，宜采用两段干法净化工艺（图1）或其他高效吸附净化工艺。

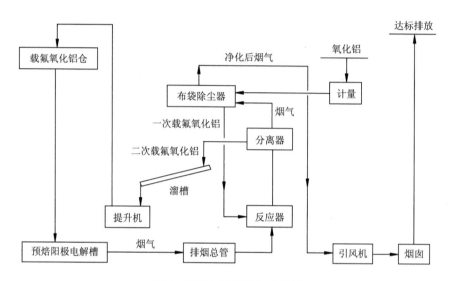

图1　两段干法净化工艺流程

6.2.2　物料输送系统、阳极组装车间、电解槽大修车间和抬包清理车间各工序的废气治理应采用布袋除尘工艺。除尘系统典型工艺流程图见图2。

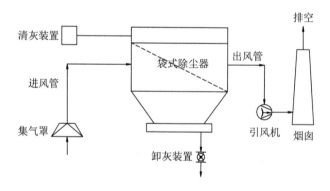

图2　袋式除尘系统流程

6.2.3　袋装原料仓库应在拆袋输送的料斗上设置吸尘罩。拆袋时产生的粉尘收集集中送入设置在原料仓库外的袋式除尘器处理。按原料的种类不同分为氧化铝除尘系统和氟化盐除尘系统。

6.2.4 物料输送系统中间贮存功能的物料贮仓宜设置仓顶除尘器除尘，除尘器收集下来的物料直接进入贮仓。

6.3 设备选型设计

6.3.1 集气罩

6.3.1.1 集气罩设计应满足 GB/T 16758 的规定。

6.3.1.2 铝电解槽集气罩宜为组合式、全密闭集气罩。铝电解槽集气罩由排烟道、水平罩板和可移动开启的侧部槽罩板组成。其结构形式宜首选上排烟方式，排烟道设计宜有烟道防积灰措施。

6.3.1.3 电解槽宜采用两段或多段烟道分区高位集气，集气效率应不低于 98.5%。

6.3.1.4 电解槽活动槽罩板设计应控制罩板间的缝隙在 2 mm 以内，阳极导杆和水平罩板间设密封圈。

6.3.1.5 集气罩结构设计和净化系统抽力设计应控制集气罩内的负压应大于–10 Pa，负压分布在–10～–30 Pa 范围内。

6.3.1.6 新开发的铝电解槽集气罩结构，应根据集气罩的结构尺寸，使用空气流体动力学模拟计算软件（CFD）模拟计算无有害气体外溢时集气罩出口的负压和单槽排烟量。

6.3.1.7 不同容量铝电解槽集气罩的设计风量也可以按实测、类比确定，或用式（1）进行估算。

$$Q = 2\,000 + 18.95I - 0.006I^2 \qquad\qquad (1)$$

式中：Q——电解槽集气罩设计排烟量（标态），m^3/h；

$\quad\quad I$——电解槽容量，kA。

6.3.1.8 对于排烟道在水平罩板以上的集气罩结构，出口负压应大于–200 Pa；排烟道在水平罩板以下的集气罩结构，出口负压应大于–400 Pa。

6.3.1.9 使用已有铝电解槽槽型和集气罩结构的设计，除参考 6.3.1.6 和 6.3.1.8 的设计计算外，集气罩出口的负压和排烟量应结合实际测量确定。

6.3.1.10 铝电解槽进行工艺操作，打开槽罩板时，抽风量宜扩大至正常抽风量的两倍以上；集气罩出口负压同样宜升高至正常负压的两倍以上。

6.3.1.11 物料输送系统、阳极组装车间、电解槽大修车间和抬包清理车间各工序的集气罩对废气的集气效率应不低于 97%，其结构形式应便于安装、拆卸和工艺操作。

6.3.1.12 集气罩的设置应满足岗位劳动卫生要求，安装位置应正确，靠近尘源，罩口迎着有害气体和粉尘散发的方向。

6.3.1.13 从环境进入集气罩的风量应适当。由设备（设施）与集气罩边缘缝隙吸入的环境空气的流速应控制在 0.25～0.5 m/s。

6.3.1.14 集气罩抽气口的设置应保证集气罩内各点气体都流向抽气口，在一定抽气量下保证各点均为负压。抽气口不宜设在物料处于搅动状态的区域附近。对于粉状物料，集气罩抽气口截面风速 1 m/s 左右为宜；对于块状物料，抽气口截面风速应不大于 3 m/s。

6.3.2 排烟管网

6.3.2.1 除连接口外，风管宜采用圆形截面。

6.3.2.2 风管内风速：垂直管道宜取 8～12 m/s，倾斜管道宜取 12～16 m/s，水平管道宜取

16～20 m/s。

6.3.2.3 风管路径宜采取低阻力设计，尽量减少弯管，弯管半径取 $R=(1.5-3)D$（D 为风管直径或当量直径）。

6.3.2.4 铝电解废气干法净化系统，电解槽排烟口与排烟管网之间、风管与除尘器的进出口法兰之间、风管与风机之间应安装伸缩节。

6.3.2.5 铝电解废气净化系统排烟管网在电解槽集气罩出口处、除尘系统在管道适宜的部位及风机前应装设阀门。

6.3.2.6 排烟管布置应防止管道积灰。易积灰的位置宜设置清灰孔并采取防漏风措施。

6.3.2.7 风管采用法兰连接的应在法兰连接处设置密封垫。风管本身应严格焊接质量。

6.3.2.8 除尘器进风管应设置永久采样孔和采样测试平台。采样孔应符合 GB/T 16157 的规定。

6.3.2.9 宜增加专供铝电解槽开罩操作时排烟的辅助排烟管网，即排烟管网应设计为双排烟管网。

6.3.2.10 铝电解槽支烟管的风速取 8～12 m/s，汇总烟管的风速取 16～18 m/s，总烟管的风速取 18～20 m/s。

6.3.2.11 在确定支烟管风速和汇总烟管风速后，以汇总烟管接入每个支烟管时风速等量递增（增加$\Delta \upsilon$）的原则确定汇总烟管各变径段的直径。

$$\Delta \upsilon = (\upsilon_汇 - \upsilon_支)/n \qquad (2)$$

式中：$\upsilon_汇$——汇总烟管最大流速，m/s；

$\upsilon_支$——支烟管流速，m/s；

n——单侧汇总烟管的个数。

6.3.2.12 辅助排烟管的汇总烟管为等径管，管径设计应遵循 6.3.2.10 条规定的烟气流速控制值的设计原则，辅助排烟管的烟气量按系统处理烟气总量的 10%考虑。

6.3.2.13 主排烟管网和辅助排烟管网上的支烟管均设置调节阀门，阀门的开启控制纳入铝电解槽槽空机的控制管理，两个阀门不能同时开启。

6.3.2.14 风管应进行相应的防腐处理。

6.3.3 反应器

6.3.3.1 反应器的结构形式应保证氧化铝与烟气的混合充分、均匀，对氧化铝的破损低，系统阻力低。

6.3.3.2 新鲜氧化铝的加入量不应超过电解生产实际用量，氧化铝的循环加料量以保证净化效率为宜。

6.3.3.3 新鲜氧化铝进入反应器前应配置过滤筛。

6.3.3.4 新鲜氧化铝和循环氧化铝的加入应流畅、均匀。新鲜氧化铝和循环氧化铝进入反应器的管道应设置断流检测装置。

6.3.3.5 反应器与烟气管道的配置应方便反应器的检修。

6.3.4 除尘器

6.3.4.1 铝电解废气治理采用袋式除尘器，清灰方式优先选用脉冲喷吹方式。

6.3.4.2 袋式除尘器的处理风量应按净化系统需处理废气量的 1.1 倍计算。

6.3.4.3　滤袋的净过滤风速可根据袋式除尘器的种类、滤料种类和出口排尘要求等工艺条件选择。脉冲喷吹袋式除尘器，推荐净过滤风速 1.0～1.5 m/min，当出口含尘浓度要求小于 5 mg/m³ 时，净过滤风速应不超过 0.9 m/min，非覆膜滤料的反吹风袋式除尘器，净过滤风速不应超过 0.8 m/min。

6.3.4.4　除尘器滤料和过滤风速的选择应从投资、净化效果、系统运行能耗、氧化铝损失等方面进行综合经济评价，最终确定经济合理的滤料材质和过滤风速。

6.3.4.5　铝电解废气净化系统，使用针刺毡滤料的除尘器过滤风速选择在 0.8～1.0 m/min 的范围；选用覆膜滤料的除尘器过滤风速选择在 1.0～1.2 m/min 的范围。

6.3.4.6　应根据净过滤风速计算净过滤面积，由净过滤面积和总过滤面积选取除尘器的规格、数量。

6.3.4.7　袋式除尘器处理风量、净过滤风速、净过滤面积、总过滤面积之间按下式计算。

$$S_{净} = \frac{Q}{60V} \tag{3}$$

$$S_{总} = S_{净} + S_{清}$$

式中：Q——袋式除尘器的处理风量，m³/h；

$\quad\quad S_{净}$——净过滤面积，m²；

$\quad\quad S_{总}$——总过滤面积，m²；

$\quad\quad S_{清}$——执行清灰单元的滤袋面积，m²；

$\quad\quad V$——净过滤风速，m/min。

6.3.4.8　露天布置的除尘器应设防雨设施，避免雨水渗入、影响运行或设备寿命。

6.3.4.9　脉冲清灰的气源宜采用工厂压缩空气管网的气源，若压缩空气为专用，则按设计要求确定压缩空气压力。

6.3.5　排风机

6.3.5.1　排风机的风量宜为除尘器处理风量的 1.1～1.15 倍，压头取系统全阻力的 1.2 倍。

6.3.5.2　应根据使用工况对排风机的工作参数进行校正，使风机的工作点在排风机经济使用范围内。排风机的实际工作参数应按下式换算：

全压：

$$H_1 = H_0 \times \frac{P_1}{101\,325} \times \frac{273 + t_0}{273 + t_1} \tag{4}$$

$$流量\ Q_1 = Q_0$$

有效功率：

$$N_1 = N_0 \times \frac{P_1}{101\,325} \times \frac{273 + t_0}{273 + t_1} \tag{5}$$

式中：H_0——额定全压，Pa；

$\quad\quad Q_0$——额定流量，m³/h；

$\quad\quad N_0$——额定有效功率，kW；

$\quad\quad t_0$——额定工作温度，℃；

$\quad\quad P_1$——实际进口压力，Pa；

$\quad\quad t_1$——实际进口温度，℃；

H_1——实际全压，Pa；

Q_1——实际流量，m^3/h；

N_1——实际有效功率，kW。

6.3.5.3 需要调整风机转速来满足系统阻力的要求时，风机在工作点的全压、流量和轴功率按下式计算，并结合前三个公式选取风机规格型号。

$$\frac{Q_1}{Q_0} = \frac{n_1}{n_0} \tag{6}$$

$$\frac{H_1}{H_0} = \left(\frac{n_1}{n_0}\right)^2 \tag{7}$$

$$\frac{N_1}{N_2} = \left(\frac{n_1}{n_0}\right)^3 \tag{8}$$

式中：n_1——调整后的风机转速；

n_0——风机额定转速；

6.3.5.4 排风机入口应设调节风门，风门的开度可在控制室内调节。

6.3.5.5 排风机进出口风管的布置应满足烟气流动顺畅、风机运行效率高的要求。

6.3.5.6 排风机进出口管道上应设切断阀，以方便风机检修。

6.3.5.7 排风机进出口管道上应设置软连接。

6.3.5.8 选择排风机配套电机时，应将轴功率除以风机效率、机械传动效率，乘以安全系数后，再圆整到现行电机规格。安全系数通常取 1.05～1.2。可参照风机手册。

6.3.6 烟囱

6.3.6.1 烟囱的高度应符合 GB 16297 的规定。烟囱的设计应符合 GB 50051 的规定。参见附录 B 表 B.5。

6.3.6.2 烟囱的出口直径根据烟气出口流速确定。铝电解废气净化系统烟囱及其他除尘系统的排气筒出口流速应取 10～16 m/s。

6.3.6.3 烟囱应设置永久采样孔和采样测试平台。采样孔应符合 GB/T 16157 的规定。

7 主要设备和材料

7.1 袋式除尘器

7.1.1 一般规定

7.1.1.1 袋式除尘器应符合 HJ/T 328、HJ/T 329 和 HJ/T 330 的规定。

7.1.1.2 袋式除尘器除尘性能应满足 GB 25465 规定的烟气排放限值的要求。

7.1.1.3 袋式除尘器部件、滤料应符合 HJ/T 324、HJ/T 325、HJ/T 326、HJ/T 327 和 HJ/T 284 的规定。

7.1.1.4 袋式除尘器的技术文件应参照附录 B 表 B.6 标明主要参数，因设备结构不同，可作相应增减。

7.1.1.5 袋式除尘器应能够在铝电解生产中同时进行一般性的检查和维修。

7.1.1.6 袋式除尘器阻力宜小于 1 800 Pa。

7.1.1.7 袋式除尘器本体漏风率根据其使用负压的大小确定,应小于表 2 的数值。

表 2 袋式除尘器本体漏风率

工作负压/Pa	$P \leqslant 3\,000$	$3\,000 < P \leqslant 6\,000$	$P > 6\,000$
漏风率/%	2.5	3.0	3.5

7.1.2 袋式除尘器结构

7.1.2.1 袋式除尘器的结构主要包括箱体、灰斗、支柱(腿)、楼梯、栏杆、平台、滤袋框架、滤袋、清灰气路系统(或机构)、清灰控制仪、排灰设备、卸灰装置等;脉冲喷吹类袋式除尘器包括脉冲阀分气箱、脉冲阀、气包;反吹袋式除尘器包括反吹风机及阀门。

7.1.2.2 袋式除尘器的进、出风方式应根据工艺要求、现场情况综合确定。应合理组织气流,减少设备阻力,防止烟气直接冲刷滤袋。

7.1.2.3 箱体应满足以下规定:

(1)箱体的强度应能承受系统压力,设计承载压力应不小于系统满负荷工况下承载压力的 120%。不足−6 000 Pa 时,按−6 000 Pa 计取;按 5 000 Pa 进行耐压强度校核。

(2)箱体壁板应进行防腐处理,腐蚀裕度不小于 1 mm。

(3)袋式除尘器的花板应平整、光洁,不应有挠曲、凹凸不平等缺陷。花板平面度偏差不大于其长度的 2/1 000;各花板孔中心与加工基准线的偏差应≤1.0 mm;相邻花板孔中心位置偏差小于 0.5 mm。花板孔径偏差为 $^{+0.5}_{-0.0}$ mm。花板厚度应≥5 mm。

(4)花板边部孔的孔中心距箱体侧板的距离应大于孔径,花板孔的中心距不小于 1.5 倍孔径,内部布孔应合理。净气室的高度以控制通过的风速 4~6 m/s 为宜。

7.1.2.4 灰斗的强度应按不小于满负荷工况下承载能力的 150%设计,并能保证长期承受系统压力和积灰的重力。灰斗的容积应考虑输灰设备检修时间内的储灰量。灰斗应设置检修门。灰斗斜壁与水平面的夹角应大于 60°,灰斗相邻壁交角的内侧应做成圆弧状,圆弧半径以 200 mm 为宜。

7.1.2.5 除尘器支柱的设计应牢固可靠,满足袋式除尘器的强度和刚度要求。考虑因素包括除尘器的设备重量(包括灰重)、当地的最大风载、雪载、人员活载荷和地震设防附加载荷。

7.1.2.6 排灰设备和卸灰装置应符合相应机电产品标准,满足最大卸灰量,在发生停机检修后能够确保完全排灰,滤袋不发生"灌肠"现象;确保锁风要求,保证粉尘不外溢。

7.1.2.7 袋式除尘器宜采用脉冲喷吹清灰方式。压缩空气量、压力,空压机的选型、去油、去水,储气罐与脉冲阀所在气箱的容量均应满足使用要求,送气管道应保证及时补气。

7.1.2.8 脉冲喷吹类袋式除尘器用分气箱和气包应符合 JB 10191 的规定。

7.1.2.9 反吹风机全压和流量应大于清灰所需压力和风量的 1.3 倍。

7.1.2.10 反吹风气路系统应配备具有快速开关功能的气动阀。反吹风袋式除尘器,每单元进气管路上应加装手动碟阀,确保除尘器能实现在线检修。

7.1.3 滤袋

7.1.3.1 滤料推荐采用针刺毡滤料或覆膜滤料,滤料的性能应符合 HJ/T 324 和 HJ/T 326 的规定。滤袋应符合 HJ/T 327 的规定。

7.1.3.2　袋式除尘器用滤料及滤袋应符合 GB/T 6719 的规定。袋式除尘器用滤袋框架应符合 JB/T 5917 的规定。

7.1.3.3　根据烟气条件和电解铝的运行工况，袋式除尘器应选用与工作温度相适合的过滤材料。还应根据需要对滤料进行诸如热定型、浸渍等后处理。

7.1.3.4　袋式除尘器滤袋应能长期稳定使用，使用寿命不低于 20 000 小时，或投用年限不低于 2.5 年。寿命期内滤袋破损率应≤5%。

7.2　氧化铝吸附剂

7.2.1　铝电解净化系统使用的吸附剂氧化铝应满足 GB/T 24487 二级以上的质量要求。

7.2.2　氧化铝的粒径要求为：+150 μm 的含量≤5%，–45 μm 的含量≤12%；–20 μm 含量≤3%。

7.2.3　氧化铝的比表面积≥80 m^2/g。

7.2.4　α 氧化铝含量低于 10%。

7.2.5　吸附剂氧化铝的磨损指数≤25%。

7.2.6　安息角≤35°。

7.3　排风机

7.3.1　排风机应符合国家或行业相应产品标准，其型号应满足所处理介质的要求。

7.3.2　应优先选用运行平稳、噪声低、效率高的离心风机。

7.3.3　排风机应选择有资质的生产企业的产品。

8　辅助工程

8.1　一般规定

8.1.1　铝电解废气氟化物和粉尘治理工程的热力、电气自动化、给排水、建筑结构等专业的技术要求应与生产建设工程中相应专业的技术要求一致。

8.1.2　铝电解废气氟化物和粉尘治理工程工作电源的引接和操作室设置应与生产过程统筹考虑，高、低电压等级和用电中性点接地方式应与生产设备一致。

8.1.3　铝电解废气氟化物和粉尘治理工程的建筑结构应符合 GB 50046、GB 50016 和 GB 50040 的规定。

8.1.4　铝电解氟化物和粉尘治理工程的结构设计应充分考虑积灰和输送设备故障而积存物料的荷载。

8.2　压缩空气供给

8.2.1　铝电解废气治理设施用压缩空气由厂内压缩空气站统一供给。

8.2.2　压缩空气应经过过滤器、调压阀和给油器组成的气源处理单元净化，压力应保持在汽缸许可的范围内。

8.2.3　向除尘系统提供的压缩空气应经除油、除水、除雾净化处理，满足用气设备对压缩空气品质的要求。

8.2.4　储气罐到用气点的管线距离一般不超过 50 m，超过该距离时宜另设储气罐。用气量较多的点可单独设储气罐。压缩空气管道内的气体流速不大于 20 m/s，压缩空气站对除尘器的供气能力不小于除尘器耗气量的 1.2 倍。

8.2.5　每台除尘器输送压缩空气的管道均应设置截止阀。

8.2.6 压缩空气管线应短捷，减少压缩空气漏损和压力降低。管线应具有适当坡度，便于排水。

8.3 给排水系统

8.3.1 铝电解车间烟气净化系统的排烟风机、罗茨风机等需水冷却，冷却供水方式应根据供水水源情况、企业内部水平衡等确定，应循环使用。

8.3.2 冷却水的水量、水质及水压应满足设备要求。

8.3.3 冷却水供水压力 0.15～0.45 MPa。

8.3.4 冷却水供水水质应符合 GB 50050 的规定。当企业内部有软化水可以利用，且经济合理时，应优先使用软化水。

8.3.5 冷却水采用直流供水时，应根据冷却水的碳酸盐硬度控制排水温度，且不宜超过表 3 的规定。超过表中规定时，应对冷却水进行软化处理。

表 3 碳酸盐硬度与排水温度的关系

碳酸盐硬度/（mg/L）	排水温度/℃
≤140	45
168	40
196	35
280	30

8.3.6 风机冷却水的供回水管道上设切断阀，供水管道上设断流报警装置。

8.3.7 设备的给水和排水管道，应设放尽存水的设施。

8.4 建筑结构

8.4.1 电解车间屋顶通风器

8.4.1.1 电解厂房屋顶应安装屋顶通风器。通风器的喉口尺寸根据厂房跨度的不同，通过厂房通风模拟计算确定。宜设置为 5～10 m。

8.4.1.2 通风器的材料、材质的选择，应具有良好的抗氟化物腐蚀性能。

8.4.1.3 通风器的结构尺寸应严格按照国家的样图标准比例设计制作。

8.4.1.4 通风器的基础施工要保证尺寸准确，没有遗漏。

8.4.1.5 安装完成后，应对通风器的外观及内部进行检查，确保通风器整体完好、整洁，气流通畅。

8.4.2 电解车间通风窗

8.4.2.1 通风窗的设计应根据厂房整体通风设计要求的通风量，选用能够满足通风要求的通风窗类型、结构形式及规格。

8.4.2.2 电解厂房操作平台以上应设适宜高度的通风窗。宜设可开度最大为 45°的百叶窗或窗外加通风墙，风量可调，调节机构应灵活可靠。

8.4.2.3 通风窗的材料、材质应根据具体的使用位置，选用具有良好的防火、防腐性能的材质，并能满足强度要求。

8.4.2.4 通风窗的制作、施工安装及验收应符合相关的国家规范、规程，以及通风设备施工安装技术文件要求。

8.4.3 烟囱

铝电解废气净化系统的烟囱为钢筋混凝土结构或钢结构，其他除尘系统的烟囱为钢结构，钢结构的烟囱应做防腐处理。

8.4.4 保温及其他

8.4.4.1 在压缩空气凝结水可能结冰的地区，压缩空气管及净化装置应采取保温或伴热措施。

8.4.4.2 配置在风机房内的排风机要考虑风机的检修设施、通风降温措施等。

9 检测和过程控制

9.1 一般规定

9.1.1 废气治理系统烟囱出口及车间厂房通风器出口应设置氟化物和粉尘连续监测设施，并与监控中心联网。氟化物和粉尘排放应符合 GB 25465 或所在地方当地排放标准规定的限值。

9.1.2 监测装置应符合 HJ/T 76 的规定；运行和维护应符合 HJ/T 75 的规定；排放监测的样品采集方法应符合 GB/T 16157 的规定；数据传输系统应符合 HJ/T 212 的规定。

9.1.3 废气治理系统连续监测装置的检测项目应包括烟气颗粒物、氟化物浓度，烟气负压，烟气温度和烟气流量。

9.1.4 烟囱上颗粒物或气态污染物监测的采样点数目及采样点位置的设置按 GB/T 16157 执行。

9.1.5 以压差控制清灰的测压装置必须灵敏、可靠、准确。

9.1.6 排风机应配置完善的监测、控制措施。

9.1.7 检测仪器的选择应符合 HJ 477 的规定。

9.2 控制要求

9.2.1 控制系统的主要功能是检测来自电解车间烟气的工艺参数、净化后烟气的排放指标、净化系统设备的运行情况，构成一个闭环监测控制系统。

9.2.2 净化系统的运行状态实现主控制机的动态画面显示功能。

9.2.3 控制系统应监测排烟管网最远端铝电解槽支烟管的出口压力，实现超低负压报警。

9.2.4 应监测除尘器入口烟气温度，根据除尘器滤料的使用特性要求，实现超高温报警。

9.2.5 监测每组除尘器的进出口压差。

9.2.6 布袋反吹风压力实现在线自动监测及故障报警功能。

9.2.7 电解槽集气罩出口主、副烟管分别设调节阀，调节阀设全关、正常工作二个工作位。

9.2.8 其他通风除尘系统可按生产工艺要求设置温度、压差检测设施。

9.3 检测点及检测参数

铝电解车间烟气干法净化系统的检测点和检测参数如表4所示。

9.4 电气及控制系统的要求

9.4.1 电气设施应满足以下要求：

（1）控制柜/箱应有单独的回路供电。

（2）控制回路电源应由控制柜/箱自身完成配电。

表4 铝电解车间烟气干法净化系统的监测点和检测参数

序号	测点位置		测量参数	单位	测量范围
1	排烟管网远端电解槽集气罩出口	4～8个	压力	Pa	−800～0
2	排烟管网近端电解槽集气罩出口	4～8个	压力	Pa	−800～0
3	A车间汇总烟管出口		烟气流量	m³/h	0～1 000 000
4			烟气温度	℃	0～200
5			HF浓度	mg/m³	0～700
6			粉尘浓度	mg/m³	0～500
7	B车间汇总烟管出口		烟气流量	m³/h	0 ～1 000 000
8			烟气温度	℃	0～200
9			HF浓度	mg/m³	0～700
10			粉尘浓度	mg/m³	0～500
11	每组除尘器		压差	Pa	0～3 000
12	除尘器机组		平均压差	Pa	0～3 000
13	除尘器机组反吹风		压力	Pa	2 000～2 500
	除尘器机组脉冲反吹风压缩空气		压力	MPa	0.3～0.8
14	除尘器机组的反吹风间隔		时间	s	0～500
15	除尘器机组出口		压力	Pa	−6 000～0
16	烟囱排放口		HF浓度	mg/m³	0～50
17			粉尘浓度	mg/m³	0～50
18	罗茨风机出口		压力	kPa	0 ～50
19	溜槽风机出口		压力	Pa	0 ～11 000
20	流态化风机出口		压力	Pa	0 ～18 000
21	副引风机入口		压力	Pa	−15 00 ～0
22	高压风机入口		压力	Pa	−5 000～0
23	新鲜氧化铝下料口		下料量	t/h	0 ～50

9.4.2 除尘器的控制系统应满足以下技术要求：

（1）控制柜/箱应具有手动/自动控制功能。自动控制分为中央控制/设备控制柜的控制选择，现场控制应具有"机旁优先"的功能。

（2）引至中央控制系统的接口信号一般为无源接点或模拟量信号，信号类型要满足用户的要求。

（3）控制柜/箱的主控制器可采用单片机或 PLC 可编程控制器，时间控制精度要达到0.01 s；时序式脉冲喷吹电控仪应符合 JB/T 5915 的规定，压差控制仪应符合 JB/T 10340 的规定。

（4）控制内容：应符合各个部分控制策略的要求。

（5）控制方式：自动控制应具有定时/定压控制方式，以适应不同情况的需要。

（6）控制器应具有方便修改控制参数的功能，以便实现最佳运行。

（7）控制柜/箱的使用环境温度应满足使用说明书的要求。

（8）用于高海拔地区的控制柜/箱，主要元、器件的选型必须高出常规一个等级。

（9）用于高湿地区的控制柜/箱，必须选择耐湿、耐腐蚀的元器件。

（10）部分有震动的检测点，采用防震性检测仪表。

9.4.3 废气治理工程电气及控制系统安装及调试应满足以下要求：

（1）控制柜/箱的安装应和水平面保持垂直，倾斜度＜5%。

（2）控制柜/箱应增加电、磁屏蔽设施，避免剧烈振动的场合。

（3）控制柜/箱体必须可靠接地。

（4）室内安装应注意通风、散热，室外安装应有防尘、防雨、防晒等措施。

（5）设备安装完成后，应在现场进行空负荷调试。

9.5　检测仪器的要求及维护

9.5.1　保持检测设备清洁卫生，防止腐蚀。

9.5.2　定期对检测设备进行校正，保持检测精度。

10　劳动安全与职业卫生

10.1　劳动安全

10.1.1　铝电解生产各工序废气治理收集的物料应全部在生产中利用，不得抛弃和产生二次污染。

10.1.2　铝电解废气氟化物和粉尘治理工程在设计、建设和运行过程中，应高度重视职业安全卫生，采取各种防治措施，保护人身的安全和健康。

10.1.3　建设单位在铝电解废气氟化物和粉尘治理工程建成运行的同时，职业安全卫生设施应同时建成运行，并制订相应的操作规程。

10.1.4　应对工作人员进行环境保护与职业安全卫生培训，提供所需的防护用品。

10.1.5　建立并严格执行经常性的和定期的安全检查制度，及时消除事故隐患，防止事故发生。

10.1.6　对经常检查、维修的地点，应设置安全通道，如有危及安全的运动物体，均须设防护罩。

10.1.7　在操作、维修人员可能进入而又有坠落危险的开口处，应设有盖板或安全栏杆。

10.1.8　高于2 m有可能产生人员坠落的平台，应设置安全防护栏杆。

10.1.9　设备的运行、检修、维护必须严格按操作规程执行。

10.2　职业卫生

10.2.1　铝电解废气氟化物和粉尘治理工程防尘、防噪声与振动、防暑与防寒等职业卫生要求应符合GB/T 12801和GBZ 1的规定。

10.2.2　粉尘的收集和输送应采用密闭系统，实现机械化和自动化操作。

10.2.3　应采用噪声低的设备。对于噪声较高的设备，应采取减震消声措施，尽量将噪声源和操作人员隔开，设置隔声操作（控制）室。

11　施工与验收

11.1　一般规定

11.1.1　铝电解废气氟化物和粉尘治理工程的施工应按工程设计图纸、技术文件、设备图纸和随机文件进行组织。施工前组织工程技术人员认真审图，做好施工前期工作，针对有关施工技术和图纸存在的疑点做好记录并核查清楚。

11.1.2　施工使用的材料、半成品、部件应符合国家现行标准和设计要求，并取得供货商的合格证书。

11.1.3　铝电解废气氟化物和粉尘治理工程施工单位，必须具有与该工程相应的资质等级。

11.1.4 业主须提供具备各阶段施工条件的施工场地。施工场地设置围墙，并进行美化装饰，做好临时建筑物、道路等安全防护工作。

11.1.5 对工程的变更应取得设计单位的设计变更文件后再进行施工。

11.1.6 设备安装之前应对土建工程按 GB 50204 和安装要求进行验收，验收记录和结果应作为工程竣工验收资料之一。

11.1.7 设备安装应符合 GB 50231 的规定。

11.2 工程施工管理

11.2.1 铝电解废气氟化物和粉尘治理工程建设单位应成立技术、质量监督组，项目总负责人任组长。技术、质量监督组应参与做好下列管理工作：

（1）参与设备制造过程的质量监控和主要配套装置及元、部件的质量验证；

（2）会同制造商现场代表严格按工程设计和产品要求对施工质量实施监督和控制；

（3）进行试车前的工程质量检查；

（4）正确进行空载试车和负载试车；

（5）对废气治理系统操作维护人员及相关人员进行岗前技术培训；

（6）建立铝电解废气治理系统操作、运行、维护工作规范、岗位责任制和管理制度；

（7）组织、参与工程验收并建立设备安装和运行档案。

11.2.2 铝电解废气治理系统空载试运行合格后，建设单位应向有审批权的环境保护行政主管部门提出生产申请，经环境保护行政主管部门同意后方可进行生产。生产申请应包括以下内容：

（1）项目概况；

（2）与废气治理系统有关的工艺流程；

（3）生产设备（设施）性能及与生产设备对应的除尘器、排风机性能一览表；

（4）净化设备安装位置及排气筒参数；

（5）检测内容和检测仪表一览表；

（6）配套设施情况；

（7）落实环境影响评价要求情况。

11.3 工程制作与安装

11.3.1 集气罩的制作

11.3.1.1 集气罩的制作应依据 GB 50236 的要求进行。

11.3.1.2 制作罩板用材料要求平整，无明显变形和凹坑。

11.3.1.3 槽罩板制作件焊接后不得有未焊透、夹渣、裂纹等缺陷。焊缝外观不得有气孔、咬边、偏焊等缺陷。焊接成型后，焊缝做无损检测，超出规范要求，须进行修整。

11.3.1.4 槽罩板制作要求规整。

11.3.2 系统管网的制作

11.3.2.1 净化系统管网和烟道制作应符合 GB 50236 的要求。

11.3.2.2 管道制作用材要求表面无铁锈、污物等，放样气割后应清除熔渣和飞溅物。不应有明显的损伤划痕。

11.3.2.3 系统管网的变径管、弯头、三通制作，各焊接件要严格按照设计放样，件与件之间对缝焊接，不得有一件插入另一件的现象发生。

11.3.2.4 要求焊缝外形均匀，焊道与焊道、焊道与基本金属之间过渡平滑，焊渣和飞溅物清除干净。

11.3.2.5 焊接后不得有未焊透、夹渣、裂纹等缺陷。焊缝外观不得有气孔、咬边、偏焊等缺陷。

11.3.2.6 焊接成型后的构件，焊缝做无损检测，超出规范要求，须进行修整，完成后及时进行喷砂除锈喷防锈底漆一道。

11.4 设备安装

11.4.1 工程安装包括除尘器、风机等本体设备（指土建基础以上的全部结构）和高、低压电源及其控制系统的安装，及与之相关设备和设施的连接。

11.4.2 设备零部件的现场贮存、运输和吊装应符合产品技术文件的规定。

11.4.3 袋式除尘器安装应符合 JB/T 8471 的规定，并满足：

（1）除尘器壳体安装时侧板和端板组成的各除尘室应有良好的密封性能，壳体各侧板之间、顶板各板之间的搭接板安装后应进行连续焊接；

（2）滤袋安装应放在全部安装工作的最后进行，装好滤袋后，不得在壳体内部和外部再实施焊接，不得采用气割（明火）；

（3）清灰气路系统的安装既要保证气路系统的密封、可靠，还要确保各种气动元件的动作灵活、准确。

11.4.4 净化系统相关设备和设施的连接。如系统排灰、风管、调节阀门等的安装应符合 GB 50275 和 GB 50236 的要求。

11.4.5 高、低压电源及其控制系统的安装，按 GB 50254 的要求进行。

11.5 净化系统调试

11.5.1 净化系统的空载试运行应满足以下规定：

（1）建立净化系统适宜的运行操作规程；

（2）试运行之前必须清理安装现场，检查烟道，清除设备机内杂物，关闭各检查门；

（3）各运动部件加注规定的润滑油（脂），人力应能盘动且转动灵活；

（4）所有风机启动前应进行手动盘车，入口阀门应打到启动的位置，出口阀门应全部打开，运转正常后再进行风量的调整。

（5）每台设备都要设专人负责，检查监护系统要有人流动检查监护，调试人员应掌握设备的操作规程；

（6）打开电解车间与主烟道连接的所有电解槽支烟管阀，打开除尘器进出口阀门，系统中工艺需要的非调整手动阀门都应打开，做好试车准备工作。

（7）具有压缩空气系统的，通压缩空气时不得出现漏气，压力应保持在规定的工作压力之内，且压力计指示正确；

（8）配电柜、控制柜（箱）供电正常；

（9）检查所有配套设备，向各运动部件点动供电，使其运动方向正确；

（10）按操作规程要求顺序启动各设备，连续空转 4～8 h，观察传动电机、各轴承部位的发热情况和清灰控制仪动作的准确性和灵活性，并做好记录。

11.5.2 袋式除尘器试生产应达到以下条件和要求：

（1）在额定风量的 80% 条件下进行；

（2）连续试验时间在 72 h 以上；

（3）观察并记录各测量仪表的显示数据及各运动部件的运行状况；

（4）试生产各项技术指标均应达到设计要求；

（5）验证自控系统的可靠性。

11.5.3 调试结束后检查除尘器有无漏风、漏料现象。

11.6 工程验收

11.6.1 与生产工程同步建设的废气治理工程应与生产工程同时验收；现有生产设备配套或改造的废气治理设施应进行单独验收。

11.6.2 废气治理工程分两个阶段进行验收。第一阶段为安装工程（竣工）验收，第二阶段为环保验收。

11.6.3 安装工程验收在安装工程完毕后，由用户组织安装单位、供货商、工程设计单位结合空载试运行对废气治理系统各部分逐项进行验收。安装工程（竣工）验收应对系统控制设备操作的安全性、采样及控制的可靠性等方面进行考核。工程竣工验收前，严禁投入生产性试运行。

11.6.4 安装工程验收应依据主管部门的批准文件、设计文件和设计变更文件、工程合同、设备供货合同及其附件、设备技术文件及其他技术文件。验收前结合废气治理工程的实际情况，制定相应的验收程序和验收内容。验收程序和内容应符合 GB 50231、GB 50236、GB 50275、HJ/T 76、JB/T 8471、GB 50254 和安装文件的有关规定。

11.6.5 新、改、扩建铝电解建设项目的废气治理工程环境保护验收按《建设项目竣工环境保护验收管理办法》和 HJ/T 254 的规定执行。

11.6.6 现有生产设备配套或改造废气治理设施，按照下达治理任务的环境保护行政主管部门的要求，参照 HJ/T 254 的规定进行。

11.6.7 配套建设的烟气连续监测及数据传输系统，应与废气治理工程同时进行环境保护竣工验收。

11.6.8 铝电解废气氟化物和粉尘治理工程竣工环境保护验收提供的技术文件除应满足《建设项目竣工环境保护验收管理办法》及 HJ/T 254 的规定外，还应提供试运行期间的烟气连续监测数据，及废气治理系统的性能试验报告。

11.6.9 铝电解废气治理系统性能试验报告至少应包括如下参数：

（1）出口粉尘浓度；

（2）出口氟浓度；

（3）出口排烟量；

（4）出口排尘速率；

（5）出口氟排放速率；

（6）出口排烟速率；

（7）系统漏风率；

（8）系统阻力；

（9）集气罩集气效率；

（10）粉尘净化效率；

（11）氟化氢净化效率。

详见附录 A。

12 运行与维护

12.1 一般要求

12.1.1 生产单位应配备环境保护专职技术人员及相应的技术力量，制定废气治理系统的"操作规程"、"岗位责任制"、"定期巡检制度"、"维护管理制度"；制定车间工作制度和大、中、小修计划；制定每台设备的维修内容，确保系统长期、高效、安全运行。至少配备 1 套废气治理系统检测仪器。

12.1.2 废气治理设施应由固定的工人操作，配备能胜任设备维修保养的各专业技术人员，每台设备均应责任到人。严格执行交接班工作制度。岗位工人应通过培训考核上岗，熟悉设备运行和维护的具体要求，具有熟练的操作技能。定期对岗位人员和维护管理人员进行教育培训，对其操作和维修管理进行评估，采取有效的措施提高操作技能。

12.1.3 岗位工人应填写运行记录。运行记录按天上报企业生产和环保管理部门，按月成册，作为废气治理系统运行档案。所有净化设备均应有运行记录，铝电解槽烟气干法净化系统运行记录表格式参见附录 A 的表 A.2、表 A.3；其他除尘器运行记录表格格式可参照附录 A 的表 A.4，处理风量大于 100 000 m³/h 的通风设备用除尘器运行记录表格宜单独编制。

12.1.4 建立铝电解废气治理设施主要设备档案，各个废气治理系统袋式除尘器的型号及参数记录表参见附录 B 的表 B.6。

12.1.5 岗位工应按操作规程启动或关闭废气治理系统，随时观察设备运行状况，发现异常应及时处理。

12.1.6 废气治理工程中通用设备的备品备件由生产单位按机械设备管理规程储备。专用备品备件如脉冲阀、滤袋、气动元件及电器元件等储备量为正常运行量的 10%～20%。

12.1.7 生产单位应每 6 个月对所有的废气治理系统进行一次全项目检测。对可能有问题的系统、设备随时检测，检测结果应记录并存档。检测内容见附录 A 的表 A.1。

12.2 铝电解车间操作管理

12.2.1 应减少电解槽作业开罩时间、减少车间内残极、物料外露堆放，并进行相应的污染治理。

12.2.2 在铝电解槽非工艺作业时间，槽罩板或两端工艺操作门不得打开。

12.2.3 槽罩板应实行作业一台打开一台的作业方式，使电解槽罩板及时处于关闭状态。

12.2.4 电解日常操作如：出铝、更换阳极，操作前必须先在槽控机上执行相应的操作按钮，由槽控机传递操作信号给净化控制系统，再由净化系统完成主副烟道阀门的转换。作业完毕后应立即盖好槽罩板，由槽控机自动传递信号给净化系统，完成主副烟道阀门的逆转换。

12.2.5 阳极更换作业时，单台槽打开的槽罩板不得多于 3 个，阳极更换时间不得大于 20 min。

12.2.6 更换下来的残极不可随意敞开放置在电解车间。要建立残极冷却间，或在电解车间设置带有侧吸罩的临时冷却点，残极散发出的烟气统一收集送烟气干法净化系统处理。

12.2.7 残极和电解车间的多余电解质用加有密封罩的阳极转运车或加罩的电解质运输车转运，防止运输过程中的氟化物和粉尘飞扬。

12.2.8 从电解槽中捞出的炭渣和取出的多余电解质应收入放置于电解槽集气罩内的容器中。

12.2.9 出铝时出铝抬包抽真空用压缩空气尾气应排入电解槽集气罩。

12.2.10 应减少和取消生产过程中的各种车辆运输，减少道路扬尘、装卸扬尘和沿途抛洒。

12.2.11 铝电解用阳极含硫应≤1.5%。

12.3 废气治理系统运行

12.3.1 废气治理系统初期运行和重新开机前，应全面检查运行条件，达到运行要求后才允许启动。

12.3.2 运行中的废气治理系统应与生产操作密切配合，保证运行平稳，排放浓度达标。

12.3.3 废气治理系统风量不得超过系统额定处理风量。

12.3.4 除尘器入口气体温度必须低于滤料使用温度的上限，若超过上限值，必须采取措施予以调整，避免烧损滤袋。

12.3.5 废气治理系统的除尘器应在正常阻力范围内运行。

12.3.6 操作工每班至少应巡回检查一次，对设备进行清扫，保持设备和现场的整洁，及时发现防止故障的发生。

12.3.7 高寒地区废气治理系统建成或长时间停运后，冬季启动之前必须对袋式除尘器采用加热措施，使除尘器内温度高于露点温度10℃以上，避免结露糊袋或烧袋、影响系统正常运行。

12.4 集气系统的维护

12.4.1 定期检查烟道，保持畅通无积料。

12.4.2 保证集气罩板无明显变形和破洞。

12.4.3 定期检查维修阳极导杆与水平罩板之间的柔性密封，保持密封完好。

12.4.4 支烟管上的柔性补偿节保持完好无破损。

12.4.5 定期检查铝电解废气排烟管网，保持末端烟道与汇总烟道畅通无积料。

12.4.6 定期检查主、副烟道控制阀门，确保灵敏可靠。

12.4.7 定期检查、调整排烟管网支烟管阀门工作状态，保持管网排烟平衡；两槽集气罩出口负压差值应控制在 10～50 Pa 之内。

12.4.8 定期检查排烟管网的管道、连接法兰，不允许有漏风现象，并定期进行防腐处理。

12.4.9 保持电磁阀、汽缸等卫生干净，定期检查供风管路，不允许有漏气现象。

12.4.10 排烟管网支架定期防腐，螺栓定期维护保养，防止腐蚀。

12.5 废气治理系统的维护

12.5.1 废气治理系统投入运行一周内应对各连接件进行紧固，检查除尘器清灰机构和滤袋滤尘情况。对于反吹风袋式除尘器使用 1～2 个月后，应定期对滤袋吊挂机构长度进行调整或更换，保证吊挂机构对滤袋的预紧力。

12.5.2 废气治理系统的运转部分应定期加注和更换润滑油（脂）；定期维护电气系统，保证监测仪表指示正确。

12.5.3 废气治理系统袋式除尘器内部维修，相关部分应停止运转，切断开关的总电源，并且在操作盘挂上严禁启动的字牌。维修时应用空气将系统内部的气体置换出去，如果有有害气体存在，还应使用仪器检查，确认安全后方可检修。禁止单人操作，避免人身事故。

12.5.4 袋式除尘器的箱体外部维护主要是防止漏雨、使整体稳固、密封和保温性能良好。阀门维护应保证阀门开闭灵活、位置准确及密封良好。调节或检修清灰机构应满足清灰要求，灰斗内壁不应黏结粉尘，存灰不得超过设计值。及时更换损坏的滤袋和部件。

12.5.5 定期校对仪表，消除误差，保证自动控制、报警、监测和指示系统可靠、正确。

12.5.6 风机和输灰设备的维护按工厂同类设备维护要求执行。

12.5.7 废气治理系统停止运行，应清除滤袋、设备、管道和灰斗的积灰，防止内部结露、生锈；清灰机构与驱动部分要注油，防止灰尘和雨水等进入设备内部。检查滤袋磨损程度、滤袋之间摩擦情况、滤袋或粉尘是否潮湿，针对不同情况妥善处理。

12.5.8 有冰冻季节的地方，废气治理系统停运时，冷却水和压缩空气的冷凝水应完全放掉。长期停运，还应取下滤袋，放在仓库中妥善保管。切断配电柜和控制柜电源，防止各类事故发生。

附录 A（规范性附录）

记录表格式

A.1 铝电解废气治理系统运行情况及性能测定原始记录表

表 A.1 铝电解废气治理系统运行情况及性能测定原始记录表

工厂名称									
车间名称									
系统编号及名称									
尘源设备名称及产量及工作情况									
除尘系统			测定项目		单位	设计值	测定值			
							1	2	3	4
集气罩			集气效率		%					
粉尘	成分		入口气体	流量	m³/h					
				温度	℃					
	粒径分布或中位径			静压	Pa					
	真密度			含氟质量浓度	mg/m³					
气体	成分			含尘质量浓度	mg/m³					
	理化性质		出口气体	流量	m³/h					
除尘器	型号规格			温度	℃					
	过滤面积			静压	Pa					
	清灰方式			含氟质量浓度	mg/m³					
	清灰周期			含尘质量浓度	mg/m³					
滤袋	尺寸		系统出口粉尘排放率		kg/h					
	材料		除尘效率		%					
	运转天数		漏风率		%					
风机	型号		设备阻力		Pa					
	风量×风压×功率		过滤风速		m/min					
	消声情况									
备注			测定日期							
			测定人员							

A.2 当班铝电解废气干法净化系统运行记录

表 A.2　当班铝电解废气干法净化系统运行记录表（1）

车间名称				日期		
系统编号及名称						
处理能力/（m³/h）						
测量参数		时间				
		单位	测量值			
车间	#槽出口压力	Pa				
	#槽出口压力	Pa				
	#槽出口压力	Pa				
	#槽出口压力	Pa				
	#槽出口压力	Pa				
	#槽出口压力	Pa				
	汇总烟管出口 烟气流量	m³/h				
	烟气温度	℃				
	HF 质量浓度	mg/m³				
	粉尘质量浓度	mg/m³				
	#槽出口压力	Pa				
	#槽出口压力	Pa				
	#槽出口压力	Pa				
	#槽出口压力	Pa				
	#槽出口压力	Pa				
	#槽出口压力	Pa				
	汇总烟管出口 烟气流量	m³/h				
	烟气温度	℃				
	HF 质量浓度	mg/m³				
	粉尘质量浓度	mg/m³				
除尘器机组平均压差		Pa				
#除尘器压差		Pa				
#除尘器压差		Pa				
备注				操作员：		
				班长：		

表 A.3 当班铝电解废气干法净化系统运行记录表（2）

车间名称				日期	
系统编号及名称					
处理能力/（m³/h）					
测量参数	时间				
	单位	测量值			
#除尘器压差	Pa				
#除尘器压差	Pa				
#除尘器压差	Pa				
#除尘器压差	Pa				
除尘器反吹风压力	Pa				
除尘器脉冲反吹风压力	MPa				
除尘器机组反吹风间隔	s				
除尘器机组出口压力	Pa				
烟囱排放口 HF 质量浓度	mg/m³				
烟囱排放口 粉尘质量浓度	mg/m³				
罗茨风机出口压力	kPa				
溜槽风机出口压力	Pa				
流态化风机出口压力	Pa				
副引风机入口压力	Pa				
高压风机入口压力	Pa				
新鲜氧化铝下料口下料量	t/h				
备注			操作员：		
			班长：		

A.3 当班除尘器运行记录

表 A.4 当班除尘器运行记录表

车间名称					日期	
系统编号及名称						
设备型号		处理能力/（m³/h）				
记录时间						
温度/℃						
系统负压/Pa						
主阀门开度/%						
压缩空气压力/MPa						
出口排放情况（自测或连续监测）						
清灰设备情况						
卸灰设备情况						
故障及交接班记录						
备注				操作员：		
				班长：		

附录 B（资料性附录）

废气量及废气污染物质量浓度

表 B.1　铝电解企业每 10 万 t 产能采用不同电解槽型时的总排烟量

项目 ＼ 采用槽型	160 kA 槽	200 kA 槽	300 kA 槽	400 kA 槽
安装槽台数/台	232	185	124	93
单槽排烟量（标态）/（m³/h）	5 000～6 000	6 000～7 000	7 000～8 000	8 000～10 000
总排烟量（标态）/（m³/h）	1 160 000～ 1 392 000	1 110 000～ 1 295 000	868 000～ 992 000	744 000～ 930 000
生产每吨铝产生的烟气（标态）/（m³/t-Al）	99 000～119 000	95 000～111 000	74 000～ 84 500	64 000～ 79 000
烟气中氟含量（标态）/（mg/m³）	120～400	130～420	170～540	190～620
烟气中粉尘含量（标态）/（mg/m³）	250～700	270～720	350～940	380～1 090
烟气中二氧化硫含量（标态）/（mg/m³）	30～120	35～125	45～160	50～180

表 B.2　氧化铝及氟化盐输送系统的废气量及废气质量浓度

序号	污染源	风量（标态）/（m³/t-Al）	含尘质量浓度/（g/m³）	污染物
1	新鲜氧化铝拆袋站	1 200～1 600	10～13	氧化铝粉尘
2	新鲜氧化仓顶	50～150	50～60	氧化铝粉尘
3	载氟氧化仓顶	60～200	80～100	氧化铝粉尘
4	氟化盐及破碎电解质仓顶	10～20	60～70	电解质粉尘

表 B.3　阳极组装车间的废气量及废气质量浓度

序号	污染源	风量（标态）/（m³/t）	含尘质量浓度/（g/m³）	污染物
1	装卸站	300～400	12～13	电解质粉尘
2	电解质清理	500～600	13～15	电解质粉尘
3	电解质料斗卸料	220～270	12～13	电解质粉尘
4	电解质提升及破碎	220～260	18～20	电解质粉尘
5	残极抛丸	300～350	20～25	炭、铁、电解质粉尘
6	残极压脱	220～250	12～13	炭、电解质粉尘
7	磷铁环压脱及清理	200～230	12～13	铁、电解质粉尘
8	钢爪抛丸及导杆清刷	280～320	18～20	炭、铁、电解质粉尘
9	导杆清刷	60～100	12～13	金属铝粉
10	残极破碎	350～400	18～20	炭粉
11	残极储仓	170～200	15～18	炭粉

序号	污染源	风量（标态）/(m³/t)	含尘质量浓度/(g/m³)	污染物
12	磷生铁化铁炉	380～420	8～12	炭、铁粉尘及二氧化硫气体
13	磷生铁浇铸站	190～230	8～10	炭、铁粉尘及二氧化硫气体
14	钢爪烘干系统	180～210	8～10	炭、铁粉尘及二氧化硫气体

表 B.4　铝电解槽大修及抬包清理产生的废气量及污染物质量浓度

序号	污染源	风量（标态）/(m³/t)	含尘质量浓度/(g/m³)	污染物
1	电解槽大修刨炉区	650～800	8～10	电解质、炭、耐火材料粉尘
2	抬包清理机	190～230	10～13	电解质、金属铝、耐火材料粉尘
3	吸铝管清理机	30～50	10～13	电解质、金属铝粉尘

表 B.5　烟囱氟化氢排放质量浓度、排放速率和烟囱设计高度之间的关系

最高允许排放质量浓度/(mg/m³)	铝电解企业年产能/（万 t/a） 10 排放速率/(kg/h)	10 烟囱高度/m 二级	10 三级	20 排放速率/(kg/h)	20 烟囱高度/m 二级	20 三级	30 排放速率/(kg/h)	30 烟囱高度/m 二级	30 三级	40 排放速率/(kg/h)	40 烟囱高度/m 二级	40 三级
0.5	0.5	30	30	1	40	40	1.5	50	40	2	60	50
1	1	40	40	2	60	50	3	70	60	4	80	70
2	2	60	50	4	80	70	6	80				
3	3	70	60	6		80						
4	4	80	70									
5	5		80									

最高允许排放质量浓度/(mg/m³)	铝电解企业年产能/（万 t/a） 50 排放速率/(kg/h)	50 烟囱高度/m 二级	50 三级	60 排放速率/(kg/h)	60 烟囱高度/m 二级	60 三级	70 排放速率/(kg/h)	70 烟囱高度/m 二级	70 三级	80 排放速率/(kg/h)	80 烟囱高度/m 二级	80 三级
0.5	2.5	70	60	3	70	60	3.5	80	70	4	80	70
1	5		80	6		80	7			8		

最高允许排放质量浓度/(mg/m³)	铝电解企业年产能/（万 t/a） 90 排放速率/(kg/h)	90 烟囱高度/m 二级	90 三级	100 排放速率/(kg/h)	100 烟囱高度/m 二级	100 三级	110 排放速率/(kg/h)	110 烟囱高度/m 二级	110 三级	120 排放速率/(kg/h)	120 烟囱高度/m 二级	120 三级
0.5	4.5		80	5		80	5.5		80	6		80
1	9			10			11			12		

表 B.6　袋式除尘器型号规格及基本参数

车间名称			
系统编号及名称			
型号规格		记录时间	
除尘器台数		记录人	
参数名称	单位	数量	
处理风量	m³/h		
过滤风速	m/min		
净过滤风速	m/min		
室数	个		

每室滤袋数	条	
滤袋规格（直径×长度）	mm	
总过滤面积	m^2	
入口含尘浓度（标态）	mg/m^3	
出口含尘浓度（标态）	mg/m^3	
运行阻力	Pa	
脉冲阀规格		
每室脉冲阀数量	只	
换袋空间高度	mm	
压缩空气压力	MPa	
压缩空气消耗量	m^3/min	
排灰设备型号/功率	kW	
锁风设备型号/功率	kW	
入口气体温度	℃	
总装机功率	kW	
滤袋材质		
反吹风机型号/功率	kW	
反吹风机风量/风压	m^3/h，Pa	
壳体承受压力	≤Pa	
设备外形尺寸（长×宽×高）	m×m×m	
设备总质量	kg	

中华人民共和国国家环境保护标准

火电厂除尘工程技术规范

Technical specifications for dedusting engineering of thermal power plants

HJ 2039—2014

前 言

为贯彻执行《中华人民共和国环境保护法》、《中华人民共和国大气污染防治法》，规范火电厂除尘工程建设和运行管理，改善大气环境质量，制定本标准。

本标准规定了火电厂除尘工程的设计、施工、验收、运行和维护等技术要求。

本标准为指导性文件。

本标准为首次发布。

本标准由环境保护部科技标准司组织制订。

本标准主要起草单位：北京市环境保护科学研究院、国电环境保护研究院、清华大学、浙江菲达环保科技股份有限公司、山东奥博环保科技有限公司、江苏新中环保股份有限公司、福建龙净环保股份有限公司。

本标准环境保护部 2014 年 6 月 10 日批准。

本标准自 2014 年 9 月 1 日起实施。

本标准由环境保护部解释。

1 适用范围

本标准规定了火电厂烟（粉）尘的治理原则和措施，以及除尘工程设计、施工、验收、运行和维护等技术要求。

本标准适用于燃煤及煤矸石电厂的除尘工程，包括锅炉产生烟气的除尘工程和无组织排放过程（煤炭转运、贮存、破碎，脱硫剂的制备，灰渣去除及转运等过程）的除尘工程。可作为环境影响评价、工程设计与施工、建设项目竣工环境保护验收及建成后运行与管理的技术依据。燃用重油、生物质发电厂的烟（粉）尘治理及除尘工程可参照执行。

2 规范性引用文件

本标准引用了下列文件或其中的条款。凡是未注明日期的引用文件，其最新版本适用于本标准。

GB 2893　安全色

GB 2894　安全标志及其使用导则

GB 4053.1　固定式钢梯及平台安全要求　第 1 部分：钢直梯

GB 4053.2　固定式钢梯及平台安全要求　第 2 部分：钢斜梯

GB 4053.3　固定式钢梯及平台安全要求　第 3 部分：工业防护栏杆及钢平台

GB 4208　外壳防护等级（IP 代码）

GB 7251.1　低压成套开关设备和控制设备　第 1 部分：型式试验和部分型式试验　成套设备

GB 12348　工业企业厂界环境噪声排放标准

GB 13223　火电厂大气污染物排放标准

GB 14048.1　低压开关设备和控制设备　第 1 部分：总则

GB 16297　大气污染物综合排放标准

GB 50007　建筑地基基础设计规范

GB 50009　建筑结构荷载规范

GB 50010　混凝土结构设计规范

GB 50011　建筑抗震设计规范

GB 50014　室外排水设计规范

GB 50015　建筑给水排水设计规范

GB 50016　建筑设计防火规范

GB 50017　钢结构设计规范

GB 50018　冷弯薄壁型钢结构技术规范

GB 50019　采暖通风与空气调节设计规范

GB 50029　压缩空气站设计规范

GB 50033　建筑采光设计标准

GB 50040　动力机器基础设计规范

GB 50052　供配电系统设计规范

GB 50054　低压配电设计规范

GB 50057　建筑物防雷设计规范

GB 50140　建筑灭火器配置设计规范

GB 50187　工业企业总平面设计规范

GB 50217　电力工程电缆设计规范

GB 50229　火力发电厂与变电站设计防火规范

GB 50251　输气管道工程设计规范

GB 50660　大中型火力发电厂设计规范

GB/T 3797　电气控制设备

GB/T 3859.1　半导体变流器　通用要求和电网换相变流器　第 1-1 部分：基本要求规范

GB/T 3859.2　半导体变流器　通用要求和电网换相变流器　第 1-2 部分：应用导则

GB/T 6719　袋式除尘器技术要求

GB/T 7595　运行中变压器油质量

GB/T 11352　一般工程用铸造碳钢件

GB/T 16845　除尘器　术语

GB/T 50087　工业企业噪声控制设计规范

GBZ 1　工业企业设计卫生标准

GBZ 2.1　工作场所有害因素职业接触限值　第 1 部分：化学有害因素

GBZ 2.2　工作场所有害因素职业接触限值　第 2 部分：物理因素

GBZ 158　工作场所职业病危害警示标识

DL/T 387　火力发电厂烟气袋式除尘器选型导则

DL/T 461　燃煤电厂电除尘器运行维护导则

DL/T 514　电除尘器

DL/T 620　交流电气装置的过电压保护和绝缘配合

DL/T 1121　燃煤电厂锅炉烟气袋式除尘工程技术规范

DL/T 5035　火力发电厂采暖通风与空气调节设计技术规程

DL/T 5044　电力工程直流系统设计技术规程

DL/T 5072　火力发电厂保温油漆设计规程

DL/T 5121　火力发电厂烟风煤粉管道设计技术规程

DL/T 5137　电测量及电能计量装置设计技术规程

HJ/T 284　环境保护产品技术要求　袋式除尘器用电磁脉冲阀

HJ/T 320　环境保护产品技术要求　电除尘器高压整流电源

HJ/T 321　环境保护产品技术要求　电除尘器低压控制电源

HJ/T 324　环境保护产品技术要求　袋式除尘器用滤料

HJ/T 326　环境保护产品技术要求　袋式除尘器用覆膜滤料

HJ/T 327　环境保护产品技术要求　袋式除尘器　滤袋

HJ/T 328　环境保护产品技术要求　脉冲喷吹类袋式除尘器

HJ/T 329　环境保护产品技术要求　回转反吹袋式除尘器

HJ/T 330　环境保护产品技术要求　分室反吹类袋式除尘器

HJ/T 397　固定源废气监测技术规范

JB 10191　袋式除尘器　安全要求　脉冲喷吹类袋式除尘器用分气箱

JB/T 5845　高压静电除尘用整流设备试验方法

JB/T 5906　电除尘器　阳极板

JB/T 5911　电除尘器焊接件　技术要求

JB/T 5913　电除尘器　阴极线

JB/T 5916　袋式除尘器用电磁脉冲阀

JB/T 5917　袋式除尘器用滤袋框架技术条件

JB/T 6407　电除尘器设计、调试、运行、维护　安全技术规范

JB/T 7671　电除尘器　气流分布模拟试验方法

JB/T 8471　袋式除尘器安装技术要求与验收规范

JB/T 8532　脉冲喷吹类袋式除尘器

JB/T 8536　电除尘器　机械安装技术条件

JB/T 9535　户内户外防腐电工产品　环境技术要求

JB/T 9688　电除尘用晶闸管控制高压电源

JB/T 10341　滤筒式除尘器

JB/T 11267　顶部电磁锤振打电除尘器

《建设项目竣工环境保护验收管理办法》（国家环境保护总局令　第 13 号）

3　术语和定义

GB/T 16845 界定的术语和定义及下列术语和定义适用于本标准。

3.1　除尘工程 dust removal engineering

治理烟（粉）尘污染的工程，由烟道、除尘器、风机以及系统辅助装置组成。

3.2　卸、输灰系统 ash discharging and transportation system

将除尘器收集的烟尘输送至指定地点的成套装置。

3.3　标准状态 standard condition

烟气在温度为 273.15 K，压力为 101.325 kPa 时的状态，简称"标态"。本标准中所规定的大气污染物浓度均指标准状态下干烟气的数值。

3.4　低低温电除尘器　low low temperature ESP

通过低温省煤器或 MGGH 降低电除尘器入口烟气温度至酸露点以下，最低温度应满足湿法脱硫系统工艺温度要求的电除尘器。

3.5　湿式电除尘器　wet ESP

利用液体清洗收尘极的电除尘器。

3.6　电袋复合除尘器 electrostatic-fabric integrated precipitator

静电除尘和过滤除尘机理结合的一种复合除尘器。

3.7　锅炉最大连续工况 boiler maximum continuous rating

锅炉最大连续蒸发量下的工况，简称 BMCR 工况。

3.8　锅炉经济运行工况 boiler economic continuous rating

锅炉经济蒸发量下的工况，对应于汽轮机机组热耗保证工况，简称 BECR 工况。

4　污染物和污染负荷

4.1　污染物

4.1.1　火电厂的烟（粉）尘主要包括火电厂锅炉燃烧过程产生的烟尘以及无组织排放的粉尘。

4.1.2　火电厂锅炉烟气的主要成分包括：SO_2、SO_3、NO_x、O_2、CO_2、CO、N_2、H_2O 及烟尘等。

4.1.3　火电厂锅炉烟尘的主要化学成分包括：Na_2O、Fe_2O_3、K_2O、SO_3、Al_2O_3、SiO_2、CaO、MgO、P_2O_5、Li_2O、TiO_2 等。

4.1.4　无组织排放粉尘主要包括火电厂的煤炭转运、贮存、破碎，脱硫剂的制备以及灰渣去除及转运等过程中产生的粉尘。

4.2　污染负荷

4.2.1　根据工程设计需要，需收集火电厂锅炉含尘气体理化性质等原始资料，主要包括：

　　a）锅炉的烟气量（正常量、最大量）；

　　b）烟气温度及变化范围（最高温度、正常温度、露点温度）；

　　c）含尘浓度（实际工况浓度、标态、O_2 含量为 6% 的干烟气浓度）；

d）烟气成分（SO_2、SO_3、NO_x、O_2、CO_2、CO、H_2O 等）及浓度；

e）烟气含湿量、相对湿度；

f）烟尘化学成分（Na_2O、Fe_2O_3、K_2O、SO_3、Al_2O_3、SiO_2、CaO、MgO、P_2O_5、Li_2O、TiO_2 等）；

g）烟尘比电阻（包括实验室和工况）、粒度、真密度、堆积密度、黏附性等。

4.2.2　已建锅炉加装或改造除尘系统时，其设计工况和校核工况宜根据除尘系统入口处的实测烟气参数确定，并考虑燃料的变化趋势。

4.2.3　无组织排放粉尘负荷宜根据实际需要来设定所需除尘排风量。

4.3　除尘效果

4.3.1　烟尘排放浓度应符合 GB 13223 的规定。

4.3.2　无组织排放的粉尘浓度应符合 GB 16297 的规定。

5　总体要求

5.1　一般规定

5.1.1　烟气除尘工程

5.1.1.1　火电厂应加强燃料管理与配比，尽可能保证在设计条件下运行，以确保后续除尘器的运行效果，满足达标排放要求。

5.1.1.2　除尘工程应根据排放要求、锅炉燃烧煤种以及烟尘特性等进行技术经济比较后确定除尘器类型。

5.1.1.3　除尘工程应根据电力生产工艺合理配置，不应设置旁路。

5.1.1.4　除尘工程设计耐压等级、抗震设防应满足国家和行业设计规范要求。

5.1.1.5　除尘工程建设、运行过程中产生的废水、废渣及其他污染物的防治与排放，应贯彻执行国家现行的环境保护法规等有关规定，不得产生二次污染。

5.1.1.6　除尘工程的设计、建设应采取有效的隔声、消声、绿化等降低噪声的措施，噪声和振动应符合 GB/T 50087 和 GB 50040 的规定，厂界噪声应符合 GB 12348 的规定。

5.1.1.7　火电厂烟气排放应设置连续监测系统进行监测，并与当地环保部门联网。烟气除尘器进、出口应设置烟气人工采样孔及操作平台。

5.1.2　无组织排放粉尘除尘工程

5.1.2.1　无组织排放粉尘控制主要包括除尘、全封闭、半封闭、围挡、洒水抑尘、固化等，应加强日常的运行管理。

5.1.2.2　无组织排放粉尘应符合 GB 16297 的规定，必要时还应结合周围景观的要求，对除尘工程进行美化。

5.2　烟气除尘工程总平面布置

5.2.1　烟气除尘工程由烟道、除尘器、卸灰装置、引风机、烟气连续监测系统、温度及压力检测装置、电气及控制系统以及压缩空气供给等辅助系统组成。

5.2.2　总平面布置应遵循的原则包括：设备运行稳定、管理维护方便、经济合理、安全卫生等。除尘工程总体布局应符合 GB 50660 和 GBZ 1 的规定，并符合下列要求：

a）工艺流程合理，除尘器等主体设备应尽量靠近污染源布置；各项设施的布置应顺畅、紧凑、美观；

b）合理利用地形、地质条件，并考虑主导风向等大气条件；

c）充分利用厂区内现有公用设施及供配电系统，并兼顾发展的可能需求；

d）交通便利、运输畅通，方便施工及运行维护并考虑突发事故对周围可能造成的影响。

5.2.3 除尘工程的场地标高、排水、防洪等均应符合 GB 50187 的规定。

5.2.4 除尘工程的主体设备之间应留有足够的安装空间、检修空间；交通运输便捷。主体设备周边应设有运输通道和消防通道，其消防设计应符合 GB 50016 的规定。主体设备周边还应具备塔吊或汽车吊工作条件。

5.2.5 总平面布置应防止有害气体、烟（粉）尘、强烈振动和高噪声对周围环境的危害。

5.2.6 新建项目应预留适度的空地，以适应排放标准趋严的需要。

5.2.7 除尘工程烟道跨道路、铁路高空敷设时，烟道设计应符合 GB 50251 的规定，并留有一定的富余高度。

5.2.8 除尘工程管架包括进出气烟道、输灰管路、电缆桥架等及其支架。管架的布置应符合下列要求：

a）净空高度及基础位置不得影响交通运输、消防及检修；

b）不应妨碍建筑物自然采光与通风。

5.2.9 管架与建筑物、构筑物之间的最小水平间距应符合表 1 的规定。

表 1 管架与建筑物、构筑物之间的最小水平间距

建筑物、构筑物名称	最小水平间距/m
建筑物有门窗的墙壁外缘或突出部分外缘	3.0
建筑物无门窗的墙壁外缘或突出部分外缘	1.5
道路	1.0
人行道外缘	0.5
厂区围墙（中心线）	1.0
照明及通信杆柱（中心）	1.0

注 1：表中间距除注明者外，管架从最外边线算起；道路为城市型时，自路面边缘算起，为公路型时，自路肩边缘算起。

注 2：本表不适用于低架式、地面式及建筑物的支撑式。

5.2.10 管架跨越铁路、道路的最小垂直间距应符合表 2 的规定。

表 2 管架跨越铁路、道路的最小垂直间距

名称	最小垂直间距/m
铁路（从轨顶算起，一般管线）	5.5 [a]
道路（从路拱算起）	5.0 [b]
人行道（从路面算起）	2.2/2.5 [c]

注：表中间距除注明者外，管线自防护设施的外缘算起，管架自最低部分算起。

a 架空管线、管架跨越电气化铁路的最小垂直间距应符合有关规范规定。

b 有大件运输要求或在检修期间有大型起吊设备通过的道路应根据需要确定。困难时，在保证安全的前提下可减至 4.5 m。

c 街区内人行道为 2.2 m，街区外人行道为 2.5 m。

5.2.11 控制室等建筑物的室内地坪标高、设备基础顶面标高应高出室外地面 0.15 m 以上。有车辆出入的建筑物室内、外地坪高差一般为 0.15～0.30 m；无车辆出入的室内、外高差

可大于 0.30 m。

5.2.12 消火栓宜靠近道路，其分布应满足消火半径范围的要求。室外消火栓间距不应大于 120 m。消火栓距路边不应大于 2 m，距房屋外墙不宜小于 5 m。

5.2.13 建（构）筑物的防火间距应符合 GB 50016 的规定。

5.2.14 总图布置宜进行方案比选，提出推荐方案，并绘制总平面图。

6 工艺设计

6.1 一般规定

6.1.1 火电厂除尘工程应根据生产工艺和排放要求合理配置。除尘工程出口向环境排放时应符合国家和地方大气污染物排放标准、建设项目环境影响评价文件和总量控制的规定；工作场所粉尘职业接触限值应符合 GBZ 1 和 GBZ 2.1、GBZ 2.2 规定的限值要求。

6.1.2 除尘工程应适应污染源气体的变化，当烟尘特性及浓度在一定范围内变化时应能正常运行。除尘工程应与生产工艺设备同步运转，可用率应为 100%。

6.1.3 除尘器设计寿命应与配套机组相匹配，设计寿命应按 30 年设计，总体设计应符合 GB 50660 的规定。

6.1.4 除尘系统布置以及所采取的防冻、保温等措施应符合 GB 50019 的规定。灰斗应设置保温及加热系统。

6.1.5 除尘器卸、输灰方式应满足综合利用的要求，粉尘贮存和运输应防止二次污染。

6.1.6 除尘过程中产生的二次污染应采取相应的治理措施。

6.2 工艺流程

6.2.1 火电厂常见的烟气除尘工艺流程见图 1。

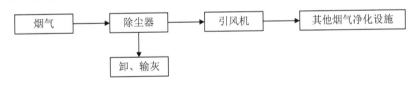

图 1 火电厂烟气除尘工艺流程

6.2.2 火电厂主要无组织排放点及控制措施见表 3。

表 3 火电厂无组织排放点及其控制措施

排放点	颗粒物控制措施
原料场/煤场	封闭式圆形（或条形）煤场、筒仓、防风抑尘网
输煤栈桥/廊道	喷水、全封闭
转运点	集尘罩＋袋式除尘器或湿式除尘器
煤破碎	集尘罩＋袋式除尘器
卸料间	袋式除尘器
干除灰	袋式除尘器
脱硫剂制备系统	密闭措施＋袋式除尘器
灰场	喷水、辗压、固化

6.3 无组织排放集尘罩设计要求

6.3.1 能够设置集尘罩的无组织排放源应优先考虑设置集尘罩,并满足生产操作和检修的要求。

6.3.2 集尘罩的排风口不宜靠近敞开的孔洞(如操作孔、观察孔、出料口等),以免吸入大量空气或物料。集尘罩设计时应充分考虑气流组织,避免含尘气流通过人的呼吸区。

6.3.3 集尘罩的排风量应按照防止粉尘扩散到环境空间的原则确定。

6.3.4 在集尘罩可能进入杂物的场合,罩口应设置格栅。

6.4 除尘方式的选择

6.4.1 除尘方式的选择应因地制宜、因煤制宜、因炉制宜,通过技术经济比较,遵循能够经济有效地实现稳定达标排放的原则。

6.4.2 能够满足火电厂烟尘排放标准要求的除尘器主要包括电除尘器、袋式除尘器和电袋复合除尘器。鼓励采用各种经验证较为有效的除尘新技术组合。

6.5 电除尘器设计

6.5.1 一般规定

6.5.1.1 电除尘器设计应考虑下列条件:

a)系统概况,包括锅炉技术参数、脱硫方式、脱硝方式、引风机、锅炉除尘方式、锅炉排渣方式等;

b)烟尘的理化性质,包括化学成分(包括 Na_2O、Fe_2O_3、K_2O、SO_3、Al_2O_3、SiO_2、CaO、MgO、P_2O_5、Li_2O、TiO_2 等)、粒度、比电阻(包括实验室比电阻和烟气工况比电阻)、密度(包括堆积密度和真密度)和安息角等;

c)烟气成分,包括 SO_2、SO_3、NO_x、O_2、CO_2、CO、H_2O 等;

d)烟气参数,包括电除尘器入口烟气量、电除尘器入口烟气温度、烟气露点温度、电除尘器入口处烟气最大含尘浓度;

e)厂址气象和地理条件;

f)电除尘器占地、输灰方式;

g)电除尘器一次性投资费用、运行费用(水、电、备品备件等);

h)电除尘器的运行维护及用户管理水平要求;

i)烟尘回收利用的价值及形式;

j)设计煤种和校核煤种的煤质资料;

k)除尘器的出口排放限值及除尘效率。

6.5.1.2 电除尘器选型的整体性能要求包括电除尘器出口烟尘排放浓度、本体压力降、本体漏风率和年运行小时数。其中,出口烟尘排放浓度和年运行小时数应根据设计要求确定。

6.5.1.3 电除尘器的配置和结构应根据处理烟气量确定,同时考虑烟气性质、除尘效率要求、工况要求等影响,一般情况可参考以下要求配置:

a)电除尘器台数:1~4 台;

b)电场数:一般不少于 4 个,当电除尘器出口烟尘质量浓度限值为 20 mg/m³ 时不少于 5 个;

c)比集尘面积(SCA):当电除尘器出口烟尘质量浓度限值为 30 mg/m³ 时不小于 110 m²/(m³/s);当电除尘器出口烟尘质量浓度限值为 20 mg/m³ 时不小于 130 m²/(m³/s)。

6.5.1.4　电除尘器的供电电源宜采用节能、高效的电源技术。

6.5.1.5　电除尘器技术参数参见附录 A 中表 A.1。

6.5.2　性能要求

6.5.2.1　电除尘器应在下列条件下达到保证效率：

a）需方提供的设计条件；

b）一个供电分区不工作。当一台炉配一台单室电除尘器时，不予考虑；双室以上的一台电除尘器，按停一个供电分区考虑；小分区供电按停两个供电分区考虑；

c）烟气温度为设计温度加 10～15℃；

d）烟气量为设计烟气量加 10%的余量；

e）电除尘器燃用设计煤种或校核煤种均应达到保证效率；需要时也可按照最差煤种考虑，但应予以说明。

6.5.2.2　电除尘器的本体漏风率和本体压力降应符合 DL/T 514 的规定。

6.5.2.3　距电除尘器壳体 1.5 m 处的最大噪声级不超过 85 dB（A）。

6.5.3　本体设计要求

6.5.3.1　壳体应符合下列要求：

a）壳体应密封、保温、防雨、防顶部积水，外壳体内应尽量避免死角或灰尘积聚；

b）电除尘器的承载部件应有足够的刚度、强度以保证安全运行，承载部件应符合 JB/T 5911、DL/T 514 及 GB 50017 的规定；

c）采用引风机与增压风机合并时，应对除尘器壳体及相关烟道的刚度、强度进行核算；

d）壳体的材料根据被处理烟气的性质确定，其厚度应不小于 4 mm；

e）壳体应设有检修门、扶梯、平台、栏杆、护沿、人孔门、通道等；电除尘器的每一个电场前后均应设置人孔门和通道，电除尘器顶部应设有检修门，圆形人孔门直径至少为 600 mm，矩形人孔门尺寸应至少为 450 mm×600 mm；平台载荷至少为 4 kN/m²，扶梯载荷应至少为 2 kN/m²，楼梯、防护栏杆、平台等安全技术条件应符合 GB 4053.1～GB 4053.3 的规定；

f）通向每一本体高压部分的入口门处应设置高压隔离开关柜（箱），并与该高压部分供电的整流变压器联锁；

g）绝缘子应设有加热装置；

h）应充分考虑壳体热膨胀。

6.5.3.2　阳极板和阴极线应符合下列要求：

a）阳极板（收尘极板）应符合 JB/T 5906 或 JB/T 11267 的规定，厚度一般不应小于 1.2 mm，材质一般采用 SPCC；

b）阴极线（放电极）应牢固、可靠，具有良好的电气性能和振打清灰性能；

c）阴极线应符合 JB/T 5913 或 JB/T 11267 的规定；

d）阳极板和阴极线框架应有防摆动的措施。

6.5.3.3　振打系统应能满足清灰要求，振打加速度符合 DL/T 461 的规定，振打程序可调。振打装置的材质和形式应根据烟尘黏连性等特性确定。顶部电磁锤振打电除尘器应符合 JB/T 11267 的规定。

6.5.3.4 气流分布装置应符合下列要求：

a）每台电除尘器的入口均应配备多孔板或其他形式的均流装置，以便烟气均匀地流过电场；

b）各室的流量与理论分配流量的相对误差应不超过±5%；

c）电除尘器气流分布模拟试验及气流分布均匀性应符合 JB/T 7671 和 DL/T 514 的规定。

6.5.3.5 支承应符合下列要求：

a）除一个用固定支承外，其余为单向和万向活动支承；

b）支承安装后上平面标高偏差为±5 mm。

6.5.3.6 灰斗应符合下列要求：

a）灰斗跨度沿长度方向宜限于单个电场，如超过一个电场时，应具有防止烟气短路的措施；沿宽度方向数量应尽可能减少；

b）灰斗钢板厚度由灰斗容积和烟尘的物理特性确定，一般不应小于 5 mm；

c）灰斗内应装有阻流板，其下部应尽量远离排灰口，灰斗斜壁与水平面的夹角不应小于 60°，相邻壁交角的内侧应做成圆弧形；

d）灰斗的容积应满足最大含尘量满负荷运行 8 h 的储灰量需要，灰斗储灰重按满灰斗状态 120%计算；

e）灰斗应有加热措施。在采用蒸汽加热时，加热面应均匀地分布于灰斗下部不少于 1/3 的表面上；在采用电加热时，应有恒温装置；

f）灰斗应设有捅灰孔和防灰流黏结或结拱的设施；当采用气化装置时，每只灰斗应装设一组气化板，设计时应避开捅灰孔。

6.5.3.7 保温设计应符合 DL/T 5072 的规定，并满足下列要求：

a）应保证电除尘器的使用温度高于烟气酸露点温度 10℃以上（低低温电除尘器除外）；

b）保温范围包括进、出口烟箱、壳体、灰斗、顶盖等；

c）护板的敷设应牢固、平整、美观。

6.5.3.8 整流变压器的起吊设施应符合下列要求：

a）应能将整流变压器由顶部吊至地面，并有相应的孔洞和钢丝绳长度；

b）应为电动，电动机应为防潮型，并有安全措施；

c）油浸式硅整流变压器下应设储油槽，各储油槽应有导油管引至地面。

6.5.4 钢结构设计要求

6.5.4.1 钢结构设计应符合 GB 50009、GB 50011、GB 50017 及 GB 50018 的规定。

6.5.4.2 电除尘器钢结构应能承受的荷载包括：

a）电除尘器荷载（自重、保温层重、附属设备重、储存灰重等）；

b）地震荷载；

c）风载；

d）雪载；

e）检修荷载；

f）部分烟道荷重。

6.5.4.3 除尘器支承结构应是自撑式的，并能把所有垂直和水平负荷转移到柱子基础上。

6.5.4.4 电除尘器的钢结构设计温度为 300℃。

6.5.5 材料及油漆

6.5.5.1 承重结构的钢材宜采用 Q235 钢、Q345 钢、Q390 钢或 Q420 钢。

6.5.5.2 下列情况的承重结构和构件不应采用 Q235 沸腾钢：

a）焊接结构：直接承受动力荷载或振动荷载且需要验算疲劳的结构；工作温度低于 −20℃的直接承受动力荷载或振动荷载但可不验算疲劳的结构，以及承受静力荷载的受弯及受拉的重要承重结构；工作温度等于或低于−30℃的所有承重结构；

b）非焊接结构：工作温度等于或低于−20℃的直接承受动力荷载。

6.5.5.3 承重结构采用的钢材应具有抗拉强度、伸长率、屈服强度和硫、磷含量的合格保证，对焊接结构还应具有碳含量的合格保证。焊接承重结构以及重要的非焊接承重结构采用的钢材还应具有冷弯实验的合格保证。

6.5.5.4 对于需要验算疲劳的焊接结构钢材，应具有常温冲击韧性的合格保证。当结构工作温度介于−20～0℃之间时，Q235 钢和 Q345 钢应具有 0℃冲击韧性的合格保证；对 Q390钢和 Q420 钢应具有−20℃冲击韧性的合格保证。当结构工作温度不高于−20℃时，对 Q235钢和 Q345 钢应具有−20℃冲击韧性的合格保证；对 Q390 钢和 Q420 钢应具有−40℃冲击韧性的合格保证。

6.5.5.5 铸钢材质应符合 GB/T 11352 的规定。

6.5.5.6 油漆应符合下列要求：

a）钢结构应涂防锈底漆及面漆；

b）电气设备所涂油漆应符合 JB/T 9535 的规定；

c）设备包装前应涂有防腐漆。

6.5.6 电除尘器选型步骤

参见附录 B。

6.6 袋式除尘器设计

6.6.1 一般规定

6.6.1.1 袋式除尘器设计应考虑下列条件：

a）系统概况，包括锅炉技术参数、脱硫方式、脱硝方式、引风机、锅炉除尘方式、锅炉排渣方式等；

b）烟尘的理化性质，包括粒度、密度（包括堆密度和真密度）和安息角等；

c）烟气成分，包括 SO_2、SO_3、NO_x、O_2、CO_2、CO、H_2O 等；

d）烟气参数，包括袋式除尘器入口烟气量、袋式除尘器入口烟气温度、烟气露点温度、袋式除尘器入口处烟气最大含尘浓度；

e）厂址气象和地理条件；

f）袋式除尘器占地、输灰方式；

g）袋式除尘器一次性投资费用、滤料的寿命要求、运行费用（水、电、备品备件等）；

h）袋式除尘器的运行维护及用户管理水平要求；

i）烟尘回收利用的价值及形式；

j）设计煤种和校核煤种的煤质资料；

k）袋式除尘器的出口排放限值及除尘效率。

6.6.1.2 袋式除尘器选型的整体性能要求包括袋式除尘器出口烟尘排放浓度、本体压力降、本体漏风率和年运行小时数。其中，出口烟尘排放浓度和年运行小时数应根据设计要求确定。

6.6.1.3 袋式除尘器支承结构应是自撑式的，并能把所有垂直和水平负荷转移到柱子基础上。

6.6.1.4 袋式除尘器的钢结构设计温度为300℃。

6.6.1.5 对一般性烟尘，袋式除尘器宜采用在线清灰；对超细及黏性大的粉尘可采用离线清灰。

6.6.1.6 袋式除尘器设计阻力应根据烟尘性质、清灰方式及频度、入口浓度、排放浓度、运行能耗、滤袋寿命等因素综合考虑，其终期阻力一般不超过1 500 Pa。

6.6.1.7 袋式除尘器处理含尘气体量按其进口工况体积流量计取。过滤面积计算时不考虑系统漏风。

6.6.1.8 袋式除尘器清灰方式应根据烟尘的物理性质确定。燃煤锅炉烟气宜采用行喷吹袋式除尘器或回转脉冲喷吹袋式除尘器。

6.6.1.9 袋式除尘器宜采用外滤式过滤形式。

6.6.1.10 袋式除尘器结构耐压按最大负载压力的1.2倍设计。

6.6.1.11 袋式除尘器过滤面积按式（1）计算：

$$A = \frac{Q}{60 \cdot u_f} \qquad (1)$$

式中：A——过滤面积，m^2（离线清灰时还应加上离线清灰过滤单元的过滤面积）；

u_f——过滤风速，$m^3/(m^2 \cdot min)$；

Q——处理含尘气体量（反吹风类除尘器还应包括反吹风量），m^3/h。

6.6.1.12 袋式除尘器滤袋数量按式（2）计算：

$$n = \frac{A}{\pi D L} \qquad (2)$$

式中：n——滤袋个数，计算后取整数；

A——除尘器的过滤面积，m^2；

D——单个滤袋的外径，m；

L——单个滤袋的长度，m。

6.6.1.13 袋式除尘器过滤风速的选取应考虑烟尘的特性、除尘器压力降、清灰方式和排放浓度等，可按工程经验和同类项目类比取值。以下场合宜选取较低的过滤风速：

　　a）烟尘粒径小、密度小、黏性大；

　　b）烟尘浓度较高、磨琢性大。

6.6.1.14 除尘器过滤仓室进、出风口应设置切换阀，并具有自动或手动、阀位识别、流向指示等功能。

6.6.1.15 切换阀应可靠、灵活和严密，阀体和阀板应具有良好的刚性。

6.6.1.16 袋式除尘器宜采用上进风或中部进风方式。无论采用上进风、中部进风或灰斗进风方式均应设置有效的导流装置。

6.6.1.17 袋式除尘器灰斗容积应考虑输灰设备检修期内的储灰能力，锥度应保证粉尘流动顺畅，灰斗斜面与水平面之间的夹角宜不小于 60°。

6.6.1.18　袋式除尘器花板设计应符合下列要求：

　　a）花板厚度宜取 5～6 mm；

　　b）花板加强筋的高度不小于 50 mm，筋板厚度应大于 5 mm；

　　c）花板平整、光洁，不应有挠曲、凹凸不平等缺陷，平面度偏差不大于其长度的 2‰；

　　d）花板孔中心定位偏差小于 0.5 mm，花板孔径偏差为 0～+0.5 mm。

6.6.1.19　袋式除尘器灰斗上部不宜设检修走道或敷设格栅网。中箱体下部不应设人孔门，灰斗下部应设检查门便于检查滤袋安装情况，指导滤袋调整。

6.6.1.20　当净气室高度大于 2 m 时，应在净气室侧面设人孔门，顶部宜设通风孔，便于采光、通风和滤袋安装。

6.6.1.21　当净化高温、高湿度和腐蚀性气体时，袋式除尘器净气室内表面应做高温防腐处理。

6.6.1.22　分气箱的设计、制造和检验应符合 JB 10191 的规定。其截面可以是矩形或圆形，其底部应设置放水阀。

6.6.1.23　电磁脉冲阀主要技术性能参数有：规格型号、工作压力和温度、流量特性、阻力特性、开关特性、供电参数、膜片寿命和通用性等。

6.6.1.24　淹没式脉冲阀宜水平布置于分气箱上，其输出口中心应与阀体中心重合，不得偏移和歪斜。输出口应与阀座平行。

6.6.1.25　喷吹管应有可靠的定位和固定装置，并便于拆卸和安装。

6.6.1.26　花板、滤袋及框架三者应相互匹配，匹配的主要内容和要求包括：

　　a）袋口与花板的配合，即严密性、张紧度和牢固性；

　　b）滤袋框架碗口翻边与袋口的配合，滤袋框架的重量应由花板承担；

　　c）滤袋与滤袋框架的间隙配合，要求松紧度适宜，并考虑滤袋的收缩性；

　　d）滤袋与滤袋框架的长度配合，框架底部与袋底间隙宜为 15～20 mm。

6.6.1.27　滤袋框架的材质宜为冷拔钢丝或不锈钢。纵筋直径不小于 3 mm，间距不宜大于 35～40 mm；反撑环钢丝直径不小于 4 mm，节距不宜大于 250 mm。

6.6.1.28　滤袋框架应有足够的强度和刚度，焊点应牢固、平滑，不得有裂痕、凹坑和毛刺，不允许有脱焊和漏焊。

6.6.1.29　当滤袋框架为多节结构时，接口部位不得对滤袋造成磨损，接口形式应便于拆、装。

6.6.1.30　应根据袋式除尘器的使用场合对滤袋框架作相应的防腐处理。

6.6.1.31　滤袋的包装和运输应采用箱装，并有防雨措施。滤袋框架吊装和运输时应有专用的货架，露天放置时应有塑料袋包装且有防雨措施。

6.6.1.32　大型袋式除尘器顶部宜设置起吊装置，起吊重量不小于最大检修部件的重量。

6.6.1.33　当袋式除尘器处理锅炉燃煤烟气时，除尘系统应设预涂灰、喷水降温等保护装置。

6.6.1.34　袋式除尘器的选型应符合 DL/T 387 的规定，其步骤参见附录 C。

6.6.1.35　袋式除尘器技术参数参见附录 A 中的表 A.2。

6.6.2　性能要求

6.6.2.1　袋式除尘器应在下列条件下达到保证性能：

a）需方提供的设计条件；

b）烟气温度不超过滤料的容许常时温度；

c）烟气量不超过设计烟气量加 10%的余量。

6.6.2.2 距袋式除尘器壳体 1.5 m 处的最大噪声级不超过 85 dB（A）。

6.6.3 本体设计要求

6.6.3.1 袋式除尘器本体结构宜为框架式钢结构，附属设施应包括平台、走梯、栏杆、测点及其他安全防护设施等。设计时应按 GB 50017、GB 4053.1、GB 4053.2、GB 4053.3 的有关规定执行。

6.6.3.2 袋式除尘器本体结构设计应考虑以下因素：处理烟气量、除尘工艺流程与设备配置、载荷分布与特性、运行与维护、安全防护措施、保温及测点位置等。

6.6.3.3 壳体应符合下列要求：

a）壳体应密封、保温、防雨、防顶部积水，外壳体内应尽量避免死角或灰尘积聚；

b）袋式除尘器的承载部件应有足够的刚度、强度以保证安全运行，承载部件应符合 GB 50017 的规定；

c）采用引风机与增压风机合并时，应对袋式除尘器壳体及相关烟道的刚度、强度进行核算；

d）壳体的材料根据被处理烟气的性质确定，其厚度应不小于 4 mm；

e）壳体应设有检修门、扶梯、平台、栏杆、护沿、人孔门、通道等；圆形人孔门直径至少为 600 mm，矩形人孔门尺寸应至少为 450 mm×600 mm；平台载荷应至少为 4 kN/m²，扶梯载荷应至少为 2 kN/m²，楼梯、防护栏杆、平台等安全技术条件应符合 GB 4053.1、GB 4053.2、GB 4053.3 的规定。

6.6.3.4 气流分布装置应符合下列要求：

a）应采取合适的导流装置，使不同通道的流量与理论分配流量的相对误差不超过±5%；

b）袋式除尘器内部应配置合适的均流装置，避免滤室内产生局部高速气流。

6.6.3.5 支承应符合下列要求：

a）除一个用固定支承外，其余为单向和万向活动支承或全部采用固定支承，用钢支架合理的扰度来消除热膨胀；

b）支承安装后上平面标高偏差为±5 mm。

6.6.3.6 灰斗应符合下列要求：

a）灰斗钢板厚度由灰斗容积和烟尘的物理特性确定，一般不应小于 5 mm；

b）灰斗下部应尽量远离排灰口，灰斗斜壁与水平面的夹角不应小于 60°，相邻壁交角的内侧应做成圆弧形；

c）灰斗的容积应满足最大含尘量满负荷运行 8 h 的储灰量需要，灰斗储灰重按满灰斗状态 120%计算；

d）灰斗应有加热措施。在采用蒸汽加热时，加热面应均匀地分布于灰斗下部不少于 1/3 的表面上；在采用电加热时，应有恒温装置；

e）灰斗应设有捅灰孔和防灰流黏结或结拱的设施；当采用气化装置时，每只灰斗应装设一组气化板，设计时应避开捅灰孔。

6.6.3.7 保温设计应符合 DL/T 5072 的规定，并满足下列要求：

    a）应保证袋式除尘器的使用温度高于烟气露点温度 10℃以上；

    b）保温范围包括进、出口烟箱、壳体、灰斗、顶盖等；

    c）护板的敷设应牢固、平整、美观。

6.6.4 钢结构设计要求

6.6.4.1 钢结构设计应符合 GB 50009、GB 50011、GB 50017 及 GB 50018 的规定。

6.6.4.2 袋式除尘器钢结构应能承受的荷载包括：

    a）袋式除尘器荷载（自重、保温层重、附属设备重、储存灰重等）；

    b）地震荷载；

    c）风载；

    d）雪载；

    e）检修荷载；

    f）部分烟道荷重。

6.6.5 材料

6.6.5.1 袋式除尘器制造应符合 HJ/T 328、HJ/T 329、HJ/T 330、JB/T 10341 的规定。滤袋应符合 HJ/T 327 的规定，滤袋框架应符合 JB/T 5917 的规定，滤料应符合 HJ/T 324 和 HJ/T 326 的规定，滤料和滤袋还应满足 GB/T 6719 的规定。

6.6.5.2 袋笼材质通常选用 Q215 或 Q235 等优质低碳冷拔线材。袋笼需要防腐蚀时，可选用 304、316 或 316 L 的不锈钢材质。

6.6.5.3 脉冲阀的选择应根据滤袋数量、直径、长度、形状及所需气量等确定。脉冲阀应符合 JB/T 5916 和 HJ/T 284 的规定。

6.7 电袋复合除尘器设计

6.7.1 电袋复合除尘器电区的设计应满足 6.5 的要求，袋区的设计应满足 6.6 的要求，电袋复合除尘器技术参数参见附录 A 中表 A.3。

6.7.2 电袋复合除尘器的气流分布设计应满足以下要求：

    a）设计时，宜采用数值模拟试验方式确定一个进气源中不同烟道的烟气流量并优化除尘器内部的气流分布；

    b）同一进气源中，不同烟道的流量与各烟道平均流量之差不宜超过±5%；

    c）同一除尘器内部各出口风门的流量与平均流量之差不宜超过±10%；

    d）电区与袋区的结合部应布置合适的导流装置，避免高速气流冲刷滤袋，并减小上升气流。

6.8 除尘管道及附件

6.8.1 管道布置的一般要求：

    a）管道应尽量沿墙或柱敷设，管道与梁、柱、墙、设备及管道之间应留有适当距离，净间距不应小于 200 mm；架空管道高度应符合表 2 的规定；

    b）为避免水平管道积灰，可采用倾斜管道布置；

    c）火电厂除尘管道和引风机进、出口烟道宜采用矩形管道；

    d）除尘管道布置应防止管道积灰，易积灰处应设置清灰设施和检查孔（门）。

6.8.2 除尘管道风速的选择应考虑烟尘的粒径、真密度、磨琢性、浓度等因素，防止管道风速过高加剧管道磨损，避免管道风速过低造成管道积灰。满负荷运行时，垂直管道的风速应不小于 10 m/s，水平管道的风速应不小于 12 m/s。除尘管道的壁厚应根据烟气温度、腐蚀性、管径、跨距、加固方式及烟尘磨琢性等因素综合确定，壁厚取值参照 DL/T 5121 的规定。

6.8.3　管道应有足够的强度和刚度，否则应进行加固。管道加固应符合下列要求：

　　a）加强筋设计应考虑管道直径、介质最高温度、介质最大压力、设计荷载等因素；

　　b）当管道直径大于 1 500 mm 时应在管道外表面均匀设置加强筋，加强筋的间距可按管径 1～1.5 倍设置。矩形管道还可采用内部支撑的辅助加固方式，内撑杆宜采用 16 Mn 钢管，当用碳钢管时应采取防磨措施；

　　c）对于输送含爆炸性气体和粉尘的管道，加强筋按 DL/T 5121 要求设置；

　　d）处于负压运行的烟道，应防止横向加强筋翼缘受压弯扭失稳，必要时应设置纵向加强筋。纵向加强筋应与横向加强筋翼缘焊牢。

6.8.4　输送烟尘浓度高、粉尘磨琢性强的含尘烟气时，除尘管道中弯头、三通等易受冲刷部位应采取防磨措施。通常弯头的曲率半径不宜小于管道直径。

6.8.5　管道与除尘器、风机、热交换器等设备的连接宜采用法兰连接。管道、弯头、三通的连接采用焊接。

6.8.6　管道可采用搭接、角接和对接三种形式。焊接搭接长度不得小于 5 倍钢板厚度且≥ 25 mm。

6.8.7　间断焊接焊缝的净距应符合下列要求：

　　a）在受压构件中不应大于 15 倍钢板厚度；

　　b）在受拉构件中不应大于 30 倍钢板厚度；

　　c）对于加强筋与板壁间的双面断续交错焊缝，其净距可为 75～150 mm。

6.8.8　吸尘点的支管上宜设手动调节阀；间歇运行的干管上应设风量自动调节阀，并与生产设备联锁。

6.8.9　管道阀门的形式和功能应根据烟气条件和工艺要求选定。管道阀门的技术参数应包括公称通径、公称压力、开闭时间、阻力系数、控制参数等，同时关注阀门的耐温性、严密性、调节性等性能。

6.8.10　管道阀门选型应综合考虑可靠性、刚性、严密性、耐磨性、耐腐蚀性、耐温性，并应符合以下技术要求：

　　a）开闭时间：阀门的启闭时间应满足生产和除尘工艺要求；

　　b）安全性：对于电动、气动阀门的执行器，应具有手动开闭的功能。对于大口径的阀门，其传动机构上应设机械锁；

　　c）固定方式：对于大口径阀门，应设有固定方式和支座，阀门的重量应有支座承担；

　　d）流向：阀门应有明显的流动方向标识；

　　e）执行器的方位：选型时应明确传动方式和执行器的方位。

6.8.11　大口径阀门的轴应水平布置。当必须垂直布置时，阀板轴应采用推力轴承结构。"常闭"的阀门宜设置在垂直管道上，以防止管道积灰。

6.8.12　当输送的烟气温度高于 120℃且在管线的布置上又不能靠自身补偿时，管道应设置补偿器；补偿器两端应设管道活动支架。

6.8.13　风机进出口应设置柔性连接件，其长度在 150～300 mm 为宜，与其连接的管道应设固定支架。

6.8.14　除尘器、烟气换热器进出口管道、生产设备排烟口、排风口等特殊部位应设置测试孔。测试孔的位置应选在气流流动平稳管段。测试孔的数量和分布应符合 HJ/T 397 的规定。测试孔处应有测试平台及栏杆。

6.8.15　管道应采取保温措施。

6.9　卸、输灰

6.9.1　除尘器收集的烟尘回收利用应符合 GB 50019 的有关规定。

6.9.2　除尘器的灰斗及中间贮灰斗的卸灰口应设置插板阀、卸灰阀、落灰短管及相应的气力输送、机械输送或水冲灰设备。

6.9.3　输灰系统宜采用正压气力输送系统，当条件适宜时，也可采用负压气力输送系统或机械输送系统。卸灰过程不应产生二次污染。

6.9.4　电除尘器每个电场的灰量分布差别较大，卸、输灰设备的能力应充分考虑各个电场的灰量分布不同，并且考虑前一级电场停运时，对后面电场卸灰、输灰设备的影响。

6.9.5　袋式除尘器下每个灰斗的灰量分布基本一致，卸、输灰设备的能（出）力可以考虑相同配置。

6.9.6　若采用电袋复合除尘器，卸、输灰设备既要考虑电除尘器的特性，又要考虑袋式除尘器的特性。

6.9.7　除尘器收集的粉尘外运时应避免二次污染，宜采用粉尘加湿、卸灰口集尘或无尘装车装置等处理措施。在条件允许的情况下，宜选用真空吸引压送罐车。

6.9.8　排灰装置应能达到设计的排灰能力，排灰顺畅，并保持良好的气密性，避免粉尘泄漏和漏风。

6.9.9　卸灰阀的上方宜存有一定高度的灰封。灰封高度可按式（3）估算：

$$H = \frac{0.1 \times \Delta P}{\rho} + 100 \qquad (3)$$

式中：H——灰封高度，mm；

　　　ΔP——除尘器内负压绝对值，Pa；

　　　ρ——粉尘的堆密度，g/cm^3。

6.9.10　卸灰系统应设有必要的起吊和检修场地。

7　主要工艺设备

7.1　电除尘器高压电源

7.1.1　高压整流变压器应符合 JB/T 9688 的规定。

7.1.2　高压整流变压器应能适合户外（户内）的使用要求，户外使用时应为一体式。

7.1.3　高压整流变压器应有二次电流、电压信号及温度取样接口。

7.1.4　高压整流变压器工作时不应对无线电、电视、电话和其他厂内通讯设备产生干扰。

7.1.5　高压输出端在进入电场前应配置合适的高压阻尼电阻。

7.1.6　高压整流变压器应无漏、渗油现象。

7.1.7　高压整流变压器应在喷漆（喷塑）前进行表面防锈处理，沿海地区应采用防盐雾漆。

7.1.8 高压整流变压器应安装气体继电器或释压阀。

7.1.9 高压电源出厂前应作模拟工况下的动作试验，试验方法按 JB/T 5845 的规定执行。

7.1.10 高压电源应根据烟尘特性和环保排放要求来选择，各种高压电源的性能特点和比较参见附录 D。

7.1.11 为节能环保，高压电源可优先选用高频电源，其技术要求参见附录 E。

7.1.12 高压电源应符合 HJ/T 320 的规定。

7.2 引风机及电机

7.2.1 300 MW 级及以上机组的引风机宜选用轴流式风机，300 MW 级以下机组可选用调速离心式风机。

7.2.2 应选择高效节能风机。选择引风机时其工作点应处于风机最高效率的 90% 范围内。

7.2.3 对消声有特殊要求时，应优先采用低噪声、低转速的风机；必要时应采取消声、隔声、减震等措施。

7.2.4 为防止引风机冷态启动和运转时电机过载，引风机应配置启动装置和（或）风量调节装置；对大型变负荷除尘系统的引风机和电机，可增设耦合器或变频装置。

7.2.5 引风机选型风量计算应在除尘管网计算总排风量上附加管网和设备的漏风量。

7.2.6 应将引风机选型计算风量和全压换算成引风机样本标定状态下的数值，据此选择引风机型号。

7.2.7 引风机选定后，应计算引风机在实际工况条件下所需的电机功率。

7.2.8 电机选定后，应根据除尘工艺可能出现的特殊工况对所选电机功率进行校核，如冬季运行、冷态启动、生产超负荷运行等。

7.2.9 选择引风机时，应明确其轴承箱和电机的冷却方式、调节阀执行器的方位、电机接线盒方位等。

8 检测与过程控制

8.1 一般规定

8.1.1 检测设备和过程控制系统应满足除尘工艺提出的自动检测、自动调节、自动控制及保护的要求。

8.1.2 低压配电设计应符合 HJ/T 321 的规定，电气及自动控制设计应符合 GB/T 3797 的规定。

8.1.3 设计中所选用的电器产品元件和材料应是合格产品，优先采用节能的成套设备和定型产品。

8.1.4 自动控制水平应与除尘工艺的技术水平、资金状况、作业环境条件、维护操作管理水平相适应。

8.1.5 除尘控制系统应优先选用实时运行的原位自动控制系统，并在未安装远程控制管理系统时仍可保证系统的正常运行。

8.1.6 除尘控制系统应同时具有自动和手动两种控制方式，前者用于除尘系统正常运行时的控制，后者用于设备调试或维护检修，或自控系统发生故障时临时处理或操作。并可通过远程自动/手动转换开关实现自动与就地手动控制的转换。

8.1.7 除尘系统应设置一套操作系统在除尘控制室，并与中央控制室通过通讯联络随时显示其工作状态。

8.1.8 除尘系统运行控制应具备系统的启停顺序、系统与生产工艺设备的联锁、运行参数的超限报警及自动保护等功能。

8.1.9 控制系统涉及的盘、箱、柜的防护等级应符合 GB 4208 的规定，室内安装时其防护等级不低于 IP30，室外安装时其防护等级不低于 IP55。应注意防爆、防尘、防水、防震、防腐、防高温、防静电、防电磁干扰、防小动物侵入等事项。

8.2 检测

8.2.1 除尘系统应检测的内容包括：

 a）除尘器进出口烟气温度显示及超限报警；

 b）除尘器灰斗灰位超限报警；

 c）除尘器灰斗加热温度显示及露点温度报警；

 d）除尘器出口烟气浊度（浓度）显示；

 e）袋式除尘器进出口压差显示及超限报警；

 f）电除尘器高压供电装置的一次电压、一次电流、二次电压、二次电流。

8.2.2 根据工程需要，袋式除尘系统应另增加检测的内容包括：

 a）烟气流量；

 b）喷雾降温系统给水压力及流量；

 c）出口烟尘浓度显示及超标报警；

 d）烟气含氧量及含氧量超限报警；

 e）分室压差；

 f）清灰气源压力显示及超限报警；

 g）清灰风机电流及超限报警。

8.2.3 根据工程需要，电除尘系统应另增加检测的内容包括：

 a）除尘器大梁绝缘子加热温度显示及露点温度报警；

 b）除尘器阴极振打绝缘子加热温度显示及露点温度报警；

 c）高压整流变温度显示及临界温度、危险温度报警；

 d）高压供电装置的一次过流、偏励磁、缺相、二次侧短路、二次开路和报警；

 e）振打电机回路缺相、过流的报警。

8.2.4 除尘器温度监测仪表测点应设在除尘器进、出口直管段，每处至少应有两个测试点，取其平均温度。除尘器灰斗加热温度测点应布置在灰斗壁外侧。

8.2.5 温度检测可采用温度变送器或温度传感器。当采用热电偶时，应选用与仪表相匹配的补偿导线。

8.2.6 除尘器检测系统含尘烟道中的测量一次元器件应有防磨措施。管道压力检测孔应有防堵措施。

8.2.7 每个灰斗应设置高料位开关，必要时也可设置低料位开关。

8.3 过程控制

8.3.1 除尘系统应自动控制的内容包括：

 a）除尘器启动、停机联锁控制；

 b）袋式除尘器清灰自动控制；

c）清灰气源系统控制；

d）预涂灰控制（飞灰罐车预涂灰系统）；

e）除尘系统阀门控制；

f）灰斗加热系统控制；

g）卸灰、输灰装置控制；

h）电除尘高压电源控制；

i）电除尘振打系统控制；

j）除尘器运行超温报警与自动保护。

8.3.2 除尘系统的控制方式应根据生产工艺的技术水平和要求、系统含尘气体量、运行条件、管理水平综合确定。控制方式主要有以下几种：

a）PLC 可编程控制器 + HMI（人机界面）监控系统；

b）PLC 可编程控制器 + PC（上位机）监控系统；

c）DCS 监控系统；

d）DCS 分散控制系统 + PLC 可编程控制器 + 工程师站和操作员站监控系统。

8.3.3 除尘系统主要参数宜集中在一个画面上，运行参数的更新时间不大于 1 s。

8.3.4 自动控制系统应具备储存除尘器主要运行参数的能力。除尘器的主要运行参数数据应满足相关管理部门的要求。

8.3.5 控制系统应选用与硬件配套的系统软件，并提供相应的软件安全措施。

8.3.6 袋式除尘器清灰控制应具备定压差、定时和手动三种模式，可互相转换。清灰程序应能对脉冲宽度、脉冲间隔、同时工作的脉冲阀数量进行调整。

8.3.7 顶部振打型电除尘器应能作单点振打测试，振打高度可调，并保证振打锤不会冲顶；当振打锤故障时，应能定位故障位置。

8.3.8 烟道挡板阀应设手动、自动两种控制方式，并检测、显示阀门的开关状态。其执行机构在控制系统失电时，应能保持失电前的位置或处于安全位置。

8.3.9 卸、输灰自动联锁控制顺序为：开机时，应按照从后到前的顺序，依次开启输灰机械，再开卸灰阀；停机时，先关卸灰阀，然后按照从前到后的顺序，依次关闭输灰机械。

9 主要辅助工程

9.1 供配电

9.1.1 配电设备的布置应遵循安全、可靠、适用和经济等原则，并便于安装、操作、搬运、检修、试验和监测。

9.1.2 除尘系统的供配电设计应符合 GB 50217、GB 50052、GB 50054、GB 50057、GB 14048.1、GB 7251.1、DL/T 620、DL/T 5044、DL/T 5137 的规定。

9.1.3 当电源电压、频率在以下范围内变化时，所有电气设备和控制系统应能正常工作：输入交流电压的持续波动范围不超过额定值的±10%，输入交流电压频率变化范围不超过±2%。

9.1.4 配电线路应装设短路保护、过负载保护和接地故障保护，具体规定如下：

a）配电线路的短路保护应在短路电流对导体和连接件产生的热作用和机械作用造成危害之前切断短路电流；

b）配电线路过负载保护应在过负载电流引起的导体温升对导体的绝缘、接头、端子或导体周围的物质造成损害之前切断负载电流；

c）接地故障保护的设置应能防止人身间接电击以及电气火灾、线路损坏等事故。

9.1.5　除尘系统的低压配电柜应有不少于 15% 的备用回路。

9.1.6　产品供电回路设计上应尽量使电源的三相负荷保持平衡。

9.1.7　除尘器本体上应设置检修电源及照明配电箱，并选用防水、防尘、防腐并带有护罩的灯具。

9.1.8　除尘器接地应执行 DL/T 514 的规定，并符合下列要求：

a）整流变压器外壳应采用截面不小于 50 mm² 的编织裸铜线或 4 mm×40 mm 的镀锌扁铁牢固接地，高压整流桥的（+）接地端应采用不小于 50 mm² 的多芯电缆单独与除尘器本体相连接地；

b）除尘系统电器控制柜接地电阻应小于 2 Ω，且与生产企业地网相连。

9.1.9　电缆及其敷设应符合下列要求：

a）在除尘器本体设计时，应为电缆桥架在本体上的敷设提供条件；

b）需要接地的电气设备应设有接地用的端子并明显标记；

c）整流变压器引到控制盘的屏蔽信号电缆不应与其他动力电缆在同层电缆桥上敷设；

d）设备的屏蔽通讯电缆不应与其他动力电缆在同层电缆桥上敷设。

9.2　建筑与结构

9.2.1　一般规定

9.2.1.1　电除尘工程的建筑设计和结构设计应符合 GB 50007、GB 50010、GB 50017 等国家和行业现行相关标准、规范的规定。

9.2.1.2　电除尘工程建筑设计应根据生产工艺、自然条件、相关专业设计，合理进行建筑平面布置和空间组合，并注意建筑效果与周围环境相协调、建筑材料的选用和节约用地。

9.2.1.3　建（构）筑物的防火设计应符合 GB 50016 的规定。

9.2.1.4　建筑物室内噪声控制设计应符合 GB/T 50087 的规定。

9.2.1.5　建筑物宜优先考虑天然采光，建筑物室内天然采光照度应符合 GB 50033 的规定。

9.2.2　除尘器本体基础

9.2.2.1　电除尘器基础的型式和结构应依据设备柱脚尺寸、荷载性质及分布、地质状况、地下掩埋物等情况进行设计。

9.2.2.2　电除尘器支架可采用钢结构或钢筋混凝土结构，强度应满足各种荷载的最不利组合的作用。

9.2.2.3　电除尘设备的荷载及分布应按下列荷载来考虑：

a）电除尘设备的永久荷载（包括自重、保温层、附属设备等）；

b）可变荷载：运行荷载（包括存灰等的重量）、风荷载和雪荷载、安装及检修荷载（指检修或安装时，临时机具和人员的重量等）；

c）温度应力（指除尘器进出口、电除尘器与外部连接件等在温度发生变化时与外界产生的热应力作用）；

d）地震作用。

9.2.2.4　基础顶面预埋钢板及螺栓的定位尺寸应与设备柱脚底板和螺孔的定位尺寸相符。

9.2.2.5 电除尘器基础顶面应高出地面不小于 150 mm，防止雨水浸泡设备柱脚。

9.2.2.6 为减少高温含尘气体对电除尘器产生的热应力和变形，电除尘器支撑应采用活动支座（保留一个固定支座）或铰支座。

9.2.3 配电室及控制室

9.2.3.1 配电室及控制室选址应符合下列要求：

　a）接近负荷中心；

　b）进、出线方便；

　c）不宜设在有剧烈震动的场所；

　d）不宜设在多尘或有腐蚀性气体的场所；

　e）不应设在地势低洼可能积水的场所；

　f）不应设在厕所、浴室或其他经常积水场所的正下方，且不宜与上述场所相邻。

9.2.3.2 配电室屋顶承重构件的耐火等级不应低于二级，其他部分不应低于三级。

9.2.3.3 当配电室长度超过 7 m 时，应设两个出口，并宜布置在配电室的两端。当配电室采用双层布置时，楼上部分的出口应至少有一个通向该层通道或室外的安全出口。

9.2.3.4 配电室的门均应向外开启，相邻配电室之间的门应为双向开启门。

9.2.3.5 位于地下室和楼屋内的配电室，应设设备运输通道，并应设良好的通风和可靠的照明系统。

9.2.3.6 配电室的门、窗应密封良好；与室外相通的洞、通风孔应设防止鼠、蛇等小动物进入的网罩。直接与室外相通的通风孔还应采取防止雨、雪飘入的措施。

9.2.3.7 控制室的地面宜比室外地面高出 300 mm，当附设在车间内时则可与车间的地面相平。

9.2.3.8 高压配电室平面布置上应考虑进出线的方便（特别是架空进线或出线）。高压配电室耐火等级应不低于二级。低压配电室的耐火等级应不低于三级。

9.2.3.9 高压固定式开关柜维护通道的尺寸：单列布置时，柜前最小为 1 500 mm，柜厚为 800 mm。低压固定式开关柜维护通道的尺寸：单列布置时，柜前最小为 1 500 mm，柜厚为 1 000 mm。

9.2.3.10 在高压配电室内高压开关柜数量较少时（6 台以下）也可和低压配电屏布置在同一室内。如高、低压开关柜顶有裸露带电导体时，单列布置的高压开关柜与低压配电屏之间净距不应小于 2 m。

9.2.3.11 低压配电室的位置应尽量靠近变压器，通常与变压器隔墙相邻，以减小母线长度。

9.3 压缩空气

9.3.1 压缩空气主要用于脉冲喷吹袋式除尘器脉冲阀、空气包、干出灰输送、气动装置等用气。当用户缺乏气源或供气参数不满足要求时，应设置新的压缩空气供气系统。

9.3.2 压缩空气供应系统的设计应符合 GB 50029 的规定。

9.3.3 压缩空气的制备与供应宜采用的流程依次为：空压机、缓冲罐、干燥机、现场储气罐、减压阀、稳压气包。

9.3.4 单台排气量等于或大于 20 m³/min 且总容量等于或大于 60 m³/min 的压缩空气站宜设检修用起重设备。

9.4 采暖、通风与给排水

9.4.1 采暖、通风及空气调节室内、外设计参数的确定应符合 GB 50019 和 DL/T 5035 的规定。

9.4.2 采暖地区总控制室、计算机房、总化验室、电气室、配电站、变电所等除冬季采暖外,夏季应通风降温或空气调节。

9.4.3 给水排水设计应符合 GB 50014 和 GB 50015 的规定,并满足生活、生产和消防等要求,同时还应为施工安装、操作管理、维修检测及安全保护等提供便利条件。

9.4.4 给水管不得穿越控制室、配电装置室等电子、电气设备间。

9.4.5 风机、电机等设备冷却供水应取自厂区的冷却水管网。当厂区无冷却水管网时,冷却介质可使用自来水。

10 劳动安全、职业卫生与消防

10.1 一般规定

10.1.1 除尘系统设计、施工、运行应按照国家和行业的有关规定,采取可靠的防护措施保护人身安全和健康。

10.1.2 劳动安全和职业卫生设施设置应符合国家相关法律法规和 GBZ 1 的规定,应与主体工程同时设计、同时施工、同时投入生产和使用。

10.1.3 在具有危险因素和职业病危害的场所应设置醒目的安全标志、安全色、警示标志,其设置应分别符合 GB 2894、GB 2893 和 GBZ 158 的规定。

10.1.4 除尘工程的防火防爆设计应符合 GB 50016、GB 50229 等的规定。

10.1.5 除尘工艺设计、设备设计和电气控制设计时,应采取有效的安全技术措施,避免因突然停电、停水、停气造成机电设备、冷却系统和阀门等误动作,防止生产和除尘设备发生事故。

10.2 劳动安全

10.2.1 除尘工程设计中应采取保护和临时防护措施,防止在生产不停机时,因施工而造成的生产设备损坏或人员伤亡。

10.2.2 室外设备和架空管道应具有良好的防护层,应正确使用防腐涂料。

10.2.3 高速转动或传动部件应设防护罩。

10.2.4 设置必要的检修操作平台,保障维护检修的安全;梯子、平台、栏杆按规范要求进行设计,应满足承载能力。平台、梯子应有不少于 100 mm 的踢脚板;梯子、平台、栏杆特征尺寸应符合人机工程的要求。

10.2.5 为消除系统和设备产生的静电,应按相关标准要求进行良好的接地,静电接地电阻宜小于 4 Ω。

10.2.6 高架设备或构筑物应按相关标准的规定考虑防雷措施,每根引下线的冲击接地电阻不应大于 10 Ω。

10.2.7 对拟利用的旧有建筑物和构筑物应进行安全复核,如有问题应采取补强、加固、修复措施,合格后方可利用。

10.2.8 吊钩、吊梁、提升葫芦等起吊装置设计时应考虑必要的安全系数,并在醒目处标出许吊的极限载量。

10.2.9　应按相关标准的要求，对有关设施、设备、管道着安全色标，对危险区域和危险设备设置安全标识。

10.2.10　除尘工艺的自动控制系统应与生产工艺相联系，事故状态下应能对生产工艺和环保设施实施保护。

10.3　职业卫生

10.3.1　对生产设备工艺过程中产生的尘源、噪声源等进行控制。工作场所空气中含尘浓度应符合国家有关工业企业设计卫生及工作场所有害因素职业接触限值的规定；对较大的噪声源应采取隔声、消声、吸声等控制措施，防治噪声设计应符合国家标准 GB/T 50087 的有关规定。

10.3.2　通过隔热、隔断、隔声、劳动防护用品、安全距离、报警等综合措施防止有害作业可能对人体造成的伤害。

10.3.3　采用粉尘加湿、气力输送、干粉密闭罐车等措施防止卸灰、输灰时产生粉尘二次污染。

10.3.4　应选用低噪声风机。对风机噪声应采取消声减震，隔震、隔声等综合措施，减少噪声污染。

10.4　消防要求

10.4.1　消防水源宜由厂区消防主管网供给。消防水系统的设置应覆盖场区内所有建筑物和设备。

10.4.2　消防给水管道宜与生产、生活给水管道合并。如合并不经济或技术上不可行时，可采用独立的消防给水系统。

10.4.3　环状管道应用阀门分成若干独立段，每段内的消火栓数量不宜超过 5 个。

10.4.4　室外消防、给水管道的最小直径不应小于 100 mm。

10.4.5　室外消火栓应根据需要沿道路设置，并宜靠近十字路口，室外消火栓间距不应大于 120 m。消火栓距路边不应大于 2 m，距房屋外墙不宜小于 5 m。室内消火栓的距离不应超过 50 m。

10.4.6　电气室、控制室、电力设备附近移动式灭火器配置应符合 GB 50140 的规定。

11　施工与验收

11.1　施工

11.1.1　除尘工程施工单位必须具有国家相应的工程施工资质，应遵守国家有关部门颁布的劳动安全及卫生、消防等国家强制性标准及相关的施工技术规范。

11.1.2　除尘工程应按施工设计图纸、技术文件、设备图纸等组织施工，施工应符合国家和行业施工程序及管理文件的要求。工程的变更应取得设计单位的设计变更文件后再实施。

11.1.3　除尘工程施工中使用的设备、材料、器件等应符合相关的国家标准，并应取得供货商的产品合格证后方可使用。

11.1.4　顶部电磁锤振打电除尘器安装应符合 JB/T 11267 的规定，侧部机械振打电除尘器安装应符合 JB/T 8536 的规定。

11.1.5　袋式除尘器安装应符合 DL/T 1121、JB/T 8471 和 JB/T 8532 的规定。

11.1.6 电袋复合除尘器的安装应符合 JB/T 8536 和 JB/T 8471 的规定。

11.2 验收

11.2.1 工程验收

11.2.1.1 应由建设单位组织安装单位、供货商、工程设计单位结合系统调试对除尘系统进行验收，对机械设备和控制设备的性能、安全性、可靠性等运行状态进行考核。

11.2.1.2 除尘工程验收应按《建设项目（工程）竣工验收办法》、相应专业现行验收规范和本标准的有关规定进行。

11.2.1.3 电除尘器及电袋复合除尘器电区的工程验收应符合 DL/T 514 的规定。

11.2.1.4 袋式除尘器及电袋复合除尘器袋区的工程验收应符合 JB/T 8471 的规定。

11.2.2 环境保护验收

11.2.2.1 除尘工程竣工环境保护验收按《建设项目竣工环境保护验收管理办法》的规定进行。

11.2.2.2 除尘工程竣工环境保护验收除满足《建设项目竣工环境保护验收管理办法》规定的条件外，除尘性能试验报告可作为环境保护验收的技术支持文件，除尘性能试验报告主要参数应至少包括：系统含尘气体量、除尘效率、除尘器出口烟尘排放浓度、系统阻力、系统漏风率、电能消耗等。

11.2.2.3 除尘工程环境保护验收的主要技术依据包括：

  a）项目环境影响报告书、表与审批文件；

  b）污染物排放监测报告；

  c）批准的设计文件和设计变更文件；

  d）试运行期间的烟气连续监测报告；

  e）完整的除尘工程试运行记录等。

11.2.2.4 除尘工程环境保护验收合格后，除尘系统方可正式投入运行。

11.2.2.5 配套建设的烟气排放连续监测及数据传输系统应与除尘工程同时进行环境保护验收。

12 运行和维护

12.1 一般规定

12.1.1 生产单位应设环境保护管理机构，配备专门技术人员及除尘系统检测仪器，制定除尘系统运行及维护的规章制度。

12.1.2 未经当地环境保护主管部门批准，不得停止运行除尘器。由于紧急事故造成除尘器停止运行时，应立即报告当地环境保护行政主管部门，并尽快停止与除尘系统相连的生产设备的运行。

12.1.3 生产单位应定期对除尘器系统进行检查与维护，确保除尘器稳定可靠的运行，各项污染物排放应达到国家或地方污染物排放标准的要求。

12.1.4 岗位员工应通过培训考核后上岗，熟悉本岗位运行及维护要求，具有熟练的操作技能，能遵守劳动纪律，严格执行操作规程。

12.1.5 应制定除尘系统中、大检修计划和应急预案，检修和检查结果应记录并存档。

12.2 运行管理

12.2.1 除尘系统的运行与管理人员应专职配置。

12.2.2 电厂应对除尘装置的运行和管理人员进行定期培训，使运行和管理人员系统掌握除尘设备及其他附属设施正常运行的具体操作和应急情况处理措施。

12.2.3 电厂应建立除尘系统运行状况、设施维护和生产活动等的记录制度，主要记录内容包括：

　　a）系统启动、停止时间；

　　b）系统运行工艺控制参数记录，至少包括：除尘系统入口和出口烟气温度、压力、压缩空气压力、电压电流等，其表格形式参见附录 F、附录 G、附录 H 和附录 I；

　　c）主要设备的运行和维修情况的记录；

　　d）烟气排放连续监测数据；

　　e）生产事故及处置情况的记录；

　　f）定期检测、评价及评估情况的记录等。

12.2.4 运行人员应按照电厂规定坚持做好交接班制度和巡视制度。

12.2.5 灰斗积灰的处理应符合下列要求：

　　a）当灰斗积灰至高料位报警时，必须检查输灰系统的运行情况，并采取措施保证输灰畅通，对该灰斗实行优先排灰，以降低灰位，解除高料位报警；

　　b）当灰斗积灰至电除尘电场跳闸时，在停止向相应电场供电的同时，必须关闭相应电场的阳极振打，以防阳极系统发生故障，同时必须进行强制排灰或通过紧急排灰装置排灰，以保证设备安全；

　　c）强制排灰时必须做好安全措施，确保人身安全，严防灰搭桥时，由于受到外力作用，突然下坠而造成事故；

　　d）事后应分析积灰原因，检查输灰系统、料位计、灰斗加热和保温是否完好，彻底清除故障，防止事故重复发生。

12.3 电除尘系统运行

12.3.1 电除尘器运行应符合 DL/T 461、JB/T 6407 的规定。

12.3.2 锅炉运行前 24 h，应将灰斗加热系统投入运行；运行前 8 h，大梁绝缘子室加热器、阴极振打电瓷转轴室加热器应投入运行。

12.3.3 烟气中易燃、易爆物质浓度、烟气温度、运行压力应符合设计要求。当烟气条件严重偏离设计要求、危及设备安全时，不得投运电除尘器。

12.3.4 电除尘器在高压输出回路开路状态下，禁止高压电源开启。在进行高压回路开路试验时，应配备相应安全措施。

12.3.5 主机停运时间不长且无检修任务、电除尘器处于备用状态时，应符合下列要求：

　　a）加热系统继续运行；

　　b）振打、排灰系统仍按工作状态运行；

　　c）必要时用热风加热电场。

12.3.6 运行中发现下列情况之一，应停止向相应电场供电，排除故障后重新启动：

　　a）运行中一次电流上冲超过额定值；

　　b）高压绝缘部件闪络严重；

c) 阻尼电阻闪络严重甚至起火;

d) 整流变压器超温报警、喷油、漏油、声音异常;

e) 供电装置发生严重偏励磁;

f) 电流极限失控;

g) 供电装置经两次试投均发生跳闸;

h) 高压柜可控硅散热片温度超过 60℃;

i) 出灰系统故障造成灰斗堵灰;

j) 烟气工况发生严重变化,出现危及设备、人身安全的情况。

12.4 袋式除尘系统运行

12.4.1 滤料使用温度的上限要高于除尘系统入口气体温度;除尘系统入口气体温度要高于气体酸露点温度 10℃以上;系统阻力保持在正常范围内。

12.4.2 冬季或高寒地区的袋式除尘器停运后,启动前应先对滤袋实施预涂灰(氢氧化钙或粉煤灰),并预先启动灰斗加热装置。

12.4.3 应建立除尘器清灰制度,定时或定阻力清灰;烟尘排出口、检查门要安全密闭。

12.4.4 在除尘器运行过程中,应经常检查喷吹系统的工作情况,当脉冲阀膜片、电磁阀等出现故障时,应及时处理。更换时应关闭稳压气包进口处的截止阀,排出稳压气包内的压缩空气,防止发生意外。

12.4.5 应每班次检查除尘器进出口压差,出现异常应及时查明原因,排除故障。应每半年观察含尘气体的出口排放情况,若发现排放浓度明显增大应及时检查处理。

12.4.6 除尘器运行时应确保气路系统压力不发生突变和不出现气流阻断。

12.4.7 根据滤袋使用情况和滤袋材质,定期更换滤袋。

12.5 电袋复合除尘系统运行

12.5.1 电袋复合除尘系统中电区的运行应符合 12.3 的要求。

12.5.2 电袋复合除尘系统中袋区的运行应符合 12.4 的要求。

12.6 维护保养

12.6.1 应对除尘器进行巡回检查,发现问题应及时处理。

12.6.2 应巡回检查排灰系统和灰斗料位计工作状态。

12.6.3 每周应对所有传动件润滑油进行一次检查,不符合要求的应进行处理。

12.6.4 应及时更换整流变压器呼吸器的干燥剂,每年进行一次整流变压器绝缘油耐压试验。

12.6.5 应每半年检查接地线和接地情况、测量除尘器的接地电阻值应符合规定。

12.6.6 应每班次检查继电器和开关箱的锁、门,确保完好。

12.6.7 应每班次检查各指示灯和报警功能,确保完好。

12.6.8 停机后,电场应自然冷却(特殊情况,应按规定程序批准的特殊措施进行冷却)。

12.6.9 电场内部检修人员应穿戴安全帽、防尘服、防尘靴、防护手套等劳保用品,同时做好安全监护工作。

12.6.10 应每月检查压缩空气的压力和品质,确保其达到设计要求。

12.6.11 应每周检查各表计工作是否正常,确保其达到使用要求。

12.6.12 停炉时应检查净气室是否存在漏灰,滤袋口是否有冒灰,喷吹管和滤袋中心的对中情况。

12.6.13 应按产品使用说明书和相应技术要求做好检查、维护工作。

12.6.14 应做好维护记录。

12.7 数据档案

12.7.1 除尘器调试及运行过程均应建立系统的数据档案，记录的内容应包括除尘器的各种参数、电除尘器升压记录、电除尘器运行记录、袋式除尘器运行记录及电袋复合除尘器运行记录，其表格形式参见附录 A、附录 F、附录 G、附录 H 和附录 I。

12.7.2 其他类型除尘器调试及运行过程数据档案表格形式参照电除尘器和袋式除尘器相关表格设计执行。

附录 A（资料性附录）

除尘器技术参数

电除尘器技术参数见表 A.1，袋式除尘器技术参数见表 A.2，电袋复合除尘器技术参数见表 A.3。

表 A.1　电除尘器技术参数

参数名称	单位	参数名称	单位
处理含尘气体量	m^3/h	室数	个
入口烟气温度	℃	横断面积	m^2
入口烟气露点温度	℃	电场数	个
入口烟气含尘质量浓度（标态）	g/m^3	电场有效长度	m
出口烟气含尘质量浓度（标态）	mg/m^3	电场有效高度	m
电除尘器内的烟气速度	m/s	电场有效宽度	m
停留时间	s	同极间距	mm
粉尘驱进速度	m/s	收尘极型式	—
比集尘面积	$m^2/(m^3/s)$	总集尘面积	m^2
操作压力	Pa	放电极型式	—
运行阻力	Pa	总放电极长度	m
设计压力	Pa	高压供电设备型式	—
本体阻力	Pa	高压供电设备参数	—
漏风率	%	高压供电设备数量	台
除尘效率	%	设备总重	kg

表 A.2　袋式除尘器技术参数

参数名称	单位	参数名称	单位
处理含尘气体量	m^3/h	每室脉冲阀数量	只
过滤风速	m/min	换袋空间高度	mm
室数	个	压缩空气压力	MPa
每室滤袋数	条	压缩空气消耗量	m^3/min
滤袋材质	—	排灰设备型号/功率	kW
滤袋规格（直径×长度）	mm × mm	锁风设备型号/功率	kW
总过滤面积	m^2	反吹风机型号/功率	kW
入口烟气温度	℃	反吹风机风量/风压	m^3/h，Pa
入口烟气含尘质量浓度（标态）	g/m^3	壳体承受压力	Pa
出口烟气含尘质量浓度（标态）	mg/m^3	设备外形尺寸（长×宽×高）	m×m×m
运行阻力	Pa	总装机功率	kW
脉冲阀规格	—	设备总重	kg

注：随除尘器种类不同，可取表中若干项。

表 A.3 电袋复合除尘器技术参数

参数名称	单位	参数名称	单位
处理含尘气体量	m^3/h	总过滤面积	m^2
过滤风速	m/min	横断面积	m^2
电场内气流速度	m/s	电场数	个
烟气通过时间	s	电场有效长度	m
粉尘驱进速度	m/s	电场有效高度	m
比集尘面积	$m^2/(m^3/s)$	电场有效宽度	m
净过滤风速	m/min	同极间距	mm
入口烟气温度	℃	收尘极型式	—
入口烟气露点温度	℃	总集尘面积	m^2
入口烟气含尘质量浓度（标态）	g/m^3	放电极型式	—
出口烟气含尘质量浓度（标态）	mg/m^3	高压供电设备型式	—
运行阻力	Pa	高压供电设备参数	—
设计压力降	Pa	高压供电设备数量	台
压缩空气压力	MPa	脉冲阀规格	—
压缩空气消耗量	m^3/min	每室脉冲阀数量	只
排灰设备型号/功率	kW	换袋空间高度	mm
锁风设备型号/功率	kW	每室滤袋数	条
反吹风机型号/功率	kW	滤袋材质	—
反吹风机风量/风压	m^3/h，Pa	壳体承受压力	Pa
总装机功率	kW	设备外形尺寸（长×宽×高）	m×m×m
室数	个	设备总重	kg
滤袋规格（直径×长度）	mm × mm		

附录 B（资料性附录）

电除尘器选型步骤

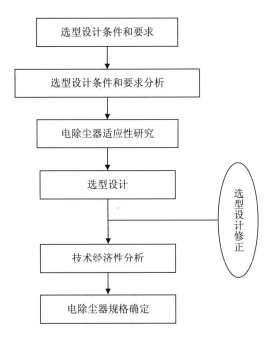

附录 C（资料性附录）

袋式除尘器选型步骤

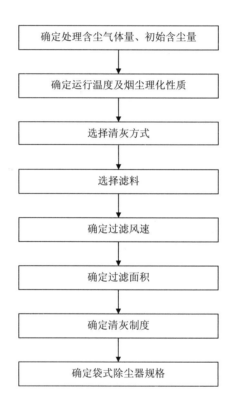

附录 D（资料性附录）

电除尘高压电源的特性及比较

D.1 几种电源主要性能比较见表 D.1。

表 D.1 电源主要性能比较

项目	单相 SCR 电源	三相 SCR 电源	中频电源	高频电源
三相平衡	不平衡	三相平衡	三相平衡	三相平衡
峰值电压（72 kV 时）	＞100 kV	约 80 kV	约 76 kV	约 75 kV
电压纹波	＞50%	2%～5%	2%～5%	＜1%
平均电压比	1	125%以上	130%以上	130%以上
电能利用率	＜70%	约 90%	＞90%	＞90%
装置（控制与整流变）	分体	分体	分体	一体
整流变压器	体积重量大	体积重量较大	体积重量较小	体积重量小
火花特性	火花冲击较大	火花冲击大	火花冲击小	火花冲击小
供电方式	容易实现间隙供电、脉宽宽	较难实现间隙供电、脉宽宽	容易实现间隙供电、脉宽窄	容易实现间隙供电、脉宽窄
整流变噪声	小	小	较大	很小
实现大功率	容易	容易	容易	困难

D.2 在实际应用中，电源应根据不同工况和工程投入来选择，主要包括以下两个方面：

a）节能分析

电除尘高压电源的节能有两个方面，一方面是电源本身的效率，即电源的电能利用率，另一方面是运行过程的电场实际耗电量。高压电源电能利用率从高到低是高频电源＞中频电源＞三相 SCR 电源＞单相 SCR 电源；而电场实际耗电量与电除尘工况、电源供电方式、控制模式等有关，不同厂家的产品可能会有不同效果。

b）除尘效率分析

从电除尘效率角度，考虑高压电源的选择主要取决于工况。如果电场的实际运行火花电压低，电场的电流小，应尽量选用二次电压纹波系数小的电源，即可选择三相 SCR 电源、中频电源、高频电源等，与单相 SCR 电源相比，该三种电源能大大提高电场的输入电能，提高运行参数，有利于提高电除尘的效率；如果单相 SCR 电源运行时，电场的运行电流大、电压高，接近额定值，并且火花少，则可选择较大功率的三相电源进一步提高电源的注入功率来提高除尘效率。

D.3 高频高压电源与常规单相 SCR 电源输出电压波形比较见图 D.1：

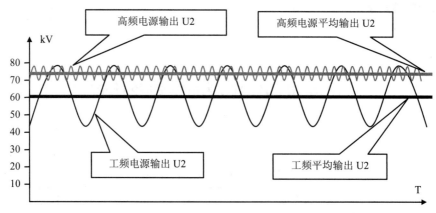

图 D.1 电场二次电压波形对比

从图 D.1 中可以看出，在相同峰值电压时，高频高压电源的平均电压比常规电源（单相 SCR 电源）要高很多。三相 SCR 电源、中频电源在该特性上与高频电源类似；该特性也是这三种电源与常规电源的最显著区别点。

D.4 中频电源与三相 SCR 电源相比，主要不同点有：

a）三相 SCR 电源与中频电源的输出纹波系数都比单相 SCR 电源小，有相近的平均电压输出值；

b）火花关断中频电源比三相 SCR 电源快，冲击小，间隙供电脉冲宽度中频电源比三相 SCR 电源窄；

c）供电方式中频电源与三相 SCR 电源采用不同的控制原理；

d）整流变压器噪声中频电源相对较大。

D.5 高频高压电源与中频电源相比，主要不同点有：

a）高频高压电源为一体化结构，而中频电源为分体式结构；

b）高频电源大功率较难实现，而中频电源大功率不存在问题；

c）高频高压电源价格比中频电源高。

D.6 电除尘器正常耗电量取决于多种因素，在达到电除尘设计除尘效率前提下，耗电量主要取决于电源的智能控制系统。一般来说，一台火电机组的电除尘器高压供电设备的耗电量不应超过 0.5 kW/MW。在降低电除尘器的耗电量时，应充分考虑低压加热部分的能耗，尽量优化加热策略，减少不必要的加热能耗。在缺少自动优化手段的情况下，也可以从电除尘运行管理方面进行优化。

附录 E（资料性附录）

电除尘器高压高频电源技术要求

E.1 使用环境与安全要求

a）海拔高度不超过 1 000 m；若海拔高度高于 1 000 m 时，按 GB/T 3859.2 的规定作相应修正；

b）环境温度不高于 40℃，不低于变压器油所规定的凝点温度；

c）空气最大相对湿度为 90%（在相对于空气温度 20℃±5℃时）；

d）无剧烈震动和冲击，垂直倾斜度不超过 5%；

e）运行地点无导电爆炸尘埃，没有腐蚀金属和破坏绝缘的气体或蒸汽；

f）三相输入交流电源条件应符合 GB/T 3859.1 的规定。

E.2 技术要求

E.2.1 拓扑结构：采用三相整流全桥串联谐振拓扑结构。

E.2.2 逆变器谐振频率：20～50 kHz。

E.2.3 负载等级：负载等级为"Ⅰ"级（100%额定输出电流，连续）。

E.2.4 设备功率因数与设备总效率：设备功率因数≥0.9；设备总效率≥90%。

E.2.5 高频高压整流设备的电气绝缘强度：

a）变压器油应符合 GB/T 7595 的规定，击穿电压不小于 40 kV/2.5 mm；

b）各带电电路与地（机壳）之间的绝缘电阻不小于 1 MΩ/kV；绝缘电阻数据仅供绝缘试验前后作为辅助性判别；

c）各带电电路（高频变压器高压回路除外）应承受对机壳和其他任何电路的绝缘试验，这些电路与所试的电路彼此是独立的。

E.2.6 设备控制功能：

a）输出调节范围：设备应能在额定直流输出电流和 90%～100%的额定直流输出电压的情况下稳定运行；直流输出电流调节范围：0～100%额定值；直流输出电压调节范围：0～100%最大输出电压值或起晕电压～100%最大输出电压值；

b）闪络试验：在不低于额定电压 60%的前提下，设备允许在每分钟 150 次闪络状态下运行，考核时间为 15 min，如果除尘器负载发生电弧时应能迅速灭弧，而设备不应发生任何故障；

c）设备运行参数显示：设备运行参数至少包括一次电流、母线电压、二次电压、二次电流。运行参数显示误差不大于 5%，温度显示误差±2℃。若有柜面表计，其指示值误差为±5%；

d）设备一般不允许负载开路，设备瞬时开路，一般不应造成故障；

e）设备故障保护功能：设备运行中，如出现下列故障，设备应能自动停机跳闸报警并显示故障类型。故障类型有：负载短路故障、负载开路故障、高频变压器油温超限、功率半导体器件故障、功率半导体器件温度超限等；

　　f）设备应能承受在额定负载条件下开机和停机的冲击；

　　g）设备能与计算机通讯，能接受计算机的各种设定命令，并将设备运行参数、设定参数、故障状态传送到计算机。

E.2.7　防护等级：设备的柜体防护按 GB 4208 的规定。除尘用高频高压整流设备（风道除外）的防护等级不低于 IP 54 或按用户要求。

E.2.8　噪声：设备的噪声应符合 GB/T 3859.1 的规定。

附录 F（资料性附录）

电除尘器升压记录表

表 F.1　电除尘器升压记录表

尘源设备和名称		电除尘器规格		供货商	
高压电源/（A/kV）		抽头位置/kV		测试时天气	晴、多云、阴、雨
温度/℃		湿度/%		风力/（m/s）	
室号		电场号		测试时段	时　分－　时　分
空载测试	第　　次	负载测试	第　　次	测试时间	年　月　日
序号	一次电压/V	一次电流/A	二次电压/kV	二次电流/mA	备　注
1					
2					
3					
4					
5					
6					
7					
8					
9					
10					
11					
12					

注：在升压过程中如要观察电场内部的放电现象，观察人员只可在进、出口喇叭管内或灰斗内进行观察，不可进入电场，观察人员应有两人以上，一人在本体外部监护。在升压过程中如发现电场内部有不正常放电现象，则应关闭全部高压电源，并将全部隔离开关接地放电后，检修人员才可进入电场进行检修。

测试负责人：　　　　　　　　　　　　　　　　记录人：

附录 G（资料性附录）

电除尘器运行记录表

表 G.1　电除尘器运行记录表

车间名称					
除尘器名称					
除尘器编号					
设备型号					
考察位置（勾选）	除尘器入口/除尘器出口				
日期					
时间					
系统含尘气体量/（m³/h）					
系统负压/Pa					
温度/℃					
风机阀门开度/%					
一次电压/V					
一次电流/A					
二次电压/kV					
二次电流/mA					
含尘质量浓度/（mg/m³）					
清灰设备情况					
卸灰设备情况					
输灰设备情况					
备注					

操作员：　　　　　　　　交班班长：　　　　　　　　　　接班班长：

附录 H（资料性附录）

袋式除尘器运行记录表

表 H.1 袋式除尘器运行记录表

车间名称					
除尘器名称					
除尘器编号					
设备型号					
考察位置（勾选）	除尘器入口/除尘器出口				
日期					
时间					
系统含尘气体量/（m³/h）					
系统负压/Pa					
温度/℃					
风机阀门开度/%					
压缩空气压力/MPa					
系统运行压差/Pa					
含尘质量浓度/（mg/m³）					
清灰设备情况					
卸灰设备情况					
输灰设备情况					
备注					

操作员：   交班班长：   接班班长：

附录 I（资料性附录）

电袋复合除尘器运行记录表

表 I.1　电袋复合除尘器运行记录表

车间名称					
除尘器名称					
除尘器编号					
设备型号					
考察位置（勾选）	除尘器入口/除尘器出口				
日期					
时间					
系统含尘气体量/（m³/h）					
系统负压/Pa					
温度/℃					
风机阀门开度/%					
一次电压/V					
一次电流/A					
二次电压/kV					
二次电流/mA					
压缩空气压力/MPa					
系统运行压差/Pa					
含尘质量浓度/（mg/m³）					
清灰设备情况					
卸灰设备情况					
输灰设备情况					
备注					

操作员：　　　　　　　　交班班长：　　　　　　　　　　接班班长：

中华人民共和国国家环境保护标准

火电厂烟气治理设施运行管理技术规范

Management technical specification of the operation of flue gas treatment facilities of
thermal power plant

HJ 2040—2014

前 言

为贯彻《大气污染防治法》，规范火电厂烟气治理工程的运行管理，防治环境污染，提高和改善环境空气质量，制定本标准。

本标准规定了火电厂烟气治理设施运行、检修与维护管理的相关要求。

本标准为指导性文件。

本标准为首次发布。

本标准由环境保护部科技标准司组织制订。

本标准起草单位：中国环境科学学会、国电环境保护研究院、北京国电龙源环保工程有限公司、福建龙净环保股份有限公司、中国环境科学研究院。

本标准国家环境保护部 2014 年 6 月 10 日批准。

本标准自 2014 年 9 月 1 日起实施。

本标准由环境保护部解释。

1 适用范围

本标准规定了火电厂烟气治理设施运行、检修和维护管理等方面的相关要求。

本标准适用于火电厂 200 MW 及以上机组配套的烟气治理设施，其他机组可参照执行。

2 规范性引用文件

本标准引用了下列文件或其中的条款。凡是未注明日期的引用文件，其最新版本适用于本标准。

GB 536 液体无水氨

GB 2440 尿素

GB 12348 工业企业厂界环境噪声排放标准

GB 13223 火电厂大气污染物排放标准

GB 18598 危险废物填埋污染控制标准

GB 18599   一般工业固体废物贮存、处置场污染控制标准

GB 26164.1   电业安全工作规程   第 1 部分：热力和机械

GB 50040   动力机器基础设计规范

GB/T 12801   生产过程安全卫生要求总则

GB/T 21509   燃煤烟气脱硝技术装备

GB/T 27869   电袋复合除尘器

GB/T 50087   工业企业噪声控制设计规范

GBZ 1   工业企业设计卫生标准

GBZ 2.1   工作场所有害因素职业接触限值   第 1 部分：化学有害因素

HJ 562   火电厂烟气脱硝工程技术规范   选择性催化还原法

HJ 563   火电厂烟气脱硝工程技术规范   选择性非催化还原法

HJ 2000   大气污染治理工程技术导则

HJ 2001   火电厂烟气脱硫工程技术规范   氨法

HJ/T 75   固定污染源烟气排放连续监测技术规范（试行）

HJ/T 76   固定污染源烟气排放连续监测系统技术要求及检测方法（试行）

HJ/T 178   火电厂烟气脱硫工程技术规范   烟气循环流化床法

HJ/T 179   火电厂烟气脱硫工程技术规范   石灰石/石灰-石膏法

HJ/T 212   污染源在线自动监控（监测）系统数据传输标准

HJ/T 255   建设项目竣工环境保护验收技术规范   火力发电厂

DL 5009.1   电力建设安全工作规程（火力发电厂部分）

DL 5053   火力发电厂职业安全设计规程

DL/T 322   火电厂烟气脱硝（SCR）装置检修规程

DL/T 335   火电厂烟气脱硝（SCR）系统运行技术规范

DL/T 341   火电厂石灰石/石灰-石膏湿法烟气脱硫装置检修导则

DL/T 362   燃煤电厂环保设施运行状况评价技术规范

DL/T 414   火电厂环境监测技术规范

DL/T 461   燃煤电厂电除尘器运行维护导则

DL/T 692   电力行业紧急救护技术规范

DL/T 748.1   火力发电厂锅炉机组检修导则   第 1 部分：总则

DL/T 748.6   火力发电厂锅炉机组检修导则   第 6 部分：除尘器检修

DL/T 748.10   火力发电厂锅炉机组检修导则   第 10 部分：脱硫装置检修

DL/T 838   发电企业设备检修导则

DL/T 986   湿法烟气脱硫工艺性能检测技术规范

DL/T 997   火电厂石灰石-石膏湿法脱硫废水水质控制指标

DL/T 998   石灰石-石膏湿法烟气脱硫装置性能验收试验规范

DL/T 1050   电力环境保护技术监督导则

DL/T 1051   电力技术监督导则

DL/T 1121   燃煤电厂锅炉烟气袋式除尘工程技术规范

DL/T 1149   火电厂石灰石/石灰-石膏湿法烟气脱硫系统运行导则

DL/T 5196　火力发电厂烟气脱硫设计技术规程

DL/Z 870　火力发电企业设备点检定修管理导则

JB/T 6407　电除尘器设计、调试、运行、维护　安全技术规范

《污染源自动监控管理办法》（国家环境保护总局令　2005 年　第 28 号）

《污染源自动监控设施运行管理办法》（环境保护部　环发[2008] 6 号）

燃煤电厂污染防治最佳可行技术指南（试行）（环境保护部　环发[2010]23 号）

《危险化学品安全管理条例》（中华人民共和国国务院令　2011 年　第 591 号）

《污染源自动监控设施现场监督检查办法》（环境保护部令　2012 年　第 19 号）

3　术语和定义

下列术语和定义适用于本标准。

火电厂烟气治理设施　flue gas treatment facilities of thermal power plant

为治理火电厂排放烟气中二氧化硫（SO_2）、氮氧化物（NO_x）、烟尘等大气污染物，提高和改善环境空气质量而建的设施。在本标准中具体指烟气脱硝设施、烟气除尘设施和烟气脱硫设施及其配套的烟气连续检测设施。

4　总体要求

4.1　烟气治理设施的技术选择和工程建设应满足国家有关标准和规定要求，并通过建设项目竣工环境保护验收。

4.2　烟气治理设施投运后，火电厂排放烟气中的大气污染物浓度应满足国家及地方排放标准，SO_2 和 NO_x 排放量还应满足国家及地方的总量控制要求。

4.3　烟气治理设施是火电厂生产系统的组成部分，应按主设备要求进行运行、检修和维护管理。

4.4　火电厂应建立健全保障烟气治理设施稳定可靠运行的管理体系，主要包括组织机构、制度、规程、事故预防和应急预案、人员培训、技术管理以及考核办法等。

4.5　火电厂应在确保烟气治理设施可靠运行和污染物排放浓度稳定达标的前提下，持续优化运行方式，实现节能经济运行。

4.6　烟气治理设施可由火电厂自主运行，也可委托具有运营资质的单位运行。

4.7　火电厂烟气治理设施应按照《污染源自动监控管理办法》和 HJ/T 76 等要求，安装大气污染物排放连续检测设备，其运行和管理应满足《污染源自动监控设施运行管理办法》、《污染源自动监控设施现场监督检查办法》等相关环保要求。

4.8　火电厂应建立和加强烟气治理设施竣工资料、运营期原料采购及消耗、系统运行检修、设备维护保养、人员培训等记录和报表、其他各种资料的档案管理，建立电子档案，并根据环保要求建立规范的历史数据采集、存档、报送、备案制度，对运行数据、记录等相关资料的保存年限应满足相关环保要求。

4.9　火电厂应按照 DL/T 1050、DL/T 1051 的要求，加强烟气治理设施的技术监督和管理，至少应包括污染物检测及达标情况、燃料品质（发热量、硫分、灰分等）、消耗品品质、关键设备运行状况、副产物品质以及治理设施运行、维护、检修期间的其他相关方面。

4.10　火电厂应按照 DL/T 362 的要求，定期对烟气治理设施的运行状况进行评价，形成评价、改进、监督、再评价、持续改进的闭环管理。

4.11　烟气治理设施运行管理应协调兼顾，以避免和减小主机及各烟气治理设施之间产生不利影响。

4.12　烟气治理设施在高效脱除单一污染物的同时，应加强协同控制，提高多污染物联合脱除、协同减排的功能。

5　烟气治理设施运行、检修和维护管理

5.1　规章制度

5.1.1　火电厂应建立健全保障烟气治理设施安全稳定运行的管理制度，至少应包括安全责任制、岗位责任制、交接班制度、定期测量、切换和试验制度等。

5.1.2　火电厂应制定完善的烟气治理设施生产规程，至少应包括运行规程、检修维护规程、巡回检查、定期试验与切换、在线检测设施维护与校核等。

5.1.2.1　运行规程的主要内容至少应包括烟气治理设施的系统说明、设计规范和设备规范、系统检查、系统启动停运、运行调整、定期试验、故障处理、安全运行、运行记录和注意事项等。

5.1.2.2　检修维护规程的主要内容至少应包括烟气治理设施的系统说明、设计规范和设备规范、检修维护方法、检修维护管理、检修维护的基本工作程序和质量标准、技术要求、设备点检、日常检修维护、定期检修维护、备品备件及材料和记录等。

5.1.2.3　巡回检查的主要内容至少应包括检查方式（如常规巡检、特殊巡检）、检查项目、检查日期或频次、问题处理、检查记录、检查人员等。

5.1.2.4　定期试验与切换的主要内容至少应包括主要设备定期试验与切换的内容、分类、要求、项目、职责、分工、安全健康风险评估和控制措施等。

5.1.2.5　在线检测设施维护与校核的主要内容至少应包括日常巡检、日常维护保养、定期校核、定期维护、失控数据判别、比对检测等。

5.1.3　火电厂应建立健全烟气治理设施的事故预防和应急预案，至少应包括突发事件总体应急预案、环境污染事故专项预案，并定期演练和记录备案。

5.1.3.1　突发事件总体应急预案至少应包括煤质异常变化事故预案、重大设备失电事故预案等。

5.1.3.2　环境污染事故专项预案至少应包括危险化学品泄漏应急预案、大气污染物排放超标应急预案等。

5.2　机构和人员配置

5.2.1　火电厂烟气治理贯穿火电厂生产的全过程，火电厂宜建立由厂级主管领导负责、各有关部门主管为成员的环境保护管理机构。

5.2.2　火电厂应建立健全企业环境监督员制度，并建立环保三级监督管理体系，包括企业环保总负责人或主管领导、环保管理部门（含专职环保工程师）和各相关部门，负责环保监督管理的日常工作，协调各部门共同做好环保监督管理工作。

5.2.3　火电厂宜建立相应的环保检测机构，对烟气治理设施进行常态化的环保检测。

5.2.4　生产管理机构模式：

a. 火电厂对烟气治理设施宜成立专门的车间进行运行、维护和管理；

b. 烟气治理设施配套的在线检测设施的运行、管理和维护人员应取得相应的资质，委托给第三方运营时，运营方应取得相应运营资质。

5.2.5　火电厂至少应设置1名专职环保工程师,各烟气治理设施运行宜设置专职技术人员,所有运行管理人员均应经过技术培训和考核，并取得相应的资质。

5.2.6　宜单独配置烟气治理设施的运行和管理人员，且不低于主机对人员素质的要求。

5.3　培训

5.3.1　火电厂应按照上岗培训和定期培训、内部培训和外部培训多种方式相结合的原则，建立健全烟气治理设施的运行、维护、检修和管理人员的培训机制，确保所有运行和管理人员持证上岗。

5.3.2　烟气治理设施运行和管理人员上岗培训主要包括基础理论培训和实际操作培训，培训合格后方可上岗。

5.3.2.1　基础理论培训主要包括脱硝、除尘、脱硫和检测设施的工艺、原理、设计规范和设备规范，以及与大气污染物治理相关的法律、法规和标准等。

5.3.2.2　实际操作培训主要包括：

a. 启动准备培训，包括启动前的检查和启动条件等；

b. 运行调整培训，包括启动、停运、运行调整、正常运行、安全运行等；

c. 运行监控培训，包括监控和报警参数的检查、调整、纠偏等；

d. 设备及运行优化培训，包括达标排放、可靠运行、经济运行等多种条件下最佳运行参数的检查、控制和调节等；

e. 设备检修和维护培训，包括主要设备、仪表的日常和定期维护等；

f. 故障处理培训，包括烟气治理设施及其主要设备运行常见、异常故障的发现、检查和排除等；

g. 应急处理培训,包括烟气治理设施及其主要设备在事故或紧急状态下的操作方法和事故处理等；

h. 记录及报表标准化培训，包括规范化的运行、检修、维护记录和标准化报表等。

5.3.3　定期培训主要包括最新的政策、法规和标准培训、安全培训、业务技能培训、运行优化培训、经济运行培训、应急预案演练培训等。

5.4　考核

5.4.1　火电厂应针对烟气治理设施的具体特点，建立健全运行、维护和检修的岗位考核制度，包括考核指标、绩效考核办法、奖惩办法等。

5.4.2　火电厂烟气治理设施运行管理的考核指标宜包括性能指标、生产管理和主要设备三方面。

5.4.3　火电厂烟气治理设施运行管理的绩效考核内容宜包括影响烟气治理设施达标排放的原料输入、生产运行、检修维护、设备管理等方面，如燃料采购考核、吸收剂采购考核、还原剂采购考核、锅炉及辅机运行考核、检修维护考核、仪表管理考核、化学监督考核、环保指标考核等。

表 1　烟气治理设施运行管理的考核指标

<table>
<tr><td rowspan="2">指标</td><td colspan="4">烟气治理设施</td></tr>
<tr><td>脱硝设施</td><td>除尘设施</td><td>脱硫设施</td><td>在线检测设施</td></tr>
<tr><td>性能指标</td><td>(1) 脱硝效率
(2) 系统投运率
(3) NO_x 排放达标状况
及总量控制情况
(4) 还原剂消耗量
(5) 电耗
(6) 氨逃逸</td><td>(1) 除尘效率
(2) 系统投运率
(3) 烟尘排放达标状
况（包括除尘器及烟
囱终端排放）
(4) 本体阻力
(5) 漏风率
(6) 电耗
(7) 压缩空气消耗量</td><td>(1) 脱硫效率
(2) 系统投运率
(3) SO_2 排放达标状况及
总量控制情况
(4) 电耗
(5) 工艺（业）水消耗
量
(6) 吸收剂消耗量
(7) 副产物品质</td><td>(1) 检测数据的
准确性
(2) 检测系统的
投运率</td></tr>
<tr><td rowspan="2">生产
管理</td><td>管理体系</td><td colspan="3">(1) 制度与规程；(2) 组织机构；(3) 人员培训；(4) 应急预案</td></tr>
<tr><td>运行管理</td><td colspan="3">(1) 运行、检修、维护台账及记录；(2) 检测分析报告；(3) 化学分析记录；(4) 设备
台账；(5) 技术资料；(6) 安全文明生产；(7) 技术改进和运行优化</td></tr>
<tr><td colspan="2">主要设备</td><td colspan="3">参照 DL/T 362 烟气治理设施评价内容的主要设备部分</td></tr>
</table>

6　烟气治理设施运行、检修、维护工艺要求

6.1　烟气脱硝设施

6.1.1　一般要求

6.1.1.1　火电厂应优先运行好低氮燃烧设施，在综合考虑锅炉效率的基础上，控制尽可能低的 NO_x 生成量，再投入高效烟气脱硝设施，确保排放达标。

6.1.1.2　火电厂烟气脱硝设施的运行、维护、检修应参照 DL/T 335、DL/T 322、HJ 562、HJ 563、DL/Z 870、DL/T 838、DL/T 748.1 执行。

6.1.1.3　还原剂品质及使用应满足 GB 536、GB 2440 的相关要求。

6.1.1.4　脱硝催化剂处置

　　a. 火电厂应对不满足脱硝效率要求的催化剂进行催化剂能否再生的测试评估。

　　b. 经过测试评估可再生的催化剂应通过物理和化学手段使活性得以部分或完全恢复，主要程序有：催化剂评估、再生工艺选择、物理清洗、活化、热处理、性能测试等。具体可参照 HJ 562 执行。

　　c. 经过测试评估不可再生的催化剂应由专业厂家或原催化剂供应厂家负责回收处理，不得随意抛弃。磨损严重、机械破裂无法再生的催化剂应优先考虑回收再利用处理，其次应按照 GB 18598 进行填埋处置。

6.1.1.5　二次污染及预防

　　a. 对烟气脱硝设施应采取防止氨泄漏的相关措施。

　　b. 脱硝系统的稀释风机入口应加装消声装置。

　　c. 采用液氨作还原剂时，液氨贮存与供应区域应设置完善的消防系统、洗眼器、防毒面具、清洗药品、风向标等，氨区应设置防雨、防晒及喷淋设施，喷淋设施应考虑冬季防冻措施，并定期对洗眼器、喷淋设施进行检修，确保设施处于备用、待用状态，涉氨场所宜安装氨气泄漏报警仪。

6.1.2 运行考核

火电厂应定期对烟气脱硝设施的运行状况进行考核，考核指标至少应包括脱硝效率、系统投运率、NO_x排放达标状况及总量控制情况、还原剂消耗量、电耗等。

6.1.3 运行控制

6.1.3.1 运行过程中应监控的关键参数宜包括氨区各设备的压力、温度、氨泄漏；脱硝反应器进口、出口烟气温度、烟气流量、烟气压力、烟气湿度、NO_x浓度和氧含量、进出口差压、喷氨流量、出口氨浓度和还原剂消耗量、稀释风机运行参数等。

6.1.3.2 烟气脱硝设施的启动、停运要点参照附录 A.1。

　　a. 烟气脱硝设施的启动应具备重要转动设备、电气传动、联锁保护、阀门仪表、气路泄漏等试验合格的条件，并按照相关标准和供应商说明书要求做好启动前检查、试运工作，烟气条件具备时方可喷氨。

　　b. 烟气脱硝设施的停运应根据停运方式和设备状况，做好检查、维护、检修工作。正常停运应根据运行规程顺序停运，长期停运应将箱罐、管路及地坑内含氨液体或气体排空。非正常停运应按 DL/T 335 紧急停运进行操作处理、检查和维护，并及时向环保部门汇报备案，尽快恢复投入生产。

6.1.3.3 为保证烟气脱硝设施安全运行，宜对运行中的烟气脱硝设施进行运行调整优化，以提高脱硝系统运行经济性。烟气脱硝设施运行调整应遵循以下主要原则：

　　a. 脱硝系统正常稳定运行，参数准确可靠；

　　b. 脱硝系统运行调整服从于机组负荷变化，且在机组负荷稳定的条件下进行调整；

　　c. 脱硝系统运行调整宜采取循序渐进方式，避免运行参数出现较大的波动；

　　d. 在满足排放总量和排放限值的前提下，优化运行参数，提高经济性。

6.1.3.4 烟气脱硝设施的运行调整宜在锅炉运行调整（主要参数为烟气温度）的基础上实施，主要调整内容包括：喷氨流量、稀释风流量、喷氨平衡优化、吹灰器吹灰频率等，具体可参照 DL/T 335 执行。

6.1.3.5 烟气脱硝设施的定期切换参照附录 B 表 B.1-1，定期分析要求参照附录 C 表 C.1-1，主要故障处理及措施参照附录 D.1。

6.1.3.6 烟气脱硝设施应制定针对氨的防护、应急、急救措施和对策，具体可参照附录 E执行。

6.1.4 检修维护

6.1.4.1 烟气脱硝设施的检修周期、各级检修项目、主要设备检修工艺、质量标准、检修记录及相关管理要求应参照 DL/T 322 执行。

6.1.4.2 烟气脱硝设施的维护保养应纳入全厂的维护保养计划中。火电厂应根据烟气脱硝设施技术、设备等资料制定详细的维护保养规定。维修人员应根据维护保养规定定期检查、更换或维修必要的部件，并做好维护保养记录。

6.2 烟气除尘设施

6.2.1 一般要求

6.2.1.1 电除尘器的运行、试验、日常维护、定期维护、大/小修及质量检查应参照 DL/T 461、DL/T 748.1、DL/T 748.6、JB/T 6407 执行。电袋复合除尘器电区参照本条款执行。

6.2.1.2 袋式除尘器的运行、检修、维护应参照 DL/T 1121 执行。电袋复合除尘器袋区参照本条款执行。

6.2.1.3 应加强粉煤灰卸料转运安全文明生产。

6.2.2 运行考核

火电厂应对烟气除尘设施的运行状况进行考核，考核指标宜包括：

a. 电除尘器：除尘效率（允许根据设备设计修正曲线进行修正）、电场投运率、阻力、漏风率、排放浓度、电耗；

b. 电袋复合除尘器：除尘效率、电场投运率、阻力、漏风率、排放浓度、滤袋寿命、电耗；

c. 袋式除尘器：除尘效率、阻力、漏风率、排放浓度、滤袋寿命。

6.2.3 运行控制

6.2.3.1 关键参数

a. 电除尘器运行过程中应控制的关键参数宜包括灰斗高料位等重要报警信号、进出口烟尘浓度、烟温、二次电压、二次电流等；

b. 电袋复合除尘器运行中应控制的关键参数宜包括进出口烟气温度、烟尘浓度、高温报警信号、低温报警信号、灰斗高料位报警信号、清灰压力报警号、二次电压、二次电流等；

c. 袋式除尘器运行中应控制的关键参数宜包括进出口烟气温度、烟尘浓度、高温报警信号、低温报警信号、灰斗高料位报警信号、清灰压力报警信号等。

6.2.3.2 烟气除尘设施的启动、停运要点参照附录 A.2。

6.2.4 检修维护

6.2.4.1 电除尘器的检修维护宜参照 DL/T 461、DL/T 748.1、DL/T 748.6、JB/T 6407 执行。

6.2.4.2 电袋复合除尘器的检修维护宜参照 GB/T 27869、DL/T 461、DL/T 748.1、DL/T 748.6、JB/T 6407 执行。

6.2.4.3 袋式除尘器的运行、检修、维护宜参照 DL/T 1121 执行。

6.2.4.4 烟气除尘设施的主要故障处理及措施宜参照附录 D.2 执行。

6.3 烟气脱硫设施

6.3.1 一般要求

烟气脱硫设施的运行、维护、检修等工作应参照 DL/T 1149、HJ 2001、HJ/T 178、HJ/T 179、DL/Z 870、DL/T 748.10、DL/T 341 等相关标准并根据生产实际需要执行。

6.3.2 运行考核

6.3.2.1 火电厂应对烟气脱硫设施的运行状况进行考核，考核指标至少应包括脱硫设施的运行情况、现场安全文明生产、SO_2 浓度、脱硫效率、副产物品质（如脱硫石膏品质、脱硫废水指标等）、排烟温度、吸收剂消耗量、水耗、电耗、气耗、系统投运率等。

6.3.2.2 火电厂应对烟气脱硫设施的检修维护进行考核，包括消缺率、及时率等。

6.3.3 运行控制

6.3.3.1 烟气脱硫设施的启动应具备重要转动设备、电气传动、联锁保护、阀门仪表等试验合格的条件，并做好启动前检查、试运转工作，启动应尽可能缩短与机组启动间隔，且除尘设施应先于烟气脱硫设施启动。

6.3.3.2 烟气脱硫设施的停运应结合主机情况列出停运计划，非计划停运要及时报环保部门备案，根据停运方式和设备状况，在停运期间做好检查和维护检修工作，并尽快投入生产。系统停运时除尘设施应晚于烟气脱硫设施停运。启、停运要点参照附录 A.3、附录 A.4。

6.3.3.3　定期切换工作应参照 DL/T 1149、HJ 2001、HJ/T 178 相关要求执行。浆液系统的设备停用时，应严格冲洗设备和附属管道，防止沉积。

6.3.3.4　物化分析工作应根据相关规定严格执行，可参照 DL/T 1149、HJ 2001、HJ/T 178 相关要求执行。

6.3.4　检修维护

6.3.4.1　烟气脱硫设施的维护应包括日常维护和点检定修。日常维护应包括系统清洁、罐体管道泄漏处理、对转动设备定期检查护理以及对其他突发情况的处理等。烟气治理设施的点检定修应参照 DL/Z 870 执行，应确定专职点检员职责，做到定区、定人、定设备，同时对点检人员加强业务培训。

6.3.4.2　烟气脱硫设施的检修等级以脱硫设施规模和停用时间为原则，将脱硫设施的检修分为 A、B、C、D 四个等级，具体检修要求参照 DL/T 748.10 执行。浆液系统的设备和附属管道维护检修时，应对防腐层和易损部件，根据防腐施工和检修规定，进行严格维护检修。

6.3.4.3　烟气脱硫设施的检修应按照技术标准、制造厂提供的设计文件、同类型脱硫设施的检修经验以及设备状态评估结果等合理安排。

6.3.4.4　烟气脱硫设施的定期切换应参照附录 B 表 B.2-1 执行，定期分析要求应参照附录 C 表 C.2-1 执行，主要故障处理及措施应参照附录 D.3、附录 D.4 执行。

6.4　烟气连续检测设施

6.4.1　一般要求

6.4.1.1　烟气连续检测设施（以下简称 CEMS）的日常巡检、维护保养、校准和校验、运行质量保证、数据审核和处理、数据记录和报表应参照 HJ/T 75 执行。

6.4.1.2　CEMS 的主要技术指标、检测项目、检测方法及检测质量保证措施应参照 HJ/T 76 执行。

6.4.1.3　CEMS 烟气采样器、加热器、取样管线伴热投自动，设定温度不低于 120℃，每日检查加热器、电伴热，确保运行正常。

6.4.1.4　CEMS 定期维护检查校验工作应满足技术标准和相关环保要求。

6.4.1.5　做好 CEMS 原、净烟气取样器防潮防水工作。

6.4.1.6　CEMS 烟尘、SO_2、NO_x 等仪表的计量基准应与 GB 13223 保持一致。

6.4.1.7　连续检测的历史数据及历史曲线的保存应满足环保要求并及时做好离线备份工作。

6.4.2　运行考核

火电厂应结合生产实际以及投运率、故障率、数据检测及传输的准确性等指标建立 CEMS 考核机制。

6.4.3　运行控制

6.4.3.1　日常巡检

日常巡检间隔不超过 7 d，巡检记录应包括检查项目、检查日期、被检查项目的运行状态等内容，每次巡检记录应归档，日常巡检规程应包括该系统的运行状况、CEMS 工作状况、系统辅助设备的运行状况、系统校准工作等必检项目和记录，以及仪器使用说明书中规定的其他检查项目和记录。

6.4.3.2 日常运行质量保证

CEMS日常运行质量保证是保障CEMS正常稳定运行、持续提供有效检测数据的必要手段。当CEMS不能满足技术指标而失控时，应及时采取纠正措施，缩短下一次校准、维护和校验的间隔时间。不宜采用与CEMS测试原理相同的参比方法校验CEMS。CEMS的定期校准、定期校验、失控数据的判别、比对检测应参照HJ/T 75执行。

6.4.3.3 安全操作

a. 长时间断电后重新投入 CEMS 时应对供电电源进行测量，防止由于供电电源不稳定而引起设备损坏，CEMS投入运行后应进行标定；

b. 对仪器小间通风装置定期检查，防止采集的气体或标准气体泄漏进入小间对人身产生伤害；

c. 对设备进行检修处理时应将该设备的电源切断，防止设备发生漏电现象；

d. 操作时尽量选用专用工具对仪器进行拆卸。

6.4.3.4 CEMS 的数据分析与检查

a. CEMS运行管理人员应按要求定期打印报表，检查CEMS数据超标记录和运行记录，有异常数据及时反馈。每周形成数据分析报告，月底形成月度报告；

b. 应定时核查异常数据与污染源和治理设施的运行工况是否相符，根据分析结论采取维护检修对策措施；

c. 应做好数据采集系统日常维护，定期进行 CEMS 检测数据备份。

6.4.4 检修维护

6.4.4.1 CEMS运行过程中的定期维护是日常巡检的一项重要工作，定期维护应做到：

a. 污染源停炉后到开炉前应及时到现场清洁光学镜面；

b. 每30日至少清洗一次隔离烟气与光学探头的玻璃视窗，检查一次仪器光路的准直情况；对清吹空气保护装置进行一次维护，检查空气压缩机或鼓风机、软管、过滤器等部件；

c. 每3个月至少检查一次气态污染物 CEMS 的过滤器、采样探头和管路的结灰和冷凝水情况、气体冷却部件、转换器、泵膜老化状态；

d. 每3个月至少检查一次流速探头的积灰和腐蚀情况、反吹泵和管路的工作状态。

6.4.4.2 CEMS运行期间各种仪器仪表均应按照说明书要求进行日常管理和维护，及时更换到期的零部件。

6.4.4.3 火电厂应建立完善的 CEMS 故障应急预案。

6.4.4.4 CEMS 的设备管理应该落实到部门，由专人负责。

6.4.4.5 CEMS 的检修维护应满足相关环保要求。

6.4.4.6 每日均应检查 CEMS 检测数据远程传输情况，出现异常时应及时处理，以保证传输正常。

6.4.4.7 当对外委托 CEMS 运行维护工作时，应定期对运行维护工作进行监督检查。

7 安全、健康、环境

7.1 火电厂烟气治理设施的运行应遵循"安全第一，预防为主"的方针，以不影响火电厂安全生产和文明生产为原则，持续提高生产过程中安全、健康、环境的管理水平，保障生产人员安全与健康、设备和设施免受损坏、环境免遭破坏。

7.2 火电厂应建立健全烟气治理设施重大危险源识别和评价体系，加强运行过程中重大安全风险的控制，并确保烟气治理设施事故预防和应急预案处于受控状态。

7.3 火电厂对烟气治理设施的安全管理应符合 GB/T 12801 和 GBZ 2.1 的有关规定，并按照安全性评定的要求，定期进行安全性评定，形成评定、整改的闭环管理。

7.4 火电厂烟气治理设施运行过程中的劳动安全和职业卫生参照 DL 5053 执行。

7.5 火电厂烟气治理设施运行、检修、维护和管理人员在生产和工作中的安全工作要求参照 GB 26164.1 执行。运行、检修、维护过程中应采取的安全健康措施、安全文明施工措施参照 DL 5009.1 执行，如遇到紧急救护情况参照 DL/T 692 执行。

7.6 火电厂应按照《危险化学品安全管理条例》加强对烟气治理设施运行中所涉及的危险化学品的管理。

7.7 火电厂烟气治理设施的防泄漏、防噪声与振动、防电磁辐射、防暑与防寒等要求应符合 GBZ 1 的规定。

7.8 火电厂应建立健全烟气治理设施环境因素和评价体系，加强对运行过程中环境因素的控制。

7.9 火电厂烟气治理设施应采取有效的隔声、消声、绿化等降低噪声的措施，噪声、震动应满足 GB/T 50087 和 GB 50040 的要求，厂界噪声应符合 GB 12348 的要求。

7.10 火电厂烟气治理过程中产生的副产物飞灰、石膏等应优先综合利用，暂不具备综合利用条件的应根据相关要求采取贮存和处置，具体应满足 GB 18599 的要求。

7.11 火电厂烟气治理过程中产生的废水应处理达标后排放或综合利用。

附录 A（资料性附录）

烟气治理设施的启停要求

A.1 选择性催化还原（SCR）烟气脱硝设施的启停要求

A.1.1 投运前检查

（1）应按辅机通则或运行规范进行检查，确认 SCR 系统具备投运条件。

（2）长时间停用后启动时，应对供氨管线用氮气进行吹扫；吹扫压力 0.4 MPa，排放、加压重复 2～3 次。

（3）启动前应参照 DL/T 335 中 5.1.3 对液氨储存与稀释排放系统、液氨蒸发系统、稀释风机系统、循环取样风机系统、吹灰器、SCR 烟气系统进行全面检查，保证各系统符合启动相关要求。

A.1.2 系统启动

A.1.2.1 喷氨前 24 小时，启动烟气分析仪。

A.1.2.2 锅炉启动后，观察烟气温度和燃烧工况，确认 SCR 区域无易燃物沉积。

A.1.2.3 确认氨切断阀关闭，将氨流量控制器切换到"手动"模式，关闭氨流量控制阀。

A.1.2.4 启动稀释风机，确认稀释空气总流量超过设计值；空气流量调试时已设定好，一般不宜轻易改变。

A.1.2.5 启动液氨蒸发系统，确认氨气压力为 0.3 MPa 左右时，调节阀切换到"自动"模式。

A.1.2.6 当 SCR 进口烟气温度大于 320℃且小于 410℃时，可以打开缓冲罐出口截止门，打开氨切断阀。

A.1.2.7 在氨喷入烟气前，氨/空气分配支管上的节流阀应处于全开状态。

A.1.2.8 手动调节流量控制阀，为氨/空气混合器供应氨气，注意控制氨气/空气混合气中氨气体积比不大于 5%，并将氨/空气混合气通向氨喷射格栅。

A.1.2.9 根据 SCR 入口烟气中的 NO_x 浓度及负荷情况，以 SCR 出口 NO_x 浓度、氨逃逸指标应满足环保标准，手动缓慢调节氨流量调节阀，稳定后将氨流量控制器切换到"自动"模式，确认 SCR 系统运行正常。

A.1.2.10 根据锅炉运行工况检查确认 SCR 进出口温度、NO_x 与 O_2 浓度、氨流量及其供应压力和稀释空气流量等是否正常。若 SCR 出口 NO_x 浓度显示值随喷氨量的增加无变化或明显有误，应及时对整个脱硝系统进行检查处理，并暂停喷氨。

A.1.3 系统停运

A.1.3.1 正常停运前，应对脱硝系统的设备进行全面检查，将所发现的缺陷记录在有关记录簿内，并及时录入缺陷系统网，以便检修人员根据检查记录进行处理。

A.1.3.2 当氨逃逸率超过设计值且经过调整不达标，或氨供应系统出现故障时，应停止供氨；当催化剂堵塞严重，且经过正常吹灰后无法疏通，或仪用气系统故障、电源故障中断时，应停运脱硝系统。

A.1.3.3 通过手动或自动关闭氨切断阀，停止供氨，从而达到SCR系统的紧急停机。

A.1.3.3.1 发生如下情况时，应立即确认氨切断阀自动关闭：

    a. 锅炉紧急停机；

    b. 反应器进口烟气温度低；

    c. 氨/空气混合比高；

    d. 断电。

A.1.3.3.2 宜保持稀释风机继续运行，对氨喷射管道进行吹扫。如锅炉仍在运行，一旦系统跳闸原因查明并恢复，按正常启动步骤启动 SCR 系统；如锅炉难以恢复正常运行，应使稀释风机一直运行，将残留在混合器和管道中的氨气吹扫干净，然后继续正常停机步骤。

A.1.3.3.3 若不能供应仪用空气，SCR 系统应按照"正常停机步骤"进行停机。

A.2 除尘设施的启停要求

A.2.1 系统启动

A.2.1.1 电除尘器

除尘器启动前，应确认除尘器内无人，所有人孔门已关闭。

在锅炉点火前 2 h，开启收尘极和放电极振打装置，并置于"手动"位置，使其处于连续振打状态，当锅炉燃烧稳定后，才能将操作开关置于"自动"位置，使其进行自动周期振打。

在锅炉点火前 4 h，应开启相应的输灰系统。

在锅炉点火前 24 h，开启保温箱加热装置、灰斗蒸汽加热或电加热装置，对电除尘器进行预热，同时投入自动调温和温度巡测装置。锅炉启动点火期间，投入煤粉燃烧稳定后，应尽早投运电除尘器，通常应在锅炉负荷达到额定负荷 70%或排烟温度达到 110℃时，投运高压电源、控制系统，并设定运行参数。

锅炉处于低负荷投油助燃时，应使振打控制系统保持手动振打状态，以防止油、灰混合物粘在极板上面而影响电除尘器的正常运行。

电除尘器在点火、燃油低负荷时，若由于特殊原因不能按一般规则投运，可分两种情况投运：

    a. 低负荷时投运：当锅炉负荷达到40%时，将除尘器电场高压有条件的投入运行，即将运行的二次电压手动控制在低于火花电压 10～15 kV 运行，待锅炉负荷达到 70%时自动升高到正常运行电压。

    b. 锅炉点火、燃油时投运：锅炉投运燃油时，先将除尘器电场高压有条件的投入运行，即将运行的二次电压手动控制在低于火花电压 10～15 kV 运行，待锅炉负荷达到 40%时再将其他电场有条件的投入运行，待锅炉负荷达 70%时自动升高到正常运行电压。

A.2.1.2 袋式除尘器

锅炉点火前 8 h，应对滤袋进行预涂灰。预涂灰时应合理地调配送、引风机，引风机挡板开度在 70%以上，以保证涂灰均匀。预涂灰应使除尘器进出口压差增加 200 Pa 以上。如果启停炉时间不足 48 h，则启动时无需预涂灰。

点火初期不得开启清灰系统，待进入正常燃煤运行且除尘器进出口压差升到 1 000 Pa

以上才可对滤袋清灰。

根据压差情况设定袋式除尘器的脉冲清灰制度。

A.2.1.3　电袋复合除尘器

电袋复合除尘器电区部分的系统启动参照 A.2.1.1 执行，袋区部分的系统启动参照 A.2.1.2 执行。

A.2.2　系统停运

A.2.2.1　电除尘器

主机停止后，应停止整流变压器运行，断开电源开关和主回路开关，将电场高压隔离开关置于"接地"位置。

整流变压器停止运行后，收尘极、放电极振打装置以及绝缘件加热、灰斗加热和输灰系统应继续运行 2 d，待极板、极线上的积灰全部振打干净，灰斗内无积灰时，才能将上述装置停止运行。

若检修停炉需启动引风机，应待引风机停止后才能将振打装置、输灰装置、加热装置停止运行。

电除尘器停运后，值班人员应对设备进行全面检查，保持现场卫生清洁，做好停运记录。

A.2.2.2　袋式除尘器

保持袋式除尘器的清灰系统运行，连续清灰 10～20 个周期。如停炉时间小于 48 h，则在主机停止运行后关闭清灰系统，可不进行清灰。

完成灰斗的卸、输灰后关闭低压控制系统。

继续运行引风机 1 h 以上，清除除尘器内所有残留酸性气体，关闭系统风机。

A.2.2.3　电袋复合除尘器

电袋复合除尘器电区部分的系统停运参照 A.2.2.1，袋区部分的系统停运参照 A.2.2.2。

A.3　石灰石/石灰-石膏湿法脱硫设施的启停要求

A.3.1　投运前检查

A.3.1.1　投运前试验

投运前试验包括：重要转动设备开关电气试验；各种联锁、保护、程控、报警；电（气）动阀门或挡板远方开、关；仪器仪表校验合格。

A.3.1.2　投运前检查

启动前应对工艺（业）水、仪用空气、吸收剂制备、SO_2 吸收、烟气、石膏脱水、废水处理等系统、设备进行检查，保证各系统符合启动相关要求。

A.3.2　系统启动

A.3.2.1　工艺（业）水系统供水管道畅通，水箱液位指示正常，水箱补水阀切换到"自动"模式。

A.3.2.2　吸收剂制备系统料仓料位满足启动条件，球磨机及其附属设备运转正常，石灰石浆液密度符合设计要求，石灰石供浆调节阀切换到"自动"模式。

A.3.2.3　SO_2 吸收系统氧化风机、循环浆液泵运转正常，除雾器冲洗自动投入，密度计、pH 计正常投运。

A.3.2.4 CEMS 系统正常投运，原、净烟气挡板门动作正确，各压力、温度测点正常投运，烟气换热器（以下简称 GGH）、增压风机及其附属设备运行正常，烟气脱硫（以下简称 FGD）入口压力自动投运。

A.3.2.5 石膏脱水系统启动，真空皮带机运转正常，各冲洗水正常投入，石膏脱水效果应达到设计要求。

A.3.2.6 废水系统正常投入，加药系统自动投入，出水指标达到设计要求。

A.3.3 系统停运

A.3.3.1 停运方式

a. 长期停运，需对吸收塔内浆液及其他罐内浆液排到事故浆液罐储存，其他浆液罐均应排空，除事故浆液罐搅拌器运行外，系统设备全部停运；

b. 短期停运，需停运的系统有烟气系统、SO₂ 吸收系统、石膏脱水系统、吸收剂制备系统；各箱罐坑都存有液体时，搅拌器应运行，仪用空气系统、工艺（业）水系统应保持运行；

c. 临时停运，需对烟气系统、石灰石浆液供给系统停运，其他系统视锅炉和脱硫设施情况停运。

A.3.3.2 停运注意事项

a. 根据 FGD 停运方式制定停运计划；

b. 根据设备运行情况，提出在停运期间应重点检查和维护保养的设备和部位；

c. 系统停运前应将吸收塔的液位控制在低液位运行，并尽可能在系统停运前将各箱罐坑控制在低液位运行；

d. 烟气系统停运完毕，应尽快将吸收塔循环泵及氧化风机停运；

e. 根据停运方式决定是否对石灰石（粉）仓、箱、罐、坑排空。

A.4 烟气循环流化床脱硫设施的启停要求

A.4.1 投运前检查

a. 对整个系统需要伴热的地方都开启进行预热；

b. 启动空气斜槽、除尘器灰斗、仓流化风机，使流化风系统运行；

c. 启动斜槽、灰斗流化风蒸汽加热器，调节蒸汽进口阀门开度及加热温度；

d. 所有手动阀处于正确的位置，打开水、气接口的总手动阀；

e. 确认工艺（业）水箱的水位为高液位以上；

f. 确认硝石灰仓内的硝石灰能够满足脱硫需要；

g. 将吸收塔水喷嘴伸入吸收塔中，并完成安装；

h. 压缩空气系统正常运行，储气罐内有足够的压缩空气满足脱硫要求，气压满足使用要求；

i. 校对设定值。

A.4.2 系统启动

a. 压缩空气系统正常运行；

b. 引风机正常运行；

c. 除尘器灰斗、空气斜槽流化风及加热开启；

  d. 脱硫袋式除尘器正常运行；

  e. 烟气系统启动；

  f. 脱硫灰循环系统启动；

  g. 吸收剂制备及供应系统启动；

  h. 喷水系统启动（床层建立后床层压降在 0.8 kPa 以上才能启动）。

A.4.3 系统停运

  系统正常停运时，顺序如下：

  a. 关停高压水系统

  关闭高压水泵，关闭气动回水调节阀，但保持工艺（业）水箱的液位控制仍在运行。

  b. 关停吸收剂制备及供应系统

  关闭硝石灰加入吸收塔中；

  关闭吸收剂制备系统；

  确认消化器内的硝石灰已经输送完毕后，关闭消化器，并关停气力输送风机。

  c. 关停脱硫灰循环系统

  关闭所有流量控制阀。保持灰斗的蒸汽加热、灰斗流化与斜槽流化继续运行。若长时间停机时，应打开脱硫灰气力输送系统将灰斗内的脱硫灰排空。

  d. 关停清洁烟气循环风挡

  关闭循环烟道上的清洁烟气再循环风挡，停止清洁烟气再循环。

  e. 关停脱硫除尘器

  具体步骤参见 A.2。

  f. 关停脱硫灰排放气力输送系统

  清空灰斗内的脱硫灰后，关闭脱硫灰进入仓泵的流量阀门，将仓泵内及输送管道的脱硫灰输送干净后关闭气力输送系统。

附录 B（资料性附录）

烟气治理设施定期切换要求

B.1　烟气脱硝设施的定期切换要求

表 B.1-1　脱硝设施主要设备定期切换表

序号	项目	切换周期	备注
1	卸氨压缩机	每周一次	
2	液氨蒸发器	每两周一次	
3	稀释风机	每两周一次	
4	蒸汽吹灰器	每班一次	根据催化剂积灰情况确定
5	声波吹灰器	每 10～15 min 一次	
6	尿素热解炉的雾化喷枪	根据需要	
7	尿素溶液供应泵和尿素溶液循环泵	每两周一次	根据尿素结晶情况确定
8	尿素热解炉燃油泵	每两周一次	

B.2　烟气脱硫设施的定期切换要求

表 B.2-1　石灰石/石灰-石膏湿法脱硫设施设备定期切换表

序　号	设备名称	切换原则	备注
1	氧化风机	两周一次	
2	破碎机	两周一次	
3	增压风机润滑油泵	一月一次	
4	石膏排出泵	两周一次	
5	球磨机润滑油泵	一月一次	
6	球磨机齿轮箱润滑油泵	一月一次	
7	球磨机浆液循环泵	两周一次	
8	石灰石浆液泵	两周一次	
9	滤液水泵	两周一次	
10	滤饼冲洗水泵	两周一次	
11	冲洗水泵	两周一次	
12	冷凝水泵	两周一次	
13	工艺（业）水泵	两周一次	
14	烟气系统密封风机	两周一次	
15	石膏浆液泵	两周一次	

附录 C（资料性附录）

烟气治理设施定期分析要求

C.1 烟气脱硝设施定期分析表

表 C.1-1 脱硝设施定期分析表

序号	项目		内容	目的	分析间隔	备注
一	在线或连续分析项目					
1	停炉检修		检查脱硝设施	检查明显存在故障的设备	每次停炉检查	
2	SCR 参数		记录机组负荷、烟气流量、NH_3 喷射量、反应器进出口的 NO_x 浓度、脱硝系统阻力等，绘制 NO_x 浓度、NH_3/NO_x、喷氨量及系统阻力随时间变化曲线图等	监测所有性能	每周图表分析与总结	
3	NO_x 在线分析仪表的检查与标定	传统抽取法	检查与标定	保障正常运行	每周一次	
		稀释抽取法	检查与标定	保障正常运行	每周一次	
		在线直插光学法	检查	保障正常运行	每周一次	
		电化学法	检查	保障正常运行	每周一次	
4	空气预热器阻力趋势分析		每小时记录一次空气预热器的阻力	监测所有性能	每周图表综合分析一次	
5	吹灰器检查		检查与维护	预防并保障正常运行	每周一次	
6	氨逃逸在线监测分析仪检查		检查	维护运行	每周一次	
7	入炉煤取样		采集入炉煤样品	分析催化剂活性惰化的历史记录	每周一次	
8	还原剂系统		检查与卸氨	安全检查，查找故障设备	每周一次	
二	间隔较长的分析项目					
1	检修期间的反应器吹灰器检查		检查与修复	保障运行	每年一次	
2	反应器清洁与检查		检查反应器与催化剂的积灰情况	清楚反应器内的历史积灰，延长催化剂活性寿命	每年一次或停炉检修期间	
3	喷氨混合器的喷嘴检查		喷嘴检查与清灰	保障喷氨混合器正常运行，使 NH_3/NO_x 摩尔比分布均匀	每年一次或停炉检修期间	
4	还原剂制备区泵、阀门、流量计、压力与温度传感器检查		检查或更换磨损的部件	保障安全可靠运行	每季节或每年一次	
5	挡板检查		检查与修复	保障正常运行	每年一次或停炉检修期间	
6	烟气检测器		检查与修复	保障运行	每年一次	
7	空气预热器堵灰检查		检查或水冲洗	保证系统阻力在许可范围内	每年一次	

C.2　烟气脱硫设施定期分析表

表 C.2-1　火电厂脱硫设施定期分析表

分析项目	分析内容	单位	分析间隔
FGD 入口烟气	（1）烟气温度	℃	6 个月一次
	（2）烟气流量（标态）	m^3/h	6 个月一次
	（3）SO_2 质量浓度（标态）	mg/m^3	6 个月一次
	（4）烟尘质量浓度（标态）	mg/m^3	6 个月一次
	（5）氧含量	%	3 个月一次
	（6）NO_2 质量浓度（标态）	mg/m^3	6 个月一次
FGD 出口烟气	（1）烟气温度	℃	6 个月一次
	（2）烟气流量（标态）	m^3/h	6 个月一次
	（3）SO_2 质量浓度（标态）	mg/m^3	6 个月一次
	（4）烟尘质量浓度（标态）	mg/m^3	6 个月一次
	（5）氧含量	%	3 个月一次
	（6）NO_2 质量浓度（标态）	mg/m^3	6 个月一次
石灰石	（1）碳酸钙（质量分数）	%	每月一次
	（2）碳酸镁（质量分数）	%	每月一次
	（3）CaO（质量分数）	%	每月一次
	（4）Al_2O_3（质量分数）	%	每月一次
	（5）Fe_2O_3（质量分数）	%	每月一次
	（6）SiO_2（质量分数）	%	每月一次
	（7）细度	mm	每月一次
石膏	（1）$CaCO_3$（质量分数）	%	每周两次
	（2）$CaSO_3 \cdot 1/2H_2O$（质量分数）	%	每周两次
	（3）$CaSO_4 \cdot 2H_2O$（纯度）（质量分数）	%	每周两次
	（4）相对湿度（质量分数）	%	每周两次
	（5）pH		每周两次
	（6）Cl^-	mg/L	每周两次
	（7）酸不溶物	%	每周两次
	（8）MgO	%	每周两次
石膏浆液（吸收塔）	（1）浆液浓度（质量分数）	%	每天一次
	（2）pH		每天一次
	（3）硫酸钙（质量分数）	%	每周两次
	（4）碳酸钙（质量分数）	%	每周两次
	（5）亚硫酸钙（质量分数）	%	每周两次
	（6）Cl^-（质量分数）	%	每天一次
	（7）酸不溶物	mg/L	每周两次
石膏滤液水	（1）pH		每月一次
	（2）Mg（质量分数）	%	每月一次
	（3）Cl	%	每月一次
	（4）F	%	每月一次

分析项目	分析内容	单位	分析间隔
废水分析	（1）pH		每月一次
	（2）悬浮性固体	mg/L	每月一次
	（3）COD	mg/L	每月一次
	（4）硫化物	mg/L	每月一次
	（5）F^-	mg/L	每月一次
	（6）总铜	mg/L	每月一次
	（7）总铅	mg/L	每月一次
	（8）总汞	mg/L	每月一次
工艺（业）水	（1）硬度	mmol/L	每季度一次
	（2）Cl^-	mg/L	每季度一次
	（3）pH		每季度一次
	（4）溶解性固体	mg/L	每季度一次

附录 D（资料性附录）

烟气治理设施常见故障的处理

D.1 烟气脱硝设施故障处理及措施

a. 脱硝设施故障发生时，应按规程规定正确处理，以保证人身和设备安全，不影响机组安全运行。

b. 应正确判断和处理故障，防止故障扩大，限制故障范围或消除故障原因，恢复设施运行。在设施确已不具备运行条件或危害人身、设备安全时，应按临时停运处理。

c. 在电源故障情况下，应确认挡板门、阀门状态，查明原因及时恢复电源。若短时间内不能恢复供电，应按临时停运处理。

d. 故障处理完毕后，运行人员应将事故发生的时间、现象、所采取的措施等做好记录，并按照 DL 558 的规定组织有关人员对事故进行分析、讨论、总结经验，从中吸取教训。

e. 当发生本规范没有列举的其他故障时，运行人员应根据自己的经验采取对策，迅速处理。首先保证蒸发器停运，中断喷氨。具体操作内容及步骤应根据电厂的系统实际情况和运行规程中规定灵活处理。

f. 故障处理对策见表 D.1-1。

g. 应制定催化剂受潮、进入有油雾或易燃物及火警处理措施。

表 D.1-1 脱硝设施运行常见故障的处理

故障现象	原因	处理措施
脱硝效率低	供氨量不足	• 检查氨逃逸率； • 检查氨气压力； • 检查氨流量控制阀开度和手动阀门的开度； • 检查管道堵塞情况； • 检查氨流量计及相关控制器
	出口 NO_x 浓度设定值过高	• 检查氨逃逸率； • 调整出口 NO_x 浓度设定值为正确值
	催化剂活性降低	• 取出催化剂测试块，检验活性； • 加装备用层； • 更换催化剂
	氨分布不均匀	• 重新调整喷氨混合器节流阀以便使氨与烟气中 NO_x 均匀混合； • 检查喷氨管道和喷嘴的堵塞情况
	NO_x/O_2 分析仪给出信号不正确	• 检查 NO_x/O_2 分析仪是否校准； • 检查烟气采样管是否堵塞或泄漏； • 检查仪用气
压损高	积灰	• 清理催化剂表面和孔内积灰； • 烟道系统清灰； • 检查吹灰系统
	仪表取样管道堵塞	• 吹扫取样管，清除管内杂质

D.2 烟气除尘设施故障处理及措施

a. 除尘器值班员应对除尘器出现的异常情况及时分析处理，使其恢复正常工作状态。

b. 若不能消除除尘器出现的异常及故障，应及时报告班长、单元长，及时通知检修或其他有关人员进行处理。

c. 遇有威胁人身安全而一时无法消除的设备故障，应立即停止故障设备的运行，如必须停止除尘设施时，停止后应及时报告主管领导。

d. 常见故障原因及处理办法见表 D.2-1 和表 D.2-2。

表 D.2-1　电除尘设施故障原因及处理办法

序号	故障现象	原因分析	对策
1	一、二次电压偏低，二次电流偏小，一次电流偏大很多，上升快，与二次电流上升不成比例	整流变压器有匝间短路或硅堆有存在开路或击穿短路	做开路试验，一侧有电流出现，即变压器内部有器件损坏偏励磁产生或短路，需吊芯维修更换损坏器件
2	电压上升，电流没有出来，到正常运行电压时，电压则开始下降，电流才出来且上升很快	(1) 烟尘比电阻太高，造成反电晕；(2) 煤质及工艺操作不良	(1) 旋窑要增湿塔工作正常降低工作温度；(2) 电厂一般改善煤质及工艺使煤充分燃烧，提高振打力；(3) 采用间歇脉冲供电
3	一、二次电压低，二次电流小，一次电流非常大，上升时一、二次电流不成比例，一次电流猛增与突变，可能爆快熔，变压器有明显的异常声音	(1)整流变压器低压包短路故障；(2)整流变压器铁芯（包括穿芯螺栓）绝缘损伤，涡流严重	(1) 更换低压包；(2) 重新做好铁芯绝缘
4	一、二次电流达到额定值时，一次电压在 280～330 V，二次电压在 40～50 kV，无闪络	(1) 烟尘浓度低，电场近似空载；(2) 高压电缆与终端头严重泄漏	(1) 降低振打力；(2) 重做高压电缆与终端头
5	一、二次电流与一次电压正常不动，二次电压指示摆动或停电后还有较高指示	(1) 二次电压表动圈螺丝松动；(2)受到前电场带电烟尘影响	重新校准
6	二次电流大，二次电压升不高，甚至接近于零	(1)阴极线断经线造成收尘极板和电晕极之间短路；(2) 承压绝缘子内壁冷凝结露，造成高压对地短路；(3)阴极振打装置的刚玉瓷轴破损，对地短路；(4) 高压电缆或电缆终端接头击穿短路；(5) 灰斗内积灰过多，烟尘堆积至电晕极框架；(6)承压绝缘子、支柱绝缘子、刚玉瓷轴受潮积灰引起爬电；(7) 反电晕	(1) 清短路杂物或剪去折断的电晕线；(2) 擦抹承压绝缘子内壁或升高保温箱温度；(3) 更换刚玉瓷轴；(4) 更换损坏的电缆或电缆接头；(5) 清除下灰斗内的积灰；(6) 清洁承压绝缘子、支柱绝缘子、刚玉瓷轴；(7) 改变烟气条件；将烟气用水蒸气进行增湿；对烟气进行化学调质；用脉冲供电

序号	故障现象	原因分析	对策
7	二次工作电流正常或偏大，二次电压低，且会发生闪络	（1）两极间的局部距离变小； （2）有杂物挂在收尘极板或阴极上； （3）电缆击穿或漏电	（1）调整极间距； （2）清除杂物； （3）更换电缆
8	二次电压偏高，二次电流显著降低	（1）收尘极或电晕极的振打装置未开或失灵； （2）电晕线肥大或放电不良	（1）振打并修复振打装置； （2）分析肥大原因，采取必要措施
9	二次电压和一次电流正常，二次电流无读数	（1）毫安表并联的电容器损坏造成短路； （2）变压器至毫安表连接导线	查找原因，消除故障
10	二次电流不稳定，毫安指针急剧摆动	（1）电晕线折断，其残留段受气流影响摆动； （2）烟气湿度过大，造成烟尘比电阻值下降； （3）阴极绝缘件对地产生表面	（1）剪去残留段； （2）通知工艺人员，进行适当处理； （3）处理放电部位
11	一、二次电流与电压均正常，但收尘效率不理想	（1）气流分布板孔眼被堵，气流分布不均； （2）灰斗、壳体的阻流板脱落气流发生短路； （3）靠出口处的排灰装置严重漏风，进口风量超标； （4）烟尘二次飞扬； （5）烟气条件变化	（1）检查气流分布板的振打装置是否失灵； （2）检查阻流板，并做适当处理； （3）加强排灰装置的密封性，处理漏风原因； （4）a. 调整振打强度、时间和周期；b. 改善气流分布；c. 改进密封，调节闸板和整个系统，减少漏风。d. 采用湿式清灰；e. 降低电场风速；f. 在电袋除尘器出口设置收尘器；g. 防止产生反电晕；h. 调整火花率控制；i. 改善烟尘的比电阻
12	闪络过于频繁，收尘效率降低	（1）电场以外放电，如隔离开关、高压电缆及阻尼电阻等放电； （2）电控柜火花率未调整好； （3）前电场的振打时间周期不合格； （4）工况变化，烟气条件波动很大； （5）抽头调整不当	（1）处理放电部位； （2）调整火花率电位器及置自动状态； （3）调整振打周期； （4）停炉后，进电场观察检查，消除放电异常部位； （5）通知值长，调整工艺状况，改善烟气条件

表 D.2-2 袋式除尘设施故障原因及处理办法

序号	故障现象	原因分析	对策
1	预热器出口烟气温度突然持续快速上升，控制系统发出超温警报	锅炉可能出现尾部燃烧	根据设定温度打开旁路阀关闭提升阀，如温度还是持续上升且超过滤袋允许的最高运行温度，应立即停炉
2	预热器出口烟气温度突然持续快速下降，控制系统发出超低温警报	锅炉可能出现爆管故障	联络锅炉中控，超过露点温度以下，应果断停炉，以防发生结露引起的湿壁、糊袋

序号	故障现象	原因分析	对策
3	后级滤袋阻力上升很快	前级电除尘的除尘效率下降，进入后级滤袋除尘的烟尘浓度加大	（1）调整电场的二次电压电流、缩短振打周期； （2）若前级电除尘部分故障一时无法排除，适当缩短清灰脉冲间隔
4	烟囱出口有明显可见烟	（1）新滤袋尚未进入除尘稳定期； （2）个别滤袋发生破损	（1）持续使用新滤袋数周，观察除尘是否趋于稳定； （2）检查差压小于异常值的分室，关闭该室提升阀进行封堵或更换破损滤袋
5	某室滤袋差压明显偏离正常	该室发生出现个别滤袋破损	检查差压小于异常值的分室，关闭该室提升阀进行封堵或更换破损滤袋
6	脉冲阀电磁线圈有导通，但脉冲阀不动作	（1）脉冲阀外室卸压气路堵塞； （2）电磁铁故障	（1）检查或清除脉冲阀外室卸压气路； （2）更换电磁线圈
7	气包压力报警	压力 < 0.15 MPa 或 > 0.45 MPa（脉冲喷吹），压力 <80 kPa（旋转喷吹）	（1）压缩空气气源压力或出力不够，开启压力供应设备； （2）气路出现较大泄漏，检漏并密封泄漏点； （3）减压阀活塞异物堵塞，清理异物； （4）更换减压阀
8	提升阀不能动作	（1）汽缸电磁阀不能导通； （2）提供的气压不够	（1）更换电磁阀； （2）检查气路
9	在顶部储气罐处可以听到明显漏气声	（1）顶部储气罐底部球阀未完全关闭； （2）顶部储气罐联接件未密封； （3）脉冲阀膜片出口有杂质	（1）关闭顶部储气罐底部球阀； （2）锁紧顶部储气罐联接件； （3）手动导通脉冲阀冲除膜片出口杂质，必要时关掉顶部储气罐气源，降压后拆下脉冲阀去除杂质
10	汽缸换向阀呼吸孔漏气	换向阀内部活塞有异物卡搁	用内六角扳手打开换向阀端盖，取出活塞去除异物后恢复安装
11	某分室脉冲阀不喷吹	（1）可编程控制器输出点损坏； （2）固态继电器不动作	（1）更换输出模块； （2）更换固态继电器
12	糊袋	烟气湿度大、温度低引起结露，导致烟尘与滤袋的黏性大，清灰实效	消除结露现象
13	灰斗上料位报警	（1）卸灰时间短； （2）卸灰阀故障； （3）振打器故障	（1）调整卸灰周期； （2）检修或更换； （3）检修或更换

D.3　石灰石-石膏湿法脱硫设施故障处理及措施

D.3.1　事故处理的一般原则

D.3.1.1　发生事故时，运行人员应综合参数的变化及设备异常现象，正确判断和处理事故，防止事故扩大，限制事故范围或消除事故的根本原因；在保证设备安全的前提下迅速恢复设施正常运行，满足机组脱硫的需要。在设施确已不具备运行条件或继续运行对人身、设备有直接危害时，应停运脱硫设施。

D.3.1.2　运行人员应视脱硫设施恢复所需的时间长短使 FGD 进入临时停机、短期停机或长期停机状态；在处理过程中应首先考虑出现浆液在管道内堵塞、在吸收塔、箱、罐、坑及泵体内沉积的可能性，尽快排空这些管道和容器中的浆液，并用工艺（业）水冲洗干净。

D.3.1.3　若为电源故障，应尽快恢复供电，启动各搅拌机和冲洗水泵、工艺（业）水泵、增压风机轴承冷却风机运行。若 8 h 内不能恢复供电，必须将泵、管道、容器内的浆液排出，并用工艺（业）水冲洗干净。

D.3.1.4　当发生本规范没有列举的事故时，运行人员应根据自己的经验与判断，主动采取对策，迅速处理，具体操作内容及步骤应在现场规程中规定。

D.3.2　脱硫设施事故停运

D.3.2.1　脱硫设施紧急停运

发生下列情况之一时，应紧急停运脱硫设施：

a. 增压风机因故障停运；

b. 循环泵全停；

c. 脱硫设施入口烟气温度高于极限值；

d. 脱硫设施入口烟道压力超出极限值；

e. 净烟气或原烟气挡板未开启；

f. 6 kV 电源中断；

g. 锅炉发出熄火信号；

h. 除尘器故障；

i. GGH 因故障停运。

D.3.2.2　脱硫设施异常运行停运

发生下列情况之一时，应停运脱硫设施：

a. 吸收塔浆液浓度超设计 30%，真空皮带机无法维持正常运行；

b. GGH 堵灰严重，吹扫、冲洗无效果，GGH 无法正常运行；

c. 吸收塔浆液品质恶化，脱硫效率达不到排放标准；

d. 石灰石浆液系统故障，无法向吸收塔正常供给石灰石浆液；

e. 吸收塔液位计全部损坏；

f. 氧化风机长期不能投入运行；

g. 吸收塔两个以上搅拌器长时间不能投入运行。

D.3.3　发生火灾时的处理

D.3.3.1　现象

a. 火警系统发出报警信号。

b. 运行现场发现设备冒烟、着火或有焦臭味。

c. 电缆着火时，相关设备可能跳闸，监控参数显示异常。

D.3.3.2　处理

a. 运行人员现场发现有设备或其他物品着火时，应立即报火警，并查实火情，汇报值长。

b. 正确判断灭火工作是否具有危险性，按照安全规程的规定，根据火灾的地点及性质，正确使用灭火器材，迅速灭火，必要时停止设备电源或母线的工作电源和控制电源。

c. 灭火结束后，运行人员应对各部分设备进行检查，对设备的受损情况进行确认。

D.3.4　工艺（业）水中断的处理

D.3.4.1　现象

  a. 工艺（业）水泵跳闸，工艺（业）水泵出口压力急剧降低。

  b. 生产现场各处用水中断。

  c. 相关浆液箱液位下降。

  d. 球磨机轴承及润滑油温度逐渐升高。

  e. 脱水机、真空泵及氧化风机跳闸。

D.3.4.2 原因

  a. 运行工艺（业）水泵故障，备用水泵联动不成功。

  b. 工艺（业）水泵电源中断或工艺（业）水泵出口门关闭。

  c. 工艺（业）水供水阀未开或门芯脱落，工艺（业）水箱液位太低，工艺（业）水泵跳闸。

  d. 工艺（业）水管破裂。

D.3.4.3 处理

  a. 停止石膏脱水系统和制浆系统的运行。

  b. 查明工艺（业）水中断原因，及时汇报值长，恢复供水。

  c. 在处理过程中，密切监视吸收塔温度、液位、浆液密度及石灰石浆液箱液位变化情况，如短时不能恢复正常，按短时停机规定处理，停运后应尽量维持浆液循环泵运行。

D.3.5 增压风机故障

D.3.5.1 现象

  a. "增压风机跳闸"报警发出。

  b. 增压风机电流到零，就地电机停止转动。

  c. 原、净烟气挡板自动关闭。

D.3.5.2 原因

  a. FGD 任一跳闸条件满足。

  b. 原烟气挡板或净烟气挡板关闭。

  c. 增压风机失电。

  d. 增压风机轴承温度过高。

  e. 增压风机电机轴承温度过高。

  f. 两台轴承冷却风机均停运。

  g. 电气故障（过负荷、过流保护、差动保护动作）。

  h. 运行人员误操作。

D.3.5.3 处理

  a. 确认原、净烟气挡板关闭，吸收塔顶部放空阀开启，否则手动完成。

  b. 检查增压风机跳闸原因，若属联锁动作造成，应待系统恢复正常后，方可重新启动。

  c. 若属增压风机设备故障造成，应及时汇报值长，联系检修人员处理。在故障未查实处理完毕之前，严禁启动增压风机。

  d. 若短时间内不能恢复运行，按短时停机的有关规定处理。

D.3.6 吸收塔循环泵全停

D.3.6.1 现象

  a. "循环泵跳闸"报警信号发出。

b. 循环泵电流到零，就地电机停止转动。

c. 启动事故喷淋水系统，停运增压风机，脱硫设施原、净烟气挡板关闭，吸收塔排放阀开启。

D.3.6.2　原因

a. 浆液循环泵上级 6 kV 电源失电。

b. 吸收塔液位过低。

c. 吸收塔液位控制回路故障。

d. 电气故障（过负荷、过流保护动作）。

e. 循环泵轴承温度或电机轴承温度超过高位限值。

f. 循环泵电机线圈温度或定子温度超过高位限值。

D.3.6.3　处理

a. 确认联锁动作正常，确认吸收塔放空阀自动开启，增压风机跳闸，原、净烟气挡板自动关闭，事故喷淋水系统自动启动，若以上设备未自动动作，运行人员应手动处理。

b. 查明循环泵跳闸原因，并按相关规定处理。

c. 开启循环泵排浆阀进行放浆，启动冲洗水对跳闸循环泵进行冲洗。

d. 及时汇报值长，必要时通知相关检修人员处理。

e. 若短时间内不能恢复运行，按短时停机的有关规定处理。

f. 密切监视吸收塔入口烟温情况，必要时开启除雾器冲洗水，以防止吸收塔衬胶及除雾器损坏。

D.3.7　搅拌器故障

D.3.7.1　现象

控制室报警，搅拌器停运。

D.3.7.2　原因

a. 吸收塔液位低。

b. 电气保护动作。

D.3.7.3　处理

查明跳闸原因并作相应处理后，再次启动前，应先用工艺（业）水冲动搅拌器，直至搅拌器运行正常。

D.3.8　脱硫效率低

D.3.8.1　现象

a. 显示脱硫效率下降。

b. pH 值下降。

D.3.8.2　原因

a. 热工测量标记不准，SO_2 浓度、浆液 pH 值、密度值、氧量测量有误。

b. 吸收塔入口烟气流量增大。

c. 烟气中的 SO_2 浓度增大。

d. 吸收塔入口烟温升高。

e. 烟气中的烟尘含量增大。

f. 氧化风机异常。

g. 石灰石料质量太差。

h. 石灰石浆液颗粒度大。

i. 吸收塔浆液的 pH 值过低。

j. 循环浆液的流量减小，液气比过低。

k. 吸收塔浆液密度过高或过低。

l. 喷淋层喷嘴堵塞。

m. 除雾器压差大、堵塞。

D.3.8.3　处理

a. 检修校准仪表，确保 SO_2 浓度显示值、pH 值与密度值正确。

b. 若吸收塔入口 SO_2 总量升高，值班员应增加吸收塔的补浆液量，若超过设计值，应汇报值长，减小 FGD 入口烟气流量。

c. 若由于吸收塔入口烟温上涨而引起脱硫效率下降，应检查 GGH 工作是否正常，加强吹灰，并通知主机调整锅炉出口烟温。

d. 若脱硫入口烟尘含量增多，应及时了解除尘器工作情况，若烟尘含量达到保护值，应立即停止 FGD 运行。

e. 切换备用氧化风机运行。

f. 检查石灰石的来料质量，增加石灰石的投入，并检查石灰石的反应活性。

g. 检查浆液循环泵的运行数量，检查浆液循环泵的出力，视情况增加投运台数。

h. 调整吸收塔浆液密度值到设计范围内运行。

i. 停运脱硫设施，进行吸收塔冷态试水检查，清理堵塞喷嘴；对除雾器进行检查，冷态清洗堵塞物。

D.3.9　石膏浆液脱水能力不足

D.3.9.1　现象

真空皮带脱水机长时间运行，脱水后石膏含湿量大。

D.3.9.2　原因

a. 真空皮带脱水机滤布透水性降低。

b. 吸收塔氧化不充分。

c. 石膏浆液密度太低。

d. 进入吸收塔的烟气流量太高。

e. 进入吸收塔的 SO_2 含量太高。

f. 吸收塔浆液循环泵出力不足。

g. 石膏旋流器出力不足。

h. 石膏排浆泵出力不足。

i. 石灰石补浆量过高，导致石膏中 $CaCO_3$ 量增多。

j. 真空泵出力不足，真空度降低。

D.3.9.3　处理

a. 检查石膏浆液密度计，确保浆液密度达到设定值时进行脱水。

b. 通知主控减小进入 FGD 的烟气量。

c. 检查浆液循环泵出口压力和流量，启动备用泵运行。

d. 增加石膏旋流器旋分子数目,若是由旋流器结垢引起的出力不足,应对其进行冲洗。

e. 若石膏排浆泵出力不足,应切换到备用泵运行。

D.3.10 6 kV 电源中断的处理

D.3.10.1 现象

a. 6 kV 故障母线电压消失,报警信号发出。

b. 对应母线所带 6 kV 电机停转。

c. 对应 380 V 母线负荷也会失电跳闸。

d. 保安段备用电源开关自动合入。

D.3.10.2 原因

6 kV 母线故障。

D.3.10.3 处理

a. 立即确认保安段通电,检查并恢复保安段的失电设备。

b. 确认脱硫联锁跳闸动作是否正确。若烟道挡板动作不正常应立即将自动切为手动操作,确保原、净烟气挡板关闭,放空阀打开。

c. 尽快联系值长及电气检修人员,查明故障原因,争取尽快恢复供电。

d. 恢复供电后及时对跳闸浆液泵进行冲洗。

e. 若 6 kV 电源短时间不能恢复,按短时停机相关规定处理,并尽快将管道和泵体内的浆液排出以免沉积。

f. 若造成 380 V 电源中断,按相关规定处理。

D.3.11 380 V 电源中断的处理

D.3.11.1 现象

a. "380 V 电源中断"报警信号发出。

b. 380 V 电压指示到零,低压电机跳闸。

c. 工作照明跳闸,事故照明投运。

D.3.11.2 原因

a. 380 V 母线故障。

b. 6 kV 母线故障。

D.3.11.3 处理

a. 若属 6 kV 电源故障引起,按短时停机处理。

b. 若属 380 V 单段故障,应检查故障原因及设备动作情况,并断开该段电源开关及各负荷开关,及时汇报值长。

c. 若 380 V 电源全部中断,且短时内不能恢复,应将所有泵、管道的浆液排尽并及时冲洗。当工艺(业)水泵无动力电源时,应及时通知进行抢修。

d. 由电气保护动作引起的电源中断严禁盲目强行送电。

D.4 烟气循环流化床干法脱硫设施故障处理及预防措施

D.4.1 脱硫灰循环和排放系统

灰斗流化风机和空气斜槽流化风机均设有备用。若运行风机出现故障,自动启用备用风机。若脱硫灰循环系统和排放系统中的设备出现故障,将直接导致吸收塔床层压降的大幅变化，因此，可通过观察吸收塔床层压降判断这些设备是否出现故障。

表 D.4.1-1　脱硫灰循环和排放系统

故障类别	原因	处理方法
吸收塔流化床无法建立，床层压降无法维持在设定值	脱硫灰循环量不够	（1）检查灰斗的料位； （2）采用一个取样器检查脱硫灰的流量
	灰斗出料不连续	检查袋式除尘器的脉冲清灰
	流量阀堵塞	（1）检查仪用气； （2）手工打开滚筒，并检查驱动器； （3）进行维修
	灰斗内结拱、搭桥	（1）启动灰斗壁的气动振击器； （2）关机检查灰斗内的情况； （3）检查灰斗流化风是否运行正常
	充气箱出口堵塞	用压缩空气吹扫积灰
	物料输送故障	（1）检查流化风； （2）检查空气斜槽，流化帆布
	塔内的物料粘壁或文丘里管掉灰严重	（1）检查吸收塔入口温度； （2）检查高压水系统，如有必要更换水喷嘴； （3）检查吸收塔进出口压力测量是否正常
	脱硫系统入口烟气量不足	检查清洁烟气再循环系统是否正常工作
灰斗料位报警	灰斗内结拱、搭桥	（1）启动灰斗壁的气动振击器； （2）关机检查灰斗内的情况； （3）检查灰斗流化风是否运行正常
	关断排放阀堵塞，调节排放阀运行不稳	（1）检查仪用气； （2）拆下排放阀，进行维修
气力输送设备无灰输送	灰湿度过大	（1）检查吸收塔出口温度； （2）检查高压水系统，如有必要更换水喷嘴； （3）检查吸收塔进出口压力测量是否正常；检查吸收塔床层压降是否符合要求
	粗灰堵塞排放阀	关闭插板阀，进行维修
	水喷嘴压力过低	检查管线上的手动阀位置，检查管线是否泄漏，有必要时更换密封件，检查管路是否堵塞。检查水泵是否运行正常

D.4.2　吸收剂制备系统

表 D.4.2-1　吸收剂制备系统

故障类别	原因	处理方法
没有硝石灰进入吸收塔	通道（空气斜槽、出料管）结灰	检查流化风，并采用压缩空气吹扫积灰
	旋转给料器堵塞	拆下给料器，进行维修
	落料槽损坏	拆下落料槽，进行维修
	没有流化风	启动流化风系统
	插板阀未开启	打开手动插板阀
	硝石灰仓为空	检查料位并加料

故障类别	原因	处理方法
消化系统不进料、不出料	喷射器、气力输送风机损坏	检查喷射器是否堵塞，对气力输送风机进行检修
	旋转给料器堵塞	拆下给料器，进行维修
	消化器内杂质过多	及时排出杂质
	消化器内结灰严重	检查消化温度，消化水泵运行是否正常；检查排汽装置运行是否正常
	插板阀未开启	打开手动插板阀
	生石灰仓为空	检查料位并加料

D.4.3　高压水系统

高压水系统的重要保障是工艺（业）水箱的液位控制，当液位下到低限位时，水泵自动关停。因此工艺（业）水箱的液位通常要求保持在高限位以上。高压水泵均为一备一用，自动切换。

表 D.4.3-1　高压水系统

故障类别	原因	处理方法
准备工作做好，但高压水泵无法启动	水箱液位太低	检查液位及水箱进水情况
水箱液位报警	水箱液位太低	检查液位及水箱进水情况
吸收塔出口温度无法降到设定值	回流调节阀无法调到所需的位置	检查水喷嘴进、回水管压力、水量，检查回流调节阀
	水喷嘴堵塞，结灰	取出并清理水喷嘴，检查水质和脱硫的运行模式，如有必要则进行更换
	连接处、密封件泄漏	更换、修理密封件
发现湿灰	水喷嘴泄漏	更换泄漏的水喷嘴
	水喷嘴磨损	更换磨损的水喷嘴零件
	吸收塔的床层压降低	检查吸收塔进出口压力测量装置，重新设定床层压降设定值
	水喷嘴入口水压偏低	清理管路；检查高压水泵是否运行正常
水泵故障	电机故障	自动开启备用水泵

D.4.4　其他故障

电源故障：断电可能引起脱硫跳闸。

引风机故障：可以利用其惯性余力将吸收塔流化床的颗粒抽到除尘器中。少量的灰掉入吸收塔底，可以利用排灰输送机往外排灰。

D.4.5　需特别注意事项

D.4.5.1　脱硫塔出口的烟气温度应控制在设定范围内。

错误的运行温度可能会导致布袋糊袋、吸收塔内壁、除尘器内壁粘灰、灰斗堵灰等。

D.4.5.2　吸收塔物料床层压降应控制在设定范围内。

错误的运行阻力可能会导致布袋糊袋、吸收塔内壁、除尘器内壁粘灰、灰斗堵灰等。

D.4.5.3　烟气负荷低于设计值的75%时，必须及时开启清洁烟气再循环风挡板，否则将引起烟气量不足，塔内烟气流速过低，可能会导致塔内掉灰甚至塌床。

D.4.5.4　确保吸收塔进出口压力及温度检测值真实可靠。

错误的数据会导致实际床层压降、温度偏低或偏高；偏低的床层压降、烟气温度可能会导致布袋糊袋、吸收塔内壁、除尘器内壁粘灰、灰斗堵灰等；偏高的床层压降可能会导致吸收塔掉灰、塌床；偏高的烟气温度不利于脱硫，增加吸收剂耗量。

D.4.5.5 定期对现场仪表的检查和维护。

错误的数据会导致脱硫设施故障。

D.4.5.6 确保吸收塔底排灰机每 8 h 至少开启一次。

运行人员每班在塔底排灰机运行时到现场检查排灰情况，如出现灰量较大或大块灰，需要对吸收塔进行全面检查，排除故障。如塔底排灰机不进行排灰，可能导致烟道积灰过高，危及结构安全。

D.4.5.7 定期检查喷嘴雾化效果，及时更换喷头组件。

喷嘴雾化效果不好可能会导致布袋糊袋、吸收塔内壁、除尘器内壁粘灰、灰斗堵灰等。通常情况下一个月检查一次，若发现喷头组件出现损坏，必须立即更换。喷头组件使用寿命一般情况下为 1 年。

D.4.5.8 确保水系统进水压力、回水压力在正常范围内。

进水压力、回水压力不正常时，可能会导致喷嘴雾化效果不好。

D.4.5.9 灰斗料位出现最高料位（真实料位）报警时，必须强制排灰至最高料位信号消失。灰斗出现最高料位报警时，必须及时排灰，否则灰位超过灰斗壁的上沿将危及结构安全。

D.4.5.10 确保袋式除尘器的运行阻力、清灰压力在设定值内。

错误的运行阻力、清灰压力将会导致布袋糊袋、破损。

D.4.5.11 确保灰斗流量控制阀开度正常。

正常运行期间，灰斗流量控制阀开度出现异常开大或者关小，必须马上检查吸收塔进出口压力变送器、灰斗流量控制阀开度信号是否故障、塔底是否落灰，防止出现物料过湿或塌床。

D.4.5.12 吸收塔系统

a. 脱硫运行时，严禁打开塔底人孔门。

b. 吸收塔取灰孔取灰时，需要戴好防护手套，防止高温烫伤。

c. 塔底排灰时，操作人员需要到现场检查排灰情况；排灰时，严禁人员站在排料口下面。

D.4.5.13 工艺（业）水系统

a. 高压水泵启动时，人员要在安全距离之外；高压水泵运行时，严禁人员接触高压水泵转动部位；

b. 水喷嘴雾化实验时，水喷嘴出口朝向必须是安全无人区、无电气设备等；严禁人员在水喷嘴出口。

c. 更换水喷嘴时要特别注意，水管内的压力即使在停机期间可能仍有 4 MPa，因此在旋开水管接头前要注意压力表的显示值，旋开时要小心谨慎，以免溅伤。

d. 卸除运行水喷嘴前，操作人员必须戴手套，以免烫伤。

D.4.5.14 除尘器系统

a. 除尘器运行期间，严禁打开人孔门；

b. 在打扫、清除脱硫灰时，需要戴好口罩、手套及其他防护设备。

c. 除尘器运行期间，检修除尘器设备时，需要做好防护。

d. 除尘器安全操作参见本标准的袋式除尘及电除尘部分。

D.4.5.15 脱硫灰循环系统

    a. 在打扫、清除脱硫灰时，需要戴好口罩、手套及其他防护设备。

    b. 空气斜槽运行时，严禁进入斜槽检修。

    c. 检修充气箱及下游设备时，需要关闭灰斗出料口手动插板阀，并将灰清除干净后，再进行检修。

    d. 在打扫、清除脱硫灰时，需要戴好口罩、手套及其他防护设备。

D.4.5.16 脱硫灰库系统

    a. 在打扫、清除脱硫灰时，需要做好防护措施，防止脱硫灰伤人。

    b. 脱硫灰库内有物料时，严禁打开吸收剂仓上的人孔门。

    c. 装灰车在进出脱硫灰库时，严禁人员站在车后或者侧边。

    d. 严禁人员长期滞留在脱硫灰库卸料口。

    e. 检修脱硫灰库出口卸料设备时，必须关闭脱硫灰库出口手动插板阀。

烟气治理设施运行报告内容

烟气治理设施运行单位应建立烟气治理设施运行报告制度，宜包含月度报告、季度报告和年度报告，并根据企业上级主管部门或环保部门具体要求分别定期上报。如遇突发事件及非正常停运也应及时报告备案。

E.1 月度报告

E.1.1 脱硝设施月度报告：至少应对脱硝设施投运率、脱硝设施非计停次数、平均脱硝效率、数据传输中断率进行分析，对存在的问题提出改进措施。

E.1.2 除尘设施月度报告：至少对除尘设施排放浓度、电耗、电场投运率，以及对脱硫设施运行的影响进行分析，对存在的问题提出改进措施。

E.1.3 脱硫设施月度报告：至少应对脱硫设施投运率、脱硫设施非计停次数、平均脱硫效率、排放超标次数和数据传输中断率等指标完成情况进行分析（包括同期分析、对比分析），对存在的问题提出改进措施。

E.2 季度报告

至少应包括烟气治理设施的运行水平分析、检修维护工作分析、能耗水平分析、性能指标分析、煤种变化对烟气治理设施运行状况影响分析。

E.3 年度报告

至少应包括大气污染物排放总量、排放达标情况、投运率、运行和检修总体情况、能耗情况、煤质情况、下一年煤质及排放情况预测等。

E.4 煤质对烟气治理设施运行状况影响定期分析变化报告

根据电厂主要燃烧煤种，每半年完成主要矿点的煤种对脱硝、除尘、脱硫设施影响的分析。尤其对煤种掺烧情况，还应结合入炉煤质、掺烧比例等分析。主要分析内容为：

根据分析煤种的原煤含硫量、原烟气 SO_2 浓度、原烟气入口温度、机组负荷、烟气量、除尘器后烟尘排放量的具体数据，结合脱硫塔的浆液 pH 值、浆液密度、浆液氯离子浓度、浆池液位、净烟气 SO_2 浓度、净烟气温度、循环浆液量、氧化风量、废水处理量和石灰石耗量，重点分析脱硝效率、除尘效率、脱硫效率、排放浓度、系统功耗和石膏品质。

中华人民共和国国家环境保护标准

火电厂烟气脱硫工程技术规范 海水法

Technical specification for seawater flue gas desulfurization project of
thermal power plant

HJ 2046—2014

前 言

为贯彻执行《中华人民共和国环境保护法》《中华人民共和国大气污染防治法》和《火电厂大气污染物排放标准》，规范火电厂烟气海水脱硫工程建设，降低火电厂二氧化硫排放，改善环境质量，保障人体健康，制定本标准。

本标准规定了火电厂烟气海水脱硫工程的设计、施工及安装、调试、验收和运行管理技术要求。

本标准为指导性标准。

本标准为首次发布。

本标准由环境保护部科技标准司组织制订。

本标准主要起草单位：北京龙源环保工程有限公司、中国环境科学学会。

本标准环境保护部 2014 年 12 月 19 日批准。

本标准自 2015 年 3 月 1 日起实施。

本标准由环境保护部负责解释。

1 适用范围

本标准规定了火电厂海水法烟气脱硫工程的设计、施工、验收、运行与维护等技术要求。

本标准适用于滨海单机容量为 300 MW 及以上火电厂海水法烟气脱硫工程，300 MW 以下火电机组采用海水法烟气脱硫时可参照执行。其所在海域应具有较好的海洋扩散条件。

2 规范性引用文件

本标准引用了下列文件或其中的条款。凡是未注明日期的引用文件，其最新版本适用于本标准。

GB 3097 海水水质标准

GB 12348 工业企业厂界环境噪声排放标准

GB/T 12801　生产过程安全卫生要求　总则

GB 13223　火电厂大气污染物排放标准

GB/T 19229.3　燃煤烟气脱硫设备　第3部分：燃煤烟气海水脱硫设备

GB 50016　建筑设计防火规范

GB 50033　建筑采光设计标准

GB 50040　动力机器基础设计规范

GB 50046　工业建筑防腐蚀设计规范

GB 50069　给水排水工程构筑物结构设计规范

GB/T 50087　工业企业噪声控制设计规范

GB 50140　建筑灭火器配置设计规范

GB 50222　建筑内部装修设计防火规范

GB 50229　火力发电厂与变电站设计防火规范

GB 50243　通风与空调工程施工质量验收规范

GB 50660　大中型火力发电厂设计规范

GBJ 22　厂矿道路设计规范

GBZ 1　工业企业设计卫生标准

DL 5009.1　电力建设安全工作规程　第1部分　火力发电

DL/T 5029　火力发电厂建筑装修设计标准

DL/T 5035　火力发电厂采暖通风与空气调节设计技术规程

DL/T 5044　电力工程直流电源系统设计技术规程

DL 5053　火力发电厂职业安全设计规程

DL/T 5136　火力发电厂、变电站二次接线设计技术规程

DL/T 5153　火力发电厂厂用电设计技术规程

DL/T 5196　火力发电厂烟气脱硫设计技术规程

DL/T 5339　火力发电厂水工设计规范

DL/T 5436　火电厂烟气海水脱硫工程调整试运及质量验收评定规程

HJ/T 75　固定污染源烟气排放连续监测技术规范（试行）

HJ/T 76　固定污染源排放烟气连续监测系统技术要求及检测方法（试行）

HJ/T 179　火电厂烟气脱硫工程技术规范　石灰石/石灰-石膏法

HJ/T 255　建设项目竣工环境保护验收技术规范　火力发电厂

《建设项目（工程）竣工验收办法》（计建设 [1990] 1215号）

《建设项目竣工环境保护验收管理办法》（国家环境保护总局令　第13号）

3　术语和定义

下列术语和定义适用于本标准。

3.1　海水法烟气脱硫　seawater flue gas desulfurization
　　使用海水作为吸收剂的湿法烟气脱硫工艺，本标准所述工艺不添加其他化学药剂。

3.2　吸收剂　absorbent
　　脱硫工艺中用于脱除二氧化硫（SO_2）等有害物质的反应剂。海水法脱硫工艺使用的

吸收剂即为海水，一般为来自滨海火电机组凝汽器的循环冷却海水。

3.3 吸收塔 absorber

脱硫工艺中脱除 SO_2 等有害物质的反应装置。

3.4 海水恢复系统 seawater recovery system

将脱硫后的海水经中和、曝气等方法使最终排放的海水水质恢复到满足相关水质要求的系统。一般包括曝气池、曝气风机和曝气器等。

3.5 曝气池 aeration basin

利用中和、曝气等方法对脱硫后的海水进行水质恢复处理的建（构）筑物。

3.6 烟气事故冷却系统 emergency quench water system

锅炉烟气温度在事故工况下超过脱硫装置入口设计烟气温度时，为保护脱硫系统设备及防腐材料的安全运行而设置的烟气紧急冷却设备和系统。

4 污染物与污染负荷

4.1 脱硫装置入口烟气的烟气量、SO_2 含量可根据 HJ/T 179 的规定计算。

4.2 烟气中其他污染物成分[如氯化氢（HCl）、氟化氢（HF）、三氧化硫（SO_3）]的设计数据应依据燃料分析数据计算或实测数据确定。

4.3 海水法烟气脱硫装置的系统设计脱硫效率应满足当地火电厂 SO_2 排放限值和总量控制指标。脱硫效率按 HJ/T 179 进行计算。

5 总体要求

5.1 一般规定

5.1.1 新建、改建、扩建火电厂或供热锅炉的烟气脱硫装置应和主体工程同时设计、同时施工、同时投产使用。

5.1.2 新建发电机组的吸收塔设计使用寿命应不小于 30 年，现有发电机组的吸收塔设计寿命不应低于发电机组寿命。

5.1.3 使用海水法烟气脱硫的锅炉，其燃煤平均含硫量（收到基）不宜大于 1%。当机组既有冷却海水量不能满足脱硫工艺需求时，应补充不足的海水量。补充海水措施应经技术经济综合比较合理后确定。

5.1.4 海水法烟气脱硫装置的入口烟气含尘质量浓度（标态）应不大于 30 mg/m³。

5.1.5 脱硫装置的设计、建设应符合 GB 50660、DL/T 5196 等规程规范的相关要求，并确保其烟气排放符合 GB 13223 或地方相关标准的要求。

5.1.6 海水法烟气脱硫装置处理后的外排海水水质应按照经批准的排放海域近岸海域环境功能区划、海洋功能区划的要求执行 GB 3097。

5.1.7 脱硫岛的设计、建设，应采取有效的隔声、消声、绿化等降低噪声的措施，噪声和振动控制的设计应符合 GB/T 50087 和 GB 50040 的规定，各厂界噪声应达到 GB 12348 的要求。

5.1.8 海水法烟气脱硫工程应采取必要的措施，保证废气、固体废物、重金属等的处理处置分别符合相应标准及环评批复文件的要求。

5.1.9 烟气脱硫工程建设，除应符合本标准外，还应符合国家有关工程质量、安全、卫生、消防等方面的强制性标准条文的规定。

5.2 总平面布置

5.2.1 海水法烟气脱硫装置的总平面布置应符合 GB/T 19229.3、DL/T 5196、HJ/T 179 的要求。

5.2.2 海水脱硫总平面应结合工艺流程和场地条件因地制宜布置,一般可分为吸收塔区域和曝气池区域。

5.2.3 吸收塔区域宜布置在烟囱附近,其建(构)筑物根据工艺流程确定,一般布置有吸收塔、烟道支架、烟气换热器(若有)支架、增压风机(若有)基础及检修支架、电控楼、CEMS 小间等;曝气池区域宜布置在循环水排水沟附近,其建(构)筑物亦根据工艺流程确定,一般布置有海水升压泵房、曝气风机房、曝气池、取样设备间等;如两区域相距较远,可在曝气风机房内设置就地控制设备间。

6 工艺设计

6.1 工艺流程

6.1.1 海水法烟气脱硫装置应由海水供应系统、烟气系统、二氧化硫吸收系统和海水恢复系统等组成。其典型的海水法烟气脱硫工艺流程如图 1 所示。

6.1.2 锅炉烟气经脱硫增压风机(若有)升压、经烟气换热器(若有)降温后进入吸收塔,经海水洗涤脱硫后的烟气经吸收塔顶部设置的除雾器除去携带的小液滴后再经烟气换热器(若有)升温,最后从烟囱排放。

6.1.3 吸收塔脱硫排水流入海水恢复系统曝气池,经与来自机组凝汽器出口的海水掺混、中和、曝气等方式处理,恢复水质后达标排海。

6.1.4 海水脱硫装置的海水总需求量包括供给吸收塔和曝气池的海水量。

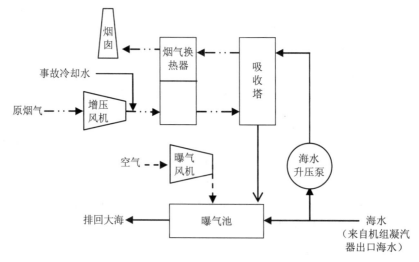

图 1 典型海水法烟气脱硫工艺流程示意图

6.2 脱硫装置主工艺系统

6.2.1 海水供应系统

6.2.1.1 海水供应系统包括海水升压泵及其供水管道和阀门;吸收塔宜采用单元制供水

系统。

6.2.1.2 除海水升压泵出口的供水管路外，海水供应管路宜采用自流方式，并不应影响机组循环水系统的安全运行。

6.2.1.3 海水升压泵的数量应按照吸收塔的数量、型式和运行可靠性确定。海水升压泵应设备用泵。

6.2.1.4 海水升压泵房的设计应符合 DL/T 5339 的相关要求；海水升压泵应设取水前池，并宜在取水前池入口处设置滤网。

6.2.1.5 海水升压泵出口处应设防水锤措施。

6.2.1.6 海水升压泵过流部件材质应能满足海水腐蚀环境运行要求。

6.2.1.7 海水管道设计时应充分考虑工作介质对管道系统的腐蚀与磨损。海水管道宜采用直埋方式敷设。管道内介质流速的选择按 DL/T 5339 确定。

6.2.1.8 海水供应管道上的阀门宜选用蝶阀，阀门的通流直径宜与管道一致。阀门与管道之间宜采用法兰连接。

6.2.1.9 吸收塔供水管道上应设置排空措施，每 50～100 m 宜设置检修人孔。

6.2.1.10 海水升压泵出口供水管道上宜设置滤网或过滤器。

6.2.2 烟气系统

6.2.2.1 脱硫增压风机宜与引风机合并设置。当条件不允许时，应单独设置增压风机。

6.2.2.2 脱硫增压风机应按下列要求考虑：

a）脱硫增压风机宜选用轴流式风机。

b）增压风机型式及数量宜与机组引风机相同。

c）当多台机组合用一座吸收塔时，应根据技术经济比较后确定风机数量。

d）增压风机的基本风量按吸收塔的设计工况下的烟气量考虑。脱硫增压风机的风量裕量不低于 10%，另加不低于 10～15℃的温度裕量。脱硫增压风机的基本压头为脱硫装置本身的阻力及脱硫装置进出口的压差之和，进出口压力由主体设计单位负责提供。压头裕量不低于 20%。

e）当增压风机并联运行时，每台增压风机出、入口应分别设置挡板门。

6.2.2.3 应根据建设项目环境影响评价文件审批意见确定是否设置烟气换热器。

6.2.2.4 烟气换热器的受热面均应采取防低温腐蚀、防磨、防堵塞、防粘污等措施。

6.2.2.5 烟气换热器受热面应具有良好的清灰和冲洗措施，并应在运行中加强维护管理。

6.2.2.6 烟气系统的防腐设计宜参照 HJ/T 179 执行。

6.2.2.7 脱硫装置原烟气设计温度应采用锅炉最大连续工况（BMCR）下燃用设计燃料时从主机烟道进入脱硫装置接口处的运行烟气温度加 15℃，短期运行温度可加 50℃。

6.2.2.8 烟气事故冷却系统

a）烟气事故冷却系统的水源选择应结合所需冷却水流量和水源供给能力来确定，一般宜采用电厂工业水。

b）烟气事故冷却水应经喷嘴充分雾化后加入烟道。

c）烟气事故冷却系统的冷却水喷淋位置应设置在增压风机或引风机（无增压风机时）与烟气换热器或吸收塔（无烟气换热器时）之间的烟道上，并留有确保雾化冷却水被烟气蒸干所需时间对应的烟道长度。

d）烟气事故冷却系统宜设置冷却水缓冲水箱。缓冲水箱的安装高度应满足喷嘴喷淋雾化对压头的要求，水箱容积应至少满足 2～5 min 的消耗水量。缓冲水箱应配有补水泵等补水措施，补水泵应使用可靠电源。

e）当补水水源可靠且水源压力满足喷嘴使用压力时，也可由补水水源直接供水。

f）若使用供水泵直接供水，其泵的扬程应满足喷嘴使用压力的要求。供水泵应使用可靠电源。

6.2.3　SO_2 吸收系统

6.2.3.1　SO_2 吸收系统设备主要包括吸收塔及其内部件。吸收塔的数量应根据锅炉容量、脱硫装置可靠性要求、海水供应条件等确定。300 MW 及以上机组宜一炉配一塔；200 MW 及以下机组宜两炉配一塔。海水脱硫工艺可采用填料塔、喷淋塔或其他塔形，采用气液逆流方式。

6.2.3.2　吸收塔塔体的制作可以采用混凝土结构或钢结构，塔内壁应采取防腐措施。塔内设备应能适应塔内温度和腐蚀的要求。

6.2.3.3　当采用喷淋塔时，喷淋层的数量应根据脱硫烟气量、烟气 SO_2 浓度、脱硫效率、海水水质及温度等因素设置，不宜少于三层。

6.2.3.4　吸收塔应装设除雾器。正常运行工况下，除雾器出口烟气中的雾滴质量浓度（标态）应不大于 75 mg/m³。

6.2.3.5　吸收塔应设置足够数量和大小的人孔门，以满足检修维护的要求。

6.2.3.6　吸收塔应设置停运后塔底的排空措施。

6.2.3.7　吸收塔排水点应设置手动取样点。

6.2.3.8　吸收塔外应设置供检修维护的平台和扶梯，平台设计荷载不应小于 4 kN/m²，平台宽度不小于 1.2 m；塔内不应设置固定式的检修平台。

6.2.4　海水恢复系统

6.2.4.1　海水恢复曝气池的数量应根据吸收塔配置情况、曝气池入口海水分配要求、海水供应条件、检修及可靠性要求等确定。300 MW 及以上机组宜采用一炉配一座曝气池。

6.2.4.2　海水恢复系统的工艺设计及设备选型应同时满足对排放海水中化学需氧量（COD）、pH 值及溶解氧（DO）的要求。曝气处理前应先将来自吸收塔的酸性海水稀释至 pH 值达到 5 以上。

6.2.4.3　曝气池内有效曝气区域的大小应根据脱硫装置入口烟气参数、脱硫效率、海水水质条件、海水排水水质要求和环境温度等因素确定，应有良好的运行经济性。

6.2.4.4　曝气池内液位应根据循环水排水沟出口处的设计高潮位（不低于 10%高潮位的要求）以及海水排水沟道的阻力等因素确定。海水潮位变化不应影响曝气池的正常运行，曝气池应有防止高潮位海水外溢的措施。

6.2.4.5　曝气风机选型应按照曝气池设计液位进行选型计算。风机型式宜采用离心风机，条件适合时亦可选用罗茨风机，可不设备用，数量不少于两台。

6.2.4.6　鼓风曝气系统的设置，从整体上应具有节约能量、组成简单、安装及维修管理方便，易于排除故障等特点。

6.2.4.7　曝气器应选用布气均匀、阻力小、不易堵塞、耐腐蚀、运行维修简便、寿命长的类型。

6.2.4.8 曝气池的设计应考虑池内海水排空和检修的措施。

6.2.4.9 曝气池主体宜采用钢筋混凝土结构。曝气池内接触海水的曝气区域应采取防腐措施；曝气池内所有暴露于盐雾和水气的设备、管道、平台扶梯和支架都应有防盐雾腐蚀措施；应尽量避免将易受腐蚀的设备和设施布置在曝气池附近。

6.2.4.10 曝气池区域应有良好的控制噪声措施。

7 工艺设备与材料

7.1 一般规定

7.1.1 工艺设备与材料的选择应本着经济、适用，满足脱硫装置特定工艺要求，选择具有长期运行可靠性和较长使用寿命的设备与材料。

7.1.2 主要工艺设备的选择和性能要求见本标准第 6 章。

7.1.3 通用材料应在火电厂常用的材料中选取。

7.1.4 对于接触腐蚀性介质的部位，应择优选取合适的材料满足其防腐要求。

7.2 金属材料

7.2.1 金属材料宜以碳钢材料为主。对金属材料表面可能接触腐蚀性介质的区域，应根据脱硫工艺不同部位的实际情况，衬抗腐蚀性和磨损性强的非金属材料。

7.2.2 当以金属材料作为承压部件，衬非金属材料作为防腐部件时，应充分考虑非金属材料与金属材料之间的黏结强度。同时，承压部件的自身设计应确保非金属材料能够长期稳定地附着在承压部件上。

7.2.3 对于接触腐蚀性介质的某些部位，如果采用碳钢衬非金属材料难以达到工程实际应用要求，应根据介质的腐蚀性和磨损性，采用以镍基材料为主的不锈钢。当经过充分论证后，部分区域也可采用具有抗腐蚀性的低合金钢。其适用介质条件见附录 A 表 A.1。

7.3 非金属材料

7.3.1 非金属材料主要可选用玻璃鳞片树脂、玻璃钢、塑料、橡胶、陶瓷类产品用于防腐蚀和磨损，其适宜的使用部位见附录 A 表 A.2。

7.3.2 玻璃鳞片树脂和丁基橡胶的主要性能应符合 HJ/T 179 的规定。

8 检测与过程控制

8.1 热工自动化系统

8.1.1 热工自动化水平

8.1.1.1 脱硫装置应采用集中监控方式，实现脱硫装置启动、正常运行工况的监视和调整、停机和事故处理。

8.1.1.2 脱硫装置宜采用分散控制系统（DCS），其功能包括数据采集和处理系统（DAS）、模拟量控制系统（MCS）、顺序控制系统（SCS）及联锁保护、脱硫厂用电源系统监控等。

8.1.1.3 脱硫控制系统宜纳入主机组控制系统。

8.1.2 脱硫控制室及控制设备间

8.1.2.1 脱硫装置可设置独立控制室。

8.1.2.2 脱硫控制系统设备间宜设置在脱硫岛内。

8.1.2.3 脱硫各分系统布置比较分散时，可分别设置就地控制设备间。

8.1.3 热工检测及控制

8.1.3.1 脱硫装置应有完善的数据采集和处理、模拟量控制、顺序控制、联锁、保护、报警等功能，并应在脱硫控制系统中实现。

8.1.3.2 保护系统指令应具有最高优先级；事件记录功能应能进行保护动作原因分析。

8.1.3.3 重要热工测量项目仪表应双重或三重化冗余设置。

8.1.3.4 脱硫装置与机组进行交换的重要信号应采用硬接线方式。

8.1.3.5 脱硫装置可设必要的工业电视监视系统。

8.2 烟气分析仪表

8.2.1 脱硫装置烟气系统应设置性能检测点和实时监视脱硫烟气排放数据烟气分析仪表。

8.2.2 用于环保部门监测电厂烟气污染物排放指标的 CEMS，应按 HJ/T 75、HJ/T 76 等环保部门的有关规定进行配置。

8.2.3 用于为烟气脱硫装置实现运行控制和性能考核提供数据的烟气分析仪表，其检测点分别设在烟气脱硫装置进口和出口处，检测项目至少应包括 SO_2、O_2，出口处还应检测烟气流量。

8.3 海水系统仪表

8.3.1 海水供应管路上应装设压力和流量表计。

8.3.2 曝气池出口应设有 pH、DO 和温度的在线监测仪表，COD 测量可设置手动取样点人工分析。

9 主要辅助工程

9.1 电气系统

9.1.1 供电系统

9.1.1.1 脱硫装置的供电系统应符合 DL/T 5153 的有关规定；高压、低压厂用电电压等级应与发电厂主体工程一致。

9.1.1.2 脱硫装置厂用电系统中性点接地方式应与发电厂主体工程一致。

9.1.1.3 脱硫工作电源的引接：

a）脱硫高压工作电源宜由高压厂用工作母线引接，当技术经济比较合理时，也可设脱硫高压变压器，从发电机出口引接。

b）已建电厂加装烟气脱硫装置时，如果高压厂用工作变压器有足够备用容量，且原有高压厂用开关设备的短路动热稳定值及电动机启动的电压水平均满足要求时，脱硫高压工作电源应从高压厂用工作母线引接，否则应设脱硫高压变压器。

c）脱硫低压工作电源可设置低压工作变压器，或就近由可靠的低压工作段供电。

9.1.1.4 脱硫高压负荷宜直接接于高压厂用工作段或公用段，也可设脱硫高压母线段供电。

9.1.1.5 当设脱硫高压母线段时，备用电源宜由发电厂启动/备用变压器低压侧引接。当脱硫高压工作电源由高压厂用工作母线引接时，其备用电源也可由另一高压厂用工作母线引接。

9.1.2 直流系统

9.1.2.1 直流系统的设置应符合 DL/T 5044 的规定。

9.1.2.2 当设脱硫高压母线段时，宜设脱硫直流系统。脱硫装置直流系统宜由机组直流系统供电，当由机组直流系统供电有困难时，也可设置独立直流系统。

9.1.3 交流保安电源和交流不停电电源（UPS）

9.1.3.1 脱硫装置可设单独的交流保安母线段。当主厂房交流保安电源的容量足够时，脱硫交流保安母线段宜由主厂房交流保安电源供电，否则可由单独设置的能快速启动的柴油发电机供电。

9.1.3.2 脱硫装置交流不停电负荷宜由机组 UPS 系统供电。当脱硫装置布置离主厂房较远时，也可单独设置 UPS。

9.1.4 二次线

9.1.4.1 二次线的设计应符合 DL/T 5136 和 DL/T 5153 的规定。

9.1.4.2 脱硫电气系统的监控宜纳入脱硫控制系统。

9.1.4.3 脱硫高压变压器的保护应纳入发变组保护装置。

9.2 建筑与结构

9.2.1 建筑

9.2.1.1 一般规定

a）脱硫岛建筑设计应根据生产流程、功能要求、自然条件、建筑材料和建筑技术等因素，结合工艺设计，合理组织平面布置和空间组合，注意建筑群体的效果及与周围环境的协调。

b）脱硫岛的建（构）筑物的防火设计应符合 GB 50229 及国家其他有关防火标准和规范的要求。

c）脱硫区域所有海水输送、处理的构筑物（沟道、吸收塔、曝气池等）都应按 GB 50046、GB 50069 等国家标准规范进行抗渗设计。

d）脱硫岛的建筑物室内噪声控制设计标准应符合 GB/T 50087 的规定。

e）脱硫岛的建筑设计除执行本规定外，应符合国家和行业的现行有关设计标准的规定。

9.2.1.2 采光和自然通风

a）脱硫岛的建筑物宜优先考虑天然采光，建筑物室内天然采光照度应符合 GB 50033 的要求。

b）一般建筑物宜采用自然通风，墙上和楼层上的通风孔应合理布置，避免气流短路和倒流，并应减少气流死角。

9.2.1.3 室内外装修

a）建筑物的室内外墙面应根据使用和外观需要进行适当处理，地面和楼面材料除工艺要求外，宜采用耐磨、易清洁的材料。

b）脱硫建筑物各车间室内装修标准应按 DL/T 5029 中同类性质的车间装修标准执行。

9.2.2 结构

9.2.2.1 火力发电厂脱硫工程土建结构的设计除应符合本标准的规定外，尚应符合现行国家规范及行业标准的要求。

9.2.2.2 屋面、楼（地）面在生产使用、检修、施工安装时，由设备、管道、材料堆放、运输工具等重物引起的荷载，以及所有设备、管道支架作用于土建结构上的荷载，均应由工艺设计专业提供。其楼（屋）面活荷载的标准值及其组合值、频遇值和准永久值系数应按表 1 的规定采用。

9.2.2.3 作用在结构上的设备荷载和管道荷载（包括设备及管道的自重），设备、管道及容器中的填充物重，应按活荷载考虑。其荷载组合值、频遇值和准永久值系数均取 1.0。其荷载分项系数取 1.3。

表 1 建筑物楼（屋）面均布活荷载标准值及组合值、频遇值和准永久值系数

项次	类 别	标准值/(kN/m²)	组合值系数 ψ_c	频遇值系数 ψ_f	准永久值系数 ψ_q
1	配电装置楼面	6.0	0.9	0.8	0.8
2	控制室楼面	4.0	0.8	0.8	0.8
3	电缆夹层	4.0	0.7	0.7	0.7
4	曝气风机房	6.0	0.8	0.8	0.8
5	海水升压泵房	6.0	0.8	0.8	0.8
6	作为设备通道的混凝土楼梯	3.5	0.7	0.5	0.5
7	吸收塔屋顶	0.5	0.7	0.6	0

9.2.2.4 脱硫建（构）筑物中，烟道及烟道支架的抗震设防类别按乙类考虑，其余建（构）筑物的抗震设防类别按丙类考虑，地震作用和抗震措施均应符合本地区抗震设防烈度的要求。

9.2.2.5 计算地震作用时，建（构）筑物的重力荷载代表值应取恒载标准值和各可变荷载组合值之和。各可变荷载的组合值系数应按表 2 采用。

表 2 计算重力荷载代表值时采用的组合值系数

可变荷载的种类		组合值系数
一般设备荷载（如管道、设备支架等）		1.0
楼面活荷载	按等效均布荷载计算时	0.7
	按实际情况考虑时	1.0
屋面活荷载		0

9.2.2.6 吸收塔一般采用钢筋混凝土结构，曝气池采用钢筋混凝土结构。吸收塔和曝气池曝气区域的内表面须设防腐层，做法参见附录 A 表 A.2。

9.2.2.7 曝气池、供排水沟道须按抗浮水位进行抗浮设计。

9.3 暖通及消防系统

9.3.1 一般规定

9.3.1.1 脱硫岛内应设置采暖、通风与空气调节系统，其设计、施工应符合 DL/T 5035 和 GB 50243 及国家有关现行标准。

9.3.1.2 脱硫岛应有完整的消防给水系统，还应按消防对象的具体情况设置火灾自动报警装置和专用灭火装置，并应合理配置灭火器。脱硫岛建（构）物及各工艺系统的消防设计应符合 GB 50229 及 GB 50016 等规范的要求。

9.3.2 采暖通风

9.3.2.1 脱硫岛区域建筑物的采暖应与其他建筑物一致。当厂区设有集中采暖系统时，采暖热源宜由厂区采暖系统提供。

9.3.2.2 脱硫岛区域建筑物的采暖应选用不易积尘的散热器供暖。当散热器布置有困难时，可设置暖风机。

9.3.2.3 在集中采暖地区，值班室应设采暖设备。脱硫区域建筑物室内无人员活动或每名工人占用的建筑面积较大时（$\geqslant 50\ m^2$），房间冬季采暖设计温度应不低于 5℃。在休息地点设采暖设施时，采暖室内设计温度应不低于 18℃。

9.3.2.4 电缆夹层不必设置采暖设施。

9.3.2.5 脱硫岛内控制室、电子设备间及 CEMS 小间应设置空气调节装置。室内设计参数应根据设备要求确定。

9.3.2.6 在寒冷地区，通风系统的进、排风口宜考虑防寒措施。

9.3.2.7 通风系统的进风口宜设在清洁干燥处，电缆夹层不应作为通风系统的吸风地点。在风沙较大地区，通风系统应考虑防风沙措施。在粉尘较大地区，通风系统应考虑防尘措施。

9.3.2.8 脱硫岛内控制室、电子设备间、曝气风机房等应考虑事故排风措施。事故排风机的开关应装在门口便于操作的地点。

9.3.2.9 脱硫岛配电装置室发生火灾时，应能自动切断通风机的电源。

9.3.3 消防系统

9.3.3.1 脱硫岛消防水源宜由电厂主消防管网供给。消防水系统的设置应覆盖所有室外、室内建（构）筑物和相关设备。

9.3.3.2 室内消防栓的布置，应保证有两支水枪的充实水柱同时到达室内任何部位。脱硫岛建筑物室内消火栓的间距不应超过 50 m。

9.3.3.3 室外消火栓应根据需要沿道路设置，并宜靠近路口，在建筑物外不应大于 120 m，室外消火栓的保护半径不应大于 150 m，若电厂主消防系统在脱硫岛附近设有室外消火栓，可考虑利用其保护范围，相应减少脱硫岛室外消火栓的数量。

9.3.3.4 在脱硫岛区域内，主要包括电子设备间、控制室、电缆夹层、电力设备附近等处按照 GB 50140 规定配置一定数量的移动式灭火器。

9.4 厂区道路

9.4.1 脱硫岛内道路的设计应符合 GBJ 22，保证脱硫岛的物料运输便捷，消防通道畅通，检修方便，并满足场地排水的要求。

9.4.2 脱硫岛内的道路应与厂内道路形成路网。并根据生产、生活、消防和检修的需要设置行车道路、消防车通道和人行道。

9.4.3 脱硫岛内装置密集区域的道路宜采用混凝土块铺砌等硬化方式处理，以便于检修及清扫。

10 劳动安全与职业卫生

10.1 一般规定

10.1.1 在脱硫装置建设、运行过程中产生烟气、废水、废渣、噪声及其他污染物的防治与排放，应贯彻执行国家现行的环境保护法规和标准的有关规定。

10.1.2 脱硫岛在设计、建设和运行过程中，应高度重视劳动安全和工业卫生，采取各种防治措施，保护人身的安全和健康。

10.1.3　脱硫岛的安全管理应符合 GB/T 12801 中的有关规定。

10.1.4　脱硫岛可行性研究阶段应有环境保护、劳动安全和工业卫生的论证内容。在初步设计阶段，应提出深度符合要求的环境保护、劳动安全和工业卫生专篇。

10.1.5　建设单位在脱硫岛建成运行的同时，安全和卫生设施应同时建成运行，并制订相应的操作规程。

10.2　劳动安全

10.2.1　脱硫岛的建设应遵守 DL 5009.1 和 DL 5053 及其他有关规定，及时消除事故隐患，防止事故发生。

10.2.2　脱硫岛的防火、防爆设计应符合 GB 50016、GB 50222 和 GB 50229 等有关规范的规定。

10.3　职业卫生

10.3.1　脱硫岛室内防尘、防噪声与振动、防电磁辐射、防暑与防寒等职业卫生要求应符合 GBZ 1 的规定。

10.3.2　在易发生粉尘飞扬或洒落的区域设置必要的除尘设备或清扫措施。

10.3.3　应尽可能采用噪声低的设备，对于噪声较高的设备，应采取减震消声措施，尽量将噪声源和操作人员隔开。工艺允许远距离控制的，可设置隔声操作（控制）室。

11　工程施工与验收

11.1　工程施工

11.1.1　脱硫工程设计、施工单位应具有国家相应的工程设计、施工资质。

11.1.2　脱硫工程的施工应符合国家和行业施工程序及管理文件的要求。

11.1.3　脱硫工程应按设计文件进行建设，对工程的变更应取得设计单位的设计变更文件后再施工。

11.1.4　脱硫工程施工中使用的设备、材料、器件等应符合相关的国家标准，并应取得供货商的产品合格证后方可使用。

11.1.5　施工单位除遵守相关的施工技术规范以外，还应遵守国家有关部门颁布的劳动安全及卫生、消防等国家强制性标准。

11.2　工程验收

11.2.1　竣工验收

11.2.1.1　脱硫工程验收应按《建设项目（工程）竣工验收办法》、DL/T 5436 等相应专业现行验收规范和本标准的有关规定进行组织。工程竣工验收前，严禁投入生产性使用。

11.2.1.2　脱硫工程验收应依据：主管部门的批准文件、批准的设计文件和设计变更文件、工程合同、设备供货合同和合同附件、设备技术说明书和技术文件、专项设备施工验收规范及其他文件。

11.2.1.3　脱硫工程中选用国外引进的设备、材料、器件应按供货商提供的技术规范、合同规定及商检文件执行，并应符合我国现行国家或行业标准的有关要求。

11.2.1.4　工程施工完成后应按照 DL/T 5436 进行调试前的启动验收，启动验收合格和对在线仪表进行校验后方可进行分项调试和整体调试。

11.2.1.5　通过脱硫装置整体调试，各系统运转正常，技术指标达到设计和合同要求后，应进行启动试运行。

11.2.1.6　对整体启动试运行中出现的问题应及时消除。在整体启动试运行连续运行 168 h，技术指标达到设计和合同要求后，建设单位向有审批权的环境保护主管部门提出生产试运行申请。经批准后，方可进行生产试运行。

11.2.2　环境保护验收

脱硫装置竣工环境保护验收按《建设项目竣工环境保护验收管理办法》、HJ/T 255 的规定进行。

12　运行与维护

12.1　一般规定

12.1.1　脱硫装置的运行、维护及安全管理除应执行本标准外，还应符合国家现行有关强制性标准的规定。

12.1.2　脱硫装置运行应在满足设计工况的条件下进行，并根据工艺要求，定期对各类设备、电气、自控仪表及建（构）筑物进行检查维护，确保装置长期稳定可靠地运行。

12.1.3　脱硫装置不宜在设计负荷 120%以上的条件下长期运行。

12.1.4　电厂应建立健全与脱硫装置运行维护相关的各项管理制度，以及运行、检修规程。

12.2　人员与运行管理

12.2.1　根据电厂管理模式特点，对脱硫装置的运行管理既可成为独立的脱硫车间也可纳入锅炉或除灰车间的管理范畴。

12.2.2　电厂应对脱硫装置的管理和运行人员进行定期培训，使管理和运行人员系统掌握脱硫设备及其他附属设施正常运行的具体操作和应急情况的处理措施。运行操作人员，上岗前还应进行以下内容的专业培训：

　　a）启动前的检查和启动要求的条件；

　　b）处置设备的正常运行，包括设备的启动和停运；

　　c）控制、报警和指示系统的运行和检查，以及必要时的纠正操作；

　　d）掌握选择最佳的运行方式，控制和调节脱硫效率、排放海水的 pH 值、排放海水溶氧值（DO），以及保持设备良好运行的条件；

　　e）设备运行故障的发现、检查和排除；

　　f）事故或紧急状态下人工操作和事故处理；

　　g）设备日常和定期维护及切换；

　　h）设备运行及维护记录，以及其他事件的记录和报告。

12.2.3　电厂应建立脱硫装置运行状况、设施维护和生产活动等的记录制度，主要记录内容包括：

　　a）系统启动、停止时间；

　　b）设备切换时间、内容及完成情况；

　　c）系统运行工艺控制参数记录，至少应包括：吸收塔出口烟气温度、吸收塔入口烟气温度、净烟气流量、原烟气压力、净烟气压力、吸收塔压差、烟气换热器压差（设有烟气换热器时）、吸收塔水位、吸收塔海水流量、吸收塔出口 SO_2 浓度、吸收塔入口 SO_2 浓度、净烟气粉尘浓度、排放海水 pH 值、排放海水温度、排放海水溶氧值等；

d）主要设备的运行和维修情况记录；

e）烟气连续监测数据、海水排放指标的记录；

f）生产事故及处置情况的记录；

g）定期检测、评价及评估情况的记录等。

12.2.4　运行人员应按照电厂规定坚持做好交接班制度和巡视制度。

12.3　运行维护

12.3.1　脱硫装置的维护保养应纳入全厂的维护保养计划中。

12.3.2　电厂应根据脱硫装置技术负责方提供的系统、设备等资料制定详细的维护保养规定。

12.3.3　维修人员应根据维护保养规定定期检查、更换或维修必要的部件。

12.3.4　维修人员应做好维护保养记录。

附录 A（规范性附录）

防腐材料的选择

附表 A.1　合金材料适用介质条件

序号	材料成分	适用介质	备注
1	铁－镍－铬合金 钛	净烟气、低温原烟气	
2	铁－镍－铬合金 铁－钼－镍－铬合金 钛	海水	

附表 A.2　主要非金属材料及使用部位

序号	材料名称	材料主要成分	使用部位
1	玻璃鳞片树脂	玻璃鳞片 乙烯基酯树脂 酚醛树脂 呋喃树脂 环氧树脂	净烟气、低温原烟气段、吸收塔等内衬
2	玻璃钢	玻璃鳞片、玻璃纤维 乙烯基酯树脂 酚醛树脂	吸收塔喷淋层、海水管道、箱罐
3	塑料	聚丙烯等	管道、除雾器
4	橡胶	氯化丁基橡胶 氯丁橡胶 丁苯橡胶	吸收塔、箱罐、海水管道
5	陶瓷	碳化硅	喷嘴
6	涂料 [a]		曝气池曝气区域

[a] 涂料成分依具体供应商确定。

中华人民共和国环境保护行业标准

铅冶炼废气治理工程技术规范

Technical specifications for waste gas control of lead smelting

HJ 2049—2015

前 言

为贯彻《中华人民共和国环境保护法》和《中华人民共和国大气污染防治法》，规范铅冶炼废气治理工程的建设与运行管理，防治环境污染，保护环境和人体健康，制定本标准。

本标准规定了铅冶炼废气治理工程的设计、施工、验收、运行和维护的技术要求。

本标准为指导性标准。

本标准为首次发布。

本标准由环境保护部科技标准司组织制订。

本标准主要起草单位：云南亚太环境工程设计研究有限公司、昆明冶金研究院、昆明有色冶金设计研究院股份公司、云南驰宏锌锗股份有限公司。

本标准环境保护部 2015 年 11 月 20 日批准。

本标准自 2016 年 1 月 1 日起实施。

本标准由环境保护部解释。

1 适用范围

本标准规定了铅冶炼废气治理工程的设计、施工、验收、运行和维护等技术要求。

本标准适用于以铅精矿为原料的铅冶炼过程所产生废气的治理工程，可作为环境影响评价、工程咨询、设计、施工、验收及运行管理的技术依据。

本标准不适用于再生铅冶炼废气的治理工程。

2 规范性引用文件

本标准引用了下列文件中的条款。凡是未注明日期的引用文件，其最新版本适用于本标准。

GB 5083 生产设备安全卫生设计总则

GB/T 12801 生产过程安全卫生要求总则

GB 13746 铅作业安全卫生规程

GB/T 16157 固定污染源排气中颗粒物测定与气态污染物采样方法

GB/T 17398　铅冶炼防尘防毒技术规程

GB 18597　危险废物贮存污染控制标准

GB 18599　一般工业固体废物贮存、处置场污染控制标准

GB 20424　重金属精矿产品中有害元素的限量规范

GB/T 23349　肥料中砷、镉、铅、铬、汞生态指标

GB 25466　铅、锌工业污染物排放标准

GB 50016　建筑设计防火规范

GB 50019　采暖通风与空气调节设计规范

GB 50046　工业建筑防腐蚀设计规范

GB/T 50087　工业企业噪声控制设计规范

GB 50187　工业企业总平面设计规范

GB 50212　建筑防腐蚀工程施工规范

GB 50252　工业安装工程施工质量验收统一标准

GB 50254　电气装置安装工程　低压电器施工及验收规范

GB 50275　风机、压缩机、泵安装工程施工及验收规范

GB 50300　建筑工程施工质量验收统一标准

GB 50630　有色金属工程设计防火规范

GB 50753　有色金属冶炼厂收尘设计规范

GB 50880　冶炼烟气制酸工艺设计规范

GB 50985　铅锌冶炼厂工艺设计规范

GB 50988　有色金属工业环境保护工程设计规范

GBZ 1　工业企业设计卫生标准

GBZ 2.1　工作场所有害因素职业接触限值　第 1 部分：化学有害因素

GBZ 2.2　工作场所有害因素职业接触限值　第 2 部分：物理因素

HJ/T 48　烟尘采样器技术条件

HJ/T 55　大气污染物无组织排放监测技术导则

HJ/T 75　固定污染源烟气排放连续监测技术规范（试行）

HJ/T 76　固定污染源烟气排放连续监测系统技术要求及检测方法（试行）

HJ/T 373　固定污染源监测质量保证与质量控制技术规范（试行）

HJ/T 397　固定源废气监测技术规范

HJ 462　工业锅炉及炉窑湿法烟气脱硫工程技术规范

《建设项目（工程）竣工验收管理办法》（计建设[1990]1215 号）

3　术语和定义

下列术语和定义适用于本标准。

3.1　铅冶炼废气　waste gas of lead smelting

指铅冶炼过程中产生的含有害物质的各类气体。

3.2　脱硫效率　desulfurization efficiency

指烟气脱硫前后标准状态下干烟气（扣除了烟气中水分）中 SO_2 质量浓度差值与脱硫

前标准状态下干烟气中 SO_2 质量浓度的百分比。

3.3 环境集烟 fugitive gas collecting

指通过系统设计，对熔炼炉、鼓风炉、烟化炉、浮渣处理炉窑、铸渣机和铸锭机等加料口、出料口及出渣口等处排放的烟气进行收集的过程。

4 污染物和污染负荷

4.1 污染物来源与分类

铅冶炼过程产生的废气主要包括各类含硫含尘烟气、含尘气体、硫酸雾、电解酸雾。

a）含硫含尘烟气主要产生于铅精矿烧结、熔炼、还原、渣处理等过程。其主要污染物为颗粒物、二氧化硫，以及铅、锌、砷、铊、镉、汞等重金属及化合物。

b）含尘气体主要产生于原料装卸、输送、配料、造粒、干燥、给料和铅熔化、铸锭等过程，其主要污染物为颗粒物。

c）硫酸雾主要产生于制酸过程，主要污染物为硫酸。

d）电解酸雾产生于铅电解车间，主要污染物为氟硅酸。

4.2 污染负荷

4.2.1 铅冶炼过程烟气量通过实际测量确定。各工序排放的各类废气可逐一进行废气排放量测量，废气排放量测量应符合 HJ/T 55、HJ/T 75、HJ/T 76 的要求。

4.2.2 若无实际测量数据时，废气排放量可类比同等生产规模、同类原料及产品或相近工艺的排放数据确定或通过物料衡算确定。

表 1 铅冶炼废气中污染物来源及质量浓度 单位：mg/m³

废气种类		来源	颗粒物质量浓度	SO_2（体积分数）/%	铅及其化合物	汞及其化合物
含尘烟气		原料制备、输送等过程	5 000～10 000	—	1 400～3 000	50～250
含硫烟气	烧结烟气	ISP 法烧结机	25 000～40 000	平均 1.0～6.0，最低 0.2，采用富氧技术可达 10 以上		
	熔炼烟气	ISP 鼓风炉	150 000～250 000	<0.5		
		熔炼炉（底吹熔炼、顶吹熔炼、富氧底吹、富氧侧吹）	100 000～200 000	5～25		
	还原烟气	鼓风炉、富氧直接还原炉	8 000～30 000	0.02～3		
	烟化烟气	烟化炉	50 000～100 000	0.02～0.03		
	熔铅烟气	熔铅锅	1 000～2 000	微量		
	电铅烟气	电铅锅	1 000～2 000	—		
	浮渣反射烟气	浮渣反射炉	5 000～10 000	<1		
	环境集烟烟气	熔炼炉、鼓风炉、烟化炉、浮渣处理炉窑等加料口、铸渣机和铸锭机上部	1 000～5 000	无规则、波动大		
硫酸雾		制酸系统	—	—		
电解酸雾		铅电解车间	—	—		

4.2.3 铅冶炼过程烟气排放量可参考式（1）或表 1 所给数据进行校核。

$$Q = \frac{P}{C \times T \times F} \times 10^6 \qquad (1)$$

式中：Q —— 烟气排放设备小时废气排放量，m^3/h；

P —— 计算时段内某烟气排放设备某污染物排放量，kg；

C —— 某烟气排放设备某污染物监测时段内平均质量浓度，mg/m^3；

F —— 某烟气排放设备监测时段内生产负荷，%；

T —— 计算时段内某烟气排放设备的生产小时数，h。

5 总体要求

5.1 一般规定

5.1.1 铅冶炼企业建设与运行管理应该符合国家和地方相关产业政策、规划等管理要求。

5.1.2 铅冶炼废气治理工程应严格执行环保工程"三同时"制度。

5.1.3 铅冶炼废气排放应达到 GB 25466 及地方排放标准的要求，符合环境影响评价审批文件的规定，并满足污染物总量控制要求。

5.1.4 铅冶炼应在易产生废气无组织排放的位置设置废气收集及处理装置，废气治理过程中应防止废气逸出。

5.1.5 铅冶炼废气治理过程要防止二次污染的产生，确保废水达标排放，保证治理过程收集的烟尘（粉尘）以及其他固体废物的处理处置满足 GB 18597、GB 18599 的规定，并符合环评批复文件的要求。

5.1.6 铅冶炼废气治理工程应采取可行技术、生产管理和行政管理等有效措施，防止重金属等污染物的无组织排放。

5.1.7 铅冶炼废气治理工程应安装合格的在线监测设备、监测报警系统和应急处理系统，在线监测设施应按要求与当地环保部门联网。

5.1.8 铅电解宜采取抑制减少酸雾和酸雾净化处理措施，保证作业环境和外排酸雾质量浓度达到容许质量浓度限值要求。

5.1.9 铅阳极泥综合利用过程中产生的废气应根据具体工艺、废气类型和气量，选用合适的除尘、脱硫、脱酸（碱）及脱除其他有害气体的工艺进行处理。

5.1.10 铅冶炼烟气制酸和制酸尾气净化系统不得设置烟气旁路。

5.2 清洁生产

5.2.1 铅冶炼企业应积极采取节能减排及清洁生产技术，从源头控制污染物产生。

5.2.2 铅冶炼企业应对矿物原料进行全分析，入炉铅精矿中重金属含量应符合 GB 20424 的要求。

5.2.3 铅冶炼废气治理工程应根据企业所选冶炼工艺，选择安全、环保、节能的废气治理工艺和设备。

5.2.4 烟（粉）尘的输送设备要密封或处于负压状态，防止外泄污染环境。

5.2.5 收尘系统捕集的烟尘中，砷、镉、汞等有害元素含量过高时，不宜返回冶炼系统。

5.3 工程构成

5.3.1 铅冶炼废气治理工程包括主体工程、辅助工程和公用工程。

5.3.2 主体工程包括废气收集系统、收尘系统、脱硫系统、酸雾控制系统和副产品处理系统。

5.3.3 辅助工程包括电气、土建、暖通空调、消防、仪表及控制、在线监测、化验分析等。

5.3.4 公用工程包括供电系统、蒸汽系统、压缩空气系统、工艺水及循环水系统等。

5.4 总平面布置

5.4.1 总平面布置应符合 GB 50187、GB 50988 和 GB 50985 的相关规定。

5.4.2 铅冶炼废气治理设施平面布置应满足各处理单元的功能和处理流程要求，处理设施的间距应紧凑、合理，满足施工与安装的要求。

5.4.3 管线综合布置应根据总平面布置、治理区单元内的平面布置、管内介质、施工及维护检修等因素确定，在平面及空间上应与主体工程相协调。

5.4.4 副产品处理系统应结合工艺流程和场地条件因地制宜布置。

6 工艺设计

6.1 一般规定

6.1.1 铅冶炼废气治理工艺应根据铅冶炼厂规模和不同工艺产生的废气量、废气成分和污染物质量浓度的实际情况确定。

6.1.2 铅冶炼废气治理工程的设计和建设应采取有效的隔声、消声和减振措施，噪声和振动控制应符合 GB/T 50087 的要求。

6.1.3 采用袋式收尘器或电收尘器等干式收尘装置时，应有防止烟气结露的措施。

6.1.4 废气治理应注重节能设计和余热利用。

6.2 铅冶炼废气治理工艺

铅冶炼废气治理工艺流程如图 1 所示。

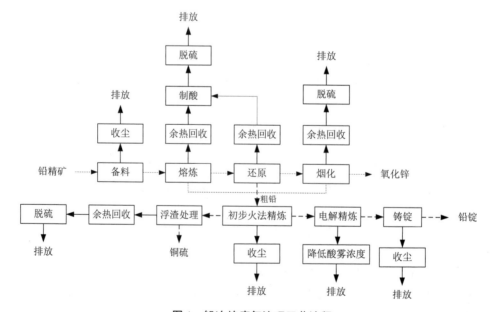

图 1 铅冶炼废气治理工艺流程

6.3 废气收尘

6.3.1 针对铅冶炼企业采用不同冶炼工艺，收尘工艺技术见表2。

表2 铅冶炼废气典型收尘技术流程表

颗粒物来源	收尘工艺流程	工艺参数[a]	备注
铅精矿仓中给料、输送、配料等过程产生粉尘	集气罩→袋式收尘（或微动力收尘[b]）→排气筒	总除尘效率>99.5%，外排粉尘质量浓度<50 mg/m³	收集粉尘返回生产系统
烧结机烟尘	烧结机烟气→沉尘室（或旋风收尘器）→电收尘→制酸	制酸烟气含尘质量浓度<300 mg/m³	净化后烟气制酸，收集烟尘返回配料工序
熔炼炉烟尘	熔炼炉烟气→余热锅炉→电收尘→制酸	制酸烟气含尘质量浓度<300 mg/m³	净化后烟气制酸，收集烟尘返回配料工序
还原炉烟尘	还原炉烟气→余热锅炉→冷却烟道→袋式收尘→脱硫→排气筒	总除尘效率>99.9%，外排烟尘质量浓度<30 mg/m³	收集烟尘送精矿仓配料
烟化炉烟尘	烟化炉烟气→余热锅炉→冷却烟道→袋式收尘→脱硫→排气筒	外排烟尘质量浓度<50 mg/m³	收集烟尘作副产品综合利用
熔铅锅/电铅锅铅烟尘	集气罩→袋式收尘→排气筒	总除尘效率>99.6%，外排铅烟尘质量浓度<8 mg/m³	收集铅尘应密封储运，及时返回工艺
浮渣反射炉烟尘	烟气→表面冷却器（或冷却烟道）→袋式收尘→排气筒	总除尘效率>99.8%，外排烟尘质量浓度<20 mg/m³	收集烟应密封储运，及时返回配料工序
环境集烟烟（粉）尘	集气罩→袋式收尘→排气筒	总除尘效率>99.5%，外排烟（粉）尘质量浓度<25 mg/m³	收集烟（粉）尘送精矿仓配料

[a] 工艺参数中外排烟（粉）尘还应满足尘中铅含量<8 mg/m³。
[b] 适用于物料破碎、筛分、皮带转运系统的收尘。

6.3.2 烟气收尘应满足 GB 50753 要求，并符合下列要求：

a）收尘系统宜负压下操作；排灰设备应密闭良好，防止产生二次污染。

b）应控制适当的气流速度和收尘管道风压，防止集气罩周围产生紊流，影响收尘效果。

c）采用袋式收尘器或电收尘器等干式收尘装置时，应有防止烟气结露的措施。

d）收尘系统配置应根据炉型、容量、炉况、铅矿成分、辅助燃料成分、脱硫工艺、烟气工况、气象条件、操作维护管理等确定。

e）收尘装置的收尘性能应满足下道工序的质量浓度限值要求，外排烟气应满足有关排放标准规定的烟（粉）尘排放质量浓度和烟气黑度限制的要求。

f）熔炼炉、还原炉和烟化炉等生产工艺参数波动大时，收尘系统应设置缓冲或预处理设施。

g）在保证含尘气体被充分捕集的前提下，应根据含尘气体性质、结合经济原则，选取单独或集中收尘方式。废气含不同组分烟（粉）尘的宜单独设置收尘。

6.3.3 烟（粉）尘输排应符合下列要求：

a）烟（粉）尘输排装置要简单，便于维护管理、故障少，作业率高。

b）应根据排尘状态、间歇或连续性、烟（粉）尘性质、排尘量和收尘器排尘口处的压力状态等参数综合考虑选择烟（粉）尘输排装置。

c）如采用气力输送装置，距离较近的宜用真空吸送式，距离较远的宜用压缩空气或氮气压送方式。

6.4 废气脱硫

6.4.1 废气制酸

6.4.1.1 富氧熔炼工艺、富氧渣还原工艺、ISP 法烧结工艺烟气应进入制酸系统制酸；其他如普通还原炉烟气、烟化炉烟气、环境集烟烟气等，可按实际情况优先与高质量浓度的废气就近配气后，再进入制酸系统。

6.4.1.2 铅冶炼废气制酸系统设计应符合 GB 50880 及其他相关制酸工艺设计文件的要求。新建和改造项目宜采用绝热蒸发稀酸冷却烟气净化技术。制酸系统后应建设脱硫系统，确保废气达标排放。

6.4.1.3 铅冶炼过程中制酸出口硫酸雾不能达标时，可在末端加装纤维除雾器等降低酸雾的设备。

6.4.1.4 制酸过程中产生的废水应处理达到工艺用水水质要求，宜尽量做到废水循环利用。

6.4.1.5 余热锅炉应符合烟道式余热锅炉设计相关标准，同时还应考虑废气中气态铅冷凝引起管道和余热锅炉的黏结问题，宜在余热锅炉前段增设辐射冷却器，防止锅炉受损。

6.4.2 低质量浓度 SO_2 废气脱硫

6.4.2.1 普通还原炉烟气、烟化炉烟气、环境集烟烟气等 SO_2 含量超过排放标准且又无法进行制酸的低质量浓度 SO_2 废气，以及制酸系统末端产生的制酸尾气，应进行脱硫处理。

6.4.2.2 低质量浓度 SO_2 废气脱硫工艺宜选用湿法工艺，除脱硫效率高外，还可进一步湿法除尘，减少铅冶炼烟气中重金属含量。脱硫工艺路线如图 2。

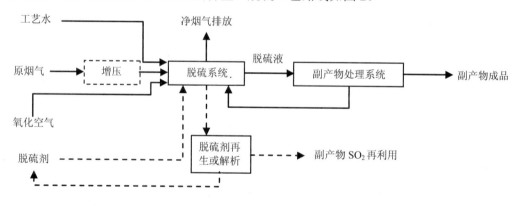

图 2　脱硫工艺路线图

6.4.2.3 脱硫系统设计应以达标治理、循环利用、不产生二次污染为原则，宜优先考虑采用副产物可资源化利用的脱硫工艺；宜根据当地脱硫剂来源、副产物市场、安全环境等条件进行技术经济综合比较后确定脱硫工艺。参见表 3。

6.4.2.4 石灰石/石灰法、钠碱法脱硫工艺可参照 HJ 462 执行，其他工艺方法应符合国家相关规定。

6.4.2.5 脱硫装置宜根据废气量、二氧化硫含量等要求，按处理能力富余量不小于负荷的10%进行设计。

表 3　各种脱硫工艺流程的特点

技术方法	SO₂含量/%	原料	原料消耗比（以 SO₂ 计）/（t/t）	副产品	脱硫效率
氧化锌法	<3.5	氧化锌粉	1.27	硫酸锌、亚硫酸锌、高质量浓度 SO₂	一般<90%
氨法	<3.5	液氨、氨水、尿素等氨源	0.532（折液氨）	硫酸铵化肥、高质量浓度 SO₂	>95%
有机溶液法	0.5～18	有机胺	$0.9\times10^{-3}\sim3.0\times10^{-3}$	高质量浓度 SO₂	>96%
钠碱法	<3.5	氢氧化钠、碳酸钠	1.25～1.66	硫酸钠、亚硫酸钠	>95%
石灰石（电石渣）/石膏法	<1.5	石灰、电石渣等	1.8～1.9	脱硫石膏、亚硫酸钙	>90%

6.4.2.6 废气进入脱硫系统前应先除尘，进入脱硫系统的废气中固体颗粒物含量应不影响副产物质量及装置正常运行。

6.4.2.7 脱硫方案设计时应首先考虑脱硫副产品的综合利用，当脱硫副产品暂时不能利用时，应进行毒性鉴别，按鉴别性质进行处理和处置，使其不产生二次污染。

6.4.2.8 脱硫系统中长期保持连续运行的装置应建有备用系统。

6.4.2.9 脱硫系统应设置事故池（槽）、围堰等应急设施，以防止污染物负荷突变时发生事故或安全隐患。

6.4.3 废气输送管路

6.4.3.1 废气输送管路应考虑脱硫系统建设后烟气压力降变化，烟气压力不足时宜设置增压动力设备。

6.4.3.2 废气输送管路设计应保证烟尘在烟道内不会沉积，并在烟道低凹处设置清灰装置。对烟道内聚集粉尘，应考虑附加荷重。

6.4.3.3 烟道水平管段较长时宜安装膨胀节，烟道膨胀节、烟气密封机宜根据需要设置垂直排水管，排水可并入废水处理系统或沉降后回用。

6.4.4 吸收系统

6.4.4.1 吸收系统应满足技术性能要求，宜选用占地少、流程短、节能低耗的工艺及设备。

6.4.4.2 吸收系统应设事故泵、事故槽（池），事故槽（池）容量应满足事故处理时液体物料的倒换和储存。

6.4.4.3 浆液槽（池）应防腐并设置防沉积或堵塞装置。

6.4.4.4 脱硫剂储量宜不少于 3～7d 用量，可根据输送距离远近及供应能力增减储量。

6.4.4.5 应减少尘、油及其他杂质进入脱硫液中，必要时可配置相应的除杂设施。

6.4.4.6 脱硫塔宜采用低压力降型，顶部或出口烟道上应设除雾器。

6.4.4.7 脱硫塔内部结构、喷淋层设置及液气比、气速，应保证脱硫液与烟气充分接触和脱硫达标，并同时控制脱硫剂逃逸。

6.4.4.8 管道材质应与工艺配套，管道布置设计应避免浆液沉积，浆液管道上宜设置排空和冲洗设施。

6.4.4.9 易结垢设备及部位应设置方便可靠的冲洗设施。吸收塔除雾器、下料口等经常或定期需冲洗部位宜采用远程控制的冲洗阀实现自动控制和远程操作。

6.4.4.10 脱硫塔（槽）检修时，需将溶液排出，宜在塔体或流出管道开口更低位设置排液孔和排液管，用阀门控制，以便入塔检修维护。

6.4.5 副产物处理系统

6.4.5.1 应根据所选工艺技术要求及市场条件，选择副产物品种及质量等级，并不应影响脱硫系统的主要技术性能。

6.4.5.2 副产物生产系统的设计和布局应根据产品性质、加工条件、运输要求等确定。

6.4.5.3 铅冶炼废气脱硫过程所产出销售的脱硫副产品质量应符合国家或行业标准要求，副产品用作农用肥料时还应满足 GB/T 23349 的要求。

6.4.5.4 副产物处理系统应充分考虑原烟气含尘量和组成对副产品品质影响，必要时应增设相应的处理工艺设备。

6.5 二次污染控制

6.5.1 铅冶炼企业应从工艺、制度和管理上防止二次污染的产生，并按要求编制环境应急预案。

6.5.2 原辅料、中间物料、各种渣和泥、收尘灰的运输、装卸、贮存过程中，应严格控制撒落、扬尘及渗水等泄漏情况。

6.5.3 收尘系统捕集的烟尘中，砷、镉、汞等有害元素含量过高时，不宜返回冶炼系统。

6.5.4 制酸过程中产生的酸泥、脱硫过程产生的尘泥和底泥，应严格按批次取样、鉴别，属于危险废物的应按危险废物管理的相关规定处理处置。

6.5.5 宜在脱硫工艺过程中采取措施脱除重金属，副产物中重金属含量应符合相应产品标准，应考虑副产物的储存、堆放和运输，并应严防污水渗漏、浮尘等造成二次污染。

7 主要工艺设备和材料

7.1 收尘系统

7.1.1 收尘器的选择应根据烟气性质、温度、湿含量、烟尘的粒度，除尘效率等合理选择。

a）干式粗收尘设备宜采用旋风收尘器，干式细收尘设备宜采用袋式收尘器、电收尘器和电袋一体收尘器。

b）常用湿式收尘设备有水膜旋风收尘器、冲击式收尘器、自激式收尘器和文丘里管等，适于含湿量较大的含尘烟气，宜根据烟气状况和当地气象条件进行选择。

7.1.2 收尘管道材质应具有坚固、耐磨、抗压和耐腐蚀的特点。

7.1.3 当废气中含有腐蚀性介质时，冷却装置、风机、集气收尘罩、阀门和颗粒过滤器等应满足相关防腐要求。

7.1.4 滤料、滤袋、滤袋框架等主要材料应符合环保产品标准的规定，并适应含尘气体的温度和性质。

7.2 制酸系统

7.2.1 制酸系统设备宜选用成熟可靠、耐腐蚀、便于操作和维护的设备和材料，以达到高开车率。

7.2.2 硫酸生产的设施设备应具有一定的技术先进性，稳定性好、原料利用率高，能耗低、污染小；硫酸生产的催化剂及设施设备应具有技术先进性、稳定可靠、原料转化率高、能耗低、污染小。

7.2.3 风机选择应带振喘保护、逆流保护功能，避免可能的酸雾腐蚀和酸泥沉积。应有宽敞的工作范围和高精度，满足冶炼烟气不均、频繁调速的要求。

7.2.4 制酸和酸储存系统地面应严格防腐、防渗，避免地下水污染。

7.2.5 制酸系统应有节能和余热利用装置。

7.3 脱硫系统

7.3.1 材料选择

7.3.1.1 脱硫剂选择原则：脱硫效率高、容易获得、价格低廉、易于运输、对废气中重金属有一定脱除作用、不对环境造成新污染、脱硫副产物应无毒稳定且有一定经济价值。

7.3.1.2 脱硫系统应充分考虑工艺特点，选择性价比高，具有耐磨、防腐特性的材料，并符合相关标准要求。

7.3.1.3 脱硫塔主材应适应脱硫工艺特点、脱硫剂的性质，有质量与安全控制措施。塔体其他构件宜采用涂覆防腐材料的碳钢、玻璃钢、合金钢等。

7.3.1.4 脱硫液用泵宜选用全合金或钢衬胶材质；浆液管道宜选用玻璃钢、合金钢、钢衬塑或钢衬胶材质；固液分离设备与吸收接触部分宜选用合金钢、玻璃钢，碳钢内衬等材质。

7.3.1.5 氨法脱硫工艺中严禁在氨盐溶液和和氨水管道上使用含铜或铜合金阀门。

7.3.2 设备选择

7.3.2.1 设备和管线、部件选型和配置应满足长期稳定运行的要求，配置应避免物料阻塞，选择材料应具有耐温性、耐蚀性、耐冲刷性和抗结晶性。

7.3.2.2 脱硫塔的数量应根据冶炼装置规模和配置、废气量、脱硫塔容量、操作弹性、可靠性和布置条件等因素确定。

7.3.2.3 循环泵的过流部件应能耐固体颗粒磨损、耐酸腐蚀、耐高氯、高氟等离子腐蚀。

8 检测及过程控制

8.1 分析检测

8.1.1 铅冶炼废气系统应在冶金炉窑出口烟道、除尘器、引风机、脱硫塔（槽）入口、排气筒等设备、设施处安装检测仪器仪表，并将分析检测数据引入控制室。仪表选型应能适应烟气温度、含尘、含酸的环境。

8.1.2 除尘器前后、脱硫塔（槽）前后应设置规范的永久性监测平台和采样孔，并符合 GB/T 16157、HJ/T 397 的相关规定。

8.1.3 应在烟气排放口设排放连续监测系统，并符合 HJ/T 76 的要求；连续监测应按 HJ/T 75 执行。

8.1.4 脱硫塔、溶液槽应安装液位计及配套的报警装置，按需要安装密度计、pH 计等在线监测仪器，吸收循环泵出口应安装流量计和压力表。

8.1.5 检测指标主要包括：

　　a）废气各处理工段主要工艺参数：温度、流量等；

　　b）主要设备运行状态：压差、电流、轴承温度等；

　　c）主要污染物质量浓度：颗粒物、SO_2、硫酸雾及重金属类指标；

　　d）脱硫液：pH 值、密度、流量、成分等。

8.2 过程控制

8.2.1 在分析检测的基础上，宜设置控制系统对过程进行控制，宜采用分散控制系统

（DCS）或可编程逻辑控制器（PLC）进行控制，包括数据采集和处理、模拟量控制、顺序控制等；对参与控制的检测参数，应设报警上、下限值，设声光报警和必要的联锁保护；应设脱硫系统旁路开闭路信号。

8.2.2 除尘、制酸、脱硫控制室可结合系统和现场情况设独立的控制室，或并入主工艺控制室统一监控。设独立的除尘、脱硫系统控制室的，冷却烟道中的烟气温度、烟气流量等表征主工艺是否正常的重要参数也应引入主工艺控室显示。

8.2.3 烟气温度、流量，除尘器压差、电压，引风机电流，电机绕组、轴承温度等烟气检测参数发生异常，污染物分析检测值超过排放限值时，应及时检查物料变化、主工艺工况、除尘系统、制酸系统及脱硫系统等运行状况，并通过控制调整，及时消除异常。

9 主要辅助工程

9.1 电气系统

9.1.1 供电设备及系统设置应符合有关标准规定。

9.1.2 应结合项目用电负荷的特点及总体布局，充分利用原有设施，原有设施不能满足供电需求时，可设置变配电所或低压配电室。

9.1.3 对影响到装置安全的重要设备应按照用电负荷的重要性质确定负荷等级。

9.1.4 主要生产设备宜采用集中——机旁两地控制方式。在生产设备机旁设现场操作箱，正常生产采用集中控制，当设备检修时切换到机旁控制。

9.2 建筑与结构

一般规定为：

a）废气处理区域内的建筑设计应根据工艺流程、使用要求、自然条件、建筑地点等因素进行整体布局，并考虑与建筑周围环境的协调，满足功能要求。

b）建筑物的防火设计应符合 GB 50016、GB 50630 的要求。

c）厂区噪声控制设计应符合 GB/T 50087 的规定。

d）工程建筑物的建筑安全等级不小于二级，耐火等级不小于二级。生产的火灾危险性分类为丁类。建（构）筑物腐蚀等级为强腐蚀。建筑防腐对气相和液相腐蚀进行防护处理，符合 GB 50046、GB 50212 的要求。

e）建（构）筑物采用钢构架、轻钢、钢筋混凝土等结构，抗震强度满足相关标准要求。

f）为防止气相性腐蚀，厂房电力电缆和控制电缆宜选用防腐型，电缆桥架宜进行防腐处理，局部控制柜宜采用防腐、防尘、防水系列，宜选用防腐型混合光或金属卤化物灯具。

g）建筑设计除执行本规定外，应符合国家和行业的现行有关设计标准的规定。

9.3 暖通

9.3.1 采暖通风与空气调节应符合GB 50019的要求。

9.3.2 生产厂房等有可能逸出大量有害气体的场所，应设置事故通风设施，事故通风换气次数不小于 12 次/h。

9.4 消防

9.4.1 消防系统设计应符合 GB 50016、GB 50630 的规定。

9.4.2 对于新建工程，消防站的设置由全厂统一设置；已建工程加装废气处理装置时，宜利用已有的消防设施、消防给水系统，布置消防给水管网及添置必要的消防器材，设备选型宜与主体工程一致。

9.4.3 废气处理系统的火灾探测及报警系统宜在各废气处理点设置监控点，并与全厂火灾探测及报警系统实现通信。

9.5 给排水

废气治理系统给排水设计应和全厂一致，系统宜尽量采用雨水回用和循环水，降低水耗。

10 劳动安全与职业卫生

10.1 一般规定

10.1.1 铅冶炼废气治理装置的设计、制造、安装、使用和维修，应符合 GB 5083、GB/T 12801、GB 13746 的要求，重视劳动安全与卫生防护。

10.1.2 铅冶炼废气治理装置建设、运行中污染物防治与排放，应符合国家现行环保法规和标准的有关规定。

10.1.3 铅冶炼废气治理装置的建设和运行中，应满足国家和地方相关职业卫生和职业病的相关法律、法规和标准要求。

10.1.4 铅冶炼废气治理装置可行性研究阶段应有环境保护、劳动安全和职业卫生的论证内容。在初步设计阶段，应有环境保护、劳动安全和职业卫生专篇。

10.1.5 铅冶炼废气治理装置使用过程安全卫生的基本要求、防护技术和管理措施应符合 GB/T 12801 中的有关规定。

10.1.6 在铅冶炼废气治理装置建成运行的同时，安全和卫生设施也应同时建成运行，并制定相应的安全操作规程和职业卫生管理制度。

10.1.7 应加强员工安全教育、培养良好的职业卫生习惯。

10.2 劳动安全

10.2.1 建立并严格执行经常性和定期的安全检查制度，及时消除潜在隐患，防止事故发生。

10.2.2 对经常检查维修点，应设安全通道。有坠落危险开口处，应设盖板或安全栏杆。

10.2.3 废气治理装置安全防护应采取有效的防腐蚀、防漏、防雷、防静电、防火、防爆和抗震加固措施。

10.2.4 产生或使用有毒有害气体的场所，应按规定设置气体泄漏检测、报警装置。

10.2.5 操作人员应配备工作服、手套、劳保鞋、防毒面具、过滤式口罩等劳保用品，防止烫伤、灼伤和中毒。

10.3 职业卫生

10.3.1 作业环境须满足 GBZ 1、GBZ 2.1 和 GBZ 2.2 的规定。

10.3.2 防尘、防噪声与振动、防电磁辐射、防暑与防寒等职业卫生要求应符合 GBZ 1 的规定。

10.3.3 防尘防毒应符合 GB/T 17398 的要求。

11 施工与验收

11.1 工程施工

11.1.1 工程总承包、设计、施工单位应具有相应的资质。

11.1.2 工程施工应符合国家和行业相应专项工程施工规范、施工程序及管理文件的要求。

11.1.3 工程施工应按设计文件、施工图和设备安装使用说明书的规定进行，工程变更应取得设计单位的设计变更文件后再施工。

11.1.4 工程施工中采用的工程技术文件、承包合同文件对施工质量验收的要求不得低于国家相关专项工程规范的规定。

11.1.5 工程施工中使用的设备、材料、配件等应符合相关国家标准，并应取得供货商的产品合格证后方可使用。

11.1.6 施工除遵守相关的施工技术规范以外，还应遵守国家工程质量、安全卫生、消防等标准。

11.2 竣工验收

11.2.1 工程竣工验收的程序和内容应符合 GB 50252、GB 50254、GB 50275、GB 50300、《建设项目（工程）竣工验收管理办法》等有关规定。工程竣工验收前，严禁投入生产性使用。

11.2.2 生产主体工程与废气治理工程应同时进行环境保护验收，现有生产设备或改造设施应单独进行环境保护验收。

11.2.3 工程配套建设的烟气连续监测及数据传输系统，应与工程同时进行环境保护验收。

11.2.4 贮气罐、压力管道等压力容器及其配套件须经特种设备主管部门验收。

11.2.5 在生产试运行期间应对工程进行性能测试，性能报告应作为环境保护验收的重要内容。验收程序和内容应符合相关标准和安装文件的有关规定。

12 运行与维护

12.1 一般规定

12.1.1 铅冶炼废气治理工程的运行、维护及安全管理除应执行本标准外，还应符合国家现行有关强制性标准的规定。

12.1.2 未经当地环境保护行政主管部门批准，不得擅自停运废气处理装置。

12.1.3 废气治理装置运行应根据工艺要求，定期对各类设备、电气、自控仪表及建（构）筑物进行检查维护，确保装置稳定可靠运行。

12.1.4 应建立健全与装置运行维护相关的各项运行、维护规程和管理制度。

12.1.5 废气治理系统运行、维护和检修时，不应影响冶炼系统和后续废气治理装置的正常、稳定、连续运行。大修时应考虑和冶炼设施大修同步进行。

12.1.6 废气治理装置运行过程中，所有参与过程控制的烟气检测参数、监测参数和污染物排放参数，应有完善的历史记录，历史记录至少保存 12 个月。

12.2 人员与运行管理

12.2.1 废气治理装置应设专人操作，同时由环保管理部门负责装置运行的监管。

12.2.2 运行操作人员，上岗前应进行以下内容的专业培训，经考试合格，持证上岗：

　　a）必要的工艺技术知识、安全知识；

　　b）启动前的检查和启动要求的条件；

　　c）处置设备的正常运行，包括设备的启动和关闭；

　　d）控制、报警和指示系统的运行和检查，以及必要时的纠正操作；

　　e）最佳的运行温度、压力、脱硫效率的控制和调节，以及保持设备良好运行的条件；

　　f）设备运行故障的发现、检查和排除；

g）事故或紧急状态下人工操作和事故处理；

h）设备日常和定期维护；

i）设备运行及维护记录，以及其他事件的记录和报告；

j）常用有毒有害化学品运输使用知识及防毒、防腐蚀、防火等安全知识和技能培训。

12.2.3 应建立废气处理系统运行状况、设施维护和生产活动等记录制度，主要记录内容包括：

a）系统启动、停止时间。

b）原材料进厂质量分析数据，进厂数量，进厂时间。

c）系统运行工艺控制参数记录，至少应包括装置进出口 SO_2 含量、烟尘含量、烟气温度、烟气流量、烟气压力、用水量、脱硫剂消耗量。

d）主要设备的运行和维修情况的记录。

e）烟气连续监测数据记录。

f）废水、渣和副产物生产情况的记录。

g）生产事故及处置情况的记录。

h）定期检测、评价及评估情况的记录等。

12.2.4 运行人员应按规定做好交接班制度和巡视制度。有毒、腐蚀性物品装卸应加强监控。

12.3 维护保养

12.3.1 装置的维护保养应纳入全厂的维护保养计划中。

12.3.2 维修人员应根据维护保养规定定期检查、更换或维修必要的部件。

12.3.3 维修人员应做好维护保养记录。

12.3.4 计量装置、压力容器及其配套件应定期由具有相应资质的单位检验。

12.4 事故应急

12.4.1 铅冶炼企业废气治理系统应编制环境保护应急预案，并及时按相关规定进行修订、更新和备案，使之规范、符合、有效。

12.4.2 铅冶炼企业应按应急预案要求，加强员工培训、组织预演，并在组织制度和结构上保证废气治理系统发生事故或其他导致二次污染的情况发生时，应急救援职能人员能根据应急响应级别，按照预案要求，各司其职，及时有效地展开事故应急救援行动。

12.4.3 铅冶炼企业应从工艺、制度和管理上防止二次污染和各种事故的发生，加强生产和设备监控，在二次污染及其他事故产生时，应立即执行应急预案，并报告相关部门。

中华人民共和国国家环境保护标准

钢铁工业烧结机烟气脱硫工程技术规范

湿式石灰石／石灰－石膏法

Technical specifications of flue gas limestone/limegypsum desulfurization project for iron and steel industry sintering machine

HJ 2052—2016

前　言

为贯彻《中华人民共和国环境保护法》和《中华人民共和国大气污染防治法》等法律法规，规范钢铁工业烧结机烟气脱硫工程建设和运行管理，防治环境污染，保护环境与人体健康，制定本标准。

本标准规定了钢铁工业烧结机烟气湿式石灰石/石灰-石膏法脱硫工程设计、施工、验收、运行和维护等技术要求。

附录 A、附录 B、附录 C、附录 D、附录 E 为资料性附录。

本标准为指导性标准。

本标准为首次发布。

本标准由环境保护部科技标准司组织制订。

本标准主要起草单位：中国环境保护产业协会、中国环境科学研究院、永清环保股份有限公司、北京利德衡环保工程有限公司。

本标准环境保护部 2016 年 4 月 29 日批准。

本标准自 2016 年 8 月 1 日实施。

本标准由环境保护部解释。

1　适用范围

本标准规定了钢铁工业烧结机采用湿式石灰石/石灰-石膏法烟气脱硫工程的设计、施工、验收、运行和维护等技术要求。

本标准适用于钢铁工业烧结机面积在 90 m^2 及以上的烟气脱硫工程，可作为钢铁工业建设项目环境影响评价、环境保护设施设计与施工、建设项目环境保护验收及建设后运行与管理的技术依据。

2 规范性引用文件

本标准引用了下列文件或其中的条款。凡是未注明日期的引用文件,其最新版本适用于本标准。

GB 150　压力容器

GB 12348　工业企业厂界环境噪声排放标准

GB 13456　钢铁工业水污染物排放标准

GB 18241.1　橡胶衬里　第 1 部分:设备防腐衬里

GB 18241.4　橡胶衬里　第 4 部分:烟气脱硫衬里

GB 18599　一般工业固体废物贮存、处置场污染控制标准

GB 28662　钢铁烧结、球团工业大气污染物排放标准

GB 50009　建筑结构荷载规范

GB 50011　建筑抗震设计规范

GB 50014　室外排水设计规范

GB 50015　建筑给水排水设计规范

GB 50017　钢结构设计规范

GB 50019　工业建筑供采暖通风与空气调节设计规范

GB 50033　建筑采光设计标准

GB 50040　动力机器基础设计规范

GB 50046　工业建筑防腐蚀设计规范

GB 50052　供配电系统设计规范

GB 50053　20 kV 及以下变电所设计规范

GB 50057　建筑物防雷设计规范

GB 50116　火灾自动报警系统设计规范

GB 50135　高耸结构设计规范

GB 50140　建筑灭火器配置设计规范

GB 50174　电子信息系统机房设计规范

GB 50217　电力工程电缆设计规范

GB 50222　建筑内部装修设计防火规范

GB 50223　建筑工程抗震设防分类标准

GB 50414　钢铁冶金企业设计防火规范

GB/T 4272　设备及管道绝热技术通则

GB/T 8175　设备及管道绝热设计导则

GB/T 12801　生产过程安全卫生要求总则

GB/T 20801　压力管道规范　工业管道

GB/T 21833　奥氏体　铁素体型双相不锈钢无缝钢管

GB/T 50087　工业企业噪声控制设计规范

GBJ 22　厂矿道路设计规范

GBZ 1　工业企业设计卫生标准

GBZ 2.1　工作场所有害因素职业接触限值　第 1 部分：化学有害因素

GBZ 2.2　工作场所有害因素职业接触限值　第 2 部分：物理因素

CJ 343　污水排入城镇下水道水质标准

DL/T 5044　电力工程直流电源系统设计技术规程

DL/T 5121　火力发电厂烟风煤粉管道设计技术规程

HJ/T 75　固定污染源烟气排放连续监测技术规范（试行）

HJ/T 328　环境保护产品技术要求　脉冲喷吹类袋式除尘器

HJ/T 329　环境保护产品技术要求　回转反吹袋式除尘器

HG 20538　衬塑（PP、PE、PVC）钢管和管件

HG 21501　衬胶钢管和管件

HG/T 2640　玻璃鳞片衬里施工技术条件

HG/T 21633　玻璃钢管和管件

HGJ 229　化工设备、管道防腐蚀工程施工及验收规范

JB/T 10989　湿法烟气脱硫装置专用设备　除雾器

《压力容器安全技术监察规程》（质技监局国发〔1999〕154 号）

《建设项目（工程）竣工验收办法》（计建设〔1990〕1215 号）

3　术语和定义

下列术语和定义适用于本标准。

3.1　烧结机烟气　sintering flue gas

指含铁原料、添加剂和燃料在烧结过程中由主抽风机抽出的含有颗粒物、SO_2、NO_x、二噁英类等多种污染物质的废气。

3.2　脱硫装置　desulphurization equipment

指采用物理或化学的方法脱除烟气中 SO_2 的装置。

3.3　吸收剂　absorbent

指脱硫工艺中用于脱除 SO_2 及其他酸性气体的反应剂。本标准中吸收剂指石灰石（$CaCO_3$）或生石灰（CaO）。

3.4　吸收塔　absorber

指吸收剂脱除烟气中 SO_2 等污染物质的反应装置。

3.5　脱硫废水　desulfurization waste water

指脱硫工艺中产生的含有重金属、可溶性盐等杂质的酸性废水。

3.6　脱硫效率　desulfurization efficiency

指由脱硫装置脱除的 SO_2 量与脱硫前烟气中所含 SO_2 量的百分比，按式（1）计算：

$$脱硫效率 = \frac{C_1 \times Q_1 - C_2 \times Q_2}{C_1 \times Q_1} \times 100\% \tag{1}$$

式中：C_1 —— 脱硫前烟气中 SO_2 质量浓度，mg/m^3（101 325 Pa、273.15K，干基）；

Q_1 —— 脱硫前烟气流量，m^3/h（101 325 Pa、273.15K，干基）；

C_2 —— 脱硫后烟气中 SO_2 质量浓度，mg/m^3（101 325 Pa、273.15K，干基）；

Q_2 —— 脱硫后烟气流量，m^3/h（101 325 Pa、273.15K，干基）。

3.7 增压风机 booster up fan

为克服脱硫装置的烟气阻力而增设的风机。

3.8 氧化风机 oxidation fan

为吸收后浆液提供氧化空气将吸收生成的亚硫酸钙氧化生成硫酸钙的风机。

3.9 空塔气速 empty bed velocity

烟气通过吸收塔的平均速度,单位为 m/s。

4 污染物与污染负荷

4.1 脱硫装置入口烟气量

4.1.1 新建烧结机的脱硫装置入口烟气量应以烧结机的设计工况流量为依据,并按当地气压、温度等因素核算为标态烟气流量。

4.1.2 已建烧结机的脱硫装置入口烟气量应按全负荷运行实测烟气量为依据并考虑 10%的裕量。

4.2 脱硫装置入口污染物质量浓度

4.2.1 烧结机烟气 SO_2 质量浓度应根据实测数据或物料衡算数据进行确定。

4.2.2 脱硫装置入口烟气中 SO_2 产生量可根据式(2)估算:

$$M_{SO_2}=2 \times K \times (R \times S_r + F \times S_f)/100 \tag{2}$$

式中:M_{SO_2} —— 脱硫装置入口烟气中的 SO_2 产生量,kg/h;

　　　K —— 原料、燃料在烧结过程中硫的转化率,一般取 0.8~0.85;

　　　R —— 烧结过程中原料的加入量,kg/h;

　　　F —— 烧结过程中燃料的加入量,kg/h;

　　　S_r —— 烧结过程中原料的平均含硫量,%;

　　　S_f —— 烧结过程中燃料的平均含硫量,%。

4.2.3 原料及燃料的平均含硫量应充分考虑原料矿的来源及燃料的变化趋势。

5 总体要求

5.1 一般规定

5.1.1 烧结工艺应符合国家相关政策、法规、标准规定及清洁生产要求,从生产工艺源头削减污染负荷,控制污染物的产生并减少排放量。

5.1.2 烧结烟气脱硫工程应遵循"三同时"制度。脱硫技术方案和设备、材料的选择应依据全厂规划及实际情况,经技术经济论证后确定,优先选用节能、环保、安全的设备。

5.1.3 脱硫装置出口烟气中 SO_2 质量浓度应符合 GB 28662 规定的限值,且应满足环境影响评价批复文件要求。

5.1.4 脱硫装置应按当地环保部门的要求装设污染源连续自动监测系统。

5.1.5 脱硫废水应优先回用。直接排放时应达到 GB 13456 及环境影响评价批复文件的要求;排入厂内其他污水处理装置时,应符合污水处理装置的纳管要求。

5.1.6 脱硫石膏处置宜优先考虑综合利用。当暂无综合利用条件时,其处理处置应符合 GB 18599 的要求。

5.1.7 脱硫装置的设计、建设，应采取有效的隔声、消声、绿化等隔振降噪的措施，噪声和振动控制的设计应符合 GB/T 50087 和 GB 50040 的规定，厂界噪声应满足 GB 12348 的要求。

5.2 脱硫装置构成

5.2.1 脱硫装置涉及的范围包括从主抽风机出口烟道到排放烟囱的所有工艺系统、公用系统和辅助系统等。

5.2.2 工艺系统包括烟气系统、吸收剂制备与供应系统、吸收系统、氧化空气系统、脱硫石膏处理系统、事故排空系统、脱硫废水处理系统。

5.2.3 公用系统包括压缩空气系统、工艺水系统等。

5.2.4 辅助系统包括电气系统、自动控制系统、建（构）筑物、采暖通风及空气调节、给排水、消防等系统。

5.3 总平面布置

5.3.1 一般规定

5.3.1.1 脱硫装置的总体布置应根据场地地质、地形、气象条件，满足工艺流程顺畅、物料输送短捷、方便施工和维护检修的原则，并符合 GB 50414、GBJ 22 的规定。

5.3.1.2 脱硫装置宜靠近烧结烟气排放点布置。

5.3.1.3 吸收剂卸料及储存设施宜靠近主要运输通道、避开人流较大的区域。

5.3.1.4 吸收剂制备设施、脱硫石膏处理设施宜紧邻吸收塔布置。

5.3.1.5 脱硫废水处理设施宜紧邻脱硫石膏处理设施布置，并有利于废水处理达标后统筹回用或排放。

5.3.1.6 石膏贮存设施宜紧邻石膏脱水设施布置，并有顺畅的运输通道。

5.3.1.7 在条件许可时，排放烟囱应避开人员密集场所和停车场。

5.3.1.8 吸收塔下部应根据当地气象条件确定是否封闭式布置或采取其他保温措施；冬季温度在 0℃以下地区，事故浆液箱室外布置时宜采取保温防冻措施。

5.3.1.9 对最冷月平均气温在-10℃以下地区，所有转动设备宜室内布置。

5.3.2 总图运输

5.3.2.1 总图运输设计应符合烧结机总体规划要求，并根据生产流程及使用功能的要求合理布置建（构）筑物。

5.3.2.2 脱硫装置区域的道路设计，应保证脱硫装置的物料运输便捷、消防通道畅通、维护检修方便，并满足场地排水的要求。

5.3.2.3 石灰石粉或石灰粉运输车辆应选择自卸密封罐车，石灰石块或石灰块及石膏运输汽车宜选择自卸车。

5.3.2.4 吸收剂及脱硫石膏的车辆装卸停车位路段纵坡宜为平坡。布置有困难时，最大纵坡应不大于 1.5%。装卸位应留有足够的会车、回转场地，并按行车路面要求进行硬化处理。

5.3.3 管线布置

5.3.3.1 管线布置应短捷、顺直、集中，管线与建筑物及道路宜平行布置，干管宜靠近主要用户或支管多的一侧布置。

5.3.3.2 除雨水下水道、生活污水下水道、脱硫浆液溢流和跑漏等汇集用地沟外，脱硫装置的管线宜采用综合架空方式敷设。

5.3.3.3　管廊上的管线采用多层集中布置时，含有腐蚀性介质的管道宜布置在下层，公用工程管道、电缆桥架宜布置在上层。

5.3.3.4　电缆敷设应避免与腐蚀性介质接触，宜架空或采取防腐措施埋地敷设。

6　工艺设计

6.1　一般规定

6.1.1　脱硫装置设计应与烧结机烟气变化相匹配。

6.1.2　新建烧结机的主抽风机选型时宜同步考虑脱硫装置阻力。

6.1.3　脱硫装置设计的脱硫效率应根据 GB 28662 要求和环境影响评价批复文件中排放限值综合确定，但最低不得小于 90%。

6.1.4　应考虑烟气中氯化物、氟化物、烟尘等其他污染物对脱硫装置的影响。

6.2　工艺流程

　　湿式石灰石/石灰-石膏法烟气脱硫的典型工艺流程见图 1，详细工艺流程图参见附录 A 和附录 B。

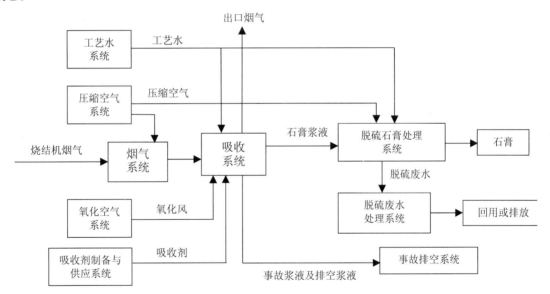

图 1　烧结机烟气脱硫工艺流程示意

6.3　烟气系统

6.3.1　脱硫装置烟道挡板门应有良好的操作和密封性能。

6.3.2　挡板门密封风压力应高于烟气压力 500 Pa，挡板门密封风温度应大于烟气露点温度，密封风加热器入口风温应选用最冷月平均温度。

6.3.3　靠近挡板门的位置应设置供检修维护的平台和扶梯，平台设计荷载应不小于 4 kN/m²。

6.3.4　烟道内烟气流速设计值宜不大于 15 m/s，烟道强度设计应满足 DL/T 5121 规定。

6.3.5　吸收塔烟气入口烟道应设置烟气应急降温设施，并采取可靠的防腐措施，入口烟道防腐段起点距吸收塔外壁最短距离不得小于 5 m。

6.3.6 脱硫增压风机宜设在吸收塔前的入口烟道上，一台吸收塔宜配置一台增压风机。新建烧结机宜采用主抽风机和增压风机合二为一的方式设置。

6.3.7 增压风机的风量应为烧结机最大负荷工况下的烟气量，且不得小于烧结机正常运行最高排烟温度时的烟气量；增压风机的压升应为脱硫装置在烧结机最大负荷工况时并考虑 10℃温度裕量下脱硫装置烟气阻力的 120%。

6.3.8 在烟道上需要设置膨胀节时，膨胀节的设计压力应为所在烟道设计正压/负压再加上至少 1 000 Pa 的裕量。膨胀节宜选用非金属材质并设置排水设施。

6.4 吸收剂制备与供应系统

6.4.1 吸收剂宜优先选用石灰石。根据吸收剂的性能，按下述要求选择吸收剂制备工艺：

a）选择石灰石粉作为吸收剂时，石灰石粉中 $CaCO_3$ 含量宜≥90%，细度应至少满足 250 目 90%过筛率；选择石灰粉作为吸收剂时，石灰粉中 CaO≥80%，细度应至少满足 180 目 90%过筛率。满足以上要求的石灰石/石灰粉加水搅拌制成浆液。

b）选择粒径小于 20 mm 块状石灰石制备吸收剂时，宜优先采用湿式球磨机磨成浆液；当采用干磨制粉时，制粉设施宜在脱硫装置区域外单独建设。湿磨或干磨制浆，石灰石粉细度均至少满足 250 目 90%过筛率；当选择粒径大于 20 mm 块状石灰石，在磨制前宜先进行破碎。

6.4.2 两套或多套吸收塔宜合用一套吸收剂制备系统。

6.4.3 吸收剂制备系统的出力应按设计工况下石灰石/石灰消耗量的 150%选择。

6.4.4 石灰石/石灰仓的容量应根据当地运输条件确定，一般不应小于设计工况下 3 d 的石灰石/石灰耗量。采用石灰石/石灰粉时，仓底部应设置气体流化装置。

6.4.5 采用湿式球磨机制浆时，石灰石浆液箱容量宜满足设计工况下 6～10 h 的石灰石浆液消耗量；采用石灰石/石灰粉配浆工艺时，石灰石/石灰浆液箱容量不宜小于设计工况下 4 h 的石灰石/石灰浆液消耗量。

6.4.6 每台球磨机应配备一个石灰石浆液循环箱，每个石灰石浆液循环箱应设置两台石灰石浆液循环泵，一用一备。石灰石浆液循环泵出口管道宜采用回流设置。

6.4.7 浆液管道设计时应充分考虑工作介质对管道系统的腐蚀与磨损。管道内介质流速的选择既要避免浆液沉淀，同时又要使管道的磨损和压力损失尽可能小。

6.4.8 浆液管道上的开关阀宜选用蝶阀，调节阀采用陶瓷球阀。阀门的通径宜与管道通径一致。

6.4.9 浆液管道上应设排空和停运冲洗设施。

6.4.10 吸收剂制备系统应控制二次扬尘污染。石灰石/石灰卸、储系统宜选用袋式除尘器防止粉尘污染。袋式除尘器的性能应达到 HJ/T 328、HJ/T 329 的要求。

6.5 吸收系统

6.5.1 吸收塔的型式应因地制宜选用，宜采用喷淋吸收塔。

6.5.2 吸收塔内烟气空塔气速宜小于 3.6 m/s。

6.5.3 在喷淋吸收塔烟气入口上部设置浆液喷淋层，喷淋层数不宜少于 3 层，层间距不宜小于 1.8 m。最上一层喷淋层宜布置单向喷嘴，其余各层宜布置双向喷嘴。每个喷淋层应配置 1 台循环泵，必要时考虑备用。

6.5.4　当采用石灰石作吸收剂时，液气比宜不小于 10 L/m³（出口湿烟气），pH 宜控制在 5.2～5.8；当采用石灰作吸收剂时，液气比宜不小于 6 L/m³（出口湿烟气），pH 宜控制在 5.2～6.5。

6.5.5　浆液密度宜控制在 1 080～1 200 kg/m³ 之间，钙硫摩尔比不宜高于 1.06。

6.5.6　吸收塔衬里设计应考虑足够的防磨损、防腐蚀厚度，在吸收塔底部浆液池冲刷区和中上部的喷淋冲刷区应适当增加抗浆液冲刷磨损厚度。

6.5.7　脱硫装置宜设置三级除雾器，第 1 级宜采用管式除雾器，第 2 级和第 3 级宜采用屋脊式除雾器或平板式除雾器。

6.5.8　在正常运行工况下，除雾器出口烟气中的雾滴质量浓度不应大于 75 mg/m³。除雾器应设置自动水冲洗系统。

6.5.9　利用原有烟囱排烟时，应考虑脱硫装置产生的湿烟气对原有烟囱的影响。

6.5.10　采用吸收塔顶直排烟囱时，塔顶直排烟囱的设计、建造、改造应符合安全、环境影响评价和 HJ/T 75 的要求。直排烟囱出口烟气流速不宜超过 12 m/s。

6.5.11　直排烟囱高度的确定应综合考虑 SO_2、NO_x 和颗粒物等多种污染物对周围环境的影响，但最低不得小于 70 m。烟囱的钢塔架及拉索设计应符合 GB 50135 的有关规定。

6.5.12　吸收塔应设置供操作、检修、维护、检测取样的平台、扶梯，平台设计荷载应不小于 4 kN/m²，平台宽度应不小于 1.2 m。

6.5.13　吸收塔内与喷嘴相连的浆液管道应能够检修维护，强度设计应考虑不小于 500 N/m² 的检修荷载。

6.5.14　除雾器设计应考虑检修维护措施，除雾器支撑梁设计应考虑不小于 1 kN/m² 的检修荷载。

6.5.15　吸收塔浆液池应设置侧进式搅拌器或脉冲悬浮搅拌设施。当采用侧进式搅拌器搅拌时，其比功率宜不小于 0.08 kW/m³。当采用脉冲悬浮搅拌时，其脉冲悬浮浆液量宜不小于 8.5 m³/（m²·h）。

6.6　氧化空气系统

6.6.1　采用氧化空气喷枪氧化时，氧硫摩尔比宜不小于 2；采用氧化空气分布管氧化时，氧硫摩尔比宜不小于 2.8。

6.6.2　氧化风机出口管宜设置喷淋增湿降温设施，氧化空气入塔前的气温应低于吸收塔浆液池浆液温度。

6.6.3　当氧化风机计算容量小于 6 000 m³/h 时，每个吸收塔应设置 2 台全容量氧化风机，其中 1 台备用；如设计成多台时，宜考虑使用同型号氧化风机，其中至少应考虑 1 台备用。当氧化风机计算容量大于 6 000 m³/h 时，宜采用每座吸收塔配 3 台 50%容量的氧化风机，其中 1 台备用。

6.7　事故排空系统

6.7.1　脱硫装置应设置事故浆液池（箱）。当多套脱硫装置采用相同的脱硫工艺时，宜合用一个事故浆液池（箱）。

6.7.2　事故浆液池（箱）的容量应满足吸收塔故障时浆液池（箱）排空或检修排空的要求。

6.7.3　事故浆液池（箱）应设置浆液回送设施，出力宜满足在 12 h 内将事故浆液池（箱）储存的浆液全部送回。

6.7.4 事故浆液池（箱）应采取防腐措施并装设防浆液沉积装置。

6.8 脱硫石膏处理系统

6.8.1 脱硫石膏处理系统的设计应为脱硫石膏的综合利用创造条件。

6.8.2 脱硫石膏处理宜同步设旋流器与脱水机两级脱水设施。每个吸收塔宜设置一台浆液旋流器。二级脱水装置宜优先选用真空皮带脱水机。

6.8.3 真空皮带机脱水系统宜按两套或多套脱硫装置合用一套设置，真空皮带机一般不少于两台。当只有一台烧结机时，可设一台真空皮带机。

6.8.4 真空皮带机脱水系统的出力应按设计工况下脱硫石膏产量的 150%选择，且不得小于满负荷下最大入口烟气 SO_2 质量浓度时的脱硫石膏产量。

6.8.5 脱硫石膏经两级脱水后的含水率不得大于 10%，脱硫石膏中 $CaSO_4 \cdot 2H_2O$ 含量宜不小于 90%（干基）。

6.8.6 脱硫站应设置全封闭的脱硫石膏库，其容量应不小于 3d 的脱硫石膏产量，脱硫石膏库的净空高度应确保石膏运输车辆运输通畅，且应不低于 4.5 m。

6.8.7 脱硫石膏处理系统产生的滤液应实现循环利用。

6.9 工艺水系统

6.9.1 脱硫工艺用水宜从烧结机供水管网中就近引接。

6.9.2 脱硫装置内应设置 1 个工艺水箱，其容量不小于 1h 耗水量。

6.9.3 每个吸收塔宜单独配备工艺水泵和除雾器冲洗水泵，工艺水泵和除雾器冲洗水泵应考虑备用。

6.10 压缩空气系统

6.10.1 压缩空气宜从烧结机仪用压缩空气管网中就近引接。

6.10.2 每套脱硫装置宜配置 1 个压缩空气罐，压缩空气罐的容量不得小于单套脱硫装置 15 min 压缩空气平均用量。

6.10.3 压缩空气罐应按压力容器设计，并满足 GB 150 和《压力容器安全技术监察规程》的要求。

6.10.4 压缩空气管道设计应满足 GB/T 20801 的要求。

6.11 脱硫废水处理系统

6.11.1 一般规定

6.11.1.1 脱硫废水主要为脱硫石膏处理系统产生的少量废水，脱硫装置应设置脱硫废水处理系统，多套脱硫装置宜合设一套脱硫废水处理系统。

6.11.1.2 脱硫废水处理系统的处理能力宜按脱硫废水设计值的 125%选定。

6.11.1.3 废水处理系统的箱（罐）应设有防止固体颗粒物沉积设施，管道应设置冲洗排净设施。

6.11.1.4 脱硫废水处理系统应设置污泥脱水设备，脱水后的泥饼应按当地环境保护主管部门的要求妥善处置。

6.11.2 废水处理工艺设计

6.11.2.1 废水处理的工艺设计应包括去除重金属、COD 及污泥脱水等单元。

6.11.2.2 去除重金属单元设置的中和箱、反应箱、絮凝箱的水力停留时间宜不少于 30 min，浓缩澄清池（器）的水力停留时间宜不少于 8 h。

6.11.2.3 去除 COD 单元设置的缓冲箱的水力停留时间应满足 COD 降解时间要求并设置 pH 计。

6.11.2.4 污泥脱水单元宜选择厢式或离心式脱水机，其总出力宜按日污泥量发生的小时平均值设计。

6.11.3 加药系统设计

6.11.3.1 脱硫废水处理所需的药品量应根据脱硫废水的水量、水质，并结合物料平衡计算或实际生产数据确定。

6.11.3.2 药品的贮存量应根据药品消耗量、运输距离、供应和运输条件等因素确定，宜按 15～30 d 的消耗量设计。

6.11.3.3 加药系统应设置各类药品的计量设施。

7 主要工艺设备和材料

7.1 主要工艺设备

7.1.1 360 m² 及以上烧结机的脱硫增压风机宜采用静叶可调轴流风机或动叶可调轴流风机，360 m² 以下烧结机的脱硫增压风机宜采用高效离心风机或静叶可调轴流风机。采用离心风机时宜采用变频器调节。

7.1.2 氧化风机宜选用罗茨、离心或螺杆式风机，同时配备降低噪声的设施。

7.1.3 平板式除雾器的性能应满足 JB/T 10989 要求。

7.1.4 浆液循环泵宜选用大流量、低扬程、低转速的离心泵，其结构设计应方便就地拆卸或维修。

7.2 材料选择

7.2.1 应本着经济、适用、满足脱硫工艺的原则，选择使用寿命长、能耐多元酸、氯离子、浆液中固体颗粒磨蚀的材料。

7.2.2 吸收塔筒体材料宜选用碳钢。对碳钢可能接触腐蚀性介质的表面，应根据不同部位的实际工况，衬抗腐蚀性和耐磨性强的非金属材料。对易受浆液冲刷部位，其衬层应预留冲刷减薄量。

7.2.3 对于接触腐蚀性介质的特定部位，当采用碳钢衬非金属材料不能满足实际使用要求时，应根据介质的腐蚀性和耐磨性，采用高镍基合金材料。

7.2.4 吸收塔内壁宜选用丁基橡胶、玻璃鳞片作为防腐耐磨衬层。衬层的材料和施工应满足 GB 18241.1、GB 18241.4、HGJ 229、HG/T 2640 要求，当条件允许时，也可选用高镍基合金板作为防腐耐磨衬层。

7.2.5 吸收塔入口（入口烟气冷凝和浆液飞溅界面区）烟道，当采用碳钢制作时，烟道内表面应贴衬厚度不少于 2 mm 的高镍基合金板，且贴衬投影长度不少于 1.5 m。

7.2.6 吸收塔浆液循环泵和排出泵可选用全合金、钢衬胶或工程陶瓷材料。

7.2.7 吸收塔搅拌器宜选用耐腐抗磨的高镍基合金材料。

7.2.8 固液分离设备与浆液接触的部件可选用合金钢、丁基橡胶、玻璃钢等材料。

7.2.9 浆液管道宜选用衬胶、衬塑管道、双相不锈钢管道或玻璃钢管道。废水和污泥系统的管道宜采用碳钢衬塑管道、双相不锈钢管道或衬胶管道。其中：

  a）选用衬胶管道时，应符合 HG 21501 要求；

b）选用衬塑管道时，应符合 HG/T 20538 要求；

c）选用玻璃钢管道时，应符合 HG/T 21633 要求；

d）选用双相不锈钢管道时，应符合 GB/T 21833 要求。

7.2.10 吸收塔除雾器宜采用聚丙烯（PP）材料。

7.2.11 浆液喷嘴宜采用碳化硅陶瓷。

8 检测与过程控制

8.1 一般规定

8.1.1 脱硫装置自动化控制水平宜与烧结机的自动化控制水平相一致。

8.1.2 脱硫装置应采用集中监控，控制室的设置应符合 GB 50174 要求，应能在控制室完成脱硫装置启动、正常运行工况的监视和调整、停机和事故处理。脱硫装置进出口二氧化硫质量浓度、进出口烟气湿度、进出口烟气温度、进出口烟气流量、增压风机电流、浆液循环泵电流、脱硫塔内浆液 pH 等监测数据应接入监控系统。

8.1.3 脱硫装置宜采用 DCS 或 PLC 控制系统，其功能包括数据采集和处理（DAS）、模拟量控制（MCS）、顺序控制（SCS）及联锁保护、脱硫装置变压器和脱硫电源系统监控。控制器应采取冗余措施。

8.1.4 用于控制和保护的重要过程信号，应采用双重或三重冗余设置。挡板门开/关到位信号、脱硫装置原烟气温度、增压风机前原烟气压力、吸收塔液位应三重冗余设置；吸收塔 pH 应采用双重冗余设置。

8.1.5 脱硫装置可单独设置工业电视监视系统，也可统一纳入烧结机工业电视监视系统中。在所有运行的高压用电设备、球磨机、皮带机等转动设备区域应设置电视监视点。

8.1.6 脱硫 DCS 或 PLC 控制系统应有历史数据存储功能，至少能保存一年以上脱硫运行历史数据，并可实现调阅的各个参数历史记录曲线在同一画面内显示，具有各参数量程可调，时间跨度可调等功能。

8.2 自控检测

8.2.1 石灰石/石灰粉仓料位测量宜采用雷达料位计或料位开关。

8.2.2 浆液箱、罐液位测量宜采用超声波液位计或雷达液位计，液位计应设有防罐内蒸汽冷凝的措施。采用法兰式液位变送器测量液位时，应选择哈氏合金（HC）膜片，并设有冲洗装置。

8.2.3 液体流量测量宜采用电磁流量计，用于石灰石或石膏浆液流量测量的电磁流量计电极应选用 HC 材质。氧化空气或压缩空气流量测量宜选用孔板流量计。

8.2.4 烟气温度测量宜选用铠装耐磨型热电阻。

8.3 自动控制电源

8.3.1 脱硫装置 220 VAC 自动控制电源应采用双电源供电，自动切换，其中一路应采用交流不停电电源（UPS）。

8.3.2 电动执行器宜采用 380 VAC 或 220 VAC 动力电源，配电柜（盘）应设置两路输入电源，分别接自脱硫供电的低压母线的不同段。

8.4 通信系统

8.4.1 脱硫装置控制系统宜设置与烧结机控制系统进行信号交换的硬接线和通信接口。当烧结机控制系统与脱硫控制系统不具备联网条件时，宜在烧结控制室内设不具备操作权限的脱硫控制系统监视站。

8.4.2 当烧结主装置有三级管理信息系统（L3）时，烟气脱硫分散控制系统宜设置相应的通信接口。

9 主要辅助工程

9.1 电气系统

9.1.1 脱硫装置电气系统宜在脱硫控制室控制，并纳入自动控制系统。

9.1.2 脱硫装置高、低压用电电压等级应与烧结机主装置一致。

9.1.3 脱硫装置用电系统中性点接地方式应与烧结机主装置一致。

9.1.4 脱硫装置用高压工作电源宜直接从烧结机高压工作母线上引接；低压工作电源宜单独设置脱硫低压变压器供电，并符合 GB 50053 的要求。

9.1.5 脱硫装置用高压负荷应设高压母线段供电，并设置配电室，供配电系统设置应符合 GB 50052 的要求。

9.1.6 脱硫装置配电室应靠近脱硫装置用电负荷中心布置，宜设置独立的电度计量表。

9.1.7 脱硫装置电缆设计应符合 GB 50217 的规定。

9.1.8 直流系统的设置应符合 DL/T 5044 的规定。

9.1.9 交流不停电电源（UPS）宜采用静态逆变装置；宜单独设置 UPS 向脱硫装置不停电负荷供电。

9.2 建筑与结构

9.2.1 脱硫装置建筑设计应根据工艺流程、使用要求、自然条件、建筑地形等因素进行整体布局，同时应考虑与建筑物周边环境的协调，满足其功能要求。

9.2.2 脱硫工程建筑设计除应符合本标准的规定外，还应符合 GB 50033、GB 50057、GB 50222、GB Z1 等要求。

9.2.3 建（构）筑物的防腐设计应符合 GB 50046 的规定。

9.2.4 建（构）筑物的抗震设防类别应满足 GB 50223 的要求，抗震设计应满足 GB 50011 的要求。计算地震作用时，建（构）筑物重力荷载代表值应取恒载标准值和可变荷载组合值之和，各可变荷载组合值计算参考附录 C。

9.2.5 建（构）构筑物采用钢结构时，应满足 GB 50017 的要求。

9.2.6 作用在屋面、楼（地）面上的设备荷载和管道荷载（包括设备及管道的自重、设备、管道及容器的填充物重）应按恒载考虑，检修、施工安装时的荷载应按活荷载考虑，荷载取值应符合 GB 50009 的要求。

9.3 采暖、通风与空气调节

9.3.1 脱硫装置建（构）筑物应设置采暖通风与空气调节系统，并应符合 GB 50019 的要求。

9.3.2 脱硫装置建（构）筑物的采暖应与烧结机建筑物一致。当厂区设有集中采暖系统时，采暖热源宜由烧结机集中采暖系统引接。脱硫装置建筑物冬季采暖室内计算温度参考附录 D。

9.3.3 脱硫装置建（构）筑物应选用不易积尘、耐腐蚀的散热器供暖；当布置散热器有困难时，可设置暖风机供暖。

9.3.4 配电室、变压器室不宜设水、汽采暖，当室温不满足设备运行要求时，宜设电采暖。

9.3.5 蓄电池室的采暖设施应采用防爆型。采暖设施与蓄电池之间的距离应不小于 0.75 m。

9.3.6 脱硫装置的建（构）筑物宜采用自然通风，合理布置通风孔，避免气流短路和倒流，减少气流死角。

9.3.7 通风系统的进风口宜设在清洁干燥处，电缆夹层不应作为通风系统的吸风口。在风沙较大地区，通风系统应采取防风沙措施。在粉尘较大场所，通风系统应采取防尘措施。对最冷月平均温度低于-10℃的地区，通风系统的进、排风口宜考虑防冻措施。

9.3.8 脱硫装置控制室、电子设备间、工艺设备间、CEMS 间应设置空气调节装置。空气调节室内设计参数参考附录 E。

9.3.9 变压器室、配电室、蓄电池室宜设置通风装置去除余热。当通风去除余热不满足要求时，宜设置降温设施，并应设置事故通风。

9.3.10 脱硫装置电动机功率超过 200 kW 的设备间宜设置通风装置去除余热。通风装置宜选用耐腐蚀型。

9.4 给排水

9.4.1 脱硫装置给排水设计应符合 GB 50014、GB 50015 的要求。

9.4.2 除满足 GB 50015 要求外，生产给水系统的设计还应符合下列规定：

　　a）宜优先从就近烧结机工业水管道引接至工艺水箱。

　　b）工艺给水系统的水量，应根据工艺系统的用水量和偶发事故的增加水量综合计算后确定。

　　c）工艺给水中的氯离子质量浓度宜小于 250 mg/L；COD_{Cr} 宜小于 280 mg/L；BOD_5 宜小于 10 mg/L；pH 应不小于 6.5，宜不大于 9.5；悬浮物宜小于 100 mg/L；转动机械轴承冷却水中的硬度值宜小于 250 mg/L（以 $CaCO_3$ 计）。

9.4.3 除满足 GB 50015 要求外，生活给水系统的设计还应符合下列规定：

　　a）新建烧结机的脱硫装置的生活给水系统应与主厂房统一设计。已建烧结机脱硫改造工程的生活给水宜从原有生活给水管网引出。

　　b）脱硫装置工作人员生活用水量宜采用 35L/（人·班），其小时变化系数可按 2.5 选取。

　　c）在满足使用要求和保持给水排水系统正常运行的前提下，生活给水系统应采用节水型卫生器具给水配件。给水配件应满足产品标准的要求，并具有产品合格证。

9.4.4 除满足 GB 50015 要求外，生活污水系统的设计还应符合下列规定：

　　a）根据污水管网接入井的位置确定脱硫装置是否单独设置化粪池。

　　b）生活污水宜接至主厂区生活污水管网。

　　c）生活污水排入城镇生活污水管网时应符合 CJ 343 的规定。

9.4.5 除满足 GB 50014 要求外，雨水系统的设计还应符合下列规定：

　　a）脱硫装置室外雨水管宜接至烧结机室外雨水管网。

　　b）屋面雨水宜采用外排水系统；对最冷月平均温度低于-10℃的地区采用室内排水时，排水管如果经过电气房间，经过处应采取全封闭形式。

9.4.6 设计位于地震、湿陷性黄土、土滑、多年冻土以及其他特殊地区的脱硫装置的生活、消防给水和排水工程时，应执行相关专门规范或规定。

9.5 消防

9.5.1 脱硫装置内应设置火灾自动报警装置，并符合 GB 50116 的要求。火灾自动报警装置应采用区域型报警系统，且火灾报警系统应与主要消防设备联动。

9.5.2 脱硫装置应设置消防给水系统，宜从烧结机消防给水系统引接。

9.5.3 新建烧结机的脱硫装置的消防管网应与烧结机统一设计，室外消火栓应与烧结机统一布置；已建烧结机的烟气脱硫改造工程中室外消火栓的设置应满足脱硫装置的消防要求。

9.5.4 脱硫装置建（构）筑物的火灾危险类别及其耐火等级和室内外消火栓的设计应符合 GB 50414 的规定。

9.5.5 灭火器的设置还应满足 GB 50414、GB 50140 的规定。

10 劳动安全与职业卫生

10.1 劳动安全

10.1.1 建立并严格执行定期安全检查制度，及时消除事故隐患，防止事故发生。

10.1.2 对脱硫装置内的高温设备和管道应按 GB/T 4272、GB/T 8175 要求设置绝热层，防止生产操作时人员烫伤。

10.1.3 脱硫装置建筑物人员驻留房间宜设置采暖或空气调节装置。

10.2 职业卫生

10.2.1 防尘、防噪声与振动、防电磁辐射、防暑与防寒等职业卫生要求应符合 GB 12801、GBZ 1、GBZ 2.1、GBZ 2.2 的规定。

10.2.2 在易发生粉尘飞扬或撒落的区域宜设置必要的除尘设施。

10.2.3 对可能产生粉尘污染的装置，宜采用全负压密闭操作，尽可能实现机械化和自动化作业，并采取通风措施。

10.2.4 应选用噪声低的设备，对于无法避免使用噪声高的设备时，应采取减振消声措施，尽量将噪声源和操作人员隔开。允许远距离控制的设备，宜设置隔声操作（控制）室。

11 施工与验收

11.1 工程施工

11.1.1 脱硫装置的施工应符合国家和行业施工程序及管理文件的要求，还应遵守国家有关部门颁布的劳动安全及卫生、消防等标准要求。

11.1.2 脱硫装置应按设计文件要求进行施工，对工程的变更应取得设计单位的设计变更文件后才能施工。

11.1.3 脱硫装置施工中使用的设备、材料、器件等应符合相关国家标准要求，并应取得供货商的产品合格证后方可安装和使用。

11.2 工程验收

11.2.1 脱硫装置的验收应按《建设项目（工程）竣工验收管理办法》进行。

11.2.2 工程安装、施工完成后应进行调试前的启动验收，启动验收合格和对在线仪表进行校验后方可进行分项调试和整体调试。

11.2.3 通过脱硫装置整体调试，各系统运转正常，技术指标达到设计和合同要求后，应整体启动试运行。

11.2.4 对整体启动试运行中出现的问题应及时消除。在整体启动连续试运行 72 h，技术指标达到设计和合同要求后，建设单位在试生产运行前应向环境保护主管部门提出生产试运行申请。

11.3 环境保护验收

11.3.1 脱硫装置竣工环境保护验收按环境保护验收相关管理规定进行。

11.3.2 脱硫装置可结合生产试运行进行连续 72 h 的性能考核试验，试验至少应包括以下项目：

    a）烧结机烟气进出口 SO_2 质量浓度；

    b）脱硫效率；

    c）钙硫比；

    d）系统压力降；

    e）水量消耗；

    f）电能消耗；

    g）脱硫石膏含湿量和石膏纯度；

    h）废水排放水质；

    i）工作场所含尘及噪声等。

11.3.3 性能试验应达到合同规定的全套装置的保证值及技术要求。

12 运行与维护

12.1 一般规定

12.1.1 应建立健全运行与维护的管理制度、岗位操作规程、主要设备运行台账制度和质量管理体系等文件。

12.1.2 脱硫装置运行与维护应设立专门管理部门，并配备相应的人员和设备。

12.2 人员与运行管理

12.2.1 应对脱硫装置的管理和运行人员进行定期培训，运行操作人员上岗前应进行以下内容的专业培训：

    a）启动前的检查和启动必备条件；

    b）处置设备的正常运行，包括设备的启动和关闭；

    c）控制、报警和指示系统的运行和检查，以及必要时的纠正操作；

    d）最佳运行温度、压力、脱硫效率的控制和调节，以及保持设备良好运行的条件；

    e）设备运行故障的发现、检查和排除；

    f）事故或紧急状态下人工操作和处理；

    g）设备日常和定期维护；

    h）设备运行及维护记录，以及其他事件的记录和报告。

12.2.2 应建立脱硫装置运行状况、设施维护和生产活动的记录制度，主要记录内容包括：

    a）系统启动、停止时间；

b）吸收剂进厂质量分析数据，进厂数量，进厂时间；

c）系统运行工艺控制参数，至少应包括：脱硫装置入、出口烟气污染物质量浓度、温度、流量、压力，吸收塔压差，除雾器压差，吸收浆液 pH，吸收剂耗量，用水量，耗电量，脱硫石膏产量等；

d）主要设备的运行和维修情况；

e）烟气连续监测数据，污水排放情况，脱硫石膏处置情况；

f）生产事故及处置情况；

g）定期检测、评价及评估情况等。

12.2.3 运行人员应按照规定做好交接班和巡视工作。

12.3 维护保养

12.3.1 脱硫装置的维护保养应纳入全厂的维护保养计划，并根据脱硫装置技术负责方提供的系统、设备等资料制定详细的维护保养规定。

12.3.2 维修人员应根据维护保养规定定期检查、更换或维修必要的零部件。

12.4 应急措施

12.4.1 应根据脱硫装置运行及周围环境的实际情况，考虑各种突发事故，做好应急预案，配备人力、设备、通信等资源，预留应急处理条件。

12.4.2 脱硫装置发生异常情况或重大事故时，应及时分析，启动应急预案，并按规定向有关部门报告。

附录 A（资料性附录）

钢铁工业烧结机烟气湿式石灰石-石膏法脱硫工艺流程图

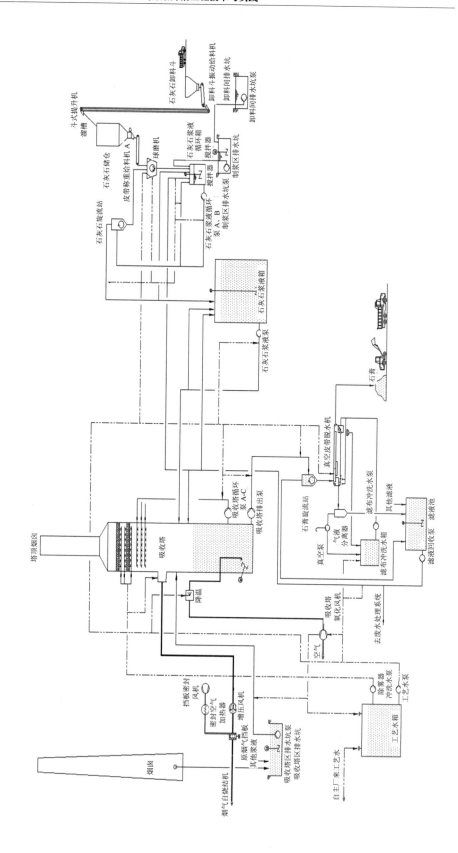

附录 B（资料性附录）

钢铁工业烧结机烟气湿式石灰-石膏法脱硫工艺流程图

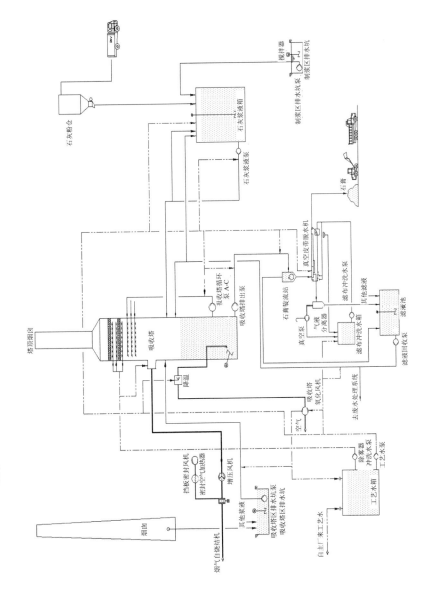

附录 C（资料性附录）

建、构筑物重力荷载代表值计算

C.1 楼（屋）面活荷载的标准值及其组合值、频遇值和准永久值系数见表C.1

表 C.1　建筑物楼（屋）面均布荷载标准值及组合、频遇和准永久值系数

序号	类别	标准值	组合值系数 Ψ_c	频遇值系数 Ψ_f	准永久值系数
1	配电装置楼面	6	0.9	0.8	0.8
2	控制室楼面	4.0	0.8	0.8	0.8
3	电缆夹层	4.0	0.7	0.7	0.7
4	制浆楼楼面	4.0	0.8	0.7	0.7
5	石膏脱水间	4.0	0.8	0.7	0.7
6	石灰石仓顶输送层	4.0	0.7	0.7	0.7
7	作为设备基础通道的混凝土楼梯	3.5	0.7	0.5	0.5

C.2 各可变荷载的组合值系数见表C.2

表 C.2　计算重力荷载代表值时采用的组合值系数

可变荷载的种类		组合值的系数
一般设备荷载（如管道设备支架等）		1.0
楼面活荷载	按等效均布荷载计算时	0.7
	按实际情况考虑时	1.0
屋面恒荷载		0
石灰、石膏仓中的填充料自重		0.8～0.9

附录 D (资料性附录)

冬季采暖室内计算温度表

房间名称	采暖室内计算温度/℃	房间名称	采暖室内计算温度/℃
石膏脱水机房	10	石灰石破碎间	10
输送皮带机房	10	石灰石卸料间地下	10
球磨机房	10	石灰石卸料间地上	10
真空泵房	10	石灰石制备间	10
废水处理间	10	石膏库	10
循环泵房	10	氧化风机房	10
旋流站	10	空压机房	10
CEMS 间	18	蓄电池室	18

附录 E（资料性附录）

空气调节室内设计参数表

参数	冬季	夏季
温度/℃	18～24	22～28
相对湿度/%	30～60	40～65

中华人民共和国国家环境保护标准

火电厂污染防治可行技术指南

Guideline on best available technologies of pollution prevention and control for
thermal power plant

HJ 2301—2017

前　言

为贯彻执行《中华人民共和国环境保护法》等法律法规，防治环境污染，完善环境保护技术与管理工作，制定本标准。

本标准明确了火电厂工艺过程污染、烟气污染与水污染等防治技术，以及噪声治理技术和固体废物综合利用及处置技术。

本标准为指导性文件。

本标准为首次发布。

本标准由环境保护部科技标准司组织制订。

本标准起草单位：国电环境保护研究院、中国电力工程顾问集团有限公司、浙江大学、福建龙净环保股份有限公司、浙江菲达环保科技股份有限公司、北京国电龙源环保工程有限公司、北京清新环境技术股份有限公司、环境保护部环境工程评估中心、北京市劳动保护科学研究所。

本标准环境保护部 2017 年 5 月 21 日批准。

本标准自 2017 年 6 月 1 日起实施。

本标准由环境保护部解释。

1　适用范围

本标准明确了火电厂污染防治可行技术及最佳可行技术。

本标准适用于 GB 13223 中规定的火电企业，其中烟气污染防治技术以 100 MW 及以上的燃煤电厂烟气治理为重点。

2　规范性引用文件

本标准引用了下列文件或其中的条款。凡是未注明日期的引用文件，其最新版本适用于本标准。

GB 252　普通柴油

GB 5085　危险废物鉴别标准

GB 13223　火电厂大气污染物排放标准

GB 18598　危险废物填埋污染控制标准

GB 18599　一般工业固体废物贮存、处置场污染控制标准

GB 50016　建筑设计防火规范

GB 50660　大中型火力发电厂设计规范

DL/T 1493　燃煤电厂超净电袋复合除尘器

HJ 562　火电厂烟气脱硝工程技术规范　选择性催化还原法

HJ 563　火电厂烟气脱硝工程技术规范　选择性非催化还原法

HJ 2040　火电厂烟气治理设施运行管理技术规范

JB/T 11829　燃煤电厂用电袋复合除尘器

JTS 149-1　港口工程环境保护设计规范

3　术语和定义

下列术语和定义适用于本标准。

3.1　标准状态　standard condition

温度为 273.15 K、压力为 101 325 Pa 时的状态，简称"标态"。本标准涉及的大气污染物浓度，如无特别说明，均以标态下的干烟气、氧含量 6% 为基准。

3.2　达标可行技术　available technology

针对火电厂生产全过程可能产生的污染，在国内火电厂得到应用的达到国家污染物排放（控制）标准要求的污染防治技术及二次污染防治技术，简称"可行技术"。

3.3　最佳可行技术　best available technology

在达标可行技术中，综合考虑环境、能源、经济等因素下，可以获得的能达到最大减排量的技术。

3.4　颗粒物　particulate matter

悬浮于排放烟气中的固体和液体颗粒状物质，包括除尘器未能完全收集的烟尘颗粒及烟气脱硫、脱硝过程中产生的次生颗粒物。

3.5　超低排放　ultra-low emission

燃煤电厂排放烟气中颗粒物、SO_2、NO_x 质量浓度分别不高于 10 mg/m^3、35 mg/m^3、50 mg/m^3。

4　工艺过程污染防治技术

4.1　煤炭装卸、输送与贮存的扬尘防治技术

4.1.1　燃煤电厂煤炭装卸、输送与贮存设施的设计应按 GB 50660 的要求进行。

4.1.2　燃煤电厂煤炭的装卸应当采取封闭、喷淋等方式防治扬尘污染。水路来煤时，专用卸煤码头的设计应符合 JTS 149-1 的环保要求，卸船机械宜采用桥式抓斗绳索牵引式卸船机、封闭式螺旋卸船机。汽车来煤时，受煤站宜采用缝式煤槽卸煤装置，除汽车进、出端外应采取封闭措施。铁路来煤时，卸煤设施除火车进、出端外应采取封闭措施。

4.1.3　厂内煤炭输送过程中，输煤栈桥、输煤转运站应采用密闭措施，也可采用圆管带式输送机，并根据需要配置除尘器。除尘器可根据煤炭挥发分的实际情况选择袋式除尘器或

干式电除尘器以及冲击式、水激式、文丘里式等湿法除尘器与湿式电除尘器的组合,见表1。湿式除尘所产生的含煤废水需进行处理。

表1 煤炭装卸、贮存与输送过程扬尘防治可行技术

扬尘防治环节	可行技术	适用性
煤炭装卸作业过程扬尘防治	(1)封闭式螺旋卸船机、桥式抓斗绳索牵引式卸船机	水路来煤
	(2)缝式煤槽卸煤装置,两侧封闭	汽车来煤
	(3)卸煤设施除进、出端外应采取封闭措施	铁路来煤
厂内煤炭输送作业过程扬尘防治	(1)圆管带式输送机或封闭输煤栈桥	适用于所有电厂煤炭输送
	(2)转运站配袋式除尘器	适用于各种煤质
	(3)转运站配静电除尘器	适用于低挥发分煤
	(4)转运站采用湿式除尘器与湿电除尘器的组合	适用于各种煤质,环境较敏感地区
厂内贮煤场扬尘防治	(1)露天煤场设喷洒装置、干煤棚,周边进行绿化	适用于南方多雨、潮湿的地区且周围无环境敏感目标的现有煤场
	(2)露天煤场设喷洒装置与防风抑尘网组合	适用于不能封闭的煤场
	(3)储煤筒仓配置库顶式除尘器	适用于贮煤量较小、配煤要求高的电厂
	(4)封闭式煤场设置喷洒装置	适用于能够封闭的煤场

4.1.4 厂内煤炭贮存宜采取封闭式煤场。封闭式煤场可以采用条形封闭煤场、圆形封闭煤场、筒仓式煤场等。煤场内应设喷水装置,防止煤堆自燃。不能封闭的煤场可考虑采用防风抑尘网,风力4级以上天气情况下,防风抑尘网的减风率应大于60%。贮煤场应根据环保要求、气候特征、储煤量大小等因素选择适宜的扬尘防治措施,见表1。

4.2 脱硫剂装卸、输送与贮存的扬尘防治技术

4.2.1 常用脱硫剂为石灰或石灰石粉。

4.2.2 装卸作业扬尘防治宜采用密闭罐车配置卸载设备,如罗茨风机。

4.2.3 运输扬尘防治应采用密闭罐车。

4.2.4 贮存扬尘防治应采用筒仓贮存配袋式除尘器,受料时排气中粉尘的分离与收集也应采用袋式除尘器。

4.3 灰场扬尘防治技术

4.3.1 电厂灰场应分块使用,尽量减小作业面。

4.3.2 对于干灰场,调湿灰通过自卸密封车运至灰场,及时铺平、洒水、碾压,风速较大时应暂停作业,必要时可进行覆盖。

4.3.3 对于水灰场,应保证灰场表面覆水。

4.4 液氨、氨水装卸、输送与贮存污染防治技术

4.4.1 液氨、氨水的选择与设计应符合 GB 50660 的要求。

4.4.2 液氨、氨水的装卸、运输、贮存应符合 HJ 562 及 HJ 563 的要求。

4.4.3 液氨贮罐区属于火灾危险性乙类场所,与建筑物的防火间距应符合 GB 50016 的要求。

5 烟气污染防治技术

5.1 一般规定

5.1.1 烟气污染防治主要采用烟气除尘、脱硫、低氮燃烧与烟气脱硝、汞污染防治等技术。

5.1.2 燃煤电厂除尘、脱硫和脱硝等环保设施对汞的脱除效果明显，大部分电厂都可以达标。对于个别燃烧高汞煤、汞排放超标的电厂，可以采用单项脱汞技术。

5.1.3 应从锅炉点火方式、入炉煤的配比、锅炉送风送料及升降负荷速率的控制、烟气治理设施的运行条件等方面，尽可能减少机组启停时烟气污染物的产生与排放。

5.1.4 锅炉启动时应使用等离子点火或清洁燃料（如天然气、GB 252 中规定的普通柴油）进行点火，一旦开始投入煤粉进行燃烧，除干法烟气脱硫和选择性催化还原法（SCR）烟气脱硝以外的所有烟气治理设施必须运行。

5.1.5 锅炉停机阶段必须保证所有烟气治理设施正常运行。炉内停止投入煤粉等燃料后，在保证机组操作和安全的前提下，仍可运行的烟气治理设施应继续运行。

5.1.6 烟气污染防治设施运行管理按 HJ 2040 执行。

5.2 烟气除尘技术

5.2.1 一般规定

5.2.1.1 燃煤电厂烟气除尘主要采用电除尘、电袋复合除尘和袋式除尘技术。

5.2.1.2 除尘技术应根据环保要求、燃煤性质、飞灰性质、现场条件、电厂规模和锅炉类型等进行选择。

5.2.2 电除尘技术

5.2.2.1 技术原理

a）电除尘技术是在高压电场内，使悬浮于烟气中的烟尘或颗粒物受到气体电离的作用而荷电，荷电颗粒在电场力的作用下，向极性相反的电极运动，并吸附在电极上，通过振打、水膜清除等使其从电极表面脱落，实现除尘的全过程。依据电极表面灰的清除是否用水，分为干式电除尘和湿式电除尘。干式电除尘常被称作电除尘，湿式电除尘常被称作湿电。

b）为电除尘器供电的电源主要有高频电源、三相电源、恒流电源、脉冲电源和工频电源等。

5.2.2.2 技术特点及适用性

a）技术特点

电除尘技术具有除尘效率高、适用范围广、运行费用较低、使用维护方便、无二次污染等优点，但其除尘效率受煤、灰成分等影响较大，且占地面积较大。

b）技术适用性

电除尘技术适用于工况电阻率在 $1×10^4 \sim 1×10^{11}$ Ω·cm 内的烟尘去除，可在范围很宽的温度、压力和烟尘浓度条件下运行。

c）影响性能的主要因素

影响电除尘器性能的主要因素有工况条件、电除尘器的技术状况和运行条件。

d）污染物排放与能耗

电除尘器除尘效率为 99.20%～99.85%，出口烟尘质量浓度可达到 20 mg/m^3 以下，其能耗主要为电耗。电除尘器使用高频、脉冲等新型电源供电,与使用工频电源供电相比,可减少污染物排放或在同等除尘效率下实现节能。

e)存在的主要问题

常规电除尘技术存在高比电阻粉尘引起的反电晕、振打引起的二次扬尘及微细烟尘荷电不充分等导致除尘效率下降的问题。

5.2.2.3 技术发展与应用

a)低低温电除尘技术

① 低低温电除尘技术是通过烟气冷却器降低电除尘器入口烟气温度至酸露点以下的电除尘技术。烟尘工况比电阻大幅下降,烟气流量减小,可实现较高的除尘效率;同时,烟气中气态 SO_3 将冷凝成液态的硫酸雾,通过烟气中烟尘吸附及化学反应,可去除烟气中大部分 SO_3;在达到相同除尘效率前提下,与常规干式电除尘器相比,低低温电除尘器的电场数量可减少,流通面积可减小,运行功耗降低,节能效果明显。但烟尘比电阻降低会削弱捕集到阳极板上烟尘的静电黏附力,从而导致二次扬尘有所增加。

② 低低温电除尘器适用于灰硫比大于 100 的烟气条件,灰硫比是指低温省煤器(烟气冷却器)入口烟气中烟尘质量浓度与 SO_3 质量浓度之比。

b)湿式电除尘技术

① 湿式电除尘技术是用水膜清除吸附在电极上的颗粒物。根据阳极板的形状,湿式电除尘器分为板式和管式等,应用较多的是管式中的蜂窝式与板式。湿式电除尘器安装在脱硫设备后,可有效去除烟尘及湿法脱硫产生的次生颗粒物,并能协同脱除 SO_3、汞及其化合物等。

② 影响湿式电除尘器性能的主要因素有湿式电除尘器的结构型式、入口浓度、粒径分布、气流分布、除尘器技术状况和冲洗水量。

③ 湿式电除尘器除电耗外,还有水耗、碱耗,外排废水宜统筹考虑作为湿法脱硫系统补充水。

c)高频电源技术

① 高频电源是应用高频开关技术,将工频三相交流电源经整流、高频逆变、升压、二次整流输出直流负高压的高压供电电源。

② 高频电源在纯直流供电方式下,烟尘排放可降低 30%~50%;高频电源在间歇脉冲供电方式下,可节能 50%~70%;高频电源控制方式灵活,其本身效率和功率因数较高,均可达 0.95;还具有重量轻、体积小、结构紧凑、三相平衡等特点,在燃煤电厂得到了广泛的应用。

d)脉冲电源技术

① 脉冲电源是电除尘配套使用的新型高压电源,通常由一个直流高压单元和一个脉冲单元叠加组成,直流高压单元可采用工频电源、三相电源、高频电源。脉冲电源可较大幅地提高电场峰值电压,脉冲电压宽度一般为 120 μs 及以下。

② 脉冲电源在提高电场电压的同时可保持较低的平均直流电流,抑制反电晕的发生,因此能提高除尘效率;脉冲高压、脉冲重复频率等参数单独可调,对不同工况的粉尘变化具有良好的适应性。同等工况下,与工频电源相比,可减少烟尘排放 50% 以上,降低能耗 30%~70%,已有多个电厂成功应用。

e）移动电极、离线振打等清灰技术

① 移动电极是改变传统的振打清灰为清灰刷清灰，可避免反电晕现象并最大限度地减少了二次扬尘，增大了粉尘驱进速度，可提高除尘效率，但其对设备的设计、制造、安装工艺要求较高。

② 离线振打清灰是将需要清灰的烟气通道出口或进、出口烟气挡板关闭，并停止供电，进行振打清灰，大幅减少清灰过程中的二次扬尘。挡板关闭会影响电除尘器本体内的流场，需通过风量调整装置来防止流场恶化。一般在电除尘器末电场使用，已有多个电厂成功应用。

f）机电多复式双区电除尘技术

① 机电多复式双区电除尘技术是荷电区与收尘区交替布置，荷电区与收尘区分别供电的电除尘技术。荷电区由放电能力强的极配形式构成，布置在收尘区的前端；收尘区由数根圆管组合的辅助电晕极与阳极板配对，运行电压高，场强均匀，电晕电流小，能有效抑制反电晕。

② 由于圆管电晕极的表面积大，可捕集正离子粉尘，从而达到节电和提高除尘效率的目的。一般布置于末电场，单室应用时需增加一套高压设备。

g）电凝聚技术

电凝聚技术是通过双极荷电及扰流聚合实现细颗粒的有效凝聚，形成大颗粒后被电除尘器有效收集，是减少细颗粒物排放的电除尘器增效技术，压力降小于 250 Pa。

5.2.2.4 主要工艺参数及效果

a）干式电除尘器

干式电除尘器的主要工艺参数及效果见表 2。干式电除尘器对煤种的除尘难易性评价方法见表 3。

表 2 干式电除尘器的主要工艺参数及效果

项 目	单 位	主要工艺参数及效果		
入口烟气温度	℃	干式电除尘器（无）		
		低低温电除尘器（90±5）		
同极间距	mm	300～500		
烟气流速	m/s	0.8～1.2		
气流分布均匀性相对均方根差	—	≤0.25		
灰硫比	—	>100（低低温电除尘器）		
压力降	Pa	≤250		
流量分配极限偏差	%	±5		
漏风率	%	≤3（电除尘器、300 MW 级及以下的低低温电除尘器）		
		≤2（300 MW 级以上的低低温电除尘器）		
除尘效率	%	99.20～99.85（电除尘器）		
		99.20～99.90（低低温电除尘器）		
常规电除尘器比集尘面积	m²/（m³/s）	≥100（D1）	≥110（D1）	≥130（D1）
		≥120（D2）	≥140（D2）	—
		≥140（D3）	—	—

项　目	单　位	主要工艺参数及效果		
低低温电除尘器比集尘面积	m²/（m³/s）	≥80（D1）	≥95（D1）	≥110（D1）
		≥90（D2）	≥105（D2）	≥120（D2）
		≥100（D3）	≥115（D3）	≥130（D3）
出口烟尘质量浓度	mg/m³	≤50 mg/m³	≤30 mg/m³	≤20 mg/m³

注：D1、D2、D3 为入口含尘质量浓度不大于 30 g/m³ 时电除尘器对煤种的除尘难易性为较易、一般、较难（评价方法见表 3）时的比集尘面积。当入口含尘质量浓度大于 30 g/m³ 时，表中比集尘面积酌情增加 5～15 m²/（m³/s）。

表 3　电除尘器对煤种的除尘难易性评价方法

除尘难易性	煤、飞灰主要成分重量百分比含量所满足的条件（满足其中一条即可）
较易	a）Na_2O＞0.3%，且 S_{ar}≥1%，且（$Al_2O_3+SiO_2$）≤80%，同时 Al_2O_3＜40%； b）Na_2O＞1%，且 S_{ar}＞0.3%，且（$Al_2O_3+SiO_2$）≤80%，同时 Al_2O_3＜40%； c）Na_2O＞0.4%，且 S_{ar}＞0.4%，且（$Al_2O_3+SiO_2$）≤80%，同时 Al_2O_3≤40%； d）Na_2O≥0.4%，且 S_{ar}＞1%，且（$Al_2O_3+SiO_2$）≤90%，同时 Al_2O_3＜40%； e）Na_2O＞1%，且 S_{ar}＞0.4%，且（$Al_2O_3+SiO_2$）≤90%，同时 Al_2O_3＜40%
一般	a）Na_2O＞1%，且 S_{ar}≤0.45%，且 85%≤（$Al_2O_3+SiO_2$）≤90%，同时 Al_2O_3≤40%； b）0.1%＜Na_2O＜0.4%，且 S_{ar}≥1%，且 85%≤（$Al_2O_3+SiO_2$）≤90%，同时 Al_2O_3≤40%； c）0.4%＜Na_2O＜0.8%，且 0.45%＜S_{ar}＜0.9%，且 80%≤（$Al_2O_3+SiO_2$）≤90%，同时 Al_2O_3≤40%； d）0.3%＜Na_2O＜0.7%，且 0.1%＜S_{ar}＜0.3%，且 80%≤（$Al_2O_3+SiO_2$）≤90%，同时 Al_2O_3≤40%
较难	a）Na_2O≤0.2%，且 S_{ar}≤1.4%，同时（$Al_2O_3+SiO_2$）≥75%； b）Na_2O≤0.4%，且 S_{ar}≤1%，同时（$Al_2O_3+SiO_2$）≥90%； c）Na_2O＜0.4%，且 S_{ar}＜0.6%，同时（$Al_2O_3+SiO_2$）≥80%

注：S_{ar} 指煤收到基中含硫量，氧化物指飞灰（烟尘）中的成分。

b）湿式电除尘器

湿式电除尘器的主要工艺参数及效果见表 4。湿式电除尘器出口颗粒物质量浓度取决于入口的颗粒物质量浓度以及湿式电除尘器的具体参数。

表 4　湿式电除尘器的主要工艺参数及效果

项目	单位	主要工艺参数及效果
入口烟气温度	℃	＜60（饱和烟气）
比集尘面积	m²/（m³/s）	7～20（板式）
		12～25（蜂窝式）
同极间距	mm	250～400
烟气流速	m/s	≤3.5（板式）
		≤3.0（蜂窝式）
气流分布均匀性相对均方根差	—	≤0.2
压力降	Pa	≤250（板式）
		≤300（蜂窝式）
流量分配极限偏差	%	±5
出口颗粒物质量浓度	mg/m³	≤10 或≤5
除尘效率	%	70～90

5.2.3　电袋复合除尘技术
5.2.3.1　技术原理

a）电袋复合除尘技术是电除尘与袋式除尘有机结合的一种复合除尘技术，利用前级电场收集大部分烟尘，同时使烟尘荷电，利用后级袋区过滤拦截剩余的烟尘，实现烟气净化。

b）电袋复合除尘器按照结构型式可分为一体式电袋复合除尘器、分体式电袋复合除尘器和嵌入式电袋复合除尘器。其中，一体式电袋复合除尘器技术最为成熟，应用最为广泛。

5.2.3.2　技术特点及适用性

a）技术特点

电袋复合除尘器具有长期稳定低排放、运行阻力低、滤袋使用寿命长、运行维护费用低、占地面积小、适用范围广的特点。

b）技术适用性

电袋复合除尘技术适用于国内大多数燃煤机组燃用的煤种，特别是高硅、高铝、高灰分、高比电阻、低硫、低钠、低含湿量的煤种。该技术的除尘效率不受煤质、烟气工况变化的影响，排放长期稳定可靠，尤其适用于排放要求严格的地区及老机组除尘系统改造。

c）影响性能的主要因素

影响电袋复合除尘器性能的主要因素有设备的运行条件、设备的设计、制作和安装质量。要考虑滤料选型与烟气成分匹配，运行温度宜高于酸露点 $10\sim20℃$。

d）污染物排放与能耗

① 电袋复合除尘器能够长期稳定保持污染物达标或超低排放，除尘效率为 99.50%～99.99%，出口烟尘质量浓度通常在 20 mg/m³ 以下。

② 电袋复合除尘器的能耗主要为高压供电设备电耗、引风机电耗、绝缘子加热器电耗等。

5.2.3.3　技术发展与应用

a）超净电袋复合除尘技术

超净电袋复合除尘技术是基于最优耦合匹配、高均匀多维流场、微粒凝并、高精过滤等多项技术组合形成的新一代电袋复合除尘技术，可实现除尘器出口烟尘质量浓度长期稳定小于 10 mg/m³，甚至小于 5 mg/m³。

b）耦合增强电袋复合除尘技术

耦合增强电袋复合除尘技术是将前电后袋整体式电袋技术与嵌入式电袋技术相结合形成的新型电袋复合除尘技术。该技术具有高过滤风速、滤袋更换及维护费用低的优点，是电袋复合除尘技术重要的发展方向之一，可实现除尘器出口烟尘质量浓度小于 5 mg/m³。

c）高精过滤和强耐腐滤料技术

① 高精过滤是指滤袋采用特殊结构和先进的后处理工艺，使滤袋表面的孔径小、孔隙率大，有效防止细微粉尘的穿透，提高过滤精度的新型滤袋技术。典型的高精过滤滤料有 PTFE（聚四氟乙烯）微孔覆膜滤料和超细纤维多梯度面层滤料。高精过滤滤料制成滤袋后，需进一步采用缝制针眼封堵技术，防止极细微粉尘从针眼穿透。

② 强耐腐滤料是指 PPS（聚苯硫醚）、PI（聚酰亚胺）、PTFE（聚四氟乙烯）高性能

纤维按不同组合、不同比例、不同结构进行混纺的系列滤料配方和生产工艺，形成了 PTFE 基布+PPS 纤维、PPS+PTFE 混纺、PI+PTFE 混纺的多品种高强度耐腐蚀系列滤料，适应各种复杂的烟气工况，可延长滤袋使用寿命。

d）大型电袋流场均布技术

采用数值模拟和物理模型相结合的方法，保证各种容量等级的机组，特别是百万千瓦机组的特大型电袋复合除尘器各净气室的流量相对偏差小于 5%，各分室内通过每个滤袋的流量相对均方根差不大于 0.25。

e）长袋高效清灰技术

长袋高效清灰技术是采用 10.16 cm（4 英寸）大口径脉冲阀对 25 条以上大口径长滤袋（8～10 m）进行喷吹的清灰技术。该技术可确保长滤袋的清灰效果，提高电袋复合除尘器空间利用率，简化总体结构布置。

f）前沿技术

① 金属滤料技术。采用金属材质的原料，经特殊的制造工艺制成的多孔过滤材料。按制作工艺分为烧结金属纤维毡和烧结金属粉末过滤材料。烧结金属纤维毡由具有耐高温、耐腐蚀性的不锈钢材质制成的金属纤维经过无纺铺制后烧结而成，通常采用梯度分层纤维结构。烧结金属粉末过滤材料是由球形或不规则形状的金属粉末或合金粉末经模压成形与烧结而制成，以铁铝金属间化合物膜最为典型。

② 电袋协同脱汞技术。电袋协同脱汞技术是以改性活性炭等作为活性吸附剂脱除汞及其化合物的前沿技术。该技术在电场区和滤袋区之间设置活性吸附剂吸附装置，活性吸附剂与浓度较低的粉尘在混合吸附后经后级滤袋过滤、收集，达到去除气态汞的目的，其气态汞脱除效率可达 90%以上。滤袋区收集的粉尘和吸附剂的混合物经灰斗循环系统多次利用，以提高吸附剂的利用率，直到吸附剂达到饱和状态而被排出。

5.2.3.4　主要工艺参数及效果

电袋复合除尘器的主要工艺参数和效果见表 5。

表 5　电袋复合除尘器的主要工艺参数及效果

项目	单位	工艺参数及效果		
运行烟气温度	℃	≤250（含尘气体温度不超过滤料允许使用的温度）		
除尘设备漏风率	%	≤2		
气流分布均匀性相对均方根差	—	≤0.25		
电区比集尘面积	m²/（m³/s）	≥20	≥25	≥30
过滤风速	m/min	≤1.2	≤1.0	≤0.95
除尘器的压力降	Pa	≤1 200	≤1 100	≤1 100
滤袋整体使用寿命	a	≥4	≥5	≥5
滤料型式	—	不低于 JB/T 11829 的要求	不低于 DL/T 1493 的要求	不低于 DL/T 1493 的要求
流量分布均匀性	—	宜符合 JB/T 11829 的要求	宜符合 DL/T 1493 的要求	宜符合 DL/T 1493 的要求
出口烟尘质量浓度	mg/m³	≤20	≤10	≤5

注：处理干法或半干法脱硫后的高粉尘质量浓度烟气时，电区的比集尘面积宜不小于 40 m²/（m³/s），滤袋区的过滤速度宜不大于 0.9 m/min。

5.2.4 袋式除尘技术

5.2.4.1 技术原理

袋式除尘技术是利用纤维织物的拦截、惯性、扩散、重力、静电等协同作用对含尘气体进行过滤的技术。当含尘气体进入袋式除尘器后，颗粒大、比重大的烟尘，由于重力的作用沉降下来，落入灰斗，烟气中较细小的烟尘在通过滤料时被阻留，使烟气得到净化，随着过滤的进行，阻力不断上升，需进行清灰。按清灰方式分为脉冲喷吹类、反吹风类及机械振打类袋式除尘器。电厂主要采用脉冲喷吹类袋式除尘器，可采取固定喷吹或旋转喷吹方式。

5.2.4.2 技术特点及适用性

a）技术特点

袋式除尘器除尘效率基本不受燃烧煤种、烟尘比电阻和烟气工况变化等影响，占地面积小，控制系统简单，可实现较为稳定的低排放。

b）技术适用性

袋式除尘技术适用煤种及工况条件范围广泛。

c）影响性能的主要因素

影响袋式除尘器性能的主要因素有设备的运行条件、入口烟尘质量浓度、设备的设计、制作和安装质量。要考虑滤料选型与烟气成分匹配，运行温度宜高于酸露点 10～20℃。滤袋选型要充分考虑烟气温度、煤含硫量、烟气含氧量和 NO_x 质量浓度等因素影响。

d）污染物排放与能耗

袋式除尘器的除尘效率为 99.50%～99.99%，出口烟尘质量浓度可控制在 30 mg/m³ 或 20 mg/m³ 以下。当采用高精过滤滤料时，出口烟尘质量浓度可以实现 10 mg/m³ 以下。袋式除尘器的能耗主要为引风机和空压机系统的电耗。

5.2.4.3 技术发展与应用

a）针刺-水刺复合滤料技术

采用先针刺后水刺工艺生产三维毡滤料的技术，可克服针刺工艺刺伤纤维和留有针孔两大弊端，延长滤袋寿命和提高过滤精度，同时可降低生产成本，提高经济性。

b）大型化袋式除尘技术

采用下进风、端进端出气的进出风方式，以及阶梯形花板、挡风导流板、各通道或分室设置阀门等结构，有效调节各通道和各室流场的均匀分布，实现大型袋式除尘器的气流均布。如 40.64 cm（16 英寸）大规格脉冲阀和大型低压脉冲清灰的适配技术，7.62 cm（3 英寸）、10.16 cm（4 英寸）阀喷吹 18～28 条长滤袋（6～10 m）的喷吹技术。

5.2.4.4 主要工艺参数及效果

袋式除尘器的主要工艺参数和效果见表 6。

表6 袋式除尘器的主要工艺参数及效果

项目	单位	工艺参数及效果
运行烟气温度	℃	高于烟气酸露点 15 以上且≤250
除尘设备漏风率	%	≤2
流量分配极限偏差	%	±5

项目	单位	工艺参数及效果		
过滤风速	m/min	≤1.0	≤0.9	≤0.8
除尘器的压力降	Pa	≤1 500	≤1 500	≤1 400
滤袋整体使用寿命	a	≥4	≥4	≥4
滤料型式	—	常规针刺毡	常规针刺毡	高精过滤滤料
出口烟尘质量浓度	mg/m^3	≤30	≤20	≤10

注：处理干法、半干法脱硫后的高粉尘质量浓度烟气时，过滤风速宜小于等于 0.7 m/min。

5.2.5 烟尘达标可行技术

5.2.5.1 电除尘、电袋复合除尘、袋式除尘均是达标排放可行技术。当电除尘器对煤种的除尘难易性为"较易"或"一般"时（评价方法见表 3），宜选用电除尘技术；当煤种除尘难易性为"较难"时，600 MW 级及以上机组宜选用电袋复合除尘技术，300 MW 级及以下机组可选用电袋复合除尘技术或袋式除尘技术。

5.2.5.2 电除尘器优先选用高频电源、脉冲电源等高效电源供电。绝缘子应有防结露的措施，当采用低低温电除尘、湿式电除尘技术时，宜采用防露节能型绝缘子或设置热风吹扫装置。

5.2.5.3 考虑到湿法脱硫对颗粒物的洗涤作用，当颗粒物排放质量浓度执行 30 mg/m^3 标准限值时，除尘器出口烟尘质量浓度宜低于 50 mg/m^3；当颗粒物排放质量浓度执行 20 mg/m^3 标准限值时，除尘器出口烟尘质量浓度宜低于 30 mg/m^3。

5.3 烟气脱硫技术

5.3.1 一般规定

5.3.1.1 按照脱硫工艺是否加水和脱硫产物的干湿形态，烟气脱硫技术分为湿法、干法和半干法三种工艺。

5.3.1.2 湿法脱硫工艺选择使用钙基、镁基、海水和氨等碱性物质作为液态吸收剂，在实现 SO$_2$ 达标或超低排放的同时，具有协同除尘功效，辅助实现烟气颗粒物超低排放。

5.3.1.3 干法、半干法脱硫工艺主要采用干态物质（如消石灰、活性焦等）吸收、吸附烟气中 SO$_2$。

5.3.2 石灰石-石膏湿法脱硫技术

5.3.2.1 技术原理

石灰石-石膏湿法脱硫技术以含石灰石粉的浆液为吸收剂，吸收烟气中 SO$_2$、HF 和 HCl 等酸性气体。脱硫系统主要包括吸收系统、烟气系统、吸收剂制备系统、石膏脱水及贮存系统、废水处理系统、除雾器系统、自动控制和在线监测系统。

5.3.2.2 技术特点及适用性

a）技术特点

石灰石-石膏湿法脱硫技术成熟度高，可根据入口烟气条件和排放要求，通过改变物理传质系数或化学吸收效率等调节脱硫效率，可长期稳定运行并实现达标排放。

b）技术适用性

石灰石-石膏湿法脱硫技术对煤种、负荷变化具有较强的适应性，对 SO$_2$ 入口质量浓度低于 12 000 mg/m^3 的燃煤烟气均可实现 SO$_2$ 达标排放。

c）影响性能的主要因素

石灰石-石膏湿法脱硫效率主要受浆液 pH 值、液气比、钙硫比、停留时间、吸收剂品质、塔内气流分布等多种因素影响。

d）污染物排放与能耗

石灰石-石膏湿法脱硫效率为 95.0%～99.7%，还可部分去除烟气中的 SO$_3$、颗粒物和重金属。能耗主要为浆液循环泵、氧化风机、引风机或增压风机等消耗的电能，可占对应机组发电量的 1%～1.5%。湿法脱硫系统是烟气治理设施耗能的主要环节。

e）存在的主要问题

吸收剂石灰石的开采，会对周边生态环境造成一定程度的影响。烟气脱硫所产生的脱硫石膏如无法实现资源循环利用也会对环境产生不利影响。脱硫后的净烟气会挟带少量脱硫过程中产生的次生颗粒物。此外，还会产生脱硫废水、风机噪声、浆液循环泵噪声等环境问题。

5.3.2.3 技术发展与应用

a）复合塔技术

在脱硫塔底部浆液池及其上部的喷淋层之间以及各喷淋层之间加装湍流类、托盘类、鼓泡类等气液强化传质装置，形成稳定的持液层，提高烟气穿越持液层时气、液、固三相传质效率；通过调整喷淋密度及雾化效果，改善气液分布。这些 SO$_2$ 脱除增效手段还有协同捕集烟气中颗粒物的辅助功能，再配合脱硫塔内、外加装的高效除雾器或高效除尘除雾器，复合塔系统的颗粒物协同脱除效率可达 70%以上。该类技术目前应用较多的工艺包括旋汇耦合、沸腾泡沫、旋流鼓泡、双托盘、湍流管栅等。

b）pH 值分区技术

设置 2 个喷淋塔或在 1 个喷淋塔内加装隔离体对脱硫浆液实施物理分区或依赖浆液自身特点（流动方向、密度等）形成自然分区，达到对浆液 pH 值的分区控制。部分脱硫浆液 pH 值维持在较低区间（4.5～5.3），以确保石灰石溶解和脱硫石膏品质，部分脱硫浆液 pH 值则提高至较高区间（5.8～6.4），提高对烟气中 SO$_2$ 的吸收效率。与此同时，优化脱硫浆液喷淋（喷淋密度、雾滴粒径等），不仅可以提高脱硫效率，对烟气中细微颗粒物的协同捕集也有增效作用，再配合脱硫塔内、外加装的高效除雾器或除尘除雾器，pH 值分区系统颗粒物协同脱除效率可达到 50%～70%。典型工艺包括单塔双 pH 值、双塔双 pH 值、单塔双区等。

c）烟气冷却与除雾技术

① 烟气冷却技术。在未采用低低温电除尘器的情况下，可在脱硫塔前加装低温省煤器（烟气换热器），将进入脱硫塔的烟气温度降低到 80℃左右，提高脱硫效率的同时，可实现节能节水。通常采用氟塑料或高级合金钢等耐腐蚀材料作为烟气换热器换热元件材质。

② 烟气除雾技术。在脱硫塔顶部或塔外应安装除雾器或除尘除雾器，在除雾器后还可采用声波团聚技术进一步减少烟气雾滴排放。在控制逃逸雾滴质量浓度低于 25 mg/m^3，雾滴中可过滤颗粒物含量小于 10%时，可协同实现颗粒物超低排放。

d）烟气除水与再热技术

① 烟气除水技术。在湿烟气排放前加装烟气冷却凝结装置，使净烟气中饱和水汽冷凝成水回收利用，回收水量与烟气冷却温降及当地环境条件有关。该技术同时可减少外排

烟气带水，并减少烟气中可溶解盐类和可凝结颗粒物的排放，必要时可对除水后的烟气进行再热，以进一步减少白烟。

②烟气再热技术。在湿烟气排放前通过管式热媒水烟气换热器（MGGH）将净烟气加热至 75℃左右后排放。

5.3.2.4　主要工艺参数及效果

石灰石-石膏湿法脱硫主要工艺参数及效果见表7。

表7　石灰石-石膏湿法脱硫主要工艺参数及效果

项目	单位	工艺参数及效果		
吸收塔运行温度	℃	50～60		
空塔烟气流速	m/s	3～3.8		
喷淋层数	—	3～6		
钙硫摩尔比	—	<1.05		
液气比 [a]	L/m³	12～25（空塔技术） 6～18（pH 值分区技术） 10～25（复合塔技术）		
浆液 pH 值	—	4.5～6.5		
石灰石细度	目	250～325		
石灰石纯度	%	>90		
系统阻力损失	Pa	<2 500		
脱硫石膏纯度	%	>90		
脱硫效率	%	95.0～99.7		
入口烟气 SO$_2$ 质量浓度	mg/m³	≤12 000		
出口烟气 SO$_2$ 质量浓度	mg/m³	达标排放或超低排放		
入口烟气粉尘质量浓度	mg/m³	30～50	20～30	<20
出口颗粒物质量浓度	—	达标排放；可采用湿电，实现颗粒物超低排放	可采用复合塔脱硫技术协同除尘或采用湿电，实现颗粒物超低排放	可采用复合塔脱硫技术协同除尘，实现颗粒物超低排放

[a] 液气比具体数值与燃煤含硫量有关。

5.3.3　烟气循环流化床脱硫技术

5.3.3.1　技术原理

利用循环流化床反应器，通过吸收塔内与塔外的吸收剂的多次循环，增加吸收剂与烟气接触时间，提高脱硫效率和吸收剂的利用率。

5.3.3.2　技术特点及适用性

a）技术特点

烟气循环流化床脱硫技术具有工艺流程简洁、占地面积小、节能节水、排烟无须再热、烟囱无须特殊防腐、无废水产生等特点。副产物为干态，便于处理处置。

b）技术适用性

该技术适用于燃用中低硫煤或有炉内脱硫的循环流化床机组，特别适合缺水地区。

c）影响性能的主要因素

烟气循环流化床脱硫效率受吸收剂品质、钙硫比、反应温度、喷水量、停留时间等多种因素影响。其中，吸收剂品质对脱硫效率影响较大，一般要求生石灰粉细度小于 2 mm，氧化钙含量不小于 80%，加适量水后 4 min 内温度可升高到 60℃。

d）污染物排放与能耗

烟气循环流化床脱硫技术脱硫效率为 93%～98%。烟气循环流化床吸收塔入口 SO_2 质量浓度低于 3 000 mg/m³ 时可实现达标排放，低于 1 500 mg/m³ 时可实现超低排放。能耗主要为风机、吸收剂输送及再循环系统等消耗的电能，可占对应机组发电量的 0.5%～1.0%。

e）存在的主要问题

脱硫剂生石灰需由石灰石煅烧而成，对脱硫剂品质要求较高，且煅烧过程会增加能耗及污染物排放。脱硫副产物中 CaO、SO_3 含量较高，综合利用受到一定限制。

5.3.3.3 技术发展与应用

a）循环氧化吸收协同脱硝技术（circulating oxidation and absorption，COA）是在烟气循环流化床脱硫技术的基础上，利用循环流化床激烈湍动的、巨大表面积的颗粒作为反应载体，通过烟气自身或外加氧化剂的氧化作用，将烟气中 NO 转化为 NO_2，再与碱性吸收剂发生中和反应实现脱硝，协同脱硝效率一般控制在 40%～60%。

b）COA 技术在实现烟气脱硫的同时可单独用作电厂炉后的烟气脱硝，也可与 SCR 或选择性非催化还原（SNCR）脱硝技术组合应用，作为烟气 NO_x 超低排放的工艺选配。

5.3.3.4 主要工艺参数及效果

烟气循环流化床脱硫技术的主要工艺参数及效果见表 8。

表 8 烟气循环流化床脱硫技术主要工艺参数及效果

项目	单位	工艺参数及效果		
入口烟气温度	℃	≥100		
运行烟气温度	℃	高于烟气露点 15～25		
钙硫摩尔比	—	1.2～1.8（循环流化床锅炉炉外部分）		
吸收塔流速	m/s	4～6		
入口 SO_2 质量浓度	mg/m³	≤3 000	≤2 000	≤1 500
袋式除尘器过滤风速	m/min	0.8～0.9	0.7～0.8	≤0.7
出口 SO_2 质量浓度	mg/m³	≤100	≤50	≤35
出口烟尘质量浓度	mg/m³	≤30	≤20	≤10 或≤5

5.3.4 氨法脱硫技术

5.3.4.1 技术原理

氨法脱硫技术是溶解于水中的氨与烟气中的 SO_2 发生反应，最终副产品为硫酸铵。

5.3.4.2　技术特点及适用性

a）技术特点

氨水碱性强于石灰石浆液，可在较小的液气比条件下实现 95%以上的脱硫效率。采用空塔喷淋技术，系统运行能耗低，且不易结垢。该技术要求入口烟气含尘量小于 35 mg/m³。副产品硫酸铵作为化肥原料，可实现资源回收利用。

b）技术适用性

氨法脱硫对煤中硫含量的适应性广，适用于电厂周围 200 km 范围内有稳定氨源，且电厂周围没有学校、医院、居民密集区等环境敏感目标的 300 MW 级及以下的燃煤机组。

c）影响性能的主要因素

氨法脱硫效率主要受浆液 pH 值、液气比、停留时间、吸收剂用量、塔内气流分布等多种因素影响。

d）污染物排放与能耗

氨法脱硫效率为 95.0%～99.7%，入口烟气质量浓度小于 12 000 mg/m³ 时，可实现达标排放；入口质量浓度小于 10 000 mg/m³ 时，可实现超低排放。能耗主要为循环泵、风机等电耗，可占对应机组发电量的 0.4%～1.3%。

e）存在的主要问题

液氨、氨水属于危险化学品，其装卸、运输与贮存须严格遵守相关的管理与技术规定。当燃煤、工艺水中氯、氟等杂质偏高时会导致杂质在脱硫吸收液中逐渐富集，影响硫酸铵结晶形态和脱水效率，因此，浆液需定期处理，不得外排。脱硫过程中容易产生氨逃逸（包括硫酸铵、硫酸氢铵等），需要严格控制。副产品硫酸铵具有腐蚀性，吸收塔及下游设备应选用耐腐蚀材料。

5.3.4.3　技术发展与应用

a）氨法脱硫技术目前主要采用多段复合型吸收塔氨法脱硫工艺，对煤种适应性好，在低、中、高含硫烟气治理上的脱硫效率达 99%以上。

b）氨法脱硫技术主要用于工业企业的自备电厂，最大单塔氨法脱硫烟气量与 300 MW 燃煤发电机组烟气量相当。

5.3.4.4　主要工艺参数及效果

氨法脱硫技术的主要工艺参数及效果见表 9。

表 9　氨法脱硫主要工艺参数及效果

项目	单位	工艺参数及效果	
入口烟气温度	℃	≤140（100～120 较好）	
吸收塔运行温度	℃	50～60	
空塔烟气流速	m/s	3～3.5	
喷淋层数	—	3～6	
浆液 pH 值	—	4.5～6.5	
出口逃逸氨	mg/m³	<2	
系统阻力损失	Pa	<1800	
硫酸铵的氮含量	%	>20.5	
脱硫效率	%	95.0～99.7	
入口烟气 SO₂ 质量浓度	mg/m³	≤12 000	≤10 000

项目	单位	工艺参数及效果	
出口烟气 SO_2 质量浓度	—	达标排放	超低排放
入口烟气烟尘质量浓度	mg/m³	<35	
出口颗粒物质量浓度	—	达标排放或超低排放	

5.3.5 海水脱硫技术

5.3.5.1 技术原理

海水脱硫技术是利用天然海水的碱性，脱除烟气中的 SO_2，再用空气强制氧化为硫酸盐排入海水中。

5.3.5.2 技术特点及适用性

a）技术特点

海水法烟气脱硫技术是以海水为脱硫吸收剂，除空气外无须其他添加剂，工艺简洁，运行可靠，维护方便。

b）技术适用性

适用于燃煤含硫量不高于 1%、有较好海域扩散条件的滨海燃煤电厂，须满足近岸海域环境功能区划要求。

c）影响性能的主要因素

海水脱硫效率受海水碱度、液气比、塔内烟气流场分布等因素影响。

d）污染物排放与能耗

海水脱硫效率为 95%～99%，对于入口 SO_2 质量浓度小于 2 000 mg/m³ 的烟气可实现超低排放。

e）存在的主要问题

海水脱硫排水对周边海域海水温度、pH 值、盐度、重金属等可能存在潜在影响。

5.3.5.3 主要工艺参数及效果

海水脱硫的主要工艺参数及效果见表 10。

表 10　海水脱硫主要工艺参数及效果

项目	单位	工艺参数及效果		
入口烟气温度	℃	≤140（100～120 较好）		
吸收塔运行温度	℃	50～60		
空塔烟气流速	m/s	3～3.5		
喷淋层数	—	3～6		
液气比	L/m³	5～25		
系统阻力损失	Pa	<2 500		
脱硫效率	%	95～99		
入口烟气 SO_2 质量浓度	mg/m³	<2 000		
出口烟气 SO_2 质量浓度	—	达标或超低排放		
入口烟气粉尘质量浓度	mg/m³	30～50	20～30	<20
出口颗粒物质量浓度	—	达标排放；可采用湿电，实现颗粒物超低排放	可采用复合塔脱硫技术协同除尘或采用湿电，实现颗粒物超低排放	可采用复合塔脱硫技术协同除尘，实现颗粒物超低排放

5.3.6 脱硫新技术

5.3.6.1 活性焦脱硫技术

a）当烟气中有 O_2 和水蒸气时，利用活性焦表面的催化作用，将其吸附的 SO_2 氧化为 SO_3，SO_3 再和水蒸气反应生成硫酸。随着活性焦表面硫酸的增加，活性焦的吸附能力逐渐降低，需通过洗涤或加热方式再生。

b）与石灰石-石膏湿法脱硫相比，该技术可节水 80%以上，适合水资源匮乏地区；脱硫烟气温度在 140℃左右，腐蚀性小，烟气不用再热。该技术脱硫效率大于 95%，可实现硫的资源利用，同时具有脱硝、除汞等功能，对环境二次污染小。该技术需在较低气流速度下进行吸附，所需活性焦体积较大，运行中活性焦存在磨损、失活等问题，且在输送、筛分过程中产生粉尘。

5.3.6.2 有机胺脱硫技术

a）利用有机胺作为吸收剂吸收烟气中的 SO_2，再将 SO_2 解吸出来形成纯净的气态 SO_2；解吸出的 SO_2 可用于生产硫酸。该技术脱硫效率可达 99.8%。

b）有机胺脱硫技术对脱硫烟气中粉尘、氯、氟含量要求较严，需对原烟气进行高效预处理。此外，有机胺的抗氧化性以及脱硫过程中生成的热稳定盐脱除等问题，需进一步研究解决。该技术初始投资大，运行能耗和有机胺成本高。

5.3.6.3 生物脱硫技术

a）生物脱硫技术是用可再生的碱溶液将烟气中的 SO_2 洗涤进入液相后，利用需氧、厌氧菌的生物特性将 SO_2 转化成硫磺的资源化脱硫技术。该技术工艺流程水耗低、产品利用价值高，具有典型的循环经济特点。

b）该技术利用高浓度化学需氧量（COD）废水作为微生物的营养源，实现了以污治污，但其应用会受到废水来源的限制。

5.3.7 SO_2 达标可行技术

a）石灰石-石膏法、烟气循环流化床法、海水脱硫、氨法脱硫等技术均可实现火电厂 SO_2 达标排放，但不同的脱硫工艺，由于其吸收剂种类、吸收剂在脱硫塔内布置、输送方法等有所不同，导致不同脱硫工艺的适用范围有所差异，详见表 11。

表 11 火电厂 SO_2 达标排放可行技术

入口 SO_2 质量浓度/（mg/m³）	地域	单机容量/MW	达标可行技术	
≤2 000	一般和重点地区	所有容量	石灰石-石膏湿法脱硫	传统空塔 双托盘
2 000～3 000	一般地区			传统空塔 双托盘
	重点地区			双托盘 沸腾泡沫
3 000～6 000	一般和重点地区			旋汇耦合、湍流管栅 单塔双 pH 值、单塔双区
>6 000	一般和重点地区			旋汇耦合 双塔双 pH 值、单塔双 pH 值
≤3 000	缺水地区	≤300	烟气循环流化床脱硫	
≤2 000	沿海地区	300～1 000	海水脱硫	

入口 SO$_2$ 质量浓度/（mg/m^3）	地域	单机容量/MW	达标可行技术
≤12 000	电厂周围 200 km 内有稳定氨源	≤300	氨法脱硫

注：适用于入口 SO$_2$ 质量浓度高的技术，也适用于入口质量浓度较低的技术。

b）以石灰石-石膏法为基础的多种湿法脱硫工艺（传统空塔、复合塔、pH 值分区）适用于各种煤种的燃煤电厂，脱硫效率 95.0%～99.7%。由于不同工艺使用的脱硫浆液在塔内传质吸收方式上存在差异，造成脱硫效率、能耗、运行稳定性等指标方面各不相同，应统筹考虑，选择适用于不同烟气 SO$_2$ 入口浓度条件下的达标排放技术。

c）烟气循环流化床脱硫技术主要以生石灰粉或生石灰浆液为吸收剂，脱硫效率一般为 93%～98%，对于烟气中 SO$_2$ 质量浓度在 3 000 mg/m^3 以下的中低硫煤，SO$_2$ 排放质量浓度可满足 100 mg/m^3 的要求。适合于 300 MW 级及以下燃煤锅炉的 SO$_2$ 污染治理，并已在 600 MW 燃煤机组进行工程示范，对缺水地区的循环流化床锅炉，在炉内脱硫的基础上增加炉外脱硫改造更为适用。

d）氨法脱硫技术的吸收剂主要采用氨水或液氨，脱硫效率 95.0%～99.7%，脱硫系统阻力小于 1 800 Pa。氨法脱硫技术对煤种、负荷变化均具有较强的适应性，适用于附近有稳定氨源、电厂周围环境不敏感、机组容量在 300 MW 级及以下燃煤电厂。

e）海水脱硫技术利用海水天然碱性实现 SO$_2$ 吸收，系统脱硫效率 95%～99%。对于入口 SO$_2$ 质量浓度低于 2 000 mg/m^3 的滨海电厂且海水扩散条件较好，并符合近岸海域环境功能区划要求时，可以选择海水脱硫。

5.4 低氮燃烧与烟气脱硝技术

5.4.1 一般规定

5.4.1.1 锅炉低氮燃烧技术应作为火电厂 NO$_x$ 控制的首选技术，与烟气脱硝技术配合使用实现 NO$_x$ 达标排放或超低排放。

5.4.1.2 烟气脱硝技术主要有选择性催化还原技术（SCR）、选择性非催化还原技术（SNCR）和 SNCR-SCR 联合脱硝技术。

5.4.2 低氮燃烧技术

5.4.2.1 技术原理

a）低氮燃烧技术是通过合理配置炉内流场、温度场及物料分布以改变 NO$_x$ 的生成环境，从而降低炉膛出口 NO$_x$ 排放的技术，主要包括低氮燃烧器（LNB）、空气分级燃烧、燃料分级燃烧等技术。

b）低氮燃烧器（LNB）技术是通过特殊设计的燃烧器结构，控制燃烧器喉部燃料和空气的动量及流动方向，使燃烧器出口实现分级送风并与燃料合理配比，减少 NO$_x$ 生成的技术。

c）空气分级燃烧技术是通过控制空气与煤粉的混合过程，将燃烧所需空气逐级送入燃烧火焰中，使燃料在炉内分级分段燃烧，减少 NO$_x$ 生成的技术。

d）燃料分级燃烧技术是在主燃烧器形成初始燃烧区的上方喷入二次燃料，从而形成富燃料燃烧的再燃区，当 NO$_x$ 进入该区域时与还原性组分反应生成 N$_2$，减少 NO$_x$ 生成的技术。

5.4.2.2　技术特点及适用性

a）技术特点

低氮燃烧技术具有不需要添加脱硝剂，改造容易，投资和运行费用低，运行简单、维护方便、无二次污染等特点，但其 NO_x 减排效率会受到燃烧方式、煤种、炉型和锅炉容量等因素影响。

b）技术适用性

低氮燃烧技术仅需对锅炉内部进行改造，适用性强，是控制 NO_x 的首选技术。低氮燃烧器（LNB）一般配合空气分级燃烧使用，应用广泛。燃料分级燃烧对二次燃料要求较高，系统相对复杂，应用受到限制。

c）影响性能的主要因素

① 影响低氮燃烧系统性能的主要因素有炉型、机组容量、煤种、燃烧方式（切向燃烧、前后墙对冲式燃烧、W 火焰燃烧）、低氮燃烧技术种类等。

② 低氮燃烧器减少 NO_x 的性能主要受燃烧器的种类、煤粉细度、烟气流场等影响。空气分级燃烧减少 NO_x 的性能主要受主燃烧区过量空气系数和燃烧温度等影响。燃料分级燃烧减少 NO_x 的性能主要受二次燃料种类的影响，采用碳氢类气体或液体燃料作为二次燃料时 NO_x 控制效果较好；采用煤粉作为二次燃料，煤粉挥发性高和细度小时 NO_x 控制效果较好。

d）污染物排放与能耗

低氮燃烧器技术 NO_x 减排率可达 20%～50%。空气分级燃烧技术在燃用挥发分较高的烟煤时，配合低氮燃烧器使用，在不降低锅炉效率的同时，可实现 NO_x 减排率 40%～60%。燃料分级燃烧技术 NO_x 减排率可达 30%～50%。低氮燃烧技术一般不增加能耗。

e）存在的主要问题

低氮燃烧器技术易导致锅炉中飞灰的含碳量上升，降低锅炉效率；若运行控制不当会出现炉内结渣、水冷壁腐蚀等问题，影响锅炉运行稳定性。

5.4.2.3　技术发展与应用

针对燃煤电厂煤质多变、机组负荷波动较大的特点，采用多功能船型煤粉燃烧器、双通道低 NO_x 煤粉燃烧器、可调式浓淡燃烧器、风包粉系列低 NO_x 燃烧器、高浓度煤粉燃烧器、低 NO_x 同轴改良型燃烧器等技术，可实现 NO_x 的减排、增加锅炉运行的稳定性。

5.4.2.4　主要工艺参数及效果

低氮燃烧技术 NO_x 减排效果，因煤种、炉型、机组容量和燃烧方式不同而存在差异，主要低氮燃烧技术及效果见表 12。

表 12　低 NO_x 燃烧技术及效果

技术名称	NO_x 减排率
低氮燃烧器（LNB）技术	20%～50%
空气分级燃烧技术	20%～50%
燃料分级燃烧（再燃）技术	30%～50%
低氮燃烧器与空气分级燃烧组合技术	40%～60%
低氮燃烧器与燃料分级燃烧组合技术	40%～60%

5.4.3 SCR 脱硝技术

5.4.3.1 技术原理

a）选择性催化还原（SCR）技术是指利用脱硝还原剂（液氨、氨水、尿素等），在催化剂作用下选择性地将烟气中的 NO_x（主要是 NO、NO_2）还原成氮气（N_2）和水（H_2O），从而达到脱除 NO_x 的目的。

b）SCR 脱硝系统一般由还原剂储存系统、还原剂混合系统、还原剂喷射系统、反应器系统及监测控制系统等组成。

5.4.3.2 技术特点及适用性

a）技术特点

SCR 脱硝技术需要设置 SCR 反应器，多为高尘高温布置，安装在锅炉省煤器与空气预热器之间，对场地有一定要求，初始投资和运行成本较高。

b）技术适用性

SCR 脱硝技术对煤质变化、机组负荷波动等具有较强适应性，应根据烟气特点选择适用的催化剂。

c）影响性能的主要因素

影响脱硝效率的因素主要包括催化剂性能、烟气温度、反应器及烟道的流场分布均匀性、氨氮摩尔比等。

d）污染物排放与能耗

SCR 脱硝技术的脱硝效率为 50%～90%。脱硝系统阻力一般控制在 1 400 Pa 以下，能耗主要是风机的电耗，占对应机组发电量的 0.1%～0.3%。

e）存在的主要问题

锅炉启停机及低负荷时，烟气温度达不到催化剂运行温度要求，此时 SCR 系统不能有效运行，会造成短时 NO_x 排放质量浓度超标。逃逸氨和 SO_3 会反应生成硫酸氢铵，导致催化剂和空气预热器堵塞。逃逸氨及废弃催化剂处置不当会引起二次污染。采用液氨作为还原剂会存在一定环境风险。

5.4.3.3 技术发展与应用

a）全负荷脱硝技术

① 通过改造锅炉热力系统或烟气系统，提高低负荷下 SCR 反应器入口烟气温度，或者采用宽温催化剂，实现各种负荷条件下 SCR 脱硝系统运行。

② 提高低负荷下 SCR 反应器入口烟气温度的措施主要有省煤器分级改造、加热省煤器给水、省煤器烟气旁路、省煤器水旁路、省煤器分割烟道等。其中，省煤器分级改造、加热省煤器给水和省煤器分割烟道应用较多。

③ 宽温催化剂是在常规 V-W-TiO_2 催化剂的基础上，通过添加其他成分改进催化剂性能，提高低温下催化剂活性，保障各种负荷条件下 SCR 脱硝系统运行。

b）脱硝增效技术

① 增加催化剂用量。采用增加运行催化剂层数或有效层高，脱硝效率可提高至 90% 以上。该技术单纯利用增加催化剂实现 NO_x 的高效脱除，可能造成空气预热器堵塞等问题。

② 高效喷氨混合和流场优化技术。结合实际工况进行流场模拟设计，对喷氨格栅或涡流混合器进行优化，运行时采用自动控制系统实现全截面多点测量与喷氨反馈及优化，

确保 SCR 系统温度场、浓度场、速度场满足反应要求,实现系统稳定运行。

  c)脱硝催化剂技术

  ① 催化剂改进技术。针对高灰分煤种,优化催化剂载体结构强度,提高催化剂耐磨损及耐冲刷性能;针对高硫分煤种,优化催化剂配方,降低催化剂 SO_2/SO_3 转化率;针对汞控制问题,改变脱硝催化剂配方,提高零价汞的氧化率,结合湿法脱硫装置的洗涤除汞功能,实现汞的协同脱除。

  ② 催化剂再生技术。通过物理或化学手段去除失活催化剂上的有害物质,恢复催化剂活性,再生后催化剂活性一般可达到初始性能的 90% 以上,该技术可有效延长催化剂的使用寿命,降低更换催化剂成本,减少废弃催化剂,实现资源循环利用。

  ③ 催化剂全过程管理技术。在对催化剂的性能、寿命、运行工况等方面准确检测的基础上,建立催化剂补充、更换、再生、运行优化的管理系统,在保证脱硝效率的同时,延长催化剂使用寿命,降低烟气脱硝成本。

5.4.3.4 主要工艺参数及效果

SCR 脱硝技术主要工艺参数及效果见表 13。

表 13 SCR 脱硝技术主要工艺参数及效果

项目		单位	主要工艺参数及效果
入口烟气温度		℃	一般 300~420
入口 NO_x 质量浓度		mg/m³	≤1 000(由实际烟气参数确定)
氨氮摩尔比		—	≤1.05(由脱硝效率和逃逸氨浓度确定,一般取 0.8~0.85)
反应器入口烟气参数的偏差数值		—	速度相对偏差≤±15%
			温度相对偏差≤±15℃
			氨氮摩尔比相对偏差≤±5%
			烟气入射角度≤±10°
催化剂	种类	—	根据烟气中灰的特性确定
	层数(用量)	层	2~5(根据反应器尺寸、脱硝效率、催化剂种类及性能确定)
	空间速度	h⁻¹	2 500~3 000
	烟气速度	m/s	4~6
	催化剂节距	—	根据烟气中灰的特性确定
脱硝效率		%	50~90
逃逸氨质量浓度		mg/m³	≤2.5
SO_2/SO_3 转化率		%	燃煤硫分低于 1.5% 时,宜低于 1.0
			燃煤硫分高于 1.5% 时,宜低于 0.75
阻力		Pa	<1 400
NO_x 排放质量浓度		—	达标排放或超标排放

5.4.4 SNCR 脱硝技术

5.4.4.1 技术原理

  选择性非催化还原(SNCR)技术是指在不使用催化剂的情况下,在炉膛烟气温度适宜处(850~1 150℃)喷入含氨基的还原剂(一般为氨水或尿素等),利用炉内高温促使

氨和 NO_x 反应，将烟气中的 NO_x 还原为 N_2 和 H_2O。典型的 SNCR 系统由还原剂储存系统、还原剂喷入装置及相应的控制系统组成。

5.4.4.2　技术特点及适用性

a）技术特点

与 SCR 技术相比，不需要催化反应器，占地面积较小，初始投资低，建设周期短，改造方便，运行维护简单。

b）技术适用性

SNCR 脱硝技术对温度窗口要求严格，对机组负荷变化适应性差，适用于小型煤粉炉和循环流化床锅炉。

c）影响性能的主要因素

影响性能的主要因素包括反应区域温度和流场分布均匀性、烟气与还原剂混合均匀度、还原剂停留时间、氨氮摩尔比、还原剂类型等。

d）污染物排放与能耗

煤粉炉采用 SNCR 脱硝技术的脱硝效率为 30%～40%，循环流化床锅炉采用 SNCR 脱硝技术的脱硝效率为 60%～80%。SNCR 系统阻力较小，运行能耗低。

e）存在的主要问题

SNCR 技术受锅炉运行工况波动导致的炉内温度场、流场分布不均影响较大，脱硝效率不稳定，氨逃逸量较大，下游设备存在堵塞和腐蚀的风险。

5.4.4.3　技术发展与应用

结合实际工况进行流场模拟设计和系统优化，提高温度场和流场均匀性，强化还原剂与烟气混合效果，提高脱硝效率；采用脱硝添加剂，扩展 SNCR 温度窗口，提高温度适应性。

5.4.4.4　主要工艺参数及效果

SNCR 脱硝技术主要工艺参数及效果见表 14。

表 14　SNCR 脱硝技术主要工艺参数及效果

项目	单位	主要工艺参数及效果
温度窗口	℃	950～1 150（采用尿素为还原剂） 850～1 050（采用氨水为还原剂）
氨氮摩尔比	—	1.0～2.0（煤粉炉） 1.2～1.5（循环流化床锅炉）
还原剂停留时间	s	≥0.5
脱硝效率	%	60～80（循环流化床锅炉） 30～40（煤粉炉）
逃逸氨质量浓度	mg/m³	≤8
NO_x 排放质量浓度	mg/m³	≤50（循环流化床锅炉） 150～300（煤粉炉）

5.4.5　SNCR-SCR 联合脱硝技术

5.4.5.1　技术原理

SNCR-SCR 联合脱硝技术是将 SNCR 与 SCR 组合应用，即在炉膛上部的高温区域

（850～1 150℃）采用 SNCR 技术脱除部分 NO$_x$，再在炉外采用 SCR 技术进一步脱除烟气中 NO$_x$。SNCR-SCR 联合脱硝系统一般由还原剂储存系统、还原剂混合喷射系统、反应器系统及监测控制系统等组成。

5.4.5.2 技术特点及适用性

a）技术特点

与 SCR 脱硝技术相比，SNCR-SCR 联合脱硝技术中的 SCR 反应器一般较小，催化剂层数较少，一般利用 SNCR 的逃逸氨进行脱硝。

b）技术适用性

一般适用于受空间限制无法加装大量催化剂的中小型机组。

c）影响性能的主要因素

与影响 SNCR 和 SCR 技术性能的因素一致。

d）污染物排放与能耗

SNCR-SCR 联合脱硝技术的脱硝效率一般为 55%～85%。脱硝系统能耗介于 SNCR 技术和 SCR 技术的能耗之间。

e）存在的主要问题

该技术对喷氨精确度要求较高。用于高灰分煤、循环流化床锅炉烟气脱硝时，催化剂磨损较大。

5.4.5.3 技术发展与应用

在 SCR 反应器之前烟道内布置补氨喷枪，提高系统脱硝效率；采用防磨损部件及耐磨损催化剂，延长催化剂使用寿命。

5.4.5.4 主要工艺参数及效果

SNCR-SCR 联合脱硝技术主要工艺参数及效果见表 15。

表 15 SNCR-SCR 联合脱硝技术主要工艺参数及效果

项目	单位	工艺参数及效果	
温度区间	℃	SNCR	950～1 150（采用尿素为还原剂） 850～1 050（采用氨水为还原剂）
		SCR	一般 300～420
氨氮摩尔比	—	1.2～1.8	
还原剂停留时间	s	>0.5（SNCR 区域）	
催化剂	—	与 SCR 技术催化剂参数一致	
脱硝效率	%	55～85	
阻力	Pa	≤600	
逃逸氨质量浓度	mg/m³	≤3.8	
NO$_x$ 排放质量浓度		可实现达标排放或超低排放	

5.4.6 NO$_x$ 达标可行技术

5.4.6.1 NO$_x$ 达标可行技术选择时，应首先考虑低氮燃烧技术。选择低氮燃烧技术时，应综合考虑锅炉效率、着火稳燃、燃尽、结渣、腐蚀等因素。选择烟气脱硝技术时，煤粉炉优先选择 SCR 技术，循环流化床锅炉优先选择 SNCR 技术，中小型机组因空间限制无法加装大量催化剂时宜采用 SNCR-SCR 联合脱硝技术。

5.4.6.2 NO$_x$达标可行技术见表16。

表16 火电厂NO$_x$达标可行技术

燃烧方式	煤种		锅炉容量/MW	低氮燃烧控制炉膛NO$_x$质量浓度上限值/（mg/m³）	达标可行技术	
					排放质量浓度≤200 mg/m³	排放质量浓度≤100 mg/m³
切向燃烧	无烟煤		所有容量	950	SCR（2+1）	SCR（3+1）
	贫煤			900		
	烟煤	20%≤V_{daf}≤28%	≤100	400	SCR（1+1）或+SNCR	SCR（2+1）
			200	370		
			300	320		
			≥600	310		
		28%≤V_{daf}≤37%	≤100	320		
			200	310		
			300	260		
			≥600	220		
切向燃烧	烟煤	37%＜V_{daf}	≤100	310	SCR（1+1）或+SNCR	SCR（2+1）
			200	260		
			300	220		
			≥600	220		
	褐煤		≤100	320		
			200	280		
			300	220		
			≥600			
墙式燃烧	无烟煤			目前尚无此类情况		
	贫煤		所有容量	670	SCR（2+1）	SCR（3+1）
	烟煤	20%≤V_{daf}≤28%		470		
		28%≤V_{daf}≤37%		400	SCR（1+1）或+SNCR	SCR（2+1）
		37%＜V_{daf}		280		
	褐煤			280		
W火焰燃烧	无烟煤			1 000	SCR（3+1）	SCR（4+1）
	贫煤			850		
CFB	烟煤、褐煤			200	SNCR	
	无烟煤、贫煤			150		

注：（1）SCR技术单层催化剂脱硝效率按60%考虑，两层催化剂脱硝效率按75%～85%考虑，三层催化剂脱硝效率按85%～92%考虑；

（2）SNCR-SCR技术脱硝效率一般按55%～85%考虑；

（3）SCR（n+1），其中n代表催化剂层数，取值"1～4"，1代表预留备用催化剂层安装空间。

6 烟气超低排放技术路线

6.1 技术路线选择的基本原则

6.1.1 燃煤电厂在选择超低排放技术路线时，应遵循"因煤制宜，因炉制宜，因地制宜，统筹协同，兼顾发展"的基本原则，选择技术成熟可靠、经济合理可行、运行长期稳定、维护管理简单方便、具有一定节能效果的技术。

6.1.2 因煤制宜。不仅要考虑设计煤种和校核煤种，更要考虑实际燃用煤种与煤质波动，确保燃用不利煤质时能够实现超低排放。例如：

a）对于煤质较为稳定，灰分较低、易于荷电、灰硫比较大的烟气条件，优先选择低低温电除尘器与复合塔脱硫系统的技术组合，作为颗粒物超低排放技术路线。

b）对于煤质波动大，灰分较高、荷电性能差、灰硫比较小的烟气条件，优先选择电袋复合除尘器或袋式除尘器进行除尘。根据除尘器出口烟尘质量浓度及下游脱硫工艺的协同除尘效果，必要时选择加装湿式电除尘器。

6.1.3 因炉制宜。考虑不同炉型的烟气特点（飞灰成分、性质等），选择不同的超低排放技术路线。例如：

a）循环流化床锅炉燃用劣质燃料时，灰分含量高，颗粒粒径较煤粉炉大，排烟温度普遍较高，优先选择电袋复合除尘器或袋式除尘器。

b）循环流化床锅炉燃用热值较高的煤炭时，宜选用低低温电除尘器。

6.1.4 因地制宜。应考虑机组所处的海拔高程和改造机组的场地条件，选择不同的超低排放技术路线。例如：

a）采用双塔双 pH 值脱硫工艺、加装湿式电除尘器、增加电除尘器的电场数等一般都需要场地或空间条件。

b）对于位于高海拔地区的燃煤电厂，还应考虑相应高程的大气条件对烟气性质的影响，选择适宜的除尘器类型。

6.1.5 统筹协同。烟气超低排放是一项系统工程，各设施之间相互影响，在设计、施工、运行过程中，要统筹考虑各设施之间的协同作用，全流程优化，实现污染物最佳控制效果。

6.1.6 兼顾发展。不仅要达到当前的排放要求，还应考虑环境管理要求提高、经济技术发展和电力煤炭市场变化等因素，选择适宜的超低排放技术路线。

6.2 颗粒物超低排放技术路线

6.2.1 燃煤电厂应综合采用一次除尘和二次除尘措施，实现颗粒物超低排放。

6.2.1.1 一次除尘措施。为实现超低排放，在湿法脱硫前对烟尘的高效脱除，称为一次除尘，主流技术包括电除尘技术、电袋复合除尘技术和袋式除尘技术。电除尘技术通过采用高效电源供电、先进清灰方式以及低低温电除尘技术等有机组合，实现不低于99.85%的除尘效率；采用超净电袋复合除尘器及高效袋式除尘器，实现不低于 99.9%的除尘效率。

6.2.1.2 二次除尘措施。为实现超低排放，在烟气湿法脱硫过程中对颗粒物进行协同脱除、在烟气脱硫后采用湿式电除尘器进一步脱除颗粒物，称为二次除尘。石灰石-石膏湿法脱硫复合塔技术配套采用高效的除雾器或在脱硫系统内增加湿法除尘装置，协同除尘效率可不低于70%；湿法脱硫后加装湿式电除尘器，除尘效率可不低于70%，且除尘效果稳定。

6.2.2 燃煤电厂工程实际应用中应综合考虑各种技术的特点、适用性、经济性、成熟度及二次污染等，选择颗粒物超低排放技术路线，详见表 17 和图 1。

表 17 颗粒物超低排放技术路线

锅炉类型（燃烧方式）	机组规模/万 kW	入口烟气含尘质量浓度/(mg/m³)	一次除尘			二次除尘	
			电除尘（效率≥99.85%）	电袋复合除尘（效率≥99.9%）	袋式除尘（效率≥99.9%）	WESP（效率≥70%）	WFGD 协同（效率≥70%）
煤粉炉（切向燃烧、墙式燃烧）	≤20	≥30 000	★	★★★	★★★	★★★	★
		20 000~30 000	★★	★★	★★	★★	★★
		≤20 000	★★★	★	★	★	★★★
	30	≥30 000	★	★★★	★★	★★★	★
		20 000~30 000	★★	★★	★	★★	★★
		≤20 000	★★★	★	★	★	★★★
	≥60	≥30 000	★	★★★	★	★★★	★
		20 000~30 000	★★	★★	★	★★	★★
		≤20 000	★★★	★	★	★	★★★
煤粉炉（W 火焰燃烧）		≥30 000	★	★★★	★★★	★★★	★
		20 000~30 000	★★	★★★	★	★★	★★
		≤20 000	★★★	★★	★	★	★★★
CFB 锅炉			★	★★★	★★	★★★	★

注：（1）一次除尘措施的选择首先应结合煤质与灰的性质判断是否适合采用电除尘器，如不适用则应优先选择电袋复合除尘器或袋式除尘器。

（2）对于一次除尘就要求烟尘质量浓度小于 10 mg/m³ 或 5 mg/m³ 实现超低排放的，宜优先选择超净电袋复合除尘器。

（3）一次除尘器出口烟尘质量浓度为 30~50 mg/m³ 时，二次除尘宜选用湿式电除尘器（WESP）；一次除尘器出口烟尘质量浓度为 20~30 mg/m³ 时，二次除尘宜选用湿法脱硫（WFGD）协同除尘或 WESP；一次除尘器出口烟尘质量浓度小于 20 mg/m³ 时，二次除尘宜选用 WFGD 协同除尘。

（4）表中★表征技术推荐程度，★越多综合效果越好，优先推荐。

6.3 SO₂ 超低排放技术

6.3.1 采用石灰石-石膏湿法脱硫，为稳定实现超低排放，对于不同的 SO₂ 入口质量浓度，需采用不同的脱硫工艺，具体工艺选择时应同时考虑经济性和成熟度，详见表 18。

6.3.2 在缺水地区、吸收剂质量有保证的条件下，对于入口 SO₂ 质量浓度不大于 1 500 mg/m³ 的 300 MW 级及以下的燃煤机组，可选择烟气循环流化床脱硫技术。考虑循环流化床锅炉的炉内脱硫效率，烟气循环流化床脱硫技术可用于 300 MW 级及以下燃用中等含硫煤的循环流化床机组。在海水扩散条件较好、符合近岸海域环境功能区划要求时，对于入口 SO₂ 质量浓度不大于 2 000 mg/m³ 的滨海电厂，可选择高效海水脱硫技术。在氨来源稳定、运输距离短、环境不敏感的条件下，300 MW 级及以下的燃煤机组可选择氨法脱硫技术。详见表 19。

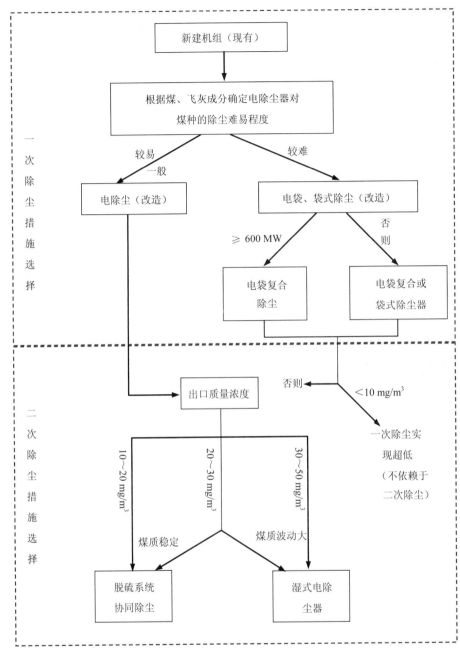

图 1 颗粒物超低排放技术路线

表 18 石灰石-石膏湿法脱硫超低排放技术

入口 SO₂ 质量浓度/（mg/m³）	脱硫工艺及脱硫效率				
≤1 000	空塔提效	97%			
≤2 000	双托盘、沸腾泡沫		98.5%		
≤3 000	旋汇耦合、双托盘、湍流管栅			99%	

入口 SO_2 质量浓度/（mg/m³）	脱硫工艺及脱硫效率		
≤6 000	单塔双 pH 值、旋汇耦合、湍流管栅	99.5%	
≤10 000	空塔双 pH 值、旋汇耦合		99.7%

注：（1）为实现稳定超低排放，脱硫效率按脱硫塔出口 SO_2 质量浓度 30 mg/m³ 计算。

（2）适用于入口 SO_2 质量浓度高的技术，也适用于入口质量浓度较低的技术。

表 19　烟气循环流化床、海水法、氨法脱硫超低排放技术

入口 SO_2 质量浓度/（mg/m³）	地域	单机容量/MW	超低排放技术
≤1 500	尤其适合缺水地区	≤300	烟气循环流化床脱硫
≤2 000	沿海地区	300～1 000	海水脱硫
≤10 000	电厂周围 200 km 内有稳定氨源	≤300	氨法脱硫

6.4　NO_x 超低排放技术

6.4.1　锅炉低氮燃烧技术是控制 NO_x 的首选技术，在保证锅炉效率和安全的前提下应尽可能降低锅炉出口 NO_x 的质量浓度。

6.4.2　煤粉锅炉应通过燃烧器改造和炉膛燃烧条件优化，确保锅炉出口 NO_x 质量浓度小于 550 mg/m³。炉后采用 SCR 烟气脱硝技术，通过选择催化剂层数、精准喷氨、流场均布等措施保证脱硝设施稳定高效运行，实现 NO_x 超低排放。

6.4.3　循环流化床锅炉应通过燃烧调整，确保 NO_x 生成质量浓度小于 200 mg/m³，再加装 SNCR 脱硝装置，实现 NO_x 超低排放；必要时可采用 SNCR-SCR 联合脱硝技术。

6.4.4　燃用无烟煤的 W 型火焰锅炉采用低氮燃烧技术及炉后 SCR 烟气脱硝技术，仍难满足 NO_x 的超低排放要求。

6.4.5　各种炉型 NO_x 超低排放技术路线见表 20。

表 20　NO_x 超低排放技术

炉型	入口质量浓度/（mg/m³）	脱硝效率/%	SCR 催化剂层数
煤粉炉（切向燃烧、墙式燃烧）	＜200	80	2+1
	200～350	80～86	3+1
	350～550	86～91	
循环流化床锅炉		60～80	SNCR（+SCR）

注："n+1" 中 n 代表催化剂层数，1 代表预留备用催化剂层安装空间。

6.5　典型的烟气污染物超低排放技术路线

6.5.1　烟气污染物超低排放涉及烟气中颗粒物、SO_2 及 NO_x 的超低排放，每种污染物的超低排放都可以有多种技术选择，见图 2。工程实际应用中需考虑不同污染物治理设施之间的协同作用，针对不同燃煤电厂的具体条件选择适宜的技术路线，具体见 6.2、6.3 和 6.4 部分。

6.5.2　与 SO_2 和 NO_x 的超低排放技术相比，颗粒物的超低排放技术不仅涉及一次除尘措施，而且涉及二次除尘措施，技术路线选择较多，典型技术路线如下：

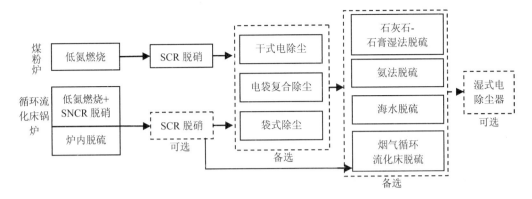

图 2　燃煤电厂超低排放技术路线

a）以湿式电除尘器作为二次除尘的超低排放技术路线

① 湿式电除尘器（WESP）去除颗粒物的效果较为稳定，基本不受燃煤机组负荷变化的影响，因此，对于煤质波动大、负荷变化幅度大且较为频繁等严重影响一次除尘效果的电厂，适合采用湿式电除尘器作为二次除尘的超低排放技术路线。

② WESP 作为燃煤电厂污染物控制的强化处理设备，一般与干式电除尘器和湿法脱硫系统配合使用，也可与低低温电除尘技术、电袋复合除尘技术、袋式除尘技术等组合使用，对 $PM_{2.5}$、SO_3 酸雾、气溶胶等多污染物协同治理，实现燃煤电厂超低排放。

③ 当要求颗粒物排放质量浓度小于 10 mg/m^3 时，WESP 入口颗粒物质量浓度宜小于 30 mg/m^3，一般不超过 50 mg/m^3。当要求颗粒物排放质量浓度小于 5 mg/m^3 时，WESP 入口颗粒物质量浓度宜小于 20 mg/m^3，一般不超过 30 mg/m^3。

④ 当 WESP 入口颗粒物质量浓度较高时，可通过增加比集尘面积、降低气流速度等方法提高除尘效率。

⑤ 根据现场场地条件，WESP 可以采用不同布置形式，低位布置占用一定场地，高位布置不占用场地。

b）以湿法脱硫协同除尘作为二次除尘的超低排放技术路线

① 石灰石-石膏湿法脱硫系统可脱除烟气中部分烟尘，同时烟气中也会生成少量次生颗粒物，如脱硫过程中形成的石膏颗粒、未反应的碳酸钙颗粒等，应采取配套治理措施实现超低排放。

② 湿法脱硫系统的净除尘效果取决于气液接触时间、液气比、除雾器效果、流场均匀性、脱硫系统入口烟气含尘浓度、有无额外的除尘装置等诸多因素。

③ 为实现 SO_2 超低排放，复合塔脱硫技术通过采用增强型的喷淋系统以及管束式除尘除雾器和其他类型的高效除尘除雾器等方法，协同除尘效率一般大于 70%，可以作为二次除尘的超低排放技术路线。

④ 当要求颗粒物排放质量浓度小于 10 mg/m^3 时，湿法脱硫入口烟尘质量浓度宜小于 30 mg/m^3。当要求颗粒物排放质量浓度小于 5 mg/m^3 时，湿法脱硫入口烟尘质量浓度宜小于 20 mg/m^3。

c）以超净电袋复合除尘为基础不依赖二次除尘的超低排放技术路线

① 采用超净电袋复合除尘器可直接实现除尘器出口烟尘质量浓度小于 10 mg/m^3 或

5 mg/m³。对下游湿法脱硫系统没有额外的除尘要求，只要保证脱硫系统出口颗粒物质量浓度不增加，就可实现颗粒物质量浓度小于 10 mg/m³ 或 5 mg/m³，满足超低排放要求。

② 超净电袋复合除尘器出口烟尘质量浓度基本不受煤质与机组负荷变动的影响，占地较少。

7 水污染防治技术

7.1 废水处理工艺分类

7.1.1 火电厂废水通常有两种处理方式：一种是集中处理，另一种是分类处理。

7.1.2 对于新建燃煤电厂，由于废水种类多，水质差异大，大多数废水需要处理回用，因此，应采用分类处理与集中处理相结合的处理技术路线。

7.2 废水分类处理技术

7.2.1 锅炉停炉保护和化学清洗废水（含有机清洗剂）处理

停炉保护废水联胺含量较高；锅炉化学清洗方式较多，用柠檬酸或乙二胺四乙酸（EDTA）进行锅炉酸洗产生的废液中残余清洗剂量很高。上述锅炉酸洗废水水质特点是 COD、SS 含量较高。为降低过高的 COD，在常规 pH 值调整、混凝澄清处理工艺之前应增加氧化处理环节。通过加入氧化剂（通常是双氧水、过硫酸铵或次氯酸钠等）氧化，分解废水中的有机物，降低 COD 值。

7.2.2 空气预热器、省煤器和锅炉烟气侧等设备冲洗排水处理

该类废水为锅炉非经常性排水，其水质特点是悬浮物和铁的含量很高，不能直接进入经常性排水处理系统。处理方法常采用化学沉淀法，即首先进行石灰处理，在高 pH 值下沉淀出过量的铁离子并去除大部分悬浮物，然后再进入中和、混凝澄清等处理系统；也可采用氧化、化学沉淀法，即首先进行曝气氧化，再进行中和、混凝澄清等处理。

7.2.3 化学水处理工艺废水处理

7.2.3.1 化学水处理因工艺不同，可产生酸碱废水或浓盐水。

7.2.3.2 酸碱废水多采用中和处理，即采用加酸或碱调节 pH 值至 6～9，出水直接排放或回用。该工艺系统一般由中和池、酸储槽、碱储槽、在线 pH 值计、中和水泵和空气搅拌系统等组成，运行方式大多为批量中和，即当中和池中的废水达到一定容量后，再启动中和系统。

7.2.3.3 为尽量减少新鲜酸、碱的消耗，离子交换设备再生时应合理安排阳床和阴床的再生时间及再生酸碱用量，尽量使阳床排出的废酸与阴床排出的废碱相匹配，减少直接加入中和池的新鲜酸和碱量。

7.2.3.4 采用反渗透预脱盐系统的水处理车间，受反渗透回收率的限制，排水量较大。如果反渗透系统回收率按 75%设计，反渗透装置进水流量的 1/4 以废水形式排出，废水量远大于离子交换系统。但其水质基本无超标项目，主要是含盐量较高，可直接利用或排放，必要时可进行脱盐处理。

7.2.4 煤泥废水处理

7.2.4.1 煤泥废水一般采用混凝沉淀、澄清和过滤处理工艺，去除废水中悬浮物（主要是煤粉）后循环使用。

7.2.4.2 煤泥废水处理系统由废水收集、废水输送、废水处理系统等组成。

7.2.4.3 煤场的废水经集水池预沉淀，先将废水中携带的大尺寸的煤粒沉淀下来，然后再将上面的清液送经混凝、澄清和过滤处理后回用。

7.2.4.4 微滤或超滤处理工艺广泛应用于煤泥废水处理。其优点是出水水质好，尤其是出水浊度很低，可小于 1 度（NTU）；缺点是要进行频繁的反洗（自动进行）和定期进行化学清洗。

7.2.5 冲灰废水处理

7.2.5.1 采用水力除灰方式会产生冲灰废水。冲灰废水水质特点是 pH 值和含盐量较高；通过灰浆浓缩池进行闭路循环的灰水悬浮物较高；灰场的水经过长时间沉淀，悬浮物浓度一般很低。只要保证水在灰场有足够的停留时间，并采取措施拦截"漂珠"，悬浮物大多可满足排放要求。pH 值则需要通过加酸，使 pH 值降至 6～9。

7.2.5.2 冲灰废水一般采用物理沉淀法处理后循环使用。处理过程中需添加阻垢剂，防止回水系统结垢。

7.2.6 含油废水处理

含油废水主要包括油罐脱水、冲洗含油废水、含油雨水等。含油废水处理通常采用气浮法进行油水分离，出水经过滤或吸附后回用或排放；也可采用活性炭吸附法、电磁吸附法、膜过滤法、生物氧化法等除油方法。

7.2.7 脱硫废水处理

脱硫废水水质特点是悬浮物质量浓度高、COD 高、pH 值呈酸性。其处理工艺是通过加石灰浆对脱硫废水进行中和、沉淀处理，然后经絮凝、澄清、浓缩等步骤处理后，清水回收利用，沉降物脱硫废水污泥经脱水后运出处置。

7.2.8 氨区废水处理

氨区废水包括液氨贮存或氨水贮存区卸氨后设备及管道中氨气、事故或长期停机状态下氨罐及管道中氨气排至吸收槽用水稀释产生的废水、氨泄漏时稀释废水、夏季气温较高时对液氨储罐进行冷却产生的废水等。氨区废水水质特点是氨氮较高、pH 值稍高，且不连续产生。一般将氨区废水送入厂区酸碱废水处理系统进行中和处理后回用。

7.2.9 生活污水处理

生活污水可生化性好，宜采用二级生化处理，消毒后回用或排放。也可采用膜生物反应器工艺处理后再利用，该工艺具有出水水质优良、性能稳定、占地面积小等优势。

7.2.10 其他废水及排水处理

除上述废水外，电厂还会产生冲渣、主厂房冲洗水、初期雨水等废水，以及锅炉排污水、循环冷却系统排水、直流冷却系统排水等水质较好的水，处理方式见表21。

7.3 废水集中处理技术

7.3.1 燃煤电厂废水集中处理站（系统）规模大、处理废水种类多，处理后的废水根据水质情况达标排放或回收利用。废水集中处理站（系统）可用于处理各种经常性排水和非经常性排水。

7.3.2 典型的废水集中处理站设有多个废水收集池，根据水质差异进行分类收集，如高含盐量的化学再生废水、锅炉酸洗废液、空气预热器冲洗废水等。各池之间根据实际用途可互相切换，主要设施包括废水收集池、曝气风机、废水泵和酸、碱储存罐，以及清水池、pH 值调整槽、反应槽、絮凝槽、澄清器、加药系统等。

7.4 废水近零排放技术

7.4.1 火电厂除脱硫废水外，各类废水经处理后基本能实现"一水多用，梯级利用"、废水不外排，因此，实现废水近零排放的关键是实现脱硫废水零排放。

7.4.2 脱硫废水经初步处理后，含盐量过高。目前脱硫废水零排放技术主要包括烟气余热喷雾蒸发干燥、高盐废水蒸发结晶等。

7.4.3 烟气余热喷雾蒸发干燥是通过雾化喷嘴将浓缩后的高盐废水喷入烟道或旁路烟道内，雾化后的高盐废水经过烟气加热迅速蒸发，溶解性盐结晶析出，随烟气中的烟尘一起被除尘器捕集。

7.4.4 高盐废水蒸发结晶是利用烟气、蒸汽或热水等热源蒸发废水，蒸发产生的水汽可冷凝成水用于冷却塔补水、锅炉补给水等，废水中的溶解盐被蒸发结晶，干燥后装袋外运，进行综合利用或处置，避免产生二次污染。

7.4.5 蒸发干燥或蒸发结晶前，宜采用反渗透、电渗析等膜浓缩预处理工艺减少废水量。

7.5 废水处理与回用可行技术路线

7.5.1 废水处理与回用可行技术路线见表21。

表21 废水处理与回用可行技术路线

废水种类	主要污染因子	可行技术	去向或回用途径
锅炉酸洗废水	COD、SS、pH值等	氧化、混凝、澄清	集中处理站
锅炉非经常性废水	pH值、SS等	沉淀、中和	集中处理站
酸碱废水	pH值	中和	烟气脱硫系统
煤泥废水	SS	混凝、澄清、过滤	重复利用
冲灰废水	SS、pH值等	加阻垢剂	闭路循环
含油废水	油、SS	油水分离	煤场喷洒
脱硫废水	pH值、SS、COD、重金属等	石灰处理、混凝、澄清、中和	干灰调湿、灰场喷洒、冲渣水、冲灰水或达标排放
		石灰处理（双碱法处理）、混凝、澄清、中和、膜软化、膜浓缩、蒸发干燥或蒸发结晶	喷雾蒸发干燥时脱硫废水进入烟气。蒸发结晶时脱硫废水蒸发的水汽冷凝后可在厂内利用，结晶盐外运综合利用
氨区废水	氨氮、pH值	中和	回用
生活污水	COD、BOD、SS	(1) 二级生化处理；(2) 膜生物反应器工艺	绿化、集中处理站
冲渣水	SS、pH值	沉淀、中和	重复利用
主厂房冲洗水	SS	混凝、澄清	集中处理站
初期雨水	SS、油等	不处理或混凝、澄清	集中处理站
锅炉排污水	温度	—	冷却水系统或化水系统
循环冷却系统排水	盐类	反渗透等除盐工艺	除灰、脱硫、喷洒等利用或除盐后回冷却系统
直流冷却系统排水	温度	—	直接排入水环境
高含盐废水（反渗透浓水、循环水排污等）	盐类	石灰处理、絮凝、沉淀、超滤、反渗透	回冷却系统、脱硫系统等

7.5.2 电厂应从全局出发，加强全厂水务管理。对电厂的水源、用水和排水做全面规划管理，选择最优的全厂用水分配方案，经济合理地处理各种废水，最大限度地提高废水回用率。

8 噪声治理技术

8.1 一般规定

火电厂应尽量采用低噪声设备，按照环境功能合理布置声源，采取有效的降噪措施，并按时进行设备维护与检修，从而有效控制噪声对周围环境的影响。

8.2 燃料制备系统噪声治理技术

8.2.1 燃料制备系统中主要噪声设备是磨煤机。

8.2.2 中速磨煤机噪声主要为排气噪声，噪声水平为 95～110 dB（A）。中速磨煤机噪声治理宜采用局部隔声法，在磨煤机底部排气口噪声能量最大处安装隔声装置，在隔声装置排气口外侧设置低噪声轴流风机和消声器，降噪量能达到 20 dB（A）。

8.2.3 低速磨煤机（即钢球磨煤机）噪声水平为 100～120 dB（A），噪声治理主要采用以下三种措施：

  a）筒体外壳阻尼层。阻尼材料的厚度一般应为外壁厚度的 2～3 倍，可降噪 10 dB（A）左右。

  b）隔声套。一般采用多层吸声、隔声阻尼材料组合式结构，把磨煤机筒体紧紧地捆箍起来，与筒体一起旋转，可将设备噪声降至 95 dB（A）左右；其缺点是增加自重、检修不便等。

  c）隔声罩。一般由隔声罩板和吸声材料等组成，通过将钢球磨煤机封闭在隔声罩内，减少噪声辐射，一般可降噪 10～30 dB（A）。磨煤机附属的电动机一般采用能通风、可拆卸的隔声罩。

8.3 燃烧系统噪声治理技术

8.3.1 锅炉排汽噪声

8.3.1.1 燃烧系统中最主要噪声源是锅炉排汽噪声，噪声水平为 115～130 dB（A），频谱呈中高频特性，属于影响面较大的高空偶发噪声，一般排汽时间短（几分钟），噪声影响范围大（可达数千米）。

8.3.1.2 锅炉排汽噪声控制是通过在喷口安装具有扩张降速、节流降压、变频或改变喷注气流参数等功能的放空消声器。一般采用消声量 25 dB（A）以上的小孔（喷注）消声器，电厂应用的节流降压消声器消声量可达 30 dB（A）以上。

8.3.2 空气动力噪声

8.3.2.1 燃烧系统中锅炉及炉后部分产生的连续噪声是较突出的空气动力噪声，噪声水平为 85～115 dB（A）。

8.3.2.2 应对锅炉送、引风机及管路系统空气动力噪声加以治理，风机本体采用吸隔声材料进行处理，可达到不小于 20 dB（A）的降噪效果，同时考虑检修、散热等因素。需加装检修门和通风散热照明等设施。管路系统采用隔声包覆措施，减少噪声辐射。进、排气管道加装消声器，一般采用阻性片式消声器，可以根据消声量对吸声材料、通流截面、消声器长度等进行合理设计，消声量一般 25 dB（A）左右。

8.4 发电系统噪声治理技术

8.4.1 发电系统中主要噪声设备是汽轮机、发电机及励磁机等，运行噪声水平为 76～108 dB（A）。发电机组在设备出厂时一般已配置隔声罩，可降噪 20 dB（A）左右。在隔声罩内喷刷阻尼材料可进一步提高隔声罩的隔声性能；设备安装时在基座下设置隔振支撑，可有效减少结构噪声。

8.4.2 主厂房内声源设备多，噪声偏高，建筑围护结构的降噪量一般仅在 10 dB（A）左右，因此，应注意厂房的密闭性和隔声性能，控制噪声对外辐射。汽机房主体建筑应采用隔声门窗，在面对办公区的厂房立面安装可调节通风型消声百叶窗。

8.5 冷却系统噪声治理技术

8.5.1 火电厂冷却系统中最大噪声源是自然通风冷却塔的淋水噪声或直接空冷岛的风机噪声。

8.5.2 自然通风冷却塔的淋水噪声水平为 70～85 dB（A），噪声治理一般采用以下三种措施：

　　a）部分进风口安装冷却塔通风消声器。在冷却塔底部的部分进风口区域安装由若干通风导流消声片组成的进风消声器，一般可降噪 15 dB（A）以上。设计中特别要控制进风消声器的压力损失，确保其不影响冷却效果，综合考虑消声器的消声量和压力损失两个主要参数，推荐使用阵列式消声器。

　　b）隔声屏障。冷却塔采用隔声屏障降噪时，一般可降噪 10 dB（A）左右。隔声屏障应尽量靠近塔体，屏障高度应高于冷却塔进风口高度，可采用高效轻质隔声型、土坡型、钢筋混凝土型等结构，从抗震、抗风等方面予以严格设计。

　　c）消声垫。消声垫是降低冷却塔淋水噪声的有效办法。消声垫可用金属的网垫、天然纤维垫、透水性能好的泡沫塑料垫等多孔材料制作。将消声垫铺放在冷却塔的下塔体，用金属网支撑或铺放在接水盘上，能降低淋水噪声 5～10 dB（A）。

8.5.3 直接空冷岛的风机噪声水平为 70～80 dB（A），噪声治理宜根据空冷平台的降噪需求对消声措施进行合理设计，建议采用阵列式消声器，保证足够的消声量和较小的压力损失。普通的消声器应具备 10～15dB（A）降噪效果。

8.6 脱硫系统噪声治理技术

　　脱硫系统主要噪声源为氧化风机、增压风机噪声，噪声水平一般在 85～110 dB（A）。氧化风机噪声治理一般采用加装隔声罩和室内布置，隔声量一般在 20 dB（A）。增压风机噪声治理一般采用和锅炉送引风机相同的阻尼复合减振降噪措施，降噪量 15～20 dB（A）。

8.7 封闭式隔声机房噪声治理技术

　　采用封闭式隔声机房（隔声罩）设计时，要注意封闭结构内的气流组织和封闭空间内外气流交换通道的消声问题。

8.8 其他噪声治理技术

　　在电厂运行过程中，各种给水泵、循环泵、灰浆泵等，噪声水平为 82～108 dB（A）。噪声治理一般采用加装隔声罩，隔声量可达 25 dB（A）以上。

8.9 噪声治理可行技术

　　噪声治理可行技术及效果见表 22。

表22 噪声治理可行技术及效果

分类	噪声源	噪声源声级水平/dB（A）	可行技术	效果	备注
燃料系统	磨煤机	95～120	筒体外壳阻尼 隔声套 隔声罩	降噪量10 dB（A）左右 整体噪声降至95 dB（A）左右 降噪量10～30 dB（A）	检修不便 罩内吸声
燃烧系统	锅炉排汽（偶发噪声）	115～130	排汽放空消声器	消声量30 dB（A）以上	
	引风机、送风机	85～115	消声器 管道外壳阻尼	消声量25 dB（A）左右 降噪量20 dB（A）以上	
发电系统	汽轮机、发电机及励磁机	76～108	隔声罩 厂房内壁面吸声处理	降噪量20 dB（A）左右 降噪量10 dB（A）左右	罩内吸声
冷却系统	自然通风冷却塔淋水	70～85	进风口消声器 隔声屏障 消声垫	消声量15 dB（A）以上 降噪量10 dB（A）左右 消声量5～10 dB（A）	尽量靠近塔体
	空冷岛风机	70～80	低噪声风机 吸声板 消声装置	风机噪声可降至63.2 dB（A） 吸声量8 dB（A）左右 消声量10～15dB（A）	
脱硫系统	氧化风机、增压风机	85～110	隔声罩 管道外壳阻尼	降噪量20 dB（A）左右 消声量15～20 dB（A）	罩内吸声
其他	给水泵、循环泵、灰浆泵等	82～108	隔声罩	降噪量25 dB（A）以上	罩内吸声

9 固体废物综合利用及处置技术

9.1 一般规定

燃煤电厂产生的固体废物有粉煤灰、脱硫副产物、污水处理污泥、废弃脱硝催化剂、废弃滤袋等，应优先采用有利于资源化利用的处理方法，或采用适当的处置方法，避免二次污染。

9.2 粉煤灰综合利用技术

9.2.1 粉煤灰磨细加工技术

粉煤灰磨细加工是指改进粉煤灰的细度和均匀性，便于综合利用。粉煤灰磨细后细度增大，烧失量变化不大，密度增大，需水量比减小，抗压强度比提高。

9.2.2 粉煤灰分级技术

粉煤灰分级一般采用干法多级离心分离器，分离出符合商品要求的产品，便于综合利用。

9.2.3 利用高铝粉煤灰提炼硅铝合金技术

利用电厂产生的高铝粉煤灰为原料，通过电热法冶炼硅铝系列合金及从高铝粉煤灰中提取氧化铝并可联产白炭黑等硅产品。

9.2.4 综合利用

粉煤灰综合利用是指采用上述成熟工艺技术对粉煤灰进行加工，将其用于生产建材、回填、建筑工程、提取有益元素制取化工产品及其他用途。粉煤灰综合利用途径主要有生产粉煤灰水泥、粉煤灰砖、建筑砌块、混凝土掺料、道路路基处理、矿井回填材料、土壤改良、微生物复合肥等。

9.3 脱硫副产物综合利用及处置技术

9.3.1 脱硫石膏综合利用

脱硫石膏主要可用做水泥缓凝剂或制作石膏板，还可用于生产石膏粉料、石膏砌块、矿井回填材料及改良土壤等。

9.3.2 半干法脱硫灰渣综合利用

半干法脱硫（包括烟气循环流化床脱硫）灰渣主要成分为 $CaSO_4$、$CaSO_3$ 等，具有强碱性和自硬性，主要可用于筑路和制砖。

9.3.3 循环流化床锅炉炉内脱硫灰渣综合利用

与煤粉炉产生的粉煤灰相比，循环流化床锅炉炉内脱硫灰渣具有烧失量较高、CaO 含量高、SO_3 质量浓度高、玻璃体较少、具有一定的自硬性等特点，可综合利用于废弃矿井、采空区回填和筑路等。

9.4 污泥处置技术

电厂废水处理产生的污泥主要包括给水、工业废水、脱硫废水等处理过程产生的污泥。污泥中重金属含量符合 GB 5085 要求时，可贮存在灰场内。也可将污泥干燥后按照适当比例掺入原煤系统中进行焚烧处理。脱硫废水处理产生的污泥经检定确定为危险废物的，按照 GB 18598 处置；经检定后确定为一般废物的，按照 GB 18599 处置。

9.5 废弃脱硝催化剂处置技术

废弃脱硝催化剂是指不能再生利用的催化剂，属于危险废物。蜂窝式催化剂一般应压碎后按照 GB 18598 要求填埋。板式催化剂由于其中含有不锈钢基材，应破碎取出不锈钢基材回收利用，催化剂粉应按照 GB 18598 要求填埋。

9.6 废弃滤袋处置技术

9.6.1 回收利用

9.6.1.1 根据不同的滤袋材质可选用机械破碎、回炉熔化拉丝、高温裂解等方法进行处理后回收利用。

9.6.1.2 机械破碎是利用机械力将 PPS、PTFE、玻璃纤维等废弃滤袋由滤布变为纤维或粉粒，该方法简单、实用、投资较低，可适用于各种滤袋材质。

9.6.1.3 回炉熔化拉丝是将废弃滤袋进行机械破碎、清洗、干燥后，高温熔融再拉丝重新制成纤维，然后再加工生产滤袋或其他产品，循环使用。

9.6.1.4 高温裂解是废弃滤袋纤维在一定的高温下，使大分子分解成小分子，回收其中有用的小分子。

9.6.2 焚烧

焚烧是对废弃滤袋进行高温燃烧，使废弃滤袋变成惰性残留物，并对燃烧余热进行利用，最大限度地减少废弃滤袋的体积和质量。对含有 PTFE 短纤维或基布的滤袋不应进行焚烧处理。

9.6.3 土地填埋

土地填埋是指将废弃滤袋在合适的场地填埋后进行封存处理，其特点是处理简单、处理费用低、处理量大。土地填埋需注意填埋地点选择、填埋工艺与渗透液处理等问题。

9.7 固体废物综合利用及处置可行技术

固体废物综合利用及处置可行技术见表 23。

表 23　固体废物综合利用及处置可行技术

分类	可行技术		技术适用性
粉煤灰	综合利用	（1）粉煤灰磨细加工	适用于电除尘器一级、二级电场和袋式除尘器收集的粉煤灰
		（2）粉煤灰干法分级	适用于各种粉煤灰
		（3）提炼硅铝合金	适用于高铝粉煤灰
脱硫石膏	（1）脱硫石膏做水泥缓释剂 （2）脱硫石膏板生产技术		适用于石灰石/石灰-石膏法烟气脱硫产生的脱硫石膏
半干法脱硫灰渣	用于筑路和制砖		适用于半干法烟气脱硫（包括烟气循环流化床脱硫）产生的灰渣
循环流化床锅炉炉内脱硫灰渣	用于废弃矿井、采空区回填和筑路		适用于循环流化床锅炉炉内脱硫产生的灰渣
污泥	污泥掺入原煤系统焚烧		适用于经检定后确定为一般废物的污泥
废弃脱硝催化剂	破碎取出不锈钢基材回用		适用于含有不锈钢基材的板式催化剂
废弃滤袋	高温裂解、回炉熔化拉丝或高温焚烧后回收利用		适用于各种废弃滤袋
固体废物填埋、处置技术			经检定后确定为危险废物的，按照 GB 18598 处置；经检定后确定为一般废物的，按照 GB 18599 处置

中华人民共和国国家环境保护标准

燃煤电厂超低排放烟气治理工程技术规范

Technical specifications for flue gas ultra-low emission engineering of
coal-fired power plant

HJ 2053—2018

前 言

为贯彻《中华人民共和国环境保护法》《中华人民共和国大气污染防治法》《大气污染防治行动计划》，防治环境污染，改善环境质量，规范燃煤电厂超低排放烟气治理工程建设及运行，制定本标准。

本标准规定了燃煤电厂超低排放烟气治理工程的术语和定义、污染物与污染负荷、总体要求、工艺设计、主要工艺设备和材料、检测与过程控制、主要辅助工程、劳动安全与职业卫生、工程施工与验收、运行与维护等相关要求。

本标准为首次发布。

本标准由生态环境部科技标准司组织制订。

本标准起草单位：环境保护部环境工程评估中心、中国神华能源股份有限公司、国电环境保护研究院有限公司、中国电力工程顾问集团中南电力设计院有限公司、中国电力工程顾问集团东北电力设计院有限公司、浙江大学、浙江菲达环保科技股份有限公司、福建龙净环保股份有限公司、北京清新环境技术股份有限公司、北京国电龙源环保工程有限公司、浙江天地环保科技有限公司、江苏新世纪江南环保股份有限公司。

本标准生态环境部 2018 年 4 月 8 日批准。

本标准自 2018 年 6 月 1 日起实施。

本标准由生态环境部解释。

1 适用范围

本标准规定了燃煤电厂超低排放烟气治理工程的术语和定义、污染物与污染负荷、总体要求、工艺设计、主要工艺设备和材料、检测与过程控制、主要辅助工程、劳动安全与职业卫生、工程施工与验收、运行与维护等技术要求。

本标准适用于 100 MW 及以上燃煤发电机组（含热电）配套锅炉（不含 W 火焰炉）的超低排放烟气治理工程，可作为燃煤电厂新建、改建、扩建工程环境影响评价，环境保护设施设计、施工、调试、验收和运行管理以及环境监理、排污许可审批的技术依据。

100 MW 以下燃煤发电机组配套锅炉的超低排放烟气治理工程可参照执行。

2 规范性引用文件

本标准引用了下列文件或其中的条款。凡是未注明日期的引用文件，其最新版本适用于本标准。

GB 2893 安全色

GB 2894 安全标志及其使用导则

GB 3087 低中压锅炉用无缝钢管

GB 5310 高压锅炉用无缝钢管

GB/T 6719 袋式除尘器技术要求

GB 12348 工业企业厂界环境噪声排放标准

GB/T 12801 生产过程安全卫生要求总则

GB/T 13931 电除尘器性能测试方法

GB 18218 重大危险源辨识

GB/T 19229.1 燃煤烟气脱硫设备 第 1 部分：燃煤烟气湿法脱硫设备

GB/T 19229.2 燃煤烟气脱硫设备 第 2 部分：燃煤烟气干法/半干法脱硫设备

GB/T 19229.3 燃煤烟气脱硫设备 第 3 部分：燃煤烟气海水脱硫设备

GB/T 22395 锅炉钢结构设计规范

GB 26164.1 电业安全工作规程 第 1 部分：热力和机械

GB/T 27869 电袋复合除尘器

GB/T 31584 平板式烟气脱硝催化剂

GB 50016 建筑设计防火规范

GB 50040 动力机器基础设计规范

GB/T 50087 工业企业噪声控制设计规范

GB 50160 石油化工企业防火设计规范

GB 50217 电力工程电缆设计规范

GB 50222 建筑内部装修设计防火规范

GB 50229 火力发电厂与变电站设计防火规范

GB 50660 大中型火力发电厂设计规范

GB 50895 烟气脱硫机械设备工程安装及验收规范

GBZ 1 工业企业设计卫生标准

GBZ 2.1 工作场所有害因素职业接触限值 第 1 部分：化学有害因素

GBZ 2.2 工作场所有害因素职业接触限值 第 2 部分：物理因素

GBZ 158 工作场所职业病危害警示标识

DL/T 260 燃煤电厂烟气脱硝系统性能验收试验规范

DL/T 362 燃煤电厂环保设施运行状况评价技术规范

DL/T 461 燃煤电厂电除尘器运行维护导则

DL/T 692 电力行业紧急救护技术规范

DL/T 869 火力发电厂焊接技术规程

DL/T 998 石灰石-石膏湿法烟气脱硫系统性能验收试验规范

DL/T 1050   电力环境保护技术监督导则

DL/T 1051   电力技术监督导则

DL/T 1149   火电厂石灰石/石灰-石膏湿法烟气脱硫系统运行导则

DL/T 1150   火电厂烟气脱硫系统验收技术规范

DL/T 1286   火电厂烟气脱硝催化剂检测技术规范

DL/T 1371   火电厂袋式除尘器运行维护导则

DL/T 1493   燃煤电厂超净电袋复合除尘器

DL/T 1589   湿式电除尘技术规范

DL 5009.1   电力建设安全工作规程   第1部分：火力发电

DL/T 5035   发电厂供暖通风与空气调节设计规范

DL 5053   火力发电厂职业安全卫生设计规程

DL/T 5054   火力发电厂汽水管道设计规范

DL/T 5072   火力发电厂保温油漆设计规程

DL/T 5121   火力发电厂烟风煤粉管道设计技术规程

DL/T 5136   火力发电厂、变电所二次接线设计技术规程

DL/T 5153   火力发电厂厂用电设计技术规定

DL/T 5175   火力发电厂热工控制系统设计技术规定

DL/T 5182   火力发电厂热工自动化就地安装、管路、电缆设计技术规定

DL 5190   电力建设施工技术规范

DL/T 5240   火力发电厂燃烧系统设计计算技术规程

DL/T 5257   火电厂烟气脱硝工程施工验收技术规程

DL/T 5417   火电厂烟气脱硫工程施工质量验收及评定规程

DL/T 5418   火电厂烟气脱硫吸收塔施工及验收规程

DL/T 5480   火力发电厂烟气脱硝设计技术规程

HJ/T 75   固定污染源烟气（SO_2、NO_x、颗粒物）排放连续监测技术规范

HJ/T 76   固定污染源烟气（SO_2、NO_x、颗粒物）排放连续监测系统技术要求及检测方法

HJ/T 178   烟气循环流化床法脱硫工程通用技术规范

HJ/T 179   石灰石/石灰-石膏湿法烟气脱硫工程通用技术规范

HJ/T 323   环境保护产品技术要求   电除雾器

HJ/T 324   环境保护产品技术要求   袋式除尘器用滤料

HJ/T 326   环境保护产品技术要求   袋式除尘器用覆膜滤料

HJ/T 327   环境保护产品技术要求   袋式除尘器   滤袋

HJ 562   火电厂烟气脱硝工程技术规范   选择性催化还原法

HJ 563   火电厂烟气脱硝工程技术规范   选择性非催化还原法

HJ 2001   氨法烟气脱硫工程通用技术规范

HJ 2039   火电厂除尘工程技术规范

HJ 2040   火电厂烟气治理设施运行管理技术规范

HJ 2046   火电厂烟气脱硫工程技术规范   海水法

JB/T 1615　锅炉油漆和包装技术条件

JB/T 4194　锅炉直流式煤粉燃烧器　制造技术条件

JB/T 5906　电除尘器　阳极板

JB/T 5909　电除尘器用瓷绝缘子

JB/T 5910　电除尘器

JB/T 5913　电除尘器　阴极线

JB/T 5916　袋式除尘器用电磁脉冲阀

JB/T 5917　袋式除尘器用滤袋框架

JB/T 6407　电除尘器设计、调试、运行、维护安全技术规范

JB/T 8471　袋式除尘器安装技术要求与验收规范

JB/T 8533　回转反吹类袋式除尘器

JB/T 8536　电除尘器　机械安装技术条件

JB/T 10191　袋式除尘器　安全要求　脉冲喷吹类袋式除尘器用分气箱

JB/T 10340　袋式除尘器用压差式清灰控制仪

JB/T 10440　大型煤粉锅炉炉膛及燃烧器性能设计规范

JB/T 10921　燃煤锅炉烟气袋式除尘器

JB/T 11267　顶部电磁锤振打电除尘器

JB/T 11311　移动板式电除尘器

JB/T 11639　除尘用高频高压整流设备

JB/T 11644　电袋复合除尘器设计、调试、运行、维护安全技术规范

JB/T 11647　火电厂无旁路湿法烟气脱硫系统设计技术导则

JB/T 11829　燃煤电厂用电袋复合除尘器

JB/T 12113　电凝聚器

JB/T 12114　电袋复合除尘器气流分布模拟试验方法

JB/T 12118　电袋复合除尘器袋区技术条件

JB/T 12123　电袋复合除尘器电气控制装置

JB/T 12126　电袋复合除尘器高压绝缘子瓷件技术条件

JB/T 12129　燃煤烟气脱硝失活催化剂再生及处理方法

JB/T 12131　燃煤烟气净化 SCR 脱硝流场模拟试验技术规范

JB/T 12533　电袋复合除尘器用高压电源

JB/T 12591　低低温电除尘器

JB/T 12592　低低温高效燃煤烟气处理系统

JB/T 12593　燃煤烟气湿法脱硫后湿式电除尘器

TSG R0003　简单压力容器安全技术监察规程

《危险化学品安全管理条例》（中华人民共和国国务院令　第 591 号）

《危险化学品重大危险源监督管理暂行规定》（国家安全生产监督管理总局令　第 79 号）

《燃煤发电厂液氨罐区安全管理规定》（国家能源局　国能安全〔2014〕328 号）

3 术语和定义

下列术语和定义适用于本标准。

3.1 燃煤电厂烟气超低排放 flue gas ultra-low emissions of coal-fired power plant

在基准氧含量 6%条件下，燃煤电厂标态干烟气中颗粒物、SO_2、NO_x 排放质量浓度分别不高于 10 mg/m³、35 mg/m³、50 mg/m³，简称超低排放。

3.2 超低排放技术路线 ultra-low emission technicalology route

在锅炉燃烧和尾部烟气治理等过程中，为使颗粒物、SO_2、NO_x 达到超低排放要求，组合采用多种烟气污染物高效脱除技术而形成的工艺流程。

3.3 协同治理 collaborative treatment

在同一治理设施内实现两种及以上烟气污染物的同时脱除，或为下一流程治理设施脱除烟气污染物创造有利条件，以及某种烟气污染物在多个治理设施间联合脱除。

3.4 宽负荷脱硝 wide load denitrification

机组启动正常发电上网并达到50%锅炉额定负荷后，至机组出力降低到50%锅炉额定负荷退出运行的所有时段内所有负荷条件下烟气脱硝系统全部投运。

3.5 湿法脱硫协同高效除尘 effective collaborative control of particulate matter by wet flue gas desulfurization

通过改进或增设兼具有除尘功能的设备及构件，在实现高效脱除烟气 SO_2 的基础上，使得湿法脱硫系统综合除尘效率不小于 70%且出口净烟气颗粒物质量浓度不大于 10 mg/m³。

4 污染物与污染负荷

4.1 污染物来源与特征

燃煤电厂烟气污染物来源于锅炉燃烧生成及烟气治理过程次生，包括颗粒物和气态污染物。其中，颗粒物主要包括烟尘、未溶硫酸盐、亚硫酸盐及未反应吸收剂等可过滤颗粒物（简称颗粒物），还含有少量 H_2SO_4、HCl 等可凝结颗粒物，以及溶于雾滴中的硫酸盐等溶解性固形物；气态污染物则包括 SO_2、SO_3、NO_x、NH_3、CO、Hg 及其化合物等重金属。本标准主要对颗粒物、SO_2、NO_x 的污染控制提出技术要求。

4.2 污染负荷

4.2.1 根据工程设计需要，需收集以下原始资料，主要包括：

a）燃煤性质，包括煤质工业分析、元素分析、灰熔融性等。

b）飞灰成分，包括 Na_2O、Fe_2O_3、K_2O、SO_3、Al_2O_3、SiO_2、CaO、MgO、P_2O_5、Li_2O、TiO_2、MnO_2、飞灰可燃物等。

c）飞灰比电阻，包括实验室比电阻和工况比电阻。

d）飞灰粒度、真密度、堆积密度、黏附性、安息角等。

e）湿法脱硫系统出口雾滴浓度。

f）烟气露点温度、烟气含湿量。

g）水、电、蒸汽等消耗品的介质参数。

h）烟道布置图以及厂区总平图。

4.2.2 NO$_x$ 控制系统污染负荷

4.2.2.1 脱硝系统设计应采用锅炉最大连续工况（BMCR）、燃用设计煤种和校核煤种时的烟气量、烟气温度。宽负荷脱硝设计还应取得锅炉部分负荷工况时的烟气参数。烟气量计算方法应按 DL/T 5240 执行。

4.2.2.2 脱硝系统设计应采用锅炉厂提供的锅炉炉膛出口 NO$_x$ 浓度，具体可参考附录 A。

4.2.2.3 脱硝系统入口烟尘量可按式（1）计算，循环流化床锅炉炉内脱硫时还应考虑脱硫剂产生的烟尘量，其计算方法应按 DL/T 5240 执行。

$$M_{1(PM)} = B_g \times (\frac{A_{ar}}{100} + \frac{Q_{net,ar} q_4}{4.1816 \times 8100 \times 100}) \times \alpha_{fh} \qquad (1)$$

式中：$M_{1(PM)}$ —— 脱硝系统入口烟尘量，t/h；

$\quad$ B_g —— 锅炉燃煤量，t/h；

$\quad$ A_{ar} —— 燃煤收到基灰分，%；

$\quad$ $Q_{net,ar}$ —— 燃煤收到基低位发热量，kJ/kg；

$\quad$ q_4 —— 锅炉机械未完全燃烧损失（锅炉厂提供），%；

$\quad$ α_{fh} —— 锅炉排烟带出的飞灰份额（锅炉厂提供）。

4.2.2.4 脱硝系统入口 SO$_2$ 量可按式（2）计算，循环流化床锅炉炉内脱硫时还应考虑炉内 SO$_2$ 脱除量。

$$M_{1(SO_2)} = 2 \times k_1 \times B_g \times (1 - \frac{q_4}{100}) \times \frac{S_{ar}}{100} \qquad (2)$$

式中：$M_{1(SO_2)}$ —— 脱硝系统入口 SO$_2$ 量，t/h；

$\quad$ k_1 —— 燃煤收到基硫转化为 SO$_2$ 的转化率（煤粉炉取 0.9，循环流化床锅炉取 0.85）；

$\quad$ S_{ar} —— 燃煤收到基硫分，%。

4.2.3 颗粒物控制系统污染负荷

4.2.3.1 除尘器设计应采用锅炉最大连续工况（BMCR）、燃用设计煤种和校核煤种时的烟气量、烟气温度；对于设计煤种，烟气量另加 10%裕量，烟气温度另加 10~15℃。烟气量计算方法应按 DL/T 5240 执行。

4.2.3.2 除尘器入口烟尘量可按式（1）计算，高效烟气循环流化床工艺的除尘器入口烟尘量应采用脱硫供货商提供的数据。

4.2.3.3 湿法脱硫系统入口烟尘浓度应采用除尘器出口浓度保证值。

4.2.3.4 湿式电除尘器入口颗粒物浓度应采用脱硫出口浓度保证值。

4.2.4 SO$_2$ 控制系统污染负荷

4.2.4.1 脱硫系统设计宜采用锅炉最大连续工况（BMCR）、燃用设计煤种和校核煤种时的烟气量、烟气温度；对于设计煤种，烟气温度宜另加 15℃。烟气量计算方法应按 DL/T 5240 执行。

4.2.4.2 脱硫系统入口 SO$_2$ 量可按式（2）计算。

4.2.5 烟气中 SO$_3$ 量可按附录 B 中的方法进行估算，其他污染物成分的设计参数可依据燃料分析数据计算确定。

4.2.6　对于改造工程，各系统污染物负荷应在理论计算的基础上，结合燃煤煤质波动、锅炉运行情况及实测值等条件综合确定。

5　总体要求

5.1　一般规定

5.1.1　超低排放工程建设应满足国家及地方环保相关政策及标准，确保大气污染物排放指标及能效水平符合国家和地方有关要求。

5.1.2　超低排放工程建设应按国家及地方工程项目建设程序规定，完成有关文件报批或备案手续。

5.1.3　新建、改建、扩建超低排放工程应和主体工程同时设计、同时施工、同时投产使用，能够满足主体工程的生产需要。

5.1.4　超低排放工程规划、设计和建设应本着源头控制、协同减排、末端治理的优先级原则，通过燃料预处理、抑制燃烧污染物生成、专项治理及功能拓展、全流程协同控制、终端技术把关等手段匹配组合，以实现高效、稳定、经济、达标的控制目标。

5.1.5　超低排放技术路线的选择应因煤制宜、因炉制宜、因地制宜、统筹协同、兼顾发展，依据技术成熟、运行可靠、经济合理、能耗较低、二次污染少等原则确定。

5.1.6　超低排放工程设计和建设应统筹考虑、合理布局，符合电厂总体规划和生产工艺流程，满足环境影响评价批复要求。

5.1.7　超低排放工程所需的水、电、气、汽等辅助介质应尽量由电厂主体工程提供。吸收剂和副产品宜设有计量装置，也可与电厂主体工程共用。

5.1.8　超低排放工程设计指标应满足国家及地方环保相关政策及标准，设计寿命不低于主体工程设计寿命，应能在工况条件下连续、稳定、安全工作，投运率不低于99%，当烟气流量及浓度在10%裕度范围内应能正常运行。

5.1.9　超低排放工程应配有相应的监测、检测设备，烟囱或排放烟道上应设置烟气连续在线监测系统（CEMS），并预留监测孔、监测平台等人工监测条件。

5.1.10　超低排放工程运行管理应充分考虑各治理设施之间的协同控制、功能匹配和分工，协同治理的同时不应对其他系统运行造成负面影响。

5.1.11　超低排放工程除执行本标准外，还需满足国家有关工程质量、安全、卫生、消防、环保等方面的强制性标准要求。

5.2　源头控制

5.2.1　超低排放工程规划、设计、建设和运行的全过程中，均应将源头控制原则贯穿到输入条件控制、技术路线确定、工程设计优化、工艺设备选择、运行控制及生产管理等各个环节。

5.2.2　电厂应优先选择清洁高效煤种和环保经济的污染物治理用耗品，优先选用污染物产生量低的锅炉及燃烧技术。

5.2.3　电厂应加强燃料管理与配比，建立精准高效的运行管理机制，尽可能保证在设计条件下运行，做到污染物产生量少、治理容易、经济可行。

5.3　建设规模

超低排放工程建设规模应与机组规模相匹配，应以锅炉烟气量、烟气成分、燃煤和锅炉运行工况预期变化情况为依据。

5.4 工程构成

5.4.1 超低排放工程由 NO_x、颗粒物、SO_2 控制系统的主体工程及其配套辅助工程构成。

5.4.2 NO_x 控制系统分为锅炉低氮燃烧系统和脱硝系统，后者主体工程包括还原剂系统、反应系统、公用系统等。

5.4.3 颗粒物控制系统主体工程包括烟道、除尘器、卸输灰系统等，其中低低温电除尘系统还包括烟气冷却器。

5.4.4 SO_2 控制系统主体工程包括烟气系统、吸收塔系统、吸收剂制备（储存）系统、工艺水系统、副产物处理（输送）系统、压缩空气系统等，其中石灰石-石膏湿法脱硫工艺还包括浆液排放和回收系统、脱硫废水处理系统；高效烟气循环流化床脱硫工艺还包括袋式除尘器、灰循环系统等。

5.4.5 配套辅助工程包括电气及控制系统、在线检测系统、暖通系统、给排水及消防系统等。

5.5 总平面布置

5.5.1 一般规定

5.5.1.1 超低排放工程总平面布置应遵循工艺合理、流程顺畅、烟道短捷、方便运行、利于维护、经济合理的原则。

5.5.1.2 超低排放工程应合理利用地形和地质条件，充分利用厂内公用设施，达到节资节地节水、工程量小、运行费用低、便于运维等目的。

5.5.1.3 超低排放工程总平面布置应满足国家和地方安全、卫生、消防、环保等要求。

5.5.2 总图布置

5.5.2.1 超低排放工程总平面布置应符合 GB 50660、GBZ 1 等规定。

5.5.2.2 脱硝系统总平面布置应符合 HJ 562、HJ 563 等规定。

5.5.2.3 干式电除尘、袋式除尘、电袋复合除尘系统的总平面布置应符合 HJ 2039，低低温电除尘系统烟气冷却器布置于锅炉空预器出口至电除尘器前的水平、垂直烟道或进口封头处，烟气换热器布置于烟囱前水平或垂直烟道，布置位置应综合考虑换热效果、气流均布和烟道支架等因素；湿式电除尘器单独布置在脱硫与烟囱之间应符合 DL/T 1589、JB/T 12593，其他相关设施应符合有关标准规定。

5.5.2.4 脱硫系统总平面布置应符合 HJ/T 179、HJ/T 178、HJ 2001 等规定。

5.5.3 管线布置

超低排放工程管线布置应符合 GB 50660、DL/T 1589、HJ/T 179、HJ/T 178、HJ 2001、HJ 2039 等规定。

5.5.4 其他

超低排放工程如涉及采用其他技术，应符合有关标准的规定。

6 工艺设计

6.1 一般规定

6.1.1 超低排放工艺设计应根据烟气中 NO_x、颗粒物、SO_2 及其他烟气污染物的排放要求、锅炉炉型、煤种煤质特性、场地布置条件、技术成熟程度及应用水平等因素，改造工程还应结合原有污染物处理设施情况，经全面技术经济比较后确定。

6.1.2 超低排放工艺设计应发挥各类烟气污染物治理设施的协同作用，经济稳定实现超低排放。

6.1.3 烟气污染物脱除过程中产生的二次污染应采取相应的治理措施。

6.2 超低排放技术路线选择

6.2.1 一般工艺流程

6.2.1.1 超低排放工艺流程应优先选择经济合理、技术成熟、运行稳定、维护便捷、协同脱除效果好、应用业绩多的技术进行组合，并应将烟气污染物协同治理作为拟定工艺流程的重要因素。

6.2.1.2 切向燃烧、墙式燃烧方式煤粉锅炉的超低排放一般工艺流程见图1。

图1 超低排放工艺流程1（切向燃烧、墙式燃烧方式煤粉锅炉）

6.2.1.3 循环流化床锅炉的超低排放一般工艺流程见图2、图3。

图2 超低排放工艺流程2（循环流化床锅炉）

图3 超低排放工艺流程3（循环流化床锅炉）

6.2.1.4 W火焰燃烧方式煤粉锅炉的超低排放工艺流程应根据技术发展水平、工程实际情况综合确定。

6.2.2 NO_x 超低排放技术路线

6.2.2.1 切向燃烧、墙式燃烧方式的煤粉锅炉应采用锅炉低氮燃烧与SCR脱硝相结合的工艺，并满足以下要求：

　　a）应采用低氮燃烧技术降低 NO_x 生成，锅炉炉膛出口 NO_x 质量浓度控制指标应根据锅炉燃烧方式、煤质特性及锅炉效率等综合确定，具体可参考附录A。

　　b）应根据锅炉炉膛出口 NO_x 质量浓度确定SCR脱硝系统的脱硝效率和反应器催化剂层数，具体可参考表1。

表 1　SCR 脱硝工艺设计原则

锅炉炉膛出口 NO$_x$ 质量浓度/（mg/m³）	SCR 脱硝效率/%	SCR 反应器催化剂层数
≤200	80	可按 2+1 层装设
200～350	80～86	可按 3+1 层装设
350～550	86～91	可按 3+1 层装设

注 1：催化剂层数中 1 代表预留备用催化剂层安装空间。
注 2：也可结合安装空间条件等因素确定催化剂层数。

6.2.2.2　循环流化床锅炉可选用 SNCR 脱硝工艺或 SNCR/SCR 联合脱硝工艺，并满足以下要求：

a）锅炉炉膛出口 NO$_x$ 浓度控制指标应结合煤质特性、锅炉运行情况及锅炉效率等综合确定，具体可参考附录 A。

b）宜优先采用 SNCR 脱硝工艺，必要时可采用 SNCR/SCR 联合脱硝工艺，脱硝效率为 60%～80%，具体可根据锅炉炉膛出口 NO$_x$ 浓度等条件确定。

c）采用 SNCR/SCR 联合脱硝工艺时，SCR 反应器催化剂可按 1+1 层装设，改造工程也可结合安装空间条件确定催化剂层数。

6.2.3　颗粒物超低排放技术路线

6.2.3.1　采用湿法脱硫工艺时，应选用一次除尘（除尘器）+二次除尘（湿法脱硫协同除尘、湿式电除尘器）相结合的协同除尘技术满足颗粒物超低排放要求。一次除尘和二次除尘设备出口颗粒物控制指标应结合煤质特性、各除尘设备的特点及适用性、能耗、经济性等综合确定，并满足以下要求：

a）一次除尘出口烟尘质量浓度宜按不大于 30 mg/m³、不大于 20 mg/m³ 或不大于 10 mg/m³ 进行设计。对于受工程条件限制的机组，一次除尘出口烟尘质量浓度也可按不大于 50 mg/m³ 设计。

b）按不大于 50 mg/m³ 设计时，二次除尘宜采用湿式电除尘器。

c）按不大于 30 mg/m³ 设计时，二次除尘可采用湿法脱硫协同高效除尘，也可采用湿式电除尘器。

d）按不大于 20 mg/m³ 设计时，二次除尘宜采用湿法脱硫协同高效除尘，也可采用湿式电除尘器。

e）按不大于 10 mg/m³ 设计时，宜采用湿法脱硫协同除尘保证颗粒物浓度不增加。

6.2.3.2　采用高效烟气循环流化床脱硫工艺时，宜选用袋式除尘器满足颗粒物超低排放要求。

6.2.3.3　一次除尘技术包括干式电除尘器、袋式或电袋复合除尘器和干式电除尘器辅以提效技术或提效工艺等，干式电除尘器提效技术和提效工艺的技术特点和适用范围参见附录 C。

6.2.3.4　一次除尘技术选择应根据煤种除尘难易性和出口烟尘浓度控制指标确定，具体可参考表 2。

表 2　一次除尘技术选择原则

一次除尘器出口烟尘质量浓度控制要求/（mg/m³）	电除尘器对煤种的除尘难易性	一次除尘技术选择
≤50	较易或一般	宜选用干式电除尘器、干式电除尘器辅以提效技术或提效工艺
	较难	可选用电袋复合除尘器、袋式除尘器、干式电除尘器辅以提效技术或提效工艺
≤30	较易或一般	宜选用干式电除尘器、干式电除尘器辅以提效技术或提效工艺
	较难	可选用电袋复合除尘器、袋式除尘器、低低温电除尘
≤20	较易	宜选用干式电除尘器、干式电除尘器辅以提效技术或提效工艺
	一般	可选用低低温电除尘、电袋复合除尘器、袋式除尘器
	较难	可选用电袋复合除尘器、袋式除尘器、低低温电除尘
≤10	—	宜选用超净电袋复合除尘器、袋式除尘器

注：电除尘器对煤种的除尘难易性评价方法参见附录 D。

6.2.3.5　湿法脱硫系统宜具有一定的协同除尘性能。湿法脱硫协同高效除尘系统的综合除尘效率不小于 70%，且出口颗粒物质量浓度应不大于 10 mg/m³。

6.2.3.6　湿法脱硫系统出口颗粒物质量浓度大于 10 mg/m³ 时，应设置湿式电除尘器，可采用板式、管式等型式。湿式电除尘器出口颗粒物质量浓度应不大于 10 mg/m³。

6.2.4　SO₂ 超低排放技术路线

6.2.4.1　煤粉锅炉宜采用湿法脱硫工艺，并满足以下要求：

a）石灰石-石膏湿法脱硫工艺适用于各类燃煤电厂，分为空塔提效、pH 值分区和复合塔技术，技术选择应根据脱硫系统入口 SO₂ 质量浓度确定，具体可参考表 3。

表 3　石灰石-石膏湿法脱硫工艺技术选择原则

脱硫系统入口 SO₂ 质量浓度/（mg/m³）	脱硫效率/%	石灰石-石膏湿法脱硫工艺适用技术
≤1 000	≤97	可选用空塔提效、pH 值分区和复合塔技术
≤3 000	≤99	可选用 pH 值分区技术、复合塔技术
≤6 000	≤99.5	可选用 pH 值分区技术、复合塔技术中的湍流器持液技术
≤10 000	≤99.7	可选用 pH 值分区技术中的 pH 物理分区双循环技术、复合塔技术中的湍流器持液技术

注：为实现稳定超低排放，脱硫效率按脱硫塔出口 SO₂ 质量浓度为 30mg/m³ 计算。

b）氨法脱硫工艺适用于氨水或液氨来源稳定，运输距离短且周围环境不敏感的燃煤电厂，入口 SO₂ 质量浓度宜不大于 10 000 mg/m³。

c）海水脱硫工艺适用于海水碱度满足工艺要求，海水扩散条件较好，并符合近岸海域环境功能区划要求的滨海燃煤电厂，入口 SO₂ 质量浓度宜不大于 2 000 mg/m³。

6.2.4.2 循环流化床锅炉可采用炉内喷钙脱硫（可选用）与炉后湿法脱硫相结合的工艺，也可采用炉内喷钙脱硫与炉后高效烟气循环流化床脱硫相结合的工艺。工艺方案应根据吸收剂供应条件、水源情况、脱硫副产品综合利用条件等因素综合确定。

6.2.5　典型超低排放技术路线

6.2.5.1 超低排放技术路线的选择应以 NO_x、颗粒物、SO_2 三种主要烟气污染物满足超低排放要求为基础，并应符合 6.2.2～6.2.4 的规定。

6.2.5.2 煤粉锅炉或炉后采用了湿法脱硫工艺的循环流化床锅炉，超低排放技术路线的选择应以除尘器、湿法脱硫和湿式电除尘器等工艺设备对颗粒物的脱除能力和适应性为首要条件，可分为以湿式电除尘器作为二次除尘、以湿法脱硫协同高效除尘作为二次除尘、以超净电袋复合除尘器作为一次除尘且不依赖二次除尘的典型技术路线。循环流化床锅炉也可采用炉内脱硫和炉后高效烟气循环流化床脱硫工艺相结合的典型技术路线。各典型超低排放技术路线参见附录 E。

6.3　NO_x 超低排放控制系统

6.3.1　一般规定

6.3.1.1 煤粉炉应采用低氮燃烧技术，主要包括低氮燃烧器、空气分级、燃料分级或低氮燃烧联用等技术。

6.3.1.2 脱硝系统宜与锅炉负荷变化相匹配，应能满足机组宽负荷脱硝运行的要求。

6.3.1.3 脱硝系统装置运行寿命应与主机保持一致，检修维护周期应与主机一致。

6.3.1.4 现役机组进行脱硝改造时，应考虑对空预器、引风机、除尘器等其他附属设备的影响。

6.3.1.5 本标准中 SNCR 脱硝和 SNCR/SCR 联合脱硝工艺设计要求仅适用于循环流化床锅炉。

6.3.1.6 脱硝系统有关工艺参数宜满足表 4 的要求。

表 4　脱硝系统有关工艺参数要求

项目	单位	SCR 脱硝	SNCR 脱硝	SNCR/SCR 联合脱硝
运行温度	—	一般在 300～420℃	尿素：900～1 150℃；液氨/氨水：850～1 050℃	SNCR 区域：尿素：900～1 150℃，液氨/氨水：850～1 050℃；SCR 区域：一般在 300～420℃
氨逃逸浓度	mg/m³	≤2.5	≤8	≤3.8
氨氮摩尔比	—	≤1.05，一般取 0.8～0.85	1.2～1.5	1.2～1.8
锅炉热效率降低	%	—	≤0.3	≤0.3

6.3.1.7 其他要求应符合 HJ 562、HJ 563 的规定。

6.3.2　工艺流程

6.3.2.1 SCR 脱硝系统工艺流程参照 HJ 562。

6.3.2.2 SNCR 脱硝系统工艺流程参照 HJ 563。

6.3.2.3 SCR/SNCR 联合脱硝

典型循环流化床锅炉 SNCR/SCR 联合脱硝系统工艺流程见图 4。

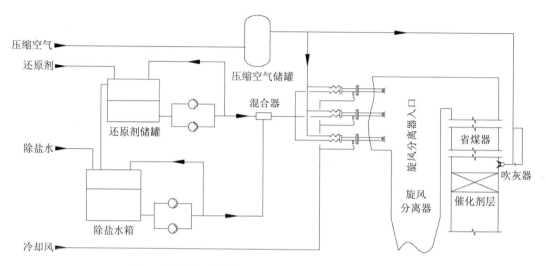

图 4　典型循环流化床锅炉 SNCR/SCR 联合脱硝工艺流程

6.3.3　低氮燃烧

6.3.3.1　锅炉采用低氮燃烧技术时，炉膛出口 NO_x 质量浓度宜不高于附录 A 中推荐值。

6.3.3.2　燃烧系统设计和布置应采取必要措施保证锅炉安全经济运行，如保证炉膛空气动力场良好、炉膛出口烟气温度场均匀、受热面不受高温腐蚀、火焰不直接冲刷水冷壁等。

6.3.3.3　锅炉低氮改造应不降低锅炉出力和煤种适应性，不升高锅炉最低稳燃负荷，额定工况下锅炉热效率下降宜不大于 0.5%。

6.3.3.4　燃烧系统性能设计应符合 JB/T 10440、DL/T 5240 等的规定。

6.3.4　SCR 脱硝

6.3.4.1　烟气反应系统

6.3.4.1.1　反应器及烟道流场设计应满足以下要求：

a）首层催化剂单元上游 500 mm 处，流场参数宜符合表 5 的规定。

表 5　首层催化剂单元上游 500 mm 处流场参数要求

项目	单位	数值
截面各处流速的相对标准偏差率绝对值	%	≤10
截面各处 NH_3/NO_x 的摩尔比率相对标准偏差率绝对值	%	≤5
截面速度偏离铅垂线的最大角度绝对值	(°)	≤10
截面温度绝对偏差绝对值	℃	≤10

b）脱硝反应器内构件的设计布置宜通过数值模拟和物理模型试验进行验证，使还原剂与烟气充分混合，优化烟气速度场分布，降低压损。

c）流场模拟中数值模拟模型与 SCR 脱硝系统比例应为 1：1，物理模型与 SCR 脱硝系统比例宜为 1：10～1：15。

d）其他要求应符合 JB/T 12131 的规定。

6.3.4.1.2 吹灰系统设计应满足以下要求：

a）每层催化剂均应设置相应的吹灰措施，可采用蒸汽吹灰、声波吹灰或声波-蒸汽联合吹灰方式。

b）烟气含灰量在 50 g/m³ 以上或飞灰黏性较大的烟气，宜采用蒸汽吹灰或声波-蒸汽联合吹灰方式。

6.3.4.1.3 其他要求应符合 HJ 562、DL/T 5480 的规定。

6.3.4.2 催化剂

6.3.4.2.1 选择催化剂时应考虑其协同脱除 Hg 等重金属作用。

6.3.4.2.2 高灰分煤种应选择耐磨损及耐冲刷性能催化剂。

6.3.4.2.3 煤种灰分 CaO＞20%、As＞10 μg/g 时，催化剂化学寿命应不低于 16 000 h。

6.3.4.2.4 燃煤硫分≥2.5%时，SO_2/SO_3 转化率宜低于 0.75%；燃煤硫分＜2.5%时，SO_2/SO_3 转化率宜低于 1%。

6.3.4.2.5 失效或废弃催化剂处理应符合 JB/T 12129 的规定。

6.3.4.2.6 其他要求应符合 HJ 562、DL/T 1286、GB/T 31584 的规定。

6.3.4.3 其他系统

还原剂储存及制备系统、公用系统等工艺设计应符合 HJ 562、DL/T 5480 的规定。

6.3.4.4 宽负荷脱硝设计

6.3.4.4.1 应采用提升 SCR 入口烟温或宽温度窗口催化剂等技术，实现机组低负荷时 SCR 脱硝系统安全高效运行。

6.3.4.4.2 烟温提升技术包括省煤器分级布置、设置省煤器水旁路、设置省煤器烟气旁路和提高给水温度等措施，应满足以下要求：

a）满足催化剂最低连续喷氨温度要求。

b）机组安全经济性运行且改动最小、操作方便。

c）确保脱硝系统流场和温度场分布均匀性。

6.3.4.4.3 宽温度窗口催化剂最低连续喷氨温度应不高于机组宽负荷脱硝时的 SCR 入口最低烟温。

6.3.5 SNCR 脱硝

6.3.5.1 还原剂制备与储存系统

6.3.5.1.1 还原剂采用尿素时，喷射前质量浓度宜为 10%～15%；采用氨水时，喷射前质量浓度宜为 5%～10%；采用液氨时，喷射前体积浓度宜不大于 5%（以 NH_3 计）。

6.3.5.1.2 其他要求应符合 HJ 563、DL/T 5480 的规定。

6.3.5.2 还原剂喷射系统

6.3.5.2.1 喷射器宜布置于循环流化床锅炉旋风分离器入口处，并避免对旋风分离器内部件碰撞，新建工程应在锅炉设计时预留开孔位置。

6.3.5.2.2 喷射装置应具有防堵功能，确保喷头在高温、高浓度粉尘环境中不堵塞。

6.3.5.2.3 喷射装置应选用耐高温、耐腐蚀、耐磨蚀材料。

6.3.5.2.4 喷射器设计参数如喷枪开口位置、喷嘴几何特征、喷射角度和速度、喷射液滴直径及还原剂的停留时间（宜不小于 0.5 s），应结合旋风分离器结构进行温度场和流场等参数模拟计算确定。

6.3.5.2.5　其他要求应符合 HJ 563、DL/T 5480 的规定。

6.3.5.3　其他系统

还原剂计量系统、还原剂分配系统工艺设计应符合 HJ 563、DL/T 5480 的规定。

6.3.6　SNCR/SCR 联合脱硝

6.3.6.1　SNCR 脱硝段

应符合 6.3.5 的规定。

6.3.6.2　SCR 脱硝段

6.3.6.2.1　反应器系统

a）不宜设置喷氨格栅和烟气混合器，应根据催化剂对进口烟气流速偏差、烟气流向偏差、烟气温度偏差的要求设置导流装置。

b）烟气压降宜不大于 600 Pa。

c）其他要求应符合 6.3.4.1 的规定。

6.3.6.2.2　催化剂

a）催化剂宜布置于循环流化床锅炉尾部烟道内的高、中省煤器之间。

b）宜采用板式或蜂窝式催化剂，催化剂层数宜为 1～2 层。

c）其他要求应符合 6.3.4.2 的规定。

6.3.6.2.3　其他系统

还原剂储存及制备系统、公用系统等工艺设计应符合 HJ 562、DL/T 5480 的规定。

6.3.7　二次污染控制措施

二次污染控制措施应符合 HJ 562、HJ 563 的规定。

6.4　颗粒物超低排放控制系统

6.4.1　一般规定

6.4.1.1　干式电除尘器、袋式除尘器及电袋复合除尘器的一般要求应符合 HJ 2039 的规定，湿式电除尘器的一般要求应符合 DL/T 1589、JB/T 12593 的规定。

6.4.1.2　电除尘器及其系统、袋式除尘器及电袋复合除尘器的运行寿命应与主机保持一致，检修维护周期应与主机一致。

6.4.1.3　采用低低温电除尘技术时，灰硫比宜大于 100，计算方法见附录 F。低低温电除尘器入口烟气温度应低于烟气酸露点，一般为 90℃±5℃，最低温度应不小于 85℃。

6.4.1.4　湿式电除尘器按阳极板的结构特征可分为板式湿式电除尘器和管式湿式电除尘器。本标准中板式湿式电除尘器主要指金属板式湿式电除尘器，管式湿式电除尘器主要指导电玻璃钢管式湿式电除尘器及柔性极板管式湿式电除尘器。

6.4.1.5　湿式电除尘器入口烟气温度应小于 60℃，且烟气需为饱和烟气。

6.4.1.6　袋式除尘器及电袋复合除尘器不宜设置旁路系统。

6.4.2　电除尘器及其系统

6.4.2.1　干式电除尘器及其系统

6.4.2.1.1　干式电除尘器应符合 JB/T 5910、JB/T 11267 的规定，采用移动电极电除尘技术时，应符合 JB/T 11311 的规定。

6.4.2.1.2　干式电除尘器电场烟气流速宜为 0.7～1.2 m/s，采用离线振打技术时，关闭振打通道挡板门后，电场烟气流速宜不大于 1.2 m/s。

6.4.2.1.3 同极间距宜为 300～500 mm。

6.4.2.1.4 阳极板应符合 JB/T 5906 的规定。

6.4.2.1.5 阴极线应采用不易黏附粉尘的阴极线型式，并应符合 JB/T 5913 的规定。

6.4.2.1.6 采用低低温电除尘技术时，应采取二次扬尘防治措施，应符合 JB/T 12591 的规定。

6.4.2.1.7 采用电凝聚技术时，应符合 JB/T 12113 的规定。

6.4.2.1.8 高压供电电源供电方式可按电场或分区供电。干式电除尘器第一、二电场宜采用高频高压电源供电，特殊情况下，末电场可采用脉冲高压电源供电。高频高压电源应符合 JB/T 11639 的规定。

6.4.2.1.9 瓷绝缘子应符合 JB/T 5909 的规定，绝缘子应有防结露的措施。采用低低温电除尘技术时，宜优先采用防露型高铝瓷绝缘子或设置热风吹扫装置。绝缘子箱应有电加热和保温措施。

6.4.2.1.10 振打清灰应能实现自动控制，振打间隔、振打周期、振打顺序可调。上位机控制系统应能连接 DCS 系统，与高压供电电源、电气控制装置通信，并实现监视、控制功能。节能优化控制系统应能采集系统负荷、浊度、烟气温度等信号，自动获取电场伏安特性曲线（族）等现场工况变化信息，并选择和调整高压设备等的运行方式和运行参数，实现干式电除尘器的保效节能。

6.4.2.1.11 干式电除尘器灰斗卸灰角度宜不小于 60°，应设置可靠的保温层并采取加热措施。采用低低温电除尘技术时，灰斗加热高度宜超过灰斗高度的 1/2，宜采用蒸汽加热的方式。

6.4.2.1.12 低低温电除尘系统的烟气冷却器内烟气流速宜不大于 10 m/s。

6.4.2.1.13 烟气冷却器前应设置烟气、飞灰均匀装置，保证气流均匀，对于烟气冷却器入口烟尘质量浓度偏高的情况，应有合理的防磨措施。

6.4.2.1.14 烟气冷却器一般由进口的渐扩段、换热器本体和出口的渐缩段三段组成，渐扩段和渐缩段的设计应符合 DL/T 5121 的规定。

6.4.2.1.15 当烟气冷却器本体沿烟气流动方向的尺寸超过 2 m 时，烟气冷却器本体的管束宜采用分段结构。

6.4.2.1.16 烟气冷却器的传热元件宜选取翅片管，优先选取 H 形翅片管，翅片厚度宜不小于 2 mm。

6.4.2.1.17 烟气冷却器、低低温电除尘器等与腐蚀介质长时间接触的、受腐蚀概率比较大的设备、部件都应采取防腐措施。

6.4.2.1.18 换热介质宜采用水媒介，水媒介宜采用机组除盐水，保持水质 pH 为 7～10。水媒介在管路系统中正常运行时的最低温度应比烟气冷却器入口烟气水露点温度高 20℃ 以上。烟气与水媒介换热冷端端差、热端端差宜大于 20℃，最低限度应大于 15℃。管路系统水介质的流速应大于 0.5 m/s，流速上限应符合 DL/T 5054 的规定。

6.4.2.1.19 烟气冷却器应采取适当的调节手段，保证在机组启停及低负荷运行时，其进口或出口水温满足设计要求。

6.4.2.1.20 烟气冷却器宜设置在线检测装置，以及时发现换热元件可能发生的泄漏。应配置合理的放水系统，在其发生故障或机组非停时可以实现紧急放水。

6.4.2.1.21 烟气冷却器应设置吹灰系统，吹灰形式可选用声波吹灰、压缩空气吹灰、蒸汽吹灰或组合吹灰。

6.4.2.1.22 其他要求应符合 HJ 2039 的规定。

6.4.2.2 湿式电除尘器

6.4.2.2.1 板式湿式电除尘器电场内烟气流速应不大于 3.5 m/s。管式湿式电除尘器电场内烟气流速应不大于 3.0 m/s。

6.4.2.2.2 湿式电除尘器同极间距宜为 250～450 mm。

6.4.2.2.3 金属板式湿式电除尘器出口封头（烟箱）内宜设置除雾装置。

6.4.2.2.4 壳体壁板宜采用普通碳钢衬玻璃鳞片防腐，壁板母材厚度应不小于 5 mm。

6.4.2.2.5 导电玻璃钢管式湿式电除尘器阳极管截面宜采用内切圆为 $\phi 300～\phi 400$ mm 的正六边形。单侧厚度不小于 3 mm，柔性极板管式湿式电除尘器阳极管截面宜采用边长为 350～450 mm 的正方形，极板厚度宜不小于 1.0 mm。

6.4.2.2.6 阴极线宜采用起晕电压低、易冲洗的极线型式，性能要求及检验应符合 JB/T 5913 的规定。

6.4.2.2.7 高压供电装置设计应满足以下要求：

a）高压供电装置宜选择 45～72 kV 电压。

b）板电流密度宜设置为 0.6～1.0 mA/m²，电源裕度系数可为 5%。管式湿式电除尘器也可设置线电流密度为 0.5～1.0 mA/m（极线长度）。

c）供电装置宜选用节能控制功能型，可根据实际排放粉尘手动调整电源的输出。

d）导电玻璃钢管式湿式电除尘器宜采用恒流电源。

6.4.2.2.8 绝缘子应符合 JB/T 5909 的规定，绝缘子应有防结露的措施，宜采用防露型高铝瓷绝缘子或设置热风吹扫装置。每个绝缘子宜设置一只电加热器，加热温度最低不小于 70 ℃。绝缘子箱内的绝缘子加热器应选用耐热电缆，耐热温度不小于 200℃。

6.4.2.2.9 接地系统电阻值应小于 2 Ω。对于工频电源或者分体式布置的供电装置，其控制柜和电源装置二者之间接地排应使用截面积不小于 50 mm² 铜芯接地电缆相连。

6.4.2.2.10 喷淋系统设计应满足以下要求：

a）喷淋系统管路应根据环境温度设置保温层及伴热，电场内部应合理设置相应排水措施，防止积液。喷嘴喷淋覆盖率应不小于 120%，喷嘴应便于检查和更换。

b）金属板式湿式电除尘器喷淋系统可采用单、双线两种冲洗方式。宜采用高效雾化喷嘴，应使阳极板表面产生连续水膜。

c）管式湿式电除尘器喷淋系统可采用定期间断冲洗方式。导电玻璃钢管式湿式电除尘器宜每天冲洗一次，每次冲洗时间宜为 5～20 min；柔性极板管式湿式电除尘器宜每周冲洗一次，每次冲洗时间宜为 20～30 min。实际运行可根据锅炉负荷、入口浓度、脱硫运行等情况调整、优化清洗周期。喷淋时，宜自动降低电场的运行强度或关闭电场。

6.4.2.2.11 补给水水质要求应符合 JB/T 12593 的规定。

6.4.2.2.12 水系统工艺流程配置合理，要求运行安全可靠、简单易行；设备选型的计算应合理、准确、可靠。水系统平面布置应考虑运行、维修人员的操作条件的便利性。喷嘴的布置要合理，不存在冲洗死角。

6.4.2.2.13 灰斗壁板宜采用普通碳钢衬玻璃鳞片防腐, 壁板母材厚度应不小于 5 mm。

6.4.2.2.14 其他要求应符合 JB/T 12593 的规定。

6.4.3 袋式除尘器

6.4.3.1 脉冲喷吹类袋式除尘器、回转反吹类袋式除尘器应分别符合 JB/T 10921、JB/T 8533 的规定。

6.4.3.2 滤料和滤袋应满足以下要求:

a) 滤料和滤袋应符合 GB/T 6719、HJ/T 324、HJ/T 326、HJ/T 327 的规定。

b) 滤料老化后的动态除尘效率宜不小于 99.98%。

c) 滤袋缝制过程应减小缝线处的针孔泄漏, 缝制完成后应检测其泄漏程度, 确保满足要求。

d) 滤袋应能长期稳定使用, 使用寿命宜不低于 4 年或 3 万 h。

6.4.3.3 滤袋框架应符合 JB/T 5917 的规定。

6.4.3.4 花板的强度应满足悬挂全部滤袋、滤袋框架以及每条滤袋上挂灰 5 kg 的状态下无变形、扭曲的要求。

6.4.3.5 花板、滤袋及滤袋框架三者应相互匹配, 必须保证滤袋与花板间的密封性以防止含尘烟气泄漏。

6.4.3.6 袋式除尘器压差式清灰控制仪应符合 JB/T 10340 的规定。

6.4.3.7 脉冲阀应符合 JB/T 5916 的规定, 其选型应根据喷吹一次的滤袋过滤面积、过滤风速等因素确定。

6.4.3.8 行喷式脉冲清灰系统分气箱的设计、制造和检验应符合 TSG R0003 及 JB/T 10191 的规定, 其底部应设置排污阀, 制造完成后应保证内部无焊渣等杂物。

6.4.3.9 行喷式脉冲清灰压力宜为 0.25~0.35 MPa, 回转式脉冲清灰压力宜为 0.085 MPa。

6.4.3.10 回转式脉冲清灰装置的回转机构驱动电机功率应不小于 0.37 kW, 电机与减速箱应合理匹配, 回转轴密封性应良好。

6.4.3.11 回转式脉冲清灰装置的转动部件应置于除尘器本体保温之外, 应能实现不停机保养维修。

6.4.3.12 除尘器应设置预涂灰装置。除尘器热态运行前应进行预涂灰, 预涂灰的粉剂可采用粉煤灰, 在引风机风量大于 80%BMCR 烟气量时, 预涂灰后除尘器的阻力增加宜大于 300 Pa。

6.4.3.13 其他要求应符合 HJ 2039 的规定。

6.4.4 电袋复合除尘器

6.4.4.1 电袋复合除尘器电区的同极间距、阳极板、阴极线等的工艺设计要求同 6.4.2.1。

6.4.4.2 袋区的花板、滤料和滤袋、滤袋框架、脉冲阀等的工艺设计要求同 6.4.3。

6.4.4.3 入口及电区与袋区结合处应采用合理的气流分布措施, 其气流分布模拟试验应符合 JB/T 12114 的规定。

6.4.4.4 电袋复合除尘器高压供电装置应符合 JB/T 12533 的规定, 电气控制装置应符合 JB/T 12123 的规定, 绝缘子应符合 JB/T 12126 和 JB/T 5909 的规定。

6.4.4.5 滤料材质及克重的选定应符合 DL/T 1493 的规定。

6.4.5 二次污染控制措施

6.4.5.1 湿式电除尘器喷淋系统产生的废水宜适当预处理后作为湿法脱硫工艺补水回用。

6.4.5.2 废旧滤袋应采用机械破碎、回炉熔化拉丝、高温裂解等方法进行回收利用，或者采用焚烧、土地填埋等合理的措施进行处理。

6.4.5.3 管式湿式电除尘器阳极管应采取资源化利用的措施。

6.4.5.4 其他二次污染控制措施应符合 HJ 2039 的规定。

6.5 SO$_2$ 超低排放控制系统

6.5.1 一般规定

6.5.1.1 脱硫系统宜优先考虑成熟技术，对新兴技术宜通过科技示范，逐步逐级放大推广。

6.5.1.2 脱硫系统应能适应机组负荷、烟气量、烟气参数正常波动变化，考虑有低负荷时的经济运行调节手段。

6.5.1.3 湿法脱硫原烟气温度宜低于 140℃，一般控制在 85~120℃，入口烟尘质量浓度根据技术路线统筹确定，宜不高于 30 mg/m^3，氨法脱硫宜配置控制氯、有机物、油灰等有害物质累积的设施。高效烟气循环流化床脱硫原烟气温度宜不低于 100℃。

6.5.1.4 湿法脱硫系统设计宜考虑颗粒物、雾滴等多污染物协同控制措施，控制雾滴携带，减少脱硫系统对颗粒物排放的贡献。

6.5.1.5 脱硫系统应与生产工艺设备同步运转，装置运行寿命、检修维护周期应与主机一致。脱硫系统不应设置烟气旁路。

6.5.1.6 脱硫系统关键设备及管线宜考虑设置相应的备用及应急措施，以满足故障切换及检修需求。

6.5.1.7 其他要求应符合 HJ/T 179、HJ/T 178 和 HJ 2001 的规定。

6.5.1.8 海水脱硫系统工艺设计按 GB/T 19229.3、HJ 2046 执行。

6.5.2 工艺流程

6.5.2.1 采用空塔提效技术的石灰石-石膏湿法脱硫工艺流程参照 HJ/T 179，采用 pH 值分区、复合塔技术的典型石灰石-石膏湿法脱硫主要工艺流程详见附录 G。

6.5.2.2 高效烟气循环流化床脱硫工艺流程参照 HJ/T 178。

6.5.2.3 氨法脱硫工艺流程参照 HJ 2001。

6.5.3 石灰石-石膏湿法脱硫

6.5.3.1 烟气系统

6.5.3.1.1 烟道布置合理，尽可能减少沿程阻力，必要时可设置烟气导流板。

6.5.3.1.2 若设置烟气换热器，不宜采用回转式气气换热器。

6.5.3.1.3 其他要求应符合 HJ/T 179 的规定。

6.5.3.2 吸收塔系统

6.5.3.2.1 通用要求

a）吸收塔喷淋区空塔烟气流速宜为 3.5~3.6 m/s，受现场条件限制的脱硫改造工程吸收塔喷淋区空塔烟气流速宜不大于 3.8 m/s。

b）吸收塔最底层喷淋层与入口烟道接口最高点的间距宜不小于 2.5 m。

c）循环泵宜按单元制设置，每台循环泵对应一层喷淋层，相邻两层喷淋主管宜错开布置，喷淋层层间距宜不小于 1.8 m。

d）每层喷淋层喷淋覆盖率宜大于 250%。喷淋层喷嘴布置应保证每个喷嘴入口压力均匀，尽量减少对吸收塔塔壁冲刷，喷嘴雾化粒径为 1～2 mm。

e）浆液氧化宜采用强制氧化工艺，氧化空气流量宜不小于理论需求量的 2.5 倍。

f）浆液池（箱）应设置浆液悬浮设施防止石膏浆液固体物沉淀。机械搅拌设备应满足 1 台设备停止工作条件下石膏浆液区不发生沉淀风险，射流泵扰动系统应注意避免喷射扰动死区。

g）浆液池（箱）的氧化与搅拌工艺应联合设计。侧进式搅拌器宜选择氧化风搅拌器直吹方式，射流泵扰动系统宜采用氧化风管网式布置。

h）其他要求应符合 HJ/T 179 的规定。

6.5.3.2.2 pH 物理分区双循环技术

a）pH 物理分区双循环技术吸收塔系统由两级循环系统、除雾器等组成，一级循环系统包括一级浆液循环吸收系统、氧化系统等；二级循环系统包括二级浆液循环吸收系统（含塔内浆液收集盘、塔外浆液箱）、二级氧化系统、浆液旋流系统等。

b）一级循环浆液 pH 宜控制在 4.5～5.3，浆液循环停留时间宜不低于 4.5 min；二级循环浆液 pH 宜控制在 5.8～6.2，浆液循环停留时间宜为 3.5～4.5 min。

c）一级循环和二级循环宜分别设置 1 套氧化系统，氧化风机考虑 1 台备用；也可共用 1 套氧化系统，氧化风机应不少于 2 台，其中 1 台备用。具体方案应根据工程情况经技术经济比较后确定。

d）二级循环的浆液旋流系统由浆液旋流给料泵和浆液旋流站组成，二级循环浆液含固量应不超过 12%。

e）塔外浆液箱下部应设置检修孔，检修孔尺寸应满足搅拌器叶轮或滤网最大尺寸的安装件或检修件进出要求。

f）塔外浆液箱宜采用叶片搅拌方式，底层搅拌器应设置启动冲洗装置。

6.5.3.2.3 pH 自然分区技术

a）pH 自然分区技术吸收塔系统由浆液循环吸收系统、氧化系统、除雾器等组成。其中，吸收塔上部喷淋区包括喷淋层及均流筛板，分为均流筛板持液区和喷淋吸收区，吸收塔底部浆液池分为上部氧化结晶区和下部供浆射流区。

b）喷淋区宜设置均流筛板，数量不大于 2 个，可设在所有喷淋层下方，也可设在喷淋层之间。

c）喷淋区宜设置降低塔壁烟气偏流效应的增效环，应布置于吸收塔喷淋层下方。

d）分区隔离器应与氧化空气管网高度一致，其隔离管的数量和管径应根据液体流动性与分区效果确定。

e）分区隔离器上部浆液 pH 宜控制在 4.8～5.5，下部浆液 pH 宜控制在 5.5～6.2。

f）射流搅拌系统由射流泵、射流搅拌管网、喷嘴、支架及管阀组成。新建工程吸收塔浆液池应采用射流搅拌系统，改造工程可根据改造条件确定是否保留原有搅拌装置。

g）每座吸收塔宜设置两台射流泵，一用一备。射流泵应设置两个吸入口，一高一低，吸收塔启动时使用高吸入口，正常运行时使用低吸入口。

h）射流搅拌喷嘴应均匀分布于吸收塔横截面，喷嘴流量应大于 150 m^3/h。射流搅拌喷嘴正对喷嘴下方的吸收塔底板区域应采取耐冲刷防磨措施。

6.5.3.2.4　pH 物理分区技术

a）pH 物理分区技术吸收塔系统由浆液循环吸收系统（含塔外浆液箱）、塔内和塔外的氧化系统、除雾器等组成。吸收塔上部喷淋区包括喷淋层及均流筛板，分为均流筛板持液区和喷淋吸收区，吸收塔底部浆液池与塔外浆液箱通过管道相连。

b）塔外浆液箱与吸收塔应就近布置，其壁板间距宜不大于 5 m。

c）吸收塔浆液池浆液 pH 宜控制在 5.2～5.8，塔外浆液箱的浆液 pH 宜控制在 5.6～6.2。

d）塔外浆液箱应按密闭容器设计，容积应满足所连的全部循环泵停留时间不低于 1 min。

e）塔外浆液箱内部空间分为浆液区和空气区。浆液区应与吸收塔浆液池相连，空气区应与吸收塔烟气空间相连。

f）塔外浆液箱宜设置强制氧化系统，其宜与吸收塔内浆液池氧化系统整体考虑。

g）塔外浆液箱浆液区宜设置侧入式搅拌器，并配备冲洗系统。

h）塔外浆液箱配套循环泵宜不少于 2 台，对应吸收塔上部喷淋吸收区的最上部喷淋层。

i）塔外浆液箱下部应设置检修孔，检修孔尺寸应满足搅拌器桨叶的进出要求。

6.5.3.2.5　湍流器持液技术

a）湍流器持液技术吸收塔系统由浆液循环吸收系统、氧化系统、管束式除雾器等组成。吸收塔上部喷淋区包括喷淋层及湍流器，分为湍流持液区和喷淋吸收区。

b）湍流器底面与吸收塔入口烟道接口最高点的间距宜为 1～1.5 m。湍流器顶部与最下层喷淋层的间距宜为 2.5～3.5 m，应不小于 1.5 m。

c）湍流器尺寸、叶片角度、排布方式宜辅以数值模拟进行优化设计，形成"旋流"与"汇流"耦合效应，强化气液传质。

d）管束式除雾器支承梁顶面与最上层喷淋层的间距应不小于 1.5 m。

e）管束式除雾器顶面、底面分别设置上下封闭板，实现过流烟气的隔离，保证过流烟气 100%经除雾器内部通过。

f）管束式除雾器应配置冲洗装置与冲洗管道。每个除雾器单元配置一个冲洗装置，多个冲洗装置通过冲洗支管相连组成一个冲洗区域。冲洗水泵扬程应满足冲洗装置出口压头不小于 0.2 MPa。

6.5.3.2.6　均流筛板持液技术

a）均流筛板持液技术吸收塔系统由浆液循环吸收系统、氧化系统、除雾器等组成。吸收塔上部喷淋区主要包括喷淋层及均流筛板，分为均流筛板持液区和喷淋吸收区。

b）应根据传质强度需要确定均流筛板层数和开孔率，均流筛板层数不宜超过 2 层，开孔率宜为 28%～40%。均流筛板厚度应为 1.5～3 mm，孔径应为 25～35 mm。

c）均流筛板与吸收塔入口烟道接口最高点的间距不小于 0.8 m，均流筛板与最下层喷淋层的间距宜不小于 1.8 m；当采取两层均流筛板时，上下层均流筛板间距宜不小于 1.5 m。

d）均流筛板表面应平整均匀，设计荷载应不小于 2 kN/m²。

e）均流筛板宜采用模块化设计，每个模块的开孔排列方式应结合数值模拟进行优化。

f）均流筛板模块间、模块与吸收塔壁间应密封完全，保证烟气全部通过均流筛板孔。

g）吸收塔壁均流筛板处应设置检修孔。

6.5.3.3 其他

6.5.3.3.1 吸收剂制备、副产物处理系统、浆液排放和回收系统、脱硫废水处理系统等工艺设计应符合 HJ/T 179、GB/T 19229.1 和 JB/T 11647 的规定。

6.5.3.3.2 脱硫废水处理系统出水应采取措施进一步处理或回用，不宜向外环境排放。

6.5.3.4 湿法脱硫协同高效除尘

6.5.3.4.1 应采用合适的烟气均布措施，如均流筛板或烟气湍流器等强化气液传质构件，并辅以数值模拟，必要时采用物理模型予以验证。同时可采用性能增效环或增加喷淋密度等措施，降低塔壁烟气偏流效应。

6.5.3.4.2 应采用出口烟气携带雾滴浓度不大于 25 mg/m^3 的高效除雾器，包括管束式除雾器、声波除雾器、高效屋脊式除雾器等。

6.5.3.4.3 吸收塔内应用的协同除尘设备及构件应具有一定的耐温性能，在通流烟气温度达到 80℃时，应保持 20 min 无变形。

6.5.3.4.4 吸收塔内采用协同除尘设备时，造成的烟气阻力增加宜不大于 500 Pa。

6.5.4 高效烟气循环流化床脱硫

6.5.4.1 吸收塔系统

6.5.4.1.1 吸收塔为多段长程高效反应塔，吸收塔入口前应设置烟气整流装置。

6.5.4.1.2 吸收塔床层压降宜不小于 1 300 Pa，床层波动宜不大于 ±150 Pa。

6.5.4.1.3 烟气在吸收塔内的停留时间宜不小于 5 s，物料在吸收塔内的平均停留时间宜不小于 1 min。

6.5.4.1.4 吸收塔的吸收剂和循环灰加入点宜设置在文丘里之前的高温段。

6.5.4.1.5 吸收塔的降温喷水应采用超细雾化喷水，工艺水喷枪应采用超细雾化回流式喷枪，工艺水系统应满足稳定控制吸收塔反应温度波动不大于 ±1℃ 的要求。

6.5.4.1.6 石灰消化器宜采用三级长程式干式消化器，吸收剂加入吸收塔的通道应按两路以上进行设计。

6.5.4.2 除尘器

6.5.4.2.1 除尘器宜采用袋式除尘器，袋区过滤风速应不大于 0.7 m/min，袋区压差宜控制在 1.3～1.6 kPa。

6.5.4.2.2 袋式除尘器的滤袋笼骨应采用加强型低碳钢制造和有机硅防腐，滤料应采用超细纤维纺织，滤布克重大于 575 g/m^2，并进行防油防水处理。

6.5.4.3 其他

其他工艺设计应符合 GB/T 19229.2、HJ/T 178 的规定。

6.5.5 氨法脱硫

6.5.5.1 吸收塔系统

6.5.5.1.1 氨法脱硫应采用复合塔结构，塔内设置烟气洗涤降温区、SO$_2$ 吸收区、颗粒物及氨逃逸控制区等，不同功能区间用塔盘分隔。

6.5.5.1.2 喷淋层应不少于 5 层，其中 SO$_2$ 吸收区不应少于 3 层。每个喷淋层至少设置一台独立的泵。

6.5.5.1.3 吸收区空塔工况烟气流速宜不高于 3.5 m/s。

6.5.5.1.4 吸收塔本体进出口压力降宜不大于 1 800 Pa。

6.5.5.1.5　吸收区上部应设置水洗及高效除雾装置，控制颗粒物和氨逃逸。

6.5.5.1.6　除雾器可设置在吸收塔顶部或出口烟道上。除雾器不少于三级，出口烟气携带雾滴浓度应不大于 20 mg/m³。

6.5.5.1.7　吸收塔顶部可采用声波凝并等技术，增强颗粒物的去除效果。

6.5.5.1.8　当采用多炉 2 塔设计（1 开 1 备）时，脱硫塔入口挡板门应采用多重密封方式保证烟气不泄漏。

6.5.5.2　吸收剂供应系统

6.5.5.2.1　采用液氨为原料时，可配制成浓度不高于 20% 的氨水作为吸收剂。

6.5.5.2.2　采用废氨水为原料时，应对废氨水进行精制，以保证硫化物、有机物等有害杂质含量符合 HJ 2001 的规定。

6.5.5.3　其他

6.5.5.3.1　宜设置控制浆液氯离子浓度的设施，避免氯离子富集腐蚀系统设备。

6.5.5.3.2　其他工艺设计应符合 HJ 2001 的规定。

6.5.6　二次污染控制措施

6.5.6.1　脱硫副产物宜优先综合利用。

6.5.6.2　其他二次污染控制措施应符合 HJ/T 179、HJ/T 178、HJ 2001 的规定。

7　主要工艺设备和材料

7.1　一般规定

7.1.1　工艺设备与材料的选择应本着经济适用、满足工艺要求的原则，选择可靠性好、使用寿命长的设备与材料。

7.1.2　主要工艺设备的选择和性能要求见本标准第 6 章。

7.1.3　通用材料应在燃煤电厂常用的材料中选取。

7.1.4　接触腐蚀性介质的部位应择优选取合适的材料，满足防腐要求。

7.1.5　当承压部件为金属材料并内衬非金属防腐材料时，应保证非金属材料与金属材料之间的黏结强度，且承压部件的自身设计应确保非金属材料能够长期稳定地黏结在基材上。

7.2　NO$_x$ 超低排放控制系统

7.2.1　主要设备选型原则

7.2.1.1　燃烧器应选择污染物产生少、锅炉热效率损失小的设备。

7.2.1.2　脱硝系统主要设备的选型应符合 HJ 562、HJ 563 的规定。

7.2.2　主要部件材料选择

7.2.2.1　一般规定

7.2.2.1.1　设备和部件包装油漆应符合 JB/T 1615 的规定。

7.2.2.1.2　电缆选择应符合 GB 50217 的规定。

7.2.2.1.3　保温油漆设计应符合 DL/T 5072 的规定。

7.2.2.1.4　还原剂氨区应严格禁铜。

7.2.2.1.5　空预器冷段受热面应采取抗腐蚀和防堵塞措施。

7.2.2.2　低氮燃烧

7.2.2.2.1　燃烧器进口弯管处应采用内贴陶瓷片的耐磨材料。

7.2.2.2.2 燃烧器本体应采用耐高温耐磨蚀材料或耐磨技术。

7.2.2.2.3 更改的钢结构应符合 GB/T 22395 的规定，并不低于原结构强度。

7.2.2.3 脱硝系统

主要材料应与燃煤锅炉常用材料一致，并符合 HJ 562、HJ 563 的规定。

7.2.3 性能要求

7.2.3.1 低氮燃烧器的性能要求应符合 JB/T 4194 的规定。

7.2.3.2 脱硝系统主要设备和材料的性能要求应符合 HJ 562、HJ 563 的规定。

7.3 颗粒物超低排放控制系统

7.3.1 主要设备选型原则

7.3.1.1 干式电除尘器及其系统

7.3.1.1.1 出口烟尘质量浓度限值为 50 mg/m³ 时，干式电除尘器的比集尘面积见表 6。

表 6 出口烟尘质量浓度限值为 50 mg/m³ 时干式电除尘器比集尘面积参数

电除尘器对煤种的除尘难易性	比集尘面积/[m²/（m³·s⁻¹）]		
	常规电除尘器	移动电极电除尘器	低低温电除尘器
较易	≥100	≥90	≥80
一般	≥120	≥110	≥90
较难	≥140	≥120	≥100

注 1：电除尘器对煤种的除尘难易性评价方法参见附录 D。
注 2：表中比集尘面积为电除尘器入口烟尘质量浓度不大于 30 g/m³ 时的数值，当大于 30 g/m³，表中比集尘面积酌情分别增加 5～15 m²/（m³·s⁻¹）。

7.3.1.1.2 出口烟尘质量浓度限值为 30 mg/m³ 时，干式电除尘器的比集尘面积见表 7。

表 7 出口烟尘质量浓度限值为 30 mg/m³ 时干式电除尘器比集尘面积参数

电除尘器对煤种的除尘难易性	比集尘面积/[m²/（m³·s⁻¹）]		
	常规电除尘器	移动电极电除尘器	低低温电除尘器
较易	≥110	≥100	≥95
一般	≥140	≥130	≥105
较难	—	—	≥115

注 1：电除尘器对煤种的除尘难易性评价方法参见附录 D。
注 2：表中比集尘面积为电除尘器入口烟尘质量浓度不大于 30 g/m³ 时的数值，当大于 30 g/m³，表中比集尘面积酌情分别增加 5～15 m²/（m³·s⁻¹）。

7.3.1.1.3 出口烟尘质量浓度限值为 20 mg/m³ 时，干式电除尘器的比集尘面积见表 8。

表 8 出口烟尘质量浓度限值为 20 mg/m³ 时干式电除尘器比集尘面积参数

电除尘器对煤种的除尘难易性	比集尘面积/[m²/（m³·s⁻¹）]		
	常规电除尘器	移动电极电除尘器	低低温电除尘器
较易	≥130	≥120	≥110

电除尘器对煤种的	比集尘面积/[m²/（m³·s⁻¹）]		
除尘难易性	常规电除尘器	移动电极电除尘器	低低温电除尘器
一般	—	—	≥120
较难	—	—	≥130

注 1：电除尘器对煤种的除尘难易性评价方法参见附录 D。

注 2：表中比集尘面积为电除尘器入口烟尘质量浓度不大于 30 g/m³ 时的数值，当大于 30 g/m³，表中比集尘面积酌情分别增加 5～15 m²/（m³·s⁻¹）。

7.3.1.1.4 烟气冷却器的选型基础参数应包括煤质分析及飞灰分析资料，锅炉、汽机及主要辅机的相关参数，当地的环境条件及工程所在地的工程地质条件等。煤质分析除常规分析外，还应包括氟、氯、溴、汞等元素参数。对于改造工程，应重点考虑干式电除尘器前烟道等设备的布置情况。

7.3.1.2 湿式电除尘器

湿式电除尘器的配置和结构应根据处理烟气量确定，同时考虑烟气性质、除尘效率要求、工况要求等影响，一般情况可参考以下要求配置：

a）单台锅炉配套湿式电除尘器台数为 1～2 台。

b）板式湿式电除尘器电场数一般为 1～2 个，比集尘面积宜为 7～20 m²/（m³·s⁻¹），其中 1 个电场的比集尘面积宜为 7～10 m²/(m³·s⁻¹)。除尘效率为 70%～90%，除尘效率＞80% 时宜为 2 个电场。

c）管式湿式电除尘器供电分区数一般为 2～6 个，比集尘面积宜为 12～25 m²/（m³·s⁻¹）。除尘效率为 70%～90%。

7.3.1.3 袋式除尘器

袋式除尘器关键技术选型参数见表 9。

表 9　袋式除尘器关键技术选型参数

序号	项目	单位	出口烟尘质量浓度≤30 mg/m³	出口烟尘质量浓度≤20 mg/m³	出口烟尘质量浓度≤10 mg/m³
			参数		
1	过滤风速	m/min	≤1.0	≤0.9	≤0.8
2	烟气温度	℃	高于烟气酸露点 15 且≤250		
3	流量分配极限偏差	%	±5		

注：处理干法或半干法脱硫后的高粉尘质量浓度烟气时，袋区的过滤风速宜不大于 0.7 m/min。

7.3.1.4 电袋复合除尘器

电袋复合除尘器关键技术选型参数见表 10。

表 10　电袋复合除尘器关键技术选型参数

序号	项目	单位	出口烟尘质量浓度≤20mg/m³	出口烟尘质量浓度≤10mg/m³
			参数	
1	电区比集尘面积	m²/（m³·s⁻¹）	≥20	≥25
2	过滤风速	m/min	≤1.2	≤1.0

序号	项目	单位	出口烟尘质量浓度≤20mg/m³	出口烟尘质量浓度≤10 mg/m³
			参数	
3	滤料型式	—	不低于 JB/T 11829 的要求	不低于 DL/T 1493 的要求
4	流量分配极限偏差	%	宜满足 JB/T 11829 的要求	宜满足 DL/T 1493 的要求
5	气流分布均匀性相对均方根差	—	≤0.25	

注：处理干法或半干法脱硫后的高粉尘质量浓度烟气时，电区的比集尘面积宜不小于 40 m²/（m³·s⁻¹），袋区的过滤风速宜不大于 0.9 m/min。

7.3.2　主要部件材料选择

7.3.2.1　干式电除尘器及其系统

7.3.2.1.1　干式电除尘器主要部件材料应符合 HJ 2039 的规定。

7.3.2.1.2　移动电极电除尘器的链条材料及链条形式应满足在无润滑、多尘、有腐蚀且高温的环境下长期工作。

7.3.2.1.3　低低温电除尘器阴极线采用芒刺型极线时，芒刺宜采用不锈钢材料。第一电场灰斗板材宜采用 ND 钢（09CrCuSb）或内衬不锈钢。人孔门宜采用双层结构，与烟气接触的人孔门内门宜采用 ND 钢或不锈钢。人孔门及阳极振打孔周围约 1 m 范围内的壳体钢板宜采用 ND 钢或内衬不锈钢。

7.3.2.1.4　烟气冷却器主要部件材料应满足以下要求：

　　a）烟气冷却器传热元件的基管选材应符合 GB 3087 或 GB 5310 的规定，采用国外材料时应符合国家相关法规和标准。

　　b）烟气冷却器低温段的换热元件宜选用 ND 钢，高温段的换热元件宜选用 ND 钢（09CrCuSb）或 20G 钢。

7.3.2.2　湿式电除尘器

7.3.2.2.1　外壳体材料宜以碳钢材料为主。对于接触腐蚀性介质的部位，应采用防腐材料或做防腐处理。

7.3.2.2.2　金属板式湿式电除尘器阳极板应采用防腐性能不低于 S31603 的不锈钢。

7.3.2.2.3　导电玻璃钢管式湿式电除尘器阳极管基体材料选用环氧乙烯基酯树脂，增强材料选用无碱玻纤，内表层（导电层）选用碳纤维表面毡。阳极模块每个接地端与任意一根阳极管内表面之间的电阻值应小于 100 Ω。

7.3.2.2.4　柔性极板管式湿式电除尘器阳极管主材选用有机合成纤维，四周设张紧装置，张紧装置材质宜采用合金钢或非金属防腐材质，阳极模块每个接地端与任意一根阳极管内表面之间的电阻值应小于 100 Ω。

7.3.2.2.5　金属板式湿式电除尘器阴极线应采用防腐性能不低于 S31603 的不锈钢。

7.3.2.2.6　导电玻璃钢管式湿式电除尘器阴极线、阴极框架宜采用 SS2205 及以上防腐等级不锈钢或其他导电、防腐材质。

7.3.2.2.7　柔性极板管式湿式电除尘器阴极线、阴极框架宜采用 SS2205 及以上防腐等级不锈钢或其他导电、防腐材质。

7.3.2.2.8　本体内部冲洗管道宜采用不锈钢或非金属防腐材质，喷嘴宜采用不锈钢或非金属防腐材质。

7.3.2.2.9 其他零部件技术要求应符合DL/T 1589、JB/T 12593、HJ/T 323 的规定。

7.3.2.3 袋式除尘器

7.3.2.3.1 滤袋框架其材料机械强度应不低于 Q235，并进行耐高温有机硅喷涂处理，涂层厚度宜大于 80μm，耐温不低于 180℃。整体光滑平整，无毛刺和尖锐突出。

7.3.2.3.2 滤料材质的选取应根据烟气条件确定，充分考虑煤质变化造成的影响，保证在设计条件下滤袋的长期可靠使用。

7.3.2.3.3 其他零部件技术要求应符合 GB/T 6719 的规定。

7.3.2.4 电袋复合除尘器

7.3.2.4.1 滤袋框架及滤料材质部分的规定同 7.3.2.3.1～7.3.2.3.2。

7.3.2.4.2 其他零部件技术要求应符合 GB/T 27869 的规定。

7.3.3 性能要求

7.3.3.1 干式电除尘器及其系统

7.3.3.1.1 常规电除尘器及移动电极电除尘器

常规电除尘器及移动电极电除尘器性能要求见表 11。

表 11　常规电除尘器及移动电极电除尘器性能要求

项　目	单　位	要　求
除尘效率	%	99.2～99.85
出口烟尘质量浓度	mg/m³	≤30，可达 20 以下
压力降	Pa	≤250
漏风率	%	≤3
流量分配极限偏差	%	±5
气流分布均匀性相对均方根差	—	≤0.25

7.3.3.1.2 低低温电除尘系统

低低温电除尘系统性能要求见表 12。

表 12　低低温电除尘系统性能要求

项　目	单　位	要　求
低低温电除尘器除尘效率	%	99.2～99.9
低低温电除尘器出口烟尘质量浓度	mg/m³	≤30，可达 20 以下
烟气冷却器烟气侧温降或温升	℃	≥30
烟气冷却器烟气侧压力降	Pa	≤450
低低温电除尘器本体压力降		≤250
烟气冷却器的工质侧压力降	MPa	≤0.2
烟气冷却器漏风率	%	≤0.2
低低温电除尘器本体漏风率		≤2（配套机组大于 300 MW 级） ≤3（配套机组 300 MW 级及以下）
烟气冷却器气流分布均匀性相对均方根差	—	≤0.2
低低温电除尘器气流分布均匀性相对均方根差		≤0.25
低低温电除尘器流量分配极限偏差	%	±5

7.3.3.2　湿式电除尘器

湿式电除尘器性能要求见表 13。

表 13　湿式电除尘器性能要求

项目	单位	板式湿式电除尘器	管式湿式电除尘器
除尘效率	%	70～90	70～90
出口颗粒物质量浓度	mg/m³	≤10，可达 5 以下	≤10，可达 5 以下
本体压力降（不含除雾器及烟道）	Pa	≤250（改造项目≤350）	≤300
漏风率	%	≤1	≤2
气流分布均匀性相对均方根差	—	≤0.2	≤0.2

7.3.3.3　袋式除尘器

袋式除尘器性能要求见表 14。

表 14　袋式除尘器性能要求

序号	项目	单位	出口烟尘质量浓度≤30 mg/m³	出口烟尘质量浓度≤20 mg/m³	出口烟尘质量浓度≤10 mg/m³
			参数		
1	压力降	Pa	≤1 500	≤1 500	≤1 400
2	滤袋整体使用寿命	a	≥4		
3	漏风率	%	≤2		

7.3.3.4　电袋复合除尘器

电袋复合除尘器性能要求见表 15。

表 15　电袋复合除尘器的性能要求

序号	项目	单位	出口烟尘质量浓度≤20 mg/m³	出口烟尘质量浓度≤10 mg/m³
			参数	
1	压力降	Pa	≤1 200	≤1 100
2	滤袋整体使用寿命	a	≥4	≥5
3	漏风率	%	≤2	

7.4　SO₂ 超低排放控制系统

7.4.1　主要设备选型原则

7.4.1.1　石灰石-石膏湿法脱硫

7.4.1.1.1　循环泵应选用离心泵，采用电动机直联或减速驱动，泵的轴承密封型式为机械密封，泵应选用节能高效设备。

7.4.1.1.2　其他设备选型应符合 HJ/T 179、HJ/T 323 的规定。

7.4.1.2　高效烟气循环流化床脱硫

应符合 HJ/T 178 的规定。

7.4.1.3　氨法脱硫

应符合 HJ 2001 的规定。

7.4.2　主要部件材料选择

7.4.2.1　石灰石-石膏湿法脱硫

7.4.2.1.1　通用规定

a）部件与材料的选择应本着经济适用、满足脱硫工艺要求的原则，选择具有长期运行可靠性和较长使用寿命的设备与材料。

b）循环泵接触浆液部件应为防腐耐磨材质，可采用衬胶、衬碳化硅或全金属等材质，需能承受 pH 4～9 和氯离子质量浓度 40 000 mg/L 的腐蚀。氧化风机的转子、轴承材质不低于 QT500。

c）其他部件材质要求应符合 HJ/T 179 的规定。

7.4.2.1.2　pH 物理分区双循环技术

a）吸收塔塔外及液面以上空气管道材质可采用碳钢；液面以下管道宜采用纤维增强复合塑料（FRP）或 2205 合金或碳钢衬胶，管道壁厚不小于 3 mm。

b）吸收塔入口烟道与塔壁接触部位宜贴衬 2 mm C276，上部的塔内浆液收集装置材质宜采用 C276，板材厚度按照强度设计选取。

c）二级循环浆液箱材质宜采用碳钢，内壁应进行防腐处理。

7.4.2.1.3　pH 自然分区技术

a）分区隔离器及配套相关支撑结构应采用耐腐蚀耐磨材质。

b）增效环应采用双面耐腐蚀耐磨材质。

c）均流筛板和氧化空气管网材质宜采用 SS32205。

d）射流搅拌管架应采用碳钢衬胶或其他耐腐蚀合金钢。

e）入口烟道预除尘水喷雾系统喷嘴及管道材质应采用 SS32205。

7.4.2.1.4　pH 物理分区技术

a）塔外浆液箱材质宜采用碳钢。

b）塔外浆液箱内壁应采用耐磨丁基橡胶或鳞片树脂。

7.4.2.1.5　湍流器持液技术

a）烟气湍流器材质宜采用 316L 及以上等级耐腐蚀合金钢。

b）管束式除雾器本体材质应选用高强度耐高温改性高分子材质，支承格栅材质宜选用 316L 及以上等级耐腐蚀合金钢。

c）管束式除雾器冲洗水支管与冲洗水主管及其配套的阀门、管件等，应采用耐腐蚀、不结垢的合金材质管道或非金属管道。

7.4.2.1.6　均流筛板持液技术

a）均流筛板宜采用 SS32205。

b）均流筛板及喷淋层的支撑梁均宜采用碳钢，表面应采用耐磨丁基橡胶或鳞片树脂。

7.4.2.2　高效烟气循环流化床脱硫

应符合 HJ/T 178 的规定。

7.4.2.3　氨法脱硫

应符合 HJ 2001 的规定。

7.4.3　性能要求

7.4.3.1　石灰石-石膏湿法脱硫工艺主要设备和材料的性能要求应符合 HJ/T 179 的规定。

7.4.3.2　高效烟气循环流化床脱硫工艺的主要设备和材料的性能要求应符合 HJ/T 178 的规定。

7.4.3.3　氨法脱硫工艺的主要设备和材料的性能要求应符合 HJ 2001 的规定。

8 检测与过程控制

8.1 一般规定

8.1.1 检测设备和过程控制系统应满足超低排放工艺系统提出的自动检测、自动调节、自动控制及保护的要求。

8.1.2 控制系统应采用分散控制系统（DCS）或可编程逻辑控制器（PLC），其功能包括数据采集和处理（DAS）、模拟量控制（MCS）、顺序控制（SCS）及连锁保护、厂用电源系统监控等。

8.1.3 超低排放设施的启、停及运行原则上应与机组同步，确保设施排放满足超低要求，事故处理及其他极端情况，为确保不能影响机组正常安全运行，相关保护需要解列应报环保部门备案。

8.1.4 超低排放设施宜通过加强各污染物控制设施出入口输入参数检测与实时控制，实现各设施污染物高效减排和匹配控制，实现环保设施输入条件控制、高效减排控制和经济运行控制。

8.1.5 超低排放设施配套的监测仪表和终端排口 CEMS 应满足各自工况条件要求，结合污染物浓度、烟气湿度等合理配置检测仪表。

8.2 NO$_x$ 超低排放控制系统

8.2.1 检测与过程控制系统设计应以保证装置安全、可靠、经济适用为原则，采用成熟可靠的设备技术，满足各种工况下脱硝系统安全、高效运行。

8.2.2 脱硝系统的热工自动化水平宜与机组的自动化控制水平相一致。

8.2.3 烟气反应系统应在集中控制室进行控制。还原剂储存和供应系统可在集中控制室控制，也可与位置相邻或性质相近的辅助车间合设控制室控制。

8.2.4 还原剂储存及制备系统宜配置一套独立的与辅网各控制系统一致的 PLC 或者 DCS 控制系统，也可配置与机组 DCS 一致的远程控制站接入机组公用 DCS。脱硝还原剂区的卸氨系统可设置就地控制盘，便于现场操作。

8.2.5 低氮燃烧系统新增的仪控设备控制点应纳入机组控制系统，应方便运行人员在单元集控室内监控和操作。

8.2.6 其他要求应符合 HJ 562、HJ 563、DL/T 5175 和 DL/T 5182 的规定。

8.3 颗粒物超低排放控制系统

8.3.1 干式电除尘器及其系统

8.3.1.1 干式电除尘器的检测与过程控制要求应符合 HJ 2039 的规定。

8.3.1.2 低低温电除尘系统应配套烟温控制系统，该系统应能对温度、压力、流量、电除尘器的运行参数等主要参数进行在线检测和自动调节控制。

8.3.1.3 烟气冷却器检测

8.3.1.3.1 烟气冷却器应检测的内容包括：

a）烟气冷却器烟气侧进、出口烟气温度。

b）烟气冷却器水侧进、口水温度。

c）烟气冷却器烟气侧进、出口压力（压差）。

d）烟气冷却水侧进、出口压力（压差）。

　　e）泄漏检测。

　　f）换热面壁温检测。

　　g）吹灰系统状态检测（吹灰介质压力、温度等）。

8.3.1.3.2　烟气冷却器烟气侧温度、差压监测仪表测点应设在烟冷器进、出口直管段。

8.3.1.3.3　烟气冷却器泄漏检测探头应设在烟气冷却器前后烟道上。

8.3.1.4　烟气冷却器过程控制

8.3.1.4.1　烟气冷却器过程控制内容包括：

　　a）烟气冷却器水侧入口水温控制：应大于烟气水露点 20℃。

　　b）烟气冷却器烟气侧出口烟温控制：应不低于设计烟温，设计值一般为 90℃。

8.3.1.4.2　烟气冷却器的控制方式应根据生产工艺的技术水平和要求、运行条件、管理水平综合确定，宜采用 DCS 控制系统（机组）。

8.3.1.4.3　运行人员在控制室内可完成对烟气冷却器水侧系统进行启/停控制、正常运行的监视和调整以及异常与事故工况的处理，而无须（或仅需要少量）现场人员的操作配合。

8.3.1.4.4　控制系统应具备储存烟气冷却器主要运行参数的能力，烟气冷却器的主要运行参数数据应满足相关管理部门的要求。

8.3.2　湿式电除尘器

8.3.2.1　湿式电除尘器检测

8.3.2.1.1　金属板式湿式电除尘器应检测的内容包括：

　　a）绝缘子室温度显示及超限报警。

　　b）泵出口母管压力显示及超限报警。

　　c）循环水泵、补水泵出口母管流量。

　　d）循环水、废水 pH 显示及超限报警。

　　e）泵出口压力就地显示。

　　f）箱罐液位显示及超限报警。

　　g）高压供电装置检测参照 HJ 2039。

8.3.2.1.2　导电玻璃钢管式湿式电除尘器以及柔性极板管式湿式电除尘器系统应检测的内容包括：

　　a）除尘器入口、出口温度和压力显示及超限报警。

　　b）绝缘子室温度显示及超限报警。

　　c）泵出口母管压力显示及超限报警。

　　d）泵出口压力就地显示。

　　e）箱罐液位显示及超限报警。

　　f）高压供电装置检测参照 HJ 2039。

8.3.2.1.3　箱罐液位宜采用磁翻板式测量、静压式测量，不宜采用超声波测量。

8.3.2.2　湿式电除尘器过程控制

8.3.2.2.1　金属板式湿式电除尘器过程控制内容包括：

　　a）循环水或废水 pH 值控制：宜以灰斗外排水的 pH（宜为 4～6）或废水外排水 pH（宜为 5～7）为控制对象，且必须同时满足循环水 pH 不高于 10。

　　b）废水流量控制：宜根据锅炉负荷（BMCR），在悬浮物质量浓度不大于 2 000 mg/L

条件下设置外排水量。

　　c）过滤器自动控制：宜采用定时清洗控制或者差压式清洗控制。

　　d）补水自动控制：湿式电除尘器后端喷淋装置进行喷淋应实现自动控制，且能根据水平衡情况调整喷淋时间。

　　e）箱罐液位自动控制：在满足对泵、搅拌器等保护液位的同时，还应能保证箱罐内有满足水平衡的要求液位，液位裕度系数宜不小于10%。

　　f）备用泵应能根据泵出口母管压力可实现自动切换控制。

　　g）高压供电装置控制（由高压电源装置自带控制器实现）。

8.3.2.2.2　导电玻璃钢管式湿式电除尘器以及柔性极板管式湿式电除尘器过程控制内容包括：

　　a）电极冲洗控制：宜采用定时间控制。

　　b）箱罐液位自动控制：满足泵保护且足够冲洗一次的水量，液位裕度系数宜不小于10%。

　　c）高压供电装置控制应由高压电源装置自带控制器实现。

　　d）绝缘子密封风机系统自动控制。

　　e）绝缘子电加热系统自动控制。

8.3.2.2.3　湿式电除尘器的控制方式应根据生产工艺的技术水平和要求、运行条件、管理水平综合确定。

8.3.2.2.4　湿式电除尘器的启停过程应自动进行，无须运行人员干预。

8.3.2.2.5　运行人员在控制室内可完成对每台机组湿式电除尘器进行启/停控制、正常运行的监视和调整以及异常与事故工况的处理，而无须（或仅需要少量）现场人员的操作配合。

8.3.3　袋式除尘器

8.3.3.1　袋式除尘器控制系统应满足工艺控制要求，具有手动及自动控制功能，自动控制应具有压差（定阻）和定时两种控制方式，可相互转换，压差检测点应分别设置在除尘器的进出口总管上。清灰程序应能对脉冲宽度、脉冲间隔进行调整。

8.3.3.2　袋式除尘器安装完成后，应进行荧光检漏试验，试验应在预涂灰完成后进行，试验方法参照 JB/T 12118 执行。

8.3.3.3　其他要求应符合 HJ 2039 的规定。

8.3.4　电袋复合除尘器

8.3.4.1　顶部振打型电袋复合除尘器应能作单点振打测试，振打高度可调，并保证振打锤不会冲顶；当振打锤故障时，应能定位故障位置。

8.3.4.2　清灰控制及荧光检漏试验要求同 8.3.3.1、8.3.3.2。

8.3.4.3　其他要求应符合 HJ 2039 的规定。

8.4　SO_2 超低排放控制系统

8.4.1　石灰石-石膏湿法脱硫

8.4.1.1　脱硫新建工程控制系统可根据全厂整体控制方案，与全厂控制系统或全厂辅控系统统筹考虑。

8.4.1.2　脱硫改造工程控制系统宜纳入原脱硫系统进行控制。脱硫系统新增监视点包括塔外浆液箱的循环泵房、氧化风机房、旋流器等区域，应纳入脱硫岛工业电视监视系统（CCTV）。

8.4.1.3　其他要求应符合 HJ/T 179 的规定。

8.4.2　高效烟气循环流化床脱硫

　　应符合 HJ/T 178 的规定。

8.4.3　氨法脱硫

8.4.3.1　应采用自动加氨控制系统。

8.4.3.2　其他要求应符合 HJ 2001 的规定。

9　主要辅助工程

9.1　一般规定

9.1.1　超低排放工程的电气系统、建筑结构、压缩空气、采暖通风和给排水等主要辅助工程应根据电厂主体工程情况进行统筹规划和设计，并应符合 GB 50660 的规定。

9.1.2　超低排放工程的建筑结构设计应贯彻节约、集约用地的原则，宜根据工艺流程、功能要求、工艺设备布置情况采用多层建筑和联合建筑。

9.1.3　超低排放工程所需的水、电、气、汽等辅助设施应纳入电厂主体工程统一考虑。

9.2　NO$_x$ 超低排放控制系统

9.2.1　电气系统配置应满足以下要求：

　　a）供电系统应符合 DL/T 5153 的规定。

　　b）直流系统应符合 HJ 562 的规定。

　　c）交流保安电源和不间断电源、二次线应符合 DL/T 5136、DL/T 5153 的规定。

9.2.2　建筑及结构应符合 DL/T 5480 的规定。

9.2.3　暖通及消防系统配置应满足以下要求：

　　a）脱硝系统内应有采暖通风与空气调节系统，并符合 DL/T 5035 等的规定。

　　b）脱硝系统内应有完整的消防给水系统，还应按消防对象的具体情况设置火灾自动报警装置和专用灭火装置，消防设计应符合 GB 50222、GB 50229 和 GB 50160 等的规定。

9.2.4　其他辅助系统要求应符合 HJ 562、HJ 563 的规定。

9.3　颗粒物超低排放控制系统

9.3.1　干式电除尘器、袋式除尘器、电袋复合除尘器

　　干式电除尘器、袋式除尘器、电袋复合除尘器的其他电气、建筑结构、压缩空气、采暖通风和给排水工程，均随工艺系统配套，应符合 HJ 2039 的规定。

9.3.2　烟气冷却器

9.3.2.1　供配电

9.3.2.1.1　低压双电源宜从不同的机组备用动力中心（380 V）引接，采用自动或手动双电源切换。

9.3.2.1.2　烟气冷却器区域两台烟气冷却器之间应设置检修电源箱，检修电源箱容量应能满足现场需求。

9.3.2.2　给排水

9.3.2.2.1　烟气冷却器根据不同的工艺系统应取自凝结水系统、热网水管网等。

9.3.2.2.2　烟气冷却器水系统放水宜回收到排污扩容系统。

9.3.2.3　防腐及露天防护

9.3.2.3.1 所有设备、平台扶梯应根据工艺布置的要求采取相应的防腐措施，设备、箱罐、管道的外表面按常规燃煤电厂设计有关要求涂刷油漆。

9.3.2.3.2 烟气冷却器水侧露天布置的设备应采取防雨、防风措施，如设置防雨、防风罩。

9.3.3 湿式电除尘器

9.3.3.1 供配电

9.3.3.1.1 工艺设备电动机应分别连接到与其相应的高压（若有）和低压厂用母线段上，应采用双电源供电。低压双电源宜从不同的脱硫动力中心（380 V）引接，采用自动或手动双电源切换。对于配两台除尘器的项目，可设置对称的动力中心，交叉供电方式供电。

9.3.3.1.2 在湿式电除尘器箱罐区域、除尘器侧部人孔门、除尘器顶部应设置检修电源箱，检修电源箱容量应能满足现场需求。湿式电除尘器顶部高压直流电源应设置检修吊机，检修吊机布置应能将供电装置起吊至零米。

9.3.3.2 给排水

9.3.3.2.1 湿式电除尘器的喷淋水应根据水质要求取自厂区的工艺水管网。

9.3.3.2.2 湿式电除尘器喷淋系统产生的废水宜适当预处理后作为湿法脱硫工艺补水回用。

9.3.3.3 防腐及露天防护

9.3.3.3.1 所有设备、管道工具根据工艺布置的要求采取相应的防腐措施，设备、箱罐、管道的外表面按常规电站设计有关要求涂刷油漆。

9.3.3.3.2 湿式电除尘器露天布置的设备采取防雨、防风措施，如设置防雨、防风罩。

9.4 SO_2 超低排放控制系统

9.4.1 脱硫改造工程应根据用电设备增加情况校核高厂变和低压脱硫变容量，核对设备布置空间、电缆通道容量、进线开关容量、电源电缆容量等需要在原有系统之上增加的内容。

9.4.2 其他土建结构、电气、采暖通风、给排水及消防系统，均随工艺系统配套，应符合 HJ/T 179、HJ/T 178、HJ 2001 的规定。

10 劳动安全与职业卫生

10.1 一般规定

10.1.1 超低排放工程的建设及运行应遵循"安全第一，预防为主"的方针，以不影响火电厂安全生产和文明生产为原则，持续提高生产过程中安全、健康、环境的管理水平，保障建设及生产人员、生产设备的安全、健康与环境。

10.1.2 电厂应建立健全超低排放工程环境因素和评价体系，加强运行过程中环境因素的控制。

10.1.3 超低排放工程应按照安全性评定等要求，定期进行安健环专项评估和检查，形成评定、整改的闭环管理。

10.1.4 超低排放工程建成运行时，配套安全和卫生设施应同时建成投运，并制定相应的操作规程。

10.1.5 超低排放工程建设及运行过程中，安全卫生应符合 GB/T 12801、GBZ 2.1 及 GBZ 2.2 的规定，具体要求参照 DL 5053 执行。

10.2 劳动安全

10.2.1 超低排放工程建设及运行过程中危险品管理应满足《危险化学品安全管理条例》

《危险化学品重大危险源监督管理暂行规定》、GB 18218 等国家及地方相关要求，液氨管理应满足《燃煤发电厂液氨罐区安全管理规定》，确保超低排放设施事故预防和应急预案处于受控状态。

10.2.2　超低排放工程建设、运行、检修、维护和管理过程中基本的安全工作要求应参照DL 5009.1 和 GB 26164.1 执行，如遇到紧急救护情况应参照 DL/T 692 执行。

10.2.3　超低排放工程的防火、防爆设计应符合 GB 50016、GB 50222、GB 50229 的规定。

10.2.4　超低排放工程应采取有效的隔声、消声、吸声、绿化等降低噪声的措施，噪声、振动应分别满足 GB/T 50087 和 GB 50040 要求，厂界噪声应满足 GB 12348 要求。

10.3　职业卫生

10.3.1　应在具有危险因素和职业病危害的场所设置醒目的安全标志、安全色、警示标志，具体内容应符合 GB 2893、GB 2894、GBZ 158 的规定。

10.3.2　超低排放工程的防尘、防泄漏、防噪声与振动、防电磁辐射、防暑与防寒等要求应符合 GBZ 1、DL 5053 的规定。

11　工程施工与验收

11.1　工程施工

11.1.1　超低排放工程施工单位应具有国家相应的工程施工资质，遵守国家部门颁布的劳动安全卫生、消防等国家强制性标准及相关的施工技术规范。

11.1.2　超低排放工程应按施工设计图纸、技术文件、设备图纸等组织施工，施工应符合国家和行业施工程序及管理文件的规定。工程变更应取得设计变更文件后再实施。

11.1.3　超低排放工程施工中使用的设备、材料、器件等应符合相关的国家标准，并取得供货商的产品合格证后方可使用。

11.1.4　干式电除尘器安装应符合 JB/T 8536、JB/T 11267、JB/T 11311、JB/T 12591 的规定。

11.1.5　湿式电除尘器安装应符合 JB/T 12593 的规定。

11.1.6　袋式除尘器安装应符合 JB/T 8471 的规定。

11.1.7　电袋复合除尘器安装应符合 GB/T 27869 的规定。

11.1.8　吸收塔施工及验收应符合 DL5190、DL/T 5418 的规定。

11.1.9　脱硫系统设备安装及验收应符合 GB 50895 的规定。

11.1.10　施工焊接应符合 DL/T 869 的规定。

11.1.11　氧化空气管安装时，应在各支架找平后，先均匀拧紧管夹螺栓，再拧紧薄螺母。

11.1.12　脱硫系统所有防腐层应做电火花检查工作，尤其是腰形孔及角钢的棱角部位。

11.1.13　脱硝系统工程施工应符合 DL 5190、HJ 562、HJ 563 的规定。

11.2　验收

11.2.1　建设单位应组织施工单位、供货商、工程设计单位、监理单位等结合系统调试对超低排放工程进行验收，对环保指标、性能指标、安全性、可靠性等运行状况进行考核。

11.2.2　超低排放工程验收应按有关专业验收规范和本标准的有关规定进行。

11.2.3　超低排放工程安装、施工完成后应进行调试前的启动验收，启动验收合格和对在线仪表进行校验后方可进行分项调试和整体调试。

11.2.4　通过超低排放设施整体调试，各系统运转正常，技术指标达到设计和合同要求后，应进行启动试运行。

11.2.5 在整体启动试运行连续试运 168 h 后，对整体启动试运行中出现的问题应及时消除，以保证超低排放工程运行稳定可靠。

11.2.6 脱硝系统验收应符合 DL/T 260、DL/T 5257、HJ 562、HJ 563 的规定。

11.2.7 低低温电除尘器验收应符合 JB/T 12591 的规定，低低温高效燃煤烟气处理系统的工程验收应符合 JB/T 12592 的规定。

11.2.8 湿式电除尘器验收应符合 DL/T 1589、JB/T 12593 的规定。

11.2.9 袋式除尘器验收应符合 JB/T 8471、HJ 2039 的规定。

11.2.10 电袋复合除尘器验收应符合 GB/T 27869、HJ 2039 的规定。

11.2.11 脱硫系统验收应符合 GB/T 19229.1、GB/T 19229.2、DL/T 998、DL/T 1150、DL/T 5417、DL/T 5418、HJ/T 179、HJ/T 178、HJ 2001 的规定。

11.2.12 超低排放工程配套建设的 CEMS 应在工程竣工验收前开展环保比对试验，并满足 HJ 75、HJ 76 的有关要求。

12 运行与维护

12.1 一般规定

12.1.1 超低排放工程投运后，电厂排放的烟气污染物浓度应满足超低排放限值要求，排放量还应满足排污许可证中的许可排放量。

12.1.2 超低排放设施是火电厂生产系统的组成部分，应按主设备要求进行运行、检修和维护管理，避免和减小主机及各治理设施之间产生不利影响。

12.1.3 电厂应从输入条件、设备配置、运行管理、检修维护、达标排放、副产物处置、环境影响、应急预案等角度，建立健全保障超低排放设施稳定可靠运行的管理体系，包括组织机构、制度、规程、事故预防和应急预案、人员培训、技术管理以及考核办法等。

12.1.4 电厂应在确保超低排放设施可靠运行和污染物排放浓度稳定达标的前提下，持续优化运行方式，注重挖掘和完善多污染物联合脱除、协同减排的能力，实现机组节能经济运行。

12.1.5 超低排放设施可由电厂自主运行，鼓励委托具有运营资质的专业单位运行。

12.1.6 电厂应建立和加强超低排放设施竣工资料、运营期原料采购及消耗、系统运行检修、设备维护保养、人员培训等记录和报表、其他各种资料的档案管理，建立电子档案，并根据环保要求建立规范的历史数据采集、存档、报送、备案制度。

12.1.7 电厂应按照 DL/T 1050、DL/T 1051 的要求，加强超低排放设施的技术监督和管理，定期对烟气治理设施的运行状况进行评价，形成评价、改进、监督、再评价、持续改进的闭环管理。

12.2 NO$_x$ 超低排放控制系统

12.2.1 一般规定

12.2.1.1 脱硝设施安全管理应符合 GB 12801 的规定。

12.2.1.2 采用液氨作为还原剂时，应根据《危险化学品安全管理条例》的规定建立本单位事故应急救援预案，配备应急救援人员和必要的应急救援器材、设备、并定期组织演练。

12.2.1.3 应建立健全与脱硝设施运行维护相关的各项管理制度，以及运行、操作和维护规程，建立脱硝设施主要设备运行状况的记录制度。

12.2.1.4 脱硝设施的运行、维护及安全管理除应执行本标准外，还应符合国家现行有关强制性标准的规定。

12.2.2 运行

12.2.2.1 应从燃煤品质把控、制粉调整、合理配风给料等方面优化低氮燃烧，保证锅炉安全经济环保运行。

12.2.2.2 脱硝设施运行应符合 HJ 562、HJ 563、HJ 2040、DL/T 362 的规定。

12.2.3 维护

12.2.3.1 维护人员应熟悉维护保养规定，并根据规定定期检查、更换或维修必要部件（设备、管道、材料等），及时做好维护保养记录。

12.2.3.2 应根据脱硝供货商提供的设备、技术、文件等资料，统筹制定维护保养规定。

12.2.3.3 运行维护人员应做好维护保养台档，定期检查记录情况。

12.2.3.4 其他要求应符合 HJ 562、HJ 563 的规定。

12.3 颗粒物超低排放控制系统

12.3.1 干式电除尘器及其系统

12.3.1.1 一般规定

12.3.1.1.1 干式电除尘器的运行、维护和检修等一般要求应符合 HJ 2040 的规定并实行专业化管理。

12.3.1.1.2 应按 GB/T 13931 的规定定期考核干式电除尘器除尘效率，同时标定烟尘 CEMS。

12.3.1.1.3 烟气冷却器内不应发生工质的汽化、停滞和倒流现象，水侧进、出口集箱的连接方式应最大限度地减小流量偏差，烟气侧宜设置泄漏在线检测装置。

12.3.1.2 运行

12.3.1.2.1 干式电除尘器的运行应符合 DL/T 461、JB/T 6407 的规定。

12.3.1.2.2 烟气冷却器与机组凝结水、热网水或其他冷却水系统相连，投运前应做好充分的投运组织方案。

12.3.1.2.3 烟气中易燃、易爆物质浓度、烟气温度、运行压力应满足设计要求，当烟气条件严重偏离设计要求、危及设备及人身安全时，不得投运烟气冷却器。

12.3.1.2.4 烟气冷却器的启动，应满足以下要求：

a）投运前，必须进行水压试验，以确认系统无泄漏点。

b）投运前，管道和设备应按照有关规程的规定，严格按照规定进水冲洗，以保证系统管道内部清洁，取样化验合格。

12.3.1.2.5 烟气冷却器投运时应满足需要的安全入口烟温及入口水温，烟气温度宜大于110℃，水侧入口温度应大于70℃。

12.3.1.2.6 烟气冷却器正常投运后在工况及外围条件改变较大时，运行人员需作相应调整。

12.3.1.2.7 运行中发现以下情况之一时，应立即停止烟气冷却器的运行：

a）换热管发生泄漏。

b）管路系统发生泄漏。

c）控制系统失灵，温度、压力大幅度偏离设计值。

d）其他严重威胁人身与设备安全的情况。

12.3.1.2.8　运行中发现以下情况之一时，应酌情停止烟气冷却器的运行：

a）烟气冷却器入口水温过低。

b）烟气冷却器入口烟温过低，导致出口烟温低于设计值。

12.3.1.2.9　烟气冷却器运行中应记录以下数据：

a）烟气冷却器烟气侧进、出口烟气温度。

b）烟气冷却器水侧进、口水温度。

c）烟气冷却器烟气侧进、出口压差。

d）泄漏检测记录。

e）水泵运行频率及电流信号。

f）电动阀门开关位置信号及阀门开度。

12.3.1.3　维护

12.3.1.3.1　干式电除尘器的维护应符合 DL/T 461、JB/T 6407 的规定。

12.3.1.3.2　烟气冷却器在机组停运时，都应进行检查，检查水侧密封、烟气侧磨损腐蚀等。此外，每年应小修一次，小修内容包括清除积灰、更换损坏防磨元件、导流板等。

12.3.1.3.3　烟气冷却器宜定期进行常规检查。

12.3.1.3.4　停炉后机务系统常规检查应包括以下内容：

a）积灰情况。

b）换热管密封情况。

c）各管道、水泵、法兰连接处密封情况。

d）换热管及翅片腐蚀及磨损情况。

e）人孔门及观察孔密封情况。

12.3.1.3.5　当设备停运时，必须及时将烟气冷却器本体及管路系统的水放干，避免冬季换热管冻裂；长期停运时，水侧系统宜充氮保护。

12.3.2　湿式电除尘器

12.3.2.1　一般规定

12.3.2.1.1　湿式电除尘器的运行、维护和检修等一般要求应符合 HJ 2040 的规定。

12.3.2.1.2　湿式电除尘器的二次电压和电流、颗粒物仪值、电机电流、水压、水泵流量等应每小时记录一次并自动生成报表。

12.3.2.2　运行

12.3.2.2.1　湿式电除尘器电场启动时，只有在水系统投运正常后，才能投入高压系统；当设备停运时，必须先停运高压系统。

12.3.2.2.2　湿式电除尘器正常投运后在工况及外围条件改变较大时，运行人员需做相应调整。

12.3.2.2.3　运行中发现以下情况之一时，应立即停止湿式电除尘器的运行：

a）高压直流供电设备参照 HJ 2040 的规定。

b）电场发生短路。

c）电场内部异极距严重缩小，电场持续拉弧。

d）水管出现破裂或发生漏水情况。

e）主水泵及备用水泵同时出现故障。

12.3.2.2.4　运行中发现以下情况之一时，应酌情停止湿式电除尘器的运行：

　　a）高压直流供电设备参照 HJ 2040 的规定。

　　b）单个水泵故障或管道水压不足。

　　c）排水系统达不到水系统更新要求。

　　d）锅炉投油燃烧或因主设备原因造成较长时间投油燃烧且油煤混烧比例超过规定值，长期停运设备会对环保及正常生产造成较大影响，需做综合考虑，宜只投入水系统而停运高压系统。

12.3.2.2.5　湿式电除尘器运行中应记录以下数据：

　　a）湿式电除尘器正常运行时一、二次电压、电流及火花率。

　　b）水泵运行时电流及管道流量、压力。

　　c）循环水、排水 pH 计数值。

　　d）湿式电除尘器进、出口温度。

　　e）喷淋压力。

　　f）各箱罐液位。

　　g）电动阀门开关位置信号及阀门开度。

12.3.2.3　维护

12.3.2.3.1　湿式电除尘器每次停机都应进行一次检查，清理电场，校正变形大的极板极线，擦洗绝缘瓷件，测量绝缘电阻，排除运行中出现的故障。此外，每年应中修一次，中修内容包括更换损坏件等，每 4 年左右（或根据电厂大修周期）应进行一次大修，对电场做全面清扫、调整，更换影响性能或已经损坏的各零部件等。

12.3.2.3.2　湿式电除尘器宜定期进行常规检查。

12.3.2.3.3　停炉后机务系统常规检查应包括以下内容：

　　a）积灰情况。

　　b）电场侧壁、人孔门、顶盖上绝缘子室、水箱等部位破损、漏水情况。

　　c）各管道、法兰连接处漏水情况。

　　d）阴极框架变形以及极线的弯曲情况和积灰情况。

　　e）阳极板的弯曲变形情况、积灰和腐蚀情况。

　　f）每次停机应抹擦瓷套内腔和外壁，绝缘子保温箱需密封。

　　g）喷淋系统喷嘴堵塞、磨损情况，若喷嘴磨损严重，应立即更换。

12.3.3　袋式除尘器、电袋复合除尘器

12.3.3.1　一般规定

12.3.3.1.1　袋式除尘器、电袋复合除尘器的运行、维护和检修等一般要求应符合 HJ 2040 的规定。

12.3.3.1.2　袋式除尘器、电袋复合除尘器的运行、维护和检修应实行专业化管理。

12.3.3.2　运行、维护

12.3.3.2.1　袋式除尘器的运行应符合 DL/T 1371 的规定；电袋复合除尘器的运行应符合 HJ 2039、JB/T 11644 的规定。

12.3.3.2.2　袋式除尘器、电袋复合除尘器的启动和停运应符合 HJ 2040、JB/T 11644 的规定。

12.3.3.2.3　袋式除尘器、电袋复合除尘器的维护应符合 HJ 2039、JB/T 11644 的规定。

12.4 SO₂超低排放控制系统

12.4.1 一般规定

12.4.1.1 脱硫设施的启动、运行调整、维护及运行管理制度应符合 HJ 2040、HJ/T 179、HJ/T 178、HJ 2001、DL/T 1149 的规定。

12.4.1.2 脱硫运行单位应建立及健全脱硫运行管理制度，配备足够的操作、维护、检修人员及设备仪器。

12.4.1.3 脱硫设施的维护保养应纳入主机的维护保养计划之中，并制定详细的维护保养规程。

12.4.2 运行

12.4.2.1 脱硫设施投运前应全面检查运行条件，符合要求后才能按照程序启动脱硫设施各系统。

12.4.2.2 脱硫设施运行应在满足设计工况的条件下进行，并根据工艺要求定期对各类设备、电气、自控仪表等进行检查维护，确保系统稳定可靠运行。

12.4.2.3 运行中应认真观察各运行参数的变化情况，保证浆池 pH 和系统阻力等参数在指标范围内运行，锅炉负荷变化时应通过调节保证正常运行和达标排放。

12.4.2.4 定期进行仪器、仪表的校验，及时对浆液循环泵、浆液管道冲洗。系统停运时，管道、设备等及时排空并清洗。

12.4.3 维护

12.4.3.1 维护人员应熟悉维护保养规定，并根据规定定期检查、更换或维修必要部件（设备、管道、材料等），及时做好维护保养记录。

12.4.3.2 在机组小修、中修、大修期及时进行脱硫设施的检查及检修等工作。

12.4.3.3 在设施检修维护时应做好安全防护工作。

附录 A（资料性附录）

低氮燃烧锅炉炉膛出口 NO$_x$ 推荐控制值

表 A.1　低氮燃烧锅炉炉膛出口 NO$_x$ 推荐控制值

燃烧方式	煤种		容量/MW	NO$_x$ 推荐控制值/（mg/m³）
切向燃烧	无烟煤		—	950
	贫煤		—	900
	烟煤	20%≤V_{daf}≤28%	≤100	400
			200	370
			300	320
			≥600	310
		28%≤V_{daf}≤37%	≤100	320
			200	310
			300	260
			≥600	220
		37%<V_{daf}	≤100	310
			200	260
			300	220
			≥600	220
	褐煤		≤100	320
			200	280
			300	220
			≥600	220
墙式燃烧	贫煤		所有容量	670
	烟煤	20%≤V_{daf}≤28%		470
		28%≤V_{daf}≤37%		400
		37%<V_{daf}		280
	褐煤			280
W 火焰燃烧	无烟煤			1 000
	贫煤			850
CFB	烟煤、褐煤			200
	无烟煤、贫煤			150

附录 B（资料性附录）

燃煤电厂烟气中 SO_3 量的估算方法

B.1 脱硝系统入口 SO_3 量的估算可按式（B.1）进行，循环流化床锅炉炉内脱硫时还应考虑炉内 SO_3 脱除量。

$$M_{1(SO_3)} = \frac{80}{32} \times k_1 \times k_2 \times B_g \times (1 - \frac{q_4}{100}) \times \frac{S_{ar}}{100} \qquad (\text{B.1})$$

式中：$M_{1(SO_3)}$ —— 脱硝系统入口 SO_3 量，t/h；

k_1 —— 燃煤中收到基硫转化为 SO_2 的转化率（煤粉炉取 0.9，循环流化床锅炉取 0.85）；

k_2 —— 锅炉燃烧中 SO_2 转化为 SO_3 的转化率（煤粉炉可取 0.5%～2%）；

B_g —— 锅炉燃煤量，t/h；

S_{ar} —— 燃煤收到基硫分，%；

q_4 —— 锅炉机械未完全燃烧损失（在灰硫比估算时可取 0），%。

B.2 除尘系统入口 SO_3 量的估算可按式（B.2）进行，高效烟气循环流化床法脱硫工艺的除尘器入口 SO_3 量应采用脱硫供货商提供的数据。

$$M_{2(SO_3)} = \frac{80}{32} \times k_1 \times k_3 \times B_g \times (1 - \frac{q_4}{100}) \times \frac{S_{ar}}{100} \qquad (\text{B.2})$$

式中：$M_{2(SO_3)}$ —— 除尘系统入口 SO_3 量，t/h；

k_3 —— SO_2 转化为 SO_3 的转化率（包括锅炉燃烧中的氧化和 SCR 脱硝催化氧化，一般取 1.5%～3%，煤的含硫量高时取下限，含硫量低时取上限）。

B.3 脱硫系统入口 SO_3 量的估算可按式（B.3）进行。

$$M_{3(SO_3)} = M_{2(SO_3)} \times \left(1 - \frac{\eta_{SO_3}}{100}\right) \qquad (\text{B.3})$$

式中：$M_{3(SO_3)}$ —— 脱硫系统入口 SO_3 量，t/h；

η_{SO_3} —— 脱硫系统前级设备对 SO_3 的设计脱除率，%。

附录 C（资料性附录）

电除尘提效技术和提效工艺的技术特点和适用范围

表 C.1　电除尘提效技术和提效工艺的技术特点和适用范围

项目名称		技术特点	适用范围
新型高压电源及控制技术	高频高压电源	1）在纯直流供电条件下，供给电场内的平均电压比工频电源电压高 25%～30%； 2）控制方式灵活，可以根据电除尘器的具体工况提供合适的波形电压，提高电除尘器对不同运行工况的适应性； 3）高频电源本身效率和功率因数均可达 0.95，高于常规工频电源； 4）高频电源可在几十微秒内关断输出，在较短时间内使火花熄灭，5～15 ms 恢复全功率供电； 5）体积小，重量轻，控制柜和变压器一体化，并直接在电除尘顶部安装，节省电缆费用	1）应用于高粉尘浓度电场时，可提高电场的工作电压和荷电电流； 2）适用于高比电阻粉尘，用于克服反电晕
	三相高压直流电源	1）输出直流电压平稳，较常规电源波动小，运行电压可提高 20% 以上； 2）三相供电平稳，有利于节能； 3）三相电源需要采用新的火花控制技术和抗干扰技术	
	脉冲高压电源	1）脉冲高压电源可提高除尘器运行峰值电压，抑制反电晕发生，使电除尘器在收集高比电阻粉尘时有更高的收尘效率； 2）脉冲供电对电除尘器的驱进速度改善系数随粉尘比电阻的增加而增加，对于高比电阻粉尘，改善系数可达 2 以上，但成本较高； 3）能耗降低	
低低温电除尘技术		1）运行的烟气温度在酸露点以下； 2）SO_3 冷凝形成硫酸雾，黏附在粉尘表面，降低飞灰比电阻，粉尘特性得到改善； 3）烟气中的 SO_3 去除率一般不小于 80%，最高可达 95%； 4）与烟气的灰硫比（粉尘浓度与硫酸雾浓度之比）有关，对燃煤的含硫量比较敏感； 5）烟气冷却器回收的热量回收至汽机回热系统时，可节省煤耗及厂用电消耗； 6）布置灵活，烟气冷却器可组合在电除尘器进口封头内，也可独立布置在电除尘器的前置烟道上	1）灰硫比≥100； 2）入口烟气温度应低于烟气酸露点温度，一般为 90℃

项目名称	技术特点	适用范围
移动电极技术	1）能够保持阳极板清洁，避免反电晕，最大限度地减少二次扬尘，有效解决高比电阻粉尘收尘难的问题； 2）减少煤、灰成分对除尘性能影响的敏感性，增加电除尘器对不同煤种的适应性，特别是高比电阻粉尘、黏性粉尘； 3）可使电除尘器小型化，占地少； 4）对设备的设计、制造、安装工艺要求高	适用于场地受限的机组改造工程，部分项目只需将末电场改成移动电极电场
机电多复式双区电除尘技术	1）采用由数根圆管组合的辅助电晕极与阳极板配对，运行电压高，场强均匀，电晕电流小，能有效抑制反电晕； 2）一般可应用于最后一个电场，单室应用时需增加一套高压设备，通常辅助电极比普通阴极成本高	1）适用于高比电阻粉尘工况采用； 2）可与高频电源、断电振打等技术合并应用
烟气调质技术	1）降低粉尘比电阻； 2）基本不占用场地； 3）如采用 SO_3 烟气调质，需严格控制 SO_3 注入量，避免逃逸	1）适用于灰成分中三氧化二铝偏高或灰呈弱碱性、整体比电阻偏高、含硫量较小、运行烟温小于145℃的工况和条件； 2）适用于改造无扩容空间场合
粉尘凝聚技术	1）一定程度改善除尘效果； 2）压力损失<250 Pa； 3）提效受除尘器出口烟尘质量浓度和粉尘粒径等影响； 4）提效范围有限	1）布置在烟道直管段（5 m左右）或进口封头内； 2）投资成本少，且原电除尘器出口烟尘质量浓度与要求的出口烟尘质量浓度限值相差较小时； 3）粉尘凝聚技术目前应用案例少

附录 D（资料性附录）

电除尘器对煤种的除尘难易性评价方法

电除尘器对煤种的除尘难易性评价按表 D.1 的评价方法进行。

表 D.1 电除尘器对煤种的除尘难易性评价方法

除尘难易性	煤、飞灰主要成分重量百分比含量所满足的条件（满足其中一条即可）
较易	a) $Na_2O>0.3\%$，且 $S_{ar}\geqslant1\%$，且（$Al_2O_3+SiO_2$）$\leqslant80\%$，同时 $Al_2O_3\leqslant40\%$； b) $Na_2O>1\%$，且 $S_{ar}>0.3\%$，且（$Al_2O_3+SiO_2$）$\leqslant80\%$，同时 $Al_2O_3\leqslant40\%$； c) $Na_2O>0.4\%$，且 $S_{ar}>0.4\%$，且（$Al_2O_3+SiO_2$）$\leqslant80\%$，同时 $Al_2O_3\leqslant40\%$； d) $Na_2O\geqslant0.4\%$，且 $S_{ar}>1\%$，且（$Al_2O_3+SiO_2$）$\leqslant90\%$，同时 $Al_2O_3\leqslant40\%$； e) $Na_2O>1\%$，且 $S_{ar}>0.4\%$，且（$Al_2O_3+SiO_2$）$\leqslant90\%$，同时 $Al_2O_3\leqslant40\%$
一般	a) $Na_2O\geqslant1\%$，且 $S_{ar}\leqslant0.45\%$，且 $85\%\leqslant$（$Al_2O_3+SiO_2$）$\leqslant90\%$，同时 $Al_2O_3\leqslant40\%$； b) $0.1\%<Na_2O<0.4\%$，且 $S_{ar}\geqslant1\%$，且 $85\%\leqslant$（$Al_2O_3+SiO_2$）$\leqslant90\%$，同时 $Al_2O_3\leqslant40\%$； c) $0.4\%<Na_2O<0.8\%$，且 $0.45\%<S_{ar}<0.9\%$，且 $80\%\leqslant$（$Al_2O_3+SiO_2$）$\leqslant90\%$，同时 $Al_2O_3\leqslant40\%$； d) $0.3\%<Na_2O<0.7\%$，且 $0.1\%<S_{ar}<0.3\%$，且 $80\%\leqslant$（$Al_2O_3+SiO_2$）$\leqslant90\%$，同时 $Al_2O_3\leqslant40\%$
较难	a) $Na_2O\leqslant0.2\%$，且 $S_{ar}\leqslant1.4\%$，同时（$Al_2O_3+SiO_2$）$\geqslant75\%$； b) $Na_2O\leqslant0.4\%$，且 $S_{ar}\leqslant1\%$，同时（$Al_2O_3+SiO_2$）$\geqslant90\%$； c) $Na_2O<0.4\%$，且 $S_{ar}<0.6\%$，同时（$Al_2O_3+SiO_2$）$\geqslant80\%$

附录 E （资料性附录）

典型超低排放技术路线

对于煤粉锅炉或炉后采用了湿法脱硫工艺的循环流化床锅炉，E.1～E.3 为目前国内应用较多的以颗粒物脱除为首要条件的三条典型超低排放技术路线，实际选择时需结合工程具体情况和污染物治理设施之间的协同作用对各种一次除尘和二次除尘技术进行组合。一次除尘和二次除尘设备出口的颗粒物控制指标宜符合 6.2.3.1 的规定。

对于循环流化床锅炉，条件适宜时也可采用 E.4 所示的炉内脱硫和炉后高效烟气循环流化床脱硫工艺相结合的典型超低排放技术路线。

E.1 以湿式电除尘器作为二次除尘的典型超低排放技术路线

E.1.1 组成及总体要求

a）技术路线示例见图 E.1，采用湿式电除尘器（终端把关）及石灰石-石膏湿法脱硫协同除尘（不依赖）作为二次除尘。本示例主要包括煤粉锅炉（低氮燃烧）、SCR 脱硝系统、烟气冷却器、除尘器、石灰石-石膏湿法脱硫系统、湿式电除尘器、烟气换热器、烟囱等，其中烟气冷却器、烟气换热器可选择安装。

b）除尘器出口烟尘质量浓度宜按不大于 30 mg/m³ 设计，对于受工程条件限制的机组，除尘器出口烟尘质量浓度也可按不大于 50 mg/m³ 设计；湿式电除尘器出口颗粒物质量浓度应不大于 10 mg/m³。

c）除尘器可采用干式电除尘器、电袋复合除尘器或袋式除尘器。

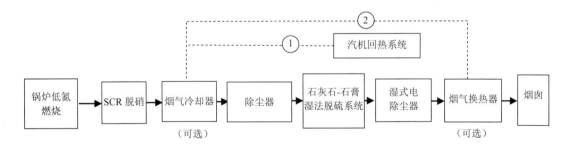

图 E.1 以湿式电除尘器作为二次除尘的典型超低排放技术路线

1）采用干式电除尘器时，宜辅以采用高频高压电源、三相工频高压直流电源或脉冲高压电源等新型高压电源及控制提效技术，也可辅以采用移动电极、机电多复式双区等提效技术。采用烟气冷却器时，宜设置在干式电除尘器前构成低低温电除尘。

2）采用电袋复合除尘器或袋式除尘器时，烟气冷却器宜设置在除尘器之后。

d）该技术路线各设施对烟气污染物协同治理的影响如表 E.1 所示。

e）不设置烟气换热器时，烟气冷却器处的换热量按图 E.1①所示回收至汽机回热系统；设置烟气换热器时，烟气冷却器处的换热量按图 E.1②所示至烟气换热器。

f）条件适宜时，脱硫系统也可采用海水或氨法脱硫工艺。

表 E.1　各设施与烟气污染物协同治理的关系

污染物	低氮燃烧	SCR 脱硝系统	除尘器	石灰石-石膏湿法脱硫系统	湿式电除尘器
颗粒物	o	o	√	●	√
SO_2	o	o	o	√	o
NO_x	√	√	o	o	o
SO_3	o	■	●（电袋或袋式除尘器，低低温电除尘） o（其他干式电除尘器）	●	●
Hg	o	▲	o	●	●

注：√—直接作用，●—直接协同作用，▲—间接协同作用，o—基本无作用或无作用，■—负作用。

E.1.2　可达到的性能指标

a）湿式电除尘器出口颗粒物排放质量浓度可达 10 mg/m³ 以下，颗粒物去除率应不小于 70%。

b）SO_2 排放质量浓度不高于 35 mg/m³。

c）NO_x 排放质量浓度不高于 50 mg/m³。

E.1.3　适用条件

a）受煤质、负荷波动或其他因素影响，除尘器出口烟尘质量浓度不能（稳定）达到 30 mg/m³ 以下或脱硫系统出口颗粒物质量浓度高于 10 mg/m³。

b）湿式电除尘器进口颗粒物质量浓度宜不高于 50 mg/m³。

c）要求颗粒物排放质量浓度远小于 10 mg/m³ 或对 SO_3、细颗粒物排放等有严格控制需求。

d）技术经济合理的，且场地空间条件允许。

E.2　以湿法脱硫协同高效除尘作为二次除尘的典型超低排放技术路线

E.2.1　组成及总体要求

a）技术路线示例见图 E.2，采用湿法脱硫协同高效除尘作为二次除尘。本示例主要包括煤粉锅炉（低氮燃烧）、SCR 脱硝系统、烟气冷却器、除尘器、石灰石-石膏湿法脱硫系统、烟气换热器、烟囱，其中烟气冷却器、烟气换热器可选择安装。

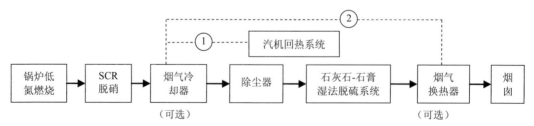

图 E.2　以湿法脱硫协同高效除尘作为二次除尘的典型超低排放技术路线

b）除尘器出口烟尘质量浓度宜按不大于 20 mg/m³ 或 30 mg/m³ 设计，石灰石-石膏湿法脱硫系统应具备协同高效除尘的性能且出口颗粒物质量浓度应不大于 10 mg/m³。

c）除尘器可采用干式电除尘器、电袋复合除尘器或袋式除尘器。

1）采用干式电除尘器时，宜辅以采用高频高压电源、三相工频高压直流电源或脉冲高压电源等新型高压电源及控制提效技术，也可辅以采用移动电极、机电多复式双区等提效技术。采用烟气冷却器时，宜设置在干式电除尘器前构成低低温电除尘。

2）采用电袋复合除尘器或袋式除尘器时，烟气冷却器宜设置在除尘器之后。

d）该技术路线各设施与烟气污染物协同治理的关系如表 E.2 所示。

表 E.2　各设施与烟气污染物协同治理的关系

污染物	低氮燃烧	SCR 脱硝系统	除尘器	石灰石-石膏湿法脱硫系统
颗粒物	o	o	√	●
SO₂	o	o	o	√
NOₓ	√	√	o	o
SO₃	o	■	●（电袋或袋式除尘器，低低温电除尘） o（其他干式电除尘器）	●
Hg	o	▲	●	●

注：√—直接作用，●—直接协同作用，▲—间接协同作用，o—基本无作用或无作用，■—负作用。

e）当不设置烟气换热器时，烟气冷却器处换热量按图 E.2①所示回收至汽机回热系统；当设置烟气换热器时，烟气冷却器处换热量按图 E.2②所示至烟气换热器。

f）条件适宜时，脱硫系统也可采用海水或氨法脱硫工艺。

E.2.2　可达到的性能指标

a）湿法脱硫系统出口颗粒物排放质量浓度可达 10 mg/m³ 以下，综合除尘效率不小于 70%。

b）SO₂ 排放质量浓度不高于 35 mg/m³。

c）NOₓ 排放质量浓度不高于 50 mg/m³。

E.2.3　适用条件

a）不易受煤质、负荷波动等因素影响，除尘器出口烟尘质量浓度能稳定达到 30 mg/m³ 以下。

b）没有颗粒物排放质量浓度远小于 10 mg/m³ 的环保需求。

c）注重技术经济性的，特别适于场地空间条件较紧张的。

E.3　以超净电袋复合除尘器作为一次除尘且不依赖二次除尘的典型超低排放技术路线

E.3.1　组成及总体要求

a）技术路线示例见图 E.3，采用超净电袋复合除尘器作为一次除尘且不依赖湿式电除尘器等二次除尘。本示例主要包括煤粉锅炉（低氮燃烧）、SCR 脱硝系统、超净电袋复合除尘器、烟气冷却器、石灰石-石膏湿法脱硫系统、烟气换热器、烟囱。其中，烟气冷却器、烟气换热器可选择安装。

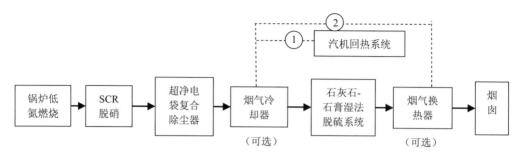

图 E.3　以超净电袋复合除尘器作为一次除尘且不依赖二次除尘的典型超低排放技术路线

b）超净电袋复合除尘器出口烟尘质量浓度宜不大于 10 mg/m³，湿法脱硫系统出口颗粒物质量浓度应不大于 10 mg/m³。

c）该技术路线各设施对烟气污染物协同治理的影响如表 E.3 所示。

表 E.3　各设施与烟气污染物协同治理的关系

污染物	低氮燃烧	SCR 脱硝	超净电袋复合除尘器	石灰石-石膏湿法脱硫系统
颗粒物	o	o	√	●
SO₂	o	o	o	√
NOₓ	√	√	o	o
SO₃	o	■	●	●
Hg	o	▲	●	●

注：√—直接作用，●—直接协同作用，▲—间接协同作用，o—基本无作用或无作用，■—负作用。

d）超净电袋复合除尘器电场区可辅以采用高频高压电源、三相工频高压直流电源或脉冲高压电源等新型高压电源及控制提效技术。

e）当不设置烟气换热器时，烟气冷却器处的换热量按图 E.3①所示回收至汽机回热系统；当设置烟气换热器时，烟气冷却器处的换热量按图 E.3②所示至烟气换热器。

f）条件适宜时，脱硫系统也可采用海水或氨法脱硫工艺，超净电袋复合除尘器也可为袋式除尘器。

E.3.2　可达到的性能指标

a）超净电袋复合除尘器出口烟尘、脱硫系统出口颗粒物排放质量浓度可达 10 mg/m³以下。

b）SO₂ 排放质量浓度不高于 35 mg/m³。

c）NOₓ 排放质量浓度不高于 50 mg/m³。

E.3.3　适用条件

a）煤质、烟气工况适应性好，特别适合灰分较大、收尘特性较难的煤种。

b）湿法脱硫系统应保证颗粒物（包括烟尘及脱硫过程中生成的次生物）排放不增加。

c）技术经济合理的，特别适于场地空间条件较紧张的。

E.4　以高效烟气循环流化床作为炉后脱硫工艺的循环流化床锅炉典型超低排放技术路线

E.4.1　组成及总体要求

a）技术路线示例见图 E.4，主要包括循环流化床锅炉（炉内脱硫）、SNCR 脱硝系统、高效烟气循环流化床脱硫吸收塔、除尘器、烟囱。

图 E.4　以高效烟气循环流化床作为炉后脱硫工艺的循环流化床锅炉典型超低排放技术路线

b）循环流化床锅炉宜在炉内喷钙脱硫，部分脱硫时锅炉出口 SO_2 质量浓度宜不大于 1 500 mg/m³，除尘器出口 SO_2 质量浓度应不大于 35 mg/m³。

c）除尘器宜采用袋式除尘器，出口颗粒物质量浓度应不大于 10 mg/m³。

d）脱硝工艺应结合工程具体情况确定（SNCR 脱硝或 SNCR/SCR 联合脱硝）。

e）该技术路线各设施对烟气污染物协同治理的影响如表 E.4 所示。

表 E.4　各设施与烟气污染物协同治理的关系

污染物	低氮燃烧	炉内脱硫	SNCR 脱硝或 SNCR/SCR 联合脱硝	高效烟气循环流化床脱硫吸收塔	袋式除尘器
颗粒物	o	■	o	■	√
SO_2	o	√	o	√	o
NO_x	√	o	√	o	o
SO_3	o	●	o（SNCR） ■（SNCR/SCR）	●	●
Hg	o	●	o（SNCR） ▲（SNCR/SCR）	●	●

注：√—直接作用，●—直接协同作用，▲—间接协同作用，o—基本无作用或无作用，■—负作用。

E.4.2　可达到的性能指标

a）除尘器出口颗粒物排放质量浓度可达 10 mg/m³ 以下。

b）除尘器出口 SO_2 排放质量浓度可达 35 mg/m³ 以下。

c）NO_x 排放质量浓度不高于 50 mg/m³。

E.4.3　适用条件

a）设有炉内脱硫的循环流化床锅炉。

b）脱硫副产品综合利用较好的地区，特别适合缺水地区。

c）注重技术经济性的，特别适于场地空间较紧张的。

附录 F（资料性附录）

燃煤电厂烟气灰硫比估算方法

燃煤电厂除尘系统前烟气灰硫比的估算按式（F.1）进行，SO₃浓度的估算按式（F.2）进行。

$$C_{D/S} = \frac{\rho_D \times 10^9}{\rho_{SO_3}} \tag{F.1}$$

$$\rho_{SO_3} = \frac{M_{2(SO_3)} \times 10^9}{Q} \tag{F.2}$$

式中：$C_{D/S}$ —— 灰硫比值；

ρ_D —— 除尘系统入口粉尘质量浓度，mg/m³；

ρ_{SO_3} —— 除尘系统入口 SO₃ 质量浓度，mg/m³；

$M_{2(SO_3)}$ —— 除尘系统入口 SO₃ 量，t/h；

Q —— 除尘系统入口烟气流量，m³/h。

注：烟气中的 SO₃ 质量浓度数据宜由锅炉制造厂、脱硝供货商提供或测试得到，当缺乏制造厂提供的数据且没有测试数据时，SO₃ 质量浓度可按式（F.2）进行估算。

附录 G（资料性附录）

典型石灰石-石膏湿法脱硫超低排放技术主要工艺流程

G.1 pH值物理分区双循环技术

典型石灰石-石膏湿法 pH 值物理分区双循环脱硫主要工艺流程见图 G.1。

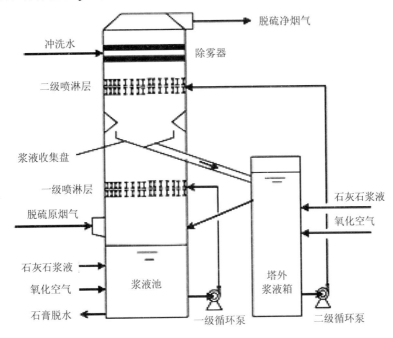

图 G.1 典型石灰石-石膏湿法 pH 物理分区双循环脱硫工艺流程

石灰石-石膏湿法单塔双循环工艺是该类技术的典型代表，其特点是在吸收塔内喷淋层间加装浆液收集装置，并通过管道连接吸收塔外独立设置的循环浆液箱，实现下层喷淋一级循环浆液和上层喷淋二级循环浆液的物理隔离分区，并对上下两级循环浆液的 pH 分别控制。一级循环浆液 pH 为 4.5～5.3，二级循环浆液 pH 为 5.8～6.2。二级循环浆液经旋流系统后部分返回，部分排至吸收塔内浆液池。一、二级循环间加装烟气导流锥提高气流均布。

G.2 pH自然分区技术

典型石灰石-石膏湿法 pH 自然分区脱硫主要工艺流程见图 G.2。

石灰石-石膏湿法单塔双区工艺是该类技术的典型代表,其特点是在吸收塔底部浆液池内加装分区隔离器和向下引射搅拌系统或类似装置，使密度较重的石灰石滞留在浆液池底层形成浆液 pH 自然上下分区，循环泵抽取高 pH 浆液进行喷淋吸收。吸收塔浆液池内隔离器以上浆液 pH 为 4.8～5.5，隔离器以下浆液 pH 为 5.5～6.2。喷淋区加装提效环、均流筛板以强化气液传质及烟气均布。

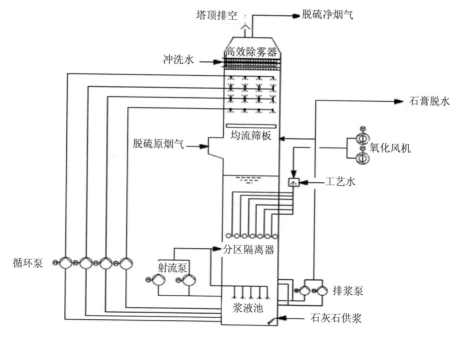

图 G.2 典型石灰石-石膏湿法脱硫 pH 自然分区脱硫工艺流程

G.3 pH物理分区技术

典型石灰石-石膏湿法 pH 物理分区脱硫主要工艺流程见图 G.3。

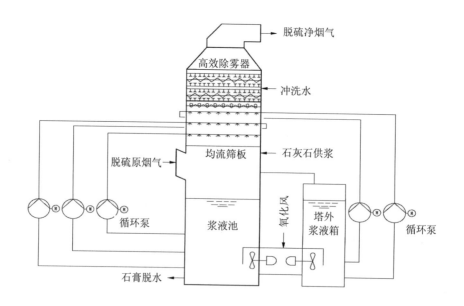

图 G.3 典型 pH 物理分区脱硫工艺流程

石灰石-石膏湿法塔外浆液箱 pH 分区工艺是该类技术的典型代表，其特点是在吸收塔外独立设置塔外浆液箱，通过管道与吸收塔相连，塔外与塔内的浆液分别对应一、二级喷淋，实现了下层喷淋浆液和上层喷淋浆液的 pH 物理分区。吸收塔内浆液池的浆液 pH 为 5.2～5.8，塔外浆液箱的浆液 pH 为 5.6～6.2。喷淋区加装均流筛板以强化气液传质及烟气均布。

G.4　湍流器持液技术

典型石灰石-石膏湿法湍流器持液脱硫主要工艺流程见图 G.4。

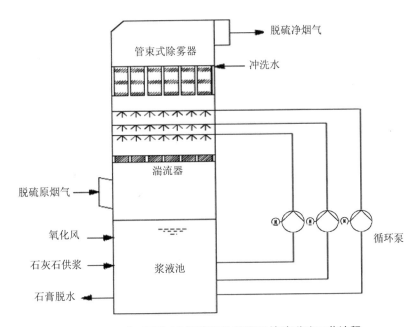

图 G.4　典型石灰石-石膏湿法湍流器持液脱硫工艺流程

石灰石-石膏湿法旋汇耦合工艺是该类技术的典型代表，其特点是在吸收塔喷淋层下方设置湍流器，烟气通过湍流器内叶片形成气液湍流、持液以充分接触及均布，随后经过高效喷淋吸收区完成 SO_2 脱除，吸收塔顶部采用管束式除雾器。

G.5　均流筛板持液技术

典型均流筛板持液脱硫主要工艺流程见图 G.5。

石灰石-石膏湿法双托盘工艺是该类技术的典型代表，其特点是在吸收塔喷淋层下方设置两层托盘组件，在托盘上形成二次持液层，烟气通过时气液充分接触及均布，随后经过高效喷淋吸收区完成 SO_2 脱除。

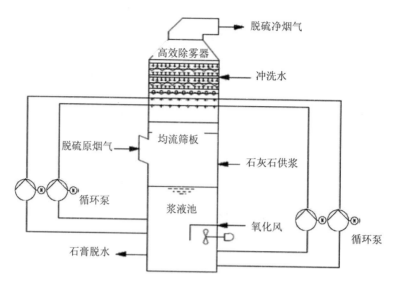

图 G.5　典型石灰石-石膏湿法均流筛板持液脱硫工艺流程

中华人民共和国国家环境保护标准

铜冶炼废气治理工程技术规范

Technical specifications for waste gas control of copper smelting

HJ 2060—2018

前 言

为贯彻《中华人民共和国环境保护法》和《中华人民共和国大气污染防治法》等法律法规，防治环境污染，规范铜冶炼废气治理工程建设与运行管理，制定本标准。

本标准规定了铜冶炼废气治理工程设计、施工、验收和运行维护等技术要求。

本标准为指导性标准。

本标准为首次发布。

本标准由生态环境部科技与财务司组织制订。

本标准主要起草单位：北京矿冶科技集团有限公司。

本标准生态环境部 2018 年 12 月 28 日批准。

本标准自 2019 年 03 月 01 日起实施。

本标准由生态环境部解释。

1 适用范围

本标准规定了铜冶炼废气治理工程设计、施工、验收、运行和维护等技术要求。

本标准适用于以铜精矿为主要原料兼顾协同处置废杂铜的铜冶炼废气治理工程的建设与运行管理，可作为铜冶炼废气治理工程建设项目环境影响评价、环境保护设施设计、施工、验收和运行管理的参考依据。

本标准不适用于再生铜冶炼废气治理工程。

2 规范性引用文件

本标准内容引用了下列文件中的条款。凡是不注日期的引用文件，其有效版本（含修改单）适用于本标准。

GB 5085.1 危险废物鉴别标准 腐蚀性鉴别

GB 5085.3 危险废物鉴别标准 浸出毒性鉴别

GB 5086.1 固体废物浸出毒性浸出方法 翻转法

GB 12348 工业企业厂界环境噪声排放标准

GB/T 16157 固定污染源排气中颗粒物的测定与气态污染物采样方法

GB 20424　重金属精矿中有害元素的限量规范

GB/T 22580　特殊环境条件 高原电气设备技术要求低压成套开关设备和控制设备

GB 25467　铜、镍、钴工业污染物排放标准

GB 50009　建筑结构荷载规范

GB 50011　建筑抗震设计规范

GB 50015　建筑给水排水设计规范

GB 50016　建筑设计防火规范

GB 50019　工业建筑供暖通风与空气调节设计规范

GB 50052　供配电系统设计规范

GB 50053　20kV 及以下变电所设计规范

GB 50054　低压配电设计规范

GB 50057　建筑物防雷设计规范

GB 50059　35～110kV 变电所设计规范

GB 50057　建筑物防雷设计规范

GB 50093　自动化仪表施工验收规范

GB 50141　给水排水构筑物工程施工及验收规范

GB 50168　电气装置安装工程电缆线路施工及验收规范

GB 50169　电气装置安装工程接地装置施工及验收规范

GB 50187　工业企业总平面设计规范

GB 50194　建设工程施工现场供用电安全规范

GB 50204　混凝土结构工程施工质量验收规范

GB 50231　机械设备安装工程施工及验收通用规范

GB 50236　现场设备、工业管道焊接工程施工规范

GB 50243　通风与空调工程施工质量验收规范

GB 50254　电气装置安装工程低压电器施工及验收规范

GB 50257　电气装置安装工程 爆炸和火灾危险环境电气装置施工及验收规范

GB 50268　给水排水管道工程施工及验收规范

GB 50275　风机、压缩机、泵安装工程施工及验收规范

GB 50544　有色金属企业总图运输设计规范

GB 50630　有色金属工程设计防火规范

GB 50753　有色金属冶炼厂除尘设计规范

GB 50880　冶炼烟气制酸工艺设计规范

GB 50988　有色金属工业环境保护设计技术规范

GBJ 22　厂矿道路设计规范

GBJ 87　工业企业噪声控制设计规范

GBJ 141　给水排水构筑物施工及验收规范

GBZ 1　工业企业设计卫生标准

GBZ 2.1　工作场所有害因素职业接触限值 第 1 部分：化学有害因素

GBZ 2.2　工作场所有害因素职业接触限值 第 2 部分：物理因素

HJ/T 48 烟尘采样器技术条件

HJ 75 固定污染源烟气（SO_2、NO_x、颗粒物）排放连续监测技术

HJ 179 石灰石/石灰-石膏湿法烟气脱硫工程通用技术规范

HJ/T 322 环境保护产品技术要求 电除尘器

HJ/T 328 环境保护产品技术要求 脉冲喷吹类袋式除尘器

HJ/T 330 环境保护产品技术要求 分室反吹类袋式除尘器

HJ/T 373 固定污染源监测质量保证与质量控制技术规范

HJ/T 397 固定源废气监测技术规范

HJ 462 工业锅炉及炉窑湿法烟气脱硫工程技术规范

HJ 544 固定污染源废气 硫酸雾的测定 离子色谱法

HJ 819 排污单位自行监测技术指南 总则

HJ 863.3 排污许可证申请与核发技术规范有色金属工业—铜冶炼

HJ 2020 袋式除尘工程通用技术规范

HJ 2028 电除尘工程通用技术规范

JB/T 6407 电除尘器设计、调试、运行、维护 安全技术规范

《排污口规范化整治技术要求（试行）》（环监〔1996〕470 号）

《建设项目（工程）竣工验收办法》（计建设〔1990〕1215 号）

《建设项目竣工环境保护验收管理办法》（国家环境保护总局令 第 13 号）

《国家危险废物名录》（环境保护部令 第 39 号）

《建设项目竣工环境保护验收暂行办法》（国环规环评〔2017〕4 号）

《建设项目竣工环境保护验收技术指南 污染影响类》（生态环境部公告 2018 年第 9 号）

3 术语和定义

下列术语和定义适用于本标准。

3.1 铜冶炼废气 waste gas of copper smelting
指铜冶炼过程中产生的含有害物质的各类气体。

3.2 环境集烟 fugitive gas collecting
指通过工艺设计，对冶金炉窑的加料口、出料口、渣放出口、电极孔、溜槽、包子房等处泄漏的烟气进行收集的过程。

3.3 火法铜冶炼工艺废气 waste gas of copper pyrometallurgy
指在高温从硫化铜精矿中提取金属铜或其化合物的过程中各生产工序产生的工艺废气。

3.4 湿法铜冶炼工艺废气 waste gas of copper hydrometallurgy
指在常温常压或高压下用溶剂或细菌浸出矿石或焙烧矿的过程中各生产工序产生的工艺废气。

4 污染物与污染负荷

4.1 污染物来源与分类

4.1.1 火法铜冶炼工艺废气来源及分类
按照废气污染物特征，火法铜冶炼工艺废气可分为含尘废气、含二氧化硫（SO_2）废

气及含硫酸雾废气。含尘废气主要包括原料制备及输送过程产生的含粉尘废气，其主要污染物为颗粒物；含二氧化硫废气主要包括精矿干燥、熔炼、吹炼、精炼、烟气制酸、环境集烟等过程产生的含有二氧化硫的炉窑烟气，其主要污染物为颗粒物、二氧化硫（SO_2）、氮氧化物（NO_x）、硫酸雾、铅及其化合物、砷及其化合物、汞及其化合物、镉及其化合物、氟化物等。含硫酸雾废气主要包括电解过程电解、净液工序废气，其主要污染物为硫酸雾。

火法铜冶炼废气中污染物来源及分类见表 1。

4.1.2　湿法铜冶炼工艺废气来源及分类

湿法铜冶炼废气主要为生产过程产生的含硫酸雾废气。

湿法铜冶炼废气中污染物来源及分类见表 2。

4.2　污染负荷

4.2.1　应根据工程设计需要收集烟气参数等原始资料，主要包括以下内容：

　　a）烟气量（正常值、最大值、最小值）；

　　b）烟气温度及变化范围（正常值、最大值、最小值及露点温度）；

　　c）烟气中气体成分及浓度（SO_2、NO_x、氧气、氟化氢等）；

　　d）烟气颗粒物浓度及成分（颗粒物、铅及其化合物、砷及其化合物、汞及其化合物、镉及其化合物）；

　　e）烟气压力、含湿量；

　　f）产生污染物设备情况及工作制度。

4.2.2　现有铜冶炼企业生产过程各生产工序排放的废气，其废气量及污染物浓度可通过实际测量确定。

4.2.3　新建铜冶炼企业废气治理设施废气量及污染物浓度可以工程设计为依据，也可通过实际测量后确定。

4.2.4　若无实际测量数据时，废气量及污染物浓度可参照 HJ 863.3 表 2 中同等生产规模、同类原料及产品或相近工艺的排放数据确定。

4.2.5　设计负荷和设计裕量应根据污染物特性、污染强度、排放标准、漏风率和环境影响评价文件的要求综合确定，并应充分考虑污染负荷在最大和最不利情况下的适应性。

5　总体要求

5.1　一般规定

5.1.1　铜冶炼企业废气治理工程建设与运行管理应遵守国家和地方相关法律法规、产业政策、标准及规范的要求，并积极推行清洁生产、提高资源能源利用率。

5.1.2　铜冶炼废气治理工程应符合环境影响评价文件及批复的要求，与主体工程同时设计、同时施工、同时投产使用。

5.1.3　铜冶炼废气治理工程应选择安全、环保、节能的工艺和装备。

5.1.4　铜冶炼废气治理工程处理后废气排放应满足 GB 25467 和地方排放标准要求，并符合总量控制及排污许可的要求。

表1 火法铜冶炼废气中污染物来源及分类

废气类别	工序	产排污节点	排放口	主要污染物	颗粒物浓度/(mg/m³)	二氧化硫/(mg/m³)	氮氧化物/(mg/m³)	硫酸雾/(mg/m³)	铅及其化合物/(mg/m³)	砷及其化合物/(mg/m³)	汞及其化合物/(mg/m³)	镉及其化合物/(mg/m³)
含尘废气	原料制备及输送	精矿上料、精矿出料、转运、抓斗卸料、定量给料设备、皮带输送设备转运过程扬尘	原料制备排气筒	颗粒物	1 000~10 000	—	—	—	—	—	—	—
	渣选矿	备料	备料排气筒	颗粒物	1 000~10 000	—	—	—	—	—	—	—
含二氧化硫废气	原料制备及输送	干燥窑	干燥窑排气筒	颗粒物、SO₂	20 000~80 000	50~600	—	—	—	—	—	—
	熔炼	熔炼炉	/	颗粒物(含重金属镉、铅、砷、汞)、SO_2	50 000~130 000	120 000~500 000	100~200	—	—	—	—	—
	吹炼	吹炼炉	/	颗粒物(含重金属镉、铅、砷、汞)、SO_2	40 000~100 000	120 000~430 000	100~200	—	—	—	—	—
	精炼	阳极炉	阳极炉(精炼)排气筒	颗粒物、SO_2、NO_x、铅及其化合物、砷及其化合物、汞及其化合物、硫酸雾、氟化物	200~3 000	200~2 000	100~200	—	60~800	10~80	10~100	1~4

废气类别	工序	产排污节点	排放口	主要污染物	颗粒物浓度/(mg/m³)	二氧化硫/(mg/m³)	氮氧化物/(mg/m³)	硫酸雾/(mg/m³)	铅及其化合物/(mg/m³)	砷及其化合物/(mg/m³)	汞及其化合物/(mg/m³)	镉及其化合物/(mg/m³)
含二氧化硫废气	烟气制酸	制酸尾气	烟气制酸排气筒	颗粒物、SO_2、NO_x、硫酸雾、铅及其化合物、砷及其化合物、汞及其化合物、镉酸雾、氟化物	0~300	100~1 000	20~100	20~200				
	渣贫化	渣贫化	渣贫化排气筒	颗粒物、SO_2、NO_x、硫酸雾、铅及其化合物、砷及其化合物、汞及其化合物、镉酸雾、氟化物	8 000~30 000	100~3 000	—	—				
	环境集烟	熔炼、吹炼、精炼及渣贫化过程各炉窑进料口、出渣口、出铜口等	环境集烟排气筒	颗粒物、SO_2、NO_x、硫酸雾、铅及其化合物、砷及其化合物、汞及其化合物、镉酸雾、氟化物	300~2 000	100~1 500	50~200	—				
含硫酸雾废气	电解	电解槽及循环槽	车间排气筒	—	—	—	—	10~80	—	—	—	—
	净液	真空蒸发器及脱铜电解槽	车间排气筒	—	—	—	—	10~50	—	—	—	—

注：熔炼炉和吹炼炉产生的工艺烟气直接制酸。

表2　湿法铜冶炼废气中污染物来源及分类

废气类别	产排污节点	排放口	主要污染物	污染物浓度/（mg/m³）
含硫酸雾废气	浸出、萃取、电积	车间排气筒	硫酸雾	10～50

5.1.5　铜冶炼废气治理工程产生的固体废物，应根据《国家危险废物名录》或现行国家标准《危险废物鉴别标准》GB 5085.1、GB 5085.3 的有关规定，采用 GB 5086.1 所列的技术方法对其性质进行鉴别和类比，采取相应防治措施，并应优先考虑综合利用，不能利用时应采取无害化处理措施。

5.1.6　铜冶炼废气治理工程产生的废水应收集后处理回用或达标排放，防止二次污染。

5.1.7　铜冶炼废气治理工程应采取有效的隔声、消声、绿化等降噪措施，噪声和振动控制的设计应符合 GB 50087 和 GB 50040 的规定，厂界噪声应符合 GB 12348 的要求。

5.1.8　铜冶炼废气治理工程的设计、建设和运行维护应符合国家及行业有关质量、安全、卫生、消防等方面法规和标准的规定。

5.1.9　铜冶炼废气治理工程应安装合格的在线监测设备，监测报警系统和应急处理系统，在线监测设施应按要求与当地环保部门联网。

5.1.10　铜冶炼废气治理工程应按《排污口规范化整治技术要求（试行）》要求设置排气口，安装计量和自动监控系统。

5.2　源头控制

5.2.1　铜冶炼工程应采用生产效率高、工艺先进、能耗低、环保达标、资源综合利用好的先进冶炼工艺，且必须配置烟气制酸、资源综合利用、节能等设施。

5.2.2　铜冶炼企业对入炉铜精矿中有害元素限量应符合 GB 20424 的要求，燃料宜采用清洁能源。

5.2.3　铜精矿、辅料、烟（粉）尘等粉状物料的输送设备要密封或处于负压状态，防止污染环境。

5.2.4　除尘系统捕集的烟尘中，铅、砷、汞等有害元素含量过高时，不宜返回冶炼系统，应进行综合利用或根据其性质进行安全处置。

5.2.5　硫化铜精矿火法冶炼必须配套烟气制酸等硫元素回收利用设施。

5.3　工程构成

5.3.1　铜冶炼废气治理工程包括主体工程、辅助工程和公用工程。

5.3.2　主体工程包括废气收集系统、除尘系统、脱硫系统、酸雾净化系统。

5.3.3　辅助工程包括电气、土建、暖通空调、消防、仪表及控制系统、在线监测系统、化验分析系统等。

5.3.4　公用工程包括供电系统、蒸汽系统、压缩空气系统、给排水系统、工艺水及循环水系统等。

5.4　总平面布置

5.4.1　一般规定

5.4.1.1　铜冶炼废气治理工程总平面布置应满足 GB 50187、GB 50544 等相关规定。

5.4.1.2　铜冶炼废气治理工程应有较好的通风、散热条件，并应有检修场地。

5.4.2 总图布置

5.4.2.1 总平面布置应与主体工艺布局相协调，并遵循节能降耗原则。

5.4.2.2 铜冶炼废气脱硫工程吸收塔宜布设在烟囱附近，吸收剂制备贮存及脱硫副产物处理应根据工艺流程和场地条件因地制宜布置。

5.4.2.3 吸收剂、脱硫副产物等消耗量或产生量大的物料，其贮存间的布置应靠近厂内主要运输通道。

5.4.3 管线综合布置

5.4.3.1 管线综合布置应根据总平面布置、管内介质、施工及维护检修等因素综合确定。

5.4.3.2 管线综合布置应与企业总平面布置、竖向设计和绿化布置同时进行。管线之间、管线与建（构）筑物之间在平面及竖向上应做到相互协调、紧凑合理。

5.4.3.3 管线综合布置应满足安全使用、维护检修和施工要求，并满足最短敷设长度和所需的最小合理间距要求。

5.4.3.4 管线的敷设方式应根据工程所在地区的自然条件、管线内气体的性质、空间组织的要求、通道宽度、施工和检修等因素综合确定。

5.4.4 竖向设计

5.4.4.1 竖向设计应与总平面布置同时进行，且应与厂区内现有和规划的运输道路、排水系统、周围场地标高等相协调。

5.4.4.2 竖向设计方案应根据废气产生节点、输送管线敷设、防洪、排水、及土（石）方工程量等要求，结合地形和地质条件进行技术经济综合比较后确定。

6 工艺设计

6.1 一般规定

6.1.1 铜冶炼废气治理应采用技术先进、经济可行、运行稳定的工艺，并优先采用具备有价金属回收、余热综合利用功能的先进工艺。

6.1.2 铜冶炼废气治理工程应对主体生产设施工况变化有较强的适应性，具有一定的抗冲击能力。

6.1.3 根据烟气性质、运行工况、烟气量及铜冶炼主体工程对废气治理工程的要求，废气治理设施同步检修必须和主体生产设施同步进行，检修同步率应达到100%。

6.1.4 废气治理设施必须留有施工安装和检修场地、消防通道，必须保证人员操作的安全性和设备维护的便利性。

6.2 工艺选择

6.2.1 含尘废气除尘

6.2.1.1 铜冶炼含尘废气除尘工艺见图 1 和表 3。含尘废气除尘宜选用电除尘或袋式除尘工艺。旋风除尘和重力沉降室仅可做为预除尘工艺，需和电除尘或袋式除尘结合使用。

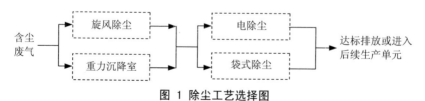

图 1 除尘工艺选择图

表3 除尘工艺组合

废气类别	工序	产排污节点	处理工艺	系统总除尘效率/%	除尘器操作温度/℃
含尘废气	原料制备及输送	精矿上料、精矿出料、转运，抓斗卸料、定量给料设备、皮带输送	产尘点→袋式除尘器→风机	≥99.5	—
	渣选矿	备料	产尘点→袋式除尘器→风机	≥99.5	—
含SO₂废气	原料制备及输送	干燥窑烟气	干燥窑→袋式除尘器→风机	≥99.5	80～200
		载流干燥烟气	载流管→重力沉降室→旋风除尘器→风机→袋式除尘器（或电除尘器）	≥99.5	80～200
	熔炼	顶（底）吹熔炼炉熔炼烟气	熔炼炉→余热锅炉→电除尘器→风机→制酸	≥98.0	≤400并高于烟气露点温度30℃以上
	熔炼	闪速炉熔炼烟气	熔炼炉→余热锅炉→电除尘器→风机→制酸	≥98.0	≤400并高于烟气露点温度30℃以上
	吹炼	吹炼烟气	转炉→余热锅炉→电收尘器→风机→制酸	≥98.0	≤400并高于烟气露点温度30℃以上
	精炼	阳极炉烟气	阳极炉→余热锅炉→烟气换热器→冷却烟道→袋式除尘器（或电除尘器）→风机→制酸（或脱硫处理）	≥99.0	≤150（袋式除尘器并高于烟气露点温度30℃以上
	烟气制酸	制酸尾气	制酸尾气→风机→脱硫处理		
	环境集烟	熔炼、吹炼、精炼及渣贫化加料口、粗铜放出口渣放出口喷枪口溜槽、包子房等处泄漏烟气	集气罩→袋式除尘器→风机→脱硫处理	≥99.5	≤120袋式除尘

注：含SO₂废气中如含尘量较高不能满足后续脱硫或制酸烟气进口要求应先予以除尘。

6.2.1.2 采用袋式除尘器或电除尘器等干式除尘装置时，应有防止烟气结露的措施。

6.2.2 含二氧化硫废气脱硫

6.2.2.1 烟气制酸应满足以下技术要求：

（1）熔炼、吹炼过程高浓度 SO_2 工艺烟气应进入制酸系统制酸；其他如环境集烟烟气等，可按实际情况优先与制酸烟气就近配气后，再进入制酸系统。不能制酸的废气应经脱硫处理后达标排放。

（2）烟气制酸前应采用动力波洗涤器、湍冲洗涤塔等设备对烟气进行洗涤，降低烟气中含尘量。制酸过程中产生的废水应处理达到工艺用水水质要求，宜做到废水循环利用。

（3）高浓度 SO_2 烟气制酸相关工艺设计应符合 GB 50880 及相关冶炼烟气制酸工艺设计文件的要求。制酸尾气应进行脱硫处理，尾气达标排放。

6.2.2.2 脱硫工艺的选择应根据铜冶炼企业所在地理位置、脱硫药剂获取的便利性、工程占地、脱硫渣产生量的多少、二次污染产生情况、烟气量、烟气温度及变化情况、烟气中气体成分及浓度、处理后废气的去向及排放标准的要求，经技术经济比较后确定。

6.2.2.3 低浓度 SO_2 废气可选用脱硫工艺包括：活性焦法、离子液法、钠碱法、氧化镁法、石灰/石灰石-石膏法等。铜冶炼废气脱硫工艺选择见图2和表4。

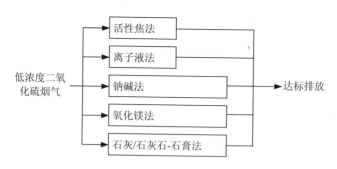

图2 低浓度二氧化硫烟气脱硫工艺选择图

表4 低浓度二氧化硫烟气脱硫工艺选择

脱硫工艺	脱硫剂	原料消耗比（t/tSO₂）	副产物	脱硫效率	技术特点
活性焦法	活性焦	1.3～1.4	高浓度 SO₂	>95%	脱硫效率高，不产生二次污染，节水，对生产系统影响小，可回收 SO₂ 用于制酸。适用于烟气 SO₂ 浓度较低、波动较大的铜冶炼烟气处理，但一次性投资高、蒸汽消耗量大
离子液法	离子液	0.7～0.8	高浓度 SO₂	>95%	脱硫效率高，不产生二次污染，副产品属基本化工原料，对生产系统影响小。适用于低压蒸汽供应充足、烟气 SO₂ 浓度较高、波动较大的铜冶炼烟气制酸，但一次性投资高、蒸汽消耗量大
钠碱法	氢氧化钠、碳酸钠	1.2～1.66	硫酸钠、亚硫酸钠	>95%	适用范围广，碱的来源限制小，便于输送、储存，损耗低，投资省，但运营成本较高。另外由于其吸收效果好，杂质易影响副产品品质。适用于氢氧化钠来源较充足的铜冶炼企业
氧化镁法	氧化镁	1.02～1.03	硫酸镁	>95%	适用范围广、脱硫效率高，投资成本适中，运行成本较低，运行可靠性高、不结垢、不易堵塞，电力消耗低；副产品硫酸镁溶液易处置，抗负荷波动性能好，易于建设、改造占地小、可分离布置
石灰/石灰石-石膏法	石灰/石灰石	1.8～1.9	脱硫石膏、亚硫酸钙	>90%	适用范围广，原料易得。但副产品含杂质较多，销售难度大，多堆存处理。装置易结垢堵塞。不适用于脱硫剂资源短缺、场地有限的冶炼企业

6.2.2.4 脱硫装置设计应以达标治理、循环利用、不产生二次污染为原则，宜优先考虑采用副产物可资源化利用的脱硫工艺；宜根据当地脱硫剂来源、副产物再利用可行性、安全环境等条件进行技术经济综合比较后确定脱硫工艺。

6.2.2.5 脱硫装置宜根据废气量、SO₂ 含量等要求，按处理能力富余量不小于负荷的 10%进行设计。

6.2.2.6 废气进入脱硫装置前应先除尘，进入脱硫装置的废气中固体颗粒物含量应不影响副产物质量及装置正常运行。

6.2.2.7 脱硫方案设计时应考虑脱硫渣的综合利用或安全处置，防止产生二次污染。

6.2.2.8　对执行大气污染物特别排放限值的铜冶炼企业,宜采取双氧水法、钠碱法、离子液法或两级脱硫组合工艺。

6.2.3　含硫酸雾废气酸雾净化

6.2.3.1　含硫酸雾废气净化工艺包括:电除雾器、酸雾净化塔(填料吸收塔)。铜冶炼硫酸雾处理工艺选择见图3和表5。

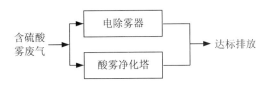

图 3　含硫酸雾处理路线示意图

表 5　硫酸雾净化工艺选择

废气类别	工序	产排污节点	处理工艺	净化效率/%
含硫酸雾废气	电解	电解槽及循环槽	电除雾器、酸雾净化塔	≥90.0
	电积	电积槽	电除雾器、酸雾净化塔	≥90.0
	净液	真空蒸发	电除雾器、酸雾净化塔	≥90.0
		脱铜电解槽	电除雾器、酸雾净化塔	≥90.0

6.3　工艺设计要求

6.3.1　除尘工艺要求

6.3.1.1　除尘工艺应满足 GB 50753 要求,并符合下列要求:

a)除尘系统宜负压下操作;排灰设备应密闭良好,防止产生二次污染。

b)除尘系统配置应根据炉型、容量、炉况、精矿成分、辅助燃料成分、脱硫工艺、烟气工况、气象条件、操作维护管理等确定。

c)除尘系统应控制适当的气流速度和管道风压,防止集气罩周围产生紊流,影响除尘效果。

d)除尘装置的除尘性能应满足下道工序的浓度限值要求,外排烟气应满足有关排放标准规定的烟(粉)尘排放浓度和烟气黑度限制的要求。

f)在保证含尘气体被充分捕集的前提下,应根据含尘气体性质、结合经济原则,选取单独或集中除尘方式。废气含不同组分烟(粉)尘的宜单独设置除尘装置。

g)熔炼炉、吹炼炉和阳极炉等生产工艺参数波动大时,除尘装置应设置缓冲或预处理设施。

h)采用袋式除尘器或电除尘器等干式除尘装置时,应有防止烟气结露的措施。

6.3.1.2　当采用重力沉降室和旋风除尘器时,应满足以下技术条件和要求:

a)重力沉降室和旋风除尘器的除尘效率较低,可用于处理含尘浓度高、粉尘粒径较大的废气,做为废气除尘预处理技术,以减轻后续除尘装置的处理负荷。该技术结构简单,造价低,操作管理方便,维修工作量小,适用于铜冶炼干燥窑烟气预处理。

b)重力沉降室工艺参数:可处理废气烟尘≥100 μm 的粗粒烟尘,可用于高温(≤600℃),

烟气入口速度 20～30 m/min，设备阻力 400～1 000 Pa，含尘量高（>400 g/m³）的烟气。

c）旋风除尘器工艺参数：可处理废气烟尘≥10 μm 的粗粒烟尘，可用于高温（≤450℃），烟气入口速度 12～30 m/min，设备阻力 600～1 500 Pa，含尘量高（400～1 000 g/m³）的烟气。

6.3.1.3 当采用电除尘器时，应满足以下技术条件和要求：

a）电除尘器可用于气量大、温度高的废气治理，在铜冶炼厂主要用于熔炼炉除尘、吹炼炉除尘、阳极炉除尘。该技术结构复杂，造价高，操作管理较方便，维修工作量较大。电除尘器适用于烟粉尘比电阻范围在 $1×10^4$～$4×10^{12}$ Ω·cm 之间的含尘废气除尘。

b）电除尘器工艺参数：可处理废气烟尘粒度≥0.1 μm，烟气过滤速度 0.2～1.0 m/s，设备阻力≤400Pa，允许操作温度≤380℃（且高于露点温度30℃），允许烟气含尘量≤130 g/m³，驱进速度 2～10 cm/s，同极距 400～600 mm。

c）电除尘器工艺设计及参数选择可参照 HJ 2028、GB 50753。

6.3.1.4 当采用袋式除尘器时，应满足以下技术条件和要求：

a）袋式除尘器除尘效率高，适用范围广，操作简便。在铜冶炼厂主要用于备料、阳极炉和环境集烟废气的除尘净化。该技术结构简单，造价较高，操作管理方便，维修工作量大。

b）袋式除尘器工艺参数：可处理废气烟尘粒度≥0.1 μm，烟气过滤速度 0.2～1.2 m/min，设备阻力 1 200～2 000 Pa，允许烟气含尘量≤200 g/m³。

c）袋式除尘器工艺设计及参数选择可参照 HJ 2020。

6.3.2 脱硫工艺要求

6.3.2.1 当采用活性焦法脱硫时，应满足以下技术条件和要求：

a）活性焦法兼具脱硝、去除重金属离子等功能，活性焦再生过程可实现 SO_2 资源化，二次污染小。适用于铜冶炼干燥窑烟气、制酸尾气、环境集烟、阳极炉烟气脱硫。

b）活性焦法工艺参数：处理前废气 SO_2 浓度≤8 000 mg/m³，处理后废气 SO_2 浓度≤200 mg/m³，副产物 SO_2 纯度不小于 95%，废气处理可在低气速（0.3～1.2 m/s）下运行，允许废气含尘量≤50 mg/m³，处理烟气温度 100～200℃。

6.3.2.2 当采用离子液法脱硫时，应满足以下技术条件和要求：

a）离子液法脱硫副产品为高纯度二氧化硫，可送制酸系统制酸。该方法脱硫效率高，脱硫后离子液经过再生可循环利用，可充分利用铜冶炼余热锅炉产生的低压蒸汽余热。适用于铜冶炼干燥窑烟气、制酸尾气、环境集烟、阳极炉烟气脱硫。

b）离子液法工艺参数：处理前废气 SO_2 浓度≤15 000 mg/m³，处理后废气 SO_2 浓度≤100 mg/m³，副产物 SO_2 纯度不小于 99%，吸收剂年损失率不大于 10%，低压蒸汽（0.4～0.6 MPa）消耗不大于 25 t 蒸汽/吨 SO_2，系统阻力不大于 2 000 Pa。

6.2.2.3 当采用钠碱法脱硫时，应满足以下技术条件和要求：

a）钠碱法工艺流程复杂，脱硫效率高，运行效果稳定，适用于处理较高浓度 SO_2 废气。适用于铜冶炼企业干燥窑烟气、制酸尾气、环境集烟、阳极炉烟气脱硫。

b）钠碱法工艺参数：处理前废气 SO_2 浓度≤10 000 mg/m³，处理后废气 SO_2 浓度≤100 mg/m³ 液气比大于 2，钙硫比小于 1.03，处理烟气温度 80～200℃。

c）钠碱法工艺技术要求及参数选择可参照 HJ 462。

6.3.2.4 当采用氧化镁法脱硫时，应满足以下技术条件和要求：

a）氧化镁法脱硫效率较高，一次性投资运行费用低，吸收剂用量少。可处理废气适用范围较广，脱硫效率较高，运行稳定可靠。适用于铜冶炼制酸尾气、环境集烟、阳极炉烟气脱硫。

b）氧化镁法工艺参数：处理前废气 SO_2 浓度≤10000 mg/m³，处理后废气 SO_2 浓度≤200 mg/m³，允许废气含尘量≤100 mg/m³，允许烟气温度 60～100℃，抗负荷波动性能 30%～110%。

6.3.2.5 当采用石灰/石灰石-石膏法脱硫时，应满足以下技术条件和要求：

a）石灰/石灰石-石膏法适用于烟气量大且有条件建设渣场或副产物石膏渣可综合利用的铜冶炼企业。适用于铜冶炼干燥窑烟气、制酸尾气、环境集烟、阳极炉烟气脱硫。

b）石灰/石灰石-石膏法工艺参数：处理前废气 SO_2 浓度≤10 000 mg/m³，处理后废气 SO_2 浓度≤200 mg/m³，石灰/石灰石粉的细度保证−250 目粒度不低于 90%，钙硫比为 1.03～1.05，脱硫石膏纯度应大于 90%。

c）石灰/石灰石-石膏法工艺技术要求和参数选择可参照 HJ179。

6.3.3 酸雾净化工艺要求

6.3.3.1 应从源头控制硫酸雾产生，对电解槽、电积槽、净液槽等宜采取控温及覆盖措施，减少酸雾产生。

6.3.3.2 电解槽可采用覆盖方式减少酸雾的形成，净液槽可采用烷基苯磺酸或粉化皂荚形成泡沫覆盖。

6.3.3.3 净液工段的中和槽、鼓泡塔等设备和其他槽罐排放硫酸雾时，应设置酸雾净化设施。

6.3.3.4 酸雾净化设施宜优先采用电除雾器，也可选用酸雾净化塔。

6.3.3.5 酸雾净化设施内部结构、喷淋层设置及液气比、气速的选择，应保证吸收液与废气充分接触，控制酸雾逃逸。

6.3.3.6 酸雾净化过程使用的循环泵和风机宜根据工艺要求设置，应保证其可靠性，易损件应有备品备件。

6.3.3.7 电除雾器补集酸雾液滴后产生的稀硫酸溶液应返回电解系统回用。酸雾净化塔产生的废水需经处理达标后排放。

7 主要工艺设备和材料

7.1 除尘设备

7.1.1 常用干式除尘设备有重力除尘器、旋风除尘器、电除尘器、袋式除尘器。

7.1.2 当废气中含有腐蚀性介质时，冷却装置、风机、集气罩、阀门等应满足相关防腐要求。

7.1.3 袋式除尘器选择应符合 HJ 2020、HJ/T 330、HJ/T 328 要求，滤料、滤袋、滤袋框架等主要材料应符合相关标准的规定，并适应含尘气体的性质。

7.1.4 电除尘器选择应符合 HJ 2028、HJ/T 322 和 JB/T 6407 要求。

7.2 脱硫设备

7.2.1 材料选择

7.2.1.1 脱硫剂选择原则：脱硫效率高、容易获得、价格低廉、易于运输、不对环境造成新污染、脱硫渣应综合利用或安全处置。

7.2.1.2 脱硫装置选择应充分考虑工艺特点，选择性价比高，具有耐磨、防腐特性的材料，并符合相关标准要求。

7.2.1.3 脱硫塔主材应适应脱硫工艺特点、脱硫剂的性质，有质量与安全控制措施。塔体及其构件宜采用涂覆防腐材料的碳钢、玻璃钢、合金钢等。

7.2.2 设备选择

7.2.2.1 设备和管线、部件选型和配置应满足长期稳定运行的要求，配置应避免物料阻塞，选择材料应具有耐温性、耐蚀性、耐冲刷性。

7.2.2.2 脱硫塔数量应根据废气量、脱硫塔容量、操作弹性、可靠性和布置条件等因素确定。

7.2.2.3 循环泵的过流部件应能耐固体颗粒磨损、耐酸腐蚀、耐高氯、高氟等离子腐蚀。

7.2.2.4 钠碱法工艺脱硫设备要求可参照 HJ 462，石灰/石灰石-石膏法脱硫设备要求可参照 HJ 179。

7.3 酸雾净化设备

7.3.1 酸雾净化设备和管线应选用性价比高，耐磨、耐腐蚀的材料。

7.3.2 设备选型和配置应满足长期稳定运行的要求。

7.3.3 低温地区宜选用耐低温、耐老化材质的酸雾净化设备。

8 检测及过程控制

8.1 一般规定

8.1.1 废气治理工程宜设置化验室，并配备相应的检测仪器和设备。

8.1.2 废气治理工程应在冶金炉窑出口烟道、除尘器、引风机、脱硫设备入口、排气筒等处安装检测仪表，并将分析检测数据引入控制室。仪表选型应能适应烟气温度、含尘、含酸的环境。

8.1.3 废气治理工程应设置废气处理自动控制系统，仪表和自动控制系统应具备防腐、自清洁等功能。

8.2 检测

8.2.1 废气治理工程应根据工艺控制要求对主要工艺参数进行定期检测，对重点控制指标实现在线检测。

8.2.2 废气治理工程应根据工艺要求，设置规范的永久性监测平台和采样孔，并符合 HJ/T 397 的相关规定。

8.2.3 应在主要废气排放口设置排放连续监测系统，监测要求应按 HJ 75 执行。

8.2.4 固定污染源排放检测过程采样、检测和质量控制应按 GB/T 16157、HJ/T 373、HJ/T 397、HJ 544 执行，烟尘采样按 HJ/T 48 执行，无组织排放按 HJ/T 55 执行。

8.2.5 脱硫装置、溶液槽应安装液位计及配套的报警装置，按需要安装密度计、pH 计等在线监测仪器，脱硫液循环泵出口应安装流量计和压力表。

8.2.6 检测指标主要包括：

　　a）废气各处理工段主要工艺参数：温度、流量等；

　　b）主要设备运行状态：压差、电流、轴承温度等；

　　c）主要污染物浓度：包括颗粒物、SO_2、氮氧化物、硫酸雾、铅及其化合物、砷及其化合物、汞及其化合物、镉及其化合物、硫酸雾、氟化物等。

d）脱硫液：pH 值、密度、流量、成分等。

8.2.7 各工序废气通过排气筒等方式排放至外环境，需在排气筒或排气筒前的废气烟道设置监测点位。

8.2.8 对于执行相同排放标准和排放限值的多个污染源或生产设备共用一个排气筒的，监测点位可布设在共用排气筒上，监测指标应涵盖所对应的污染源或生产设备监测指标，最低监测频次按照严格的执行。

8.2.9 对于执行不同排放标准和排放限值的多个污染源或生产设备，应分别单独设置排气筒，监测点位可布设在排气筒上。监测指标应涵盖所对应的污染源或生产设备监测指标，最低监测频次按照严格的执行。

8.3 过程控制

8.3.1 废气治理工程宜采用集中管理、分散控制的自动化控制模式，配备中央控制系统、在线检测系统、功能子站，实现过程控制。

8.3.2 除尘、制酸、脱硫控制室可结合处理装置和现场情况设独立的控制室，或并入主工艺控制室统一监控。设独立的除尘、脱硫装置控制室的，冷却烟道中的烟气温度、烟气流量等表征主工艺是否正常的重要参数也应引入主工艺控制室显示。

8.3.3 烟气温度、流量，除尘器压差、电压，引风机电流，电机绕组、轴承温度等烟气检测参数发生异常，污染物分析检测值超过排放限值时，应及时检查物料变化、主工艺工况、除尘、制酸及脱硫设备等运行状况，并通过控制调整，及时消除异常。

8.3.4 自动控制系统应配置配电柜和控制柜。控制分自动和手动切换双回路控制系统，并具有自动保护和声光报警功能。

8.3.5 废气治理工程的火灾探测及报警系统应符合相应行业的规定，满足 GB 50630 的设计要求。设备选型宜与主体工程一致，火灾警报控制屏宜布置在脱硫控制室，火灾探测及报警系统宜与全厂火灾探测及报警系统实现通信。

8.3.6 在线监测

8.3.6.1 用于工艺控制的在线监测设备可与用于污染源自动监控的在线监测设备统筹考虑。

8.3.6.2 用于工艺控制的在线监测设备，应在烟气除尘、脱硫工程的进口和出口设置监测点。除尘工程检测项目至少应包括烟气量、颗粒物浓度；脱硫工程检测项目至少应包括烟气量、烟气温度、颗粒物浓度、SO_2 浓度和含氧量，并通过硬接线接入脱硫工程的控制系统。

9 主要辅助工程

9.1 建筑与结构

9.1.1 废气治理工程的建筑设计应根据工艺流程、使用要求、自然条件、建筑地点等因素进行整体布局，在进行布局的同时，要考虑与建筑周围环境的协调，满足功能要求。

9.1.2 建（构）筑物应符合 GB 50009、GB 50141、GB 50191、GB 50988 的有关规定，并采取防腐蚀、防渗漏措施。

9.1.3 建（构）筑物应符合 GB 50204 的规定。

9.1.4 建筑节能设计应符合 GB 50189 的规定。

9.1.5 建（构）筑物防雷设计应符合 GB 50057 的规定。

9.1.6 抗震设计应符合 GB 50011 的规定。

9.2 供配电

9.2.1 废气治理工程的供电等级，应与生产车间相同。独立废气治理工程供电宜按二级负荷设计。

9.2.2 变电站的设计应符合 GB 50059 和 GB 50053 的规定。

9.2.3 供配电设计符合 GB 50052、GB 50054 的规定。施工现场供用电安全符合 GB 50194 的规定。

9.2.4 设备配套供应的控制器、配电屏除应满足环境条件要求外，还应满足 GB/T 22580 的规定。

9.3 给排水和消防

9.3.1 废气治理工程给排水和消防系统应与生产系统统筹考虑，生活用水、生产用水及消防设施应符合 GB 50015、GB 50016 等的规定。

9.3.2 废气治理工程排水宜采用重力流排放。

9.3.3 除尘风机、电机、脱硫塔、循环水池等设备冷却供水应取自厂区的冷却水管网，冷却水系统应根据使用要求安装计量装置。

9.3.4 废气治理工程火灾危险类别、耐火等级及消防系统的设置应符合 GB 50016 等的规定。

9.4 采暖通风

9.4.1 供暖通风与空气调节应符合 GB 50243、GB 50019 设计要求。

9.4.2 通风系统进风口宜设置在清洁干燥处，通风系统应考虑防尘措施。

9.4.3 铜冶炼企业生产厂房宜采用封闭厂房或半封闭厂房，以有效控制无组织排放。

9.5 道路绿化

9.5.1 废气治理工程与企业生产区和生活区宜由道路和绿化隔开。

9.5.2 道路设计应符合 GBJ 22 的规定。

10 劳动安全与职业卫生

10.1 劳动安全

10.1.1 高架处理建（构）筑物应设置栏杆、防滑梯、照明和避雷针等安全设施。各建（构）筑物应设有便于行走的操作平台、走道板、安全护栏和扶手，栏杆高度和强度应符合有关劳动安全规定。

10.1.2 所有不带电的电气设备的金属外壳均应采取接地或接零保护；钢结构、排气管、排风管和铁栏杆等金属物应采用等电位联结。

10.1.3 各种机械设备裸露的传动部分应设置防护罩，不能设置防护罩的应设置防护栏杆，周围应保持一定的操作活动空间。

10.1.4 地下建（构）筑物应有清理、维修工作时的安全措施，主要通道处应设置安全应急灯，在设备安装和检修时应有相应的保护措施。

10.1.5 存放有毒有害化学物质的建（构）筑物应有良好的通风设施和阻隔防护设施。有毒有害物质或危险化学品的贮存应符合国家相关规定的要求。

10.1.6 废气治理工程危险部位应设置安全警示标志，并配置必要的消防、安全、报警与简单救护等设施。

10.1.7 人员进入有限空间作业时，应严格遵守"先通风、再检测、后作业"的原则，未经通风和检测合格，任何人员不得进入有限空间作业。

10.1.8 对腐蚀性较强的废气输送管道及处理设备在材质选用上应充分考虑其耐腐蚀性。

10.2 职业卫生

10.2.1 废气治理工程应符合 GBZ 1、GBZ 2.1 和 GBZ 2.2 的规定。

10.2.2 废气处理设备噪声应符合 GB 12348 的规定，对建（构）筑物内部设施噪声源控制符合 GBJ 87 的规定。

10.2.3 废气治理工程应为职工配备相应劳动保护用品，并在酸、碱等危险化学品贮存、运输、配制、投加等岗位配备相应的劳动安全卫生设施，如应急清洗水管等装置等。

10.2.4 各岗位操作人员上岗时应穿戴相应的劳保用品。

11 施工与验收

11.1 一般规定

11.1.1 施工单位应按照设计图纸、技术文件、设备图纸等组织施工。施工过程中，应做好材料设备、隐蔽工程和分项工程等中间环节的质量验收；隐蔽工程应经过中间验收合格后，方可进行下一道工序施工。

11.1.2 施工中所使用的设备、材料、器件等应符合现行国家标准和设计要求，并取得供货商的产品合格证书。设备安装应符合 GB 50231 的规定。

11.1.3 管道工程的施工和验收应符合 GB 50268 的规定；混凝土结构工程的施工和验收应符合 GB 50204 的规定。

11.1.4 施工单位除应遵守相关的技术规范外，还应遵守国家有关部门颁布的劳动安全及卫生、消防等国家强制性标准。

11.2 工程施工

11.2.1 土建施工

11.2.1.1 施工前应认真了解设计图纸和设备安装对土建的要求，了解预埋件的位置和做法。

11.2.1.2 土建施工应重点控制池体的抗浮处理、地基处理、池体抗渗处理，满足设备安装对土建施工的要求。

11.2.1.3 模板、钢筋、砼分项工程应严格执行 GB 50204i 规定。

11.2.2 设备安装

11.2.2.1 设备基础应符合设备说明书和技术文件要求。混凝土基础应平整坚实，并有隔振措施。预埋件水平度及平整度应符合 GB 50231 的规定。地脚螺栓应按照原机出厂说明书的要求预埋，位置应准确，安装应稳定。安装好的机械应严格符合外型尺寸的公称允许偏差。

11.2.2.2 设备安装完成后应根据需要进行手动盘车、无负荷调试和有负荷调试，重要设备首次启动应有制造商代表在场。

11.2.2.3 各种机电设备安装后应进行调试。调试应符合 GB 50231 的规定。

11.2.2.4 压力管道、阀门安装后应进行试压试验，外观检查应 24 h 无漏水现象。废气管道应做气密性试验，24 h 压力降不超过允许值为合格。

11.3 工程验收

11.3.1 铜冶炼废气治理工程竣工验收按《建设项目（工程）竣工验收办法》、《建设项目环境 保护竣工验收管理办法》、《建设项目竣工环境保护验收暂行办法》、《建设项目竣工环境保护验收技术指南 污染影响类》相关专业验收规范和本标准的有关规定进行。

11.3.2 工程验收可依据主管部门的批准文件、经批准的设计文件和设计变更文件、工程竣工 图、工程合同、设备供货合同和合同附件、设备技术文件和技术说明书、专项设备施工验收、工程监理报告及其他文件。

11.3.3 工程验收程序和内容应符合 GB 50093、GB 50168、GB 50169、GB 50204、GB 50231、GB 50236、GB 50254、GB 50257、GB 50268、GB 50275 和 GBJ 141 等的规定。

11.3.4 工程竣工验收后，建设单位应将有关设计、施工和验收的文件立卷归档。

12 运行与维护

12.1 一般规定

12.1.1 铜冶炼废气治理工程运行调试前应建立操作规程、运行记录、废气检测、设备检修、人员上岗培训、应急预案、安全注意事项等处理设施运行与维护的相关制度，实时监控运行效果，加强处理设施的运行、维护与管理。

12.1.2 应配备专职人员负责废气治理工程的操作、运行和维护。废气治理设备设施定期检修，其日常维护与保养应纳入企业正常的设备维护管理工作。

12.1.3 铜冶炼企业不得擅自停止铜冶炼废气治理工程的正常运行。因维修、维护致使处理设施部分或全部停运时，应事先报告当地环保部门。

12.1.4 铜冶炼废气治理工程的运行记录和废气检测报告的原始记录应妥善保存。

12.2 人员与运行管理

12.2.1 废气治理工程的运行人员应经过岗位技能培训，熟悉废气治理的整体工艺、相关技术条件和设施、运行操作的基本要求，能够合理处置运行过程中出现的各种故障与技术问题。

12.2.2 废气治理工程的运行人员应严格按照操作规程要求，运行和维护废气治理设施，并如实填写相关记录。

12.2.3 运行记录的内容应包括：风机及相关处理设备/设施的启动-停止时间、处理气量、风压、处理设施进出口污染物浓度；电器设备的电流、电压、检测仪器的适时检测数据；投加药剂名称、调配浓度、投加量、投加时间、投加点位；处理设施运行状况与处理后尾气情况等。

12.2.4 当发现废气治理工程运行不正常或处理效果出现较大波动，应及时采取措施调整。

12.2.5 应根据处理工艺特点与污染物特性，制定出生产事故、废气污染物负荷突变、恶劣天气等突发情况下的应急预案，配备相应的物资，并进行应急演练。

12.2.6 当废气治理工程的某一建（构）筑物出现事故，进入有限空间操作的工作人员应采取有效的防护措施。

12.3 废气检测

12.3.1 废气治理工程应适时检测与监控处理设施的运行状况与处理效果，建立废气检测报告制度，并妥善保存废气检测报告。

12.3.2 运行期间，每天均应根据设施的运行状况，对废气进行检测，检测项目、采样点、采样频次、采样方法、检测分析方法应符合 GB 25467、GB/T 16157、HJ 75、HJ/T 48、HJ/T 373、HJ 544 要求。已安装在线监测系统的，也应定期取样，进行人工检测，比对数据。

12.4 维护保养

12.4.1 废气治理工程应在满足设计工况的条件下运行，并根据工艺要求，定期对各类工艺、电气、自控设备主建（构）筑物进行检查和维护。

12.4.2 废气治理工程的维护保养应纳入全厂的维护保养计划中，使废气治理工程的计划检修时间与工艺设施同步。

12.4.3 风机、泵类、管道、加药装置等宜储备核心部件和易损部件。

12.5 应急措施

12.5.1 铜冶炼企业应编制事故应急预案（包括环保应急预案）。应急预案应包括应急预警、应急响应、应急指挥、应急处理等方面的内容。企业应建立相应的人力、设备、通讯等应急处理的必备条件。

12.5.2 废气治理工程发生异常情况或重大事故，应及时响应，启动应急预案，并按规定向有关部门报告。

中华人民共和国环境保护行业标准

防治城市扬尘污染技术规范

Technical specifications for urban fugitive dust pollution prevention and control

HJ/T 393—2007

前 言

为贯彻《中华人民共和国环境保护法》、《中华人民共和国大气污染防治法》和《中华人民共和国固体废物污染环境防治法》，防治城市扬尘污染，改善环境质量，制定本标准。

本标准规定了防治各类城市扬尘污染的基本原则和主要措施。

本标准的技术内容采用国内近期关于颗粒物开放源类的研究成果，吸收了我国典型城市关于控制扬尘污染的主要技术方法。

本标准为首次发布。

本标准为指导性标准。

本标准由国家环境保护总局科技标准司提出。

本标准起草单位：南开大学。

本标准国家环境保护总局 2007 年 11 月 21 日批准。

本标准自 2008 年 2 月 1 日起实施。

本标准由国家环境保护总局解释。

1 适用范围

本标准规定了防治各类城市扬尘污染的基本原则和主要措施，道路积尘负荷的采样方法和限定标准。

本标准适用于城市规划区内各类施工工地，铺装与未铺装路面，广场及停车场，各类露天堆场、货场及采矿采石场，城区裸土地面，物料混合、装卸、传送与运输等场所和活动产生扬尘的污染防治。

2 规范性引用文件

本标准内容引用了下列文件中的条款。凡是不注日期的引用文件，其有效版本适用于本标准。

GBJ 124—88	道路工程术语标准
CJJ 37—90	城市道路设计规范
JGJ 146—2004	建筑施工现场环境与卫生标准

GB 3095—1996　环境空气质量标准

GB 16297—1996　大气污染物综合排放标准

GB/T 6921—1986 大气飘尘浓度测定方法

《中华人民共和国道路交通安全法》（中华人民共和国主席令　2003 年第 8 号）

《城市绿化条例》（中华人民共和国国务院令　1992 年第 100 号）

《城市市容和环境卫生管理条例》（中华人民共和国国务院令　1992 年第 101 号）

《城市道路管理条例》（中华人民共和国国务院令　1996 年第 198 号）

《建设项目环境保护管理条例》（中华人民共和国国务院令　1998 年第 253 号）

《建设工程施工现场管理规定》（建设部令　1991 年第 15 号）

3 术语和定义

下列术语和定义适用于本标准。

3.1 扬尘

指地表松散颗粒物质在自然力或人力作用下进入到环境空气中形成的一定粒径范围的空气颗粒物，主要分为土壤扬尘、施工扬尘、道路扬尘和堆场扬尘。

3.2 施工扬尘

指在城市市政基础设施建设、建筑物建造与拆迁、设备安装工程及装饰修缮工程等施工场所和施工过程中产生的扬尘。市政基础设施包括交通系统（包括道路、桥梁、隧道、地下通道、天桥等）、供电系统、燃气系统、给排水系统、通信系统、供热系统、防洪系统、污水处理厂、垃圾填埋场等及其附属设施。

3.3 土壤扬尘

指直接来源于裸露地面（如农田、裸露山体、滩涂、干涸的河谷、未硬化或绿化的空地等）的颗粒物。

3.4 道路扬尘

指道路积尘在一定的动力条件（风力、机动车碾压、人群活动等）的作用下进入环境空气中形成的扬尘。

3.5 堆场扬尘

指各种工业料堆（如煤堆、沙石堆以及矿石堆等）、建筑料堆（如砂石、水泥、石灰等）、工业固体废弃物（如冶炼渣、化工渣、燃煤灰渣、废矿石、尾矿和其他工业固体废物）、建筑渣土及垃圾、生活垃圾等由于堆积、装卸、传送等操作以及风蚀作用等造成的扬尘。此外，采石、采矿等场所和活动中产生的扬尘也归为堆场扬尘。

3.6 表面积尘负荷

指道路或地面单位面积上能够通过 200 目标准筛（相当于几何粒径 75μm 以下）的那部分积尘的质量。

4 实施原则

4.1 城市扬尘污染防治是一项需多部门协同、全社会参与的综合性工作。应遵循因地制宜的原则，根据当地气候条件、生态环境建设规划、经济发展水平、城市环境管理需求等实际情况，结合本标准，由城市环境保护行政主管部门会同城市建设行政主管部门制定本地扬尘污染防治规划或规定，报同级人民政府批准实施，由城市环境保护行政主管部门对城市扬尘污染防治实施统一监督管理。

4.2 城市环境保护行政主管部门应通过开展城市环境空气颗粒物来源解析研究，明确城市空气颗粒物的主要来源及其影响，切实掌握扬尘对城市空气颗粒物的贡献大小，有重点地开展城市扬尘防治工作。

4.3 城市环境保护行政主管部门应对城市扬尘来源进行调查，按照附录 A 采集扬尘污染源基本信息，建立相应的污染源数据库，对扬尘污染源实行系统、有效的管理。有条件的城市，可根据本地扬尘污染源特点、技术条件和管理需求，适当增加扬尘污染源信息。

5 施工扬尘防治

5.1 依法申报

工程建设单位应按照《中华人民共和国环境影响评价法》和《建设项目环境保护管理条例》的相关规定，向当地环境保护行政主管部门提供施工扬尘防治实施方案，并提请排污申报。工程建设单位应按照下面条款制定施工扬尘污染防治方案，根据施工工序编制施工期内扬尘污染防治任务书，实施扬尘防治全过程管理，责任到每道施工工序。

5.2. 新建、改建、扩建施工场所和活动扬尘污染防治

5.2.1 施工标志牌的规格和内容。施工期间，施工单位应根据《建设工程施工现场管理规定》设置现场平面布置图、工程概况牌、安全生产牌、消防保卫牌、文明施工牌、环境保护牌、管理人员名单及监督电话牌等。

5.2.2 围挡、围栏及防溢座的设置。在城市主要干道、景观地区、繁华区域的土建工地、市政高架和道路施工等，施工期间其边界应设置高度 2.5m 以上的围挡；各类管线敷设工程，其边界应设 1.5m 以上的封闭式或半封闭式路栏；其余设置 1.8m 以上的围挡。以上围挡高度可视地方管理要求适当增加。围挡底端应设置防溢座，围挡之间以及围挡与防溢座之间无缝隙。对于特殊地点无法设置围挡、围栏及防溢座的，应设置警示牌。

5.2.3 土方工程防尘措施。土方工程包括土的开挖、运输和填筑等施工过程，有时还需进行排水、降水、土壁支撑等准备工作。遇到干燥、易起尘的土方工程作业时，应辅以洒水压尘，尽量缩短起尘操作时间。遇到四级或四级以上大风天气，应停止土方作业，同时作业处覆以防尘网。

5.2.4 建筑材料的防尘管理措施。施工过程中使用水泥、石灰、砂石、涂料、铺装材料等易产生扬尘的建筑材料，应采取下列措施之一：

　　a）密闭存储；

　　b）设置围挡或堆砌围墙；

　　c）采用防尘布苫盖；

　　d）其他有效的防尘措施。

5.2.5 建筑垃圾的防尘管理措施。施工工程中产生的弃土、弃料及其他建筑垃圾，应及时清运。若在工地内堆置超过一周的，则应采取下列措施之一，防止风蚀起尘及水蚀迁移：

　　a）覆盖防尘布、防尘网；

　　b）定期喷洒抑尘剂；

　　c）定期喷水压尘；

d）其他有效的防尘措施。

5.2.6 设置洗车平台，完善排水设施，防止泥土粘带。施工期间，应在物料、渣土、垃圾运输车辆的出口内侧设置洗车平台，车辆驶离工地前，应在洗车平台清洗轮胎及车身，不得带泥上路。洗车平台四周应设置防溢座、废水导流渠、废水收集池、沉沙池及其他防治设施，收集洗车、施工以及降水过程中产生的废水和泥浆。工地出口处铺装道路上可见粘带泥土不得超过 10m，并应及时清扫冲洗。

5.2.7 进出工地的物料、渣土、垃圾运输车辆的防尘措施、运输路线和时间。进出工地的物料、渣土、垃圾运输车辆，应尽可能采用密闭车斗，并保证物料不遗撒外漏。若无密闭车斗，物料、垃圾、渣土的装载高度不得超过车辆槽帮上沿，车斗应用苫布遮盖严实。苫布边缘至少要遮住槽帮上沿以下 15cm，保证物料、渣土、垃圾等不露出。车辆应按照批准的路线和时间进行物料、渣土、垃圾的运输。

5.2.8 施工工地道路防尘措施。施工期间，施工工地内及工地出口至铺装道路间的车行道路，应采取下列措施之一，并保持路面清洁，防止机动车扬尘：

a）铺设钢板；

b）铺设水泥混凝土；

c）铺设沥青混凝土；

d）铺设用礁渣、细石或其他功能相当的材料等，并辅以洒水、喷洒抑尘剂等措施；

e）其他有效的防尘措施。

5.2.9 施工工地道路积尘清洁措施。可采用吸尘或水冲洗的方法清洁施工工地道路积尘，不得在未实施洒水等抑尘措施情况下进行直接清扫。

5.2.10 施工工地内部裸地防尘措施。施工期间，对于工地内裸露地面，应采取下列防尘措施之一：

a）覆盖防尘布或防尘网；

b）铺设礁渣、细石或其他功能相当的材料；

c）植被绿化；

d）晴朗天气时，视情况每周等时间隔洒水 2～7 次，扬尘严重时应加大洒水频率；

e）根据抑尘剂性能，定期喷洒抑尘剂；

f）其他有效的防尘措施。

5.2.11 施工期间，应在工地建筑结构脚手架外侧设置有效抑尘的密目防尘网（不低于 2 000 目/100cm^2）或防尘布。

5.2.12 混凝土的防尘措施。施工期间需使用混凝土时，可使用预拌商品混凝土或者进行密闭搅拌并配备防尘除尘装置，不得现场露天搅拌混凝土、消化石灰及拌石灰土等。应尽量采用石材、木制等成品或半成品，实施装配式施工，减少因石材、木制品切割所造成的扬尘污染。

5.2.13 物料、渣土、垃圾等纵向输送作业的防尘措施。施工期间，工地内从建筑上层将具有粉尘逸散性的物料、渣土或废弃物输送至地面或地下楼层时，可从电梯孔道、建筑内部管道或密闭输送管道输送，或者打包装框搬运，不得凌空抛撒。

5.2.14 大、中型工地应设专职人员负责扬尘控制措施的实施和监督。各工地应有专人负责逸散性材料、垃圾、渣土、裸地等密闭、覆盖、洒水作业以及车辆清洗作业等，并记录扬尘控制措施的实施情况。

5.2.15 工地周围环境的保洁。施工单位保洁责任区的范围应根据施工扬尘影响情况确定，一般设在施工工地周围 20m 范围内。

5.3 拆迁施工场所和活动扬尘污染防治

5.3.1 拆除工程施工前，工地周围应设置高度不低于 2m 的围挡。城市主要干道、景观地区、繁华区域的拆除工程应全封闭，工地周围设置拆除警示标志。

5.3.2 拆迁作业时，应辅以持续加压洒水，以抑制扬尘飞散。

5.3.3 需爆破作业的拆除工程，可根据爆破规模，在爆破作业区外围洒水喷湿。

5.3.4 拆除施工中的土方作业、建筑垃圾管理与运输、工地保洁等应采取 5.2.3、5.2.5、5.2.6、5.2.7、5.2.8、5.2.9、5.2.13、5.2.15 中的防尘措施。

5.3.5 拆除工程完成后 15d 内不能开工建设的，应采取覆盖、洒水等措施防止扬尘。若建设单位未取得建筑工程施工许可证超过半年的，拆迁施工现场的裸露地面应采取 5.2.10 中的防尘措施。

5.4 修缮、装饰等施工场所与活动扬尘污染防治

5.4.1 设置施工标志牌、围挡等见 5.2.1、5.2.2。

5.4.2 对建筑外部进行修缮、装饰的工程，应采取 5.2.11 中的防尘措施。

5.4.3 修缮、装饰工程中使用和运送物料时，应采取 5.2.12、5.2.13 中的防尘措施。

5.4.4 修缮、装饰工程中产生的建筑垃圾须及时清运，应采取 5.2.7 中的防尘措施。

5.4.5 修缮、装饰工程中应采取 5.2.15 中的保洁措施。

6 土壤扬尘防治

6.1 裸地绿化

6.1.1 城市的公共绿地、风景林地、防护绿地、行道树及干道绿化带的绿化，各单位管界内的防护绿地、单位自建的公园和单位附属绿地的绿化，居住区绿地的绿化，城市苗圃、草圃和花圃等的经营管理等，应按照《城市绿化条例》及本地绿化管理条例相关规定执行。

6.1.2 对城市裸地实施绿化工程时，应遵循以下原则：

　　a）绿化工地应根据现场情况采取围挡等降尘措施。

　　b）四级及四级以上大风天气，须停止土地平整、换土、原土过筛等作业。

　　c）土地平整后，一周内要进行下一步建植工作；土地整理工作已结束，未进行建植工程期间，要每天洒水 1~2 次，如遇四级及四级以上大风天气必须及时洒水防尘或加以覆盖。

　　d）植树树穴所出穴坑土，要加以整理或拍实；如遇特殊情况无法建植，穴坑土要加以覆盖，确保不扬尘。种植完成后，树坑应覆盖卵石、木屑、挡板、草皮，或者作其他覆盖、围栏处理等。

　　e）道路或绿地内各类管线敷设工程完工后，一周内要恢复路面或景观，不得留裸土地面。

　　f）绿化产生的垃圾，主要干道、景观地区及繁华地区做到当天清除，其他地段应在两天内清理干净。

6.1.3 对长期未能开发建设的裸地，应按照《城市绿化条例》相关规定进行处理。

6.2 裸地硬化

对学校操场、运动场、厂区裸地、单位及家庭庭院、居住小区等不进行绿化处理的裸地，应实施生态型硬化、透水性铺装等措施，既尽量避免裸土地面的存在，又不阻碍地表降水对地下水的补给作用。

6.3 城市生态环境建设

加强生态环境建设，实施城郊或周边地区的绿化工程，实现山体绿化、农田林网化、河岸绿化或硬化，营造良好的城市生态环境。

7 道路扬尘防治

7.1 道路绿化

道路两侧和中间分隔带应进行草、灌木、乔木相结合立体绿化，采取绿化和硬化相结合的防尘措施。路肩及道路中间分隔带绿化时，其内土面应低于路侧围砌，减少风蚀和水蚀作用。

7.2 道路硬化

未铺装道路应根据实际情况进行铺装、硬化或定期施洒抑制剂以保持道路积尘处于低负荷状态。

7.3 减少路面破损

道路上行驶车辆的规格、载重等应符合《城市道路管理条例》有关规定，防止路面破损。破损路面应及时采取防尘措施，并在一个月内修复。

7.4 减少路面施工

尽量避免道路开挖，需要开挖道路的施工应按照《中华人民共和国道路交通安全法》和《城市道路管理条例》有关规定执行。在不影响施工质量的情况下，应分段封闭施工，前一次施工结束后，及时恢复道路原貌，否则不得进行下一阶段的施工。

7.5 密闭运输

运送易产生扬尘物质的车辆应符合《中华人民共和国道路交通安全法》和《城市道路管理条例》相关规定，实行密闭运输，避免在运输过程中因物料遗撒或泄漏而产生扬尘。

7.6 道路清洁、冲洗作业

城市道路清扫与清洗作业应按照《城市市容和环境卫生管理条例》及当地市容和环境卫生管理条例中规定的等级和标准执行。实施高效清洁的清扫作业方式，提高机械化作业面积。四级及四级以上大风天气停止人工清扫作业。

7.7 道路积尘负荷监测

城市道路按照《城市道路设计规范》分为快速路、主干道、次干道和支路四种类型，并分别制定道路积尘负荷限值标准（附录 C）。每月对城市道路分类进行道路积尘负荷测定，测定方法见附录 B。实施道路积尘负荷达标管理，各类型道路积尘负荷应达到"良"的水平。

各城市可根据本地实际情况，制定地方道路积尘负荷限值标准。

8 堆场扬尘防治

8.1 密闭存储

对于煤炭、煤矸石、矿石、建筑材料、水泥白灰、生产原料、泥土、粉煤灰等料堆，应利用仓库、储藏罐、封闭或半封闭堆场等形式，避免作业起尘和风蚀起尘。

8.2 密闭作业

对于装卸作业频繁的原料堆，应在密闭车间中进行。对于少量的搅拌、粉碎、筛分等作业活动，应在密闭条件下进行。

8.3 喷淋

堆场露天装卸作业时，视情况可采取洒水或喷淋稳定剂等抑尘措施。

8.4 覆盖

对易产生扬尘的物料堆、渣土堆、废渣、建材等，应采用防尘网和防尘布覆盖，必要时进行喷淋、固化处理。

8.5 防风围挡

临时性废弃物堆、物料堆、散货堆场，应设置高于废弃物堆的围挡、防风网、挡风屏等；长期存在的废弃物堆，可构筑围墙或挖坑填埋。

8.6 硬化稳定

对于露天堆场的坡面、场坪、路面，码头及货运堆场，采石采矿场所等，可采取铺装、硬化、定期喷洒抑尘剂或稳定剂等措施。

8.7 绿化

对于长期堆放的废弃物（电厂灰、工业粉尘、废渣、矿渣等），可在堆场表面及四周种植植物，通过植物生长来固定废弃物堆，减少风蚀起尘。

8.8 开展废物综合利用

根据节约资源，推进循环经济的原则，积极开发新工艺，将电厂灰、工业粉尘、炉渣、矿渣等用于肥料、建筑材料制造、筑路等用途，减少堆放量。

附录 A **（规范性附录）**

基于 GIS 的城市扬尘污染管理信息系统

A.1 城市扬尘的来源种类复杂，呈现动态时空分布，对产生扬尘的场所和活动进行调查是城市扬尘污染防治的基础。环境保护主管部门建设基于 GIS 的城市扬尘污染管理信息系统有利于动态掌握城市扬尘污染的状况，预测未来城市扬尘的污染活动水平，对城市制定扬尘防治工作计划、确定工作重点以及防范突发事件、实施应急救助等都有重要的意义。

A.2 基于 GIS 的城市扬尘污染管理信息系统，应作为城市环境管理信息系统的重要组成部分加以建设。

A.3 基于 GIS 的城市扬尘污染管理信息系统，包括以下组成部分和主要功能：

A.3.1 硬件系统，包括个人计算机或服务器、网络设备、配套的办公设备等。

A.3.2 软件系统，包括地理信息系统软件，基础数据库，应用数据库，统计分析、模型计算、规划管理等功能模块。

A.3.2.1 地理信息系统软件可以是通用地理信息系统软件平台、基于通用地理信息系统软件平台定制开发的软件或者全新设计编制的软件。

A.3.2.2 基础数据库包括城市电子地图、地形图、遥感影像等。

A.3.2.3 应用数据库包括扬尘污染源类数据，其他相关数据，如气象数据、业务管理数据等。

A.3.2.4 功能模块是根据环境管理需要进行定制的，用于处理基础数据和应用数据，包括数据统计分析、模型计算、报表处理以及其他管理业务。

A.3.2.5 主要功能，包括动态显示和分析城市扬尘污染的时空变化状况、扬尘污染防治进展，与环境管理相结合实现统计分析、模型计算、报表分析、规划管理及其他业务处理等的可视化、自动化、网络化以及高效率。

A.4 扬尘污染源类主要分为裸地、建筑工地、道路、堆场等，这些源类至少应当包括表 A.4.1 至表 A.4.4 中对应的内容，各地可视管理需要增加相关信息。其他重要扬尘源类的信息，可根据其特点和管理需要进行设计。

表 A.4.1　土壤尘源类调查表

编号	裸地名称	网格号	局部坐标 X	局部坐标 Y	裸地类型	裸地面积	治理措施	责任管理单位	……

表 A.4.2　施工工地调查表

编号	单位名称	单位地址	所属区	网格号	局部坐标 X	局部坐标 Y	占地面积	建筑面积	施工开始时间	施工结束时间	是否有围挡	是否有洗车轮设备	是否有喷洒场地设备	是否有专人清扫场地	……

表 A.4.3　道路调查表

编号	道路名称	起始坐标 X	起始坐标 Y	终点坐标 X	终点坐标 Y	道路宽	道路两边平均建筑高度	建筑间平均间距	清扫频率	洒水冲洗频率	……

表 A.4.4　堆场、垃圾堆调查表

编号	单位名称	单位地址	所属区	网格号	局部坐标 X	局部坐标 Y	场面面积	建筑材料名称	堆放量	月清运次数	是否有遮盖	表面干燥	表面潮湿	堆放物块状	堆放物粉状	仓库	……

A.5　城市扬尘管理信息系统所需的基础数据和应用数据可以通过以下途径获得：

A.5.1　基础数据由遥感影像、航拍照片及地图数字化、卫星定位仪器获得，或者购买城市地理数据。

A.5.2　应用数据可以通过现场调查、部门间数据共享、业务报表录入等方式获得，其种类和数量的多少取决于环境管理部门的需要。

附录 B （规范性附录）

道路积尘负荷的监测方法

道路积尘负荷是衡量道路扬尘排放的重要指标。城市道路积尘负荷按以下方法进行监测。

B.1 采样布点

城市道路根据其承担交通功能的不同，可以分为主干道、次干道、支路和快速路。主干道和次干道较长，支路和快速路较短。对于城区道路，一般以路名为单位进行道路积尘的测定。由于城区道路较多，无法对所有道路都进行监测。因此，可以选择代表性路段进行测定。测定的主干道、快速路占该类型道路总长度的 1/4～1/3，次干道和支路应占 1/10～1/4。监测应在晴天进行，如果出现下雨天气，须等路面干燥（2～7d）后方可进行道路积尘测定。

对每一条路，每隔 3 km（d，如图 1 所示）采集一个样品，每个样品至少需要三个子样品混合（即每隔 0.5～1 km 采一个子样，然后将这 3 km 内采集的子样品混合成一个样品）。对于长度小于 2 km 的路，整个路段推荐采集 3 个样品，不做混合处理。从 0 到路长范围内选取 3 个随机数 x_1，x_2，x_3，然后在 x_1，x_2，x_3 距离处采样，如图 1 所示。

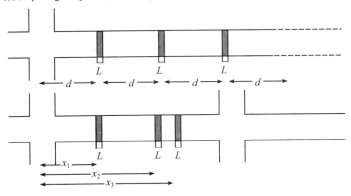

图 1 道路积尘采样点布置图

B.2 仪器与设备

（1）采样器材：

真空吸尘器、配套纸袋、配套电源，推荐使用专门的道路积尘采样装置。

（2）称量仪器：

托盘天平或电子天平，感量≤0.1 g。

（3）烘箱、瓷坩埚或铁坩埚、坩埚钳、干燥器等。

B.3 采样量规格

铺装道路单个样品的采样量根据采样方式的不同有所不同：对于积尘较多的路段可以采取刷扫方式，其单个样品量不低于 300 g；推荐采用真空吸尘方式，其单个样品量不低于 30 g。

B.4 采样步骤

（1）确认采样安全。采样地点应设在车流能够完全监视并且行驶车辆的司机也能看见采样作业人员的地点。若采样点在车流量大的路段，应由一人监视并引导车流绕过采样作业人员。

（2）视路面洁净程度，用带状标示物横跨道路标出 0.3～3m（L，如图 1 所示）宽的采样区域，计算采样面积，每个样品的采样面积累计记为 S（单位：m^2）。注意：请勿使用粉笔画线或其他会引入粉尘的方法。

（3）用真空吸尘器吸扫路面积尘，按照 1 min/m^2 的速度进行均匀清扫。

（4）采样完毕后，取下吸尘纸袋，检查是否撕裂或其他裂缝。将吸尘纸袋装入一个密封袋或容器中。

（5）记录采样信息。

B.5 测定步骤

（1）105℃条件下将单个道路积尘样品烘至恒重，取出放入干燥器中冷却，称重，记为 W_0（单位：g）；

（2）用柔软毛刷或高压气流将筛子处理干净，使之不粘带杂物；

（3）将 20 目、200 目筛子由上而下层叠放入摇床内，称取 30～100 g 道路积尘，放入 20 目筛中，重量记为 W（单位：g）；

（4）封闭摇床，启动摇床摇摆振动操作，持续 10min，取出称量 20 目的筛上物，记为 W_{20}（单位：g）；

（5）将 200 目的筛上物在摇床中振摇，直至 200 目筛子筛上物前后两次重量差小于 3%，总时间不超过 40min，取出称量 200 目的筛上物，记为 W_{200}（单位：g）；

（6）按照下面的公式计算道路表面积尘负荷 SL（g/m^2）：

$$SL = \frac{W - W_{20} - W_{200}}{W} \times \frac{W_0}{S}$$

附录 C（资料性附录）

道路积尘负荷限定标准参考值

道路积尘负荷限定标准参考值　　　　　　　　单位：g/m²

道路类型		优	良	中	差
快速路	机动车道	<1.0	1.0～2.5	2.5～5.0	>5.0
	非机动车道	<8.0	8.0～16.0	16.0～24.0	>24.0
主干道	机动车道	<1.0	1.0～2.0	2.0～4.0	>4.0
	非机动车道	<6.0	6.0～12.0	12.0～20.0	>20.0
次干道	机动车道	<1.0	1.0～2.0	2.0～4.5	>4.5
	非机动车道	<6.0	6.0～12.0	12.0～20.0	>20.0
支路		<4.0	4.0～8.0	8.0～12.0	>12.0

中华人民共和国电力行业标准

燃煤电厂锅炉烟气袋式除尘工程技术规范

The engineering criteria of bag filter system for coal-fired power plants

DL/T 1121—2009

前 言

本标准是根据《国家发展改革委办公厅关于印发 2005 年行业标准项目补充计划的通知》（发改办工业[2005]2152 号）的要求制定的。

本标准由中国电力企业联合会提出。

本标准由电力行业环境保护标准化技术委员会归口并解释。

本标准起草单位：国电环境保护研究院。

本标准主要起草人员：肖宝恒、陈隆枢、姚群、王志轩、陈安琪、许居鹓、许广林、周和平、朱定才、方爱民、孙熙、陈志炜、裴爱芳、顾利定、陈国忠、官伟。

本标准在执行过程中的意见或建议反馈至中国电力企业联合会标准化中心（北京市宣武区白广路二条一号，100761）。

1 范围

本标准规定了蒸发量不小于 400t/h 燃煤电厂锅炉烟气袋式除尘工程的技术要求，并对袋式除尘系统的施工、调试和运行维护提出了技术要求。

本标准适用于燃煤电厂锅炉烟气袋式除尘工程或设备采购的项目招标、设计、制造、安装和运行管理。

蒸发量小于 400t/h 的燃煤锅炉及垃圾焚烧锅炉、生物质燃烧锅炉、工业企业煤/气混烧自备电厂锅炉烟气袋式除尘工程可参照执行。

2 规范性引用文件

下列文件中的条款通过本标准的引用而成为本标准的条款。凡是注明日期的引用文件，其随后所有的修改单（不包括勘误的内容）或修订版均不适用于本标准，然而，鼓励根据本标准达成协议的各方研究是否可使用这些文件的最新版本。凡是不注明日期的引用文件，其最新版本适用于本标准。

GB 12625　袋式除尘器用滤料及滤袋技术条件

GB 13223　火电厂大气污染物排放标准

GB 4053.1　固定式钢梯及平台安全要求　第 1 部分：钢直梯

GB 4053.2　固定式钢梯及平台安全要求　第 2 部分：钢斜梯

GB 4053.3　固定式钢梯及平台安全要求　第 3 部分：工业防护栏及钢平台

GB 50017　钢结构设计规范

GB 50029　压缩空气站设计规范

GB 50054　低压配电设计规范

GB 50217　电力工程电缆设计规范

GB 50236　现场设备、工业管道焊接工程施工及验收规范

GB 50254　电气装置安装工程　低压电器施工及验收规范

GB 50255　电气装置安装工程　电力变流设备施工及验收规范

GB 50256　电气装置安装工程　起重机电气装置施工及验收规范

GB 50257　电气装置安装工程　爆炸和火灾危险环境电气装置施工及验收规范

GB 50259　电气装置安装工程　电气照明装置施工及验收规范

GB 50275　压缩机、风机、泵安装工程施工及验收规范

GB/T 16845.1　除尘器　术语　第一部分：共性术语

GB/T 16157　固定污染源排气中颗粒物测定与气态污染物采样方法

GB/T 16845.2　除尘器　术语　第二部分：惯性式、过滤式、湿式除尘器

DL 5053　火力发电厂劳动安全和工业卫生设计规程

DL/T 514　电除尘器

DL/T 5121　火力发电厂烟风煤粉管道设计技术规程

DL/T 5153　火力发电厂厂用电设计技术规定

DL/T 5190.5　电力建设施工及验收技术规范　第 5 部分　热工仪表及控制装置

DL/T 659　火力发电厂分散控制系统验收测试规程

GB 50168　电缆线路施工及验收规范

GB 50034　工业企业照明设计标准

GBZ 1　工业企业设计卫生标准

JB 5911　电除尘器焊接件技术要求

JB/T 8471　袋式除尘器安装技术要求与验收规范

JB/T 10191　袋式除尘器　安全要求　脉冲喷吹类袋式除尘器用分气箱

JB/T 5917　袋式除尘器用滤袋框架技术条件

JB/T 8532　脉冲喷吹类袋式除尘器

3　术语和定义

下列术语和定义适用于本标准。

3.1　标准状态　normal condition

指气体温度为 273K、压力为 101 325Pa 时的状况，简称"标态"。

3.2　袋式除尘器　bag filter

利用纤维织物滤袋来捕集含尘气体中固体颗粒物的设备。

3.3　脉冲喷吹袋式除尘器　pulse-jet bag filter

以压缩气体为清灰动力，利用脉冲喷吹机构在瞬间释放压缩气体，使滤袋受到冲击振

动、气流反吹作用而清灰的袋式除尘器。

3.4 管式脉冲喷吹袋式除尘器 pipe pulse-jet bag filter
通过固定喷吹管逐排对滤袋进行脉冲喷吹清灰的袋式除尘器。

3.5 迴转脉冲喷吹袋式除尘器 rotation pulse-jet bag filter
通过迴转式喷吹管对同心圆布置的滤袋进行脉冲喷吹清灰的袋式除尘器。

3.6 电-袋组合式除尘器 electrostatic-fabric filter dust collector
将静电除尘与袋式除尘组合为一体的除尘设备。

3.7 过滤仓室 filtration room
能实现离线检修的过滤单元。

3.8 预涂灰 pre-coating with ash
袋式除尘器投运前,在滤袋表面预置一定厚度的粉尘。

3.9 离线清灰 off-line cleaning
过滤仓室在停止过滤状态下的清灰。

3.10 在线清灰 on-line cleaning
过滤仓室在不停止过滤状态下的清灰。

3.11 过滤速度 filtration velocity
含尘气体通过滤袋有效面积的表观速度,m/min。

3.12 滤袋框架 bag cage for bag filter
支撑滤袋,使之在过滤和清灰状态下张紧或保持一定形状的部件。

3.13 脉冲阀 diaphragm valve
受电磁阀或气动阀等先导阀的控制,能在瞬间启、闭压缩气源产生气脉冲的膜片阀。

3.14 电脉冲宽度 width of electric pulse
控制系统向脉冲阀发出电信号的持续时间,即先导电磁阀通电的持续时间。

3.15 脉冲间隔 interval of pulse
控制系统向脉冲阀发出的相邻两次启动信号的间隔时间。

4 一般规定

4.1 袋式除尘器的过滤性能应满足现行国家和地方排放标准规定的烟尘排放浓度和烟气黑度限值的要求。

4.2 除尘系统工程应执行国家现行的相关技术政策、标准、规范和规程。所选用的设备和材料应是通过认证的合格产品。

4.3 应掌握袋式除尘器入口的烟气工况参数,包括:工况烟气量、烟气温度及波动(烟气最高温度、烟气最低温度和露点温度)、烟气含尘浓度、烟气成分、煤质分析、飞灰成分及粒度等。

4.4 袋式除尘系统及设备应满足锅炉正常生产发电的要求,袋式除尘器应能够在锅炉不停机时进行一般性的检查和维修。

5 基础参数及原始资料

5.1 原始工艺参数

5.1.1 锅炉主要技术参数

锅炉主要技术参数包括锅炉类型、型号、最大连续蒸发量（BMCR）、机组容量、最大耗煤量。

5.1.2 空气预热器

空气预热器参数包括类型和设计 BMCR 下过量空气系数。

5.1.3 脱硫与脱硝

脱硫与脱硝后进入除尘器的烟气参数包括：烟气量、温度、湿度、含尘量、烟尘化学成分等。

5.1.4 引风机

引风机主要参数包括引风机类型、型号、台数、铭牌风量、全压、转速、效率及配用电机的型号和功率等。

5.1.5 排除灰方式

5.1.6 现役除尘方式及资料

现役除尘方式及资料包括原除尘器型号、台数、外形尺寸、运行状况及布置。

5.1.7 锅炉运行方式和制度

锅炉运行方式和制度包括锅炉调峰制度，大修期限、小修期限。

5.2 燃料性质

5.2.1 燃煤性质

a）设计煤种、产地。

b）校核煤种、产地。

c）煤质分析，煤质工业分析见表 1，煤的元素分析见表 2。

表 1 煤质工业分析

序号	名　称	符号	单位	设计煤种	校核煤种
1	收到基水分（全水分）	M_{ar}	%		
2	空气干燥基水分（分析基）	M_{ad}	%		
3	收到基灰分	A_{ar}	%		
4	干燥无灰基挥发分（可燃基）	V_{daf}	%		
5	低位发热量	$Q_{net,ar}$	kJ/kg		
6	高位发热量	Q_{gr}	kJ/kg		

表 2 煤质元素分析

序号	名称	符号	单位	设计煤种	校核煤种
1	收到基碳	C_{ar}	%		
2	收到基氢	H_{ar}	%		
3	收到基氧	Q_{ar}	%		

序号	名称		符号	单位	设计煤种	校核煤种
4	收到基氮		N_{ar}	%		
5	收到基硫		S_{ar}	%		
6	哈氏可磨系（指）数		HGI	—		
7	灰熔点	变形温度	DT	℃		
		软化温度	ST	℃		
		熔化温度	FT	℃		

5.2.2 燃油性能

燃油性能见表3。

表3 燃油性能

燃油名称	元素名称/质量%						密度ρ/（kg/m³）	动力黏度/（10^{-3}Pa·s）	闪点/（℃）	凝固点/（℃）	沸点/（℃）
	C	H	S	O	N						
	高位发热量/（MJ/kg）			低位发热量/（MJ/kg）			理论空气量（α=1）/（m³/kg 油）			理论燃烧温度/（℃）	

5.2.3 燃气成分及特性

燃气成分及特性见表4。

表4 燃气成分及特性

燃气种类	成分（体积）/%									分子量 M	通用气体常数 R/[kJ/（mol·K）]
	H_2	CO	CH_4	C_3H_6	C_3H_{10}	N_2	O_2	CO_2	H_2S		
	标准密度ρ/（kg/m³）		相对密度 S/（空气=1）		比定压热容 c_p/[kJ/（m³·℃）]		绝热指数/K		高发热值 $Q^g_{gr,d}$/（MJ/m³）		低发热值 $Q^g_{net,d}$/（MJ/m³）
	理论烟气量 V^0_y（湿/干）/（m³/m³）		干烟气最大（CO_2/%）				理论燃烧温度 t^0_R/℃				

5.3 烟气、飞灰特性及工况参数

5.3.1 烟气特性及工况参数

a）烟气量：标态干烟气量，dm³/h；工况烟气量，m³/h。

b）除尘器入口烟气温度：正常运行温度，℃；最高烟气温度，℃；最低烟气温度，℃；酸露点温度，℃。

c）除尘器入口烟气温度：体积百分比（V/V），%。

d）除尘器入口烟气含尘浓度（标态）：g/N·m³。

e）烟气成分：见表5。

表5 烟气主要化学组成

序号	名称	符号	单位	设计煤种	校核煤种
1	二氧化碳	CO_2	%		
2	氮	N_2	%		
3	湿度	H_2O	%		
4	氧	O_2	%		
5	氮氧化物	NO_x	mg/m^3		
6	硫氧化物	SO_x	mg/m^3		
7	其他				

5.3.2 飞灰性质

a) 成分分析见表6。

表6 飞灰成分分析

序号	名称	符号	单位	设计煤种	校核煤种
1	二氧化硅	SiO_2	%		
2	三氧化二铝	Al_2O_3	%		
3	氧化铁	Fe_2O_3	%		
4	氧化钙	CaO	%		
5	氧化镁	MgO	%		
6	氧化钠	Na_2O	%		
7	氧化钾	K_2O	%		
8	氧化钛	TiO_2	%		
9	三氧化硫	SO_3	%		
10	五氧化二磷	P_2O_5	%		
11	二氧化锰	MnO_2	%		
12	氧化锂	Li_2O	%		
13	飞灰可燃物	C_{fh}	%		

b) 飞灰粒度分析见表7。

表7 粒度分析

序号	斯托克斯粒径μm	单位	设计煤种	校核煤种
1	3～5	%		
2	5～10	%		
3	10～20	%		
4	20～30	%		
5	30～40	%		
6	40～50	%		
7	50～60	%		
8	>60	%		

c) 飞灰密度及安息角见表8。

表8 飞灰密度及安息角

序号	名称	单位	设计煤种	校核煤种
1	真密度	t/m³		
2	堆积密度	t/m³		
3	安息角	(°)		

5.4 工程条件

5.4.1 地质勘探资料、地下管线敷设资料。

5.4.2 水、电、气接口。

5.4.3 项目所在地总图布置。

5.4.4 厂址气象和地理条件。

厂址气象和地理条件见表9。

表9 厂址气象和地理条件

序号	名 称	单位	数值
1	厂址	—	
2	海拔高度	m	
3	主厂房零米标高	m	
4	多年平均大气压力	hPa	
5	多年平均最高气温	℃	
6	多年平均最低气温	℃	
7	极端最高气温	℃	
8	极端最低气温	℃	
9	多年平均气温	℃	
10	多年平均蒸发量	mm	
11	历年最大蒸发量	mm	
12	历年最小蒸发量	mm	
13	多年平均相对湿度	%	
14	最小相对湿度	%	
15	历年最大相对湿度	%	
16	最大风速	m/s	
17	多年平均风速	m/s	
18	定时最大风速	m/s	
19	历年瞬时最大风速	m/s	
20	主导风向	方位	
21	多年平均降雨量	mm	
22	一日最大降雨量	mm	
23	多年平均雷暴日数	d	
24	历年最多雷暴日数	d	
25	基本风压	kN/m²	
26	基本雪载	kN/m²	
27	地震烈度	度	
28	冻土深度	m	

6 袋式除尘系统配置及设计要求

6.1 袋式除尘系统的配置和适用条件

6.1.1 袋式除尘系统配置及功能设计应根据炉型、容量、炉况、煤种、气象条件、操作维护管理等具体情况确定。

6.1.2 燃煤电厂袋式除尘系统通常包括袋式除尘器、预涂灰装置、清灰气源及供应系统、排除灰系统、自动控制及监测系统、引风机、烟道及附件等部分，根据具体情况亦可增设旁路系统和紧急喷雾降温系统。

6.1.3 袋式除尘系统应设置预涂灰装置。

6.1.4 紧急喷雾降温装置应安装在锅炉出口烟道总管的直管段上。喷嘴投入使用的数量根据烟气温升情况确定。喷水量和液滴直径应能保证雾滴在进入除尘器之前能完全蒸发。喷嘴应有防堵和防磨措施。

6.2 袋式除尘系统的设计要求

6.2.1 袋式除尘系统的风量、阻力等参数应按锅炉最大工况烟气量来确定。

6.2.2 脱硫除尘一体化采用袋式除尘时，袋式除尘器应在脱硫或不脱硫状态下均能正常使用。袋式除尘器设计应同时考虑最高工作温度和最低工作温度。

6.2.3 袋式除尘器出口烟气温度应高于酸露点温度 10℃以上。

6.2.4 不脱硫时袋式除尘器宜采用在线清灰。

6.2.5 袋式除尘器应采用若干独立的过滤仓室并联运行，袋式除尘器并联过滤仓室数确定如下：

400t/h≤锅炉蒸发量＜670t/h，过滤仓室数不少于 3 个；锅炉蒸发量≥670t/h，过滤仓室数不少于 4 个。

6.2.6 袋式除尘器的正常运行阻力宜控制在 1 000～1 300Pa；高浓度袋式除尘器正常运行阻力宜控制在 1 400～1 800Pa。

6.2.7 袋式除尘器过滤仓室进、出口应设烟道挡板门，进口烟道挡板门应有防磨措施。烟道挡板门附近应设具有保温功能的检修门。

6.2.8 烟道挡板门应可靠、灵活和严密。应具有自动和手动、阀位识别、流向指示、启/闭人工机械锁等功能。

6.2.9 除尘系统的旁路阀泄漏率应为零，开启时间应小于 30s，旁路烟道烟气流速可按 40～50m/s 选取。可在锅炉点火、烟温异常、"四管"爆漏等非正常状态下使用。应防止旁路阀积灰堵塞。

6.2.10 袋式除尘器过滤仓室可根据具体情况设计制作成联体结构，但联体结构必须具有热膨胀补偿措施。袋式除尘器进出口应设补偿器。

6.2.11 除尘器进出口烟道应按 GB/T 16157 的要求设置测试孔。

6.2.12 袋式除尘器进、出口设置联通烟道，烟道的设计应符合 DL/T 512l 的要求。

6.2.13 袋式除尘器和烟道应按照 DL/T 5072 的要求进行保温和外饰，且具有防水和防风功能。

6.2.14 袋式除尘系统和设备的操作、检修和测试部位应按照 DL 5053 的要求设置必要的照明、梯子、平台、栏杆和消防设施。测试位置应设置电源插座。

6.3 引风机选型与改造设计

6.3.1 对于新建项目的风机选择，无脱硫时袋式除尘器最大全压按不小于 1 600Pa 选取；有脱硫时袋式除尘器最大全压按不小于 2 000Pa 选取。

6.3.2 对于改造项目的风机选择，无脱硫时袋式除尘器最大阻力按不小于 1 800Pa 选取；有脱硫时袋式除尘器最大阻力按不小于 2 100Pa 选取。

6.3.3 电除尘器改为袋式除尘器时，应对原引风机和电机的出力按新的风量、全压和功率进行校核。当原风机和电机的性能不满足时，应对引风机和电机进行更换或改造。

7 袋式除尘器设计与选型

7.1 一般规定

7.1.1 除本标准中有具体的要求外，燃煤电厂各类不同类型的袋式除尘器设计和制造应符合国家和行业有关标准。

7.1.2 袋式除尘器的设计和选型应根据下列因素确定：

　　a）袋式除尘器进口烟气特性：流量、温度及波动、粉尘浓度、粒径分布、SO_2、NO_x、O_2、水蒸气含量等。

　　b）袋式除尘器入口的烟气酸露点。

　　c）设计煤种、校核煤种、点火用燃油或燃气、飞灰的元素分析。

　　d）锅炉型式、运行制度、检修周期。

　　e）袋式除尘器烟尘排放浓度、设备阻力、工作压力、滤袋寿命等要求。

7.1.3 袋式除尘器过滤面积按式（1）计算，即

$$S=Q/（60V）\qquad\qquad（1）$$

式中：S——过滤面积，m^2；

　　　　Q——最大烟气量，m^3/h；

　　　　V——过滤速度，见 7.1.4 条，m/min。

7.1.4 袋式除尘器的过滤速度应根据清灰方式、烟气和粉尘性质及滤料特性确定。无脱硫时不宜大于 1.2m/min，脱硫时不宜大于 0.85m/min，电-袋组合式除尘器可选择较高的过滤速度。

7.1.5 袋式除尘器的漏风率应小于 2%。

7.2 袋式除尘器的结构设计

7.2.1 袋式除尘器的进、出风方式应根据工艺要求、现场情况综合确定。应合理组织气流，减少设备阻力。应防止烟气直接冲刷滤袋。

7.2.2 袋式除尘器结构设计时，耐压强度根据工艺要求确定。一般情况下，负压按引风机铭牌全压的 1.2 倍来计取，不足-7 800Pa 时，按-7 800Pa 计取；按+6 000Pa 进行耐压强度校核。

7.2.3 袋式除尘器结构按 300℃ 考虑。

7.2.4 袋式除尘器结构设计应便于更换滤袋。中箱体应设保温人孔门；对于净气室高度大于 2m 时，宜在箱体侧面设人孔门，箱体顶部宜设检修门，便于采光、通风和滤袋安装。

除尘器灰斗内上部宜设检修走道或敷设钢板网挂钩。

7.2.5 袋式除尘器的梯子、平台、栏杆应符合 GB 4053.1～GB 4053.3 的规定。

7.2.6 袋式除尘器的花板应平整、光洁，不应有挠曲、凹凸不平等缺陷。花板平面度偏差不大于其长度的 2/1000。各花板孔中心与加工基准线的偏差应不大于 1.0mm，且相邻花板孔中心位置偏差小于 0.5mm。花板孔径偏差为 0mm～+0.5mm。花板厚度宜大于 5mm。

7.2.7 袋式除尘器结构应设有气流分布装置。

7.2.8 袋式除尘器灰斗应设置料位计、加热和保温装置、破拱装置、插板阀。料位计与破拱装置不宜设置在同一侧面。灰斗内部应光滑平整，灰斗斜壁与水平面的夹角不小于 60°，除尘器灰斗相邻壁交角的内侧应做成圆弧状，圆弧半径以 200mm 为宜。

7.2.9 袋式除尘器壳体保温、防水、外饰应符合 DL/T 5072 的要求。人孔门、检修门应保温。

7.2.10 袋式除尘器应设置固定支座和滑动支座。

7.2.11 袋式除尘器本体结构、支架和基础设计应考虑恒载、活载、风载、雪载、检修荷载和地震荷载，并按危险组合进行设计。

7.2.12 袋式除尘器的净气室内表面应刷高温防护油漆。

7.3 除尘脱硫一体化高浓度袋式除尘器设计要求

7.3.1 高浓度袋式除尘器除符合 7.2 的要求外，还应满足以下特殊要求。

7.3.2 应具有强力清灰的功能，宜采用管式脉冲喷吹的清灰方式。

7.3.3 应具有粉尘预分离功能。

7.3.4 应具有气流分布装置。

7.3.5 应具有防结垢、防磨和防堵的措施。

7.3.6 灰斗排灰口尺寸不小于 400mm×400mm，也可采用船形灰斗。

7.3.7 灰斗应设置加热和保温装置。

7.3.8 灰斗斜壁与水平面的夹角可适当加大。

7.4 袋式除尘器滤料、滤袋及滤袋框架

7.4.1 袋式除尘器用滤料及滤袋应符合 GB 12625 的规定。袋式除尘器用滤袋框架应符合 JB/T 5917 的规定。

7.4.2 根据烟气条件和锅炉的运行工况，袋式除尘器宜选择聚苯硫醚（PPS）、聚四氟乙烯、玻璃纤维等耐高温材料制造的针刺滤料或复合滤料，还应根据需要对滤料进行热定型、浸渍等后处理。

7.4.3 袋式除尘器滤袋应能长期稳定使用，使用寿命不低于 2 万 h，或投用年限不低于 2.5 年。寿命期内滤袋破损率应≤5%。

7.4.4 滤袋与滤袋框架应有适宜的间隙配合。

7.4.5 滤袋框架应作防腐处理。当滤袋框架结构为多节时，接口部位不得对滤袋造成磨损，接口形式应便于拆、装。

7.4.6 滤袋框架应有足够的强度和刚度，由专用焊接设备制作，焊点应牢固、平滑，不得有裂痕、凹坑和毛刺，不允许有脱焊和漏焊。

7.4.7 袋式除尘器运行期间，滤袋备件不少于 5%，滤袋框架备件不少于 1%。滤袋寿命期前 6 个月应批量采购滤袋。

7.4.8 当袋式除尘器出口浓度异常时，应及时采取相应措施进行处理。

7.5 清灰装置

7.5.1 脉冲阀的技术要求、试验方法、检验规则、包装、标志、储存和运输应执行 JB/T 5916 的有关规定。

7.5.2 脉冲阀的设计选型应依据滤袋的数量、长度、直径、形状及所需气量等因素确定。

7.5.3 淹没式脉冲阀宜水平安装于稳压气包上，其输出口中心应与阀体中心重合，不得偏移和歪斜。输出口应与阀座平行。

7.5.4 在正常使用条件下，膜片使用寿命应大于 100 万次。

7.5.5 喷吹管应有可靠的定位和固定装置，并便于拆卸和安装。

7.5.6 稳压气包的设计和制造应按照 JB 10191 的规定进行。

7.5.7 脉冲袋式除尘器稳压气包的截面可以是矩形或圆形。

7.5.8 稳压气包制造完成并检验合格后，应清除内部的焊渣等杂物。应将脉冲阀安装就位，并对各脉冲阀进行喷吹试验，确认喷吹正常。

7.5.9 稳压气包和喷吹管与上箱体组装时，应严格保证喷吹管与花板平行，并使喷嘴的中心线与花板孔中心线重合，其位置偏差应小于 2mm，喷嘴中心线与花板垂直度偏差应小于 5°。

7.5.10 在稳压气包出厂发运前，对稳压气包的所有敞口应予以封堵，避免杂物进入。对脉冲阀及电磁阀应有防雨、防撞等保护措施。

7.6 电除尘器改为袋式除尘器

7.6.1 改造后的袋式除尘器应符合国家有关标准和规范的要求。

7.6.2 改造设计应充分利用原电除尘器基础、立柱、灰斗、箱体、梯子、平台等构件。

7.6.3 电除尘器顶部大梁拆除时，应有防止结构变形的安全保证措施。

7.6.4 改造时应重新设置箱体内部支撑，满足结构的强度和刚度要求。

7.6.5 根据烟气条件和锅炉的实际状况，决定配置喷雾降温系统和旁路烟道等。

8 袋式除尘器的气流分布

8.1 袋式除尘器气流分布的要求。

8.1.1 控制袋束的迎面风速，避免含尘气体气流直接冲刷滤袋。

8.1.2 进入除尘器箱体内的烟气流速不宜大于 4m/s。

8.1.3 能合理组织烟气向过滤区域分配和输送，实现各区域过滤负荷均匀。

8.2 对于燃煤锅炉袋式除尘器，在设计袋式除尘器的气流分布装置之前进行气流分布模拟试验，并在冷态试运行时进行现场测试和调整。各过滤仓室处理风量的误差不应大于 10%。

9 压缩空气系统

9.1 压缩空气系统主要用于脉冲喷吹袋式除尘器清灰和气动装置的气源供应。供给袋式除尘器的压缩空气参数应稳定，并应有除油、脱水、干燥、过滤装置。

9.2 压缩空气系统的设计应符合 GB 50029 的要求。

9.3 管路的阀门和仪表应设在便于观察、操作、检修的位置。

9.4 减压阀应有旁通装置，其出口设压力表。

9.5 气包和现场贮气罐底部应设自动或手动放水阀，气包前应设压力表。

9.6 贮气罐与供气总管之间应装设切断阀。每个稳压气包的进气管道上应设置切断阀。

9.7 压气总管内气体流速应小于 15m/s，总管直径不得小于 DN80。

9.8 压缩空气管道宜架空敷设，在寒冷地区宜采用保温或伴热措施。

9.9 贮气罐应尽量靠近用气点，从贮气罐到用气点的管线距离不宜超过 50m。

9.10 压缩空气管道的连接宜采用焊接，设备和附件的连接可采用螺纹、法兰连接。

10 袋式除尘系统的电气及自动控制

10.1 袋式除尘系统的供配电

10.1.1 袋式除尘系统的供配电设计应按 DL/T 5153、DL/T 5044、GB 50217、GB 50034、GB 50052 的规定执行。

10.1.2 电厂锅炉袋式除尘系统用电属厂用 I 类负荷，应设置独立的工作电源和备用电源，宜采用手动切换。所需电源应为交流 380V/220V，50Hz，三相四线制。当电源电压在下列范围内变化时，所有电气设备和控制系统应能正常工作：交流电源电压波动不超过±5%。

10.1.3 袋式除尘系统自动监控系统的供电按 OI 类要求，由电厂交流不停电电源提供一路交流备用电源，必要时设置 UPS 不间断电源。

10.1.4 袋式除尘器应有可靠的接地，与接地网的连接点不得少于 4 个，接地电阻应小于 4Ω。

10.1.5 袋式除尘器应有照明。需照明的区域为：除尘器顶部清灰平台，除尘器灰斗卸输灰平台、楼梯平台、检修平台、现场操作箱等。重要的场合设置事故照明。检修照明电源使用的安全电压为 24V。

10.1.6 电气设备应有安全保护装置，室外电气、热控设备应设防护措施。

10.1.7 袋式除尘系统的低压配电柜应有不少于 15%的备用回路。

10.1.8 过热负荷元件的选择应以电动机数据为依据，并与断路器的脱扣器整定值相配合，接地保护附件按需设置。

10.1.9 袋式除尘器本体上应设置检修电源。

10.1.10 袋式除尘器范围内电缆宜采用桥架敷设。电缆桥架应采用镀锌材料。

10.1.11 动力电缆、控制电缆和信号电缆均应选用阻燃型。

10.2 袋式除尘系统的自动控制

10.2.1 袋式除尘系统的自动控制设计应按 DL/T 659 等的规定执行。

10.2.2 袋式除尘系统的控制除实现自动控制外，还应能实现手控操作。

10.2.3 袋式除尘系统中电动及气动装置应设就地控制箱，并设手动/自动转换开关。

10.2.4 袋式除尘监控系统宜按双 CPU、双电源、双网络冗余配置。

10.2.5 袋式除尘系统含尘烟道中的测量一次元器件应有防磨措施。管道压力测孔应有防堵措施。

10.2.6 袋式除尘系统的监测内容。

a）袋式除尘系统应检测的内容为：

1）除尘器进出口压差显示及超限报警；

2）除尘器进出口烟气温度显示及超限报警；

3）清灰气源压力显示及超限报警；

4）灰斗灰位超限报警；

5）回转式袋式除尘系统的罗茨风机电流及超限报警；

6）设备运行状态显示及故障报警。

b）袋式除尘系统选择性检测的内容为：

1）烟气流量；

2）喷雾降温系统给水压力及流量；

3）出口烟尘浓度显示及超限报警；

4）烟气含氧量及含氧量超高报警。

10.2.7 袋式除尘系统自动控制范围。

a）袋式除尘系统应控制的范围为：

1）除尘器启动、停机联锁系统；

2）除尘器自动清灰系统；

3）预涂灰装置（非灰罐车预涂灰系统）；

4）烟道挡板门；

5）灰斗加热系统；

6）清灰气源系统。

b）袋式除尘系统选择性控制的范围为：

1）喷雾降温系统；

2）旁路系统。

10.2.8 袋式除尘系统的控制方式有以下几种：

a）DCS 监控系统；

b）PLC 可编程控制器+HMI（人机界面）监控系统。

10.2.9 袋式除尘器清灰自动控制应具备定压差、定时和手动 3 种模式，可互相转换。

10.2.10 袋式除尘器应设进出口压差（或压力）监控。各过滤仓室应分别设有压差监控。

10.2.11 袋式除尘器温度监测仪表测点应设在除尘器进出口直管段，至少应有 2 个测试点，取其平均值。喷雾系统温度监测仪表测点应多点布置。除尘器灰斗加热温度监测仪表测点应布置在灰斗外侧。

10.2.12 烟道挡板阀控制

烟道挡板阀应设手动、自动两种控制方式，并在操作画面上显示阀门的开关状态。其执行机构在控制系统失电时，应保持失电前的位置或处于安全位置。

10.2.13 袋式除尘系统及其主要参数宜集中在一个画面上，运行参数的更新时间不大于 1s。

10.2.14 控制系统应与监控系统有良好的兼容性、稳定性，对监控系统可根据需要进行相应的安全管理。

10.2.15 自动控制系统应具备储存袋式除尘器主要运行参数的能力，储存时段不少于2.5 年。

10.3 袋式除尘系统热工仪表

10.3.1 袋式除尘器进、出口总管上应设压力变送器。

10.3.2 每个过滤仓室花板上、下应设压差变送器。

10.3.3 压缩空气管路的减压阀前、后应设压力变送器。

10.3.4 温度检测可采用温度变送器或温度传感器。当采用热电偶时，应选用与仪表相匹配的补偿导线。

10.3.5 喷雾降温系统的供水回路应设压力变送器和流量计。供水压力监测也可采用压力开关。

10.3.6 监测烟气含氧量的氧量计宜装于袋式除尘器出口。变送器部分应设置于控制室，表头与变送器间采用屏蔽电缆。

10.3.7 每个灰斗应设高料位开关，也可增设低料位开关。应有料位开关防护措施。

10.3.8 在线监测仪器、仪表应定期校验。

11 袋式除尘系统安装

11.1 一般规定

11.1.1 袋式除尘系统安装应按照 JB 8471、DL/T 514 的要求执行。

11.1.2 项目施工应实行项目经理责任制。项目承包单位应与业主和施工单位签订安全协议。

11.1.3 项目承包单位应编制切实可行的施工组织设计，经业主和工程监理审查通过后方可施工。

11.1.4 施工前设计人员应向施工单位进行充分的图纸和施工技术交底，应对施工人员进行安全教育和培训。

11.1.5 应在施工条件（水、电、气、道路、施工机具和材料占地等）具备后方可施工。

11.1.6 项目施工单位应有完善的安全管理制度和安全技术措施。

11.1.7 工程验收及竣工资料编制按电力行业的相关规定执行。

11.2 安装程序

11.2.1 对除尘器等设备基础进行校验,检查内容及校验允许偏差按 DL/T 514 及 JB/T 8471 的要求执行。

11.2.2 设备基础校验应符合设计图纸的要求，主要内容包括：

　　a）基础的坐标位置；

　　b）基础台面标高；

　　c）基础外形尺寸；

　　d）基础台面水平度；

　　e）基础竖向偏差；

　　f）预埋螺栓的中心距、露丝高度、型号；

　　g）预留地脚螺栓孔定位、尺寸、标高、深度和铅垂度；

　　h）基础预埋钢板的位置、尺寸、高度和厚度；

　　i）基础混凝土的标号和强度。

11.2.3 钢结构件的检验

　　a）安装前应对所有钢结构件进行校验。校验内容包括零部件名称、材料、数量、规格和编号等。

　　b）拼装或安装前，应对变形的钢结构件进行矫正，对几何尺寸偏差、几何形状偏差、焊接质量进行校验和（或）矫正。对单根立柱和横梁应进行校验，其直线度偏差小于 5mm，立柱端面与中心线的垂直度偏差小于 3mm。

　　c）拼装或安装前，应按图纸要求对各组件的尺寸及安装位置进行核对。

11.2.4　除尘器安装内容和顺序

　　a）安装支柱及其框架；

　　b）安装支承座（固定支座和活动支座）；

　　c）安装中箱体底部圈梁；

　　d）安装灰斗；

　　e）安装中箱体立柱、顶部圈梁、侧板及进风口；

　　f）安装梯子、平台及栏杆；

　　g）安装花板、上箱体、清灰装置及出风口；

　　h）安装压缩空气管路、电气设备及管线；

　　i）对安装完成的烟道和除尘器进行彻底清扫：

　　j）安装卸灰装置；

　　k）安装滤袋及滤袋框架；

　　l）安装保温和外饰。

11.3　安装要求

11.3.1　焊条型号、焊缝高度必须符合图纸要求。不得有漏焊、虚焊、气孔和砂眼等缺陷。焊接施工应符合 JB 5911 的规定。

11.3.2　除尘器安装误差及风管安装误差应符合 DL/T 514 及 JB/T 8471 的要求。

11.3.3　立柱的中心定位应从 X、Y 方向同时测定各柱的垂直度，其偏差应在允许范围内。若偏差较大，可在柱脚底板下面设置垫板调正。

11.3.4　立柱框架形成后应测量中心定位和平立面各对角线的尺寸，并符合规范要求。

11.3.5　支承座安装前应进行仔细检查。检查内容主要包括：尺寸、滑动面的光洁度及平整性等；对于滚动式支座应重点检查滚珠（柱）数量和质量；对于滑动支座应重点检查摩擦片的数量和质量。

11.3.6　对已安装就位的灰斗进行中心线校核，偏差符合要求后方可进行焊接。焊接时应有防变形的措施。

11.3.7　灰斗安装后应对灰斗内壁上的疤痕进行打磨处理，内壁各个角的弧形板的焊接应连续、光滑；焊接完毕后须清除焊渣并做煤油渗透检验。排灰口法兰平面应平整。

11.3.8　中箱体立柱、横梁、圈梁所形成的框架须测量中心定位和平立面各对角线的尺寸，检查合格后再进行焊接。

11.3.9　进、出风口内部必须连续焊接。进、出风口外壁的加强筋应对齐焊接。

11.3.10　气流分布板的安装应采用螺栓连接，各分布板之间也不应焊接。

11.3.11　花板的拼接及其与周边的焊接必须连续满焊。不得有漏焊、虚焊、气孔、砂眼和夹渣等缺陷。焊接完毕后须清除焊渣并做煤油渗透检验。

11.3.12　花板的安装应严格定位。花板平面度公差宜小于 2/1000。

11.3.13　对于具有圆盘式提升阀的袋式除尘器，提升阀安装时须检查阀口及阀板的平整度和水平度，阀口不得有毛刺、缺口。提升阀安装后应通气调整阀板与阀口间的压紧程度。

11.3.14　梯子、平台及栏杆的焊接应牢固、可靠。梯子、平台及栏杆应设有踢脚板。栏杆扶手拐角处应圆滑，焊接部位应打磨光滑，无毛刺和飞棱。

11.3.15　设备结构安装完成后应进行内部清理，检查合格后再安装卸灰阀。灰斗、卸灰阀和插板阀的法兰之间衬密封垫，做到紧固不漏灰。

11.3.16　烟道挡板阀和非金属补偿器安装时应注意流向和执行器的方位。

11.3.17　滤袋安装前应对施工人员进行培训。安装时严禁动火、吸烟。对上箱体内部灰渣必须清扫干净，检查合格后方可安装滤袋。安装滤袋时宜按由里向外的顺序进行，避免踩踏袋口。滤袋安装时应小心轻放，防止滤袋划伤。滤袋安装结束应逐个检查袋口的安装质量，确认无误后方可安装滤袋框架。

11.3.18　滤袋框架安装时应逐个检查框架质量，对变形和脱焊者应剔除。滤袋框架安装完成后在滤袋的底部进行观察，对有偏斜、间距过小的滤袋应进行调整。

11.3.19　滤袋及框架安装过程中严禁袋内存有异物。

11.3.20　安装喷吹管时，应保证喷嘴与滤袋的同心度和高度偏差不大于1mm。喷吹管定位准确后应紧固。

11.3.21　压缩空气系统管道安装按 GB 50236 的有关规定执行。

11.3.22　压缩空气管路施工时除设备和管道附件采用法兰或螺纹连接外，其余均采用焊接。施工前应对管道、阀门等附件进行清扫、排水。

11.3.23　压缩空气管路中的阀门、仪表等安装时应注意流向、朝向，且便于观察和操作。

11.3.24　压缩空气管路的最低处和最末端应设阀门或堵头。

11.3.25　管道上仪表取源部位的开孔和焊接应在管道安装前进行。穿楼板的管道应加套管。

11.3.26　耐压胶管与气缸应在管路清扫后进行连接，连接处应牢固，不得松动、漏气。

11.3.27　压缩空气管路安装后应进行清扫和耐压试验。试验压力 0.7MPa，保持 10min，用肥皂水或检漏液检查。

11.4　袋式除尘系统电气及热工仪表安装要求

11.4.1　安装前应对控制柜、现场控制箱等电气设备的型号、规格、数量、附件、说明书、出厂检验合格证、装箱单等进行检查。

11.4.2　安装过程中应对控制柜、现场控制箱等设备进行防雨、防撞等防护。

11.4.3　安装完毕的控制柜应稳固，柜门和检修门的开、闭应自如，不能有卡涩现象，并应有防止小动物入侵的措施。

11.4.4　电缆桥架宜采用支架(撑)的固定方式，支架间距不大于 2m，在转弯处不大于 0.8m。

11.4.5　桥架的敷设应整齐、平直。桥架间的连接、桥架与支架的固定应牢固。桥架必须接地。

11.4.6　线管的敷设应整齐、平直。线管必须接地。

11.4.7　电线、电缆敷设过程中，穿管的线缆中途不应有接头、不应过紧，应留有充分的余量。

11.4.8　电线和电缆接线完毕后必须检查和核对，确保接线无误。

12 袋式除尘系统调试

12.1 调试前必须编写调试大纲。

12.2 单机调试。

12.2.1 单机调试应按下列顺序进行：先手动，后电动；先点动，后连续；先低速，后中、高速；先空载，后负载。

12.2.2 各阀门应动作灵活、关闭到位、转向正确。调试时先进行手动操作，再进行电动操作，阀位与其输出的电信号应相对应。调试工作完成后，阀门应处于设定的启/闭状态。

12.2.3 对系统和设备上的温度、压力、料位等检测装置进行调试，所测物理量应与输出信号相吻合。

12.2.4 对灰斗上的破拱装置、电加热器等设备进行调试。先进行现场手动操作，再进行自动操作。

12.2.5 对卸、输灰系统的设备进行调试。首先应清除卸、输灰系统中的杂物，再进行电动操作。

12.2.6 对迴转清灰袋式除尘器，迴转机构应动作灵活、转向正确。先进行低速调试，再进行中、高速调试。

12.2.7 空气压缩机（罗茨风机）调试前先按产品使用说明书要求注油，现场启动各空气压缩机，确认排气压力和电机电流正常。

12.2.8 逐台调试压缩空气系统净化干燥装置，其净化干燥效果应符合要求。

12.2.9 压缩空气系统的安全阀应通过当地劳动部门的检验。对减压阀进行调试。对管路中所有阀门的流向和严密性进行检查，减压后的气体压力应符合设计要求。

12.2.10 对脉冲阀逐个进行喷吹调试，膜片启/闭正常，不得有漏气现象。

12.2.11 对喷雾降温系统进行调试。喷头雾化试验先在烟道外进行，合格后再装入烟道。

12.3 电气及热工仪表自动控制系统调试。

12.3.1 对各控制柜、现场操作箱（柜）和各控制对象分别进行测试和调试，接线及性能检查合格。

12.3.2 对清灰程序和清灰模式进行调试。脉冲阀喷吹的数量、脉冲时间、间隔、周期和顺序应符合要求。

12.3.3 对各运行模式的控制程序进行调试，逻辑关系应符合要求。

12.4 袋式除尘系统联动试车条件。

12.4.1 联动试车前应完成系统各设备的单机调试。

12.4.2 联动试车前，锅炉、烟道、空压系统、输灰系统应具备联动试车条件。清扫，不得留有杂物。

12.4.3 确认各阀门的启、闭状态正常。

12.4.4 除尘器本体的人孔门、检修门都应关闭严密。

12.4.5 除尘器自动控制系统正常（包括报警、保护和安全应急措施）。

12.4.6 锅炉引风机正常。

12.4.7 防火和消防措施到位。电气照明能投入使用。设备和系统的接地符合要求。

12.4.8 电气仪表已完成调试，工作正常。

12.4.9 通信设施完备，能正常使用。

12.4.10 运行操作人员到位。

12.5 冷态联动试车操作流程与要求。

12.5.1 系统中所有的控制设备和热工仪表受电。

12.5.2 压缩空气系统启动。

12.5.3 卸输灰系统启动。

12.5.4 检查除尘器阀门动作情况，完成后复位。除尘器前后烟道阀门处于开启状态。引风机进、出口调节阀处于关闭状态。

12.5.5 锅炉引风机启动。

12.5.6 清灰系统工作。

12.5.7 各控制对象的动作应符合控制模式的要求。确认运行程序、联锁信号、运行信号、警报信号、仪表信号准确，逻辑关系正确。

12.5.8 冷态联动试车时间不少于 120min。

12.5.9 对各种技术参数进行测试，做好试车记录。

12.5.10 冷态联动试车后宜进行气流分布测试。

13 袋式除尘系统的运行与维护

13.1 一般要求

13.1.1 袋式除尘系统的运行和维护应由专职机构和人员负责。对操作人员应进行培训，合格后上岗。

13.1.2 袋式除尘系统的运行和维护应有操作规程和管理制度。

13.1.3 应有袋式除尘器运行记录，每小时记录 1 次。记录应整理成册作为袋式除尘器运行历史档案备查，记录保留时间不少于 4 年。

13.1.4 应经常注意滤袋的工作情况和烟气排放浓度，发现破袋及时处理，并分析原因。

13.1.5 应注意并记录袋式除尘系统的温度、压差、压力和电流等关键技术参数，发现异常时应及时采取保护措施。

13.1.6 袋式除尘器运行期间应有备品备件。

13.2 袋式除尘器预涂灰

13.2.1 对新建的袋式除尘器、批量换袋后的袋式除尘器或长期停运的袋式除尘器，在除尘器热态运行前必须进行预涂灰。预涂灰的粉剂可采用粉煤灰。

13.2.2 预涂灰宜对过滤仓室逐个进行，当有仓室进行预涂灰时，其余仓室的进、出口烟道挡板阀应处于关闭状态。

13.2.3 预涂灰时，以下条件同时满足方为合格：

　　a）每个仓室预涂灰不少于 30min；

　　b）过滤仓室阻力增加 300~500Pa；

　　c）袋式除尘器首次预涂灰后，应检查涂粉的效果，确保预涂灰剂均匀覆盖于滤袋表面。

13.2.4 袋式除尘器正式投运前，应保持预涂灰状态，具备投运条件。

13.3 袋式除尘系统的启动

在袋式除尘系统冷态联动试车完成后，具备与锅炉系统同步热态启动的条件下即可启动。

13.4 袋式除尘系统运行

13.4.1 运行人员应定期巡查并记录袋式除尘系统的运行状况和参数。

13.4.2 运行过程中，烟气温度达到设定的高温或低温值时应报警，并立即采取应急措施。

13.4.3 锅炉热工仪表对烟气含氧量进行连续监测，当含氧量超过 8%时报警，司炉应采取调节措施，控制烟气氧含量。

13.4.4 运行过程中严禁打开除尘器的各种门孔。

13.4.5 应每 1 小时记录 1 次运行参数，发现异常应及时报告锅炉运行当班值长。主要内容包括：

　　a）记录时间；

　　b）锅炉机组负荷；

　　c）烟气温度；

　　d）袋式除尘器阻力；

　　e）排放浓度（设有粉尘浓度监测仪时）；

　　f）含氧量（设有含氧量测定仪时）；

　　g）灰斗高、低料位状态；

　　h）空气压缩机电流；

　　i）空气压缩机排气压力、贮气罐压力及稳压气包喷吹压力；

　　j）迴转喷吹装置运行信号（对于迴转脉冲袋式除尘器）；

　　k）喷雾降温系统供水压力及温度（设有喷雾降温系统时）。

13.4.6 袋式除尘系统重点巡检部位及要求：

　　a）定期巡检脉冲阀和其他阀门的运行状况，以及人孔门、检查门的密封情况。若发现脉冲阀异常应及时处理。

　　b）定期巡检空气压缩机（罗茨风机）的工作状态，包括油位、排气压力、压力上升时间等。

　　c）对于迴转脉冲袋式除尘器，通过净气室的观察窗定期检查迴转机构的运行状况。

　　d）定期对缓冲罐、贮气罐、分气包和油水分离器放水。

　　e）定期巡检稳压气包压力。当出现压力高于上限或低于下限时，应立即检查空气压缩机和压缩空气系统，及时排除故障。

　　f）定期巡检压缩气体过滤装置。

　　g）卸灰时应检查卸、输灰装置的运行状况，发现异常及时处理。

　　h）经常观察烟囱出口排放状况。若因滤袋破损导致粉尘浓度超标，应及时处理或更换滤袋。

　　i）定期检查压力变送器取压管是否通畅。发现堵塞应及时处理。

13.4.7 锅炉运行中的除尘器检修：

　　a）锅炉运行中的除尘器检修可通过关闭单个过滤仓室进、出口挡板阀的措施来实现。

　　b）检修宜选择在锅炉低负荷状态下进行。

　　c）打开离线过滤仓室的人孔门进行通风和冷却，使仓室降到操作温度，并停止该仓室清灰。

  d）检查离线过滤仓室的滤袋，发现破袋及时更换。

13.5 袋式除尘系统停机操作

13.5.1 在锅炉停运全过程中，袋式除尘系统应正常使用。锅炉灭火后袋式除尘系统应继续运行 5～10min，进行通风清扫。

13.5.2 对于锅炉短期停运（不超过 4 天），锅炉停运时除尘器不宜清灰，锅炉再次点火时可不进行预涂灰。

13.5.3 对于长期停炉，在锅炉停运时袋式除尘器应清灰 2～4 周期，锅炉再次点火时应进行预涂灰。彻底清除灰斗的存灰，并用空气置换内部烟气；严密关闭袋式除尘器进出口烟道阀、引风机前的阀门及人孔门、检修门等；还应将喷雾降温系统的喷嘴卸下，并密封保存。

13.5.4 停机状态下，冬季注意对除尘器保温。

13.5.5 袋式除尘系统停机顺序。

  a）清灰控制程序停止；

  b）锅炉引风机停机；

  c）关闭除尘器进、出口烟道挡板阀，开启旁路阀；

  d）除尘器卸、输灰系统停止运行。

13.6 停炉后袋式除尘系统的检查与维护

13.6.1 停炉后，应对除尘系统进行全面的检查和维护。

13.6.2 检查每个过滤仓室的滤袋，若发现破损应及时更换或处理。检查喷吹装置，若发现喷吹管错位、松动和脱落应及时处理。

13.6.3 检查进口烟道挡板阀和旁路阀处的积灰、结垢和磨损情况，发现问题及时处理。工作完成后，手动启/闭进、出口烟道挡板阀，观察阀门的灵活性和严密性，动作不应少于 3 次。再进行阀门的电动操作，检查阀门的灵活性和严密性，动作不应少于 3 次。

13.6.4 检查滤袋表面粉尘层的状况，检查灰斗内壁是否存在积灰和结垢现象，检查料位开关的防护装置是否完好，检查气流分布板磨损和结垢情况，发现问题及时解决。

13.6.5 检查空气压缩机（罗茨风机）及空气过滤器，发现堵塞应及时更换或处理。

13.6.6 检查机电设备的油位和油量，不符合要求时应及时补充和更换。

13.6.7 检查喷雾降温系统喷头的磨损和堵塞状况，并进行试喷，试喷不应少于 2 次。

13.6.8 检查热工仪表一次元件和测压管的结垢、磨损和堵塞状况，发现问题及时处理。

13.6.9 检查工作完成后，袋式除尘器内部应无遗留物，关闭所有检修人孔门，除尘器恢复待用状态。

13.7 锅炉特殊工况下袋式除尘系统的操作

13.7.1 锅炉机组低负荷运行应符合下列要求：

  a）锅炉机组低负荷运行投油助燃时，宜停止清灰或减少清灰频度。当完全燃油时，宜启用预涂灰系统。机组低负荷运行时，应及时调整配风，控制锅炉出口烟气含氧量不超过 8%。

  b）锅炉机组负荷恢复且停止投油后，停止预涂灰系统运行。当阻力达到压差上限值时，恢复袋式除尘器正常清灰。

c）锅炉机组低负荷或冬季运行时，应防止锅炉排烟温度过低。

13.7.2   "四管"爆、漏影响袋式除尘器正常运行时，应采取相应措施。

13.7.3   锅炉尾部烟道二次燃烧时，应立刻启用喷雾降温装置和（或）旁路通道，切断袋式除尘器，并立即清灰。

中华人民共和国电力行业标准

火力发电厂石灰石-石膏湿法
烟气脱硫系统设计规程

Code for design of limestone/gypsum wet flue gas
desulfurization system of fossil fired power plant

DL/T 5196—2016
代替 DL/T 5196—2004

前 言

根据《国家能源局关于下达 2012 年第一批能源领域行业标准制（修）订计划的通知》（国能科技〔2012〕83 号）的要求，标准编制组经广泛调查研究，认真总结火力发电厂石灰石-石膏湿法烟气脱硫方面的设计工作经验，并在广泛征求意见的基础上，对原行业标准《火力发电厂烟气脱硫设计技术规程》DL/T 5196—2004 进行修订。

本标准共分 13 章，主要技术内容有：总则，术语，基本规定，吸收剂制备及供应系统，烟气系统，二氧化硫吸收系统，副产物处置系统，脱硫工艺水系统，浆液排放与回收系统，浆液管道及其管件、阀门，布置设计，防腐设计要求和对相关专业的设计要求。

本次修订的主要内容是：

1. 调整了本标准的适用范围，改为仅针对火力发电厂石灰石-石膏湿法烟气脱硫系统设计做出规定，取消了其他相关专业的设计规定的内容，其他专业的设计规定内容执行各专业的相关规范标准。

2. 主要增加、修改及删除的内容如下：

增加了脱硫工艺水系统；浆液排放与回收系统；浆液管道及其管件、阀门，布置设计；吸收剂品质和脱硫石膏综合利用品质等方面的设计规定。

删除了总平面布置、废水处理系统、热工自动化、电气设备及系统、建筑结构及暖通等专业方面的设计规定。

修订了吸收剂制备及供应系统、烟气系统、二氧化硫吸收系统、副产物处置系统等方面的设计规定。

本标准自实施之日起，替代《火力发电厂烟气脱硫设计技术规程》DL/T 5196—2004。

本标准由国家能源局负责管理，由电力规划设计总院提出，由能源行业发电设计标准化技术委员会负责日常管理，由中国电力工程顾问集团西南电力设计院有限公司负责具体技术内容的解释。执行过程中如有意见或建议，请寄送电力规划设计总院（地址：北京市西城区安德路 65 号，邮编：100120）。

本标准主编单位、参编单位、主要起草人、主要审查人：

主编单位：中国电力工程顾问集团西南电力设计院有限公司

参编单位：中国电力工程顾问集团西北电力设计院有限公司

主要起草人：田蓉荣　张华伦　罗　杨　陈卫国　张　晔　付焕兴　申　克　吴东梅

主要审查人：赵　敏　彭红文　任德刚　陈　牧　朱文瑜　周洪光　陈振宇　钟晓春　除　罡　袁　果　王凯亮　邓荣喜　韦迎旭　贾绍广　石荣桂

1 总 则

1.0.1 为了规范火力发电厂石灰石-石膏湿法烟气脱硫系统设计,满足安全可靠、技术先进、经济合理的要求，制定本标准。

1.0.2 本标准适用于燃煤发电厂石灰石-石膏湿法烟气脱硫系统设计。

1.0.3 火力发电厂石灰石-石膏湿法烟气脱硫系统的设计除应符合本标准外,尚应符合国家现行有关标准的规定。

2 术 语

2.0.1 吸收塔　desulfurization absorbet

脱硫工艺中脱除二氧化硫等有害物质的反应装置。

2.0.2 脱硫效率　desulfurization efficiency

脱硫装置脱除的二氧化硫量与脱硫前烟气中所含二氧化硫量的百分比，脱硫效率应按下式计算：

$$\eta_{SO_2} = \left(\frac{C_1 - C_2}{C_1} \right) \times 100\% \qquad (2.0.2)$$

式中：η_{SO_2}——脱硫装置的脱硫效率（%）；

C_1——脱硫前烟气中二氧化硫的折算浓度（干基，6%含氧量）（mg/Nm³）；

C_2——脱硫后烟气中二氧化硫的折算浓度（干基，6%含氧量）（mg/Nm³）。

2.0.3 吸收剂　absorbent

脱硫工艺中用于吸收烟气中二氧化硫等有害物质的反应剂。石灰石-石膏湿法烟气脱硫工艺的吸收剂指石灰石浆液。

2.0.4 副产物　by-products

吸收剂与烟气中二氧化硫等有害物质反应后生成的副产物。石灰石-石膏湿法烟气脱硫工艺的副产物主要成分是 $CaSO_4 \cdot 2H_2O$。又称脱硫石膏。

2.0.5 吸收塔烟气流速   flue gas velocity in desulfurization absorber

除鼓泡塔以外的吸收塔，塔内饱和实际烟气体积流量与吸收塔吸收区横截面积之比。又称空塔流速。

2.0.6 吸收塔浆池   desulfurization absorber sump

用于完成石灰石溶解、亚硫酸钙氧化、硫酸钙结晶析出等脱硫反应过程的浆池。

2.0.7 液气比   liquid gas ratio

吸收塔内洗涤单位体积饱和烟气的循环浆液体积，液气比应按下式计算：

$$L/G = \frac{q}{V} \tag{2.0.7}$$

式中：L/G——液气比（m^3/m^3）；

q——总的循环浆液流量（m^3/h）；

V——吸收塔内饱和实际烟气流量（m^3/h）。

2.0.8 钙硫比   calcium-sulfur molar ratio

加入吸收塔新鲜的碳酸钙与吸收塔脱除的二氧化硫摩尔数之比。

2.0.9 浆液含固量   solid ratio in slurry

浆液中的固体物质量与浆液质量之比。

2.0.10 滤液水   filter liquor

脱硫石膏浆液经脱水设备处理后的排水。

2.0.11 脱硫废水   FGD waste water

为控制吸收塔浆池中氯离子、惰性物质等浓度，脱硫系统必须排出的高盐分水。

3 基本规定

3.0.1 石灰石-石膏湿法烟气脱硫工艺技术方案的设计应根据燃煤含硫量、吸收剂供应条件、副产物综合利用条件、脱硫效率及二氧化硫排放指标的要求，结合脱硫工艺特点及现场条件等因素比较后确定。

3.0.2 石灰石-石膏湿法烟气脱硫系统设计应符合下列规定：

1 二氧化硫吸收系统设计工况应选用锅炉燃用设计煤种或校核煤种，在 BMCR 工况下对脱硫装置烟气处理能力最不利的烟气条件，对应的煤种为脱硫最不利煤种；此时，吸收塔设计效率应满足二氧化硫排放指标的要求，该工况为脱硫装置/吸收塔设计工况；

2 脱硫装置入口的烟气设计参数应采用与主机烟道接口处的数据。吸收塔上游设置烟气余热回收装置时，还应对烟气余热回收装置停运工况时的设计参数进行校核；

3 对于改造项目，脱硫装置设计工况和校核工况宜根据运行实测烟气参数确定，并考虑煤源变化趋势。

3.0.3 石灰石-石膏湿法烟气脱硫系统应采用强制氧化工艺技术。

3.0.4 烟气脱硫装置应能与机组同步进行调试、试运行、安全启停运行，并应能在锅炉任何负荷工况下连续安全运行。

3.0.5 烟气脱硫装置的负荷变化速度应与锅炉负荷变化率相适应。

3.0.6 脱硫前烟气中的二氧化硫含量应按下式计算：

$$M_{SO_2} = 2 \times K \times B_g \times \left(1 - \frac{q_4}{100}\right) \times \left(\frac{S_{ar}}{100}\right) \times \left(1 - \frac{\eta'_{SO_2}}{100}\right) \quad (3.0.6)$$

式中：M_{SO_2}——脱硫前烟气中的二氧化硫含量（t/h）；

K——燃煤中的含硫量燃烧后氧化成二氧化硫的份额，煤粉炉 K 取 0.9，CFB 锅炉 K 取 1；

B_g——锅炉 BMCR 工况时的燃煤量（t/h）；

q_4——锅炉机械未完全燃烧的热损失（%）；

S_{ar}——燃料煤的收到基硫分（%）；

η'_{SO_2}——CFB 锅炉炉内脱硫效率，煤粉炉时取值为零（%）。

3.0.7 烟气脱硫装置设计入口烟气条件中污染物种类应包括表 3.0.7 中各污染物含量。

表 3.0.7 烟气脱硫装置设计入口烟气条件中污染物种类

序号	污染物种类	单　位
1	二氧化硫	mg/Nm³，干基，6%含氧量
2	三氧化硫	mg/Nm³，干基，6%含氧量
3	粉尘	mg/Nm³，干基，6%含氧量
4	氯化氢	mg/Nm³，干基，6%含氧量
5	氟化氢	mg/Nm³，干基，6%含氧量
6	其他	mg/Nm³，干基，6%含氧量

3.0.8 石灰石进厂及脱硫石膏综合利用外运时应计量。

3.0.9 石灰石分析资料及品质要求应符合表 3.0.9 的规定。

表 3.0.9 石灰石分析资料及品质要求

序号	项　目	符　号	含　量
1	碳酸钙	$CaCO_3$	不应低于85%，不宜低于90%
2	碳酸镁	$MgCO_3$	不应超过5.0%，不宜超过3.0%
3	含白云石石灰石	$CaCO_3 \cdot MgCO_3$	不应超过10.0%，不宜超过5.0%
4	二氧化硅	SiO_2	不应超过5.0%，不宜超过3.0%
5	三氧化二铁	Fe_2O_3	不宜超过1.50%
6	三氧化二铝	Al_2O_3	不应超过1.5%，不宜超过1.0%
7	水分	H_2O	不应超过5.0%，不宜超过3.0%
8	可磨指数	BWI	实际测定
9	石灰石反应活性	—	可按现行行业标准《烟气湿法脱硫用石灰石粉反应速率的测定》DL/T 943 的要求实际测定

4 吸收剂制备及供应系统

4.1 一般规定

4.1.1 吸收剂制备系统的选择应符合现行国家标准《大中型火力发电厂设计规范》GB 50660 的有关规定。

4.1.2 石灰石粒径应符合下列要求：

　　1 外购石灰石块粒径不宜超过 20mm，最大石块粒径不宜超过 100mm。当石灰石块粒径不超过 20mm 时，可直接进入湿磨机制浆或干磨机制粉；当石灰石块粒径在 20～100mm 时应破碎，破碎后石块粒径不宜大于 5mm，再经湿磨机制浆或干磨机制粉。

　　2 进入吸收塔的石灰石粒径应根据石灰石成分、脱硫效率、吸收塔技术特点等因素确定，石灰石粒径宜在 28～63μm 的范围内。

4.1.3 石灰石耗量应根据物料平衡计算，进行前期设计工作时石灰石耗量可按下式估算：

$$G_{CaCO_3} = M_{SO_2} \times \eta_{SO_2} \times \left(\frac{Ca}{S}\right) \times \frac{100}{64} \times \frac{1}{K_{CaCO_3}} \qquad (4.1.3)$$

式中：G_{CaCO_3} ——石灰石耗量（t/h）；

　　　　M_{SO_2} ——脱硫前烟气中的二氧化硫含量（t/h）；

　　　　η_{SO_2} ——脱硫效率（%）；

　　　　K_{CaCO_3} ——石灰石中 $CaCO_3$ 纯度（%）；

　　　　$\frac{Ca}{S}$ ——钙硫摩尔比，宜为 1.02～1.03。

4.2 石灰石卸料系统

4.2.1 石灰石块运输可采用公路、铁路方式。公路运输时，石灰石块应由汽车直接运至厂区磨制区域；铁路运输时，石灰石卸车设施可与石灰石堆场合并设置。

4.2.2 当采用密封罐车运输石灰石粉进厂时，石灰石粉宜通过其自带的气力输送设备卸入石灰石粉仓。

4.2.3 当采用汽车运输石灰石块至厂区磨制区域时，宜通过地下料斗自动卸料，通过垂直提升设备经落料管直接送入石灰石仓贮存，落料管与水平面夹角不宜小于 60°。

4.2.4 石灰石仓宜单独配置石灰石卸料斗、水平输送及垂直提升设备。

4.2.5 卸料系统的设计出力应满足 6～8h 内卸完石灰石日耗量的要求，其中垂直提升设备宜采用斗式提升机，设备总出力宜为卸料系统设计出力的 1.2～1.5 倍。

4.2.6 石灰石卸料设施应设置防止二次扬尘等污染的收尘、除尘装置。

4.2.7 卸料斗可采用钢制或混凝土结构，应采取防磨和防堵措施，其入口应设置格栅板，出口水平输送段应设置除铁器。

4.2.8 石灰石块粒径大于 20mm 时，应设置破碎设备。破碎设备宜选用立式复合型式的破碎机，布置在石灰石块仓上游。

4.3 石灰石贮存

4.3.1 石灰石贮存设施的容量和数量应符合现行国家标准《大中型火力发电厂设计规范》GB 50660 的有关规定。

4.3.2 石灰石块/粉仓可采用钢制或混凝土结构。采用锥形落料斗时，其锥体壁面与水平面倾角不宜小于60°。

4.3.3 平底石灰石块仓应设置自动下料装置。

4.3.4 石灰石块/粉仓应设置必要的人孔门等。

4.3.5 石灰石块/粉仓顶应设置除尘装置，石灰石粉仓顶应设置真空压力释放阀。

4.3.6 石灰石粉仓应设置流化装置，平底仓宜采用气化斜槽，锥体仓宜采用气化板，流化气源可采用压缩空气或流化空气。

4.3.7 石灰石粉仓流化空气宜设置加热装置。

4.3.8 石灰石块/粉仓出料管应设置隔离阀。

4.3.9 石灰石块/粉仓出口应设置具备称重功能的给料设备。

4.4 湿磨制浆系统

4.4.1 湿磨制浆系统主要设备的配置应符合下列规定：

1 厂内湿磨制浆系统与机组数量的匹配及主要设备的配置应符合现行国家标准《大中型火力发电厂设计规范》GB 50660 的有关规定。

2 1台机组设置1套湿磨制浆系统时，当不设置脱硫旁路烟道时，系统宜设置2台湿式球磨机，设备总出力不宜小于锅炉燃用设计煤种、在BMCR工况下石灰石耗量的200%，且不应小于锅炉燃用脱硫最不利煤种、在BMCR工况下石灰石耗量的100%；当设置脱硫旁路烟道时，系统宜设置1台湿式球磨机，设备出力不宜小于锅炉燃用设计煤种、在BMCR工况下石灰石耗量的150%，且不应小于锅炉燃用脱硫最不利煤种、在BMCR工况下石灰石耗量的100%。

3 当2~4台机组设置1套公用的湿磨制浆系统时，湿式球磨机台数不应少于2台。

当设置2台湿式球磨机时，设备总出力不宜小于锅炉燃用设计煤种、在BMCR工况下石灰石耗量的150%~200%，且不应小于锅炉燃用脱硫最不利煤种、在BMCR工况下石灰石耗量的100%。不设置脱硫旁路烟道时，出力裕量宜取上限。

当设置3台及以上湿式球磨机时，系统应设置不少于1台的备用设备，运行设备总出力不应小于锅炉燃用设计煤种、在BMCR工况下石灰石耗量的100%，设备总出力不宜小于锅炉燃用设计煤种、在BMCR工况下石灰石耗量的130%~150%，且不应小于锅炉燃用脱硫最不利煤种、在BMCR工况下石灰石耗量的100%。磨机台数少于4台时，出力裕量应取上限。

4.4.2 石灰石湿式球磨机型式宜选用卧式溢流型。

4.4.3 石灰石称重给料机数量宜与湿式球磨机相同，其设计出力不应小于湿式球磨机最大出力的115%。石灰石称重给料机应能调节给料量，满足磨机不同负荷给料量的要求。

4.4.4 湿磨制浆系统的石灰石浆液总容量不宜小于脱硫装置设计工况下石灰石浆液6~10h的总耗量，当湿式球磨机不设备用时，宜取上限。

4.4.5 石灰石浆液旋流器数量宜与湿式球磨机相同，应设置不少于1个备用旋流子，且备用旋流子总容量不应小于旋流器设计容量的20%。多台机组公用1套湿磨制浆系统时，石灰石浆液旋流器出口宜设置溢流切换分配器，且石灰石浆液箱数量不应少于2座。

4.5 干磨制粉系统

4.5.1 干磨制粉系统宜全厂集中设置，其系统出力不宜小于锅炉燃用设计煤种、在BMCR

工况下石灰石耗量的 120%～150%，同时不应小于锅炉燃用脱硫最不利煤种、在 BMCR 工况下石灰石耗量的 100%，干磨机的数量和容量应经综合技术经济比较后确定。

4.5.2 石灰石干磨机宜选用立式中速磨，变频驱动。磨机动态分离器应采用变频驱动，并可调节石灰石粉细度。

4.5.3 石灰石粉水分应控制在 0.5%～1%。

4.5.4 石灰石粉外送宜采用气力输送，条件不具备时可采用汽车运输。

4.6 石灰石粉配浆系统

4.6.1 当 2 台及以上机组设置公用的石灰石粉配浆系统时，石灰石浆液箱的数量不应少于 2 座。

4.6.2 石灰石粉配浆系统的石灰石浆液箱总容量不宜小于脱硫装置设计工况下石灰石浆液 4h 的总耗量。

4.7 石灰石浆液供应系统

4.7.1 石灰石浆液供应系统的设计出力应满足吸收塔设计工况下石灰石浆液供应的要求，并能在锅炉各种运行工况下调节石灰石浆液供应量。

4.7.2 石灰石浆液可直接注入吸收塔，也可经浆液循环泵进入吸收塔，但应满足浆液循环泵切换运行时吸收剂的正常供应。

4.7.3 石灰石浆液泵型式、台数和容量的选择应符合下列规定：

　　1　石灰石浆液泵应选用离心泵；

　　2　每座吸收塔宜设置 2 台石灰石浆液供应泵，其中 1 台备用；

　　3　泵流量应同时满足吸收塔设计工况下石灰石浆液的最大耗量和系统管路最低流速的要求，裕量不应小于 10%；

　　4　泵扬程应按石灰石浆液箱最低运行液位至石灰石供应点的全程压降设计，裕量不应小于 15%。

4.7.4 当采用湿磨制浆系统时，石灰石浆液泵出口管路上宜设置滤网。

5 烟气系统

5.0.1 脱硫增压风机宜与锅炉引风机合并设置。

5.0.2 脱硫增压风机型式、台数和容量选择应符合现行国家标准《大中型火力发电厂设计规范》GB 50660 的有关规定。

5.0.3 排烟升温换热装置的选型应根据燃煤含硫量、烟气参数、脱硫效率、场地布置条件、设备运行可靠性等，经综合技术经济比较确定，并应符合下列规定：

　　1　锅炉在 BMCR 工况下烟囱入口处烟气温度不宜低于 80℃；

　　2　回转式烟气换热器应采取措施控制原烟气向净烟气侧泄漏及防止换热元件腐蚀、堵塞，泄漏率不应超过 1%；

　　3　管式烟气换热器应根据换热管材料耐腐蚀性能、换热端差及脱硫系统运行水平衡等因素，确定降温段换热器的烟气降温幅度。降温段换热器回收的原烟气余热不足时，应采用机组辅助蒸汽作为辅助热源。换热器换热介质宜采用热媒水。

5.0.4 设置脱硫旁路烟道时，脱硫装置进、出口及旁路挡板门应有良好的操作和密封性能。挡板门应采用带密封风的挡板门，且每台炉宜单独设置密封风系统，密封风系统管道上的切换门宜选用蝶阀，也可选用密封性好的风门。旁路挡板门应有快开功能，其事故开启时间应能满足脱硫装置故障不引起锅炉跳闸的要求。

5.0.5 不设置脱硫旁路烟道且 2 台炉或多台炉公用 1 根烟囱内筒时，每座吸收塔靠近烟囱入口的净烟道上应设置检修隔离挡板门。

5.0.6 吸收塔入口烟道应设置事故高温烟气降温系统。

5.0.7 吸收塔入口可能接触到腐蚀性介质的原烟道、吸收塔出口净烟道应采取防腐措施，防腐烟道壁厚不应小于 6mm；烟道设计应保证烟气通道的气密性。

5.0.8 防腐烟道不宜设置内撑杆。当大截面的防腐烟道因加固肋选型困难必须设置内撑杆时，内撑杆宜选用公称通径不小于 DN80 的无缝钢管；宜避免在同一截面上设置交叉形内撑杆，无法避免时，宜选用不同管径的内撑杆。

5.0.9 脱硫烟道补偿器宜采用非金属织物补偿器，应根据烟气特性和布置条件设计防腐、保温和排水措施。

5.0.10 低于吸收塔浆池液位布置的吸收塔入口原烟道、设置回转式烟气换热器的原烟道、吸收塔出口净烟道等低位积水处应设计排水管路。

5.0.11 脱硫烟道的烟气流速选取应符合现行行业标准《火力发电厂烟风煤粉管道设计技术规程》DL/T 5121 的有关规定。

6 二氧化硫吸收系统

6.1 吸收塔

6.1.1 吸收塔的型式、数量应符合下列规定：

1 吸收塔的型式应根据吸收塔技术特点、脱硫效率要求、运行能耗、场地布置条件和长期稳定运行性能等因素确定；

2 吸收塔的数量应根据锅炉容量、吸收塔的处理能力和可靠性等确定，宜 1 炉配 1 塔。当设置脱硫旁路烟道时，200MW 级及以下机组可 2 炉或多炉配 1 塔。

6.1.2 吸收塔设计应符合下列规定：

1 钙硫比不宜大于 1.05；

2 采用塔内除雾器时，设计工况下吸收塔烟气流速不宜超过 3.8m/s；

3 吸收塔浆池与塔体宜为一体结构；

4 喷淋空塔浆液循环停留时间不宜小于 4min，液柱塔不宜小于 2.5min。浆液循环停留时间宜按下式计算：

$$T = \frac{V \times 60}{q} \qquad (6.1.2)$$

式中：T——浆液循环停留时间（min）；

V——吸收塔正常运行液位对应的吸收塔浆池容积（m³）；

q——总的循环浆液流量（m³/h）。

5 吸收塔入口烟道与吸收塔垂直壁面相交处应设置挡水环及防雨罩；

6 喷淋空塔入口烟道宜采用斜向下进入布置方式。采用水平进入布置方式时应保证吸收塔入口相邻的第一个弯头处的烟道最低位置比吸收塔浆池正常运行液位高 1.5～2m。液柱塔入口烟道可采用水平或垂直进入布置方式；

7 喷淋空塔相邻喷淋层的间距不宜小于 1.8m；

8 喷淋空塔顶层喷淋层应仅向下喷浆，且距除雾器最底层净距不宜小于 2m；

9 对装有多孔托盘及湍流器的喷淋塔，多孔托盘及湍流器叶片应采用合金防腐材料；

10 当未设置排烟升温换热装置时，吸收塔空塔流速、液气比、浆液含固量等设计参数的选取应考虑脱硫效率的要求及减少净烟气液滴携带量等因素的影响；

11 吸收塔的设计应适应锅炉负荷及燃煤含硫量的设计范围。

6.1.3 SO_2 吸收系统应设置吸收塔浆液 pH 值和密度测量装置，测量仪表可布置在吸收塔本体或塔外浆液管路上。设置在吸收塔本体上的密度测量装置应采取措施避免虚假液位的影响。每座吸收塔的 pH 值测量装置不应少于 2 套。

6.1.4 吸收塔宜采用钢结构，内部结构设计应满足烟气流场和防磨、防腐技术要求。吸收塔底部和浆液冲刷的位置应采取加强防磨蚀措施。

6.1.5 吸收塔浆池氧化空气分布装置宜采用矛式喷枪与搅拌注入方式，喷枪应设置冲洗管路；吸收塔浆池氧化空气分布装置可采用管网式，其管网壁厚不应小于 2mm，氧化空气应降温后进入浆池。

6.1.6 吸收塔浆池运行 Cl^- 浓度不应高于 20000ppm，接触吸收塔浆液的部件材料防腐能力应按 Cl^- 浓度不小于 40000ppm 进行设计。

6.1.7 脱硫废水排放量应以吸收塔浆池浆液中 Cl^-、F^-、Mg^{2+} 等离子及惰性物质的控制浓度确定。

6.1.8 吸收塔外应设置供检修维护的平台和扶梯，平台设计荷载不应小于 $4kN/m^2$，平台宽度不宜小于 1.2m，塔内不应设置固定式的检修平台。

6.1.9 吸收塔喷淋层应考虑检修维护措施，检修时可在喷淋管上部铺设临时平台，喷淋管的强度设计应附加不小于 $0.5kN/m^2$ 的检修荷载。

6.1.10 石膏排出泵型式、台数和容量的选择应符合下列规定：

1 石膏排出泵应选用离心泵，可采用定速泵或变速泵；

2 每座吸收塔应设置 2 台石膏浆液排出泵，其中 1 台备用；

3 泵流量应同时满足吸收塔设计工况下石膏排放量、泵出口回流管路最低流速和吸收塔浆池排空时间的要求，裕量不宜低于 5%；

4 泵扬程应满足吸收塔浆池最低液位下将石膏浆液排至石膏浆液旋流器或石膏脱水系统、或事故浆液箱的全程压降，取其中最大值，裕量不宜低于 10%。

6.2 浆液循环喷淋系统

6.2.1 喷淋塔喷淋系统应采用单元制，喷淋层不应少于 3 层；液柱塔喷淋系统也可采用母管制。

6.2.2 吸收塔浆液循环泵形式、台数和容量的选择应符合下列规定：

1 浆液循环泵宜选用离心式；

2 喷淋塔浆液循环泵台数宜与喷淋层数相同，每台浆液循环泵应对应一层喷嘴；液柱塔浆液循环泵可按母管制设置；浆液循环泵可不设备用；

3 浆液循环泵的数量应能适应锅炉部分负荷运行工况，在吸收塔低负荷运行条件下应有良好的经济性；

4 泵流量应根据吸收塔设计工况下循环浆液流量确定，不宜另加裕量；

5 泵扬程应按吸收塔浆池正常运行液位范围至喷淋层喷嘴出口的全程压降确定，另加 5%～10%裕量。

6.2.3 浆液循环泵入口管道及液柱塔浆液循环泵出口支管上应设置全开全关的自动蝶阀。

6.2.4 喷淋塔浆液循环泵出口管道宜设置检修隔离措施。

6.3 氧化空气系统

6.3.1 每座吸收塔宜设置 1 套氧化空气供应系统，也可 2 座吸收塔设置 1 套公用的氧化空气供应系统。

6.3.2 每座吸收塔设置 1 套氧化空气供应系统时，宜设置 2 台 100%容量或 3 台 50%容量的氧化风机，其中 1 台备用；2 座吸收塔设置 1 套公用的氧化空气供应系统时，宜设置 3 台 100%容量的氧化风机，其中 2 台运行、1 台备用。

6.3.3 氧化风机型式和容量的选择应符合下列规定：

1 氧化风机宜选用罗茨式，也可选用离心式，具体型式通过技术经济比较确定；

2 氧化风机流量应根据吸收塔物料平衡计算结果确定，不宜另加裕量；

3 罗茨式风机的选型点压头应按吸收塔浆池最高运行液位、浆池最大运行浆液密度确定，另加 5%～10%裕量；

4 离心式风机的设计点压头应按吸收塔浆池正常运行液位确定，选型点压头还应满足吸收塔浆池运行液位允许波动范围的要求，不另加裕量。

6.3.4 氧化风机吸风口应设置过滤装置和消声装置，排气口及对空排放口应设置消声装置。吸风口设在室外时，应采取防雨、防异物措施。氧化风机出口管道上的切换阀门宜选用蝶阀。

6.3.5 罗茨式氧化风机应设置隔音罩。

6.3.6 围绕吸收塔水平布置的氧化空气母管应高出吸收塔浆池最高运行液位 1.5m 以上。

6.4 除雾器

6.4.1 除雾器选型设计应符合现行行业标准《湿法烟气脱硫装置专用设备 除雾器》JB/T 10989 的有关规定。

6.4.2 除雾器宜设置在吸收塔内，可采用屋脊式或平板式，不应少于两级。除雾器支撑梁可作为检修维护通道。除雾器也可设置在吸收塔出口水平烟道内，宜采用平板式，不应少于两级。

6.4.3 除雾器设置在吸收塔内时，可在两级除雾器上游再设置一级管式除雾器。

6.5 浆池搅拌系统

6.5.1 喷淋吸收塔可采用机械搅拌系统或脉冲悬浮扰动系统，液柱塔宜采用机械搅拌系统。

6.5.2 每座吸收塔宜设置 1 套浆池脉冲悬浮扰动系统。

6.5.3 扰动泵型式和容量的选择应符合下列规定：

1 扰动泵可选用离心式，每座吸收塔设置 2 台，其中 1 台备用；

2 泵流量应根据吸收塔浆池直径及浆液最大密度、喷嘴型式及数量等确定，不另加裕量；

3 泵扬程应满足吸收塔浆液最低运行液位至扰动喷嘴出口的全程压降要求，另加 5%～10%裕量。

7 副产物处置系统

7.1 一般规定

7.1.1 副产物处置系统设计应为脱硫石膏的综合利用创造条件，并应符合下列要求：

    1 石灰石-石膏湿法烟气脱硫系统宜设置石膏脱水系统；暂无综合利用条件时，经脱水后的石膏可输送至干式贮灰场；在贮灰场内应采取分隔措施，石膏应与灰渣分别堆放；

    2 喷淋塔宜采用石膏浆液旋流器浓缩和真空脱水的两级处置方式制备脱硫石膏，真空脱水设备宜选用真空皮带脱水机，也可选用其他型式的脱水设备，但应通过技术经济比选后确定；

    3 液柱塔可采用一级真空脱水系统制备脱硫石膏；

    4 喷淋塔的脱硫废水宜从废水旋流器溢流液排出，液柱塔的脱硫废水可从滤液排出。

7.1.2 脱硫石膏品质应符合现行行业标准《烟气脱硫石膏》JC/T 2074 的有关规定。

7.1.3 采用石膏浆液抛弃处置方式时，可不设置废水旋流系统，排出的石膏浆液经旋流器浓缩分离后抛弃。

7.1.4 石膏产量应根据物料平衡计算，进行前期设计工作时石膏产量可按下式估算：

$$G_{石膏} = \left[M_{SO_2} \times \eta_{SO_2} \times \frac{172}{64} + M_{SO_2} \times \eta_{SO_2} \times \frac{100}{64} \times \left(\frac{Ca}{S} - 1 \right) + \right.$$
$$\left. M_{SO_2} \times \eta_{SO_2} \times \frac{100}{64} \times \left(\frac{Ca}{S} \right) \times \left(\frac{1 - K_{CaCO_3}}{K_{CaCO_3}} \right) + M_{粉尘} \times \eta_{粉尘} \right] / 0.9 \tag{7.1.4}$$

式中：$G_{石膏}$——脱硫石膏产量（t/h）；

    M_{SO_2}——脱硫前烟气中的二氧化硫含量（t/h）；

    η_{SO_2}——脱硫效率（%）；

    K_{CaCO_3}——石灰石中 $CaCO_3$ 纯度（%）；

    $\frac{Ca}{S}$——钙硫摩尔比，宜为 1.02～1.03；

    $M_{粉尘}$——脱硫前烟气中的粉尘含量（t/h）；

    $\eta_{粉尘}$——吸收塔的除尘效率（%）。

7.2 旋流系统

7.2.1 每座吸收塔宜设置 1 座石膏浆液旋流器。

7.2.2 石膏浆液旋流器容量应满足吸收塔设计工况下的排浆量，备用旋流子不应少于 1 个，且备用旋流子总容量不应小于设计容量的 20%。

7.2.3 每座吸收塔可设置 1 座废水旋流器，也可多座吸收塔设置 1 座公用的废水旋流器。废水旋流器容量应按最大脱硫废水排放量选取，备用旋流子不应少于 1 个，且备用旋流子总容量不应小于旋流器设计容量的 20%。

7.2.4 每座吸收塔宜设置 1 个溢流箱，有效容积应按可容纳 0.5～1h 内收集的总浆液量设计。当滤液作为脱硫废水排放时，应单独设置滤液水箱/池。

7.2.5 石膏浆液旋流器入口管路上宜设置滤网，每个旋流子入口应配隔离阀。

7.3 真空皮带脱水系统

7.3.1 真空皮带脱水系统主要设备配置应符合下列规定：

1 真空皮带脱水系统与机组数量的匹配及主要设备的配置应符合现行国家标准《大中型火力发电厂设计规范》GB 50660 的规定；

2 对于 1 台机组设置 1 套真空皮带脱水系统，当不设置脱硫旁路烟道时，系统宜设置 2 台脱水机，设备总出力不宜小于锅炉燃用设计煤种、在 BMCR 工况下石膏产量的 200%，且不应小于锅炉燃用脱硫最不利煤种、在 BMCR 工况下石膏产量的 100%；当设置脱硫旁路烟道时，系统宜设置 1 台真空皮带脱水机，设备出力不宜小于锅炉燃用设计煤种、在 BMCR 工况下石膏产量的 150%，且不应小于锅炉燃用脱硫最不利煤种、在 BMCR 工况下石膏产量的 100%；

3 当 2～4 台机组设置 1 套公用的真空皮带脱水系统时，真空皮带脱水机台数不应少于 2 台。

当设置 2 台真空皮带脱水机时，设备总出力不宜小于锅炉燃用设计煤种、在 BMCR 工况下石膏产量的 150%～200%，且不应小于锅炉燃用脱硫最不利煤种、在 BMCR 工况下石膏产量的 100%。当不设置脱硫旁路烟道时，出力裕量宜取上限。

当设置 3 台及以上真空皮带脱水机时，应设置不少于 1 台的备用设备，运行设备总出力不应小于锅炉燃用设计煤种、在 BMCR 工况下石膏产量的 100%，且设备总出力不宜小于锅炉燃用设计煤种、在 BMCR 工况下石膏产量的 130%～150%，且不应小于锅炉燃用脱硫最不利煤种、在 BMCR 工况下石膏产量的 100%。脱水机台数为 3 台时，出力裕量应取上限。

7.3.2 真空泵应与真空皮带脱水机单元制配置，宜采用水环式真空泵。

7.3.3 脱硫石膏综合利用时，真空皮带脱水机应设置滤饼冲洗水系统，滤饼冲洗水箱宜与真空皮带脱水机单元制配置。

7.3.4 每套真空皮带脱水系统宜单独设置滤液水箱/池，其有效容积宜按可容纳不小于 1h 内收集的总水量设计。

7.3.5 真空皮带脱水机应设置收水围堰，集中收集滤布冲洗水和脱水机滑道润滑水等，收水围堰的底板长边坡度不宜小于 2%、短边坡度不宜小于 5%。

7.4 厂内石膏堆放及运输

7.4.1 石膏仓/库的容量应符合现行国家标准《大中型火力发电厂设计规范》GB 50660 的有关规定。

7.4.2 石膏仓应设置自动卸料装置，并应设计防腐和防堵措施。

7.4.3 石膏库宜采用单点落料及铲车装车的外运方式，场地条件受限时也可采用多点落料及铲车装车的外运方式。石膏装车过程应采取防洒落措施。

7.4.4 脱硫石膏宜采用封闭式汽车运输。

8 脱硫工艺水系统

8.0.1 脱硫工艺水可采用机组循环水，其水质应符合下列规定：

1 通过冲洗除雾器进入吸收塔的工艺水水质应符合表 8.0.1-1 规定。

表 8.0.1-1 通过冲洗除雾器进入吸收塔的工艺水水质要求

序　号	项　目	含　量
1	pH	7～8
2	Ca^{2+}	不宜超过 200mg/L
3	SO_4^{2-}	不宜超过 400mg/L
4	SO_3^{2-}	不宜超过 10mg/L
5	总悬浮固形物	不宜超过 1000mg/L

2　直接进入脱硫系统的工艺水水质应符合表 8.0.1-2 规定。

表 8.0.1-2 直接进入脱硫系统的工艺水水质要求

序　号	项　目	含　量
1	pH	6.5～9.0
2	总硬度（以 $CaCO_3$ 计）	不宜超过 450mg/L
3	Cl^-	不得超过 600mg/L，不宜超过 300mg/L
4	COD	不宜超过 30mg/L
5	氨氮（以 N 计）	不宜超过 10mg/L
6	总磷（以 P 计）	不宜超过 5mg/L
7	阴离子表面活性剂	不宜超过 0.5mg/l
8	油类	宜为 0.00mg/L

8.0.2　脱硫设备冷却水、密封水和石膏冲洗水宜采用机组工业水，其水质应符合现行行业标准《火力发电厂水工设计规范》DL/T 5339 的有关规定。

8.0.3　2 台及以上机组宜公用工艺水箱，工艺水箱的有效容量宜为锅炉燃用脱硫最不利煤种、在 BMCR 工况下脱硫系统工艺水总耗量的 0.5～1h。

8.0.4　除雾器冲洗水泵与工艺水泵宜单独设置，也可合并设置。

8.0.5　单独设置除雾器冲洗水泵时，除雾器冲洗水泵型式、台数和容量选择应符合下列规定：

1　除雾器冲洗水泵宜选用离心式；

2　每座吸收塔宜设置 1 台除雾器冲洗水泵，2 座及以上吸收塔应设置 1 台公用备用泵；

3　泵流量应满足单座吸收塔除雾器瞬间最大用水量的要求，裕量不宜小于 10%；

4　泵扬程应按工艺水箱最低运行液位至除雾器冲洗喷嘴出口的全程压降设计，裕量不宜小于 15%。

8.0.6　单独设置工艺水泵时，工艺水泵型式、台数和容量的选择应符合下列规定：

1　工艺水泵宜选用离心式；

2　宜 2 座吸收塔设置 2 台工艺水泵，其中 1 台备用；

3　泵流量应满足除了除雾器冲洗水以外的各脱硫设备正常用水点、泵及管道短时冲洗的总用水量，裕量不宜小于 10%；

4　泵扬程应按工艺水箱最低运行液位至用水压力要求最高的用水点的全程压降设计，裕量不宜小于 15%。

8.0.7　除雾器冲洗水泵和工艺水泵合并设置时，合并后的工艺水泵型式、台数和容量选择应符合下列规定：

1　工艺水泵宜选用离心式；

2　泵电机宜配变频调速装置；

3　每座吸收塔宜设置 1 台泵，系统设置 1 台备用泵；

4　泵流量应同时满足除雾器冲洗水瞬间最大流量及各脱硫设备正常用水点、泵及管道短时冲洗的要求，裕量不宜小于 10%；

5　泵扬程应按工艺水箱最低运行液位至用水压力要求最高的用水点的全程压降设计，裕量不宜小于 15%。

8.0.8　除雾器冲洗水母管宜设置恒压阀，恒压阀宜靠近除雾器布置。

9　浆液排放与回收系统

9.0.1　脱硫系统应设置事故浆液箱，其数量及容量应符合下列规定：

1　2 座吸收塔宜设置 1 座事故浆液箱，事故浆液箱容量不宜小于 1 座吸收塔浆池最高运行液位时的容积；

2　石膏浆液抛弃处置时，事故浆液箱容量可按不小于 500m³ 设计。

9.0.2　每座事故浆液箱应设置 1 台事故浆液返回泵，可不设备用泵。事故浆液返回泵容量宜满足 8～10h 内将事故浆液箱内全部浆液送回吸收塔。

9.0.3　事故浆液箱应设置搅拌装置。

9.0.4　每座吸收塔应设置 1 个排水坑，排水坑内的浆液应能送至事故浆液箱和吸收塔。

9.0.5　吸收剂制备区域应设置排水坑，排水坑内的浆液应能送至吸收塔和石灰石浆液箱。

9.0.6　石膏脱水区域应设置排水坑，排水坑内的浆液应能送至吸收塔和溢流浆液箱。

9.0.7　排水坑泵型式、台数和容量的选择应符合下列规定：

1　排水坑泵可选用离心泵或液下泵，选用离心泵时应设置自启动系统；

2　每个排水坑宜设置 2 台排水坑泵，其中 1 台备用；

3　吸收塔区域排水坑泵流量宜满足单台浆液循环泵停运排空时的排放要求，裕量不宜小于 10%；

4　吸收剂制备区域和石膏脱水区域排水坑泵流量不宜小于 50m³/h；

5　泵扬程应按排水坑最低运行液位至最远输送点的全程压降设计，裕量不宜小于 20%。

9.0.8　排水沟至排水坑的入口处应设置滤网。

9.0.9　排水坑应设置搅拌器及集水井。

10　浆液管道及其管件、阀门

10.0.1　浆液管道应根据工艺系统、介质特性和布置条件进行设计，应选材正确、布置合理、安装维修方便、整齐美观。

10.0.2　吸收塔外浆液管道宜选用碳钢衬胶管道，也可选用 FRP 管道或碳钢衬陶瓷管道；吸收塔浆池内管道宜选用合金钢材料。

10.0.3　浆液管道介质流速宜控制在 1.2～3m/s。

10.0.4　除综合管架上的非自流浆液管道外，其余浆液管道应设计坡度。

10.0.5　浆液泵、浆液管道应设计停运排空冲洗系统；浆液泵入口应设置排空管道及切换阀门。浆液泵及不方便操作的浆液管道的排空阀门和冲洗阀门宜采用自动方式。

10.0.6　浆液管道布置应满足停运排空的要求，自流浆液管道布置还应根据浆液含固量采取适当坡度。浆液管道不宜采用袋形布置，否则应增设排空点。

10.0.7　浆液 pH 计设置在石膏排出管道上时，宜垂直布置，其布置方式和测量管径应满足pH 计测量要求，并应设置自动冲洗水管路系统。

10.0.8　密度计设置在石膏排出管道上时，布置方式和测量管径应满足密度计测量要求，并宜设置自动冲洗水管路系统。

10.0.9　吸收塔浆液循环泵入口应设计阻拦大块固体物进入的措施，宜在塔内泵吸入口装设固定式金属滤网，滤网通流面积不宜小于泵入口管道通流面积的 3 倍，也可在塔外泵吸入管路上装设活动式不锈钢金属滤网。

10.0.10　浆液泵进出口应设置膨胀节，宜采用橡胶膨胀节。

10.0.11　吸收塔浆液循环泵入口大小头宜采用下偏心式。

10.0.12　严寒地区露天布置且在停运时不能排空或处于热备用状态的浆液、水管道应采取伴热措施。

10.0.13　浆液管道和与浆液接触的冲洗水管道宜选用衬胶蝶阀，阀门的通流直径宜与管道相同，且宜布置在水平管道，阀杆宜水平安装。

10.0.14　除雾器冲洗水支管上的关断阀宜选用衬胶蝶阀。

11　布置设计

11.0.1　二氧化硫吸收系统及烟气系统的主要设备及设施的布置应符合下列规定：

　　1　吸收塔宜靠近烟囱布置；

　　2　浆液循环泵应紧邻吸收塔布置；

　　3　氧化风机宜紧邻吸收塔布置，且宜室内布置；

　　4　增压风机宜布置在机组引风机与吸收塔之间；

　　5　烟气换热器宜紧邻吸收塔和烟囱布置；

　　6　吸收塔排水坑应靠近吸收塔布置；

　　7　在严寒地区，吸收塔及排水坑应采取防冻措施或室内布置；增压风机、浆液循环泵、氧化风机等设备应室内布置并采取防冻措施。

11.0.2　湿式球磨机制浆系统主要设备及设施的布置应符合下列规定：

　　1　湿式球磨机制浆车间宜布置在吸收塔附近，主要设备宜集中在同一建筑物内多层布置，也可结合工艺流程和场地条件因地制宜布置；

　　2　石灰石堆场宜靠近吸收剂制备车间布置；

　　3　石灰石块破碎设备宜布置在地下室内；

　　4　石灰石卸料设施与湿式球磨机制浆车间宜分隔布置；

　　5　石灰石浆液箱宜紧邻湿式球磨机布置；

　　6　石灰石浆液旋流器宜高位布置，布置高度应满足溢流液自流至相应的石灰石浆液箱及底流液自流至湿式球磨机回流口；

　　7　排水坑宜靠近湿式球磨机及石灰石浆液箱布置。

11.0.3　干磨制粉系统主要设备及设施的布置应符合下列要求：

    1 干磨制粉车间宜独立布置;

    2 干磨机及成品粉收集设备应室内布置,干磨机宜布置在地面,其油站可半地下或地面布置;

    3 石灰石粉收集系统布袋除尘器宜高位布置,并应结合成品粉输送方式综合考虑布置位置;

    4 送风机宜单独室内布置。

11.0.4 石灰石粉制浆系统的石灰石粉仓宜布置在吸收塔附近,石灰石浆液箱宜布置在石灰石粉仓下方。

11.0.5 石膏脱水系统主要设备及设施的布置应符合下列规定:

    1 石膏脱水车间宜布置在吸收塔附近,主要设备宜集中在同一建筑物内多层布置,也可结合工艺流程和场地条件因地制宜布置;

    2 石膏脱水机宜高位布置,并应结合石膏储存设施综合考虑布置位置;

    3 采用石膏仓储存石膏时,石膏脱水系统设备宜与脱硫废水处理系统设备集中布置。

11.0.6 在严寒地区,吸收剂制备系统及石膏脱水系统中的浆液泵、水泵、浆液箱、水箱、石膏仓和排水坑等设备设施应室内布置并采取防冻措施。

11.0.7 事故浆液箱的布置位置宜满足多套脱硫装置共用的需要。

11.0.8 脱硫烟道、管道的布置及安装设计应符合下列规定:

    1 吸收塔入口烟道的水平投影长度不应小于 5m;

    2 喷淋吸收塔烟道进入方式宜向下倾斜布置,倾斜面与水平面夹角不宜大于 15°;

    3 脱硫烟道的布置应避免运行时形成积水,有积水可能的烟道应设计排水收集系统。

11.0.9 工艺设备检修起吊设施应符合现行国家标准《大中型火力发电厂设计规范》GB 50660 的有关规定,并应符合下列要求:

    1 吸收塔、箱、罐、仓应设置检修人孔;

    2 吸收塔应设置检修起吊设施;

    3 干磨制粉车间宜设置综合检修起吊设施。

12 防腐设计要求

12.0.1 防腐设计应满足脱硫装置可靠性、使用寿命和经济性等要求,根据工作环境和介质特性选择防腐材料。

12.0.2 吸收塔及其内部件的防腐设计材料选用应符合下列规定:

    1 吸收塔入口烟道宜采用碳钢贴衬 C276 合金钢,合金钢厚度不宜小于 2mm;贴衬烟道长度距吸收塔壁最短距离不宜小于 2m。当采用其他防腐材料时,应有不少于 5 年的可靠运行业绩;

    2 吸收塔内壁及内部支撑梁可衬橡胶或鳞片树脂防腐,吸收塔底板及底板以上 2m 高度的内壁、喷淋区域等严重磨蚀区域应设计提高耐磨性能的措施;

    3 喷淋层宜采用 FRP 材料;喷淋层喷嘴宜选用成分等同于 DIN 9.4460 的碳化硅材料。喷嘴与喷淋层支管采用法兰及螺栓方式连接时,连接件应采用高镍合金材料;

    4 吸收塔内浆液泵入口滤网宜选用 DIN 1.4539 合金材料,或耐磨耐腐蚀合金材料;

    5 除雾器组件及其塔内冲洗管路等附件、喷嘴宜选用加强 PP 材料;

6 吸收塔内氧化空气喷枪或管网系统及其固定支撑件宜选用 DIN 1.4529 合金材料；

7 吸收塔内搅拌器的轴及叶轮宜采用 DIN 1.4529 合金材料或耐磨耐腐蚀性能等同的其他合金材料；

8 吸收塔内氧化空气管道宜采用 DIN 1.4529 合金材料或耐磨耐腐蚀性能等同的其他合金材料；

9 合金材料允许腐蚀量不应超过 0.1mm/a。

12.0.3 脱硫系统工艺设备及部件的防腐材料选取应符合下列规定：

1 净烟气挡板门和旁路挡板门叶片及轴宜选用 DIN 1.4529 合金材料或碳钢贴衬不小于 2mm 厚的 DIN 1.4529 合金材料，其挡板门的密封片和连接件宜选用 C276 合金钢，密封片厚度不宜小于 0.25mm；

2 回转式烟气换热器的换热元件宜选用耐腐蚀的碳钢冷镀搪瓷材质，搪瓷层厚度不宜小于 0.13mm；

3 管式换热器的换热管应根据换热管最低壁温、烟气酸露点温度等确定适宜的耐腐蚀材料；

4 烟道非金属补偿器的蒙皮宜选用氟橡胶、聚四氟乙烯、玻璃纤维布等复合组成的材料；

5 浆液泵的泵壳可选用耐磨耐腐蚀的合金钢、碳钢衬胶，叶轮可采用耐磨耐腐蚀的合金钢、冷铸陶瓷；

6 旋流器的旋流子可选用聚氨酯材料；

7 事故浆液箱搅拌器的轴及叶轮可采用 DIN 1.4529 合金钢、双相合金钢或碳钢衬胶，其他浆液箱/罐及排水坑搅拌器可采用双相合金钢或碳钢衬胶；

8 浆液箱/罐可采用碳钢衬鳞片树脂或衬橡胶；

9 烟道内的冲洗及喷淋管道、喷嘴应采用耐酸腐蚀的合金钢或双相不锈钢材料。

12.0.4 防腐原烟道、净烟道可采用钢衬鳞片树脂或钢衬橡胶，防腐材料应满足烟道运行温度的要求。

12.0.5 浆液管道可选用碳钢衬胶管道、FRP 管道。

12.0.6 脱硫吸收塔、吸收剂制备及石膏脱水系统排水坑及沟道可采用玻璃鳞片树脂或 FRP 涂层。

12.0.7 钢制石膏仓内表面可涂刷酚醛树脂涂料。

12.0.8 防腐材料的保证使用寿命应符合下列规定：

1 由高镍合金制造或高镍合金包裹和衬里的部件，保证使用寿命不应少于 42000h；由合金钢、不锈钢制造或合金钢、不锈钢包裹和衬里的部件，保证使用寿命不应少于 30000h；

2 钢衬橡胶件或钢衬鳞片树脂件保证使用寿命不应少于 30000h；

3 FRP、PVC、PP 材料保证使用寿命不应少于 30000h；

4 碳化硅部件保证使用寿命不应少于 60000h；

5 非金属膨胀节保证使用寿命不应少于 30000h。

12.0.9 采用冷却塔排烟时，净烟道宜采用 FRP 材料。

13　对相关专业的设计要求

13.0.1　对于取消脱硫旁路烟道的改造工程，脱硫供电系统设计应满足脱硫系统与机组同时启动的要求。

13.0.2　石膏库照明设备应布置在库顶处。

13.0.3　脱硫工艺系统控制及联锁要求应符合下列规定：

1　吸收塔浆池、浆液箱及坑、水箱应设置液位自动控制系统；

2　除雾器冲洗水压力应控制为恒定；

3　对于不设置脱硫旁路烟道，吸收塔所有浆液循环泵跳闸或入口烟气温度超温时，锅炉应 MFT；

4　对于设置脱硫旁路烟道，吸收塔所有浆液循环泵跳闸或入口烟气温度高或锅炉引风机或脱硫增压风机跳闸时，脱硫旁路挡板门应快开。脱硫危急工况旁路挡板门不能快开时，锅炉应 MFT。

13.0.4　机组循环水系统设计添加阻止结垢的药品类型及用量应满足脱硫石膏结晶及脱水的要求。

13.0.5　石灰石堆场应设置避雨的顶棚，围墙高度宜满足物料堆放 5～6m，出入口宽度不宜小于 6m，堆场内柱距不宜小于 9m。

13.0.6　石膏库的围墙设计应考虑物料堆积产生的水平荷载，库内不宜设置建筑物支撑柱，如必须设置时，柱距不宜小于 9m。

13.0.7　石膏浆液脱水设施与石膏仓综合布置的建（构）筑物可设置 1 台 1～2t 的客货两用电梯。

13.0.8　当采用烟气—烟气换热器时，烟囱设计应考虑机组低负荷工况时脱硫后烟气结露对烟囱的腐蚀。

13.0.9　已建机组加装脱硫装置时，应对现有烟囱进行分析鉴定，确定是否需要改造或加强运行监测。

13.0.10　烟囱设计应考虑饱和湿烟气冷凝液的收集及排放以及防止饱和湿烟气二次携带冷凝液的措施。

本标准用词说明

1　为便于在执行本标准条文时区别对待，对要求严格程度不同的用词说明如下：

1）表示很严格，非这样做不可的：

正面词采用"必须"，反面词采用"严禁"；

2）表示严格，在正常情况下均应这样做的：

正面词采用"应"，反面词采用"不应"或"不得"；

3）表示允许稍有选择，在条件许可时首先应这样做的：

正面词采用"宜"，反面词采用"不宜"；

4）表示有选择，在一定条件下可以这样做的，采用"可"。

2 条文中指明应按其他有关标准执行的写法为:"应符合……的规定"或"应按……执行"。

引用标准名录

《大中型火力发电厂设计规范》GB 50660
《烟气湿法脱硫用石灰石粉反应速率的测定》DL/T 943
《火力发电厂烟风煤粉管道设计技术规定》DL/T 5121
《火力发电厂水工设计规范》DL/T 5339
《烟气脱硫石膏》JC/T 2074
《湿法烟气脱硫装置专用设备 除雾器》JB/T 10989

四、法律法规

中华人民共和国大气污染防治法

（2018 年修正）

（1987 年 9 月 5 日第六届全国人民代表大会常务委员会第二十二次会议通过　根据 1995 年 8 月 29 日第八届全国人民代表大会常务委员会第十五次会议《关于修改〈中华人民共和国大气污染防治法〉的决定》第一次修正　2000 年 4 月 29 日第九届全国人民代表大会常务委员会第十五次会议第一次修订　2015 年 8 月 29 日第十二届全国人民代表大会常务委员会第十六次会议第二次修订　根据 2018 年 10 月 26 日第十三届全国人民代表大会常务委员会第六次会议《关于修改〈中华人民共和国野生动物保护法〉等十五部法律的决定》第二次修正）

第一章　总　则

第一条　为保护和改善环境，防治大气污染，保障公众健康，推进生态文明建设，促进经济社会可持续发展，制定本法。

第二条　防治大气污染，应当以改善大气环境质量为目标，坚持源头治理，规划先行，转变经济发展方式，优化产业结构和布局，调整能源结构。

防治大气污染，应当加强对燃煤、工业、机动车船、扬尘、农业等大气污染的综合防治，推行区域大气污染联合防治，对颗粒物、二氧化硫、氮氧化物、挥发性有机物、氨等大气污染物和温室气体实施协同控制。

第三条　县级以上人民政府应当将大气污染防治工作纳入国民经济和社会发展规划，加大对大气污染防治的财政投入。

地方各级人民政府应当对本行政区域的大气环境质量负责，制定规划，采取措施，控制或者逐步削减大气污染物的排放量，使大气环境质量达到规定标准并逐步改善。

第四条 国务院生态环境主管部门会同国务院有关部门，按照国务院的规定，对省、自治区、直辖市大气环境质量改善目标、大气污染防治重点任务完成情况进行考核。省、自治区、直辖市人民政府制定考核办法，对本行政区域内地方大气环境质量改善目标、大气污染防治重点任务完成情况实施考核。考核结果应当向社会公开。

第五条 县级以上人民政府生态环境主管部门对大气污染防治实施统一监督管理。

县级以上人民政府其他有关部门在各自职责范围内对大气污染防治实施监督管理。

第六条 国家鼓励和支持大气污染防治科学技术研究，开展对大气污染来源及其变化趋势的分析，推广先进适用的大气污染防治技术和装备，促进科技成果转化，发挥科学技术在大气污染防治中的支撑作用。

第七条 企业事业单位和其他生产经营者应当采取有效措施，防止、减少大气污染，对所造成的损害依法承担责任。

公民应当增强大气环境保护意识，采取低碳、节俭的生活方式，自觉履行大气环境保护义务。

第二章 大气污染防治标准和限期达标规划

第八条 国务院生态环境主管部门或者省、自治区、直辖市人民政府制定大气环境质量标准，应当以保障公众健康和保护生态环境为宗旨，与经济社会发展相适应，做到科学合理。

第九条 国务院生态环境主管部门或者省、自治区、直辖市人民政府制定大气污染物排放标准，应当以大气环境质量标准和国家经济、技术条件为依据。

第十条 制定大气环境质量标准、大气污染物排放标准，应当组织专家进行审查和论证，并征求有关部门、行业协会、企业事业单位和公众等方面的意见。

第十一条 省级以上人民政府生态环境主管部门应当在其网站上公布大气环境质量标准、大气污染物排放标准，供公众免费查阅、下载。

第十二条 大气环境质量标准、大气污染物排放标准的执行情况应当定期进行评估，根据评估结果对标准适时进行修订。

第十三条 制定燃煤、石油焦、生物质燃料、涂料等含挥发性有机物的产品、烟花爆竹以及锅炉等产品的质量标准，应当明确大气环境保护要求。

制定燃油质量标准，应当符合国家大气污染物控制要求，并与国家机动车船、非道路移动机械大气污染物排放标准相互衔接，同步实施。

前款所称非道路移动机械，是指装配有发动机的移动机械和可运输工业设备。

第十四条 未达到国家大气环境质量标准城市的人民政府应当及时编制大气环境质量限期达标规划，采取措施，按照国务院或者省级人民政府规定的期限达到大气环境质量标准。

编制城市大气环境质量限期达标规划，应当征求有关行业协会、企业事业单位、专家和公众等方面的意见。

第十五条 城市大气环境质量限期达标规划应当向社会公开。直辖市和设区的市的大气环境质量限期达标规划应当报国务院生态环境主管部门备案。

第十六条 城市人民政府每年在向本级人民代表大会或者其常务委员会报告环境状况和环境保护目标完成情况时,应当报告大气环境质量限期达标规划执行情况,并向社会公开。

第十七条 城市大气环境质量限期达标规划应当根据大气污染防治的要求和经济、技术条件适时进行评估、修订。

第三章 大气污染防治的监督管理

第十八条 企业事业单位和其他生产经营者建设对大气环境有影响的项目,应当依法进行环境影响评价、公开环境影响评价文件;向大气排放污染物的,应当符合大气污染物排放标准,遵守重点大气污染物排放总量控制要求。

第十九条 排放工业废气或者本法第七十八条规定名录中所列有毒有害大气污染物的企业事业单位、集中供热设施的燃煤热源生产运营单位以及其他依法实行排污许可管理的单位,应当取得排污许可证。排污许可的具体办法和实施步骤由国务院规定。

第二十条 企业事业单位和其他生产经营者向大气排放污染物的,应当依照法律法规和国务院生态环境主管部门的规定设置大气污染物排放口。

禁止通过偷排、篡改或者伪造监测数据、以逃避现场检查为目的的临时停产、非紧急情况下开启应急排放通道、不正常运行大气污染防治设施等逃避监管的方式排放大气污染物。

第二十一条 国家对重点大气污染物排放实行总量控制。

重点大气污染物排放总量控制目标,由国务院生态环境主管部门在征求国务院有关部门和各省、自治区、直辖市人民政府意见后,会同国务院经济综合主管部门报国务院批准并下达实施。

省、自治区、直辖市人民政府应当按照国务院下达的总量控制目标,控制或者削减本行政区域的重点大气污染物排放总量。

确定总量控制目标和分解总量控制指标的具体办法,由国务院生态环境主管部门会同国务院有关部门规定。省、自治区、直辖市人民政府可以根据本行政区域大气污染防治的需要,对国家重点大气污染物之外的其他大气污染物排放实行总量控制。

国家逐步推行重点大气污染物排污权交易。

第二十二条 对超过国家重点大气污染物排放总量控制指标或者未完成国家下达的大气环境质量改善目标的地区,省级以上人民政府生态环境主管部门应当会同有关部门约谈该地区人民政府的主要负责人,并暂停审批该地区新增重点大气污染物排放总量的建设项目环境影响评价文件。约谈情况应当向社会公开。

第二十三条 国务院生态环境主管部门负责制定大气环境质量和大气污染源的监测和评价规范,组织建设与管理全国大气环境质量和大气污染源监测网,组织开展大气环境质量和大气污染源监测,统一发布全国大气环境质量状况信息。

县级以上地方人民政府生态环境主管部门负责组织建设与管理本行政区域大气环境质量和大气污染源监测网,开展大气环境质量和大气污染源监测,统一发布本行政区域大气环境质量状况信息。

第二十四条 企业事业单位和其他生产经营者应当按照国家有关规定和监测规范,对其排放的工业废气和本法第七十八条规定名录中所列有毒有害大气污染物进行监测,并保存原始监测记录。其中,重点排污单位应当安装、使用大气污染物排放自动监测设备,与生态环境主管部门的监控设备联网，保证监测设备正常运行并依法公开排放信息。监测的具体办法和重点排污单位的条件由国务院生态环境主管部门规定。

重点排污单位名录由设区的市级以上地方人民政府生态环境主管部门按照国务院生态环境主管部门的规定，根据本行政区域的大气环境承载力、重点大气污染物排放总量控制指标的要求以及排污单位排放大气污染物的种类、数量和浓度等因素，商有关部门确定，并向社会公布。

第二十五条 重点排污单位应当对自动监测数据的真实性和准确性负责。生态环境主管部门发现重点排污单位的大气污染物排放自动监测设备传输数据异常，应当及时进行调查。

第二十六条 禁止侵占、损毁或者擅自移动、改变大气环境质量监测设施和大气污染物排放自动监测设备。

第二十七条 国家对严重污染大气环境的工艺、设备和产品实行淘汰制度。

国务院经济综合主管部门会同国务院有关部门确定严重污染大气环境的工艺、设备和产品淘汰期限，并纳入国家综合性产业政策目录。

生产者、进口者、销售者或者使用者应当在规定期限内停止生产、进口、销售或者使用列入前款规定目录中的设备和产品。工艺的采用者应当在规定期限内停止采用列入前款规定目录中的工艺。

被淘汰的设备和产品，不得转让给他人使用。

第二十八条 国务院生态环境主管部门会同有关部门，建立和完善大气污染损害评估制度。

第二十九条 生态环境主管部门及其环境执法机构和其他负有大气环境保护监督管理职责的部门，有权通过现场检查监测、自动监测、遥感监测、远红外摄像等方式，对排放大气污染物的企业事业单位和其他生产经营者进行监督检查。被检查者应当如实反映情况，提供必要的资料。实施检查的部门、机构及其工作人员应当为被检查者保守商业秘密。

第三十条 企业事业单位和其他生产经营者违反法律法规规定排放大气污染物，造成或者可能造成严重大气污染，或者有关证据可能灭失或者被隐匿的，县级以上人民政府生态环境主管部门和其他负有大气环境保护监督管理职责的部门，可以对有关设施、设备、物品采取查封、扣押等行政强制措施。

第三十一条 生态环境主管部门和其他负有大气环境保护监督管理职责的部门应当公布举报电话、电子邮箱等，方便公众举报。

生态环境主管部门和其他负有大气环境保护监督管理职责的部门接到举报的，应当及时处理并对举报人的相关信息予以保密；对实名举报的，应当反馈处理结果等情况，查证属实的，处理结果依法向社会公开，并对举报人给予奖励。

举报人举报所在单位的，该单位不得以解除、变更劳动合同或者其他方式对举报人进行打击报复。

第四章 大气污染防治措施

第一节 燃煤和其他能源污染防治

第三十二条 国务院有关部门和地方各级人民政府应当采取措施，调整能源结构，推广清洁能源的生产和使用；优化煤炭使用方式，推广煤炭清洁高效利用，逐步降低煤炭在一次能源消费中的比重，减少煤炭生产、使用、转化过程中的大气污染物排放。

第三十三条　国家推行煤炭洗选加工，降低煤炭的硫分和灰分，限制高硫分、高灰分煤炭的开采。新建煤矿应当同步建设配套的煤炭洗选设施，使煤炭的硫分、灰分含量达到规定标准；已建成的煤矿除所采煤炭属于低硫分、低灰分或者根据已达标排放的燃煤电厂要求不需要洗选的以外，应当限期建成配套的煤炭洗选设施。

禁止开采含放射性和砷等有毒有害物质超过规定标准的煤炭。

第三十四条　国家采取有利于煤炭清洁高效利用的经济、技术政策和措施，鼓励和支持洁净煤技术的开发和推广。

国家鼓励煤矿企业等采用合理、可行的技术措施，对煤层气进行开采利用，对煤矸石进行综合利用。从事煤层气开采利用的，煤层气排放应当符合有关标准规范。

第三十五条　国家禁止进口、销售和燃用不符合质量标准的煤炭，鼓励燃用优质煤炭。

单位存放煤炭、煤矸石、煤渣、煤灰等物料，应当采取防燃措施，防止大气污染。

第三十六条　地方各级人民政府应当采取措施，加强民用散煤的管理，禁止销售不符合民用散煤质量标准的煤炭，鼓励居民燃用优质煤炭和洁净型煤，推广节能环保型炉灶。

第三十七条　石油炼制企业应当按照燃油质量标准生产燃油。

禁止进口、销售和燃用不符合质量标准的石油焦。

第三十八条　城市人民政府可以划定并公布高污染燃料禁燃区，并根据大气环境质量改善要求，逐步扩大高污染燃料禁燃区范围。高污染燃料的目录由国务院生态环境主管部门确定。

在禁燃区内，禁止销售、燃用高污染燃料；禁止新建、扩建燃用高污染燃料的设施，已建成的，应当在城市人民政府规定的期限内改用天然气、页岩气、液化石油气、电或者其他清洁能源。

第三十九条　城市建设应当统筹规划，在燃煤供热地区，推进热电联产和集中供热。在集中供热管网覆盖地区，禁止新建、扩建分散燃煤供热锅炉；已建成的不能达标排放的燃煤供热锅炉，应当在城市人民政府规定的期限内拆除。

第四十条　县级以上人民政府市场监督管理部门应当会同生态环境主管部门对锅炉生产、进口、销售和使用环节执行环境保护标准或者要求的情况进行监督检查；不符合环境保护标准或者要求的，不得生产、进口、销售和使用。

第四十一条　燃煤电厂和其他燃煤单位应当采用清洁生产工艺，配套建设除尘、脱硫、脱硝等装置，或者采取技术改造等其他控制大气污染物排放的措施。

国家鼓励燃煤单位采用先进的除尘、脱硫、脱硝、脱汞等大气污染物协同控制的技术和装置，减少大气污染物的排放。

第四十二条　电力调度应当优先安排清洁能源发电上网。

第二节　工业污染防治

第四十三条　钢铁、建材、有色金属、石油、化工等企业生产过程中排放粉尘、硫化物和氮氧化物的，应当采用清洁生产工艺，配套建设除尘、脱硫、脱硝等装置，或者采取技术改造等其他控制大气污染物排放的措施。

第四十四条　生产、进口、销售和使用含挥发性有机物的原材料和产品的，其挥发性有机物含量应当符合质量标准或者要求。

国家鼓励生产、进口、销售和使用低毒、低挥发性有机溶剂。

第四十五条　产生含挥发性有机物废气的生产和服务活动，应当在密闭空间或者设备中进行，并按照规定安装、使用污染防治设施；无法密闭的，应当采取措施减少废气排放。

第四十六条　工业涂装企业应当使用低挥发性有机物含量的涂料，并建立台账，记录生产原料、辅料的使用量、废弃量、去向以及挥发性有机物含量。台账保存期限不得少于三年。

第四十七条　石油、化工以及其他生产和使用有机溶剂的企业，应当采取措施对管道、设备进行日常维护、维修，减少物料泄漏，对泄漏的物料应当及时收集处理。

储油储气库、加油加气站、原油成品油码头、原油成品油运输船舶和油罐车、气罐车等，应当按照国家有关规定安装油气回收装置并保持正常使用。

第四十八条　钢铁、建材、有色金属、石油、化工、制药、矿产开采等企业，应当加强精细化管理，采取集中收集处理等措施，严格控制粉尘和气态污染物的排放。

工业生产企业应当采取密闭、围挡、遮盖、清扫、洒水等措施，减少内部物料的堆存、传输、装卸等环节产生的粉尘和气态污染物的排放。

第四十九条　工业生产、垃圾填埋或者其他活动产生的可燃性气体应当回收利用，不具备回收利用条件的，应当进行污染防治处理。

可燃性气体回收利用装置不能正常作业的，应当及时修复或者更新。在回收利用装置不能正常作业期间确需排放可燃性气体的，应当将排放的可燃性气体充分燃烧或者采取其他控制大气污染物排放的措施，并向当地生态环境主管部门报告，按照要求限期修复或者更新。

第三节　机动车船等污染防治

第五十条　国家倡导低碳、环保出行，根据城市规划合理控制燃油机动车保有量，大力发展城市公共交通，提高公共交通出行比例。

国家采取财政、税收、政府采购等措施推广应用节能环保型和新能源机动车船、非道路移动机械，限制高油耗、高排放机动车船、非道路移动机械的发展，减少化石能源的消耗。

省、自治区、直辖市人民政府可以在条件具备的地区，提前执行国家机动车大气污染物排放标准中相应阶段排放限值，并报国务院生态环境主管部门备案。

城市人民政府应当加强并改善城市交通管理，优化道路设置，保障人行道和非机动车道的连续、畅通。

第五十一条　机动车船、非道路移动机械不得超过标准排放大气污染物。

禁止生产、进口或者销售大气污染物排放超过标准的机动车船、非道路移动机械。

第五十二条　机动车、非道路移动机械生产企业应当对新生产的机动车和非道路移动机械进行排放检验。经检验合格的，方可出厂销售。检验信息应当向社会公开。

省级以上人民政府生态环境主管部门可以通过现场检查、抽样检测等方式，加强对新生产、销售机动车和非道路移动机械大气污染物排放状况的监督检查。工业、市场监督管理等有关部门予以配合。

第五十三条 在用机动车应当按照国家或者地方的有关规定，由机动车排放检验机构定期对其进行排放检验。经检验合格的，方可上道路行驶。未经检验合格的，公安机关交通管理部门不得核发安全技术检验合格标志。

县级以上地方人民政府生态环境主管部门可以在机动车集中停放地、维修地对在用机动车的大气污染物排放状况进行监督抽测；在不影响正常通行的情况下，可以通过遥感监测等技术手段对在道路上行驶的机动车的大气污染物排放状况进行监督抽测，公安机关交通管理部门予以配合。

第五十四条 机动车排放检验机构应当依法通过计量认证，使用经依法检定合格的机动车排放检验设备，按照国务院生态环境主管部门制定的规范，对机动车进行排放检验，并与生态环境主管部门联网，实现检验数据实时共享。机动车排放检验机构及其负责人对检验数据的真实性和准确性负责。

生态环境主管部门和认证认可监督管理部门应当对机动车排放检验机构的排放检验情况进行监督检查。

第五十五条 机动车生产、进口企业应当向社会公布其生产、进口机动车车型的排放检验信息、污染控制技术信息和有关维修技术信息。

机动车维修单位应当按照防治大气污染的要求和国家有关技术规范对在用机动车进行维修，使其达到规定的排放标准。交通运输、生态环境主管部门应当依法加强监督管理。

禁止机动车所有人以临时更换机动车污染控制装置等弄虚作假的方式通过机动车排放检验。禁止机动车维修单位提供该类维修服务。禁止破坏机动车车载排放诊断系统。

第五十六条 生态环境主管部门应当会同交通运输、住房城乡建设、农业行政、水行政等有关部门对非道路移动机械的大气污染物排放状况进行监督检查，排放不合格的，不得使用。

第五十七条 国家倡导环保驾驶，鼓励燃油机动车驾驶人在不影响道路通行且需停车三分钟以上的情况下熄灭发动机，减少大气污染物的排放。

第五十八条 国家建立机动车和非道路移动机械环境保护召回制度。

生产、进口企业获知机动车、非道路移动机械排放大气污染物超过标准，属于设计、生产缺陷或者不符合规定的环境保护耐久性要求的，应当召回；未召回的，由国务院市场监督管理部门会同国务院生态环境主管部门责令其召回。

第五十九条 在用重型柴油车、非道路移动机械未安装污染控制装置或者污染控制装置不符合要求，不能达标排放的，应当加装或者更换符合要求的污染控制装置。

第六十条 在用机动车排放大气污染物超过标准的，应当进行维修；经维修或者采用污染控制技术后，大气污染物排放仍不符合国家在用机动车排放标准的，应当强制报废。其所有人应当将机动车交售给报废机动车回收拆解企业，由报废机动车回收拆解企业按照国家有关规定进行登记、拆解、销毁等处理。

国家鼓励和支持高排放机动车船、非道路移动机械提前报废。

第六十一条 城市人民政府可以根据大气环境质量状况，划定并公布禁止使用高排放非道路移动机械的区域。

第六十二条 船舶检验机构对船舶发动机及有关设备进行排放检验。经检验符合国家排放标准的，船舶方可运营。

第六十三条 内河和江海直达船舶应当使用符合标准的普通柴油。远洋船舶靠港后应当使用符合大气污染物控制要求的船舶用燃油。

新建码头应当规划、设计和建设岸基供电设施；已建成的码头应当逐步实施岸基供电设施改造。船舶靠港后应当优先使用岸电。

第六十四条 国务院交通运输主管部门可以在沿海海域划定船舶大气污染物排放控制区，进入排放控制区的船舶应当符合船舶相关排放要求。

第六十五条 禁止生产、进口、销售不符合标准的机动车船、非道路移动机械用燃料；禁止向汽车和摩托车销售普通柴油以及其他非机动车用燃料；禁止向非道路移动机械、内河和江海直达船舶销售渣油和重油。

第六十六条 发动机油、氮氧化物还原剂、燃料和润滑油添加剂以及其他添加剂的有害物质含量和其他大气环境保护指标，应当符合有关标准的要求，不得损害机动车船污染控制装置效果和耐久性，不得增加新的大气污染物排放。

第六十七条 国家积极推进民用航空器的大气污染防治，鼓励在设计、生产、使用过程中采取有效措施减少大气污染物排放。

民用航空器应当符合国家规定的适航标准中的有关发动机排出物要求。

第四节 扬尘污染防治

第六十八条 地方各级人民政府应当加强对建设施工和运输的管理，保持道路清洁，控制料堆和渣土堆放，扩大绿地、水面、湿地和地面铺装面积，防治扬尘污染。

住房城乡建设、市容环境卫生、交通运输、国土资源等有关部门，应当根据本级人民政府确定的职责，做好扬尘污染防治工作。

第六十九条 建设单位应当将防治扬尘污染的费用列入工程造价，并在施工承包合同中明确施工单位扬尘污染防治责任。施工单位应当制定具体的施工扬尘污染防治实施方案。

从事房屋建筑、市政基础设施建设、河道整治以及建筑物拆除等施工单位，应当向负责监督管理扬尘污染防治的主管部门备案。

施工单位应当在施工工地设置硬质围挡，并采取覆盖、分段作业、择时施工、洒水抑尘、冲洗地面和车辆等有效防尘降尘措施。建筑土方、工程渣土、建筑垃圾应当及时清运；在场地内堆存的，应当采用密闭式防尘网遮盖。工程渣土、建筑垃圾应当进行资源化处理。

施工单位应当在施工工地公示扬尘污染防治措施、负责人、扬尘监督管理主管部门等信息。

暂时不能开工的建设用地，建设单位应当对裸露地面进行覆盖；超过三个月的，应当进行绿化、铺装或者遮盖。

第七十条 运输煤炭、垃圾、渣土、砂石、土方、灰浆等散装、流体物料的车辆应当采取密闭或者其他措施防止物料遗撒造成扬尘污染，并按照规定路线行驶。

装卸物料应当采取密闭或者喷淋等方式防治扬尘污染。

城市人民政府应当加强道路、广场、停车场和其他公共场所的清扫保洁管理，推行清洁动力机械化清扫等低尘作业方式，防治扬尘污染。

第七十一条 市政河道以及河道沿线、公共用地的裸露地面以及其他城镇裸露地面，有关部门应当按照规划组织实施绿化或者透水铺装。

第七十二条 贮存煤炭、煤矸石、煤渣、煤灰、水泥、石灰、石膏、砂土等易产生扬尘的物料应当密闭；不能密闭的，应当设置不低于堆放物高度的严密围挡，并采取有效覆盖措施防治扬尘污染。

码头、矿山、填埋场和消纳场应当实施分区作业，并采取有效措施防治扬尘污染。

第五节 农业和其他污染防治

第七十三条 地方各级人民政府应当推动转变农业生产方式，发展农业循环经济，加大对废弃物综合处理的支持力度，加强对农业生产经营活动排放大气污染物的控制。

第七十四条 农业生产经营者应当改进施肥方式，科学合理施用化肥并按照国家有关规定使用农药，减少氨、挥发性有机物等大气污染物的排放。

禁止在人口集中地区对树木、花草喷洒剧毒、高毒农药。

第七十五条 畜禽养殖场、养殖小区应当及时对污水、畜禽粪便和尸体等进行收集、贮存、清运和无害化处理，防止排放恶臭气体。

第七十六条 各级人民政府及其农业行政等有关部门应当鼓励和支持采用先进适用技术，对秸秆、落叶等进行肥料化、饲料化、能源化、工业原料化、食用菌基料化等综合利用，加大对秸秆还田、收集一体化农业机械的财政补贴力度。

县级人民政府应当组织建立秸秆收集、贮存、运输和综合利用服务体系，采用财政补贴等措施支持农村集体经济组织、农民专业合作经济组织、企业等开展秸秆收集、贮存、运输和综合利用服务。

第七十七条 省、自治区、直辖市人民政府应当划定区域，禁止露天焚烧秸秆、落叶等产生烟尘污染的物质。

第七十八条 国务院生态环境主管部门应当会同国务院卫生行政部门，根据大气污染物对公众健康和生态环境的危害和影响程度，公布有毒有害大气污染物名录，实行风险管理。

排放前款规定名录中所列有毒有害大气污染物的企业事业单位，应当按照国家有关规定建设环境风险预警体系，对排放口和周边环境进行定期监测，评估环境风险，排查环境安全隐患，并采取有效措施防范环境风险。

第七十九条 向大气排放持久性有机污染物的企业事业单位和其他生产经营者以及废弃物焚烧设施的运营单位，应当按照国家有关规定，采取有利于减少持久性有机污染物排放的技术方法和工艺，配备有效的净化装置，实现达标排放。

第八十条 企业事业单位和其他生产经营者在生产经营活动中产生恶臭气体的，应当科学选址，设置合理的防护距离，并安装净化装置或者采取其他措施，防止排放恶臭气体。

第八十一条 排放油烟的餐饮服务业经营者应当安装油烟净化设施并保持正常使用，或者采取其他油烟净化措施，使油烟达标排放，并防止对附近居民的正常生活环境造成污染。

禁止在居民住宅楼、未配套设立专用烟道的商住综合楼以及商住综合楼内与居住层相邻的商业楼层内新建、改建、扩建产生油烟、异味、废气的餐饮服务项目。

任何单位和个人不得在当地人民政府禁止的区域内露天烧烤食品或者为露天烧烤食品提供场地。

第八十二条 禁止在人口集中地区和其他依法需要特殊保护的区域内焚烧沥青、油毡、橡胶、塑料、皮革、垃圾以及其他产生有毒有害烟尘和恶臭气体的物质。

禁止生产、销售和燃放不符合质量标准的烟花爆竹。任何单位和个人不得在城市人民政府禁止的时段和区域内燃放烟花爆竹。

第八十三条 国家鼓励和倡导文明、绿色祭祀。

火葬场应当设置除尘等污染防治设施并保持正常使用，防止影响周边环境。

第八十四条 从事服装干洗和机动车维修等服务活动的经营者，应当按照国家有关标准或者要求设置异味和废气处理装置等污染防治设施并保持正常使用，防止影响周边环境。

第八十五条 国家鼓励、支持消耗臭氧层物质替代品的生产和使用，逐步减少直至停止消耗臭氧层物质的生产和使用。

国家对消耗臭氧层物质的生产、使用、进出口实行总量控制和配额管理。具体办法由国务院规定。

第五章 重点区域大气污染联合防治

第八十六条 国家建立重点区域大气污染联防联控机制，统筹协调重点区域内大气污染防治工作。国务院生态环境主管部门根据主体功能区划、区域大气环境质量状况和大气污染传输扩散规律，划定国家大气污染防治重点区域，报国务院批准。

重点区域内有关省、自治区、直辖市人民政府应当确定牵头的地方人民政府，定期召开联席会议，按照统一规划、统一标准、统一监测、统一的防治措施的要求，开展大气污染联合防治，落实大气污染防治目标责任。国务院生态环境主管部门应当加强指导、督促。

省、自治区、直辖市可以参照第一款规定划定本行政区域的大气污染防治重点区域。

第八十七条 国务院生态环境主管部门会同国务院有关部门、国家大气污染防治重点区域内有关省、自治区、直辖市人民政府，根据重点区域经济社会发展和大气环境承载力，制定重点区域大气污染联合防治行动计划，明确控制目标，优化区域经济布局，统筹交通管理，发展清洁能源，提出重点防治任务和措施，促进重点区域大气环境质量改善。

第八十八条 国务院经济综合主管部门会同国务院生态环境主管部门，结合国家大气污染防治重点区域产业发展实际和大气环境质量状况，进一步提高环境保护、能耗、安全、质量等要求。

重点区域内有关省、自治区、直辖市人民政府应当实施更严格的机动车大气污染物排放标准，统一在用机动车检验方法和排放限值，并配套供应合格的车用燃油。

第八十九条 编制可能对国家大气污染防治重点区域的大气环境造成严重污染的有关工业园区、开发区、区域产业和发展等规划，应当依法进行环境影响评价。规划编制机关应当与重点区域内有关省、自治区、直辖市人民政府或者有关部门会商。

重点区域内有关省、自治区、直辖市建设可能对相邻省、自治区、直辖市大气环境质量产生重大影响的项目，应当及时通报有关信息，进行会商。

会商意见及其采纳情况作为环境影响评价文件审查或者审批的重要依据。

第九十条 国家大气污染防治重点区域内新建、改建、扩建用煤项目的，应当实行煤炭的等量或者减量替代。

第九十一条 国务院生态环境主管部门应当组织建立国家大气污染防治重点区域的大气环境质量监测、大气污染源监测等相关信息共享机制，利用监测、模拟以及卫星、航测、遥感等新技术分析重点区域内大气污染来源及其变化趋势，并向社会公开。

第九十二条　国务院生态环境主管部门和国家大气污染防治重点区域内有关省、自治区、直辖市人民政府可以组织有关部门开展联合执法、跨区域执法、交叉执法。

第六章　重污染天气应对

第九十三条　国家建立重污染天气监测预警体系。

国务院生态环境主管部门会同国务院气象主管机构等有关部门、国家大气污染防治重点区域内有关省、自治区、直辖市人民政府，建立重点区域重污染天气监测预警机制，统一预警分级标准。可能发生区域重污染天气的，应当及时向重点区域内有关省、自治区、直辖市人民政府通报。

省、自治区、直辖市、设区的市人民政府生态环境主管部门会同气象主管机构等有关部门建立本行政区域重污染天气监测预警机制。

第九十四条　县级以上地方人民政府应当将重污染天气应对纳入突发事件应急管理体系。

省、自治区、直辖市、设区的市人民政府以及可能发生重污染天气的县级人民政府，应当制定重污染天气应急预案，向上一级人民政府生态环境主管部门备案，并向社会公布。

第九十五条　省、自治区、直辖市、设区的市人民政府生态环境主管部门应当会同气象主管机构建立会商机制，进行大气环境质量预报。可能发生重污染天气的，应当及时向本级人民政府报告。省、自治区、直辖市、设区的市人民政府依据重污染天气预报信息，进行综合研判，确定预警等级并及时发出预警。预警等级根据情况变化及时调整。任何单位和个人不得擅自向社会发布重污染天气预报预警信息。

预警信息发布后，人民政府及其有关部门应当通过电视、广播、网络、短信等途径告知公众采取健康防护措施，指导公众出行和调整其他相关社会活动。

第九十六条　县级以上地方人民政府应当依据重污染天气的预警等级，及时启动应急预案，根据应急需要可以采取责令有关企业停产或者限产、限制部分机动车行驶、禁止燃放烟花爆竹、停止工地土石方作业和建筑物拆除施工、停止露天烧烤、停止幼儿园和学校组织的户外活动、组织开展人工影响天气作业等应急措施。

应急响应结束后，人民政府应当及时开展应急预案实施情况的评估，适时修改完善应急预案。

第九十七条　发生造成大气污染的突发环境事件，人民政府及其有关部门和相关企业事业单位，应当依照《中华人民共和国突发事件应对法》《中华人民共和国环境保护法》的规定，做好应急处置工作。生态环境主管部门应当及时对突发环境事件产生的大气污染物进行监测，并向社会公布监测信息。

第七章　法律责任

第九十八条　违反本法规定，以拒绝进入现场等方式拒不接受生态环境主管部门及其环境执法机构或者其他负有大气环境保护监督管理职责的部门的监督检查，或者在接受监督检查时弄虚作假的，由县级以上人民政府生态环境主管部门或者其他负有大气环境保护监督管理职责的部门责令改正，处二万元以上二十万元以下的罚款；构成违反治安管理行为的，由公安机关依法予以处罚。

第九十九条 违反本法规定，有下列行为之一的，由县级以上人民政府生态环境主管部门责令改正或者限制生产、停产整治，并处十万元以上一百万元以下的罚款；情节严重的，报经有批准权的人民政府批准，责令停业、关闭：

（一）未依法取得排污许可证排放大气污染物的；

（二）超过大气污染物排放标准或者超过重点大气污染物排放总量控制指标排放大气污染物的；

（三）通过逃避监管的方式排放大气污染物的。

第一百条 违反本法规定，有下列行为之一的，由县级以上人民政府生态环境主管部门责令改正，处二万元以上二十万元以下的罚款；拒不改正的，责令停产整治：

（一）侵占、损毁或者擅自移动、改变大气环境质量监测设施或者大气污染物排放自动监测设备的；

（二）未按照规定对所排放的工业废气和有毒有害大气污染物进行监测并保存原始监测记录的；

（三）未按照规定安装、使用大气污染物排放自动监测设备或者未按照规定与生态环境主管部门的监控设备联网，并保证监测设备正常运行的；

（四）重点排污单位不公开或者不如实公开自动监测数据的；

（五）未按照规定设置大气污染物排放口的。

第一百零一条 违反本法规定，生产、进口、销售或者使用国家综合性产业政策目录中禁止的设备和产品，采用国家综合性产业政策目录中禁止的工艺，或者将淘汰的设备和产品转让给他人使用的，由县级以上人民政府经济综合主管部门、海关按照职责责令改正，没收违法所得，并处货值金额一倍以上三倍以下的罚款；拒不改正的，报经有批准权的人民政府批准，责令停业、关闭。进口行为构成走私的，由海关依法予以处罚。

第一百零二条 违反本法规定，煤矿未按照规定建设配套煤炭洗选设施的，由县级以上人民政府能源主管部门责令改正，处十万元以上一百万元以下的罚款；拒不改正的，报经有批准权的人民政府批准，责令停业、关闭。

违反本法规定，开采含放射性和砷等有毒有害物质超过规定标准的煤炭的，由县级以上人民政府按照国务院规定的权限责令停业、关闭。

第一百零三条 违反本法规定，有下列行为之一的，由县级以上地方人民政府市场监督管理部门责令改正，没收原材料、产品和违法所得，并处货值金额一倍以上三倍以下的罚款：

（一）销售不符合质量标准的煤炭、石油焦的；

（二）生产、销售挥发性有机物含量不符合质量标准或者要求的原材料和产品的；

（三）生产、销售不符合标准的机动车船和非道路移动机械用燃料、发动机油、氮氧化物还原剂、燃料和润滑油添加剂以及其他添加剂的；

（四）在禁燃区内销售高污染燃料的。

第一百零四条 违反本法规定，有下列行为之一的，由海关责令改正，没收原材料、产品和违法所得，并处货值金额一倍以上三倍以下的罚款；构成走私的，由海关依法予以处罚：

（一）进口不符合质量标准的煤炭、石油焦的；

（二）进口挥发性有机物含量不符合质量标准或者要求的原材料和产品的；

（三）进口不符合标准的机动车船和非道路移动机械用燃料、发动机油、氮氧化物还原剂、燃料和润滑油添加剂以及其他添加剂的。

第一百零五条 违反本法规定，单位燃用不符合质量标准的煤炭、石油焦的，由县级以上人民政府生态环境主管部门责令改正，处货值金额一倍以上三倍以下的罚款。

第一百零六条 违反本法规定，使用不符合标准或者要求的船舶用燃油的，由海事管理机构、渔业主管部门按照职责处一万元以上十万元以下的罚款。

第一百零七条 违反本法规定，在禁燃区内新建、扩建燃用高污染燃料的设施，或者未按照规定停止燃用高污染燃料，或者在城市集中供热管网覆盖地区新建、扩建分散燃煤供热锅炉，或者未按照规定拆除已建成的不能达标排放的燃煤供热锅炉的，由县级以上地方人民政府生态环境主管部门没收燃用高污染燃料的设施，组织拆除燃煤供热锅炉，并处二万元以上二十万元以下的罚款。

违反本法规定，生产、进口、销售或者使用不符合规定标准或者要求的锅炉，由县级以上人民政府市场监督管理、生态环境主管部门责令改正，没收违法所得，并处二万元以上二十万元以下的罚款。

第一百零八条 违反本法规定，有下列行为之一的，由县级以上人民政府生态环境主管部门责令改正，处二万元以上二十万元以下的罚款；拒不改正的，责令停产整治：

（一）产生含挥发性有机物废气的生产和服务活动，未在密闭空间或者设备中进行，未按照规定安装、使用污染防治设施，或者未采取减少废气排放措施的；

（二）工业涂装企业未使用低挥发性有机物含量涂料或者未建立、保存台账的；

（三）石油、化工以及其他生产和使用有机溶剂的企业，未采取措施对管道、设备进行日常维护、维修，减少物料泄漏或者对泄漏的物料未及时收集处理的；

（四）储油储气库、加油加气站和油罐车、气罐车等，未按照国家有关规定安装并正常使用油气回收装置的；

（五）钢铁、建材、有色金属、石油、化工、制药、矿产开采等企业，未采取集中收集处理、密闭、围挡、遮盖、清扫、洒水等措施，控制、减少粉尘和气态污染物排放的；

（六）工业生产、垃圾填埋或者其他活动中产生的可燃性气体未回收利用，不具备回收利用条件未进行防治污染处理，或者可燃性气体回收利用装置不能正常作业，未及时修复或者更新的。

第一百零九条 违反本法规定，生产超过污染物排放标准的机动车、非道路移动机械的，由省级以上人民政府生态环境主管部门责令改正，没收违法所得，并处货值金额一倍以上三倍以下的罚款，没收销毁无法达到污染物排放标准的机动车、非道路移动机械；拒不改正的，责令停产整治，并由国务院机动车生产主管部门责令停止生产该车型。

违反本法规定，机动车、非道路移动机械生产企业对发动机、污染控制装置弄虚作假、以次充好，冒充排放检验合格产品出厂销售的，由省级以上人民政府生态环境主管部门责令停产整治，没收违法所得，并处货值金额一倍以上三倍以下的罚款，没收销毁无法达到污染物排放标准的机动车、非道路移动机械，并由国务院机动车生产主管部门责令停止生产该车型。

第一百一十条 违反本法规定，进口、销售超过污染物排放标准的机动车、非道路移动机械的，由县级以上人民政府市场监督管理部门、海关按照职责没收违法所得，并处货值金额一倍以上三倍以下的罚款，没收销毁无法达到污染物排放标准的机动车、非道路移动机械；进口行为构成走私的，由海关依法予以处罚。

违反本法规定，销售的机动车、非道路移动机械不符合污染物排放标准的，销售者应当负责修理、更换、退货；给购买者造成损失的，销售者应当赔偿损失。

第一百一十一条 违反本法规定，机动车生产、进口企业未按照规定向社会公布其生产、进口机动车车型的排放检验信息或者污染控制技术信息的，由省级以上人民政府生态环境主管部门责令改正，处五万元以上五十万元以下的罚款。

违反本法规定，机动车生产、进口企业未按照规定向社会公布其生产、进口机动车车型的有关维修技术信息的，由省级以上人民政府交通运输主管部门责令改正，处五万元以上五十万元以下的罚款。

第一百一十二条 违反本法规定，伪造机动车、非道路移动机械排放检验结果或者出具虚假排放检验报告的，由县级以上人民政府生态环境主管部门没收违法所得，并处十万元以上五十万元以下的罚款；情节严重的，由负责资质认定的部门取消其检验资格。

违反本法规定，伪造船舶排放检验结果或者出具虚假排放检验报告的，由海事管理机构依法予以处罚。

违反本法规定，以临时更换机动车污染控制装置等弄虚作假的方式通过机动车排放检验或者破坏机动车车载排放诊断系统的，由县级以上人民政府生态环境主管部门责令改正，对机动车所有人处五千元的罚款；对机动车维修单位处每辆机动车五千元的罚款。

第一百一十三条 违反本法规定，机动车驾驶人驾驶排放检验不合格的机动车上道路行驶的，由公安机关交通管理部门依法予以处罚。

第一百一十四条 违反本法规定，使用排放不合格的非道路移动机械，或者在用重型柴油车、非道路移动机械未按照规定加装、更换污染控制装置的，由县级以上人民政府生态环境等主管部门按照职责责令改正，处五千元的罚款。

违反本法规定，在禁止使用高排放非道路移动机械的区域使用高排放非道路移动机械的，由城市人民政府生态环境等主管部门依法予以处罚。

第一百一十五条 违反本法规定，施工单位有下列行为之一的，由县级以上人民政府住房城乡建设等主管部门按照职责责令改正，处一万元以上十万元以下的罚款；拒不改正的，责令停工整治：

（一）施工工地未设置硬质围挡，或者未采取覆盖、分段作业、择时施工、洒水抑尘、冲洗地面和车辆等有效防尘降尘措施的；

（二）建筑土方、工程渣土、建筑垃圾未及时清运，或者未采用密闭式防尘网遮盖的。

违反本法规定，建设单位未对暂时不能开工的建设用地的裸露地面进行覆盖，或者未对超过三个月不能开工的建设用地的裸露地面进行绿化、铺装或者遮盖的，由县级以上人民政府住房城乡建设等主管部门依照前款规定予以处罚。

第一百一十六条 违反本法规定，运输煤炭、垃圾、渣土、砂石、土方、灰浆等散装、流体物料的车辆，未采取密闭或者其他措施防止物料遗撒的，由县级以上地方人民政府确定的监督管理部门责令改正，处二千元以上二万元以下的罚款；拒不改正的，车辆不得上道路行驶。

第一百一十七条　违反本法规定，有下列行为之一的，由县级以上人民政府生态环境等主管部门按照职责责令改正，处一万元以上十万元以下的罚款；拒不改正的，责令停工整治或者停业整治：

（一）未密闭煤炭、煤矸石、煤渣、煤灰、水泥、石灰、石膏、砂土等易产生扬尘的物料的；

（二）对不能密闭的易产生扬尘的物料，未设置不低于堆放物高度的严密围挡，或者未采取有效覆盖措施防治扬尘污染的；

（三）装卸物料未采取密闭或者喷淋等方式控制扬尘排放的；

（四）存放煤炭、煤矸石、煤渣、煤灰等物料，未采取防燃措施的；

（五）码头、矿山、填埋场和消纳场未采取有效措施防治扬尘污染的；

（六）排放有毒有害大气污染物名录中所列有毒有害大气污染物的企业事业单位，未按照规定建设环境风险预警体系或者对排放口和周边环境进行定期监测、排查环境安全隐患并采取有效措施防范环境风险的；

（七）向大气排放持久性有机污染物的企业事业单位和其他生产经营者以及废弃物焚烧设施的运营单位，未按照国家有关规定采取有利于减少持久性有机污染物排放的技术方法和工艺，配备净化装置的；

（八）未采取措施防止排放恶臭气体的。

第一百一十八条　违反本法规定，排放油烟的餐饮服务业经营者未安装油烟净化设施、不正常使用油烟净化设施或者未采取其他油烟净化措施，超过排放标准排放油烟的，由县级以上地方人民政府确定的监督管理部门责令改正，处五千元以上五万元以下的罚款；拒不改正的，责令停业整治。

违反本法规定，在居民住宅楼、未配套设立专用烟道的商住综合楼、商住综合楼内与居住层相邻的商业楼层内新建、改建、扩建产生油烟、异味、废气的餐饮服务项目的，由县级以上地方人民政府确定的监督管理部门责令改正；拒不改正的，予以关闭，并处一万元以上十万元以下的罚款。

违反本法规定，在当地人民政府禁止的时段和区域内露天烧烤食品或者为露天烧烤食品提供场地的，由县级以上地方人民政府确定的监督管理部门责令改正，没收烧烤工具和违法所得，并处五百元以上二万元以下的罚款。

第一百一十九条　违反本法规定，在人口集中地区对树木、花草喷洒剧毒、高毒农药，或者露天焚烧秸秆、落叶等产生烟尘污染的物质的，由县级以上地方人民政府确定的监督管理部门责令改正，并可以处五百元以上二千元以下的罚款。

违反本法规定，在人口集中地区和其他依法需要特殊保护的区域内，焚烧沥青、油毡、橡胶、塑料、皮革、垃圾以及其他产生有毒有害烟尘和恶臭气体的物质的，由县级人民政府确定的监督管理部门责令改正，对单位处一万元以上十万元以下的罚款，对个人处五百元以上二千元以下的罚款。

违反本法规定，在城市人民政府禁止的时段和区域内燃放烟花爆竹的，由县级以上地方人民政府确定的监督管理部门依法予以处罚。

第一百二十条　违反本法规定，从事服装干洗和机动车维修等服务活动，未设置异味和废气处理装置等污染防治设施并保持正常使用，影响周边环境的，由县级以上地方人民政府生态环境主管部门责令改正，处二千元以上二万元以下的罚款；拒不改正的，责令停业整治。

第一百二十一条 违反本法规定，擅自向社会发布重污染天气预报预警信息，构成违反治安管理行为的，由公安机关依法予以处罚。

违反本法规定，拒不执行停止工地土石方作业或者建筑物拆除施工等重污染天气应急措施的，由县级以上地方人民政府确定的监督管理部门处一万元以上十万元以下的罚款。

第一百二十二条 违反本法规定，造成大气污染事故的，由县级以上人民政府生态环境主管部门依照本条第二款的规定处以罚款；对直接负责的主管人员和其他直接责任人员可以处上一年度从本企业事业单位取得收入百分之五十以下的罚款。

对造成一般或者较大大气污染事故的，按照污染事故造成直接损失的一倍以上三倍以下计算罚款；对造成重大或者特大大气污染事故的，按照污染事故造成的直接损失的三倍以上五倍以下计算罚款。

第一百二十三条 违反本法规定，企业事业单位和其他生产经营者有下列行为之一，受到罚款处罚，被责令改正，拒不改正的，依法作出处罚决定的行政机关可以自责令改正之日的次日起，按照原处罚数额按日连续处罚：

（一）未依法取得排污许可证排放大气污染物的；

（二）超过大气污染物排放标准或者超过重点大气污染物排放总量控制指标排放大气污染物的；

（三）通过逃避监管的方式排放大气污染物的；

（四）建筑施工或者贮存易产生扬尘的物料未采取有效措施防治扬尘污染的。

第一百二十四条 违反本法规定，对举报人以解除、变更劳动合同或者其他方式打击报复的，应当依照有关法律的规定承担责任。

第一百二十五条 排放大气污染物造成损害的，应当依法承担侵权责任。

第一百二十六条 地方各级人民政府、县级以上人民政府生态环境主管部门和其他负有大气环境保护监督管理职责的部门及其工作人员滥用职权、玩忽职守、徇私舞弊、弄虚作假的，依法给予处分。

第一百二十七条 违反本法规定，构成犯罪的，依法追究刑事责任。

第八章 附 则

第一百二十八条 海洋工程的大气污染防治，依照《中华人民共和国海洋环境保护法》的有关规定执行。

第一百二十九条 本法自 2016 年 1 月 1 日起施行。

五、技术政策

燃煤二氧化硫排放污染防治技术政策

环发[2002]26 号

1. 总则

1.1 我国目前燃煤二氧化硫排放量占二氧化硫排放总量的 90% 以上，为推动能源合理利用、经济结构调整和产业升级，控制燃煤造成的二氧化硫大量排放，遏制酸沉降污染恶化趋势，防治城市空气污染，根据《中华人民共和国大气污染防治法》以及《国民经济和社会发展第十个五年计划纲要》的有关要求，并结合相关法规、政策和标准，制定本技术政策。

1.2 本技术政策是为实现 2005 年全国二氧化硫排放量在 2000 年基础上削减 10%，"两控区"二氧化硫排放量减少 20%，改善城市环境空气质量的控制目标提供技术支持和导向。

1.3 本技术政策适用于煤炭开采和加工、煤炭燃烧、烟气脱硫设施建设和相关技术装备的开发应用，并作为企业建设和政府主管部门管理的技术依据。

1.4 本技术政策控制的主要污染源是燃煤电厂锅炉、工业锅炉和窑炉以及对局地环境污染有显著影响的其他燃煤设施。重点区域是"两控区"，及对"两控区"酸雨的产生有较大影响的周边省、市和地区。

1.5 本技术政策的总原则是：推行节约并合理使用能源、提高煤炭质量、高效低污染燃烧以及末端治理相结合的综合防治措施，根据技术的经济可行性，严格二氧化硫排放污染控制要求，减少二氧化硫排放。

1.6 本技术政策的技术路线是：电厂锅炉、大型工业锅炉和窑炉使用中、高硫分燃煤的，应安装烟气脱硫设施；中小型工业锅炉和炉窑，应优先使用优质低硫煤、洗选煤等低污染燃料或其他清洁能源；城市民用炉灶鼓励使用电、燃气等清洁能源或固硫型煤替代原煤散烧。

2. 能源合理利用

2.1 鼓励可再生能源和清洁能源的开发利用，逐步改善和优化能源结构。

2.2 通过产业和产品结构调整，逐步淘汰落后工艺和产品，关闭或改造布局不合理、污染严重的小企业；鼓励工业企业进行节能技术改造，采用先进洁净煤技术，提高能源利用效率。

2.3 逐步提高城市用电、燃气等清洁能源比例，清洁能源应优先供应民用燃烧设施和小型工业燃烧设施。

2.4 城镇应统筹规划，多种方式解决热源，鼓励发展地热、电热膜供暖等采暖方式；城市市区应发展集中供热和以热定电的热电联产业，替代热网内的分散小锅炉；热网区外和未进行集中供热的城市地区，不应新建产热量在 2.8MW 以下的燃煤锅炉。

2.5 城镇民用炊事炉灶、茶浴炉以及产热量在 0.7MW 以下采暖炉应禁止燃用原煤，提倡使用电、燃气等清洁能源或固硫型煤等低污染燃料，并应同时配套高效炉具。

2.6 逐步提高煤炭转化为电力的比例，鼓励建设坑口电厂并配套高效脱硫设施，变输煤为输电。

2.7 到 2003 年，基本关停 50 MW 以下（含 50 MW）的常规燃煤机组；到 2010 年，逐步淘汰不能满足环保要求的 100MW 以下的燃煤发电机组（综合利用电厂除外），提高火力发电的煤炭使用效率。

3. 煤炭生产、加工和供应

3.1 各地不得新建煤层含硫份大于 3%的矿井。对现有硫份大于 3%的高硫小煤矿，应予关闭。对现有硫份大于 3%的高硫大煤矿，近期实行限产，到 2005 年仍未采取有效降硫措施、或无法定点供应安装有脱硫设施并达到污染物排放标准的用户的，应予关闭。

3.2 除定点供应安装有脱硫设施并达到国家污染物排放标准的用户外，对新建硫份大于 1.5%的煤矿，应配套建设煤炭洗选设施。对现有硫份大于 2%的煤矿，应补建配套煤炭洗选设施。

3.3 现有选煤厂应充分利用其洗选煤能力，加大动力煤的入洗量。

3.4 鼓励对现有高硫煤选煤厂进行技术改造，提高选煤除硫率。

3.5 鼓励选煤厂根据洗选煤特性采用先进洗选技术和装备，提高选煤除硫率。

3.6 鼓励煤炭气化、液化，鼓励发展先进煤气化技术用于城市民用煤气和工业燃气。

3.7 煤炭供应应符合当地县级以上人民政府对煤炭含硫量的要求。鼓励通过加入固硫剂等措施降低二氧化硫的排放。

3.8 低硫煤和洗后动力煤，应优先供应给中小型燃煤设施。

4. 煤炭燃烧

4.1 国务院划定的大气污染防治重点城市人民政府按照国家环保总局《关于划分高污染燃料的规定》，划定禁止销售、使用高污染燃料区域（简称"禁燃区"），在该区域内停止燃用高污染燃料，改用天然气、液化石油气、电或其他清洁能源。

4.2 在城市及其附近地区电、燃气尚未普及的情况下，小型工业锅炉、民用炉灶和采暖小煤炉应优先采用固硫型煤，禁止原煤散烧。

4.3 民用型煤推广以无烟煤为原料的下点火固硫蜂窝煤技术，在特殊地区可应用以烟煤、褐煤为原料的上点火固硫蜂窝煤技术。

4.4 在城市和其他煤炭调入地区的工业锅炉鼓励采用集中配煤炉前成型技术或集中配煤集中成型技术，并通过耐高温固硫剂达到固硫目的。

4.5 鼓励研究解决固硫型煤燃烧中出现的着火延迟、燃烧强度降低和高温固硫效率低的技术问题。

4.6 城市市区的工业锅炉更新或改造时应优先采用高效层燃锅炉，产热量 7MW 的热效率应在 80%以上，产热量<7MW 的热效率应在 75%以上。

4.7 使用流化床锅炉时，应添加石灰石等固硫剂，固硫率应满足排放标准要求。

4.8 鼓励研究开发基于煤气化技术的燃气－蒸汽联合循环发电等洁净煤技术。

5. 烟气脱硫

5.1 电厂锅炉

5.1.1 燃用中、高硫煤的电厂锅炉必须配套安装烟气脱硫设施进行脱硫。

5.1.2 电厂锅炉采用烟气脱硫设施的适用范围是：

1）新、扩、改建燃煤电厂，应在建厂同时配套建设烟气脱硫设施，实现达标排放，并满足 SO_2 排放总量控制要求，烟气脱硫设施应在主机投运同时投入使用。

2）已建的火电机组，若 SO_2 排放未达排放标准或未达到排放总量许可要求、剩余寿命（按照设计寿命计算）大于 10 年（包括 10 年）的，应补建烟气脱硫设施，实现达标排放，并满足 SO_2 排放总量控制要求。

3）已建的火电机组，若 SO_2 排放未达排放标准或未达到排放总量许可要求、剩余寿命（按照设计寿命计算）低于 10 年的，可采取低硫煤替代或其他具有同样 SO_2 减排效果的措施，实现达标排放，并满足 SO_2 排放总量控制要求。否则，应提前退役停运。

4）超期服役的火电机组，若 SO_2 排放未达排放标准或未达到排放总量许可要求，应予以淘汰。

5.1.3 电厂锅炉烟气脱硫的技术路线是：

1）燃用含硫量 2%煤的机组或大容量机组（≥200MW）的电厂锅炉建设烟气脱硫设施时，宜优先考虑采用湿式石灰石—石膏法工艺，脱硫率应保证在 90%以上，投运率应保证在电厂正常发电时间的 95%以上。

2）燃用含硫量＜2%煤的中小电厂锅炉（＜200MW），或是剩余寿命低于 10 年的老机组建设烟气脱硫设施时，在保证达标排放，并满足 SO_2 排放总量控制要求的前提下，宜优先采用半干法、干法或其他费用较低的成熟技术，脱硫率应保证在 75%以上，投运率应保证在电厂正常发电时间的 95%以上。

5.1.4 火电机组烟气排放应配备二氧化硫和烟尘等污染物在线连续监测装置，并与环保行政主管部门的管理信息系统联网。

5.1.5 在引进国外先进烟气脱硫装备的基础上，应同时掌握其设计、制造和运行技术，各地应积极扶持烟气脱硫的示范工程。

5.1.6 应培育和扶持国内有实力的脱硫工程公司和脱硫服务公司，逐步提高其工程总承包能力，规范脱硫工程建设和脱硫设备的生产和供应。

5.2 工业锅炉和窑炉

5.2.1 中小型燃煤工业锅炉（产热量＜14MW）提倡使用工业型煤、低硫煤和洗选煤。对配备湿法除尘的，可优先采用如下的湿式除尘脱硫一体化工艺：

1）燃中低硫煤锅炉，可采用利用锅炉自排碱性废水或企业自排碱性废液的除尘脱硫工艺；

2）燃中高硫煤锅炉，可采用双碱法工艺。

5.2.2 大中型燃煤工业锅炉（产热量≥14MW）可根据具体条件采用低硫煤替代、循环流化床锅炉改造（加固硫剂）或采用烟气脱硫技术。

5.2.3 应逐步淘汰敞开式炉窑，炉窑可采用改变燃料、低硫煤替代、洗选煤或根据具体条件采用烟气脱硫技术。

5.2.4 大中型燃煤工业锅炉和窑炉应逐步安装二氧化硫和烟尘在线监测装置。

5.3 采用烟气脱硫设施时，技术选用应考虑以下主要原则：

5.3.1 脱硫设备的寿命在 15 年以上；

5.3.2 脱硫设备有主要工艺参数（pH 值、液气比和 SO$_2$ 出口浓度）的自控装置；

5.3.3 脱硫产物应稳定化或经适当处理，没有二次释放二氧化硫的风险；

5.3.4 脱硫产物和外排液无二次污染且能安全处置；

5.3.5 投资和运行费用适中；

5.3.6 脱硫设备可保证连续运行，在北方地区的应保证冬天可正常使用。

5.4 脱硫技术研究开发

5.4.1 鼓励研究开发适合当地资源条件、并能回收硫资源的技术。

5.4.2 鼓励研究开发对烟气进行同时脱硫脱氮的技术。

5.4.3 鼓励研究开发脱硫副产品处理、处置及资源化技术和装备。

6. 二次污染防治

6.1 选煤厂洗煤水应采用闭路循环，煤泥水经二次浓缩，絮凝沉淀处理，循环使用。

6.2 选煤厂的洗矸和尾矸应综合利用，供锅炉集中燃烧并高效脱硫，回收硫铁矿等有用组分，废弃时应用土覆盖，并植被保护。

6.3 型煤加工时，不得使用有毒有害的助燃或固硫添加剂。

6.4 建设烟气脱硫装置时，应同时考虑副产品的回收和综合利用，减少废弃物的产生量和排放量。

6.5 不能回收利用的脱硫副产品禁止直接堆放，应集中进行安全填埋处置，并达到相应的填埋污染控制标准。

6.6 烟气脱硫中的脱硫液应采用闭路循环，减少外排；脱硫副产品过滤、增稠和脱水过程中产生的工艺水应循环使用。

6.7 烟气脱硫外排液排入海水或其他水体时，脱硫液应经无害化处理，并须达到相应污染控制标准要求，应加强对重金属元素的监测和控制，不得对海域或水体生态环境造成有害影响。

6.8 烟气脱硫后的排烟应避免温度过低对周边环境造成不利影响。

6.9 烟气脱硫副产品用作化肥时其成分指标应达到国家、行业相应的肥料等级标准，并不得对农田生态产生有害影响。

柴油车排放污染防治技术政策

环发[2003]10 号

1 总则和控制目标

1.1 为保护大气环境，防治柴油车排放造成的城市空气污染，推动柴油车行业结构调整和技术升级换代，促进车用柴油油品质量的提高，根据《中华人民共和国大气污染防治法》，制定本技术政策。本技术政策是对《机动车排放污染防治技术政策》（国家环保总局、原国家机械工业局、科技部 1999 年联合发布）有关柴油车部分的修订和补充。自本技术政策发布实施之日起，柴油车的污染防治按本技术政策执行。本技术政策将随社会经济、技术水平的发展适时修订。

1.2 本技术政策适用于所有在我国境内使用的柴油车、车用柴油机产品和车用柴油油品。

1.3 柴油发动机燃烧效率高，采用先进技术的柴油发动机污染物排放量较低。国家鼓励发展低能耗、低污染、使用可靠的柴油车。

1.4 柴油车排放的污染物及其在大气中二次反应生成的污染物对人体健康和生态环境会造成不良影响。随着经济、技术水平的提高，国家将不断严格柴油车污染物排放控制的要求，逐步降低柴油车污染物的排放水平，保护人体健康和生态环境。

1.5 柴油车主要排放一氧化碳（CO）、碳氢化合物（HC）、氮氧化物（NO_x）和颗粒污染物等，控制的重点是氮氧化物（NO_x）和颗粒污染物。

1.6 我国柴油汽车污染物排放当前执行相当于欧洲第一阶段控制水平的国家排放标准。我国柴油汽车污染物排放控制目标是：2004 年前后达到相当于欧洲第二阶段排放控制水平；到 2008 年，力争达到相当于欧洲第三阶段排放控制水平；2010 年之后争取与国际排放控制水平接轨。

1.7 国家将逐步加严农用运输车的排放控制要求，并最终与柴油汽车并轨。

1.8 各城市应根据空气污染现状、不同污染源的大气污染分担率等实际情况，在加强对城市固定污染源排放控制的同时，加强对柴油车等流动污染源的排放控制，尽快改善城市环境空气质量。

1.9 随着柴油车和车用柴油机技术的发展，对技术先进、污染物排放性能好并达到国家或地方排放标准的柴油车，不应采取歧视性政策。

1.10 国家通过优惠的税收等经济政策，鼓励提前达到国家排放标准的柴油车和车用柴油发动机产品的生产和使用。

2 新生产柴油车及车用柴油机产品排放污染防治

2.1 柴油车及车用柴油机生产企业出厂的新产品，其污染物排放必须稳定达到国家或地方排放标准的要求，否则不得生产、销售和使用。

2.2 柴油车及车用柴油机生产企业应积极研究并采用先进的发动机制造技术和排放控制技

术，使其产品的污染物排放达到国家或地方的排放控制目标和排放标准。以下是主要的技术导向内容：

2.2.1 柴油车及车用柴油机生产企业应积极采用先进电子控制燃油喷射技术和新型燃油喷射装置，实现柴油车和车用柴油机燃油系统各环节的精确控制，促进其产品升级。

2.2.2 柴油车及车用柴油机生产企业在其产品中应采用新型燃烧技术，实现柴油机的洁净燃烧和柴油车的清洁排放。

2.2.3 柴油车及车用柴油机生产企业应积极开发实现油、气综合管理的发动机综合管理系统（EMS）和整车管理系统，实现对整车排放性能的优化管理。

2.2.4 应积极研究开发并采用柴油车排气后处理技术，如广域空燃比下的气体排放物催化转化技术和再生能力良好的颗粒捕集技术，降低柴油车尾气中的污染物排放。

2.3 为满足不同阶段的排放控制要求，推荐新生产柴油车及车用柴油机可采用的技术路线是：

2.3.1 为达到相当于欧洲第二阶段排放控制水平的国家排放标准控制要求，可采用新型燃油泵、高压燃油喷射、废气再循环（EGR）、增压、中冷等技术相结合的技术路线。

2.3.2 为达到相当于欧洲第三阶段排放控制水平的要求，可采用电控燃油高压喷射（如电控单体泵、电控高压共轨、电控泵喷嘴等）、增压中冷、废气再循环（EGR）及安装氧化型催化转化器等技术相结合的综合治理技术路线；

2.3.3 为达到相当于欧洲第四阶段排放控制水平的排放控制要求，可采用更高压力的电控燃油喷射、可变几何的增压中冷、冷却式废气再循环（CEGR）、多气阀技术、可变进气涡流等，并配套相应的排气后处理技术的综合治理技术路线。

　　排气后处理技术包括氧化型催化转化器、连续再生的颗粒捕集器（CRT）、选择性催化还原技术（SCR）及氮氧化物储存型后处理技术（NSR）等。

2.4 柴油车及车用柴油机生产企业，应在其质量保证体系中，根据国家排放标准对生产一致性的要求，建立产品排放性能和耐久性的控制内容。在产品开发、生产质量控制、售后服务等各个阶段，加强对其产品排放性能的管理。在国家规定的使用期限内，保证其产品的排放稳定达到国家排放标准的要求。

2.5 柴油车及车用柴油机生产企业，在其产品使用说明书中应详细说明使用条件和日常保养项目，在给特约维修站的维修手册中应专门列出控制排放的维修内容、有关零部件更换周期、维修保养操作规程以及生产企业认可的零部件的规格、型号等内容，为在用柴油车的检查维护制度（I/M 制度）提供技术支持。

3 在用柴油车排放污染防治

3.1 在用柴油车在国家规定的使用期限内，要满足出厂时国家排放标准的要求。控制在用柴油车污染排放的基本原则是加强车辆日常维护，使其保持良好的排放性能。

　　有排放性能耐久性要求的车型，在规定的耐久性里程内，制造厂有责任保证其排放性能在正常使用条件下稳定达标。

3.2 在用柴油车的排放控制，应以完善和加强检查/维护（I/M）制度为主。通过加强检测能力和检测网络的建设，强化对在用柴油车的排放性能检测，强制不达标车辆进行维护修理，以保证车用柴油机处于正常技术状态。

3.3 柴油车生产企业应建立和完善产品维修网络体系。维修企业应配备必要的排放检测和诊断仪器，正确使用各种检测诊断手段，提高维护、修理技术水平，保证维修后的柴油车排放性能达到国家排放标准的要求。

3.4 严格按照国家关于在用柴油车报废标准的有关规定，及时淘汰污染严重的、应该报废的在用柴油车，促进车辆更新，降低在用柴油车的排放污染。

3.5 在用柴油车排放控制技术改造是一项系统工程，确需改造的城市和地区，应充分论证其技术经济性和改造的必要性，并进行系统的匹配研究和一定规模的改造示范。

在此基础上方可进行一定规模的推广，保证改造后柴油车的排放性能优于原车的排放。

确需对在用柴油车实行新的污染物排放标准并对其进行改造的城市，需按照大气污染防治法的规定，报经国务院批准。

3.6 城市应科学合理地组织道路交通，推动先进的交通管理系统的推广和应用，提高柴油车等流动源的污染排放控制水平。

4 车用油品

4.1 国家鼓励油品制造企业生产优质、低硫的车用柴油，鼓励生产优质、低硫、低芳烃柴油新技术和新工艺的应用，保证车用柴油质量稳定达到不断严格的国家车用柴油质量标准的要求。

4.2 国家制定车用柴油有害物质环境保护指标并与柴油车和车用柴油机排放标准同步加严，为新的排放控制技术的应用、保障柴油车污染物排放稳定达标提供必需的支持条件。

4.3 国家加强对柴油油品质量的监督管理，加强对车用柴油进口和销售环节的管理，加大对加油站的监控力度，保证加油站的车用柴油油品质量达到国家标准要求，保证柴油车和车用柴油机使用符合国家车用柴油质量标准和环保要求的车用柴油。

4.4 为满足国家环境保护重点城市对柴油车排放控制的严格要求，油品制造企业可精炼和供应更高品质、满足特殊使用要求的车用柴油，国家在价格、税收等方面按照优质优价的原则给予鼓励。

4.5 催化裂化柴油、部分劣质原油和高硫原油的直馏柴油应经过加氢等精制工艺，保证车用柴油的安定性，并使其硫含量符合使用要求。

4.6 国家鼓励发展利用生物质等原料合成制造柴油的技术。

4.7 油品生产企业应提高润滑油品质，保证其满足柴油车使用要求。

5 柴油车和车用柴油机排放测试技术

5.1 柴油车和车用柴油机生产企业应配备完善的排放测试仪器设备，以满足产品开发、生产一致性检测的需要。

5.2 柴油车和车用柴油机排放测试仪器设备及试验室条件的控制应适应不断严格的国家排放标准的需要，满足排放标准规定的要求。

5.3 鼓励柴油车加载烟度测量设备的开发，在有条件的地区逐步推广使用。

5.4 应加强国产柴油车和车用柴油机污染物排放测试仪器和设备的研究开发，鼓励引进技术的国产化，推动排放测试技术与国际先进水平接轨。

火电厂氮氧化物防治技术政策

环发[2010]10 号

1 总则

1.1 为贯彻《中华人民共和国大气污染防治法》，防治火电厂氮氧化物排放造成的污染，改善大气环境质量，保护生态环境，促进火电行业可持续发展和氮氧化物减排及控制技术进步，制定本技术政策。

1.2 本技术政策适用于燃煤发电和热电联产机组氮氧化物排放控制。燃用其他燃料的发电和热电联产机组的氮氧化物排放控制，可参照本技术政策执行。

1.3 本技术政策控制重点是全国范围内 200MW 及以上燃煤发电机组和热电联产机组以及大气污染重点控制区域内的所有燃煤发电机组和热电联产机组。

1.4 加强电源结构调整力度，加速淘汰 100MW 及以下燃煤凝汽机组，继续实施"上大压小"政策，积极发展大容量、高参数的大型燃煤机组和以热定电的热电联产项目，以提高能源利用率。

2 防治技术路线

2.1 倡导合理使用燃料与污染控制技术相结合、燃烧控制技术和烟气脱硝技术相结合的综合防治措施，以减少燃煤电厂氮氧化物的排放。

2.2 燃煤电厂氮氧化物控制技术的选择应因地制宜、因煤制宜、因炉制宜，依据技术上成熟、经济上合理及便于操作来确定。

2.3 低氮燃烧技术应作为燃煤电厂氮氧化物控制的首选技术。当采用低氮燃烧技术后，氮氧化物排放浓度不达标或不满足总量控制要求时，应建设烟气脱硝设施。

3 低氮燃烧技术

3.1 发电锅炉制造厂及其他单位在设计、生产发电锅炉时，应配置高效的低氮燃烧技术和装置，以减少氮氧化物的产生和排放。

3.2 新建、改建、扩建的燃煤电厂，应选用装配有高效低氮燃烧技术和装置的发电锅炉。

3.3 在役燃煤机组氮氧化物排放浓度不达标或不满足总量控制要求的电厂，应进行低氮燃烧技术改造。

4 烟气脱硝技术

4.1 位于大气污染重点控制区域内的新建、改建、扩建的燃煤发电机组和热电联产机组应配置烟气脱硝设施，并与主机同时设计、施工和投运。非重点控制区域内的新建、改建、扩建的燃煤发电机组和热电联产机组应根据排放标准、总量指标及建设项目环境影响报告书批复要求建设烟气脱硝装置。

4.2 对在役燃煤机组进行低氮燃烧技术改造后，其氮氧化物排放浓度仍不达标或不满足总量控制要求时，应配置烟气脱硝设施。

4.3 烟气脱硝技术主要有：选择性催化还原技术（SCR）、选择性非催化还原技术（SNCR）、选择性非催化还原与选择性催化还原联合技术（SNCR-SCR）及其他烟气脱硝技术。

4.3.1 新建、改建、扩建的燃煤机组，宜选用 SCR；小于等于 600MW 时，也可选用 SNCR-SCR。

4.3.2 燃用无烟煤或贫煤且投运时间不足 20 年的在役机组，宜选用 SCR 或 SNCR-SCR。

4.3.3 燃用烟煤或褐煤且投运时间不足 20 年的在役机组，宜选用 SNCR 或其他烟气脱硝技术。

4.4 烟气脱硝还原剂的选择

4.4.1 还原剂的选择应综合考虑安全、环保、经济等多方面因素。

4.4.2 选用液氨作为还原剂时，应符合《重大危险源辨识》（GB 18218）及《建筑设计防火规范》（GB 50016）中的有关规定。

4.4.3 位于人口稠密区的烟气脱硝设施，宜选用尿素作为还原剂。

4.5 烟气脱硝二次污染控制

4.5.1 SCR 和 SNCR-SCR 氨逃逸控制在 2.5mg/m^3（干基，标准状态）以下；SNCR 氨逃逸控制在 8 mg/m^3（干基，标准状态）以下。

4.5.2 失效催化剂应优先进行再生处理，无法再生的应进行无害化处理。

5 新技术开发

5.1 鼓励高效低氮燃烧技术及适合国情的循环流化床锅炉的开发和应用。

5.2 鼓励具有自主知识产权的烟气脱硝技术、脱硫脱硝协同控制技术以及氮氧化物资源化利用技术的研发和应用。

5.3 鼓励低成本高性能催化剂原料、新型催化剂和失效催化剂的再生与安全处置技术的开发和应用。

5.4 鼓励开发具有自主知识产权的在线连续监测装置。

5.5 鼓励适合于烟气脱硝的工业尿素的研究和开发。

6 运行管理

6.1 燃煤电厂应采用低氮燃烧优化运行技术，以充分发挥低氮燃烧装置的功能。

6.2 烟气脱硝设施应与发电主设备纳入同步管理，并设置专人维护管理，并对相关人员进行定期培训。

6.3 建立、健全烟气脱硝设施的运行检修规程和台账等日常管理制度，并根据工艺要求定期对各类设备、电气、自控仪表等进行检修维护，确保设施稳定可靠地运行。

6.4 燃煤电厂应按照《火电厂烟气排放连续监测技术规范》（HJ/T 75）装配氮氧化物在线连续监测装置，采取必要的质量保证措施，确保监测数据的完整和准确，并与环保行政主管部门的管理信息系统联网，对运行数据、记录等相关资料至少保存 3 年。

6.5 采用液氨作为还原剂时，应根据《危险化学品安全管理条例》的规定编制本单位事故应急救援预案，配备应急救援人员和必要的应急救援器材、设备，并定期组织演练。

6.6 电厂对失效且不可再生的催化剂应严格按照国家危险废物处理处置的相关规定进行管理。

7 监督管理

7.1 烟气脱硝设施不得随意停止运行。由于紧急事故或故障造成脱硝设施停运，电厂应立即向当地环境保护行政主管部门报告。

7.2 各级环境保护行政主管部门应加强对氮氧化物减排设施运行和日常管理制度执行情况的定期检查和监督，电厂应提供烟气脱硝设施的运行和管理情况，包括监测仪器的运行和校验情况等资料。

7.3 电厂所在地的环境保护行政主管部门应定期对烟气脱硝设施的排放和投运情况进行监测和监管。

挥发性有机物（VOCs）污染防治技术政策

环境保护部公告　2013 年第 31 号

一、总则

（一）为贯彻《中华人民共和国环境保护法》《中华人民共和国大气污染防治法》等法律法规，防治环境污染，保障生态安全和人体健康，促进挥发性有机物（VOCs）污染防治技术进步，制定本技术政策。

（二）本技术政策为指导性文件，供各有关单位在环境保护工作中参照采用。

（三）本技术政策提出了生产 VOCs 物料和含 VOCs 产品的生产、储存运输销售、使用、消费各环节的污染防治策略和方法。VOCs 来源广泛，主要污染源包括工业源、生活源。

工业源主要包括石油炼制与石油化工、煤炭加工与转化等含 VOCs 原料的生产行业，油类（燃油、溶剂等）储存、运输和销售过程，涂料、油墨、胶粘剂、农药等以 VOCs 为原料的生产行业，涂装、印刷、黏合、工业清洗等含 VOCs 产品的使用过程；生活源包括建筑装饰装修、餐饮服务和服装干洗。

石油和天然气开采业、制药工业以及机动车排放的 VOCs 污染防治可分别参照相应的污染防治技术政策。

（四）VOCs 污染防治应遵循源头和过程控制与末端治理相结合的综合防治原则。在工业生产中采用清洁生产技术，严格控制含 VOCs 原料与产品在生产和储运销过程中的 VOCs 排放，鼓励对资源和能源的回收利用；鼓励在生产和生活中使用不含 VOCs 的替代产品或低 VOCs 含量的产品。

（五）通过积极开展 VOCs 摸底调查、制修订重点行业 VOCs 排放标准和管理制度等文件、加强 VOCs 监测和治理、推广使用环境标志产品等措施，到 2015 年，基本建立起重点区域 VOCs 污染防治体系；到 2020 年，基本实现 VOCs 从原料到产品、从生产到消费的全过程减排。

二、源头和过程控制

（六）在石油炼制与石油化工行业，鼓励采用先进的清洁生产技术，提高原油的转化和利用效率。对于设备与管线组件、工艺排气、废气燃烧塔（火炬）、废水处理等过程产生的含 VOCs 废气污染防治技术措施包括：

1. 对泵、压缩机、阀门、法兰等易发生泄漏的设备与管线组件，制定泄漏检测与修复（LDAR）计划，定期检测、及时修复，防止或减少跑、冒、滴、漏现象；

2. 对生产装置排放的含 VOCs 工艺排气宜优先回收利用，不能（或不能完全）回收利用的经处理后达标排放，应急情况下的泄放气可导入燃烧塔（火炬），经过充分燃烧后排放；

3．废水收集和处理过程产生的含 VOCs 废气经收集处理后达标排放。

（七）在煤炭加工与转化行业，鼓励采用先进的清洁生产技术，实现煤炭高效、清洁转化，并重点识别、排查工艺装置和管线组件中 VOCs 泄漏的易发位置，制定预防 VOCs 泄漏和处置紧急事件的措施。

（八）在油类（燃油、溶剂）的储存、运输和销售过程中的 VOCs 污染防治技术措施包括：

1．储油库、加油站和油罐车宜配备相应的油气收集系统，储油库、加油站宜配备相应的油气回收系统；

2．油类（燃油、溶剂等）储罐宜采用高效密封的内（外）浮顶罐，当采用固定顶罐时，通过密闭排气系统将含 VOCs 气体输送至回收设备；

3．油类（燃油、溶剂等）运载工具（汽车油罐车、铁路油槽车、油轮等）在装载过程中排放的 VOCs 密闭收集输送至回收设备，也可返回储罐或送入气体管网。

（九）涂料、油墨、胶粘剂、农药等以 VOCs 为原料的生产行业的 VOCs 污染防治技术措施包括：

1．鼓励符合环境标志产品技术要求的水基型、无有机溶剂型、低有机溶剂型的涂料、油墨和胶粘剂等的生产和销售；

2．鼓励采用密闭一体化生产技术，并对生产过程中产生的废气分类收集后处理。

（十）在涂装、印刷、黏合、工业清洗等含 VOCs 产品的使用过程中的 VOCs 污染防治技术措施包括：

1．鼓励使用通过环境标志产品认证的环保型涂料、油墨、胶粘剂和清洗剂；

2．根据涂装工艺的不同，鼓励使用水性涂料、高固份涂料、粉末涂料、紫外光固化（UV）涂料等环保型涂料，推广采用静电喷涂、淋涂、辊涂、浸涂等效率较高的涂装工艺，应尽量避免无 VOCs 净化、回收措施的露天喷涂作业；

3．在印刷工艺中推广使用水性油墨，印铁制罐行业鼓励使用紫外光固化（UV）油墨，书刊印刷行业鼓励使用预涂膜技术；

4．鼓励在人造板、制鞋、皮革制品、包装材料等黏合过程中使用水基型、热熔型等环保型胶粘剂，在复合膜的生产中推广无溶剂复合及共挤出复合技术；

5．淘汰以三氟三氯乙烷、甲基氯仿和四氯化碳为清洗剂或溶剂的生产工艺，清洗过程中产生的废溶剂宜密闭收集，有回收价值的废溶剂经处理后回用，其他废溶剂应妥善处置；

6．含 VOCs 产品的使用过程中，应采取废气收集措施，提高废气收集效率，减少废气的无组织排放与逸散，并对收集后的废气进行回收或处理后达标排放。

（十一）建筑装饰装修、服装干洗、餐饮油烟等生活源的 VOCs 污染防治技术措施包括：

1．在建筑装饰装修行业推广使用符合环境标志产品技术要求的建筑涂料、低有机溶剂型木器漆和胶粘剂，逐步减少有机溶剂型涂料的使用；

2．在服装干洗行业应淘汰开启式干洗机的生产和使用，推广使用配备压缩机制冷溶剂回收系统的封闭式干洗机，鼓励使用配备活性炭吸附装置的干洗机；

3．在餐饮服务行业鼓励使用管道煤气、天然气、电等清洁能源；倡导低油烟、低污染、低能耗的饮食方式。

三、末端治理与综合利用

（十二）在工业生产过程中鼓励 VOCs 的回收利用，并优先鼓励在生产系统内回用。

（十三）对于含高浓度 VOCs 的废气，宜优先采用冷凝回收、吸附回收技术进行回收利用，并辅助以其他治理技术实现达标排放。

（十四）对于含中等浓度 VOCs 的废气，可采用吸附技术回收有机溶剂，或采用催化燃烧和热力焚烧技术净化后达标排放。当采用催化燃烧和热力焚烧技术进行净化时，应进行余热回收利用。

（十五）对于含低浓度 VOCs 的废气，有回收价值时可采用吸附技术、吸收技术对有机溶剂回收后达标排放；不宜回收时，可采用吸附浓缩燃烧技术、生物技术、吸收技术、等离子体技术或紫外光高级氧化技术等净化后达标排放。

（十六）含有有机卤素成分 VOCs 的废气，宜采用非焚烧技术处理。

（十七）恶臭气体污染源可采用生物技术、等离子体技术、吸附技术、吸收技术、紫外光高级氧化技术或组合技术等进行净化。净化后的恶臭气体除满足达标排放的要求外，还应采取高空排放等措施，避免产生扰民问题。

（十八）在餐饮服务业推广使用具有油雾回收功能的油烟抽排装置，并根据规模、场地和气候条件等采用高效油烟与 VOCs 净化装置净化后达标排放。

（十九）严格控制 VOCs 处理过程中产生的二次污染，对于催化燃烧和热力焚烧过程中产生的含硫、氮、氯等无机废气，以及吸附、吸收、冷凝、生物等治理过程中所产生的含有机物废水，应处理后达标排放。

（二十）对于不能再生的过滤材料、吸附剂及催化剂等净化材料，应按照国家固体废物管理的相关规定处理处置。

四、鼓励研发的新技术、新材料和新装备

鼓励以下新技术、新材料和新装备的研发和推广：

（二十一）工业生产过程中能够减少 VOCs 形成和挥发的清洁生产技术。

（二十二）旋转式分子筛吸附浓缩技术、高效蓄热式催化燃烧技术（RCO）和蓄热式热力燃烧技术（RTO）、氮气循环脱附吸附回收技术、高效水基强化吸收技术，以及其他针对特定有机污染物的生物净化技术和低温等离子体净化技术等。

（二十三）高效吸附材料（如特种用途活性炭、高强度活性炭纤维、改性疏水分子筛和硅胶等）、催化材料（如广谱性 VOCs 氧化催化剂等）、高效生物填料和吸收剂等。

（二十四）挥发性有机物回收及综合利用设备。

五、运行与监测

（二十五）鼓励企业自行开展 VOCs 监测，并及时主动向当地环保行政主管部门报送监测结果。

（二十六）企业应建立健全 VOCs 治理设施的运行维护规程和台账等日常管理制度，并根据工艺要求定期对各类设备、电气、自控仪表等进行检修维护，确保设施的稳定

运行。

（二十七）当采用吸附回收（浓缩）、催化燃烧、热力焚烧、等离子体等方法进行末端治理时，应编制本单位事故火灾、爆炸等应急救援预案，配备应急救援人员和器材，并开展应急演练。

环境空气细颗粒物污染综合防治技术政策

环境保护部公告　2013 年第 59 号

一、总则

（一）为贯彻《中华人民共和国环境保护法》和《中华人民共和国大气污染防治法》等法律法规，改善环境质量，防治环境污染，保障人体健康和生态安全，促进技术进步，制定本技术政策。

（二）本技术政策为指导性文件，提出了防治环境空气细颗粒物污染的相关措施，供各有关方面参照采用。

（三）环境空气中由于人类活动产生的细颗粒物主要有两个方面：一是各种污染源向空气中直接释放的细颗粒物，包括烟尘、粉尘、扬尘、油烟等；二是部分具有化学活性的气态污染物（前体污染物）在空气中发生反应后生成的细颗粒物，这些前体污染物包括硫氧化物、氮氧化物、挥发性有机物和氨等。防治环境空气细颗粒物污染应针对其成因，全面而严格地控制各种细颗粒物及前体污染物的排放行为。

（四）环境空气中细颗粒物的生成与社会生产、流通和消费活动有密切关系，防治污染应以持续降低环境空气中的细颗粒物浓度为目标，采取"各级政府主导，排污单位负责，社会各界参与，区域联防联控，长期坚持不懈"的原则，通过优化能源结构、变革生产方式、改变生活方式，不断减少各种相关污染物的排放量。

（五）防治细颗粒物污染应将工业污染源、移动污染源、扬尘污染源、生活污染源、农业污染源作为重点，强化源头削减，实施分区分类控制。

二、综合防治

（六）应将能源合理开发利用作为防治细颗粒物污染的优先领域，实行煤炭消费总量控制，大力发展清洁能源。天然气等清洁能源应优先供应居民日常生活使用。在大型城市应不断减少煤炭在能源供应中的比重。限制高硫份或高灰份煤炭的开采、使用和进口，提高煤炭洗选比例，研究推广煤炭清洁化利用技术，减少燃烧煤炭造成的污染物排放。

（七）应将防治细颗粒物污染作为制定和实施城市建设规划的目的之一，优化城市功能布局，开展城市生态建设，不断提高环境承载力，适当控制城市规模，大力发展公共交通系统。

（八）应调整产业结构，强化规划环评和项目环评，严格实施准入制度，必要时对重点区域和重点行业采取限批措施；淘汰落后产能，形成合理的产业分布空间格局。

（九）环境空气中细颗粒物浓度超标的城市，应按照相关法律规定，制定达标规划，明确各年度或各阶段工作目标，并予以落实。应完善环境质量监测工作，开展污染来源解析，编制各地重点污染源清单，采取针对性的污染排放控制措施。应以环境质量变化趋势为依据，建立污染排放控制措施有效性评估和改善工作机制。

三、防治工业污染

（十）应将排放细颗粒物和前体污染物排放量较大的行业作为工业污染源治理的重点，包括：火电、冶金、建材、石油化工、合成材料、制药、塑料加工、表面涂装、电子产品与设备制造、包装印刷等。工业污染源的污染防治，应参照燃煤二氧化硫、火电厂氮氧化物和冶金、建材、化工等污染防治技术政策的具体内容，开展相关工作。

（十一）应加强对各类污染源的监管，确保污染治理设施稳定运行，切实落实企业环保责任。鼓励采用低能耗、低污染的生产工艺，提高各个行业的清洁生产水平，降低污染物产生量。

（十二）应制定严格、完善的国家和地方工业污染物排放标准，明确各行业排放控制要求。在环境污染严重、污染物排放量大的地区，应制定实施严格的地方排放标准或国家排放标准特别排放限值。

（十三）对于排放细颗粒物的工业污染源，应按照生产工艺、排放方式和烟（废）气组成的特点，选取适用的污染防治技术。工业污染源有组织排放的颗粒物，宜采取袋除尘、电除尘、电袋除尘等高效除尘技术，鼓励火电机组和大型燃煤锅炉采用湿式电除尘等新技术。

（十四）对于排放前体污染物的工业污染源，应分别采用去除硫氧化物、氮氧化物、挥发性有机物和氨的治理技术。对于排放废气中的挥发性有机物应尽量进行回收处理，若无法回收，应采用焚烧等方式销毁（含卤素的有机物除外）。采用氨作为还原剂的氮氧化物净化装置，应在保证氮氧化物达标排放的前提下，合理设置氨的加注工艺参数，防止氨过量造成污染。鼓励在各类生产中采用挥发性有机物替代技术。

（十五）产生大气颗粒物及其前体物污染物的生产活动应尽量采用密闭装置，避免无组织排放；无法完全密闭的，应安装集气装置收集逸散的污染物，经净化后排放。

四、防治移动源污染

（十六）移动污染源包括各种道路车辆、机动船舶、非道路机械、火车、航空器等，应按照机动车、柴油车等污染防治技术政策的具体内容，开展相关工作。

防治移动源污染应将尽快降低燃料中有害物质含量，加速淘汰高排放老旧机动车辆和机械，加强在用机动车船排放监管作为重点，并建立长效机制，不断提高移动污染源的排放控制水平。

（十七）进一步提高全国车辆和机械用燃油的清洁化水平，降低硫等有害物质含量，为实施更加严格的移动污染源排放标准、降低在用车辆和机械排放水平创造必要条件。采取措施切实保障各地车用燃油的质量，防止车辆由于使用不符合要求的燃油造成故障或导致排放控制性能降低。

（十八）加强对排放检验不合格在用车辆的治理，强制更换尾气净化装置。升级汽车氮氧化物排放净化技术，采用尿素等还原剂净化尾气中的氮氧化物，并建立车用尿素供应网络。新生产压燃式发动机汽车应安装尾气颗粒物捕集器。用于公用事业的压燃式发动机在用车辆，可按照规定进行改造，提高排放控制性能。

（十九）积极发展新能源汽车和电动汽车，公共交通宜优先采用低排放的新能源汽车。交通拥堵严重的特大城市应推广使用具有启停功能的乘用车。大力发展地铁等大容量轨道交通设施。按期停产达不到轻型货车同等排放标准的三轮汽车和低速货车。

（二十）制定实施新的机动车船大气污染物排放标准，收紧颗粒物、碳氢化合物、氮氧化物等污染物排放限值。开展适合我国机动车辆行驶状况的测试方法的研究。制定、完善并严格实施非道路移动机械大气污染物排放标准，明确颗粒物和氮氧化物排放控制要求。

（二十一）严格控制加油站、油罐车和储油库的油气污染物排放，按时实施国家排放标准。

五、防治扬尘污染

（二十二）扬尘污染源应以道路扬尘、施工扬尘、粉状物料贮存场扬尘、城市裸土起尘等为防治重点。应参照《防治城市扬尘污染技术规范》，开展城市扬尘综合整治，减少城市裸地面积，采取植树种草等措施提高绿化率，或适当采用地面硬化措施，遏止扬尘污染。

（二十三）对各种施工工地、各种粉状物料贮存场、各种港口装卸码头等，应采取设置围挡墙、防尘网和喷洒抑尘剂等有效的防尘、抑尘措施，防止颗粒物逸散；设置车辆清洗装置，保持上路行驶车辆的清洁；鼓励各类土建工程使用预搅拌的商品混凝土。

（二十四）实行粉状物料及渣土车辆密闭运输，加强监管，防止遗撒。及时进行道路清扫、冲洗、洒水作业，减少道路扬尘。规范园林绿化设计和施工管理，防止园林绿地土壤向道路流失。

六、防治生活污染

（二十五）生活污染来源复杂、分布广泛，治理工作应调动社会各界的积极性，鼓励公众参与。应在全社会倡导形成节俭、绿色生活方式，摒弃奢侈、浪费、炫耀的消费习惯。倡导绿色消费，通过消费者选择和市场竞争，促使企业生产环境友好型消费品。

（二十六）治理饮食业、干洗业、小型燃煤燃油锅炉等生活污染源，严格控制油烟、挥发性有机物、烟尘等污染物排放。推广使用具备溶剂回收功能的封闭式干洗机。应有效控制城市露天烧烤。生活垃圾和城市园林绿化废物应及时清运，进行无害化处理，防止露天焚烧。

（二十七）以涂料、粘合剂、油墨、气雾剂等在生产和使用过程中释放挥发性有机物的消费品为重点，开展环境标志产品认证工作，鼓励生产和使用水性涂料，逐渐减少用于船舶制造维修等领域油性涂料的生产和使用，减少挥发性有机物排放量。

（二十八）在城市郊区和农村地区，推广使用清洁能源和高效节能锅炉，有条件的地区宜发展集中供暖或地热等采暖方式，以替代小型燃煤、燃油取暖炉，减轻面源污染。

（二十九）开展环境文化建设，形成有益于环境保护的公序良俗，倡导良好生活习惯。倡导有益于健康的饮食习惯和低油烟、低污染、低能耗的烹调方式。提倡以无烟方式进行祭扫等礼仪活动，减少燃放烟花爆竹。

七、防治农业污染

（三十）提倡采用"留茬免耕、秸秆覆盖"等保护性耕作措施，最大限度地减少翻耕对土壤的扰动，防治土壤侵蚀和起尘。

（三十一）及时、妥善收集处理农作物秸秆等农业废弃物，可采取粉碎后就地还田、收集制备生物质燃料等资源化利用措施，减少露天焚烧。

（三十二）加强对施用肥料的技术指导，合理施肥，鼓励采用长效缓释氮肥和有机肥，有效减少氨挥发。

（三十三）加强规模化畜禽养殖污染防治的监管，推广先进养殖和污染治理技术，减少氨的排放。

八、监测预警与应急

（三十四）严格按照相关标准规定开展环境空气质量监测与评价工作，加快建设环境空气监测网络和环境质量预测预报和评估制度，加强环保、气象部门间的协作和信息共享，建立环境空气质量预警和发布平台。

（三十五）应根据各地气象条件、细颗粒物与前体污染物来源、污染源分布情况，制定环境空气重污染应急预案及预警响应程序，包括紧急限产和临时停产的排污企业和设施名单、车辆限行方案、扬尘管控措施等。

（三十六）建立部门间大气重污染事件应急联动机制，根据出现不利气象条件和重污染现象的预报，及时启动应急方案，采取分级响应措施。应定期评估应急预案实施效果，并适时修订应急预案。

九、强化科技支撑

（三十七）应将科技创新作为防治细颗粒物污染的重要手段。根据我国细颗粒物来源复杂的特点，深入开展大气颗粒物来源解析研究，摸清我国不同区域细颗粒物污染的时空分布特征、形成与区域传输机理，开展细颗粒物总量控制技术与方案的研究。鼓励开展细颗粒物污染相关的健康与生态效应研究。鼓励开展支撑细颗粒物污染防治的经济政策、环保标准等方面的研究。

（三十八）根据实现国家未来环保目标和污染排放控制要求的技术需求，采取措施鼓励研发高效污染治理先导技术，作为确定实施更加严格排放控制要求的技术储备。鼓励采用各种高效污染物净化技术，以及清洁生产技术和资源能源高效利用技术，提高各个行业和污染源的排放控制技术水平，降低污染物排放强度。鼓励研发示范各种细颗粒物及氮氧化物、挥发性有机物等前体污染物的新型高效净化技术，包括袋式除尘、电除尘、电袋复合除尘、湿式电除尘、炉窑选择性催化还原、分子筛吸附浓缩、高效蓄热式催化燃烧、低温等离子体、高效水基强化吸收等。

（三十九）加强细颗粒物污染防治的知识普及和宣传教育，提升全民环境意识和公众参与能力。根据国内改善环境质量和污染防治工作的实际需要，开展细颗粒物防治国际合作。

附：细颗粒物污染防治技术简要说明

附

细颗粒物污染防治技术简要说明

一、工业污染防治技术

（一）有组织排放颗粒物（烟、粉尘）污染防治技术，包括袋式除尘、湿式电除尘技术、电袋复合除尘技术。

（二）前体污染物（NO、SO₂、VOCs、NH₃等）净化技术，包括各种脱硫技术、氮氧化物的催化还原技术及烟气脱硝技术、挥发性有机物的燃烧净化与吸附回收技术、氨的水洗涤净化技术。

（三）无组织排放颗粒物和前体污染物治理技术，包括适用于大气颗粒物及其前体物污染控制的密闭生产技术、粉状物料堆放场的遮风与抑尘技术。

二、移动源污染防治技术

移动污染源包括各种采用内燃机或外燃机为动力装置，以汽油、柴油、煤油、天然气、液化石油气及其他可燃液体、气体为燃料的交通工具（车辆、船舶、航空器等）、机械、发电装置。防治移动源污染，应针对其使用方式、目前国家污染防治要求，采取不同的技术措施，主要包括：

（一）燃料清洁化技术。降低重金属等影响排放控制装置效能的各种有害物质含量，控制烯烃等光化学活性成分含量。

（二）发动机高效燃烧及燃料精确注入技术。

（三）发动机排气中 NO$_x$、HC、CO、颗粒物净化技术。

（四）汽油蒸发控制技术，包括在车辆、加油站、油库、油罐车上实施的各种油气回收技术。

（五）车载发动机及排放控制系统诊断技术（OBD）。

三、扬尘污染防治技术

（一）遮风技术，包括适用于各种露天堆场和施工工地遮挡措施。

（二）抑尘技术，包括喷洒水雾和抑尘剂，适用于施工场所、堆场、装卸作业等场地。

（三）施工物料运输车辆清洗技术，适用于上路行驶的物料、渣土运输车辆。

（四）道路清扫技术，包括人工清扫、机械清扫。

四、生活污染防治技术

（一）饮食业油烟净化技术，包括采用各种原理的净化技术。

（二）环境友好产品生产技术，包括各种替代有害物质的消费品生产技术。

（三）密闭式衣物干洗技术。

五、农业污染防治技术

（一）农业耕作和裸土起尘防治技术，包括留茬免耕、秸秆覆盖、固沙技术。

（二）秸秆等农业废物综合利用技术，包括制备沼气、热解气化、生物柴油等技术。

（三）合理施肥技术，包括配方施肥技术和施用硝化抑制剂。

火电厂污染防治技术政策

环境保护部公告   2017 年第 1 号

一、总则

（一）为贯彻《中华人民共和国环境保护法》等法律法规，防治火电厂排放废气、废水、噪声、固体废物等造成的污染，改善环境质量，保护生态环境，促进火电行业健康持续发展及污染防治技术进步，制定本技术政策。

（二）本技术政策适用于以煤、煤矸石、泥煤、石油焦及油页岩等为燃料的火电厂，以油、气等为燃料的火电厂可参照执行。不适用于以生活垃圾、危险废物为主要燃料的火电厂。

（三）本技术政策为指导性技术文件，可为火电行业污染防治规划制定、污染物达标排放技术选择、环境影响评价和排污许可制度贯彻实施等环境管理及企业污染防治工作提供技术支撑。

（四）火电厂的污染防治应遵循和提倡源头控制与末端治理相结合的技术路线；污染防治技术的选择应因煤制宜、因炉制宜、因地制宜，并统筹兼顾技术先进、经济合理、便于维护的原则。

二、源头控制

（一）全国新建燃煤发电项目原则上应采用 60 万千瓦以上超超临界机组，平均供电煤耗低于 300 克标准煤/千瓦时。

（二）进一步提高小火电机组淘汰标准，对经整改仍不符合能耗、环保、质量、安全等要求的，由地方政府予以淘汰关停。优先淘汰改造后仍不符合能效、环保等标准的 30 万千瓦以下机组。

（三）坚持"以热定电"，建设高效燃煤热电机组，科学制定热电联产规划和供热专项规划，同步完善配套供热管网，对集中供热范围内的分散燃煤小锅炉实施替代和限期淘汰。

（四）进一步加大煤炭的洗选量，提高动力煤的质量。加强对煤炭开采、运输、存储、输送等过程中的环境管理，防治煤粉扬尘污染。

三、大气污染防治

（一）燃煤电厂大气污染防治应以实施达标排放为基本要求，以全面实施超低排放为目标。

（二）火电厂达标排放技术路线选择应遵循以下原则：

1. 火电厂除尘技术：

火电厂除尘技术包括电除尘、电袋复合除尘和袋式除尘。若飞灰工况比电阻超出 $1 \times 10^4 \sim 1 \times 10^{11}$ 欧姆·厘米范围，建议优先选择电袋复合或袋式技术；否则，应通过技术经济分析，选择适宜的除尘技术。

2．火电厂烟气脱硫技术：

（1）石灰石-石膏法烟气脱硫技术宜在有稳定石灰石来源的燃煤发电机组建设烟气脱硫设施时选用。

（2）氨法烟气脱硫技术宜在环境不敏感、有稳定氨来源地区的 30 万千瓦及以下燃煤发电机组建设烟气脱硫设施时选用，但应采取措施防止氨大量逃逸。

（3）海水法烟气脱硫技术在满足当地环境功能区划的前提下，宜在我国东、南部沿海海水扩散条件良好地区，燃用低硫煤种机组建设烟气脱硫设施时选用。

（4）烟气循环流化床法脱硫技术宜在干旱缺水及环境容量较大地区，燃用中低硫煤种且容量在 30 万千瓦及以下机组建设烟气脱硫设施时选用。

3．火电厂烟气氮氧化物控制技术：

（1）火电厂氮氧化物治理应采用低氮燃烧技术与烟气脱硝技术配合使用的技术路线。

（2）煤粉锅炉烟气脱硝宜选用选择性催化还原技术（SCR）；循环流化床锅炉烟气脱硝宜选用非选择性催化还原技术（SNCR）。

（三）燃煤电厂超低排放技术路线选择时应充分考虑炉型、煤种、排放要求、场地等因素，必要时可采取"一炉一策"。具体原则如下：

1．超低排放除尘技术宜选用高效电源电除尘、低低温电除尘、超净电袋复合除尘、袋式除尘及移动电极电除尘等，必要时在脱硫装置后增设湿式电除尘。

2．超低排放脱硫技术宜选用增效的石灰石-石膏法、氨法、海水法及烟气循环流化床法，并注重湿法脱硫技术对颗粒物的协同脱除作用。

（1）石灰石-石膏法应在传统空塔喷淋技术的基础上，根据煤种硫含量等参数，选择能够改善气液分布和提高传质效率的复合塔技术或可形成物理分区和自然分区的 pH 分区技术。

（2）氨法、海水法及烟气循环流化床法应在传统工艺的基础上进行提效优化。

3．超低排放脱硝技术煤粉锅炉宜选用高效低氮燃烧与 SCR 配合使用的技术路线，若不能满足排放要求，可采用增加催化剂层数、增加喷氨量等措施，应有效控制氨逃逸；循环流化床锅炉宜优先选用 SNCR，必要时可采用 SNCR-SCR 联合技术。

（四）火电厂灰场及脱硫剂石灰石或石灰在装卸、存储及输送过程中应采取有效措施防治扬尘污染。

（五）粉煤灰运输须使用专用封闭罐车，并严格遵守有关部门规定和要求。

（六）火电厂烟气中汞等重金属的去除应以脱硝、除尘及脱硫等设备的协同脱除作用为首选，若仍未满足排放要求，可采用单项脱汞技术。

（七）火电厂除尘、脱硫及脱硝等设施在运行过程中，应统筹考虑各设施之间的协同作用，全流程优化装备。

四、水污染防治

（一）火电厂水污染防治应遵循分类处理、一水多用的原则。鼓励火电厂实现废水的循环使用不外排。

（二）煤泥废水、空预器及省煤器冲洗废水等宜采用混凝、沉淀或过滤等方法处理后循环使用。

（三）含油废水宜采用隔油或气浮等方式进行处理；化学清洗废水宜采用氧化、混凝、澄清等方法进行处理，应避免与其他废水混合处理。

（四）脱硫废水宜经石灰处理、混凝、澄清、中和等工艺处理后回用。鼓励采用蒸发干燥或蒸发结晶等处理工艺，实现脱硫废水不外排。

（五）火电厂生活污水经收集后，宜采用二级生化处理，经消毒后可采用绿化、冲洗等方式回用。

五、固体废物污染防治

（一）火电厂固体废物主要包括粉煤灰、脱硫石膏、废旧布袋和废烟气脱硝催化剂等，应遵循优先综合利用的原则。

（二）粉煤灰、脱硫石膏、废旧布袋应使用专门的存放场地，贮存设施应参照《一般工业固体废物贮存、处置场污染控制标准》（GB 18599）的相关要求进行管理。

（三）粉煤灰综合利用应优先生产普通硅酸盐水泥、粉煤灰水泥及混凝土等，其指标应满足《用于水泥和混凝土中的粉煤灰》（GB/T 1596）的要求。

（四）应强化脱硫石膏产生、贮存、利用等过程中的环境管理，确保脱硫石膏的综合利用。

1．石灰石-石膏法脱硫技术所用的石灰石中碳酸钙含量应不小于90%。

2．燃煤电厂石灰石-石膏法烟气脱硫工艺产生的脱硫石膏的技术指标应满足《烟气脱硫石膏》（JC/T 2074）的相关要求。

3．脱硫石膏宜优先用于石膏建材产品或水泥调凝剂的生产。

（五）袋式或电袋复合除尘器产生的废旧布袋应进行无害化处理。

（六）失活烟气脱硝催化剂（钒钛系）应优先进行再生，不可再生且无法利用的废烟气脱硝催化剂（钒钛系）在贮存、转移及处置等过程中应按危险废物进行管理。

六、噪声污染防治

（一）火电厂噪声污染防治应遵循"合理布局、源头控制"的原则。

（二）应通过合理的生产布局减少对厂界外噪声敏感目标的影响。鼓励采用低噪声设备，对于噪声较大的各类风机、磨煤机、冷却塔等应采取隔振、减振、隔声、消声等措施。

七、二次污染防治

（一）SCR、SNCR-SCR、SNCR脱硝技术及氨法脱硫技术的氨逃逸浓度应满足相关标准要求。

（二）火电厂应加强脱硝设施运行管理，并注重低低温电除尘器、电袋复合除尘器及湿法脱硫等措施对三氧化硫的协同脱除作用。

（三）脱硫石膏无综合利用条件时，应经脱水贮存，附着水含量（湿基）不应超过10%。若在灰场露天堆放时，应采取措施防治扬尘污染，并按相关要求进行防渗处理。

八、新技术开发

鼓励以下新技术、新材料和新装备研发和推广：

（一）火电厂低浓度颗粒物、细颗粒物排放检测技术及在线监测技术，烟气中三氧化硫、氨及可凝结颗粒物等的检测与控制技术。

（二）W型火焰锅炉氮氧化物防治技术。

（三）烟气中汞等重金属控制技术与在线监测设备。

（四）脱硫石膏高附加值产品制备技术。

（五）火电厂多污染物协同治理技术。

（六）火电厂低温脱硝催化剂。

机动车污染防治技术政策

环境保护部公告　2017 年第 69 号

一、总则

（一）为贯彻《中华人民共和国环境保护法》和《中华人民共和国大气污染防治法》等法律法规，改善环境质量，促进机动车污染防治技术进步，制定本技术政策。

（二）本技术政策为指导性文件，供各有关单位在机动车污染防治工作中参照采用。本技术政策所称的机动车是指我国境内所有新生产及进口的汽车、摩托车和车用发动机，以及在我国登记注册的所有在用汽车、摩托车。

（三）本技术政策提出了机动车在设计、生产、使用、回收等全生命周期内的大气、噪声、水、固体废物、电磁辐射等污染的防治策略和方法，涉及范围包括机动车、车用油品、检测设备等。

（四）机动车污染防治是一项系统工程，应加强"车、油、路"统筹，采取法律、行政、经济、技术等综合措施进行防治，强化信息公开，形成政府主导、部门协作、市场调节、社会监督的工作机制。以改善环境质量为核心构建机动车污染防治体系，形成区域联防联控机制，推进机动车污染防治的系统化、科学化、法治化、精细化和信息化。

（五）逐步加严新生产机动车一氧化碳（CO）、总碳氢化合物（THC）、氮氧化物（NO$_x$）和颗粒物（PM）等污染物排放限值。加强机动车非常规污染物控制。机动车污染防治过程应尽可能避免产生新的污染物。

（六）对于新生产机动车，由环境保护部统一制定国家排放标准。鼓励地方提前实施更严格的新生产机动车国家排放标准及油品质量标准。对于在用机动车，已经制定国家排放标准的，鼓励地方执行更严格的在用车排放限值。

（七）强化新车达标监管，重点加强重型柴油车生产、销售等环节监管。加强机动车检测与维护（I/M），重点加强高排放车辆、高使用强度车辆监管，确保上路车辆排放稳定达标。

（八）机动车应向绿色、低碳、可持续的方向发展。鼓励有条件的地方提前实施轻型车和重型车第六阶段排放标准。到 2020 年，报废机动车再生利用率达到 95%，机动车污染防治达到国际先进水平。

二、源头控制

（一）新生产及进口汽车、摩托车及其发动机

1. 鼓励开展机动车轻量化、模块化、无（低）害化、循环利用等产品生态设计，综合考虑机动车生产、使用、回收等全生命周期内的资源消耗及污染排放。

2. 通过改善生产工艺、加装车间空气后处理系统、使用符合标准的水性防腐涂料、胶黏剂等降低生产过程挥发性有机物（VOCs）、持久性有机污染物（POPs）、粉尘、废液、

固体废物等有毒有害物质排放，加强清洁生产技术研发应用，实现绿色制造。

3. 加强新生产机动车排放达标监管。机动车生产及进口企业不得生产、进口和销售不符合标准的车辆，加强产品环保生产一致性管理。加强机动车生产及进口企业产品在用符合性检查，确保机动车在正常使用条件下和正常寿命期内达到新车出厂时的标准限值要求。生产、进口企业获知机动车排放不符合规定的环境保护耐久性要求的，应依法召回。

4. 强化企业产品信息公开。机动车生产及进口企业应依法向社会公开机动车的排放检验信息和污染控制技术信息，为机动车达标监管和检测维护提供技术支持。加强发动机、后处理装置等排放控制关键零部件产品信息公开。开展替代燃料汽车非常规污染物、新能源汽车动力电池及电磁辐射（EMR）等信息公开。

5. 鼓励机动车生产及进口企业通过技术升级提前达到国家排放标准要求，提高产品生产一致性和在用符合性。利用便携式排放测试系统（PEMS）、车载诊断（OBD）系统等加强机动车实际行驶排放控制。严格控制机动车颗粒物排放，控制重点应从颗粒物质量控制向颗粒物质量与数量同时控制转变。

6. 加强二氧化碳（CO_2）、甲烷（CH_4）、氧化亚氮（N_2O）、氢氟碳化物（HFCs）等在内的机动车温室气体管理。对机动车大气污染物和温室气体实施协同控制，推广使用全球变暖潜值（GWP）低的车用空调制冷剂。鼓励机动车温室气体减排技术研发，加快能源清洁化、低碳化，控制机动车全生命周期内温室气体排放。

7. 加强机动车加速行驶、匀速行驶等工况下车内外噪声控制。鼓励机动车噪声控制技术研发与应用。提高消声装置降噪效果及耐久性水平。

8. 加强机动车燃油蒸发排放控制。加快推进车载加油油气回收（ORVR）技术应用，鼓励采用主动式燃油蒸发泄漏诊断装置。

9. 汽车及零部件生产企业应通过改进汽车、零部件、原材料等的生产工艺、使用绿色环保的内饰材料等有效控制车内有毒有害物质排放，加强车内空气质量管理。

10. 积极开展天然气（NG）、液化石油气（LPG）、乙醇、生物柴油等替代燃料汽车的研发和应用，鼓励资源丰富的地区发展替代燃料汽车。鼓励研发和应用天然气当量燃烧与三元催化技术。严格控制天然气汽车、乙醇汽油汽车的挥发性有机物和氮氧化物排放。替代燃料汽车应达到国家同期机动车排放标准要求。加强替代燃料汽车非常规污染物排放控制。

11. 新生产柴油车应安装符合产品技术标准要求的排气后处理装置，如柴油车颗粒过滤器（DPF）、选择性催化还原装置（SCR）等，鼓励使用固体氨选择性催化还原装置（SSCR）。采用 SSCR、SCR 控制技术时，应采取控制措施防止氨逃逸引起的污染。

12. 城市公交、环卫、邮政、物流等行业应优先选择新能源汽车、替代能源汽车等清洁能源汽车；用于这些用途的柴油车应安装 DPF、SSCR 或 SCR 等排气后处理装置。

（二）车用燃料、燃料清净剂、车用机油及氮氧化物还原剂

1. 提升车用燃料质量，加强车用燃料有害物质控制。稳步推广使用车用替代燃料。普通柴油禁止作为车用柴油使用，并加快实现与车用柴油并轨。鼓励炼油企业开展车用燃料清洁技术研发与升级改造。

2. 推进加油站、储油库、油罐车等油气回收治理，保证油气回收设备稳定运行。京津冀及周边、长三角、珠三角等重点区域内的全部加油站、储油库和油罐车应安装油气回

收治理装置。

3．鼓励炼油厂或储运站在车用燃料中统一添加采用科学配比的燃料清净剂。鼓励企业及个人用户选用低硫、低磷、低硫酸盐灰分等高品质车用机油，以满足发动机后处理产品耐久性要求。企业及个人用户应及时加注符合标准的氮氧化物还原剂，确保柴油车 SCR 正常运行。

4．根据大气污染治理需要，加快研究制定更严格的油品质量标准，继续降低车用汽柴油中烯烃、芳烃、多环芳烃、苯等有害物质的含量。

（三）绿色交通运输体系

1．综合运用经济、技术、行政等手段，优化交通运输结构，提高客货轨道运输比重。合理控制燃油机动车保有量，加快城市轨道交通、公交专用道、快速公交系统（BRT）等公共交通建设，降低机动车使用强度。

2．利用大数据、物联网、云计算等技术，提高交通智能化、信息化水平。通过采用车辆信息和通信系统（VICS）、电子收费系统（ETC）、电子标识、智能导航等技术，提高车辆行驶速度，缓解交通拥堵，减少污染物和温室气体排放。

三、污染防治及综合利用

（一）大气污染防治

1．进一步规范在用车排放检验，完善在用车排放标准。利用互联网、大数据等信息化技术加强在用车排放控制。积极推广简易工况法，对在用车检测设备、控制软件、数据联网等提出统一规范要求。

2．加强 OBD 系统监管，对在用车 OBD 系统检验提出规范性要求。加强营运车辆实际排放监管。营运重型商用车应采用 OBD 远程监控技术，对车辆排放相关部件的运行状况进行实时远程监控，对故障部件及时进行维修或更换。

3．鼓励通过遥感监测等技术手段对道路行驶机动车排放状况进行监督抽测，加强高排放车日常监管。

4．加强机动车检测与维护，对检测（包括外观检验）不合格车辆应及时进行维护（包括修理）。机动车维修企业应配备符合相关技术要求的排放检测、诊断及维修设备，确保维修后的机动车在规定的保质期内稳定达标。加强机动车检测与维护信息共享，实现机动车检测与维护闭环管理。

5．加强机动车维修及报废拆解企业大气环境管理，通过采用水性涂料、安装废气集中处理装置等措施控制维修及报废拆解过程中产生的大气污染排放。

6．对排放不达标的在用汽油车应重点检查 OBD 系统、燃油供给系统、进气系统、三元催化器、氧传感器等零部件的工作状态，对排放不达标的在用摩托车应重点检查燃油供给系统、进气系统及排放后处理装置等，并及时进行维修或更换。

7．对排放不达标的在用柴油车应重点检查 OBD 系统、燃油供给系统、进气系统、排放后处理装置、废气再循环装置（EGR）等零部件的工作状态，并及时进行维修或更换。

8．对在用汽油车、燃气车、摩托车应增加曲轴箱通风装置和燃油蒸发控制装置检查，对在用柴油车应增加 NO_x 检测。

9．鼓励对在用柴油车采用壁流式 DPF、SSCR 等技术进行改造，汽车生产企业应予支持配合。公交、环卫、邮政、物流、出租等营运车辆应定期更换高效尾气净化装置。

（二）噪声污染防治

1．加强在用车噪声污染控制，经检验存在问题的消声装置应及时进行维修或更换。禁止任何单位或个人擅自改变或拆除消声装置。

2．加强机动车维修及报废拆解企业噪声环境管理，通过采用室内作业、安装隔音降噪材料等措施控制维修及报废拆解过程中产生的噪声污染。

（三）废水、固体废物处理处置

1．加强机动车维修及报废拆解企业废水、固体废物环境管理。通过采用超声波清洗、废水循环利用等措施控制维修及报废拆解过程中产生的废水污染。通过采用废物分类收集、专业处理等措施控制维修及报废拆解过程中产生的废机油、废电池等污染。

2．根据机动车使用和安全技术、排放检验状况，对达到报废标准的机动车实施强制报废。鼓励公交、环卫、邮政、物流、出租等高使用强度车辆提前报废。加快黄标车及老旧车等高排放车辆淘汰更新。

3．实施生产者责任延伸制度，鼓励生产企业积极参与机动车报废回收。提高报废车辆回收利用率，促进产品的循环再利用。

4．加强对机动车报废电池，尤其是新能源汽车报废电池管理，实现电池规范生产、有序回收及梯级利用。加强机动车催化器贵金属循环利用。

5．推动报废机动车资源化循环利用，规范开展机动车五大总成（发动机、方向机、变速器、前后桥、车架）等主要零部件再制造，排放控制关键零部件及后处理装置除外。再制造产品的排放性能应符合国家现行相关标准的要求。

四、鼓励研发的污染防治技术

（一）排放控制技术及装置

1．鼓励自主研发汽油车缸内直接喷射系统（GDI）、可变进气、涡轮增压、EGR、怠速启停、汽油车颗粒过滤器（GPF）等技术，掌握燃烧和电控等核心技术，研发GDI、增压器、EGR阀、GPF、OBD等关键零部件。

2．鼓励自主研发柴油车高压共轨（HPCR）燃油喷射系统、高效增压中冷系统、EGR、SCR、DPF等技术，掌握燃油喷射和后处理等核心技术，研发HPCR、增压器、SCR、SSCR、DPF、传感器等关键零部件。

3．鼓励自主研发摩托车电控燃油喷射、高效三元催化器等技术，逐步淘汰化油器等落后技术。

4．鼓励自主研发替代燃料、混合动力、纯电动、燃料电池等清洁能源汽车技术。鼓励开发混合动力、插电式混合动力专用发动机，优化动力总成系统匹配。鼓励研发动力电池清洁化生产和回收技术。

5．鼓励机动车通过采用机内优化、进排气消声器、吸音隔音材料、主动降噪、低噪声轮胎等技术降低整车噪声排放水平。

（二）排放测试技术及设备

1．加快新生产机动车实验室排放测试、实际道路排放测试等技术及设备的自主研发，为加强机动车产品生产一致性、在用符合性和企业新产品研发提供保障。

2. 加快在用车简易工况法、遥感法及 OBD 测试技术、设备及软件控制系统的研发，为加强机动车排放监管提供支持。

中英文对照表

序　号	英　　文	中　　文
1	BRT	快速公交系统
2	CH_4	甲烷
3	CO	一氧化碳
4	CO_2	二氧化碳
5	DPF	柴油车颗粒过滤器
6	EMR	电磁辐射
7	EGR	废气再循环装置
8	ETC	电子收费系统
9	GDI	缸内直接喷射系统
10	GPF	汽油车颗粒过滤器
11	GWP	全球变暖潜值
12	HFCs	氢氟碳化物
13	HPCR	高压共轨
14	I/M	机动车检测与维护
15	LPG	液化石油气
16	N_2O	氧化亚氮
17	NG	天然气
18	NO_x	氮氧化物
19	OBD	车载诊断
20	ORVR	车载加油油气回收
21	PEMS	便携式排放测试系统
22	PM	颗粒物
23	POPs	持久性有机污染物
24	SCR	选择性催化还原装置
25	SSCR	固体氨选择性催化还原装置
26	THC	总碳氢化合物
27	VICS	车辆信息和通信系统
28	VOCs	挥发性有机物